Informationen übertragen und drucken

Lehr- und Arbeitsbuch
für das Berufsfeld Drucktechnik

Uwe Baufeldt
Hans Rösner
Jürgen Scheuermann
Hans Walk

Informationen übertragen und drucken

Lehr- und Arbeitsbuch für das Berufsfeld Drucktechnik

Verlag Beruf + Schule

14., durchgesehene und korrigierte Auflage, 2000

Gesamtherstellung:
Media-Print Informationstechnologie GmbH, Paderborn

ISBN 3-88013-606-8

Vorwort

„Informationen übertragen und drucken“ ist ein Lehr- und Arbeitsbuch für die berufliche Bildung in der Druckindustrie. Es umfaßt alle Produktionsbereiche und Produktionsstufen von der Druckvorlage bis zum Druckprodukt. Das Buch ist zum Standardwerk der Aus- und Weiterbildung im Druck geworden. In dieser überarbeiteten und erweiterten 13. Auflage werden neueste Entwicklungen in der Drucktechnik und den Vorstufen dargestellt. Dabei sind die Bedeutung und das weitere Vordringen der elektronischen Datenverarbeitung in die verschiedenen Produktionsbereiche der Druckindustrie berücksichtigt worden.

Die Autoren, alles Fachleute aus verschiedenen technischen Bereichen der Druckindustrie, haben sich an den Lerninhalten der neuen Berufsbilder orientiert und die Druckindustrie als Teilgebiet der Informations- und Kommunikationstechniken im Markt der konkurrierenden Medien dargestellt. Mittlerweile geschichtliche oder veraltete Verfahrenstechniken blieben unberücksichtigt oder wurden nur so weit erläutert, wie sie zum Verständnis aktueller Techniken notwendig sind.

Besonderen Wert haben die Autoren auf verständliche Sprache und präzise Fachbegriffe gelegt, damit der Stoff auch Berufsanfängern möglichst ohne Informationsverluste eingeht. Diesem Zweck dienen zahlreiche Schemazeichnungen, Diagramme und Abbildungen. Fragen und Aufgaben innerhalb des Textes und am Schluß jedes Kapitels ermöglichen Lernzielkontrollen. Wer sich über Teilbereiche ausführlicher informieren möchte, erhält die gewünschten Auskünfte vom Verlag. Das gegliederte Inhaltsverzeichnis und das gewohnt ausführliche Stichwortverzeichnis helfen, die gesuchten Informationen schnell zu finden.

Autoren und Verlag sind sich bewußt, daß ihr Buch noch weiter vervollkommnet werden kann. Deshalb sind sie daran interessiert, kritische Anregungen für eine Weiterentwicklung zu erhalten.

Juni 2000

Verfasser und Verlag

Inhalt

1 Aufgaben der Druckindustrie

Die Hauptaufgabe der Druckindustrie ist es, Informationen zu verarbeiten und zu verbreiten. Durch Austausch von Informationen treten Menschen in **Kommunikation.** Kommunikation heißt: Mitteilung, Verbindung, Verständigung, Austausch von Informationen oder Nachrichten. Mittel, die der Kommunikation dienen, nennt man Kommunikationsmedien. Ein weitverbreitetes publizistisches Medium, das gedruckt wird, ist die Zeitung.

1.1 Kommunikationsmedien

Kommunikation findet grundsätzlich zwischen zwei oder mehreren Menschen statt. Hierbei verständigen sich die Menschen durch auditive und/oder visuelle Informationsträger, sogenannte **Medien.** Auditive Informationsträger sind Töne, Lautfolgen oder Sprachen. Visuelle Informationsträger sind Zeichen, Noten, Ziffern, Symbole, Schrift, Bilder, Farben.

Kommunikation ist ein grundlegendes menschliches Bedürfnis. Ohne Kommunikation gäbe es keine Entwicklung oder Dynamik in unserer Gesellschaft, im privaten und öffentlichen Bereich, in Technik, Wissenschaft und Politik. Kommunikation provoziert neue Kommunikationen, z. B. in Form von Meinungsäußerungen, Urteilen, Hinweisen, Ideen, Entdeckungen.

Das Grundmodell der Kommunikation ist das Gespräch, der Dialog zwischen zwei Menschen. Diese als **Individualkommunikation** bezeichnete Form ist in der modernen Gesellschaft mehr und mehr durch eine unmittelbare, mediale Kommunikation ersetzt worden. Heute leben wir im Zeitalter der Massenkommunikation und der Massenmedien.

Bei der **Massenkommunikation** wenden sich zahlreiche Menschengruppen (Massen) den Aussagen eines gemeinsamen Massenmediums, einer bestimmten Zeitung oder einem Fernsehprogramm, zu. Die Menschen tun das unabhängig voneinander in räumlicher und zeitlicher Distanz. Aussagen werden durch die Medien nicht direkt in persönlicher Kommunikationsform verbreitet (von Mensch zu Mensch), sondern über Informations- und Kommunikationsmedien als Vermittler. Sie werden also ohne direkte Konfrontation des Kommunikators (Aussagender) mit dem Rezipienten (Aufnehmender) als Leser, Hörer oder Zuschauer nahegebracht.

Auch im Unterricht findet Kommunikation statt, hier allerdings im Gegensatz zu den Massenkommunikationsmedien in direkter Konfrontation von Mensch zu Mensch mit allen Vor- und Nachteilen. Medien dienen hier dem Kommunikator (Lehrer) als Hilfsmittel zur Veranschaulichung seiner Informationen oder der Förderung eines Gesprächs. Hierbei kann im Gegensatz zu den Massenmedien auch der Schüler Kommunikator sein, denn seine Fragen und Ansichten können die vom Lehrer geleitete Kommunikation beeinflussen.

Allerdings sind heute schon Lernprogramme und -geräte entwickelt, die den Lernenden zur Kommunikation herausfordern und den Lehrer von der Informationsentwicklung entlasten. Hierbei findet jedoch die Kommunikation individuell und isoliert mit dem Programm oder Gerät statt. In der Mediendidaktik besteht Einigkeit darüber, daß Unterrichtsmedien den Lehrer nur ergänzen, nicht ersetzen können.

▼

1. Welche Vor- und Nachteile bieten:
   a) Fachkundeunterricht über Fernsehen;
   b) Fachkundeunterricht innerhalb einer Gruppe durch einen Lehrer; c) Fachkundeunterricht durch ein Lernprogramm, das nach Angaben schrittweise allein vom Lernenden durchgearbeitet werden muß?
2. Erklären Sie die Bedeutung von: a) Information, b) Kommunikation, c) Medium, d) Konfrontation, e) audiovisuell, f) Interpretation! Benutzen Sie zur Beantwortung ein Nachschlagewerk!

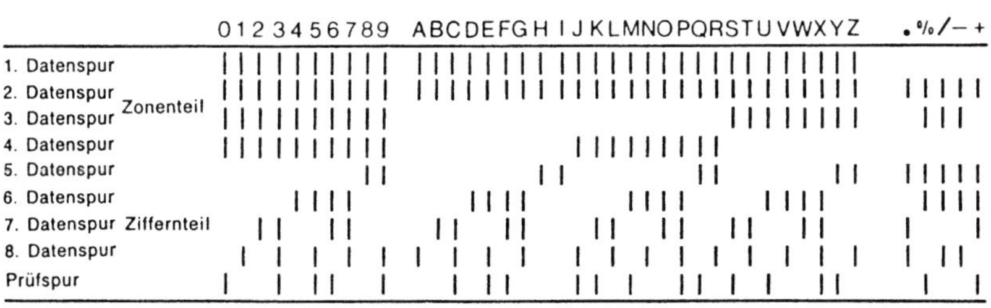

Bild 9.1. Magnetband mit Codierungen in neun Spuren.

Die moderne Kommunikation hat vielfältige Formen angenommen. Je nachdem, auf welche Sinnesorgane eingewirkt wird, unterscheidet man drei Hauptformen der Medien:

Medien-formen	Sinnes-organe	Medien-beispiele
Auditiv	Ohr	Telefon, Schallplatte, Tonband, Rundfunk
Visuell	Auge	Plakat, Zeitung, Illustrierte, Buch, Katalog, Kalender, Verpackungsmittel, Werbedrucksachen, Mikrofilm, Schilder, Werbe-Diapositiv, Leuchtschrift, Großfotografien, Bildschirmtext, Bildschirmzeitung
Audiovisuell	Ohr/Auge	Tonbildschau, Multivision, Tonfilm, Fernsehen, Bildplatte

Die ersten Systeme der Massenkommunikation waren **Druckverfahren.** Sie dienten auch früher schon der Vervielfältigung, Verbreitung und Bewahrung von Informationen. Druckprodukte waren in vergangenen Jahrhunderten die einzigen Träger visueller Informationen, z. B. von Hinweisen, Nachrichten, Gedanken und Ideen. In diesem Sinne beeinflußten gedruckte Medien als erste Gesellschaft und Kultur.

Im 15. Jahrhundert wurde der Buchdruck erfunden, bekannterweise von Johannes Gutenberg in Mainz. Das Schaubild über die Buchproduktion zeigt: Nach der Erfindung des Buchdrucks nahm die Zahl der Analphabeten ab. Das Privileg geistiger Bildung und wissenschaftlichen Denkens, zuerst auf eine verschwindend kleine Elite in Kirche und Staat beschränkt, wurde dann einem ständig größer werdenden Kreis zugänglich. Ein steigendes Bildungs- und Informationsbedürfnis führte zu zunehmender Informationsverbreitung und -verdichtung innerhalb der Bevölkerung. Gedruckte Werke entwickelten sich von Luxusartikeln für wenige Mächtige und Wohlhabende immer mehr zu Massenmedien.

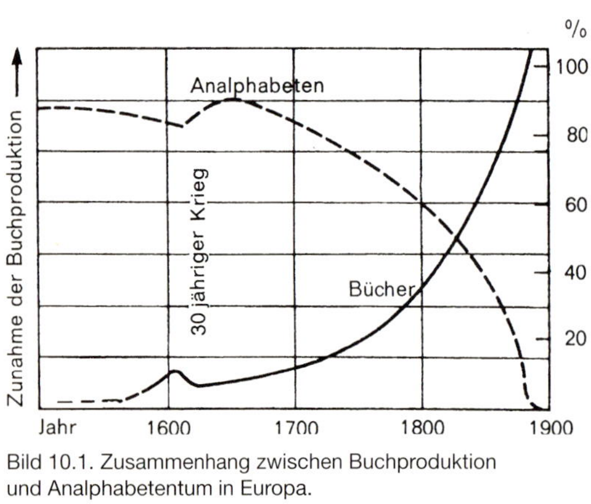

Bild 10.1. Zusammenhang zwischen Buchproduktion und Analphabetentum in Europa.

In unserem Jahrhundert haben die Vielfalt der Medien, der Wettbewerb untereinander und die hochentwickelten Verbreitungstechniken zu einer lawinenartigen Zunahme von **Information** geführt. Wir leben in einer Zeit der Informationsexplosion. Die Information ist neben Boden, Arbeit und Kapital zum vierten Produktionsfaktor geworden.

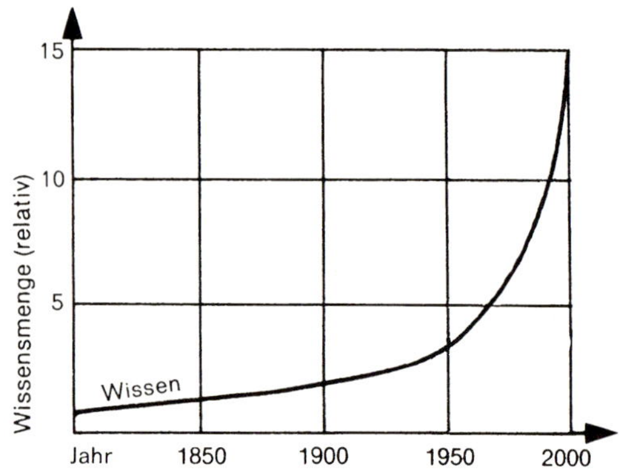

Bild 10.2. Wissensvermehrung und Informationsexplosion.

Die moderne Druckindustrie hat sich der Schnelligkeit der elektronischen Nachrichtentechnik angepaßt. In der Satz- und Reproduktionstechnik werden elektronische Anlagen zur Text- und Bildverarbeitung eingesetzt. Rechnergesteuerte Setzsysteme, sozusagen Hochleistungsanlagen, belichten heute maximal zehn Millionen Buchstaben pro Stunde. Das entspricht zwanzig Büchern mit je rund 500 000 Buchstaben, die stündlich gesetzt werden können.

Die Informationsexplosion wirkt sich folgendermaßen aus:

1. Selbst im umgrenzten Bereich, beispielsweise in einer Fachwissenschaft, kann die Gesamtheit der Veröffentlichungen nicht mehr von einem Menschen allein eingehend studiert und wahrgenommen werden. Schätzungsweise eine Million gedruckter Publikationen müßte ein Wissenschaftler jährlich lesen und durcharbeiten, um umfassend informiert zu sein.
2. Gedankenloser Konsum oder unkritische Aufnahme von Informationen ohne Auswahl aus

der Vielfalt kann zu Überdruß und Übersättigung führen.

Über die Massenmedien werden uns unterschiedliche Informationen zugeleitet. Sie können nach der jeweils vorhandenen Absicht, die dem Rezipienten nicht immer bewußt ist, folgendes bezwecken: Absatzförderung, Bekehrung, Beratung, Meinungsäußerung, Nachricht, Reizerregung, Propaganda, Unterhaltung, Unterrichtung, Werbung, Zerstreuung. Jeder Variante kann man ein typisches Druckprodukt zuordnen. Oft treten Mischformen der oben genannten Absichten auf. So ist Werbungsinformation verbunden mit Reizerregung, Unterhaltung, Nachricht und Absatzförderung und auch Vermittlung von Lebensstil.

▼

1. Zeitungen zählen zu den Massenmedien. Nennen Sie weitere Massenmedien in gegliederter Aufstellung!
2. Sind Zeitungen, Illustrierte und Fachzeitschriften als Massenmedien überholt? Legen Sie in Stichworten die Hauptargumente dar, die dafür oder dagegen sprechen!
3. Ordnen Sie Druckprodukte und deren Zwecke folgenden gesellschaftlichen Bereichen zu:
   a) Unterhaltung und Freizeit, b) Werbung,
   c) Politik, d) Schule, e) Behörde, f) Verkehr,
   g) Handel und Industrie, h) Presse!
4. Ordnen Sie schriftlich Ihre Argumente, Gedanken, Meinungen und Beispiele zu der These: „Informiert sein ist alles!"

Visuelle Medien (z. B. Außenwerbung), auditive Medien (z. B. Werbefunk) und audiovisuelle Medien (z. B. Werbefernsehen) sind einerseits einander ergänzende, andererseits konkurrierende Kommunikationsmittel. Die heute bedeutendsten **Konkurrenzmedien** des Drucks sind Hörfunk und Fernsehen. Durch ihre unmittelbare Nachrichtenübertragung haben sie in Aktualität und Schnelligkeit bedeutende Wettbewerbsvorteile. Jedoch ist Rundfunk im Unterschied zum Printprodukt auf eine komplizierte Nachrichtentechnik angewiesen.

Auf dem Gebiet der Verarbeitung, Speicherung und Übertragung von Informationen erwachsen heute der Druckindustrie moderne Konkurrenten, sogenannte **neue Medien.** Sie sind Spezialverfahren der Bereiche: Fototechnik, Videotechnik, Nachrichtentechnik und Online-Dienste.

Mikrografie. Visuelle Text- und Bildinformationen werden stark verkleinert. Informationsträger ist ein Mikrofilm, den es als Rollfilm oder Planfilm in verschiedenen Formaten gibt. Rollfilm ist 16 mm, 35 mm oder 70 mm breit. Planfilme, Mikrofiches genannt, gibt es in den Formaten:
75 mm x 120 mm, 90 mm x 120 mm,
105 mm x 148 mm. Auf Mikrofiches können bis 100 Aufnahmen von Buchseiten untergebracht werden. Sonderformate bis DIN A4 dienen der Miniaturisierung großer Konstruktionszeichnungen mit vielen Details.

Der Einsatz der Mikrofilmtechnik bedeutet Raum- und Kostenersparnis. So kann der Inhalt von 12 000 Seiten A4, die etwa 40 Büroordner füllen, auf einer einzigen Filmrolle Platz finden. Diesen Vorteil nutzen heute Banken, Büros, Archive und Bibliotheken. Die von EDV-Anlagen und Laserstrahl-Belichtungseinheiten ausgegebenen Informationen werden heute teilweise nicht mehr ausgedruckt, sondern direkt auf Mikrofilm belichtet. Dieses Verfahren heißt COM-Technik (Computer Output on Microfilm).

Videotechnik. Darunter versteht man eine elektronische Aufzeichnung, Bearbeitung und Wiedergabe audiovisueller Informationen. Als magnetisierbare Speicherungsmittel werden Videobänder und Videokassetten benutzt. Als Abspielgerät dient ein Videorecorder, mit dem Fernsehprogramme mitgeschnitten und über ein Fernsehgerät abgespielt werden können. Der Handel bietet auch Videokassetten mit Spielfilmen und anderen Programmen an. Mit einer zusätzlichen Videokamera können reale Szenen aufgenommen werden.

Es gibt verschiedene Videosysteme, die nicht genormt und deswegen untereinander nicht kompatibel sind. Verbreitete Amateur-Systeme in Europa sind: VHS (Video Home System), Betamax, Video 8 mit einem 8 mm breiten Band und Super VHS, eine Weiterentwicklung von VHS mit höherer Bildqualität, auch geeignet für Industrievideos.

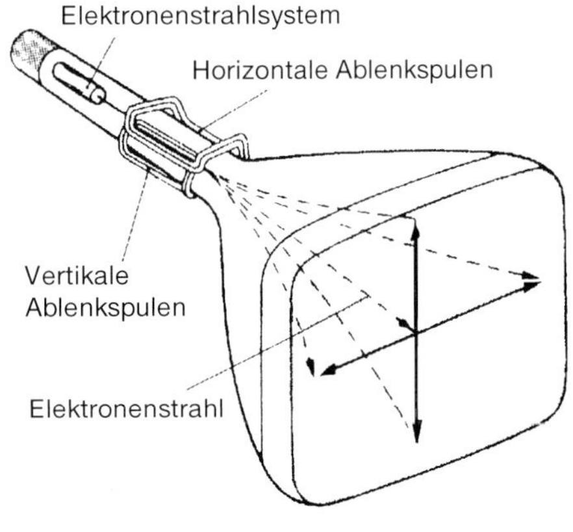

Bild 11.1. Zeilenweiser Bildaufbau beim Video-Monitor.

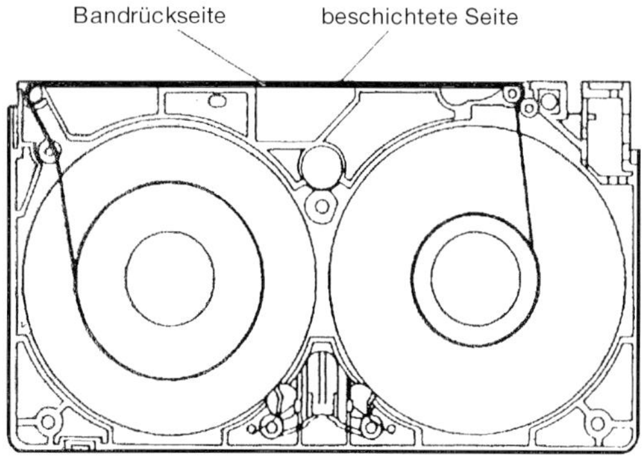

Bild 12.1. Aufbau der VHS-Videokassette.

In der professionellen Videotechnik, in Studios und beim Fernsehen, werden größere Maschinen mit breiteren Bändern eingesetzt, beispielsweise U-Matic, BCN und Ampex.

Der japanische Konzern Sony entwickelte die Videotechnik energisch weiter. Das System High 8 gestattet eine semiprofessionelle Qualität. Für die elektronische Berichterstattung im Fernsehen geeignet ist Betacam. Das Besondere daran ist eine großflächige Aufzeichnung, bei der es zwischen den Spuren keine Abstände mehr gibt. Das Betacam-Format ermöglicht eine kleine Kassette, die im Camcorder, einer Kombination aus Kamera und Recorder, bespielt wird. Die Bildqualität ist absolut professionell.

Zur Verbesserung der Bildqualität ist man bestrebt, einen neuen Fernsehstandard zu entwickeln: HDTV (High Definition Television). In Europa denkt man an eine zweifache Auflösung, also mit 1 250 Zeilen. Die doppelte Auflösung ist eine Voraussetzung für Großbildmonitore und auch für die Videoprojektion. Der HDTV-Standard hat ein Seitenverhältnis von 16 : 9 im Unterschied zu 4 : 3 bei konventionellen Systemen. Das neue Format entspricht mehr dem menschlichen Sehfeld.

Bildplattensystem. Bei dieser Sonderform der Videotechnik wird eine Bildplatte verwendet, die äußerlich einer Schallplatte ähnelt. Auf der Platte sind Bild- und Tonsignale gespeichert. Sie werden auf einem speziellen Bildplattenspieler abgetastet und auf einen Bildschirm übertragen. Ein heute führendes Bildplattensystem ist Laser-Vision, für das Spielfilme, Lernprogramme und Trainingskurse zunehmend angeboten werden. Bildplatten treten in Wettbewerb mit belehrender und unterhaltender Literatur.

Die Bildplatte wird auch in Unternehmen für die Dokumentation und Instruktion eingesetzt, und zwar häufig als **interaktives Medium.** Der Benutzer kann in den Ablauf eingreifen und mit dem System kommunizieren. Er kann auch Wechselbeziehungen zwischen weiteren Systemen, wie Videorecorder und Datenbank, herstellen, wenn er an seinem Arbeitsplatz entsprechende Informationen benötigt.

Kabelfernsehen. Das neue Medium, in den USA erprobt und auch in Europa schon weit verbreitet, bietet seinen Teilnehmern über mehrere Kanäle eines Kabelnetzes zusätzlich zu den Fernsehprogrammen aktuelle Informationen, zum Beispiel lokale Werbe-, Ansage- und Informationsdienste, kommunalpolitische Berichterstattungen sowie Unterhaltungs- und Bildungsprogramme. Ein Fernsehkanal kann für Beiträge und Diskussionen aus Bürgerkreisen freigehalten werden. Über Bildtelefon kann sich der Bürger in die Sendung einschalten und mit dem Moderator im Studio kommunizieren. Dieser Dialog eröffnet neue Ansätze des Lernens und Studierens.

Fast überall im Westteil der Bundesrepublik Deutschland ist Kabelfernsehen möglich. Das neue Kabelnetz entspricht weitgehend den Großgemeinschafts-Antennenanlagen; hinzu kommt eine Sendezentrale. Bei einem weiteren Ausbau

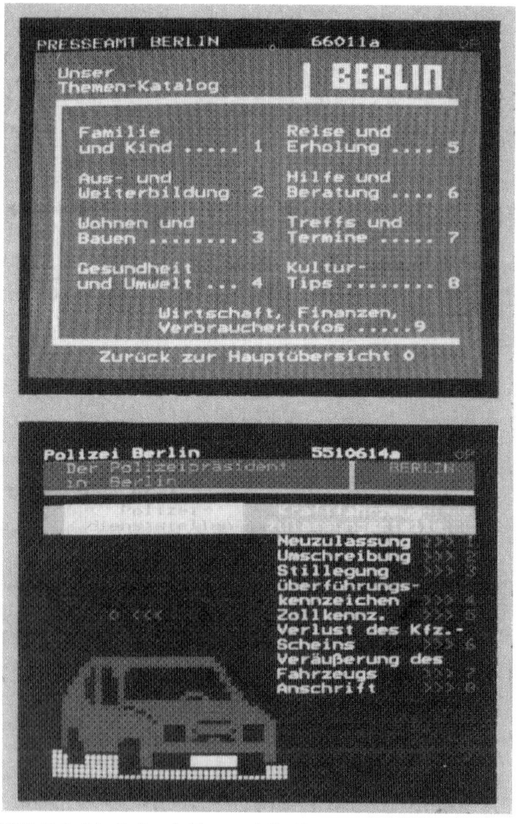

Bild 12.2. Btx-Seiten in Text und Grafik.

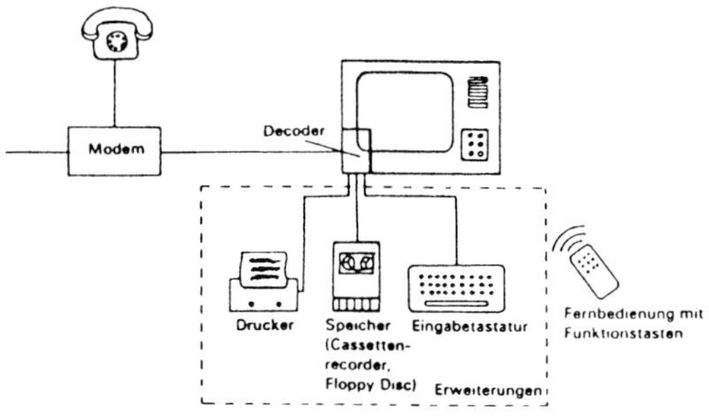

Bild 13.1. Btx-System mit verschiedenen Funktionen.

könnte der regionalen und lokalen Tagespresse ein ernstzunehmender Konkurrent erwachsen, wenn nämlich in den Städten und Kreisen immer mehr private Programme mit Lokalnachrichten und Werbung ausgestrahlt werden.

Bildschirmtext. Beim Btx-System sind Telefon und Fernsehgerät miteinander verbunden. Zusätzlich zwischengeschaltet werden ein Modem, das die Signale umsetzt, und ein Decoder, der in neueren Fernsehgeräten installiert ist und die Zeichen in Btx-Seiten umwandelt. Das Medium verschafft seinen Benutzern Zugang zu Datenzentralen, Informationsbanken und EDV-Speichern. Die Btx-Zentralen sind über Telefon anwählbar; über eine Tastatur werden nach Suchbäumen und Verzeichnissen die gewünschten Informationen abgerufen.

Nach einer Testphase sind Btx-Dienste in großen deutschen Städten eingeführt. Manche Informationsangebote sind nur für geschlossene Benutzergruppen zugänglich, Konkurrenz ergibt sich für gedruckte Nachschlagewerke (Lexika, Adreßbücher, Listen) und Mitteilungen (Vereinsnachrichten, Reiseangebote, Zahlungsverkehr) allerdings bisher nur theoretisch, denn der Durchbruch von Btx auf breiter Front ist ausgeblieben.

Bildschirmzeitung. Dieses Medium heißt auch Videotext. Über Vtx können Texte auf Abruf ohne zusätzlichen Kanal zugleich mit dem Fernsehprogramm übertragen werden. Die Austastlücke (Lücke zwischen zwei Fernsehbildern) wird für die Textübertragung genutzt; gleichzeitig werden die Informationen in einem Zusatzgerät gespeichert. Sie können jederzeit anstelle des Programms eingeschaltet und damit auf dem Bildschirm sichtbar gemacht werden.

Bisher bietet das Vtx-System fernsehbezogene Informationen an, wie Nachrichten und Untertitel. Später könnte Videotext neben Bildschirmtext eine Bedrohung der Tageszeitungen werden, zumal kurze Meldungen (Börsenberichte, Wettervorhersagen, Lottoergebnisse) auf einem Fernsehbildschirm sichtbar gemacht oder durch Kopierverfahren auf Papier dauerhaft gemacht werden können. Diese Technik ist in Japan als Home-Fax bekannt; in Europa spricht man von Faksimile-Zeitung.

Breitband-Kommunikation. Hierbei sollen sich alle neuen Medien zu einem komplexen System verbinden. Dafür wären aber Verteilnetze mit wesentlich höherer Bandbreite erforderlich, als das heute mit Kupferkabeln möglich ist. Diese Breitband-Kommunikationsnetze würden Rückkanäle enthalten und folgende Dienste und Programme einschließen:

1. Bild-Ton-Dialog zwischen Partnern als Bildtelefon;
2. Anschluß an Datenbanken, Archive und Mediotheken;
3. Verbindung mit Btx-Zentralen und Institutionen;
4. Verteilung öffentlicher und privater Fernsehprogramme;
5. Benutzung für Fernschreiben, Fernkopieren; Fernüberwachen, Faksimile-Zeitung und computerunterstützten Unterricht;
6. Bürokommunikation in und zwischen Wirtschaftsunternehmen.

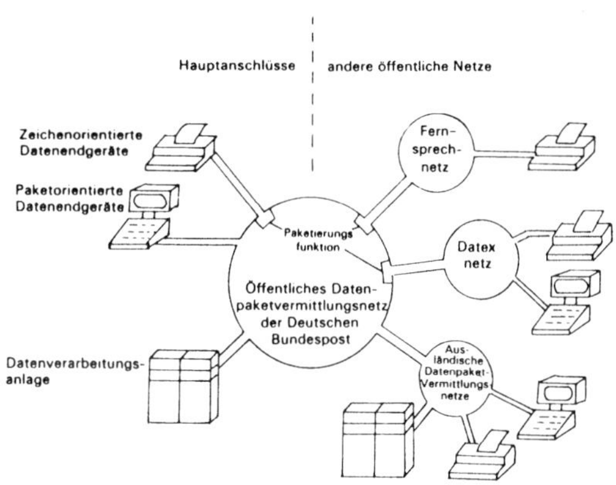

Bild 13.2. Beispiel eines Übertragungsnetzes der Bundespost.

Einen Großteil der Dienste hat die Telekom AG unter der Bezeichnung **Telekommunikation** bereits realisiert. Dazu gehören folgende Bereiche des Informationsaustausches: Sprachkommunikation (Telefon), Textkommunikation (Fernschreiben), Festbildkommunikation (Fernkopieren), Bewegtbildkommunikation (Videokonferenz) und Datenkommunikation.

Offline – Online. Bei Offline-Medien besteht keine Verbindung zur virtuellen Welt über ein Netz.
Die Programme lassen sich auf leistungsstarken Computern abspielen. Sie werden in magnetische und optische Datenträger eingeteilt. Der populärste

magnetische Datenträger ist die Diskette mit 3,5 Zoll. Bei den optischen Datenträgern hat sich die CD-Rom durchgesetzt, weil sie eine große Kapazität für komplexe Programme hat.

Online bedeutet, daß eine permanente Verbindung zwischen zwei Endgeräten oder in einem Netzwerk besteht. Aktuell ist das nationale Netz **ISDN** (Integrated Service Digital Network) der Deutschen Telekom. Es verwaltet sämtliche Übertragungen für Sprache, Bilder und digitale Daten in einem gemeinsamen Netz. Weltweit hat sich das **WWW** (World Wide Web) als eine Ausprägung des Internet etabliert. Das Netz ist irgendwie chaotisch und von niemandem kontrollierbar.

Internet – WWW. Das Internet ist im Ursprung eine Erfindung des amerikanischen Militärs. Das Problem der Strategen im Kalten Krieg war: Wie läßt sich in einem Atomkrieg die Kommunikation zwischen übriggebliebenen Regierungsstellen garantieren? Die Lösung war ein Computernetz, das keine Zentrale hat. Statt dessen werden die Daten in jedem Rechner in Pakete zerlegt, mit einer Adresse versehen und auf die Reise geschickt.

Diese Grundstruktur bestimmt auch heute noch die Funktionen und Risiken des Internet. Wer den einzigen Internet-Betreiber sucht, der wird nicht fündig. Statt dessen gibt es weltweit Hunderte von Institutionen, die den Netzbetrieb gemeinsam sicherstellen. Daß es keine Zentrale gibt, die den Zugang kontrolliert oder eine Zensur ausübt und daß jeder ungehindert zum Informationsanbieter werden kann, das hat die Internet-Fangemeinde schnell anwachsen lassen.

Doch erst das **WWW**, 1992 in der Schweiz entwickelt, machte das Internet richtig populär. Das WWW ist ein aufgesetzter Dienst, der über eine grafische Oberfläche bedient wird, die ein Browser ermöglicht.

Beim Surfen im Internet sind sogenannte Hyperlinks per Mausklick hilfreich. Die Hyperlinks verweisen auf andere Informationen. Klickt man auf eine Textstelle, eine Grafik oder ein Symbol, springt der Rechner auf die markierte Adresse, egal ob die Daten auf einem Server in Kalifornien, bei einer deutschen Universität oder bei einem Privatmann in Hamburg liegen.

Die Netze ermöglichen neue Anwendungen, etwa das Interactive Advertising, eine Werbung mit interaktiven Medien. Das ist beispielsweise eine Probefahrt mit dem neuen Automodell im Simulator oder eine virtuelle Shopping Mall, ein Kaufhaus, in dem man die Kleidung mit seinem eigenen dreidimensionalen Spiegelbild ausprobieren kann. Das grenzt bereits an **Cyberspace,** das totale Erlebnisse im Computer möglich macht. Was dabei noch nicht befriedigt, ist die Dauer, bis ein Bild geladen ist und sich auf dem Bildschirm aufgebaut hat.

Multimedia. Die Computer sind fähig, mit anderen Programmen erzeugte Texte, Grafiken und Bilder zu importieren. Für die Integration der Daten hat die Computerbranche das Schlagwort Multimedia geprägt.

Ähnlich wie beim Personal Computer, der vor gut zehn Jahren die technische Verbindung von Datenver-

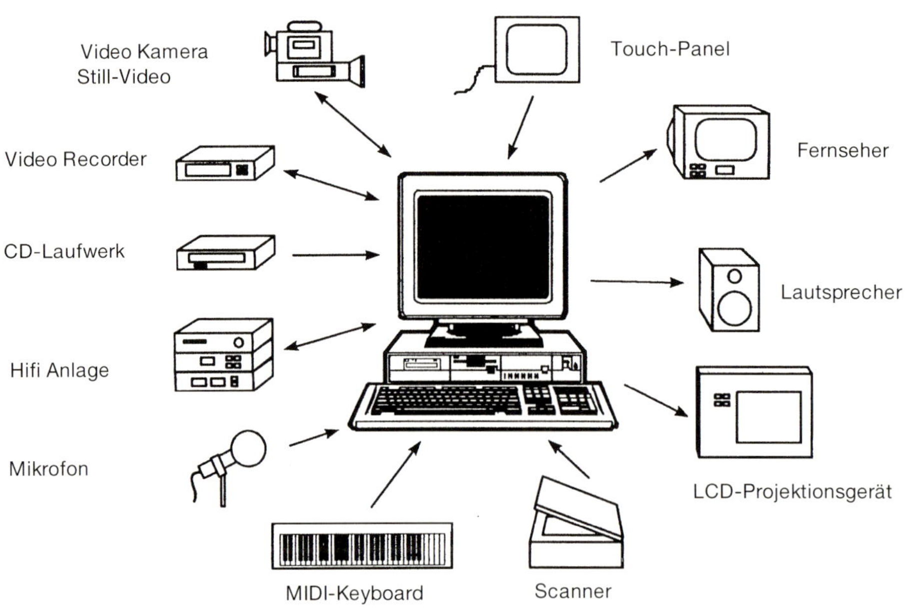

Bild 14.1. Maximale Integration für Multimedia.

arbeitung und Kommunikationstechnik ausgelöst hat, führt heute die Multimedia zu einem rasanten Zusammenwachsen von Design, Fotografie und Audiovision. Der Verbund umfaßt die Komponenten Text, Grafik, Fotografie, Animation, Video und Audio. Entsprechend besteht ein Multimedia-System aus folgenden Geräten: einem leistungsstarken Computer mit einem Farbbildschirm, einem Laufwerk für die **CD-ROM,** einer Compact Disk mit hoher Kapazität, und zwei Audioboxen für die Töne, also für Sprache, Geräusche und Musik.

Der wesentliche Vorteil einer Kommunikation mit Multimedia gegenüber einer Kommunikation mit klassischen Medien ist der **interaktive Dialog,** ein Dialog zwischen Mensch und Maschine. Der Nutzer kann seinen Informationsbedarf selektiv und individuell decken. Die Interaktivität wird gesteigert durch geschickte Navigation im Programm, durch sich selbst erklärende Buttons, durch attraktiv gestaltete Seiten, Spielelemente, Animationen und Simulationen.

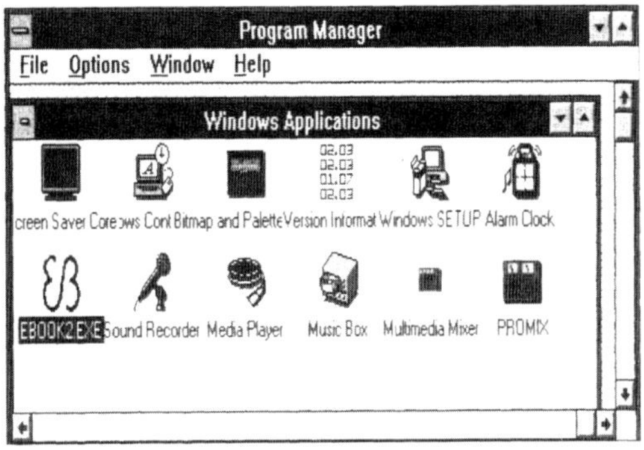

Bild 15.1. Multimedia-Software bei Windows.

Ein Multimedia-Programm kann offline oder online benutzt werden. Die Offline-Produkte befinden sich meist auf CD-ROM, und sie können per Tastatur und Maus oder bequemer per Touchscreen bedient werden. Beliebte Anwendungen sind das **Infotainment,** eine Mischform aus Information und Unterhaltung, und das **Edutainment,** eine Mischform aus Lernen und Unterhalten. Da diese Anwendungen interessant und zukunftsweisend sind, bemühen sich auch Druckereien und Verlage um interaktive Produktionen.

Bild 15.2. Ein CD-Rom-Magazin für Jeans-Mode.

Crossmedia. Mit diesem Schlagwort wird ein Trend in der heutigen Kommunikation umschrieben. Man entwickelt einmal ein Konzept für ein Medium und transformiert dieses ohne großen Aufwand in andere Medien, zum Beispiel vom Hochformat im Prospekt auf Querformat für den Monitor, von Video auf Print und von Print auf WWW. Das ist möglich durch die fast komplette Digitalisierung aller Werkzeuge in Gestaltung und Produktion.

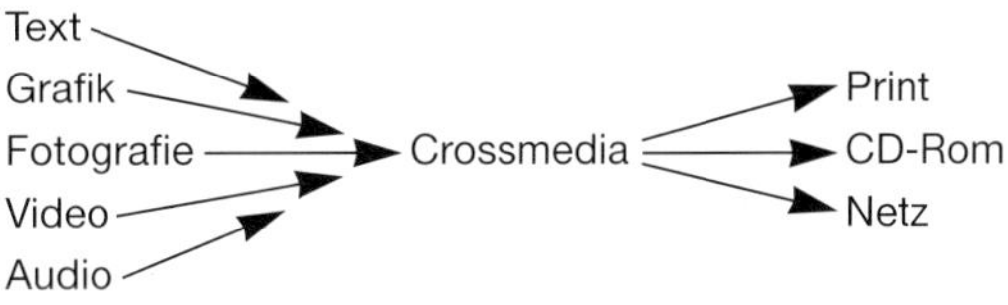

Crossmedia ist für große Kampagnen gedacht. Die werblichen Markenauftritte werden mediengerecht inszeniert. Dabei ist es relativ einfach, ein **Corporate Design** zu erreichen, das heißt eine einheitliche visuelle und audiovisuelle Erscheinung in unterschiedlichen Medien – einheitlich in Schriftbild, Logo, Symbol, Hausfarbe, Jingle, Trailer und so weiter.

Während der Druck früher eine Monopolstellung innehatte, wird er seit Jahren durch sogenannte **neue Medien** bedrängt. Besonders aktive Konkurrenten sind elektronische Programme, wie Hörfunk, Fernsehen, Audiovision und Multimedia. Gedruckte Texte und Bilder müssen sich behaupten gegenüber jener Faszination, die von der Stimme im Radio ausgeht, die von dem bewegten Bild im Fernsehen ausgelöst wird oder die beim interaktiven Umgang an einem programmierten Computer erlebt wird.

Welche Chancen angesichts dieser Entwicklung die Produkte der Druckindustrie in Zukunft haben werden, hängt von mehreren Faktoren ab. Zuverlässige Prognosen sind nicht möglich. Im Vergleich zu den Konkurrenzmedien der Audiovision haben Druckprodukte folgende Vorteile:

1. Sichtbare Speicherung von Informationen auf Bedruckstoff.
2. Ständige Verfügbarkeit der gedruckten Informationen ohne Wiedergabegerät.
3. Grafische Gestaltungsmöglichkeiten vor und während der Herstellung.
4. Vorlagengetreue Vervielfältigung als Massenmedium.
5. Ergänzung und Vertiefung von Informationen.

▼

1. Welche modernen Medien bieten der Tageszeitung Konkurrenz?
2. Erklären Sie folgende Begriffe:
   a) Mikrofiche, b) Videorecorder, c) Homefax,
   d) Bildplattensystem!
3. Heute gibt es zahlreiche Konkurrenzmedien zur Drucktechnik. Welche Druckprodukte werden sich nach wie vor auf dem Informationsmarkt behaupten? Begründen Sie Ihre Stellungnahme!
4. Auf welchen Gebieten ergänzen sich Druckprodukte und sogenannte neue Medien der Nachrichtentechnik?
5. Wie unterscheiden sich Online-Medien und Offline-Medien?
6. Welche Komponenten verbinden sich zu einem Multimedia-System?
7. Welche Idee steckt hinter dem Schlagwort Crossmedia?

1.2 Produktion der Druckindustrie

Schwarze Kunst, Grafisches Gewerbe, seit Jahrzehnten Druckindustrie – das sind Bezeichnungen für denselben Produktionszweig. Diese Bezeichnungen sind für verschiedene Epochen charakteristisch. Die ursprünglich handwerklich-künstlerischen Methoden wandelten sich mit der Industrialisierung im 19. Jahrhundert zu mechanisierten Arbeitsverfahren. Druck- und Setzmaschinen wurden erfunden. Mit fortschreitender Technisierung und nachfolgender Automatisierung entwickelte sich das grafische Gewerbe zur **Druckindustrie.** Eine Folge davon ist die zunehmende Spezialisierung der Betriebe der Druckindustrie.

1.2.1 Druckbetriebe und Druckprodukte

Zur Zeit gibt es in der Bundesrepublik Deutschland mehr als 8 000 Unternehmen der Druckindustrie. Das sind mehr als 2 % der Gesamtindustrie. Sie erwirtschaften einen Umsatzanteil von rund 1,8 %, gemessen an der deutschen Gesamtindustrie.

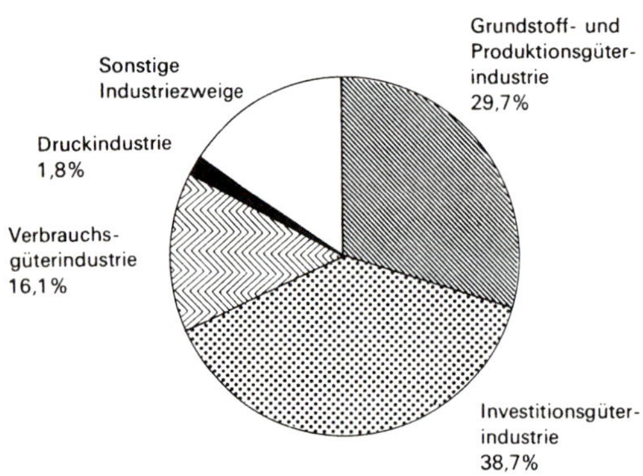

Bild 16.1. Anteil der Druckindustrie.

Die Druckindustrie besteht überwiegend aus Klein- und Mittelbetrieben; sie ist eine mittelständische Branche. Die zwischenbetriebliche Aufgaben- und Arbeitsteilung fördert und sichert die Existenz kleiner Spezialbetriebe. Durch die intensive Kundenberatung, wie sie besonders von kleineren Betrieben angeboten wird, stellt das typische Druckunternehmen eine gemischte Form aus Produktions- und Dienstleistungsbetrieb dar. Das Personal ist spezialisiert, qualifiziert und entsprechend hoch bezahlt. Die Betriebsorganisation ist meistens konservativ. Die kleinen und mittleren Betriebe der Druckindustrie sind vielfach Familienbetriebe der Unternehmensformen KG, OHG oder GmbH.

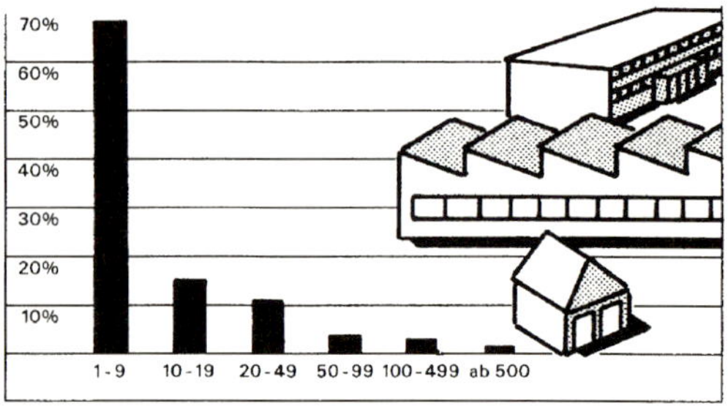

Bild 16.2. Betriebsgrößen in der Druckindustrie.

Weniger als 1 % der Unternehmen sind als Großbetriebe zu bezeichnen. Sie sind in der Regel als AG organisiert und entsprechend mit Kapital für Rationalisierungsmaßnahmen ausgestattet. Nachteilig ist ihr hoher Verwaltungsaufwand. Zu dieser Gruppe gehören vorwiegend Großverlage, Konzerne und Fusionen (unternehmerische Zusammenschlüsse). Es handelt sich um etwa 15 Großbetriebe mit über 500 Beschäftigten, die einen Umsatzanteil von 15 % haben.

Die meisten Betriebe haben sich auf bestimmte Druckverfahren spezialisiert. Das Diagramm aus

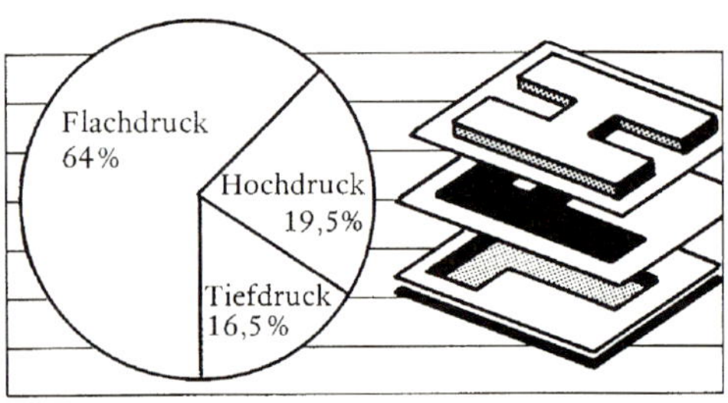

Bild 16.3. Produktionsanteile der Druckverfahren.

der Statistik der Druckindustrie zeigt die Anteile der Druckverfahren.

Während der Hochdruck in Teilbereichen deutlich abnimmt, gewinnt der Flachdruck neue Marktanteile hinzu und bewegt sich in Richtung der Zweidrittel-Grenze. Das relativ geringe Ansteigen des Tiefdrucks erklärt sich aus der kostspieligen und langwierigen Formherstellung, die erst bei Höchstauflagen rentabel wird. Hinzu kommt noch, daß dem Tiefdruck, teilweise auch dem Offsetdruck im Flexodruck eine Konkurrenz erwachsen ist. Der Flexodruck ist ein besonders rationelles Hochdruck-Verfahren für Verpackungs- und Dekordrucke.

Der größte Gewinner auf dem Druckmarkt ist der **Offsetdruck.** Er hat sich den vielseitigsten Absatzmarkt erschlossen; seine besonderen Stärken sind Werbedrucke, Verpackungsdrucke, Pressedrucke und Bücher. Ursachen für den „Offset-Boom“ sind vor allem:

1. progressive Forschung und Entwicklung moderner Technologien,
2. schnelles Vordringen der Fotosatztechnik,
3. rationelle Reproduktionstechnik in Verbindung mit Filmkorrektur,
4. unkomplizierte Druckplattenherstellung,
5. direkte Ganzformherstellung ohne Plattenmontage,
6. hohe Druckgeschwindigkeiten der Offsetmaschinen, besonders der Rollenoffsetdruckmaschinen,
7. leichte Bedruckbarkeit der verschiedensten Oberflächen,
8. höhere Wiedergabequalität bei Bilderdrucken und auch bei Flächendrucken.

▶ Mehr über Druckverfahren im Kapitel 8.

In vielen Fällen können für dasselbe Produkt unterschiedliche Druckverfahren gewählt werden. Bücher werden beispielsweise nicht nur im Buchdruck, also im Hochdruck, sondern auch und überwiegend im Offsetdruck hergestellt. Aus diesem Sachverhalt ergibt sich, daß Betriebe mit unterschiedlichen Druckverfahren miteinander um dieselben Aufträge in Wettbewerb treten. Das Verfahren, in dem schneller, rationeller und kostensparender produziert werden kann, wird sich langfristig bestimmte Druckaufträge sichern.

Bei den Auftragsgruppen zeichnet sich folgende Entwicklung ab: Die starken Säulen der Druckproduktion sind nach wie vor: Zeitungen und Zeitschriften, Werbedrucke, Geschäftsdrucke und Formulare. Werbung tritt in direkter oder indirekter Form bei allen Produktgruppen auf. Damit ist die Werbewirtschaft der Hauptauftraggeber der Druckindustrie. Ordnende Informationsmittel, wie Geschäftsdrucke und Formulare, haben nur noch geringe Anstiege, weil sie immer mehr durch elektronische Bürokommunikation ersetzt werden. Die ursprünglich vorherrschenden Produkte, die bildenden Informationsmittel, wie Bücher und Zeitungen, haben eine geringe Zuwachsrate, auch wenn ihr Marktanteil heute noch vorherrschend ist. Insgesamt erwarten Prognostiker langfristig eine geringe kontinuierliche Auftrags- und Produktionssteigerung in der Druckindustrie, die aber unter den durchschnittlichen Zunahmen der Gesamtindustrie liegen wird.

▼

1. Studieren Sie die Betriebsstruktur der Druckindustrie! Vergleichen Sie die Betriebsgrößen mit den jeweiligen Umsatzanteilen!
2. Stellen Sie die Trends der Druckverfahren fest, und erläutern Sie die Ursachen!
3. Zeichnen Sie ein Säulendiagramm zur Gliederung der Druckprodukte nach Druckverfahren! Stellen Sie die Schwerpunkte der Verfahren fest!

1.2.2 Druckkosten und Kalkulation

Die Herstellung von Druckprodukten wirft nicht nur technische Probleme auf, sondern auch betriebswirtschaftliche. Ihre Lösung ist in erster Linie eine Aufgabe der Unternehmensleitung. Sie plant, was und wie zu welchem Preis produziert werden soll. Da sich das unternehmerische Planen günstig oder ungünstig auf alle Mitarbeiter im Betrieb auswirkt, streben auch Arbeitnehmer nach mehr Einblick in Kostenfragen. Eine Reihe moderner Unternehmen der Druckindustrie legt auf dieses Mitdenken großen Wert.

Wichtige Aufgaben sind im Unternehmen zu bewältigen, wie Organisation, Beschaffung, Absatz, Finanzierung, Arbeitsvorbereitung, Kostenrechnung. Einen Überblick über betriebswirtschaftliche Funktionen bietet das Schema der Organisation und Produktion einer Druckerei.

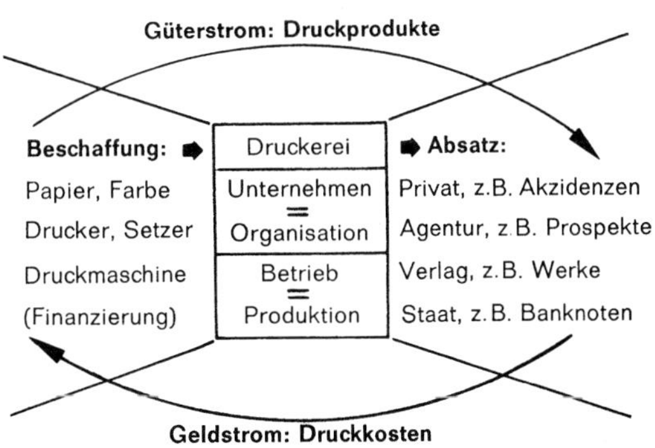

Bild 17.1. Organisation und Produktion einer Druckerei zwischen Beschaffungsmarkt und Absatzmarkt.

Zu erkennen sind die beiden Hauptmärkte, auf denen die Druckerei verschiedene Produkte nachfragt beziehungsweise anbietet, nämlich Beschaffung und Absatz, verbunden durch den Güter- und den Geldstrom.

Produzieren ist mit Riskieren verbunden. Nach obigem Schema heißt die Frage: Entspricht der Geldstrom dem Güterstrom? Einige Druckprodukte, allen voraus Verlagserzeugnisse, werden auf eigenes Risiko herausgegeben. Ein Taschenbuchverlag zum Beispiel muß einen Käuferkreis für seine Neuerscheinungen gewinnen, sonst kann er seine Bücher nicht verkaufen, und es bleibt nur der Makulaturwert (Altpapierwert).

Weniger groß ist das Risiko bei den meisten Reproduktions-, Satz- und Druckprodukten, da sie nach Auftrag hergestellt werden. Hier kommt es darauf an, sich durch Qualitätsniveau und Terminsicherheit gegen Reklamationen und Minderbezahlungen abzusichern. Auch der Auftraggeber versucht, das Risiko zu verkleinern. Er bestellt nicht ohne Kostenvoranschlag. Gleichzeitig läßt er sich mehrere Kostenvoranschläge kommen und vergleicht die Angebote der Konkurrenten miteinander.

Das Angebot auszuarbeiten ist Sache des Verkaufs. Die Angebotsabgabe zwingt das Unternehmen zu einem Balanceakt: Ein zu hoher Preis führt leicht zu Auftragsverlusten, ein zu niedriger Preis verringert den Gewinn oder – was noch schlimmer wäre – deckt nicht einmal die eigenen Kosten. Die schlimmste Folge andauernder Kostenunterdeckung wäre die Auflösung des Unternehmens durch Konkurs.

▼

1. Welche Aufgaben hat die Unternehmensleitung eines Reproduktions-, Satz- oder Druckbetriebes?
2. Wofür braucht das Unternehmen zusätzlich zu kostendeckenden Preisen noch Gewinn?
3. Welche Maßnahmen kann das Unternehmen ergreifen, wenn die Erlöse nicht die Kosten decken?

Grundlage für den Angebotspreis sind die **Selbstkosten.** Was ein Auftrag den Betrieb selbst kostet, wird durch Kalkulation ermittelt. Der Kalkulator überdenkt die Auftragsabwicklung im voraus und errechnet die Kosten aller Arbeitsvorgänge. Auf der Grundlage der Selbstkosten wird der Angebotspreis je nach Markt- und Auftragssituation festgelegt und dem Auftraggeber übermittelt.

Erste Voraussetzung einer richtigen Kalkulation ist, daß die Vorlagen (Layouts, Manuskripte, Fotos, Reinzeichnungen) komplett sind. Zweite Voraussetzung ist, daß man im Betrieb über einen Kosten- und Leistungskatalog verfügt. Der Kostenkatalog enthält die Stundensätze (Selbstkosten pro Stunde je Arbeitsplatz). Der Leistungskatalog enthält die Fertigungszeiten je Arbeitsvorgang, so zum Beispiel: die Ausgabeleistung einer Belichtungseinheit, die Dauer der Herstellung einer Offset-Druckplatte oder den Bogenausstoß einer Druckmaschine in einer Stunde. An die Stelle von durchschnittlichen Leistungswerten, die aus den Eintragungen der Tagesarbeitszettel ermittelt wurden, können auch Werte aus Arbeitszeitstudien (REFA-System) treten. Dritte und wichtigste Voraussetzung ist, daß der Kalkulator sowohl ein ganzer Fachmann als auch ein halber Kaufmann ist.

Jedem **Stundensatz** liegt eine Platzkostenrechnung zugrunde. Hierin werden alle Kosten erfaßt, die mit dem Arbeitsplatz verbunden sind. Das sind folgende Kostengruppen:
1. Personalkosten,
2. Sachgemeinkosten,
3. Kalkulatorische Kosten,
4. Verwaltungs- und Vertriebskosten.

In der Platzkostenrechnung sind die vier Kostengruppen in einzelne **Kostenarten** aufgegliedert. Die Personalkosten bestehen aus Löhnen, Gehältern und Sozialleistungen. Zu den letzteren gehören die vom Unternehmer zu tragenden Beitragsanteile für die Renten-, Kranken-, Arbeitslosen- und Unfallversicherung sowie alle freiwilligen Sozialleistungen (Kantinenzuschüsse, Gratifikationen, Fahrtkostenerstattungen).

Die Sachgemeinkosten entstehen allgemein und können deswegen pro Auftrag nicht einzeln, sondern nur summarisch verrechnet werden. Dazu zählen Gemeinkostenmaterial, wie Chemikalien, Wasch-, Putz- und Schmiermittel, Farbzusätze, Gummitücher und anderes, außerdem Instandhaltung und Reparaturen.

Die kalkulatorischen Kosten richten sich nach dem investierten Kapital (Anschaffungswert des Gerätes oder der Maschine) und dem Raumbedarf. Einzelne kalkulatorische Kosten sind Miete und Heizung, Abschreibungen (Wertverzehr durch Verschleiß und Überalterung) und Zinsen.

Die Verwaltungs- und Vertriebskosten umfassen die Unternehmensleitung, das Personalwesen, die Buchhaltung, die Betriebsleitung, die Arbeitsvorbereitung, den Verkauf und die Angebotsabgabe.

Das übliche **Kalkulationsschema** der Druckindustrie baut sich aus drei Posten auf: Betriebsleistung, Materialkosten und Vertriebssonderkosten (Fracht, Provision). Die Kosten der Betriebsleistung errechnen sich aus Fertigungszeit mal Stundensatz. Typisch für die Druckproduktion ist der hohe Anteil der Kosten für die Betriebsleistung im Vergleich zu den Materialkosten. Das liegt an der arbeitsintensiven Produktionsweise und an den relativ hohen Facharbeiterlöhnen in der Druckindustrie.

Fertigungsstufen	
Satztechnik	
Reproduktionstechnik	
Drucktechnik	
Buchbinderei	= Betriebsleistung
Fertigungsmaterial	
+ Materialgemeinkosten	= Materialkosten
	+ Vertriebssonderkosten
	= Selbstkosten

Bild 19.1. Vereinfachtes Kalkulationsschema für die Druckindustrie.

Man unterscheidet zwei Arten der Kalkulation: Vor- und Nachkalkulation. Die Vorkalkulation wird vor Auftragsausführung, die Nachkalkulation nachher erstellt. In ihr stellt man die tatsächlich entstandenen Kosten fest und überprüft, ob der Kostenvoranschlag richtig war. Als Unterlagen dienen die Tageszettel, die jeder Mitarbeiter ausfüllen muß. Für die Nachkalkulation ist es wichtig, daß die täglichen Aufschriebe wahrheitsgemäß gemacht werden.

▼

1. Welche Kostenarten sind in folgenden Kostengruppen enthalten: Personalkosten, Sachgemeinkosten, kalkulatorische Kosten, Verwaltungs- und Vertriebskosten?
2. Wie hoch ist der Stundensatz des Arbeitsplatzes, an dem Sie lernen? Wie hoch sind die Investitionskosten für Maschinen und Geräte?
3. Fragen Sie den Kalkulator Ihres Betriebes nach folgenden Begriffen: Vorkalkulation, Selbstkosten, Angebotspreis, Nachkalkulation!
4. Achten Sie im wirtschaftskundlichen Unterricht auf die Themen: Betriebsabrechnung, Bilanz, Gewinn- und Verlustrechnung!

1.2.3 Rechtsfragen

Es gibt kein spezielles Recht der Druckindustrie und verwandter Wirtschaftsbereiche; es gibt nur allgemeine Rechtsvorschriften, Grundsatzurteile von Gerichten in besonderen Streitfällen und „anerkannten Handelsbrauch", das heißt Bedingungen, die im Verkehr zwischen Betrieb und Auftraggeber üblich sind.

Für Reproduktions-, Satz- und Druckbetriebe ist das Vertragsrecht juristisch grundlegend. In der Verlagsarbeit werden das Verlagsrecht und das Urheberrecht beachtet. Für Werbeagenturen und grafische Studios enthält das Wettbewerbsrecht und das Urheberrecht wichtige Vorschriften. Das Verhältnis zwischen Arbeitgeber und Arbeitnehmer wird durch das Arbeitsrecht geregelt.

Nach dem **Vertragsrecht** des Bürgerlichen Gesetzbuches gilt allgemein Vertragsfreiheit in Inhalt und Form. Jeder kann bei jedem Betrieb ein Produkt bestellen, ob mündlich, telefonisch oder schriftlich; die Schriftform ist jedoch immer die beste. Oft wird vereinbart, daß mündliche Abmachungen erst durch schriftliche Bestätigung rechtsverbindlich werden.

Bevor der Auftraggeber etwas bestellt, läßt er sich meist mehrere Angebote kommen. Beim Vergleich der Angebote sind drei Faktoren bestimmend: Preis, Qualität und Termin. Qualität ist eine zentrale Forderung der Auftraggeber. Da sie bei grafischen Produkten nicht meßbar ist, läßt sich eine bestimmte Güteklasse kaum vertraglich vorherbestimmen. Hierüber kommt es nicht selten zu Auseinandersetzungen, die bis vor die Gerichte getragen werden. Damit solche Streitfälle eingedämmt werden, sollte sich jeder Mitarbeiter im Betrieb zu Qualität verpflichtet fühlen.

Mit der Bestellung und Bestätigung einer Arbeit beziehungsweise eines Auftrags ist ein Vertrag abgeschlossen. Nach den Begriffen des Bürgerlichen Rechts unterliegt die Werbebetreuung durch eine Agentur dem **Dienstvertrag** (auch Agenturvertrag), die Herstellung von Reproduktionen und Druckprodukten dem **Werkvertrag.** Die Partner des Werkvertrages heißen Besteller und Lieferant (Druckbetrieb). Über die beiderseitigen Pflichterfüllungen schreibt das Bürgerliche Gesetzbuch vor: Der Lieferant muß in vereinbarter Zeit zum vereinbarten Preis liefern; der Besteller muß abnehmen und bezahlen. Weitere Rechte und Pflichten kommen vereinbarungsgemäß hinzu.

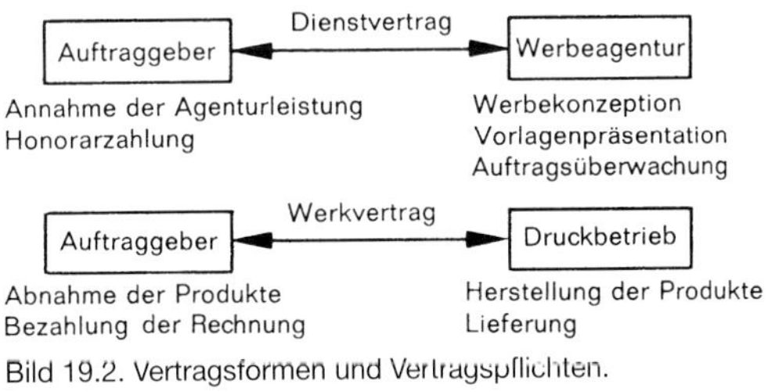

Bild 19.2. Vertragsformen und Vertragspflichten.

Die Druckereien haben oft eigene **Geschäftsbedingungen.** Darin wird zum Beispiel festgelegt, daß die Rechnung (Nettopreis zuzüglich Mehrwertsteuer) am Tage der Lieferung ausgestellt wird und innerhalb von 30 Tagen zu bezahlen ist. Bis zur vollen Bezahlung bleibt die gelieferte Druckauflage Eigentum der Druckerei. Die Lieferzeit wird nach Arbeitsumfang (Satzarbeit, Reproduktionen, Auflagenhöhe) vereinbart und ist verpflichtend. Für Lieferungsverzug infolge höherer Gewalt (Naturkatastrophe, Notstand, Streik, Energiemangel) ist die Druckerei nicht verantwortlich.

Neben Zahlungs- und Lieferungsbedingungen werden **Reklamationen** (Beanstandungen) geregelt. Satz- und Reproduktionsfehler werden kostenfrei berichtigt. Vom Betrieb nicht verschuldete Autorenkorrekturen und vorlagenbedingte Änderungen (unleserliche Manuskripte, unverbindliche Bildvorlagen) werden nach Arbeitszeit kalkuliert und berechnet. Ein Sicherheitsfaktor sind Korrekturabzüge und Andrucke, die der Besteller für druckreif erklärt. Nach dem **Imprimatur** (Druckerlaubnis) gehen alle Änderungen zu Lasten des Auftraggebers.

▼

1. Informieren Sie sich in einem Lehrbuch über Rechtsgeschäfte und Verträge! Schlagen Sie im BGB die Paragraphen über Dienst- und Werkverträge auf!
2. Welche Reklamationen muß der Betrieb kostenfrei bearbeiten? Welche Änderungen gehen zu Lasten des Auftraggebers?
3. Was bedeutet der Ausdruck Imprimatur?

In Agenturen und Verlagen sind Urheberrecht und Verlagsrecht zu beachten. Nach den Vorschriften im **Verlagsvertrag** ist der Autor verpflichtet, seine Manuskripte gegen ein vereinbartes Honorar dem Verleger zu überlassen. Dieser muß das Werk vervielfältigen und verbreiten. In Büchern und Schriften macht der Verlag sein alleiniges Verwertungsrecht durch den **Copyright**-Vermerk kenntlich, in Presseerzeugnissen durch das **Impressum** (Erscheinungsvermerk des Verlages).

Das **Urheberrecht** schützt den Urheber und sein publiziertes Werk. Es soll verhindert werden, daß sich Dritte des Werkes bedienen und aus Plagiaten (Diebstahl geistigen Eigentums) wirtschaftlichen Nutzen ziehen. Nachdruck oder Vervielfältigung ist ohne Genehmigung des Herausgebers nicht zulässig. Auch grafische Vorlagen und Fotos sind urheberrechtlich geschützt. Als Urheber gilt derjenige, dessen Name oder Signet auf der Vorlage oder der Druckauflage steht. Agenturen machen ihre Rechte oft durch den Hinweis (Stempelaufdruck) deutlich, daß ohne ihr Einverständnis nichts geändert, hinzugefügt oder anderweitig übernommen werden darf. Die Reproduktions- und Satzbetriebe müssen unbedingt den Originalcharakter von Vorlagen beachten.

Wer Werbemittel plant und gestaltet, muß das **Wettbewerbsrecht** beachten. Werbung und freier Wettbewerb hängen eng zusammen, denn Werbung ist ein wirksames Mittel im Konkurrenzkampf und fördert die Leistungen. Die Freiheit zu produzieren und zu konsumieren, was und wie man will, kann durch Werbung gefährlich eingeschränkt werden. Den Konsumenten werden beispielsweise auf marktschreierische Weise neue Bedürfnisse suggeriert. Wo die Manipulation anfängt und aufhört, ist schwer zu entscheiden. Den anderen Produzenten und Mitbewerbern wird der Kampf angesagt. Um vor Mißbrauch der Freiheit zu bewahren, bedarf es des rechtlichen Schutzes gegen unlauteren Wettbewerb.

Ausgesprochen verboten sind falsche und täuschende Angaben über Produkte. Untersagt ist außerdem vergleichende Werbung, die eigene Leistungen anpreist und fremde herabsetzt. Werbung, die gegen „die guten Sitten" verstößt, kann verboten werden.

Das allgemein formulierte **Arbeitsrecht** wird durch Tarifverträge zwischen den Sozialpartnern ausgefüllt. Sie heißen in der Druckindustrie: „Bundesverband Druck" und „Industriegewerkschaft Medien". Strittigster Punkt bei deren Tarifverhandlungen ist der „grafische Ecklohn", das ist der Mindestlohn des Facharbeiters in der Druckindustrie. Im einzelnen Betrieb kann er durch übertarifliche Zuschläge verbessert werden. Die Sozialpartner handeln außer dem Lohntarifvertrag den Manteltarifvertrag aus, meistens für eine längere Laufzeit. Er enthält Vereinbarungen über Lohnstaffelung, Arbeitsart, Arbeitszeit, Überstunden, Pausen, Urlaub und andere Rahmenbedingungen.

▼

1. Darf ein Manuskript, das dem Setzer sprachlich fehlerhaft erscheint, ohne weiteres geändert werden?
2. Ist es rechtlich verboten, eine grafische Idee, beispielsweise das Handzeichen als Blicklenkung, zu übernehmen? Wie steht es mit dem Schutz von eingetragenen Warenzeichen?
3. Welche Formen von Werbung sind nach Wettbewerbsrecht untersagt?
4. Wie sieht der Copyright-Vermerk in diesem Lehrbuch und anderen Werken aus?
5. Informieren Sie sich aus der Presse über die Arbeit der Tarifpartner! Wo haben sie ihren Sitz? Wie lauten die jüngsten Tarifabschlüsse?
6. Lesen Sie in einem Wirtschaftskunde-Lehrbuch nach, welche Rechte und Pflichten Arbeitgeber und Arbeitnehmer aus dem Arbeitsvertrag haben!

1.3 Abwicklung eines Druckauftrages

Ein Druckauftrag läßt sich so formulieren: Ausgehend von einer Vorlage, soll eine bestimmte Anzahl gleicher Druckprodukte hergestellt werden. Dabei verlangt der Auftraggeber, daß seine Informationen, die in Texten und Bildern enthalten sind, unverfälscht wiedergegeben werden. Die Betrachter oder Leser sollen von Inhalt und Gestaltung beeindruckt sein. Visuelle Informationen, die drucktechnisch übertragen und vervielfältigt werden, bestehen aus Schriftzeichen, Tonwerten und Farbwerten. Neben Druckverfahren stehen zur Wiedergabe von Vorlagen verschiedene Kopierverfahren zur Verfügung.

Die **Kopierverfahren** übertragen Vorlagen direkt, also ohne Zwischenspeicher. Das geschieht meist durch Licht- oder Wärmestrahlung auf präparierte Träger. Bekannte Kopierverfahren sind: Fotokopie, Thermokopie, Lichtpause, Xerografie beziehungsweise Elektrofotografie. Da wegen des fehlenden Informationsspeichers keine Korrekturmöglichkeit besteht, ist die Qualität von Kopien im allgemeinen geringer als die von Druckprodukten.

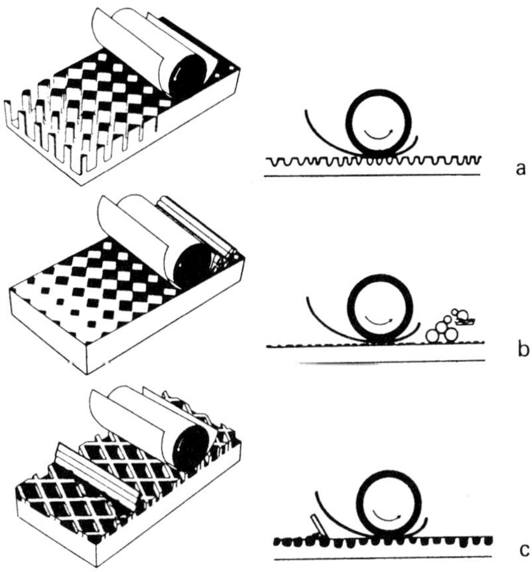

Bild 21.1. Schema der drei Druckverfahren.
a Hochdruck: druckende Elemente erhaben.
b Flachdruck: druckende und nichtdruckende Elemente gleich hoch.
c Tiefdruck: druckende Elemente vertieft.

Nach herkömmlichem Verständnis ist Kopieren ein Übertragen von transparenten Vorlagen durch Licht auf strahlungsempfindliche Schichten – und das nur einfarbig. Längst ist es möglich, von Aufsichtsvorlagen zu kopieren – und das auf Normalpapier und auch in Farbe. Die **Farbkopie** ist heute unverzichtbar bei der Präsentation von Druckvorlagen, wenn ein möglichst realitätsnaher Eindruck erzielt werden soll.

Die **Druckverfahren** benutzen Druckformen zur Vervielfältigung. Diese sind Informationsspeicher, in die zu vervielfältigende Texte und Bilder eingearbeitet sind. Da die Produktion mehrstufig abläuft, kann die Wiedergabequalität an mehreren Stellen durch Korrekturen beeinflußt werden. Je nach Aufbau der Druckformen unterscheidet man: Hochdruck, Tiefdruck, Flachdruck, Durchdruck.

▶ Über die Verfahren des Hochdrucks, Flachdrucks und Tiefdrucks siehe auch Kapitel 8.

Bei dem neu entwickelten Druckverfahren **Ink-Jet-Printing** (Düsenstrahldruck) wird der Informationsspeicher Druckform durch einen EDV-Speicher ersetzt. Die EDV-Anlage steuert den Farbauftrag mittels Düsen auf den Bedruckstoff. Alle Vervielfältigungsverfahren, bei denen es keinen Kontakt zwischen Form und Papier gibt, werden als **Non-Impact** bezeichnet.

In nächster Zeit wird man aber noch mit der Druckform als traditionellem Informationsspeicher arbeiten, der ständig weiterentwickelt wird.

Der Weg von der Druckvorlage zum Druckprodukt umfaßt mehrere Teilstationen, die je nach Produkt und Verfahren variieren. Den Teilstationen sind im Druckbetrieb aufeinanderfolgende technische Abteilungen zugeordnet, wie Satzherstellung, Bildverarbeitung, Reproduktionsfotografie, Filmretusche, Filmmontage, Druckformherstellung, Drucktechnik und Druckverarbeitung.

Unter **Druckvorlagen** versteht man im allgemeinen Entwürfe, Layouts und Produkte, die der Drucker vom Gestalter vorgelegt bekommt. Es gibt keine Einheitsvorlage. Jeder sieht seinen Arbeitsbereich und definiert sich seine Vorlage. Der Schriftsetzer versteht unter seiner Vorlage das Manuskript, das er absetzt und anordnet. Für den Reproduktioner ist die Vorlage ein bildhaftes Objekt, das er einscannt und sachgemäß bearbeitet, damit es später gedruckt werden kann. Jedenfalls soll unter Druckvorlage das verstanden werden, was am Anfang der technischen Übertragung steht.

Die **Druckvorlagenherstellung** ist nur einigen Großbetrieben der Druckindustrie angegliedert. Meistens entstehen Druckvorlagen außerhalb von Druckereien in kleinen Spezialbetrieben, beispielsweise in grafischen und fotografischen Ateliers, in Werbeagenturen oder Werbeabteilungen von Großunternehmen. Die **Druckvorstufe,** englisch **Pre Press** genannt, gliedert sich auf in die beiden Bereiche: **Reproduktionstechnik** und **Satztechnik.** Hier haben sich kleine Betriebe spezialisiert, wie Scanner- und Retuschestudios, Reproduktions- und Lithografieanstalten, Satzstudios und Layoutsetzereien. Die Vervielfältigung durch **Drucktechnik** geschieht meist in Gemischtbetrieben, die selber setzen, reproduzieren, drucken und weiterverarbeiten können, seltener in reinen Druckereien, die sich nur mit Drucken befassen. Auch reprografische Kleinbetriebe haben in einem begrenzten Produktionsprogramm alle Arbeitsstufen vereinigt.

Während **Reproduktionsvorlagen** faksimile (vorlagengetreu) zu übertragen sind, werden **Satzvorlagen** nicht faksimile, sondern manuskriptgerecht umgesetzt. Der Text erhält seine typografische Gestalt erst durch Auswahl und Anordnung von Schriftzeichen. Nach der Korrektur (Berichtigung) der reproduzierten Filme und der gesetzten Texte werden die einzelnen Informationsteile in der **Montage** entweder manuell mit Filmen oder elektronisch am Bildschirm zu einer Gesamtform aus Bildern und Text zusammengestellt. Diese Gesamtform, in der Fachsprache auch Montage genannt, dient als Kopiervorlage für die Druckformherstellung.

Hier in den Vorstufenbetrieben sind seit etwa 1980 elektronische Verfahren vorherrschend, zum Beispiel Desktop Publishing, Computer Publishing, Desktop Reproduction, Color Management und digitale Bild-Text-Integration. Die technischen Innovationen sind enorm. Das erfordert einerseits hohe Investitionen und andererseits geschultes Personal, das mit Computern und Programmen umgehen kann.

Beim Drucken werden die in Druckformen eingearbeiteten Informationen auf Bedruckstoffe, meistens Papier, übertragen. Im Unterschied zur künstlerischen Druckgrafik (Handdruck oder manuelle Drucktechnik) soll beim industriellen Druck jedes Produkt innerhalb einer Massenauflage dem anderen genau gleichen. Meistens müssen Druckbogen zu konfektionierten Produkten weiterverarbeitet werden.

Der Bereich **Drucktechnik** ist stärker maschinisiert und standardisiert als die Vorstufen zum Druck, wo man auf manuelle und individuelle Arbeit nicht verzichten kann. Das Kernstück in der Druckindustrie ist der Druckprozeß: In der Druckmaschine werden die in die Druckform eingearbeiteten Informationen mittels Druckfarbe auf den Bedruckstoff übertragen.

Für die **Druckverarbeitung** bestehen kleine Handbuchbindereien und große Industriebuchbindereien. Hier werden die Druckbogen zu konfektionierten Endprodukten weiterverarbeitet. Durch Schneiden, Stanzen, Falzen, Heften, Binden, Kleben, Lackieren, Kaschieren erhält das Produkt seine endgültige Form. Gesichtspunkte der Druckweiterverarbeitung sind: Zweckmäßigkeit, Schutz und Dekoration beziehungsweise Werbung.

▶ Über Buchbinderei siehe auch Kapitel 10.

Jede drucktechnische Informationsübertragung führt vom Input (Eingabe) über produzierende Stufen zum Output (Ausgabe). Als Input-Material finden wir verschiedene Informationsträger: Vorlagen wie Manuskripte, Pressefotos, Grafiken, Farbdiapositive; außerdem Bearbeitungsunterlagen wie Anweisungen, Änderungswünsche, Layouts. Die Vorlagen werden eingeteilt in Reproduktionsvorlagen und Satzvorlagen, Manuskripte genannt. Als Output liegen fertige Druckprodukte als vervielfältigte Informationen vor.

Während der Arbeitsabläufe vom Input zum Output wechseln die Informationen ständig den Träger. Grundsätzlich ist zwischen aktiven und passiven Zwischenträgern der Information zu unterscheiden. Aktive Informationsträger sind: Farbe auf Vorlagen, Farbsymbole (schwarze Schrift, Linien, Flächen), von Vorlagen reflektiertes Licht, elektrische Signale, gegerbte Partien in Kopierschichten, auf Bedruckstoffe übertragene Farbschichten. Passive Informationsträger werden bei der Informationsübertragung nicht verändert. Dazu gehören: Kunststoffunterlagen von Farbdiapositiven und Reproduktionsfilmen, Montagefolien, Plattenzylinder, Druckmaschinen, Bedruckstoffe.

▼

1. Welche Stufen der drucktechnischen Informationsübertragung sind in entsprechenden Abteilungen Ihres Betriebes vorhanden? Fertigen Sie eine Skizze der Stufen an, und verbinden Sie diese sinngemäß durch Pfeile!
2. Was bedeutet Informationsübertragung in den Bereichen a) Reproduktion, b) Satztechnik, c) Druckformherstellung, d) Drucktechnik? Geben Sie Beispiele!
3. Erläutern Sie den Unterschied zwischen Druckverfahren und Kopierverfahren im Hinblick auf Schnelligkeit, Qualität und Anwendung!
4. Welche Qualifikation wird vom Personal in der Druckvorstufe erwartet?
5. Was versteht man unter Druckvorlagen?

2 Druckvorlagen

Der Ausgangspunkt jeder Informationsübertragung von visuellen Zeichen, gleichgültig, ob es sich am Ende um Telebild, Großfotografie, Kopie oder Druckprodukt handelt, ist eine Vorlage. Die Wiedergabe wird um so getreuer und wirtschaftlicher sein, je mehr die Vorlage der Übertragungstechnik angepaßt wird. Für die Drucktechnik soll die Vorlage so gestaltet sein, daß sich die Information möglichst verlustfrei in Druckformen und von diesen auf die Druckprodukte übertragen läßt.

2.1 Visuelle Zeichensysteme

Druckprodukte bestehen aus Farbpartikeln auf Bedruckstoffen, meistens Papier. Die Druckfarbe ist nicht beliebig über die Fläche verteilt. Nach gegebenen Vorlagen ist sie so angeordnet und verdichtet, daß bestimmte Zeichen entstehen. Diese Zeichen lassen sich gliedern in Texte und Bilder, die schwarz oder farbig gedruckt sind. Ein Werbeprospekt beispielsweise besteht aus laufendem Text in schwarzer Farbe, aus Überschriften in bunter Farbe und aus mehrfarbigen Bildern.

2.1.1 Texte und Bilder

Durch die beiden Zeichensysteme Text und Bild werden von einem Sender stammende Informationen einem Empfänger zugeführt. Der Sender wählt die Schrift- und Bildzeichen nach Regeln der technischen Übertragung und der Wahrnehmung. Die Regeln nennt man „Code". In dem Übertragungskanal dienen verschiedene bedruckte Flächen als Medien. Wir können auch sagen: Druckfarbe auf Papier dient als Transportmittel von Nachrichten.

Visuelle Kommunikation kommt dann zustande, wenn der Empfänger die in Zeichen codierte (verschlüsselte) Nachricht eindeutig „decodieren" kann. Eindeutig decodieren heißt hier: die Zeichen optisch wahrnehmen und in Gedanken übertragen, die den Absichten des Senders entsprechen. Die Werbeaussage eines Prospektes zum Beispiel wird durch anschauliche Bilder und erläuternde Texte codiert. Mit Hilfe dieser Zeichen will der Auftraggeber seinen Appell so gestaltet wissen, daß aus Betrachtern möglichst Kunden werden.

Der Sender in einem Kommunikationsprozeß kann je nach seiner Absicht drei verschiedene **Informationsformen** wählen:
1. Sachliche Information,
2. psychologische Information,
3. ästhetische Information.

Von den verschiedenen Informationsformen ist abhängig, welches visuelle Zeichensystem bevorzugt wird. Sachliche Informationen erheben den Anspruch auf Objektivität. Sie übermitteln Fakten in Form von Fachtexten, Daten, Schemata und Realitätsabbildungen. Bei psychologischen Informationen soll der Empfänger durch Symbole, Farbkompositionen, Milieubilder und andere wirkungsvolle Darstellungen subjektiv beeinflußt werden. Ästhetische Informationen wollen den Schönheitssinn des Empfängers ansprechen. Beispiele dafür sind: großzügige Anordnung, edle Schriften, hochwertige Bedruckstoffe, sorgfältige Details. Diese drei Aspekte treten oft gleichzeitig in einem Druckprodukt auf. Ein Werbeblatt, beispielsweise für eine Modenschau, will sachlich informieren (Ort und Datum der Veranstaltung), psychologisch beeinflussen (Modebewußtsein und Kaufanreiz) und ästhetisch ansprechen (Anmut und Eleganz der Erscheinung).

In der neueren Entwicklung der visuellen Medien ist es üblich geworden, die beiden Zeichensysteme Text und Bild zur Steigerung einer Aussage miteinander zu kombinieren. Beispiele dafür sind Prospekte, Kataloge, illustrierte Zeitschriften und Bildbände.

Von dieser Möglichkeit der kombinierten Information konnte der Mensch in frühester Geschichte noch keinen Gebrauch machen, da ihm die Schrift fehlte. Am Anfang gab es nur Bilder, also Zeichen mit konkreten Inhalten. Auf höheren Kulturstufen wurden komplette Schriftsy-

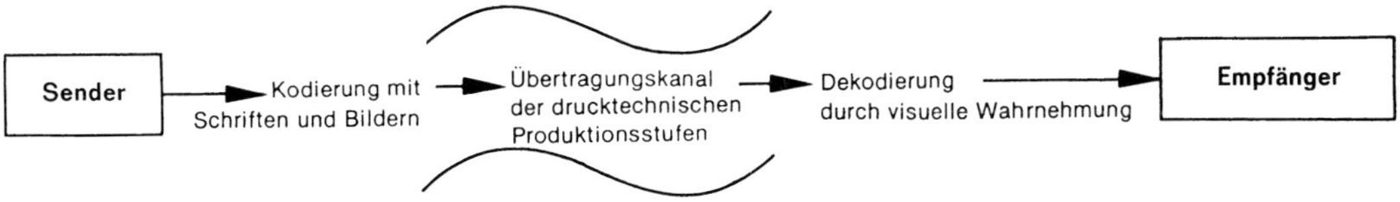

Bild 23.1. Modell der Kommunikation durch Druckprodukte.

steme erfunden, in denen eine begrenzte Anzahl abstrakter Zeichen für die Sprachlaute stand. Die Griechen nannten ihr System „Alphabet". Mit dem Alphabet hat sich der Mensch ein Kommunikationsmaterial geschaffen, das ihn in die Lage versetzt, alles Gesprochene durch Aneinanderreihen von Standardzeichen wiederzugeben.

Bild 24.1. Griechisches Alphabet und griechischer Tempel.

Obwohl unsere Lautschrift ein bewährtes und umfassendes Kommunikationsmittel darstellt, werden heute neben textlichen immer mehr bildliche Darstellungen benutzt. Bildhaftes begegnet uns in Schemata, Diagrammen, Symbolen, Marken, Signets, Logos, Comic Strips, Posters, Illustrationen, Ideogrammen. Ohne Zweifel ist die Schrift das weiter gespannte Zeichensystem. Heute noch wird der größere Teil der Informationen durch Texte vermittelt. Das liegt daran, daß man bei weitem nicht alles bildlich darstellen kann, was man zu schreiben vermag. Wie könnten ungegenständliche Begriffe zeichnerisch dargestellt werden? Dennoch hat das Bild dort Vorzüge, wo es spontane Aufmerksamkeit erregt und auf relativ kleiner Fläche etwas sichtbar macht, was durch Sprache nur weitschweifig und unzulänglich zu beschreiben wäre. Ein chinesisches Sprichwort lautet: „Ein Bild sagt mehr als tausend Worte."

Folgende Gegenüberstellung macht das klar: Der Satz „Der menschliche Körperbau zeigt Gesetze der Harmonie" läßt sich bildhaft am besten darstellen, etwa in Form einer Fotografie, einer illustrativen Grafik oder einer Gemäldereproduktion nach einem alten Meister. Im Gegensatz dazu ist der Satz „Der Mensch ist ein denkendes Wesen" eine typisch textliche Aussage, denn es wäre einem Künstler oder Designer kaum möglich, für das Denken des Menschen ein allgemein verständliches und eindeutiges Bild herzustellen.

Was in einer Konzeption an Inhalten und Zielen vorgedacht ist, das muß entsprechend umgesetzt werden. Aus Vorstellungen werden Bilder, aus Gedanken werden Texte. Das nennt man auch Visualisieren und Verbalisieren. Die verbale Sprache, auch in gedruckter Form ist mit dem Ablauf von Zeit verbunden. Man liest Wort für Wort und Zeile für Zeile, also sukzessiv. Dem gegenüber ist die visuelle Sprache simultan, ein gleichzeitiges Nebeneinander von Bildelementen und ihren Beziehungen zueinander. Es kommt im Einzelfall darauf an, was kommuniziert werden soll: Ist die Botschaft mehr textorientiert oder mehr bildorientiert?

Heute beobachten wir bei Druckprodukten, etwa bei Illustrierten oder Packungen, den verstärkten Trend zum Bild, besonders zum mehrfarbigen. Zwar ist der farbige Bilderdruck teuer, aber sein Vorteil liegt in einer eindeutigeren und wirkungsvolleren Kommunikation. Ein Warenkatalog wäre in schwarzem Bild- und Schriftdruck nicht annähernd so informativ und attraktiv wie im üblichen Vierfarbendruck.

▼

1. Sammeln Sie verschiedene Druckprodukte! Ordnen Sie diese nach rein textlichen, rein bildlichen und kombinierten Darstellungen! Aufschlußreich ist es, bei Werbemitteln eine Statistik über die Flächenanteile der Texte und Bilder aufzustellen.
2. Was bedeuten die Begriffe: Zeichensystem, Code, Diagramm, Signet, Logo, Ideogramm?
3. Legen Sie eine Sammlung mit gedruckten Anzeigen an, von denen Sie meinen, es seien besonders gut oder besonders schlecht codierte Beispiele!

2.1.2 Licht und Farbe

Als optischer Empfangsapparat für visuelle Medien dient unser **Auge.** Beim Betrachten von Druckprodukten nimmt es Unterschiede zwischen

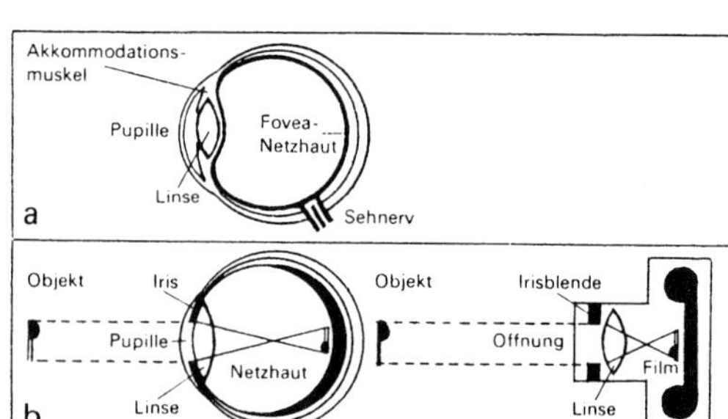

Bild 24.2. Visuelle Wahrnehmung.
a) Aufbau des menschlichen Auges.
b) Vergleich zwischen Auge und fotografischer Kamera.

bedruckten und unbedruckten Flächen über Licht wahr. Im Prinzip ähnelt die Optik unseres Auges der fotografischen Kamera. Anstelle der fotografischen Schicht haben wir die Netzhaut mit ihren lichtempfindlichen Nervenzellen.

Das Sehzentrum ist die Netzhautgrube, auch „gelber Fleck“ oder Fovea genannt. In ihrem winzigen Bereich erfolgt scharfe Objektwahrnehmung. Die Struktur der Netzhaut bedingt ein begrenztes Auflösungsvermögen des Auges. Zum Beispiel können sehr kleine Schriften auf Briefköpfen (Angabe von Bankverbindungen) gerade noch gelesen werden. Die feinen Rasterpunkte eines Druckbildes, mit denen Halbtöne (Grauwerte zwischen Weiß und Schwarz) vorgetäuscht werden, liegen unterhalb des Auflösungsvermögens; wir sehen unterschiedlich graue Flächen.

Beim Lesen von schwarzer Schrift auf weißem Papier handelt es sich um das Formensehen in zwei extremen Grauwerten: Schwarz und Weiß. Wir lesen nicht, indem wir einzelne Striche der Schrift fixieren, sondern wir nehmen Buchstaben und Wörter, sogar Wortgruppen als Ganzes wahr. Bekannte Wörter und Wortverbindungen sind gewohnte Standardfiguren; wir identifizieren sie mit einem Blick. Es erweist sich aber, daß wir leichter und schneller lesen können, wenn die Formen der Einzelbuchstaben deutlich unterscheidbar sind.

Das Auge ist ein informationsverarbeitendes System. Es reagiert auf Licht und Farbe. Unter Licht versteht man in der Physik diejenigen Schwingungen des elektromagnetischen Spektrums, die in winzigen Zellen auf der Netzhaut entsprechende Sehempfindungen auslösen.

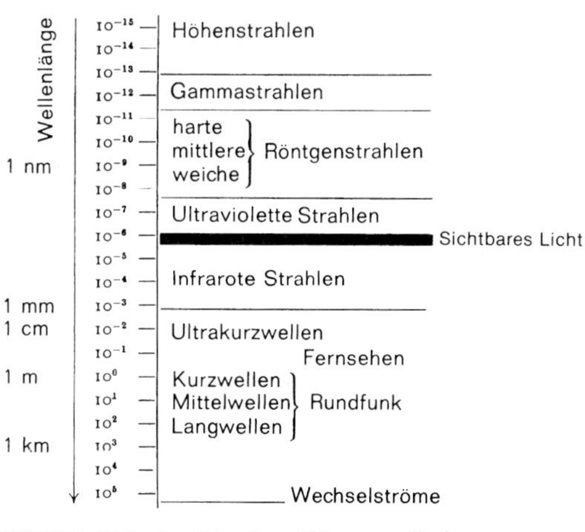

Bild 25.1. Wellenbereiche des elektromagnetischen Spektrums mit dem kleinen Bereich des sichtbaren Lichts.

Die Zellen, die auf Helligkeit reagieren, heißen Stäbchen; die Farbempfänger heißen Zäpfchen. Wir unterscheiden die Grautöne von Schwarz-Weiß-Bildern hauptsächlich durch die Stäbchen. Beim Betrachten farbiger Abbildungen werden Stäbchen und Zäpfchen gleichzeitig erregt. Wir sehen Farbtöne und unterscheiden ihre Dunkelstufen.

Physikalische Erkenntnisse untermauern die Vorstellung, daß es im Auge drei Arten von Farbempfängern auf der Netzhaut gibt, die im gelben Fleck konzentriert sind. Die Lichtempfindlichkeit der Zäpfchen beruht auf einer chemischen Reaktion des Sehfarbstoffes. Drei Arten von Sehfarbstoffen sind im Auge nachgewiesen worden, nämlich in den drei Hauptbereichen des Spektrums: Rot, Grün und Blau. Eine Farbempfindung kommt durch verschiedene Erregung der drei Zäpfchenarten zustande.

Das **Spektrum** entsteht, wenn man weißes Licht durch Dispersion in einem Prisma zerlegt. Auf einem Bildschirm hinter dem Prisma zeigen sich die Grundfarben des Lichtes. Die Hauptbereiche Rot, Grün, Blau entsprechen der Farbempfindlichkeit des Auges. Die Dispersion des weißen Sonnenlichts durch optisches Experiment wurde um 1700 von dem englischen Forscher Isaac Newton entdeckt; er verband den Spektralfarbenzug zu einem kontinuierlichen Kreis, der aus sieben Grundfarben zusammengesetzt war.

Wo die Strahlen einer neutralweißen Lichtquelle auf Druckprodukte treffen, werden je nach Körperfarbe die Lichtfarben teilweise reflektiert, teilweise absorbiert. Je mehr Lichtanteile absorbiert werden, desto dunkler erscheint uns die aufgedruckte Farbe. Anders ausgedrückt: Je mehr Lichtanteile reflektiert werden, desto heller und intensiver erscheint sie uns.

Jede Farbwahrnehmung geht also auf vier Faktoren zurück: Lichtquelle, beleuchtetes Objekt, Auge und Bewußtsein. Das Schema zeigt: Gelbe Druckfarbe auf weißem Papier bei weißer Beleuchtung absorbiert blaue Lichtanteile und

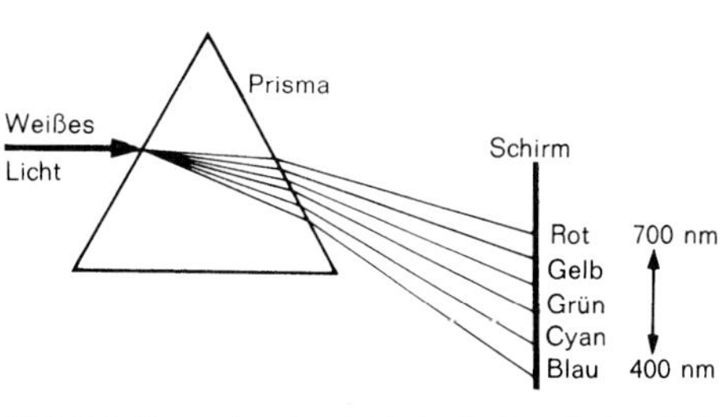

Bild 25.2. Dispersion des Lichts in die Grundfarben Rot, Grün und Blau.

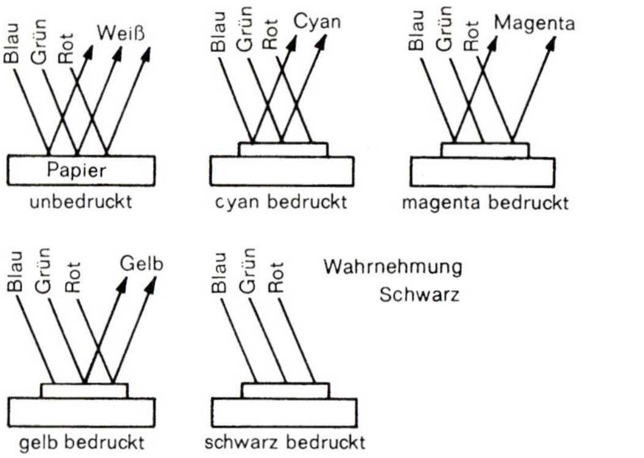

Bild 26.1. Wirkungsschema der Druckfarben auf weißem Papier.

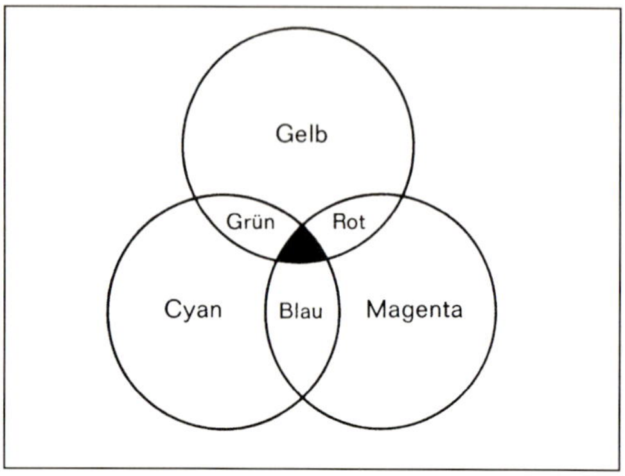

Bild 26.3. Subtraktive Mischung von Körperfarben.

remittiert rote und grüne Lichtanteile in unser Auge. Unser Bewußtsein meldet: Gelb.

Die Vorgänge beim Farbenmischen werden durch zwei optische Gesetze erklärt: additive Farbenmischung und subtraktive Farbenmischung. Wenn Lichtfarben (farbige Lichter) sich mischen, vermehrt (addiert) sich die Lichtintensität; wir sprechen von additiver Mischung. Wenn Körperfarben (farbige Stoffe) sich mischen, vermindert (subtrahiert) sich die Lichthelligkeit; wir sprechen von subtraktiver Mischung.

Additive Farbenmischung. Die Mischung von Licht wird im optischen Versuch durch drei Projektoren dargestellt, die im dunklen Raum auf eine Projektionswand strahlen. In den Strahlengängen befindet sich je ein Farbfilter: blau, grün, rot. In der Mitte, wo alle Lichtanteile zusammentreffen, addieren sie sich zu weißem Licht. Wo sich jeweils nur zwei Anteile überlappen, entsteht aus Blau und Grün die Farbe Cyan, ein helles, kaltes Blau, aus Blau und Rot die Farbe Magenta oder Purpur, aus Grün und Rot die Farbe Gelb. Das Prinzip der additiven Mischung wird beim Farbfernsehen ausgenutzt, wo das Bild aus einem RGB-Signal (für Rot, Grün, Blau) aufgebaut wird.

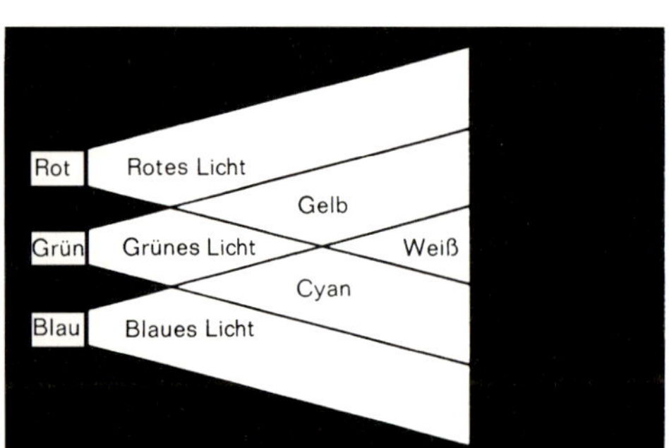

Bild 26.2. Additive Mischung von Lichtfarben.

Subtraktive Farbenmischung. Das Mischbild entsteht durch Übereinanderlegen von lasierenden Farbmitteln, zum Beispiel Druckfarben, auf weißem Papier. Wo alle drei Grundfarben Cyan, Magenta und Gelb übereinanderliegen, entsteht durch Lichtabsorption Schwarz. Wegen mangelnder Farbsättigungen kommt meist nur ein sehr dunkles Braun oder Blauschwarz zustande. Wo zwei Farbschichten übereinanderliegen, ergibt sich aus Cyan und Magenta die Farbe Blau (frühere Bezeichnung Violett), aus Cyan und Gelb die Farbe Grün, aus Magenta und Gelb die Farbe Rot (frühere Bezeichnung Orange). Beim vierfarbigen Rasterdruck herrscht die sogenannte autotypische Farbenmischung, eine Integration aus subtraktiver und additiver Mischung.

Die drei **Grundfarben des Drucks:** Cyan, Magenta und Gelb nennt man auch subtraktive Primärfarben (Erstfarben), die Mischfarben erster Ordnung Blau, Grün und Rot auch Sekundär-

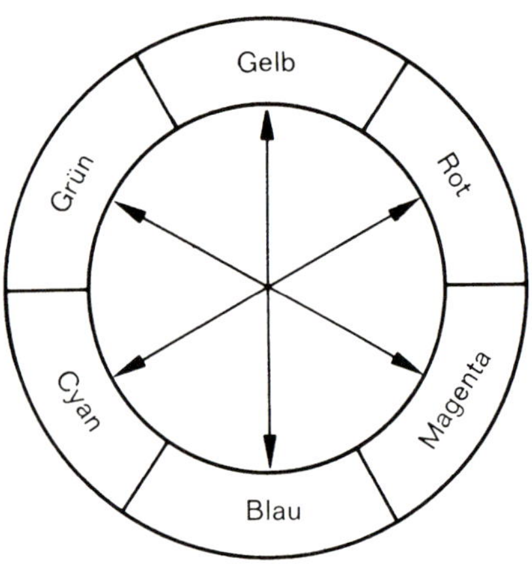

Bild 26.4. Sechsteiliger Farbenkreis mit den Komplementärfarben.

farben (Zweitfarben), Mischungen aus drei Grundfarben auch Tertiärfarben (Drittfarben). Farbmittel, die durch Mischung Schwarz ergeben, zum Beispiel Cyan und Rot, heißen Gegen- oder Komplementärfarben. Der Farbenkreis veranschaulicht die Beziehungen der Primärfarben, Sekundärfarben und Komplementärfarben.

▼

1. Machen Sie Mischübungen mit Druckfarben durch Übereinandertupfen und mit Malfarben durch Ineinanderrühren! Gliedern Sie in Reihen: Primärfarben, Sekundärfarben, Tertiärfarben! Versuchen Sie, Schwarz zu ermischen! Verweißlichen Sie Primärfarben durch Aufhellen! Verschwärzlichen Sie durch dosierte Zugabe von Gegenfarben!
2. Setzt man einer Körperfarbe wenig Gegenfarbe hinzu, entsteht eine gebrochene Farbe. Mit welcher Farbe müßte man Magenta brechen?
3. Braun kann man aus Grün und Magenta mischen. Welche Farben ergeben ebenfalls in richtig abgestufter Mischung Braun?
4. Was bedeuten die Begriffe: weißes Licht, Spektrum, Farbtemperatur, Lichtfarbe, Körperfarbe, Remission und Absorption? Informieren Sie sich in Physikbüchern über das Wissensgebiet!

Tausende von Farbtönen, die unser Auge von farbigen Lichtern und Körpern empfängt, werden in **Farbenordnungen** systematisch gruppiert. Erste Beiträge zu Farbenordnungen lieferten Künstler, wie der Italiener Leonardo da Vinci und der Deutsche Tobias Mayer.

Heute werden Systeme bevorzugt, die auf physikalischen Meßwerten basieren. Das **CIE-Normfarbensystem,** die sogenannte „Schuhsohle", ist eine grafische Darstellung von Farborten in einem gleichschenkligen Dreieck, das in ein Koordinatensystem eingetragen ist. Die Fläche innerhalb des hufeisenförmigen Kurvenzugs zeigt den Raum aller realen Farben. Auf der schrägen Gerade liegen die Purpurfarben, auf dem Kurvenzug mit Angabe der Wellenlängen von links nach rechts die Buntfarben: Violett, Blau, Cyan, Grün, Gelb, Orange und Rot. In der Mitte der Fläche liegen die Unbuntfarbe Weiß und rundherum eine Punktegruppe für Lichtquellen.

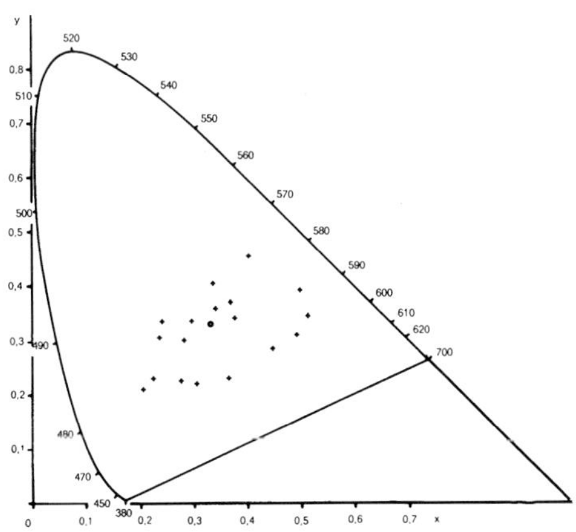

Bild 27.1. CIE-Normfarbensystem.

Tatsächlich ist das CIE-System ein räumliches Modell. Man muß sich vorstellen, daß sich über der Fläche der „Schuhsohle" ein Farbenraum wölbt, sozusagen ein „Farbenzelt".

Der **Farbenkreis** nach Johann Wolfgang von Goethe ist psychologisch nach Sinneseindrücken geordnet. In dem sechsteiligen Kreis liegt Rot als „Krönung aller Farberscheinungen" oben, Grün als „vegetative Grundlage" unten. Die linke Kreishälfte mit Gelb neigt zum Licht, die rechte mit Blau zum Dunkel. Komplementärfarben stehen sich gegenüber und bilden einen harmonischen Kontrast. Diesen Komplementärkontrast benutzt der Grafiker häufiger, um seine Farbenwirkung zu steigern. Andere Farbkontraste, die visuelle Reize ausüben, sind: Hell-Dunkel-Kontrast, Warm-Kalt-Kontrast, Qualitäts-Kontrast, Quantitäts-Kontrast.

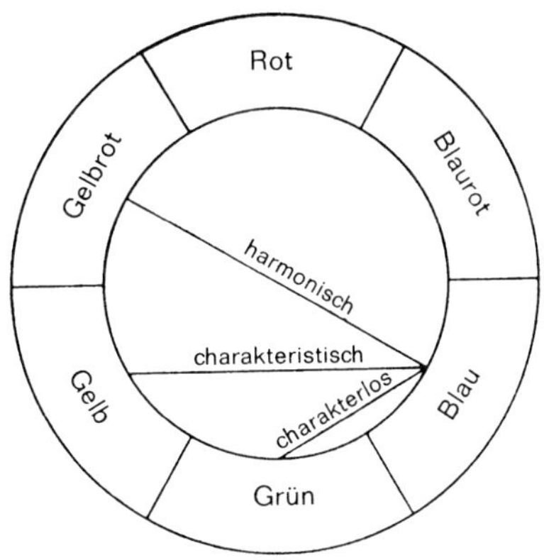

Bild 27.2. Farbenkreis nach Goethe.

Die dreidimensionalen Farbenordnungen werden der Tatsache gerecht, daß jede Farbe nach drei Richtungen verändert werden kann: zu einem anderen Farbton, zu einer aufgehellten Farbe und zu einer verdunkelten Farbe. Unter den verschiedenen Farbräumen hat sich der **Farbenwürfel** nach Alfred Hickethier, 1940, in der Praxis am stärksten durchgesetzt.

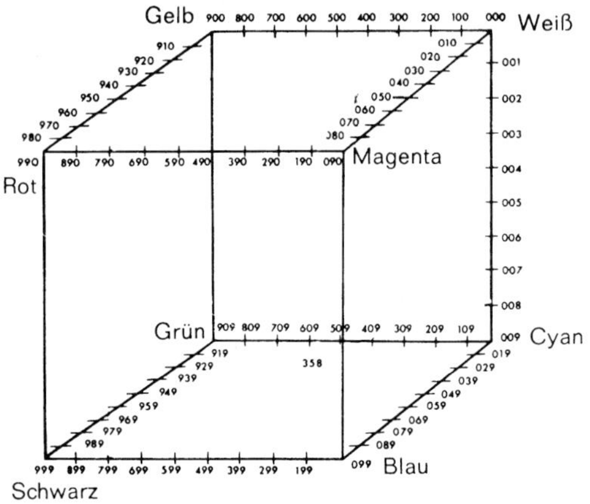

Bild 28.1. Farbenwürfel nach Hickethier.

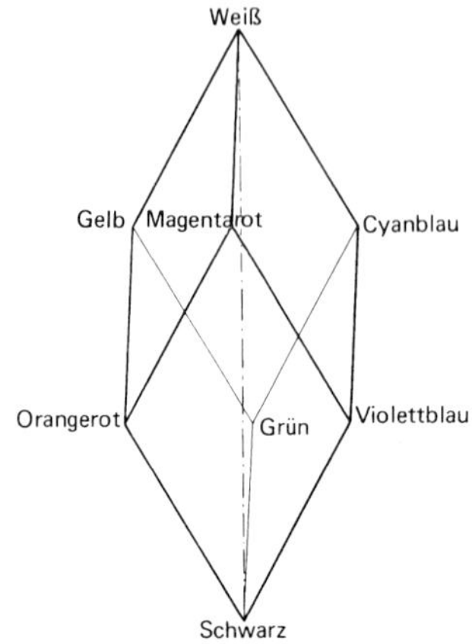

Bild 28.3. Farbenrhomboeder nach Küppers.

An den acht Würfelecken sitzen: Schwarz und Weiß als gegensätzliche Unbuntfarben, die drei Primär- und die drei Sekundärfarben. Da jede Würfelkante in zehn Abschnitte unterteilt ist, ergibt sich ein 1000-Farben-System. Darin ist jede Farbe nach den Bestandteilen der drei Grundfarben durch eine dreistellige Kennzahl definiert. Die erste Ziffer kennzeichnet den Gelbanteil, die zweite den Magentaanteil und die dritte den Cyananteil. Die zehnstufige Skala reicht von 0 (Weiß) bis 9 (Vollton der Farbe).

Andere räumliche Modelle sind der **Farbenkegel** von Wilhelm Ostwald, 1915, und aus neuerer Zeit der **Farbenrhomboeder** von Harald Küppers, 1972. Das Modell von Küppers stellt eine Kombination aus dem Doppelkegel von Ostwald und dem Würfel von Hickethier dar, und es ist besonders dazu geeignet, die Farbenmischungen in der Reproduktions- und Drucktechnik zu beschreiben.

▼

1. Wie unterscheiden sich zwei- und dreidimensionale Farbenordnungssysteme?
2. Legen Sie eine Sammlung mit Druckprodukten an, die verschiedene Farbkontraste zeigen!
3. Bestimmen Sie folgende Kennzahlen aus dem 1000-Farben-System von Hickethier: 000, 090, 555, 905, 503, 277! Nehmen Sie zur Übung Farbmuster zur Hand, und bestimmen Sie die Kennzahlen!

2.2 Vorlagenherstellung

Der Auswahl und Anordnung von Schriften und Bildern auf Druckprodukten liegen bestimmte Gestaltungsideen zugrunde. Es ist klar, daß das Aussehen eines Prospektes oder irgendeiner anderen Drucksache nicht erst in der Druckmaschine entschieden wird. Eine längere Arbeitsphase, die Ideensuche und Gestaltung in Agentur, Atelier und Studio geht voraus. Diese Arbeitsphase heißt grafische Auftragsabwicklung.

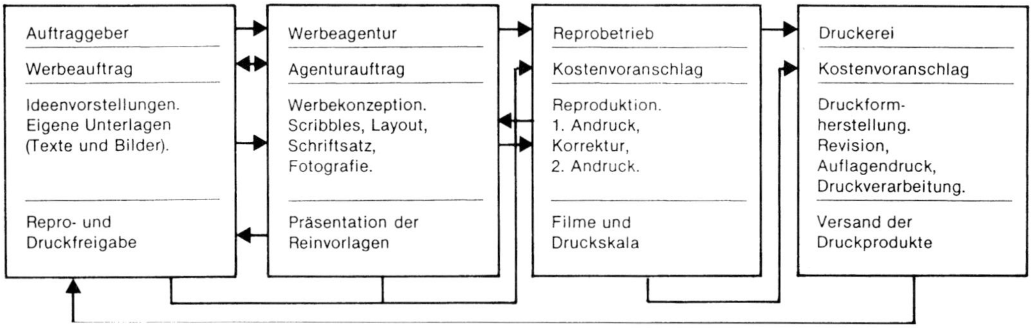

Bild 28.2. Abwicklung eines Werbeauftrags von der Auftragserteilung bis zur Auslieferung der Druckprodukte.

2.2.1 Auftragsabwicklung der Werbeagentur

Als Beispiel für Auftragsabwicklung und Vorlagengestaltung wählen wir das **Design** (Entwurf) eines Werbeprospektes. Unter einem Prospekt, ursprünglich „Ansicht", versteht man eine bebilderte Werbeschrift, die ein Produktangebot kurz vorstellt. Die visuellen Gestaltungselemente sind vielfältig: Fotos, Zeichnungen, Texte, Headlines (Schlagzeilen, Überschriften), Farben, Formate, Falze. Deutlich zeigt sich das Zusammenspiel zwischen Auftraggeber, Werbeagentur, Atelier, Reproduktions-, Satz- und Druckbetrieb.

Das Design setzt voraus, daß Absicht, Inhalt und Zielgruppe des Druckprodukts bestimmt sind. Diese kurze Darstellung der Auftragsdaten heißt in der Fachsprache **Briefing.** Daraus entwickelt sich die Gestaltungsidee, meist zunächst in mehreren Alternativen. Dann wählt man die entsprechenden Gestaltungsmittel aus.

Das Zusammentreffen von Idee und Mittel nennt man **Visualisierung** (Sichtbarmachen). Visualisieren ist ein längerer Prozeß des Überlegens und Probierens. Eine Werbekonzeption zu entwickeln und die entsprechenden Vorlagen zu erstellen, ist heute meist nicht mehr kreative Einzelleistung eines Grafikers. Künstlerische Originalität tritt in den Hintergrund. Im Vordergrund steht die sachgerechte Information, das klare Visualisieren von Werbeaussagen.

Wie verläuft nun die Abwicklung des Prospektauftrages im einzelnen? Zuerst wendet sich der Kontakter der Agentur an den Auftraggeber. Man bespricht die Konzeption des Werbemittels und stellt die bereits vorhandenen Manuskripte und Bildvorlagen zusammen. Während des Gesprächs werden die Ideen als **Scribbles** (skizzenhafte Handzeichnungen) visualisiert. Schon bei den ersten Überlegungen muß auch die technische und wirtschaftliche Seite berücksichtigt werden. Die besten Ideen sind wertlos, wenn sie sich nicht angemessen realisieren lassen.

Die Arbeitsstufen von der Konzeption bis zur Realisierung können nur in „Teamwork" bewältigt werden, das heißt als Gemeinschaftsleistung in geteilten Aufgabenbereichen. Spezialberufe der Agentur heißen: Art Director, Kontakter, Texter, Typograf, Visualiser, Layouter, Grafik-Designer, Fotograf, Reinzeichner, Produktioner.

Der Ideenskizze folgt die Stufe der Planskizze, bei der auch die Details bedacht und festgelegt werden müssen. Am Ende steht das Layout, ein Anordnungsschema der einzelnen Prospektseiten, das gemeinsam vom Art Director und vom Grafik-Designer erarbeitet wird.

Unter **Layout** versteht man allgemein den grafischen Anordnungsplan einer Drucksache. Folgende Angaben gehören dazu: Seitenformat, Satzspiegel, Stand der Texte und Bilder, Schriftcharakter und Schriftgröße, Bildausschnitte und Bildfreistellungen, Farbmuster, Gesamtumfang, Falzart. Das Layout soll dem Auftraggeber eine möglichst genaue Vorstellung von dem späteren Druckprodukt geben. Außerdem soll es für Typografen, Fotografen, Reprotechniker, Setzer und Drucker als verbindliche Arbeitsanweisung gelten. Moderne Layouttechniken werden heute in der Agentur mit Hilfe von Kopiergeräten, Personal Computern und Laserdruckern ausgeübt.

▶ Mehr über Programme für Personal Computer finden Sie unter 2.2.2.4, 5.8.2 und 6.7.

Auf der Basis des Layouts holt der Produktioner, ein Kenner der Technik, die Kostenvoranschläge für Fotografie, Reproduktion, Satz und Druck ein. Danach betreut er die Arbeiten außerhalb der Agentur. Er bestellt die erforderlichen

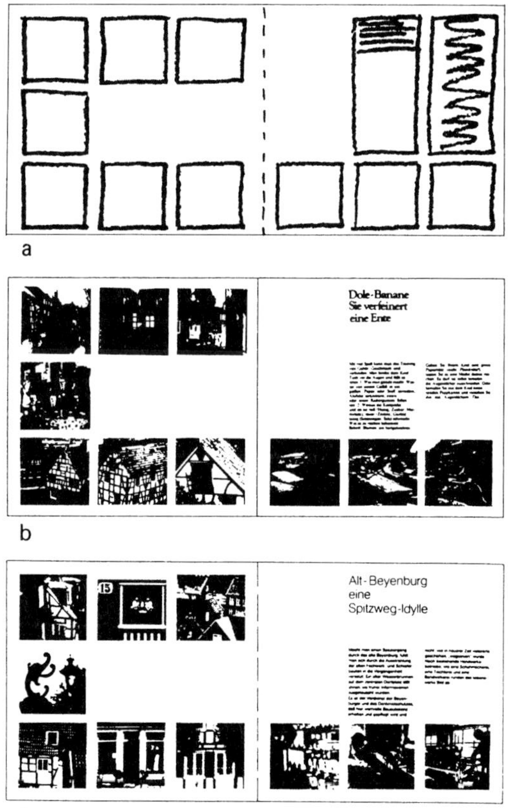

Bild 29.1. Entwürfe für einen Werbeprospekt:
a) Scribble oder Rough, b) Rohlayout, c) Reinlayout.

Satzabzüge, meistens in einer spezialisierten Layout-Setzerei. Mehr und mehr wird Layoutsatz von Grafikern mit Computern und entsprechenden Satzprogrammen angefertigt. Zusammen mit dem Grafik-Designer führt der Produktioner oft fotografische Bildregie bei den geplanten Atelier- und Außenaufnahmen.

Nach allen Vorbereitungen beginnt die präzise Gestaltungsausführung mit dem Ziel, eine technisch einwandfreie **Reproduktionsvorlage** zu schaffen. In dieser Phase muß die Agentur mit den Reprotechnikern Kontakt halten, damit dann ohne Komplikationen ein Qualitätsprodukt entstehen kann. Eventuell ist es erforderlich, einzelne Vorlagen noch einmal zu überarbeiten, zu retuschieren oder sogar neu zu erstellen.

▶ Weiteres über technikgerechte Vorlagen unter 6.1 Vorlagenvorbereitung.

Die fertigen Reinvorlagen, aus Satzabzügen, Fotografien und Zeichnungen zusammengestellt, die getrennt laufenden Farbdiapositive und nicht zuletzt das Layout – alle Unterlagen werden dem Auftraggeber „präsentiert" (vorgelegt). Er erteilt die Druckfreigabe.

Am Ende der Satz- und Reproduktionsarbeiten wird ein **Andruck** (Probedruck) hergestellt. Er dient zunächst als Korrekturunterlage für die Agentur oder den Auftraggeber. Manchmal sind mehrere Andrucke oder Proofs, spezielle Farbprüfbilder, erforderlich, besonders bei speziellen Sujets, wie Stoffmustern, Holzfurnieren oder typischen Produktfarben. Später dient der genehmigte Andruck als Maßstab für den Auflagendruck des Prospekts.

▼
1. Sehen Sie sich im Betrieb eine Andruckskala an! Wenn möglich, vergleichen Sie einmal mehrere Andrucke und Auflagendrucke mit den Vorlagen!
2. Aus welchen Abzügen besteht eine Andruckskala? Wie ist die Druckreihenfolge der Farben? Wer erhält die Exemplare einer Andruckskala und zu welchem Zweck?
3. Was bedeuten die Fachbegriffe: Design, Visualisierung, Scribble, Ideenskizze, Layout, Reinvorlage, Sujet, Präsentation?
4. Welche einzelnen Angaben muß das Layout für einen Prospektauftrag enthalten?

2.2.2 Gestaltungsmittel

Grafiker, Reinzeichner, Fotografen und Typografen haben die Aufgabe, Informationen zu visualisieren. Ihre Arbeit ist weitgehend Gestaltung von Flächen mit Schriften und Bildern in Schwarz-Weiß und Farbe. Gestaltet wird durch Auswählen, Hervorheben, Zuordnen und Gewichten von Zeichensystemen. Ziel dieses Differenzierens ist es, den Informationsfluß zum Betrachter zu erleichtern. Die größte Chance, informativ zu sein, hat das Druckprodukt, dessen Gestaltung optisch reizvoll ist und ein schnelles, eindeutiges Erfassen ermöglicht.

Den Designern steht eine Vielzahl von gestalterischen Mitteln und Techniken zur Verfügung. Je nachdem, ob mit Schriften, durch Zeichnen oder Malen oder durch Fotografieren oder mit Hilfe eines Computers gestaltet wird, unterscheidet man:
1. Typografische Gestaltung,
2. grafische Gestaltung,
3. fotografische Gestaltung,
4. elektronische Gestaltung.

In den letzten Jahren ist der Computer als Werkzeug in alle Bereiche der Gestaltung vorgedrungen; bei zahlreichen Aufgaben ist er dominant.

2.2.2.1 Typografische Gestaltung

Typografie heißt wörtlich übersetzt: Schreiben mit Typen. Man meint damit heute die Gestaltungs-

MODERNE DAMENHÜTE
Maschineningenieur
Zeitalter der Technik
für harte Männer Western
Träumerei
ROHEISEN
phantasie

Bild 30.1. Beispiele für Nichtübereinstimmung zwischen Wortinhalt und Schriftwahl.

CORPUS JURIS
Schwerindustrie
Moderne Damenhüte
LEUCHTRÖHREN
Ritterturnier
Kohle und Brikett

Bild 30.2. Beispiele für Übereinstimmung von Inhalt und Schriftcharakter.

arbeit mit Schriften und anderen Zeichen. Typografische Gestaltungsmittel sind: Schrift, Linie, Schmuck, Falz, Farbe, Kontrast und Flächeneinteilung; am wichtigsten ist die Schrift.

Wer mit **Schrift** umgeht, benötigt Schriftbewußtsein, denn sie ist der primäre Träger gedruckter Informationen. Fachleute weisen immer wieder darauf hin, daß zwischen dem Geistigen einer Mitteilung und der äußeren Schriftform (Charakter des Buchstabenbildes) ein Zusammenhang bestehen sollte, damit eine gute typografische Lösung entsteht.

Geschriebenes und Gedrucktes sollen optimales (bestmögliches) Lesen ermöglichen. Dabei ist nicht nur allein die Schriftart, sondern auch die Schriftgröße (Schriftgrad) wesentlich. Außerdem spielen Schriftstärke (Liniendicke), Zeilenlänge und Zeilenabstand eine Rolle. Wichtig sind Lesegewohnheiten. Normalerweise erwartet der Leser Schriftzeilen in horizontaler Anordnung. Es ist zwar legitim, Schrift bis zur Unkenntlichkeit zu deformieren und ihr eine rein grafische Funktion zu geben. Wenn es darum geht, Informationen zu vermitteln, sollte auf optische Rätsel verzichtet werden.

Bild 31.1. Titelgestaltung mit Schrift in rein grafischer Funktion.

Physiologisch-psychologische Untersuchungen haben erbracht: Das Lesen ist kein kontinuierliches Gleiten über die Zeilen, sondern das Auge macht kleine Sprünge von einem Fixationspunkt zum anderen. Solche Punkte entstehen etwa alle 6 bis 8 Buchstaben. Hinzu kommt noch, daß vertraute wie auch modische Wörter als Schriftbilder ganzheitlich erfaßt werden.

Untersuchungen über die **Lesbarkeit** von Texten haben beachtenswerte Ergebnisse erbracht:

1. Für ein normalsichtiges Auge ist die 8-p-Schrift die untere Grenze optimaler Lesbarkeit, bei kleineren Schriften ermüdet das Auge schnell.
2. Durchschossener Satz mit Auflockerung durch Absätze läßt sich besser lesen als kompresser (undurchschossener) Satz ohne Absätze.
3. Der Durchschuß sollte etwa ein Drittel der Schrifthöhe betragen, damit das Auge die Zeile als Einheit deutlich erkennt und so der Lesefluß unterstützt wird.
4. Versalien (Großbuchstaben) sind schlechter lesbar als Gemeine (Kleinbuchstaben).
5. Texte in Groß- und Kleinschreibung lesen sich schneller als Texte, die nur aus Gemeinen oder nur aus Versalien bestehen.
6. Texte aus einer kräftigen Schrift sind besser lesbar als magere oder fette Schriften.

Ein typografisches Produkt wird aus Standardzeichen, hauptsächlich den Buchstaben, zusammengesetzt. Die Schriftzeichen verbinden sich zu Superzeichen: Wörter, Zeilen, Gruppen, Absätze, Spalten und zu immer größeren typografischen Einheiten.

Schriftzeichen. Die kleinste typografische Einheit ist das Schriftzeichen, historisch auch Buchstabe (Buchenstäbchen) genannt. Unser Alphabet besteht aus 26 Buchstaben und Ergänzungszeichen. Jeder Buchstabe hat seine eigene typografische Gestalt und gestaltet aus sich heraus. Er ist im Bleisatz als Druckbuchstabe (Letter), im Fotosatz als Schriftnegativ oder als gespeichertes Digitalzeichen vorhanden. Das Buchstabenbild im Bleisatz ist festgelegt durch den starren Bau der Drucktype. Jeder Buchstabe hat eine bestimmte Größe (Schriftgrad). Die Buchstaben können nur aneinandergestellt werden. Eine Schrift kann im Bleisatz also nicht beliebig eng gesetzt werden.

Das Übereinanderbringen von Buchstaben wäre nur durch mehrere Druckgänge möglich.

Anders ist es bei digitalisierten Schriften: Jede Schriftgröße innerhalb des Schriftgrößenbereichs

Bild 31.2. Schriftvariationen am Computer.

kann man durch eine entsprechende Eingabe festlegen, teilweise in 0,1-p-Schritten. Des weiteren lassen sich durch Befehle die Zeichenabstände individuell oder für den gesamten Text verringern, Zeichen überlappend oder gedreht ausgeben. Aufgrund der mathematischen Konturenbeschreibung (Digitalisierung) der Zeichen können wiederum über Befehle Modifikationen, wie Verzerren, Komprimieren und Verbreitern, erreicht werden.

Bild 32.1. Schriftmodifikationen.

Bild 32.2. Die gegenwärtig am häufigsten verwendeten Schriftcharaktere, oben Serifenlose Linear-Antiqua (Beispiel Helvetica), unten Barock-Antiqua (Beispiel Times) mit den Längenmaßen.

Die Schriftzeichen unterscheiden sich grundsätzlich im **Schriftcharakter.** Die Vorliebe für bestimmte Schriftarten ist dem Wandel der Zeit unterworfen. Heute haben die mittelalterlich anmutenden Fraktur-Schriften kam noch Freunde. Es dominieren die sachlichen Schriften der Serifenlosen Linear-Antiqua wie Futura, Akzidenz, Helvetica und Folio, wenn auch die klassischen Antiqua-Schriften wieder vermehrt angewendet werden. Jährlich kommen neue Schriftentwürfe hinzu. Überhaupt ist festzustellen, daß es in der Typografie, so wie auf anderen Gebieten der Gestaltung auch, keinen Stillstand gibt.

▶ Näheres über Schriftcharakter finden Sie im Kapitel 4.3.

▼

1. Warum begnügen sich die Typografen nicht mit einer einzigen Schrift?
2. Nehmen Sie einen Schriftenkatalog! Welche Schrift würden Sie welcher Drucksache zuordnen? Suchen Sie gut lesbare Schriften heraus, stellen Sie diesen schlecht lesbare gegenüber!
3. Denken Sie sich Begriffe aus (z. B. Beton, Orchidee, leicht, schwer), und suchen Sie dazu passende und nicht passende Schriften heraus!

Wörter. Unsere Schriftsprache unterscheidet zwischen klein- und großgeschriebenen Wörtern. Gemischte Texte in Groß- und Kleinschreibung lesen sich leichter als Texte, die nur aus Versalien oder Kapitälchen bestehen.

Wenn Schriftzeichen so aneinandergereiht werden, daß sich geometrisch gleiche Abstände ergeben, dann entstehen Lehrräume und Verdichtungen, jedenfalls kein gleichmäßig graues Band. Um die gegebenen Differenzen zu regulieren, ist ein **Ausgleich** erforderlich. Besonders bei Versalsatz ist Ausgleichen unerläßlich.

Bild 32.3. Optischer Ausgleich von Versalzeilen.

Zeilen. Wort für Wort auf einer Linie aneinandergereiht, ergibt eine Zeile. Ihre Einheit darf nicht durch zu große Wortabstände gestört werden. Nach einer alten typografischen Vorschrift beträgt der sogenannte **Ausschluß** ein Drittelgeviert, das heißt ein Drittel eines quadratischen Ausschlußstückes. Ein neuerer Richtwert ist der Innenraum des gemeinen „n“.

Auch über die optimale Zeilenlänge gibt es Gesetzmäßigkeiten: Wenn man bedenkt, daß in der deutschen Sprache im Durchschnitt ein Satz aus zehn Wörtern und ein Wort aus sechs Buchstaben besteht, dann weiß man, daß eine Zeile 60 Buchstaben lang sein sollte. Auf typografische Maße übertragen, bedeutet das: Eine Zeile mit einer 10-p-Schrift sollte nicht länger sein als 20 Cicero.

Mit der **Laufweite** kennzeichnet man die Länge eines Wortes oder Textes bei einer bestimmten Schrift und Schriftgröße. Sie wird bestimmt durch die Breite der Zeichen sowie durch ihre Abstände zu den davorstehenden (Vorbreite) und nachfolgenden Zeichen (Nachbreite). Diese vom Schriftenhersteller festgelegte Grund- bzw. Normallaufweite ist für jedes Zeichen in Einheiten festgelegt. Die Normallaufweite läßt sich individuell bei einzelnen Buchstabenpaaren, aber auch für alle Zeichen insgesamt durch einen Unterschneidungs- oder Sperrwert verändern. In der Regel ist die Laufweite für einen engen Schriftgrößenbereich ausgelegt. Bei allen übrigen Schriftgrößen ist sie vom Schriftsetzer zu korrigieren. Bei größeren Schriftgraden muß sie wegen des Spationiereffekts verringert, bei kleineren vergrößert werden. Diese Korrektur der Normallaufweite ist bei manchen digitalisierten Schriften schon berücksichtigt.

L a u f w e i t e w e i t , n o r m a l u n d e n g

Laufweite weit, normal und eng

Laufweite weit, normal und eng

Bild 33.1. Drei Laufweiten derselben Schrift: eng, normal, weit.

Absätze. Eine Folge von Zeilen bildet den Absatz, eine Gruppierung für einen inhaltlichen Zusammenhang. Das Erscheinungsbild eines Absatzes wird mitbestimmt vom **Zeilenabstand,** früher in der Fachsprache Durchschuß genannt. Wenig durchschossene Zeilen werden als Kompreßsatz bezeichnet. Das geht auf Kosten der Lesbarkeit, weil das Auge des Lesers leicht in eine andere Zeile abrutschen kann.

Innerhalb eines Absatzes ist oft **Schriftenmischung** erforderlich, um den Text zu strukturieren. Eine sinnvolle Textgliederung wird durch Grund- und Auszeichnungsschrift erreicht. Als Grundschrift bezeichnet man die Schrift, aus der laufender Text besteht. Der Grad der Grundschrift ergibt sich aus der Textmenge, dem Gesichtspunkt der Lesbarkeit und dem Verwendungszweck. Bücher für Erwachsene haben in der Regel eine Grundschrift von 8 p bis 10 p; größere Grade werden in Kinderbüchern und Großschriftbüchern für Sehbehinderte verwendet.

Plakative Texte müssen entsprechend der größeren Leseentfernung einen größeren Schriftgrad erhalten. Bei größeren Schriften wird der Leser zum Buchstabieren veranlaßt. Das verstärkt die Informationsaufnahme.

Bild 33.2. Durchschuß als Raum zwischen zwei Zeilen.

Die *Buchstaben,* in denen die *Laute*

Richtig: Mischungen innerhalb einer Schriftfamilie.

Badeanzüge für die reifere Jugend

Zierbuchstaben in einer großen Auswahl

Richtig: Mischungen von Schriften des gleichen Duktus.

Große Auswahl im Schloßpark

Falsch: Mischungen innerhalb einer Schriftgruppe.

Moderne Bildhauer **im Rundfunk**

Falsch: Mischungen der Renaissance- mit der Klassizistischen Antiqua.

Bild 33.3. Grundsätze für Schriftenmischungen.

Unter **Auszeichnung** versteht man die von der Grundschrift abweichenden Schriftgrade, kursive (geneigte), gesperrte oder halbfette Formen und Kapitälchen (Versalien in der Größe der Mittellängen der Gemeinen).
Für die Verwendung von Auszeichnungen gelten folgende Grundsätze:

1. Variationen und Auszeichnungen sollen das einheitliche Bild erhalten, also nur Varianten eines Grundschemas sein; die Schrift soll innerhalb eines Charakters gewählt werden; Schriftmischungen verschiedener Charaktere wollen sehr genau überlegt sein.
2. Bildunterschriften, Fußnoten, auch Tabellen werden meist in einer kleineren Schriftgröße gesetzt.

3. Auszeichnungen im Text werden häufig in kursiver Schrift oder mit Kapitälchen vorgenommen, um das einheitliche Graubild einer Textseite möglichst wenig zu stören; halbfette Schrift, Sperren und farbige Hervorhebungen sind auffälliger.

Weitere typografische Gestaltungsmittel sind: Linie, Schmuck, Falz. Die **Linie** wird als trennendes, ordnendes und unterstreichendes Element verwendet. Sie ist entweder gerade oder gekrümmt, durchgehend oder unterbrochen, fein oder fett. Die strichartige Linie ordnet sich der Schrift optisch unter. Die balkenartige Linie wirkt als Kontrastfläche zum Text. Zum **Schmuck** gehören Ornamente, Bänder, Schnörkel, Vignetten (Zierbilder), Guillochen (verschlungene Liniennetze).

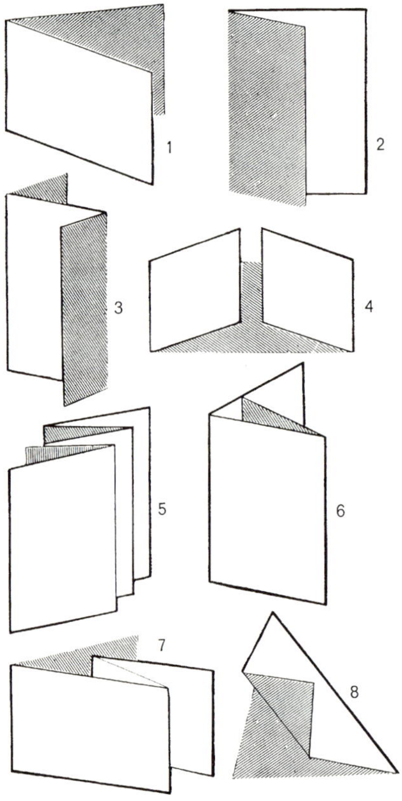

Bild 34.1.
Falzbeispiele: 1. Einfachbruch Querformat, 2. Einfachbruch Hochformat, 3. Zweifachbruch Leporellofalz, 4. Schließfalz, 5. Vierfachbruch Leporellofalz, 6. Wickelfalz, 7. Kombination Wickel-/Leporellofalz, 8. Besonderheit in Falz und Format.

In mehrseitigen Drucksachen teilt der Falz eine größere Fläche in kleinere Flächen auf. Er wirkt einerseits, ähnlich wie eine Linie oder Papierkante, als Flächenbegrenzung, kann andererseits aber auch die Funktion einer Gestaltungslinie übernehmen, an der sich andere Informationsgruppen orientieren. Von wenigen Ausnahmen abgesehen, sollte ein Falz nie eine Informationsgruppe durchlaufen. Dieser Grundsatz erzwingt schon beim Entwurf, die Falze zu berücksichtigen.

▶ Genaueres über Falzverfahren steht im Abschnitt 10.3.2.

Spalten/Seiten. Neben den Gestaltungsmitteln Schrift, Linie, Schmuck und Falz ist die **Flächenaufteilung,** das Verhältnis von bedruckten zu freien Flächen und zur Gesamtfläche (Format), ein entscheidend mitwirkender Faktor. Schon ein Buchstabe, in eine Fläche gesetzt, stellt Beziehungen zu seiner Umgebung her, teilt die Gesamtfläche auf. Selbst die Buchstabenform beeinflußt unterschiedlich. Es entstehen imaginäre Bezugslinien, waagerechte oder senkrechte, auch diagonale oder sich kreuzende.

Auch die Verhältnisse der Kantenlängen oder Linien zueinander beeinflussen die Gesamtfläche in ihrer Wirkung. Die Gleichmäßigkeit eines Quadrates wirkt eintönig, ausgewogen, neutral. Es ist trotzdem eine Idealfläche, denn vertikale und horizontale Anordnung sind gleichermaßen anwendbar. Im Rechteck sind Länge und Breite verschieden. Es entsteht etwas ungleichartig Strebendes, eine Vorzugsrichtung der längeren Seite, eine gewisse Spannung zwischen den Seiten.

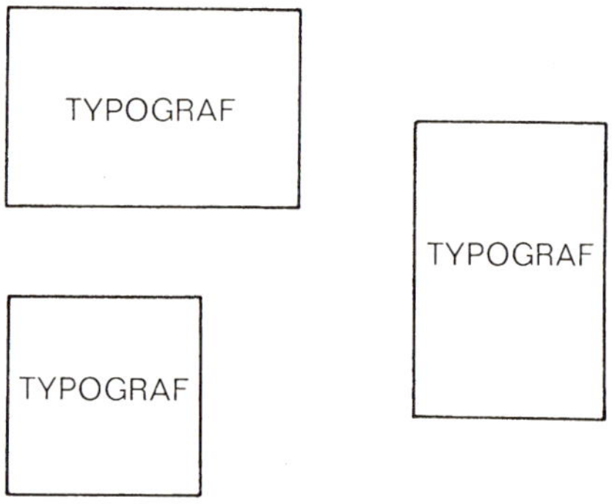

Bild 34.2. Informationsgruppen stehen auf begrenzten Flächen in Beziehung zu ihrer Umgebung.

Zwischen den Extremen „stilles Quadrat" und „schmaler Streifen" gibt es Formate, die als ausgewogen bezeichnet werden können. Sie spielen in der Praxis der Papierherstellung und -verarbeitung eine große Rolle, beispielsweise der Goldene Schnitt mit dem Seitenverhältnis 5 : 8, die DIN-Formate mit dem Seitenverhältnis 5 : 7. Fotografische Formate haben oft das Verhältnis von 2 : 3.

Bei genauerer Betrachtung können wir zwei immer wiederkehrende Prinzipien der Anordnung feststellen, das symmetrische oder das asymmetrische Prinzip.

Symmetrie bedeutet regelmäßige Zuordnung, Ebenmäßigkeit eines Gegenstandes. Links und rechts einer Mittelachse sind die Schriftelemente gleichartig angeordnet. Symmetrische Anordnungen wirken statisch, sozusagen klassisch, wie beim Blocksatz. Da der Blocksatz zumeist linksbündige Ausgangszeilen hat, ist er mehr asymmetrisch als symmetrisch, manchmal auch gezwungen, gekünstelt.

Asymmetrie ist das Gegenteil von Symmetrie. Es fehlt an Gleichmäßigkeit, die Zuordnung ist unregelmäßig. Ungleichmäßige Anordnungen erweisen sich als ungezwungen, natürlich, dynamisch, lebendiger. Sie lassen für Variationen der Gestaltung einen wesentlich größeren Spielraum. Die Phantasie kann sich freier entfalten.

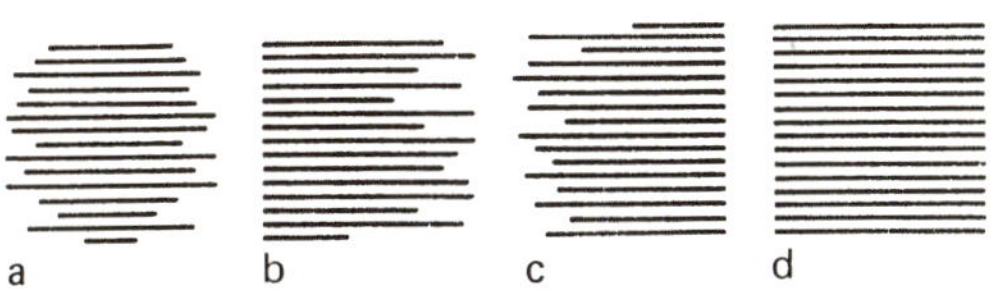

Bild 35.1. Möglichkeiten der Schriftenanordnung auf der Seite: a Symmetrischer Aufbau, Mittelachse. b Asymmetrischer Aufbau, Flattersatz linksbündig. c Asymmetrischer Aufbau, Flattersatz rechtsbündig. d Symmetrischer Aufbau, Blocksatz.

Ob eine symmetrische oder asymmetrische Anordnung zweckmäßiger oder reizvoller ist, muß von Fall zu Fall neu entschieden werden. Solange Typografie fast ausschließlich Buchgestaltung war, hatten Symmetrie und Blocksatz den Vorrang. Bevorzugte Anwendungsgebiete sind heute: Programme, Urkunden, Speisekarten, Festschriften, Buchtitel, auch Familien- und Zeitschriftenanzeigen. Die Möglichkeiten der Asymmetrie im Flattersatz wurden erst um 1920 durch die Experimente des Bauhauses entdeckt und entfaltet. Die asymmetrische Anordnung wird vorwiegend verwendet bei Geschäftspapieren, Prospekten, Werbeanzeigen, aber auch im Werksatz (Gedichte, Dramen). Dieses Fachbuch ist in Flattersatz hergestellt.

Die Typografie, auch die Grafik und die Fotografie leben durch Kontraste (Gegensätze). Die Gestalter sind bestrebt, die Wirkung der Kontraste auf den Betrachter zu nutzen und die Gegensätze der Elemente in ein harmonisches Nebeneinander zu bringen. Gut gestaltete Drucksachen verwenden als Kontraste: das Weiß des Bedruckstoffs zum Schwarz oder Grauwert der Schrift beziehungsweise des Satzspiegels; das Bunt zum Unbunt; die große Fläche zur kleinen; die Senkrechte zur Waagerechten; die Schrift zum Bild oder zur Farbfläche; das Dunkle zum Hellen; das Fette zum Mageren; das Positiv zum Negativ; das Statische zum Dynamischen; das Einzelne zum Vielfachen.

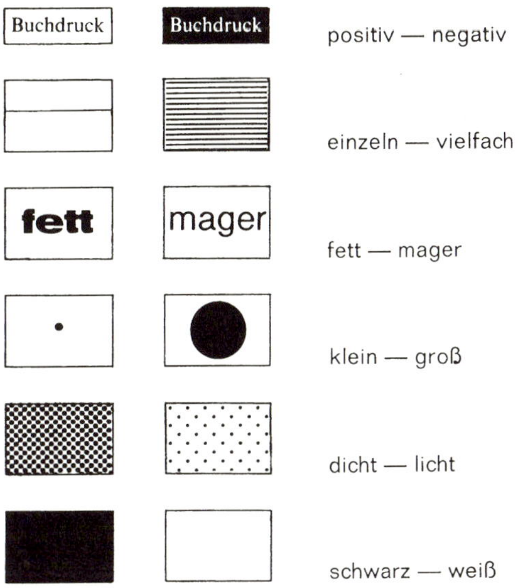

Bild 35.2. Kontraste als Mittel der Gestaltung.

▼

1. Setzen Sie die Reihe der Kontrastwirkungen mit eigenen Beispielen fort! Nehmen Sie Anzeigen zur Hand, und ordnen sie nach Symmetrie, Asymmetrie und Kontrast!
2. Warum sollte man Schriften einer Gruppe (zum Beispiel Helvetica mit Futura) nicht miteinander mischen?
3. Welche Farbkombination ergibt den stärksten Kontrast: a) Schwarz auf Gelb, b) Blau auf Grün, c) Rot auf Schwarz?
4. Informieren Sie sich über die Anordnung des Satzspiegels einer Buchseite: Innenrand zu Kopf zu Außenrand zu Fuß!

Um alle Texte und Bilder übersichtlich und einheitlich ordnen zu können, legt der Gestalter ein Grundschema fest, das **Gestaltungsraster.** Seine einfachste Form ist der Satzspiegel, das bedruckte Rechteck einer Seite. Beim Buch werden Zeilenzahl, Zeilenbreite und Zeileneinteilung in den Satzspiegel eingearbeitet. Werden Texte und Bilder mehrspaltig angeordnet, wie bei

Prospekten und Katalogen, ergeben sich Differenzierungen des einfachen Rasters. Besonders bei solchen Drucksachen, denen viele einzelne Informationsgruppen zugeordnet werden müssen, lassen sich die Gedanken und Vorstellungen über die Verarbeitung der Informationsmenge schneller und besser abklären, wenn der Arbeit ein Entwurfsplan und eine genaue Einteilungsskizze zugrundeliegen.

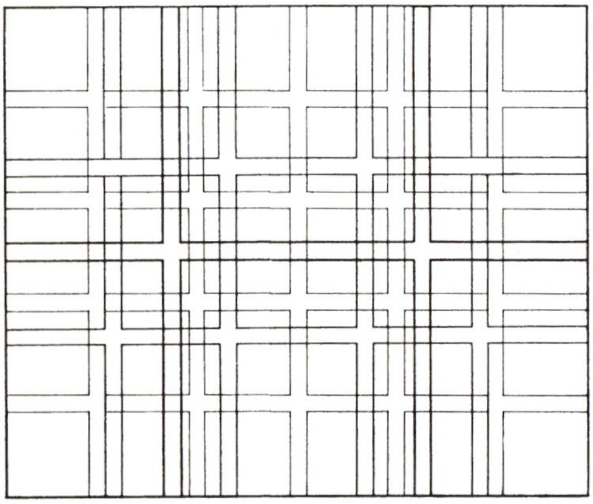

Bild 36.1. Rastersystem mit mehreren Teilungen für unterschiedliche Gestaltungsaufgaben.

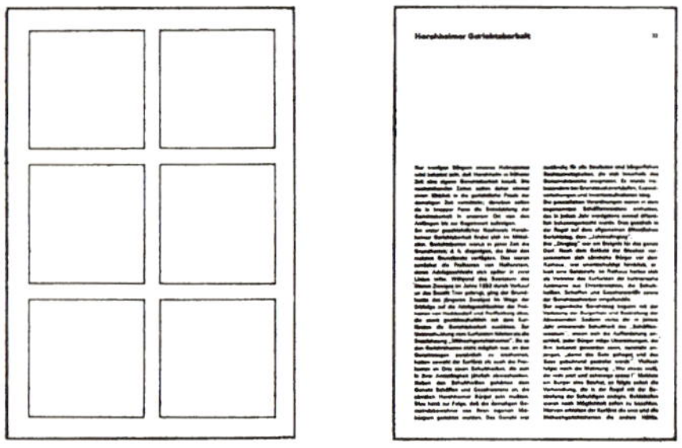

Bild 36.2. Links einfacher Gestaltungsraster, rechts danach gestaltete Seite.

▼

1. Wie heißen die wichtigsten typografischen Gestaltungsmittel?
2. Untersuchen Sie Werbeschriften und Broschüren auf das ihnen zugrundeliegende Gestaltungsraster!
3. „Typografie ist Ausdruck der jeweiligen Zeitepoche." Suchen Sie Beispiele, die diese Aussage bestätigen!

Beim typografischen Gestalten werden verschiedene **Skizziertechniken** angewendet: Strichtechnik, schreibendes Skizzieren, Strich-neben-Strich-Technik und Klebetechnik.

In **Strichtechnik** werden Schriftzeilen in Höhe der Mittellängen als breite Striche dargestellt, durchgehend oder mit Unterbrechungen für Wortzwischenräume. Das geschieht meist mit breiten Bleistiften in einem Zug, seltener mit anderen Schreibwerkzeugen (Faserschreiber, Kugelschreiber). Auszeichnungen hebt man optisch hervor, beispielsweise durch stärkere Schwärzung. Kursivschriften werden durch schräge Strichanfänge und -enden angedeutet. Die Strichtechnik wird für kleinere Schriftgrade angewendet; zu beachten ist, daß die Skizze mit der gegebenen Textmenge übereinstimmt.

Einen größeren Zeitaufwand erfordert das **schreibende Skizzieren.** Die einzelnen Buchstabenbilder deuten den Schriftcharakter nur an. Diese Skizze liefert dem Betrachter ein realistischeres Bild vom späteren Satz. Schreibendes Skizzieren wird angewendet, wenn der Textumfang gering ist oder wenn mittlere Schriftgrade dargestellt werden sollen.

Größere Buchstaben werden in **Strich-neben-Strich-Technik** skizziert. Jeder einzelne Buchstabe wird von freier Hand Strich an Strich bis in letzte charakteristische Feinheiten gezeichnet.

Bild 36.3. Verzerrung einer Bézierhülle am Computer.

Bild 37.1. Gegenüberstellung unsachgerechter und sachgerechter Skizziertechniken.

Dabei lernt man Besonderheiten einer Schrift am besten kennen. Der Praktiker bevorzugt aus Zeitgründen das schreibende Skizzieren oder die Klebeskizze.

Für die Klebeskizze muß gedrucktes Material zur Verfügung stehen. Enthält die Klebeskizze den echten Text, spricht man von textgerechter Klebeskizze. Die Zeilen und Seiten können aber auch durch „Blindtext" angezeigt werden. Dann spricht man häufig von textunabhängiger Klebeskizze. Skizzierte und geklebte Texte sind meist nur der eine Teil des Layouts. Bilder und farbige Flächen ergänzen oft die Schriftinformation und müssen mit dem Text zusammen dargestellt werden. Bilder werden oft nur durch Freiräume, graue Flächen oder ausgeschnittene Bilddrucke angedeutet. Farbige Flächen oder Linien werden aus Farbmusterblättern ausgeschnitten und eingeklebt.

Werden textgerechte Entwürfe und Layouts verlangt, eignet sich am besten die neue **DTP-Technik** (Desktop Publishing), übersetzt: Publizieren am Schreibtisch. Im Mittelpunkt steht ein **PC** (Personal Computer), der mit einer Software für Textverarbeitung geladen ist.

Der Text wird über eine Tastatur eingegeben und mittels einer Maus über Menüs bearbeitet. Der aktuelle Stand der Satzarbeit wird auf einem Bildschirm dargestellt. Für die Ausgabe auf Papier ist ein Laserdrucker angeschlossen.

Als technische Standards haben sich Mac und Windows 95 durchgesetzt. Der PC muß zu **PostScript** fähig sein, und ein geeignetes Programm für Layout und Typografie muß geladen sein. Bewährte Programme sind Pagemaker und Quark XPress.

▶ Über DTP-Technik mehr unter 5.8 und 6.7.

▼

1. Gestalten Sie ein Anzeigenlayout in drei verschiedenen Skizziertechniken!
2. Warum sollen magere Schriften mit härterem, fettere mit weicherem Bleistift skizziert werden?
3. Welche Werkzeuge und Materialien benötigt man zum Anfertigen einer Klebeskizze?
4. Erläutern Sie die Fachbegriffe DTP und PC!

Die typografische Gestaltung wird durch die Art des Druckprodukts mitbestimmt. Es ist ein Unterschied, ob eine Buchseite oder eine Anzeige entworfen werden soll. Produktbezogene typografische Grundregeln sind zu beachten.
Man unterscheidet drei Hauptgruppen:
1. Werksatz,
2. Zeitungs- und Zeitschriftensatz,
3. Akzidenzsatz.

Werksatz ist die älteste Satzart. Das Werk (Buch) gliedert sich in Titelseiten, Textseiten und Anhang. Zu den Titelseiten gehören Schmutztitel, Haupttitel und Impressum. Einige Bücher enthalten außerdem einen Dedikationstitel (Widmung).

Vor den Textseiten stehen noch das Vorwort und das Inhaltsverzeichnis. Nach dem Textteil folgt in manchen Büchern ein Anhang mit Literaturverzeichnis, Register (Namens- und/oder Stichwörterverzeichnis), Zeittafeln, Bibliografie, Literaturhinweisen.

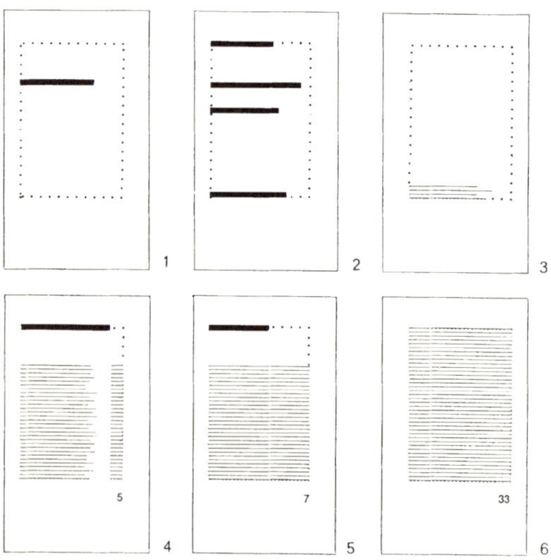

Bild 38.1. Skizzierte Buchseiten: 1. Schmutztitel, 2. Haupttitel, 3. Impressum, 4. Inhaltsverzeichnis, 5. Vorwort, 6. Textseite.

Die Textseiten haben im Prinzip einen gleichartigen Aufbau. Sie bestehen häufig aus glattem Satz, der in den meisten Fällen als Blocksatz angeordnet ist. Die bedruckte Rechteckfläche einer Werkseite heißt **Satzspiegel.**

Innerhalb des Satzspiegels stehen die Elemente: Grundtext = laufender Text, Rubriken = Überschriftzeilen meistens in Auszeichnungsschrift, lebender Kolumnentitel = Kapitelhinweise in Form einer kurzen Überschrift, Fußnoten = nähere Erläuterungen zu Textteilen.

Außerhalb des Satzspiegels stehen die Elemente: Toter Kolumnentitel = Seitenzahl, Marginalien = Randbemerkungen als Texthinweise.

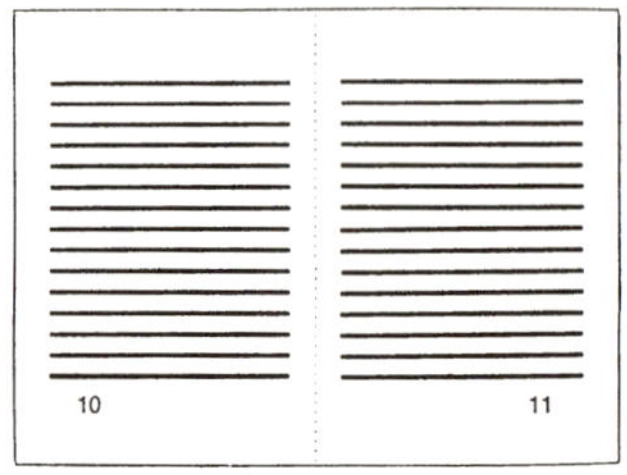

a) Satzspiegel breit und niedrig auf optischer Mitte.

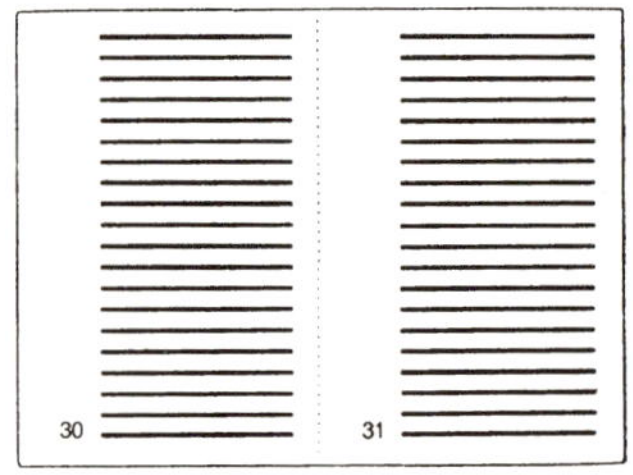

b) Satzspiegel schmal und lang, nach rechts gerückt.

Bild 38.2. Verschiedene Satzspiegel.

Sonderformen des Werksatzes sind: Lyriksatz (Gedichtsatz), Dramensatz, wissenschaftlicher Satz. Typisch für den **Lyriksatz** ist der asymmetrische Zeilenfall (Flattersatz), der durch das Versmaß bedingt ist. Gleiche Wortabstände sind deshalb selbstverständlich. Satztechnische Schwierigkeiten treten nicht auf; die gute Lesbarkeit wird durch sinngemäße Gruppierung einzelner Strophen als Textblöcke weiter verbessert. Ähnliches gilt für den **Dramensatz;** allerdings kommen hier mehr Schriftmischungen vor, etwa die Anwendung von Kursiv-, Versalzeilen und Kapitälchen.

Anspruchsvoller wird dle Tätigkeit des Setzers beim **wissenschaftlichen Satz.** Das ist ein Sammelbegriff für den Satz mathematischer, physikalischer und chemischer Formeln.
Das komplizierte Zusammenfügen unterschiedlicher Satzelemente erfordert viel Verständnis.

Zeitungs- und Zeitschriftensatz besteht vorwiegend aus glattem Text. Typisch für diese Satzart ist die Anordnung des Grundtextes in schmalen Spalten. Die Spalteneinteilung und die daraus resultierenden kurzen Zeilen wirken oft hemmend auf den Lesefluß.
Die Blocksatzanordnung bedingt sehr unterschiedliche Wortabstände und störende Worttrennungen. Der Text wird durch zahlreiche Überschriften und Schlagzeilen aufgelockert.

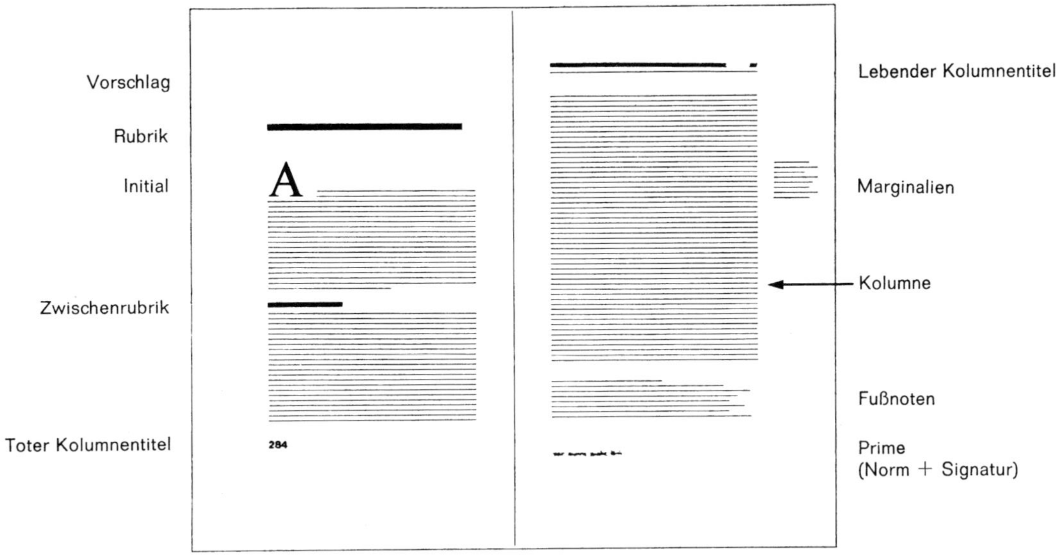

Bild 39.1. Elemente des Werksatzes.

Die Vielfalt der nebeneinandergestellten wichtigen und unwichtigen Zeitungsmeldungen, der Einbau von Bildern und sogar kleinen Anzeigen im redaktionellen Teil macht besonders bei Tageszeitungen den Satzspiegel unruhig. Zeitschriften enthalten einen größeren Bildanteil. Die Zeitschriften-Typografie ist entsprechend aufgelockerter und freier.

Gestalterisch besonders anspruchsvoll und individuell ist **Anzeigensatz.** Die Anzeigen sind aus verschiedenen Schriften und Linien zusammengefügt. Sie werden in der Regel möglichst einheitlich gestaltet; den Wünschen der Auftraggeber muß jedoch besonders im Hinblick auf Stellung, Flächengröße und Schriftmenge entsprochen werden. Zu unterscheiden sind: programmunterstützte Standardanzeigen und speziell vom Grafiker oder Layouter entworfene Anzeigen.

Einen breiten Raum in der Produktion nimmt der **Akzidenzsatz** ein. Akzidenz (lat. accidere = hinzufügen) ist der Sammelbegriff für alle mittelgroßen und kleinen Gebrauchsdrucksachen. Die

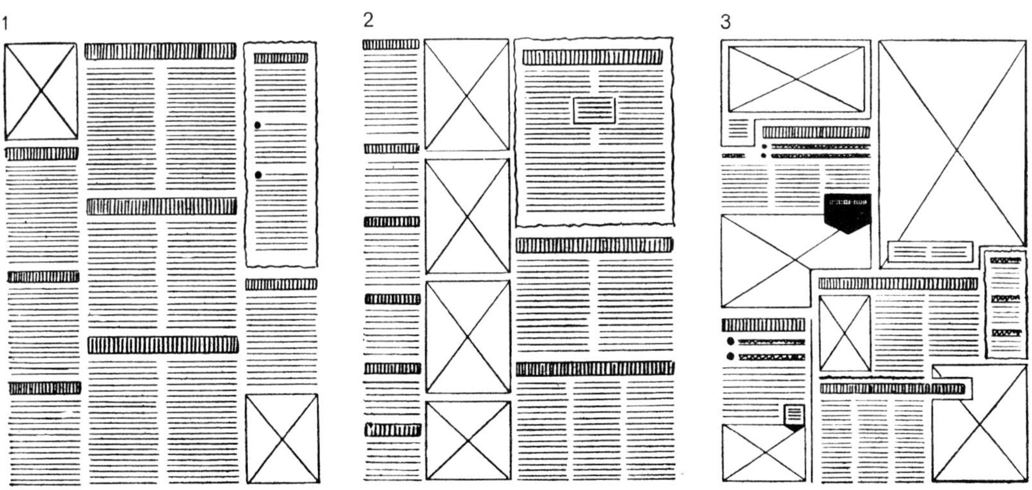

Bild 39.2. Zeitungssatz. Umbruch-Layouts von drei Zeitungen: 1. Klare Gliederung in Spalten. 2. Variation durch verschiedene Spaltenbreiten. 3. Typ der Boulevard-Zeitung mit lebendiger, aber unübersichtlicher Gliederung.

Frühdrucker druckten nur Bücher; erst in späteren Jahrhunderten kam diese Art der Druckaufträge hinzu. Zu den Akzidenzen gehören: Privat- und Geschäftsdrucksachen, Formulare und Tabellen, Prospekte und Kataloge, Buchumschläge. Die Vielfalt der Akzidenzen, die in Format und Umfang teilweise erheblich voneinander abweichen, hat zu der Anwendung verschiedener Setzverfahren geführt. Besonders wichtig ist maßgenaues Skizzieren, denn es erleichtert das schnelle Setzen am Bildschirm.

Artikelverzeichnis

Bestell-Nummer bis 1973	ab 1974	Artikelbezeichnung mit Typen-Nummer	zu beziehen durch Warenlager
4103/1	8066	Einhange-Element E1	Wilhelmshaven
4103/2	8067	Einhange-Element E2	Wilhelmshaven
3/109	8129	Einlegeboden	Wilhelmshaven
6625	7836	Couchtisch	Detmold
4094/1	7841	Getrankecontainer I	Detmold
4094/1 1	7842	Musikcontainer II	Detmold
9227	9311	Schreibsekretar	Ingolstadt
7114/1	9343	Anbausessel S1	Ingolstadt
7114/2	9344	Anbausessel S2	Ingolstadt
-	5049	Wohnboard B12	ab Januar 1974 direkt lieferbar ab Werk Berlin
-	5050	Wohnboard B13	
-	5476	Beistellelement BE6	
-	5541	Wohnvitrine	
8044	7922	Doppelbett	Detmold
8044/1	7923	Bettzeugkasten	Detmold

Bild 40.1. Maßgenaue Satzskizze auf Millimeterpapier und entsprechendes Satzprodukt.

Tabellensatz nimmt einen breiten Raum im Bereich des Akzidenzsatzes ein. Die Tabelle enthält Informationen in geordneter Übersicht. Sie ähnelt in ihrem Aufbau einem Koordinatensystem. Die eine Koordinate wird durch die Begriffsangaben im Kopf der Tabelle dargestellt. Die Legende (Vorspalte) entspricht der vertikalen Koordinate. Die Informationen, die sich aus beiden Bezugsangaben im Kopf und in der Legende ergeben, sind die Daten in den Spalten des Fußes. Die Hauptteile der Tabelle sind Kopf, Legende und Fuß. Der Fuß besteht aus mehreren Spalten. Als Ordnungselement enthalten Tabellen oft Linien. Verschiedene Linienstärken sind eine zusätzliche Gliederungsmöglichkeit.

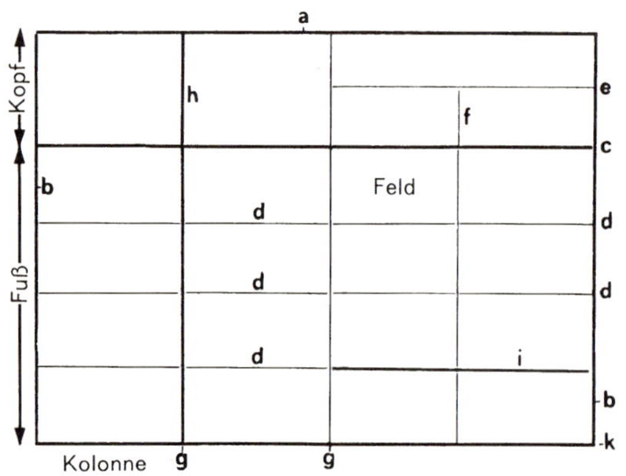

Bild 40.2. Benennung der Tabellenlinien: a Kopflinie, b Randlinie, c Kopfabschlußlinie (Halslinie), d Querlinie, e Kopfunterteilungslinie, f Kolonnenunterteilungslinie, g Längslinie, h Kopflängslinle, i Summenlinie, k Fußlinie.

▼

1. Satzarten werden meistens nach Produktgruppen eingeteilt. Welche anderen Gesichtspunkte der Einteilung können Sie nennen?
2. Erläutern Sie folgende Fachbegriffe: a) Toter Kolumnentitel, b) Dedikationstitel, c) Rubrik, d) Impressum, e) Marginalie!
3. Glatter Satz kann als Blocksatz, als Flattersatz und als zentrierter Satz angeordnet sein. Sammeln Sie entsprechende Druckbeispiele, ordnen Sie diese, und begründen Sie, warum jeweils diese Satzanordnung gewählt wurde!
4. Warum ist beim Tabellensatz äußerste Maßgenauigkeit wichtig?
5. Suchen Sie mehrere Tabellen, vergleichen Sie diese im Hinblick auf die Zuordnung der Informationen, auf die Gestaltungsunterschiede und auf die Setzverfahren!

2.2.2.2 Grafische Gestaltung

Grafiker, Reinzeichner, Fotografen und Vorlagenretuscheure gestalten die Bildvorlagen für die Reproduktion. Grundsätzlich bauen sich Bilder aus fünf grafischen Elementen auf: Punkt, Linie, Fläche, Halbton und Farbe. Punkte, Linien und Vollflächen faßt man unter dem Begriff „Strich" zusammen. „Halbtöne" sind Graustufen zwischen Weiß und Schwarz oder Licht und Tiefe; sie lassen sich zu einer Grauskala zusammenstellen. Farben können in Farbordnungen (Dreieck, Kreis, Würfel) dargestellt werden; in Reproduktion und Druck spricht man von Farbenskalen.

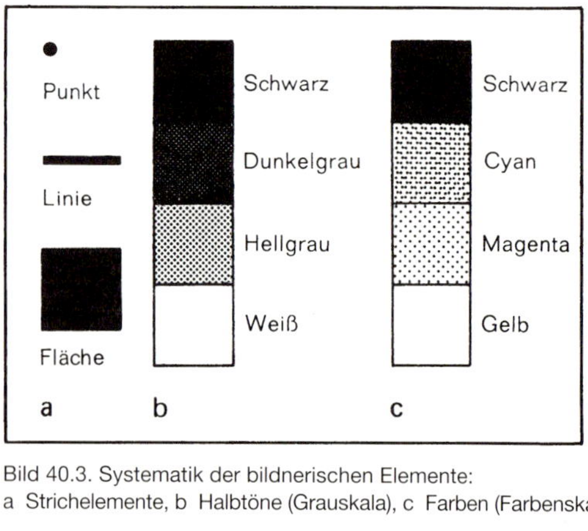

Bild 40.3. Systematik der bildnerischen Elemente: a Strichelemente, b Halbtöne (Grauskala), c Farben (Farbenskala).

Die **grafischen Techniken** sind sehr vielseitig. Die Elemente entstehen durch Zeichnen, Malen, Schneiden, Kleben, Schaben, Stempeln und andere Techniken. Der Vorlagenhersteller wendet sie je nach Gestaltungsidee an. Nach einer groben Einteilung unterscheidet man:
1. Einfarbige Strichtechniken,
2. einfarbige Halbtontechniken,
3. mehrfarbige Techniken.

Einfarbige Strichvorlagen (Strichzeichnungen, Schriftzeichnungen, technische Zeichnungen) werden mit Zieh- oder Kugelfeder (Patronenfüller) und schwarzer Tusche auf weißen Karton gezeichnet. Patronenfüller (Beispiel Rapidograph), heute ein bevorzugtes Werkzeug des Grafikers, gibt es in abgestuften Strichstärken. Größere Flächen werden mit Pinsel und schwarzer Temperafarbe, teilweise aus geschnittenem Papier, angelegt. Neben zeichnerischen Mitteln werden seltener einfache Drucktechniken, wie Linol- und Holzschnitte, angewendet. Zunehmende Anwendung finden Personal Computer mit Grafikprogrammen, wie Free Hand oder Illustrator.

▶ Mehr darüber im Kapitel 3.2.2.4.

Bild 41.1. Gestaltung einer einfarbigen Strichvorlage für ein Briefblatt. 1. Rohvorlage als Foto mit Schriftskizze, 2. Reinvorlage als Strich- oder Schriftzeichnung.

Grafische Strichzeichnungen sind meist Vereinfachungen einer äußeren Form und beschränken sich auf das Wesentliche eines Objekts. Entsprechende Darstellungsmethoden sind: Verfremdung, Stilisierung, Abstraktion. So entstehen Marken, Signets, Logos und Piktogramme.

Oft soll Schrift in die grafische Reinzeichnung eingefügt werden. Am einfachsten ist es, eine gesetzte Druckschrift in das Bild zu montieren. Aus dem Fotosatz stammen Fotoabzüge auf Film oder Papier. Das populärste Werkzeug zum Einfügen von Schriften ist der Computer geworden. Früher gab es dafür Anreibeschriften und Anreiberaster.

Bild 41.2. Vereinfachung und Verfremdung bei Strichzeichnungen.

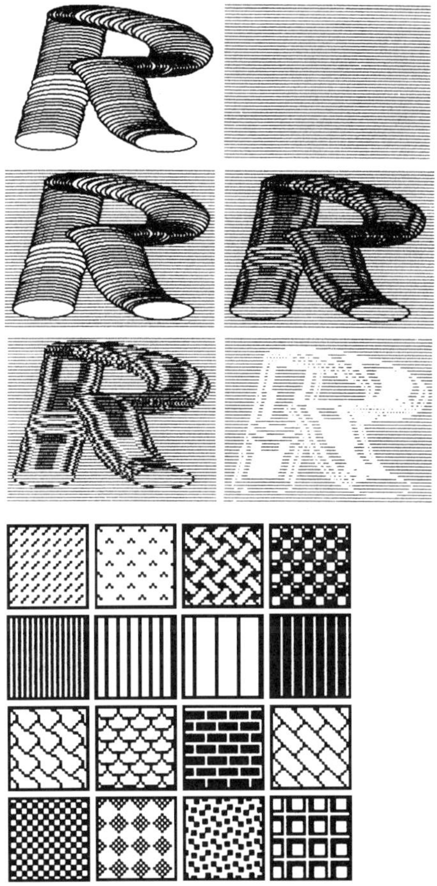

Bild 41.3. Beispiele für Schriftkonstruktionen und Rastermuster im Computer.

Einfarbige Halbtonvorlagen enthalten differenzierte Grautöne. Sie lassen sich erzielen durch Bleistift (eigentlich Graphitstift), Holzkohle, Kreide, verdünnte Tusche (Lavierung) oder aufgehellte Temperafarbe. Bei Halbtonflächen und -verläufen sind Spritztechniken geeignet. Sie werden mit einem Spritzapparat, auch Spritzpistole genannt, ausgeführt. Die Farbe wird durch Druckluft zerstäubt. Beim direkten Spritzen entstehen verlaufende Flächen. Will man scharf begrenzte Flächen erzeugen, sind Schablonen aus Zelluloid oder anderen Folien erforderlich. Bildkorrekturen und Spritzretuschen werden heute mehr und mehr am Computer durchgeführt. Die digitalen Airbrush-Werkzeuge sind variabel in Strahlbreite, Feinheit, Tonwert und Farbwert.

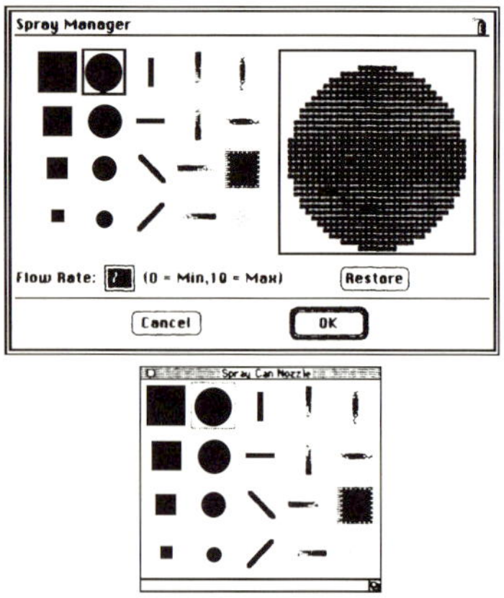

Bild 42.1. Einstellung der Airbrush-Werkzeuge.

Mehrfarbige Vorlagen werden gemalt, geklebt oder gezeichnet. Für mehrfarbige Grafiken gibt es – nach Farbauftrag geordnet – folgende Maltechniken: deckender Farbauftrag mit Temperafarbe, Pastellkreide oder Wachskreide; lasierender Farbauftrag mit Aquarellfarbe, Buntstift und Faserschreiber.

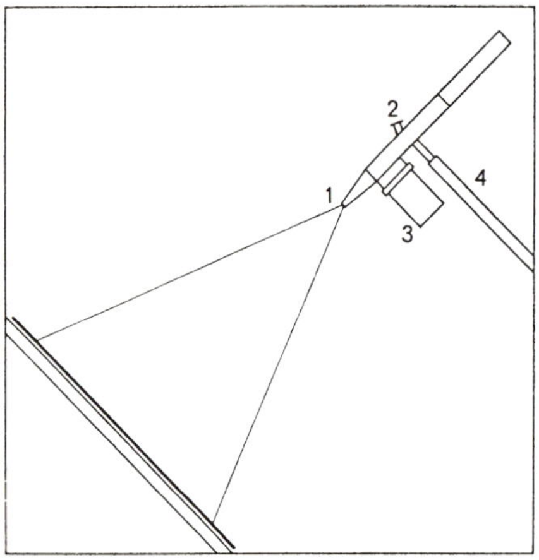

Bild 42.2. Spritzpistole und Farbstrahl: 1 Düse mit Nadel, 2 Hebel, 3 Farbbehälter, 3 Schlauchanschluß

Montierte Bilder aus geschnittenen und aufgeklebten Elementen heißen **Collagen.** Beim Anlegen mehrfarbiger Strichvorlagen ist es kaum mehr üblich, die Farbflächen in Mal- oder Collagetechnik auszuführen. Der Grafiker fertigt lieber Reinzeichnungen mit Grenzkonturen der Flächen oder Farbauszüge auf Foliendeckern. Verbindliche Farbmuster für den Drucker werden beigeklebt. Dafür verbindliche Farbensysteme sind Pantone und HKS. Diese Farbenskalen wurden von deutschen Farbenfabriken entwickelt und dem Grafiker angeboten. Wenn er danach arbeitet, entstehen Farbvorlagen, welche die Bedingungen von Repro und Druck berücksichtigen. Dem Entwerfer stehen Marker (Skizzierstifte), Farbpapiere und Farbfolien in Vollton und Raster zur Verfügung. Die meisten deutschen Farbenfabriken liefern die korrespondierenden und genormten Druckfarben.

Für realistische und hyperrealistische Darstellungen wird häufig die **Spritztechnik** angewendet. Der Apparat heißt Spritzpistole oder **Airbrush** (Luftpinsel). Beim Spritzen wird flüssige Farbe durch Druckluft in der Pistole mitgerissen und durch eine Drüse mit Nadel versprüht. Je höher der Druck ist, desto feiner ist die Verstäubung; es entsteht ein Farbnebel.

Die Feinheit der Verstäubung wird auch durch die Farbe bestimmt. Besonders fein gemahlene und verteilte Pigmente haben Airbrushfarbe, Retuschefarbe und Eiweißlasurfarbe. Weniger fein pigmentiert, aber ebenfalls für das Spritzen geeignet sind: Aquarellfarbe, Temperafarbe und Gouache.

Die Stellung der Nadel in der Düse bestimmt den Farbstrahl. Je weiter sie aus der Düse hervorragt, desto spitzer wird der Winkel des Strahls. Da dieser Farbstrahl kegelförmig ist, läßt sich mit dem Abstand die Spritzspur variieren. Feine Linien werden mit geringer Entfernung, breite Linien, Flächen und Verläufe werden aus größerer Entfernung gespritzt. Eine moderne Airbrush hat eine doppelte Hebelfunktion: Der Hebel steuert sowohl das Luftventil als auch die Nadel in der Düse.

Solche Stellen, die nicht gespritzt werden sollen, lassen sich mit Schablonen abdecken. So erhalten die Flächen mehr oder weniger scharfe Begrenzungen. Der geübte „Airbrusher" kann auch frei mit der Pistole „malen".

▶ Airbrush als Werkzeug in Illustrationsprogrammen siehe Abschnitt 6.7.

Der Grafiker gestaltet heute mehr als die Hälfte elektronisch. Er skizziert, setzt, layoutet, zeichnet, retuschiert und manipuliert per Computer. Die Bedieneroberfläche ist unproblematisch, denn in den Menüs stehen vertraute Werkzeuge, wie Zeichenstift, Pinsel, Skalpell, Radiergummi, Airbrush und Farbpalette.

Wer konstruktiv zeichnen will, bevorzugt das Programm FreeHand. Wer illustrativ gestalten will, nimmt gern den Illustrator. Beide Programme arbeiten mit **Vektorgrafik.** Die allgemein gültige Seitenbeschreibungssprache ist **PostScript.** Für den Austausch von Dateien braucht man noch andere Formate, wie EPS, PICT und TIFF.

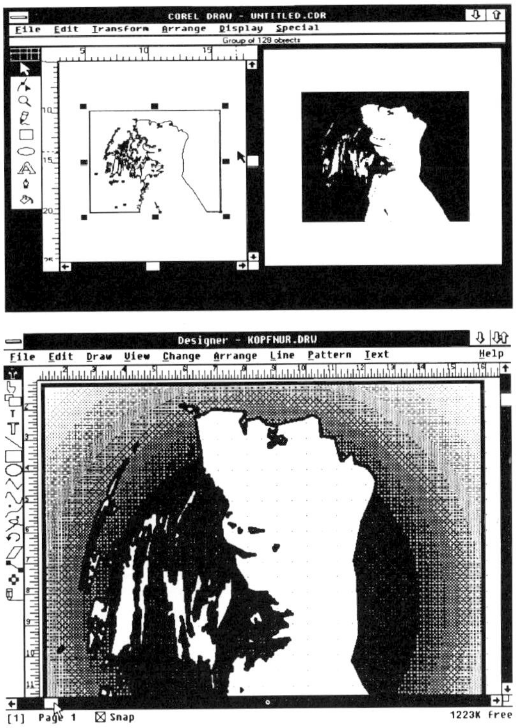

Bild 43.1. Illustrative Überarbeitung in Vektorgrafik.

Mit **Pixelgrafik** arbeiten folgende Grafik- und Malprogramme: Digital Darkroom und Photoshop für Mac, PhotoStyler für MS-DOS. Ihr Schwerpunkt liegt im Retuschieren, im Verändern von Grautönen, Farbtönen und Kontrasten, im Freistellen, Composing, Weichzeichnen, Verschärfen, in der Tontrennung, Reliefierung und Solarisation. Dem Computer müssen Bilder eingegeben werden. Das geschieht mit einem Scanner oder mit der **Photo CD**, einer Compact Disk, die Farbfotografien speichert.

Bild 43.2. Gescannte Firmenlogos ohne Überarbeitung.

▶ Mehr über Vektorgrafik und Pixelgrafik in 2.2.2.4.

▼

1. Probieren Sie verschiedene grafische Handtechniken aus! Vergleichen Sie dann die grafischen Wirkungen! Sammeln Sie entsprechende Druckmuster!
2. Was bedeuten folgende Fachausdrücke der Grafik: grafisches Element, Strichgrafik, Halbtongrafik, Deckfarbe, Lasurfarbe, Collage, Foliengrafik, Color-Key?
3. Sammeln Sie aus Werbeprospekten farbige Bildbeispiele, von denen Sie annehmen, daß es Airbrush-Arbeiten sind.
4. Informieren Sie sich, welche grafischen Arbeiten noch von Hand und nicht mit dem Personal Computer gemacht werden!

2.2.2.3 Fotografische Gestaltung

Fotografische Techniken sind weit entwickelt und in der Vorlagenherstellung führend. Von allen Bildvorlagen erreichen die Arbeiten aus Kamera und Labor größte Wirklichkeitsnähe, besonders

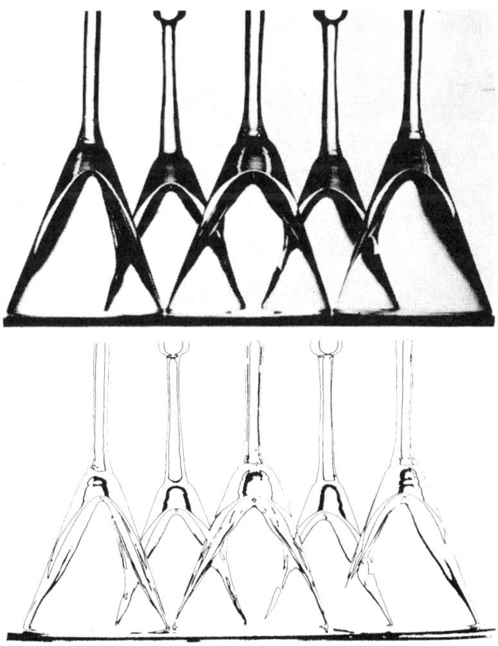

Bild 43.3. Gegenüberstellung Fotografie und Fotografik (Partygläser). Oben Originalkopie auf normales Fotopapier. Unten Äquidensitenkopie durch Solarisation.

die Farbfotos. Farbdiapositive sind heute am meisten verbreitet. Neben die realistischen Aufnahmetechniken in Schwarzweiß und Farbe ist eine neue fotografische Variante getreten, die Fotografik. Mit ihr setzt man normale Aufnahmen so um, daß grafische Effekte und Verfremdungen entstehen. Demnach müssen wir zwei Hauptformen der Fotografie unterscheiden:

1. Abbildende Fotografie,
2. Verfremdete Fotografie oder Fotografik.

Durch die **realistische Fotografie** werden die Objekte so abgebildet, wie das Auge sie sieht. Technische Mittel sind Fotogeräte und -materialien, im einzelnen: Kamera, Objektive (Normalobjektive oder Spezialobjektive wie Weitwinkel oder Tele), Farbfilter, Beleuchtung und Lichtrichtung (Vorder-, Seiten-, Ober- oder Gegenlicht), Filme (Schwarzweiß- oder Farbfilme), Chemikalien, Papiere (verschiedene Gradationen und Formate).

Das Medium Fotografie umfaßt die **arrangierte Fotografie,** das heißt bewußt gestaltete Aufnahmen im Atelier, Aufnahmen im Freien und mehr oder weniger zufällige Schnappschüsse. Von der Werbefotografie werden hauptsächlich arrangierte Aufnahmen verlangt, die meistens ein Atelier erfordern. Beispielsweise besteht das Arrangement der Aufnahmen für einen Fernsehgeräte-Prospekt aus innenarchitektonischen Dekorationen, einigen fotogenen Personen und eventuell Rückprojektionen (eingeblendete Bilder von Diapositiven als Hintergrund).

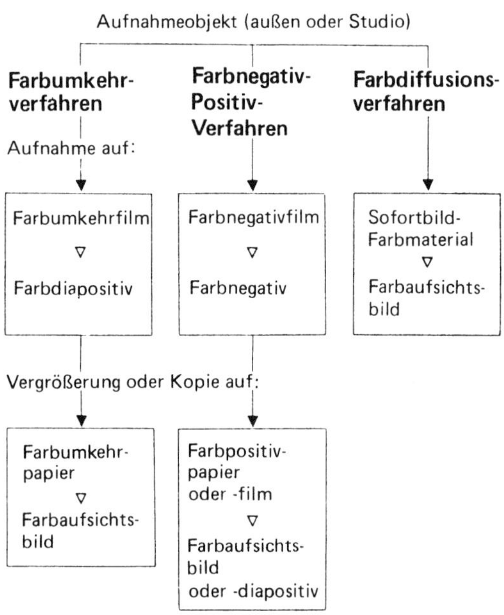

Bild 44.1. Fotografische Aufnahmeverfahren.

Die Aufgabenstellungen sind immer vielseitiger geworden, und deswegen werden heute Spitzenleistungen in der Fotografie von Spezialisten erbracht. Die Fachgebiete der professionellen Fotografie sind: Action (Handlung, Reportage), Architektur und Interieur (Innenausstattung), Beauty (Kosmetik) und Mode, Bildjournalismus und Dokumentation, Industrie und Umwelt, Porträt, Stillife, Werbung und Öffentlichkeitsarbeit.

In der **Farbfotografie** gibt es ein reichhaltiges Angebot an Fabrikaten (Beispiele Agfachrome, Fujichrome, Kodachrome, Ektachrome, Polaroid). Die Farbmaterialien lassen sich systematisch in fünf Gruppen einteilen:

1. Farbumkehrfilme für Farbdiapositive,
2. Farbnegativfilme als Vorstufen zu Farbpositiven,
3. Farbpositivpapiere oder -filme,
4. Farbumkehrpapiere,
5. Sofortbild-Farbmaterialien.

Alle drei im Diagramm aufgeführten Verfahren haben etwas Gemeinsames: Sie gehören zu den **Farbaufbau-Verfahren,** auch chromogene Verfahren genannt. Ihr Prinzip besteht darin, daß die Farbstoffe im Material durch farbbildende Entwicklung hervorgerufen werden. Zu diesem Zweck sind in die Fotoschichten verschiedene farblose Substanzen eingelagert, die sich bei der chromogenen Entwicklung mit den Oxidationsprodukten zu den drei sichtbaren Farbstoffen Cyan, Magenta und Gelb verbinden.

Der direkte Weg zum Farbdiapositiv führt über das **Farbumkehr-Verfahren,** der indirekte vom Negativ zum Positiv über das **Farbnegativ-Positiv-Verfahren.** Während beim Umkehr- und beim Negativ-Positiv-Verfahren die Farbbilder mehrstufig verarbeitet werden, sind beim **Farbdiffusions-Verfahren** die Verarbeitungsstufen – Belichten, Entwickeln, Fixieren – so miteinander verbunden, daß innerhalb weniger Minuten das Farbbild fertiggestellt ist (Sofortbildfotografie). Am meisten eingesetzt wird das Farbumkehr-Verfahren. Es erfordert einen positiv arbeitenden Mehrschichten-Farbfilm.

Wie es zu einem **Farbdiapositiv** kommt, soll an einem einfachen Beispiel erklärt werden. Es wird angenommen, daß der Film vom Licht einer grünen Rasenfläche getroffen wird. Bis zur Wiedergabe der grünen Rasenfläche in dem Film sind fünf Arbeitsphasen erforderlich:

Erste Phase: Der Film wird in einer Kamera belichtet. Das grüne Licht durchdringt die blauempfindliche Schicht und die Gelbfilter-Schicht, ohne Wirkung zu erzielen. In der nächsten Schicht jedoch, die grünempfindlich ist, wirken die Strahlen ein und belichten das

Silbersalz. Die untere, rotempfindliche Schicht bleibt unbeeinflußt.

Zweite Phase: Der Film wird entwickelt. Nur die mittlere, grünempfindliche Schicht wird dabei geschwärzt; es entsteht ein Negativ. In den anderen Schichten geschieht nichts; die ursprüngliche Lichtempfindlichkeit bleibt erhalten.

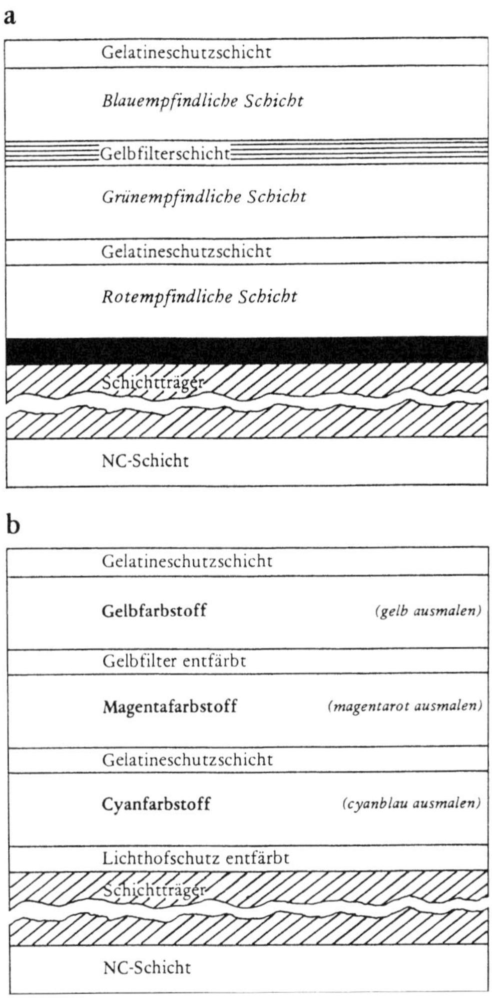

Bild 45.1. Schichtenaufbau des Farbumkehrfilms: a Farbfilm vor der Belichtung, b Farbfilm nach der Belichtung und Entwicklung.

Dritte Phase: Das Negativ wird umgekehrt – entweder durch eine Zweitbelichtung oder durch einen chemischen Prozeß. Dabei wird alles bisher unbelichtet gebliebene Silbersalz zur Reduktion angeregt.

Vierte Phase: Der Film wird chromogen, das heißt farbig entwickelt. Die Zweitentwicklung schwärzt die blauempfindliche und die rotempfindliche Schicht. Bei der sich anschließenden Farbentwicklung entsteht in der blauempfindlichen Schicht der Farbstoff Gelb, in der rotempfindlichen Schicht der Farbstoff Cyan (Grünblau).

Fünfte Phase: Der Film ist undurchsichtig schwarz. Das Bildsilber wird durch Bleichung und Fixierung herausgelöst, so daß die mittlere, grünempfindliche Schicht farblos wird. Die obere Schicht wird gelb, die untere cyan. In der Durchsicht ergeben diese beiden Grundfarben die Mischfarbe Grün, also die Farbe der Rasenfläche.

Durch **Fotografik** kann der Vorlagenhersteller Motive, Formen und Farben so abwandeln, daß der Aufmerksamkeitswert gesteigert wird. Die vielfältigen Verfremdungsmethoden, die hier nicht vollständig behandelt werden können, lassen sich einteilen in: 1. Aufnahmetricks, 2. Labortricks, 3. Montagetricks, 4. Modifikationen der gescannten Vorlagen am Bildschirm eines Computers.

Die einfachste Aufnahmemethode ist das Fotogramm, ein negatives Schattenbild, das ohne Kamera zustandekommt, wenn man flache Objekte (Blätter, Drähte, Nadeln, Zahnräder) unmittelbar auf das Fotomaterial legt und belichtet. Diese tonwertverkehrte Kopie eines Motivs heißt auch „Negativdruck". Farbige Negativbilder erscheinen durch komplementärfarbiges Aussehen – die grüne Wiese ist rot – surrealistischen Gemälden ähnlich.

Bild 45.2. „Negativdruck" und positive Kopie.

Reizvoll sind Lichtgrafiken, die entstehen, wenn man eine Lichtquelle vor der geöffneten Kamera bewegt oder pendeln läßt. Wirklichkeitsferne Verzerrungen liefern Superweitwinkel- und Fischauge-Objektive. Prismatische Vorsatzlinsen rufen kaleidoskopartige Vervielfältigungen des Aufnahmeobjekts hervor. Durch „Fotocomposing" beziehungsweise Belichtungsmontage (Mehrfachbelichtung auf einen Film) entstehen „Phantomfotos".

Bei fotografischer Strichumsetzung werden durch mehrere Kopiervorgänge auf hart arbeitendes Fotomaterial (Lithfilm) sämtliche Grauwerte der Vorlage beseitigt, so daß nur noch abstraktes Schwarz-Weiß übrigbleibt. Durch extreme Vergrößerung auf geeignetes Material erhält man Grobkornwiedergaben.

1. Hartkopie vom Negativ auf steil arbeitendes Fotomaterial.

2. Hartkopie kombiniert mit einkopiertem Linienraster für mittlere Grautöne.

3. Differenzkontur zwischen hartem Negativ und hartem Positiv.

Bild 46.1. Drei Fotografik-Variationen nach einem Urnegativ.

„Relieffotos" entstehen aus der Kombination von Negativ und Diapositiv und zeigen einen pseudoplastischen Effekt (vorgetäuschte Raumwirkung). Bei erheblicher Überbelichtung erhält man „Solarisation", eine teilweise Umkehrung der Tonwerte. Durch „Isohelie" (Tontrennung) werden die zahlreichen Graunuancen einer Vorlage in wenigen Tonstufen aufgezeichnet. Die „Äquidensiten-Methode" ermöglicht eine fotografische Umsetzung in Linien, so daß eine reine Konturenzeichnung entsteht. Für die Äquidensiten-Fotografie gibt es einen Spezialfilm (Produktbeispiel Agfacontour) im Fachhandel.

Durch Montagetechniken werden Bildelemente vorhandener Fotos zusammengefügt. Die fertigen Produkte heißen Fotomontagen oder Fotocollagen. Montagematerial sind Positive, Negative und Kombinationen aus beiden. Symmetrie kann erzeugt werden, indem man seitenrichtige und gekonterte (seitenverkehrte) Abzüge der Fotografie aneinanderreiht. Besondere Effekte erzielt der Vorlagenhersteller, wenn er Rasterflächen in das fotografische Bild einbezieht.

Strichumsetzung ohne Verwendung von Rastern.

Rastertechnik mit eingeklebten technischen Rastern.

Bild 46.2.
Beispiele für Bildumsetzungen in Fotografie und Grafik.

▼

1. Leihen Sie sich in einer Bibliothek Bücher über Fotografie und Fotografik aus! Es wird empfohlen, daß Sie nach Ratschlägen der Bücher selber fotografieren und entwickeln.
2. Worin unterscheiden sich Bildvorlagen der Fotografie, Fotografik und Grafik?
3. Erklären Sie folgende Techniken der Fotografik: Fotogramm, Phantomfoto, Strichumsetzung, Isohelie, Solarisation, Fotomontage!
4. Legen Sie eine Sammlung von Bildern an, die Sie beeindrucken! Sortieren Sie nach Vorlagen der Grafik, Fotografik und Fotografie!

Ein Sondergebiet der Fotografik ist die **Typo-Fotografik.** Das Schwergewicht der Modifikation liegt nicht auf Bildern, sondern auf Schriften. Produkte aus dem Fotosatz werden fototechnisch so verändert, daß es zu gesteigerten grafischen Effekten kommt. Häufig angewendete Verfahren sind: Schriftkonturierung, Schriftverzerrung, Schriftauflösung. Die Effekte sind heute mit Computern und speziellen Programmen möglich.

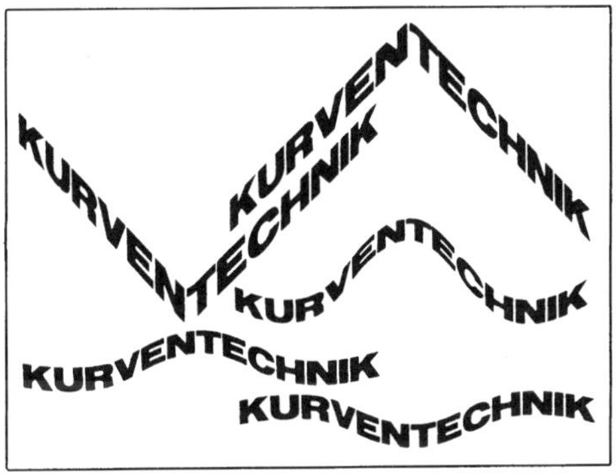

Bild 47.1. Typo-Fotografik mit formgebender Schriftverzerrung.

▼

1. Wie unterscheidet sich die abbildende Fotografie von der verfremdenden Fotografie, auch Fotografik genannt?
2. Erklären Sie folgende Fachbegriffe: Print, Transparent, Separation, Dye-Transfer!
3. Welche Vorteile liegen in Farbduplikaten für die Reproduktionstechnik?
4. In welchen technischen Schritten entsteht ein Farbdiapositiv?
5. Wie ist ein Farbumkehrfilm in Schichten aufgebaut?
6. Welche Chancen geben Sie der digitalen Fotografie? Begründen Sie Ihr Urteil!

Auch in der Fotografie sind elektronische Verfahren präsent. Für eine Manipulation der Fotografien wird gern das Programm Photoshop genommen. Digitale Kreativtechniken ermöglichen ein rationelles und variables Arbeiten in den Bereichen: Positionieren, Transplantieren, Retuschieren, Verschärfen, Soften, Morphen und so weiter. Bei diesem Vorgehen wird die Fotografie zum Ausgangspunkt für digitale Effekte. Die Bilddaten werden über eine Abtastung am Scanner dem Computer zugeführt oder noch besser von einer Photo CD eingelesen. Auf eine Scheibe passen rund hundert Bilder.

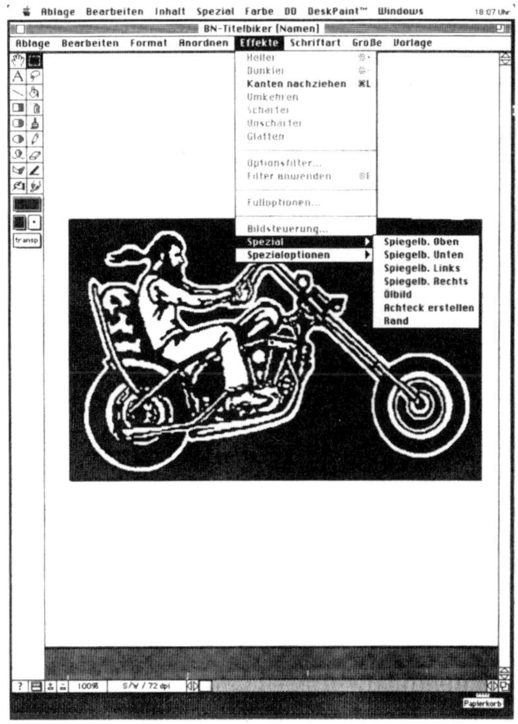

Bild 47.2. Verhärtung und Kanteneffekt an einer gescannten Fotografie.

Das Einscannen oder Einlesen ist natürlich ein Umweg. Direkter ist die **digitale Fotografie.** Digitalkameras sind teilweise Neukonstruktionen, teilweise Varianten bekannter Apparate. Die preiswerteren Modelle besitzen Zeilenscanner; die Belichtungen liegen im Minutenbereich. Die schnelleren Modelle besitzen Flächenscanner mit rechteckigen Chips; die Belichtung dauert Bruchteile einer Sekunde, was mit einer rein fotografischen Kamera zu vergleichen ist. Anders ist die Funktion: Die digitale Kamera hält ihr Motiv mit Hilfe eines Sensors fest, der das Bild in Pixel zerlegt. Die Anzahl dieser Pixel ist Maßstab für die Qualität: je feiner das Raster, desto schärfer das digitale Abbild.

2.2.2.4 Elektronische Gestaltung

Der Computer ist zu einem unverzichtbaren Werkzeug für Gestalter und Designer geworden. Die Anwendung ist vielfältig: beim Ausprobieren von Schriftarten und Schriftgrößen für eine Titelseite, beim Entwerfen von Logos und Schriftzügen, beim Zusammenstellen von Produktanzeigen, beim Verändern und Aufrastern von Bildern, beim layoutmäßigen Aufbauen von ganzen Seiten.

Bevor das computerunterstützte Design aufkam, geschah die grafische Ausarbeitung einer ganzen Seite mit Text, Grafik und Bild in getrennten Verfahren. Heute aktuell ist die **Text-Bild-Integration** (Einbindung). Wichtig für den Anwender ist, daß die Systeme „offen" sind, das heißt, daß die Daten, egal, ob sie aus einem Textprogramm oder aus einem Scanprogramm stammen, untereinander kompatibel (verträglich) sind. Alle Komponenten sollten miteinander kommunizieren können, entweder über ein Netzwerk oder mit dem üblichen Datenträger, der Diskette. Beim Wechsel der Diskette von einem System zum anderen ist manchmal eine Konvertierung (Wandlung) erforderlich. Die Frage der Kompatibilität ist auch wichtig für alle Ausgabegeräte im Computerdesign: Laserprinter in Schwarzweiß oder Farbe und Filmbelichter.

▶ Mehr über Ausgabegeräte finden Sie im Abschnitt 3.2.4 und 5.8.2.3.

Den Anstoß zu der integrierten Gestaltung gaben ausgerechnet fachfremde Anbieter von Personal Computern und entsprechender Software, wie Apple, Aldus, Adobe und andere, meist amerikanische Firmen. Weltweit wurde **Desktop Publishing,** kurz DTP, zu einem Schlagwort; „die Druckerei auf dem Schreibtisch" war möglich geworden.

Professionelle Anwender bevorzugen neuerdings den Begriff **Elektronic Publishing,** weil er die einzelnen Funktionen und die Integration, den Austausch der digitalen Daten, umfassender beschreibt. Die Neuentwicklungen von Hardware und Software sind so vielfältig und rasant, daß ein Überblick schwierig ist und daß die Kenntnisse schnell veralten.

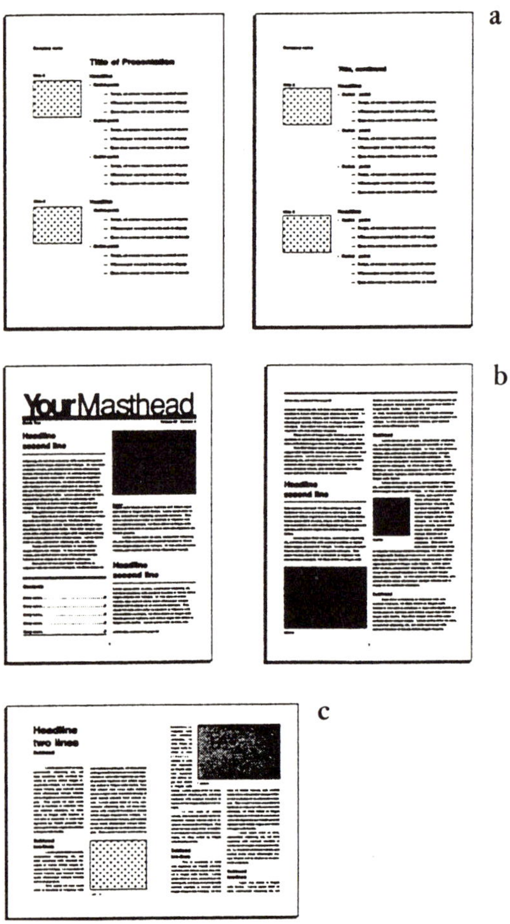

Bild 48.1. Einige typische Beispiele für Computerdesign:
a) Präsentationsvorlage, b) Mitteilungsblatt, c) Faltprospekt.

Bild 48.2. Kompatibilität zwischen Computer und Ausgabegerät.

Wenn man sich die Elemente eines Prospekts vorstellt – nämlich Text, Grafik und Bild –, dann lassen sich folgende Schwerpunkte im Computerdesign feststellen:

1. Textverarbeitung,
2. Grafikherstellung,
3. Bildbearbeitung,
4. Layoutherstellung,
5. Bildgenerierung.

Bild 49.1. Eine Auswahl von Schriftarten für DTP-Anwendungen.

Textverarbeitung. Das Erfassen und Verarbeiten von Texten ist die ursprüngliche Grundfunktion eines Personal Computers. Seit den 80er Jahren gibt es Textprogramme, deren Anzahl mittlerweile in die Hunderte geht. Die meisten davon sind allerdings semiprofessionell, also für das Büro und die interne Dokumentation. Bei den professionellen Textprogrammen werden mit immer neuen Versionen die Leistungen mehr und mehr erweitert.

Leistungsfähige Textverarbeitungsprogramme für die grafische Anwendung verfügen heute über viele Möglichkeiten, wie automatische Silbentrennung, Rechtschreibprüfung und typografische Funktionen (zahlreiche Schriftarten, Schriftgrößen, Schriftmodifikationen, Textgliederung, Zentrierung, Linksbündigkeit, Rechtsbündigkeit). Zusätzliche Möglichkeiten, wie Layoutfunktionen und Integration einfacher Grafik, vergrößern den Leistungsumfang.

Diese Bedingungen werden von folgenden Programmen vollständig erfüllt: Euroscript (North American Software Corporation), Word (Microsoft Corporation), WordPerfect. In der Version 5.0 erfüllt WordPerfect die meisten Wünsche in der Textverarbeitung, wie Menüsteuerung durch Fenstertechnik, Einbringung von Grafik, umfangreiche Dokumentenverwaltung sowie Import/-Export einer Vielzahl von DTP-Formaten.

▶ Weiteres über Textverarbeitung und Satzherstellung finden Sie im Kapitel 5.

Grafikherstellung. Zu den vielfältigsten Anwendungen der Personal Computer gehören die Grafikprogramme. In den gedruckten Medien tauchen immer mehr Computergrafiken auf: bei einfach aufgebauten Handzetteln bis hin zu kompliziert gestalteten Fachzeitschriften. Die computerunterstützte Gestaltung hat einen neuen Stil in der Grafik begründet.

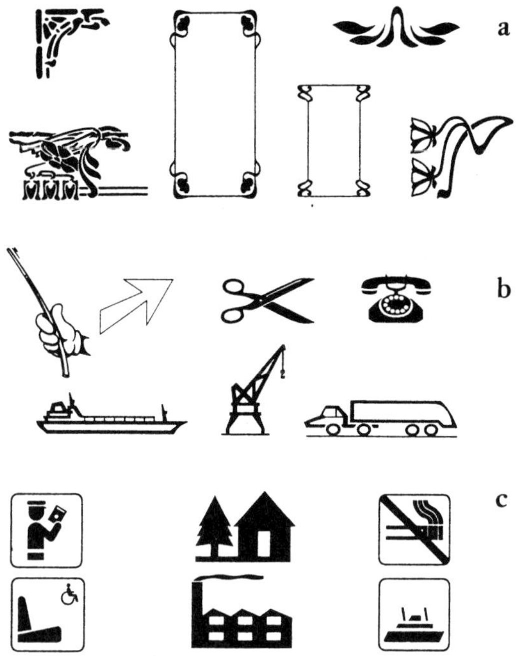

Bild 49.2. Eine Auswahl von Zeichen für DTP-Anwendungen: a) Schmuckelemente, b) Geschäftssymbole, c) Piktogramme.

Neben den Mal- und Zeichenprogrammen gibt es spezielle Programme für Geschäftsgrafik, mit denen Organigramme, Balkendiagramme, Tortendiagramme und andere Statistiken umgesetzt werden. Die Mal- und Zeichenprogramme sind für den professionellen Grafiker konzipiert. Die Effekte entsprechen den traditionellen Zeichenwerkzeugen, wie Stift, Pinsel, Sprühdose, Farbnäpfchen und Radiergummi. Die Handwerkzeuge sind durch Grafiktablett und Maus ersetzt.

Die Software gliedert sich nach der Technik in pixelorientierte und vektororientierte Programme. Bei der **Pixelgrafik,** manchmal auch Rastergrafik genannt, bestehen alle Bildbereiche aus sehr kleinen Bildelementen, den Pixeln. Diese Pixelung gleicht einem karierten Papier, auf dem manche Kästchen ausgefüllt sind und andere nicht. Nachteilig an der Pixelgrafik sind: die begrenzte Auflösung von Details, der wenig erwünschte Sägezahneffekt und die erforderlichen hohen

Rechenleistungen. Vorteilhaft ist, daß sich Pixelgrafiken freier bearbeiten lassen als Vektorgrafiken.

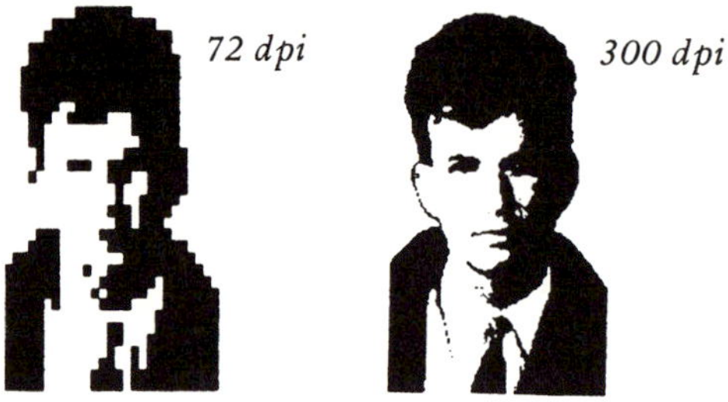

Bild 50.1. Unterschiedliche Auflösung eines digitalisierten Bildes (dpi = Bildpunkte pro Zoll).

Bei der **Vektorgrafik** sind die Grundelemente objektbezogen; Linien, Winkel, Kurven, Kreise und Polygone bilden die Basis. Es werden lediglich Eckpunkte festgelegt, und die entstandene Fläche wird ausgefüllt. Der Grafiker kann jeden Bildteil unabhängig von anderen Partien bearbeiten und verändern. Außerdem lassen sich die gängigen Laserdrucker in ihrer Auflösung voll ausnutzen. Deswegen sind Grafikprogramme auf Vektorbasis die Regel.

Stark verbreitete Grafikprogramme sind: Paint, Illustrator (Adobe Systems), Designer (Micrografx), FreeHand (Aldus Corporation). Das FreeHand-Programm gilt als sehr komfortabel. Einzelne Elemente lassen sich genau positionieren, Schriften sind modifizierbar, Textblöcke transformierbar. Rasterverläufe und Füllmuster können dargestellt werden. Freies Zeichnen auf dem Grafiktablett ist ebenso möglich wie automatisches Nachzeichnen. Sogar einfache Farbseparationen für den Vierfarbendruck sind durchführbar.

▶ Ausführliches über Farbseparation finden Sie im Kapitel 6.6.

Ein Problem der Technik sind die unterschiedlichen Grafikformate. Es gibt keine Standardisierung, was den Datenaustausch mit Scannern, Textprogrammen, Layoutprogrammen und Laserdruckern beeinträchtigt. Für solche Fälle gibt es Konvertierungsprogramme.

Bildbearbeitung. Die Reproduktion und Korrektur von Bildern war bis in die 80er Jahre die Domäne hochtechnisierter, großer Geräte, wie Kameras und Scannersysteme. Das änderte sich, als die ersten Bildprogramme für Personal Computer auf den Markt kamen. Anfänglich eigneten sie sich nur für Schwarzweiß; heute ist die Farbseparation mit eingeschlossen.

Die erste Voraussetzung, um ein Bild verbessern zu können, ist das Einscannen. Dabei wird die Vorlage auf einem Tischgerät, dem Flachbettscanner, abgetastet und digitalisiert. Erst die digitalen Bilddaten machen eine Bearbeitung am Bildschirm möglich.

Bild 50.2. Entstehung eines Logos auf dem Bildschirm:
a) eingescannte Skizze, b) vergrößerte Skizze,
c) Konturenzeichnung, d) Ausfüllung der Fläche.

In der elektronischen Bildbearbeitung sind folgende Eingriffe vorgesehen:
1. Gradationskorrektur,
2. Pixelretusche,
3. Bildmontage,
4. Geometrieänderung.

Bei der **Gradationskorrektur** spricht man von Filterfunktionen, die auf den Kontrast und die Schärfe im Bild einwirken. Der Tonwertverlauf kann weicher oder härter gestaltet werden. Eine Kontraststeigerung ist bis zur vollständigen Strichumsetzung möglich. Auch Schärfe und Detailkontrast lassen sich beeinflussen. Besondere Effekte, wie Solarisation, Relief und Mosaik, sind in den meisten Bildprogrammen enthalten.

Etwaige Fehlstellen im Bild werden durch **Pixelretusche** korrigiert. Das geschieht im Feinbereich der Pixel, der Bildelemente. Hierfür stehen als elektronische Werkzeuge Pinsel und Airbrush (Spritzpistole) zur Verfügung. Mit Hilfe der Airbrush-Funktion können beispielsweise einfarbige Fotografien koloriert werden.

Die **Bildmontage,** auch Composing genannt, erlaubt das Kombinieren von zwei oder mehr Vorlagen. Bestimmte Bildbereiche können freigestellt

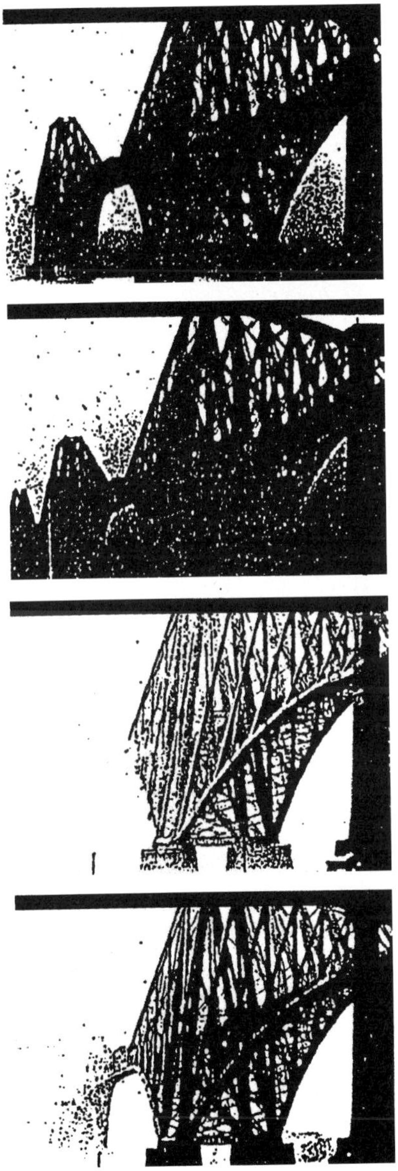

Bild 51.1. Vier abgestufte Gradationen eines elektronisch bearbeiteten Bildes.

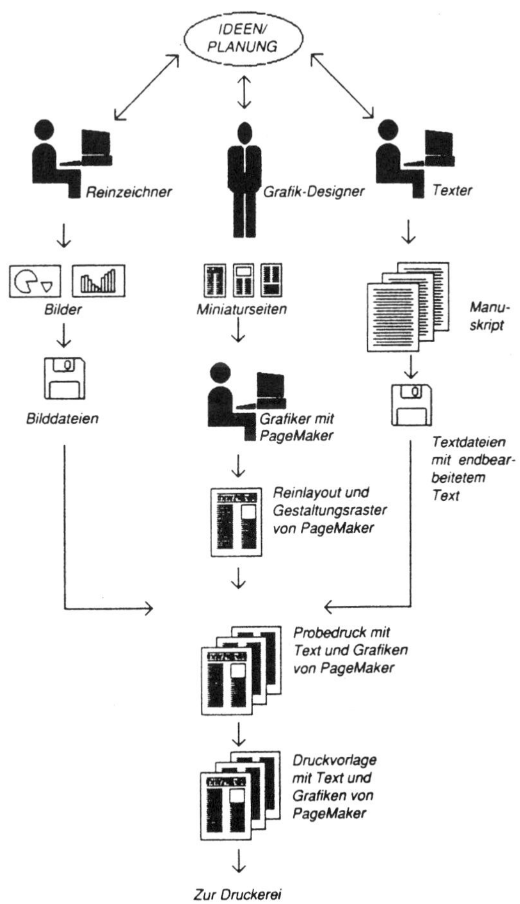

Bild 51.2. Arbeitsablauf in der DTP-Technik und Integration von Text, Grafik und Bild.

und nahtlos einkopiert werden. Um einen Bildteil zu trennen und auf einen anderen Hintergrund zu stellen, ist Maskenherstellung erforderlich. Die Maske wird auf dem Bildschirm entweder durch Zeichnen manuell erstellt oder automatisch aufgrund von Grau- oder Farbdifferenzen im Bild.
Um die schwierigen Korrekturen der Ton- und Farbwerte bewältigen zu können, sind Kenntnisse und Erfahrungen der Reproduktionstechnik unerläßlich.

Durch **Geometrieänderung** werden die Dimensionen und Positionen der Bilder festgelegt. Im einzelnen sind folgende Möglichkeiten gegeben: Skalieren, das heißt stufenlose Vergrößerung und Verkleinerung, Verschieben, Drehen, Spiegeln, Dehnen und Verzerren.

Bekannte und bewährte Bildbearbeitungsprogramme heißen: Digital Darkroom (Silicon Software), AppleScan, Colorstudio (Fractal Software), PhotoShop (Adobe Systems).

Layoutherstellung. Typisch für Desktop Publishing ist die Ganzseitenausgabe. Das Layoutprogramm muß fähig sein, mit anderen Programmen erzeugte Texte, Grafiken und Bilder zu importieren und zu positionieren. Die Ausgabe der kompletten Seiten erfolgt mit einem Laserprinter auf Papier oder mit einem Laserbelichter auf Film. Das universelle Daten-Format für die Seitenausgabe heißt **PostScript.**

Die Leistungen der Layoutprogramme beschränken sich nicht auf die Integration von Text, Grafik und Bild. Man kann damit auch Texte erfassen und bearbeiten sowie einfache Grafiken und Rasterflächen erzeugen.

Drei Programme werden hauptsächlich benutzt: Pagemaker (Aldus Corporation), Ventura Publisher (Xerox Corporation), Quark XPress (Quark International).

Als erstes Layoutprogramm kam Pagemaker in Verbindung mit dem Personal Computer Apple Macintosh auf den Markt. Es eröffnete ab 1985 die DTP-Technik und war lange Zeit Marktführer. Die Technik war leicht zu bedienen, und die Seite wurde so auf dem Bildschirm gezeigt, wie sie später aus dem Laserprinter kam. Der geflügelte Begriff lautete: **WYSIWYG** (What you see is what you get). Im Pagemaker können beim Satz komplizierter Tabellen und beim Zeitschriftenlayout Schwierigkeiten auftreten, besonders wenn höchste Positioniergenauigkeit gefordert ist.
In solchen Fällen sind spezielle Programme einzusetzen.

Das Programm Ventura Publisher besteht aus zwei Modulen, dem Basismodul und dem Erweiterungsmodul für professionelle Anwendungen. Darin befinden sich besondere Werkzeuge, zum Beispiel für komplexen Tabellensatz und für wissenschaftlichen Formelsatz. Eine Besonderheit sind die speicherbaren Layoutmuster. Hiermit entfaltet der Ventura Publisher seine Stärke vor allem bei periodischen Publikationen.

Ebenfalls auf der Hardware von Apple Macintosh läuft das Programm Quark XPress. Es ist ganz auf den professionellen und kreativen Anwender abgestimmt. Seine Menüsteuerung wird gelobt. Die Arbeitsweise ist rahmenorientiert. Das bietet viele Automatismen für die Verarbeitung umfangreicher und kompliziert aufgebauter Dokumente.

▼

1. Was versteht man unter der Abkürzung DTP?
2. Welche Ausgabegeräte gibt es in der DTP-Technik?
3. Unterscheiden Sie zwischen Pixelgrafik und Vektorgrafik!
4. Welche grafischen Funktionen ermöglichen Bildbearbeitungsprogramme?

Bildgenerierung. Grafisches Generieren geht über die bloße Bearbeitung von Bildvorlagen hinaus: Es werden neue Bilder im Computer geschaffen. Man spricht von Computergrafik oder Computerkunst. Die Generierung von Figuren, Räumen, Farben und Bewegungen verlangt eine ausgefeiltere Software und höhere Rechenleistungen, als sie bei DTP-Programmen anzutreffen sind.

Am Anfang der **Computergrafik** standen Experimente mit rein numerisch erstellten Bildern. Zum Beispiel wurde der Großrechner einer Datenverarbeitungsanlage dazu angeregt, eine grafische

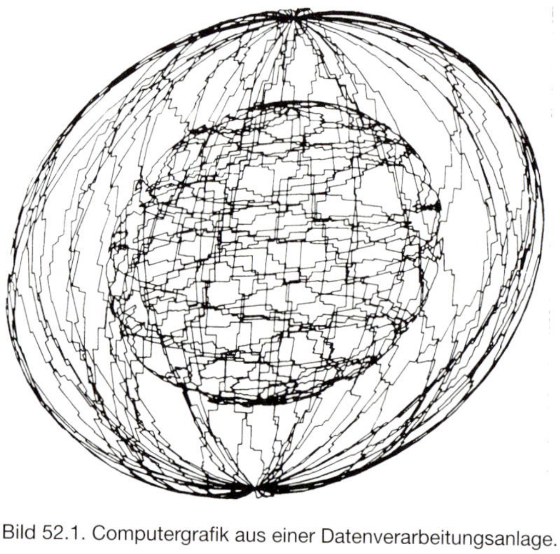

Bild 52.1. Computergrafik aus einer Datenverarbeitungsanlage.

Grundform nach einem vorher ausgeklügelten Programm zu verändern. Unbegrenzt viele strukturelle Variationen kamen dabei heraus. Der Editor am Bildschirm beobachtete mehr oder weniger passiv, wie das Programm die Generierung automatisch steuerte.

Dem gegenüber stehen die heute üblichen Grafikcomputer mit Mensch-Maschine-Dialog. Bei ihnen werden Daten interaktiv eingegeben und vom Rechner verarbeitet. Ein speziell konzipiertes Grafiksystem ist die Paintbox (Malkasten). Sie ermöglicht neben dem Konstruieren von Figuren vertraute grafische Funktionen, wie Feder, Kreide, Pinsel, Airbrush und Farbmischungen auf einer Palette. Die elektronischen Werkzeuge führen zu einer verblüffenden Arbeitsbeschleunigung.

Die Computergrafik ist in die dritte Dimension vorgedrungen. Sogenannte 3D-Systeme ermöglichen es, Flächen in Körper umzuwandeln und räumliche Objekte als Gittermodelle zu kreieren.

Die vierte Dimension, die Zeit und die Bewegung in der Zeit, reizt zu weiteren Entwicklungen. Im modernen Videostudio gibt es digitale Effektgeräte. Damit ist es möglich, Videobilder fliegen oder rotieren zu lassen. Den freien Umgang mit der filmartigen Bewegung erlaubt die **Computeranimation.** In einem gedachten Raum können Objekte als Gittermodelle entworfen werden. Die Objekte werden mit Texturen überzogen. Lichtquellen und Kameras werden installiert. Objekte, Licht und Kameras können beliebig bewegt werden. Dabei entstehen Sequenzen, die man als Videoclips und Trailer vom Fernsehen her kennt.

Die jüngste Entwicklung heißt **Virtual Reality.** Künstliche Welten werden geschaffen – und das durch Interaktion des Benutzers mit dem Rechner in Echtzeit. Mit Hilfe von Datenhandschuhen und ganzen Anzügen werden Situationen simuliert, die nur im Rechner existieren, die aber dem Benutzer vorgespielt werden können.

▼

1. Was versteht man unter einer Paintbox?
2. Welche Chancen räumen Sie dem Computerdesign für die Zukunft ein?

3 Elektronische Datenverarbeitung

Der Begriff Datenverarbeitung wird stets im Zusammenhang mit Computern verwendet. Doch die Verarbeitung von Daten hat es im Grunde schon immer gegeben. Solange Menschen aktiv sind, nehmen sie Informationen aus der Umwelt auf. Im Gehirn werden sie verarbeitet und gespeichert, Fakten werden mit anderen Daten verknüpft, Erlebnisse zu Erinnerungen verarbeitet und in Form von Erzählungen weitergegeben, wenn dazu ein Bedürfnis besteht oder eine Frage beantwortet werden soll.

Das Prinzip der menschlichen Datenverarbeitung besteht darin, Daten mit den Sinnen aufzunehmen, zu verarbeiten, mit dem Gehirn zu speichern und Daten durch Sprache und Schrift mitzuteilen. Dasselbe Prinzip findet sich auch bei der elektronischen Datenverarbeitung, abgekürzt EDV genannt, durch den Einsatz eines Computers:

1. Eingabe
2. Verarbeitung und Speicherung
3. Ausgabe

3.1 Digitalisierung

Um Daten in einen Computer eingeben, verarbeiten, speichern und ausgeben zu können, müssen sie digitalisiert werden. Denn nur in dieser Form kann eine Informationsverarbeitung stattfinden. So setzen sich alle Informationen aus zwei Grundwerten zusammen: 0 (für Strom aus) und 1 (für Strom an). Bei magnetischen Datenträgern, wie Diskette oder Magnetplatte, werden zur Speicherung zwei unterschiedliche Formen der Magnetisierung eingesetzt, um 0 oder 1 darzustellen. Eine solche Stelle kleinste Speichereinheit der Datenverarbeitung wird **Bit** genannt.
Das Bit ist die Grundlage der binären Verschlüsselung von Zeichen. Um das zu verdeutlichen, soll untersucht werden, welche Kombinationen drei Bits erlauben:

1. 000		○○○
2. 100		●○○
3. 010		○●○
4. 001	Darstellungs-	○○●
5. 110	formen	●●○
6. 011		○●●
7. 101		●○●
8. 111		●●●

Erhöht man die Zahl der nebeneinander stehenden Bits, so erhöht sich auch die Zahl der möglichen Kombinationen.

Bits	Kombinationen
5	32
6	64
7	128
8	256

Diesen Bit-Kombinationen wird erst durch die Verschlüsselung ein Informationsgehalt gegeben. Deshalb ordnet man den Bitkombinationen eine Ziffer, einen Buchstaben, ein Satzzeichen oder ein Steuerzeichen für die Zentraleinheit zu.

Dieses Verschlüsselungssystem bezeichnet man auch als Code. Da für die Darstellung wissenschaftlicher Texte und aufgrund des weltweiten Datenaustausches sehr viele Sonderzeichen benötigt werden, haben sich Codes mit 8 Bits durchgesetzt. Diese acht Bits nennt man auch ein **Byte.**

Diese acht Datenbits werden bei Datenübertragungen und Speicherungen in der Regel durch ein **Prüfbit** (Parity-Bit) ergänzt. Dieses zusätzliche Bit schafft die Möglichkeit, Übertragungsfehler festzustellen. Das System ergänzt automatisch die Datenbits mit dem Prüfbit, so daß die Datenbits zusammen mit dem Prüfbit je nach Vereinbarung eine gerade oder ungerade Anzahl von binären Einsen je Byte ergeben. Ist vom Gerätehersteller eine gerade Parität vorgegeben worden, so würde eine ungerade Zahl von binären Einsen bedeuten, daß ein Fehler durch die Veränderung eines oder dreier Bits aufgetreten ist. Innerhalb der Zentraleinheit und auch bei peripheren Geräten wird dieses Verfahren benutzt, um maschinentechnisch bedingte Fehler bei der Eingabe und Ausgabe sowie bei der Speicherung von Daten herauszufinden und eine nochmalige Übertragung eines Datenpakets zu veranlassen.

Einem Byte kann entweder ein Buchstaben oder ein Sonderzeichen oder wahlweise eine Ziffer mit Vorzeichen oder 2 Ziffern zugeordnet werden.
Reine Zifferncodes sind numerische Codes. Codes, die sowohl Buchstaben, Ziffern und Sonderzeichen aufnehmen, werden alphanumerische Codes genannt. Wichtige 8-Bit-Codes in der Textverarbeitung sind der erweiterte ASCII-, ANSI- und EBCDI-Code. (Siehe unter 3.3. Software).

In der Bildverarbeitung werden einem Byte ein Grauwert oder Farbton zugewiesen. So ermöglicht ein 8-Bit-Code entweder 256 Grauwerte oder 256 Farbtöne.

Als Maßeinheiten für die Kapazität von Datenspeichern werden die Größen Kilobyte, Megabyte, Gigabyte und Terabyte verwendet.
2^{10} (= 1024) Bytes entsprechen einem Kilobyte (KB oder KByte);
2^{10} (= 1024) Kilobyte entsprechen einem Megabyte (MB oder MByte);
2^{10} (= 1024) Megabyte entsprechen einem Gigabyte (GByte);
2^{10} (= 1024) Gigabyte entsprechen einem Terabyte (TByte).

Im allgemeinen werden aber die Werte abgerundet, so daß 1.000 Byte für Kilobyte,
1.000.000 Byte für Megabyte,
1.000.000.000 Byte für Gigabyte und
1.000.000.000.000 Byte für ein Terabyte gerechnet werden.

Durch Digitalisierung werden also Werte durch Zahlen ausgedrückt. Diese Werte können nicht nur zur Codierung von Zeichen eingesetzt werden, sondern auch zur Beschreibung der Konturen von Buchstaben und Sonderzeichen, von Strich-, Halbton- und Rasterbilder, Farben, Sprache und Lauten.

▼
1. Unterscheiden Sie die Begriffe Bit, Byte und Megabyte.
2. Wieviel Bitkombinationen ermöglicht ein 7-Bit-Code, wieviel ein 8-Bit-Code?
3. Auf welche Weise kann mit Hilfe eines Prüfbits ein Übertragungsfehler festgestellt werden?

3.2 Hardware

Unter Hardware versteht man die Gesamtheit aller technischer Einrichtungen eines Datenverarbeitungssystems. Das sind alle Teile der Anlage, die »hart«, also zum Anfassen sind. Die Hardware gliedert sich in die Zentraleinheit und die peripheren Geräte.

Periphere Geräte sind alle um die Zentraleinheit angeordneten Ein- und Ausgabegeräte. Dazu gehören auch die externen Speicher, die meist über feste Anschlüsse mit der Zentraleinheit verbunden sind.

3.2.1 Eingabegeräte

Damit Daten verarbeitet werden können, müssen der Zentraleinheit von außen Daten, Programme und andere Informationen verfügbar gemacht werden. Für die Dateneingabe, auch **Input** genannt, werden meist folgende Geräte eingesetzt: Tastatur mit Maus, Trommel- und Flachbettscanner, CD-Laufwerk, Video- und Digitalkamera sowie Sensoren aller Art.

Manche Eingabegeräte sind gleichzeitig auch Speichergeräte wie beispielsweise Laufwerke für Disketten, magneto-optische Platten und Magnetbandkassetten. Diese Geräte werden unter 3.2.2 Verarbeitung und Speicherung behandelt.

Tastatur und Maus. Eingabegeräte für einen Personal Computer (PC) oder eine Workstation, die jeweils eine eigene Zentraleinheit besitzen. Tastaturen lassen sich in zwei Bereiche gliedern: den Bereich der alphanumerischen Zeichen und den Bereich der Funktionstasten, mit denen typografische Anweisungen und

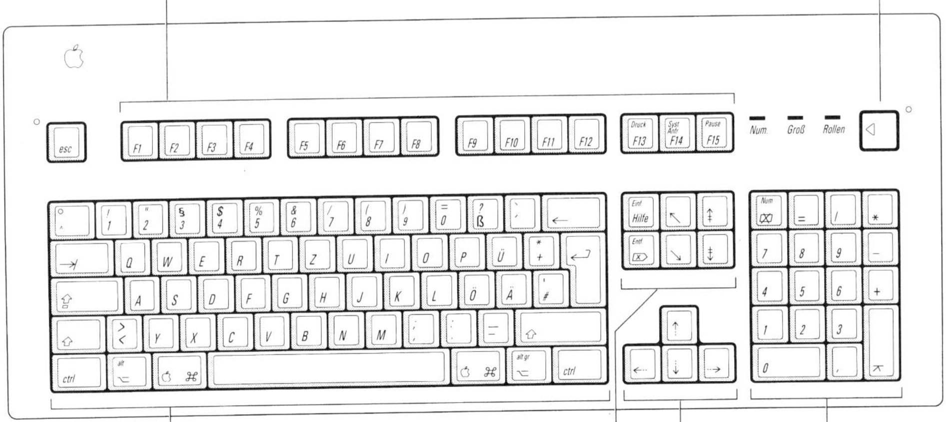

Bild 55.1. Aufbau einer Tastatur.

Steuerbefehle eingegeben werden. Um die Vielfalt der in der Textverarbeitung benötigten Zeichen abzudecken, sind häufig die Tasten für alphanumerische Zeichen mit jeweils vier verschiedenen Zeichen belegt. In der ersten Ebene liegen im allgemeinen die Kleinbuchstaben, in der zweiten die Versalien, die durch ein zusätzliches Drücken der Versaltaste (Shift) aktiviert werden. Durch ein zusätzliches Drücken der Supershift-Taste läßt sich die dritte Ebene erreichen, durch Drücken der Supershift- und Versaltaste, die vierte Ebene. In der dritten und vierten Ebene sind häufig Sonderzeichen, Kapitälchen oder das griechische Alphabet abgelegt.
Als Maus wird ein bewegliches Handsteuergerät bezeichnet, das an der Unterseite eine Rollkugel besitzt und über Kabel oder Funkverbindung mit der Zentraleinheit des PCs oder der Workstation verbunden ist. Die Maus kann in Verbindung mit einer entsprechenden Menütechnik die Tastatur teilweise, bei Grafikprogrammen auch ganz ersetzen. Durch Bewegen der Maus werden laufend Steuerimpulse übertragen; der Cursor am Bildschirm bewegt sich synchron. Ist ein Piktogramm des Bildschirmmenüs erreicht, so kann durch Drücken einer Taste auf der Maus dieser Programmteil aktiviert werden. Ein **Piktogramm** ist ein einprägsames Bildzeichen, das Gegenstände oder Sachverhalte darstellt, vergleichbar einem Verkehrszeichen. Diese Technik der Bedienerführung vereinfacht wesentlich die Befehlseingabe und verringert deutlich die Anzahl der zu lernenden Befehle.

CD-ROM-Laufwerk. Eingabegerät für die CD-ROM, bei dem die gespeicherten Informationen mit dem Laserstrahl berührungsfrei gelesen werden. Ein im Sommer 1997 vorgestelltes CD-ROM-Laufwerk ermöglicht eine 20fache höhere Datenübertragungsrate als die Laufwerke der ersten Generation, das sind bis zu 3 Megabyte pro Sekunde (rund 3 Millionen Zeichen pro Sekunde). Auf dieser optischen Speicherplatte können Spiele, komplette Programme, Schrift- oder Bilddatenbanken, aber auch Töne und Bewegtbilder gespeichert werden. Ist die Platte einmal beim Hersteller beschrieben, kann sie vom Anwender nur noch gelesen werden, aber beliebig oft. Die CD-ROM, die einen Durchmesser von 4,75 Zoll hat, kann ohne weiteres je Seite bis zu 650 Megabyte speichern.
Im September 1995 schlossen sich neun Hersteller zusammen, um einen einheitlichen Standard für den Nachfolger der CD-ROM festzulegen. Die neue CD-ROM nach dem neuen Standard DVD (Digital Versatile Disk) wird eine Speicherkapazität von 4,7 Gigabyte (rund 4,7 Milliarden Zeichen) haben; zweiseitig beschriebene Platten entsprechend 9,4 Gigabyte.

Flachbettscanner. Eingabegerät, mit dem eine Vorlage mit Hilfe einer Lichtquelle und CCD-Zeilensensoren linienförmig abgetastet wird. Die Steuerung des Scannvorgangs erfolgt über Eingaben mittels Tastatur oder Maus am angeschlossenen PC. Ziel des Abtastvorgangs ist die Umwandlung des von der

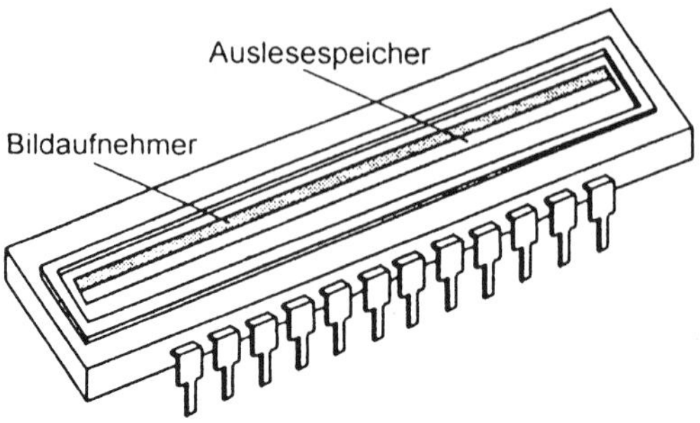

Bild 56.1. Prinzipdarstellung eines CCD-Zeilenchips.

Vorlage remittierten Lichtes in elektrische Ladungspakete, die durch Zahlen dargestellt werden. Diesen Vorgang bezeichnet man als Digitalisierung.
Im Gegensatz zu einem Trommelscanner wird beim Flachbettscanner die Vorlage in einen ebenen Vorlagenhalter eingelegt. Vorlage kann ein Aufsichts- oder Durchsichtsbild sein. Beim Abtastvorgang von Halbtonvorlagen werden je nach Scannertyp 256, teilweise auch mehr Graustufen ermittelt; bei Strichvorlagen nur die Schwarz-Weiß-Werte, die sich durch zwei Wertigkeiten darstellen lassen.
Eine Weiterentwicklung der Schwarz-Weiß-Scanner sind die Farbscanner, die Farbauszüge ermöglichen. Mit Hilfe dieser digitalisierten Werte lassen sich Abbildungen am Bildschirm darstellen, verändern und bei Bedarf auf Datenträger speichern. CCD-Scanner haben meist nicht die Auflösungsfeinheit und die Dichtewerte, die von farbkritischen Kunden gefordert werden, auch fehlen die feinen Farbtonunterschiede in Tiefenbereichen. Aber in der Praxis können Flachbettscanner von heute die Qualitäts- und Produktionsanforderungen vieler Anwender erfüllen. Ihre steigende Popularität ist vor allem den technischen Verbesserungen zuzuschreiben.
Die meisten Flachbettscanner können in Verbindung mit einem Programm zur Zeichenerkennung, das im Personal Computer gespeichert sein muß, als Lesemaschine für große Textmengen eingesetzt werden. Mit unterschiedlichen Methoden wird versucht, Texte fehlerfrei in den Computer zu bringen, was in der Praxis immer besser gelingt.
Dieses Verfahren der Zeichenerkennung wird auch als OCR-Technik bezeichnet. OCR steht für Opitical Character Recognition.

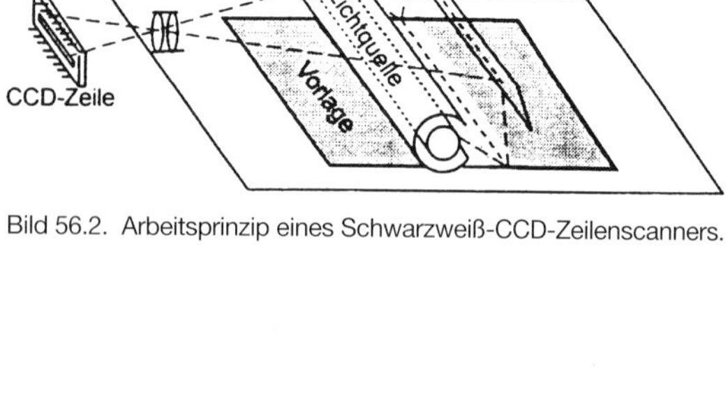

Bild 56.2. Arbeitsprinzip eines Schwarzweiß-CCD-Zeilenscanners.

Bild 57.1. Flachbettscanner mit PC und Bildschirmen.

Trommelscanner. Eingabegerät, bei dem der Abtastvorgang mit Hilfe einer Trommel erfolgt. Die auf dem Abtastzylinder befestigten flexiblen Aufsichts- oder Durchsichtsvorlagen werden Punkt für Punkt, Linie für Linie abgetastet. Während die Trommel mit hoher Umdrehungszahl rotiert, schiebt sich der Abtastkopf zur Signalerfassung entlang der Vorlage und der Trommelachse. Das von der Vorlage kommende Licht wird aufgeteilt und über Farbauszugs- oder Interferenzfilter in rote, grüne und blaue Lichtanteile zerlegt, die jeweils einem Fotomultiplier zugeleitet werden. Fotomultiplier, auch Elektronenvervielfacher genannt, wandeln das auftreffende Licht in elektrische Signale um. Ein vierter Fotomultiplier erfaßt das Umfeld des Abtastlichtes. Fotomultiplier erreichen theoretisch eine wesentlich höhere Dichte als die CCD-Zeilensensoren der Flachbettscanner. Die digitalisierten Werte lassen sich als Farbbilder wieder am Bildschirm darstellen, bearbeiten und bei Bedarf auf Datenträger speichern.

Digitalkamera. Filmlose Kamera, die auch Scannerkamera genannt wird. In der Digitalfotografie befinden sich zur Zeit verschiedene Systeme im Einsatz.
Zum einen Kameras, die wie normale Fotoapparate aussehen, bei denen nur die Rückwand, in der bisher

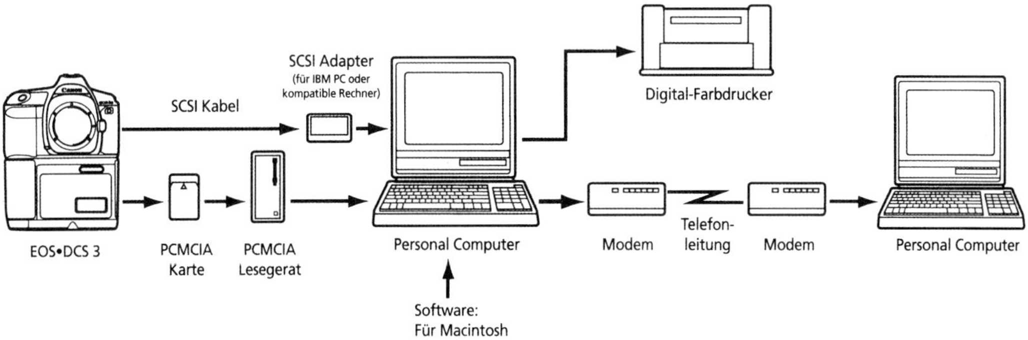

Bild 57.2. Digitales Bildverarbeitungssystem mit Digitalkamera (links).

der Film war, durch einen CCD-Chip ersetzt wurde. Sie speichert die Daten der digitalisierten Bilder auf eine auswechselbare Magnetkarte auf, die dann in einen Computer eingelesen werden können.
Die zweite Kamerakategorie kommt aus der TV- bzw. Videowelt. Die Kamera ist durch ein Kabel direkt mit dem Computer verbunden. Die Farbbilddaten werden deshalb sofort im Computer gespeichert. Die Beurteilung der Aufnahme erfolgt auf einem angeschlossenen Kontrollmonitor, und das Auslösen des Verschlusses geschieht vom PC aus. Im Gegensatz zur erstgenannten Kamerakategorie, die universell einsetzbar ist, kann diese Kamera nur in Studios verwendet werden.

Videokamera. Aufzeichnungssystem, das Bewegtbilder magnetisch auf Videobänder aufzeichnen kann, wobei die Auflösungsfeinheit meist sehr groß ist, so daß qualitativ gute Darstellungen möglich sind.
Die Aufzeichnungen können über Video-Recorder und Fernsehgerät sichtbar gemacht werden.
Für die Bildschirmdarstellung an PCs müssen die meist analog vorliegenden Werte noch digitalisiert werden.
Um farbige, hochaufgelöste Bewegtbilder am Bildschirm eines PCs darstellen zu können, werden sehr große Speichervolumen im Computer benötigt; zudem noch leistungsfähige Leitungssysteme, um die riesige Datenmenge vom Speicher zum Bildschirm zu transportieren. Als Speicher für Bewegtbilder werden neben Videobändern immer häufiger optische Speicherplatten eingesetzt.

Sensoren. Bauelemente, die nichtelektrische Größen aus der Umwelt aufnehmen und in elektrische Informationen umwandeln. Die vom Computer verarbeiteten Informationen werden als Ausgangssignale zur Steuerung von Aktoren, beispielsweise Stellmotoren, weitergeleitet.
Thermometer, Mikrophone, Feuchtigkeitsmesser, Reflexionsdensitometer, Spektralfotometer sind Beispiele für solche Sensoren.
Mit ihnen wird in Regelkreisen der aktuelle Stand (Istwertaufnahme) ermittelt, der dann mit einem gewünschten Vorgabewert (Sollwertvorgabe) verglichen wird.

▼

1. Was bezeichnet man als Hardware?
2. Unterscheiden Sie periphere Geräte.
3. Was verbirgt sich hinter dem Begriff OCR-Technik?
4. Unterscheiden Sie Trommel- und Flachbettscanner.
5. Unterscheiden Sie die Arbeitsweise von Digitalkameras und Flachbettscanner.
6. Stellen Sie fest, an welchen Maschinen welche Sensoren untergebracht sind.
7. Für welche Zwecke kann ein Flachbettscanner eingesetzt werden?

3.2.2 Verarbeitung und Speicherung

In diesem Teil des Computers werden die von den Eingabegeräten gelieferten Daten verglichen, geordnet, gezählt und gerechnet sowie bei Bedarf kurzfristig, aber auch längere Zeit, gespeichert.

Zentraleinheit

Das eigentliche Kernstück eines Computers ist die Zentraleinheit, auch CPU (Central Processing Unit) genannt. Sie bestimmt hauptsächlich dessen Leistung. Die zwei Hauptbestandteile der Zentraleinheit sind der bzw. die Mikroprozessoren und die internen Speicher. Um Ein- und Ausgabegeräte sowie externe Speicher an die Zentraleinheit anschließen zu können, werden Schnittstellen (Interfaces) eingesetzt.

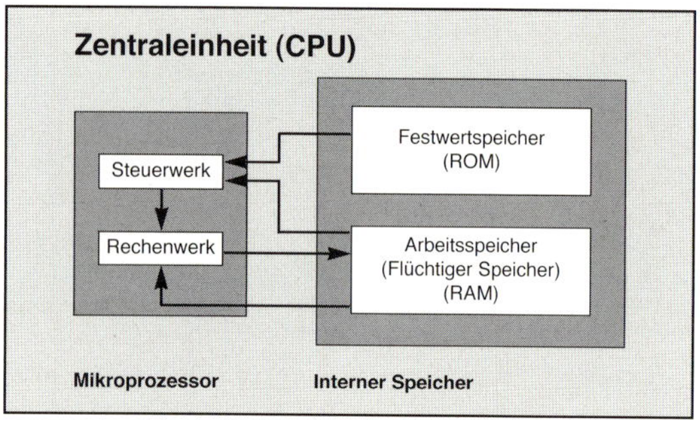

Bild 58.1. Zentraleinheit (CPU).

Mikroprozessoren in Personal Computern (PCs) werden häufig auch als CPU bezeichnet, doch sie vollziehen nur die Funktionen des Steuer- und Rechenwerks. Auf diesem zentralen Baustein eines Mikrocomputers in der Größe von etwa 70 mm^2, sind das Rechenwerk und Steuerwerk mit den entsprechenden Daten-, Adreß- und Steuerleitungen auf einem Siliziumscheibchen, auch Chip genannt, untergebracht. Die Schaltkreise auf einem solchen Chip bestehen aus Tausenden von elektronischen Schaltelementen, die nach einem vorgegebenen Programm gesteuert, d. h. geöffnet und geschlossen werden. Um das Siliziumscheibchen vor mechanischen Beschädigungen zu schützen, wird es in ein Kunststoff- oder Keramikgehäuse gepackt. Die am Gehäuse angebrachten Anschlußbeinchen stellen die Verbindung mit anderen elektronischen Bauteilen her.
Über das **Steuerwerk** des Mikroprozessors erfolgt die Steuerung des Programms sowie die Ein- und Ausgabe mit Befehlen, die sich im Arbeitsspeicher befinden. Die in codierter Form vom Arbeitsspeicher kommenden Befehle werden zuerst im Befehlsregister (Zwischenspeicher) festgehalten. Programmbefehle wie zum Beispiel „addiere zwei Zahlen", „übertrage das Ergebnis in den Arbeitsspeicher" werden interpretiert, und es wird für deren Ausführung in der vorgeschriebenen Reihenfolge gesorgt.

Das **Rechenwerk** des Mikroprozessors ist dafür zuständig, die vom Steuerwerk gewünschten arithmetischen und logischen Operationen durchzuführen, das bedeutet, im Rechenwerk erfolgt die Verarbeitung von Daten, Texten, Bildern und Sprache. Arithmetische Operationen sind Berechnungen aller Art sowie arithmetische Vergleiche. Der arithmetische Vergleich zweier Zahlen kann beispielsweise folgende Ergebnisse haben:
Beide Zahlen sind gleich groß oder die erste Zahl ist größer als die zweite. Bei logischen Operationen werden Daten miteinander verglichen und logische Verknüpfungen durchgeführt. Beim logischen Vergleich werden beispielsweise zwei gleich große Datenfelder untersucht, die keine Zahlen, sondern beliebige Zeichen enthalten. Das Ergebnis eines solchen logischen Vergleichs könnte sein:
Die Feldinhalte sind gleich oder die Feldinhalte sind ungleich, weil sie aus unterschiedlichen Zeichen bestehen.
Die Daten für die gewünschten arithmetischen und logischen Operationen werden aus dem Arbeitsspeicher dem Rechenwerk zugeführt, die Ergebnisse wiederum werden im Arbeitsspeicher zwischengespeichert.

Um einen Mikrocomputer zu bauen, muß der Mikroprozessor durch Arbeitsspeicher, Festwertspeicher, Ein- und Ausgabebausteine, Taktgenerator und Zusatzlogikbaustein ergänzt werden. An Stelle der früher gängigen 16-Bit-Mikroprozessoren werden heute fast ausschließlich 32-Bit-Mikroprozessoren in PCs und Workstations verwendet. Bei den 32-Bit-Mikroprozessoren laufen nicht nur die Rechenoperationen, sondern auch die Adressierungen mit 32 Bit ab. Auch ist der 32-Bit-Mikroprozessor aufgrund seiner Adreßleitungen in der Lage, mehr als 4 Millionen Speicherstellen direkt aufzurufen.
Der Einsatz dieser Mikroprozessoren machte zwangsläufig auch größere und schnellere Speicherbausteine notwendig. Beide sind voneinander abhängig, denn je schneller beide zusammenarbeiten, desto leistungsfähiger sind der Mikrocomputer und die auf ihm laufenden Programme.
Neben den traditionellen **CISC-Mikroprozessoren** werden heute verstärkt die häufig schneller arbeitenden RISC-Prozessoren mit Taktraten von bis zu 300 Megahertz (Takte pro Sekunde) eingesetzt. CISC ist die Abkürzung für Complex Instruction Set Computer, RISC für Reduced Instruction Set Computer.
RISC-Mikroprozessoren haben im Vergleich zu einem CISC-Prozessor einen deutlich geringeren Befehlssatz, können die Befehle aber besonders schnell ausführen. Das führte zu einer höheren Leistung gegenüber den herkömmlichen CISC-Mikroprozessoren, und das, obwohl sie im Durchschnitt mehr Befehle ausführen, um dasselbe Ziel zu erreichen. Da die Befehle bei RISC-Prozessoren zudem konstante Länge aufweisen, ist hier effektives Pipelining (überlappte Befehlsausführung) möglich: Innerhalb eines Taktzyklus wird ein Befehl geholt, ein zweiter decodiert und ein dritter ausgeführt. In CISC-Computern bremsen die Zugriffe auf den Arbeitsspeicher dieses schnelle Tempo. Deshalb haben RISC-Mikroprozessoren viele interne Register, zwischen denen alle Datenmanipulationen stattfinden können. Der Arbeitsspeicher wird dadurch nicht allzu häufig zum Holen und Ablegen von Daten angesprochen.

Manche Mikrocomputer sind zusätzlich noch mit einem **Co-Prozessor** ausgestattet. Dieser unterstützt den normalen Mikroprozessor bei aufwendigen Rechenoperationen, beispielsweise bei wissenschaftlichen Berechnungen, der elektronischen Bildverarbeitung oder der Umwandlung von Halbtonwerten in Rasterpunktwerte. Voraussetzung ist aber, daß das Anwenderprogramm die entsprechenden Daten an den Co-Prozessor zuweist. Ansonsten ist keine Leistungssteigerung zu erzielen.

Interne Speicher
Der interne Speicher läßt sich in den Arbeitsspeicher (RAM), nichtflüchtigen Speicher (ROM) und Schnellpufferspeicher (Cache) unterteilen.

Der **Arbeitsspeicher** ist der von der Programmierung her wichtigste Bestandteil des internen Speichers. Seine Funktion ist die Aufnahme der Programme und Daten, die unmittelbar in der Zentraleinheit verarbeitet werden sollen.
Zu diesem Zweck ist der Arbeitsspeicher adressierbar, das heißt, jede kleinste ansprechbare Speichereinheit des Arbeitsspeichers ist über eine Adresse unmittelbar erreichbar. Um den direkten oder wahlfreien Zugriff auf Daten zu ermöglichen, werden Halbleiterbauteile eingesetzt, die als **RAM** (Random Access Memory) bezeichnet werden. Diese Schreib-Lese-Speicher werden auch flüchtige Speicher genannt. Dieser kleinste adressierbare Teil war bei älteren Zentraleinheiten ein Byte. Bei moderneren Zentraleinheiten werden mehrere Bytes zu einem Wort zusammengefaßt. Durch die Adressierbarkeit kann der Inhalt einer Speicherstelle, der Operand genannt wird, abgerufen, geändert und gelöscht werden. Eine Löschung erfolgt durch das Abspeichern neuer Daten in eine Speicherstelle, aber auch durch das Zusammenbrechen oder Abschalten der Stromspannung.

Der **Festwertspeicher,** dient der Aufnahme von Festprogrammen, die die internen Abläufe innerhalb der Zentraleinheit steuern, wie beispielsweise die systembedingten Abläufe wie Eingabe, Ausgabe und Rechenoperationen. Da bei Festprogrammen in der Regel kein Bedarf zur Änderung der Abläufe besteht, wird diese Form der Speicherung gewählt, damit weder ungewollt noch absichtlich in das Programm eingegriffen werden kann. Dazu werden Halbleiterbauteile eingesetzt, die als **ROM** (Read Only Memory) bezeichnet werden. Diese Nur-Lese-Speicher, die

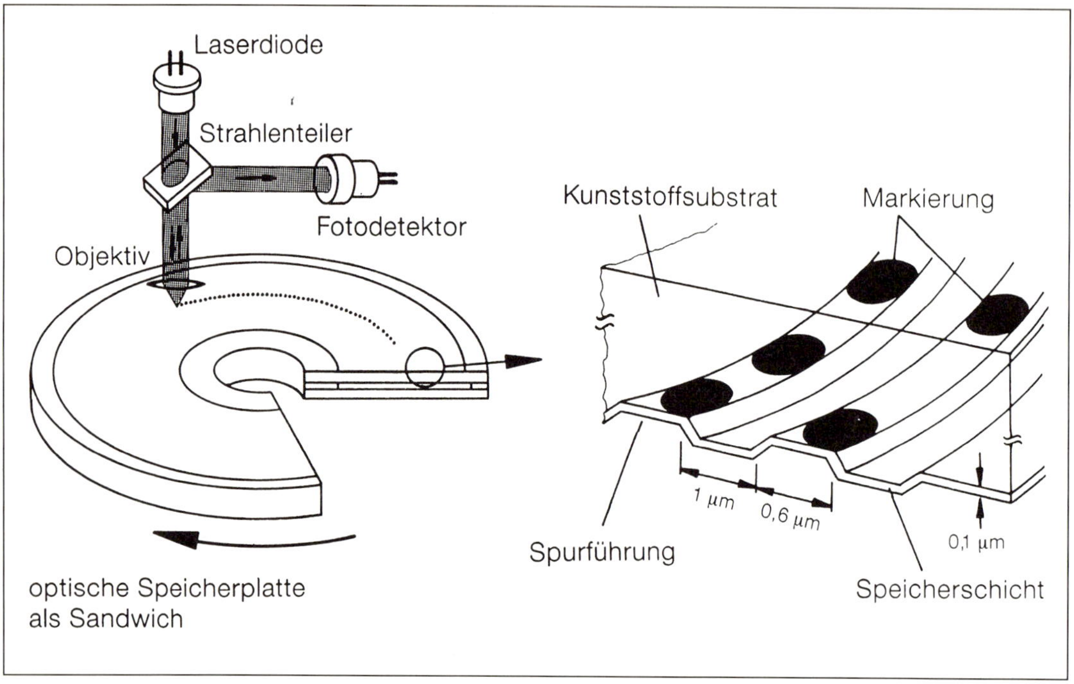

Bild 60.1. Aufbau einer optischen Platte.

tatsächlich nicht veränderbar sind, müssen bei fehlerhafter Programmierung durch fehlerfreie Exemplare ersetzt werden. Die im ROM eingegebenen Inhalte können mit normalen Mitteln nicht mehr verändert werden und bleiben auch beim Zusammenbruch der Versorgungsspannung erhalten. Der Inhalt der Speicherbausteine kann beliebig oft abgerufen werden.

Ergänzend gehören zum internen Speicher noch **Schnellpufferspeicher (Cache).** Er dient als CPU-Cache der Beschleunigung der Datenübertragung zwischen RAM und dem Mikroprozessor. Im CPU-Cache werden Daten oder Befehle abgelegt, die wahrscheinlich während der Verarbeitung als nächste benötigt werden. Eine intelligente Logik sucht diese Daten und Befehle und legt sie „vorsorglich" im Cache ab. Weitere Caches ermöglichen als Puffer den schnellen Zugang zum Arbeitsspeicher, sind aber vom Programm her nicht adressierbar. Sie dienen dem Zeitausgleich zwischen dem schnell arbeitenden Arbeitsspeicher und den peripheren Geräten, die wesentlich geringere Schaltgeschwindigkeiten haben.

Schnittstellen an Zentraleinheiten sind Steckanschlüsse, die für eine Vielzahl von anschließbaren Geräten vorgesehen sind. Zu unterscheiden sind serielle Schnittstellen, die Daten Bit für Bit weitergeben, und parallele Schnittstellen, die gleichzeitig 8, 16 oder 32 Bits pro Takt weiterleiten. Festplatten mit hohen Übertragungsraten verwenden häufig die parallele SCSI-Schnittstelle; denn sie ermöglicht bis zu 40 MByte/s.
Wenn nicht kompatible Geräte verbunden werden, muß ein Interface dazwischengeschaltet werden. Mit diesem Interface können bei der Ein- und Ausgabe von Daten unterschiedliche Geschwindigkeiten, Verarbeitungsweisen und Spannungswerte einander angepaßt werden.

▼

1. Was bedeuten die Abkürzungen CPU, ROM, RAM, CISC und RISC?
2. Wodurch unterscheiden sich CISC- und RISC-Mikroprozessoren?
3. Welche Aufgaben hat der Arbeitsspeicher?
4. Unterscheiden Sie RAM und ROM.
5. Warum kann ein Cache-Speicher den Datentransfer beschleunigen?
6. Unterscheiden Sie die parallele von der seriellen Schnittstelle.
7. Welche Aufgaben hat ein Co-Prozessor?

Externe Speicher
Sie sind direkt an die Zentraleinheit über Schnittstellen angeschlossen und erfüllen sowohl Eingabe- als auch Ausgabefunktionen, je nachdem ob gespeicherte Daten in die Zentraleinheit eingelesen oder ausgegeben werden. Diese Speicher verfügen über eine große Speicherkapazität, die weit größer ist als die des Arbeitsspeichers. Sie dienen der Bereitstellung von

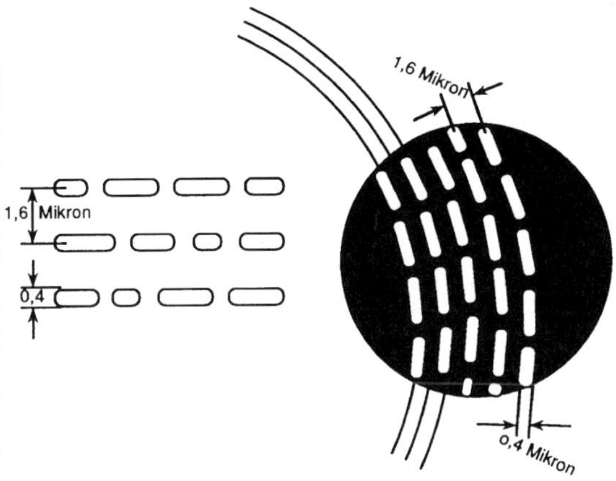

Unter optischen Speichern versteht man Datenträger, die auf optischen Verfahren wie Reflexion, Polarisation, Streuung oder Lichtbrechung beruhen. Man kann sie nach der Form (zum Beispiel Platten, Karten), nach dem Durchmesser (zum Beispiel $4^3/_4$ oder 12 Zoll), nach der gespeicherten Information (zum Beispiel CD-Video oder CD-I) und der Beschreibbarkeit (zum Beispiel Read-Only, Erasable) unterscheiden.
Auf einer optischen Platte sind die Daten spiralförmig in Vertiefungen gespeichert. Diese Vertiefungen werden Pits genannt. Die Tiefe eines Pits beträgt 0,1 Mikron, die Breite 0,4 Mikron, und der Spurabstand beträgt 1,6 Mikron (siehe Abbildung). Das Lesen dieser Vertiefungen erfolgt mit einem fein fokussierten Laserstrahl, wobei die Tiefenschärfe 2 Mikron beträgt. Das Licht wird senkrecht zur Plattenoberfläche eingestrahlt und wieder reflektiert. Trifft der Laserstrahl auf eine Vertiefung, wird er abgelenkt, so daß die Fotozelle kein Licht erhält.

Bild 61.1. Prinzip eines optischen Speichers.

Programmen und Daten aller Art, die gerade nicht im Arbeitsspeicher benötigt, aber doch in kürzeren Zeitabständen bearbeitet werden. Die wichtigsten externen Speicher bei PCs sind die Festplatte sowie die Laufwerke für Disketten, Wechselplatten und magnetooptische Speicherplatten sowie Speicherkarten.
Für eine umfassende Datensicherung werden häufig Magnetbandkassetten (Streamer) eingesetzt.

Als **Festplatte** wird eine nicht auswechselbare Magnetplatte in PCs bezeichnet. Häufig sind in einem Laufwerk auch mehrere übereinander angeordnete kreisrunde Aluminiumplatten, die beidseitig mit einem magnetisierbaren Material beschichtet sind.
Die starren Metallplatten erlauben im Gegensatz zu Disketten eine wesentlich höhere Aufzeichnungsdichte. Festplatten für PCs verfügen je nach Spurdichte und Plattenanzahl über Speicherkapazitäten von 250 MByte bis zu 18 GByte. Heute enthalten die PCs meist kleine Magnetplatten mit 5,25 Zoll Durchmesser, kleine tragbare PCs haben auch schon Platten mit 1,8 oder 1,3 Zoll Durchmesser. Die Zugriffszeit ist trotz der enormen Speicherkapazität der Platten 10mal kürzer als bei Disketten. Ein Grund dafür ist die hohe Umdrehungsgeschwindigkeit der Platten, die 5000 Umdrehungen pro Minute betragen kann. Diese hohe Umdrehungszahl wird erreicht, weil im Gegensatz zur Diskette hier keinerlei Reibung mit der Plattenoberfläche und dem Schreib-Lese-Kopf besteht. Der Abstand beträgt weniger als ein tausendstel Millimeter zur Magnetplatte. Die Schreib-Lese-Geschwindigkeit kann in Abhängigkeit von der Drehzahl und Speicherdichte 10.000.000 Zeichen pro Sekunde erreichen.

Das **Disketten-Laufwerk** dient als Bauteil der Dateneingabe, aber auch der Datenausgabe. Die Hülle der Diskette steckt fest im Laufwerk; die magnetisierbare Scheibe dreht sich darin. Die Diskette wird heute bei den meisten PCs als auswechselbares Medium eingesetzt. Die Diskette wurde nach dem Vorbild der Magnetplatte entwickelt und hat organisatorisch dieselben Merkmale wie diese. Sie ist ein Direktzugriffsspeicher. Es besteht daher ein direkter schneller Zugriff zu den gesuchten Daten. Die Aufzeichnung eines Zeichens in Form von acht Datenbits und einem Prüfbit erfolgt hintereinander auf einer geschlossenen Spur. Diese Aufzeichnungsform wird bitseriell genannt. Beim Lesen und Schreiben hat der Schreib-Lese-Kopf im Gegensatz zur Magnetplatte physischen Kontakt mit der Magnetschicht. Dadurch kommt es vor allem bei der Magnetschicht nach einiger Zeit zu Verschleißerscheinungen. Disketten-Laufwerke gab es für einen Durchmesser von etwa 8 Zoll (20 cm) und 5,25 Zoll (13 cm). Heute sind 3,5-Zoll-Laufwerke (9 cm) mit einer Speicherkapazität von 1,4 MByte üblich. Die magnetisierbare Schicht dieser Diskette ist in einer festen Kunststoffhülle eingeschlossen, deren Öffnungen mit Schutzverschlüssen aus Metall versehen sind. Die durchschnittliche Zugriffszeit auf gesuchte Daten beträgt etwa 200 Millisekunden. Die Schreib-Lese-Geschwindigkeit kann 100.000 Zeichen pro Sekunde erreichen.

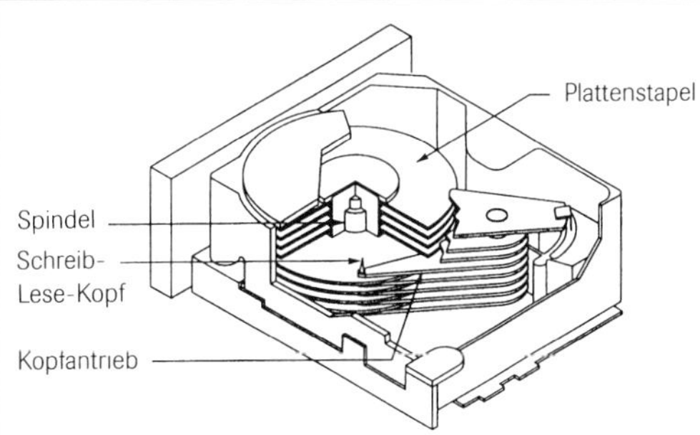

Bild 61.2. Festplattenlaufwerk im Schnitt.

Laufwerke für **Wechselplatten** können die zur Verfügung stehende Speicherkapazität beliebig erweitern. Eine solche Wechselplatte besteht meist aus einer Magnetplatte, die einschließlich Schreib-Lese-Mechanismus in einer geschlossenen Kapsel untergebracht ist und insgesamt ausgewechselt werden kann. Die heute üblichen Laufwerke haben 3,5-Zoll-Magnetplatten, die bis zu 270 MByte speichern können. Die Einsatzgebiete der Wechselplatten sind vor allem die Datensicherung (Back-up), die Archivierung und der Datentransport. Neuere Laufwerke dieses Typs ermöglichen eine Datenübertragungsrate von 4 MByte/s und eine Zugriffszeit von 11 Millisekunden. Die dazugehörende Platte hat eine Speicherkapazität von bis zu 2 Gigabyte.

Eine **magneto-optische Speicherplatte** ist ein Massenspeicher, der im Gegensatz zu den bisherigen optischen Speicherplatten (CD-ROM) mehrmals wieder beschreibbar ist. Die Kurzbezeichnung ist MOD (Magneto-optische Disk). Im Unterschied zu einer Diskette erfolgt beim magneto-optischen Speicher das Schreiben, Lesen und Löschen berührungslos mit einem Laserstrahl, der im Laufwerk integriert ist. Die einzelnen Bits der Daten werden mit einem Laser in die magnetische Schicht geschrieben. Nur im Brennpunkt des Laserstrahls bei etwa 200° C verliert das Material seine bisherige Form der Magnetisierung, so daß ihm beim Abkühlen vom Laufwerk-Magneten eine neue Magnetisierungsrichtung gegeben werden kann. Eine solche Stelle läßt sich also nur verändern, wenn der Laser und das Magnetfeld gleichzeitig wirksam sind. Im übrigen ist die magnetische Aufzeichnungsschicht unempfindlich gegen starke äußere Felder, anders als die recht empfindlichen Disketten und Magnetplatten. Das Auslesen der gespeicherten Daten erfolgt optisch bei beträchtlich verringerter Laserleistung unter Nutzung des Kerr-Effekts. Das besagt, daß die Ebene, in der das Licht schwingt, bei der Reflexion eines aufgezeichneten Bits an einer magnetischen Oberfläche gedreht wird, je nach Richtung des Magnetfeldes nach links oder rechts. Diese Drehung der Schwingungsebene des Laserlichtes wird, obwohl sie sehr klein ist, mit Hilfe einer speziellen Optik festgestellt und so das Datensignal, eine binäre Eins oder Null, erkannt. Zum Neubeschreiben benötigen diese Platten meist eine oder zwei zusätzliche Umdrehungen, um den Datenträger vor dem erneuten Beschreiben löschen zu können. Der Laser ermöglicht auf der beidseitig beschreibbaren 5,25-Zoll-Platte eine Speicherkapazität von bis zu 1,3 Gigabyte. Neue Entwicklungen bieten eine Speicherkapazität von 2,6 Gigabyte bei einer Zugriffsrate von 34 Millisekunden und einen Datentransfer von bis zu 4,7 MByte/s.

Die **PCMCIA-Speicherkarte**, Kurzbezeichnung **PC-Card**, war ursprünglich nur als Standard für Speicherkarten gedacht. Doch seit Jahren läßt sich diese Speicherkarte auch als Festplatte einsetzen, die bis zu 400 MByte Speicherkapazität bietet. PCMCIA ist die Kurzbezeichnung für Personal Computer Memory Card International Association. Dieses Gremium hat sich zum Ziel gesetzt, Einschubschächte, Pinbelegungen, Dateiformate und Protokolle so zu normieren, daß weitgehende Kompatibilität erreicht wird und die Karten ohne Probleme in anderen Systemen einzusetzen sind. Unabhängig von der jeweiligen PC-Card-Version können die Karten bei identischer Größe (85,6 mm x 54 mm) unterschiedlich dick sein. Trotzdem sind sie kompatibel und können in den gleichen Steckplatz eingesetzt werden. Die PC-Card ist als Speichermedium auf dem Vormarsch und könnte in naher Zukunft die Disketten ablösen. Für Digitalkameras und tragbare PCs sind die Karten-Einschubschächte besonders vorteilhaft, weil sie zum Lesen und Speichern von Daten weniger Strom verbrauchen als herkömmliche Disketten-Laufwerke.

Als **Streamer** werden meist Magnetband-Kassetten-Laufwerke bezeichnet, die für die schnelle Duplizierung von Daten zur Datensicherung und zum Datenaustausch entwickelt wurden. Während früher zur Aufzeichnung vor allem das Magnetband eingesetzt wurde, werden heute in Verbindung mit PCs vor allem Magnetbandkassetten verwendet. Solch eine Kassette besteht aus zwei in einem Gehäuse verankerten Spulen, auf denen ein magnetisierbares Band aufgewickelt ist. Bei Kassetten wird grundsätzlich sequentiell gespeichert, dies führt zu einer hohen Zugriffszeit für einzelne Jobs. Der Streamer zeichnet die Daten nahezu kontinuierlich auf. Mit ihr lassen sich sehr große Datenbestände zur Datensicherung in kurzer Zeit abspeichern. So kann beispielsweise eine solche Magnetband-Kassette von 171 m Länge und 1,27 cm Breite in 18 Spuren etwa 15 Kilobyte/cm speichern. Das Band hat deshalb eine Speicherkapazität von über 200 Megabyte; es kann in etwa 90 Sekunden gelesen oder beschrieben werden.

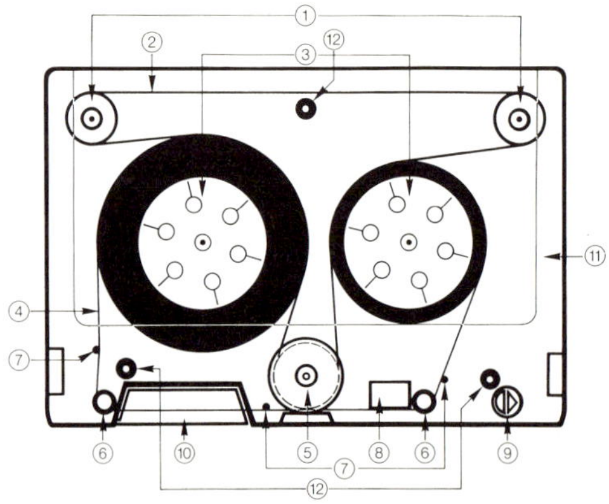

1. Führungsrolle für Antriebsriemen
2. Antriebsriemen, strukturiert
3. Bandspule
4. Computerband
5. Hochgeschwindigkeits-Antriebsrolle
6. Bandführungsrolle
7. Bandführungsstift
8. Spiegel für BOT/EOT-Erkennung
9. Schreibsperre
10. Kopffensterverschluß
11. Basisplatte
12. Verschraubungspunkt Basisplatte/Gehäuse

Bild 62.1. Streamer in schematischer Darstellung.

▼

1. Welche Vorteile hat eine magneto-optische Speicherplatte gegenüber einer Magnetplatte?
2. Warum ist die durchschnittliche Zugriffsgeschwindigkeit auf bestimmte Daten in der Regel bei Diskettenlaufwerken kürzer als bei Magnetbandkassetten-Laufwerken?
3. Nennen Sie die Einsatzgebiete der Wechselplatten.
4. Was unterscheidet die Festplatten- und Disketten-Laufwerke? Was haben sie gemeinsam?
5. Was macht die PCMCIA-Speicherkarte (PC-Card) so interessant?

3.2.3 Netzwerke

Je mehr Rechner in einem Unternehmen eingesetzt werden, um so notwendiger ist es, diese für den Datenaustausch zu vernetzen. Dazu dient ein System von Übertragungswegen für Daten, ein innerbetriebliches (lokales) Netzwerk, das auch LAN (Local Area Network) genannt wird. Die Attraktivität von LANs liegt nicht nur in der gemeinsamen Nutzung von Datenbeständen, Programmen und peripheren Geräten, sondern auch darin, daß dem Anwender gewünschte Informationen immer gleich an seinem Arbeitsplatz zur Verfügung stehen, unabhängig davon, wo sie innerhalb des Netzes gespeichert sind.

Beim LAN haben sich drei Netzwerk-Grundstrukturen (Netzwerk-Topologien) durchgesetzt: das Stern-, Bus- und Ring-Netzwerk.

Stern-Netzwerk. Bei dieser Netzwerkarchitektur sind alle Geräte sternförmig über eigene Leitungen an einem zentralen Knoten angeschlossen, der Zentralrechner oder Hub genannt wird. Er organisiert die Datenkommunikation durch die Leitungsvermittlung. Neben dem Datentransport steuert der Zentralrechner gleichzeitig das Ablegen der Daten auf einen zentralen Speicher. Da sämtliche Datenübertragungen über den Zentralrechner laufen, bewirkt dessen Ausfall eine Störung des gesamten Systems.

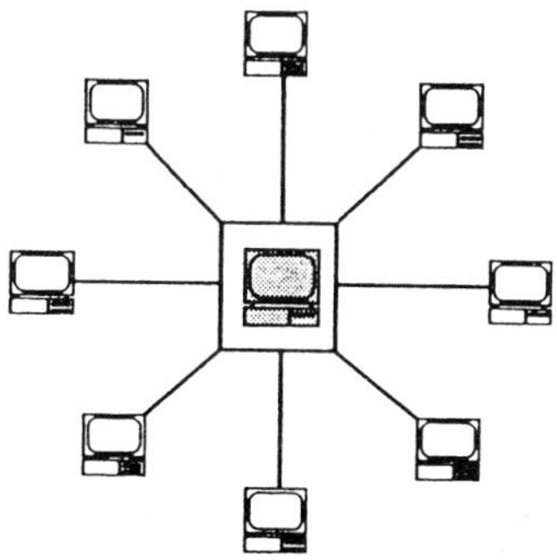

Bild 63.1. Netzwerk mit Sternstruktur.

Bus-Netzwerk. Alle Stationen senden bzw. empfangen Daten über ein gemeinsames, durchgehendes Kabel nach dem Verfahren des Mehrfachzugriffs. Bevor aber eine Station Daten senden kann, muß sie prüfen, ob nicht gerade eine andere Station sendet. Zusätzlich muß jede Station ständig darüber wachen, ob eine Nachricht für sie gesendet wird, damit sie diese aus dem Netz nimmt. Bei einem Fehler im Hauptkabel kommt es allerdings zum Absturz des ganzen Systems. Bei einer großen Anzahl von Stationen im Netz werden Server, besonders leistungsfähige PCs oder Workstations, für spezielle Zwecke eingesetzt.

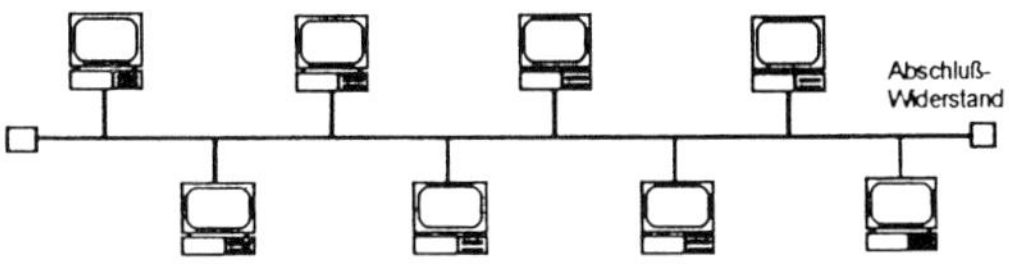

Bild 63.2. Netzwerk mit Busstruktur.

Ring-Netzwerk. Benachbarte Stationen, die zusammen einen Kreis bilden, sind jeweils direkt miteinander verbunden. Die Daten werden von Station zu Station in eine Richtung weitergeleitet bis zur Zieladresse. Es gibt keine zentrale Steuerung; jedes Gerät ist für Sekundenbruchteile am Datentransport aktiv beteiligt. Ein Nachteil ist, daß ein defekter Rechner den gesamten Datenverkehr blockieren kann.

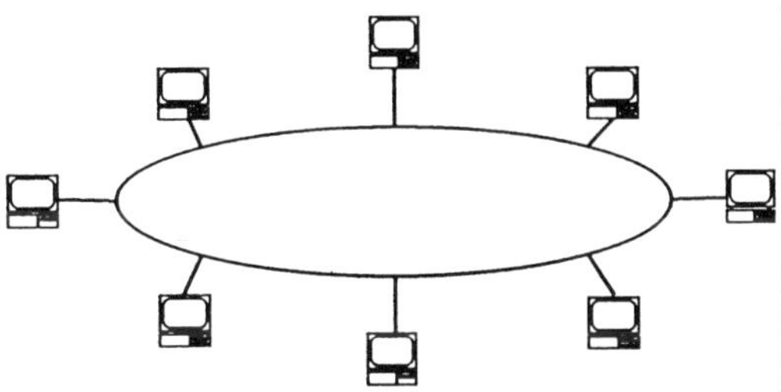

Bild 63.3. Netzwerk mit Ringstruktur.

Jedes der Netzwerke hat Vor- und Nachteile. Daher ist vor Hard- und Software-Investitionen sowie organisatorischen Anpassungsvorgängen eine möglichst genaue Analyse der geplanten Anwendungen und Arbeitsabläufe erforderlich. Häufig werden deshalb zwei oder mehrere Netzwerk-Grundstrukturen miteinander zu einen Netz kombiniert, um Vorteile zu verstärken und Nachteile zu minimieren. Dabei ist auch zu untersuchen, wie kompatibel das lokale Netz für die überregionale Kommunikation ist.

Neben der betriebsinternen Kommunikation (LAN) gewinnt die weltweite Kommunikation über **Wide Area Network (WAN)** mit externen Rechnersystemen immer mehr an Bedeutung. Hierfür werden meist öffentliche Fernnetze der Telekom oder anderer Telefongesellschaften eingesetzt, um Informationen zu senden oder zu empfangen. Je nach der Art der Kommunikationsabwicklung werden diverse Telekommunikationsdienste (Online-Dienste) unterschieden, für die jeweils sämtliche Funktionen, Protokolle und Übertragungseigenschaften exakt definiert sind.

Zur Zeit gibt es weltweit über 5000 Datenbanken, die das „Wissen der Welt" aus Zeitschriften, Büchern, Forschungsberichten, Referaten, Börseninformationen u. a. umfassen. Die Daten sind auf leistungsstarken externen Speichermedien abgelegt und werden von Großrechnern zum Abruf bereitgehalten. Anwender brauchen dazu einen Computer, ein Telefon-Modem oder einen ISDN-Anschluß, einen Einwählpunkt sowie die entsprechende Software, um an dieser globalen Kommunikation teilzunehmen. Die Nutzung von Online-Datenbanken setzt eine spezielle Abfragesprache voraus, die sich von Datenbank zu Datenbank unterscheiden kann. Eine Hilfe bieten die kommerziellen **Online-Dienste** CompuServe, America Online (AOL) und T-Online.

Die obengenannten Online-Dienste ermöglichen auch als **Provider** den Zugang zum Internet. Provider sind im allgemeinen Dienstleister, bei denen man den Zugangscode erwirbt.

Das **Internet** ist ein weltweit angelegtes Netzwerk, bei dem Tausende von Computernetzen miteinander verbunden sind. Rund um die Uhr werden abrufbereite Informationen bereitgestellt und weltweit mittels dem TCP/IP-Übertragungs-Protokoll verbunden. Anwender benötigen dazu einen Computer, einen ISDN-Anschluß oder ein Telefon-Modem, die entsprechende Software und einen Einwählpunkt zum Internet. Für die eigentliche Internet-Benutzung zahlt man dann Telefongebühren an die Telekom, um sich beim nächstgelegenen Knoten einzuwählen, und Gebühren an den Provider. Diese Einwählknoten gibt es in jeder mittleren und größeren Stadt, so daß nur der Ortstarif zu zahlen ist. Elektronische Post (E-Mail) zu verschicken und zu erhalten ist der größte Nutzwert des Internets. Das Informationsangebot ist kaum zu überblicken und für unerfahrene Computerbesitzer nur schwer zu erschließen. Mit Suchhilfen ist dies leichter. Man sucht mit ihnen nicht im Internet, sondern in eigens erstellten riesigen Datenbanken, die von sogenannten Suchmaschinen erstellt wurden.
Das World Wide Web (WWW) ist ein System, das alte und neue Dienste des Internets auf visuell anspruchsvolle Weise darstellt. Die Zeiten der ausschließlich textorientierten Informationen im Internet sind mit der breiten, weltweiten Unterstützung des WWW endgültig vorbei. WWW arbeitet mit einer grafischen Benutzeroberfläche ähnlich der von Macintosh- und Windows-Rechnern. Selbst multimediale Elemente wie Bild, Ton oder Video sind für das System kein Problem. Viele Anbieter nutzen schon heute diese Möglichkeiten der Informationsverbreitung. Die Spanne reicht von der Vorstellung eines Unternehmens, der Veröffentlichung von Pressemitteilungen bis zu Darstellung eines kompletten Angebotsspektrums. So entstehen elektronische Warenhäuser, in denen am Computerbildschirm Waren angesehen und bestellt werden können.
Durch sogenannte Hyperlinks auf WWW-Seiten ist es möglich, durch Anklicken eines Buttons nicht nur Audiodaten oder Videofilme abspielen zu lassen, sondern auch andere Seiten dieses Anbieters oder anderer Anbieter zu aktivieren. Durch dieses Verknüpfen der Seiten wird automatisch die Verbindung zu dem Rechner aufgebaut, auf dem die entsprechende Seite abgelegt ist. Dies kann auch ein Rechner in einem anderen Land sein; und das alles zum Preis eines Ortsgesprächs.

▼

1. Unterscheiden Sie die drei Netzwerk-Grundstrukturen.
2. Erklären Sie die Abkürzungen LAN und WAN.
3. Welche Vorteile bringt eine Vernetzung mehrerer Rechner und weiterer peripheren Geräte?
4. Nennen Sie die Aufgaben eines Zentralrechner?
5. Welche Voraussetzungen sind nötig, um einen Zugang zum Internet zu erhalten?
6. Welche Vorteile bietet das WWW seinen Nutzerinnen und Nutzern?
7. Welche Möglichkeiten bieten Hyperlinks?

3.2.4 Ausgabegeräte

Um das Ergebnis der Verarbeitung in der Zentraleinheit sichtbar machen oder gerade nicht benötigte Daten auslagern zu können, benutzt man meist folgende Geräte: Bildschirm, Drucker, Belichter, Plotter oder CD-Brenner.
In Regelkreisen führen Ergebnisse, die die Zentraleinheit nach einem Soll-Ist-Vergleich ermittelt, zu Ausgangssignalen, die beispielsweise an Stellmotoren weitergeleitet werden. Solche Signale können beispielsweise die Stellung einzelner Zonenschrauben eines Farbwerkes so ändern, daß mehr oder weniger Farbe auf die erste Walze übertragen wird.

Der **Bildschirm** ist das wichtigste Ausgabegerät eines PCs, auf dem Daten und Bilder sichtbar gemacht werden. Bildschirme haben eine Diagonale von 14 Zoll bis zu 21 Zoll. Ähnlich wie bei Fernseher wird der Elektronenstrahl der Kathodenstrahlröhre entsprechend der digitalisierten Bild- und Schriftbildinformation gesteuert. Die einfachsten Bildschirme sind Monochrom-Bildschirme, die nur eine Farbe darstellen können. Heutzutage werden meist Farbbildschirme gekauft, die mit speziellen Farb- bzw. Grafikkarten ausgerüstet sind und je nach Farbtiefe mehr oder weniger Farben darstellen können. Eine 8-Bit-Farbtiefe erlaubt, $2^8 = 256$

verschiedene Farbwerte darzustellen, und belegt dafür im Speicher pro Bildpunkt (Pixel) ein Byte.
Eine 24-Bit-Farbtiefe (8 Bit für jeweils eine der drei Teilfarben) dagegen ermöglicht, mit 16,7 Millionen Farbwerten zu arbeiten. Diese so ausgerüsteten Farbbildschirme verarbeiten RGB-(Rot-Grün-Blau-) Signale von dunkel bis hell mit allen Zwischenstufen.
Neben der Anzahl der Farben ist die Anzahl der Punkte (Pixel) wichtig, die ein Bildschirm wiedergeben kann. Alle Zeichen werden durch eine Punktmatrix dargestellt. Je mehr Punkte für die Matrix verwendet werden, desto besser ist die Genauigkeit und Lesbarkeit der Zeichen. Der Bildschirm kann aber nicht unendlich viele Punkte wiedergeben. Für einen Monitor mit 20-Zoll-Diagonale ergeben sich bei sichtbarer Bildschirmbreite von 400 mm und einer Höhe von 300 mm 1600 Pixel x 1280 Pixel.
Um flimmerfreie Darstellung zu erreichen, ist bei Farbbildschirmen eine Bildwiederholfrequenz von mindestens 70 Hz notwendig, das bedeutet, daß mindestens 70 Bilder pro Sekunde am Bildschirm aufgebaut werden müssen.

Ein **Drucker** ist ein weiteres wichtiges Ausgabegerät. Vor allem für das Electronic Publishing werden sogenannte Digitaldrucker eingesetzt, die Schriftzeichen, und auch Abbildungen, aus einzelnen Punkten zusammensetzen. Zu dieser Gruppe gehören die Nadel-, Thermo-Sublimations-, Thermo-Transfer-, Tintenstrahl- und Laserdrucker. Sie ermöglichen die flexible Gestaltung der Schriftzeichen, so daß verschiedene Zeichensätze, Sonderzeichen und Grafiken in wählbarer Größe ausgedruckt werden können. Die Anzahl der verwendeten Bildpunkte pro Zentimeter erzeugt ein mehr oder weniger scharfes Schriftbild und ist deshalb ein wichtiges Qualitätsmerkmal. Um eine satzidentische Ausgabe mit Text, Strich- und Rasterabbildungen zu erreichen, müssen Drucker eingesetzt werden, die mit einer Seitenbeschreibungssprache arbeiten. Eine Seitenbeschreibungssprache ist eine Programmiersprache, mit der die Elemente einer Seite, das heißt Zeichen, Flächen, Abbildungen und Linien, für die Ausgabe beschrieben werden. Die wichtigste Seitenbeschreibungssprache ist zur Zeit **PostScript.**
Vor der Ausgabe mit einem Digitaldrucker muß die Seite in einem **RIP** digital aufbereitet werden. RIP ist die Kurzbezeichnung für einen Raster Image Prozessor, den man auch als Pixelflächenrechner bezeichnen kann. Dieser spezielle Rechner hat die Aufgabe, alle Bestandteile einer am PC gestalteten Seite in winzige Bildpunkte (Pixel) zu zerlegen. Der RIP-Prozeß muß nicht unbedingt in einem speziellen Rechner (Hardware-RIP) erfolgen, sondern kann auch im PC (Software-RIP) durchgeführt werden.
Neben Digitaldruckern, die nur mit der Farbe Schwarz arbeiten, sind heute immer mehr preiswerte Farbdrucker im Einsatz, die mit den Farben Cyan, Gelb, Magenta und Schwarz drucken.

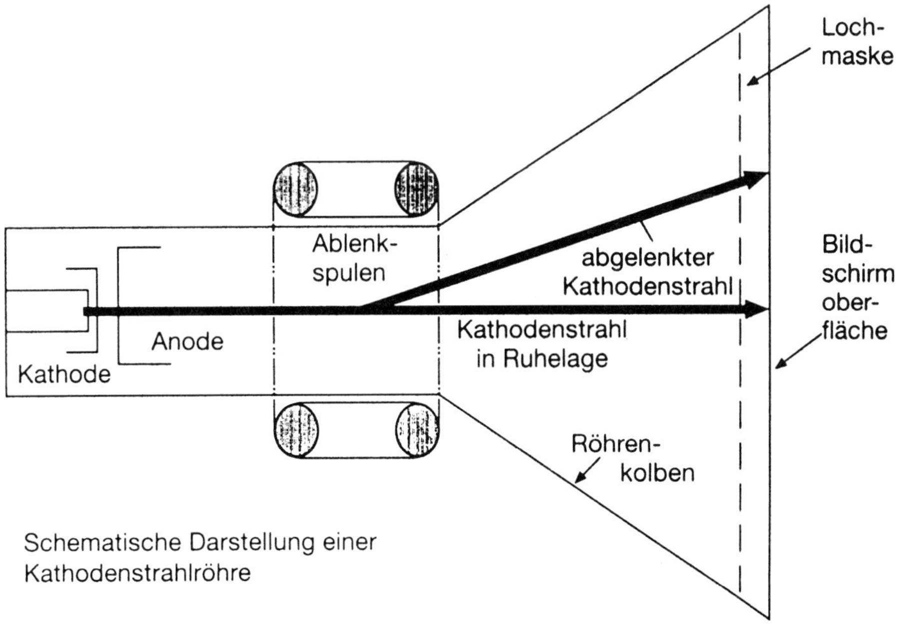

Bild 65.1. Funktionsschema einer Kathodenstrahlröhre.

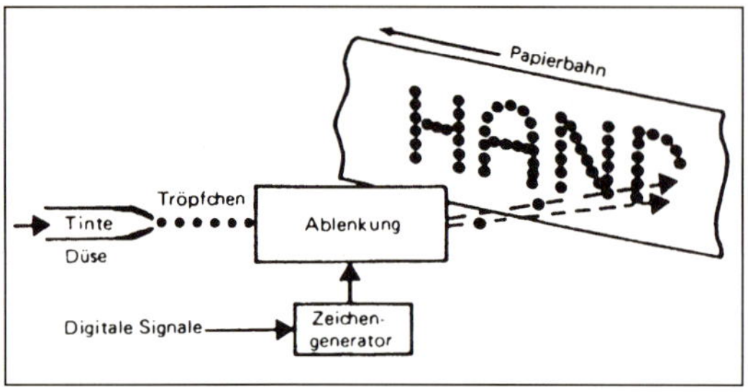

Bild 66.1. Arbeitsweise des Tintenstrahldruckers.

Laserdrucker können Laser-Belichtungseinheiten entlasten, denn der Ausdruck entspricht dem Belichtungsergebnis auf Fotomaterial, allerdings nicht in der gleichen Qualität. Die schlechte Kantenschärfe, die ungenügende Dichte sowie eine Auflösungsfeinheit von 120 Punkte/cm (entspricht 300 dpi) beschränken ihren Einsatz zumeist auf die Herstellung von Korrekturbelegen. Mittlerweile gibt es auch Modelle mit einer Auflösung von 600 dpi und mehr.
Vor dem Drucken muß eine Seite mit Hilfe eines Soft- oder Hardware-RIPs und der Seitenbeschreibungssprache PostScript digital aufbereitet werden. Die ganze Seite wird dabei in kleinste Bildpunkte (Pixel) zerlegt, die entweder schwarz oder weiß sind. Die Bildpunkte können Teile eines Rasterpunktes, einer Linie oder eines Zeichens sein. Zu Beginn des Übertragungsprozesses wird die Fotoleitertrommel durch elektrostatische Aufladung lichtempfindlich gemacht. Der vom RIP gesteuerte Laserstrahl bringt die Information durch linienweises Belichten auf die Trommel. Die Stellen, die Licht erhalten haben, ändern ihre elektrostatische Ladung. Es entsteht ein latentes elektrostatisches Bild. Beim nächsten Arbeitsgang springen infolge elektrostatischer Wechselwirkung die Tonerteilchen von einer Magnetbürste auf die Stellen der Fotoleitertrommel, auf denen sich die elektrostatische Ladung durch die Lichteinwirkung (Bebilderung) verändert hat. Das seitenverkehrte Bild wird sichtbar. Da die Übertragungscorona ein stärkeres elektrisches Feld aufweist als die Fotoleitertrommel, springen die Tonerpartikel auf den Druckträger über und werden dort vorerst elektrostatisch festgehalten. In der nachfolgenden Fixierstation wird mittels Wärme und/oder Druck die übertragene Information wischfest und dokumentenecht gemacht. Nach dem Reinigen der Fotohalbleiter-Trommel ist der Drucker für eine neue Belichtung bereit. Als Bedruckstoff können Normalpapiere, aber auch Karton und Folien Verwendung finden.

Belichtungseinheiten sind die wichtigsten Ausgabegeräte der Druckindustrie. In der Regel werden Belichter eingesetzt, bei denen die Informationsübertragung mit Hilfe eines Laserstrahls erfolgt. Hauptbestandteile eines Laserbelichters sind der Raster Image Prozessor (RIP) und die Aufzeichnungseinheit (Recorder).
Dabei sind drei Arten von Belichtungseinheiten zu unterscheiden:
1. **Flachbettbelichter**
Er arbeitet mit einem kontinuierlichem Vorschub des zu belichtenden Materials während der Belichtung. Da bei Flachbettbelichtern der Weg des Laserstrahls zum Fotomaterial stets unterschiedlich ist, müssen Verzerrungen der Zeichen durch Korrekturoptiken verhindert werden.
2. **Innentrommelbelichter**
Bei ihm befindet sich das Fotomaterial oder eine Offsetdruckplatte und das optische System inner-

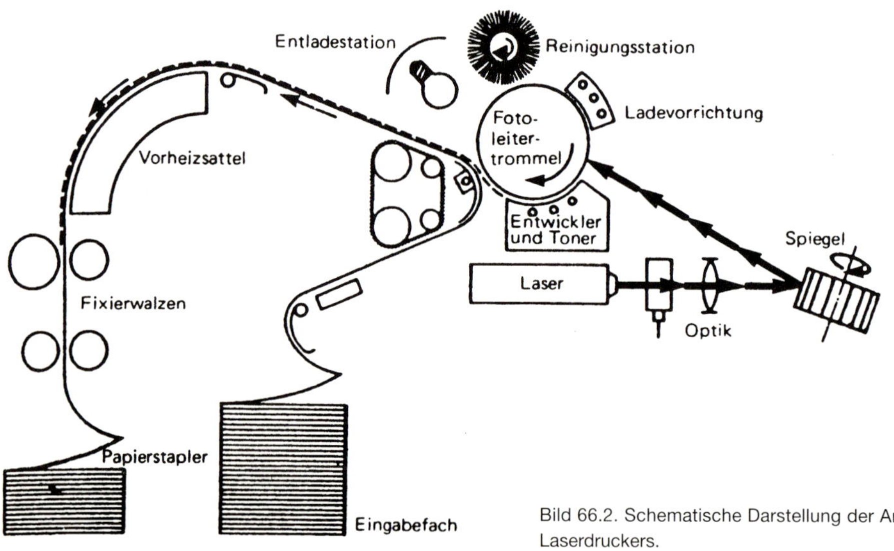

Bild 66.2. Schematische Darstellung der Arbeitsweise eines Laserdruckers.

halb der Trommel. Beim Belichtungsvorgang wird das darin befindliche Material nicht bewegt. Nur der modulierte Laserstrahl wird mit Hilfe optischer Einrichtungen in das Zentrum der Trommel gelenkt und dann durch einen Spiegel spiralförmig auf das lichtempfindliche Material projiziert.

3. **Außentrommelbelichter**
Bei ihm befindet sich das zu belichtende Material und der Schreibkopf außerhalb der Trommel. Bedingt durch die Größe und Masse der Trommel, ist nur eine Geschwindigkeit von etwa 600 Umdrehungen/Minute möglich. Der Schreibkopf des Belichters enthält mehrere parallel angeordnete Glasfaserkabel, die über programmgesteuerte Modulatoren einzeln ein- und ausschaltbar sind. Während der Zylinderrotation bewegt sich dieser Schreibkopf parallel zur Zylinderachse.

Ein **CD-Brenner** oder **CD-Writer** ist ein Ausgabegerät, mit dem Daten auf CD-Rohlinge (CD-R) in Eigenregie gespeichert werden können. CD-R ist die Kurzbezeichnung für Compact Disc Recordable. Eine CD-R ermöglicht ein einmaliges Beschreiben und bietet die Option, eine nicht komplett beschriebene Platte weiterzubeschreiben, also Daten anzuhängen, bis die Maximalkapazität erreicht ist. Durch einen Laserstrahl werden in die CDs Vertiefungen (Pits) mit einer Breite von etwa 400 nm (Nanometer) und einer Tiefe von 100 nm eingebrannt. Diese gespeicherten Informationen können wiederum mit dem Laserstrahl berührungsfrei gelesen werden. Die Arbeit mit CD-Brennern steht und fällt mit der Qualität der verwendeten CD-R-Software. Von diesem Programm wird nicht nur die korrekte Steuerung des Kopiervorgangs verlangt, sondern ein hohes Maß an Zuverlässigkeit bei der Datenorganisation und dem Übertragungsvorgang. Ein CD-Rohling kostet um die 3 DM und macht die CD bei ca. 35 Minuten Recordingzeit vor allem als Archivmedium interessant.

Ein **Plotter** ist ein Ausgabegerät, das digital gespeicherten Zeichnungen mit Hilfe von Tuschestiften auf Papier überträgt. Ein Plotter verfügt über einen Vorrat verschiedenfarbiger Stifte, die programmgesteuert ausgewechselt werden. Beim sogenannten Trommelzeichner ist das Blatt auf der rotierenden Trommel befestigt. Der Schreibstift, der abgehoben oder angedrückt wird, bewegt sich quer zur Trommel. Beim Flachbettzeichner (Tischzeichner) wird dagegen auf eine feststehende Unterlage gezeichnet. Der Plotter ist das einzige Ausgabegerät, das Grafiken nicht in Form kleiner Bildpunkte (Pixel), sondern als Vektorgrafik (gezeichnete Linien) ausgibt. Er wird hauptsächlich zur Ausgabe von Zeichnungen eingesetzt, die mit einem CAD-Programm angefertigt wurden. Bei der Herstellung von Stanzformen für Verpackungsmittel werden auch Plotter eingesetzt.

▼

1. Warum können Laserdrucker, die mit der gleichen Seitenbeschreibungssprache wie Laser-Belichtungseinheiten arbeiten, diese nur teilweise ersetzen?
2. Welche Arten von Belichtungseinheiten sind zu unterscheiden?
3. Für welche Aufgaben werden Plotter eingesetzt?
4. Welche Voraussetzungen sind notwendig, damit eine CD-Writers fehlerfrei arbeiten kann?
5. Erklären Sie kurz die Arbeitsweise eines Laserdruckers.
6. Wieviel Farben kann ein Bildschirm mit einer Farbtiefe von 8 Bit darstellen und wieviel Farben mit einer Farbtiefe von 24 Bit?

3.3 Software

Der englische Begriff Software umfaßt alles, was nicht Hardware ist und was man doch braucht, damit der Computer funktionieren kann. Software ist demnach alles, was im Computer programmiert ist, kurz: die Gesamtheit der Programme und ihrer Eigenschaften. Grundsätzlich unterscheidet man zwei Gruppen von Programmen:

1. Programme des Betriebssystems, die Systemprogramme,
2. Anwendungs- oder Benutzerprogramme.
   Um die Struktur der Software besser verstehen zu können, muß man sich zuerst mit den Zahlensystemen und Computercodes befassen.

3.3.1 Zahlensysteme

Im täglichen Leben wird von uns ein Zahlensystem mit der Basis 10 verwendet: das Dezimalsystem. Die Reihenfolge der Ziffern beginnt bei Null und endet bei Neun. Um die auf 9 folgende Zahl schreiben zu können, setzt man sie aus zwei Ziffern zusammen, aus 1 und 0 und schreibt den Zahlenwert 10.

3.3.1.1 Dezimales System

Um Zahlen überschaubar zu machen, faßt man sie in Gruppen oder Stellen zusammen. Die Stelle mit dem geringsten Wert steht bei einer Zahl immer ganz rechts. Jede weitere Stelle ist um 10mal mehr wert als ihr rechter Nachbar. Um diese Zahlen zu kennzeichnen, benutzt man Namen, und zwar Begriffe wie Einer, Zehner, Hunderter, Tausender usw. So setzt sich beispielsweise die Zahl 1368 aus folgenden Stellen zusammen:

1 Tausender	= 1 x 1000	=	1000
3 Hunderter	= 3 x 100	=	300
6 Zehner	= 6 x 10	=	60
8 Einer	= 8 x 1	=	8
	=		1368

Die Zahl 1000 kann auch anders dargestellt werden, beispielsweise 10x10x10 oder 10^3.
Bei 10^3 wird in verkürzter Schreibweise dargestellt, wie oft die Zahl 10 bei dieser Multiplikation beteiligt ist. Man nennt diese Rechenart Potenzieren.
Bei der Zahl 100 ist die Potenzschreibweise 10^2 (10x10). Bei der Potenzschreibweise tauchen stets zwei Zahlen auf, erstens eine Zahl, die mit sich selber multipliziert wird, die Basiszahl; zweitens eine Hochzahl, auch Exponent genannt, die angibt, wie oft die Basiszahl an der Multiplikation beteiligt ist.

Nun kann das obige Beispiel auch in anderer Form dargestellt werden:

1×10^3	=	1000	1 (10x10x10)
3×10^2	=	300	3 (10x10)
6×10^1	=	60	6 (10)
8×10^0	=	8	(1)
		1368	

Die mathematische Aussage, daß jede Basiszahl mit dem Exponenten 0 dem Wert 1 entspricht, soll hier nicht weiter untersucht werden.

Um das Dezimalsystem mit anderen Zahlensystemen vergleichen zu können, werden die Zahlen der Zahlensysteme mit je einem Index gekennzeichnet, beispielsweise haben Dezimalsysteme mit der Basiszahl 10 deshalb eine tiefstehende 10, zum Beispiel 1368_{10}.

3.3.1.2 Duales System

Von besonderer Bedeutung ist ein Zahlensystem mit nur zwei Ziffern, der 1 und der 0, das duale Zahlensystem. Denn diese Darstellungsform von Zahlen jeder Größe mit nur zwei Ziffern ist Grundlage der Speicher- und Arbeitsweise von EDV-Anlagen. Dies soll anhand des Beispiels Lochband deutlich gemacht werden, das bekanntlich gelochte und ungelochte Stellen hat. Ein gestanztes Loch entspricht dem Wert »Eins«, eine ungestanzte Stelle dem Wert »Null«.

Häufig werden die Dualzahlen auch als **Binärzahlen** bezeichnet. Doch das ist nicht ganz korrekt.
Der Begriff dual bezieht sich auf die Darstellung von Zahlen im Dualsystem. Binär dagegen bezeichnet die Eigenschaft einer Speicherstelle, einen von zwei möglichen Werten oder Schaltzuständen anzunehmen. Um nun größere Werte als 1 darzustellen, benutzt man wie im Dezimalsystem Stellen, denen unterschiedliche Wertigkeiten zugrunde liegen.
Auch hier werden die Stellenwerte durch Potenzieren gebildet, doch nur im dualen System ist die Basiszahl 2.

So hat die links stehende Ziffer immer den zweifachen Wert der rechten Nachbarziffer. Dies soll durch die nachstehende Übersicht verdeutlicht werden.

Stellenzahl	8	7	6	5	4	3	2	1
Stellenwert	2^7	2^6	2^5	2^4	2^3	2^2	2^1	2^0
Stellenwert	128	64	32	16	8	4	2	1

Eine Dualzahl läßt sich auf beliebig viele Stellen ausdehnen. Addiert man beispielsweise die 8 Stellenwerte 128, 64, 32, 16, 8, 4, 2 und 1, so erhält man den Wert 255. Die duale Schreibweise dafür ist 11111111_2, eine 8stellige Einserfolge. In Verbindung mit der 0 lassen sich also mit 8 Stellen 256 Werte darstellen.

Diesen 256 Bitmustern können in der Datenverarbeitung 256 verschiedene Zeichen, aber auch Farbwerte, zugeordnet werden.

Wie schon erwähnt, nennt man die kleinste darzustellende Einheit in der EDV ein Bit. Dieses englische Wort ist die Abkürzung von »binary digit«, was binäre Ziffer bedeutet. So ein Bit kann entweder durch eine Eins oder eine Null dargestellt werden. Eine Einheit von 8 Bits bildet ein Byte, das bedeutet, daß ein Byte deshalb 256 verschiedene Bitmuster hat.

Soll eine Zahl mit einem höheren Wert dargestellt werden, so erhöht man die Anzahl der Stellen.

Die 9. Stellenzahl entspricht	2^8 =	256
die 10. Stellenzahl entspricht	2^9 =	512
die 11. Stellenzahl entspricht	2^{10} =	1024
die 12. Stellenzahl entspricht	2^{11} =	2048
die 13. Stellenzahl entspricht	2^{12} =	4096
die 14. Stellenzahl entspricht	2^{13} =	8192
die 15. Stellenzahl entspricht	2^{14} =	16384
die 16. Stellenzahl entspricht	2^{15} =	32768

Die Dualzahl mit 16 Einsern entspricht der Dezimalzahl 65 535 = 2^{16}. Diesen Wert erreicht man, wenn man die Stellenwerte 2^0 bis 2^{15} addiert.

Ein 16-Bit-Wort besitzt dagegen inklusive der Null 65 536 Bitmuster.

In der Datenverarbeitung werden je nach System alle Dualzahlen auf 4, 8, 16 oder 32 Stellen mit Nullen ergänzt, beispielsweise auf 0001 bei einem Halbbyte oder 0000 0001 bei einem Byte.

In der nachfolgenden Übersicht soll nun das Dualsystem mit dem Dezimalsystem verglichen werden. Hier werden bei Bedarf bis zu vier Stellen mit Nullen aufgefüllt.

Dezimalzahlen (Basis 10)	Dualzahlen (Basis 2)	
0	0000	
1	0001	
2	0010	
3	0011	
4	0100	
5	0101	
6	0110	
7	0111	
8	1000	
9	1001	Sprechweise:
10	1010	eins-null-null-eins
11	1011	
12	1100	
13	1101	
14	1110	
15	1111	
16	0001 0000	
17	0001 0001	
18	0001 0010	
19	0001 0011	
20	0001 0100	
21	0001 0101	

Umrechnen in Dualzahlen. Wie Dezimalzahlen in Dualzahlen umgewandelt werden, zeigt das nachfolgende Beispiel. Die Dezimalzahl 243 soll in der entsprechenden Dualzahl dargestellt werden.

243 : 2 = 121 Rest 1
121 : 2 = 60 Rest 1
60 : 2 = 30 Rest 0
30 : 2 = 15 Rest 0
15 : 2 = 7 Rest 1
7 : 2 = 3 Rest 1
3 : 2 = 1 Rest 1
1 : 2 = 0 Rest 1

1 1 1 1 0 0 1 1

Aus den Resten, von unten nach oben gelesen, ergibt sich die gesuchte Dualzahl. Dabei ist zu beachten, daß 1 : 2 nicht etwa 0,5 ($^1/_2$) ergibt, sondern es sind bei dieser Methode nur ganze Zahlen erlaubt. So steht in der letzten Zeile mit Recht: 1 : 2 = 0 Rest 1, also 1 = 1.

Die umgekehrte Umwandlung geschieht am leichtesten mit Hilfe einer Tabelle, die Zweierpotenzen, also Bitwertigkeiten enthält.
Zur Veranschaulichung soll die errechnete Dualzahl 11110011 wieder in eine Dezimalzahl umgewandelt werden.

Stellenzahl	8	7	6	5	4	3	2	1
Stellenwert	2^7	2^6	2^5	2^4	2^3	2^2	2^1	2^0
	128	64	32	16	8	4	2	1
Dualzahl	1	1	1	1	0	0	1	1

Nun werden – von rechts beginnend – die Wertigkeiten der einzelnen Stellen aufaddiert.

$1 \times 2^0 = 1$
$1 \times 2^1 = 2$
$0 \times 2^2 = 0$
$0 \times 2^3 = 0$
$1 \times 2^4 = 16$
$1 \times 2^5 = 32$
$1 \times 2^6 = 64$
$1 \times 2^7 = 128$

243_{10}

Eine andere Darstellungsform führt zum gleichen Ergebnis:

1 1 1 1 0 0 1 1

$1 \times 2^0 = 1$
$1 \times 2^1 = 2$
$0 \times 2^2 = 0$
$0 \times 2^3 = 0$
$1 \times 2^4 = 16$
$1 \times 2^5 = 32$
$1 \times 2^6 = 64$
$1 \times 2^7 = 128$

243_{10}

Rechnen mit Dualzahlen. Das Rechnen mit Dualzahlen ist relativ einfach und EDV-gerecht, denn wie schon erwähnt, kann ein Bit den Wert 0 oder 1 haben.
Interessant ist aber, daß ein Rechner alle vier Grundrechenarten auf der Basis der Addition durchführt. Wichtig ist deshalb, sich die Grundregeln der Addition einzuprägen.

0 + 0 = 0
0 + 1 = 1
1 + 0 = 1
1 + 1 = 10

1 + 1 = 10 bedeutet, daß die Addition der zwei 1-Werte 0 ergibt, daß aber eine 1 auf die nächsthöhere linke Stelle zu übertragen ist. Dies soll das nachstehende Beispiel aufzeigen.

1. Summand	7_{10}=	0111_2
2. Summand	1_{10}=	0001_2

Überträge	111
Summe	$8_{10} = 1000_2$

Für den Rechner ist eine **Multiplikation** gleichbedeutend mit einer fortgesetzten Addition.
Deshalb braucht diese Rechenart nicht weiter erklärt zu werden.

Um eine **Subtraktion** oder Division durchführen zu können, ist eine Umformung vorzunehmen, damit die entsprechende Aufgabe über eine Addition gelöst werden kann; denn eine EDV-Anlage kann nur addieren. Das geeignete Mittel für eine Umformung ist das Komplement.
Das **Komplement** einer Zahl ist immer die Differenz oder der zu ergänzende Wert zur größten Ziffer des benutzten Zahlensystems.

Die größte Ziffer eines Dezimalsystems ist die 9. Daher ist das Komplement zur Zahl 3 die 6, zur Zahl 4 die 5.

Diese Rechenmethode soll an einem Beispiel verdeutlicht werden.

Übliche Form		132
	–	77
		55
Neue Form mit Hilfe des Komplementwertes		132
	+	22
		154

Nach einer mathematischen Regel ist die links stehende 1 zu streichen und die rechts stehende Stelle um 1 zu erhöhen.

```
  132
+  22
-----
  154
  └▸1
-----
   55
```

Im dualen System ist das Komplement zu 1 die 0 und zu 0 die 1.

Nun soll das obige Beispiel mit Dualzahlen gerechnet werden.

132_{10}	$= 10000100_2$
77_{10}	$= 01001101_2$

Das duale Komplement zu 77_{10} ist daher

77_{10}	= 01001101
Komplement	= 10110010

Nun kann addiert werden:

```
132₁₀        =   10000100₂
Komplement   =+  10110010₂
             ------------
                100110110₂
                └───────▸1
             ------------
55₁₀         =   00110111₂
```

Eine **Division** läßt sich durch wiederholtes Subtrahieren ausführen, und zwar durch die fortlaufende Addition des Komplements.
Die Anzahl dieser Additionen ist der gesuchte Quotient.

3.3.1.3 Hexadezimales System

Der Arbeitsspeicher und das Rechenwerk der Zentraleinheit können nur verschlüsselte Daten in den Werten Eins und Null verstehen.
Aus den bisherigen Erläuterungen war aber zu erkennen, daß die Darstellung von Zahlen im Dualsystem zu recht großen und schwer lesbaren Ausdrücken führt. Für einen Dialog mit der Zentraleinheit wird darum häufig eine »Kurzschrift« eingesetzt, nämlich das hexadezimale Zahlensystem.

Man faßt vier Stellenwerte einer Dualzahl zu einer 4-Bit-Gruppe zusammen und ordnet ihr die jeweilige Ziffer des Hexadezimalsystems zu.
Diese Methode führt zu deutlich weniger Schreibstellen.
Da aber die 4 Bits nur die Darstellung von 16 einstelligen Zahlen erlauben, verwendet man die Ziffern 0 bis 9 und für die Dezimalzahlen 10 bis 15 die Hilfszahlen A bis F.
Auch hier werden die Stellenwerte durch Potenzieren gebildet, doch die Basiszahl dieses Systems ist die 16.

Für das hexadezimale Zahlensystem gilt:

Stellenzahl	5	4	3	2	1
Stellenwert	16^4	16^3	16^2	16^1	16^0
	65536	4096	256	16	1

Die Zuordnung von hexadezimalen Zahlen zu den entsprechenden dualen bzw. dezimalen Zahlen zeigt folgende Tabelle.

Dezimal	Hexadezimal	Dual
0	0	0 0 0 0
1	1	0 0 0 1
2	2	0 0 1 0
3	3	0 0 1 1
4	4	0 1 0 0
5	5	0 1 0 1
6	6	0 1 1 0
7	7	0 1 1 1
8	8	1 0 0 0
9	9	1 0 0 1
10	A	1 0 1 0
11	B	1 0 1 1
12	C	1 1 0 0
13	D	1 1 0 1
14	E	1 1 1 0
15	F	1 1 1 1
16	10	0 0 0 1 0 0 0 0
17	11	0 0 0 1 0 0 0 1
18	12	0 0 0 1 0 0 1 0
25	19	0 0 0 1 1 0 0 1
26	1A	0 0 0 1 1 0 1 0
27	1B	0 0 0 1 1 0 1 1
233	E9	1 1 1 0 1 0 0 1

Die Umwandlung von hexadezimalen Zahlen in dezimale und von dezimalen in hexadezimale Zahlen geschieht in gleicher Weise, wie bei den Dualzahlen beschrieben.

▼

1. Erklären Sie die Begriffe: Software, binär, dual, Komplement!
2. Wie unterscheidet sich das Dualsystem vom Hexadezimalsystem?
3. Rechnen Sie folgende Dezimalzahlen in Dualzahlen um: 191, 247, 255.
4. Welche Rechenregeln gelten beim Rechnen mit Dualzahlen?
5. Rechnen Sie verschiedene Dualzahlen in Dezimalzahlen um!

3.3.2 Computercodes

Wichtige 8-Bit-Codes sind der erweiterte ASCII-, ANSI- und EBCDI-Code.

ASCII ist die Kurzbezeichnung für American Standard Code for Information Interchange. ASCII ist ein amerikanischer Normcode, mit dem alphanumerische Zeichen und Kontrollzeichen verschlüsselt werden. Die DIN-Norm 66003 ersetzt acht Zeichen des USA-Codes durch deutsche Umlaute sowie die Zeichen ß und §. Durch Anhängen eines achten Datenbits ist die Anzahl der darstellbaren Zeichen von 128 auf 256 erweitert worden. Dieses Format dient zur Abspeicherung von Texten. Alle gängigen Textverarbeitungsprogramme benutzen diese Datenstruktur zusätzlich zu ihrem

ASCII-Code = American Standard Code for Information Interchange

S: 01010011 (8 Bits = 1 Byte)

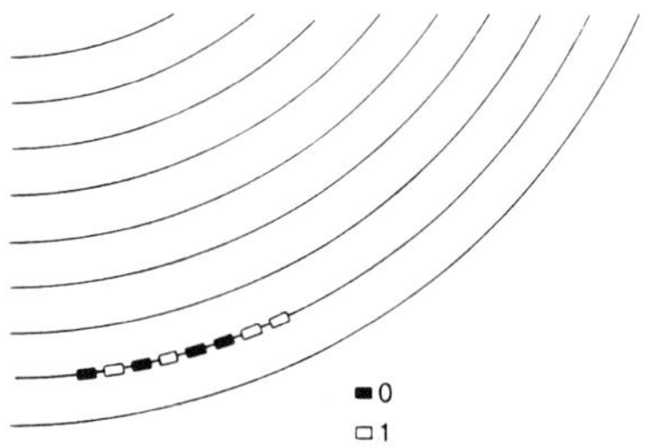

Bild 71.1. ASCII-Code auf einer Diskette.

Datenformat. So kann ein Text, der beispielsweise im Programm MS-WORD erfaßt worden ist, im MS-WORD-Datenformat gespeichert werden, aber auch im ASCII-Datenformat.

ANSI ist die Kurzbezeichnung für American National Standard Institut, eine amerikanische Normengesellschaft entsprechend dem Deutschen Institut für Normung (DIN). Der von der ANSI genormte 8-Bit-Zeichensatz besteht aus 256 Zeichen. Für jedes der Zeichen wurde eine Nummer festgelegt, die zur Codierung des Zeichens dient. Der ANSI-Zeichensatz wird vor allem von Windows und Windows-Programmen zur Zeichendarstellung verwendet. Ansonsten verwendet man im Electronic Publishing zur Zeichendarstellung den ASCII-Zeichensatz. In beiden Zeichensätzen sind die Zeichen mit den Nummern 32 bis 127 identisch.

EBCDIC (EBCDI-Code) ist die Kurzbezeichnung für Extended Binary Coded Decimal Interchange Code = Erweiterter BCD-Universal-Code. Verbreitet ist dieses Datenformat vor allem bei Großrechnern, die in der kommerziellen Datenverarbeitung eingesetzt werden. Beim EBCDIC sehen die Buchstaben W und A in der Maschinensprache wie folgt aus:

W: 1110 0110
A: 1100 0001

Für den Menschen ist diese Maschinensprache eine verwirrende Folge von Nullen und Einsen. Im Computer aber ist dies eine relativ einfach zu realisierende Impulsfolge von elektrischen Null- und Eins-Signalen.

Der obengenannte EBCDI-Code verwendet 8 Bits, also ein Byte, für jedes Zeichen und ein zusätzliches Prüfbit. In der Praxis werden aber die 256 Möglichkeiten, Buchstaben, Sonderzeichen und Steuerzeichen zu verschlüsseln, selten ausgenutzt. In der nachstehenden Aufstellung ist eine Auswahl von Sonderzeichen sowie Großbuchstaben und Ziffern angegeben.

Dem jeweiligen Zeichen im EBCDI-Code ist der festgelegte Zahlenwert im dezimalen, hexadezimalen und dualen Zahlensystem zugeordnet.

Dezimal	Hexa-dezimal	Dual	Zeichensatz EBCDI-Code
75	4B	0100 1011	. (Punkt)
76	4C	0100 1100	< (kleiner als)
77	4D	0100 1101	((Klammer auf)
78	4E	0100 1110	+ (plus)
91	5B	0101 1011	$ (Dollarzeichen)
92	5C	0101 1100	★ (Stern)
93	5D	0101 1101	) (Klammer zu)
94	5E	0101 1110	; (Semikolon)
95	5F	0101 1111	¬ (nicht)
96	60	0110 0000	– (Minus)
97	61	0110 0001	/ (Schrägstrich)
162	A2	1010 0010	s
163	A3	1010 0011	t
164	A4	1010 0100	u
165	A5	1010 0101	v
166	A6	1010 0110	w
167	A7	1010 0111	x
193	C1	1100 0001	A
194	C2	1100 0010	B
195	C3	1100 0011	C
196	C4	1100 0100	D
197	C5	1100 0101	E
198	C6	1100 0110	F
199	C7	1100 0111	G
200	C8	1100 1000	H
201	C9	1100 1001	I
209	D1	1101 0001	J
210	D2	1101 0010	K
211	D3	1101 0011	L
212	D4	1101 0100	M
213	D5	1101 0101	N
214	D6	1101 0110	O
215	D7	1101 0111	P
241	F1	1111 0001	1
242	F2	1111 0010	2
243	F3	1111 0011	3
244	F4	1111 0100	4
245	F5	1111 0101	5
246	F6	1111 0110	6

3.3.3 Programme des Betriebssystems (Systemprogramme)

Eine EDV-Anlage ist mit ihrer Hardware allein noch nicht arbeitsfähig. Programme des Betriebssystems, sogenannte Systemprogramme, sind für den Betrieb einer solchen Anlage unbedingt erforderlich.
Diese Programme steuern und überwachen die Ein- und Ausgabe der Daten, den Ablauf des Anwenderprogramms, sie verwalten die Daten des Arbeitsspeichers und der externen Speicher.

Abhängig vom Einsatzgebiet des Computers sind hier Systemprogramme zusammengefaßt, die sonst jedem Anwenderprogramm beigefügt werden müßten. Das Betriebssystem wird häufig nach seinem Speichermedium benannt, auf dem Teile der Systemprogramme ausgelagert werden. Hierbei handelt es sich um Programmteile, die selten gebraucht werden und zur Entlastung des Arbeitsspeichers oder wegen Speicherplatzmangel auf einen externen Speicher ausgelagert sind.
Als externer Speicher wird heute fast ausschließlich die Festplatte eingesetzt. Bekannte Betriebssysteme sind beispielsweise **MS-DOS,** das von Microsoft für IBM entwickelte **D**isk **O**perating **S**ystem, das **Windows 95** und **Windows NT** von Microsoft, **OS/2** von IBM, **UNIX** von AT & T und **Mac OS** von Apple.

Die Programmstrukturen der Betriebssysteme sind aufgrund der jeweils unterschiedlichen Hardware recht differenziert.
Doch läßt sich eine allgemeingültige Grundstruktur erkennen, obwohl die einzelnen Systemprogramme ihre Aufgaben unterschiedlich lösen. Solche Grundbestandteile sind Organisationsprogramme, Übersetzungsprogramme und Dienstprogramme.

Organisationsprogramme. Wichtigster Bestandteil dieser Programme ist das Hauptorganisationsprogramm. Es überwacht alle anderen Programme und ist zuständig für die Ablaufsteuerung aller Vorgänge in der Zentraleinheit. Andere Organisationsprogramme helfen mit, die Anlageteile untereinander zu steuern und die auf Magnetplatten gespeicherten Daten und Programme zu verwalten.

Übersetzungsprogramme. Die Anwenderprogramme werden in der Regel nicht in der Maschinensprache, sondern in einem künstlichen Sprachsystem geschrieben. Die Maschinensprache, mit der eine Zentraleinheit arbeitet, besteht nur aus den binären Werten Eins und Null und erschwert aufgrund ihrer Abstraktion die Programmierung. Deshalb wurde neben der Maschinensprache eine stark vereinfachte Kunstsprache entwickelt, deren Sprachelemente meist der natürlichen englischen Sprache entlehnt sind und vom Menschen leicht erlernt werden können. Diese Programmiersprachen haben jeweils eine definierte Menge von Zeichen und Wörtern zum Schreiben eines Programms. Übersetzungsprogramme wandeln das in dem künstlichen Sprachsystem geschriebene Programm (Primärprogramm, Quellenprogramm) in das Maschinenprogramm (Objektprogramm) um. Als Übersetzungsprogramme werden Compiler oder Interpreter eingesetzt. Compiler erzeugen aus dem Quellprogrammcode sofort lauffähige Programme. Interpreterprogramme benötigen zur Lauffähigkeit immer auch den Interpreter. Dieser übersetzt den Programmcode bei jedem Programmaufruf Zeile für Zeile in den Maschinencode und führt diesen sogleich aus.

Programmiersprachen lassen sich in maschinen- und problemorientierte einteilen. Maschinenorientierte werden von den Mikroprozessoren verstanden für die sie geschrieben wurden. Hierzu gehören vor allem die assemblernahen Programmiersprachen, aber auch die Programmiersprachen C und C++ sowie Java. Solche Sprachen sind für den Anwender schwer zu erlernen, in der Programmausführung aber extrem schnell. Vor allem Systemprogramme werden in diesen Sprachen entwickelt.

Problemorientierte Programmiersprachen dagegen erleichtern das Programmieren, da die Befehle aus einer natürlichen Sprache entstammen. Problemorientierte Sprachen gibt es für kaufmännische Anwendungen, beispielsweise COBOL, PL/1, mathematisch-naturwissenschaftliche Anwendungen, beispielsweise FORTRAN, ALGOL, APL, unviserselle Anwendungen, beispielsweise PASCAL, BASIC, COMAL, JAVA und künstliche Intelligenz, beispielsweise PROLOG, LISP, SMALLTALK.

Dienstprogramme. Sie unterstützen die Arbeit des Programmierers und Anwenders. Dabei handelt es sich um Programmteile für häufig wiederkehrende Arbeiten wie beispielsweise Mischen, Sortieren und Kopieren von Dateien und die standardisierte Übertragung von einem Speichermedium auf ein anderes. Programmteile, die dies ermöglichen, können vom Programmierer bei Bedarf »aufgerufen« werden und verringern den Programmieraufwand. Weitere Dienstprogramme dienen beispielsweise der Schriften-, Datei-, Speicher- und Adreßverwaltung und ermöglichen die Online-Datenkomprimierung. Andere Programme machen das Löschen von Dateien oder das Formatieren einer Festplatte rückgängig oder reparieren Dateien bei Beschädigung des Datenträgers.

▼

1. Welche Aufgaben haben die Programme des Betriebssystems?
2. Was versteht man unter den Begriffen: Maschinensprache, BASIC, Compiler, Interpreter?
3. Erklären Sie die Grundstruktur eines Betriebssystems!
4. Unterscheiden Sie Quellenprogramm und Objektprogramm!

3.3.4 Anwenderprogramme

Solche Programme haben die Aufgabe, spezielle betriebliche Probleme zu lösen, beispielsweise Buchhaltungsaufgaben oder den Umbruch von Zeitungsartikeln. Sie werden selten vom Anwender oder Benutzer selbst programmiert.
Häufig werden **Standardprogramme** eingesetzt, die von Software-Herstellern entwickelt werden und Problemlösungen für gleichartig auftretende Anwendungsgebiete und Aufgabenstellungen bieten. Diese Standardprogramme können durch ergänzende Programmierung und aufgrund des modularen Aufbaus solcher Programme den betrieblichen Besonderheiten angepaßt werden. Ein modular aufgebautes Programm setzt sich aus Bausteinen (Modulen) zusammen.

So sind beispielsweise Programme für folgende Bereiche lieferbar: Vorkalkulation, Angebotswesen, Auftragsbearbeitung, Nachkalkulation, Abonnentenverwaltung, Lohn- und Gehaltsabrechnung, Materialwirtschaft, Statistik, Anzeigenabrechnung, Formelsatz, Börsen- und Sporttabellen.

3.3.5 Programmentwicklung

Die Programmentwicklung gliedert sich meist in folgende Phasen: Problemanalyse, Programmbeschreibung und Datenflußplan, Erstellen eines Programmablaufplanes, Programmierung, Programmeingabe, Testen des Programms.

Problemanalyse. Im Rahmen der Problemanalyse wird zuerst der IST-Zustand eines Problems erfaßt; beispielsweise die Bedingungen, nach denen der Umbruch eines Zeitungsartikels bisher erfolgte. Man stützt sich dabei auf schriftliche Unterlagen, Beobachtungen und Befragungen. Daraus entwickelt man eine Soll-Vorgabe, die aufzeigt, wie beispielsweise künftig mit Hilfe der EDV der Artikelumbruch durchgeführt werden soll. Entsprechend der Zielsetzung und der vorhandenen oder geplanten EDV-Anlage wird ein Konzept entworfen. Dieses Konzept muß auch mit angrenzenden Aufgabenstellungen, zum Beispiel mit dem Silbentrennprogramm, abgestimmt werden, damit das neu zu schaffende Programm mit den Nachbarprogrammen zusammenarbeitet.

Diese Problemanalyse ist die wichtigste Voraussetzung für eine optimale Programmierarbeit, denn daraus erarbeitet man die Programmbeschreibung.

Programmbeschreibung und Datenflußplan.
In dieser Beschreibung wird der Aufbau des Programms detailliert dargestellt. Dabei ist zu beachten, daß der Programmierer häufig die zu lösende Aufgabenstellung fachlich nicht immer beurteilen kann, beispielsweise Grundsätze der Typografie. Deshalb müssen einzelne Programmschritte eindeutig und vollständig präzisiert werden. Nur dann ist der Programmierer in der Lage, das Programm aufgabengerecht aufzubauen. Zur besseren Darstellung des Informationsflusses im Betrieb erarbeitet man einen Datenflußplan. Dabei werden die Art der Datenträger, notwendige Arbeitsprozesse und die beteiligten Programme im Zusammenhang aufgezeigt.
Die dazu verwendeten Programmsymbole werden durch erläuternde Texte ergänzt.

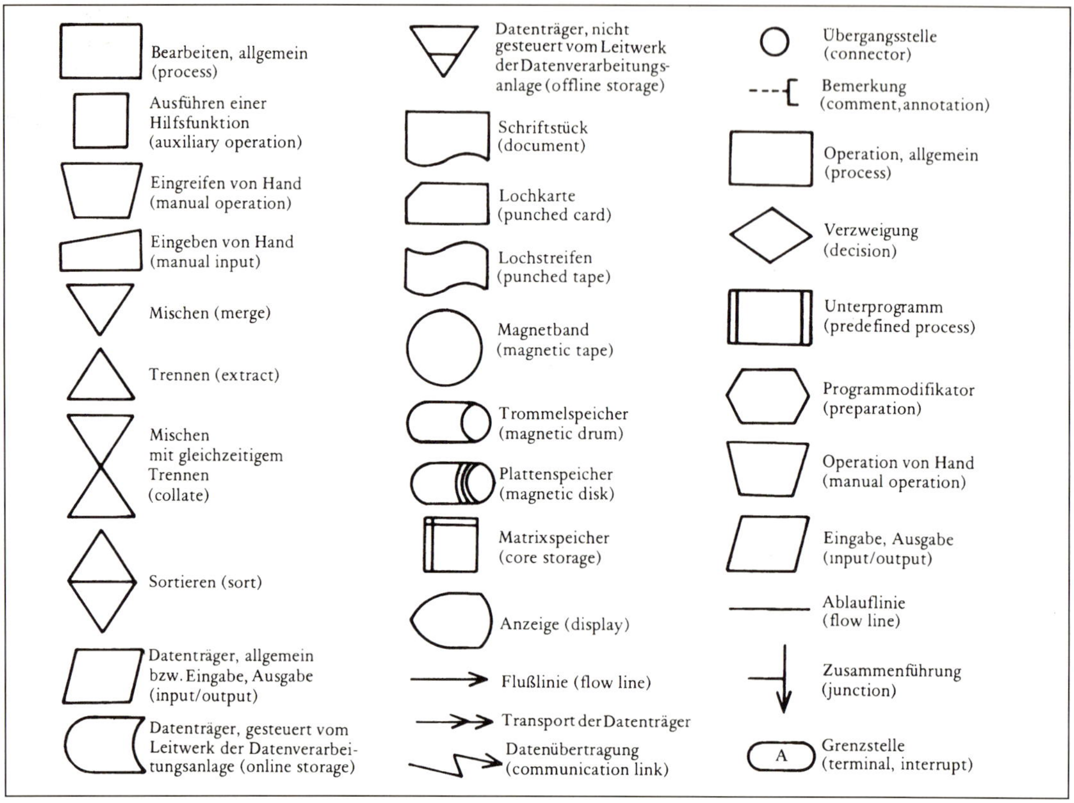

Bild 74.1. Typosignets für Datenfluß- und Programmablaufpläne.

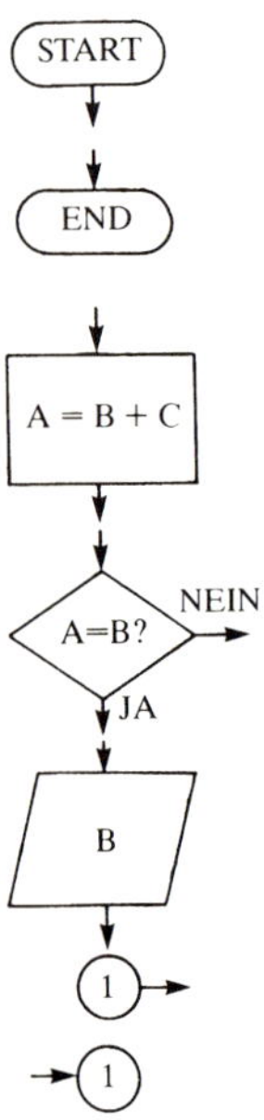

Grenzstelle: Anfang des Programmablaufplans.

Grenzstelle: Ende des Programmablaufplans.

Allgemeine Operation. Dieses Kästchen kennzeichnet irgendwelche Tätigkeiten, hier z. B. ‚Addition von B und C. Zuweisung des Resultats zu A'.

Verzweigung

Eingabe, z. B. über die Tastatur. Auch Ausgabe.

Übergangsstelle. Wenn der Ablaufplan z. B. auf der nächsten Seite weitergeht, dann verwendet man zwei solcher Symbole.

Bild 74.2. Wichtige Symbole für den Blockablaufplan (Blockdiagramm).

Sinnbild	Bezeichnung
	Einfacher Strukturblock
	Reihung mehrerer Programmschritte
	Auswahl (Programmierschleife)
	Einfachauswahl (Abfrage einer Ja-Nein-Frage)
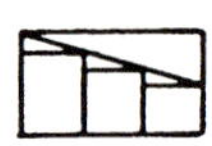	Mehrfachauswahl (Abfrage mehrerer Bedingungen)
	Wiederholung (Programmierschleife)
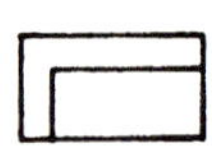	Solange-Schleife
	Bis-Schleife

Bild 74.3. Struktogramm-Sinnbilder.

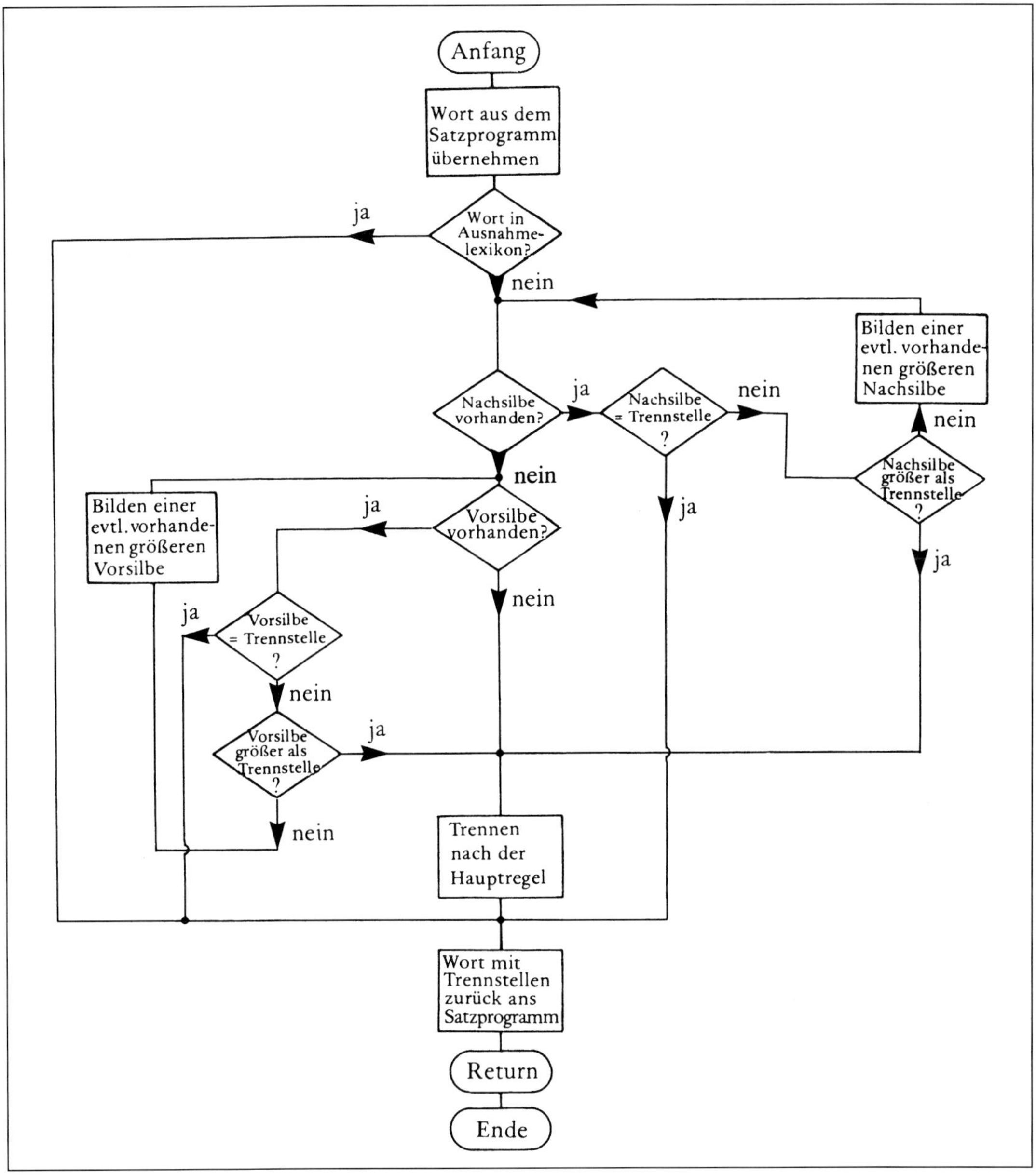

Bild 75.1. Vereinfachter Programmablaufplan (Blockdiagramm) für ein Silbentrennprogramm.

Programmablaufplan. Während beim Datenflußplan nur der organisatorische Ablauf in groben Zügen dargestellt wird, zeigt der Programmablaufplan in grafischer Darstellung detailliert die einzelnen Arbeitsschritte eines Programms.
Zuerst wird vom Programmierer ein Grobdiagramm entworfen, das nach und nach zu einer genauen Festlegung aller Einzelschritte des Programms führt. Die grafische Darstellung kann durch ein Blockdiagramm oder ein Struktogramm erfolgen.

Beim **Blockdiagramm** wird der einzelne Befehl durch einen Block dargestellt. Dabei wird dieser Block mit den davor- und dahinterliegenden Blöcken durch Ablauflinien verbunden. Die Darstellung der Blöcke ist nach DIN 66001 genormt. Das Blockdiagramm gilt in seiner Form als veraltet, denn es hat den Nachteil, daß es bei größeren Programmen schnell unübersichtlich wird. Die daraus abgeleitete Programmierung bekommt dann ebenfalls eine unübersichtliche Struktur.

Die Darstellung des Programmablaufs durch ein **Struktogramm** führt in der Regel zu einer besser strukturierten Form des Programms. Die dabei verwendeten Sinnbilder sind auf die drei Grundformen der Programmstrukturen zugeschnitten:
die Reihung, die Auswahl und die Wiederholung.
Die Grundformen können aufgrund der Aufgabenstellung wiederum zu großen Strukturblöcken zusammengestellt werden. Dadurch bleibt alles sehr übersichtlich und hat eine strukturierende Wirkung auf das Programm. Diese Darstellungsform ist nach DIN 66261 genormt. Die Übersichtlichkeit der Struktogramme hilft, logische Fehler schon im Ansatz zu vermeiden, und der Plan ist vor allem änderungsfreundlich. Der fertige Programmablaufplan dient nach einer inhaltlichen Fehlerkontrolle, dem sogenannten Schreibtischtest, als Basis der Programmierung.

Programmierung. Die Programmbefehle, die sich aus den Einzelabschnitten des Programms ergeben, können dem Computer nicht in einer Umgangssprache erteilt werden. Die Mehrdeutigkeit einzelner Begriffe bereitet dem Rechner unüberwindliche Schwierigkeiten. Andererseits ist es dem Programmierer auch nicht zumutbar, die Maschinensprache des jeweiligen Rechners zu lernen. Diese Maschinensprache besteht aus den binären Werten Null und Eins und ist für den Menschen nicht brauchbar. Deshalb hat man neben dieser Maschinensprache stark vereinfachte Kunstsprachen entwickelt, deren

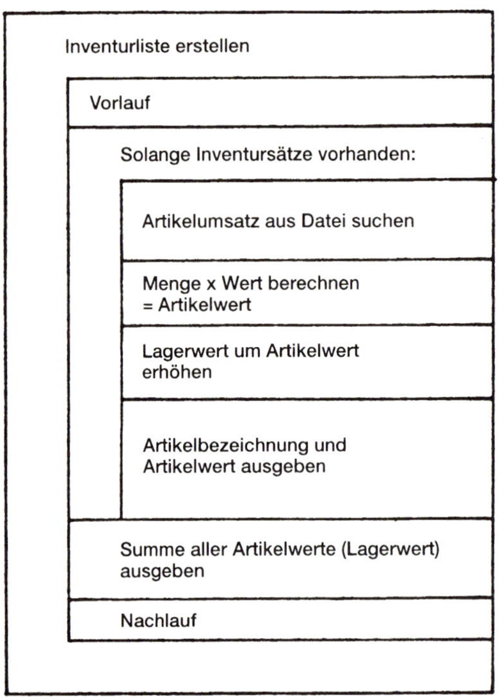

Bild 76.1. Beispiel für ein Struktogramm.

Sprachelemente häufig der natürlichen englischen Sprache entlehnt sind und die deshalb vom Menschen leicht erlernt werden können. Diese **Programmiersprachen** unterscheiden sich in maschinenorientierte und problem- oder prozedurorientierte Sprachen.

Bei Programmieranfängern ist die Dialogsprache **BASIC** sehr beliebt, denn sie erleichtert durch ihre einfache Struktur das Erlernen der Programmiergrundlagen. BASIC ist die Kurzbezeichnung für »Beginner's All-purpose Symbolic Instruction Code«, was frei übersetzt »Symbolischer Allzweck-Befehlscode für Anfänger« bedeutet.

BASIC-Programmbefehle bestehen aus drei Teilen: der Zeilennummer, dem Operationsbefehl und dem Operandenteil. Als Beispiel soll ein Befehl eines Programms herausgegriffen werden:

```
120 PRINT X
```

Die Zeilennummern sind bei BASIC zwingend vorgeschrieben, weil dadurch die Reihenfolge festgelegt wird, in der die Befehle im Arbeitsspeicher stehen und in der die Befehle abgearbeitet werden. Abweichungen von dieser Reihenfolge sind beispielsweise durch Sprungbefehle möglich, die auf eine bestimmte Stelle bzw. Zeilennummer im Programm verweisen. Es ist zweckmäßig, die Zeilennummer in Zehnerschritten zu vergeben, denn dadurch kann man nachträglich zusätzliche Befehle in die »freien« Nummern einschieben.
Der Operationsteil des Befehls sagt aus, was der Rechner zu tun hat. Mit PRINT (drucke) legt man beispielsweise fest, daß bestimmte Daten auf dem Bildschirm erscheinen sollen. Welche Daten das sind, wird durch X bestimmt, den Operandenteil (Adreßteil) des Befehls.

Die Anweisung PRINT X bedeutet also, daß der Inhalt des Speicherplatzes X sichtbar gemacht werden soll. Das heißt, der Operandenteil des Befehls sagt dem Rechner, womit etwas geschehen soll.

Je nach Leistungsfähigkeit verfügen Computer über einen Vorrat von etwa 50 bis 250 verschiedenen Befehlen, die die im Computer fest verdrahteten Maschinenoperationen auslösen.
Dabei unterscheidet man folgende **Befehlsarten:**
Arithmetische Befehle: Addieren, Subtrahieren, Multiplizieren, Dividieren usw.
Logische Befehle: Vergleichen, Verknüpfen usw.
Transportbefehle: Übertragen, Verschieben usw.
Ein- und Ausgabebefehle: Lesen, Drucken usw.

Mit Hilfe von **Programmwerkzeugen,** auch **Programm-Entwicklungssysteme** genannt, lassen sich umfangreiche Programme heute einfacher entwickeln. Mit dieser speziellen Software ist ein geschulter Programmierer in der Lage, individuelle Anwenderprogramme mit sehr viel weniger Aufwand

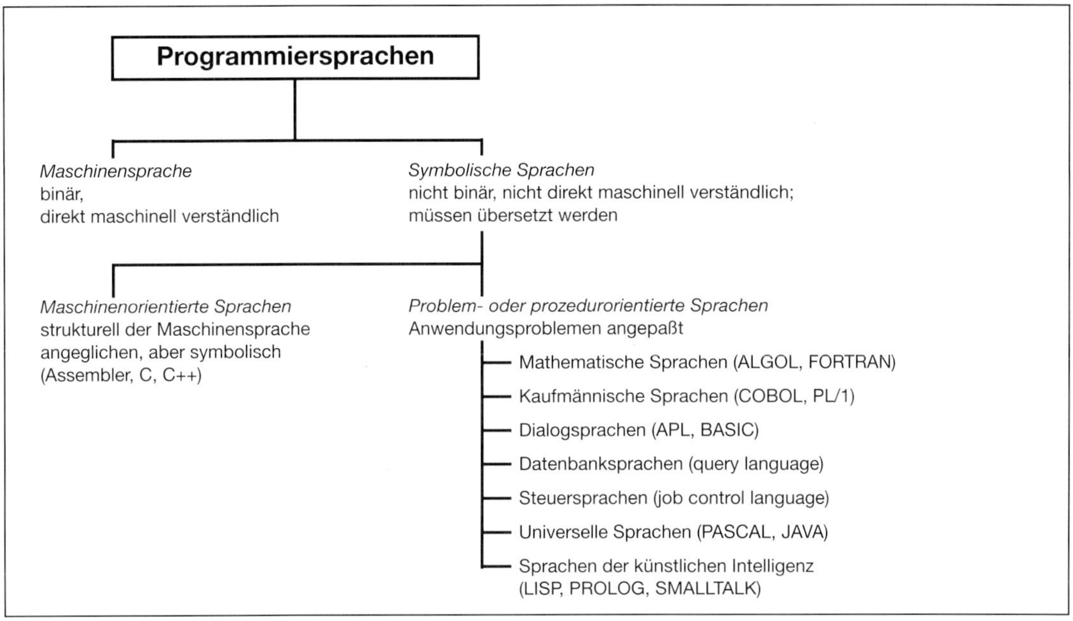

Bild 77.1. Programmiersprachen (Überblick).

herzustellen, als dies mit einer klassischen Programmiersprache, wie beispielsweise BASIC, möglich ist. Zudem gibt es noch Tabellen-Kalkulationssysteme, mit denen PC-Anwender eine Reihe von Problemlösungen entwickeln können, beispielsweise ein einfaches Programm zur Erstellung von Kundenrechnungen oder ein Simulationsprogramm zur Ableitung von Zukunftsprognosen. Auch mit Datenbanksystemen und den dazugehörenden Datenbanksprachen kann man selbst Programme entwickeln,

```
100 PRINT    "************************"
110 PRINT    "*PAPIERBEDARFBERECHNUNG*"
120 PRINT    "************************"
130 PRINT
140 PRINT    "EINGABE"
150 INPUT    "AUFLAGE                 ";A
160 INPUT    "ZUSCHUSSPROZENT         ";P
170 INPUT    "UMFANG                  ";U
180 INPUT    "SEITENFORMAT        DINA";S
190 INPUT    "DRUCKBOGENFORMAT    DINA";D
200 PRINT
210 H=A*(1+P/100)
220 N=2↑(S-D)
230 B=U/(N*2)
240 G=B*H
250 G=INT(G+0.5)
260 PRINT    "AUSGABE"
270 PRINT    "DER GESAMTPAPIERBEDARF"
280 PRINT    "BETRAEGT";G;"PLANOBOGEN"
290 PRINT    "IM FORMAT DINA";D
300 END
```

Bild 77.2. Programmeingabe.

mit denen viele unterschiedliche Aufgaben ausgeführt werden können.

Programmeingabe. Programme in den dialogorientierten Sprachen BASIC und APL können am Bildschirm in Form eines Dialogs mit dem Rechner erarbeitet werden. Durch eine geschickte Benutzerführung wird das System gegen falsche Bedienungseingriffe geschützt, falsche Programmeingaben werden teilweise sofort aufgezeigt.

Bei anderen Programmiersprachen erfolgt die Übertragung der Codierung auf einen geeigneten Datenträger.

Die Umwandlung des eingegebenen Primärprogramms in den Maschinencode geschieht durch Übersetzungsprogramme des Betriebssystems (Systemprogramme). Nur in dieser Form ist das Programm, auch Objektprogramm genannt, im Rechner arbeitsfähig. Diese Programme unterscheidet man nach ihrer Arbeitsweise und der Art der Programmiersprache in Compiler, Assembler und Interpreter. Die Unterschiede wurden schon in Abschnitt 3.3.3 Übersetzungsprogramme beschrieben.

Testen des Programms. Beim Umwandeln des Primärprogramms in die Maschinensprache des Rechners werden Formfehler aufgezeigt und nach Möglichkeit sofort beseitigt. Trotzdem können noch Fehler im Programm sein. Durch die Eingabe von Testdaten, beispielsweise zu trennende

Wörter beim Silbentrennprogramm, kann das Programm unter echten Arbeitsbedingungen erprobt werden. Die Ergebnisse des Testlaufs zeigen etwaige logische Fehler. Unter Umständen müssen mehrere Stufen der Programmierung neu durchdacht werden. Diese Tests auf der Maschine werden so lange durchgeführt, bis sich das Programm als fehlerfrei erweist. Daß nun das Programm völlig fehlerfrei ist, ist damit nicht gewährleistet. Es besteht immer die Gefahr, daß die Testdaten unvollständig sind oder Tests bestimmte Teile des Programms nicht durchlaufen haben, in denen immer noch Fehler stecken.
Erst in der täglichen Praxis werden bei bestimmten Datenkonstellationen solche versteckten Fehler auftreten und dann beseitigt werden müssen.

Ist das Programm fehlerfrei, erfolgt die Dokumentation, das heißt die Beschreibung und Aufbewahrung aller Unterlagen, die zur Entwicklung des Programms erarbeitet wurden. Dadurch ist eine schnelle Einarbeitung in dieses Programm bei Änderungen möglich.

▼

1. In welche Phasen gliedert sich die Programmentwicklung?
2. Wie unterscheidet sich der Programmablauf vom Datenflußplan?
3. Wie ist ein BASIC-Befehl im Prinzip aufgebaut?
4. Welche Befehlsarten werden bei der Programmierung eingesetzt?

4 Schriftentwicklung

Die Schrift ist einer unserer wichtigsten Informationsträger. Bevor es die Schrift gab, verständigten sich die Menschen mit Hilfe von Zeichen aller Art. Noch heute ist es in primitiven Stämmen üblich, Nachrichten durch Trommelsignale oder Rauchzeichen zu übermitteln. Weitere Entwicklungsstufen waren Kennzeichen (Kerbhölzer, Knotenschnüre der Inkas in Südamerika) und Merkzeichen (Haus- und Siegelmarken). Höhlenbilder dienten der Überlieferung für die Nachwelt. So entstand aus bildhaften Anfängen nach und nach die Schrift. Wer die Besonderheiten der jeweiligen Schriftarten verstehen will und wer sie bei der Gestaltung von Drucksachen richtig anwenden will, muß etwas von ihrer historischen Entwicklung wissen.

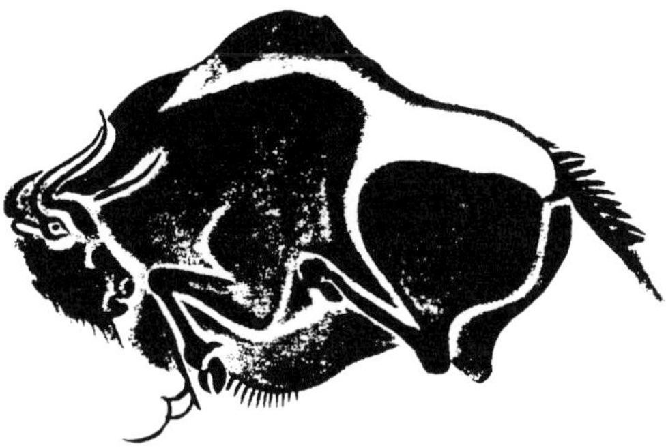

Bild 79.1. Malerei aus einer Höhle der Steinzeit.

Bild 79.2. Gedächtnishilfen waren auch geknüpfte Stricke.

Bild 79.3. Kerbholz, Botenstab.

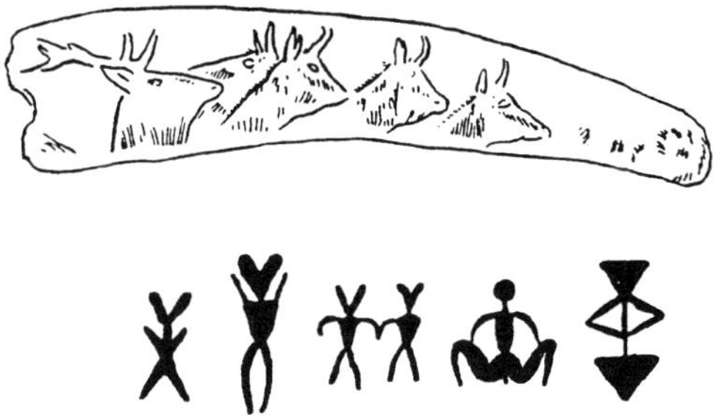

Bild 79.4. Zeichnungen als Uranfang der Bilderschrift.

Bild 79.5. Bilderinschriften auf Siegelsteinen (Knossos 2000 v. Chr.).

Bild 79.6. Ideenschrift (Analentäfelchen des Königs Menes, Ägypten).

4.1 Geschichte der geschriebenen Schrift

Die erste Schriftform war die **Piktografie** (primitive Bilderschrift), bei der die dargestellten Bildfiguren noch nicht über eine einheitliche Wortbedeutung oder gar Lautvorstellung verfügten. Ganz allmählich entwickelte sich aus ihr die **Ideografie** (Wortbildschrift), in deren späteren Formen einzelne Wörter bereits eigene, festgelegte Zeichen erhielten und in der auch bereits abstrakte Begriffe (Freude, Angst, Liebe) durch zunehmend stilisierte Figuren wiedergegeben wurden. Erst viele Jahrhunderte danach entstanden aus Wortbildschriften, die teilweise heute noch nicht ausgestorben sind, z. B. in China, zunächst Silbenschriften. Die Hochsprache der Chinesen besteht aus fast 50 000 Wortzeichen.

Die bedeutendste Schrift mit noch sehr bildhaftem Charakter, die sich aus einer reinen Bilderschrift entwickelte, schrieb man im alten Ägypten. Wir nennen sie **Hieroglyphen** (hieraticos = heilig). Göttergestalten in Tier- und Menschenform stehen neben abstrakten Lautzeichen. Die Hieroglyphen werden als der älteste direkte Vorfahre unserer heutigen Schriften angesehen.
Im Lauf der Jahrhunderte wandelten sich die Schriftzeichen. Die Völker in Vorderasien schufen im 13. Jahrhundert v. Chr. die semitischen, später

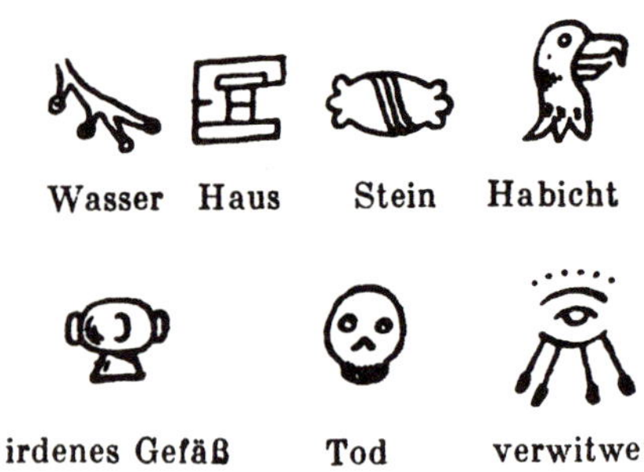

Bild 80.1. Wortbildzeichen der Azteken.

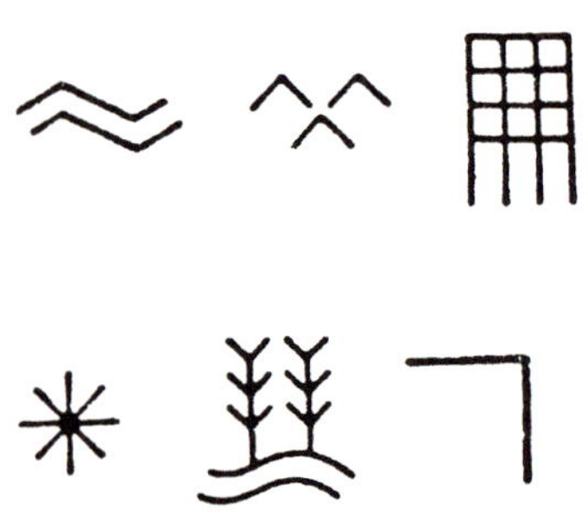

Bild 80.2. Bilderschrift oder Ideogramme um 5000 v. Chr.: Wasser – Berg – Netz – Stern, Himmel, Gott – Obstgarten – Gleichgewicht.

Bild 80.3. Altchinesische Ideogramme: Baum, Holz – Reis, Körner – Wasser, Flußlauf – ein vom Felsen abgehauener Stein – Blume (Wurzel, Boden, Halm und Blüten) – Morgendämmerung (Sonne über dem Horizont) – Abend (Vogel auf dem Nest).

それ神わ其
腸ほごに世
此わ丹て彼
と無じて永

蓋上帝以獨
之者免沈淪、
如此。

Bild 80.4. Links japanische, rechts chinesische Schriftzeichen.

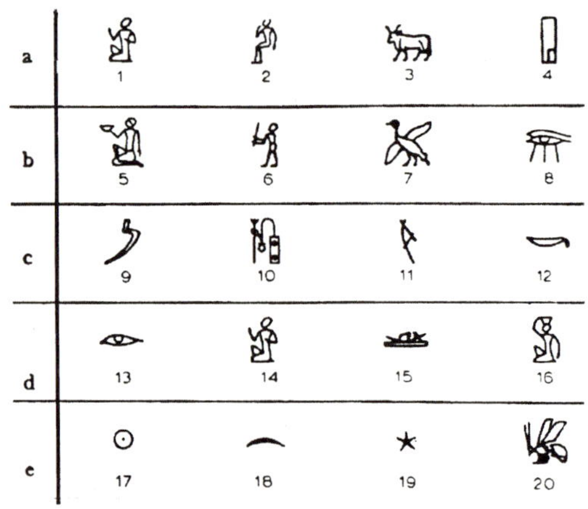

Bild 80.5. Hieroglyphisches Begriffszeichen.
a) Konkreta: Mann, Kind, Rind, Haus;
b) und c) Verben: trinken, schlagen, fliegen, weinen, mähen, schreiben, hacken, schneiden;
d) Zeichen für Substantive werden auf verbale Bedeutungen übertragen: Auge und sehen, Mann und sitzen, Schiff und fahren, Last und tragen,
e) Zeichen für Konkreta werden metaphorisch zur Darstellung von Abstrakta verwandt: Sonne für Tag, Mond für Monat, Stern für Stunde, Biene für Arbeit.

Bild 80.6. Hieroglyphen der Ägypter.

Bild 81.1. Alphabete aus dem 6. bis 3. Jahrhundert v. Chr. Oben phönizisch, Mitte griechisch, unten römisch.

die hebräischen Schriftfiguren. Die Phönizier, ein Seefahrer- und Handelsvolk, übernahmen diese Zeichen, wandelten sie um und brachten sie nach Südeuropa. Hier hatten die Griechen die am höchsten entwickelte Kultur. Etwa um 600 v. Chr. formte sich aus phönizischen Schriftzeichen das **griechische Alphabet.** Die Leistung der Griechen bestand vor allem darin, daß sie aus einer Fülle verschiedener Schriftfiguren nur 24 Zeichen bildeten, die völlig genügten, um jeden Text wiederzugeben.

Unser heutiges deutsches Alphabet hat bekanntlich 26 Buchstaben, hinzu kommen noch ebenso viele Versalien sowie Umlaute und Akzente. Zur Zeit der alten Griechen setzte sich die Rechtsläufigkeit der europäischen Schriften durch. Semitische und arabische Schriften verlaufen umgekehrt: von rechts nach links; Chinesen und Japaner haben teilweise immer

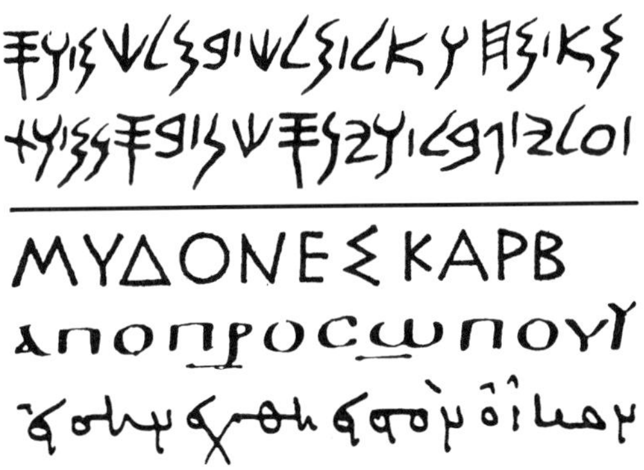

Bild 81.2. Oben: Phönizische Alphabetschrift (13. Jahrh.v. Chr.). Unten: Griechische Schriften. 1. Capitalis, 2. Uncialis (Buchschrift), 3. Minuskelschrift.

Α Β Γ Δ Ε Ζ Η Θ Ι Κ
Λ Μ Ν Ξ Ο Π Ρ Σ Τ
Υ Φ Χ Ψ Ω

Bild 81.3. Die 24 Formen des griechischen Alphabetes.

noch den vertikalen (senkrechten) Schriftblock. Die Griechen kannten eine Zeitlang sogar den wechselnden Schriftverkehr (eine Zeile von links nach rechts, eine von rechts nach links). Die westgriechischen Schriftzeichen sind unmittelbare Vorfahren unserer heutigen lateinischen Buchstaben in Europa. Das erkennen wir an der starken Ähnlichkeit. Aus der ostgriechischen Schrift entstand das kyrillische (russische) Alphabet. Auch hier ist die enge Verwandtschaft unverkennbar.

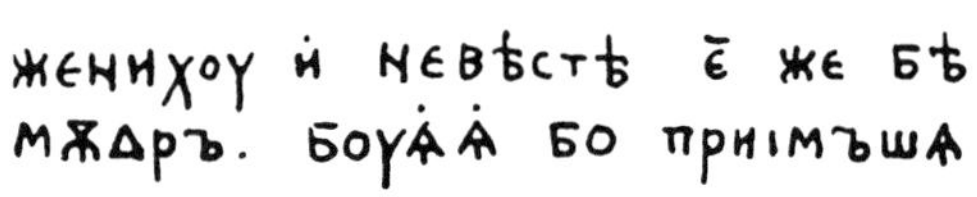

Выставка в Москве, Ленинг

Строение и динамика темнохв

Доклады Всесоюзнои ордена Ленин

Bild 81.4. Oben: Frühe kyrillische Schrift. Darunter: Heutige kyrillische Schriften.

▼

1. Worin besteht der Unterschied zwischen Piktografie und Ideografie?
2. Welcher Kulturkreis bildet den Ursprung für die europäische Schriftenentwicklung?
3. Welche Bedeutung hatten die Phönizier und die Griechen für die Weiterentwicklung der Schrift?
4. Wie entstand die kyrillische Schrift?
5. Klären Sie den Begriff Lapidarschrift!

Die Römer, ein Volk von hohem kulturellem Rang, übernahmen die griechischen Schriftformen und entwickelten nach und nach verschiedene Ausprägungen römischer Schrift. Zunächst wurde die Schrift für steinerne Monumente verwendet; Hammer und Meißel prägten die typische Form der römischen **Capitalis Monumentalis.** Die Formen veränderten sich ein wenig, als man begann, Buchstaben mit der Gänsefeder auf Papyrus (in Streifen übereinandergepreßtes Mark der Papyruspflanze) zu schreiben. Grundlage für die Buchstabenformen war das Quadrat, und so wurde der Name **Capitalis Quadrata** geprägt. Im Laufe der Zeit wurde die Quadratform nicht mehr

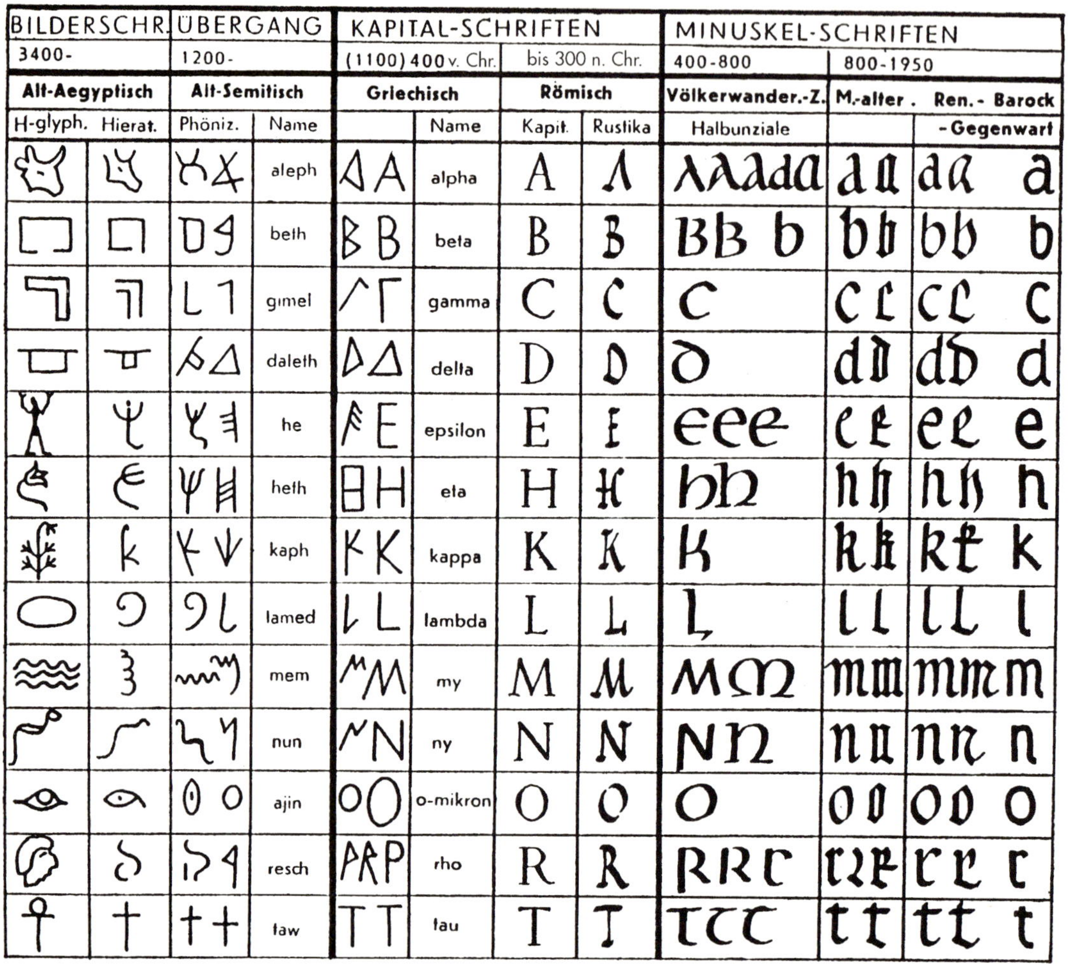

Bild 82.1. Formenwandlung der Buchstaben von der Bilderschrift bis zu den Minuskelschriften der Gegenwart.

so streng beachtet wie am Anfang; verächtlich nannte man die auf dem schmalen Rechteck fußende Form „rusticus“ (bäurisch), und so entstand die **Capitalis Rustica.**

Bild 82.2. Capitalis Monumentalis.

Bild 82.3. Capitalis Quadrata.

Die vornehmen Römer, sofern sie schreibkundige Sklaven hatten oder selber schreiben konnten, pflegten für schnelle Mitteilungen Wachstafeln zu verwenden, die mit einem Stilus (Griffel) beschriftet wurden. Die Schriftzeichen wurden hineingraviert und durch Glätten der Wachsschicht wieder entfernt. Schreibtechnik und Schreibwerkzeug ließen eine flüchtige Schreibschrift entstehen, die unter dem Namen **Cursiva** bekannt wurde.

Etwa 300 Jahre später bildete sich eine runde Form der römischen Schrift heraus: die **Uncialis.** Um 600 entwickelte sich die Schrift zur Mehrstufigkeit (Aufteilung in Ober-, Mittel- und Unterlängen). Die **Semiuncialis** (Halb-Uncialis) entstand. Die verschiedenen Völker und Stämme im westeuropäischen Raum (Westgoten, Merowinger, Iren, Langobarden, Beneventaner, Angelsachsen) übernahmen die Schriftformen der ehemaligen römischen Besatzungsmacht. Sie sprachen verschiedene Sprachen und entwickelten im Lauf von 200 Jahren neue Schriftformen, die zwar den gleichen Ursprung erkennen lassen, aber doch in Details stark voneinander abweichen. Es sind die **Nationalschriften.**

Im Jahr 800 wurde Karl der Große im Dom zu Aachen zum Kaiser gekrönt. Er beherrschte ein riesiges Reich, ein „vereintes Europa". In seinem Reich gab es nicht nur mehrere Sprachen und Dialekte, sondern auch unterschiedliche Schriften. Karl der Große, auch Carolus Magnus genannt, beauftragte den schriftkundigen Mönch Alkuin, eine einheitliche Schrift zu schaffen, die in seinem ganzen Reich, von der Lombardei bis Britannien, gelten sollte. Alkuin wurde zum ersten Schriftkünstler, denn er entwarf eine Schrift im Auftrag des Kaisers, die überall eingeführt wurde und die Nationalschriften ablöste. Es war die **Karolingische Minuskel,** eine nur aus Kleinbuchstaben bestehende Schreibschrift.

▼

1. Begründen Sie, warum die Erfindung des Alphabets von großer Wichtigkeit für die Weitergabe von Informationen war!
2. Woher stammt die Bezeichnung „Alphabet"?
3. Wie heißen die Schriften der Römer? Wie unterscheiden sie sich?
4. Was versteht man unter Majuskel- bzw. Minuskelschriften?
5. Wie entstand die Karolingische Minuskel, welche Bedeutung hatte sie für die folgende Schriftentwicklung?
6. Für welchen Zweck verwendeten die Römer a) die Monumentalis und b) die Quadrata?
7. Welche Bedeutung hatte die Semiuncialis?
8. Nennen Sie einige Nationalschriften!

Bild 83.1. Capitalis Rustica.

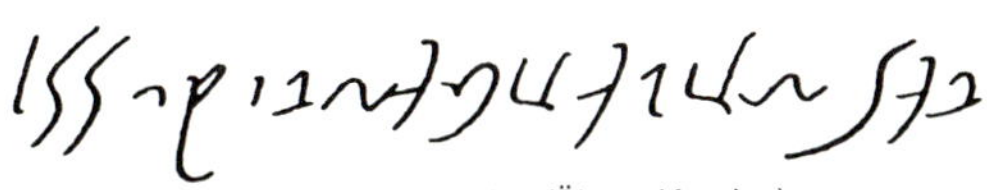

Bild 83.2. Verkehrsschrift Cursiva (Ältere Kursive).

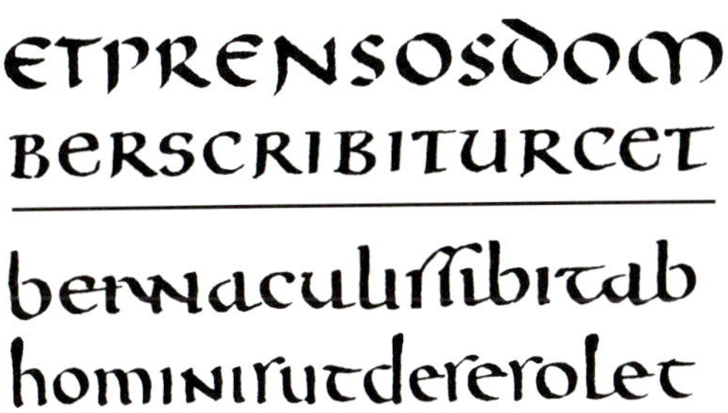

Bild 83.3. Oben Uncialis, darunter Semiuncialis.

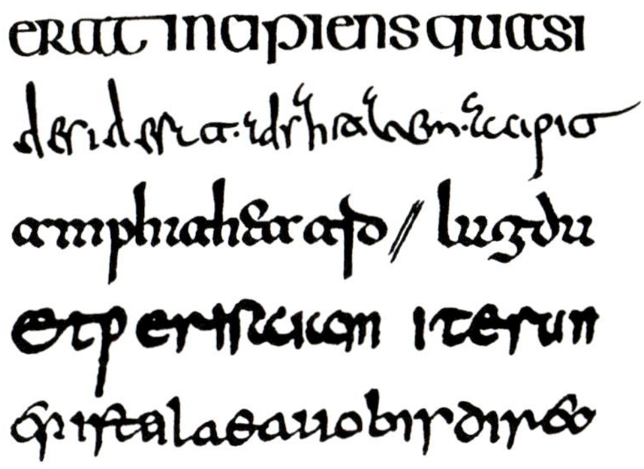

Bild 83.4. Nationalschriften: 1. Irische Schrift, 2. Westgotische Schrift, 3. Beneventanische Schrift, 4. Merowingische Schrift, 5. Angelsächsische Spitzschrift.

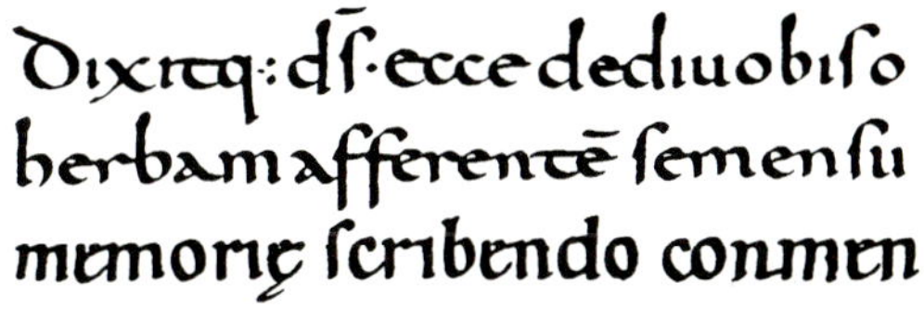

Bild 83.5. Karolingische Minuskel.

4.2 Geschichte der Druckschriften

Die Weitergabe von Informationen durch geschriebene Mitteilungen war nur in begrenztem Umfang möglich. Dekoratives Schreiben war zeitaufwendig. Meistens waren es Urkunden und vor allem großformatige Bibeln für die Klöster, die durch Buchmalerei zusätzlich ausgeschmückt wurden. Erst die Erfindung der Drucktechnik und die Verwendung beweglicher und immer wieder verwendbarer Drucktypen leitete einen gewaltigen Informationsfluß ein. Als im 15. Jahrhundert (rund 600 Jahre nach Karl dem Großen) die ersten Bücher gedruckt wurden, bedienten sich die Drucker der handgeschriebenen Vorlagen, die ihnen bekannt waren. Die Karolingische Minuskel gab es nicht mehr. Zwei nachfolgende Schriftformen hatten sich herausgebildet: im Norden, also im deutschen Raum, eine gebrochene, hochstrebende Schrift, die **Gotische Minuskel,** südlich der Alpen jedoch eine gerundete, weniger strenge Form, die **Humanistische Minuskel.** Die ersten Drucker verwendeten kunstvoll geschnittene Holzplatten, bis Johannes Gutenberg in Mainz im Jahr 1440 die erste Bibel mit den von ihm erfundenen gegossenen Lettern druckte. Er goß seine Drucktypen nach einer besonders schön geschriebenen gotischen Form, der **Textura,** die auch von anderen Druckern während der ganzen Frühdruckzeit (bis 1500) noch häufig verwendet wurde. In den nächsten Jahrhunderten – parallel zur Entwicklung der Baustile – nahm die Schrift zunehmend rundere Formen an. In Südeuropa entstand die **Rotunda,** später Rundgotisch

Bild 84.1. Baukunst und Schriftentwicklung von den Griechen und Römern bis zum 11. Jh. n. Chr.

genannt, in Süddeutschland die breite, gefällige **Schwabacher.** Die strenge klösterliche Lebensart war abgelöst worden durch derbes, fröhliches, bäuerliches Leben. Das zeigte sich auch in der Schriftentwicklung. Später verfeinerten sich die Schriftzeichen zu einer eleganteren, verschnörkelten Form, zur **Fraktur,** mit Schwellzügen und Flammenformen. Es war die Zeit der höfischen Feste.

Die **Humanistische Minuskel,** zunächst im romanischen Raum beheimatet, machte ebenfalls eine eigene Entwicklung durch und breitete sich auch in Deutschland aus. Um 1500, zur Zeit der Renaissance, entstand die **Renaissance-Antiqua,** zunächst in einer venezianischen Form (in Venedig), später in einer französischen Form (in Paris). Bemerkenswert ist in diesem Zusammenhang, daß etwa zur gleichen Zeit neben dem Alphabet aus Kleinbuchstaben (Minuskel, Gemeine) auch Großbuchstaben (Majuskeln, Versalien) verwendet wurden. Man benutzte die Kleinbuchstabenschrift Humanistische Minuskel, die in Buchstabenform und Duktus der Karolingischen Minuskel entspricht.

Zur Zeit des Barock wandelten sich die Schriftformen, die Schrägungen wurden flacher, die Schrägachse wurde senkrechter; die Entwicklung führte zur **Barock-Antiqua.** Im 18. Jahrhundert, zur Zeit des Klassizismus, waren rechtwinklige Formen mit großen Unterschieden zwischen den Waagerechten und Senkrechten entstanden. So bildete sich die **Klassizistische Antiqua.** Der rechtwinklige Aufbau wurde auch im 19. Jahrhundert sowohl bei der **Serifenbetonten Linear-Antiqua** (Egyptienne), einer Schrift mit Senkrechten und Waagerechten von gleicher Stärke, als auch bei der **Serifenlosen Linear-Antiqua** (Grotesk) beibehalten, die gar keine Serifen mehr aufweist.

Außer Egyptienne und Grotesk gab es im 19. Jahrhundert keine wesentlichen Neuschöpfungen. Im Gegenteil: Ein „Schriftverfall" setzte ein, bedingt durch die Einführung neuer Techniken (Steindruck, Kupferstich) sowie durch die Änderung der Schreibweise (Abschaffung der Gänsekielfeder und Einführung der dünnen Stahlfeder). Manche Künstler verloren die Beziehung zur Schrift und behandelten sie laienhaft.

Bild 85.1. Baukunst und Schriftentwicklung vom 14. Jh. n. Chr. bis zur Gegenwart.

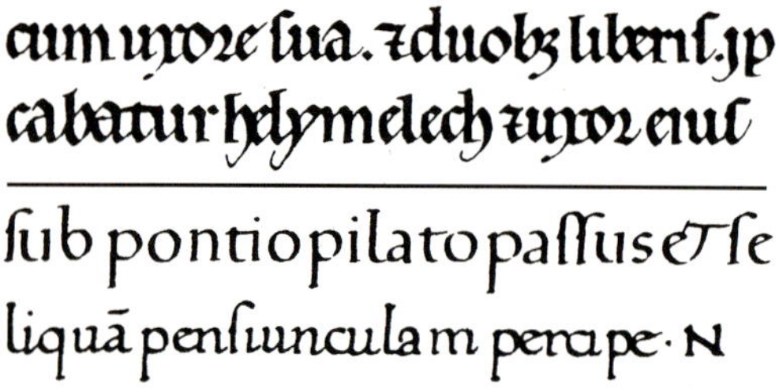

Bild 86.1. Nachfolgeschriften der Karolingischen Minuskel: oben Gotische Minuskel, unten Humanistische Minuskel.

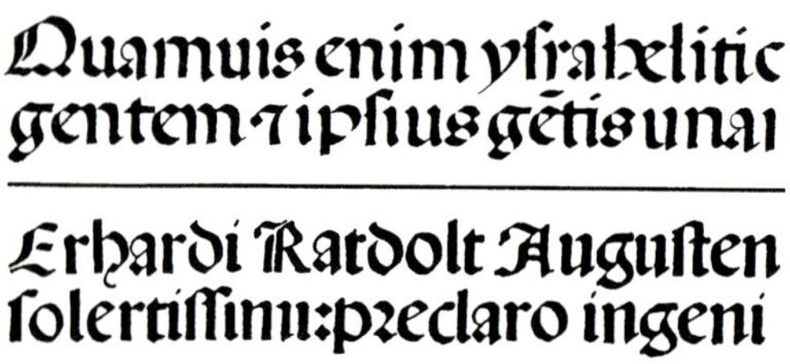

Bild 86.2. Rotunda. Oben handschriftliche Vorlage, unten Druckschrift.

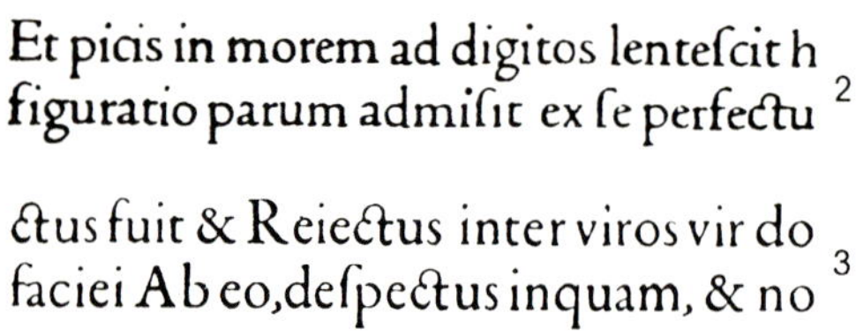

Bild 86.3. 2. Venezianische Renaissance-Antiqua (Jenson), 3. Französische Renaissance-Antiqua (Garamond).

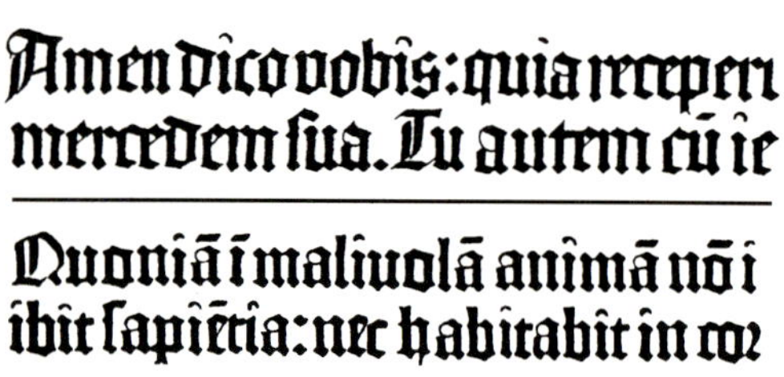

Bild 86.4. Textura. Oben handschriftliche Vorlage, unten Druckschrift der 42zeiligen Gutenberg-Bibel.

Bild 86.5. Schwabacher (Ende des 15. Jahrhunderts).

Bild 86.6. Entwicklung der Fraktur:
1. Gebetbuch Maximilians von Schönsperger (1513),
2. Theuerdank (1517),
3. Fraktur von Feyerabend (1566),
4. Barock-Fraktur Breitkopfs,
5. Klassizistische Fraktur (Unger),
6. Moderne Fraktur (Gilgenart von Hermann Zapf, 1938).

Bild 86.7.
1. Barock-Antiqua (Baskerville),
2. Klassizistische Antiqua (Bodoni),
3. Egyptienne (1840),
4. Grotesk (1842).

Bild 86.8. Schriftenvielfalt im 19. Jahrhundert.

Gegen Ende des vorigen Jahrhunderts kam es zu Schriftreformen durch Rückbesinnung auf die alten Schriftformen der Renaissance, zunächst in England, später auch in Deutschland. Berühmt gewordene „Pressen“ lieferten hervorragende Drucke, auch in der Buchgestaltung wurden neue Wege beschritten. Verleger und Künstler gründeten und gestalteten eine Anzahl bedeutender Zeitschriften völlig neu, wie beispielsweise „Münchener Jugend“, „Die Insel“ und „Simplizissimus“. Daneben gab es den Trend zur „Neuen Buchkunst“, einer zur Sachlichkeit und Nüchternheit neigenden Typografie.

Neue Impulse brachte der Jugendstil um 1900. Die erste Pinselschrift entstand. Um 1930 führte der Einfluß des Bauhauses, einer berühmten Kunstschule, zur „Elementaren Typografie“. Die Schriftzeichen leiteten sich von den geometrischen Grundfiguren ab. So entstanden klare, schöne und zweckmäßige Formen, die in vielen modernen serifenlosen Schriften unserer Zeit ihre Nachahmer gefunden haben.

Ein Geheimnis feſſelt uns gleich an ſie.
Das iſt ihre Macht. Ohne dieſes Geheimnis

In ein freundliches Städtchen tret' ich
In den Straßen liegt roter Abendſchein

Kritische Betrachtungen über die
Autochrom-Verfahrens für das

Man ſollte eigentlich immer
ſen, was man bewundert.

Eine Idee ist darum noch nicht
jemand sich dafür geopfert hat.

Städtische Kunstgewerbeschu
Erinnerungen aus Rembrandts

Vom Eiſe befreit ſind Strom und
Durch des Frühlings holden, bele

Bild 87.1. Schriftenbeispiele von 1900 bis 1920: Eckmann, Behrens, Christiansen, Jessen, Bernhard, Kleukens, Tiemann.

Nach der Schließung des Bauhauses 1933 wurden zunächst die gebrochenen Schriften gepflegt, später aber abgelehnt zugunsten der Antiqua-Schriften. Nach dem 2. Weltkrieg entstanden viele verschiedenartige Schriftformen, die sich häufig an den historischen Vorbildern orientierten. In den sechziger Jahren wurde das Schriftschaffen durch das starke Vordringen der Fotosatztechnik beeinflußt. Sachlichkeit und Vielfalt herrschen heute vor, aber es gibt auch sogenannte Computerschriften.

Das gut gestaltete Druck-Erzeugn
nicht selbstverständlich. So wie be

Das gut gestaltete Druck-Erzeugnis ist
selbstverständlich. So wie bei der He

Das gut gestaltete Druck-Erzeugnis
nicht selbstverständlich. So wie bei

Das gut gestaltete Druck-Erzeugn
nicht selbstverständlich. So wie

Bild 87.2. Schriften für die „Elementare Typografie“: Akzidenz-Grotesk der Berthold AG 1898, Erbar-Grotesk 1926, Futura von Renner 1928, Neuzeit-Grotesk von Pischner 1928.

▼

1. Welche Schrift benutzte Gutenberg für seine ersten Drucke mit beweglichen Lettern?
2. Unterteilen Sie die abendländischen Schriften von der Capitalis Monumentalis bis zur Serifenlosen Linear-Antiqua in a) Minuskelschriften, b) Majuskelschriften, c) Schriften aus kleinen und großen Buchstaben!
3. Ordnen Sie in der Reihenfolge der Entstehung: Klassizistische Antiqua, Renaissance-Antiqua, Serifenlose Linear-Antiqua, Barock-Antiqua!
4. Welche Kunstrichtungen haben im 19. und 20. Jahrhundert das Schriftschaffen beeinflußt?
5. Warum werden in unserer Zeit die Antiquaschriften viel häufiger verwendet als die gebrochenen Schriften?
6. Welche Baustilepochen begleiten die Schriftentwicklung bis zur Gegenwart?
7. Wann entstanden die Antiquabuchstaben?

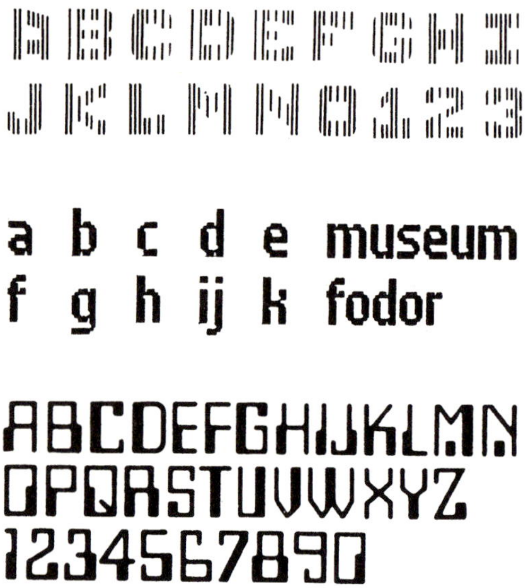

Bild 88.1. Durch technische Systeme beeinflußte Schriften.

Neue Entwicklungen. Programme und Geräte machen es heute möglich, daß jeder Bediener eines Personal Computers mit geringem Kapitaleinsatz auch seine eigene Schrift entwerfen kann. Mit Hilfe eines Programms, wie beispielsweise Fontastic, Fontographer, Metafont, Typefounder, Ikarus M, Letrafont oder Streamline, können auch Schriftunkundige neue Schriften gestalten. Die zur Zeit etwa 8000 verfügbaren Schriften für das Electronic Publishing enthalten eine Menge schlecht gemachter Neuentwicklungen. So werden durch Kopieren oder Drehen von Zeichen und Zeichenelementen schnell neue Schriften entwickelt. Der Buchstabe »d« beispielsweise wird gedreht, und schon hat man das »p«. Nicht nur dies, es gibt auch immer mehr Schriften, die durch ihr seltsames Aussehen Aufmerksamkeit erregen – für eine Überschrift zum Beispiel –, aber denkbar ungeeignet sind für das Lesen längerer Texte.

Die Lesbarkeit einer Schrift hängt von unterschiedlichen Faktoren ab, beispielsweise vom Verhältnis zwischen Versalien und Mittellängen, Oberlängen und Unterlängen, der eindeutigen Erfaßbarkeit der einzelnen Zeichenformen sowie der Strichstärken und Abstände der Zeichen. Im Gegensatz zu Bleisatzschriften, bei denen jeder Schriftgrad andere Einzelformen und Proportionen aufweist, werden bei digital abgespeicherten Schriften meist alle Schriftgrade nur von einem Original hergestellt. Orientiert man sich beim Entwurf der Schrift an einem kleineren Schriftgrad, so entspricht die Form zwar optisch dem Original in der gleichen Größe. Wird aber die Schrift vergrößert, so bleiben die Proportionen und Formen unverändert und sind nicht mit den Schriftgraden vergleichbar, die wir aus dem Bleisatz kennen.

Für die Ausgabe niedrig auflösender Laserdrucker müssen Elemente der Zeichen verändert werden, da wenige Bildpunkte zur Verfügung stehen, um die Informationen zu visualisieren. Details wie feine Serifen gehen ansonsten verloren, besonders in kleinen Schriftgraden, und die Strichstärke wird unregelmäßig.

Um diese aufgezeigten Probleme zu mindern, verwendet man beispielsweise beim Type-1-Schriftenformat sogenannte Hints (deutsch: Hinweise). Type-1-Fonts sind Schriften, die mit der Seitenbeschreibungssprache PostScript hergestellt wurden. Diese Hints definieren die exakte Festlegung der einzelnen unterschiedlichen Buchstabenteile, sorgen für ausgeglichene Strichstärken und die Einhaltung einheitlicher Größen bei großen und kleinen Schriftgrößen, die über Interpolationen berechnet werden, und sie ermöglichen den korrekten Stand auf der Schriftlinie.

Die Type-3-Fonts sind in der Regel PostScript-Schriften ohne Hints. Sie wurden von Anwendern entwickelt, die keine PostScript-Lizenz besaßen. Das Schriftbild dieser Schriften wirkt vor allem bei der Ausgabe auf Laserdrucker fetter und unruhiger, die Zeichen haben unterschiedliche Strichstärken und »tanzen« auf der Schriftlinie, teilweise berühren sich Elemente der Zeichen.

Das TrueType-Schriftenformat wurde von den Firmen Apple und Microsoft entwickelt, mit einer anderen Form der Konturenbeschreibung. TrueType-Fonts sind ein Konkurrenzprodukt zu den PostScript-Schriften, den Type-1-Fonts und Type-3-Fonts.

Ein neu vorgestelltes Schriftenprogramm, basierend auf dem Type-1-Schriftenformat, erlaubt eine unbegrenzte Vielfalt von Schriftvariationen. Normalerweise umfaßt eine Schriftfamilie verschiedene Strichstärken, wie normal, halbfett, fett und extrafett, eine oder mehrere Breitenvarianten, wie schmal, breit, extrabreit, und zuweilen spezielle Schriftschnitte für bestimmte Schriftgrade. Die Benutzer sind deshalb in der Wahl auf die in der Schriftfamilie vorhandenen Schnitte eingeschränkt. Oder man ist gezwungen, bestehende Schnitte mittels Softwareprogramm zu verengen oder zu verbreitern, das heißt schmaler oder fetter zu machen. Derartige Modifikationen zerstören in der Regel die Formen und Proportionen der Zeichen.

Die Type 1-Multiple-Master-Fonts (Mehrfach-Musterschriften) ermöglichen dem Anwender, die Strichstärke, die Buchstabenbreite und den Stil einer Schrift auszuwählen und nach Bedarf anzupassen. In einem Entwurfsschema markieren beispielsweise Musterbuchstaben in den vier Ecken die Entwurfachsen; Musterbuchstaben mit den Schnitten schmalleicht, breitleicht, schmalfett und breitfett. Das Programm kann nun eine Vielzahl von Buchstabenbeispielen aus den Musterbuchstaben ableiten. Auch ist es möglich, sich in Schritten von einer Serifenlosen Linear-Antiqua einer Renaissance-Antiqua zu nähern.

Hier stellt sich die Frage, ob es sinnvoll ist, derartige Programme zu entwickeln und einzusetzen. Der Schriftenmarkt ist uferlos geworden, bei rapide sinkenden Preisen. Spezielle kostengünstige Programme erlauben es faktisch jedem, der einen Personal Computer besitzt, Schriften selbst herzustellen. Alle Einflußgrößen, die einmal für die Schriftherstellung galten, sind offensichtlich außer Kraft gesetzt.
Trotz aller negativen Auswirkungen ist das Bewußtsein für Schrift und typografische Kultur wieder geschärft worden. Und es werden auch Spitzenleistungen hervorgebracht. Stellvertretend für andere DTP-Typografen seien der Engländer Neville Brody, die Niederländer Erik van Blokland und Just van Rossum und der US-Amerikaner David Carson erwähnt, deren Gestaltungen und Schriftentwürfe international beachtet und auch nachgeahmt werden.

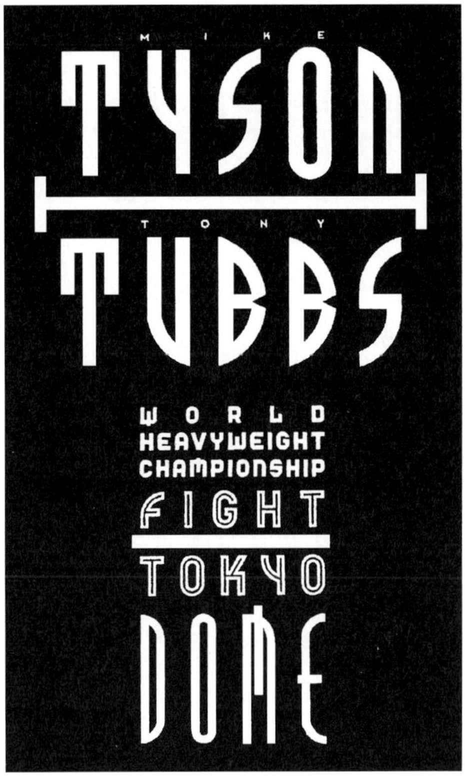

Bild 89.2. Plakatentwurf von Neville Brody.

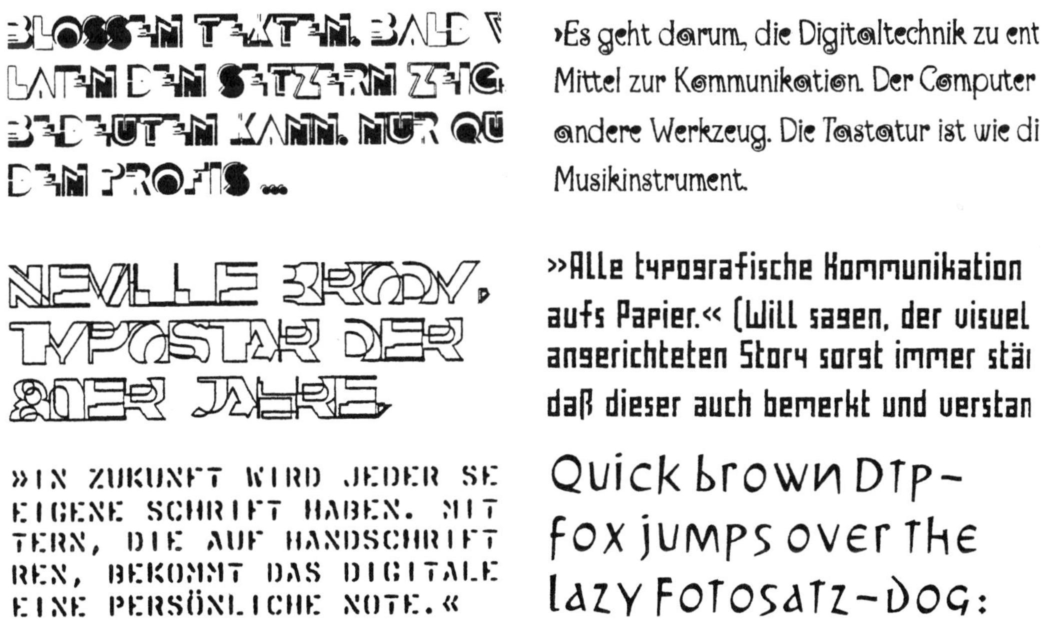

Bild 89.1. Negativbeispiele neuer Schriftentwicklungen.

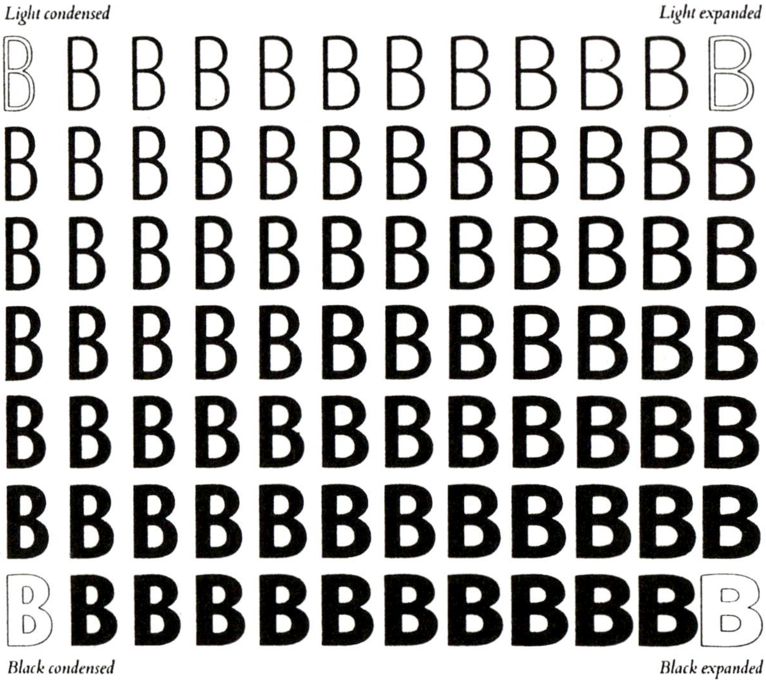

Bild 90.1. Beispiel für Mehrfach-Musterschriften mit den Musterbuchstaben an den Ecken.

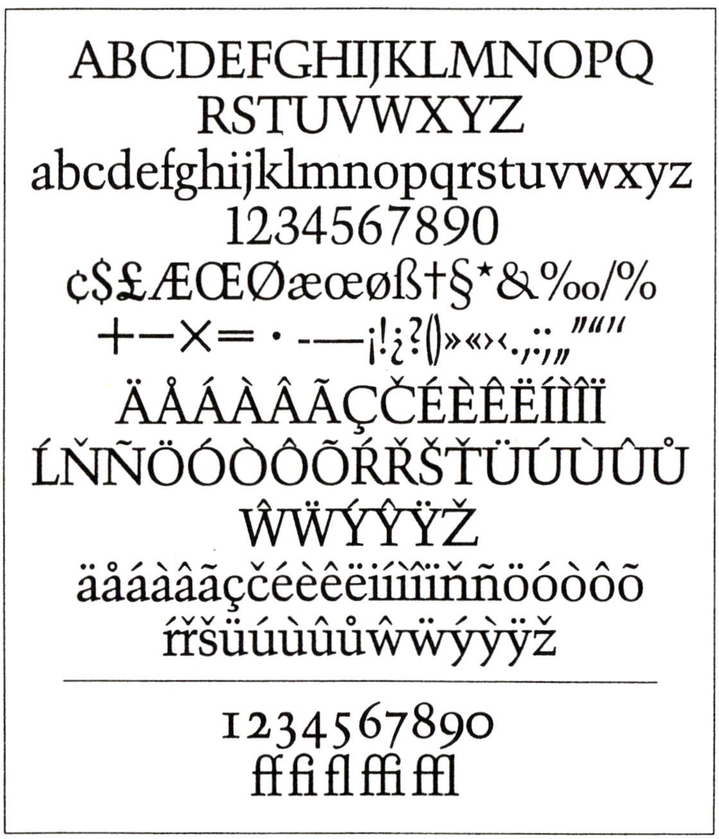

Bild 90.2. Figurenverzeichnis in Normalausstattung mit Mediävalziffern und Ligaturen (unten).

4.3 Schriftenklassifikation

Die Vielfalt der heute vorkommenden Schriften ist verwirrend und kaum zu überblicken. Schon früher hat man versucht, durch Einteilung der Schriften in bestimmte zusammengehörige Gruppen eine Ordnung in den Formenreichtum zu bekommen. Diese Gruppierung (Klassifikation) sah verständlicherweise in jedem Land anders aus.

In Deutschland herrschten bis weit in unser Jahrhundert hinein die gebrochenen Schriften vor, während sie in den anderssprachigen Nachbarländern nur wenig oder gar nicht Verwendung fanden. Aus Gründen der internationalen Zusammenarbeit und der Rationalität wurde eine Vereinheitlichung zumindest im mitteleuropäischen Raum angestrebt. Dabei bot sich gleichzeitig die Gelegenheit, falsche Bezeichnungen, oft durch jahrhundertelange Gewohnheit geprägt, abzuschaffen und durch richtige zu ersetzen. So wurde z. B. die Renaissance-Antiqua Mediäval (mediaeval = mittelalterlich) genannt, obwohl sie keineswegs aus dem Mittelalter stammt.

Im August 1964 wurde vom Deutschen Institut für Normung (DIN) ein Normblatt veröffentlicht, in dem alle vorkommenden Druckschriften nach ihren jeweiligen Merkmalen in elf Gruppen zugeordnet werden. Jede Schrift kann einer solchen Gruppe zugeordnet werden, wenn sie die entsprechenden charakteristischen Merkmale aufweist. Das bedeutet jedoch nicht, daß sie tatsächlich aus früherer Zeit, etwa Renaissance, Barock oder Klassizismus, stammen muß.

Gruppe I: **Venezianische Renaissance-Antiqua**

Schneidler
Deepdene
Horley Old Style
Jersey
Kennerley
Seneca
Berkeley Old Style
Weidemann

Gruppe II: **Französische Renaissance-Antiqua**

Garamond
Trump-Mediäval
Weiß-Antiqua
Palatino
Sabon-Antiqua
Bembo
Berling
Aldus-Buchschrift
Plantin
Original-Century
Goudy Old Style
Ehrhardt

Gruppe III: **Barock-Antiqua**

Baskerville
Janson-Antiqua
Caslon
Imprimatur
Times New Roman
Diethelm-Antiqua
Century ATF
Concorde
Tiffany
Perpetua

Gruppe IV:
Klassizistische Antiqua

Bodoni-Antiqua
Walbaum
Caledonia
Augustea
Zapf Book
Simone
Fenice
Madison
Torino
Modern No. 20

Gruppe V:
Serifenbetonte Linear-Antiqua

Candida
Melior
Beton
Memphis
HIDALGO
Rockwell
Clarendon
Antiqua 505
Schadow
Volta
Egizio
Impressum
Typewriter
Serifa
Lubalin Graph
Alexandria

Gruppe VI:
Serifenlose Linear-Antiqua

Akzidenz-Grotesk
Futura
Helvetica
Folio
Neuzeit-Grotesk
Frutiger 45
Antique Olive
AG Buch Rounded
Aurora-Grotesk
Venus
Optima
Univers 55
Gill Sans
Berthold-Grotesk
Kabel
AG Schulbuch
Avant Garde
Syntax
Franklin Gothic
Formata

Gruppe VII: **Antiqua-Varianten**

Sorbonne
LARGO
Korinna
Latin
FORUM II

MADAME
Mainorm
Newtext
CASTOR
MEXICO OLYMPIC

Souvenir
Vienna
Quorum
Herold Reklameschrift
Churchward Design
Broadway

Gruppe IX: **Handschriftliche Antiqua**

Post-Antiqua
Lydian
Manessa
Polka

Ondine
Time-Script
Berliner Grotesk
Goudy Mediäval

Delphin
Hammer-Unziale
Kursivschrift
Churchward Brush

Gruppe VIII: **Schreibschriften**

Catull
Diskus
Ahuld
El Greco
Arkona
Daphne

Palette
Champion
Bison
Contact
Impuls
Stop 2

Links:
Wechselzugschriften
mit Breitfederduktus
Rechts:
Pinselzugschriften

Schreibschrift
Poppl Exquisit
Ariston
Boulevard
Arabella
Bernhard-Schönschrift

ISO 3098
Benguiat Gothic
Poppl-College 2
Schüller
Signal
Graphik
Flott

Links:
Schwellzugschriften
mit Spitzfederduktus
Rechts:
Schnurzugschriften
mit Rundfederduktus

Gruppe X: **Gebrochene Schriften**

Untergruppe a: Gotisch

Manuskript-Gotisch

Tiemann-Gotisch

Maximilian

Gotenburg

Wilhelm-Klingspor-Gotisch

Weiß-Gotisch

Caslon-Gotisch

Trump-Deutsch

Deutsche Anzeigenschrift

Tannenberg

Fette Gotisch

Chronika fett

JESSEN Schriftform

Untergruppe b: Rundgotisch

Wallau halbfett

Weiß-Rundgotisch

Untergruppe c: Schwabacher

Alte Schwabacher

Alt-Schwabacher

Ehmcke-Schwabacher

Renata Schwabacher

Nürnberger Schwabacher

Untergruppe d: Fraktur

Walbaum-Fraktur

Unger-Fraktur

Zentenar-Fraktur

Fette Kanzlei

Fette Fraktur

Breitkopf-Fraktur

Luthersche Fraktur

Gilgengart

Bayreuth

Fichte-Fraktur

Ehmcke-Fraktur

Weiß-Fraktur

Seit dem Zeitalter der Gotik wurden in Deutschland vorwiegend gebrochene Schriften verwendet, und zwar sowohl als Schreib- und als Druckschriften. Bücher, Zeitungen und Zeitschriften bis etwa zum Jahre 1940 legen von dieser Vorliebe Zeugnis ab. Anfang 1941 ließ Hitler durch Führerbefehl die Frakturschriften zu „undeutschen" Schriften erklären. Sie hatten – sehr zum Erstaunen der Fachleute – als „Judenlettern" zu gelten. Von diesem Schlag haben sich die gebrochenen Schriften nicht wieder erholt, zumal nach dem 2. Weltkrieg sich der Trend zur lateinischen Schrift noch verstärkte. Alle Wiederbelebungsversuche sind gescheitert. Heute werden gebrochene Schriften kaum noch verwendet.

Untergruppe e: Fraktur-Varianten

Rhapsodie

Poppl-Fraktur

Breda=Gotiſch

London Text

Deutſche Werkſchrift

Thannhaeuſer

Claudius Fraktur

Poſt=Fraktur

Humboldt=Fraktur

Breite Kanzlei

Gruppe XI: **Fremde Schriften**

能增進健康也德國各

Chinesisch

イ木曾路ノ旋ニ出デ

Japanisch

Платон не слишком

Russisch

ךָיו׳ יוֹסִיף לְהִתְרַחֵק מִמֶּנּוּ׳ כִּי רַבִּים

Hebräisch

ὁρᾶτε, καὶ μὴ ἐν ἑνὶ ἀνδρὶ πολλῶν
ΟΙ ΜΕΝ ΠΟΛΛΟΙ ΤΩΝ ΕΝΘ

Griechisch

இயந்திரத்தில் மாதிரி

Tamil (Südindien)

Schriftenklassifikation in anderen Ländern

Gruppe	England	Frankreich	Holland	Italien
I	Humanians	Humanes	Humanen	Veneziani
II	Geraldians	Geraldes	Garalden	Garaldus
III	Transitional	Romana de transición	Realen	Transizionali
IV	Modern Face	Didones	Didonen	Bodoniani
V	Mechanistic	Mecanes	Mekanen	Egiziani
VI	Lineal	Linéale	Linearen	Lineare
VII	Incesed letters	Incises	Incisen	Fantasie
VIII	Scripts	Scripts	Scripten	Scritto
IX	Manual	Manuaire	Manuaren	Fantasie medioevale
Xa	Black-Letter	Gothique Textura	Gothique	Gotico Textura
Xb	-	-	-	-
Xc	-	-	-	-
Xd	Fraktur German Type	Fraktur	Fraktur	Carattere gotico fraktur
Xe	-	-	-	-
XI	-	-	-	-
Kursive	Italic	Italique	Cursief	Corsiva

Unterscheidungsmerkmale

Gruppe	Dachansatz	Serifen	Grund- und Haarstriche	Symmetrie-Achse	Querstrich des e
I	schräg	flacher Übergang	schwacher Unterschied	stark nach links geneigt	schräg
II	schräg	flacher Übergang	stark ausgeprägt	stark nach links geneigt	waagerecht
III	schräg flacher	flacher Übergang	deutlicher Unterschied	fast senkrecht	waagerecht
IV	waagerecht	waagerecht	deutlicher Unterschied	senkrecht	waagerecht
V	waagerecht stark betont	stark betont	fast gleich	senkrecht	waagerecht
VI	fehlt	fehlen	fast gleich	senkrecht	waagerecht

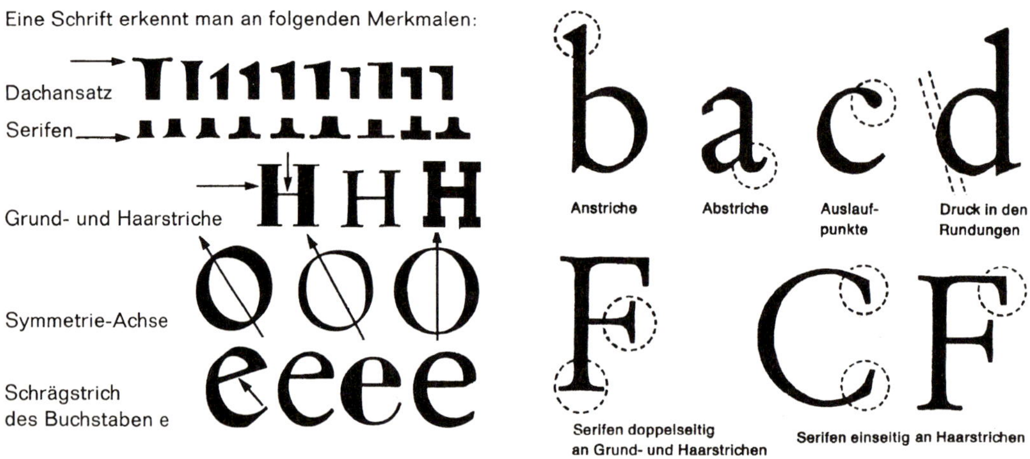

Bild 96.1. Einzelmerkmale zu Buchstaben.

Bild 96.2. Die Schriftfamilie Helvetica, aber von zwei Schriftenherstellern.

▼

1. Wodurch unterscheidet sich die französische von der Venezianischen Renaissance-Antiqua?
2. Woran erkennt man Schriften der Gruppe IV?
3. In welchen Ländern wird mit kyrillischen Buchstaben gedruckt?
4. Welche Schriftgruppe steht in der geschichtlichen Entwicklung wie im Aussehen zwischen Renaissance-Antiqua und Klassizistischer Antiqua?
5. Auf welche Schriftgruppe trifft folgende Beschreibung zu: annähernd gleiche Strichstärke, keine Serifen?
6. Was versteht man unter einer Schriftgruppe?
7. Was versteht man unter einer Schriftfamilie?
8. Vergleichen Sie in einem Schriftmusterbuch die Buchstabenform des kleinen g bei verschiedenen Schriften!
9. Was versteht man unter einem Figurenverzeichnis?
10. Bestimmen Sie folgende abgebildete Schriften: Welcher Schriftgruppe der Klassifikation sind sie zuzuordnen? Wie ist ihr Schriftname?

Die Geschichte des Holzschnittes

Riemenschneider in den Kirchen

Gemälde Ausstellung von Martini

SINFONIEN VON HAYDN

Sven Hedins bedeutendes Buch

Privatbank Handel und Gewerbe

Johann Wolfgang von Goethe

Theodor Fontanes Brandenburg

Eine große Anzahl von Bildern

ΑΒΓΔΕαβγδεζ

Die frühmittelalterliche Porträt

Reiseberichte aus Amerika

des Tauernkraftwerks Kaprun

Herbstkonzert des Musikvereins

Ernst macht das Leben

Bild 97.1. Schriftkünstler:

1. Johannes Gutenberg (1397–1468) Mainz.
2. Aldus Manutius (1449–1515) Venedig.
3. Claude Garamond (1480–1561) Paris.
4. Christophe Plantin (1520–1589) Antwerpen.
5. William Caslon (1692–1766) London.
6. John Baskerville (1706–1775) Birmingham.
7. Johann Gottlob Immanuel Breitkopf (1719–1794) Leipzig.
8. Johann Friedrich Unger (1753–1804) Berlin.
9. Giambattista Bodoni (1740–1813) Parma.
10. William Morris (1834–1896) London

5 Satztechnik

Texte, die gedruckt werden sollen, werden durch verschiedene Setzverfahren zu Kopiervorlagen oder Druckformen umgewandelt. Geeignete Setzverfahren sind der heute schon weitgehend verdrängte Bleisatz und Fotosatz sowie das aktuelle Electronic Publishing.

5.1 Typografische Maßsysteme

Der typografische Punkt (p), als Basiseinheit des typografischen Maßsystems, darf nach der Ausführungsverordnung zum Gesetz über Einheiten im Meßwesen vom 26. Juni 1970 für satztechnische Längenangaben im Druckereigewerbe im geschäftlichen und amtlichen Verkehr seit 31. Dezember 1977 nicht mehr verwendet werden. Zur innerbetrieblichen Verständigung allerdings wird er - der Ausführungsverordnung entsprechend - geduldet.

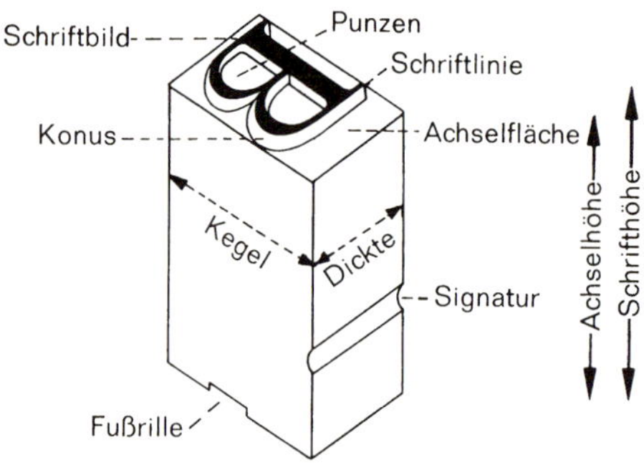

Bild 98.1. Drucktype (Letter) mit Benennungen.

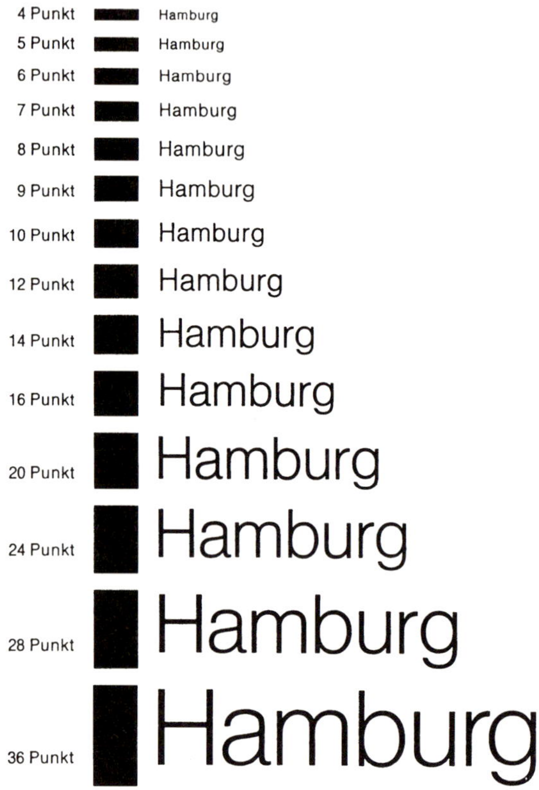

Bild 98.2. Schriftgrade von 4 p bis 36 p.

Daher wird noch innerhalb der Satzbetriebe, vor allem im Bleisatz, aufgrund des vorhandenen Materials mit dem typografischen Maßsystem gearbeitet. Auch an Setzsystemen werden trotz Anwendungsverbot die Schriftgrößen noch weitgehend in typografischen Maßen angegeben.
Wenn aber immer noch die Angabe der Schriftgröße in typografischen Punkten erfolgen, so dürfte dies ein Zugeständnis an Satzhersteller und Verlagshersteller sein, die mit den einzelnen Werten dieses Maßsystems vertraut sind. Beispielsweise können sich Fachleute eine Schriftgröße von 10 p gut vorstellen; schlechter die Versalhöhe von 2,7 mm. Für die Zeilenbreiten, Zeilenabstände und sonstigen Abmessungen ist aber längst das metrische Maßsystem selbstverständlich.

Die typografischen Maße basieren auf Körpermaßen. Beide Maßsysteme, sowohl der Pica Point (pt) als auch der Didot-Punkt (p), entstanden im 18. Jahrhundert und wurden für die Schriftgrößenbestimmung anhand der Höhe des Bleikegels benutzt.

Als erster definierte der Pariser Schriftgießer Pierre Simon Fournier 1737 ein typografisches Maßsystem auf der Grundlage des englisch-amerikanischen Fußes = 304,8 mm:
der 12. Teil eines Fußes = Zoll,
der 12. Teil eines Zoll = 1 Linie,
der 6. Teil einer Linie = 1 Punkt.

Diese Festlegung wurde 1785 von dem Schriftgießer Francois Ambrois Didot und seinem Sohn Firmin Didot aufgegriffen. Sie aber verwendeten als Bezugsgröße die Länge des französischen Fußes = 324,9 mm.

1879 stimmte der Berliner Schriftgießer Hermann Berthold im Auftrag aller deutschen Schriftgießereien das typografische Maßsystem auf das metrische System ab.
Seit dieser Zeit gelten folgende Verhältnisse:
1 mm = 2,66 p
1 p = 0,376 mm
1 Cicero (12 p) = 45,12 mm

Im Jahre 1979 hat der Bundesverband Druck gerundete Umrechnungswerte vorgeschlagen, bei denen die Millimeterstellen auf 0 und 5 enden. Danach gilt:
1 p = 0,375 mm
1 Cicero (12 p) = 4,5 mm

Viele aus den USA kommende Setzsysteme arbeiten mit dem DTP-Punkt, dem 72. Teil eines Inch.
1 Point = 0,35277 mm
1 Pica = 12 pt = 4,233 mm
1 inch = 6 Pica = 25,4 mm

Um beide Punktsysteme nicht zu verwechseln, wird der Didot-Punkt nur mit „p", der DTP-Punkt mit „pt" gekennzeichnet.

5.2 Schriftgrößenbestimmung

Für Schriftgrößenangaben in Setzsystemen gibt es die Bezugsgrößen:

Versalhöhe
Oberhöhe
Schriftgröße und
Schriftgrad

Als **Versalhöhe** bezeichnet man die vertikale Ausdehnung der Buchstaben H oder E. Der Wert der Höhe wird in der Regel in Millimeter angegeben.

Die **Oberhöhe** ist meist mit der Versalhöhe identisch; doch vor allem bei Schriften in der Gruppe I und II der Schriftenklassifikation überragen die Oberlängen der Kleinbuchstaben die Versalien. Die Wertangabe erfolgt meist wie bei der Versalhöhe in Millimeter. Nach dem Normentwurf DIN 16507 ist die Oberhöhe die Meßgröße zur Ermittlung der Schriftgröße.

Die **Schriftgröße** orientiert sich an der Kegelgröße beziehungsweise Vertikalhöhe der Bleisatzlettern. Sie berücksichtigt die Höhe eines Kleinbuchstabens mit Oberlänge (Oberhöhe) sowie den nichtdruckenden Teil unterhalb der Schriftlinie. Nach dem DIN-Entwurf wird die Schriftgröße vertikal durch die Schriftlinie in einem stets gleichen Verhältnis von 72 : 28 unterteilt. Alle Schriften gleicher Schriftgröße besitzen die gleiche Oberhöhe. Während der obere Bereich durch die Meßgröße Oberhöhe immer vollständig ausgefüllt ist, wird der untere Bereich unterschiedlich genutzt. Bei Zeichen mit Unterlängen wird aufgrund unterschiedlicher Proportionen und in Abhängigkeit davon dieser Bereich ganz oder nur teilweise ausgefüllt sein.

Als **Schriftgrad** bezeichnet man eine Reihe festgelegter, bevorzugter, abgestufter Schriftgrößen. Der Schriftgrad ist ein Nennmaß zur Bezeichnung der Schriftgröße. Die Größenangabe erfolgt noch häufig in Didot-Punkten oder DTP-Points, noch selten in Millimeter.

Im Bleisatz gibt es nur Schriftgrade, das heißt festgelegte Schriftgrößen, deren Kegelgröße in Didotpunkten oder mit Namen, neuerdings auch in Millimeter angegeben wird.

Schriftgrade im Bleisatz gibt es gewöhnlich in den Werten:

6 p = 2,250 mm (Nonpareille)
7 p = 2,625 mm (Kolonel)
8 p = 3,000 mm (Petit)
9 p = 3,375 mm (Borgis)
10 p = 3,750 mm (Garmond oder Korpus)
12 p = 4,500 mm (Cicero)
14 p = 5,250 mm (Mittel)
16 p = 6,000 mm (Tertia)
20 p = 7,500 mm (Text)
24 p = 9,000 mm (Zweicicero)
28 p = 10,500 mm (Doppelmittel)
36 p = 13,500 mm (Dreicicero)
48 p = 18,000 mm (Konkordanz)

Über 36 p hinaus verändert sich der Schriftgrad nur noch in 12-p-Schritten von 36 p auf 48 p über 60 p bis zu 72 p. Noch größere Schriften, die Plakatschriften, haben Größen bis 20 Cicero.

Mit der Technologie des Fotosatzes hat sich die Situation entscheidend verändert. Die Belichtungs-

Bild 99.1. Versalhöhe

Bild 99.2. Oberhöhe

einheiten sind nicht mehr an die traditionellen Schriftgrade des Bleisatzes gebunden. Innerhalb ihres Schriftgrößenbereichs sind alle Schriftgrade möglich, häufig in 0,5-p-Schritten.
Um nun die Schriftgröße einer gedruckten Zeile bestimmen zu können, muß diese mit Schriftmuster verglichen werden, die Größenangaben enthalten. Auch mit Hilfe spezieller Typometer, die von den Setzsystem-Herstellern entwickelt wurden, kann über die Oberhöhenbestimmung der Schriftgrad in Millimeter oder in Didot-Punkten festgelegt werden.

Bevorzugte Schriftgrößen (Schriftgrade) mit entsprechenden Oberhöhen

Oberhöhe[1] mm	Schriftgrad mm	Oberhöhe[1] mm	Schriftgrad mm
1,1	1,50	4,3	6,00
1,3	1,75	5,0	7,00
1,4	2,00	5,8	8,00
1,6	2,25	6,5	9,00
1,8	2,50	7,2	10,00
2,0	2,75	8,6	12,00
2,2	3,00	10,1	14,00
2,3	3,25	11,5	16,00
2,5	3,50	13,0	18,00
2,7	3,75	14,4	20,00
2,9	4,00	16,2	22,50
3,1	4,25	18,0	25,00
3,2	4,50	19,8	27,50
3,6	5,00	21,6	30,00
4,0	5,50	25,2	35,00

[1)] Werte auf 0,1 mm gerundet

Im DIN-Entwurf 16507 wird die Oberhöhe mit 72% der Schriftgröße festgelegt. Wie schon erwähnt ist die Oberhöhe meist mit der Versalhöhe identisch; überragen Kleinbuchstaben die Versalien, so muß mit ihnen die Oberhöhe festgelegt werden.

Ein Beispiel soll dies verdeutlichen:

Die Oberhöhe eines Zeichen beträgt 3,2 mm.
Die Oberhöhe ist laut DIN-Entwurf 72% der Schriftgröße.

Die Schriftgröße in Millimeter und Didot-Punkten errechnet sich:

$$\frac{3{,}2\ \text{mm} \times 100\%}{72\%} = 4{,}444\ \text{mm}$$

$$\frac{4{,}44\ \text{mm}}{0{,}375\ \text{mm/p}} = \text{gerundet } 12\ \text{p}$$

Ein Zeichen mit einer Oberhöhe von 3,2 mm hat die Schriftgröße (Schriftgrad) von 12 p, das entspricht 4,5 mm.

Leider wird diese DIN-Empfehlung von den Schriftenherstellern nicht konsequent beachtet. Beim Vergleich der Meßlehren verschiedener Hersteller zur Ermittlung der Oberhöhe und des jeweils dazugehörenden Schriftgrades zeigen sich doch kleine Unterschiede.

▼

1. Welche Gründe sprechen gegen die sofortige Abschaffung des typografischen Maßsystems?
2. Vergleichen Sie an Zahlenbeispielen das metrische mit dem typografischen Maßsystem.
3. Um wieviel Prozent ist ein DTP-Punkt kleiner als ein Didot-Punkt?
4. Wieviel Millimeter sind 6 Cicero und 4 p?
5. Die Oberlänge eines Zeichens ist 5,4 mm hoch. Errechnen Sie die Schriftgröße in Millimeter und Didot-Punkten.

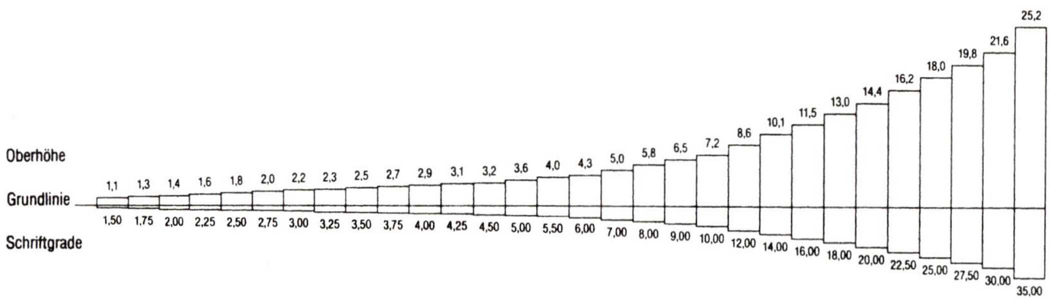

Bild 100.1. Meßlehre zur Ermittlung sowohl der Oberhöhe als auch des jeweils dazugehörenden Schriftgrades.

5.3 Manuskriptvorbereitung

Unter Manuskriptvorbereitung sind alle Maßnahmen einer Setzerei zu verstehen, durch Vereinbarungen mit Autoren und Verlagen Einfluß auf die Manuskriptherstellung zu nehmen. Das Ziel ist, die Manuskriptbearbeitung zu vereinfachen und zu verbessern sowie die Satzproduktion zu rationalisieren.

Optimale Manuskripte von Autoren und Verlagen zeichnen sich durch folgende Merkmale aus:

Die mit Schreibmaschine oder PC einseitig beschriebenen Blätter haben das Format DIN A4 und sind durchnumeriert. Das 1 1/2zeilig geschriebene Manuskript hat mindestens 25 mm breite Ränder auf der rechten und linken Seite. Es ist fehlerfrei. Verbesserungen und Einfügungen sind deutlich eingetragen; die einzufügende Stelle ist klar erkennbar. Für Abkürzungen, Uhrzeiten, Daten, Eigennamen sowie zusammengesetzte Substantive ist die Schreibweise einheitlich.

Die Texterfassung und Manuskriptberechnung werden durch die Anlieferung satzidentischer Manuskripte wesentlich erleichtert. Um Texte satzidentisch schreiben zu können, muß vorher die Schrift, Schriftgröße und Zeilenbreite festgelegt sein. Mit Hilfe von Formblättern kann erreicht werden, daß die Textmenge einer Manuskriptzeile der einer Druckzeile entspricht. Dabei deckt sich der Zeilenfall des Manuskripts nicht immer mit der Satzzeile, identisch ist die Zeilenzahl. Ändert sich in einem Werk der Schriftgrad oder Schriftschnitt, so ist zu berücksichtigen, daß sich auch die Anschlagszahl auf der Schreibmaschine gegenüber der Grundschrift ändert.

Diese Formblätter enthalten in der Regel noch folgende Hinweise auf der Rückseite:

Text- und Bildverweise sollen im Manuskript berücksichtigt werden, auch wenn die Stelle nur mit der entsprechenden Zahl von Anschlägen auspunktiert werden kann, beispielsweise (....); die richtigen Angaben werden dann nachträglich gesetzt.

Abbildungsvorlagen sind vom Manuskript getrennt zu halten, auf DIN-A4-Blätter leicht an den Ecken anzukleben und darauf zu vermerken, zu welcher Manuskriptseite die Abbildungen gehören, bei drei Abbildungen auf der Manuskriptseite 13 in folgender Form: Abb. 13,1, Abb. 13,2 und Abb. 13.3.

Bildunterschriften und Bildlegenden sind auf ein gesondertes Manuskriptblatt zu schreiben und mit der Bildnummer deutlich zu bezeichnen. Wenn die Satzbreiten noch nicht bekannt sind, soll der Text auf volle Zeilenbreite geschrieben werden.

Abkürzungen, die im gesetzten Text beibehalten werden sollen, sind auch im Manuskript abzukürzen. Alle Wörter hingegen, die nicht abgekürzt werden sollen, sind auch im Manuskript vollständig zu schreiben.

Heute werden häufig umfangreiche Texte von Autoren und Verlagen auf einem Datenträger erfaßt, um sie ohne neue Texterfassung in der Setzerei in Satz umformen zu lassen. Der Kunde bringt in der Regel den Datenträger und eine Druckerausgabe des Textes. Sind nun im Text viele Auszeichnungen vorgesehen, wie Kapitälchen, halbfette und kursive Schriften, dann sollten diese Textstellen schon bei der Erfassung markiert und auf dem Datenträger gespeichert werden. Ein nachträgliches Einfügen des Beginns und Ende einer Auszeichnung innerhalb des Textes ist nach der Konvertierung in der Setzerei sehr zeitaufwendig und mindert den Rationalisierungseffekt der Fremddatenübernahme. Deshalb sollte schon vor der Texterfassung zwischen allen Beteiligten festgelegt werden, wie und welche **systemneutralen Markierungskürzel** vor und nach den entsprechenden Auszeichnungen einzugeben sind.

Befehle		Sonderzeichen		
)B1(	Satzbreite nach Def. 1 usw.	ń	)aa(	Akzent Akut (á)
)BS(	Block-Satz	n̆	)ab(	Akzent Bogen (ă)
)C,(	Cyrillisch Anfang	ņ	)ac(	Akzent Cedille (ç)
)C.(	Cyrillisch Ende	n̈	)ad(	Akzent Doppelpunkt,
)D1(	Durchschuß 1 Leerzeile			Trema (ë)
)D2(	Durchschuß 1/2 Leerzeile	Æ	)AE(	Französische Ligatur
)D3(	Durchschuß 1/3 Leerzeile	æ	)ae(	Französische Ligatur
)D4(	Durchschuß 1/4 Leerzeile	ǹ	)ag(	Akzent Gravis (à)
)DA(	Durchstreichen Anfang	ň	)ah(	Akzent Haček (č)
)DE(	Durchstreichen Ende	⊘	)an(	Anrufbeantworter
)E1(	Einzug nach Def. 1 usw.	ṅ	)ap(	Akzent Punkt (ȧ)
)EA(	Exponent Anfang	/	)aq(	Akzent Querstrich (ø)
)EE(	Exponent Ende	å	)ar(	Akzent Ringelchen (å)
)FG(	fett geradestehend	n̄	)as(	Akzent Strich (ā)
)FK(	fett kursiv	n̋	)au(	Akzent ungarisches
)FL(	Flattersatz linksbündig			Doppel-Akut (ő)
)FR(	Flattersatz rechtsbündig	n̂	)az(	Akzent Zirkumflex (â)
)FS(	fett schmal	©	)cg(	Copyright groß
)G1(	Schrift-Größe nach Def. 1	©	)ck(	Copyright klein
)G,(	Griechisch Anfang	3/4	)d4(	drei viertel
)G.(	Griechisch Ende	$	)do(	Dollar
)HA(	Hängender Einzug Anfang	ſ	)ds(	deutsches langes s
)HB(	Hängender Einzug auch bei	Ø	)du(	Durchmesser
	1. Zeile	1/2	)e2(	einhalb
)HE(	Hängender Einzug Ende	1/3	)e3(	ein Drittel
)HG(	halbfett geradestehend	1/4	)e4(	ein Viertel
)HK(	halbfett kursiv	1/8	)e8(	ein Achtel
)HS(	halbfett schmal	[	)ea(	eckige Klammer auf
)I1(	Initial nach Def. 1 usw.	≙	)en(	entspricht
)IA(	Index Anfang	&	)et(	Et-Zeichen
)IE(	Index Ende	]	)ez(	eckige Klammer zu
)JA(	Job-Anfang	>	)ga(	größer als
)JE(	Job-Ende	:	)gd(	geteilt durch
)L1(	Linie nach Def. 1	⚮	)ge(	geschieden
)LL(	ausliniieren	=	)gl(	gleich
)MC(	mager Kapitälchen	°	)gr(	Grad
)MG(	mager geradestehend	≡	)id(	identisch

Bild 101.1. Beispiele für systemneutrale Markierungskürzel.

Ein Markierungskürzel kann beispielsweise mit einem Pfeil oder einer Klammer beginnen und enden, wenn keine Tasten für Befehlsanfang oder Befehlsende zur Verfügung stehen. Für das eigentliche Kürzel wird die **Mnemotechnik** angewendet; ein Verfahren, das ein Einprägen von Gedächtnisstoff durch besondere Lernhilfen erleichtert.
Dadurch lassen sich textgestaltende Anweisungen leichter einprägen, beispielsweise)FL(für Flattersatz linksbündig,)UA(für Unterstreichung Anfang,)FK(für fett kursiv.
Denn an Stelle eines systemneutralen Markierungskürzels werden bei der Stringkonvertierung ein entsprechender Multicode oder eine Stilvorlage gesetzt, der vom Setzsystem verstanden wird.
Solche systemneutralen Markierungssprachen sind beispielsweise GML (Generalized Markup Language) von IBM, SGML (Standard Generalized Markup Language) und StrukText. Die SGML, eine Weiterentwicklung der GML, ist durch die Internationale Norm 8879 definiert. SGML ist auch die Basis für die im World Wide Web (Internet) verwendete Seitenbeschreibungssprache HTML (HyperText Markup Language). Auf die Markierungssprache StrukText haben sich der Bundesverband Druck und der Börsenverein des deutschen Buchhandels geeinigt, um die Herstellung von Dokumenten zu beschleunigen und Autorkorrekturen aufgrund unklarer Auszeichnungen im Manuskript zu vermeiden.

Manche Setzereien vereinbaren mit den Autoren, die systemneutralen Markierungskürzel nicht nur zur Textgestaltung zu nutzen, sondern auch für Zeichen, die sich nicht auf der Tastatur des Erfassungsgeräts befinden, beispielsweise)ue(für unendlich ∞,)cg(für Copyright groß © und)GO(für griechisch Omega Ω. Bei der Stringkonvertierung wird dann an Stelle eines systemneutralen Markierungskürzels das entsprechende Sonderzeichen gesetzt.

Mit Hilfe dieser systemneutralen Markierungskürzel ist die Verarbeitung des gelieferten Datenträgers im Satzbetrieb weniger arbeitsaufwendig und damit kostengünstiger.

▶ Näheres zur Konvertierung von Fremddaten siehe 5.8.4.3 Weitere Satzprogramme.

```
)JA()S1()NG()G1()Z1()BS()B1()UA(Beispiel eines in Satz konvertierten
Textes mit voller typographischer Kennung )UE()ZE(
)D1(
)I1(Der Text beginnt mit einem Initial.Als Satzart wurde Blocksatz gewählt.
Die Schrift, die Schriftart, die Schriftgröße und der Zeilenabstand sind
definiert. Da die Schrift in Drucktypen anders proportioniert ist als
Schreibmaschinenschrift, sind die Zeilenenden im laufenden Text nicht
identisch mit den Zeilenenden des sich ergebenden belichteten Textes. Die
vorläufigen Zeilenenden müssen von den definierten Zeilenenden (z.)W6(B.
Absatzendzeile, Ende der Überschrift) deutlich unterschieden werden. Dies
geschieht mit dem Befehl Zeilenende.)ZE(
)E1(Dieser Absatz beginnt mit einem Einzug. -- Hier werden einige
Auszeichnungsmöglichkeiten vorgestellt: Hervorhebung durch
)NK(kursiv)NG( oder )NC(kapitälchen)NG( oder )HG(halbfett)NG( oder
durch )UA(unterstreichen)UE(, um nur die geläufigsten Methoden der
Hervorhebung zu zeigen.)ZE(
)Ü1()ÜA(Zugriff zu allen Sonderzeichen)ÜE(
Bereits in der Texterfassung hat man den direkten Zugriff auf alle
Sonderzeichen von Con)W6(Composition. Die entsprechenden Codierungen
sind merkfähig, so steht „pr" für „Pfeil rechts" )pr(, „wl" für weiblich )wl(,
„wi" für Winkel )wi(.)ZE(
)ÜA(Zugriff zu allen Sprachen)ÜE(
Selbst mit der einfachsten Speicherschreibmaschine hat man den Zugang zu
sämtlichen Sprachen mit all ihren Akzenten, so daß komplizierte
wissenschaftliche Texte mit ihrem umfassenden Zeichenbedarf vollständig
erfaßt werden können. Auch hierfür sind die Codierungen nach
mnemotechnischen Gesichtspunkten erfolgt und dadurch leicht zu merken.
So steht „oe" für die französische Ligatur „)oe(", oder „at" für „Akzent
Tilde" bei n)at(.)ZE(
)E1(Auch griechische Zeichen wie )GD( oder )Gp(, kyrillische Zeichen wie
)CD( oder )CL( sind über entsprechende Codierungen erreichbar. Werden
griechische oder russische Texte im Zusammenhang geschrieben, erfolgt
lediglich zu Beginn und am Ende des nichtlateinischen Textes die Anfangs-
und Endkennung: „)G,(a´naxyrj´da)G.(".
```

Bild 102.1. Beispiel eines Textes mit systemneutralen Markierungskürzeln.

<u>Beispiel eines konvertierten Textes mit voller typographischer Kennung</u>

Der Text beginnt mit einem Initial. Als Satzart wurde Blocksatz gewählt. Die Schrift, die Schriftart, die Schriftgröße und der Zeilenabstand sind definiert. Da die Schrift in Drucktypen anders proportioniert ist als Schreibmaschinenschrift, sind die Zeilenenden im laufenden Text nicht identisch mit den Zeilenenden des sich ergebenden belichteten Textes. Die vorläufigen Zeilenenden müssen von den definierten Zeilenenden (z. B. Absatzendzeile, Ende der Überschrift) deutlich unterschieden werden. Dies geschieht mit dem Befehl Zeilenende.

Dieser Absatz beginnt mit einem Einzug. – Hier werden einige Auszeichnungsmöglichkeiten vorgestellt: Hervorhebung durch *kursiv* oder KAPITÄLCHEN oder **halbfett** oder durch <u>unterstreichen</u>, um nur die geläufigsten Methoden der Hervorhebung zu zeigen.

Zugriff zu allen Sonderzeichen

Bereits in der Texterfassung hat man den direkten Zugriff auf alle Sonderzeichen von ConComposition. Die entsprechenden Codierungen sind merkfähig, so steht »pr« für »Pfeil rechts« →, »wl« für weiblich ♀ und »wi« für Winkel ∢.

Zugriff zu allen Sprachen

Selbst mit der einfachsten Speicherschreibmaschine hat man den Zugang zu sämtlichen Sprachen mit all ihren Akzenten, so daß komplizierte wissenschaftliche Texte mit ihrem umfassenden Zeichenbedarf vollständig erfaßt werden können. Auch hierfür sind die Codierungen nach mnemotechnischen Gesichtspunkten erfolgt und dadurch leicht zu merken. So steht »oe« für die französische Ligatur »œ«, oder »at« für »Akzent Tilde« bei ñ.

Auch griechische Zeichen wie Δ oder π, kyrillische Zeichen wie Д oder Л sind über entsprechende Codierungen erreichbar. Werden griechische oder russische Texte im Zusammenhang geschrieben, erfolgt lediglich zu Beginn und am Ende des nichtlateinischen Textes die Anfangskennung und die Endkennung: »ἀναξυρίδα«.

Bild 102.2. Beispiel eines konvertierten Textes nach der Umwandlung der Markierungskürzel.

5.4 Sprachliche Manuskriptbearbeitung

Ideale Manuskripte erreichen immer noch selten den Satzbetrieb. Vor allem bei Gelegenheitsdrucksachen, beispielsweise für Private und Vereine, ist die Manuskriptqualität schlecht.

Deshalb soll man durch gewissenhaft vorgenommene Manuskriptdurchsicht Unklarheiten vor der Texterfassung beseitigen, um ohne Unterbrechung durch Nachschlagen oder Überprüfen hohe Tastleistungen bei geringer Fehlerquote zu erzielen.

Je nach Betriebsgröße und Art der Aufträge wird man diese **Vorauskorrektur** mehr oder weniger intensiv durchführen müssen. Kontrollisten über die einzelnen Prüfpunkte leisten dabei dem Korrektor wertvolle Hilfe. Im Gegensatz zur Haus- und Autorkorrektur ist es bei der Vorauskorrektur selten üblich, genormte Korrekturzeichen anzuwenden und am Rand zu wiederholen. Einfache Fehler werden unmittelbar im Text durch Überschreiben berichtigt. Nur in Fällen, die zu Unklarheiten führen könnten, ist eine Wiederholung am rechten Manuskriptrand angemessen. Vor Korrekturbeginn ist aber zu prüfen, ob der Auftraggeber Eintragungen im Manuskript erlaubt. Wenn das nicht der Fall ist, müssen Fotokopien hergestellt werden.
Bei der Vorauskorrektur ist das Manuskript auf Inhalt und einheitliche Schreibweise zu überprüfen. Die inhaltliche Überprüfung, die nur vom Auftraggeber vorgenommen oder mit seiner Billigung erfolgen darf, bezieht sich beispielsweise auf sachliche Irrtümer, Widersprüche im Text, falsche zeitliche Einordnungen, Sprachfehler, unlogischen Satzaufbau, Wiederholungen und die falsche Verwendung von Fachausdrücken.

Um eine einheitliche Schreibweise zu erreichen, sind beispielsweise festzulegen: Groß- oder Kleinschreibung sowie Getrennt- oder Zusammenschreibung bestimmter Wörter, erlaubte Abweichungen vom Duden, erwünschte Wortkoppelungen, Form der Anführungszeichen, Schreibweise von Zahlen und Abkürzungen sowie die F- oder Ph-Schreibung.

▼
1. Nennen Sie zehn Anforderungen an ein ideales Manuskript!
2. Welche Vorteile bietet die Vorauskorrektur?
3. Nennen Sie Vorteile und Grenzen des Einsatzes systemneutraler Markierungskürzel bei der Texterfassung außerhalb der Setzerei!
4. Wie erfolgt die Verarbeitung solcher Markierungskürzel in den Setzsystemen?
5. Nennen Sie drei Markierungssprachen!
6. Welche Auswirkungen haben uneinheitliche Schreibweisen im Manuskript?

5.5 Typografische Manuskriptbearbeitung

Während die Vorauskorrektur in der Regel im Korrektorat durchgeführt wird, erfolgt die typografische Manuskriptbearbeitung in der **Arbeitsvorbereitung.** Innerhalb dieser Abteilung gibt es Satzspezialisten, die Manuskripte technisch und typografisch aufbereiten.

Für eine große Anzahl von Manuskripten ist ein **typografischer Entwurf** anzufertigen. Notwendig ist dies vor allem bei Geschäfts-, Werbe- und Privatdrucksachen sowie Anzeigen und Tabellen. Da die Skizze meist nicht vom Satzhersteller am Erfassungsgerät hergestellt wird, soll sie so gestaltet sein, daß eine lückenlose Verständigung zwischen Gestalter und Satzhersteller gegeben ist. Die Gestalter sind häufig Typografen, die sich auf diese kreative Arbeit spezialisiert haben.

Eine wichtige Unterlage für ihre Arbeit sind Schriftmusterbücher, in denen sie nicht nur die Anmutung von Schrift sehen, sondern auch die Laufweiten der verschiedenen Schriftgrößen ablesen können. Dadurch ist es möglich, den Schriftgrad einer bestimmten Zeile festzulegen. Die Schriftmusterbücher enthalten auch verschiedene Linien, Linienrahmen und Schmucklinien sowie Signets und Piktogramme, die jeweils durch Nummern gekennzeichnet sind. Bei Bedarf wird die entsprechende Nummer in die vorgesehene Stelle des Entwurfs eingetragen.

Die Buchstaben, in denen die flüchtigen Laute der Sprache sichtbare

Die Buchstaben, in denen die flüchtigen Laute der Sprache sichtbare

Die Buchstaben, in denen die flüchtigen Laute der Sprache sichtbare

Die Buchstaben, darin die flüchtigen Laute der Sprache nun ihre

Die Buchstaben, in denen die flüchtigen Laute der Sprache

Die Buchstaben, in denen die flüchtigen Laute der Sprache sichtbare

Die Buchstaben, in denen die flüchtigen Laute der Sprache

Die Buchstaben, in denen die flüchtigen Laute der Sprache die sichtbare Gestalt empfangen, nehmen

Die Buchstaben, in denen die flüchtigen

Bild 103.1. Aus der Schriftenfamilie der Futura: 1. mager, 2. Buchschrift, 3. halbfett, 4. dreiviertelfett, 5. fett, 6. Buchschrift schräg, 7. schräg fett, 8. schmalmager, 9. schmalfett.

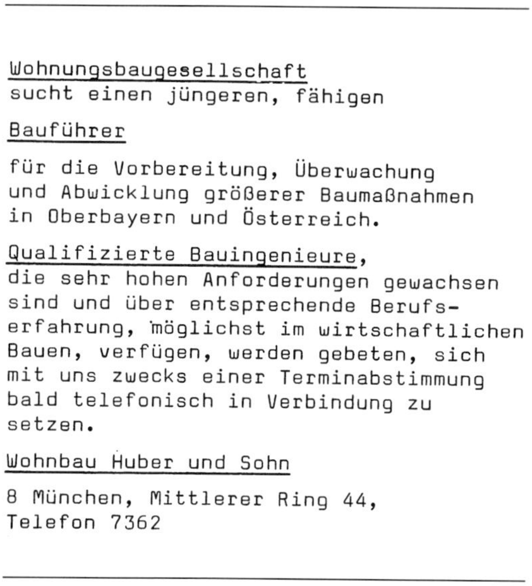
Wohnungsbaugesellschaft
sucht einen jüngeren, fähigen

Bauführer

für die Vorbereitung, Überwachung
und Abwicklung größerer Baumaßnahmen
in Oberbayern und Österreich.

Qualifizierte Bauingenieure,
die sehr hohen Anforderungen gewachsen
sind und über entsprechende Berufs-
erfahrung, möglichst im wirtschaftlichen
Bauen, verfügen, werden gebeten, sich
mit uns zwecks einer Terminabstimmung
bald telefonisch in Verbindung zu
setzen.

Wohnbau Huber und Sohn

8 München, Mittlerer Ring 44,
Telefon 7362

Bild 104.1. Manuskript für eine Anzeige.

Bild 104.2. Planskizze für die Satzanordnung.

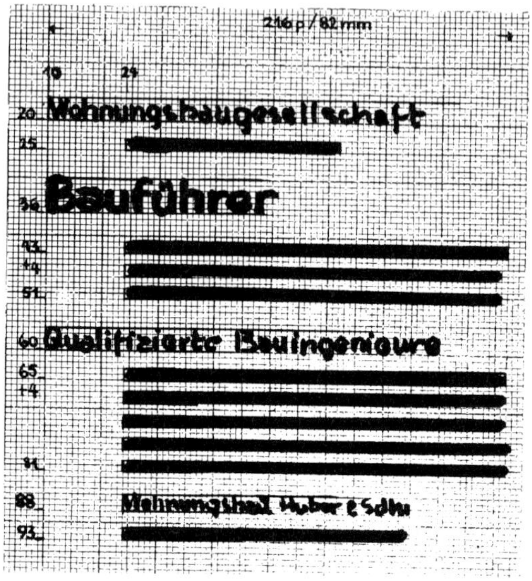

Bild 104.3. Maßskizze auf Millimeterpapier.

Wohnungsbaugesellschaft
sucht einen jüngeren, fähigen

Bauführer

für die Vorbereitung, Überwachung und Abwicklung größerer Baumaßnahmen in Oberbayern und Österreich.

Qualifizierte Bauingenieure

die sehr hohen Anforderungen gewachsen sind und über entsprechende Berufserfahrung, möglichst im wirtschaftlichen Bauen, verfügen, werden gebeten, sich mit uns zwecks einer Terminabstimmung bald telefonisch in Verbindung zu setzen.

Wohnbau Huber und Sohn
8 München, Mittlerer Ring 44, Telefon 73 62

Bild 104.4. Satzausführung.

Nachdem in einer **Planskizze** die Idee des Gestalters visualisiert ist, muß häufig noch zusätzlich eine **Maßskizze** auf Millimeterpapier angefertigt werden.

Von den **Entwürfen** oder **Layouts** werden meist Kopien angefertigt, auf denen dann sämtliche wichtigen vertikalen und horizontalen Bezugspunkte ersichtlich sein müssen. Wenn als Manuskript eine bereits gedruckte Vorlage dient, werden alle Maße in Millimeter eingetragen. Dabei werden mit Hilfe des Koordinatensystems der Standort und die Länge von Zeilen und Linien festgelegt. Im Schnittpunkt der Breiten- und Höhenskala liegt der Bezugspunkt eines Zeichens, und zwar dessen linke Kante in Höhe der Schriftlinie. Durch die Eingabe dieses Wertes wird der Zeilenbeginn festgelegt. Ein zweiter Wert markiert das Zeilenende; hier liegt der Bezugspunkt auf der rechten Zeichenkante wiederum auf der Höhe der Schriftlinie.

Ist der Stand der ersten Zeile eines Textblockes nach dem Koordinatensystem bestimmt, so kann der Abstand der weiteren Zeilen, von Schriftlinie zu

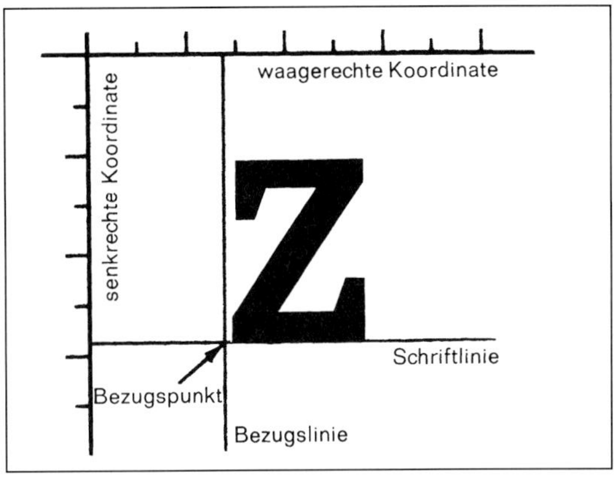

Bild 105.1. Koordinatenprinzip: Im Schnittpunkt der Breiten- und Höhenskala liegt der Bezugspunkt des Buchstabens oder der Linie.

Schriftlinie gemessen, in Form eines **Inkrements** aufgezeichnet werden. Als Inkrement bezeichnet man den Betrag, um den eine Größe zunimmt, auch Schrittgröße genannt, beispielsweise + 4,5 mm.

Auch Linien werden nach dem Koordinatensystem eingegeben. Drei verschiedene Liniensorten sind zu unterscheiden: Ausgehend von der Bezugsbasis dehnt sich bei inversen Linien die gewünschte Linienbreite bei senkrechten Linien nach links, bei waagrechten Linien nach unten aus. Normale Linien haben ihre gewünschte Breite bei senkrechten Linien rechts von der Bezugsbasis; waagrechte Linien bauen sich nach oben auf. Bei zentrierten Linien verteilt sich die Breite in gleichen Werten links und rechts von der Bezugsbasis.

Damit der Satzhersteller genau weiß, wie er den Entwurf zu setzen hat, müssen auf der Maßskizze noch ergänzende Setzanweisungen eingetragen werden. Das sind beispielsweise Angaben über die Schriftart, den Schriftgrad und die jeweilige Zeilenlänge, über Zeileneinzüge, die Art der Linien und Linienrahmen, die genaue Plazierung der Signets, Piktogramme und Bilder. Arbeitsmittel dazu ist die sogenannte typografische Befehlssprache, die sich aus Befehlsworten, Befehlsketten, Korrekturbefehlen und sonstigen Arbeitsanweisungen zusammensetzt.

Bei umfangreichen Arbeiten, wie beispielsweise bei Werken und Zeitschriften, wird ein vorgedrucktes **Setzanweisungsformular** ausgefüllt, das je nach Auftragsart oder je nach Setzsystem in den einzelnen Angaben oder in der Papierfarbe unterschiedlich ist. Die bereits mit dem Verlag abgestimmten typografischen Angaben, wie Zeilenbreite, Satzspiegelhöhe, Schriftart, Schriftgröße, Auszeichnungen, Überschriften, Einzüge, Fußnoten und Kolumnentitel, Flattersatz mit oder ohne Silbentrennung, werden im Satzbetrieb aufgrund der technischen Erfordernisse ergänzt.

Aufgrund der Vorgaben auf dem Setzanweisungsformular kann nun die Auszeichnung der Manuskriptseiten erfolgen. Für das Eintragen der Setzbefehle und der Befehlsketten sollte im Manuskript genügend Platz vorhanden sein, besonders vor Textbeginn und nach Absatzende sowie vor und nach Überschriften. Grundsätzlich sollte das Manuskript für den technischen Ablauf nur die wichtigsten Informationen enthalten. Haupt- und Unterrubriken sind durch Kennbuchstaben oder Kennzahlen zu bestimmen, Auszeichnungen durch verschiedene Formen der Unterstreichungen oder Farbmarkierungen.

Abbildungen können nur dann richtig berücksichtigt werden, wenn ihre endgültige Größe bekannt ist. Zur eigentlichen Abbildungsgröße ist die Größe der Bildunterschrift und der Abstände zum Grundtext dazuzurechnen. Die Höhe der ausgesparten Fläche ist dann unter Beachtung der Registerhaltigkeit festzulegen. Unter **Register** versteht man den deckungsgleichen Abdruck der Zeilen eines Satzspiegels auf der Vorder- und Rückseite bei Büchern, Zeitschriften und Zeitungen. Dadurch wird verhindert, daß zwischen den Zeilen ein grauer Schimmer entsteht, der das Lesen erschwert.

Eine wesentliche Aufgabe des Arbeitsvorbereiters ist, neben dem Eintragen von Befehlen in die Maßskizze oder das Manuskript, die Entwicklung von **Makros** (Makrobefehle). Für Makros gibt es eine Reihe anderer Bezeichnungen wie **Multicode, Befehlskette, Stilvorlagen und Druckformate,** die alle eine gleiche Grundlage haben, sich jedoch im Detail unterscheiden. Makros sind zusammengefaßte Befehle für eine Reihe wiederkehrender gleichartiger Abläufe bei der Texterfassung und Textgestaltung; aber auch eine wiederkehrende Folge von Texten oder eine Kombination aus Texten und Befehlen. Diese Makros werden mit Hilfe der Tastatur im Setzsystem hinterlegt, um bei Bedarf mit einem Kurzaufruf aktiviert zu werden. Entwickelt der Arbeitsvorbereiter mehrere Makros, so muß er jedem eine Kennung geben, die auf einem Formblatt dokumentiert werden sollte. Ein solches Makro kann beispielsweise folgende Befehle umfassen:
Schriftart,
Schriftgrad,
Satzanordnung des laufenden Textes und der Ausgangszeile,
Zeilenabstand des laufenden Textes und der Ausgangszeile,
Unterschneidungs- oder Sperrwert,
Größe des normalen Wortabstands mit Maximal- und Minimalwert,
Einzug beim Absatzanfang,
Linienstärke bei Unterstreichungen.

Nicht nur die Tastleistung wird durch Makros erheblich gesteigert, sondern auch die Fehlerquote wird gemindert. Vor allem für Satzarbeiten, die in gleicher

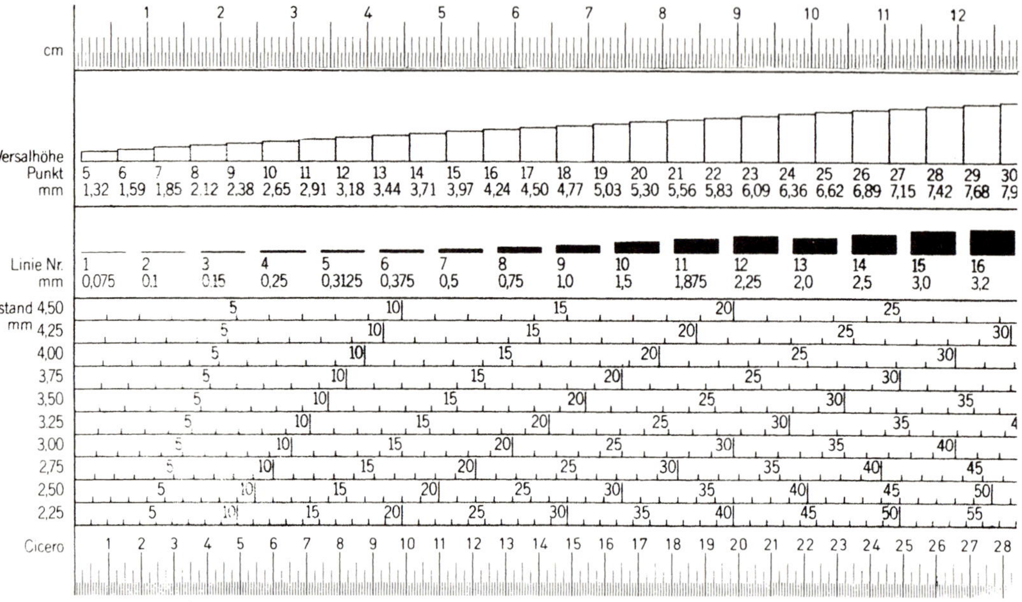

Bild 106.1. Moderne Meßskala für den Fotosatz im Ausschnitt, Normallänge 30 cm. Sie gibt Versalhöhen in Punkt und Millimeter an.

Weise wiederkehren, sind Makros eine Arbeitserleichterung. Der Kurzaufruf besteht meist aus ein oder zwei Tastenanschlägen. Mehrere Makros lassen sich miteinander verketten; dadurch läßt sich eine noch größere Arbeitserleichterung erzielen.

5.6 Manuskriptberechnung

Anhand des gelieferten Manuskripts kann die voraussichtliche Anzahl der Druckzeilen bei kleinen Textmengen oder die Seitenzahl bei Werken errechnet werden. Als Hilfsmittel für diese Berechnung lassen sich einsetzen: Typometer, Zeilenzähler für das Manuskript, Schriftmuster der Druckschriften, Schriftgrößenmaße und Schriftscheibe.

Um die voraussichtliche Anzahl der Druckzeilen bestimmen zu können, werden die Anschläge des Manuskripts durch die durchschnittliche Zeichenzahl je Druckzeile geteilt. Bei umfangreichen Manuskripten werden die Anschläge des Manuskripts durch die Zeichen je Druckseite geteilt, um die Anzahl der Druckseiten zu errechnen. Grundsätzlich sind bei den Berechnungen die Wortabstände, Ziffern und Interpunktionen mitzuzählen.

Die Genauigkeit einer Werkumfangsberechnung ist wichtig für die Kalkulation der Arbeitszeiten und der Kosten. Eine wesentlich größere Seitenzahl als die errechnete hat nicht nur Auswirkungen auf die Satzzeiten und Satzkosten, sondern auch auf die Anzahl der Druckformen, die Fortdruckzeiten, die Zeiten der Druckweiterverarbeitung, den Materialbedarf für Papier, Farbe, Einbanddecken, Verpackungen und eventuell auf die Portokosten beim Versand der Bücher.

Wenn ein vorgegebener Seitenumfang erreicht werden soll, so läßt sich dies durch die Änderung folgender Einflußgrößen (Parameter) erreichen:
Schriftart,
Schriftschnitt, breit- oder schmallaufend,
Schriftgröße,
Laufweitenveränderung,
Zeilenbreite und
Zeilenabstand.

Formeln für die Manuskriptberechnung:
(Wortabstände sind zu berücksichtigen)

1. nach Buchstaben: $\frac{B_M}{B_{SD}} = S_D$

2. nach Zeilen: $\frac{Z_M}{Z_{SD}} \cdot V_{DM} = S_D$

Erläuterungen:

B_M = Buchstaben des Manuskripts
B_{SD} = Buchstaben einer Druckseite
S_D = Gesamte Druckseiten
Z_M = Zeilenzahl des Manuskripts
Z_{SD} = Zeilenzahl einer Druckseite
V_{DM} = Verhältnis von Druckzeilen zu Manuskriptzeilen

▼

1. Welche Vorteile bringen für die Texterfassung sogenannte Makros (Makrobefehle)?
2. Nennen Sie Arten von Setzvorlagen!
3. Schneiden Sie aus einer Tageszeitung eine Anzeige aus, und fertigen Sie danach eine Maßskizze!
4. Wodurch unterscheidet sich eine Planskizze von einer Maßskizze?
5. Unterscheiden Sie inverse und normale Linien!
6. Wie errechnet man die Gesamtzeichenzahl eines Manuskripts?
7. Auf welche Weise lassen sich bei umfangreichen Werken trotz gleichbleibender Schriftart, Schriftgröße, Zeilenabstand und Zeilenanzahl pro Seite einige Seiten einsparen?
8. Ein Werk mit 1.413.600 Anschlägen wird auf einem Setzsystem auf 10-p-Kegel belichtet. 75 Buchstaben lassen sich in einer Zeile unterbringen. Die Anlage ist so programmiert, daß nach 38 Zeilen Text, zuzüglich einer Leerzeile und der Kolumnenziffer, automatisch ein Abstand von 1,5 cm zum Auseinanderschneiden eingefügt wird. Wie viele Meter Film werden für den Auftrag benötigt, wenn für den Vor- und Nachlauf zusätzlich insgesamt 75 cm verbraucht werden?

5.7 Konventionelle Setzverfahren

Zu den konventionellen Setzverfahren zählt vor allem der Bleisatz, der heute in Mitteleuropa kaum noch angewendet wird. Auch der Schreibsatz wird dazugezählt, obwohl er zu den neueren Verfahren gehört. Im Vergleich zur heutigen Produktionsweise ist er bedeutungslos.

5.7.1 Bleisatz

Der Bleisatz war jahrhundertelang das einzige Setzverfahren. Grundprinzip ist das Zusammenfügen von Drucktypen oder Zeilen aus Bleilegierungen nach bestimmten Setzregeln – zu ganzen Kolumnen. Von diesen Kolumnen kann im Hochdruckverfahren unmittelbar gedruckt werden. Man unterscheidet manuelle und maschinelle Fertigungstechniken.

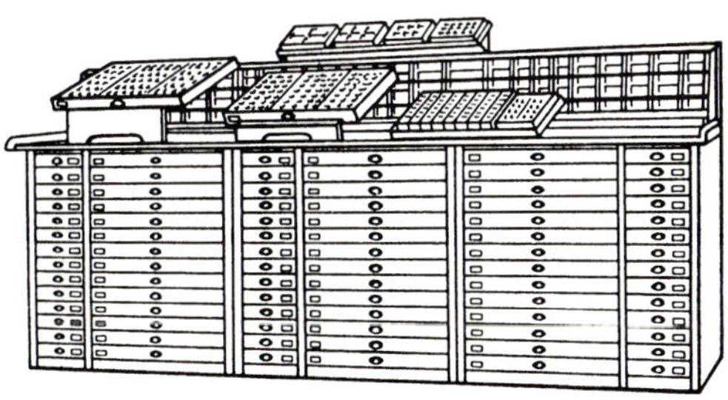

Bild 107.1. Schiebepult-Anlage mit kleinen Schriftkästen, Steckschriftkästen, fahrbaren Pulten und Materialaufsätzen.

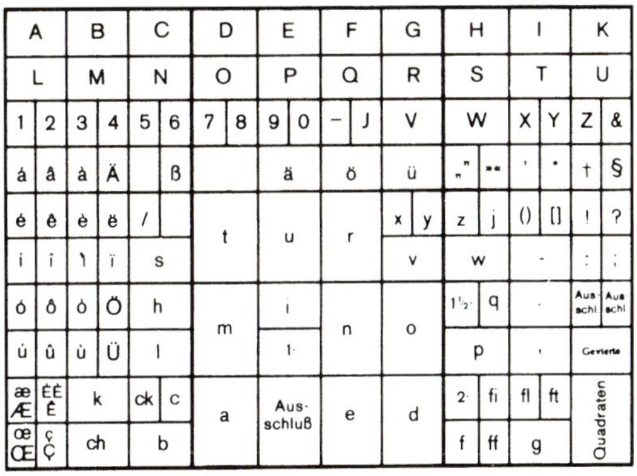

Bild 107.2. Setzkasteneinteilung (DIN 16502). Die am häufigsten benötigten Buchstaben und die Normal-Ausschlußstücke sind in den großen Flächen untergebracht und liegen der Hand des Setzers am nächsten.

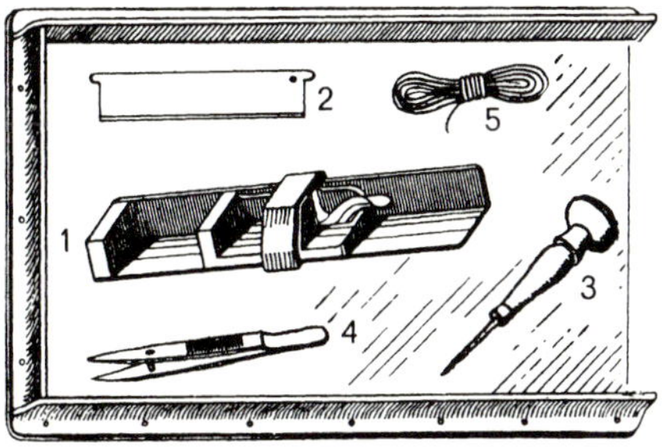

Bild 107.3. Setzschiff mit 1. Winkelhaken, 2. Setzlinie, 3. Ahle, 4. Pinzette, 5. Kolumnenschnur.

5.7.1.1 Manueller Bleisatz

Johannes Gutenberg goß im Jahr 1440 bewegliche Lettern, fügte sie zu Kolumnen zusammen und legte sie nach dem Druck zur erneuten Verwendung in die Fächer eines großen Setzkastens. Der Handsetzer arbeitete teilweise bis 1980 nach dem gleichen Prinzip; nur waren die Einrichtungen und Geräte moderner und zweckmäßiger geworden. Gutenberg kannte auch noch nicht das typografische Maßsystem. Den Guß der Drucktypen besorgte die Schriftgießerei.

Schriftherstellung. Grundlage war die maßgenaue Reinzeichnung eines Schriftkünstlers. Etwa 200 Zeichen (Buchstaben, Ziffern, Akzente, Satzzeichen) mußten in einer Größe von ungefähr 3 bis 4 cm in verschiedener Kombination exakt gezeichnet und überprüft werden. Erst dann wurden Probeschnitte angefertigt. Die Buchstabenbilder sollten aneinandergereiht in allen Kombinationen eine gleichmäßige Grauwirkung zeigen.

Der **Schriftguß** erfolgte in schnellen Komplettgießmaschinen. Die Gußformen (Matrizen) wurden im **Fräsverfahren** hergestellt. Die auf eine Messingplatte kopierten und dann hineingravierten Konturen des Schriftzeichens dienten als Schablone für die Matrizenfräsmaschine, mit deren Hilfe der Buchstabe in verkleinertem Maßstab in einen Messingblock gefräst wurde, der nach weiteren Arbeitsstufen die Matrize bildete.

Früher gab es zur Matrizenherstellung auch das **Prägeverfahren** (Stempelschnitt) und das **galvanische Verfahren.** Die Schriftgießereien gossen die Drucktypen aus einer Metallegierung von Blei (Pb) 67 %, Antimon (Sb) 28 %, Zinn (Sn) 5 %. Blindmaterial enthält 85 % Blei, 3 % Zinn und 12 % Antimon.

In einer Handsetzerei stehen Setzregale reihenweise nebeneinander und bilden in der Regel mehrere Gassen. Die Regale enthalten Setzkästen und einige Schubladen für kleineres Arbeitszubehör. Zum Setzen wird der gewünschte Setzkasten auf den pultförmigen und meist verschiebbaren Oberbau des Regals gestellt. Der Arbeitsplatz daneben ist eine ebene Fläche.

Der Setzer steht vor seinem **Setzkasten.** Mit der rechten Hand greift er in die Fächer und stellt die Buchstaben nebeneinander in den **Winkelhaken,** den er in der linken Hand hält und der auf die Zeilenbreite eingestellt wurde. Die Buchstaben sind im Setzkasten so angeordnet, daß die am häufigsten vorkommenden am schnellsten erreichbar sind.
Die Fächer sind von unterschiedlicher Aufnahmefähigkeit; ihre Größe wurde aufgrund des Buchstabenvorkommens im deutschen Text ermittelt. Für große Schriftgrade gibt es besondere Steckschriftkästen, in denen die Buchstaben nicht liegen, sondern aufrecht stehen.

Ausschließmaterial dient zur Bildung der Wortzwischenräume, die optisch gleich gehalten werden sollen, Durchschußmaterial zum Erweitern der Zeilenabstände.

Wenn der Winkelhaken gefüllt ist, hebt der Setzer mit Hilfe der Setzlinie die Zeilen aus und stellt sie auf das **Setzschiff.** Das Schiff, eine dreiseitig begrenzte Metallplatte, liegt leicht angewinkelt auf dem ebenen Arbeitsplatz neben dem schräg aufgestellten Setzkasten. Bereits im Winkelhaken oder auch erst später auf dem Schiff kann der Satz mit Regletten durchschossen werden. Die fertige Kolumne wird mit einer Kolumnenschnur ausgebunden. Danach wird Korrekturabzug in der Handpresse gemacht.
Nach dem Auflagendruck muß alles Material wieder in die richtigen Fächer der Setzkästen abgelegt werden.

Setzmaterial. Es gibt druckendes und nichtdruckendes Material. Zum druckenden Material zählen Schrift, Schmuckstücke und Linien. Der Begriff Schrift bezeichnet die Gesamtmenge aller **Drucktypen,** auch

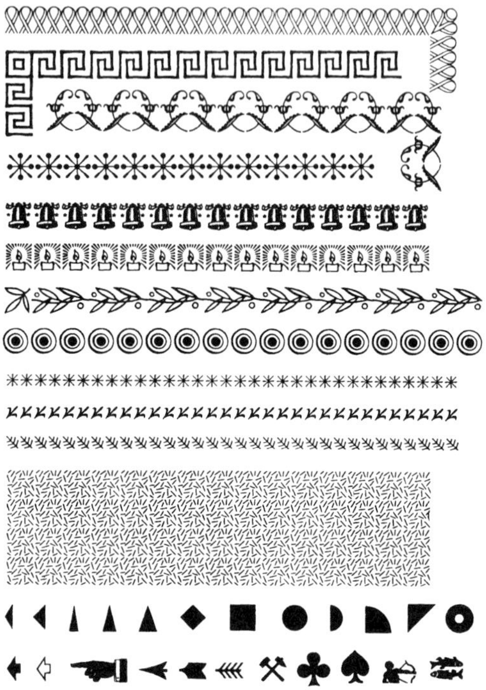

Bild 108.1. Reiheneinfassungen, Schmuck, Typo-Elemente, Typozeichen.

Lettern genannt. Drucktypen werden eingeteilt in Buchstaben, Ziffern und Zusatzzeichen (Satzzeichen, Akzente, mathematische und chemische Symbole).

Linien und Schmuck. Außer der Schrift gibt es als weitere Satzbauelemente Linien, die besonders im Tabellensatz eine große Rolle spielen. Linien sind schrifthohe Messingstreifen, die an der Oberfläche das Bild tragen. Linien gibt es in verschiedenen Längen. Schmuckmaterial ist oft in Geviert-Stücken vorhanden, die beim Setzen aneinandergereiht werden.

Das nichtdruckende Material wird auch **Blindmaterial** genannt. Es dient als Füllmaterial zwischen Wörtern, Zeilen und ganzen Schriftblöcken. Blindmaterial gibt es in folgenden Arten:

Ausschluß ergibt Wortzwischenräume und dient zum Ausschließen der Zeilen. **Quadrate(n)** dienen zum Füllen von Ausgangszeilen und Zwischenräumen innerhalb der Zeilen. Sie finden auch als Wortzwischenraum in den Schriftgraden 2 Cicero, 3 Cicero und 4 Cicero sowie im Tabellensatz Anwendung. **Regletten** bilden den Durchschuß. Es sind schmale Metallstreifen, mit deren Hilfe die Zeilenabstände vergrößert werden können. **Stückdurchschuß** dient zum Durchschießen schmaler Tabellenspalten. In den Schriftgraden 2, 3 und 4 Cicero kann er als Ausschlußmaterial verwendet werden. **Stege** dienen zum

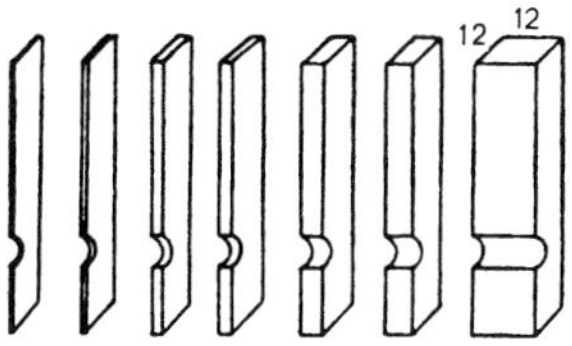

Bild 109.1. 12-p-Ausschluß: 1-, 1 1/2, 2-p-Spatien, 3 p, 4 p, Halbgeviert, Geviert.

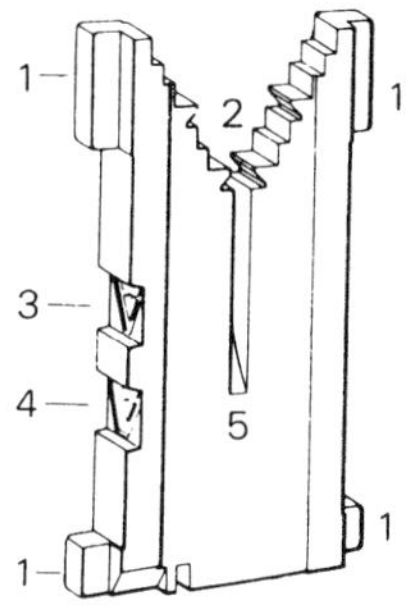

Bild 109.2. Messingmatrize der Matrizensatz-Zeilengieß-maschine.
1. „Ohren" der Matrize
2. Zahnung
3. Normalbild
4. Auszeichnugsbild
5. Anhebeschlitz

Ausfüllen großer bildfreier Flächen innerhalb des Satzes. Sie sind hohl, um das Gewicht zu verringern und Metall zu sparen.

Das Blindmaterial ist in der Setzerei in besonderen Kästen und Regalen untergebracht.

▼

1. Welche Arbeitsgeräte benutzt der Handsetzer?
2. Aus welchen Teilen besteht ein kompletter Arbeitsplatz für den Handsetzer?
3. Welche Schriftgrößenangaben entsprechen a) dem Kegel, b) der Dickte von Lettern?
4. Welches Blindmaterial verwendet man als Durchschuß?
5. Aus welchen Metallen und prozentualen Anteilen setzt sich das Letternmetall zusammen?
6. Nach welchen Gesichtspunkten sind die Fächer im Setzkasten angeordnet?

5.7.1.2 Maschineller Bleisatz

Schon im vorigen Jahrhundert hat es nicht an Versuchen gefehlt, Setzmaschinen zu konstruieren. Man ging aber zuerst immer davon aus, daß die Maschine dasselbe tun müsse wie der Handsetzer, nämlich Bleibuchstaben aus einem großen Behälter zu entnehmen oder herausfallen zu lassen und zu ganzen Zeilen aneinanderzureihen. Der Engländer William Church stellte 1822 zum erstenmal eine solche Maschine vor; viele andere folgten. Einen gewissen Erfolg hatte 1867 Charles Kastenbein, Deutschland, mit seiner Typen-Setzmaschine, die sehr umständlich zu bedienen war.

Der entscheidende Durchbruch gelang erst 1886 durch die Erfindung des deutschen Uhrmachers Ottmar Mergenthaler, der in Baltimore die heute weltbekannte Linotype-Setzmaschine der Fachwelt vorstellte. Der Kern seiner Erfindung waren das maschinelle Setzen von Matrizen und der Guß ganzer Zeilen.

Matrizen im Maschinensatz. Während der Handsetzer Drucktypen einzeln manuell zusammenfügt, erledigt das beim maschinellen Bleisatz die Maschine. Der Maschinensetzer hat nur Tasten zu bewegen und Hebel zu betätigen; alles andere geschieht weitgehend automatisch. Satzmaterial sind hier nicht die Drucktypen mit erhabenem Bild, sondern die Matrizen (Gußformen) mit vertieftem Buchstabenbild. Je nach Maschinentyp werden aus ihnen Einzelbuchstaben oder ganze Zeilen gegossen.

Zu unterscheiden sind drei Arten von Matrizensetzverfahren:

1. Maschineller Matrizensatz und Zeilenguß,
2. manueller Matrizensatz und Zeilenguß,
3. maschineller Matrizensatz und Drucktypenguß, auch Einzelbuchstabenguß genannt.

Maschineller Matrizensatz-Zeilenguß. Ihn kennzeichnen drei Besonderheiten:

1. Nicht Drucktypen werden gesetzt, sondern Matrizen.
2. Ganze Zeilen werden gegossen.
3. Setzen, Gießen und Ablegen geschehen gleichzeitig.

Der Setzer sitzt vor der Tastatur und schlägt leicht die Tasten an. Aus einem im Oberteil befindlichen Magazin fallen die einzelnen Matrizen über Führungsbleche herunter und reihen sich im Sammler (Sammelelevator) nebeneinander auf. Spatienkeile bilden die Wortzwischenräume. Wenn die Zeile fast gefüllt ist, ertönt ein akustisches Signal, und der Setzer »schickt die Zeile weg« durch Betätigung eines Hebels. Nun kann er sich bereits dem Setzen der nächsten Zeile zuwenden.

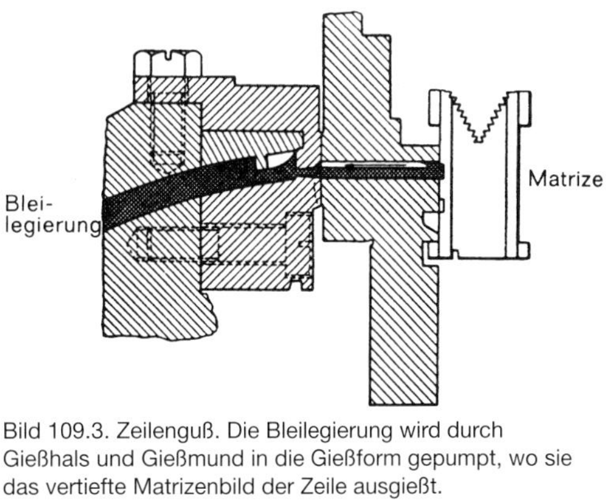

Bild 109.3. Zeilenguß. Die Bleilegierung wird durch Gießhals und Gießmund in die Gießform gepumpt, wo sie das vertiefte Matrizenbild der Zeile ausgießt.

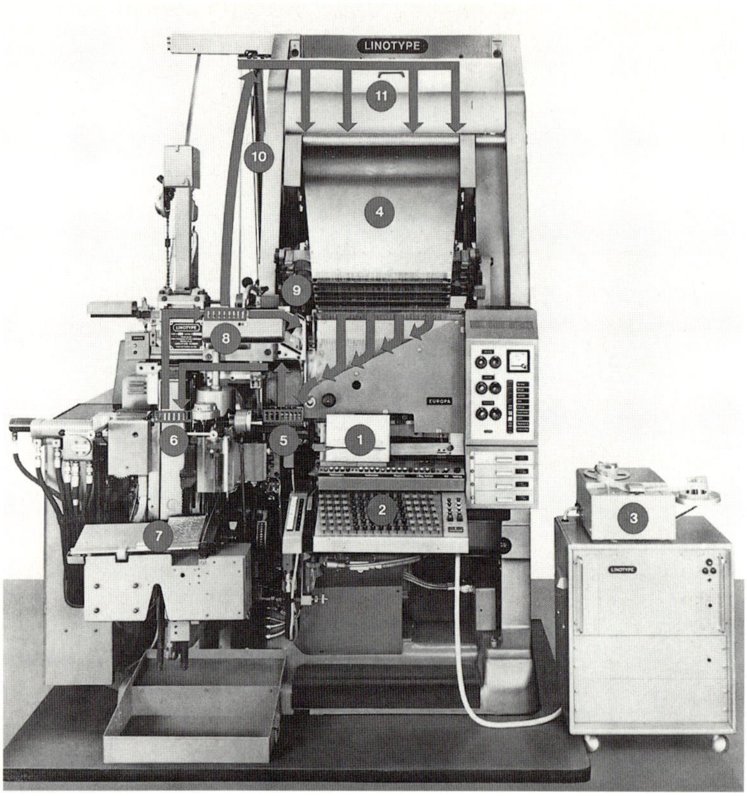

Bild 110.1. Matrizenkreislauf in der Zeilengießmaschine. 1. Manuskript, 2. Tastatur, 3. Elektronischer Setzautomat für Lochbandbetrieb, 4. Matrizen-Magazin, 5. Sammelelevator, 6. Gießmechanismus, 7. Zeilenschiff, 8. Obere Überführung der Matrizen, 9. Spatienkeilkasten, 10. zweiter Elevator, 11. Ableger.

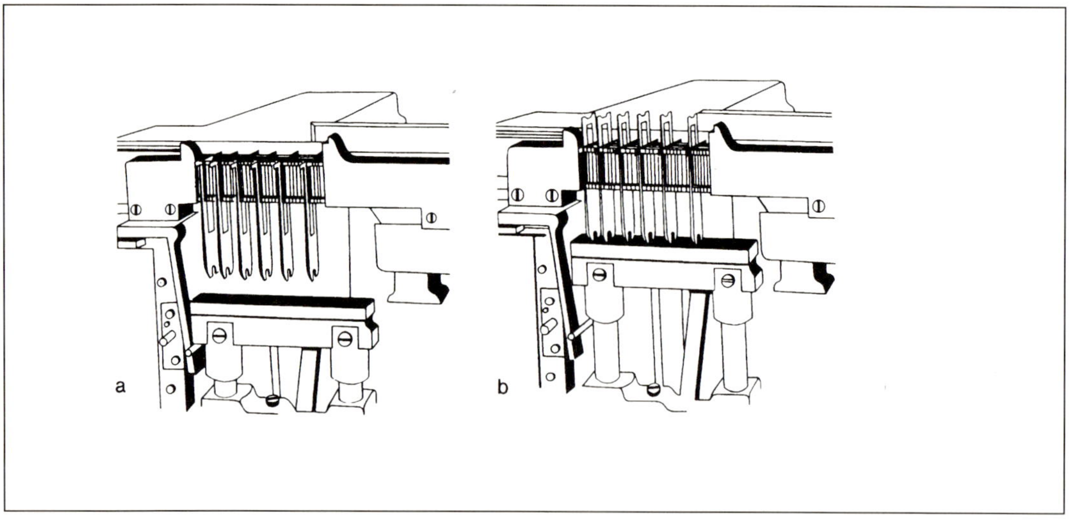

Bild 110.2. a Matrizenteile vor dem Ausschließen. b Keile treiben die Zeile auf Satzbreite auseinander.

Die zuerst gesetzte Zeile ist inzwischen im ersten Elevator angekommen. Sie wird vor den Gießmund transportiert und ausgeschlossen. Dazu werden Spatienkeile nach oben geschoben und pressen die Zeile auseinander, bis sie fest zwischen den Formatbacken sitzt. Nun wird sie mit Bleilegierung ausgegossen. Das geschieht durch die je nach Schriftgrad unterschiedlichen Schlitze eines Gießrades. Die gegossene Zeile wird anschließend dreiseitig beschnitten und auf das Zeilenschiff ausgestoßen.

Die Matrizen werden ein kurzes Stück emporgehoben, der zweite Elevator faßt sie und befördert sie nach oben zum Ablegen, während die Spatienkeile bereits in ihre Fächer zurückgebracht wurden. Auf einer speziellen gezahnten Matrizenführungsstange werden die Matrizen aufgereiht und – an ihren Zähnen hängend – über die Magazinkanäle geführt. Aufgrund ihrer Zahnung und der besonderen Konstruktion der Stange verlieren sie ihren Halt genau an der Stelle, wo sie in ihren Kanal zurückfallen sollen.

So landen nach und nach alle Matrizen wieder an ihrem alten Platz, von wo aus sie aufs neue den gleichen Rundlauf beginnen. Nach dem Druck können die gegossenen Zeilen wieder eingeschmolzen werden.

Die bekanntesten Maschinen im maschinellen Matrizensatz-Zeilenguß heißen:

Linotype, Erfinder Ottmar Mergenthaler, 1884/86.

Intertype, Erfinder W. S. Scudder, 1912/13. Die Bauweise ähnelt stark der Linotype.

Manueller Matrizensatz mit Zeilenguß. Die Matrizen werden nicht über eine Tastatur in Bewegung gesetzt, sondern manuell aus einem Setzkasten geholt und in einem Spezialwinkelhaken zusammengefügt. Der Winkelhaken wird in eine Gießmaschine eingesetzt, dort festgeklemmt, und dann wird eine Zeile gegossen. Guß, Kühlen und Ausstoßen der Zeile sind in 10 Sekunden erledigt. Auch Linien, Blindmaterial und komplette Tabellenteile können schnell gegossen werden.

Vorteile dieses Verfahrens im Vergleich zum Handsatz sind:

1. Größere Geschwindigkeit.
2. Die Schrift ist immer neu.
3. Mehrfachguß, besonders wichtig bei gleichen Tabellen- oder Formularteilen aus Linien.

Bekannte Matrizenhandsatz-Zeilengießmaschinen sind: **Ludlow,** Erfinder Ludlow, Schottland 1921; **Nebitype, Typomeca.**

Matrizensatz-Drucktypenguß. Der Amerikaner Tolbert Lanston erfand schon 1897 eine Setzmaschine mit Lochbandsteuerung, die einzelne Drucktypen gießt. Deshalb trägt sie den Namen **Monotype.** Sie ist heute kaum noch im Einsatz. Die Maschine besteht aus zwei Aggregaten, dem Tastgerät und der Gießmaschine. Auf dem Tastgerät werden in ein 11 cm breites Papierband Lochkombinationen für jedes Zeichen, die Wortzwischenräume und Setzbefehle gestanzt. Beim Blocksatz kann erst nach dem letzten Buchstaben einer Zeile die tatsächliche Breite der Wortzwischenräume eingestanzt werden. Durch Betätigen zweier Ausschließtasten wird der durch den Ausschließmechanismus ermittelte Wert festgelegt und eingestanzt.

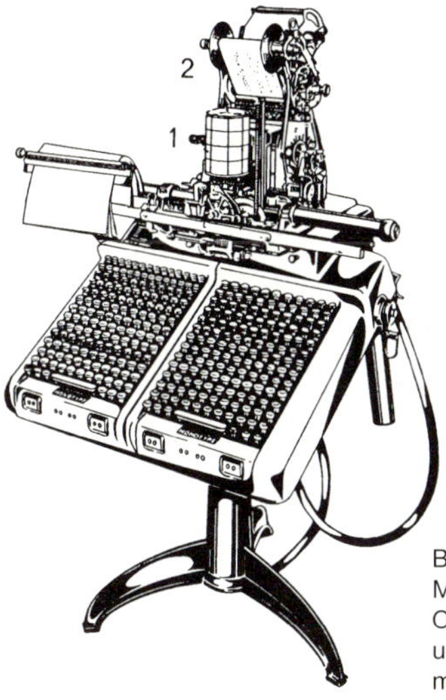

Bild 111.1. Monotype-Taster. Oben Settrommel (1) und Papierturm (2) mit der Papierrolle.

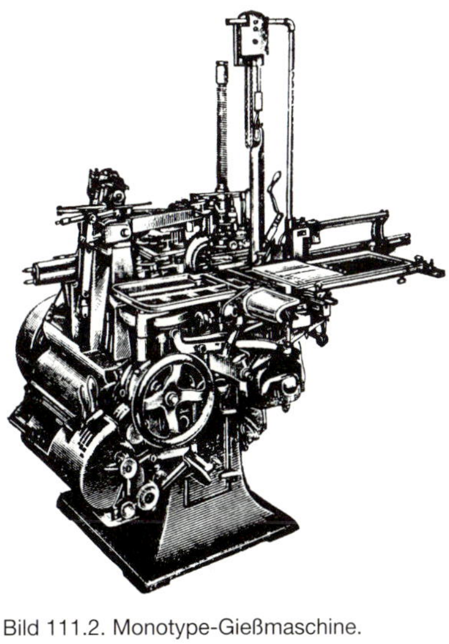

Bild 111.2. Monotype-Gießmaschine.

In der Gießmaschine befinden sich in einem Matrizenrahmen die zum Guß notwendigen Matrizen. Der Guß der Lettern für die einzelnen Zeilen geschieht mit Hilfe des gelochten Papierstreifens. Die Löcher des Papierbandes werden mit Druckluft abgetastet und steuern dadurch die Zentrierungen für den Matrizenrahmen, die Keile für Wortzwischenräume und den Ausschluß. Der Matrizenrahmen, der sich in alle vier Richtungen bewegen kann, um immer die benötigte Matrize zu plazieren, wird kurz für den Gießvorgang gestoppt. Danach wird heißes Schriftmetall eingespritzt, und die noch heißen Lettern werden selbsttätig ausgeworfen. Der Guß der Drucktypen erfolgt in einer Schriftgröße vom Textende und dadurch auch vom Zeilenende her. Der Grund ist, daß erst nach dem Setzen einer Blocksatz-Zeile der Wortzwischenraumwert im Lochband registriert werden kann, aber beim Guß der Zeile zuerst benötigt wird.

Arbeitsgebiete der Drucktypen-Gießmaschine sind alle Arten des Mengensatzes, insbesondere stark gemischter wissenschaftlicher Satz, Fremdsprachen- und lexikalischer Satz sowie Tabellensatz.

▼

1. Welche Vorteile hat die maschinelle Satzherstellung mit Hilfe von Matrizen im Vergleich zu Versuchen im vorigen Jahrhundert, Bleibuchstaben mit der Maschine zu setzen?
2. Nach welchem Prinzip arbeitet der maschinelle Bleisatz im Vergleich zum Handsatz?
3. Wie unterscheiden sich die Ablegevorgänge beim manuellen und maschinellen Matrizensatz?
4. Unterscheiden Sie die Korrekturvorgänge beim maschinellen Matrizensatz-Zeilenguß und Matrizensatz-Drucktypenguß!

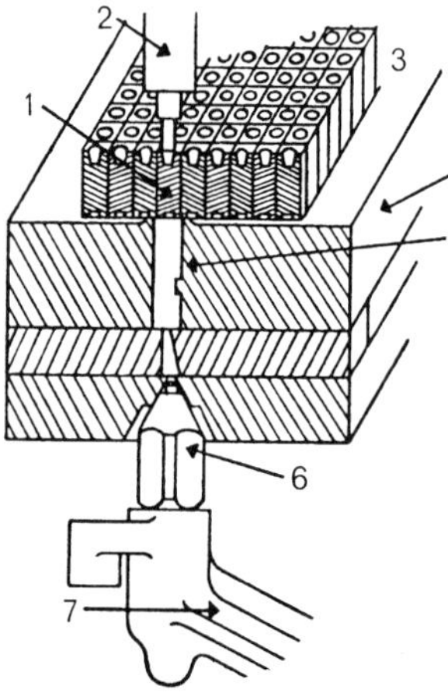

1. Einzelmatritze,
2. Zentrierstift
3. Matrizenrahmen,
4. Gießform,
5. Letter im Guß,
6. Gießspitze,
7. Pumpe.

Bild 112.1. Schema des Gießvorgangs.

5.7.2 Fotosetzgeräte

Ein Teil dieser Geräte hatte aufgrund ihrer Gestaltungsmöglichkeiten großen Einfluß auf die Typografie nach 1970. Sie erlaubten eine Fülle gestalterischer Modifikationen, die mit dem Bleisatz nicht oder nur mit großem Aufwand erreicht werden konnten.

Fotosetzgeräte sind aufgrund ihrer umständlichen Arbeitsweise heute kaum mehr im Einsatz.
Sie erlauben keinen automatischen Zeilenausschluß, so daß Blocksatz, rechtsbündiger Flattersatz oder Satz auf Mittelachse nur durch zweimaliges Absetzen hergestellt werden kann.

Fotosetzgeräte wurden unterteilt in Titel-Fotosetzgeräte und Akzidenz-Fotosetzgeräte:

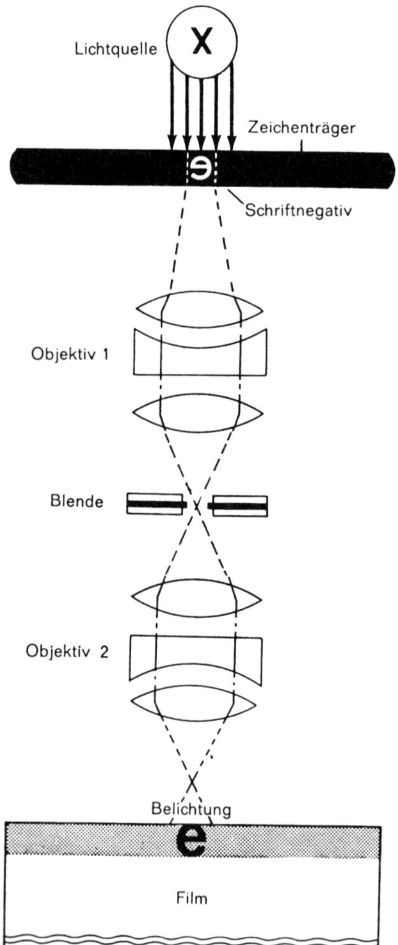

Bild 112.2. Schemazeichnung: Strahlengang in Titelfotosetzgeräten. Neben Objektiven mit fester Brennweite werden Objektive mit veränderlicher Brennweite (Zoom) verwendet.

Bild 113.1. Schriftscheibe des Titelsetzgeräts Letterphot.

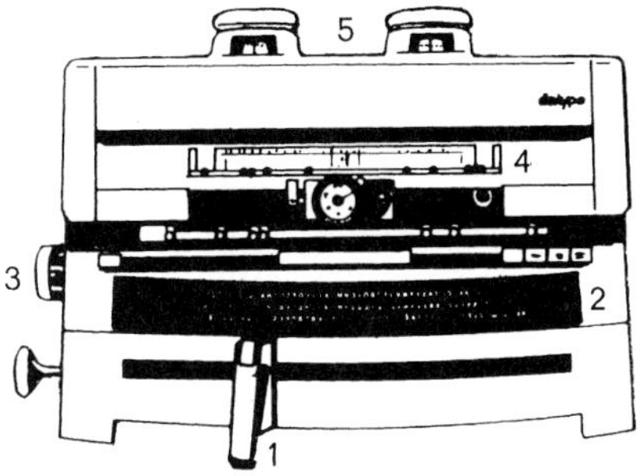

Bild 113.2. Halbautomatisches Tageslichtgerät Diatype.
1. Wählhebel. 2. Auswechselbare Schriftzeichenskala.
3. Laufweiteneinstellung. 4. Breitenskala, darunter Höhenskala und Skala für Zeilenabstand. 5. Schriftgrößeneinstellung.

Titel-Fotosetzgeräte. Einsatzgebiet dieser Geräte (Headliners) war der Satz von Titelzeilen und Schlagzeilen. Für kleine Schriftgrößen und den Mengensatz waren sie nicht geeignet. Bei den meisten Titel-Fotosetzgeräten wurde jedes Zeichen manuell auf dem Schriftbildnegativ angewählt. Eine Halogenlampe belichtete die einzelnen Zeichen durch das Negativ auf das Fotomaterial. Einige Geräte boten eine Fülle von gestalterischen Möglichkeiten, wie den Satz von kreisförmig, wellenförmig oder schräg angeordneten Zeilen, deren Zeichen aufgerastert oder strukturiert, aber auch komprimiert, verbreitert, schräg gestellt oder übereinanderbelichtet sein konnten.

Akzidenz-Fotosetzgeräte. Sie eigneten sich nicht zur Herstellung von Mengensatz, da jedes Zeichen und jedes Linienstück einzeln über einen Wählhebel oder eine Wählscheibe ausgesucht werden mußte. Jeder einzelne Punkt der Seite konnte nach dem Koordinatenprinzip wiederholt angefahren werden. Voraussetzung war jedoch eine typografische Manuskriptbearbeitung mit Maßskizze, bei der mit X-Y-Werten der genaue Stand der einzelnen Textteile festgelegt war. Akzidenz-Fotosetzgeräte waren vor allem für den linksbündigen Flattersatz geeignet. Die Belichtung erfolgte direkt Zeichen um Zeichen - ohne Speicherung. In der Regel setzte der Schriftsetzer »blind«; er konnte den Arbeitsfortschritt an keinem Display oder Bildschirm verfolgen. Diese Fotosetzgeräte sind heute nur noch selten im Gebrauch. Sie dienen noch für Ausbildungszwecke und für kleine Satzarbeiten oder Korrekturen.

Bekannte Geräte waren: diatype, diacomp, Morisawa MC-507 und Photolettering Mark II.

▼

1. Welche Möglichkeiten der Modifikation boten Titel-Fotosetzgeräte?
2. Aus welchen Gründen werden Titel- und Akzidenz-Fotosetzgeräte nicht mehr gebaut?

5.8 Electronic-Publishing-Systeme

Im Gegensatz zu Fotosetzgeräten, bei denen kein automatischer Zeilenausschluß möglich ist, können Electronic-Publishing-Systeme mit Hilfe der elektronischen Datenverarbeitung erfaßte Texte automatisch ausschließen und belichten. Beispielsweise werden vor dem Ausschließen einer Blocksatzzeile die gespeicherten Dicktenwerte jedes Zeichens einer Zeile und die Minimumwerte für die Wortabstände addiert. Ein verbleibender Restwert wird nach einem Rechenprozeß den Minimumwerten dazuaddiert.

Ein wesentliches Merkmal der Electronic-Publishing-Systeme sind die vernetzten Rechner, die mit unterschiedlich großen internen und externen Datenspeichern ausgerüstet sind.

5.8.1 Historische Entwicklung

Im Bereich des Bleisatzes erschienen die ersten brauchbaren Maschinen am Ende des vorigen Jahrhunderts, nachdem 450 Jahre lang Gutenbergs Handsatztechnik praktiziert worden war. Beim Fotosatz verlief die Entwicklung anders. Zwar gehen die ersten Fotosetzmaschinen auf das Ende des 19. Jahrhunderts zurück. Die erste »fotografische Maschine«, eine Erfindung des Amerikaners A. C. Ferguson, wird auf das Jahr 1892 datiert. Aber erst nach dem zweiten Weltkrieg wurde das Wort »Fotosatz« zum festen Begriff, und die Fachleute begannen sich ernsthaft damit zu beschäftigen. Vor allem die Weiterentwicklung der Druckverfahren machte es notwendig, zur Herstellung der Druckformen geeignetere und preisgünstigere Setzverfahren zu entwickeln. Das Verfahren, von Bleisatzkolumnen über einen Barytabzug und einer fotografischen Aufnahme einen Film herzustellen, um eine Offsetdruckplatte kopieren zu können, war viel zu aufwendig.

Die **erste Generation** der Fotosetzmaschinen war ähnlich wie Bleisetzmaschinen konstruiert. Die

Schriftbildträger hatten die Form der Matrizen, waren jedoch mit einem negativen Schriftzeichen versehen und wurden einzeln durchleuchtet. Bekannte Maschinen, die nach dem optomechanischen Belichtungsprinzip arbeiteten, waren der Intertype-Fotosetter sowie der Monophoto-Filmsetter.

Als **zweite Generation** wurden Systeme bezeichnet, die äußerlich in keiner Weise mehr den bisherigen Bleisetzmaschinen glichen. Das erste System dieser Art war die Linofilm aus dem Jahre 1954.
Die Bereiche Eingabe, Verarbeitung und Speicherung sowie die datenträgergesteuerte Ausgabe grenzten sich immer deutlicher voneinander ab. Die Ausgabegeräte verfügten über Schriftbildträger in Form von Negativscheiben, Negativplatten oder Negativfilmstreifen.

Der **dritten Generation** werden Systeme zugeordnet, die über CRT- und Laser-Belichtungseinheiten verfügen. Um eine schnelle Ausgabe von Texten zu ermöglichen, müssen die Zeichen der Schriften digitalisiert sein. Bei der Digitalisierung erfolgt die Zerlegung oder Beschreibung der Schriftzeichen in codierte zahlenmäßige Größen, die wie andere Daten auf einem Datenträger gespeichert werden können. Die so gespeicherten Zeichen werden mit Hilfe einer Kathodenstrahlröhre buchstabenorientiert linienweise aufgezeichnet. Bei Laserbelichtern erfolgt die Ausgabe generell flächenorientiert. Deshalb können neben Schriftzeichen auch digitalisierte Grafiken, Tonverläufe und Rasterbilder ausgegeben werden.

Die elektronische Datenerfassung hat auf die moderne Satzherstellung und Bildverarbeitung starken Einfluß ausgeübt. Schriftsatz und Bildverarbeitung sind nichts anderes als Erfassung, Verarbeitung und Speicherung sowie Ausgabe von Informationen. Daher ist es sinnvoll, von Systemen anstatt von Maschinen und Anlagen zu sprechen.
Ein System bezeichnet mehrere Komponenten, die als Ganzes mehr bewirken als die Summe der Einzelteile. Komponenten eines Electronic-Publishing-Systems sind die EDV-Anlage (Hardware) mit ihren einzelnen Geräten und die zum Betrieb der Anlage notwendigen Programme (Software). Erst als System ist es für den praktischen Einsatz verwendbar.

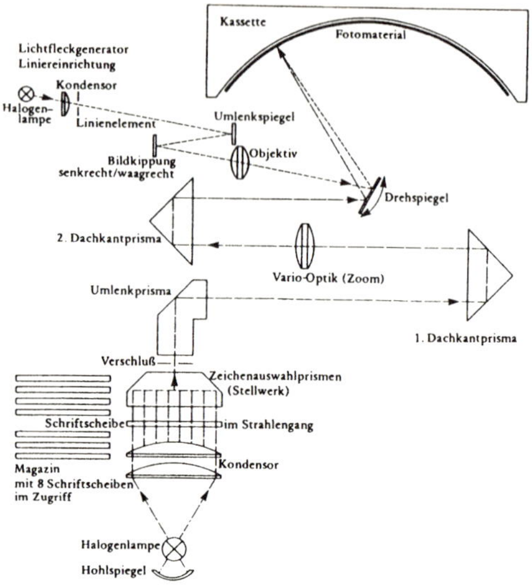

Bild 114.1. Der Lichtweg durch einen optomechanischen Belichter mit rechteckigen Schrifttbildträgern.

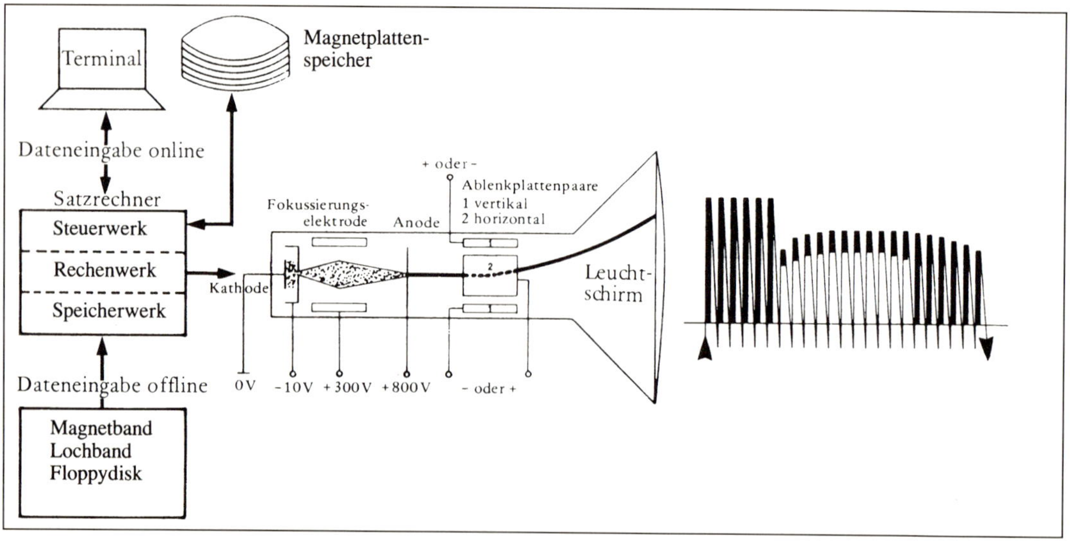

Bild 114.2. Aufzeichnung digitalisierter Schrift mit einer Kathodenstrahlröhre, CRT-Belichter.

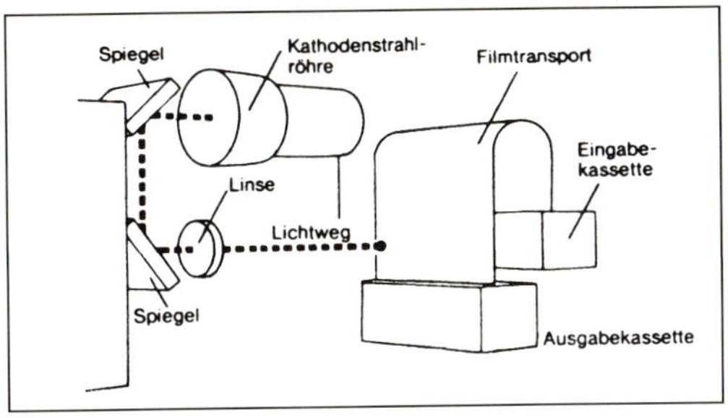

Bild 115.1. Schemazeichnung des Lichtweges im CRT-Belichter mit zwei Spiegeln, die das Licht um jeweils 90° ablenken.

Der Beruf des Schriftsetzers hat sich im Laufe der letzten Jahre völlig gewandelt. Er wird in den nächsten Jahren durch den Beruf des Mediengestalters für Digital- und Printmedien verdrängt werden. Inhalte dieses neuen Ausbildungsberufs in den ersten 18 Monaten sind: Arbeitsvorbereitung, Gestaltung, Datenhandling, Medienintegration und Qualitätssicherung. Danach gliedert sich die weitere 18monatige Ausbildung in die vier Fachrichtungen: Medienberatung, Mediengestaltung, Medientechnik und Medienoperating. Diese Fachrichtungen decken das gesamte Spektrum späterer beruflicher Tätigkeitsbereiche in der Druck- und Medienvorstufe ab.

▼

1. Wie unterscheiden sich die drei Generationen der Satztechnologie?
2. Welche unterschiedlichen Belichtungseinheiten gibt es im Satz?
   Nennen Sie kurz Unterschiede!
3. Stellen Sie die historische Entwicklung der einzelnen Setzverfahren in einem Koordinatensystem dar!
4. Beschreiben Sie kurz die Vorteile der modernen Electronic-Publishing-Systeme gegenüber dem Bleisatz!
5. Welche Nachteile haben die modernen Electronic-Publishing-Systeme gegenüber dem Bleisatz?

5.8.2 Hardware

Die Hardware von Electronic-Publishing-Systemen ist die Gesamtheit der technischen Einrichtungen, die aus Rechnern, peripheren Geräten, Leitungssystemen und Datenträgern besteht. Um mit der Hardware arbeiten zu können, benötigt man noch die entsprechenden Programme (Software). Bestimmte Funktionen in den Electronic-Publishing-Systemen können heute durch die Hardware-Steuerung, aber auch durch Software-Steuerung ausgelöst werden. Dabei ist zu beachten, daß Hardware-Lösungen unflexibel, aber schnell, Software-Lösungen programmierbar, aber langsamer sind.

Electronic-Publishing-Systeme werden heute im Gegensatz zu früher als offene Systeme angeboten. Das bedeutet, daß es heute möglich ist, Geräte unterschiedlicher Hersteller in einem System zu integrieren. Dabei ist auf die Kompatibilität der einzelnen Geräte zu achten. Unter **Kompatibilität** versteht man die Anschlußfähigkeit verschiedener technischer Bauteile oder die Verträglichkeit der Programme zueinander. **Aufwärtskompatibilität** bedeutet, daß ältere Programmversionen auch auf neueren Rechnern ohne Probleme verarbeitet werden können. Eine Kompatibilität, die mit Hilfe von Verbindungssteckern zwischen zwei verschiedenen Geräten erreicht werden kann, ohne daß eine Veränderung an einem der beiden Geräte notwendig ist, wird **Steckerkompatibilität** genannt.

Standardisierte Schnittstellen mit ihrem einheitlichen Kabelsteckschuh sind heute immer häufiger anzutreffen. Eine **Schnittstelle** ist im weitesten Sinne eine Übergangsstelle, an der zwei verschiedene Geräte kooperieren und Daten austauschen. Handelt es sich um Geräte, die Daten auf unterschiedliche Art und Weise übertragen, so muß an der Übergangsstelle die Anpassung durch ein **Interface** erfolgen. Prinzipiell sind dabei die technischen Einrichtungen anzupassen, beispielsweise bei Verbindungssteckern die Art der gegenseitig übertragenen Signale sowie die Festlegung, welche Bedeutung die Signale haben.

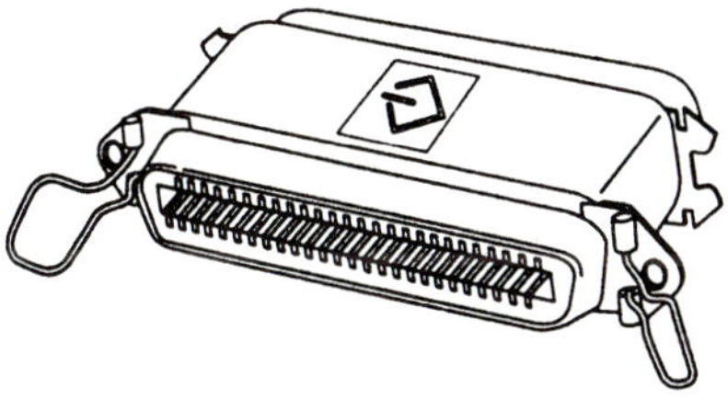

Bild 115.2. SCSI-Schnittstelle (Small Computer System Interface). Diese parallele Schnittstelle ermöglicht Datenübertragungen mit hoher Geschwindigkeit.

5.8.2.1 Datenerfassungs- und Eingabegeräte

Die Datenerfassung kann auf Geräten zur Texterfassung oder Bilddatenerfassung erfolgen. Zur Texterfassung dienen Personal Computer (PC) sowie Flachbettscanner mit OCR-Software. Für die Bilddatenerfassung werden sowohl Flachbett- als auch Trommelscanner eingesetzt. Laufwerke für Magnetplatten, Disketten, Magnetbänder und CDs sind sowohl Eingabe- als auch Ausgabegeräte.

Die Texterfassung ist der langsamste und kostenintensivste Teil der Satzherstellung. Trotz stets verbesserter Texterfassungsgeräte ist doch letztlich der Mensch am Erfolg und Mißerfolg einer Arbeit

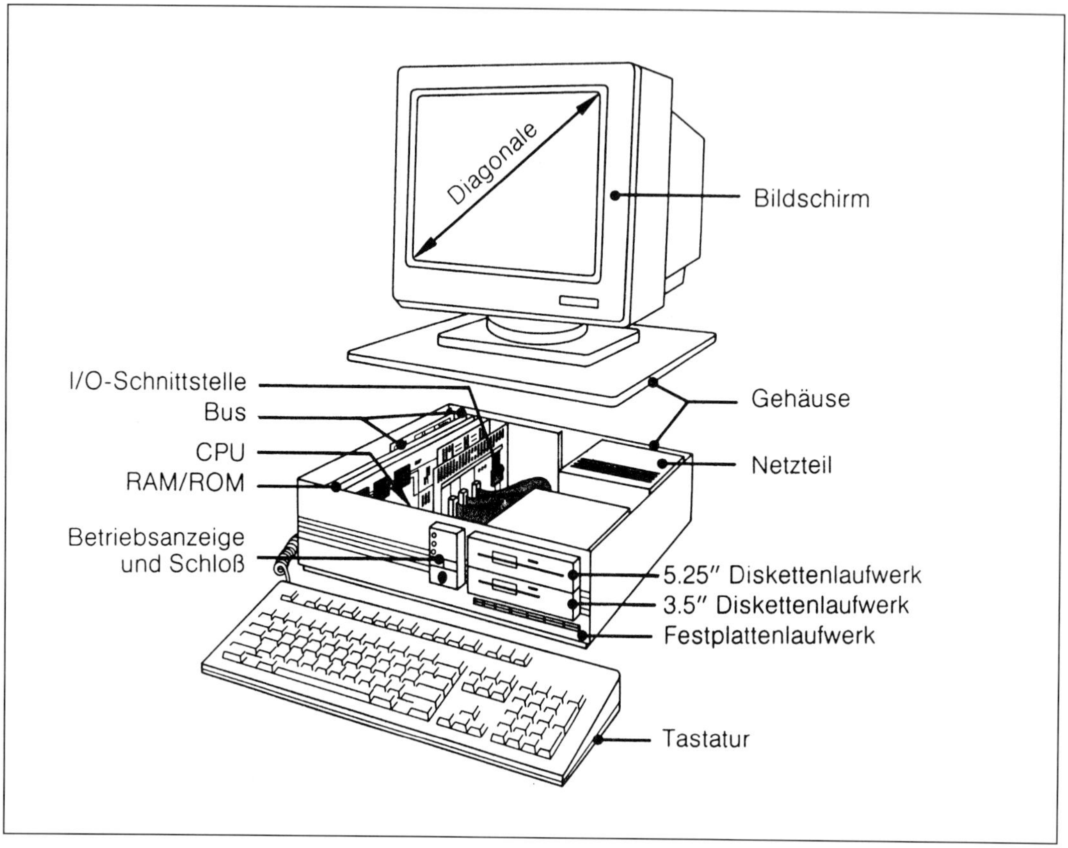

Bild 116.1. Aufbau eines Personalcomputers.

entscheidend beteiligt. Fehler, die sich bei der Texterfassung einschleichen und nicht erkannt werden, bedeuten immer einen zusätzlichen Aufwand im weiteren Produktionsprozeß. Um die Texterfassung so effektiv wie möglich zu machen, benötigt man bequem bedienbare Geräte mit einem sinnvollen Zeichenvorrat und einem komfortablen Programm. Dieses soll sich auszeichnen durch eine leicht erlernbare typografische Befehlseingabe, durch die Möglichkeit der Belegung einzelner Tasten mit Sonderzeichen, Befehlen oder kurzen Texten und vor allem durch die Möglichkeit, Makros (Makrobefehle) durch einen Kurzaufruf zu aktivieren.

In Verwaltungen, Werbeagenturen und Verlagen wird die Texterfassung häufig schon am Entstehungsort mit Hilfe von PCs vorgenommen. Während früher die Manuskripte den satzherstellenden Betrieben übergeben wurden, werden heute oft sogenannte Rohdaten entweder auf Datenträgern oder direkt über ISDN zur Verfügung gestellt. Aufgabe der Vorstufenbetriebe ist es, bei Bedarf mit Hilfe von Konvertierungsprogrammen die angelieferten Daten zu interpretieren und sie so zu verändern, daß sie im Electronic-Publishing-System weiterverarbeitet werden können.

Personal Computer (PC). Der Mikrocomputer, der für den persönlichen Gebrauch entwickelt wurde, wird heute für betriebliche Anwendungen eingesetzt. Die PCs benutzen eine Hard- und Software, die früher Großsystemen vorbehalten war. Die heute angebotenen Geräte besitzen 32-Bit-Mikroprozessoren und häufig eine Arbeitsspeicherkapazität von 8 bis 80 Megabyte (MB), die aufwendige Programme in kürzester Zeit abarbeiten können. Ergänzt wird die Zentraleinheit des PCs in der Regel durch Tastatur, Bildschirm, Festplattenspeicher, CD-Laufwerk und Diskettenlaufwerk. Mikrocomputer mit hohem Leistungsniveau werden auch Workstations genannt.

Je nach Netzwerkarchitektur des Systems ist der PC direkt mit dem Vermittlungsknoten (Stern-Netzwerk) oder mit vielen anderen Geräten (Bus-Netzwerk) verbunden.

Im Gegensatz zu den noch manchmal anzutreffenden Bildschirmterminals mit ihren satzspezifischen Betriebssystemen sind PCs mit ihren speziellen Standardbetriebssystemen vielseitiger einsetzbar. Standardbetriebssysteme (Systemsoftware) der PCs sind vor allem Windows 95, MacOS, Windows NT, OS/2, UNIX.

PCs werden im Satzbereich vor allem für die Texterfassung und für die Herstellung von Signets, Firmenzeichen, Grafiken, Piktogrammen sowie Ton- und Rasterflächen eingesetzt. Moderne PCs arbeiten mit der sogenannten Window-Technik, das heißt mit einer grafisch orientierten Benutzeroberfläche am Bildschirm. Mit grafikfähigen Programmen wird jeder Arbeitsschritt am Bildschirm angezeigt. Im Menü erscheinen sowohl Texte als auch sich selbst erklärende Piktogramme, beispielsweise für Linien, Raster, Rahmen und Schriften. Mit Hilfe einer Maus, die die Steuerung des Cursors übernimmt, kann man durch Anfahren eines Textes oder Piktogramms und durch Drücken der Maustaste einen Programmteil aktivieren. Dadurch läßt sich beispielsweise eine Linie in einer bestimmten Länge und Stärke satzidentisch an jede beliebige Position des Bildschirms bringen.
Der Vorteil der Window-Technik liegt darin, daß der Bediener am Bildschirm sieht, wie sich seine Arbeit mit allen Elementen satzidentisch aufbaut und mühelos ändern läßt, bis sie seinen Anforderungen entspricht.
Zur Speicherung der Satzarbeiten stehen die PC-eigene Festplatte, eine Diskette oder auch ein anderer Massenspeicher innerhalb des Systems zur Verfügung.

Bei der Texterfassung in Heimarbeit wird heute überwiegend der PC eingesetzt, und die erfaßten Texte werden auf Disketten gespeichert. Die Kosten für 1000 Zeichen sind in der Regel wesentlich niedriger als bei der Erfassung im Vorstufenbetrieb. Die in Heimarbeit auf Disketten gespeicherten Texte können über die Diskettenlaufwerke des PCs in das Netzwerk eingelesen werden. Voraussetzung dafür ist natürlich die Software-Kompatibilität der Disketten. Ist diese nicht vorhanden, so muß mit Hilfe eines Konvertierungsprogramms die Anpassung der gelieferten Daten in die benötigte Datenstruktur erfolgen.

Da häufig PCs mit gleichem Betriebssystem sowohl im Vorstufenbetrieb als auch bei Autoren, Verlagen und Werbeagenturen eingesetzt werden, sind die Textproduzenten in der Lage, in ihrem Hause die Texte selbst zu erfassen, auf einen Datenträger abzuspeichern und damit Kosten und Zeit zu sparen. Wichtig ist dabei in der Regel eine Absprache zwischen dem Vorstufenbetrieb und dem Textlieferanten über die eingesetzten Programme und Programmversionen sowie über die typografischen Besonderheiten der Satzarbeit. Dadurch läßt sich viel Ärger und Zeit auf beiden Seiten vermeiden.

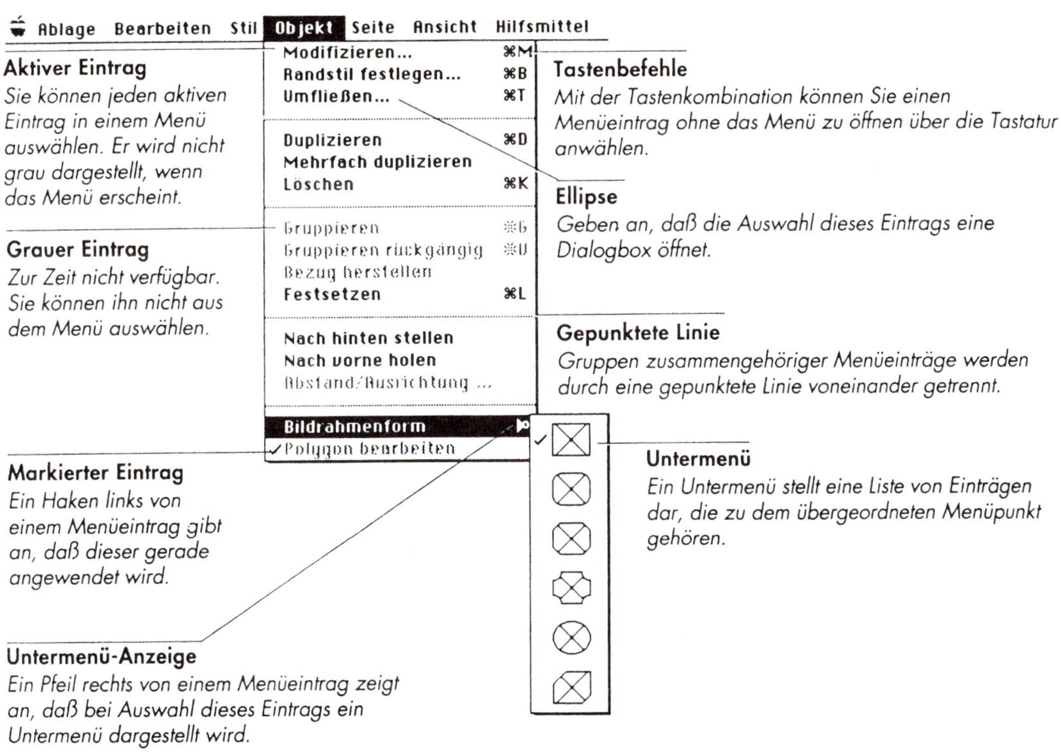

Bild 117.1. Grafisch orientierte Benutzeroberfläche mit Menü und Untermenü.

deshalb versucht, eine optimale Trefferquote zu erreichen.

Das wichtigste Kriterium bei der Entscheidung für ein OCR-Programm ist die erzielbare Trefferquote bei der Erkennung. Die Hersteller sprechen in diesem Zusammenhang oft von Trefferquoten über 99 Prozent. Solche Versprechen sind jedoch mit Vorsicht zu bewerten, weil derart gute Ergebnisse nur mit optimalen Vorlagen erzielt werden können. Die besten Ergebnisse, fast 100 Prozent, erreichen Programme mit einer sauber getippten Seite, die mit der Schreibmaschinenschrift Courier beschrieben wurde. Bei der Erkennung eines Textes in einer Zeitungsseite, bei der meist eine 10 Punkt große Serifenbetonte Linear-Antiqua verwendet wird, können je nach Programm Fehlerquoten von 0,3 bis 2 Prozent erreicht werden. Wird die Zeitungsseite durch einen anderen Ausschnitt mit kursiven und schmallaufenden Schriften ersetzt, so wird die Trefferquote generell schlechter. Praktisch unbrauchbare Ergebnisse liefern die meisten Programme bei Texten mit vielen Sonderzeichen oder Outline-Schriften, aber auch mit Unterstreichungen, die die Unterlängen der Buchstaben berühren.
Für die Texterfassung im Satzbereich ist eine Trefferquote unter 99,5 Prozent in der Regel nicht ausreichend. Obwohl solche Programme unterschiedliche Schriftarten, Schriftschnitte, Schriftgrößen und auch schräg angeordnete Zeilen erkennen können, ist die Beseitigung von mehr als 5 Fehlern auf 1000 Zeichen relativ aufwendig.

Durch lernfähige, aber etwas teurere OCR-Programme ist in der Regel eine bessere Trefferquote zu erzielen. Zeichen einer bestimmten Schrift, die nach einem Probelauf vom Programm falsch oder nicht erkannt wurden, können für die weitere Arbeit festgelegt werden. Es ist zu erwarten, daß in den nächsten Jahren die Fehlerquote noch weiter verringert wird. Eine nachträgliche Textkontrolle mit einem Programm zur Rechtschreibprüfung ist wegen der oft versteckten Fehler unerläßlich.

Gelegenheitsanwender von OCR-Programmen, die des Zehnfingersystems auf der Tastatur nicht mächtig sind, sind in der Regel mit den Leseergebnissen zufrieden.

▼

1. Auf welche Weise erfolgt die Zeichenerkennung mit Hilfe eines Flachbettscanners und eines OCR-Programms?
2. Warum werden in Vorstufenbetrieben immer häufiger bei bestimmten Textvorlagen Flachbettscanner mit OCR-Programm eingesetzt?
3. Nennen Sie drei Beispiele für Textvorlagen, die dem OCR-Programm meist große Schwierigkeiten bereiten bzw. von ihm nicht gelesen werden können.

Übertragungseinrichtungen der Telekom. Immer häufiger werden an anderen Orten erfaßte Texte, Grafiken und Bilder über die Netze der Deutschen Telekom AG dem Vorstufenbetrieb übermittelt.
Das **Öffentliche Fernsprechnetz,** das ursprünglich nur für die Sprachkommunikation (analoge Übertragung) vorgesehen war, erfährt durch die Datenfernübertragung eine Sondernutzung. Dies erfolgt mit Hilfe eines **Modems,** das die Aufgabe hat, digital gespeicherte Daten in analoge Signale zu modulieren, um diese übertragen zu können, aber auch, um solche Signale wieder in digitale Daten zurückzuverwandeln. Die Übertragungsrate kann beispielsweise bei einem Modem 28.800 Bits/Sekunde betragen.

Für Datenübertragungen in großem Umfang wurden die Datex-Netze geschaffen.
Im **Datex-P-Betrieb** erfolgt die Übertragung von Datenpaketen in einer sogenannten Teilstrecken-Vermittlungstechnik. Bei der Paketvermittlung besteht im Gegensatz zum Datex-L-Betrieb keine direkte Verbindung zwischen den beiden Anschlüssen; es wird eine virtuelle (scheinbare) Verbindung hergestellt. Über diese werden dann die Daten in Form von genormten und adressierten Paketen übertragen. Mit Hilfe von PAD (Packet Assembly/Disassembly), einer Anpassungseinrichtung der Telekom AG, kann der Datenaustausch zwischen Datenendeinrichtungen verschiedener Hersteller mit unterschiedlichen Übertragungsprozeduren erfolgen. Die Übertragungsrate kann auch hier 64.000 Bits/Sekunde erreichen.
Beim **Datex-L-Betrieb** sind nur zwei Wählverbindungen zwischen Geräten gleicher Übertragungsrate möglich. Die Leistung kann bis zu 64.000 Bits/Sekunde betragen. Datex L wird heute kaum noch eingesetzt und wurde durch das ISDN verdrängt.

ISDN ist die Kurzbezeichnung für Integrated Service of Digital Network, digitales dienste-integrierendes Netzwerk. Dieses Netzwerk ermöglicht alle Kommunikationsformen über einen Anschluß, das heißt, die Übertragung von Sprache, Text, Bild und Daten. Mit ISDN ist erstmals auch eine sinnvolle Vernetzung entfernt stehender PCs möglich. Dazu benötigt der PC eine ISDN-Steckkarte, die es erlaubt, die wesentlichen Dienste der Datenfernübertragung direkt abzuwickeln, beispielsweise FAX und Online-Dienste.

Grundsätzlich sind zwei ISDN-Anschlußtypen mit unterschiedlicher Kapazität und verschiedenen Schnittstellen zu unterscheiden. Der Basisanschluß mit der Schnittstelle S_0 verfügt über zwei B-Kanäle (Basiskanäle) und einen D-Kanal, der Primärmultiplexanschluß S_{2M} über 30 B-Kanäle und einen D-Kanal. Dieser D-Kanal (Steuerkanal) dient vorrangig zur Übertragung der Zeichengabeinformation zwischen den Endeinrichtungen beim Anwender und

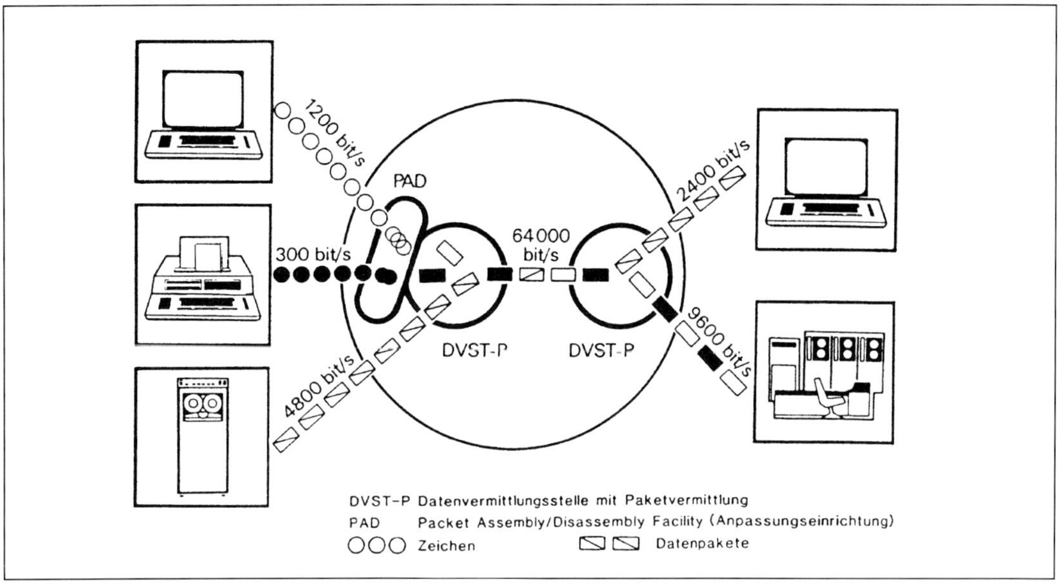

Bild 121.1. Datex-P-Betrieb.

der Ortvermittlungsstelle der Deutschen Telekom AG. Die getrennt nutzbaren Basiskanäle lassen sich von einem PC mit ISDN-Karte zu einer einzigen Verbindung mit einer höheren Übertragungsrate zusammenfassen. So sind am Basisanschluß Verbindungen von 128 KBit/s (2 x 64 KBit/s), am Primärmultiplexanschluß Verbindungen von 1,92 MBit/s (30 x 64 KBit/s) möglich. Auch mehrere Basiskanäle lassen sich bündeln.

Eine Voraussetzung, um eine Datenübertragung über ISDN von einem PC zu einem anderen PC durchführen zu können, ist das gleiche Filetransfer-Protokoll. Während die Teledienste der Telekom AG (Telefon, Fax und Datex-P) eine garantierte End-zu-End-Kompatibilität sicherstellen, stellt der Filetransfer über ISDN eine reine Netzleistung dar. Man kann also nur Daten mit einem Computer an einen anderen ISDN-Nutzer übermitteln, wenn dieser ein kompatibles Kommunikationsprogramm besitzt. Das bedeutet, daß für die problemlose Verständigung zwischen PCs die ISDN-Nutzer selbst sorgen müssen. Heute wird eine große Anzahl von ISDN-Karten von verschiedenen Herstellern angeboten. Diese Adapterkarten werden von einer Anwendungs-Software gesteuert, die den Defacto-ISDN-Standard CAPI berücksichtigen. Seit 1995 gibt es die CAPI-Version 2.0, die sich zusammen mit dem Euro-File-Transfer-Protokoll zum Weltstandard etabliert. Für Apple-Computer und in Europa ist die Firma Hermstedt mit ihren Leonardo-Karten führend.

Der Datenaustausch zwischen Kunden, Vorstufenbetrieben und Druckereien über ISDN kann in zwei verschiedenen Formen durchgeführt werden. Normalerweise muß der Empfänger der Daten vor der Übermittlung angerufen und gebeten werden, den Computer mit ISDN-Karte einzuschalten und das benötigte Kommunikationsprotokoll zu aktivieren, damit die Daten auf den Computer des Empfängers gesendet werden können. Wer ständig erreichbar sein und einen ungestörten und sauberen Empfang der ISDN-Übertragungen haben will, setzt innerhalb seines Netzwerkes einen speziellen Rechner ein. Dafür genügen in der Regel ältere Rechner-Modelle. Dieser Rechner bleibt Tag und Nacht empfangsbereit, und alle Partnerfirmen können jederzeit ihre Daten auf diesen Server (Rechner) übermitteln. Im Empfangsordner findet der Empfänger die gesendeten Dateien und kann sie dann den einzelnen Kunden zuordnen.

Durch **Datenkomprimierung** können die Übertragungskosten, aber auch der Speicherbedarf verringert werden. Bei diesem Verfahren lassen sich Daten so verändern, daß sie auf den Bruchteil ihrer Größe schrumpfen, ohne dabei ihren informatorischen Inhalt zu verlieren. Mit Hilfe mathematischer Methoden werden in den Datenpaketen Informationen aufgespürt, die sich auch einfacher und kürzer speichern lassen.

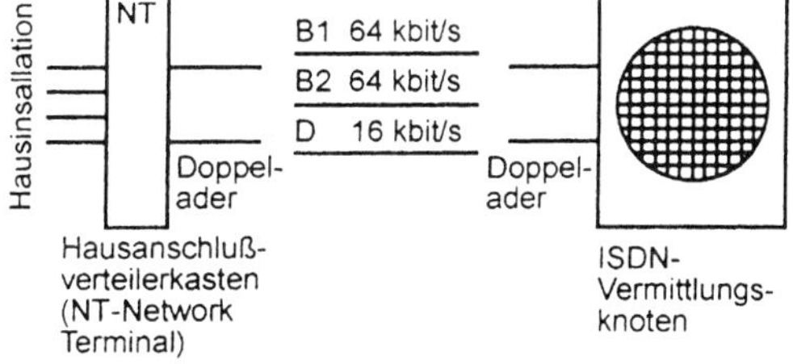

Bild 121.2. ISDN-Basisanschluß mit zwei Nutzkanälen B1 und B2.

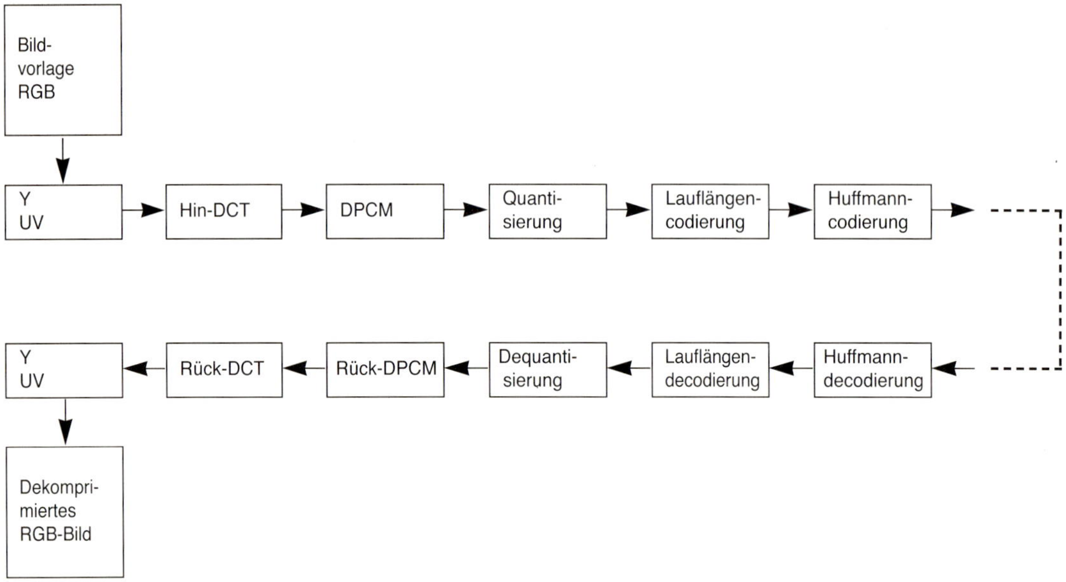

Bild 122.1. Prinzip der JPEG-Komprimierung und Dekomprimierung.

Bei der Datenkomprimierung gibt es grundsätzlich zwei Verfahren: Die Verdichtung ohne und mit Informationsverlusten.
Beim erstgenannten Verfahren dürfen keine Daten verlorengehen, beispielsweise beim Verdichten von Daten für eine Zeitungsseite oder Datenbank. Beim Komprimieren solcher Daten müssen deshalb verlustfrei arbeitende Verfahren verwendet werden. Dabei werden im Prinzip alle Folgen von mindestens drei gleichen Zeichen so verkürzt, daß sie nur zwei Bytes benötigen. Das erste Byte weist auf eine Komprimierung hin und nennt die Anzahl der gleichen Zeichen, im zweiten Byte ist der Code des Zeichens enthalten. Die Komprimierung wird vor der Datenübertragung und Datenspeicherung durchgeführt. Bei der Ausgabe wird der Vorgang wieder rückgängig gemacht, so daß der Benutzer die Daten wieder in der unverdichteten Form erhält. Nur in dieser Form kann er sie wieder bearbeiten.

Sehr große Einsparungen beim Verdichten einer Datei erzielt man ausschließlich mit dem zweiten Verfahren, das bestimmte Einbußen im Detailbereich der Information mit sich bringt. Es ist deshalb vor allem für die Verdichtung visueller Information geeignet. Die Datenkompression wirkt ähnlich wie ein Filter. Unwesentliche Schwankungen der Farbtöne und kleine, unwichtige Details der Formen werden durch ähnliche ersetzt oder verschwinden ganz aus der Bilddatei. Eine gute Bildkomprimierungs-Software ist so ausgelegt, daß sie beispielsweise beachtet, daß Farbunterschiede im Bereich klar sichtbarer Kanten vernachlässigt werden dürfen, während ein Wechsel von Farbschattierungen auf einer Fläche für den optischen Eindruck eine entscheidende Rolle spielt.

Ein wichtiger Standard für die Datenkompression von Bildern ist JPEG (Joint Photograhic Expert Group). Mit JPEG lassen sich Bilddaten je nach Kontrast und Raster bis auf 5 Prozent der ursprünglichen Größe verdichten. Mit wachsender Kompressionsrate sinkt natürlich die Bildqualität, so daß der optimale Kompressionsfaktor vorlagenabhängig eingestellt werden muß. Denn es ist auch zu beachten, daß aufgrund einer zu hohen Kompressionsrate störende Muster bei der Ausgabe auf Fotomaterial auftauchen können.

Die Datenkomprimierung erfolgt in mehreren Arbeitsschritten, bei denen verschiedene Kompressions-Verfahren angewandt werden. Zuerst werden die RGB-Daten in die Farbvideosignale Helligkeit (Y) und Farbe (U,V) konvertiert, um sie getrennt komprimieren zu können. Die Information der Helligkeit ist wichtiger als die Information der Farbe und muß deshalb sensibler komprimiert werden. Dann erfolgt eine Diskrete-Cosinus-Transformation (DCT), bei der die Bildvorlage in Teilbilder mit 8 x 8 Bildpunkten gegliedert wird. Bei großer Ähnlichkeit zwischen den einzelnen Teilbildern läßt sich nun eine weitere Datenkompression vornehmen. Dies geschieht durch die Differenz-Puls-Code-Modulation (DPCM), bei der nicht der Tonwert selbst, sondern die Differenz zum Nachbarwert ermittelt wird. In den meisten Fällen ist der Differenzwert kleiner als die beiden Einzelwerte. In einer anschließenden Quantisierung werden die Gewichtungen der restlichen spektralen Komponenten in eine gröbere Auflösung überführt und dann mittels Lauflängencodierung komprimiert. Abschließend wird dieses Ergebnis nach dem Huffman-Verfahren weiter komprimiert. Das Huffman-Verfahren arbeitet mit einer variablen Wortlänge, das heißt, mit verschieden langen Bit-Kombinationen. So erhalten häufig auftretende Bildelemente kürzere Codes als selten auftretende Bildelemente. Der JPEG-Algorithmus ist mit einem riesigen Rechenaufwand verbunden, der entsprechend viel Zeit benötigt. Auf wenige Sekunden läßt sich dieser Vorgang reduzieren, wenn spezielle Kompressionsprozessoren eingesetzt werden. Um eine inhaltliche Bildbearbeitung an einer komprimierten Bilddatei durchführen zu können, muß vorher die Dekomprimierung der Datei erfolgen.

Laufwerke für Disketten, CDs und Magnetbandkassetten. Diese Geräte dienen sowohl der Eingabe als auch der Ausgabe. Mit ihrer Hilfe lassen sich **Fremddaten,** das heißt außerhalb des Vorstufenbetriebs erfaßte Daten, in das Electronic-Publishing-System einlesen, um sie dann zu Seiten zu verarbeiten. Dies ist aber nur möglich, wenn die Hardware- und Software-Kompatibilität gewährleistet ist. Ist dies nicht der Fall, so muß mit Hilfe eines Konvertierungsprogramms eine Anpassung erfolgen.

Aufträge, die zur Datensicherung oder zur Archivierung auf CDs, Magnetbandkassetten oder Disketten ausgelagert wurden, können bei Bedarf wiederum über die oben genannten Eingabegeräte in das System eingegeben werden.

▼

1. Warum wird in der Texterfassung und in der Textverarbeitung immer wieder eine Datensicherung durchgeführt?
2. Mit welchem Hilfsmittel und auf welche Weise ist es möglich, digital gespeicherte Daten über das öffentliche Fernsprechnetz einem Computer zu übermitteln?
3. Unterscheiden Sie Datex P und ISDN!
4. Bei welchen Dateien kann unter leichten qualitativen Einbußen eine starke Datenkomprimierung erreicht werden?
5. Komprimieren Sie ein einfarbiges Rasterbild mit JPEG in mehreren Schritten, belichten Sie die Zwischenschritte und werten Sie die Ergebnisse aus.

5.8.2.2 Verarbeitung und Speicherung

Grundsätzliches zum Thema Aufbau und Arbeitsweise der Zentraleinheiten und Massenspeicher ist unter 3.2.2 nachzulesen.

Die Zentraleinheiten der Mikrocomputer (PCs) und Minicomputer haben in den letzten Jahren ein Leistungsvermögen erreicht, das früher nur Groß- und Superrechnern vorbehalten war. Die Preise der Hardware sinken trotz steigender Leistungen und Kapazitäten. Dies führte zu einer Dezentralisierung der Aufgabenverteilung. Dazu dient ein System von Übertragungswegen für Texte, Bilder und Daten, ein innerbetriebliches (lokales) Netzwerk, das auch LAN (Local Area Network) genannt wird.

Vorteile der **lokalen Netzwerke (LAN)** sind, daß Magnetplatten, Laserbelichter und Drucker von allen Teilnehmern des Netzes genutzt werden können.
Ein wichtiger Grund ist auch die zentrale Speicherung von Daten, meist auf der Festplatte des File-Servers oder des Zentralrechners. Immer dann, wenn viele Anwender auf gleiche Dateien zugreifen müssen und diese außerdem noch aktuell sein sollen, bietet sich die zentrale Datenverwaltung an. Lizenzen für Anwenderprogramme in Netzwerken sind erheblich preisgünstiger als Einzelplatzversionen. Satz-, Grafik- und Bildbearbeitungsprogramme stehen im Netz allen Anwendern zur Verfügung. Dateien, die mit diesen Programmen erstellt werden, lassen sich ohne großen Aufwand in ihren verschiedenen Entwicklungsstufen von unterschiedlichen Anwendern aufrufen und bearbeiten.
Die Attraktivität von LANs liegt nicht nur in der gemeinsamen Nutzung von Datenbeständen, Programmen und peripheren Geräten, sondern auch darin, daß dem Anwender gewünschte Informationen immer gleich an seinem Arbeitsplatz zur Verfügung stehen, unabhängig davon, wo sie innerhalb des Netzes gespeichert sind.

Um im Netzwerk tätig werden zu können, benötigen die PCs in der Regel bestimmte Treiberprogramme und eine Netzwerkkarte. Sie wird in den PC eingebaut und ermöglicht über ein spezielles Kabel die Verbindung zum Netz. Außerdem sorgt die Karte für die Übertragung und den Empfang aller Netznachrichten. Alle Kommunikationsprotokolle sind vollständig auf der Netzwerkkarte integriert. Jede Anfrage oder Mitteilung wird über die Netzwerkkarte in das Netzwerk geleitet und sucht sich ihren Weg zum Empfänger. Für die unterschiedlichen Netzwerkarchitekturen, wie beispielsweise Token-Ring oder Ethernet, gibt es jeweils spezielle Karten. Solch eine Netzwerkkarte übersetzt dem PC die meist seriellen Signale des Netzwerkkabels in bitparallele Informationen für den PC und umgekehrt. Außerdem übt sie eine Verstärkerfunktion aus und kontrolliert die Zugriffe auf die Übertragungsmedien.

Für die Funktionalität und Leistungsfähigkeit des Netzwerks ist das Netzwerk-Betriebssystem verantwortlich. Dieses Programm ergänzt in der Regel das Betriebssystem (Systemprogramme) des PCs. Das eigentliche Netzwerkbetriebssystem versieht meist auf dem File-Server oder Zentralrechner seinen Dienst. Zu den wichtigsten Eigenschaften des Netzwerk-Betriebssystems zählt die Geschwindigkeit, mit der Anforderungen der Anwender bearbeitet werden können. Weitere Anforderungen sind beispielsweise: Alle peripheren Geräte, Speicher- und Rechnerkapazitäten müssen allen Benutzern zur Verfügung gestellt werden können. Durch Paßwortzugang, Benutzerbeschränkung, Fehler- und Anwendungs-

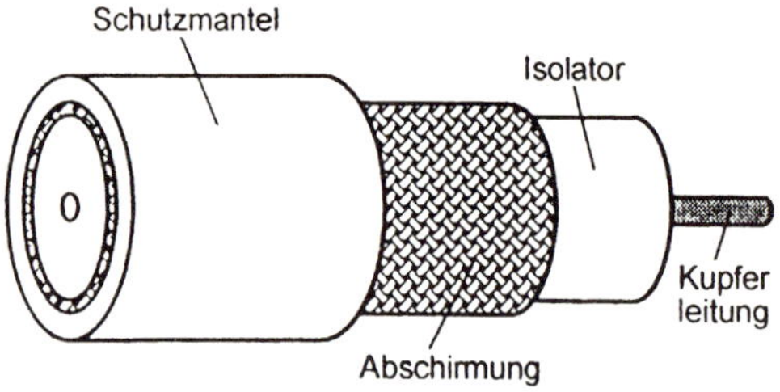

Bild 124.1. Schnittbild eines Koaxialkabels (Breitbandkabel).

protokolle muß ausreichender Datenschutz möglich sein. Datensicherheitfunktionen bei Systemausfällen müssen vorhanden sein. Das Netzwerkbetriebssystem soll einen modularen Aufbau haben, um es leichter neuen Anforderungen und Bedingungen anpassen zu können; meist genügt es, nur ein Softwaremodul auszutauschen.

Netzwerkkabel verbinden die einzelnen Stationen in einem lokalen Netzwerk. Zur Zeit kommen drei verschiedene Kabelarten in Frage: Koaxialkabel, verdrillte Kupferkabel und Glasfaserkabel. Die Wahl des richtigen Kabels hängt von den Anforderungen ab, die an das Netzwerk gestellt werden.
Die Einteilung der Netzwerke kann in unterschiedlicher Weise erfolgen.

So unterscheidet man einmal das Peer-to-Peer-Netzwerk und das Client-Server-Netzwerk.
Beim **Peer-to-Peer-Netzwerk** kann jeder der Rechner als Arbeitsplatzrechner und Server arbeiten. Da alle Rechner gleichberechtigt sind, wird kein spezieller Server benötigt. So kann beispielsweise ein Arbeitsplatzrechner die Dienste eines anderen Rechners nutzen, der einen Drucker angeschlossen hat, um Dokumente auszudrucken. Andererseits stellt er allen anderen Rechnern im Netzwerk bestimmte Dateien zur Verfügung, die alle anderen Netzwerkteilnehmer interessieren. Dadurch, daß jeder Rechner etwas anbieten und alles nutzen kann, entsteht ein großer Verwaltungsaufwand, denn es muß jeweils dokumentiert werden, wer was nutzen darf.
Dieser Aufwand ist ab 10 Rechnern so groß, daß kein sinnvolles Arbeiten mehr möglich ist.

Beim **Client-Server-Netzwerk** sind Rechner unterschiedlicher Hersteller und Leistungsklassen miteinander verbunden. An einer Transaktion sind immer mindestens zwei Computer beteiligt, der Client und der Server. Beide nehmen unterschiedliche Aufgaben war. Der Server ist Lieferant von Informationen oder/und Dienstleistungen, der Client ist der Besteller. Der Client erzeugt die Transaktion und übergibt sie dem Server zur Überarbeitung. Vorteile beim Client/Server-Computing sind beispielsweise:
Die Herstellerabhängigkeit lockert sich sowohl im

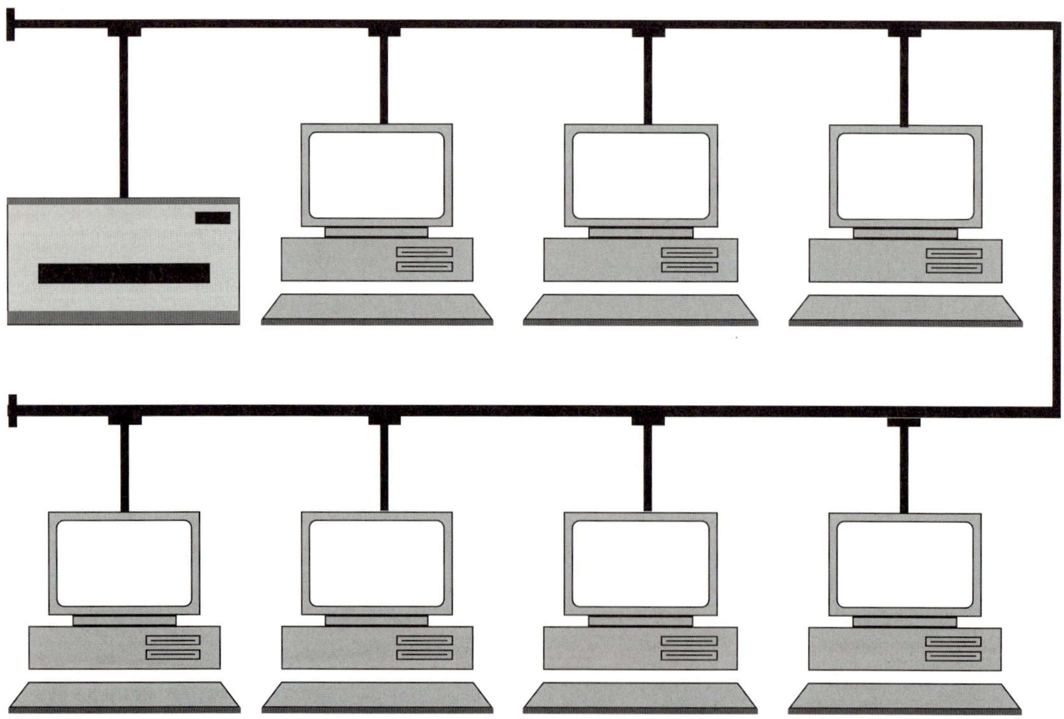

Bild 124.2. Peer-to-Peer-Netzwerk. Netzwerkarchitektur: Bus-Netzwerk.

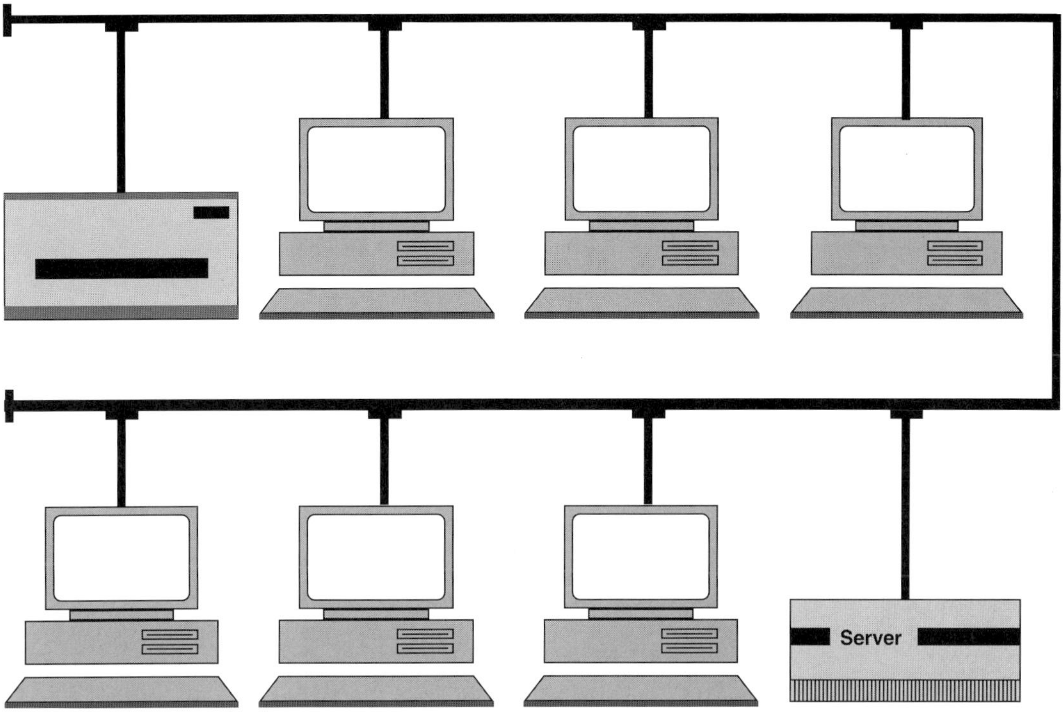

Bild 125.1. Client-Server-Netzwerk. Netzwerkarchitektur: Bus-Netzwerk.

Hardware- als auch im Software-Bereich, und die Mitarbeiter des Unternehmens haben Zugriff auf einen größeren Datenbestand.

Eine weitere Unterscheidungsmöglichkeit ist die Form der Netzwerkarchitektur (Netzwerktopologie).

Zu unterscheiden sind: das Stern-Netzwerk, das Bus-Netzwerk, das in sich geschlossene Ring-Netzwerk und das Maschen-Netzwerk. Alle vorgenannten Netze können nach Bedarf miteinander kombiniert werden.

Stern-Netzwerk. Bei dieser Netzwerkarchitektur sind alle Geräte sternförmig über eigene Leitungen an einem zentralen Knoten angeschlossen, der Zentralrechner, Hub oder Switch genannt wird.
Bei neueren Versionen übernimmt der Zentralrechner nur die Daten- und Textverwaltung, die Steuerung des Datenverkehrs sowie die Erstellung von Statistiken. Alle anderen Aufgaben können die PCs erledigen.
Das heißt, die an den Erfassungsgeräten eingegebenen Daten werden im Online-Verbund dem Zentralrechner zugeführt. Von dort aus erfolgt das Ablegen der Daten auf Magnetplatten. Bei diesem Verbundsystem ist es in der Regel möglich, von allen Erfassungsplätzen aus zu allen gespeicherten Texten und Abbildungen Zugriff zu haben.

Normalerweise besitzen Zeitungsbetriebe Doppelbeziehungsweise Duplexsysteme mit paarweise arbeitenden Zentralrechnern und dazugehörenden Magnetplatten. Der Grund liegt darin, daß sich ein Zeitungsbetrieb kurz vor Redaktionsschluß keine mehrstündige Reparatur seines einzigen Zentralrechners erlauben kann, denn dieser steuert ja auch den Datenfluß vom Magnetplattenspeicher zum Belichter. Auch ein Head-Crash, ein ungewolltes Aufsetzen des Schreib-Lese-Kopfes auf eine rotierende Magnetplatte, kann viele Artikel zerstören, die aus Zeitgründen nicht alle nochmals erfaßt werden können.

Deshalb benutzt man zur Systemausfallsicherung (Back-up) zwei Zentralrechner, die mit jedem der beiden Magnetplattenspeicher und außerdem zur Synchronisation untereinander verbunden sind. Deshalb ist stets auf beiden Magnetplatten der gleiche Inhalt abgespeichert. Beim Ausfall eines Zentralrechners werden weiterhin alle Daten parallel auf beiden Magnetplatten aufgezeichnet, so daß eine optimale Datensicherung besteht.
Aufgabe eines solchen Zentralrechners ist es, den Datenfluß im Stern-Netzwerk zu steuern, den Datenbestand auf den zentralen Magnetplattenspeichern zu verwalten, Statistiken und Ablaufprotokolle zu erstellen und eingehende Fremddaten zu konvertieren. Durch zusätzliche Steuerungseinrichtungen ist es den

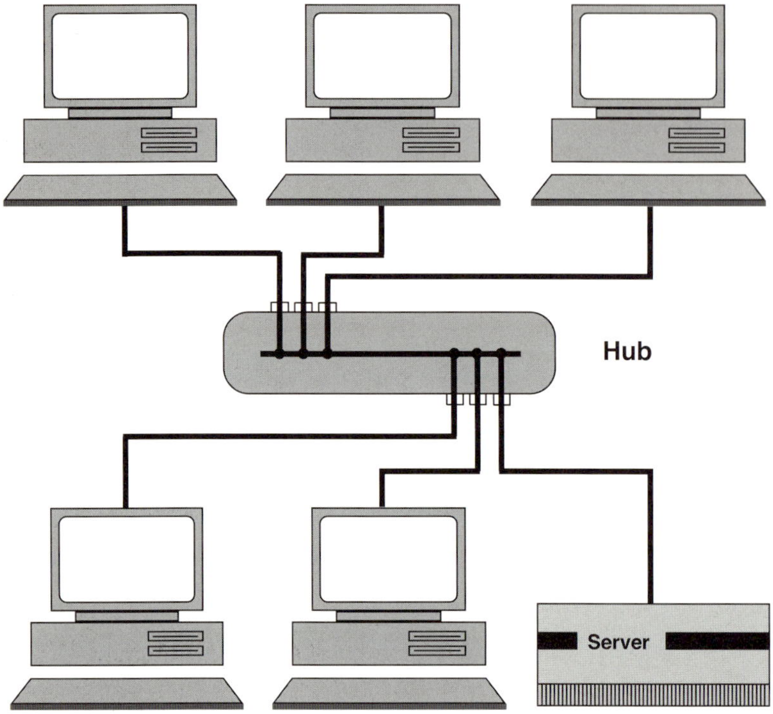

Standard-Hub. In einem konventionellen (nicht schaltenden) Hub sind alle Anschlüsse miteinander verbunden, weshalb es hier Datenkollisionen gibt.

Bild 126.1.

Zentralrechnern möglich, scheinbar mit allen angeschlossenen peripheren Geräten gleichzeitig zu arbeiten. Bei kleineren Stern-Netzwerken oder Netzwerken mit vermischten Architekturen werden häufig Hubs eingesetzt. Ein aktiver **Hub** ist ein Netzwerkknoten, der in sternförmigen Netzwerken als Verteiler und Verstärker dient, während ein passiver Hub nur die Verteilung regelt. Bei einem Standard-Hub sind alle Leitungen miteinander verbunden. Jedes Datenpaket wird an alle Stationen zugleich gesendet. Diese lesen das Paket und erkennen die darin enthaltene Adresse, aber nur der adressierte Rechner nimmt das Paket auch an. Versuchen nun zwei Stationen gleichzeitig zu senden, führt das im Netz zu einer Datenkollision. In diesem Fall brechen beide Stationen die Übertragung ab und versuchen es nach einer zufallsgesteuerten Zeit noch einmal. Besonders dieser Effekt mindert die effektive Übertragungsleistung kräftig. Schon ab 20 Teilnehmern kann ein Netz allein dadurch nur noch ein Viertel seiner Nennleistung erreichen.

Ein **Switching Hub**, kurz **Switch** genannt, kann einzelne PCs, aber auch Teilnetzwerke – ähnlich wie beim Telefonnetz – zur Übertragung von Daten miteinander verbinden. Mehrere parallele Datenübertragungen zwischen unterschiedlichen Stationen beeinflussen sich dabei nicht. Häufig wird auch ein Switch zwischen einem Server und schnellen Ein- und Ausgabegeräten geschaltet. Werden beispielsweise vom Server zum Switch Daten mit 100 MBit/s übertragen, so kann der Switch bis zu sechs PCs oder/und Teilnetzwerken ohne Datenkollision jeweils 10 MBit/s zur Verfügung stellen. Zur Steuerung von Multimedia-Anwendungen mit Ton- und Videosequenzen sind aufgrund des enormen Datenflusses kollisionsfreie Stern-Netzwerke besonders geeignet, da zwischen Sender und Empfänger die Daten ungestört fließen können. Bus-Netzwerke haben dabei größere Probleme.

Bus-Netzwerk. Andere Bezeichnungen dafür sind Reihennetz und Liniennetz. Bei diesem Netzwerk wird auf den Zentralrechner verzichtet; die Netzwerkkontrolle wird auf alle angeschlossenen Stationen verteilt. Dies ist die technisch und wirtschaftlich einfachste Form eines Netzes. Sämtliche Stationen, das heißt Personal Computer, Drucker, Magnetplattenspeicher und Belichtungseinheiten, sind linear an einer Leitung angeschlossen. Bevor aber eine Station Daten senden kann, muß sie prüfen, ob nicht gerade eine andere Station sendet. Bei starkem Übertragungsverkehr besteht die Gefahr, daß es relativ lange dauert, bis eine Nachricht ins Netz gegeben werden kann. Zusätzlich muß jede Station ständig darüber wachen, ob eine Nachricht für sie gesendet wird, damit sie diese aus dem Netz nimmt. Bei einem Fehler im Leitungssystem kommt es allerdings zum Absturz des ganzen Systems. Fällt dagegen nur eine Station aus, hat dies weder

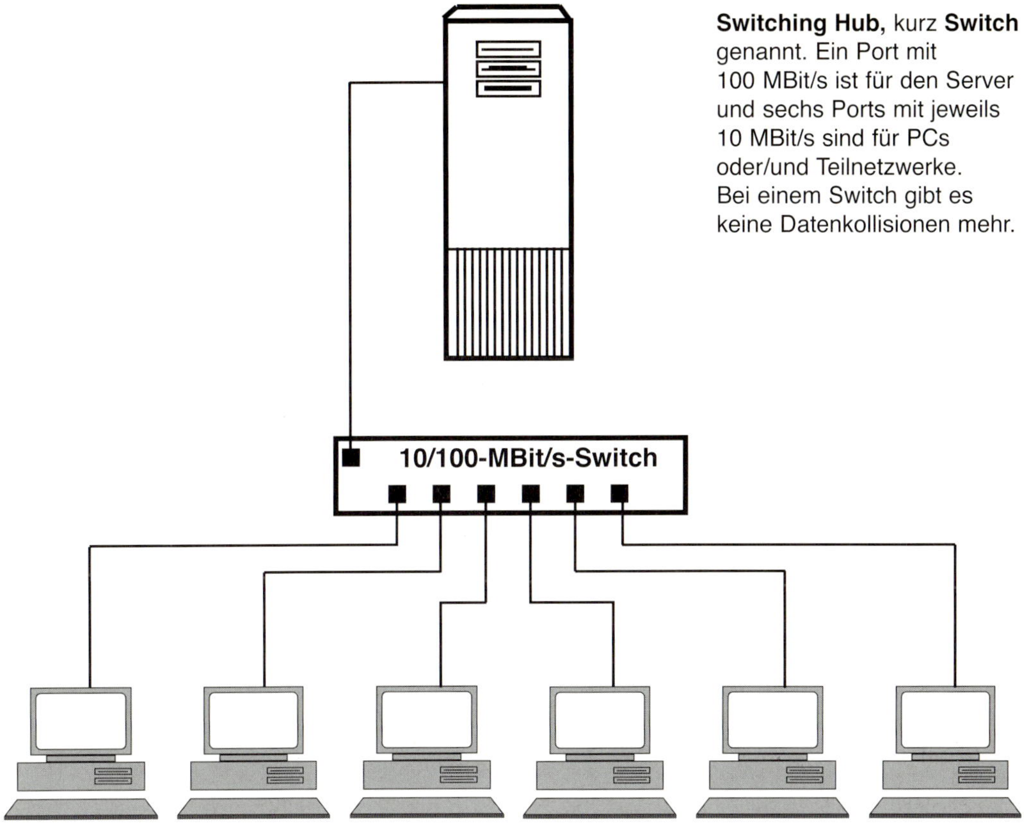

Switching Hub, kurz **Switch** genannt. Ein Port mit 100 MBit/s ist für den Server und sechs Ports mit jeweils 10 MBit/s sind für PCs oder/und Teilnetzwerke. Bei einem Switch gibt es keine Datenkollisionen mehr.

Bild 127.1.

Auswirkungen auf die Funktionsfähigkeit des Netzes noch auf die Arbeit der anderen Netzwerkbenutzer.

Bei dieser Netzwerkarchitektur ist es möglich, jederzeit Stationen aus dem Netzwerk zu entfernen oder auch ohne große Probleme wieder einzufügen. Bei einer großen Anzahl von Stationen im Netz werden **Server,** besonders leistungsfähige PCs oder Workstations, für spezielle Zwecke eingesetzt. Sie übernehmen für andere PCs Spezialaufgaben, beispielsweise als **File-Server.** Seine Aufgabe ist es unter anderem, alle Datenbestände, Magnetplattenkapazitäten und periphere Geräte für sämtliche angeschlossenen Teilnehmer zu verwalten. In den meisten Fällen ist er der leistungsstärkste Rechner im Netzwerk. Von ihm hängen nämlich in der Regel Komfort, Schnelligkeit und Sicherheit für die Arbeiten im Netzverbund ab. Auf dem File-Server läuft auch das zentrale Netzwerk-Betriebssystem, das erst die Kommunikation der einzelnen Stationen, die mit einer Netzwerkkarte ausgerüstet sind, ermöglicht. File-Server koordinieren jedoch nicht nur die Kommunikation zwischen den einzelnen Netzwerk-Komponenten, sondern sie verwalten auch die gemeinsam genutzten Dateien der Netzwerkbenutzer. Der File-Server ist nicht nur Motor im Netz und zentraler Datenverwalter, sondern er hält auch alle allgemein zugänglichen Anwenderprogramme bereit und führt regelmäßig ein zentrales Back-up der dezentralen Daten durch. File-Server sind meist mit leistungsstarken Festplatten ausgerüstet, die über hohe Speicherkapazität verfügen und kurze Zugriffszeiten haben. Sie verhindern, daß bei vielen Datenzugriffen Staus im Datenverbund entstehen und zu Wartezeiten für einzelne Arbeitsabläufe führen. Bei dem hohen Datenvolumen, das naturgemäß bei der Bildverarbeitung anfällt, empfiehlt sich neben der mächtigen Festplatte der Einsatz eines externen Massenspeichers mit Kapazitäten im Giga-Byte-Bereich.

Ein **OPI-Server** hat die Aufgabe, die zentralen Feinbilddaten zu verwalten sowie Text und Bild zu integrieren. Dieser OPI-Server erstellt von der Bilddatei ein niedrig aufgelöstes Layoutbild mit minimalem Datenvolumen. Diese minimierten Bilddaten werden dann zur Seitengestaltung verwendet. Die große Datenmenge für ein digitalisiertes Farbbild, die 40 MB umfassen kann, braucht dann nicht mehr am Satz-PC verarbeitet zu werden. Bei der Ausgabe können die niedrigaufgelösten Bilddaten für Proofs verwendet werden. Erst unmittelbar bevor die Datei vom OPI-Server zum Laserbelichter

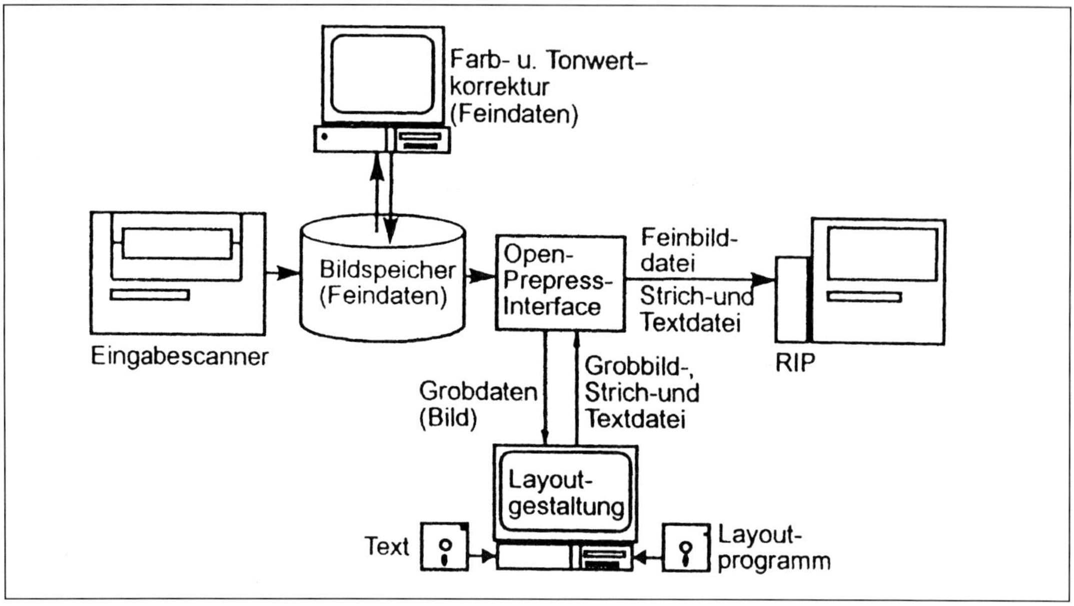

Bild 128.1. Datenorganisation einer Text-Bildkombination über OPI.

geschickt wird, erfolgt der automatische Austausch der niedrig aufgelösten Bilddaten gegen die hoch aufgelösten. Dies geschieht automatisch im Server ohne Eingriffe des Anwenders. Die physikalische Text-Bild-Integration wird zu einem Hintergrundprozeß im Netzwerk.

Ein weiterer Rechner im Netzwerk, der spezielle Aufgaben übernimmt, ist der **Print-Server.** An ihn werden dann alle Dateien übertragen und dort zwischengespeichert, wenn der Laserdrucker oder der Laserbelichter belegt sind. Auf diese Weise muß der Benutzer nicht warten, bis sein Dokument ausgegeben ist, sondern kann unmittelbar nach dem Übertragen des Jobs an den Print-Server mit seiner Arbeit fortfahren.

Eine der älteren, immer wieder verbesserten Verkabelungsarten des Bus-Netzwerkes ist **Ethernet.** Zu unterscheiden ist das klassische Ethernet (Thick-Ethernet), bei dem grundsätzlich ein gelbes, wenig biegsames Kabel verwendet wird, und dem später entwickelten Thin-Ethernet (Cheapernet), das mit einem dünnen, billigeren Koaxialkabel arbeitet. Das LAN mit einer Übertragungsrate von maximal 10 MBit/s wird in der Regel mit Koaxialkabel aufgebaut. Es handelt sich um ein passives Netz ohne eigene Steuerung; diese wird von den angeschlossenen Stationen übernommen. Ein Datenpaket für die Übertragung im Netzwerk setzt sich aus folgenden Elementen zusammen: 4 Bytes für die Präambel, sie zeigt den Anfang des Pakets, 8 Bytes für die Empfängeradresse, 8 Bytes für die Senderadresse, 2 Bytes für die Typkennung zur Festlegung des Übertragungswegs bei komplexen Netzwerken. Das Datenfeld für die eigentliche Informationsübertragung hat minimal 46 Bytes, maximal 1200 Bytes. Zuletzt kommen noch 4 Bytes für die Prüfzeichen (Blockprüfung).
Versuchen zwei oder mehrere Stationen gleichzeitig eine Übertragung im Netz, so kommt es zu einer Datenkollision, die aber von allen Sendern festgestellt wird. Der Übertragungsversuch wird abgebrochen und zu einem späteren Zeitpunkt wiederholt. Damit nicht mehrere Teilnehmer immer wieder zur gleichen Zeit einen erneuten Versuch unternehmen und zurückgewiesen werden, werden die Intervalle zwischen zwei Übertragungsversuchen zufällig und insgesamt immer größer ausgewählt. Dieses Verfahren der Mehrfachzugriffs- bzw. Kollisionserkennung wird als CSMA/CD (Carrier Sense Multiple Access with Collision Detection) bezeichnet. Normalerweise wird eine Kollision vom Benutzer nicht bemerkt. Ist das Netzwerk jedoch stark belastet, so kann das aufgrund von Wartezeiten vom Anwender bemerkt werden. Je mehr Stationen senden, desto häufiger kommt es zu Kollisionen und Wartezeiten.

Die einfache Struktur bei relativ großer Leistung und vielen Anschlußmöglichkeiten hat seit einigen Jahren zu einer großen Verbreitung des Bus-Netzwerkes in Satzbetrieben geführt. Doch seit sich Satzbetriebe zu Vorstufenbetrieben mit Text- und Bildverarbeitung entwickelten, entstehen bei einem reinen Bus-Netzwerk mit vielen Stationen Übertragungsprobleme.
Dies soll ein Rechenbeispiel zeigen:
Ein Farbbild im Format 20 cm x 30 cm kann ohne weiteres 40 MByte Speicherplatz bzw. Datenübertragungs-Kapazität beanspruchen. Diese Datenmenge kann

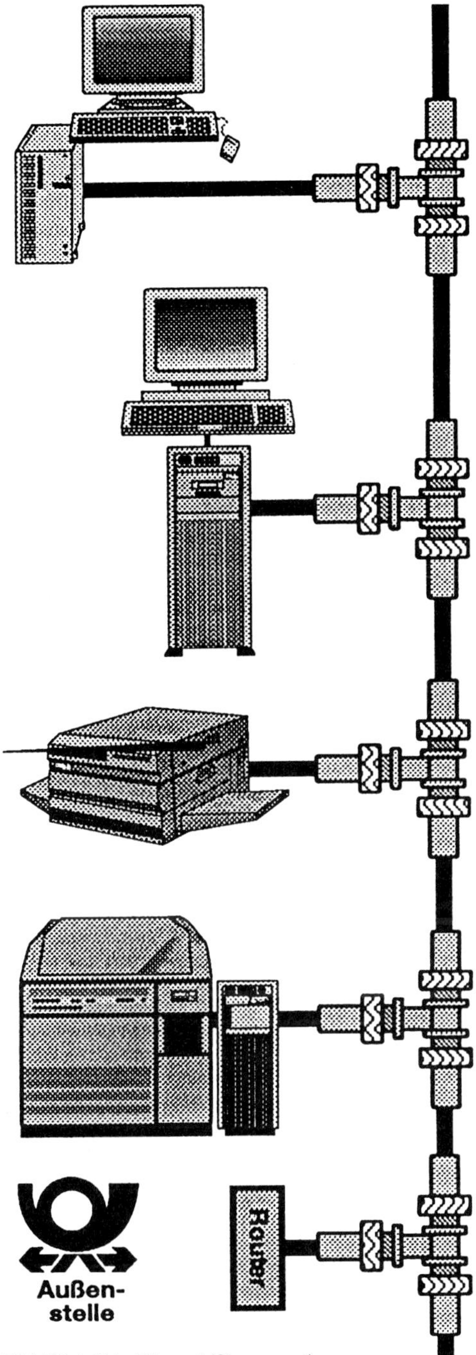

Bild 129.1. Thin-Ethernet (Cheapernet).
T-Stecker mit dünnem Koaxialkabel.

nach wenigen Minuten vom Scanner geliefert werden. Um diese Datenmenge bei der Texterfassung zu erreichen, muß eine Schreibkraft bei einer Leistung von 10.000 Anschlägen pro Stunde (3 Anschläge pro Sekunde) und 7 Stunden täglicher Arbeitszeit über 500 Tage arbeiten.

Dieser Umstand erzwang eine Abkehr vom reinen Bus-Netzwerk. Um die Kostenvorteile des Bus-Netzwerkes zu nutzen, wurden bzw. werden beispielsweise mehrere kleinere Bus-Netzwerke mit Übergängen geschaffen oder ein Mischsystem aus Bus- und Stern-Netzwerk-Komponenten.

Ring-Netzwerk. In diesem Netzwerk sind die Stationen ringförmig miteinander verbunden. Ein spezielles Ring-Netzwerk ist das Token-Ring von IBM, das den Nachteil der geringen Ausfallsicherheit normaler Ring-Netzwerke ausgleicht. Beim Token-Ring gibt es neben der Ring-Hauptleitung noch eine Ersatzleitung. Die einzelnen PCs sind nicht mehr direkt miteinander verbunden, sondern durch einen Ringleitungsverteiler (Multistation Access Unit = MAU). Dieser Verteiler bildet das Zentrum für ein kleines Stern-Netzwerk. Fällt eine Station im Netz oder eine Kabelverbindung zu einer Station aus, schließt der Ringleitungsverteiler den Ring automatisch wieder, und das Netz läuft ohne Unterbrechung weiter. IBMs Token-Ring kombiniert die Stärken eines herkömmlichen Ring-Netzwerks mit der hohen Ausfallsicherheit und Geschwindigkeit eines Stern-Netzwerks. In diesem Netz kreist ein Token, das belegt oder frei sein kann. Um eine Nachricht versenden zu können, muß ein PC auf ein freies Token warten. Wird dann das freie Token vom PC genutzt, so wandelt es sich in ein Belegtzeichen. Wenn die Nachricht abgeschickt wird, gibt es im gesamten Ring kein freies Token mehr. Alle am Netz anliegenden PCs vergleichen die Zieladresse des belegten Tokens mit der eigenen und kopieren, bei Übereinstimmung, den Inhalt des Nachrichtenblocks in ihren Pufferspeicher und hängen eine „Erfolgreich-kopiert"-Nachricht an. Kommt nun dieses Token wieder beim Absender an, weiß dieser, daß die Übertragung geglückt ist, löscht das belegte Token und generiert bei Bedarf ein neues. Auf diese Weise werden im Netz Datenkollisionen vermieden. An jeden Ringleitungsverteiler lassen sich bis zu 16 Stationen anschließen. Die Token-Ring-Architektur läßt theoretisch jede Übertragungsrate zu.

Mit Hilfe der Netzwerke ist es problemlos möglich, alle notwendigen Teile einer Seite von verschiedenen Speichermedien direkt abzurufen und am Bildschirm des PCs sichtbar zu machen. Dies ist eine Grundbedingung für einen kostengünstigen Ganzseitenumbruch von Werken, Katalogen, Prospekten, Zeitschriften und Zeitungen.

Mit Hilfe des Flachbettscanners lassen sich Strich- oder Halbtonvorlagen streifenförmig abtasten und die digitalen Werte auf einer Festplatte abspeichern. Diese digital gespeicherten Abbildungen können auf dem Bildschirm sichtbar gemacht und bearbeitet werden. Bildbearbeitung oder Bildmanipulation erfolgen unter

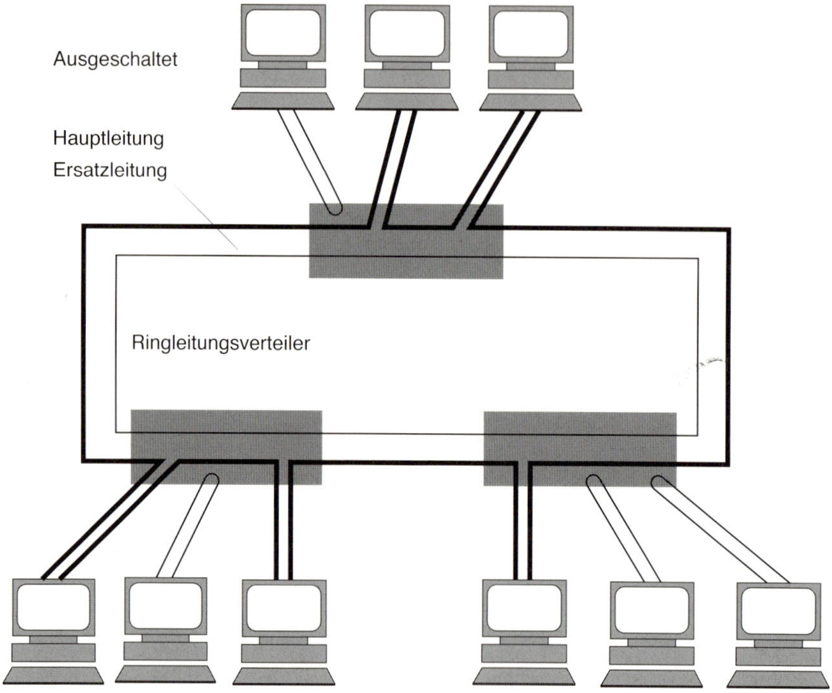

Bild 130.1. IBMs Token-Ring kombiniert die Stärken eines herkömmlichen Ringnetzwerks mit der hohen Ausfallsicherheit und Geschwindigkeit eines Sternnetzwerkes.

direkter Sichtkontrolle. Über mehrere Vergrößerungsstufen lassen sich Graustufen- und Farbkorrekturen selbst an einzelnen Bildpunkten durchführen. Gradationsveränderungen bis zur Strichumsetzung, Positiv-Negativ-Umwandlung, Bilddrehung, Freistellung von Bildteilen sind weitere Beispiele für die Bildbearbeitung. Erfüllt das Bild dann die gestalterischen und technischen Anforderungen, werden Bildgröße, Rasterpunktform, Rasterwinkelung und Rasterweite festgelegt und wiederum bis zum Ganzseitenumbruch von Text und Bildern gespeichert.

Der **Ganzseitenumbruch** mit Text sowie digitalisierten Strich- und ein- und mehrfarbigen Halbtonvorlagen ist schon seit einigen Jahren technisch möglich. Dabei werden die erfaßten Texte von den Datenspeichern abgerufen und am Bildschirm des PCs anhand eines Umbruchlayouts Absatz für Absatz oder Artikel für Artikel plaziert. In den Bildfreiräumen werden dann die Abbildungen sichtbar gemacht, bei Bedarf bearbeitet und genau plaziert. Die Bearbeitung der Bilder kann beispielsweise eine Formatänderung, ein Beschnitt einer Seite oder eine Umrandung sein. Eine inhaltliche Bildbearbeitung, wie beispielsweise eine Farbkorrektur, ist am Umbruch-PC in der Regel nicht möglich, weil für den Seitenumbruch der OPI-Server von der Bilddatei nur ein niedrig aufgelöstes Layoutbild mit minimalem Datenvolumen zur Verfügung stellt. Erst unmittelbar bevor die Datei vom OPI-Server zum Laserbelichter geschickt wird, erfolgt der automatische Austausch der niedrig aufgelösten Bilddaten gegen die hoch aufgelösten durch den OPI-Server.

Die **Text-Bild-Integration** geschieht im Dialog zwischen Bediener und System. Sobald alle Texte und Abbildungen untergebracht sind und die Seite gefüllt ist, können, sofern alle Korrekturen erledigt sind, die Kommandos für das Abspeichern dieser Version gegeben werden. Dann steht die Seite zur Ganzseitenbelichtung bereit.

Die Technik der Ganzseitenausgabe wird sich erst dann vollkommen durchsetzen, wenn alle Teile einer Seite digitalisiert vorliegen. Meist liefern Kunden und Werbeagenturen ihre Abbildungen und Anzeigen immer noch in Form von Filmen. Deshalb müssen die gelieferten Filme durch Scannen wieder digitalisiert werden. Ziel dieser Maßnahme ist, eine voll digitalisierte Vorstufenproduktion durchführen zu können. Dann erst ist es möglich, vollständig digitale Seiten herzustellen und diese Seiten mit Hilfe spezieller Programme zu Bogen auszuschießen. Dadurch können großformatige Filme zur Plattenkopie **(Computer-to-Film)** oder auch Offsetdruckplatten direkt belichtet werden **(Computer-to-Plate).** Eine manuelle Seiten- und Bogenmontage wird dadurch eingespart.

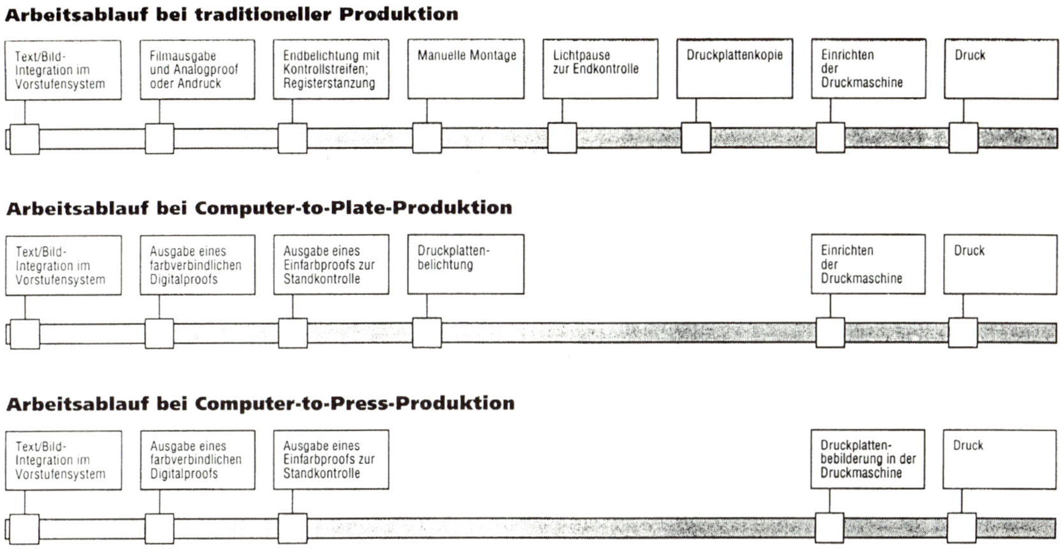

Bild 131.1. Arbeitsabläufe bei traditioneller Produktion, bei Computer-to-plate und Computer-to-press. Es wird deutlich, daß sich mit den neuen Verfahren Arbeitsschritte, Zwischenstufen und Kosten einsparen lassen.

Immer mehr Bedeutung erhalten die Produktionsformen Computer-to-Paper und Computer-to-Press, die auch einen digitalen Ganzseitenumbruch und ein digitales Ausschießen der Seiten voraussetzen.

Beim **Computer-to-Paper** werden mit Hilfe digitaler Drucksysteme digital gespeicherte Daten ohne Zwischenschritte auf das Papier übertragen. Diese Drucksysteme versuchen, eine Marktlücke zwischen den größeren Farbkopierern und den Offsetdruckmaschinen zu schließen. Beispielsweise besitzt das von Xeikon entwickelte Direct Color Printsystem (DCP) acht Druckwerke, je vier für den Schön- und Widerdruck, und ist vor allem für den Einsatz im Farbbild- und Buntdruckbereich vorgesehen. Die Rollenbreite beträgt je nach Version maximal 50 cm bzw. 32 cm.

Beim **Computer-to-Press** werden die digital gespeicherten Informationen direkt, das heißt ohne die Zwischenschritte Filmbelichtung und Druckplattenkopie, an die Druckwerke der Druckmaschine übertragen. Den Begriff, Computer-to-Press, prägte die Firma Heidelberger Druckmaschinen AG in Verbindung mit den Offsetdruckmaschinen GTO-DI und Quickmaster-DI. Das ursprüngliche Elektroerosions-Verfahren wurde 1993 durch die Lasertechnik abgelöst. Mit Laserdioden ist es gelungen, die Randschärfe der einzelnen Punkte auf der Druckplatte zu verbessern und eine Auflösungsfeinheit von wahlweise 1270 dpi oder 2540 dpi zu erreichen. Das neue Verfahren erlaubt auch, die Übertragungszeit für eine Seite um 30 % zu beschleunigen. MAN Roland stellte auf der DRUPA 1995 Dicoweb Litho für den Offsetdruck und Dicoweb Gravure für den Tiefdruck vor, zwei andere Formen der digitalen Bebilderungstechnik.

Datensicherung. Magnetplatten sind in den Electronic Publishing Systemen zur Zeit noch das zentrale Speichermedium. Zusammen mit dem Zentralrechner oder File-Server bilden sie den Kern des Systems. Auf den Magnetplatten befinden sich zunächst alle System- und Anwenderprogramme und alle sonstigen ständig benötigten Systemdaten. Hinzu kommt die zentrale Speicherung und Verwaltung der aktuell zu bearbeitenden Daten. Alle erfaßten Texte, digitalisierte Abbildungen und Daten stehen hier für die weitere Verarbeitung zur Verfügung. Die Datensicherung erfolgt einmal durch die Abspeicherung in mehreren Versionen, beispielsweise Originaltext, letzte Version, vorletzte Version. Daneben können alle Daten parallel auf einem zweiten Magnetplattenspeicher abgelegt werden. Bei Ausfall eines Magnetplattenspeichers ist die Produktion nicht eingeschränkt.

Zusätzlich zu den vorher beschriebenen Maßnahmen wird als weitere Stufe der Datensicherung meist am Ende eines Arbeitstages der vollständige Magnetplatteninhalt auf eine Streamer-Magnetbandkassette (Standard-Cartridges) übertragen. Vorher wird in der Regel der Reorganisationslauf durchgeführt. Bei diesem Verfahren werden ausgebrauchte Texte gelöscht, auseinandergerissene Texte zusammengefügt und Stehsatz ausgelagert. Dann erst erfolgt die Übertragung auf die Kassette. Sie wird als besonders schnelles Medium für die Sicherung großer Datenbestände verwendet. So lassen sich beispielsweise auf der QIC-153-Kassette auf 48 parallelen Spuren 2 GByte unterbringen. Die Übertragungsgeschwindigkeit beträgt 505 KByte/s.

▼

1. Unterscheiden Sie Stern- und Bus-Netzwerke, und beschreiben Sie deren Vor- und Nachteile!
2. Welche Aufgaben haben die File-, Print- und OPI-Server?
3. Auf welche Weise kann ein Zeitungsbetrieb große aktuelle Datenbestände vor einem möglichen Verlust sichern?
4. Welche Gründe sprechen für ein LAN?
5. In welchen Merkmalen unterscheidet sich das Thick Ethernet vom Thin Ethernet?
6. Unterscheiden Sie Computer-to-Plate und Computer-to-Press!
7. Welche Aufgaben hat ein Zentralrechner in einem Stern-Netzwerk?

5.8.2.3 Ausgabe

Wichtige Ausgabegeräte der Electronic-Publishing-Systeme sind Belichtungseinheiten, Drucker, Proofgeräte und Datenspeicher.

Die auf Datenträgern gespeicherten Texte und Abbildungen können immer wieder auf dem Bildschirm sichtbar gemacht und korrigiert werden. Dies führt in der Regel zu mehreren Ausbelichtungen der gleichen Seite. Abhängig von der Art des Auftrages und entsprechend der Korrekturgewohnheit des Autors sind drei und mehr Belichtungsdurchläufe für eine Seite keine Seltenheit. Bei der Belichtungskapazitäts-Berechnung muß dies berücksichtigt werden.

Eine Entlastung der Belichtungseinheiten kann durch den Einsatz von Tintenstrahl-, LED- und Laserdruckern erreicht werden. Sie ermöglichen eine Ausgabe, die dem Belichtungsergebnis auf Film oder Fotopapier entspricht.

Dazu wird meist die Seitenbeschreibungssprache **PostScript** von Adobe eingesetzt. Sie besitzt alle Möglichkeiten einer üblichen Programmiersprache und hat zusätzlich eine besonders umfangreiche Auswahl an Grafikoperatoren. Seit ihrer Einführung im Jahre 1985 hat sich PostScript zum Standard im elektronischen Druck- und Dokumentationswesen entwickelt. Ihre Befehle definieren Bestandteile einer Seite, sogenannte Objekte, die angeben, was ihnen zugewiesen wird und wo sie auf der Seite zu stehen haben. Ein solches Objekt kann sowohl ein Grafikelement sein, beispielsweise eine Linie oder ein Kreis, aber auch ein Schriftzeichen oder eine aus einzelnen Punkten (Pixel) bestehende digitalisierte Abbildung. Die zugewiesenen Attribute enthalten Linienstärken, Radien, Durchmesser, Schriftart usw. Wo das Objekt schließlich auf der Seite stehen soll, wird als X-Y-Koordinate mitgeteilt. Die Umsetzung der Befehle dieser Seitenbeschreibungssprache laufen im allgemeinen im Software- oder Hardware-RIP des Laserdruckers oder einer Laser-Belichtungseinheit ab, nicht im Rechner, in dem der Job hergestellt wurde. Das heißt, die aufwendigen Rechenvorgänge für die Darstellung der Grafik werden in die Ausgabeeinheiten verlagert.

Abgesehen von der Effizienz bei der Übertragung vom Server in die Ausgabeeinheit, realisiert PostScript auch jede Änderung auf der Ebene des Eingabegeräts viel einfacher als herkömmliche Programme. Ob ein Linienrahmen, ein Quadrat oder ein Zeichen größer oder kleiner sein soll: Durch das Programm werden nur einige simple Attributwerte verändert. Der Bediener an der Eingabeeinheit hat keinen Einblick in die Befehlsstruktur. Er aktiviert das Objekt und gibt die gewünschte Änderung über die Maus oder die Tastatur ein. Nahezu jede denkbare Manipulation ist möglich. PostScript ist so konzipiert, daß Formen und Figuren völlig unabhängig vom späteren Ausgabegerät beschrieben werden. Deshalb liefert ein PostScript-Programm, abgesehen von der Ausgabequalität, identische Ergebnisse, ob nun die Seite auf einem Nadeldrucker, einem Laserdrucker oder Laser-Belichter ausgegeben wird.

PostScript Level 2 hat eine Reihe neuer Befehle, mit denen man Aktionen zusammenfassen kann, die früher umständlich aus mehreren Kommandos zusammengesetzt werden mußten. Wesentliche Neuheiten sind: der verbesserter Aufbau der digitalisierten Schriften; ein

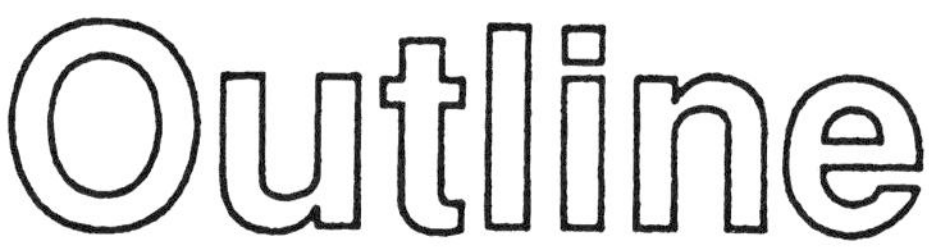

Helvetica Bold findfont	= Schriftaufruf
72 scalefont	= Schriftgröße
setfont	= aktuelle Schrift setzen
100 500 moveto	= Anfangspunkt im Koordinatensystem
(Outline) true charpath	= Textvariabel, outline definiert
gsave	= sichert Grafikstatus
1 setlinewidth	= 1 Point Linienstärke der Outlineschrift
stroke	= zeichnet die Schrift
1 setgray fill	
showpage	= gibt Seite aus

Bild 132.1. PostScript-Befehle für oben stehende Zeile.

neuer Rasteralgorithmus, der für Moiré-freie Belichtung sorgt, eine Rasterwinkelung bis 0,001 Grad erlaubt und eine größere Anzahl von Rasterweiten ermöglicht; die Datenkomprimierung mit dem JPEG-Standard; die dynamische Speicherverwaltung sowie die Möglichkeit der Definition, Speicherung und Ausgabe von Formularen sowie Repetierfunktion. Durch Display PostScript bietet Adobe zusätzlich die Möglichkeit, die Bildschirmausgabe durch PostScript zu steuern.

PostScript 3 ist eine nochmals verbesserte und erweiterte Form dieser Seitenbeschreibungssprache. Wesentliche Verbesserungen sind: noch schnellerer Durchsatz, Separation von Farbbilder-Dateien im RIP, Verlaufsraster ohne Streifenbildung, Unter- oder Überfüllen von Farbflächen (Trapping) im RIP, optimierte und vereinfachte Maskierungen für Freistellungen, bessere Unterstützung von Sonderfarben, Verschmelzen verschiedener Jobs im RIP und mehr Tonwertstufen pro Rasterzelle. Durch eine sogenannte Idomerkennung wird erreicht, daß beispielsweise ein PostScript 3-RIP einen mit PostScript Level 2 erstellten Verlaufsraster erkennt und automatisch das PostScript 3-Konzept verwendet, um eine bessere Qualität zu erzielen.
Ein Problem von PostScript ist, daß die Seitenbeschreibungssprache zu groß geworden ist und die Verarbeitung von überaus komplexen Bildern erlaubt. Solche Bilder können zu sehr langen RIP-Rechenzeiten führen oder von manchem RIP gar nicht verarbeitet werden. Wenn beispielsweise Anwender zu viele Bilder übereinanderlegen, dann muß der RIP unnötige Informationen enfernen, die nicht sichtbar werden sollen, und das kann den RIP stoppen oder den dafür notwendigen Speicherplatz aufbrauchen. Aus diesem Grund haben einige Anbieter Wege entwickelt, um das Problem zu lösen. Manche Anbieter konvertieren PostScript-Dateien in andere Datenformate und belichten diese.

Wichtig ist unter anderem auch das Datenaustauschformat **PDF (Portable Document Format).** Dieses offene Datenformat basiert auf der Seitenbeschreibungssprache PostScript und wurde zur Überbrückung von Betriebssystem-, Hardware- und Software-Grenzen geschaffen. PDF ist lizenzfrei. Mit Hilfe spezieller Programme, wie beispielsweise Adobe Acrobat Distiller und Acrobat Exchange, können PostScript-Dateien in das Portable Document Format konvertiert werden. Diese Dateien können von allen Programmen stammen, die PostScript-Dateien schreiben können. Bei der Umsetzung ins neue Format kann die Art und Weise der Datenkompression von Texten, Grafiken und Bildern beeinflußt und die Anlage von Miniaturen der Seiten angewiesen werden. Die Anwender können diese PDF-Dokumente betrachten und drucken, unabhängig vom verwendeten Rechnertyp, von den verwendeten Schriftarten, ohne die Original-Grafikdateien und ohne daß ein Zugriff auf das Programm erforderlich wäre, in dem die Dokumente ursprünglich erstellt wurden.

Bild 133.1. PDF-Dateienkomponente
❶ Darstellung der Seite.
❷ Eingebettete Schriften im Adobe Type 1- und TrueType-Format.
❸ Grafikobjekte in Form von Bitmap- und komprimierten Vektorbildern.
❹ Links (Verknüpfungen) für variable Formdaten.
❺ Hypertext-artige Integration von Sound- und QuickTime-Elementen.

Alle erforderlichen Informationen sind in das Acrobat-Dokument eingebettet und konnten bisher in keiner Weise geändert oder manipuliert werden. Ab PDF-Version 1.2 gibt es die Möglichkeit für kurzfristige Korrekturen. Jede einzelne Seite eines Dokuments kann mit Illustrator 6.x oder höher geöffnet und eingeschränkt bearbeitet werden. Außerdem gibt es ein Plug-in ab Acrobat Exchange 3.0, mit dem innerhalb einer Textzeile eine Änderung durchgeführt werden kann, das bedeutet, ein Zeilenumbruch ist nicht möglich. Es lassen sich beispielsweise falsche Telefonnummern ändern, fehlende Schriftzuweisungen ergänzen und die Zeilen horizontal justieren. Notfalls können auch Unterschneidungen und Sperrungen korrigiert werden. PDF hat gegenüber PostScript den großen Vorteil, nicht so umfangreich zu sein und dazu seitenorientiert. Das bedeutet, daß sich in einer PDF-Datei einzelne Seiten auffinden lassen, die man bei Bedarf löschen oder austauschen kann. PDF-Dateien sind bis zu 75% kleiner als die entsprechenden PostScript-Dateien und lassen sich dadurch kostengünstiger speichern und elektronisch übertragen. Wegen seiner geringen Datenmengen wird das PDF auch im Internet benutzt und von Internet-Browsern gelesen, beispielsweise vom Netscape Navigator.

Obwohl seit Jahren mit PDF gearbeitet wird, wurde auch die Version 1.3 noch nicht als voller PostScript-Ersatz akzeptiert. Noch fehlen wichtige Parameter für die Rasterung und Werkzeuge zur Farbseparation. Trotzdem arbeiten schon viele Betriebe sowohl mit PostScript- als auch mit PDF-Dateien. Mit den neuen PostScript 3-RIPs, die Ende 1997 auf den Markt gekommen sind, werden PDF-Dateien wesentlich schneller als PostScript-Dateien gerippt. PDF ist nicht nur wegen der Verarbeitungsgeschwindigkeit interessant, man benötigt auch keinerlei Preflight, also keine Überprüfung von Dateien auf Vollständigkeit aller Elemente. PDF ist selbst eine Art Preflight, denn am Bildschirm kann alles kontrolliert werden. Bei der Ausgabe über eine Laser-Belichtungseinheit muß die PDF-Datei zwar nochmals durch den RIP, braucht aber nicht mehr vom Interpreter berechnet zu werden. Parameter wie Rasterweite, -winklung und Punktform sind in PDF-Dateien meist nicht enthalten. Diese Parameter werden erst bei der Ausgabe definiert, wenn bekannt ist, mit welcher Auflösungsfeinheit belichtet wird.
PDF ist das neue Datenaustauschformat zwischen den Partnern der Druckvorstufe. Dies gilt nicht nur für Anzeigen, die in Seiten plaziert werden sollen, sondern auch für komplette Druckaufträge. AP, die größte Presseagentur der USA, hat 1999 bereits über 100.000 einfarbige Anzeigen im PDF online an ihre Kunden versandt, die sie in EPS-Dateien umwandeln, die dann in die Zeitungsseiten plaziert werden können. Auch über das Internet werden PDF-Dateien zum Druck verteilt.

▼

1. Nennen Sie Gründe, warum sich die Seitenbeschreibungssprache zu einem weit verbreiteten Standard entwickelt hat.
2. Nennen Sie die Vorteile der PostScript Level 2 und 3 gegenüber der ursprünglichen Form.
3. Unterscheiden Sie PostScript und PDF.

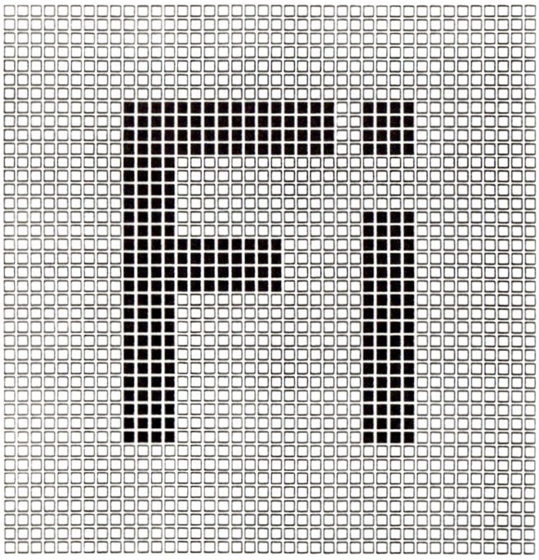

Bild 134.1. Prinzip des Raster-Image-Prozessors (RIP).

Vor der Ausgabe mit einem **Laserdrucker** muß die Seite in einem **Raster Image Prozessor,** auch RIP oder Pixelflächenrechner genannt, mit Hilfe einer Seitenbeschreibungssprache digital aufbereitet werden. Dabei wird die ganze Seite in kleinste Bildpunkte zerlegt, sogenannte **Pixel,** die entweder schwarz oder weiß sein können. Die Pixel können Teile eines Rasterpunktes, einer Linie oder eines Zeichens sein. Zu Beginn des Übertragungsprozesses wird die Fotoleitertrommel durch elektrostatische Aufladung lichtempfindlich gemacht. Der vom RIP gesteuerte Laserstrahl bringt die Information durch linienweises Belichten auf die Trommel. Die Stellen, die Licht erhalten haben, ändern ihre elektrostatische Ladung. Es entsteht ein latentes elektrostatisches Bild. Beim nächsten Arbeitsgang springen infolge elektrostatischer Wechselwirkung die Tonerteilchen von einer Magnetbürste auf die Stellen der Fotoleitertrommel, auf denen sich die elektrostatische Ladung durch die Belichtung (Bebilderung) verändert hat. Das seitenverkehrte Bild wird sichtbar. Da die Übertragungscorona ein stärkeres elektrisches Feld ausweist als die Fotoleitertrommel, springen die Tonerpartikel auf den Druckträger über und werden dort vorerst elektrostatisch festgehalten. In der nachfolgenden Fixierstation wird mittels Wärme und Druck die übertragene Information wischfest und dokumentenecht gemacht. Nach dem Reinigen der Fotohalbleiter-Trommel ist der Drucker für eine neue Belichtung bereit. Als Bedruckstoff können Normalpapiere, aber auch Karton und Folien Verwendung finden.

Ähnlich wie der Laserdrucker arbeitet der **LED-Drucker.** Hier wird die Informationsübertragung nicht mit dem Laser erzeugt, sondern mit winzigen Leuchtdioden (LED = Light Emitting Diode), die über die gesamte Ausgabebreite angeordnet sind. Die Anzahl der Dioden bestimmt die Auflösungsfeinheit des Ausgabeprodukts. Im übrigen ist die Arbeitsweise die gleiche wie beim Laserdrucker.

Etwa vergleichbare Ergebnisse erzielt man mit einem **Tintenstrahldrucker (Ink-Jet-Drucker).** Auch hier erfolgt vor dem Ausdruck die Berechnung der Seiten in einem RIP. Der Tintenstrahldrucker hat einen Druckkopf, der mit einer oder mehreren Düsen bestückt ist. Beim Drucken wird der Druckkopf auf einer Schiene über die Papierbreite bewegt, und Farbtröpfchen werden dabei so gelenkt, daß das gewünschte Zeichen oder auch das gewünschte Bild entsteht. Preiswerte Tintenstrahldrucker werden zur Personalisierung von Mailings, für Warenbeschriftung und -codierung sowie zur Ausgabe farbunverbindlicher Bilder eingesetzt. Doch immer häufiger haben teure Tintenstrahldrucker eine so gute Ausgabequalität, daß das Druckergebnis als farbverbindliches Proof verwendet wird. Die Auflösungsfeinheit der Ink-Jet-Drucker liegt je nach Gerätetyp zwischen 96 und 600 dpi. Die Ink-Jet-Druckverfahren unterscheiden zwischen „Continious-flow“ und „Drop-on-demand“. Beim Continious-flow-

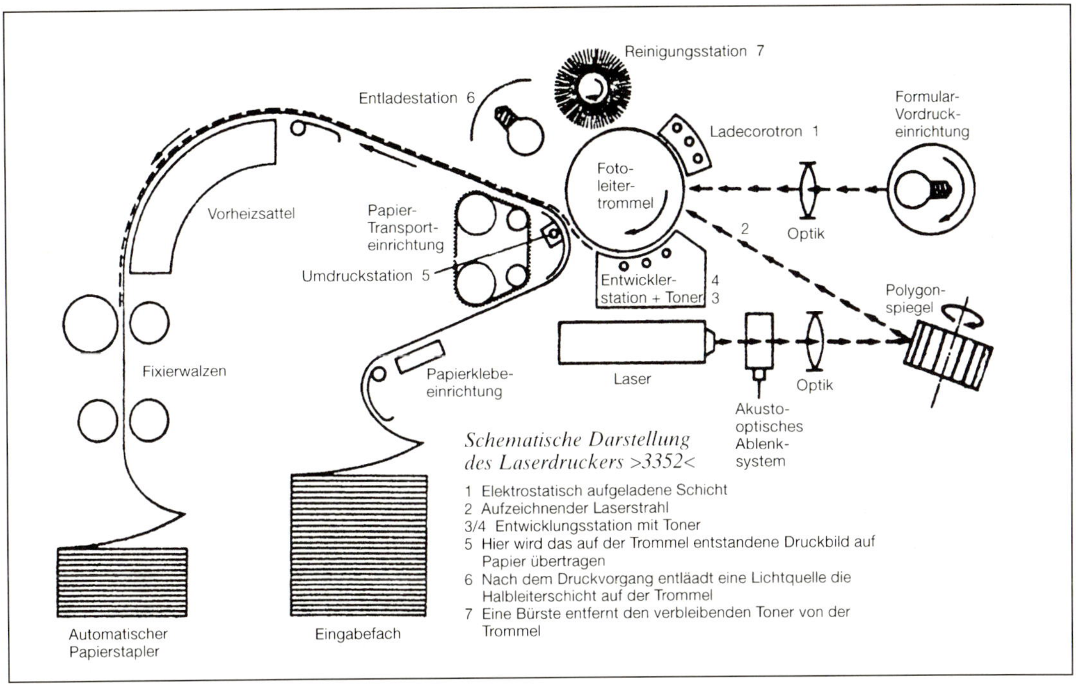

Bild 135.1. Schematische Darstellung der Arbeitsweise eines Laserdruckers.

Verfahren werden kontinuierlich Tropfen erzeugt und ausgesendet. Um Stellen ohne eine Farbe zu erreichen, wird durch einen elektrostatischen oder magnetischen Mechanismus die Farbe vor dem Druckträger abgefangen. Dieses Verfahren ist mit relativ hohen Anschaffungskosten verbunden und entweder langsam und gut oder schneller und weniger qualitätsvoll. Beim Drop-on-demand-Verfahren wird nur dann ein Tropfen erzeugt und ausgesprüht, wenn tatsächlich ein Punkt auf dem Bedruckstoff benötigt wird. Diese Art der Tintenstrahldrucker werden meist für Büroanwendungen eingesetzt. Grundsätzlich können mit Tintenstrahldruckern die unterschiedlichsten Materialien wie Papier und Folien bedruckt werden, allerdings muß die Farbe individuell auf den Bedruckstoff eingestellt werden.

LED-, Tintenstrahl-, doch vor allem Laserdrucker entlasten heute in der Druckvorstufe die Laser-Belichter, denn sowohl die Drucker als auch die Laser-Belichter benutzen PostScript als Seitenbeschreibungssprache.

Der Ausdruck entspricht dem Belichtungsergebnis auf Fotomaterial; allerdings nicht in der gleichen Qualität. Die schlechte Konturenschärfe, die ungenügende Schwärzung sowie eine Auflösungsfeinheit von häufig nur 300 dpi (dots per inch) beschränken ihren Einsatz zumeist auf die Herstellung von satzidentischen Korrekturbelegen und Druckprodukten mit geringen Qualitätsansprüchen. Mittlerweile gibt es schon Drucker mit einer Auflösung von 600 dpi und mehr.

Die im Netzwerk gespeicherten Texte, Grafiken und Bilder werden nicht nur ausgedruckt und ausbelichtet, sondern häufig auch auf einen Datenträger zur Archivierung übertragen. Sinn der Auslagerung von Daten ist es, Platz für neue Jobs (Aufträge) auf den Datenspeichern des Netzwerks zu schaffen. Die nicht mehr benötigten Texte, Grafiken und Bilder werden durch neue ersetzt; neue Codierungen werden an Stelle der alten gespeichert.

Große Systeme besitzen in der Regel mehrere Magnetplatten mit hoher Speicherkapazität. Doch auch hier ist einmal das Fassungsvermögen erschöpft. Besitzt das System ein Wechselplatten-Laufwerk, so kann man die Magnetplatten austauschen. Doch über längere Zeit ist diese Form der Datenarchivierung zu teuer. Bei kleineren Datenmengen bieten sich wiederum Disketten an, bei umfangreicheren Datenmengen jedoch Magnetbänder oder Magnetbandkassetten, die mit dem Streaming-Verfahren arbeiten, oder auch eine wiederbeschreibbare optische Speicherplatte.

Als besonders sicheres Speichermedium bietet sich für wichtige Daten die CD-R (Compact Disc Recordable) an. Auf diese CD können Daten in Eigenregie gespeichert werden. Die dafür nötigen Geräte, sogenannte CD-Writer, sind unter 1.500 DM zu haben. Ein CD-Rohling kostet um die 5 DM und macht die CD bei ca. 25 Minuten Recordingzeit als Archivmedium interessant. Das Einbrennen der Informationen auf die Scheibe wird umgangssprachlich „Toasten" genannt.

CD-R gibt es mit Kapazitäten von 500 bis 600 MB. Die CD-R ermöglicht ein einmaliges Beschreiben und bietet die Option, eine nicht komplett beschriebene CD-R weiterzubeschreiben, also Daten anzuhängen, bis die Maximalkapazität erreicht ist. Auf CD-R können alle Datenformate geschrieben werden, sofern die entsprechende Hard- und Software dafür vorhanden ist.

Als weitere Ausgabemöglichkeit gibt es bei großen Zeitungsverlagen die **Datenfernübertragung** (DFÜ) an Fremdsysteme. Wird eine Zeitung an mehreren Orten gedruckt, so erfolgt die Text- und Bilddatenerfassung sowie der Ganzseitenumbruch an einer zentralen Stelle. Den anderen Druckorten können dann die einzelnen Seiten in codierter Form meist mit Hilfe der Netze der Telekom übermittelt werden. Beim Empfänger steuern dann die gesendeten und digital gespeicherten Daten die Belichtungseinheiten.

Kleinere Zeitungsverlage leisten sich aus Kostengründen keine Politik- oder Wirtschaftsredaktion und übernehmen häufig den Politik- und Wirtschaftsteil der Regionalzeitungen. Auch hier erfolgt die Übertragung der kompletten Seiten mit Hilfe der Telekom-Netze.

▼

1. Warum können Laserdrucker bei Bedarf Laser-Belichtungseinheiten entlasten?
2. Unterscheiden Sie die Arbeitsweise der Laser- und Tintenstrahldrucker.
3. Zur Textarchivierung können Disketten, CDs, Magnetbandkassetten und Wechselplatten verwendet werden. In welchen Fällen wird man welchem Datenträger den Vorzug geben?
4. Fragen Sie in Ihrem Betrieb nach, wie die Datenarchivierung organisiert ist!

5.8.2.4 Schriftbildträger

Um digital gespeicherte Informationen sichtbar machen zu können, werden Schriftbildträger benötigt.

Für optomechanische Belichter wurden Schriftbildnegative verwendet. Bei ihnen sind die Zeichen transparent in schwarzer Umgebung abgebildet. Schriftbildnegative gab es in verschiedenen Formen und Abmessungen.

Bei Kathodenstrahl- und Laserbelichtern müssen die Zeichen in digitaler Form gespeichert sein. Als Schriftbildträger werden deshalb überwiegend Disketten oder Magnetplatten eingesetzt.

Um Schriften in digitaler Form zu erhalten, werden die einzelnen Zeichen in codierten Zahlenwerten oder Formeln beschrieben.

Das **Scanlinienverfahren** ist das älteste Verfahren zur Schriftdigitalisierung, es wird auch Bildlinienverfahren genannt. Die so digitalisierten Zeichen werden als Bitmap-Schriften bezeichnet. Um die Digitalisierung vornehmen zu können, werden die einzelnen Zeichen auf einen vorgegebenen Wert vergrößert und als Positivfilm auf einer Unterlage befestigt, die kleine quadratische Felder aufweist. Das Zeichen ist dadurch in vertikale Scanlinien unterteilt. Fast jede Linie besteht aus weißen und schwarzen Teilstücken, allein die Scanlinien für die Vor- und Nachbreite haben nur weiße Quadrate. Durch manuelles Auszählen oder mit Hilfe eines Logoscanners wird, von unten beginnend, die Anzahl der weißen und schwarzen Quadrate einer Scanlinie gezählt. Dann erfolgt, wiederum vom unteren Rand ausgehend, die Ermittlung der Werte für die nächste, rechts stehende Scanlinie. Um einen größeren Schriftgrößenbereich optimal abdecken zu können, muß die benötigte Schrift in mehreren Digitalisierungsstufen abgespeichert sein. Das führt zu einem enormen Speicherbedarf. Trotzdem zeigen die Konturen dieser Zeichen meist eine Treppenstruktur, auch Sägezahneffekt genannt. Einsatzgebiet dieser Bitmap-Schriften ist heute vor allem der Büro- und Privatbereich.

Wesentlich weniger Speicherbedarf bei höherer Auflösungsfeinheit wird bei der Digitalisierung von Schriften nach dem Prinzip der **Konturenbeschreibung** (Outline-Verfahren) benötigt. Dieses Verfahren hat heute das Scanlinienverfahren mit den Bitmap-Schriften nahezu verdrängt. Die einfachste Methode der Konturenbeschreibung besteht darin, die Zeichenkontur nur mit **Vektoren** (gerichteten Geraden) darzustellen. Da nicht nur die Geraden, sondern auch die Kurven der Zeichen durch eine Anzahl von geraden Linien beschrieben werden, wirken enge Rundungen bei starken Vergrößerungen oder großen Schriftgraden eckig. Mit Hilfe von **Superfonts,** die die Normalfonts ergänzen, lassen sich bei größeren Schriftgraden bessere Ergebnisse erzielen, jedoch auf Kosten eines größeren Speicherbedarfs. Bei Superfonts werden die Rundungen durch mehr und deshalb kürzere Vektoren beschrieben.

Eine bessere, aber rechnerisch aufwendigere Form sind die Konturenbeschreibungen mit **Vektoren und Kurvenlinien.** Als Kurvenlinien werden beispielsweise Bézier-Funktionen und Splines verwendet. Diese Form der Schriftdigitalisierung wird heute überwiegend eingesetzt.

Das **Type 1-Format** wurde von Adobe entwickelt und 1990 freigegeben, so daß jeder Type 1-Schriften erzeugen kann, ohne Patentrechte zu verletzen.
Es basiert auf der Seitenbeschreibungssprache PostScript und ist zur Zeit das bedeutendste Schriftfont-Format der Satzherstellung. Die Unternehmen Linotype, Agfa, URW, Berthold, Scangraphic und viele andere verkaufen ihre Schriften überwiegend in diesem Format. Schriften im Type 1-Format benötigten noch vor Jahren zusätzlich Screen-Fonts in den

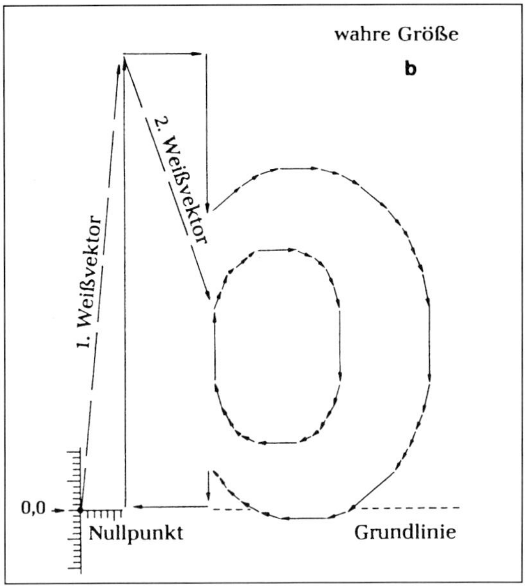

Bild 137.1. Schriftdigitalisierung durch Konturenbeschreibung mit Vektoren.

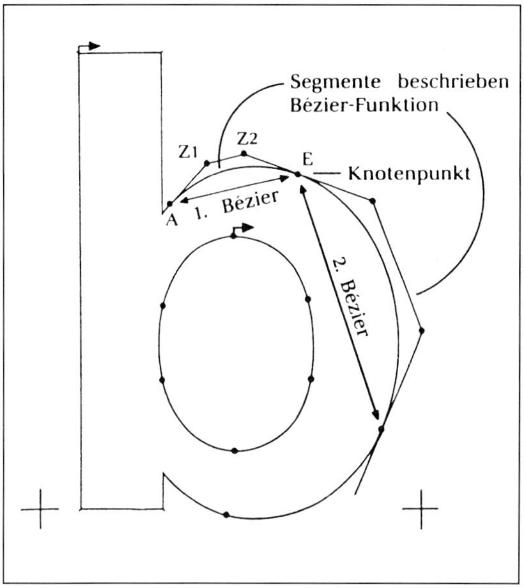

Bild 137.2. Schriftdigitalisierung durch Konturenbeschreibung mit Vektoren und Bézierfunktionen.

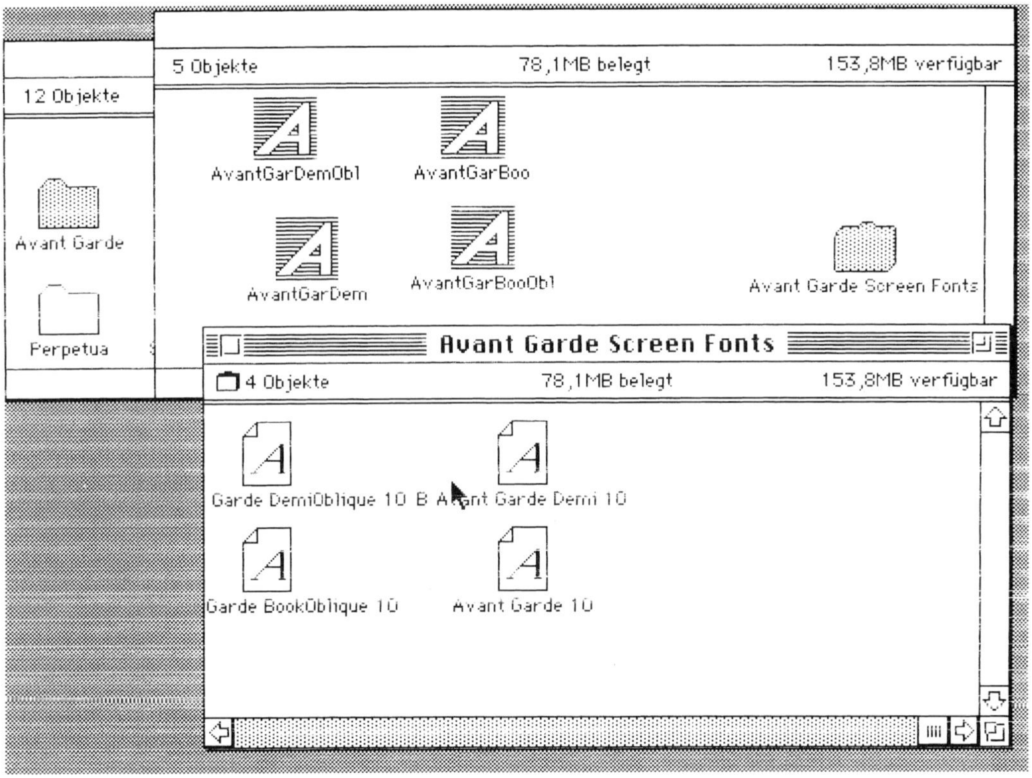

Bild 137.3. Schnitte im Type 1-Format. Oben Printer-Fonts, unten Screen-Fonts.

Schriftgrößen 8, 10, 12, 14, 18 und 24 pt für die Bildschirmdarstellung. Die Zeichen dieser Screen-Fonts werden in Form einer Bitmap dargestellt. Zwischengrößen werden vom Computer umgerechnet, was den Schrifttyp in seinem Aussehen häufig stark beeinträchtigt. Dadurch gibt es auch häufig Unterschiede zwischen der Bildschirmdarstellung und dem Ausgabeprodukt bezüglich der Zeichenbreite und der Laufweite einzelner Zeilen. Das Symbol für ein Screenfont ist ein Koffer, auf dem ein kursives „A“ abgebildet ist. Die Schrift für den Belichter oder Drucker wird je nach Hersteller unterschiedlich dargestellt. Schriften von Linotype-Hell haben beispielsweise ein quadratisches Symbol mit einem kursiven „A“, dessen Hintergrund mehrere waagrechte Striche hat. Bei den Belichterfonts werden die Geraden mit Vektoren, die Kurven mit Bézierfunktionen beschrieben. Die Type 1-Schriften, die in Verbindung mit dem Adobe Type Manager (ATM) eingesetzt werden, lassen sich am Bildschirm genauso darstellen wie auf dem Ausgabeprodukt. Mit dem ATM wird nur noch ein Screenfont in einer Schriftgröße benötigt, um die gewünschte Schrift am Bildschirm aktivieren zu können. Schriften im Type 1-Format haben im Gegensatz zum Type 3-Format sogenannte Hints. Hints definieren die exakte Festlegung der einzelnen Buchstabenteile, verhindern das „Verklumpen“ von Zeichen kleiner Schriftgrößen, sorgen für ausgeglichene Strichstärken und ermöglichen den korrekten Stand auf der Schriftlinie. Hints helfen letztlich, schriftgrößenabhängige Anpassungen an eine ästhetisch bessere Schriftausgabe zu erreichen. Mit Hints ist es nun wieder möglich, die im Bleisatz übliche Schriftqualität annähernd mit einem einzigen Schriftfont für einen großen Schriftgradbereich zu erreichen.

Die Type 1-Multiple Master-Fonts sind eine neue Generation von PostScript-Schriften, die vielerlei Manipulationsmöglichkeiten erlauben. Stufenlos lassen sich zwei Schriftschnitte auf bis zu drei Achsen modifizieren, in der Zeichenbreite, in der Strichstärke und in der schriftgrößenabhängigen Laufweitenjustierung. Dadurch ergeben sich neue Schriftschnitte, bei denen man die Zeichen verschmälert oder verbreitert, in der Strichstärke verändert und trotzdem die geforderte Qualität beibehalten kann. Möglich wäre auch ein schrittweises Vermischen eines Zeichens aus einer Serifenlosen Linear-Antiqua und einer Serifenbetonten Linear-Antiqua. Die Gefahr, dabei des Guten zu viel zu tun, wächst allerdings parallel zur neuen Freiheit.

Das **TrueType-Format** wurde 1989 von Apple und Microsoft als Konkurrenzprodukt zum Type 1-Format entwickelt. Bei Macintosh-Rechnern wird ein TrueType-Font mit einem Rechteck, auf dem der Buchstabe „A“ hintereinanderstehend dreimal abgebildet ist, dargestellt. Die TrueType-Schriften verwenden dieselben Befehle für die Bildschirmdarstellung und Ausgabe. Im Gegensatz zum Type 1- und Type 3-Format werden bei TrueType-Schriften die Kurven nicht durch Bézier-Funktionen, sondern durch Splines beschrieben. Auch TrueType-Schriften werden durch Hints (Hinting)

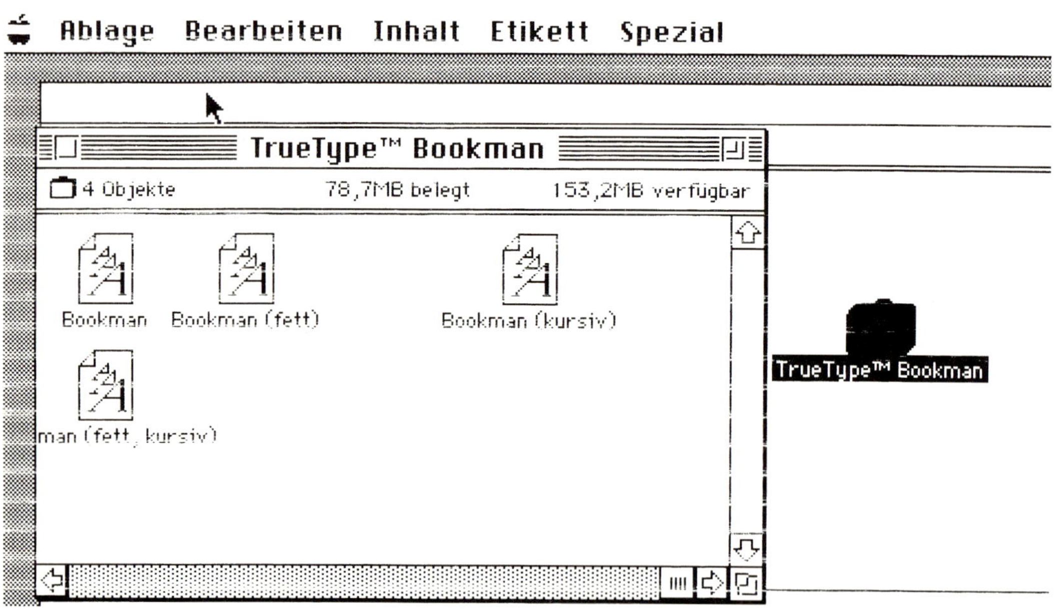

Bild 138.1. TrueType Schrift, eine Abspeicherung für den Bildschirm und für den Drucker.

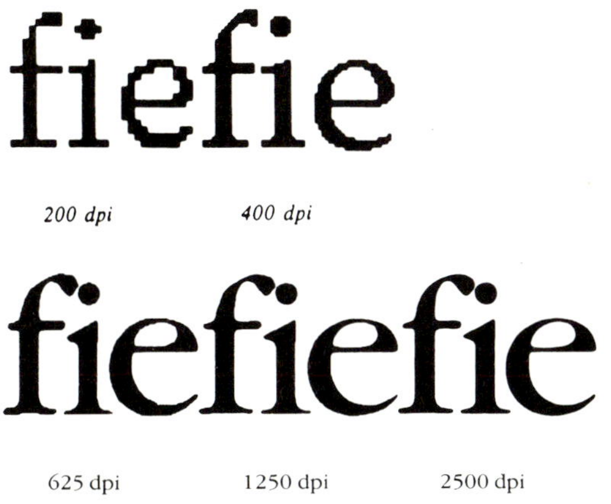

Bild 139.1. Gleiche Umrißbeschreibung der einzelnen Zeichen, aber unterschiedliche Auflösungsfeinheiten der Ausgabegeräte. Oben verschiedene Drucker, unten Laserbelichter.

schriftgrößenabhängig in ihrem Aussehen den typografischen Erfordernissen angepaßt. Von älteren PostScript-RIPs werden die TrueType-Schriften nicht direkt unterstützt. Deshalb müssen die Fonts vor dem Belichten umgewandelt oder im Raster Image Prozessor (RIP) emuliert werden und bringen dadurch oft Belichtungsprobleme. Da bei der Systeminstallation von Rechnern mit den Betriebsystemen Windows 95 und Macintosh automatisch TrueType-Fonts mitinstalliert werden, werden diese Fonts oft ungewollt benutzt.

Bei Laser-Belichtungseinheiten wird im Gegensatz zu CRT-Belichtungseinheiten nicht buchstabenorientiert, sondern flächenorientiert belichtet. Die Berechnung der Zeichenkontur erfolgt in einem Raster Image Prozessor (RIP) mit Hilfe einer Seitenbeschreibungssprache. Dabei wird die ganze Seite und deshalb auch jedes Zeichen in kleinste Bildpunkte, sogenannte Pixel, zerlegt, die entweder schwarz oder weiß sein können. Die Aufzeichnung erfolgt linienweise jeweils über die gesamte Breite. Die Auflösungsfeinheit ist je nach Qualitätsanspruch einstellbar und kann beispielsweise 250 Pixel/cm, 500 Pixel/cm oder 1000 Pixel/cm betragen.

▼

1. Erklären Sie kurz drei Verfahren, die zur Digitalisierung von Schriften eingesetzt werden!
2. Von einer Laser-Belichtungseinheit wird berichtet, daß sie die Zeichen aller Schriftgrade entweder mit 500 oder mit 1000 Pixel pro cm belichten kann. Wie erfolgte die Digitalisierung der eingesetzten Schriften?
3. Die Speicherung der Schriftbildinformation kann durch Vektoren erfolgen.
   a) Beschreiben Sie dieses Verfahren!
   b) Welche Nachteile hat dieses Verfahren mit Vektoren gegenüber dem Verfahren mit Kurvenlinien und Vektoren?

5.8.2.5 Laser-Belichtungseinheiten

Bei Neu- und Ersatzinvestitionen werden heute fast ausschließlich Laser-Belichtungseinheiten gekauft. Zu unterscheiden sind nach dem Aufzeichnungsprinzip: Flachbett-, Innentrommel- und Außentrommelbelichter und nach dem zu belichtenden Material: Offsetdruckplatten-Belichter (Computer-to-Plate) und Belichter für konventionelle Fotomaterialien oder für Spezialfilme mit Trockenentwicklung.

Laserbelichter erlauben eine Ausgabe, die in dieser Form durch optomechanische oder CRT-Belichtungseinheiten nicht möglich ist. Beispielsweise erlauben sie, Zeilen schräg zu plazieren, Schriften in allen Formen zu modifizieren, Texte mit großen Ton- und Rasterflächen zu hinterlegen und/oder mit Strich- und Rasterbildern zu ergänzen sowie eine Negativausgabe der ganzen Seite. Den CRT-Belichtern sind sie nur hinsichtlich der Ausgabeleistung bei großen Textmengen unterlegen.

Um eine Seite belichten zu können, muß vorher die umbrochene Seite zum **Raster-Image-Prozessor (RIP)** online übertragen werden. Der RIP ist ein wichtiger Bestandteil von Laser-Belichtungseinheiten und Laserdruckern. Dieser spezielle Rechner hat die Aufgabe, mit Hilfe einer Seitenbeschreibungssprache alle Bestandteile der am PC gestalteten Seite wieder zu positionieren und in Pixel zu zerlegen. Bestandteile dieser Seite können sowohl Zeichen und Linien, aber auch Strichabbildungen und gerasterte Abbildungen sein, die alle nur in digitalisierter Form verarbeitet werden können. Die Schriftzeichen sind in der Regel nach dem Prinzip der Konturenbeschreibung (Outline-Verfahren) digitalisiert.

Heute wird die Seitenbeschreibungssprache **PostScript** mit den entsprechenden RIPs von allen Belichterherstellern berücksichtigt. PostScript ist Industriestandard, da die wichtigsten EDV-Konzerne diese Sprache akzeptiert haben.

Die von Adobe geschaffene Seitenbeschreibungssprache PostScript besitzt alle Möglichkeiten einer üblichen Programmiersprache und zusätzlich eine besonders umfangreiche Auswahl an Grafikoperatoren. Die Befehle dieser Seitenbeschreibungssprache definieren Bestandteile einer Seite, sogenannte Objekte, die angeben, was ihnen zugewiesen wird und wo sie auf der Seite zu stehen haben. Ein solches Objekt kann sowohl ein Grafikelement sein, beispielsweise eine Linie oder ein Kreis, aber auch ein Schriftzeichen oder eine aus einzelnen Punkten bestehende digitalisierte Abbildung. Die zugewiesenen Attribute enthalten beispielsweise Linienstärke, Radius, Durchmesser, Schriftart und so weiter. Wo das Objekt auf der Seite stehen soll, wird durch X-Y-Koordinaten mitgeteilt.

Probleme bei der Ausbelichtung entstehen dadurch, daß der PostScript-Code Anweisungen enthält, die be-

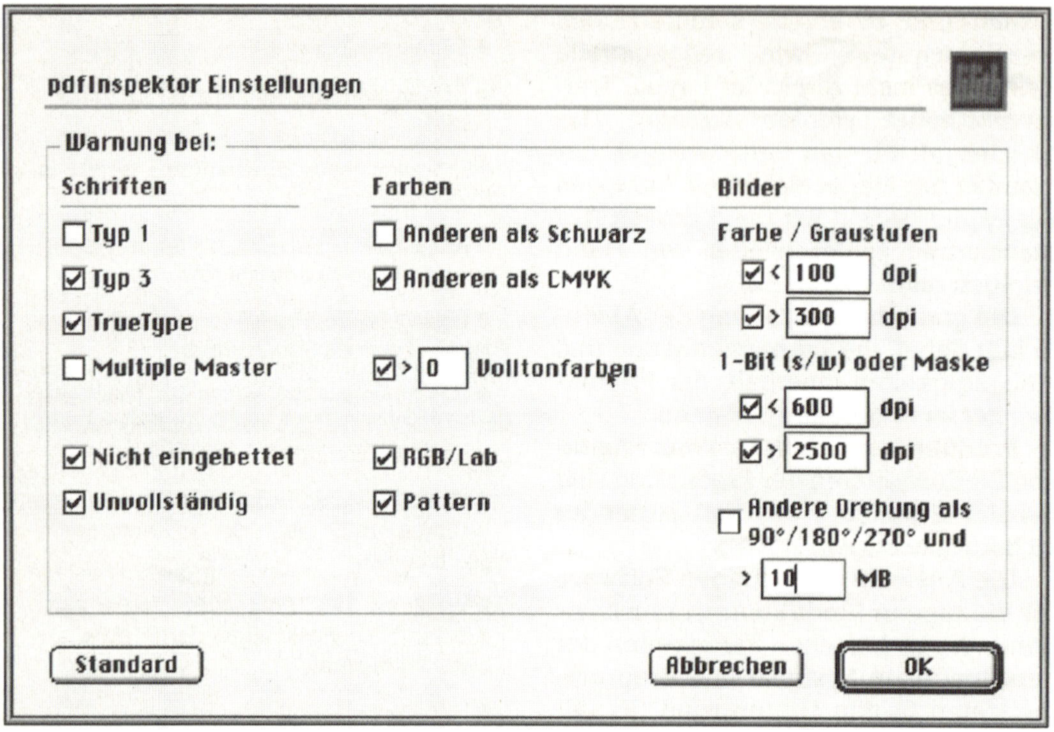

Bild 140.1. Eine der Bildschirmseiten eines Prüfprogramms **(PreFlightChecker)**. Aufgrund der durchgeführten Einstellung erfolgen entsprechende Warnungen.

schreiben, wie die Elemente einer Seite aufgebaut werden *sollen*. PostScript-Dateien enthalten keine Anweisungen, die darstellen, wie die Dokumente aufgebaut *sind*, wie etwa bei einem Pixelbild. Hier liegt die Hauptursache für die Probleme, die es mit dem PostScript-Standard gibt. Erst bei der Ausgabe interpretiert das PostScript-RIP den PostScript-Code. Erst dann wird entschieden, ob ein Punkt belichtet werden soll oder nicht. Wenn beispielsweise Befehle aus dem Satzprogramm CorelDraw ein Dokument beschreiben und ein Belichter-RIP interpretiert dieses Dokument im Rahmen seiner Möglichkeiten, kann dies zu Mißverständnissen führen. Und diese Mißverständnisse sind durch eine Eingangskontrolle auszumerzen, vor allem bei von Kunden gelieferten Dateien.

Dazu dienen Prüfprogramme, sogenannte **PreFlight-Checker,** die PostScript-Dateien vor der Ausgabe durch Laser-Belichtungseinheiten auf mögliche Fehler und Vollständigkeit überprüfen. Probleme mit Dateien bzw. Daten werden dadurch sofort sichtbar und nicht erst, wenn die Produktion läuft. Manchmal fehlen die benötigten Schriften, aber auch die Feinbilddaten mancher Farbbilder. Innerhalb dieser Eingangskontrolle ist eine Korrektur der fehlerhaften Datei meist möglich. Sind Korrekturen nicht durchführbar, die Auftragsdaten defekt oder unvollständig, gelangen diese Daten erst gar nicht in die Produktion. Der Auftraggeber wird auf den Mangel hingewiesen und gebeten, die Fehler selbst zu beheben. Ein optimaler Arbeitsablauf zwischen Kunden, Vorstufenbetrieb und Druckerei ist dann gewährleistet, wenn die Daten mehrmals mit PreFlight-Werkzeugen geprüft werden: Vom Auftraggeber, beispielsweise dem Verlag oder der Werbeagentur, bevor er sie abgibt, von der Druckvorstufe nach der Entgegennahme und noch einmal vor der Weitergabe. Das Prüfprogramm, das der Kunde einsetzt, ist in der Regel nicht so umfangreich wie das des Vorstufenbetriebs. Die Vollversion setzt meist umfangreiche Kenntnisse und Erfahrung voraus.

Ein **Hardware-RIP** (Raster Image Prozessor) ist ein Spezialrechner und Teil der Laser-Belichtungseinheit. Die einzige Aufgabe dieses RIPs ist, alle Bestandteile einer am PC gestalteten Seite in winzige Punkte (Bitmap) zu zerlegen. Ein Pixel kann Teil eines Rasterpunktes, einer Linie, eines Buchstabens oder eines Satzzeichens sein. Im Gegensatz zu einem Software-RIP ist der Hardware-RIP meist teurer, hat aber in der Regel einen höheren Datendurchsatz. Aufrüstungen mit leistungssteigernden Komponenten sind nur begrenzt möglich. Bei Störungen gibt es nur einen Ansprechpartner, denn der Hardware-RIP und der Recorder (Aufzeichnungseinheit) sind meist von einem Hersteller.

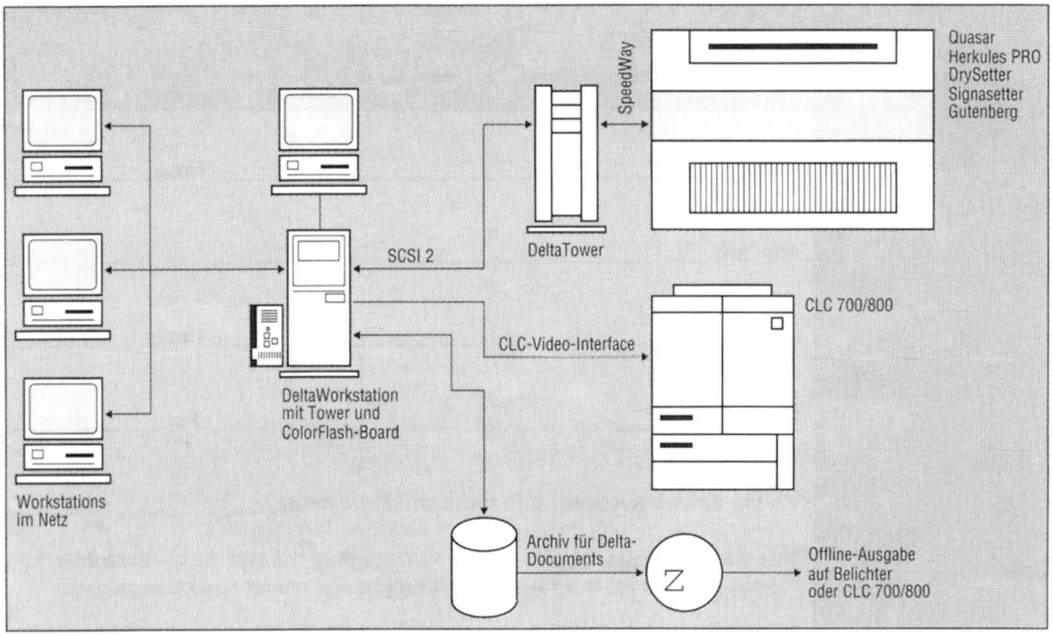

Bild 141.1. DeltaTechnologie. Mögliche Konfiguration aus Anwender-Workstations, DeltaTechnology mit ColorFlash und den unterschiedlichen Ausgabesystemen (Belichter, CLC 700/800, Archiv, Offline-Ausgabe).

Die Tendenz geht aber in Richtung **Software-RIPs** auf der Basis von Standard-Betriebssystemen, wie beispielsweise Windows NT oder UNIX. Ein Software-RIP ist letztlich ein leistungsstarker Rechner mit einer RIP-Software. Oft wird die Standardhardware durch eine Beschleunigerkarte ergänzt. Wird das Software-RIP aktiviert und erfolgt die Umwandlung der Daten in eine Bitmap, so ist während dieser Zeit der PC für Eingaben nicht zu nutzen. Die RIP-Software läßt sich bei Bedarf auf neue, leistungsfähigere Rechner portieren, sofern die Systemprogramme des Betriebssystems identisch sind. Der bisherige Rechner kann dann als Erfassungs- und Bearbeitungsplatz weiter genutzt werden. Ändert sich das Betriebssystem, ist häufig eine Anpassung des RIP-Programms und eine neue Beschleunigerkarte notwendig.

Moderne Soft- und Hardware-RIPs besitzen die Fähigkeit, den Umwandlungsprozeß von PostScript-Befehlen in eine Bitmap-Struktur in mehreren Schritten durchzuführen. Einmal gerippte Daten können dann auf den unterschiedlichsten Ausgabemedien wie Film- oder Plattenbelichter, aber auch Digitaldrucker ausgegeben werden, ohne den zeitintensiven RIP-Prozeß wiederholen zu müssen. Beim ersten Schritt werden die PostScript-Befehle umgesetzt und eine Bitmap erzeugt und meist nach einer Datenkompression zwischengespeichert. Dann erfolgt in einem zweiten Schritt die Dekompression der Datei und deren Belichtung. Auch bei der Wiederholung einer Plattenbelichtung muß nur noch die zwischengespeicherte Bitmap-Datei angewählt werden, um sie belichten zu können. So wird beispielsweise auch bei der DeltaTechnologie von Heidelberg PrePress gearbeitet. Der erste Rechner (DeltaWorkstation mit Tower) empfängt die in unterschiedlichen Programmen erstellten Jobs, baut die Displayliste nach PostScript Level 2 auf und erstellt ein DeltaDocument als Grundlage für Ansteuerung der Belichter, aber auch eines Farbkopierers, Tintenstrahldruckers oder für die Archivierung. Als DeltaDocument sind die Jobs stark komprimiert und besitzen ein neues Datenformat. In diesem Datenformat können bestimmte Vorgaben wie Ausschießen oder Über- oder Unterfüllung von Tonflächen besser durchgeführt werden als im PostScript. Weitere Vorteile der DeltaDokumente sind: Überlagerungfreie Daten und kürzere Korrekturzeiten. In einem weiteren Schritt erfolgt dann die Umsetzung der DeltaDocuments in die Pixelstruktur des Belichters in der gewünschten Auflösung (Pixel/cm) durch einen zweiten Rechner (DeltaTower). Da die DeltaDocuments für alle Ausgabegeräte identisch sind, zeigen beispielsweise die Druckerausgaben nicht nur verbindlich die Farben, sondern decken bereits eventuelle PostScript-Fehler auf. Dagegen sind bei einer Ausgabe über einen Proofer-RIP und einen technisch abweichenden Belichter-RIP unliebsame Überraschungen nicht auszuschließen.

Arbeitet die Laser-Belichtungseinheit beispielsweise mit einer Aufzeichnungsfeinheit von 1000 Pixel/cm, dann muß der RIP für einen Quadratzentimeter 1000 x

1000 = 1.000.000 Ein-/Aus-Informationen aufbauen, bei einer DIN A4-Seite sind es 600 Millionen solcher Informationen. Selbst ein schneller Mikroprozessor, dessen Schaltgeschwindigkeit im Bereich einer millionstel Sekunde liegt, braucht dazu seine Zeit. Die Aufzeichnung der Seite erfolgt stets flächenorientiert. Das bedeutet, die zu belichtende Seite wird auf volle Breite mit horizontalen Bildlinien von oben nach unten aufgezeichnet. Die Schriftzeilen und Rasterpunkte entstehen erst nach mehreren Bildlinien. Unterschiedliche Schriftarten, Schriftgrößen, Zeilenabstände und Schriftlinienpositionen in den Spalten sind ohne Bedeutung.

Der RIP steuert direkt den Fest- bzw. Halbleiterlaser oder den Modulator des Gaslasers so, daß alle zu belichtenden Teile, die auf einer gemeinsamen Y-Koordinate liegen, punkt- oder linienweise aufgezeichnet werden.

▼

1. Welche Aufgaben hat der Raster Image Prozessor (RIP)?
2. Unterscheiden Sie Hard- und Software-RIP, und nennen Sie deren Vor- und Nachteile!
3. In welcher Weise können die PreFlightChecker (Prüfprogramme) den Arbeitsfluß im Betrieb verbessern?
4. Welche Vorteile hat die Aufspaltung des RIP-Prozesses in zwei Schritte?

Der Begriff Laser entstand aus den Anfangsbuchstaben der englischen Bezeichnung »Light Amplification by Stimulated Emission of Radiation«, was übersetzt »Lichtverstärkung durch angeregte Strahlenemission« bedeutet.

Im Gegensatz zur CRT-Technik, wo Elektronen auf der Innenseite des Bildschirms ein schwaches Licht erzeugen, besitzt der Laser ein Licht gleicher Wellenlänge, gleicher Amplitude und gleicher Phase, ein sogenanntes kohärentes Licht. Dieses Licht kann zu einem extrem kleinen Punkt fokussiert werden. Dabei erreicht man eine hohe Lichtmenge.

Zu unterscheiden sind Gaslaser, Festkörperlaser und Halbleiterlaser, auch Laserdioden genannt.

Gaslaser bestehen aus folgenden Elementen:
1. Einem runden Glasrohr mit verspiegelten Enden. An einem Ende befindet sich im Zentrum der Verspiegelung ein Lichtdurchlaß.
2. Einem Gas der Sorten He-Ne, He-Cd, Ar oder Kr, mit dem das Rohr gefüllt ist. Von der Art des Gases ist die Wellenlänge des Laserlichts abhängig.
3. Einer Xenonröhre, die das Gasrohr spiralförmig umgibt.

Die Entstehung des Laserlichts geschieht in folgender Weise: Ein Xenonblitz löst in den Atomen oder Molekülen des Gases Elektronensprünge aus, das bedeutet, Elektronen springen von äußeren Bahnen auf kernnähere. Der Bahnwechsel ist mit der Emission von Lichtquanten (Lichtabstrahlung) verbunden. Jeder der emittierten Lichtquanten (Energieteilchen) stößt unmittelbar auf eins der angeregten Atome oder Moleküle in der Nachbarschaft und verursacht ein Zurückspringen des Elektrons, das seine Bahn verlassen hat. Dabei wird jeweils wieder ein Lichtquant durch stimulierte Emission abgestrahlt. Da gleichzeitig viele Atome betroffen sind, setzt sich dieser Vorgang lawinenartig fort. Die emittierten Lichtquanten vervielfachen sich scheinbar gleichzeitig. Die Lichtabstrahlung wird verstärkt. Zusätzlich wird Lichtemission durch die Reflexion des Laserlichts an den Verspiegelungen angeregt und zusätzlich forciert. Durch den Lichtdurchlaß tritt Licht, das sich in der Rohrachse befindet, als paralleler Strahl hoher Lichtintensität aus. Durch weitere Xenonimpulse wird die Laserlichterzeugung aufrechterhalten.

Die in den Belichtungseinheiten verwendeten Argonionen- und Helium-Neon-Laser werden während des Belichtungsvorgangs nicht ein- und ausgeschaltet, sondern der Strahl wird durch einen Modulator entsprechend der erforderlichen Bildlinie kurzfristig abgelenkt und dadurch unterbrochen.

Die häufig anzutreffenden Helium-Neon-Laser emittieren rotes Licht mit 633 nm (Nanometer). Das be-

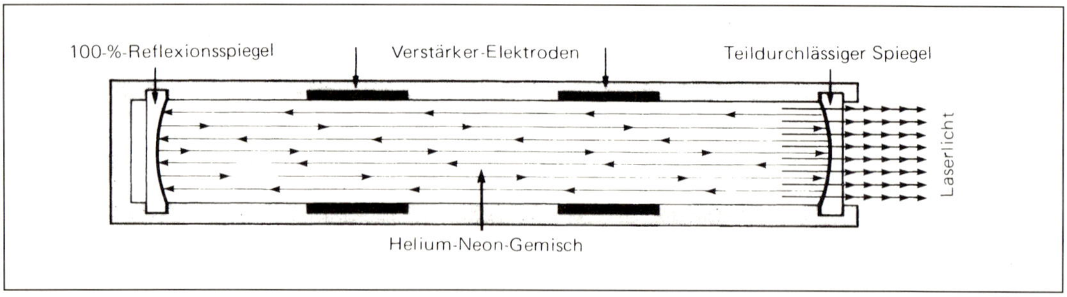

Bild 142.1. Schnittbild eines Gaslasers. Zwischen den beiden sphärischen Spiegeln bildet sich kohärentes Licht, das aus dem teildurchlässigen Spiegel als energiereicher, paralleler Strahl austritt.

deutet, daß das Fotomaterial im roten Spektralbereich empfindlich sein muß.

Der Argonionen-Laser dagegen strahlt mit einer Wellenlänge von 488 nm und erlaubt den Einsatz von orthochromatischem Fotomaterial. Einige Belichtungseinheiten mit Argonionen-Laser ermöglichen die Direktbelichtung auf besondere Offsetdruckplatten.

Für **Festkörperlaser** werden neben dem Rubin eine Reihe weiterer Materialien eingesetzt. Der Rubin-Laser arbeitet mit einer Wellenlänge von 694 nm. Ein anderer häufig eingesetzter Festkörperlaser ist der Nd:YAG-Laser, bei dem das Element Neodym (Nd) aus der Reihe der Seltenen Erden in Yttrium-Aluminiumoxid ($Y_3Al_5O_{12}$) eingebaut ist. Durch die besondere Schreibweise wird dies deutlich gemacht. Für Yttrium-Aluminiumoxid wird die Kurzbezeichnung YAG verwendet, eine Abkürzung für die amerikanische Bezeichnung Yttrium-Aluminiumoxid-Garnet. Dadurch werden solche Laser auch als YAG-Laser bezeichnet. Weitere alternative Bezeichnungen sind auch Nd-Laser, Neodym-Laser und YAG:Nd-Laser. Der Laser strahlt bei 532 nm im Grünbereich, bei Verwendung des Nd^{3+}-YAG-Kristalls bei 1064 nm im Infrarotbereich. Aufgrund der hohen Leistungsfähigkeit werden diese Laser auch für Computer to Plate (CTP) eingesetzt. Zur Zeit wird die Bezeichnung Nd:YAG-Laser für Laser mit 532 nm und YAG-Laser für Laser mit 1064 nm verwendet.

Halbleiterlaser oder **Laserdioden** bestehen jeweils zur Hälfte aus positiv und negativ geladenen Halbleiterkristallen. Fließt durch diesen Halbleiter Strom, dann bewegen sich negative Ladungsträger (Elektronen) und positive Stellen, Löcher genannt, aufeinander zu. Wenn die Elektronen mit den positiven Stellen zusammentreffen, dann verbinden sie sich miteinander. Hierbei entsteht Lichtenergie. Dieses Licht trifft an der Kontaktstelle, die sich in der Mitte des Halbleiters befindet, auf reflektierende Schichten. Dadurch wird das Licht mehrfach hin- und hergespiegelt, wodurch weitere Lichtabstrahlung angeregt wird. Gleichzeitig entsteht durch fortgesetztes Zusammentreffen von positiven Stellen und Elektronen immer neue Lichtemission. Der ganze Vorgang schaukelt sich auf, das interne Licht im Halbleiterkristall wird verstärkt und durchdringt ab einer bestimmten Intensität die teildurchlässige Außenfläche als Lichtstrahl. Vorteile dieser Laserdioden gegenüber den Gaslasern sind neben der geringen Abmessung der geringe Preis, die niedrige Eingangsspannung (1,4 V), die lange Lebensdauer und die einfache Modulation mit Hilfe einer angelegten Spannung. Im Gegensatz zu Belichtungseinheiten mit Gaslasern wird kein teurer Modulator benötigt. Die Wellenlänge des erzeugten Lichts hängt vom verwendeten Halbleitermaterial ab und liegt im langwelligen Rot- und Infrarotbereich. Handelsübliche Laserdioden haben eine Emission im nahen Infrarotbereich bei 780 nm; Rot-Laserdioden strahlen im sichtbaren Bereich bei 670 nm.

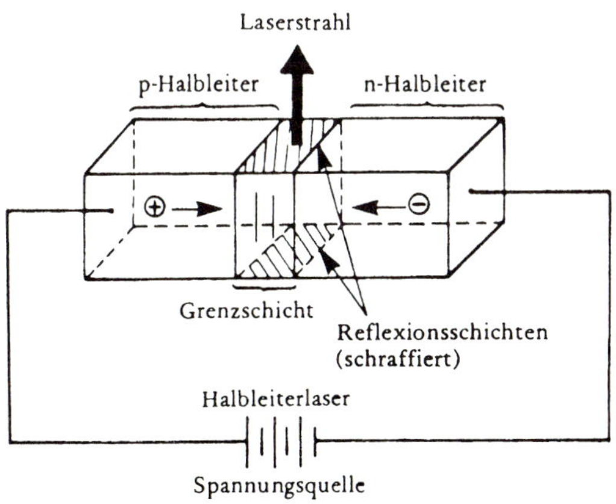

Bild 143.1. Halbleiterlaser oder Laserdiode-Funktionsschema.

▼

1. Warum benötigen Gaslaser im Gegensatz zu den anderen Lasern einen Modulator?
2. Ermitteln Sie die spektralen Farbbereiche, in denen die einzelnen Laser-Arten strahlen.
3. Welche Vorteile haben Halbleiterlaser gegenüber Gaslasern?

Beim **Flachbettbelichter (Capstan-Belichter)** wird mit einem kontinuierlichem Fotomaterialvorschub während der Belichtung gearbeitet. Dadurch kann eine fast unbegrenzte Dokumentenlänge erreicht werden. Beim Capstan-Prinzip entfallen Zeitverluste durch Filmtransporte nach der Belichtung, denn durch den permanenten Transport befindet sich das Fotomaterial bereits in der Position für die Belichtung des Folgeauftrags oder der folgenden Farbe. Für den Zwischenschnitt ist lediglich ein geringer Zusatzvorschub notwendig. Selbst wenn die Vorzugwalzen vor jedem Job wieder in die Nullstellung gefahren werden, können doch Seitenanschlag und Rollenbremsung zu geringfügigen Abweichungen führen. Muß bei einem Farbsatz ein Film wiederholt werden, sollte man besser den ganzen Farbsatz neu belichten. Da bei Flachbettbelichtern der Weg des Laserstrahls zum Fotomaterial stets unterschiedlich ist, müssen Verzerrungen der Zeichen durch Korrekturoptiken verhindert werden. Das führt letztlich zu einer eingeschränkten Formatbreite. Generell sind Flachbettbelichter im Gegensatz zu den Innen- und Außentrommelbelichtern meist preisgünstiger und kompakter.

Als **Innentrommelbelichter** werden Laser-Belichtungseinheiten bezeichnet, bei denen sich das Fotomaterial bzw. die Druckplatte und das optische System innerhalb der Trommel befindet. Beim Belichtungsvorgang

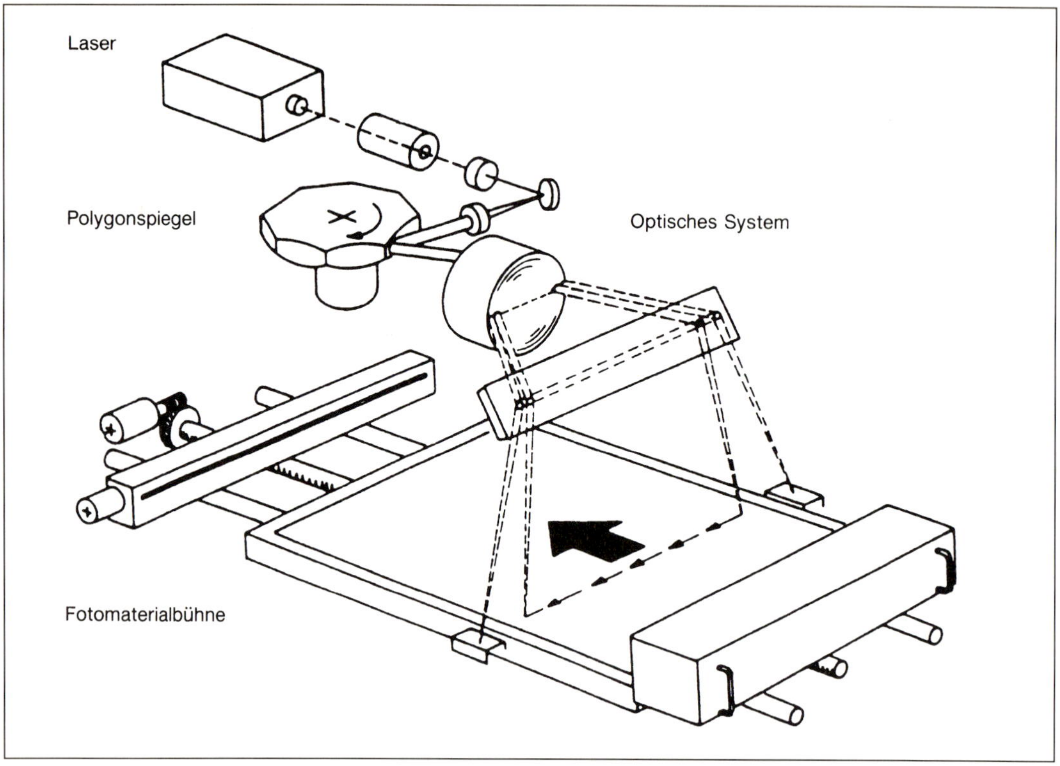

Bild 144.1. Prinzip der Flachbettbelichtung mit kontinuierlichem Fotomaterialtransport während der Belichtung.

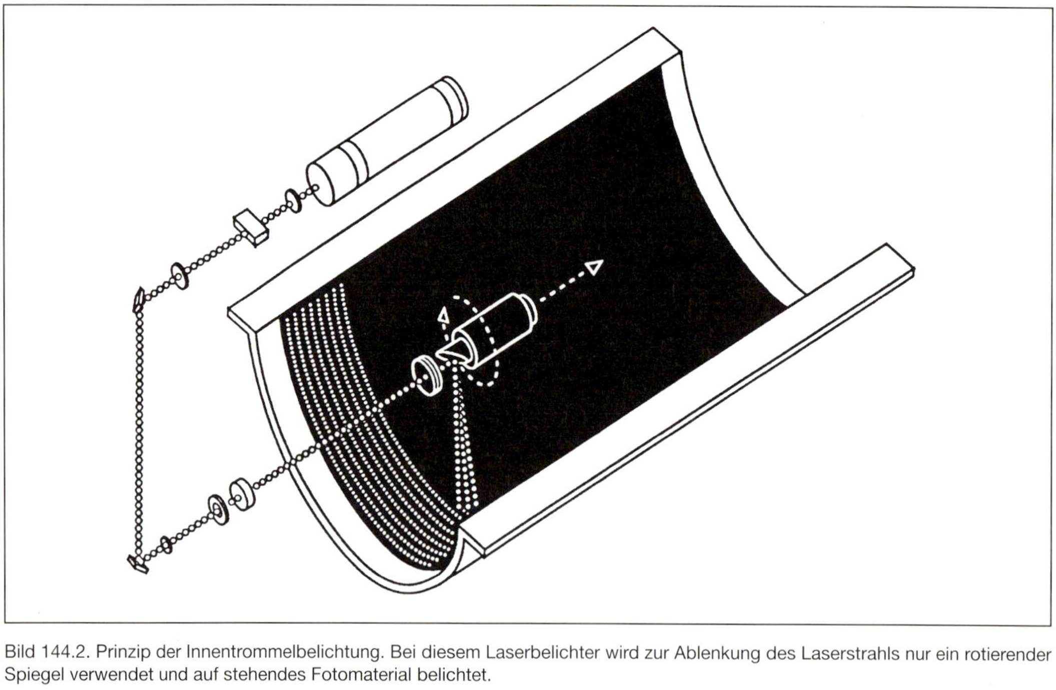

Bild 144.2. Prinzip der Innentrommelbelichtung. Bei diesem Laserbelichter wird zur Ablenkung des Laserstrahls nur ein rotierender Spiegel verwendet und auf stehendes Fotomaterial belichtet.

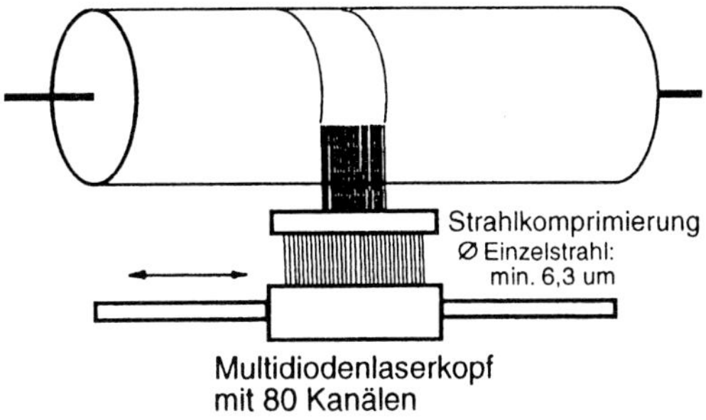

Bild 145.1. Prinzip der Außentrommelbelichtung. Der Schreibkopf arbeitet mit 80 Strahlen.

wird je nach Belichter nur ein Umfang von 180° bis 270° genutzt. Dabei werden die Trommel und das darin befindliche Material nicht bewegt. Nur der modulierte Laserstrahl wird mit Hilfe optischer Einrichtungen in das Zentrum der Trommel gelenkt und dann durch einen Spiegel oder ein Prisma spiralförmig auf das Material projiziert. Das optische System, das den Laserstrahl aus dem Trommelzentrum in 90° auf das Material lenkt, wird mit einem Spinner-Motor mit bis zu 50.000 Umdrehungen/min. bewegt. Dadurch kann auch mit nur einem Laserstrahl eine hohe Belichtungsleistung erzielt werden. Das Aneinanderreihen der Aufzeichnungslinien über das gesamte Format ist nicht unproblematisch. Je höher die Aufzeichnungsfeinheit gewählt wird, um so mehr steigt die Gefahr der Bildstörungen. Selbst die besten Elektromotoren haben stets geringe Drehzahlabweichungen. Und wenn Bauteile sich erwärmen, dehnen sie sich aus und verändern ihre Position. Alle diese Faktoren können sich auf die Genauigkeit auswirken, denn selbst Fehler von nur einem Tausendstel eines Millimeters können sichtbare Fehler im gedruckten Bild hervorrufen.

Der generelle Vorteil der Innentrommelbelichter gegenüber den Außentrommelbelichtern ist die Informationsübertragung auf unbewegtes Material in Verbindung mit einer einfachen Trommelkonstruktion und besserem Materialhandling. Nachteilig sind die hohen Kosten für die aufwendigen optischen Systeme zur Steuerung und Ablenkung des Laserstrahls.

Beim **Außentrommelbelichter** befindet sich das Fotomaterial bzw. die Druckplatte und der Schreibkopf außerhalb der Trommel. Bedingt durch die Größe und Masse der Trommel ist eine physikalisch begrenzte Geschwindigkeit von etwa 600 Umdrehungen/Minute möglich. Der Schreibkopf des Belichters enthält mehrere parallel angeordnete Glasfaserkabel; beispielsweise 240. Sie sind über programmgesteuerte Modulatoren einzeln ein- und ausschaltbar. Probleme dieser Mehrstrahlsysteme sind, alle Strahlen in gleicher Intensität zu steuern, die Abstände der Strahlen zu justieren und die Strahlbänder ohne Lücken und Überlagerungen bei jeder Spirale um die Belichtungstrommel zu plazieren. Lücken oder Überlagerungen erzeugen Streifen, die auch eine Vergrößerung oder Verkleinerung der Gesamtbelichtungsfläche bewirken können. Die Paßgenauigkeit solcher belichteter Materialien kann in der weiteren Verarbeitung zu Problemen führen. Durch die heute mögliche Belichtung im Schrittmodus kann man diesen Effekten entgegenwirken. Im Gegensatz zum Spiralmodus wird nach jeder Trommelumdrehung der Schreibkopf neu plaziert und schreibt die Strahlen dann genau rechtwinklig zur Trommelachse. Diese Form der Belichtung vermindert die Ausgabeleistung, erhöht aber die Ausgabequalität. Größter Vorteil der Außentrommelbelichter ist der relativ einfache Lichtweg zum Belichtungsmaterial. Die einzelnen Laserstrahlen werden weder über Spiegel oder Prismen abgelenkt, sondern auf kürzestem Wege direkt auf das Belichtungsmaterial projiziert.

Die Ausgabeleistung einer Laser-Belichtungseinheit kann nicht wie bei den früher eingesetzten optomechanischen oder Kathodenstrahl-Belichtern in Zeichen pro Stunde angegeben werden. Bei Laser-Belichtungseinheiten muß zur eigentlichen Belichtungszeit im Aufzeichnungsteil die Rechenzeit im RIP je nach Arbeitsweise teilweise oder auch ganz dazugerechnet werden, je nachdem, ob der RIP- und Aufzeichnungsprozeß überwiegend parallel oder nacheinander durchgeführt wird.

Die RIP-Rechenzeit ist abhängig von der Struktur der Seiten. So benötigen bei gleichem Ausgabeformat Seiten mit vielen gerasterten Bildern und Farbverläufen wesentlich mehr Rechenzeit als Werksatzseiten mit wenigen Strichzeichnungen. Dagegen ist die eigentliche Belichtungszeit bei gleichem Ausgabeformat und gleicher Auflösungsfeinheit (Pixel/cm oder ppi) gleich, weil der Lichtstrahl stets die volle Breite der Arbeitsfläche aufzeichnen muß, unabhängig davon, ob nur ein Streifen oder mehrere Spalten zu belichten sind.

Entscheidend für die Ausgabeleistung ist die Wahl der Auflösungsfeinheit, die beispielsweise 1270 ppi (pixel per inch), 1905 ppi, 2540 ppi oder 3810 ppi sein kann. Häufig wird an Stelle von ppi auch dpi (dots per inch) verwendet.

So benötigt beispielsweise ein Innentrommelbelichter der Firma Gerber für eine Offsetdruckplatte der Maschinenklasse 4 (maximales Bogenformat 46 cm x 65 cm) bei einer Auflösungsfeinheit von 1270 ppi etwa 2 Minuten, bei 2450 ppi etwa 4 Minuten Belichtungszeit.

Laser-Belichtungseinheiten unterscheidet man auch nach dem zu belichtenden Material in Offsetdruckplatten-Belichter (Computer-to-Plate) und Belichter für konventionelle Fotomaterialien oder für Spezialfilme mit Trockenentwicklung.

Computer-to-Plate-Systeme (CTP-Belichter) ermöglichen im Vergleich zur konventionellen Plattenherstellung mit Film oder Fotopapier eine Zeiteinsparung von bis zu 60% bei einer Kostenreduzierung um 30% und zusätzlichen Qualitätsvorteilen. Zur Offsetdruckplatten-Herstellung werden meist Spezialbelichter eingesetzt, die sowohl nach dem Innentrommel- und Außentrommel-Prinzip als auch vereinzelt nach dem Flachbett-Prinzip arbeiten. Computer-to-Plate setzt aber eine lückenlose digitale Produktionskette voraus. Die meisten Betriebe sind jedoch noch weit vom digitalen Ideal entfernt, denn wer will schon seinen Kunden vorschreiben, wie er seine Anzeigen bzw. sonstigen Vorlagen anzuliefern habe. Das Digitalisieren von Filmen ist zwar möglich, erfordert aber zusätzliche Investitionen und Arbeitszeit und ist zudem mit Risiken verbunden. Eine absolut exakte Umsetzung der Rastertonwerte ist nicht leicht zu erreichen. Eine zweigleisige Produktion mit direkter Platten- und Filmbelichtung ist für viele Betriebe über einen langen Zeitraum nicht zu vermeiden.

Prognosen gehen davon aus, daß bis zum Jahre 2000 etwa 20% der Aufträge über CTP-Systeme laufen; das bedeutet, daß etwa 80% noch über die **Filmbelichter** abgewickelt werden.

Herkömmliche Filmbelichter können Fotomaterialien unterschiedlicher Hersteller belichten. Anders ist es aber bei Filmbelichtern, die **Spezialfilme mit Trockenentwicklung** verarbeiten. Jeder dieser Spezialfilme ist an eine bestimmte Lichtquelle und damit an einen bestimmten Belichter und an einen speziellen Verarbeitungsprozeß gebunden. Belichter, Film und Verarbeitung bilden ein geschlossenes System. Das muß kein Nachteil sein, wenn die Lieferfähigkeit des Films gewährleistet ist.

Der **DrySetter** von Heidelberg PrePress (Linotype-Hell) ist so ein Belichter für einen Spezialfilm mit Trockenentwicklung. Der Einsatz von Chemie beim Entwicklungsprozeß des Films entfällt. Instabile und kontrollbedürftige Prozesse im Entwicklungsautomat sowie die lästige Entsorgung des Entwickler- und Fixierbades erübrigen sich. Die Aufzeichnung erfolgt nach dem Prinzip der Trommelbelichtung. Als Strahlungsquelle dient ein YAG-Laser mit einer Emission von 1053 nm. Während der Einwirkungszeit von nur 60 Nanosekunden entsteht im Wirkungsbereich des Laserstrahls eine Temperatur von 1000° C. Diese Temperatur bewirkt, daß sich die wärmeempfindliche Schicht des Films mit der darunterliegenden Kohlenstoffdispersion bruchfest verbindet. Dabei liefert der Film eine Dichte von über D_{max} 4.0 und ein fast unsichtbares D_{min} von unter 0.04. Die Schwärzung hat eine optimale Schärfe ohne Randzonen.
Mit dem DrySetter können allerdings nur DryTech-Filme belichtet werden und kein übliches fotografisches Material.

▼

1. Warum werden bei Neu- und Ersatzinvestitionen fast ausschließlich Laser-, selten CRT-Belichtungseinheiten gekauft?
2. Unterscheiden Sie Flachbett- und Innentrommelbelichter, und nennen Sie deren Vor- und Nachteile!
3. Warum werden Computer-to-Plate-Systeme noch relativ selten in der Produktion eingesetzt?
4. Unterscheiden Sie Außentrommel- und Innentrommelbelichter, und nennen Sie deren Vor- und Nachteile!
5. Warum können bei Laserbelichtern im Gegensatz zu CRT-Belichtern keine Leistungsangaben in Buchstaben pro Stunde gemacht werden?
6. Welche Vorteile bringt ein Laserbelichter, der einen Spezialfilm für Trockenentwicklung bestrahlt?

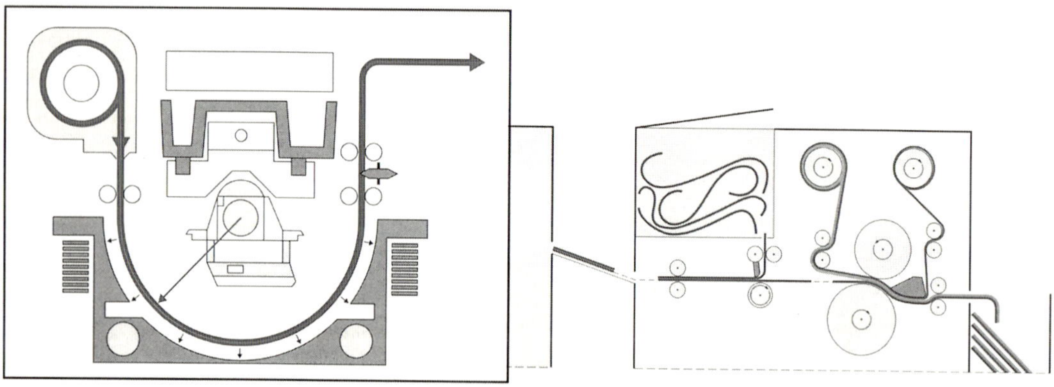

Bild 146.1. Drysetter von Heidelberg PrePress mit Spezialfilm für Trockenentwicklung.

5.8.3 Fotomaterialien für Belichtungseinheiten

Die Qualität der Schrift und der Abbildungen, die nach dem Kopiervorgang auf der Druckform steht, ist von vielen Faktoren abhängig. Dazu zählen beispielsweise die gewählte Auflösungsfeinheit (Pixel/cm) des Belichters, das eingesetzte Fotomaterial, die Entwicklungsmaschine mit ihren chemischen Lösungen sowie die Form der Informationsübertragung auf die Druckplatte.

Erst das Zusammenwirken aller dieser Faktoren in Verbindung mit standardisierten Arbeitsabläufen bei der Entwicklung des belichteten Materials sowie bei der kopiertechnischen Übertragung führt zu einem optimalen Ergebnis.

In der Reproduktionstechnik wird schon seit Jahren nach vorgegebenen Standards produziert. Dadurch wird eine gleichbleibende Prozeßsteuerung über mehrere Fertigungsstufen hinweg sichergestellt. Mit nahezu gleichen Mitteln läßt sich auch die Herstellung des belichteten und entwickelten Fotomaterials mit Text und Abbildungen standardisieren.

Die optimale Belichtung des Fotomaterials ist von drei Faktoren abhängig:

1. einwirkende Lichtmenge (Intensität x Zeit),
2. Lichtempfindlichkeit des Fotomaterials,
3. Farbempfindlichkeit des Fotomaterials.

Die Belichtungszeit bei schnellen Laser-Belichtungseinheiten beträgt für jedes Pixel (Bildpunkt) weniger als eine millionstel Sekunde. Das verlangt eine hohe Allgemeinempfindlichkeit des Fotomaterials. Dies wiederum hat Auswirkungen auf den Grundschleier, wenn die Dunkelkammerbeleuchtung zu hell ist. Als Grundschleier wird die leichte Schwärzung bezeichnet, die auch ohne Einwirkung einer speziellen Lichtquelle bei einem entwickelten und fixierten Fotosatzfilm entsteht. Er soll einen Wert nicht über Dichte (D) 0.06 haben.

Neben der Allgemeinempfindlichkeit muß auch die spektrale Empfindlichkeit von Fotomaterialien der Farbemission (Strahlung) der Lichtquellen von Belichtungseinheiten angepaßt sein. Argonionen-Laser emittieren Licht bei 488 nm (488 Nanometer = 0,000000480 m), Nd:YAG-Laser bei 532 nm, Helium-Neon-Laser bei 633 nm, Rot-Laserdioden bei 670 nm, handelsübliche Laserdioden bei 780 nm und YAG-Laser bei 1064 nm.

Die naturgegebene spektrale Empfindlichkeit des Fotomaterials erstreckt sich von der unsichtbaren UV-Strahlung bis zum Blau des sichtbaren Lichts. Mit Sensibilisierungs-Farbstoffen kann der ursprüngliche Empfindlichkeitsbereich erweitert werden, damit die Materialien auch für die Bereiche Grün, Gelb, Rot bis hin zum unsichtbaren Infrarot empfindlich sind.

▶ Siehe auch Kapitel 6.3 Reproduktionsmaterialien.

Für Belichtungseinheiten mit Argonionen-Laser und Nd:YAG-Laser werden orthochromatische Fotomaterialien eingesetzt, die blau-, grün- und gelbempfindlich sind. Deshalb kann mit roter Dunkelkammerbeleuchtung gearbeitet werden.

Dagegen benötigen der rot strahlende Helium-Neon-Laser und die Rot-Laserdiode ein panchromatisches Fotomaterial, das bei völliger Dunkelheit oder schwachem Grünlicht (bei etwa 490 nm) verarbeitet werden muß.

Handelsübliche Laserdioden und der YAG-Laser strahlen im Infrarotbereich und benötigen deshalb ein spezielles Fotomaterial.

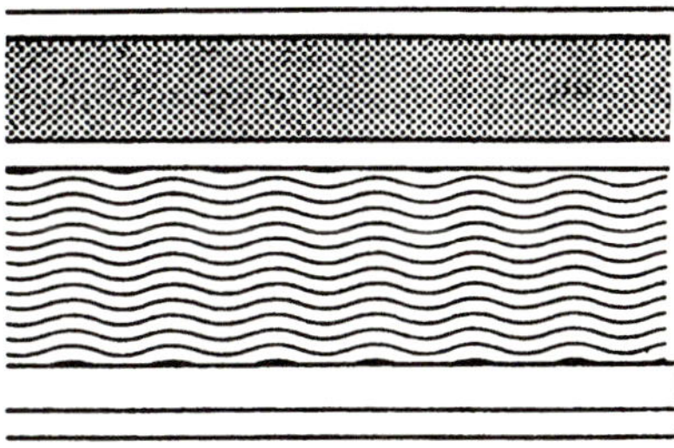

Bild 147.1. Schichtaufbau der RC-Fotopapiere.

In der Druckvorstufe werden neben Filmen häufig auch sogenannte **RC-Papiere** eingesetzt. Diese Kurzbezeichnung steht für Resin Coated Papier = harzbeschichtetes Fotopapier. Der Schichtaufbau gleicht dem des Films. Die heutige Polyäthylen-Beschichtung auf beiden Seiten des Papieres mindert das Eindringen des Wassers und der darin gelösten Chemikalien in den Schichtträger. Die daraus sich ergebende Festigkeit der RC-Fotopapiere gegenüber den normalen Fotopapieren verursacht weniger Probleme beim maschinellen Entwicklungsprozeß. Fotopapier ist im Gegensatz zum Film weniger widerstandsfähig und weniger maßhaltig, aber kostengünstiger.

Für die verschiedenen Arbeiten im Bereich Satz und Reproduktion stehen die unterschiedlichsten Fotomaterialien und Entwickler zur Verfügung. Der Lith-Entwickler wird bevorzugt, wenn Halbtonvorlagen durch Kontaktraster belichtet werden und hoffreie Rasterpunkte verlangt werden. Die Lith-Entwicklung ist nur schwer unter Kontrolle zu halten und verlangt eine exakte Regenerierung, die nur durch aufwendige Steuerung an teuren Entwicklungsmaschinen erreicht wird.

Der Line-Entwickler hat sich für Fotomaterialien des Fotosatzes bewährt. Als sogenannter Oberflächenentwickler werden alle ausreichend belichteten Stellen rasch und gleichmäßig anentwickelt. Die Ausentwicklung bis zur optimalen Schwärzung erfolgt bei gleicher Strichstärke kontinuierlich. Die Line-

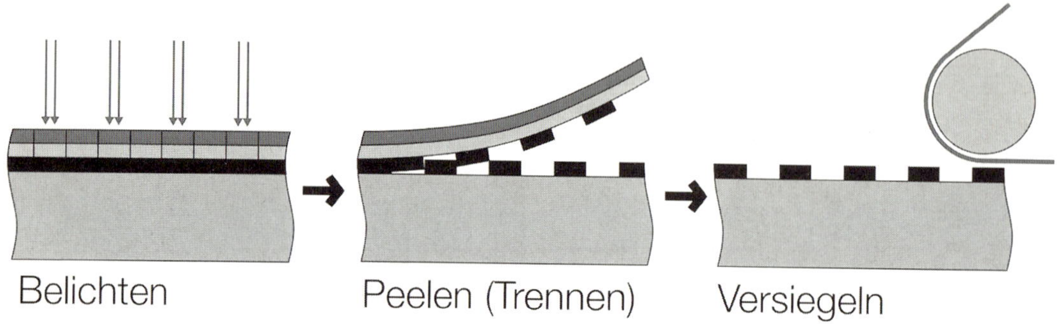

Bild 148.1. DryTech-Film von Polaroid mit wärmeempfindlicher Schicht.

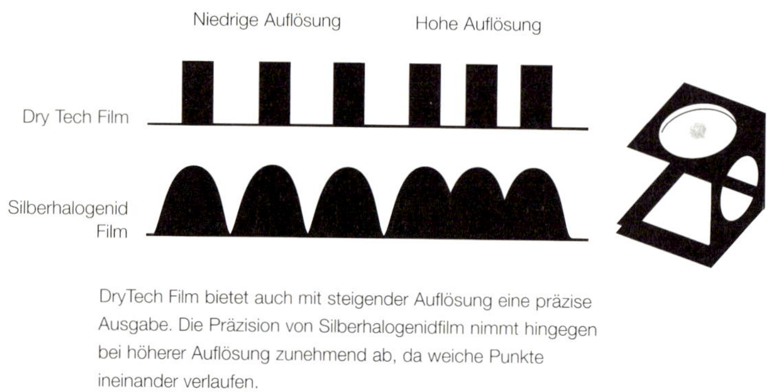

Bild 148.2. Polaroid-Vergleich mit normalem Film.

Chemie besteht meist aus einem Ansatz, der lange Zeit konstant bleibt. Das heißt, er ist gegen Oxidation deutlich weniger empfindlich als die Lith-Chemie. Regeneriert wird mit normalem Entwickler, der lediglich mit Wasser verdünnt wird. Geringe Schwankungen der Belichtungszeit, der Entwicklertemperatur und der Entwicklungsdauer haben keine Auswirkungen auf das Entwicklungsergebnis. Ein weiterer Vorteil ist, daß sich Negativ-, Direktpositiv- und Tageslichtmaterialien problemlos zusammen mit Fotosatzfilmen und RC-Papieren in einer Entwicklungsmaschine verarbeiten lassen; vorausgesetzt, daß alle Materialien und die Chemie vom gleichen Hersteller stammen.

Für die Druckvorstufe werden zunehmend Materialien und Lösungen eingesetzt, die die Vorteile der Lith-Entwicklung, das sind scharfe, hoffreie Rasterpunkte und Linien, mit den Vorteilen der Line-Entwicklung, der einfachen Verarbeitung, verbinden. Solche Materialien sind beispielsweise Agfastar, Reprodot und Ultratec.

Interessant sind neue Filme mit Trockenentwicklung, deren wärmeempfindliche Schicht mit einem Infrarot-Laser erhitzt wird. So liefert beispielsweise der DryTech-Film von Polaroid bessere Ergebnisse als ein konventioneller Silberfilm. Dazu benötigt man aber auch eine spezielle Belichtungseinheit, den DrySetter von Heidelberg PrePress (Linotype-Hell). Als Strahlungsquelle dient der YAG-Laser mit einer Emission von 1053 nm. Während einer Einwirkungszeit von nur 60 Nanosekunden entsteht im Wirkungsbereich des Laserstrahls eine Temperatur von 1000° C. Diese Temperatur bewirkt, daß sich die wärmeempfindliche Schicht des Films mit der darunterliegenden Kohlenstoffdispersion bruchfest verbindet. Da die Aktivierungsenergie des DryTech-Films nur einen einzigen Schwellenwert hat, ist die Bestrahlung quasi digital: der Film ist entweder voll bestrahlt oder gar nicht. Dabei liefert der Film eine Dichte von über D_{max} 4.0 und ein fast unsichtbares D_{min} von unter 0.04. Ein wesentliches Merkmal des Films ist die absolut genaue Wiedergabe des Bildes ohne ein Anschwellen der Rasterpunkte. Des weiteren entfallen instabile und kontrollbedürftige Prozesse im Entwicklungsautomat, wie Durchlaufgeschwindigkeit des Films oder Temperatur und Regenerierung der Chemie, so daß die Belichtungsergebnisse wesentlich genauer vorhersehbar sind als bei der konventionellen Produktion.

Auch die lästige Entsorgung des Entwickler- und Fixierbades erübrigt sich. Zielmärkte für diesen Filmtyp sind vor allem Werbeagenturen und Inhouse-Anwender, die bisher einer Belichtung im eigenen Haus wegen des Chemieeinsatzes kritisch gegenüberstanden. Mit dem DrySetter können allerdings nur DryTech-Filme belichtet werden und kein übliches fotografisches Material.

Für die Offsetdruck-Plattenkopie empfiehlt der Bundesverband Druck bei Filmen ein Dichte-Minimum von 2.4 bei einem Grundschleier von weniger als 0.06. Um Filmschnittkanten bei der Belichtung eliminieren zu können, ist eine Dichte von 2.7 bis 2.8 erforderlich. Bei Fotopapieren genügen Dichten von 1.5 bis 1.7.

▼

1. Welche Argumente sprechen für den Film, welche für das Fotopapier?
2. Unterscheiden Sie die Arbeitsweise des Lith- und Line-Entwicklers!
3. Von welchen drei Faktoren ist die optimale Belichtung des Fotomaterials abhängig?
4. Wodurch erreicht man eine Schwärzung von D 4.0 bei Filmen mit Trockenentwicklung?
5. Welche Mindestdichten benötigen Filme und Fotopapiere für die Offsetdruck-Plattenkopie?

5.8.4. Software

Wie schon im Kapitel 3.3 erwähnt, umfaßt die Software die Gesamtheit der Programme und ihrer Eigenschaften, die auf einem Computer eingesetzt werden. Es sind die immateriellen Komponenten eines Datenverarbeitungssystems.

Die Software läßt sich grundsätzlich in zwei Bereiche gliedern:

1. Programme des Betriebssystems, auch Systemprogramme genannt, und
2. Anwendungs- oder Benutzerprogramme.

Systemprogramme sind als **Basis-Software** für den unmittelbaren Betrieb des Computers zwingend notwendig, oder als **Komfort** erleichtern und beschleunigen sie die Eingabe und Verarbeitung.

Anwendungsprogramme werden als Standardprogramme für bestimmte Aufgaben im Vorstufenbereich erstellt und auf dem Softwaremarkt vertrieben, beispielsweise Illustrationsprogramme wie FreeHand und Illustrator, Satzprogramme wie QuarkXPress und PageMaker und das Bildbearbeitungsprogramm PhotoShop.

Für spezielle Probleme eines bestimmten Kunden werden kundenspezifische Programme entwickelt. Diese wurden früher fast ausschließlich vom Anwender selbst programmiert, was heute nur noch in seltenen Fällen bei Großbetrieben üblich ist.

5.8.4.1 Systemprogramme

▶ Grundsätzliches zu den Systemprogrammen siehe Kapitel 3.3.3.

Die Systemprogramme, auch Betriebssysteme genannt, waren im Vorstufenbereich bis vor einigen Jahren ausschließlich für die Satzproduktion oder die elektronischen Bildverarbeitung (EBV) ausgerichtet. Eine Workstation konnte in der Regel nur zur Texterfassung und -verarbeitung oder zur Bildverarbeitung genutzt werden.

Personal Computer (PCs) mit ihren Standardbetriebssystemen verdrängten vor Jahren diese spezifischen Geräte. Viele der etablierten Setz- und EBV-Systemhersteller übernahmen die preiswerten Personal Computer und Programme der Computerindustrie und ergänzten und verbesserten die Software.

Standardbetriebssysteme im Vorstufenbereich sind beispielsweise MacOS, OS/2, UNIX, Windows 95 und Windows NT. Anwendungsprogramme werden jeweils für ein bestimmtes Betriebssystem unter Beachtung seines Befehlsspektrums und seiner Besonderheiten entwickelt. So gibt es beispielsweise das Satzprogramm QuarkXPress sowohl für das Standardbetriebssystem MacOS von Apple als auch für Windows 95 von Microsoft.

In Verbindung mit entsprechenden Anwendungsprogrammen erlauben die Standardbetriebssysteme das Erfassen, Umstellen, Umbrechen von Texten, die Herstellung von Illustrationen und technischen Zeichnungen sowie das Retuschieren von digitalisierten Halbtonvorlagen. Mit anderen Anwendungsprogrammen ist beispielsweise auch die Gestaltung und Berechnung von Anzeigen sowie das Schreiben und Verbuchen von Rechnungen möglich.

Das Betriebssystem hat auch eine Vermittlerrolle zwischen der Hardware und den Bedürfnissen der Menschen nach benutzerfreundlicher Eingabe zu erfüllen. Die Art und Weise, wie das Betriebssystem den Benutzer am Bildschirm führt, wird als **Benutzeroberfläche** bezeichnet.

Bei der **kommando-orientierten Benutzeroberfläche** erteilt der Mensch dem Betriebssystem schriftliche Kommandos über die Tastatur und bekommt schriftliche Rückmeldungen. Die kommando-orientierte Eingabe mit vielen abstrakten Kürzeln ist vor allem für PC-Neulinge eine große Hürde, die viele abschreckt.

Mit der neu entwickelten **grafischen Benutzeroberfläche** in Form der Maus-Menü-Technik ist es möglich, auch EDV-Laien am Bildschirm so zu führen, daß sie intuitiv oft das Richtige tun, um das

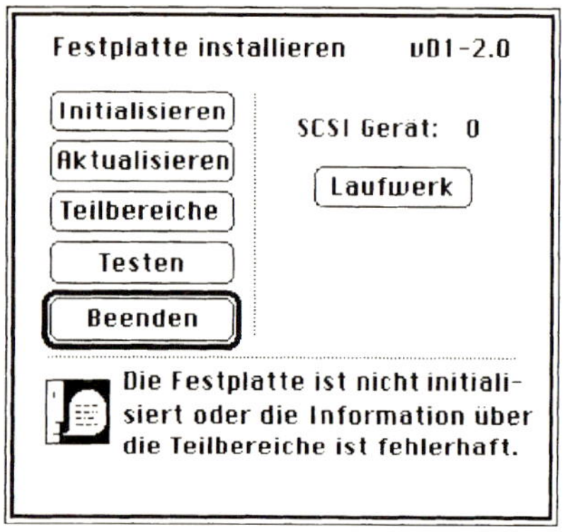

Bild 150.1. Beispiel für die grafische Benutzeroberfläche.

gewünschte Ergebnis zu erhalten. Die Bedienerführung erfolgt anhand von Bildschirmformularen, die sowohl Texte als auch Piktogramme zur Auswahl von Programmteilen anbieten. Piktogramme sind Bildzeichen, die Gegenstände oder Sachverhalte darstellen, vergleichbar einem Verkehrszeichen. Die Ansteuerung erfolgt durch Positionieren eines Pfeils oder Fadenkreuzes mit Hilfe einer Maus. Als Maus bezeichnet man ein bewegliches Handsteuergerät, das an der Unterseite eine Rollkugel besitzt und über Kabel, Ultraschall, Infrarotsender oder Funkverbindung mit einem PC verbunden ist. Die Maus kann in Verbindung mit einer entsprechenden Menütechnik die Tastatur teilweise, bei Grafikprogrammen auch ganz ersetzen. Durch Bewegen der Maus werden laufend Steuerimpulse übertragen; der Cursor am Bildschirm bewegt sich synchron. Wird ein Piktogramm des Bildschirmmenüs berührt, so kann durch Drücken einer Taste auf der Maus dieser Programmteil aktiviert werden. Neben der mechanischen Maus, die staubanfällig ist, gibt es optische Mäuse, die mit einer Leuchtdiode auf der Unterseite ein feines Gittermuster der Unterlage abfühlen und so die Bewegungsabläufe ebenfalls in elektrische Impulse umwandeln. Bildschirmpositionen lassen sich mit Hilfe der Maus einfacher und schneller ansteuern als mit Tastaturen.

Die grafische Benutzeroberfläche wird heute sowohl bei der Nutzung des Betriebssystems als auch der Anwendungsprogramme zur Verfügung gestellt.

▼

1. Unterscheiden Sie die kommando-orientierte und grafische Benutzeroberfläche!
2. Nennen Sie Kurzbezeichnungen für Betriebssysteme!
3. Unterscheiden Sie System- und Anwenderprogramme!
4. Auf welche Weise werden die Steuerimpulse der Maus an den PC übertragen?

5.8.4.2 Anwendungsprogramme

Wichtigster Baustein innerhalb der Satzprogramme ist das Satzgrundprogramm, das je nach Hersteller unterschiedlich umfangreich und komfortabel ist. Es wird im allgemeinen je nach Bedarf ergänzt durch Programme für den Tabellensatz, Formelsatz, Werksatzumbruch, Artikelumbruch, Sporttabellensatz, Anzeigengestaltung und Ganzseitenumbruch.

Neu entwickelte Satzprogramme haben in der Regel wie die Systemprogramme eine grafische Benutzeroberfläche. Zudem wird jeder einzelne Arbeitsschritt am Bildschirm satzidentisch angezeigt. Für diese Darstellungsform wird häufig der Begriff **WYSIWYG** verwendet. Diese Kurzbezeichnung steht für What You See Is What You Get = Was du siehst, bekommst du. Doch das WYSIWYG bereitet manchen Programmen teilweise noch Schwierigkeiten, denn nicht immer zeigt der Bildschirm genau das, was aus dem Ausgabegerät herauskommt, beispielsweise beim Versalausgleich am Bildschirm. Der Vorteil des WYSIWYG liegt aber auf der Hand: Die unmittelbare und sofortige optische Kontrolle des Arbeitsfortschritts und der Korrektur gibt dem Anwender Sicherheit und verringert die Kosten für Korrekturläufe und Materialverbrauch.

Satzgrundprogramme enthalten eine Vielzahl von Setzbefehlen, die eine schnelle Texterfassung ermöglichen und den Montageaufwand reduzieren helfen. Beispiele solcher Befehle sind: Zeilenbreite, Ausschließkommandos, Schriftenwahl, Schriftgröße, Zeilenabstand, Trennfuge, Silbentrennung, Unterschneiden, Sperren, Änderung der Schriftlaufbreite, Schrägstellung von Schriften, Einpassen der Zeile, Standardeinzug, Einzug, hängender Einzug, Auspunktierroutine, Zeilenspaltung, Exponenten und Indizes, Bruchziffern, fliegende Akzente, senkrechtes Ausschließen, Unterstreichroutine, Makro, Multicode, Suchen und Ersetzen, Linien, Text oder Zeichen drehen und geometrische Formen.

Zeilenbreite. Die Definition der Zeilenbreite ist in Millimeter oder in Cicero und Punkte oder in Pica und Points möglich. Diese Maßsysteme stehen auch für alle horizontalen Maßangaben zur Verfügung.

Ausschließkommandos. Zeilen können zentriert, links- oder rechtsbündig oder als Blocksatz auf volle Breite mit meist unterschiedlichen Wortabständen ausgeschlossen werden. Der Keilwert für den variablen Wortabstand ist definierbar für Minimum, Optimum und Maximum. Als Festausschluß ist das Geviert, das Halb- und Viertelgeviert verfügbar.

Schriftenwahl. Alle zur Verfügung stehenden Schriften können beliebig miteinander gemischt werden. Das Setzsystem verwaltet auch für einen großen Schriftenbestand alle Dickten, das heißt, die Breiten der einzelnen Zeichen mit der Vor- und Nachbreite, um den nötigen Abstand zum benachbarten Zeichen zu gewährleisten.

Times normal **Times fett** *Times kursiv*
TIMES KAPITÄLCHEN Bookman normal
Bookman fett *Bookman kursiv*
BOOKMAN KAPITÄLCHEN Avant Garde normal
Avant Garde fett *Avant Garde kursiv*

Bild 151.1. Beispiel für das Mischen verschiedener Schriften.

Schriftgröße. Alle Größen sind untereinander mischbar und stehen auf gleicher Schriftlinie. Als Schriftgrößenangabe steht die Kegelgröße, aber auch die Versalhöhe (Oberhöhe) zur Verfügung.

In den kommenden Jahren werden auf dem Gebiet der Satzherstellung weitere Entwicklungen zu erwarten sein.

Bild 151.2. Beispiel für verschiedene Schriftgrößen innerhalb einer Zeile.

Zeilenabstand. Der Zeilenabstand von Schriftlinie zu Schriftlinie kann in Bruchteilen von Millimetern oder Bruchteilen von Punkten festgelegt werden. Minimaler Wert meist: 0,01 mm. Ein Zeilenabstand ist jederzeit einmalig für eine Zeile oder generell änderbar.

Trennfuge. Bei komplizierten Worttrennungen können schon bei der Texterfassung Trennvorgaben in das Wort eingefügt werden. Dies geschieht durch Betätigen einer besonderen Taste. Das Silbentrennprogramm berücksichtigt die Trennvorgaben aber nur, wenn bei diesem Wort eine Trennung erforderlich sein sollte. Zusätzlich wird der letzte Buchstabe der Zeile durch ein Divis ergänzt.

Silbentrennung. Dieser Programmbaustein besteht meistens aus zwei Teilen, dem nach Trennregeln arbeitenden eigentlichen Programmteil und dem Ausnahmewörter-Speicher. Kein Programm trennt mit absoluter Sicherheit in alle vorkommenden Fällen richtig. Selbst die Abspeicherung eines vollständigen Wörterbuches könnte dies nicht ermöglichen, weil immer dann Schwierigkeiten auftreten, wenn zwei Wörter zusammengefügt werden oder auf Vorsilben eine bestimmte Buchstabenkombination folgt.
Eine Hauptregel, mit der in der deutschen Sprache etwa 84% der Trennungen richtig ausgeführt werden können, ist folgende: Vor einer Buchstabenverbindung, bestehend aus einem Konsonanten als Anlaut sowie einem nachfolgenden Vokal, kann dann getrennt werden, wenn davor mindestens zwei Buchstaben stehen, von denen einer ein Vokal sein muß. Diese Hauptregel muß dahingehend erweitert werden, daß der Buchstabe y, die Umlaute ä, ö und ü wie ein Vokal zu behandeln sind. Dadurch lassen sich Wörter wie fäl-len, Schlüs-sel, Ana-ly-se richtig trennen. Auf die oben genannte Hauptregel aufbauend, gibt es eine weitere wichtige Regel: Buchstabenkombinationen wie beispielsweise bl, br, ch, dr, fl, fr, gl, gn, gr, kl, kn, kr, pl, pr, rh, sp, st, th, tr, sch, spr, str sind als untrennbare Einheit wie ein Konsonant zu betrachten. Mit dieser zweiten Hauptregel läßt sich die Wahrscheinlichkeit einer richtigen Trennung auf 93% steigern. Beispiel für solche Trennungen sind: er-blinden, ver-strei-chen, Fen-ster, be-spre-chen.
Aufgrund dieser Hauptregeln entstehen aber dann Trennfehler, wenn Silben oder Wortteile mit einem Vokal oder Umlaut beginnen, wie beispielsweise Ber-garbeiter, Dan-kopfer, Rau-büberfall. Ebenfalls falsche Trennungen entstehen, wenn die zweite oder eine weitere Silbe eines Wortes mit dem zweiten oder dritten Buchstaben einer untrennbaren Einheit beginnen, die ja wie ein Konsonant behandelt wird. Beispiele für solche fehlerhaften Trennungen sind: Hau-stür, Han-drücken, Himmel-spol, Tran-sport und Ra-thaus. Kein Trennprogramm kann, das zeigen die Beispiele, eine stets absolut richtige Trennung durchführen. Deshalb müßten alle Wörter, die nicht nach den gespeicherten Regeln getrennt werden dürfen, im ladbaren Ausnahmewörterspeicher berücksichtigt werden. In der Praxis begnügt man sich aber aufgrund des dafür notwendigen großen Speicherbedarfs meistens mit den wichtigsten Ausnahmen.

Unterschneiden und Sperren. Die Laufweite eines Wortes oder einer Zeile wird bestimmt durch die Breite

Obwohl die ersten Schritte zur fotografischen Satzherstellung schon in den neunziger Jahren des vorigen Jahrhunderts unternommen wurden, hat die Entwicklung des Fotosatzes ihren rasanten Aufschwung erst in den letzten zehn Jahren erfahren. Inzwischen ist die

Obwohl die ersten Schritte zur fotografischen Satzherstellung schon in den neunziger Jahren des vorigen Jahrhunderts unternommen wurden, hat die Entwicklung des Fotosatzes ihren rasanten Aufschwung erst in den letzten zehn Jahren erfahren. Inzwischen ist die Gesamtentwicklung

Obwohl die ersten Schritte zur fotografischen Satzherstellung schon in den neunziger Jahren des vorigen Jahrhunderts unternommen wurden, hat die Entwicklung des Fotosatzes ihren rasanten Aufschwung erst in den letzten zehn Jahren erfahren. Inzwischen ist die Gesamtentwicklung bereits soweit fortgeschritten,

Bild 151.3. Beispiele für unterschiedliche Laufweiten.

der Zeichen sowie ihrer Abstände zu den davorstehenden (Vorbreite) und nachfolgenden Zeichen (Nachbreite). Diese vom Schriftenhersteller festgelegte Grund- oder Normallaufweite ist für jedes Zeichen in Einheiten festgelegt. Die Normallaufweite kann man für alle Zeichen durch einen Unterschneidungs- oder Sperrwert verändern. Zusätzlich lassen sich auch die Abstände zwischen einzelnen »Zeichenpärchen« individuell oder mit Hilfe von Kerning-Tabellen verringern. Beispiele solcher »Zeichenpärchen« sind AT, Vo, Wi, LA. Ziel dieser Unterschneidung ist es, stets optisch gleiche Buchstabenabstände zu erreichen.

Schriftlaufbreite. Durch Angabe unterschiedlicher Werte für Höhe und Breite einer Schrift lassen sich alle Zeichen künstlich in einer schmal- oder breitlaufenden Version unterschiedlichster Art darstellen.

Modifikation	100 %
Modifikation	150 %
Modifikation	75 %
Modifikation	125 %

Bild 152.1. Beispiel für unterschiedliche Schriftlaufbreiten.

Schrägstellung der Schrift. Ist keine echte Kursive einer Schrift vorhanden oder griffbereit, so kann eine normale Schrift künstlich schräg gesetzt werden. Der Neigungswinkel für die Kursivstellung ist einstellbar. Diese Modifikation gleicht keinesfalls der echten Kursiven. Deshalb spricht man in diesem Zusammenhang von einer unechten Kursiven oder auch von einer Schrägen.

Die Typografie ist das
Garamond kursiv

Die Typografie ist das
Garamond elektronisch kursiv

Bild 151.2. Beispiel für eine echte und unechte Kursive.

Einpassen der Zeile. Die definierte Zeile wird zwingend innerhalb der Zeilenbreite ausgeschlossen. Falls erforderlich, wird die Schrift bei gleicher Versalhöhe automatisch schmal- oder breitlaufend modifiziert.

Standardeinzug. Die erste Zeile nach einer Ausgangszeile wird automatisch mit einem festgelegten Einzug gesetzt. Dieser Befehl ist besonders nützlich beim Satz von Werken, Zeitungen und Zeitschriften.

These, die gewiß auch fürs Theater gilt, jedoch nicht immer aufgehn muß.

Die fünf neuen, respektive anderen Sänger der »Carmen« – die Premierenbesetzung läuft ja weiter – bewirkten einen beachtlichen Schwung , zumindest bei dem ersten gemeinsamen Auftritt.

In der, von Roland Velte inszenierten Oper am Mittwochabend im Großen Haus des Staatstheaters Darmstadt, das restlos ausverkauft war, profitierten wohl alle von dieser alternativen Besetzung.

Bild 152.3. Beispiel für den Befehl Standardeinzug.

Quantisierter Einzug. Der Einzug ist für eine festgelegte Zeilenanzahl an der linken oder rechten Satzkante gültig. Danach wird auf das Standardformat zurückgestellt oder ein weiterer festgelegter Einzug beachtet. Textmengenänderungen haben keinen Einfluß auf die Einzüge.

Hängender Einzug. Beim hängenden Einzug wird jeweils nach einem Zeilenende-Befehl die nächste Zeile auf volle Breite und die folgenden Zeilen mit Einzug links gesetzt. Dieser Befehl erleichtert vor allen die Endlos-Texterfassung von Kleinanzeigen.

Volkswagen, 46 000 km, nachtblau, TÜV 1987,
neue Reifen, für nur DM 6 500,- (VB) zu
verkaufen. Telefon (0 61 56) 1 23 45

Volvo, aus 1. Hand, sehr gepflegt, nur 22 000
km, weinrot, Radio, Schiebedach, TÜV 1988,
sofort zu verkaufen. VB: DM 9 000,-. Angeb.
unter 12 34 an die Exp.

Bild 152.4. Beispiel für hängenden Einzug.

Auspunktierroutine. Dieser Befehl ermöglicht eine Auspunktierung mit einem frei wählbaren Punktabstand. wobei die Punkte automatisch Register halten, also exakt untereinander stehen.

Name . . . . Vorname . . . .
PLZ . . . . Ort . . . .
Straße . . . .
Beruf . . . . Telefon . . . .

Bild 152.5. Beispiel für die Auspunktierroutine.

Zeilenspaltung. Nach dem Ausschließen der Zeile wird der verbleibende Rest aufgefüllt und der definierte Textteil nach rechts gestellt.

> Das Urteil über die Qualität einer gedruckten Schrift ist von einer Reihe verschiedener Faktoren abhängig. MAX FÜLLSEL

Bild 153.1. Beispiel für die Zeilenspaltung.

Exponenten und Indizes. Vom vorhandenen Zeichensatz können per Befehl Indizes und Exponenten erster und zweiter Ordnung abgeleitet werden. Dabei werden die Zeichen um einen festgelegten Wert nach oben oder unten versetzt, und die Schriftgröße wird verkleinert.

$$\mathrm{H}^{\mathrm{H}^{\mathrm{H}}}_{\mathrm{H}^{\mathrm{H}}}$$

$$\mathrm{M}^{a+b+c}$$

Bild 153.2. Beispiel für Exponenten und Indizes.

Bruchziffern. Nur beim Vorhandensein von echten Bruchziffern ist die gleiche Strichstärke wie bei der Grundschrift gewährleistet. Meistens werden die Zeichen aber in einem kleineren Schriftgrad gesetzt. Zähler und Nenner einschließlich des Bruchstrichs entsprechen der Versalhöhe (Oberhöhe). Bei schrägem Bruchstrich werden die Ziffern aus optischen Gründen über oder unter den Bruchstrich gestellt.

3/8 40/56

Bild 153.3. Richtige Form der Bruchziffern.

Fliegende Akzente. Der Akzent wird als zusätzliches Zeichen mit einem Buchstaben kombiniert. Diese Routine ist auch für das Übereinanderbelichten sonstiger Zeichen verwendbar.

á ô è ç í ë

Ⓐ ☒ ⊛ ◎ ⊙

Bild 153.4. Beispiel für das Übereinanderbelichten zweier Zeichen.

Senkrechtes Ausschließen. Mit diesem Befehl wird die Arbeitsvorbereitung und die Eingabe wesentlich erleichtert; denn er bewirkt, daß die Abstandswerte einzelner Textblöcke und Zeilen unter Beachtung der vorgegebenen Gesamthöhe automatisch errechnet werden. Um unterschiedliche Abstände zu erreichen, können auch an einer Stelle zwei oder drei vertikale Keile eingegeben werden.

> Für unseren modernen Druckereibetrieb südlich von Frankfurt am Main suchen wir einen
> >
> **kaufm. Angestellten für unsere Vorkalkulation**
> >
> Voraussetzung: Erfahrung in der Buchdruck-Kalkulation. Ausbildungsmöglichkeiten für den Tiefdruck erhalten Sie in unserem Hause.
> >
> Zuschriften mit den üblichen Bewerbungsunterlagen richten Sie bitte unter **DB 7792** an die Anzeigenannahme der Allgemeinen Zeitung.

> Für unseren modernen Druckereibetrieb südlich von Frankfurt am Main suchen wir einen
>
> **kaufm. Angestellten für unsere Vorkalkulation**
>
> Voraussetzung: Erfahrung in der Buchdruck-Kalkulation. Ausbildungsmöglichkeiten für den Tiefdruck erhalten Sie in unserem Hause.
>
> Zuschriften mit den üblichen Bewerbungsunterlagen richten Sie bitte unter **DB 7792** an die Anzeigenannahme der Allgemeinen Zeitung.

Bild 153.5. Oben: Anzeige vor dem senkrechten Ausschließen. Unten: Die senkrecht ausgeschlossene Anzeige.

Unterstreichroutine. Für Unterstreichungen können verschiedene Linienstärken mit unterschiedlichen Abständen festgelegt werden. Nicht alle Programme erlauben Mehrfachunterstreichungen mit verschiedenen Linienstärken, die automatische Aussparung von Buchstaben mit Unterlängen oder die Anpassung der Unterstreichungslinie an kritische Buchstabenformen, wie beispielsweise p und q.

Makro und Multicode. Diese sind zusammengefaßte Befehle für eine Reihe wiederkehrender gleichartiger Abläufe bei der Texterfassung und -gestaltung; aber auch eine wiederkehrende Folge von Texten oder eine Kombination aus Texten und Befehlen. Diese Information wird mit Hilfe der Tastatur im Setzsystem hinterlegt, um bei Bedarf mit einem Kurzaufruf aktiviert zu werden.

Suchen und Ersetzen. Die Korrektur umfangreicher Texte wird erleichtert durch die Suchroutine, die das automatische Auffinden von Wörtern ermöglicht. Nach Eingabe des Suchbegriffs erfolgt der Suchvorgang im gewünschten Text. Den entdeckten Suchbegriff zeigt der blinkende Cursor auf dem Bildschirm. Durch Betätigen der Maustaste wird der Suchbegriff durch ein neues Wort ersetzt.

Linien. Der Tastaufwand für Tabellen und Umrandungslinien wird reduziert, wenn der Bediener zwischen den Liniensorten normal, zentriert und invers wählen kann. Die Liniensorte normal hat bei senkrechten Linien ihren Bezugswert links der Linie, bei waagrechten Linien unten. Dagegen hat die Liniensorte invers ihren Bezugswert bei senkrechten Linien rechts, bei waagrechten Linien oben. Bei zentrierten Linien verläuft der Bezugswert jeweils in der Mitte des Linienbildes. Die Positionierung der Linien erfolgt über Koordinatenwerte.

Viele Programme erlauben auch Zierrahmen herzustellen, beispielsweise mit abgerundeten Ecken und unterschiedlichen Strichstärken.

>brf**65**,**69**,5,40<

65 = Nr. des ersten Eckelementes
69 = Nr. des ersten Linienelementes

Zeilen innerhalb eines Rahmens mit 5 mm Abstand zur Außenkante der linken, der rechten und der unteren Linie

>brf**73**,**77**,5,40<

73 = Nr. des ersten Eckelementes
77 = Nr. des ersten Linienelementes

Zeilen innerhalb eines Rahmens mit 5 mm Abstand zur Außenkante der linken, der rechten und der unteren Linie

Bild 154.1. Beispiele für Rahmenversionen.

Einige Programme ermöglichen die Anpassung der Höhe eines Linienrahmens an die Texthöhe. Ändert sich aufgrund einer Korrektur die Anzahl der Zeilen, so wird automatisch der Linienrahmen auch kürzer oder länger.

Text oder Zeichen drehen. Einzelne Zeichen oder auch komplette Texte können gedreht werden. Nicht alle Satzgrundprogramme erlauben, den Drehpunkt und den Winkel frei zu bestimmen.

Geometrische Formen. Individuelle geometrische Formen können definiert und mit Rastern, Abbildungen oder Hindergrundmuster gefüllt werden. Auch lassen sich Zeichen und Logos als Formen benutzen.

▼

1. Warum kann man mit Standardregeln keine 100%ige Trennrichtigkeit erreichen?
2. Was sind die Gründe für die falschen Trennungen wie Aben-dessen und Ra-thaus?
3. Welche Funktion hat der Ausnahmewörter-Speicher?
4. Was bedeutet der Begriff WYSIWYG?
5. Wodurch unterscheiden sich echte und unechte Kursivschriften?
6. Welche Vorteile bringt der Programmteil Senkrechtes Ausschließen?
7. Für welche Arbeiten wird der Programmteil Hängender Einzug aktiviert?

5.8.4.3. Weitere Satzprogramme

Die vorstehenden Setzbefehle und Gestaltungsmöglichkeiten sind nur einige Beispiele aus dem Satzgrundprogramm. Wie schon oben erwähnt, kann dieses Programm je nach Bedarf durch Programme für die Datenkonvertierung, den Tabellensatz, Formelsatz, Artikelumbruch, Sporttabellensatz und die Anzeigengestaltung ergänzt werden. Exemplarisch soll hier die Arbeitsweise der Programme für die Datenkonvertierung und den Seitenumbruch vorgestellt werden.

Konvertierungsprogramme. Mit diesen Programmen kann man vorhandene oder gelieferte Dateien und Programme in eine andere Form umwandeln. Die von Kunden auf unterschiedlichen Datenträgern gelieferten Fremddaten müssen, um ausbelichtet werden zu können, an die Befehls- und Codestruktur der Belichtungseinheit angepaßt werden.

Bekannt sind der internationale ASCII-Code oder das von IBM propagierte EBCDI-Codesystem. Doch Umlaute, Akzente und Sonderzeichen verschlüsselt jeder Hersteller von Software nach eigenem Gutdünken. Deshalb muß zuerst eine **1:1-Konvertierung** durchgeführt werden. Der Computer besorgt mit Hilfe seines Programms eine solche Übersetzung automatisch, indem er aufgrund des erhaltenen Codes (Quellcode) in einer Konvertierungstabelle nachsieht, welchen Zielcode (Ausgangscode) das jeweilige Zeichen hat.

Quellcode ASCII:	Buchstabe K = 1100 1011
Zielcode EBCDIC:	Buchstabe K = 1101 0010

Die Bitmuster, das heißt die Kombinationen aus binären Einsen (1) und Nullen (0), werden ausgetauscht.

Durch einen Test muß vorher untersucht werden, ob diese Konvertierungstabelle für den angelieferten Datenträger auch einsetzbar ist. Gegebenenfalls muß eine Anpassung erfolgen.

Schwieriger ist es, aufgrund der eingeschränkten Gestaltungsmöglichkeiten konventioneller EDV-Systeme eine ansprechende Typografie einzuleiten, wie sie der Satz bieten kann. Es ist möglich, nachträglich alle Setzkommandos, wie beispielsweise Schriftgröße, Schriftart, Satzanordnung, Einzüge, Art der Anführungszeichen und so weiter, einzufügen, doch das kostet Zeit und Geld. Deshalb müssen durch eine Absprache zwischen Setzerei und Textlieferant die typografischen Besonderheiten vor der Texterfassung abgestimmt und auf dem Datenträger berücksichtigt werden. Dazu eignen sich die standardisierten Markierungskürzel, beispielsweise HyperText Markup Language (HTML), die eine problemlose **Stringkonvertierung** erlauben, also eine Umwandlung in Befehle zur typografischen Gestaltung der Arbeit sowie zur Steuerung von Belichtungseinheiten.

▼

1. Warum ist eine Konvertierung notwendig?
2. Unterscheiden Sie die 1:1-Konvertierung von der String-Konvertierung!

Seitenumbruchprogramme. Mit ihnen lassen sich endlos erfaßte Texte zu einer Druckseite oder mehreren Druckseiten gestalten. Darstellungsbildschirme geben dem Typografen bei schwierigen Seiten mehr Sicherheit und zeigen ihm gleich Verstöße gegen die Umbruchregeln an. Solche Verstöße sind Hurenkinder und Schusterjungen. Unter einem **Hurenkind** versteht man eine Ausgangszeile, die als erste Zeile auf einer Spalte oder Seite steht. Ein **Schusterjunge** dagegen ist die erste Zeile eines Absatzes, die als letzte Zeile in einer Spalte oder Seite auftaucht.

Seitenumbruchprogramme unterscheiden sich auch hinsichtlich der vorgesehenen Umbruchtechniken. Man unterscheidet den kontinuierlichen Umbruch und den Positionierumbruch.
Beim kontinuierlichen Umbruch, der beim Satz von Werken, Katalogen und Verzeichnissen erfolgt, wird ein längerer Text in mehrere Seiten aufgeteilt. Besonders der Werksatzumbruch ist ein Prozeß, der dem Computer überlassen werden kann. Einzugeben sind nur Satzparameter, wie beispielsweise Zeilenabstand, Zeilenbreite, Spaltenanzahl, Zeilenanzahl pro Spalte sowie die gewünschten Umbruchregeln, Plazierung der Seitenzahl, Behandlung der lebenden Kolumnentitel, Marginalien und Fußnoten. Je nach Umfang und Umbrucherschwerungen braucht der Computer einige Minuten oder auch bis zu einer Stunde, um den Seitenumbruch durchzuführen.

Beim Positionierumbruch, der bei Zeitungen und manchen Zeitschriften anzutreffen ist, werden mehrere Texteinheiten einer Seite zugeordnet und darauf positioniert. Dazu braucht der Computer die Mitarbeit des Menschen, denn nur er kann entscheiden, welche Texte in welcher Aufmachung an welcher Stelle zu plazieren sind.
Erschwerend kommt noch hinzu, daß manche Texte erst einmal mit Hilfe eines Artikel-Umbruchprogramms in sich ein-, zwei- oder dreispaltig umbrochen werden müssen, bevor man sie positionieren kann.

Ergänzt werden Texte häufig durch Tabellen, Anzeigen und Abbildungen.

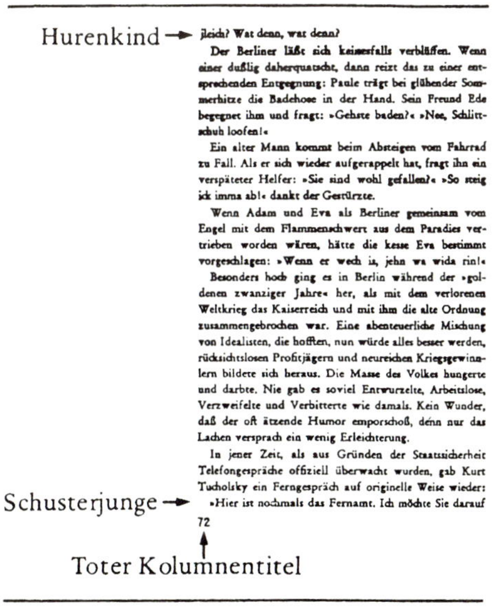

jleich? Wat denn, wat denn?

Der Berliner läßt sich keinesfalls verblüffen. Wenn einer dußlig daherquatscht, dann reizt das zu einer entsprechenden Entgegnung: Paule trägt bei glühender Sommerhitze die Badehose in der Hand. Sein Freund Ede begegnet ihm und fragt: »Gehste baden?« »Nee, Schlittschuh loofen!«

Ein alter Mann kommt beim Absteigen vom Fahrrad zu Fall. Als er sich wieder aufgerappelt hat, fragt ihn ein verspäteter Helfer: »Sie sind wohl gefallen?« »So steig ick imma ab!« dankt der Gestürzte.

Wenn Adam und Eva als Berliner gemeinsam vom Engel mit dem Flammenschwert aus dem Paradies vertrieben worden wären, hätte die kesse Eva bestimmt vorgeschlagen: »Wenn er wech is, jehn wa wida rin!«

Besonders hoch ging es in Berlin während der »goldenen zwanziger Jahre« her, als mit dem verlorenen Weltkrieg das Kaiserreich und mit ihm die alte Ordnung zusammengebrochen war. Eine abenteuerliche Mischung von Idealisten, die hofften, nun würde alles besser werden, rücksichtslosen Profitjägern und neureichen Kriegsgewinnlern bildete sich heraus. Die Masse des Volkes hungerte und darbte. Nie gab es soviel Entwurzelte, Arbeitslose, Verzweifelte und Verbitterte wie damals. Kein Wunder, daß der oft ätzende Humor emporschoß, denn nur das Lachen versprach ein wenig Erleichterung.

In jener Zeit, als aus Gründen der Staatssicherheit Telefongespräche offiziell überwacht wurden, gab Kurt Tucholsky ein Ferngespräch auf originelle Weise wieder:

»Hier ist nochmals das Fernamt. Ich möchte Sie darauf

72

Bild 155.1. Umbruchfehler, Hurenkind und Schusterjunge.

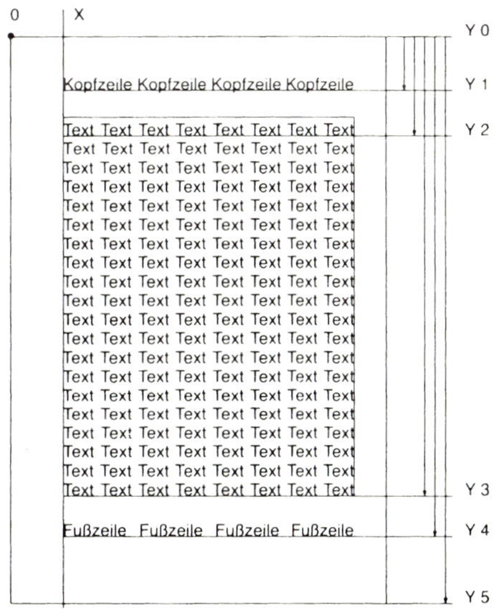

Bild 155.2. Welche Koordinaten für den Seitenumbruch bestimmt werden müssen, zeigt dieses Beispiel.

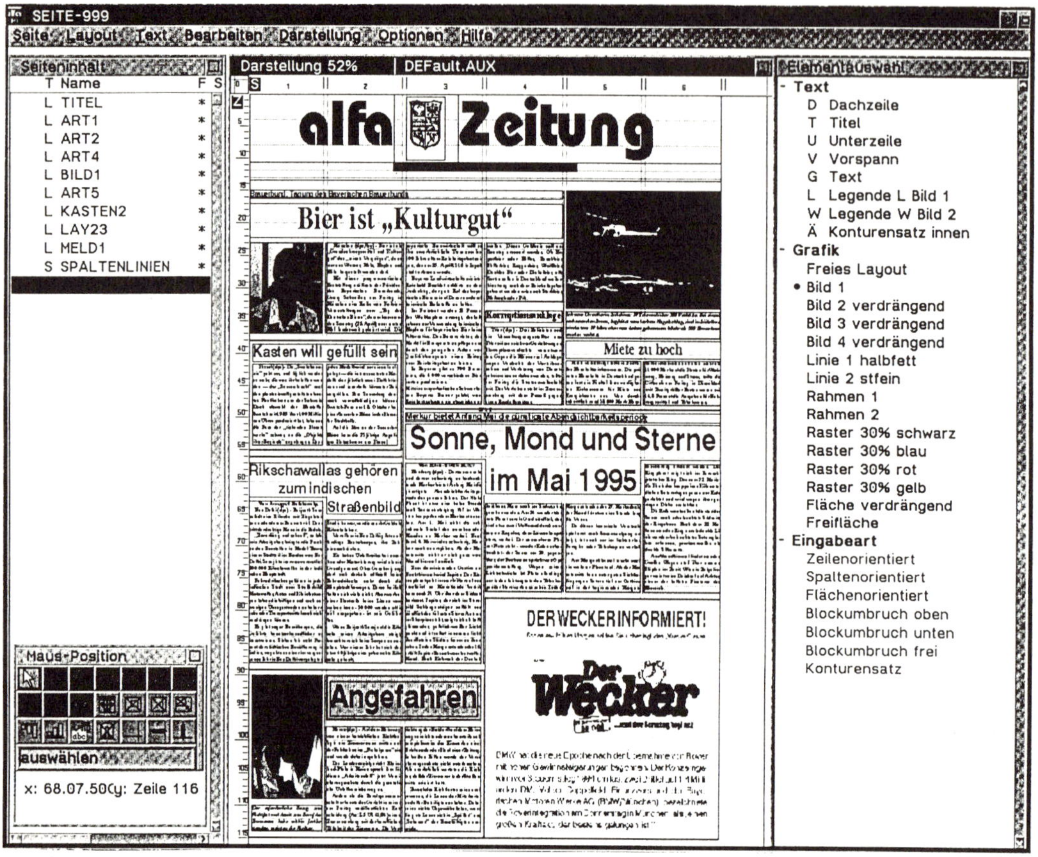

Bild 156.1. Positionierumbruch einer Zeitungsseite am Bildschirm.

▼

1. Wodurch unterscheidet sich der kontinuierliche Umbruch vom Positionierumbruch?
2. Beschreiben Sie die Umbruchfehler »Hurenkind« und »Schusterjunge«!

5.9 Satzkorrektur

Bei der Textverarbeitung sind Übertragungsfehler auf dem Weg vom Manuskript zur Druckform nicht auszuschließen. Manchmal werden auch nachträgliche Manuskriptänderungen durchgeführt.
Folglich sind Korrekturen notwendig. Der Korrektor kontrolliert die Rechtschreibung, Zeichensetzung, das Einhalten der Satzanweisungen und die Qualität des Druckbildes. Die Texterfasserin hat die Korrekturen nach Anweisungen auszuführen.
Vor dem Fortdruck erfolgen in der Druckerei Revisionen (Nachprüfungen). Der Revisor prüft die zusammengestellte Druckform auf Vollständigkeit, richtige Anordnung und einwandfreies Ausdrucken aller Teile.

5.9.1 Korrekturablauf

Folgende **Korrektur- und Revisionsstufen** sind zu unterscheiden:

1. Vorauskorrektur: grammatische, orthografische und stilistische Manuskriptbearbeitung vor der Texterfassung.
2. Hauskorrektur: In der Setzerei wird an Hand von Korrekturabzügen der gesetzte Text mit dem Manuskript verglichen: Setzfehler, falsch plazierte Abbildungen und sonstige Montagefehler werden gekennzeichnet.
3. Autorenkorrektur: Der Autor erhält vor Drucklegung Korrekturabzüge von den umbrochenen Seiten; er kann noch Änderungen oder Ergänzungen vornehmen; durch seine Unterschrift gibt er sein Imprimatur (rechtsverbindliche Druckreif-Erklärung).
4. Zwischenkorrekturen: Diese sind nach jeder Textänderung, jedem Umbruch bzw. jeder Montage erforderlich.
5. Satzrevision: Bei mehrfach korrigiertem Text empfiehlt sich eine letzte Überprüfung des Textes vor der Weitergabe an die Druckplattenherstellung; die gesamte Ar-

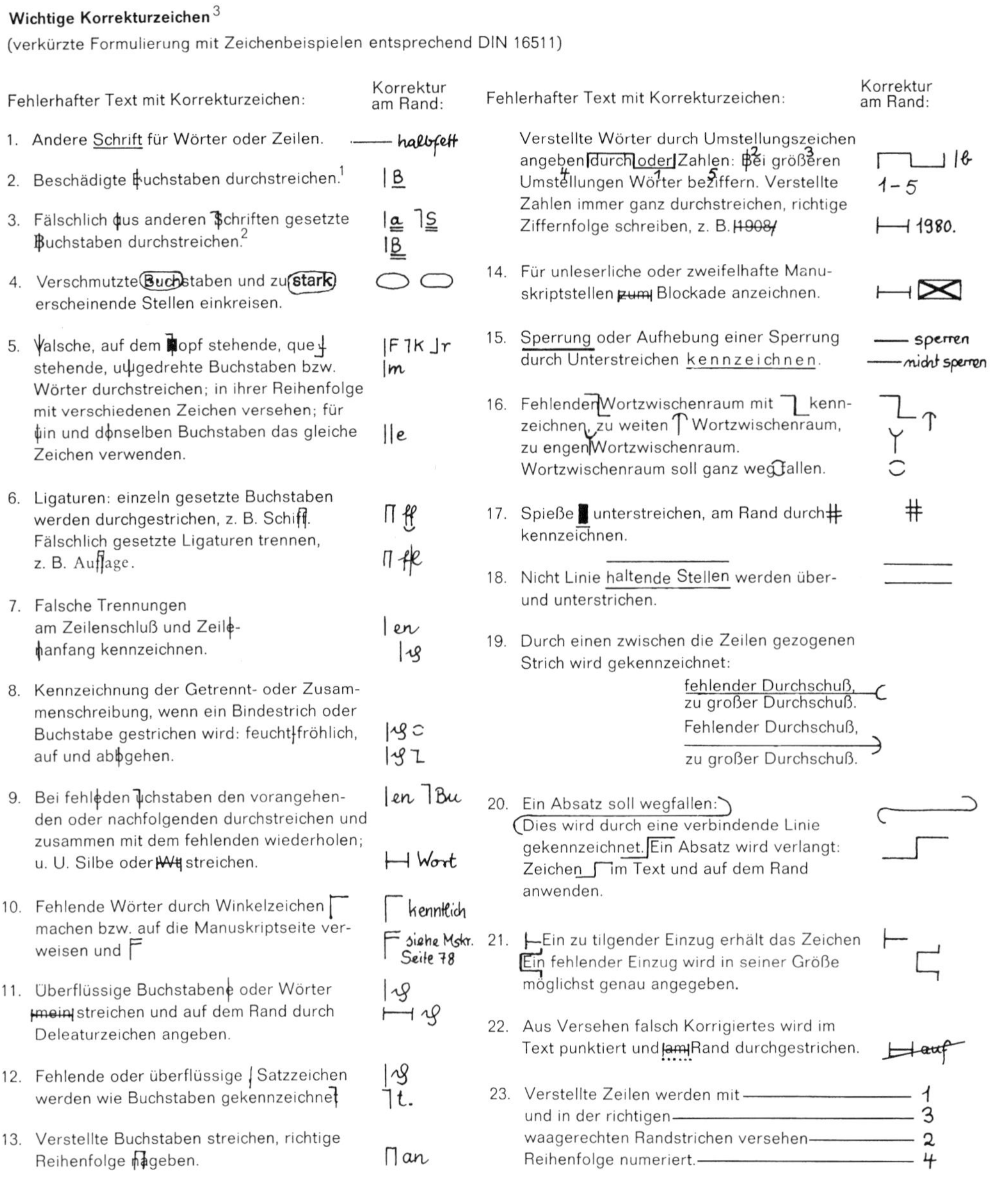

1 Am Rand einmal unterstreichen. 2 Am Rand doppelt unterstreichen.
3 Sämtliche Regeln und Korrekturzeichen sind im Normblatt DIN 16511, im Duden, Band 1, und in den „Korrekturübungen" abgedruckt.

Bild 157.1. Korrekturzeichen entsprechend DIN 16511.

beit wird noch einmal gelesen und auf Textvollständigkeit und Ausführung sämtlicher Korrekturen überprüft.

6. Maschinenrevision: Überprüfung der Druckform an Hand des ersten guten Maschinenabzugs; überprüft werden vor allem der Stand der einzelnen Seiten und Bilder sowie der saubere Druck aller Bildelemente.
7. Nachrevision: Auf einem weiteren Maschinenabzug wird die Berichtigung mit der Maschinenrevision verglichen; letzte Korrekturmöglichkeit vor dem Fortdruck.

Für die Textkorrektur bedient man sich der standardisierten Korrekturzeichen nach DIN 16511, die für den

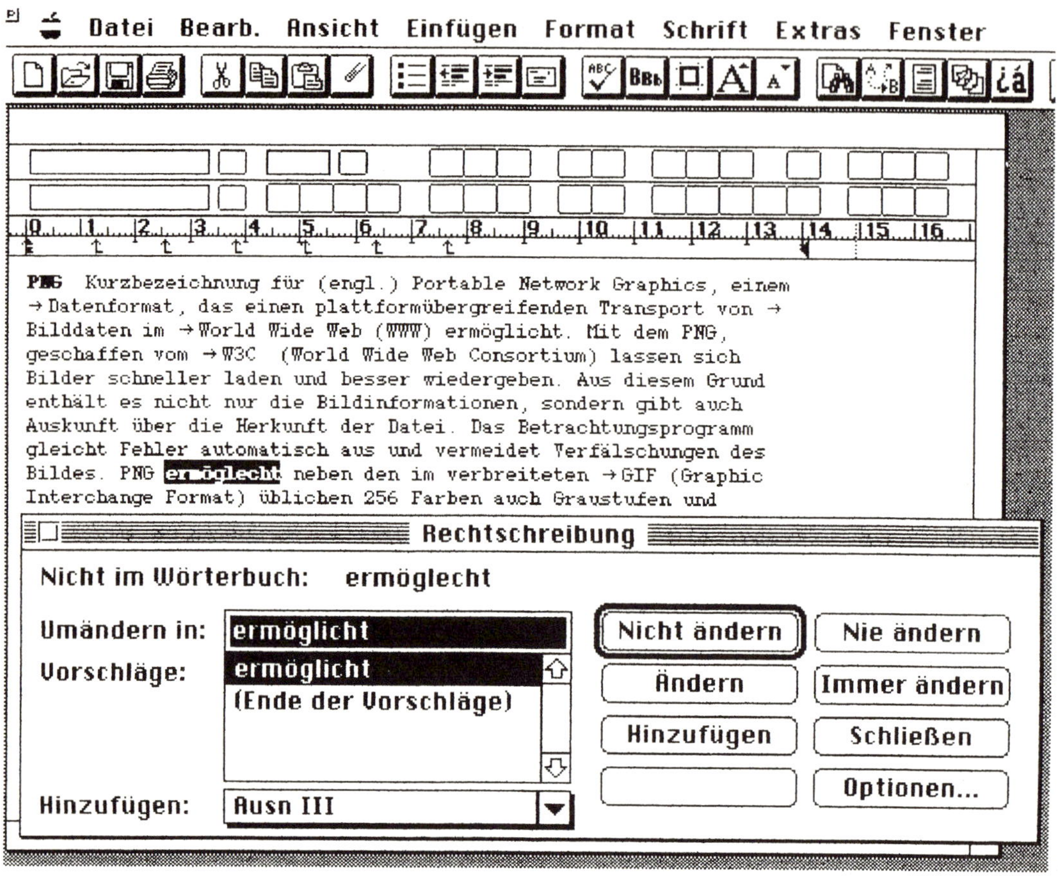

Bild 158.1. Programm zur Rechtschreibprüfung.

Bleisatz entwickelt wurden. Für die Textkorrektur gelten folgende Hauptregeln:

1. Die Korrektur muß deutlich lesbar geschrieben werden.
2. Grundsätzlich wird jede Korrektur durch zwei identische Zeichen markiert. Ein Zeichen steht an der zu korrigierenden Textstelle, das zweite steht am Rand neben der Zeile, in der sich der Fehler befindet. Dahinter steht die Richtigstellung.
3. Die Randnotizen sollen die gleiche Reihenfolge haben wie die Korrekturzeichen innerhalb der Textzeile.

Da es noch keine genormten Korrekturzeichen für das Electronic Publishing gibt, werden ergänzend die Korrekturzeichen nach DIN 16549 und 16511 für die Reproduktionstechnik verwendet. Hier stehen beispielsweise die Korrekturzeichen für Kontern, Umdrehen eines Teils und unsauberen Rand. Häufig wird auch ein in Doppelklammern versehener Vermerk an den Rand geschrieben.

5.9.2 Programme zur Rechtschreibprüfung

Stand der Technik sind Programme, die Wort für Wort die richtige Schreibweise eines Textes prüfen, *nicht* aber die sprachlich/grammatischen Regeln, wie beispielsweise
den richtigen Sinngehalt des Wortes
(Ich *hohle* Bier),
die richtige Sinnverwendung des Wortes
(Ich zahle *steuern*),
die richtige Beugung eines Wortes
(Er war *rücksichtslose*),
den richtigen Fall
(Rettet *dem* Dativ),
den richtigen Satzbau
(Geld kann *essen man* nicht) und
die Kombination mehrerer Fehler
(*Bitte Rücken auf Sie, wen es zu eng Wirt*).

Wenn auch einzelne Programme die Prüfung der Großschreibung berücksichtigen, ist dies doch keine allzu große Hilfe, denn unzählige Begriffe können sowohl klein als auch groß geschrieben werden, bei-

spielsweise alle Katzen sind *nachts/des Nachts* grau; der *Preis, preisgeben,* gebe ich nicht *preis*. So kann fälschliche Klein- und Großschreibung nicht erkannt, richtige Klein- und Großschreibung vielfach zu Unrecht bemängelt werden.
Die vorstehenden Beispiele zeigen, daß es ein Irrglaube ist, man könne beim Einsatz von Rechtschreibhilfen auf Korrektoren verzichten. Die Programme sind nur dazu geeignet, einen kleinen Teil der Fehler bereits bei oder nach der Erfassung zu beseitigen. Besonders wichtig ist die Rechtschreibprüfung nach einer Texterfassung mit Flachbettscanner und OCR-Software, denn hier tauchen oft versteckte Fehler auf, die
ein Korrektor nie erwartet, beispielsweise fiir (für), ver6ringen (verbringen), Oamen (Damen). Durch das Programm wird der Korrektor von Routinearbeit entlastet und kann sich auf Wesentliches konzentrieren.

5.9.3. Korrekturverfahren

Um Fehler in den einzelnen Seiten zu beseitigen, bedient man sich unterschiedlicher Korrekturtechniken:

Manuelle Filmkorrektur. Kleinere Korrekturen an Filmen erfolgen durch Schaben, Schneiden und Kleben. Fehlerhafte Zeilen werden herausgeschnitten; ein neuer Filmstreifen mit fehlerfreiem Text wird eingesetzt. Bei kompressen Textzeilen und kleinen Schriftgrößen ist ein Herausschneiden kaum möglich. Hier wird der Fehler durch Wegschaben der Filmschicht beseitigt. Dann wird der auf Strippingfilm in einem besonderen Arbeitsgang abgesetzte Korrekturtext eingepaßt. Diese Form der Korrektur wird nur noch in Ausnahmefällen durchgeführt.

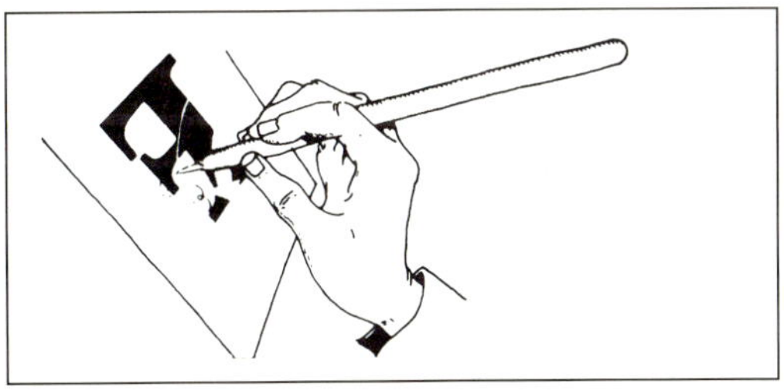

Bild 159.1. Mit dem Schaber werden Fehler auf dem Film weggekratzt.

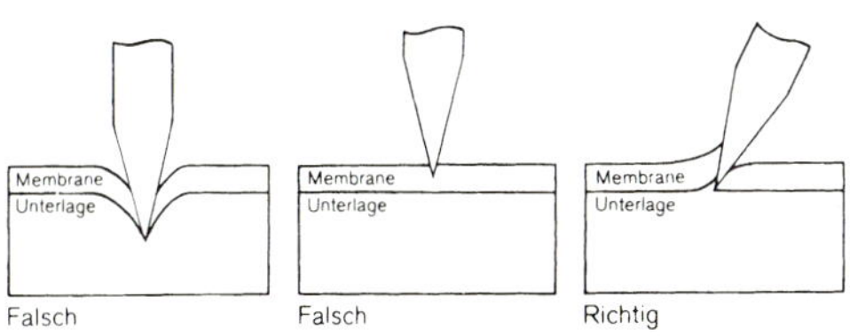

Bild 159.2. Falsche und richtige Schneidetechnik beim Abtrennen der Membrane vom Strippingfilm.

Korrektur am Bildschirm. Die zu korrigierenden Texte, die zur Datensicherung auf Datenträgern abgespeichert wurden, werden dort abgerufen und auf dem Bildschirm sichtbar gemacht. Mit dem Cursor wird die fehlerhafte Textstelle angefahren.
Je nach Bedarf können durch den Anschlag der entsprechenden Tasten die zu korrigierenden Zeichen durch neue ersetzt, aber auch Zeichen, Wörter, Zeilen und Absätze gelöscht werden. Auch ist es in der Regel problemlos möglich, Textteile umzustellen oder einzufügen und bestimmte Zeichen und Befehle suchen und ersetzen zu lassen. Auch läßt sich ohne Probleme der Stand einzelner Zeilen und Abbildungen verändern. Eine inhaltliche Bildbearbeitung ist meist nur noch begrenzt möglich, da häufig nur grob aufgelöste Bilder dem Umbruch-PC zur Verfügung stehen. Eine Änderung des Bildausschnitts oder eine andere Drehung des Bildes kann dagegen ohne großen Aufwand durchgeführt werden. Durch die interaktive Arbeitsweise der Rechner kann das Ergebnis der Korrektur sofort überprüft werden.

▼

1. Ein Manuskript ist satzfertig gemacht. Um welche Korrekturstufe handelt es sich?
2. Zu wessen Lasten gehen die Kosten der Hauskorrektur?
3. Welche Bedeutung hat der Imprimatur-Vermerk?
4. Lernen Sie die Korrekturzeichen auswendig, und korrigieren Sie fehlerhafte Texte!
5. Wie erfolgt die Korrektur am PC?
6. Auf welche Weise arbeitet das Programm Rechtschreibprüfung?
7. Beschreiben Sie anhand von Beispielen, welche Fehlerarten vom Programm »Rechtschreibprüfung« nicht erkannt werden können!

6 Reproduktionstechnik

Unter Reproduktionstechnik (Wiederherstellung, Wiedergabe) versteht man in der Druckindustrie die Informationsübertragung von Vorlagen für Druckformen. Reproduktionsverfahren sind der Drucktechnik vorgelagerte Arbeitsvorgänge. Die Bedingung des Auftraggebers lautet meist, die Vorlage »faksimile« zu reproduzieren, das heißt, sie so auf die Druckform zu übertragen, daß das Druckprodukt der Druckvorlage optimal gleicht.

Grundsätzlich lassen sich zwei Reproduktionsprinzipe unterscheiden:
1. die analoge, parallele Bildübertragung,
2. die digitale, serielle Bildübertragung.

Fotografische Verfahren arbeiten nach dem ersten Prinzip. Durch Belichtung ensteht parallel zur Vorlage die komplette Abbildung auf einmal, beispielsweise auf Reproduktionsfilm. Elektronische Verfahren funktionieren nach dem zweiten Prinzip. Die Vorlage wird bei der Erfassung digitalisiert, ihre Daten werden mit speziellen Programmen bearbeitet und bei der Aufzeichnung Punkt für Punkt, Zeile für Zeile auf Film oder auf anderen Materialien für die Druckvorbereitung ausgegeben.

Die Reproduktionsfotografie wird mehr und mehr durch elektronische Reproduktionssysteme verdrängt.

Der fotografische Weg hat Tradition, seine Technik wurde bis zum Beginn der 90iger Jahre ständig aktualisiert und optimiert. Moderne Reproduktionskameras und Kontaktkopiergeräte sind mit Meßtechnik, Computersteuerung, Programmspeicher, Eingabetastaturen und Displays oder Anzeigefeldern ausgerüstet.
Nach Eingabe auftragsbezogener Daten laufen die Reproduktionsprozesse rechnergesteuert automatisch ab. Für die Farbenreproduktion von gängigen Vorlagenformaten wird wegen anwendungstechnischer Vorteile meistens die Scannertechnik bevorzugt. Wenn trotzdem auch noch die fotografische Technik eingesetzt wird, beruht das auf wirtschaftlichen Überlegungen, die von Betriebsgröße, Investitionsmöglichkeiten und Auftragsvolumen abhängen.

Konventionelle Aufgaben der Reproduktionsfotografie sind:
1. Übertragung der Vorlage auf Reproduktionsfilm.
2. Herstellung des gewünschten Bildformats.
3. Rasterung von Halbtonbildern.
4. Herstellung von vier Farbauszugsfilmen nach einer Farbvorlage.
5. Sicherung einer vorlagengetreuen Reproduktion durch Steuerung von Bildkontrast, Licht, Mitteltton und Tiefe.
6. Gegensteuerung gegen druckbedingte Tonwert- und Farbwertabweichungen.

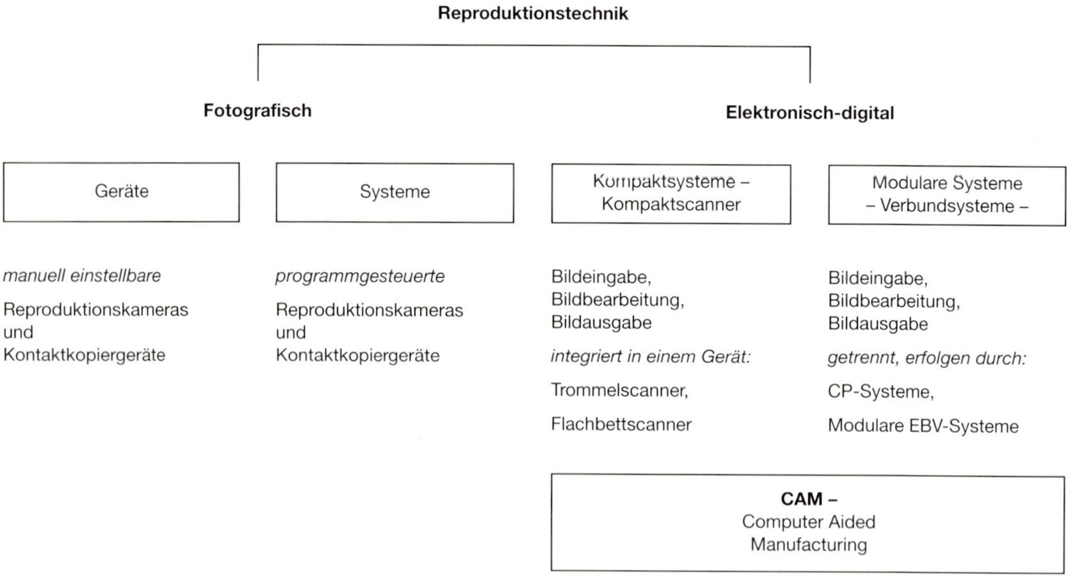

Bild 160.1. Übersicht zur Reproduktionstechnik.

Hochentwickelte Reproduktionskameras und Kontaktkopiergeräte sind in einigen Reproduktionsbetrieben noch vorhanden. Sie werden dort für bestimmte Aufgaben eingesetzt, teilweise in Ergänzung elektronischer Systeme, die einem schnellen Veraltungsprozeß unterliegen. In diesem Sinn werden über fotografische Techniken folgende Arbeiten ausgeführt:
1. Schwarz-Weiß-Reproduktionen,
2. Direktbelichtungen von Offsetplatten,
3. Herstellen von Filmkontaktkopien,
4. Herstellen von Nutzenmontagen.

Die fotografische Bilderfassung mit Kameras ist mit der Einführung der Digitalfotografie auch für die Reproduktionstechnik wieder aktuell geworden.

▶ Grundlegende Informationen über Digitalfotografie finden Sie im Kapitel auf Seite 195.

Die fotografische Reproduktion wird aus kalkulatorischen Gründen von bestimmten Betrieben für besondere Aufgaben eingesetzt. Sie spielt aber im großen und ganzen nur noch eine Nebenrolle.

Die Gründzüge der konventionellen Reproduktion werden im folgenden aus zwei Gründen kurz erläutert:
1. Weil Problemstellungen und Fachbegriffe aus der fotografischen Reproduktion in die digitale Reproduktion übernommen worden sind.
2. Weil die neue digitale Technik mit der konventionellen verglichen werden sollte, so daß technischer Fortschritt oder digitale Lösungen, Vorteile und mögliche Pobleme besser verständlich werden.

6.1 Vorlagenvorbereitung

Ein Reproduktionsauftrag durchläuft vor der technischen Ausführung meist eine Vorstufe, die Arbeitsvorbereitung. Hier wird all das vorbereitet, was später den Arbeitsfluß unterbrechen würde:
Ordnen der Vorlagen nach Qualitätsklassen, Messen der Größen und Dichtewerte, Anbringen von Kontrollmitteln (Paßkreuze, Grauskalen), Errechnen der Abbildungsmaßstäbe und Dichteumfänge, Vorausplanen der Arbeitsabläufe.
Ein Teilbereich der Arbeitsvorbereitung ist die Vorlagenbearbeitung. Sie hat zwei Aufgaben:
1. Vorlagenüberprüfung,
2. Vorlagenverbesserung.

Bei der Überprüfung werden die Vorlagen in Qualitätsklassen eingeteilt. In der Reproduktion kommt es mehr auf die Vorlagenqualität an als in der Satztechnik. Auch nach sprachlich minderwertigen Manuskripten kann der Setzer einen technisch einwandfreien Schriftsatz herstellen. Wird aber von Bildern gute Reproduktions- und Druckqualität verlangt, ist man auf gute Vorlagen angewiesen. Diesen Zusammenhang zeigt ein Schema.

Am Anfang einer längeren Übertragungskette steht die Reproduktionsvorlage. Das Bild nimmt zur Informationsübertragung verschiedene Formen an, bevor es in eine Druckform umgewandelt wird.
In den Zwischenstufen werden aus Vorlagen Negative, Diapositive, Farbsätze, Filmmontagen, Kopiervorlagen oder Bilddateien in Computerspeichern, Bildschirmbilder, Proofs oder Farbbilder nach dem Datenbestand. Die Druckform gibt das Bild in der Druckmaschine an den Bedruckstoff weiter.
Als Endglied der Übertragungskette entsteht ein Andruck, mit dem man die Reproduktionsqualität kontrolliert.

Aus dem Ablaufschema geht hervor, daß die Vorlagenqualität ein entscheidender Faktor ist. Da in der Übertragungskette durch häufigen Trägerwechsel Bildqualität verlorengeht, sollte die Vorlage eigentlich eine gesteigerte Qualität aufweisen. Sie sollte in Details, Tonumfang und Farbbrillanz genormt sein.
Tatsächlich aber läßt die Durchschnittsvorlage viele Wünsche offen.
Deshalb ist es oft erforderlich, schon vor der Reproduktion die Vorlagenqualität durch Verbesserungen anzuheben. Das geschieht durch Vorlagenretusche und Duplikatherstellung.

Nach der Eignung für Reproduktion und Druck werden die Vorlagen in drei Qualitätsklassen eingeteilt:
1. Reproduktionsunfähige Vorlagen,
2. reproduktionsfähige Vorlagen,
3. reproduktionsreife (auch reproduktionsfertige) Vorlagen.

Reproduktionsunfähige Vorlagen kommen selten vor. Meistens werden sie zurückgewiesen, da die Vorarbeiten und der manuelle Retuscheaufwand in keinem vernünftigen Verhältnis zum möglichen Druckergebnis stehen.
Völlig untaugliche Vorlagen sind beispielsweise unscharfe, verknitterte, stockfleckige und zerrissene Fotos. Nicht reproduktionsfähig sind außerdem Rohvorlagen, wie Sribbles und Layouts. Ein Grafiker muß sie zuerst in Reinvorlagen umwandeln.

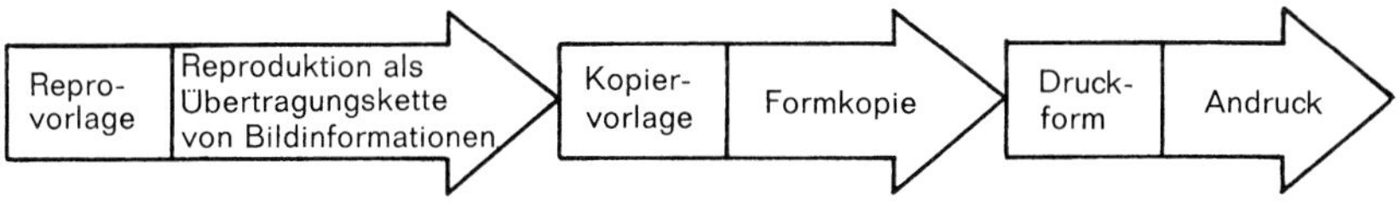

Bild 161.1. Allgemeines Ablaufschema der Reproduktion.

Reproduktionsfähige Vorlagen sind die Regel. Sie lassen sich unter Einsatz aller technischen Mittel reproduzieren.

Auch Sachvorlagen sind meist reproduktionsfähig. Darunter versteht man dreidimensionale (körperhafte) Objekte. Wegen der Ausstattung der Reproduktionsgeräte dürfen sie allerdings nur geringe Tiefenausdehnung aufweisen, wie etwa Holzfurniere und Stoffmuster. Außerdem gelten fotografische Farbnegative als reproduktionsfähig. Da alle Farben komplementär (gegenfarbig) vorliegen, was eine Beurteilung fast unmöglich macht, fordert der Reproduktionstechniker zusätzlich zu den Negativen positive Farbabzüge.

Lfd. Nr.	Zeichen	Erklärung
1	+	Verstärken (zum Beispiel auf den angegebenen Wert)
2	/	Zurücknehmen (zum Beispiel Aufhellen, Abschwächen auf den angegebenen Wert)
3	⌒	Weichere Gestaltung
4	∧	Härtere Gestaltung
5	∼	Angleichen eines Tones
6		Schärfere Gestaltung einer verschwommenen Kontur oder eines unsauberen Randes (zum Beispiel durch Deckfehler)
7	P	Passerdifferenz beseitigen
8		Wegnehmen eines Teiles
9	⟶	Verschieben eines Teiles
10	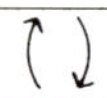	Umdrehen eines Teiles
11	U_N U_P	Umkehren, positiv in negativ Umkehren, negativ in positiv
12	K	Kontern (ändern von seitenrichtig in seitenverkehrt und umgekehrt)
13	|⟵ ⟶|	Größenänderung (neues Maß in mm in die Lücke setzen)
14	Σ	Insgesamt im Gegensatz zu partiellen Angaben

Bild 162.1. Korrekturzeichen nach DIN 16549 für die Reproduktionstechnik.

Reproduktionsreife Vorlagen sind leider seltene Idealfälle. Ihr Bildcharakter ist für druckverbindlich erklärt. Schärfe, Kontrast, Farbreinheit, Gleichmäßigkeit, Stand- und Winkelrichtigkeit, Beschnittzugabe – alles ist beachtet. Reproduktionsreife Bilder laufen ohne Umwege und Manipulationen durch die Reproduktion und verursachen deshalb keinen Mehraufwand an Fertigungszeit und Material.

Zur Reproduktionsreife gehört außerdem, daß die Einflußfaktoren der Drucktechnik mitbedacht werden. Vor der Reproduktion einer bestimmten Vorlage ist zu entscheiden, welche drucktechnischen Mittel sich am besten eignen: Welches Druckverfahren, welche Druckform, welcher Bedruckstoff?

▼

1. Lesen Sie über die Merkmale der Druckverfahren, Druckformen und Bedruckstoffe! Legen Sie dann eine gegliederte Sammlung mit Bilderdrucken an, und suchen Sie nach Zusammenhängen zwischen Bildcharakter und drucktechnischen Mitteln!
2. Womit beginnt und womit endet meist eine Reproduktion?
3. Inwiefern entstehen reproduktionstechnische Verluste an Bildqualität?
4. Welche Bedingungen gehören zur Reproduktionsreife einer Vorlage?

Den Vorlagen wird ein Layout beigefügt. Das Layout ist ein grafischer Anordnungsplan für das Druckprodukt. Es zeigt Stände und Formate von Abbildungen, Bild- und Textelementen auf der bedruckten Fläche, zum Beispiel auf einer Seite, sowie den Satzspiegel. Aus dem Layout wird ersichtlich, welche Bilder außerhalb des Satzspiegels im Beschnitt stehen, das heißt, welche Bilder beim Beschneiden des Druckprodukts angeschnitten werden. Für diese Abbildungen ist eine Beschnittzugabe von mindestens 3 mm Randbreite an den Seiten im Beschnittbereich vorzusehen. Das Layout ist für Arbeitsvorbereitung, Satz- und Reproduktionstechnik sowie Montage die verbindliche Arbeitsgrundlage. Das gilt auch für die Bild-Text-Integration, die Zusammenführung von Text und Bild an rechnergesteuerten Bearbeitungsstationen. Neben dem Layout sind genaue Angaben für die Technik erforderlich über:
Endgrößen der Abbildungen,
Farbbilder und Schwarz-Weiß-Darstellungen,
Rasterweite,
Bedruckstoff,
Farbenskala, Sonderfarben, Schmuckfarbe,
einzuziehende Flächen und Verläufe,
Bild-Bild-Kombinationen,
Bild-Text-Kombinationen,
Schriftart, Schriftgröße, Schriftcharakter,
Textverteilung,
Sonderwünsche: Bildänderungen, besondere Korrekturen.

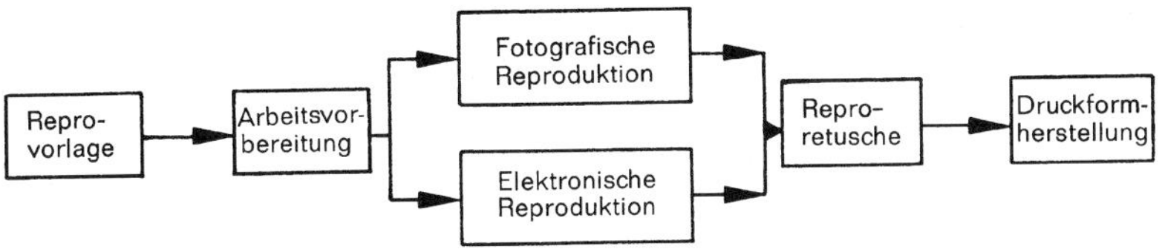

Bild 163.1. Vereinfachtes Arbeitsflußdiagramm der Reproduktion.

Korrekturen an Vorlagen sollen auf transparenten Überlegern (Deckblättern), die an der Rückseite der Vorlage teilweise befestigt sind, angegeben werden. Angaben sollen mit den Korrekturzeichen für Reproduktionstechnik nach DIN 16549 erfolgen. Auf den Deckern lassen sich reproduktionstechnische Hinweise mit den genormten Symbolen übersichtlich anordnen. Text und Strichelemente, die in ein Foto eingefügt werden sollen, werden gleichfalls auf einem separaten Überleger plaziert.

Typisch für die Reproduktionstechnik ist die Vielzahl der Verfahren, Geräte und Materialien. Die Arbeitsvorbereitung sucht je nach Reproduktionsvorlage den rationellsten Weg. Unter Berücksichtigung der verschiedenen Verfahren, Geräte und Materialien bewährt sich folgende **Vorlageneinteilung** in Gegensatzpaaren:

1. Einfarbig – mehrfarbig,
2. Strich – Halbton,
3. Aufsicht – Durchsicht,
4. Einteilig – mehrteilig,
5. Negativ – positiv.

Man gliedert nach der Anzahl der Farben in ein- und mehrfarbige Reproduktionsvorlagen. **Einfarbige Vorlagen** sind überwiegend schwarz auf weißem Papier oder Karton. Während sie sich relativ einfach reproduzieren lassen, verlangen **mehrfarbige Vorlagen** meist vier fotografisch oder elektronisch getrennte Farbauszüge und Teildruckformen.

Bei **Strichvorlagen** liegen alle Bildelemente in nur einer Tonstufe vor. Am besten ist absolute Schwärzung auf weißem Papiergrund.

Merkmale reproduktionsreifer Strichvorlagen sind:
einheitliche Schwärzung,
Dichte 1.40 bei Aufsichtsvorlagen,
Dichte 2.80 bei Durchsichtsvorlagen,
randscharfe Strichelemente,
Berücksichtigung der Mindeststrichstärke im Druck von 0,10 mm und des Mindeststrichabstands von 0,20 mm, bei Druck in Goldbronze 0,20 mm und 0,30 mm.

Sobald sich zwischen die beiden extremen Werte Licht und Tiefe weitere Tonwerte (Graustufen) schieben, spricht man von **Halbtonvorlagen.** Der Reproduktionsfotograf nimmt einen Film, der Halbtongradationen (Abstufungen) aufnehmen kann, und steuert den Kontrast meist durch Belichtungstechnik. Für die autotypischen Druckverfahren (Hochdruck, Flachdruck) muß er die Halbtöne durch Aufrastern in Rasterstrukturen zerlegen.

Merkmale reproduktionsfertiger Schwarz-Weiß-Fotografien sind:
großer Kontrastumfang, aber nicht höher als 1.70,
durchgezeichnete Licht- und Schattenpartien,
strukturlose matte Oberfläche,
Maximum an Bildschärfe (Ausnahme: gewollte Unschärfe),
Minimun an Körnigkeit,
weißes Fotopapier ohne optische Aufheller.

Man unterscheidet Vorlagen nach der Art der Betrachtung in Aufsicht und Durchsicht. **Aufsichtsvorlagen** haben allgemein den Vorteil, daß das entstehende Druckprodukt besser mit der Vorlage in Übereinstimmung gebracht werden kann. **Durchsichtsvorlagen,** in der Mehrzahl Farbdiapositive, sind für den Druck meist zu kontrastreich. Das macht den Vergleich problematisch. Bei der Aufnahme in der Reproduktionskamera werden Aufsichtsbilder beleuchtet. Durchsichtsbilder werden durchleuchtet. Ihre Reproduktion erfolgt meistens mit einem elektronischen Bilderfassungsgerät, dem Scanner.

Merkmale reproduktionsfertiger Farbfotografien sind:

Dichteumfang nicht höher als 2.00,
kein Farbstich,
keine Hochglanztrocknung.

Hinsichtlich Fotopapier, Oberfläche, Bildschärfe und Körnigkeit gelten die gleichen Aussagen wie bei Schwarz-Weiß-Fotografien.

Merkmale reproduktionsreifer Farbdiapositive sind:
Dichteumfang 2.00,
Detailschärfe (Ausnahme: erwünschte Unschärfe),
Vorlagenformat mindestens 9 x 12 cm,
Kennzeichnung für seitenrichtige Reproduktion.
Bei Festlegung des Abbildungsmaßstabs ist zu berücksichtigen, daß keine Qualitätsminderung durch Körnigkeit auftritt.

Mehrteilige Vorlagen bestehen im Gegensatz zu einteiligen aus einer Kombination von ein- oder mehrfarbigen Text-, Grafik- und Bildteilen. Strichelemente, die in ein Halbtonbild plaziert werden sollen, müssen in der Vorlage grundsätzlich getrennt vom Bild auf Deckblättern angelegt werden. Negative Vorlagen sind als Strichvorlagen akzeptierbar, als Farbvorlagen werden sie abgelehnt, weil keine Farbverbindlichkeit vorliegt. Sollte dem Reproduktionstechniker für die Farbwiedergabe die freie Entscheidung überlassen werden, dann sind Farbnegative in der elektronischen Reproduktion reproduzierbar.

▼

1. Ist das Farbdiapositiv eine Aufsichts- oder Durchsichts-, eine Strich- oder Halbtonvorlage?
2. Wie klassifiziert man folgende Vorlagen: Bleistiftzeichnung, Barytabzug vom Schriftsatz, Temperabild, Color-Key-Foliengrafik, retuschierter Fotoabzug, Buntstiftzeichnung?
3. Woran erkennt man ein Farbnegativ?
4. Welche Angaben können einem Layout entnommen werden?
5. Wozu dienen Reproduktionskorrekturzeichen?

6.2 Fotografische Reproduktionsgeräte und -systeme

Den Geräten für fotografische (parallele) Bildübertragung lassen sich folgende Übertragungsprinzipe zuordnen:
1. Projektion,
2. Kontakt.
Nach dem Projektionsprinzip funktionieren Reproduktionskamera und Reproduktionsvergrößerer.

Nach dem Kontaktprinzip arbeiten Kontaktkopiergeräte sowie Kopierrahmen für die konventionelle Druckformkopie. Projektionsgeräte projizieren die Vorlage über ein Objektiv auf die Filmebene. Dabei kann eine Größenänderung vorgenommen werden. Sie werden für die Aufnahme von Reproduktionsvorlagen eingesetzt. Kontaktkopiergeräte haben im Gegensatz zu den Projektionsgeräten kein Objektiv.

Zur fotografischen Reproduktion gehören entsprechende Geräte, die nach optischen und fotografischen Gesetzmäßigkeiten konzipiert sind. Alle Vorlagenpunkte werden gleichzeitig flächenhaft übertragen und auf Film belichtet.

Ein herkömmliches Projektionsgerät ist die Reproduktionskamera. Sie ist technisch so vielseitig ausgerüstet, daß der Reproduktionsfotograf mit ihr einen Großteil der anfallenden Arbeiten bewältigen kann, vor allem Strichaufnahmen und Rasteraufnahmen.

Die Horizontalkamera ist der Basistyp sämtlicher Kamerabauarten und verdeutlicht das Prinzip einer Reprokamera. Horizontalkameras wurden zuletzt in den Betrieben durch Kompaktkameras ersetzt. Diese wiederum sind weitgehend durch Computer-Publishing-Systeme ausgetauscht oder ergänzt worden.

Ihrer Grundkonstruktion nach besteht die Kamera aus drei Hauptteilen: 1. Vorlagenebene, 2. Optikebene, 3. Aufnahmeebene. Diese Hauptteile sind auf einem Stativ beweglich angeordnet und werden je nach Abbildungsmaßstab vor- und zurückgefahren. Die wechselnden Entfernungen der drei Hauptteile voneinander beruhen auf folgenden optischen Grundgesetzen:

1. $\frac{y'}{y} = \frac{a'}{a}$

2. $V = \frac{y'}{y} = \frac{a'}{a}$

3. $\frac{1}{f} = \frac{1}{a} + \frac{1}{a'}$

4. $a = f\,(\frac{1}{V} + 1)$

5. $a' = f\,(V + 1)$

Wenn Gegenstandsgröße (y) und Bildgröße (y') gleich sind, sprechen wir vom Abbildungsmaßstab 1 : 1 oder 100 %. In diesem Fall sind Gegenstandsweite (a) und Bildweite (a') gleich. Jede der beiden Entfernungen entspricht der doppelten Brennweite des Objektivs (f). Je mehr wir verkleinern, desto größer wird die Gegenstandsweite und desto kleiner der Kameraauszug. Je mehr wir vergrößern, desto kleiner wird die Gegenstandsweite und desto größer der Kameraauszug.

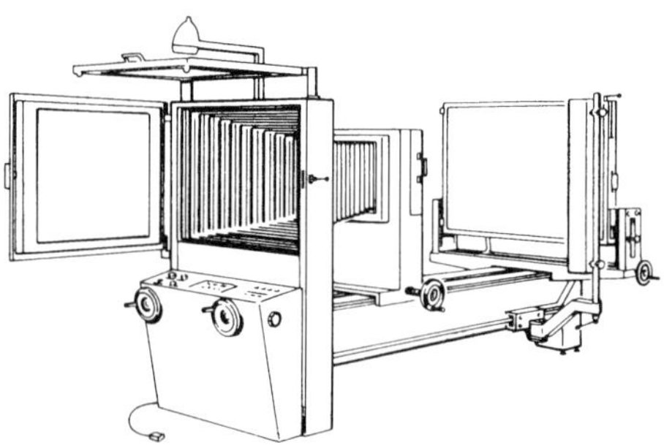

Bild 164.1. Horizontalkamera.

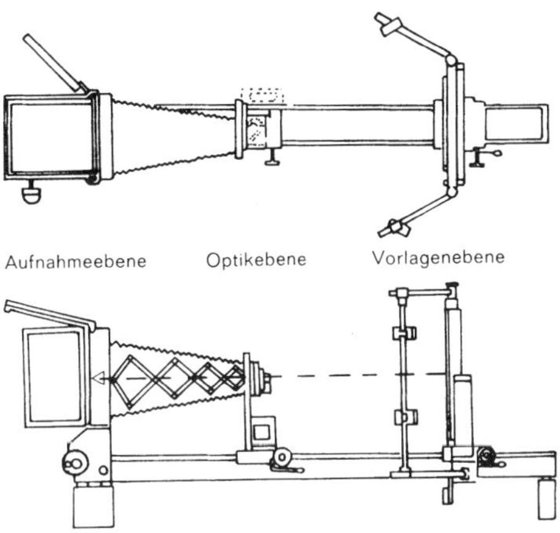

Bild 165.1. Grundkonstruktion der Horizontalkamera. Oben: Draufsicht, unten: Seitenansicht.

In der **Vorlagenebene** wird die Reproduktionsvorlage unter einem Klapprahmen mit Glasplatte eingelegt. Das neutral weiße Licht stammt von der Beleuchtungsanlage, die meistens aus Xenonlampen (edelgasgefüllte Glaskolben) besteht. Für Durchsichtsvorlagen gibt es Durchleuchtungsanlagen. Das Licht fällt von der Vorlage durch die Optikebene auf den Film in der Aufnahmeebene. Die Verbindungsstrecke zwischen beiden Ebenen muß durch einen Balg absolut lichtdicht abgeschlossen

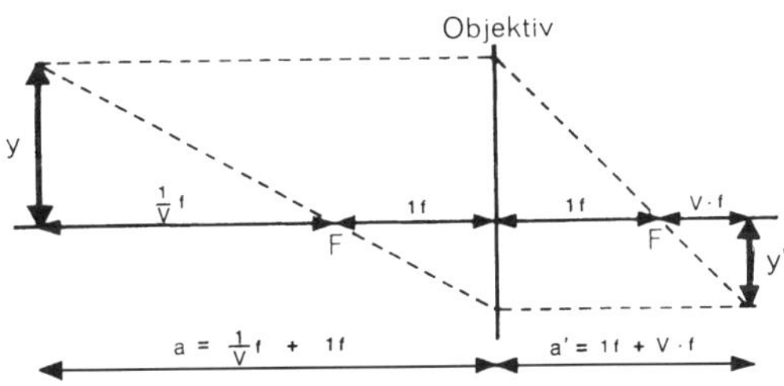

Bild 165.2. Verkleinerung, a' < a.

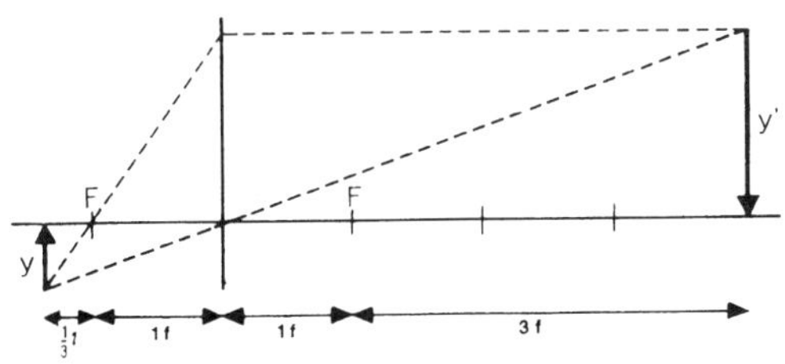

Bild 165.3. Kameraeinstellung bei Vergrößerung (a' > a) auf 300 %. Bei dieser Vergrößerung beträgt die Bildweite (a') 3 f + 1 f = 4 f. Die Gegenstandsweite (a) setzt sich aus der Brennweite und dem Kehrwert von 3 f zusammen.

$1\,f + \frac{1}{3}\,f = 1\frac{1}{3}\,f.$

sein. Fremdes Streulicht ist fernzuhalten, weil es zu Informationsverlusten führt. Die Vorlage wird mit 2000 W bis 8000 W je nach Kameragröße beleuchtet.

Gute Objektive ergeben scharfe, verzeichnungsfreie Abbildungen. Sie sind Apochromate. Das sind Objektive höchster Güte, die gegen alle optischen Fehler korrigiert sind. Die Brennweiten betragen bei Kompaktkameras 80 mm bis 300 mm. Viermal so groß ist die Brennweite bei bis zu 14 m langen Brückenkameras für Großprojektionen.

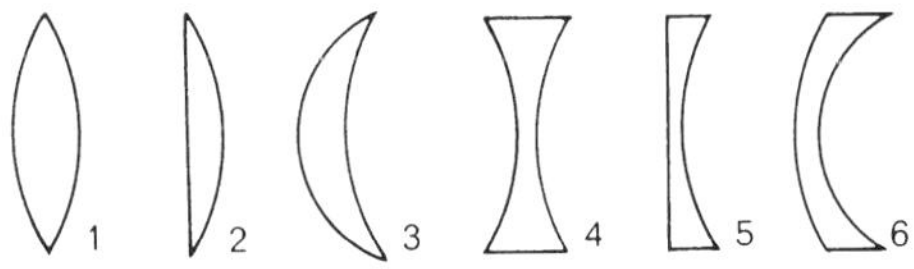

Bild 165.4. Linsenformen, Sammellinsen: 1 bikonvex, 2 plankonvex, 3 konkav-konvex, Zerstreuungslinsen: 4 bikonkav, 5 plankonkav, 6 konvex-konkav.

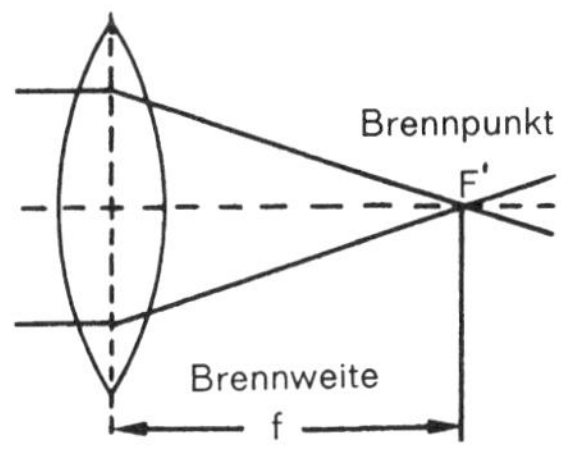

Bild 165.5. Bikonvexlinse, mit allen optischen Fehlern behaftet.

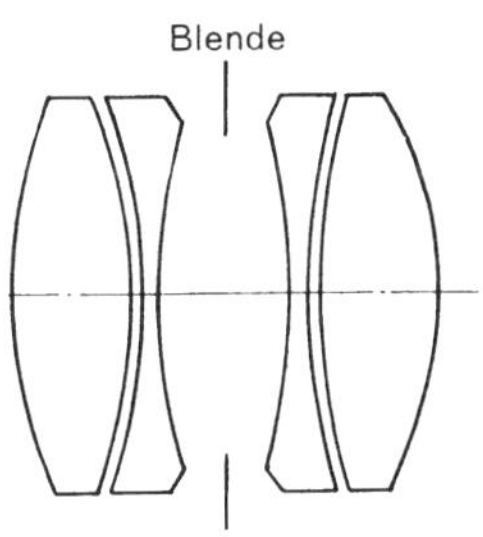

Bild 165.6. Schema eines Reproduktionsobjektivs mit Blende zwischen den Linsengruppen.

Um in möglichst großen Bereichen vergrößern und verkleinern zu können, hat man Wechselobjektive geschaffen. Zum Objektiv gehören die stufenlos verstellbare Irisblende, mit der der Reproduktionsfotograf die einwirkende Lichtmenge regulieren kann, und der Verschluß, mit dem die Dauer der Belichtung gesteuert wird.

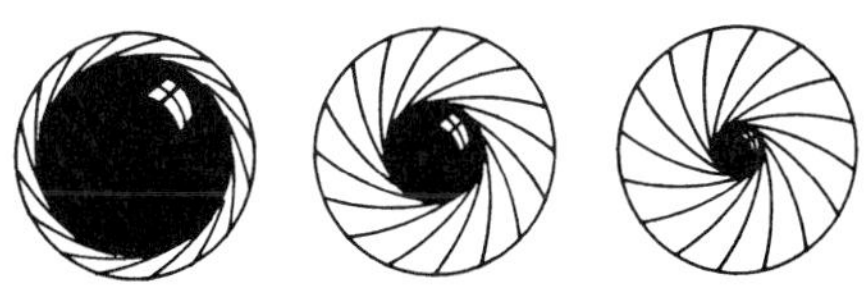

Bild 165.7. Irisblende: links offen, rechts stark abgeblendet.

An dem Objekt sitzt das Spiegelsystem, das früher übliche Prismen ersetzt hat. Das Objektiv allein bewirkt eine Seitenvertauschung; die Abbildung wird seitenverkehrt. Um eine seitenrichtige Aufnahme zu erzielen, muß ein zweiter Seitenwechsel, Kontern genannt, über einen Planspiegel erfolgen. Da bei Horizontalkameras die Funktionsebenen in einer Linie liegen, sind drei Spiegelflächen erforderlich. Grundsätzlich führt eine ungerade Zahl von Spiegeln zu seitenrichtigen, eine gerade Zahl (oder Geradeaus-Stellung) zu seitenverkehrten Aufnahmen.

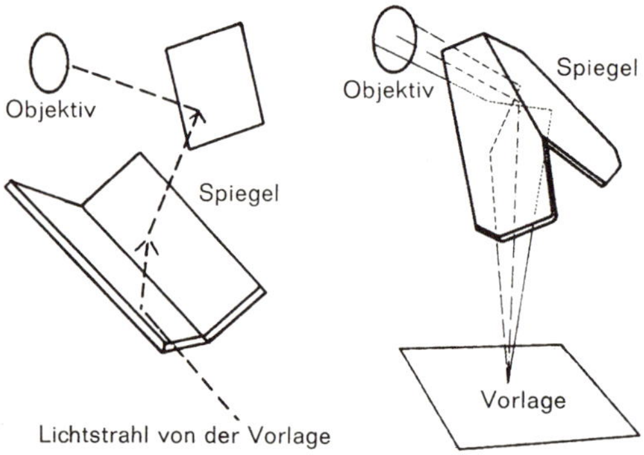

Bild 166.1. Links: Spiegelsystem (drei spiegelnde Flächen, Dach- und Planspiegel) einer Horizontalkamera. Rechts: Dachspiegel einer Vertikalkamera für seitenverkehrte Aufnahmen.

Bei der Mehrzahl der Reproduktionsarbeiten muß das Negativ seitenrichtig und das Diapositiv seitenverkehrt sein. Bestimmend sind die weiteren Verarbeitungsstufen. Das Kriterium dafür, ob ein Film seitenrichtig ist oder seitenverkehrt, ist seine Schichtseite, auf die belichtet wurde und die in der Retusche bearbeitet wird.

Dritter Bestandteil der Optikebene ist die **Filtereinrichtung.** Die Farbauszugsfilter werden je nach

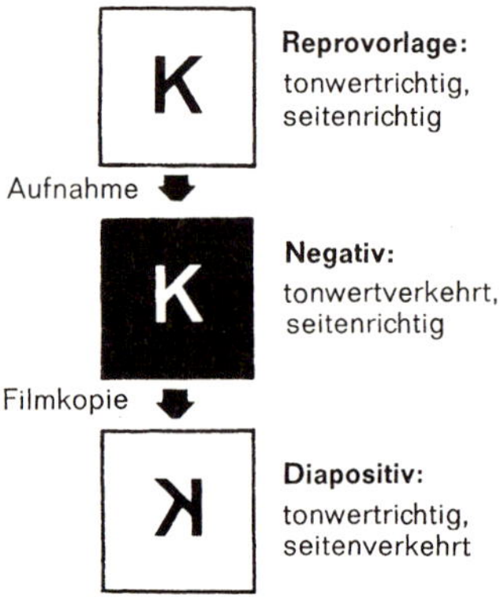

Bild 166.2. Systematik der Tonwerte und Seitenverhältnisse.

gewünschtem Farbauszug eingeschaltet. Sie unterscheiden sich hauptsächlich in der Bandbreite des Lichtes, das sie durchlassen.

Zur **Aufnahmeebene** der Kamera gehören drei Funktionsteile: Mattscheibe, Filmsaugwand und Rasteranlage. Auf der Mattscheibe stellt der Reproduktionsfotograf Abbildungsgröße und -schärfe ein. An die Stelle der Mattscheibe wird während der Aufnahme die Saugplatte geklappt, worauf der Film durch Vakuum (Luftleere) haftet. Die Rasteranlage ist als Rastermagazin konstruiert. Auf Knopfdruck fährt der vorgewählte Glasraster vor die Aufnahmeebene. Andere mechanische oder elektronische Einstellungen sind: automatische Scharfstellung, Objektivwechsel, Filmwechsel und Belichtungsablauf.

▼

1. Welche einzelnen Funktionsteile gehören zu den Hauptebenen einer Reproduktionskamera?
2. Die Kamerafunktionen beruhen auf Gesetzen der Optik. Informieren Sie sich über folgende optische Begriffe: Linsen, Objektive, Abbildungsgesetze, Brennweite, Gegenstandsweite, Bildweite!
3. Erklären Sie die Prinzipe der Bildübertragung!
4. Was ist das Hauptmerkmal aller Projektionsgeräte?

In der **Horizontalkamera** verläuft der Strahlengang des Lichts waagerecht. Ihr Einsatzschwerpunkt sind große Formate. Ein besonderes Verfahren ist die Rasterprojektion für die Herstellung von Gigantografien, kurz Gigantos

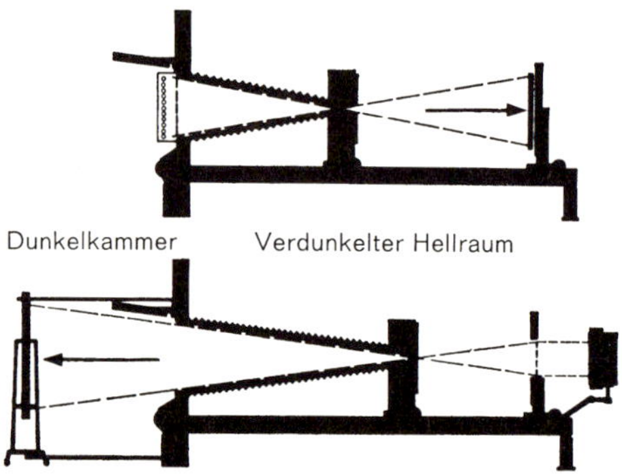

Bild 166.3. Schema der Projektion. Oben: Projektion aus der Dunkelkammer in den verdunkelten Hellraum. Unten: Projektion in die Dunkelkammer auf eine fahrbare Saugwand.

genannt. Gigantos sind Großplakate, die aus Teilformaten bestehen, die bei der Plakatierung zusammengefügt werden. Wegen des großen Formats und Betrachtungsabstands sind Gigantografien grob gerastert. Für diesen Zweck wird zunächst ein feingerastertes Zwischennegativ als Projektionsvorlage hergestellt. Beispielsweise ergibt sich aus den Rasterweiten der Projektion 15 L/cm und des Negativs 60 L/cm das Verhältnis 1 : 4. Bei einem Projektionsformat von 860 mm x 1220 mm im 15er Raster muß das Negativ im 60er Raster das Format 215 mm x 305 mm aufweisen. Bei der Herstellung werden meist Vorlagen- und Aufnahmeebene vertauscht. Das Rasternegativ wird in der Aufnahmeebene durchleuchtet und auf den Film projiziert, der an einer großen Saugwand in der Vorlagenebene sitzt. Eine horizontale Spezialkamera ist die Brückenkamera, mit der man in der kartografischen Reproduktion Riesenformate für Landkarten verarbeitet.

Rechnergesteuerte Reproduktions- und Montagesysteme, wie der Repro-Horizontal-Imposer RHI, ähneln einer Horizontalkamera. Vorlagenhalter für Aufsicht und Durchsicht, Objektiv sowie Standarte befinden sich im Hellraum, die Aufnahmeebene im Dunkelraum. Die Systeme sind für große Filmformate konstruiert. Druckplatten können direkt belichtet werden. Die Aufnahmeebene ist in verschiedene xy-Positionen verfahrbar. Einzelvorlagen, Seitenmontagen aus Text und gerasterten Bildern, Vorlagen von Seitenelementen sind nach einer vorprogrammierten Montageanweisung während der Projektion rechnergesteuert plazierbar. Manuelle Filmmontage erübrigt sich. Das System eignet sich für die Vorbereitung von Druckprodukten aus mehreren grafischen Elementen, Seiten oder Nutzen. Reproduktionen für Reprints oder nachzudruckende Druckerzeugnisse sind über

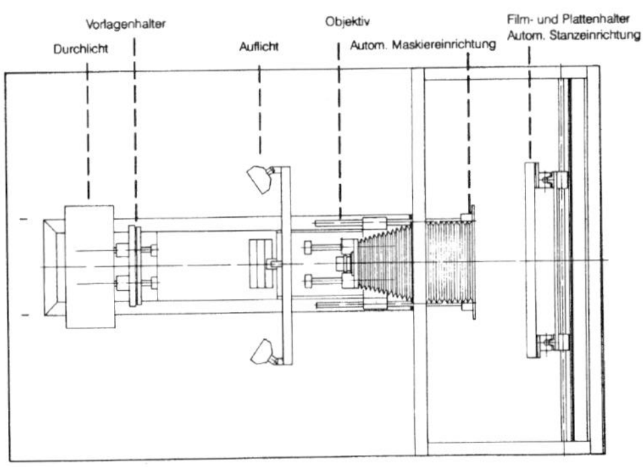

Bild 167.1. Rechnergesteuertes Reproduktions- und Montagesystem RHI zur Direktbelichtung von Druckplatten (Ansicht von oben).

das System schnell herstellbar. Zur Programmierung des Steuercomputers gibt es Software für Bogeneinteilung, Nutzenanordnung von Etiketten und Speziallayouts.

Vollautomatische **Kompaktkameras** sind wie große Reproduktionskameras mit Mikroprozessoren (Mikrocomputern) und Programmspeichern ausgestattet. Maßstab und Meßwerte lassen sich digital über Tastatur eingeben. Nach den errechneten Werten wird die Kamera richtig eingestellt und die Belichtungszeit für Vor- und Hauptbelichtung bei Rasteraufnahmen festgelegt. Für seitenrichtige Aufnahmen gibt es einen Spiegelaufsatz. Solche Kompaktkameras können also auch in Reproduktionsbetrieben verwendet werden.

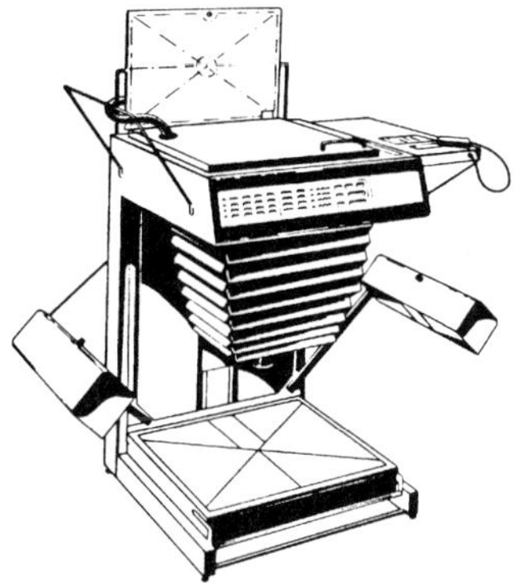

Bild 167.2. Kompaktkamera.

▼

1. Wie heißen die Grundgeräte der Reproduktionsfotografie? Welches ist das universellste?
2. Was bedeuten die Fachbegriffe: a) Aufnahme, b) Filmkopie, c) Negativ, d) Diapositiv?
3. Wodurch kann man in der Reproduktionskamera a) vergrößern, b) verkleinern, c) kontern, d) rastern und e) Farben ausziehen?
4. Wie verläuft der Strahlengang bei der Kompaktkamera?
5. Wie werden Gigantografien hergestellt?
6. Was wird bei Montagesystemen rechnergesteuert plaziert?

Kontaktkopiergeräte. Wie schon der Name sagt, befindet sich der zu belichtende Film in engstem Kontakt mit der Kopiervorlage. Diesem Arbeitsprinzip zufolge ist der Kontaktkopierer auf Abbildungen im Maßstab 1:1 (100%) beschränkt. Trotz dieser Einschränkung wird ein großer Teil aller reprotechnischen Arbeitsvorgänge im Kontaktkopierer erledigt.

Die vielfältigen Kontaktarbeiten seien hier kurz angeführt. Wenn das Licht die transparenten Stellen einer Kopiervorlage durchdringt, entsteht je nach gewähltem Filmmaterial ein Negativ oder ein Diapositiv. Die Umwandlung eines Negativs in ein Diapositiv heißt **Umkehrkopie.** Unter Direktkopie versteht man beispielsweise den Weg vom Positiv zum Positiv, wobei ein Seitenwechsel (Kontern) stattfindet. Vom Halbtonnegativ erreicht man durch Zwischenschalten eines Filmrasters ein Rasterdiapositiv. Dieser Arbeitsvorgang wird **Kontaktrasterung** genannt.

Außerdem kommen häufig **Nutzenkopien** vor. Unter Nutzenfilmen versteht man in der Reproduktionsfotografie mehrfach angefertigte Diapositive oder Negative, die zusammen auf eine Druckform kopiert werden, um die für die Auflagenhöhe erforderliche Druckanzahl zu reduzieren.

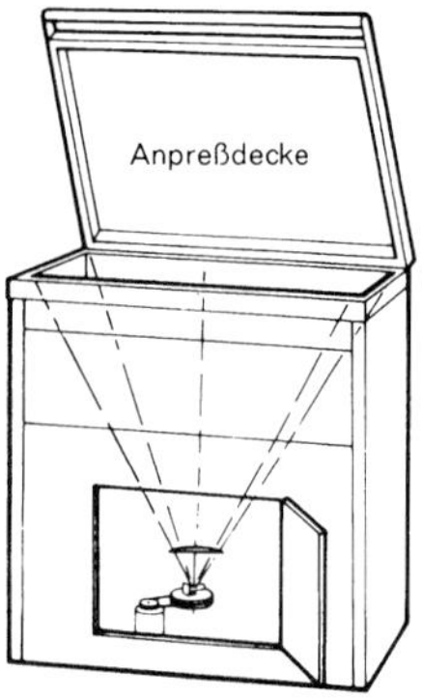

Bild 168.1. Schema eines Kontaktkopiergeräts mit Punktlichtquelle und Verlauffilter zur gleichmäßigen Ausleuchtung.

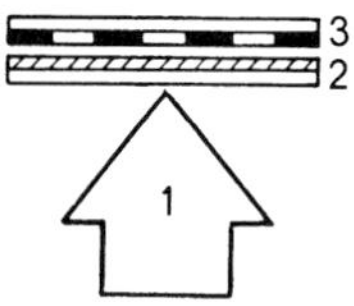

Bild 168.2. Reflexkopie. Das Licht (1) durchdringt den Film (2), wird von den dunklen Stellen der Vorlage (3) absorbiert und von den hellen in den Film (2) reflektiert.

Ein Sonderfall der Kontaktarbeiten ist die Reflexkopie, bei der das Licht von einer Aufsichtsvorlage auf den Film zurück reflektiert wird.
Manchmal werden auch Korrekturmasken und Farbauszüge im Kontakt belichtet; allerdings müssen die entstehenden Auszugsnegative meist in der zweiten Arbeitsstufe, etwa im Reproduktionsvergrößerer oder in einer Kamera, vergrößert und gerastert werden.

Weitere Spezialarbeiten sind Kontaktbelichtungen auf Druckfolien (Kleinoffsetdruck) und Farbprüfmaterialien, beispielsweise Cromalin. Bei den Farbprüfverfahren handelt es sich um »Vorandrucke«, die ohne Druckformen schnell herzustellen sind und in der Reproduktionsretusche als Korrekturunterlagen dienen.

Unser Schema zeigt die wichtigsten Teile des Gerätegehäuses: unten den Lichtkasten mit Punkt- und Streulicht, oben die Kopierebene mit einer Glasplatte (Kopiernutzformat). Auf die Platte werden je nach Verfahren Negative, Masken, Filmraster meist mit der Schichtseite nach oben gelegt; darüber kommt der zu belichtende Film. Durch Anpressen der Filme mit einer Gummidecke gelangen Vorlagen- und Abbildungsebene in engsten Kontakt. Der Anpreßdruck wird durch Vakuum erzeugt. Bei modernen Geräten schaltet sich die Vakuumpumpe beim Herabklappen des Rahmens mechanisch ein.

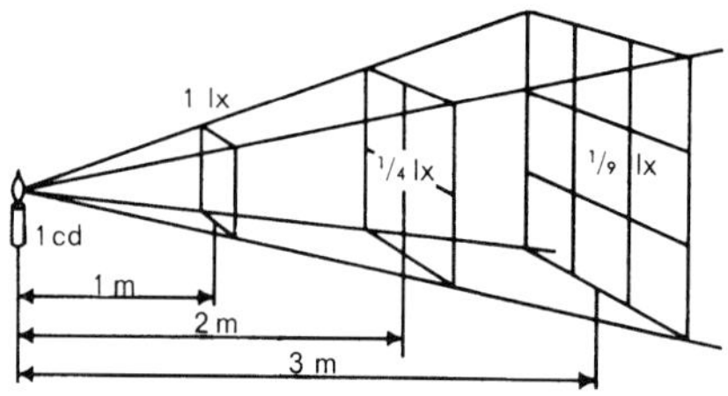

Bild 168.3. Grundgesetz der Beleuchtung: Die Beleuchtungsstärke (lx) nimmt im Quadrat der Entfernung von der Lichtquelle ab.

Das **Punktlicht** ist so straff gerichtet, daß randscharfe Kopien entstehen, wie sie bei den meisten Kontaktarbeiten erforderlich sind. Punktlicht wird von einer Halogenlampe oder einer speziellen Glühlampe erzeugt. Im Gegensatz dazu ist das **Streulicht** so diffus, daß Konturen verschwommen und überstrahlt aufgezeichnet werden. Streulichtkopien werden für solche Bilder angewandt, bei denen Farbflächen aneinanderstoßen und aus Passergründen im Druck Überlappungen verlangt sind. Außer Punkt- und Streulicht findet man an universellen Kopiergeräten intensive UV-Lichtquellen (ultraviolette Strahlung), die sich zum Belichten von vorbeschichteten Offsetfolien eignen.

Problematisch ist die gleichmäßige Ausleuchtung des gesamten Kopierformates. Im Zentrum ist die Lichtintensität am höchsten; sie nimmt zum Rand hin ab, da die Randstrahlen von der Punktlichtquelle einen längeren Weg zurücklegen. Zur Verbesserung der Ausleuchtung gibt es drei Möglichkeiten: 1. Langer Lichtweg, etwa durch Einschaltung eines Planspiegels, 2. graues Verlaufsfilter vor der Lampe, das die Zentralstrahlen schwächt, 3. rotierende Punktlichtquelle.

Außer den beschriebenen kastenförmigen Kontaktkopiergeräten findet man mitunter einfache **Kopierrahmen.** Man verwendet sie für Kontaktrasterungen. Sie bestehen aus zwei getrennten

Teilen: der Kopierplatte mit aufklappbarem Rahmen und dem darüber hängenden Lampengehäuse mit Punktlichtquelle und Filterrad. Von Nachteil ist, daß das Licht in dem freien Raum dazwischen durch Streueffekte verfälscht wird. Deswegen bevorzugt die Reprofotografie geschlossene Geräte; in der Druckformkopie aber sind offene Rahmen üblich.

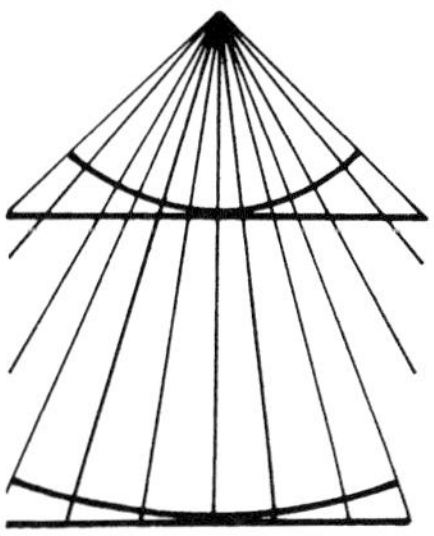

Bild 169.1. Randstrahlen sind lichtschwächer, weil sie einen weiteren Weg zur Kopierebene zurückzulegen haben als Zentralstrahlen. Längerer Lichtweg ergibt eine gleichmäßigere Ausleuchtung.

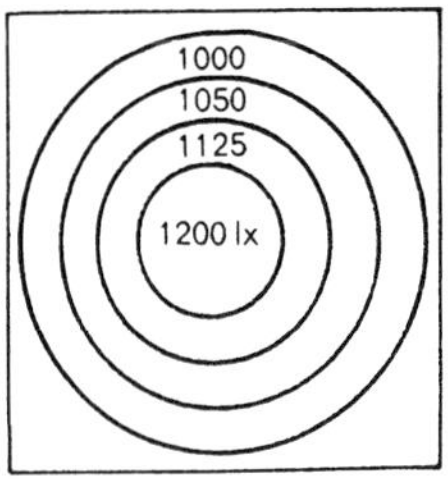

Bild 169.2. Ungleichmäßige Lichtverteilung auf der Kopierebene. Die Linien gleicher Beleuchtungsstärke heißen Isoluxen.

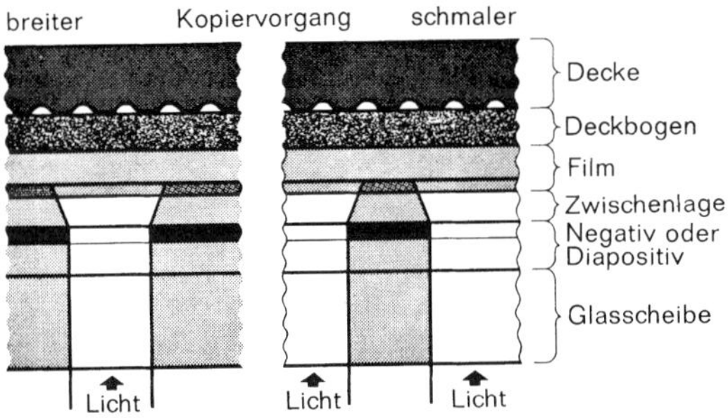

Bild 169.3. Schema für Über- und Unterstrahlungen von Bildelementen. Beim Passieren der Zwischenlage wird das Licht gestreut, was zur Verbreiterung der Kopie führt.

Die Stärke oder Ausbreitung von Rasterpunkten, Linien sowie Schrift läßt sich durch Belichtung während der Kontaktkopie beeinflussen. Über bestimmte fotografische Methoden sind Plus- und Minuskorrekturen in Rasterfilmen ausführbar.
Sie werden auch als Belichtungsretusche bezeichnet. Im Prinzip wird die Punktveränderung beim Umkontakten erreicht durch Unter- oder Überstrahlen der zeichnenden Stellen des zu korrigierenden Films.

Wenn an einem positiven Rasterfilm eine Pluskorrektur vorzunehmen ist, dann muß zunächst ein punktgenaues Rasternegativ im Kontaktkopiergerät angefertigt werden. Von diesem Negativ wird mit übermäßiger Belichtung eine weitere Kontaktkopie hergestellt. Bei dieser Belichtung werden die zeichnenden Stellen überstrahlt. Es entsteht ein positiver Reproduktionsfilm mit vergrößerten Rasterpunkten.

Soll am positiven Rasterfilm eine Minuskorrektur ausgeführt werden, dann wird im Kontaktkopiergerät zunächst ein überbelichtetes Negativ hergestellt. Hierbei werden die Rasterpunkte des positiven Films unterstrahlt. Danach folgt das Umkontakten des Negativs zum Positiv mit normaler Belichtung. Das neue Positiv weist verkleinerte Rasterpunkte auf.

Einzelne Bildpartien lassen sich für die Korrektur über Masken freistellen. Diese Masken fertigt der Reprohersteller manuell oder fotografisch vor der Belichtungsretusche an.

▼

1. Warum kann man im Kontaktkopierer nur im Maßstab 1 : 1 (100 %) reproduzieren?
2. Was versteht man unter folgenden Arbeitsvorgängen: a) Umkehrkopie, b) Direktkopie, c) Reflexkopie, d) Überstrahlungskopie, e) Offsetfolienbelichtung?
3. Aus welchem Grund wird in den meisten Fällen Schicht auf Schicht kopiert?
4. Was sind Isoluxen?
5. Wie wirkt sich das Grundgesetz der Beleuchtung bei einer fotografischen Vergrößerung aus?
6. Welche fotografischen Arbeiten können nicht mit Kontaktkopiergeräten ausgeführt werden?

Meß- und Steuergeräte Eine zentrale Frage in der Reproduktionsfotografie lautet: Wie werden die Filme richtig belichtet? Die Übertragungsqualität hängt entscheidend vom Belichtungsvorgang ab. Aufnahmen, die unscharf eingestellt sind, die über- oder unterbelichtet werden, die zu hart oder zu weich ausfallen, sind unbrauchbar. Solche Fehlleistungen müssen im Betrieb, wo es auf Kosten und Termine ankommt, vermieden werden. Heute verfügt man über eine Reihe von Geräten, die dazu beitragen, die Arbeit von Zufällen zu befreien. Diese Geräte sind teilweise serienmäßig in Kameras eingebaut, wie Scharfstellautomatik, Äquivalentblendensystem und Lichtdosiergerät, teilweise zusätzlich erforderlich, wie Densitometer, Fotometer und Belichtungssteuerungsgerät.

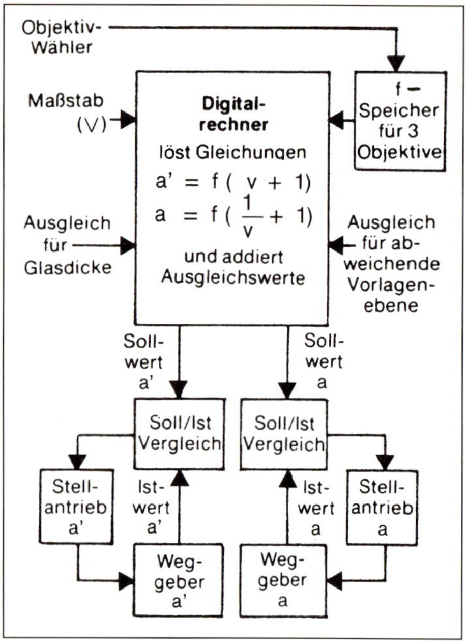

Bild 170.1. Blockschaltbild für automatische Scharfstellung.

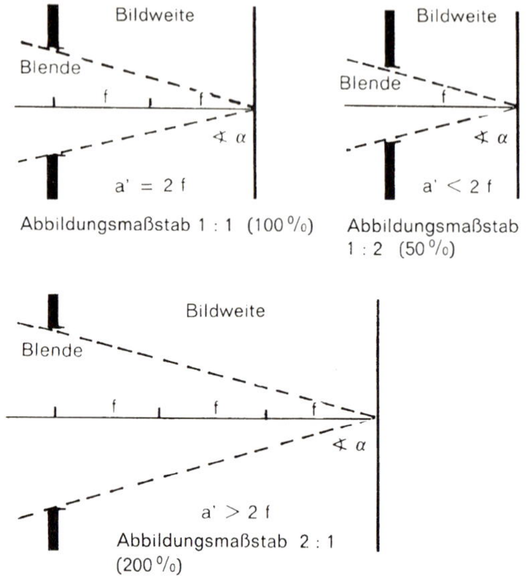

Bild 170.3. Äquivalentblendensystem. Bei gleichbleibendem Einfallswinkel bleibt auch die Lichtmenge gleich, die auf den Film trifft. Entsprechend (äquivalent) dem Kameraauszug (Bildweite) verkleinert oder vergrößert sich die Blendenöffnung.

Erste Voraussetzung einer brauchbaren Aufnahme ist die Schärfe der Abbildung. Früher wurde sie visuell auf der Mattscheibe der Kamera einreguliert. Moderne Geräte stellen automatisch scharf, in der Regel elektronisch mit einem Kleincomputer. Die beweglichen Funktionsebenen des Reproduktionsgerätes werden so gegeneinander verschoben, wie es die optischen Gesetze erfordern.

Grundsätzlich wird die Belichtung von drei Faktoren mitbestimmt: 1. Abbildungsmaßstab, 2. Blendenöffnung, 3. Belichtungszeit. Der Abbildungsmaßstab und damit die Bildweite ist vom Auftrag her vorgeschrieben. Der Reproduktionsfotograf muß die wechselnden Bildweiten durch Änderung der Blende oder Zeit ausgleichen. Zur Erleichterung wurde das **Äquivalentblendensystem** geschaffen.

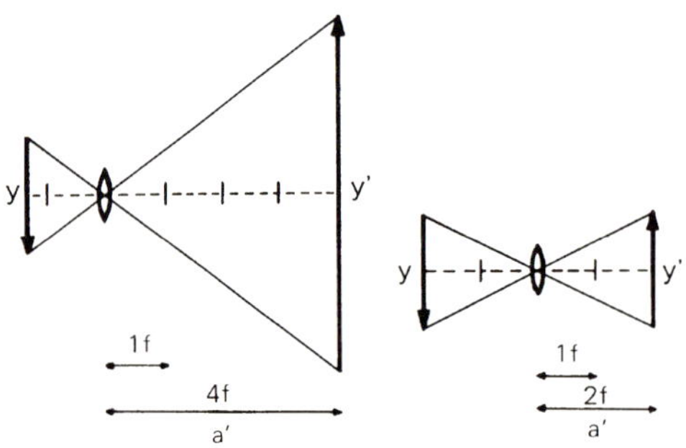

Bild 170.2. Vergleich zwischen zwei optischen Einstellungen: Je größer der Abbildungsmaßstab, desto länger ist der Weg für das bildformende Licht, und um so länger muß man belichten.

Das **Lichtdosiergerät** gleicht Stromschwankungen im elektrischen Netz aus und sorgt für gleichbleibend genaue Belichtung. Es ist am Vorlagenhalter der Reproduktionskamera angebracht.
Den Kern des Gerätes bildet eine Fotozelle, die das Licht der Beleuchtungsanlage in elektrischen Strom umwandelt. Auf diese Weise wird die eingestellte Lichtmenge registriert.
Ist sie erreicht, schaltet das Gerät die Lichtquelle aus. Dadurch, daß man die Lichtmenge durch Stromstöße reguliert, entfällt die unzuverlässige Zeitsteuerung.

▼

1. Lesen Sie in einem Physikbuch die Erläuterungen über Fotoeffekt, Fotozelle, Fotoelement, Fotowiderstand!
2. Warum ist die Arbeit mit einem Lichtdosiergerät der reinen Zeitsteuerung mit einer Schaltuhr vorzuziehen?
3. Inwiefern erleichtern Scharfstellautomatik und Äquivalentblendensystem die Arbeit?

Prinzipiell erfordert jede Reproduktionsvorlage eine individuelle Belichtungstechnik. Je nachdem, ob das Bild hell oder dunkel, hart oder weich, intensiv oder gebrochen farbig ist, muß der Fotograf die entsprechende Einstellung wählen. Um die Vorlage im Hinblick auf die Belichtung genau festlegen zu können, reicht das Vermögen des Auges nicht aus; man benötigt ein Meßinstrument, das Densitometer. Beim **Densitometer** handelt es sich um ein Dichtemeßgerät. Meistens bestimmt man die Dichtewerte in zwei Meßpunkten: Dichtemaximum (dunkelste Stelle) und Dichteminimum (hellste Stelle). Nach diesen beiden Vorlagenwerten kann die Belichtung vorausberechnet werden.

In der direkten Vorlagenmessung mit dem Densitometer liegt eine Fehlerquelle: Die Einflußgrößen des Reproduktionsgerätes, beispielsweise Blende, Abbildungsmaßstab und Streulicht, bleiben unberücksichtigt. Eine Methode, die diese Faktoren mit erfaßt, ist die Messung der tatsächlichen Beleuchtungsstärke in der Aufnahmeebene mit einem **Fotometer.** Das Gerät ist vergleichbar mit einem Belichtungsmesser an einer Kleinbildkamera, arbeitet aber wesentlich exakter.

In der programmierten Reproduktion benutzt man Kleincomputer zur elektronischen Berechnung und Steuerung von Belichtungsabläufen. Man spricht von **Belichtungssteuerungsgeräten.** Den Geräten werden Daten eingegeben, die durch Tests ermittelt wurden. Diese Grunddaten für Reproduktionsgeräte und -materialien sind unter anderem: Objektiveigenschaften, Lichtintensität, Filterfaktoren, Rasterdichteumfang, Filmempfindlichkeit, Entwicklungsweise. Die eingegebenen Daten sind Standardwerte und müssen für ein bestimmtes Ablaufprogramm konstant bleiben.

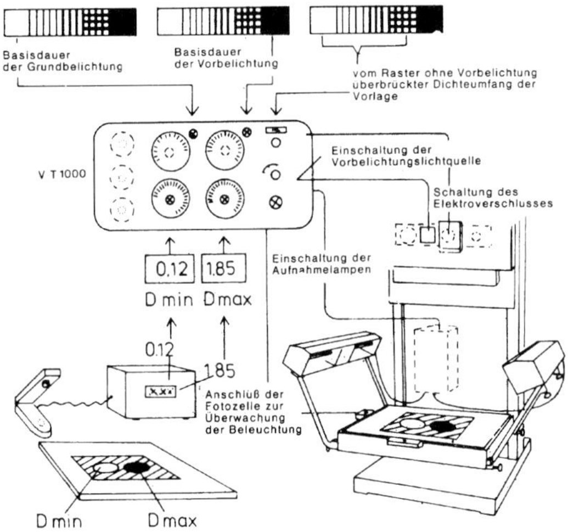

Bild 171.1. Rechnergesteuerte Rasteraufnahme.

Variabel ist nur noch die zu reproduzierende Vorlage. Mindestens zwei Vorlagenwerte, nämlich Dichtemaximum und Dichteminimum, werden dem Gerät eingegeben. Der Belichtungsablauf wird dann aus Programm und Dichtewerten exakt vorausberechnet. Entsprechende elektronische Befehle werden an die Belichtungseinheit weitergegeben. Der Objektivverschluß wird gesteuert und überwacht, die Auszugsfilter werden eingeschaltet, der Raster wird aus- und eingefahren. Belichtungssteuerungsgeräte eignen sich besonders zur Herstellung von Rasteraufnahmen, Halbtonfarbauszügen, Korrekturmasken sowie Halbton- und Rasterdiapositiven. Das Bild veranschaulicht die Technik der rechnergesteuerten Rasteraufnahme.

Die Belichtungsprogrammierung bei Rasteraufnahmen beruht auf der Messung der Dichte der hellsten und der dunkelsten Vorlagenstelle mit dem Densitometer. Aus der Eingabe beider Werte in den Rechner durch entsprechende Einstellung des Dmin- und Dmax-Wählers errechnet das Gerät selbsttätig die Vorbelichtung und die Hauptbelichtung und läßt nach Druck auf den Startknopf beide Belichtungen ablaufen. Voraussetzung für die Erzielung richtig belichteter Aufnahmen ist, daß die Basisbelichtungszeiten zuvor durch Test ermittelt und in den Computer eingegeben wurden; auch der Rasterumfang, das heißt, dasjenige Dichteintervall, das der Raster ohne Zuhilfenahme der Vorbelichtung überbrückt, muß vorher eingespeichert sein. Die meisten Steuergeräte sind Online-Computer, die direkt mit dem Reproduktionsgerät verbunden sind.

▼

1. Was wird mit dem Fotometer gemessen?
2. Was besagen die Fachbegriffe Online und Offline?
3. Vergleiche eine Reprokamera mit einer Digitalkamera! Was ist prinzipiell gleich, was unterschiedlich?

6.3 Reproduktionsmaterialien

In den Reproduktionsgeräten wird besonderes lichtempfindliches Material, Reproduktionsfilm, einer kontrollierten Belichtung ausgesetzt. Die von der Vorlage stammenden Informationen werden durch Licht auf Film übertragen. Das Ergebnis richtet sich nach reproduktionsfotografischen Maßnahmen: Abbildungsmaßstab, Zwischenschaltung eines Rasters oder Filters und Filmauswahl. Während der anschließenden Filmverarbeitung wird erstmalig bei der Entwicklung die Auswirkung der Informationsübertragung sichtbar.

6.3.1 Filmaufbau

Schichtträger, auch Unterlagen genannt, bestehen aus Kunststoffen, entweder aus Polyester oder Zelluloseacetat. Die Stärke der Unterlagen schwankt zwischen 0,005 mm und 0,18 mm. Der Schichtträger muß maßhaltig sein, also während der Verarbeitung dimensionsstabil bleiben. Die maßhaltigere Polyesterunterlage verwendet man vorwiegend für Farbauszüge, während Zelluloseacetat manchmal für Schwarz-weiß-Arbeiten benutzt wird. Die Maßhaltigkeit der Filme wird von Temperatur- und Luftfeuchtigkeitsschwankungen beeinflußt. Wenn sie ansteigen, verursachen beide Faktoren eine Dehnung des Schichtträgers. Bei sinkender Temperatur oder sinkender Luftfeuchtigkeit schrumpft das Material. Maßänderungen können auch bei der Verarbeitung in Bädern oder beim Trocknen eintreten.

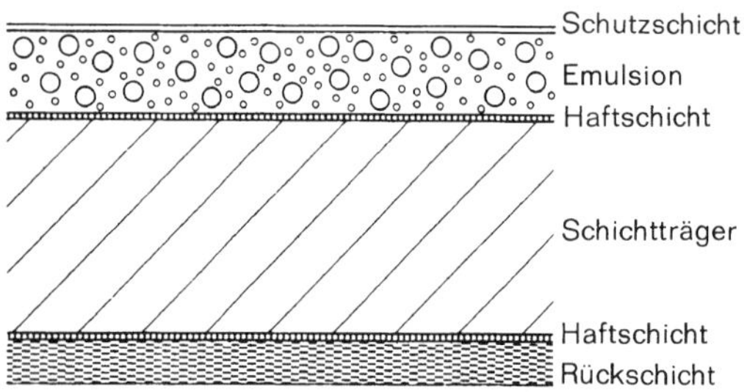

Bild 172.1. Aufbau lichtempfindlicher Filme.

Zur Verbesserung der Informationsübertragung trägt der Film eine **Lichthofschutzschicht.** Sie befindet sich auf seiner Rückseite oder auch zwischen Fotoschicht und Träger, um Überstrahlungen zu vermeiden. Diese entstehen durch ungewollte Reflexionen des bei der Belichtung einfallenden Lichts. Dementsprechend spricht man von **Reflexionslichthof,** wenn Lichtstrahlen vom Schichtträger in die Fotoschicht zurückgeworfen werden. Zur Vermeidung dieser Erscheinung dient eine dunkle, absorbierend wirkende Schutzschicht. Sie entfärbt sich erst bei der Filmverarbeitung. Sie besteht aus Gelatine und verhindert gleichzeitig das Einrollen des Films. Durch diffuse Reflexion der Lichtstrahlen an den Silbersalzkristallen ergibt sich der **Diffusionslichthof,** dem man durch Schichtanfärbung entgegenwirken kann. Ein starker Diffusionslichthof wirkt sich auf die Konturenschärfe und das Auflösungsvermögen einer Fotoschicht aus. Scharfe Striche werden in der Reproduktion unscharf abgebildet.

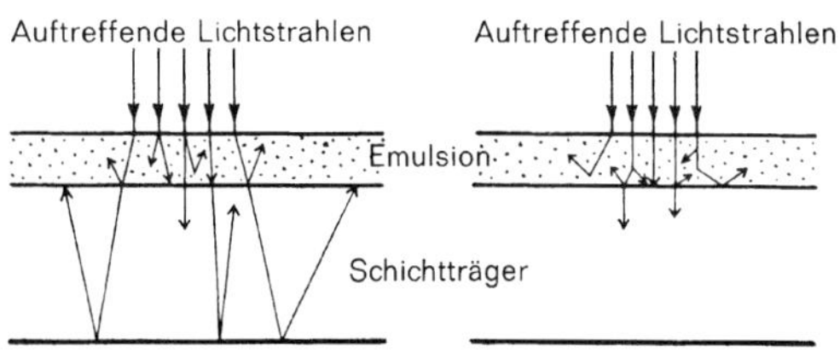

Bild 172.2. Reflexionslichthof, Diffusionslichthof (rechts).

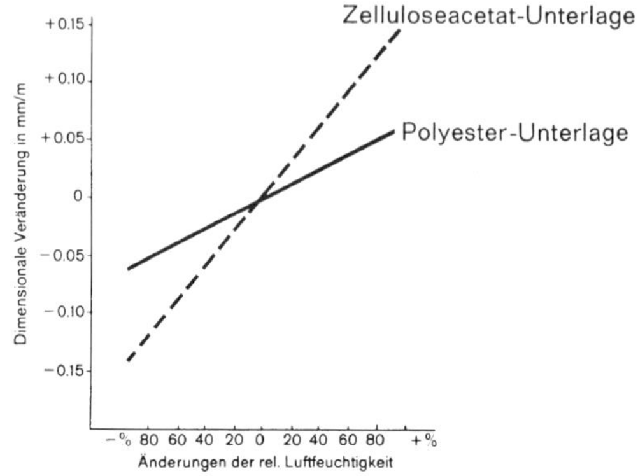

Bild 172.3. Maßänderungen der Schichtträger bei Änderung der relativen Luftfeuchtigkeit.

Die **Haft- oder Bindeschichten** verbinden Fotoschicht und Rückschicht mit dem Schichtträger. Die **Schutzschicht** auf der Filmoberfläche dient dazu, die Fotoschicht vor mechanischen Beschädigungen zu schützen und das Auftreten von Newtonringen zu verhindern.

Die **Fotoschicht** hat die Funktion des aktiven Informationsträgers. Sie besteht aus dem hydrophilen (feuchtigkeitsempfindlichen) Bindemittel Gelatine mit Kunststoff-Beimischungen, in das die lichtempfindlichen Silberhalogenidkristalle eingebettet sind. Diese Silbersalze sind eine bestimmte Mischung aus Silberbromid AgBr, Silberchlorid AgCl und Silberjodid AgJ, wobei zumeist Silberbromid überwiegt. Die allgemeine Empfindlichkeit der Fotoschicht gegenüber Licht ist bei der Emulsionsherstellung durch die chemische Sensibilisierung festgelegt worden. Die Silberhalogenidkristalle sind für bestimmte Spektralbereiche empfindlich, hauptsächlich für Blau. Eine weitere **Sensibilisierung** wird mit Hilfe von organischen Farbstoffen, den optischen Sensibilisatoren, erzielt, mit denen die Kristalle überzogen werden. Man nennt dies optische Sensibilisierung. Die Silberhalogenidkristalle haben eine Größe, die im Bereich von 0,1 bis 1 nm liegt. Die Stärke der Fotoschicht, die beispielsweise beim Strippingfilm für Montagezwecke abziehbar ist, beträgt 0,015 mm.

Filmmaterial, das sämtlichen Reproduktionsaufgaben gerecht wird, gibt es nicht. Jede Aufgabe erfordert die Auswahl und den Einsatz des richtigen Filmtyps. Die Filmhersteller geben zu ihrem Herstellungsprogramm Reproduktionsbeschreibungen heraus. Die Filmsorten lassen sich nach Sensibilisierung und Gradation einteilen.

Es gibt fünf Arten spektraler Empfindlichkeit:
blauempfindlich,
orthochromatisch,
panchromatisch,
ultraviolettempflindlich,
infrarotempfindlich.

Blauempfindliches Material ist unsensibilisiert und nur für Blau, Violett und Ultraviolett empfindlich. Dieses bedeutet: Rot-, Gelb-, Grüntöne werden zu dunkel wiedergegeben. Das unsensibilisierte Silbersalz hat eine gelbliche Eigenfarbe. Verwendung findet dieses Material für die Reproduktion von Schwarzweiß-Vorlagen und für Kontaktkopien nach Schwarzweiß-Negativen. Die Dunkelkammerbeleuchtung darf hierbei hellorange sein.

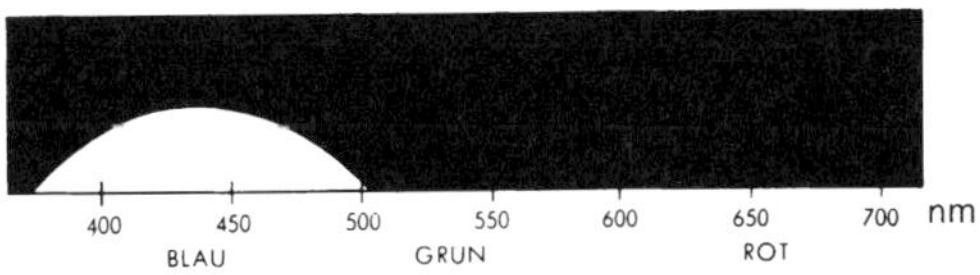

Bild 173.1. Spektrogramm eines blauempfindlichen Films.

Orthochromatisches Material ist empfindlich für Ultraviolett, Violett, Blau und zusätzlich Grün. Unempfindlich ist das Material für rotes Licht. Rottöne werden zu dunkel reproduziert. Die Dunkelkammer-Beleuchtung muß rot gefiltert sein.

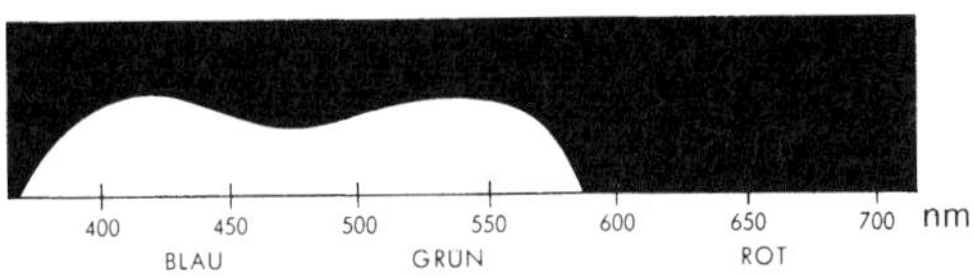

Bild 173.2. Spektrogramm eines orthochromatischen Films.

Panchromatisches Material ist für den ganzen Bereich des Farbspektrums empfindlich und wird vorzugsweise für Farbauszüge und Korrekturmasken nach Farbvorlagen verwendet.

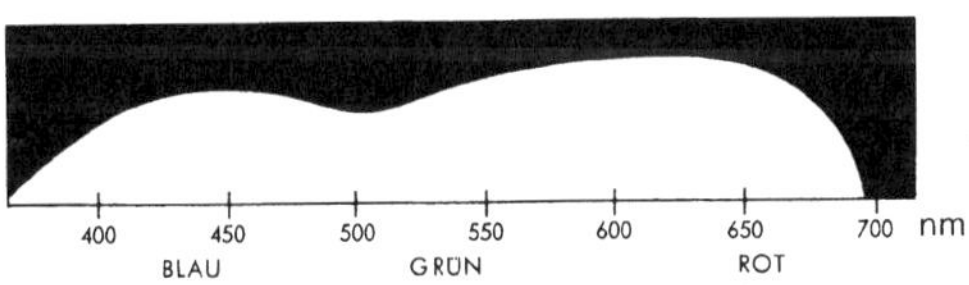

Bild 173.3. Spektrogramm eines panchromatischen Films.

Ultraviolettempfindliches Material ist für Raumlicht nahezu unempfindlich. Es reagiert auf ultraviolette Strahlung und wird bei hellgelbem Licht verarbeitet. Diese sogenannten Hellraumfilme sind gut für Kontaktarbeiten geeignet.

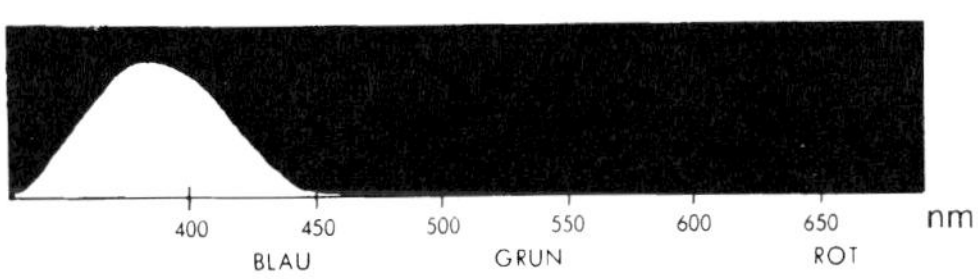

Bild 173.4. Spektrogramm eines ultraviolett-empfindlichen Films.

Für Infrarotlicht oder IR-Laserdioden-Belichtung in Laserbelichtern wird Film benötigt, der für die emittierte Strahlung von 780 nm sensibel ist. Diese Strahlung ist mit dem Auge nicht wahrnehmbar. **Infrarotempfindliches Material** sind Filme, deren Sensibilisierung sich auf die Strahlungsbereiche von 360 bis 460 nm und 650 bis 850 nm erstreckt. Für den sichtbaren Bereich zwischen 460 bis 650 nm ist der Film unempfindlich. Die Materialempfindlichkeit ist auf ultrakurze Belichtungszeiten abgestimmt, die bei Laserbelichtung im Nanosekundenbereich liegen.

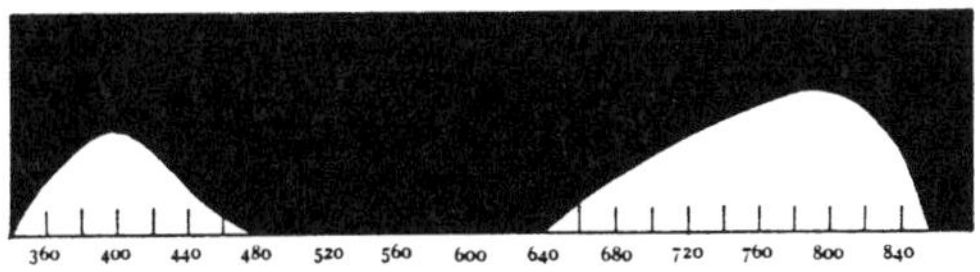

Bild 173.5. Spektrogramm eines infrarotempfindlichen Films.

Die Filmsorten haben unterschiedliche Gradationen. Unter Gradation versteht man die Tonwertabstufung einer Reproduktion im Verhältnis zur Vorlage. Gradationen lassen sich charakteristischen Kurven zuordnen.

Der Anstieg der Gradationskurve ist ein Kennzeichen für ultrasteil, steil, hart arbeitenden Lith-, Line-, Strich-, Rasterfilm, normal arbeitenden Halbtonfilm oder weich arbeitenden Maskenfilm. Die Gradationskurve eines normal arbeitenden Reproduktionsfilms, der die Tonwertabstufung einer Vorlage verhältnisgleich wiedergeben kann, steigt im Hauptteil annähernd um 45° an. Die Kurven für weich arbeitendes Filmmaterial liegen unterhalb dieses Winkels, die für hart arbeitendes Material darüber. Je kontrastreicher der Reproduktionsfilm arbeitet, desto steiler ist also seine Gradationskurve.

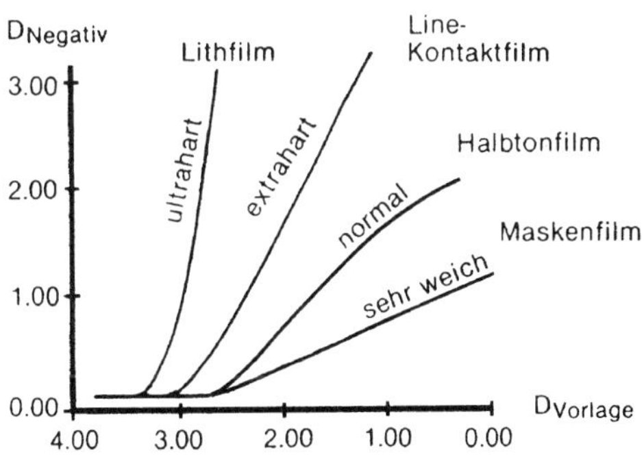

Bild 173.6. Filmgradationen.

▶ Ergänzende Informationen im Kapitel 6.4.2.

Strichfilme werden verwendet, wenn entweder die Vorlage keine Abstufung zwischen Schwarz und Weiß enthält (Strich-, Textvorlage) oder die Vorlage Halbtöne aufweist, die durch Rasterung in verschieden große Punkte aufgelöst werden. Solche Filme arbeiten bei richtiger Entwicklung hart oder ultrahart.

Man unterscheidet Lith- und Line-Materialien voneinander. **Lith-Fotoschichten** haben höheren Silbersalzanteil. Hinsichtlich Schärfe, Kontrast, Deckung (Dichtewerte über D 6.00 werden erreicht) und Ätzfähigkeit arbeiten sie ausgezeichnet. Sie unterliegen jedoch engen Belichtungstoleranzen und vor allem einem chemisch heiklen Entwicklungsprozeß. Reduktionsmittel von Lith-Entwicklern ist Hydrochinon. Für die Stabilisierung der Lith-Entwicklung sind Entwicklungsautomaten mit speziellen Kontroll- und Regeleinrichtungen für separate Regenerierungsverfahren erforderlich. Lith-Filme wurden für Rasterreproduktionen hoher Qualität verwendet.

Linefilme weisen eine geringere Menge von Silbersalzen auf. Line-Filme sind deswegen kostengünstiger, allerdings erreichen sie auch nicht die ultrasteile Gradation des Lith-Films. Dafür sind sie aber fast problemlos mit Metol-Hydrochinon-Entwicklern zu verarbeiten. Bei Line-Entwicklern ist das Verhältnis der Reduktionsmittel-Anteile und die Sulfit-Konzentration so abgestimmt, daß ein Schwärzungsgrad der Dichte 3.60 erreicht werden kann. Für Kontaktarbeiten und Laser-Direktrasterungen werden Line-Filme eingesetzt.

Seit Mitte der achtziger Jahre gibt es weiterentwickelte Line-Filme, die an den ultrasteilen Gammawert des Lith-Films herankommen, wenn die auf das jeweilige Filmfabrikat (beispielsweise Agfastar, Grandex, Ultratec) abgestimmte Entwicklerchemie verwendet wird (Rapid-Lith, Access-Entwicklung).
Die Filmmaterialien wurden teilweise für die Verarbeitung in hydrochinonfreien und somit ökologisch unbedenklichen Entwicklern optimiert.

Halbtonfilme gibt es in verschiedenen Gradationsvarianten: niedriger, mittlerer, hoher Kontrast. Sie eignen sich je nach ihrer spektralen Empfindlichkeit für die Reproduktion nach einfarbigen und mehrfarbigen Vorlagen. Sie werden allerdings kaum noch verwendet, weil grundsätzlich digital gerastert wird und weil die Druckformherstellung auch im Tiefdruck in der Regel über Offsetlithos (OT-Konversion) erfolgt.

Spezialfilme haben entweder einen abweichenden Schichtaufbau oder eine besondere Emulsionsbeschaffenheit. Hierdurch soll die Informationsübertragung verbessert oder beschleunigt werden. Als Beispiel seien die Direktumkehr- bzw. Direktpositivfilme genannt, mit denen ohne Umkehrentwicklung oder Umkopieren direkt vom Positiv wieder ein Positiv entsteht oder vom Negativ ein Negativ. Grundlage der Direktumkehr sind der Herschel-Effekt oder eine Vorbelichtung bis zur Solarisation. Unbelichtete Filme werden im Entwickler gleichmäßig tief geschwärzt, belichtete Filme um so weniger, je mehr Licht eingewirkt hat.

Fotosatzfilme sind besonders auf die Lichtquellen der Fotosetzsysteme abgestimmt. Sie sollen konstante Strichstärke, Konturenschärfe und Dichte erzeugen. Ihre Gradation ist steil, die Enddichten weisen Dichtewerte über 3.00 auf. Der Grundschleier soll unter dem Dichtewert 0.06 liegen. Je steiler die Gradation, desto besser ist die Schärfe der Schrift. Fotosatzmaterialien gibt es für verschiedene Belichtungstechniken, nämlich Glühlampen-, Xenon-, CRT- oder Kathodenstrahl- sowie Laser-Belichtung. Die Materialempfindlichkeit ist auf die Belichtung abgestimmt. Neben kameraempfindlichem Material und Raumlichtfilm gibt es Filme, die 80fach sensibler sind. Hochempfindliche Filme werden mit verschiedenen Lasertypen belichtet. Filme für CRT-Belichtung und Argon-Ionen-Laser, die blaue Strahlung emittieren, sind meistens orthochromatisch. Für rotstrahlende Helium-Neon-Laser und IR-Laserdioden wird panchromatischer Film verwendet, der auch im IR-Bereich sensibel ist. Die Belichtungszeiten liegen bei Glühlampen im Zehntelsekundenbereich, bei Xenonblitz im Mikrosekundenbereich, bei Laser im Nanosekundenbereich. Beim Laserbelichter Linotronic 300 beträgt die Belichtung pro Pixel, also pro Bildelement, 130 Nanosekunden.

Silbersalzdiffusions-Materialien lassen sich in einem kleinen Tischgerät rasch entwickeln. Schnell verarbeiten lassen sich gleichfalls Stabilisierungs-Materialien. Die Entwicklersubstanzen sind hier in gleichmäßiger Verteilung in die Fotoschicht eingelagert. Diese Filme werden ebenfalls in einem kleinen Tischgerät rasch entwickelt.

Zu den Spezialfilmen zählen auch die silberlosen Filme: Diazo-, Fotochromie-, thermografische und elektrofotografische Materialien.

Diazofilme sind mit Diazoniumsalzen sensibilisiert, die bei Belichtung die Fotoschicht verändern, also härten oder zersetzen, so daß unbelichtete Schichtstellen mit Wasser entfernt bzw. entwickelt werden können. Andere Diazomaterialien wandeln die Diazoniumsalze an den belichteten Stellen in farblose Produkte um. Die intakten Salze an den positiven Bildstellen werden von einem Kuppler (Entwickler) in Azo-Farbstoff umgewandelt (Lichtpausprinzip). Fotochromie-Material besteht aus Farbstoffen, die sich unter UV-Licht verändern. Unbelichtete Stellen sind mit normalem Licht fixierbar.

Thermosensible Filme bestehen aus diazosensibilisiertem thermoplastischem Kunststoff, der durch Belichtung zersetzt wird und Stickstoff freisetzt. Durch kurzzeitiges Erhitzen (Entwicklung) bilden sich an belichteten Stellen Bläschen, die dem Auge wegen der Lichtbeugung als Schwärzung erscheinen. Anderes thermografisches Material besteht aus thermosensiblem Kunststoff, der durch Xenon-Belichtung so verändert wird, daß die belichteten Stellen resistent (widerstandsfähig) gegenüber der nachfolgenden Sprühentwicklung mit Wasser sind.

Der Dry-Tech-Film ist ein aktuelles Material, das ohne Entwicklung und Fixierung auskommt. Der Dry-Tech-Film von Polaroid hat sich mit Systemen von Linotype-Hell in der Praxis bewährt. Er wird in speziellen digital arbeitenden PostScript-Ausgabesystemen, wie dem DrySetter, belichtet und über ein Peeler-Laminator-System im trocknen Zustand als großformatiger seitenglatter Film, der mehrere Text-Bild-Seiten beinhaltet, trocken ausgegeben. Der Film besteht aus folgenden Schichten. Trägerschicht aus Polyester, Stärke 0,11 mm. Eine wärmempfindliche Schicht besteht aus einer schwarzen Kohlenstoffdispersion mit einer Teilchengröße von 0,02 µm, die in einer Polymerschicht eingebettet ist. Über dieser Schicht liegt eine dünne lasersensible Schicht. Es folgt eine Deckfolie. Für die Belichtung wird ein YAG-Laser mit einer Emission im Infrarotbereich von 1053 nm, der Wärme abstrahlt verwendet. Seine Ausgangsleistung beträgt 5 Watt.

▶ Grundsätzliches über Laserarten- und Strahlungsemissionen finden Sie auf S. 142.

Bei der pixelweisen Belichtung wird das Material einer Ultrakurzzeit-Belichtung von 60 Nanosekunden ausgesetzt. In dieser unvorstellbaren Zeit entsteht im Laserspot eine Temperatur von 1000 Grad Celsius, bei der die Kohlenstoffteilchen mit der laserempfindlichen Schicht an den belichteten Stellen verschmelzen. Diese Schicht wird zusammen mit der Deckfolie in einem Peeler, das bedeutet Trenner, automatisch abgezogen. Der auf der Trägerschicht verbleibende schwarze Kohlenstoff stellt die Pixel dar, aus denen sich Schrift, Grafik und Rasterpunkte aufbauen. Der Belichter muß also negativ gesteuert werden. Um die Kohlenstoffdispersion kratzfest zu machen, wird sie im Laminator mit einer ein µm starken Acrylschicht versiegelt.
Das Material beschleunigt den Arbeitsfluß (Workflow) bei CTF-Produktion. CTF heißt Computer to Film und bedeutet, daß der gesamte Datenbestand der Druckvorstufe auf einem Film für die Montage zur Druckplattenherstellung ausgegeben wird. Der Film weist im schwarzen Bereich hohe Dichten zwischen D 4.00 und D 5.00 und im Gegensatz zum silberhaltigen Rapid-Access-Film an vergrößerten Bildstellen klare Kontraste sowie Kanten ohne Randzonen auf. Damit ist das Material auch für die heikle Kopie von FM-Rasterbildern geeignet.

▶ Erklärende Informationen über Dichtewerte finden Sie auf S. 183 und über FM-Rasterung auf S. 227.

Silberlose Filme gibt es für Kontaktkopie, Negative und Positive. Meistens können sie bei Raumlicht verarbeitet, schnell und umweltfreundlich entwickelt werden. Die Materialien sind zur Wiedergabe von Strich- bzw. Rasterelementen konzipiert. Als Rasteraufnahme-Film können sie nicht verwendet werden.

▼

1. Zeichnen Sie schematisch den Schichtaufbau eines Halbtonfilms!
2. Welche Faktoren beeinflussen die Maßhaltigkeit eines Films mit Triacetatunterlage?
3. Welcher Lichthof kann durch eine angefärbte Gelatine-Rückschicht nahezu ausgeschaltet werden?
4. Für welche Spektralfarbe sind orthochromatische Filme nicht empfindlich?
5. Wie wird eine gelbe Fläche von einem unsensibilisierten Film im Positiv wiedergegeben?
6. Warum eignen sich Halbtonfilme nicht zur Wiedergabe von Schrift im Fotosatz?
7. Für welchen Wellenlängenbereich ist infrarotempfindlicher Film sensibilisiert?
8. Nennen Sie die Anforderungen an Fotosatzfilme!
9. Für welche Filme liegen die Belichtungszeiten im Nanosekundenbereich?

6.3.2 Belichtung und Entwicklung

Durch Belichtung werden Informationen übertragen. Reproduktionsfilme, deren Fotoschicht lichtempfindliche Silberhalogenidkristalle aufweisen, sind verbreitete Zwischenträger für Vorlagen-Informationen. Die Filme werden in entsprechenden Reproduktionsgeräten einer kontrollierten Belichtung ausgesetzt. Dabei werden teilweise die visuellen Informationen der Vorlagen gemäß der reproduktionsfotografischen Erfordernisse, wie Rasterung, Farbenausfilterung, Farbkorrektur, abgewandelt.

Grundsätzlich bewirkt die Belichtung eine Veränderung in der Fotoschicht. Die Belichtung ist die

Gesamtmenge an Licht, die auf eine Fläche auftrifft. Sie ist das Produkt aus der Beleuchtungsstärke in Lux (lx) und der Zeitdauer in Sekunden (s). Die Einheit der Belichtung ist die Luxsekunde (lxs).

Von der Beleuchtungsstärke ist die **Lichtstärke** zu unterscheiden. Die Lichtstärke ist die Sendestärke der Lichtquelle. Man gibt sie in Candela (cd) an. Die Lichtstärke einer Stearinkerze entspricht ca. 1 cd, die einer Glühlampe (60 W) entspricht ca. 70 cd, eine Bogenlampe hat ca. 200 cd bis 700 000 cd.

Beleuchtungsstärke ist als Lichtempfangsstärke auf einem Lichtempfänger (Vorlage, Mattscheibe, Film) zu beschreiben. 1 Lux (lx) ist die Beleuchtungsstärke, die die Lichtstärke von 1 cd auf einer weißen Fläche in 1 m Entfernung bei senkrechtem Lichtauffall erzielt. Die Beleuchtungsstärke nimmt im Quadrat der Entfernung des Lichtempfängers von der Lichtquelle ab.

Zum Vergleich einige Beleuchtungsstärken:
Vollmond 0,15 lx, Arbeitsplatz mind. 100–300 lx,
Präzisionsarbeitsplatz 1000–2000 lx,
Sonne (intensiv) 70 000–100 000 lx.

Wirkung der Belichtung. Das von der Vorlage kommende Licht wird von den Silberhalogenidkristallen des Films absorbiert. Diese Vorgänge erklärt die Silberkeimtheorie. Ein AgBr-Kristall ist 0,3 bis 1,2 nm groß. Dieses Mikrogebilde besteht aus Milliarden Ionen. Das Modell zeigt, wie Silberionen Ag^+ und Bromionen Br^- in einem Kristall angeordnet sind. Ein absorbiertes Lichtquant (kleinstes Lichtteilchen) verändert durch seine Energie den Kristall, wie in Bild 176.1 dargestellt.

Stufe 1: Bromion + Lichtquant → Bromatom + Elektron. Ein Elektron e^- (negative Ladung) wird aus einer AgBr-Verbindung herausgeschleudert.

Stufe 2: Die herausgeschleuderten Elektronen lagern sich an Störstellen an, die auch Empfindlichkeits- oder Reifkeime genannt werden, und laden sie negativ auf.

Stufe 3: Die negativ aufgeladene Störstelle zieht Ag^+ an. Hierbei verliert das Silberion seine positive elektrische Ladung: $1\,Ag^+ + 1\,e^- \rightarrow 1\,Ag$.

Aus Silberionen entstehen Silberatome entsprechend der aufgetroffenen Lichtenergie. Aus dem Empfindlichkeitskeim ist ein Entwicklungskeim geworden. Diese Silberkeime bauen ein latentes (verborgenes) Bild auf.

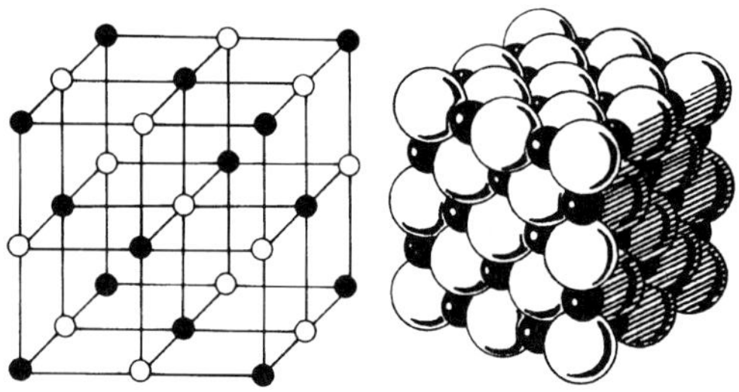

Bild 176.1. Silberbromidkristall mit Silber-Ionen Ag^+ (●) und Brom-Ionen Br^- (○). Links Kristallgitter, rechts Kugelmodell.

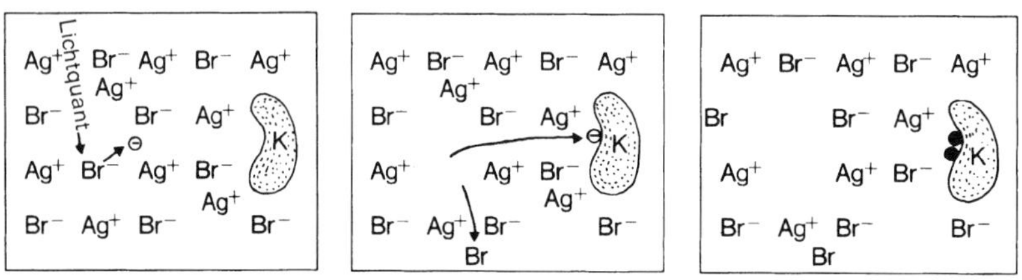

Bild 176.2.
Entstehung des latenten Bildes in drei Stufen.

● Silberatom
⊖ Elektron
K Empfindlichkeitskeim

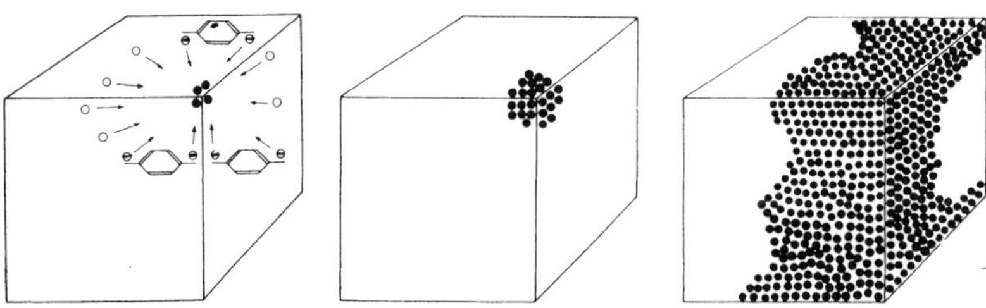

Bild 176.3.
Entwicklungsprozeß.
An das latente Bild lagern sich immer mehr Silberatome, so daß es allmählich sichtbar wird.

○ Silber-Ionen Ag^+
● Silberatome
⊖ Elektron
Entwicklersubstanz (Reduktionsmittel)

Wirkung der Entwicklung. Um das Bild sichtbar zu machen, muß man den belichteten Film chemisch entwickeln. Durch die Entwicklung wird die Silberanlagerung am Silberkeim verstärkt. Das latente Bild eines Kristalls besteht aus etwa 4 bis 10 Atomen. Beim Entwickeln werden diese zunächst unsichtbaren bildaufbauenden Informationen um den Faktor 1 Milliarde verstärkt und damit sichtbar. Aus 4 Ag-Atomen werden somit 4 Milliarden, die wir im Zusammenhang mit ihrer Nachbarschaft als bestimmte Schwärzung, als metallisches Bildsilber wahrnehmen können.

Zur Verstärkung des latenten Bildes gibt die Entwicklersubstanz Elektronen ab. Die Elektronen werden von den restlichen Silberionen belichteter Kristalle aufgenommen. Dabei entstehen aus den Ionen bildaufbauende Silberatome. Der Entwickler gilt deswegen als Elektronengeber und für Ag^+ als Reduktionsmittel. Er reduziert die restlichen Silberionen belichteter Kristalle zu metallischem Silber, indem er dem Silberion Ag^+ das fehlende Elektron zur Neutralisierung liefert.

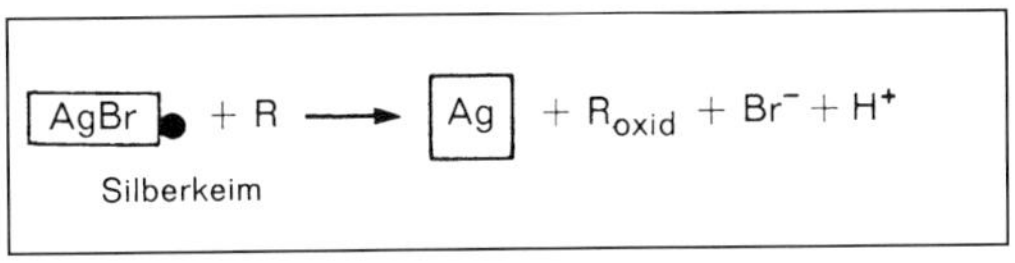

Bild 177.1. R ≙ Entwicklersubstanz (Reduktionsmittel).

Wenn die Entwicklung zu lange dauert, werden auch die unbelichteten Silberhalogenide reduziert. Das führt zu Übertragungsfehlern, z. B. Schleierbildung. Reduktionsmittel sind vom Benzol abgeleitete organische Verbindungen, bei denen mindestens zwei H-Atome des Benzolrings durch Hydroxyl (OH)-Gruppen oder durch Amino(NH_2)-Gruppen ersetzt sind. Ein bekanntes Reduktionsmittel im Entwickler ist das Metol-Hydrochinon-Gemisch. Neben dem Reduktionsmittel enthält der Entwickler noch zahl reiche andere Substanzen zur Sicherung der Informationsübertragung, wie die folgende Übersicht zeigt.

Entwicklerbestandteile	Chemische Stoffe	Aufgaben im Entwickler
1. Reduktionsmittel	Hydrochinon, Metol u. a.	Verstärkung des latenten Bildes
2. Lösungsmittel	weiches abgekochtes Wasser	Lösung der Substanzen
3. Aktivierungsmittel	Alkalien: Kaliumhydroxid -carbonat usw.	Beschleunigung der Reduktion/pH-Wert-Regulation
4. Konservierungsmittel	Natriumsulfat Kaliumdisulfit	Schutz des Reduktionsmittels vor vorzeitigem Verlust der Wirksamkeit durch Oxidation mit Luftsauerstoff
5. Klärungsmittel	Kalium-, Natriumbromid	Verhinderung von Entwicklungsschleiern, verzögernde Wirkung

Für jedes Filmmaterial geben die Hersteller Entwicklerrezepte an oder liefern fertige (konfektionierte) Entwickler als Substanzgemisch oder hochkonzentrierte Flüssigkeiten. Zum Lith-, Halbton-, Farb- oder Spezialfilmmaterial gehören spezielle Entwickler.
Ferner sind zu erwähnen:
Oberflächen-, Feinkorn- und Fixierentwickler, bei dem Entwicklung und Fixierung zur gleichen Zeit erfolgen. Der Entwickler reagiert alkalisch mit einem pH-Wert zwischen 9 und 11. Um die Entwicklung abzustoppen, gelangt das Filmmaterial in ein saures Stoppbad mit einem pH-Wert um 3,5.

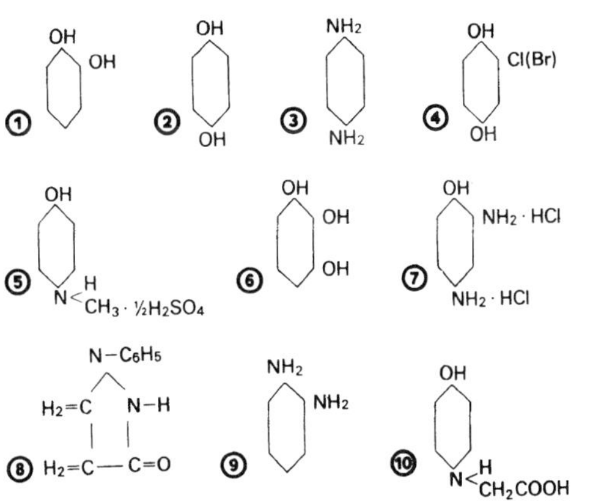

Bild 177.2. Reduktionsmittel: 1. Brenzkatechin, 2. Hydrochinon, 3. Paraphenylendiamin, 4. Adurol, 5. Metol, 6. Pyrogallol, 7. Amidol, 8. Phenidon, 9. Orthophenylendiamin, 10. Glyzin.

Wirkung der Fixierung. Das Fixierbad ist ebenfalls leicht sauer und hat einen pH-Wert um 5. Zweck des Fixierens ist es, die Bildinformationen auf dem Film zu sichern. Das noch nicht zu Metallsilber reduzierte Silberhalogenid in den unbelichteten Filmpartien muß deswegen entfernt werden. Da Silberhalogenide unlöslich sind, müssen sie vom Fixierbad in lösliche Substanzen chemisch umgewandelt werden. Hauptbestandteile dieses Bades sind Natriumthiosulfat $Na_2S_2O_3$ oder schneller wirkendes Ammoniumthiosulfat $(NH_4)_2S_2O_3$.

Die vereinfachte Grundreaktion des Fixierens läßt sich folgendermaßen darstellen:

$$AgBr \text{ (unlöslich)} + 2\ S_2)_3^{--} \rightarrow [Ag(S_2O_3)_2]^{---} + Br^-$$

Thiosulfat-Ionen lösliche Ionen

Diese Darstellung verdeutlicht, daß die Thiosulfationen die unlösliche AgBr-Kristallverbindung in den gut wasserlöslichen Silber-Thiosulfat-Komplex überführen.

Die Ansäuerung des Fixierbads dient zur Vermeidung von gelben dichroitischen Schleiern. Mit Kaliummetabisulfit $K_2S_2O_5$ wird angesäuert, der pH-Wert also erniedrigt. Dadurch soll verhindert werden, daß der pH-Wert des Fixierbads durch verschlepptes Alkali aus der Entwicklerlösung ansteigt.

Nach dem Fixieren folgen noch die Arbeitsschritte Wässern und Trocknen. Beim Wässern werden alle in der Fotoschicht verbliebenen löslichen Salze ausgewaschen. Die konventionelle Filmverarbeitung dauert vom Entwickeln bis zum Trocknen etwa eine halbe Stunde, die automatische Verarbeitung etwa zehn Minuten. Nur etwa eine Minute dauert dagegen die Verarbeitung von Stabilisierungs- und Silbersalzdiffusions-Filmen sowie Diazo- und silbersalzlosen Filmen.

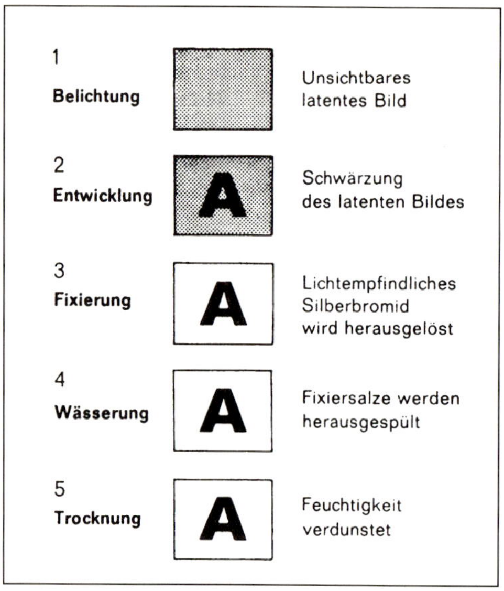

Bild 178.1. Schema der konventionellen Filmverarbeitung.

▼

1. Welcher Zusammenhang besteht zwischen Lichtstärke und Beleuchtungsstärke?
2. Das latente Bild ist unsichtbar. Wie wird es sichtbar gemacht?
3. Warum muß nach dem Entwickeln noch fixiert werden?
4. Warum muß nach dem Fixieren noch gewässert werden?
5. Welche Aufgabe haben Alkalien im Entwickler?
6. Warum ist in Entwicklerrezepten meist Kaliumbromid enthalten?
7. Warum werden fotografische Entwickler auch als Reduktionsmittel bezeichnet?

6.3.3 Entwicklungssysteme

Die Schalenentwicklung in der Dunkelkammer dauert nicht nur lange, sondern birgt auch mehrere Unsicherheitsfaktoren, die das Arbeitsergebnis negativ beeinflussen können.

Neben der kalkulierten Entwicklungszeit wirken sich auf das Ergebnis folgende Faktoren aus:

1. Schwankungen der Temperatur,
2. Veränderungen der Badbewegung,
3. Veränderung der Badzusammensetzung.

Beim Entwickler ist die Entwicklungskraft abhängig von der Menge und der Art vorangehend entwickelter Filme und der Oxidation des Entwicklers infolge Luftzutritts.

Das richtige Arbeitsergebnis erhält der Fotograf unter diesen Bedingungen erst nach herantastenden Entwicklungsversuchen. Dabei muß er die schwankende Entwicklungskraft entweder gefühlsmäßig nach Beobachtungen des Entwicklungsvermögens ausgleichen oder das Bad erneuern.

Um die Nachteile der herkömmlichen Schalenentwicklung auszuschalten, wurden Entwicklungsanlagen konzipiert. Das waren Tankentwicklungsanlagen mit schmalen, tiefen Tanks für die Behandlungsbäder, die ringsum ein Wassermantel umgab. Die Wassertemperatur wurde durch Thermostatregelung konstant gehalten, und die Bäder mit den eingehängten Filmen wurden von Stickstoffgasstößen bewegt.

Die Tankanlagen sind von den **Durchlaufentwicklungsmaschinen** abgelöst worden, mit denen heute nahezu alle fotografischen Materialien im Vorstufenbereich entwickelt werden.

Die Maschine besteht aus drei Teilen: 1. Bedienungsteil mit Schaltpult und Filmeingabe,

2. Tankteil mit Entwickler, Fixierbad, Wässerung und Trockenstrecke, 3. Filmausgabe mit Auffangbehälter. Das Schaltpult kann mit folgenden Einstellmöglichkeiten ausgestattet sein:
1. Einstellung für Hauptantrieb, Bädertemperatur, Umwälzung, Regenerierung, Durchlaufgeschwindigkeit, Trocknungstemperatur, 2. Tachometer zur Anzeige der Durchlaufgeschwindigkeit, 3. Fernthermometer, 4. Flowmeter zur Regenerierungskontrolle.

Der Filmtransport erfolgt durch Rollensystem, Rack (Transporteinheit) genannt, Bändersystem oder Trommelsystem. Für die Übergabe von Tank zu Tank gibt es Crossovers (Überführungseinheiten). Alle Metallteile sind aus rostfreiem Edelstahl. Die Durchlaufgeschwindigkeit wird in Inch pro Minute angegeben (1 Inch = 2,54 cm). Eine hohe Inchzahl bedeutet also kurzes Entwickeln, Fixieren und Wässern. Der automatische Prozeß dauert von der Filmeingabe bis zur Trockenausgabe 6 bis 12 Minuten, im heute üblichen **Rapid-Access-Prozeß** nur noch um die 25 % dieser Zeit. Diese sehr schnelle Verarbeitung wird mit Badtemperaturen bis zu 40° erreicht. Dieser sehr schnelle und sichere Prozeß, der nur für Line-Filme geeignet ist, hat sich durchgesetzt, weil Halbtonfilme in der Reproduktionstechnik keine Rolle mehr spielen und Lith-Filme wegen ihrer komplizierten Verarbeitung verbesserten Line-Filmen mit Lith-Gradation weichen mußten.

Der Rapid-Access-Prozeß wurde durch Pulverchemie und neue Entwicklersubstanzen, wie dem ökologisch unbedenklichen Reduktionsmittel Isoascorbinsäure, weiter verbessert oder optimiert. Dabei wird auf die Verwendung von Hydrochinon verzichtet. Es ergeben sich folgende Vorteile: Der Entwickler hat eine viermal längere Haltbarkeit, die Entwicklungsmaschine erfordert einen viermal geringeren Reinigungs- und Wartungsaufwand, die Lager-, Abfall- und Entsorgungskosten reduzieren sich bei Verwendung von Pulverchemie.

Durch Regenerierung wird der Erschöpfungsgrad der Bäder ausgeglichen. Dadurch können sie sehr lange benutzt werden. Außer dem Entwickler wird auch häufig das Fixierbad automatisch regeneriert. Bei einigen Maschinen werden die Bäder laufend umgewälzt und gefiltert. Durch diesen Kreislauf über Aufwärm- und Abkühlstrecken werden die Badtemperaturen konstant gehalten. Der Regenerator ist eine konzentrierte Entwicklerlösung mit hohem Alkaligehalt und fehlendem oder ganz geringem Kaliumbromidgehalt als Verzögerer. Im Arbeitsregenerator fehlt Bromid, da es sich bei der Entwicklung fortlaufend bildet.

Bei arbeitender Maschine ist die Regeneratormenge grundsätzlich von folgenden Faktoren abhängig:

1. Menge und Formate der Filme,
2. belichteter oder geschwärzter Flächenanteil.

Je nach Maschinenfabrikat werden diese Faktoren entweder am Bedienungsteil eingestellt oder bei Filmeinlauf oder Filmdurchlauf automatisch erfaßt.

Man unterscheidet drei Regenerierungsarten: Ruhe-, Grund- und Arbeitsregenerierung. Ruheregenerierung gleicht die Verringerung der Reduktionskraft des Entwicklers bei nicht produzierender Maschine, hauptsächlich nachts, aus. Dabei kann auf 60 l Entwickler im Tank bis zu 1 l Regenerator zugegeben werden. Grundregenerierung wird nach Erfahrungswerten vorgenommen. Für 1 m^2 voll geschwärzte Filmfläche wird mit etwa 1 l Regenerator gerechnet. Die Regenerierung während der Produktion wird Arbeitsregenerierung genannt.

Geringere Schwankungen bei den Entwicklungsergebnissen erzielt man mit neuentwickelten Regenerationssystemen, bei denen meist mit zwei getrennten Lösungen die Oxidation durch Luftsauerstoff und die Erschöpfung des Entwicklers ausgeglichen werden.

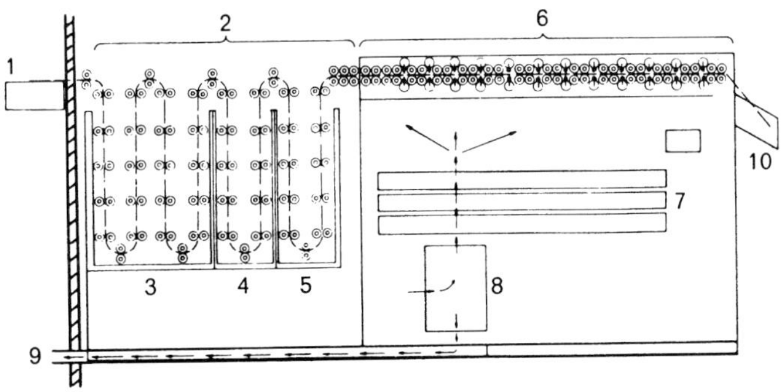

Bild 179.1.
Entwicklungsmaschine (Pakorol) im Längsschnitt. Der belichtete Film wird von einem System sich gegeneinander drehender Gummirollen vom Ladepult (1) bis zur Ausgabe (10) geführt.
2. Naßteil, 3. Entwicklertank,
4. Fixierbad, 5. Wässerungstank,
6. Trocknungseinheit, 7. Heizung,
8. Ventilator, 9. Luftaustritt.

Um die Schwankungen in der Arbeitsweise des Maschinenentwicklers über einen längeren Zeitraum hinweg zu kontrollieren, gibt es genormte vorbelichtete Kontrollstreifen mit Grauabstufungen. Die Teststreifen werden periodisch durch die Maschine geschickt. Das Ergebnis wird ausgewertet, mit vorangehenden Entwicklungsergebnissen verglichen oder als Fortsetzung einer Kurve aufgezeichnet. Die Kurve soll möglichst wenig Gradationsschwankungen aufweisen.

▶ Informationen zur Verarbeitung von silberlosem, thermosensiblem Reproduktionsfilm finden Sie im Kapitel 6.3.1 auf Seite 175.

Silberrückgewinnung. Das Silber aus verbrauchtem Fixierbad wird häufig zurückgewonnen. Setzt man entsprechenden Bädern ein Fällungsmittel, beispielsweise Wasserstoffperoxid, hinzu, wird das Silber aus den gelösten Komplexsalzen abgetrennt oder ausgefällt.

Der anfallende Silberschlamm wird zur Aufbereitung an Spezialfirmen verkauft. Andere Verfahren gewinnen Silberschlamm nach dem Prinzip des Metallaustausches. Hierbei muß verbrauchtes Fixierbad durch einen Austauscher fließen, in dem der chemische Prozeß stattfindet. Letztlich fällt Silberschlamm in der Austauscheinheit an.

Bei der elektrolytischen Methode ist das verbrauchte Fixierbad der Elektrolyt, durch den ein Gleichstrom geleitet wird, der die Abspaltung von Silberionen bewirkt. Am negativen Pol, der Kathode, wird metallisches Silber abgeschieden. Durch diese Maßnahmen werden Fixierbäder regeneriert und entgiftet.

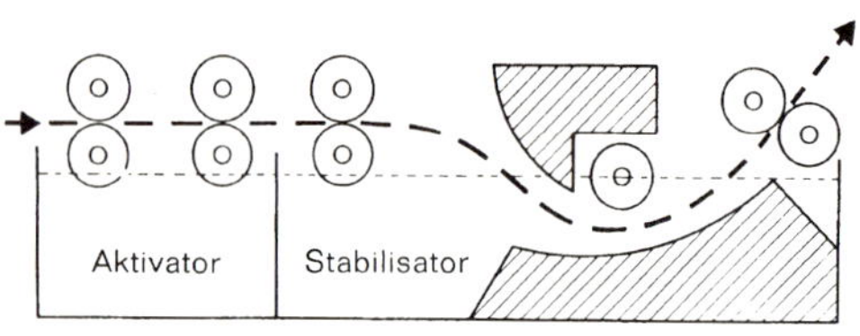

Bild 180.1. Zweibad-Schnellentwicklung.

Für die Schnellverarbeitung gibt es **Stabilisierungsmaterial,** bei dem der Entwickler bereits in die Fotoschicht eingearbeitet ist. Das Material wurde in einem speziellen Tischgerät in zwei Bädern verarbeitet, und zwar in einem Aktivator zur Auslösung der Entwicklung und in einem Stabilisator zur Fixierung. Heute wird fast nur noch in Vierbadgeräten ohne Stabilisator verarbeitet. Bei diesen Geräten lautet die Bäderfolge: Aktivator, Fixierbad, Fixierbad, Wasser oder Aktivator, Fixierbad, Wasser, Wasser. Auf den Stabilisator verzichtet man, weil er giftig und außerordentlich umweltbelastend ist. Mit dem gleichen Gerät lassen sich Strich- und Halbtonfilme entwickeln, da die speziellen Entwickler in die Fotoschichten eingebettet sind. Aus gleichem Grund verläuft die Verarbeitung stabil; es gibt keine Regenerierungsprobleme. Für das Format DIN A4 dauert die Filmverarbeitung einschließlich des Trocknens nur noch etwas länger als eine Minute. Diese Art der Schnellentwicklung wird vor allem im Fotosatz, Kleinoffsetdruck und im Durchdruck angewendet.

Silbersalzdiffusions-Material dient ebenfalls der Schnellverarbeitung. In einem kleinen Einbad-Tischgerät werden bestimmte Bildstellen des Negativ-Films auf Empfangsmaterial übertragen. In der Kontaktzone diffundiert das unbelichtete Silbersalz an den positiven Bildstellen vom Negativ in die Fotoschicht des Empfängers. Durch Fixierentwickler wird es zu Silber reduziert und fixiert. Silbersalzdiffusions-Filme lassen sich minutenschnell verarbeiten.

▼

1. Welche Vorteile bieten Entwicklungsmaschinen gegenüber der herkömmlichen Schalenentwicklung?
2. Gleichbleibende Entwicklungskraft in der Maschine erzielt man durch Regenerierung. Was ist darunter zu verstehen?
3. Erklären Sie: Rack, Crossover, Flowmeter!
4. Erkundigen Sie sich, wie lange mit einer Tankfüllung in der Entwicklungsmaschine gearbeitet wird!
5. Warum muß auch das Fixierbad regeneriert werden?
6. Welche Auswirkung haben Temperaturschwankungen des Entwicklers auf das Arbeitsergebnis?
7. Was entspricht bei der Entwicklungsmaschine der Entwicklungszeit?
8. Was versteht man unter dem Rapid-Access-Process?
9. Warum gibt es beim Stabilisierungsmaterial kein Regenerieren des Entwicklers?
10. Woraus besteht das Bad für die Filmverarbeitung beim Silbersalzdiffusionsverfahren?

6.4 Dichtemessung

Die Dichtemessung ist die Basis der reproduktionstechnischen Meßtechnik. Sie ermöglicht die objektive Beurteilung von Halbton- und Rastertonwerten, die Berechenbarkeit, Steuerung und somit die Standardisierung der Bildbearbeitung. Die Dichtemessung oder Densitometrie wurde in die Scan- und Bildbearbeitungsprogramme und in die Qualitätskontrolle und -regelung für die Druckproduktion übernommen. Von der Densitometrie ist die Farbmetrik zu unterscheiden. Die Densitometrie erfaßt in Bildern im Meßbereich lediglich die Abdunklung in bezug auf Weiß und interpretiert nur die Tonwertstufe einer Farbe. In der Farbmetrik wird wirklich die Farbe in bezug auf ihren Ort im Farbenraum, der am menschlichen Farbensehen orientiert ist, analysiert und ausgemessen. Mit der Dichtemessung verbunden sind die Definitionen zu den folgenden Fachbegriffen: Transparenz, Remission, Opaziät, Dichte, integrierte Rasterdichte, Dichteumfang, Kontrast, Gradation, Gradationskurve, Gamma, Gradient, Flächendeckungsgrad oder Rastertonwert und Tonwertzunahme. Sie sind auch grundlegende Fachbegriffe der digitalen Druckmedienproduktion.

6.4.1 Densitometer

Der Reproduktionsfachmann muß die Tonwertwiedergabe auf dem Film exakt beurteilen können. Hierzu dient ihm ein **Densitometer,** ein Meßgerät für Dichten von Tonwerten. Das Gerät zeigt einen gemessenen Tonwert als logarithmische Zahl an, die Aufschluß über den Grad der Dichte gibt. Die Dichte wird in der Reproduktion auch Schwärzung genannt, da sie von geschwärzten Silberteilchen herrührt. Außer Schwärzungsmessung kennt man im mehrfarbigen Druck Farbdichtemessung.

Zu unterscheiden sind drei Arten densitometrischer Messung:

1. **Durchsichtsmessung** bei Negativen und Diapositiven,
2. **Aufsichtsmessung** bei Fotoabzügen und grafischen Vorlagen,
3. **Rastermessung** bei gerasterten Filmen oder Rasterdrucken.

Die Bestimmung der Dichte erfolgt unabhängig vom Auge des Beurteilers durch fotoelektronische Densitometer. Sie wird auf einer Skala von 0.00 bis 4.00 oder in einem Display durch Leuchtziffern angezeigt.
Beim Meßvorgang durchleuchtet eine eingebaute Lichtquelle die zu messende Stelle im Durchsichtsfilm.

Die Grauabstufung im ausgeleuchteten Meßfeld absorbiert je nach Dichte einen Teil der auftretenden Lichtintensität. Das hindurchgelassene Licht ist also schwächer als das aufgefallene Licht. Dieses Licht fällt auf einen Fotoempfänger.
Der Fotoempfänger registriert die durchgelassene Lichtintensität und wandelt sie in Strom um, der über ein Meßinstrument angezeigt wird.

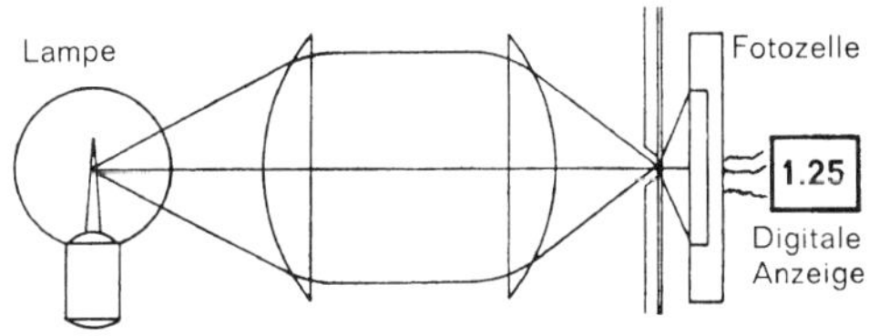

Bild 181.2. Fotoelektrisches Densitometer.
Das vom Film (Negativ, Dia) geschwächte Licht trifft auf einen Fotoempfänger, wird in einen Fotostrom umgewandelt und als Dichte auf einer Skala oder digital als Ziffer angezeigt.

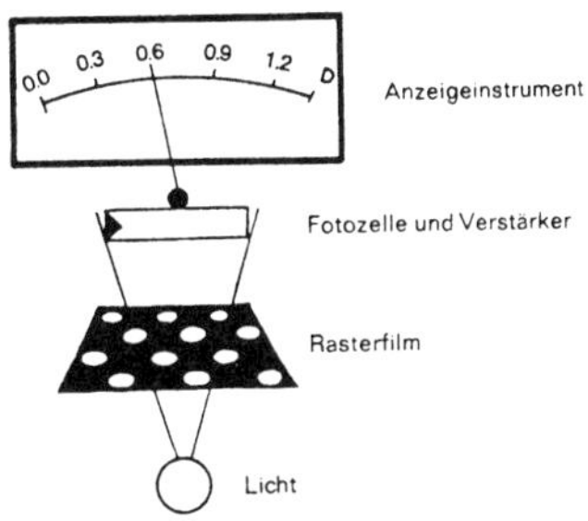

Bild 181.3. Integrale Messung des Rastertonwerts.

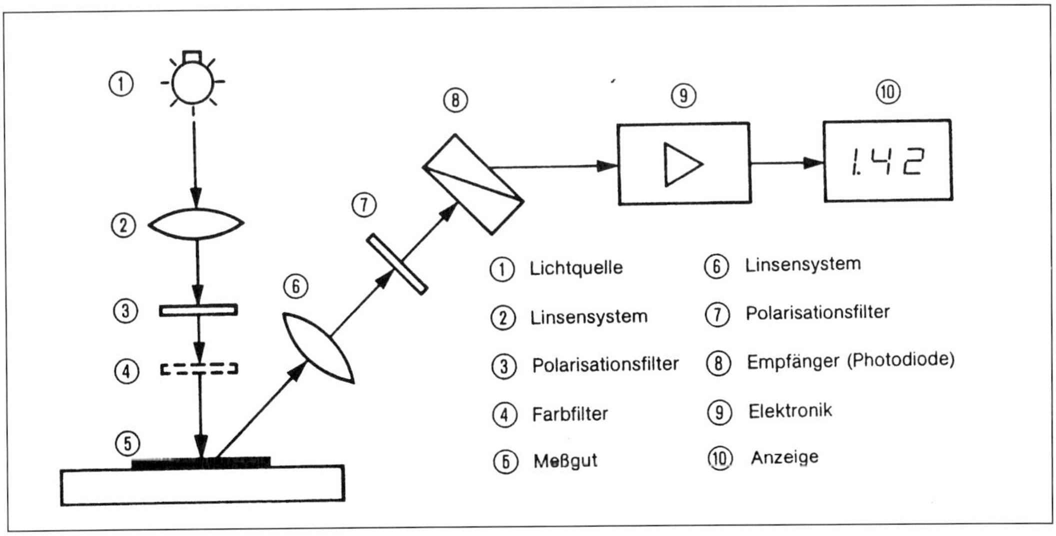

Bild 181.1. Prinzip eines Densitometers für Aufsichtmessung.

Wird ein Rastertonwert gemessen, dann wird über einen besonderen Meßkopf die Summe aller im Meßfeld liegenden Rasterpunkte und ihrer Zwischenräume erfaßt und als integrierter Dichtewert angezeigt.

Densitometer müssen vor Meßbeginn auf einen Basiswert, meist auf eine transparente Filmstelle, justiert werden. Beim Ausmessen nasser Filme können sich andere Dichtewerte als bei trockenen Filmen ergeben. Ferner gibt es Abweichungen im Meßergebnis von integrierten Rasterdichten zwischen Reprofilmen und entsprechenden Druckergebnissen.

Systemdensitometer lassen sich an rechnergesteuerte Reproduktionsgeräte für die Online-Dateneingabe anschließen. Sie können mit einem Drucker zur Ausgabe eines Meßwertprotokolls verbunden werden. Manche Geräte eignen sich als Universaldensitometer. Sie lassen sich sowohl in der Reproduktions- als auch in der Drucktechnik einsetzen. Universaldensitometer sind für Auflicht- und Durchsichtsmessung konstruiert. Es gibt Geräte mit eingebauter Lupe. Durch sie kann der Meßpunkt, der je nach Fabrikat etwa bei 0,5 bis 3 mm liegt, zehnfach vergrößert werden. Die Nullpunkteinstellung oder die Eichung auf Papierweiß erfolgt automatisch. Folgende Meßbereiche werden im Display, dem Anzeigefenster, digital mit Kennbuchstaben angezeigt:

Vorlagen- und Filmdichte,
Flächendeckung in Prozent für Grob- und Feinrasterung,
Dichtedifferenz,
Tonwertzunahme,
Druckkontrast,
Farbbalance,
Farbannahme.

Notwendige Rechenoperationen werden nach eingemessenen Werten vom Mikroprozessor ausgeführt. Der Meßbereich liegt zwischen den Dichtewerten 0.00 und maximal 4.00, bei Rastermessung zwischen den Flächendeckungsgraden 0 % und 100 %. Bei Farbdichtemessung wird ein Filter in der jeweiligen Komplementärfarbe manuell oder automatisch zugeschaltet. Somit läßt sich die Opazität der farbigen Bildstelle erfassen und als Dichtefolge für Gelb, Magenta, Cyan und Schwarz ausgeben. Polarisationsfilter verhindern Meßwertdifferenzen zwischen nasser und trockener Druckfarbe, indem sie bei der Messung die Lichtemission von der glänzenden Oberfläche der frischen Druckfarbe aussperren.

Der in einem Rasterfilm gemessene integrierte Raster-Dichtewert D_R läßt sich nach folgender Formel in den Flächendeckungsgrad oder Rastertonwert φ % umrechnen:

$$\varphi = (1 - 0{,}1^{D_R}) \times 100\ \%$$

▼
1. Worin besteht der Unterschied zwischen System- und Universaldensitometern?
2. In den Lichtweg von Auflichtdensitometern werden Filter für die Messung farbiger Druckbilder eingefügt:
   a) Um welche Filter handelt es sich?
   b) Wie funktionieren diese Filter?
3. Welche Aufgabe haben Polarisationsfilter in Densitometern?

6.4.2 Densitometrische Grundlagen

Dichte. Da das absorbierte Licht nicht direkt meßbar ist, wird das Verhältnis zwischen aufgefallenem und reflektiertem oder durchgelassenem Licht der Messung zugänglich gemacht. In der fotografischen Meßtechnik unterscheidet man Transparenz, Opazität, Remission und Dichte. Diese Werte werden an einer Grauskala anschaulich dargestellt.

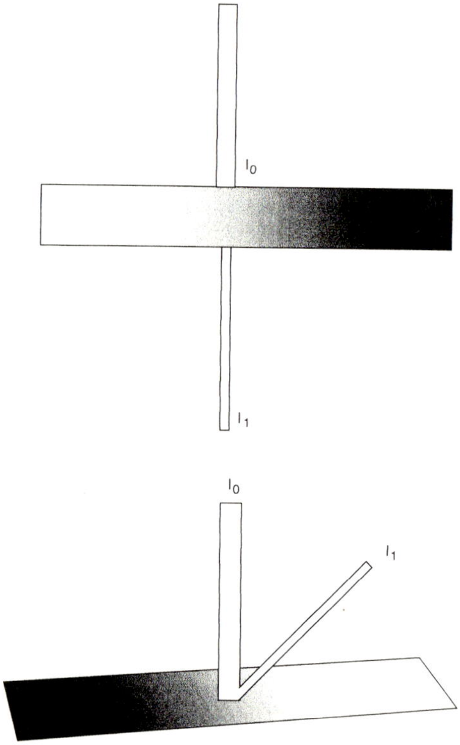

Bild 182.1. Transmission und Remission des Lichts.

$$T = \frac{\text{durchgelassene Lichtintensität}}{\text{aufgefallene Lichtintensität}} = \frac{I_1}{I_0} \text{ (Durchsicht)}$$

$$R = \frac{\text{reflektierte Lichtintensität}}{\text{aufgefallene Lichtintensität}} = \frac{I_1}{I_0} \text{ (Aufsicht)}$$

Auffallendes Licht ≙ I_0 ≙ 100 %

I_0	Skala	I_1	$T = \frac{I_1}{I_0}$	$O = \frac{I_0}{I_1}$	$D = \lg O$
100		100	1	1	0.00
100		50	$\frac{1}{2}$	2	0.30
100		25	$\frac{1}{4}$	4	0.60
100		12,5	$\frac{12,5}{100}$	8	0.90
100		6,25	$\frac{6,25}{100}$	16	1.20
100		3,12	$\frac{3,12}{100}$	32	1.51
100		1,56	$\frac{1,56}{100}$	64,1	1.81

Bild 183.1. Beziehungen zwischen I_0, I_1, T, O und D. Die siebenstufige Grauskala hat die Konstante 0.3. Die Tonwerte im Raster entsprechen nicht den angegebenen Dichtewerten.

$$O = \frac{\text{aufgefallene Lichtintensität}}{\text{durchgelassene Lichtintensität}} = \frac{I_0}{I_1}$$

oder $O = \frac{1}{T}$ (Durchsicht)

oder $O = \frac{1}{R}$ (Aufsicht)

Für die Ableitung der zu messenden Dichte oder Schwärzung nimmt man aus praktischen Gründen den dekadischen Logarithmus der Opazität: $D = \lg O$.

Der Meßbereich erstreckt sich zwischen D = 0.00 und D = 3.00. Üblicherweise werden zwei Stellen nach dem Punkt angezeigt.

▼

1. Informieren Sie sich darüber, wie aus numerischen Zahlen dekadische Logarithmen abgeleitet werden! Definieren Sie den Begriff dekadischer Logarithmus!
2. Fragen Sie einen Fachmann oder Ihren Fachlehrer, warum aus praktischen Gründen statt mit numerischen Opazitäten mit logarithmischen Dichtewerten gearbeitet wird!
3. Wie heißen die Logarithmen von 1000, 100, 10, 1?
4. Welche Dichte ergibt sich, wenn 100 % des auffallenden Lichts durchgelassen werden?

Die Filmhersteller geben für ihr Filmmaterial in ihren technischen Informationsblättern die sogenannte Charakteristische Kurve an, die auch als **Gradations- oder Schwärzungskurve** bezeichnet wird.

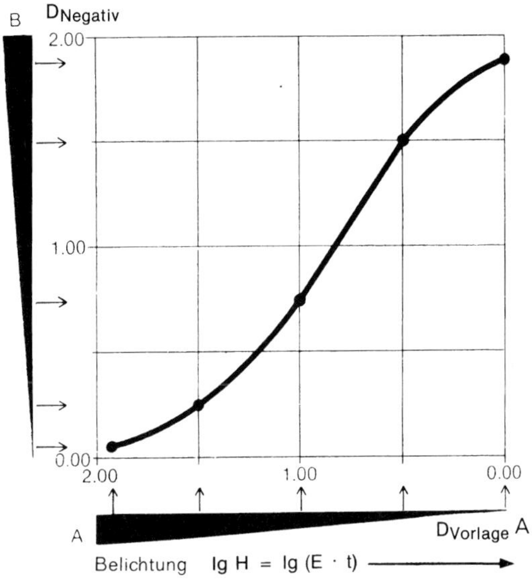

Bild 183.2.
Entstehung der Schwärzungskurve: Ein Film wird hinter einem Graukeil (A) belichtet. An der Abszisse ist der Graukeil, an der Ordinate die Kopie (B) abgebildet. Mit dem Densitometer werden die Schwärzungen für ausgewählte Stellen auf beiden Keilen ausgemessen und als Wertepaare in das Koordinatensystem eingezeichnet. 1.0 auf der Abszisse ergibt beispielsweise 0.75 auf der Ordinate. Verbindet man alle Schnittpunkte, erhält man die Schwärzungskurve.

Voraussetzung ist ein Koordinatensystem. Die Abszisse (waagerechte Skala) und die Ordinate (senkrechte Skala) werden in Dichtewerte unterteilt. Eine unter konstanten Bedingungen aufgenommene Grauskala wird Stufe für Stufe mit dem Densitometer durchgemessen. Jedem Meßwert in der reproduzierten Skala entspricht ein Meßwert in der Vorlagen-Grauskala. Diese Meßwerte werden gegeneinander in das Koordinatensystem eingetragen. Hierbei kommen die Dichtewerte der Vorlage auf die Abszisse und die Dichtewerte der Reproduktion auf die Ordinate. Die Dichtewerte der Vorlage stehen im Verhältnis zu den Beleuchtungsstärken, die auf dem Film bei der Belichtung Dichtewerte erzeugen.

So entspricht die Verdoppelung der wirksamen Lichtmenge, die den Film belichtet, einer visuellen Verdoppelung der Dichte, das ist eine Zunahme um D = 0.3.

Jedes Wertepaar aus Vorlagendichte und Filmdichte liefert im Koordinatensystem einen bestimmten Schnittpunkt. Alle Punkte miteinander verbunden ergeben eine Kurve mit charakteristischer Form. Der Fachmann interpretiert eine solche Kurve nach folgenden Abschnitten:

1. Gebiet der Unterbelichtung. Die Kurve beginnt nicht bei D 0.00. Immer ist ein Schleier vorhanden. Der Film hat also an transparenten Stellen eine Minimaldichte,

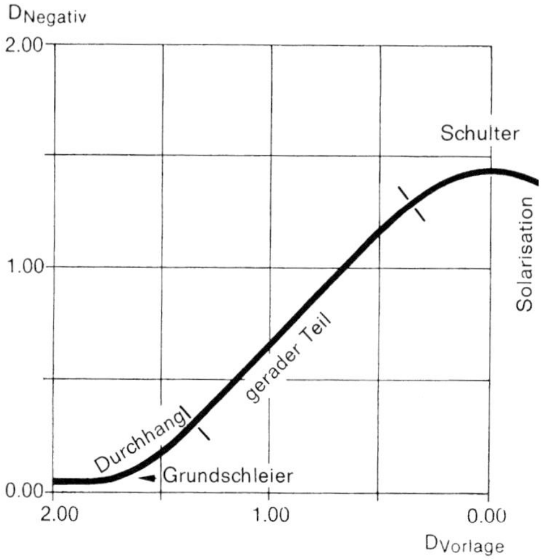

Bild 184.1. Charakteristische Kurve, auch Gradations- oder Schwärzungskurve genannt.

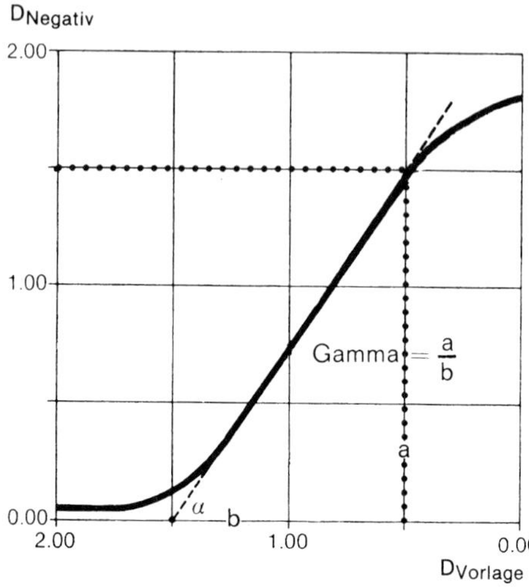

Bild 184.2. Ermittlung des Gammawerts:
Man berechnet ihn nach der Formel oder zeichnerisch, indem man den geraden Kurventeil bis zur Abszisse verlängert, vom Schnittpunkt um 1.0 nach rechts geht, von hier aus senkrecht nach oben, bis man auf die Kurvengerade trifft. Der Wert dieses Punktes, links auf der Dichteskala abgelesen, entspricht dem Gammawert.

die visuell nicht wahrgenommen wird. Nach parallelem Verlauf zur Abszisse erhebt sich die Kurve an einer bestimmten Stelle, die man Schwellenwert nennt.

2. Gebiet der Normalbelichtung. Der Hauptteil der Kurve verläuft fortlaufend ansteigend. In diesem Bereich nimmt die Dichte im gleichen Verhältnis wie die Lichtmenge zu. Hier sollen die Tonwerte der Vorlage richtig abgestuft wiedergegeben werden.

3. Gebiet der Überbelichtung. Ab einer bestimmten Lichtmenge ist die Schwärzungszunahme nicht mehr verhältnisgleich. Die Kurve strebt dann nicht mehr in die Höhe. Es entsteht die Form einer Schulter. Im Wendepunkt-Ergebnis einer bestimmten Lichtmenge ist die Höchstschwärzung erreicht. Über diesen Punkt hinaus nehmen trotz zunehmender Lichtmenge die Schwärzungen in der Reproduktion ab. Die Erscheinung heißt Solarisation. Bei völliger Solarisation entsteht in der Reproduktion eine Tonwertumkehrung. Dieses Prinzip wird technisch nutzbar gemacht bei Direktfilmen, die von einer positiven Vorlage sofort eine positive Reproduktion liefern. Sogenannte vorsolarisierte Filme arbeiten polaritätsgleich: also positiv-positiv bzw. negativ-negativ.

Der Verlauf der Gradationskurve ist von drei Faktoren abhängig: Reproduktionsfilm, Belichtung, Entwicklung. Wie ein bestimmter Film Belichtungsstufen in Dichten umsetzt, wird durch einen Meßwert beschrieben. Dieser Meßwert heißt allgemein Kontrastindex (Kennzahl für Tonwertabstufung). Je nach Kurvenbild unterscheidet man: Gamma und Mittlerer Gradient.

Gamma. Hat die Gradationskurve einen geradlinigen Teil, so ist die Steigung für die Ermittlung des Gammawertes ausschlaggebend. Das Diagramm verdeutlicht, wie der Gammawert zeichnerisch dargestellt wird. Die Verlängerung des geraden Kurventeils bildet mit der Abszisse den Winkel α. Die Gegenkathete, die gegenüberliegende Seite zum Winkel α, heißt a. Die Ankathete heißt b. Laut Definition entspricht der Gammawert dem Tangens des Steigungswinkels.

Gamma = Tangens des Winkels α

$$= \frac{\text{Gegenkathete}}{\text{Ankathete}} = \frac{a}{b}$$

$$\text{Gamma} = \frac{\Delta\ D}{\Delta\ \lg H} = \frac{D_2 - D_1}{\lg H_2 - \lg H_1}$$

Erläuterung zur Formel:
Δ D: Dichteumfang zweier Bildstellen
Δ lgH: Belichtungsumfang dieser Bildstellen

Einem Steigungswinkel von 45° entspricht Gamma 1. Gamma 1 bedeutet normale Gradation. Bei Gamma 1 sind die Tonwerte in der Reproduktion verhältnisgleich zu den Aufbelichtungen wiedergegeben. Das fotografisch wirksam werdende Licht, das den Film an verschiedenen Stellen unterschiedlich belichtet, ist abhängig von der Aufsichts- oder Durchsichtsvorlage.

Ist der Steigungswinkel größer als 45°, dann steigt auch der Gammawert über 1. Die Gradation fällt im Vergleich mit der Aufbelichtungsabstufung hart aus. Im Extremfall, bei extremer Steigung des geraden Teils der Kurve, spricht man von

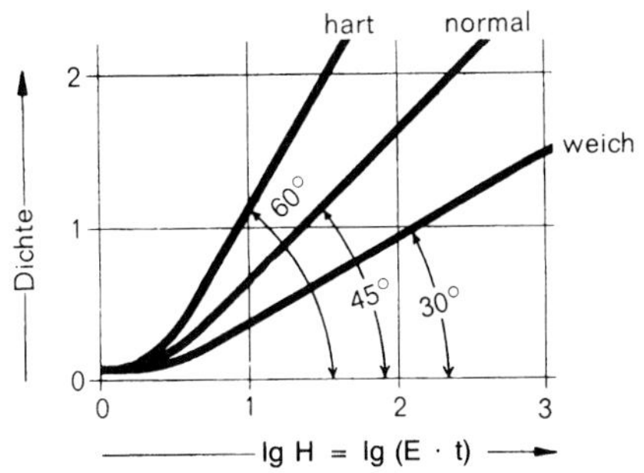

Bild 185.1. Steigungswinkel für Filmgradationen. $\alpha \triangleq$ 45° entspricht Gammawert 1 $\triangleq$ normal: 60° $\triangleq$ 1,73 $\triangleq$ hart; 30° $\triangleq$ 0,58 $\triangleq$ weich.

ultrasteiler Gradation. Beträgt der Steigungswinkel weniger als 45°, liegt der Gammawert unter 1. Dann handelt es sich um eine weiche Gradation in der Reproduktion.

▼

1. Vergleichen und beschreiben Sie eine normale, eine weiche und eine harte Tonwertwiedergabe! Stellen Sie sich hierzu ein richtig eingestelltes Fernsehgerät und zwei falsch eingestellte Fernsehgeräte vor, die jeweils das gleiche Testbild (Grauskala) zeigen!
2. Was bedeutet der Begriff Kontrastindex?
3. Berechnen Sie den Gammawert bei folgenden Bedingungen: $D_2 = 1.82$, $D_1 = 0.3$, $lgH_2 = 2.1$, $lgH_1 = 0.55$.

Mittlerer Gradient. Wenn Durchhang und Schulter der Gradationskurve auch für die Tonwertwiedergabe genutzt werden, dann liegen die Tonwerte nicht auf einer Geraden, sondern auf einer gebogenen Kurve. In diesem Falle ist eine Aussage über die Gradation durch einen Gammawert nicht möglich. Eine Bestimmung wird durch den Mittleren Gradienten möglich. Der Begriff Gradient kennzeichnet die Steigung einer Gradationskurve in einem bestimmten Punkt. Der Mittlere Gradient kennzeichnet die Steigung einer Geraden zwischen zwei angenommenen Punkten, die auf der Gradationskurve liegen. Wie der Mittlere Gradient $\overline{G}$ als Kontrastindex für eine Kurve mit leicht durchhängendem Teil ermittelt wird, zeigt das Diagramm.

Den angenommenen Punkten A und B auf der Kurve entsprechen bestimmte Wertekombinationen auf Abszisse und Ordinate. Wenn A und B miteinander verbunden werden, erhält man eine Gerade. Durch B wird eine Parallele zur Ordinate gelegt, durch A wird eine Parallele zur Abszisse gelegt. Es entsteht das Steigungsdreieck, über das $\overline{G}$ ermittelt werden kann. $\overline{G}$ stellt den Durchschnitt aller Steigungen zwischen den Begrenzungspunkten A und B des leicht durchhängenden Kurventeils dar. $\overline{G}$ wird ähnlich wie der Gammawert ermittelt.

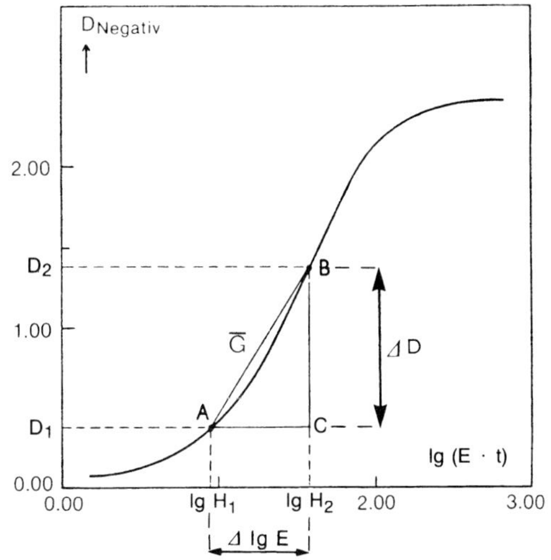

Bild 185.2. Mittlerer Gradient $\overline{G}$.

Mittlerer Gradient $\overline{G} = \tan \alpha = \dfrac{D_2 - D_1}{lgH_2 - lgH_1}$

Zur rechnerischen Ermittlung der Werte dienen folgende Formeln:

1. Dichteumfang Δ oder DU:
   $\Delta = DU = D_{max} - D_{min}$
2. Gamma im Negativ γ_N:
   $\gamma_N = \dfrac{\Delta D_N}{\Delta D_V}$ (V = Vorlage)
3. Gamma im Diapositiv γ_P: $\gamma_P = \dfrac{\Delta D_P}{\Delta D_V}$
4. Gammaprodukt: $\gamma_N \cdot \gamma_P = \dfrac{\Delta D_P}{\Delta D_V}$

▼

1. Welchen Zahlenwert erhält die Opazität, wenn 80 % des auftreffenden Lichts absorbiert werden?
2. Wie groß sind a) T, b) O, c) D, wenn ein Film 25 % des auftreffenden Lichts durchläßt?
3. Bei Aufsichtsbildern spricht man von Remission (Reflexionsvermögen) statt von Transparenz. Wie groß ist R, wenn 40% des auftreffenden Lichts reflektiert werden?
4. Berechnen Sie den Gammawert bei folgenden Bedingungen:
   $D_{N,2} = 1.74$, $D_{N,1} = 0.3$,
   $D_{V,2} = 1.90$, $D_{V,1} = 0.43$!
5. Berechnen Sie den Gammawert für ein Diapositiv bei folgenden Bedingungen: $\gamma_N = 0{,}8$, Gammaprodukt = 1 (tonwertrichtige Reproduktion).

6.5 Konventionelle Reproduktionsabläufe

Reproduktion im industriellen Stil bedeutet nicht nur Einsatz hochentwickelter Geräte und Maschinen, sondern auch Fertigung nach vorgeplanten Standardabläufen. Damit meint man eine begrenzte Anzahl vereinheitlichter und genormter Verfahrenswege. Es gibt Sonderaufträge, die sich nicht in ein Schema pressen lassen und die deshalb Spezialabläufe erfordern. Allgemeine Standardabläufe gelten für alle reproduktionsreifen Vorlagen und einen Großteil reproduktionsfähiger Vorlagen. Nach den Vorlagenarten unterscheidet man drei standardisierte Reproduktionsverfahren:

1. Strichreproduktionen,
2. Rasterreproduktionen,
3. Farbreproduktionen.

6.5.1 Reproduktions- und Rasterarten

Strichreproduktionen machen einen Großteil des Auftragsvolumens aus. Reproduktionsreife Strichvorlagen zeichnen sich durch vollgedeckte Bildteile auf ungedecktem Untergrund aus, beispielsweise Satzabzüge auf Barytpapier oder grafische Federzeichnungen auf weißem Karton. Nach dem Detailreichtum unterscheidet man zwischen Normalstrich- und Feinstrichvorlagen. Letztere erfordern spezielle Belichtungs- und Entwicklungstechniken.
Strichvorlagen für mehrfarbigen Druck sind meist vom Grafiker in Schwarz-Weiß-Trennung auf einer Fläche oder mit Überleger oder Decker gezeichnet, so daß die fotografische Farbauszugstechnik entfällt. Bei Vorlagen, die nicht randscharf sind oder sich farblich nicht einwandfrei trennen lassen, sind konturierte Reinzeichnungen anzufertigen.

Bild 186.1. Oben: Feinstrichvorlage; unten: Normal- bis Grobstrichvorlage.

Zur **Strichaufnahme** wird die Reproduktionskamera eingesetzt. Als Material eignet sich ein Film mit harter oder ultraharter Gradation, also Line- oder Lithfilm, der blauempfindlich oder orthochromatisch sein kann, oder Direktfilm. Wenn die Strichvorlage sauber ist und im Maßstab 1 : 1 vorliegt, kann anstelle der Reproduktionskamera das Kontaktkopiergerät eingesetzt werden. Der Vorgang der Reflexkopie wurde bereits beschrieben.

Maschinelle Entwicklung ist üblich, manchmal mit Ausnahme von speziellen Feinstrichvorlagen. Nach der Belichtung und Entwicklung soll die Strichaufnahme folgende Qualitätsmerkmale aufweisen:
1. Höchster Kontrast zwischen Deckung und Transparenz, 2. gestochene Konturenschärfe, 3. gute Detailauflösung. Der Fotograf prüft die Strichreproduktion mit Hilfe verschiedener Kontrollfelder.
Der richtige Kontrast wird durch Gradationsbruch im mittleren Bereich der Grauskala sichtbar. Die Bedingungen der Schärfe und Auflösung werden durch Teststreifen mit feinen Linien überprüft.

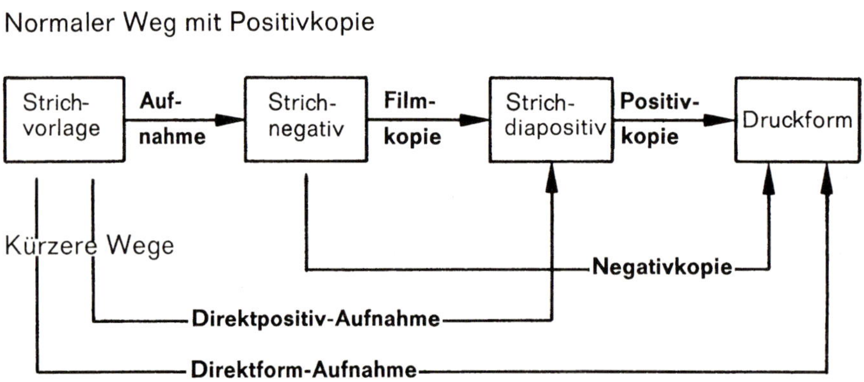

Bild 186.2. Standardarbeitsabläufe der Strichreproduktion für alle Kopier- und Druckverfahren.

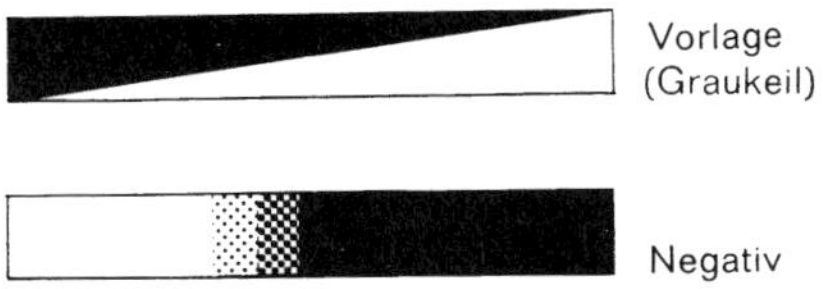

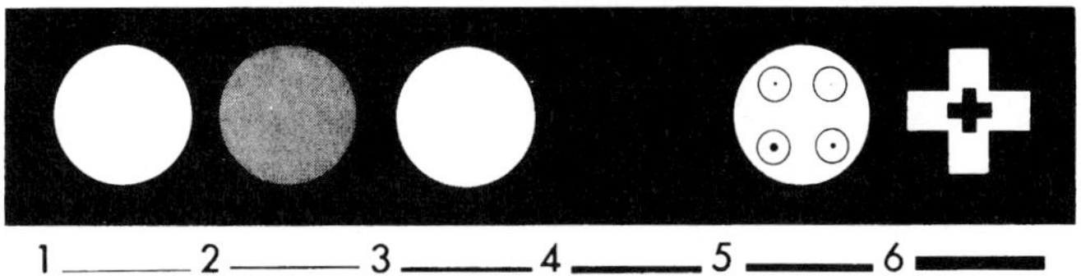

Bild 187.1. Gradationsbruch an der Grauskala. Rechts: Teststreifen zur Kontrolle von Schärfe und Auflösung.

Innerhalb der Standardabläufe für Tief-, Flach- und Durchdruck wird das Aufnahmenegativ zum Strichdiapositiv umkopiert. Danach wird der Film durch Positivkopie auf die Druckform übertragen. Im Unterschied dazu bevorzugt man im Hochdruck die Negativkopie. Das Aufnahmenegativ wird direkt auf die Fotopolymerplatte kopiert. Für das Nyloprint-Verfahren ist ein matter Spezialfilm unerläßlich.

Da innerhalb der Standardabläufe für Positivkopie das Aufnahmenegativ eigentlich ein Umweg ist, liegt es nahe, durch **Direktpositiv-Aufnahme** auf einen speziellen Direktfilm sofort ein Strichdiapositiv herzustellen. Aus der Praxis der Positiv-Positiv-Verfahren ist einschränkend zu sagen, daß sich allein saubere einteilige Vorlagen eignen. Unsaubere Stellen, wie Flecken und Montagekanten, lassen sich im Direktpositiv nur mit viel Zeitaufwand entfernen.

Ein noch kürzerer Weg, bekannt als **Direktform-Aufnahme** oder optische Druckfolienbelichtung, führt von der Vorlage ohne Zwischenstufen auf Film direkt zur Druckform. Diesen Weg wählt man im kleinformatigen Offsetdruck, wo keine Spitzenqualität gefordert wird. Voraussetzung ist eine saubere Klebemontage aller Vorlagenteile. Diese Duplikatvorlage wird durch optische Druckfolienbelichtung in einer einfachen Vertikalkamera übertragen. In wenigen Minuten liegt eine druckfähige Folie vor.

▼

1. Was versteht man unter standardisierten Reproduktionsabläufen, und für welche Vorlagengruppen gelten sie?
2. Auf welche Qualitätsmerkmale muß bei Strichaufnahmen geachtet werden?
3. Welche Strichvorlagen erfordern Standentwicklung?
4. Wie verlaufen der normale und der kürzere Weg der Strichreproduktion im Hoch-, Flach- und Durchdruck (Siebdruck)?
5. Welche Einschränkungen gelten für Direktpositiv-Aufnahme und Direktform-Aufnahme im Hinblick auf Vorlagen und Druckverfahren?
6. Wozu dienen Grauskalen und Teststreifen mit Linienfeldern bei Strichreproduktionen?

Rasterreproduktionen. Der Begriff bezeichnet die Wiedergabe abgestufter Tonwerte zwischen Licht und Tiefe nach einfarbigen Halbtonvorlagen. Fast immer handelt es sich um Aufsichtsbilder, zum Beispiel Schwarz-weiß-Fotoabzüge. Sind die Halbtonbilder durch Strichelemente, wie Schriften und Flächen, ergänzt, spricht man von kombinierten Reproduktionen. Halbton und Strich werden getrennt aufgenommen und dann durch Montage oder Zusammenbelichtung vereinigt.

Rasterreproduktionen sind für solche Druckverfahren nötig, die keine echten Halbtöne zulassen. Im Hoch-, Flach- und Durchdruck kann man nur zwei Alternativen verwirklichen: entweder Vollton der Druckfarbe oder farbfreie Bedruckstofffläche. Zwischenstufen müssen durch verschieden große Rasterelemente vorgetäuscht werden, die eigentlich Strichcharakter haben und deshalb auch unechte Halbtöne genannt werden.

Rasterelemente gibt es in verschiedenen Formen: Kornstrukturen, Texturen (Gewebe), Linien, Wellen, Spirallinien, runde, elliptische und quadratische Punkte. In Standardabläufen sind ausschließlich Punktraster gebräuchlich, die eine gleichmäßige Gitterstruktur haben und deren Mittelpunktabstände von Element zu Element konstant sind. Diese Raster nennt man **autotypisch**, da sie „selbstbildend" Halbtöne zerlegen.

Bild 187.2. Autotypische, elliptische Rasterpunkte (vergrößert).

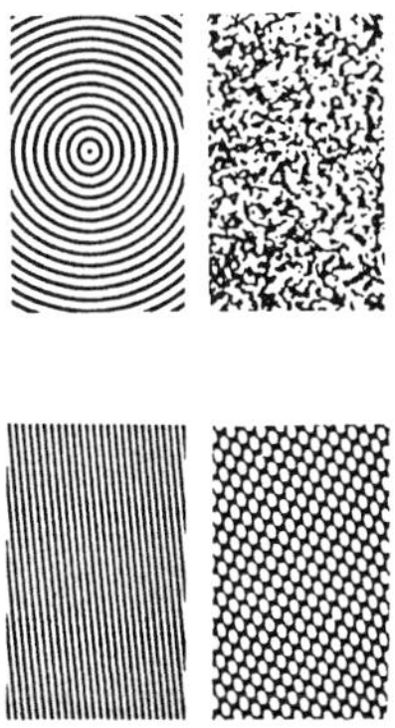

Bild 187.3. Effektraster

Bild 188.1. Rasterformen: 1. Kornraster, 2. Wellenlinienraster, 3. Spirallinienraster, 4. Punktraster.

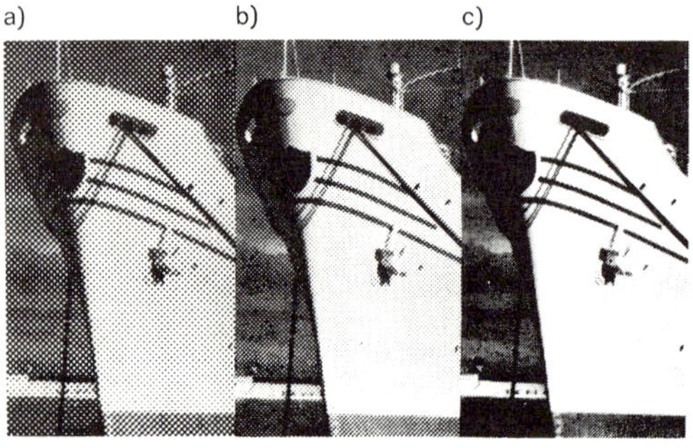

Bild 188.2. Rasterweiten: a) 25er Raster, b) 36er Raster, c) 48er Raster.

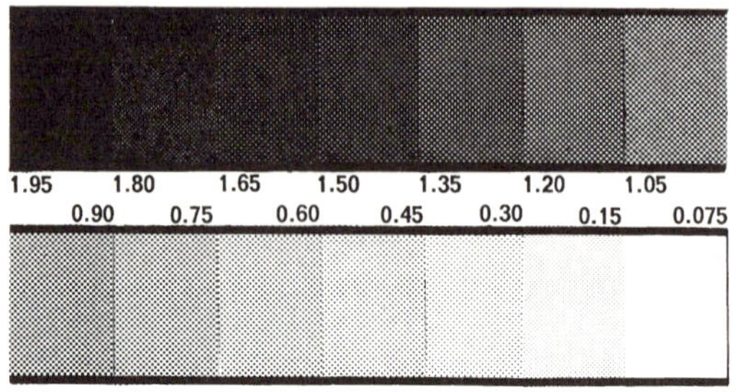

Bild 188.3. 14stufige Aufsichts-Grauskala DIN 16543.

Die **Rasterweite** kennzeichnet die Feinheit von Autotypie-Rastern. Sie wird in Linienzahl pro cm-Strecke angegeben. Ein 60er Raster hat 60 Linien auf 1 cm. Angewendet werden 20er bis 200er Raster. Die Rasterweite hängt hauptsächlich von der Oberfläche des Druckpapiers ab. Folgende Anhaltswerte für Rasterweiten werden genannt:

20er – 30er: grobes Zeitungspapier,
34er – 40er: satiniertes Papier,
40er – 54er: maschinengestrichenes Papier,
54er – 70er: Kunstdruckpapier,
70er – 200er: nur Ausnahmefälle.

Sollen Halbtöne in Raster zerlegt werden, sind zwei Grundvoraussetzungen zu erfüllen:
1. ein Raster vor der Aufnahmeebene,
2. ein ultrahart arbeitendes Fotomaterial.

Hinter dem Raster wird die Rasterpunktgröße von der Lichtintensität der jeweiligen Vorlagenstelle und der Zeitdauer der Einwirkung bestimmt. Je intensiver und je länger die Belichtung, desto mehr wächst der Rasterpunkt aus seinem Kern in den peripheren (umliegenden) Hofbereich. Damit bei diesem Punktaufbau nicht unscharfe und teilgedeckte Höfe entstehen, wird auf ultraharten Film belichtet.

Der Reproduktioner beurteilt außer Schärfe und Deckung die erforderliche Rasterpunktgröße. Sie wird meist als Flächendeckungsgrad in Prozent angegeben. Genaue Werte ermittelt man durch densitometrische Messung der Rasterfilme. Am Densitometer ablesbar ist die integrale oder integrierte Dichte, die einen Vergleichswert zwischen gedeckten und transparenten Rasterflächen darstellt. Unsere aufgerasterte Grauskala zeigt den Zusammenhang zwischen prozentualer Rasterpunktgröße und integraler Rasterdichte.

100%	90%	80%	70%	60%	50%	40%	30%	20%	10%	0%	Prozentuale Punktgröße
2.00	1.00	0.70	0.52	0.40	0.30	0.22	0.15	0.10	0.05	0.00	Integrale Rasterdichte

Bild 188.4. Aufgerasterte Grauskala mit Rasternegativ und Rasterdiapositiv.

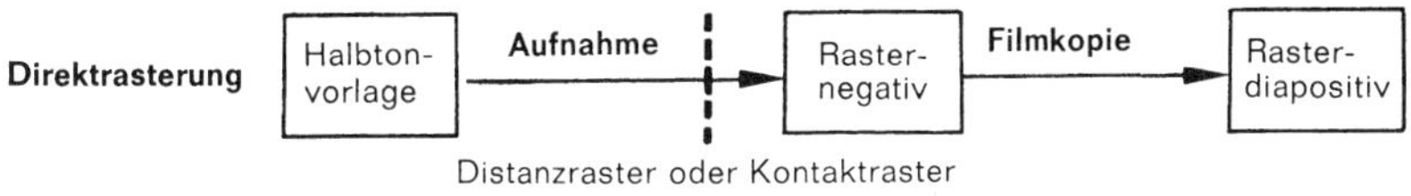

Bild 189.1.
Standardarbeitsablauf der Rasterreproduktion für autotypische Druckverfahren.

Ein brauchbares Direktrasternegativ herzustellen ist nicht leicht. Bei nur einem Belichtungsschritt werden die Mitteltöne zu voll, und in den Bildtiefen fehlen oft die Rasterpunkte. Um diese Mängel zu beseitigen, kommen **Hilfsbelichtungen** hinzu.

Die Vorbelichtung, die ohne Reproduktionsvorlage durch den Raster erfolgt, unterstützt die Punktbildung überall dort, wo sonst aufgrund der geringen Vorlagenreflexion kein Rasterpunkt entstehen würde. Die Schlußbelichtung, die normalerweise ohne Raster, aber mit Vorlage gemacht wird, sorgt für eine Steigerung der Lichterzeichnung. Der Kontaktraster wird mit dem zu belichtenden Film Schicht auf Schicht durch Ansaugen in Kontakt gebracht. Das Rastermuster ist aus vignettierten oder zum Rand hin verlaufenden Punkten aufgebaut. Der einzelne Punkt hat seine höchste Dichte im Kern mit abschwellenden Dichten zum Rand hin. Entsprechend der durchgelassenen Lichtmenge, entstehen variable Punktgrößen im Film. Das Schema zeigt, daß hinter einer dichten Negativstelle ein spitzer und hinter einer durchlässigen Negativstelle ein größerer Punkt abgebildet wird.

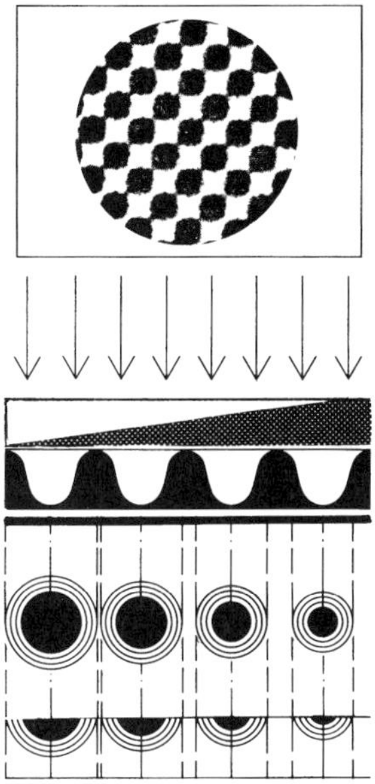

Bild 189.2. Rasterpunktbildung mit dem Kontaktraster.

Es gibt verschiedene **Kontaktrastertypen.** Man gliedert sie nach drei Kriterien:
1. Nach dem Dichteprofil: Negativraster, Positivraster, Universalraster.
2. Nach der Einfärbung: Grauraster, Magentaraster.
3. Nach der Punktform: Rundpunktraster, Kettenpunktraster, Satellitenpunktraster.

Das Dichteprofil hat Einfluß auf die Kontrastwiedergabe. Der Negativraster ist so profiliert, daß nahezu kontrastrichtige Aufnahmenegative entstehen. Der Positivraster ist für Diapositive geschaffen.

Bei Kontaktrasterung können nicht alle Tonstufen mit einer einfachen Belichtung reproduziert werden. Nur durch besondere Maßnahmen kann der Kontrastumfang der Vorlage an das Wiedergabevermögen des Kontaktrasters, den Rasterumfang, angepaßt werden. Der Rasterumfang ist der konstante Kontrastumfang einer Testgrauskala, den ein Kontaktraster mit einer einzigen Belichtung wiedergeben kann. Raster- und Kontrastumfang sind Dichtedifferenzen zwischen der Maximal- und Minimaldichte in Vorlage und Reproduktion.

Aus der Differenz zwischen dem Kontrastumfang der Vorlage, beispielsweise 1.60, und dem Rasterumfang 1.10 ergibt sich der Schwärzungsüberschuß der Vorlage von 0.50. Dieser Wert ändert sich bei gleichem Raster je nach Vorlage. Die Anpassung dieses Überschusses und damit die richtige Kontrastwiedergabe kann durch verschiedene Methoden gesteuert werden:

1. Wechsel des Rasters und des Dichteprofils;
2. Hilfsbelichtungen;
3. Splitfilterbelichtungen.

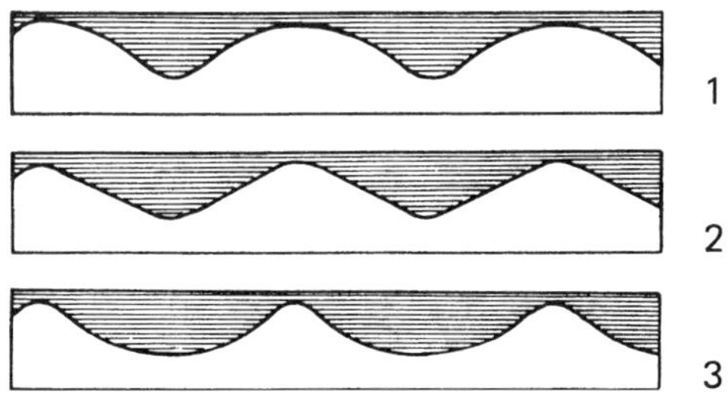

Bild 189.3. Dichteprofile:
1. Positiv-Kontaktraster PK, 2. Universal-Kontaktraster UK,
3. Negativ-Kontaktraster NK.

In den meisten Fällen ist nur die Vorbelichtung notwendig. Sie erweitert den Rasterumfang. Schlußbelichtung verkürzt ihn. In Verbindung mit Magentarastern und Belichtung mit gelbem Licht kann ebenfalls der Rasterumfang erweitert werden. Mit blauem Licht wird eine Verkürzung erreicht. Die Punktbildung wird an den Stellen realisiert, an denen kein Rasterpunkt aufgrund zu geringer Vorlagenreflexion entstehen würde. Das ist an den dunklen Stellen der Vorlage der Fall. Falls erforderlich, kann auch die Lichterzeichnung gesteigert werden. Die genauen Splitbelichtungsanteile, Prozentwerte der Hauptbelichtung, werden durch Testverfahren ermittelt. Mit den Werten lassen sich Belichtungscomputer programmieren. Nach Eingabe auftragsbezogener Meßwerte und Daten läuft die Rasterbelichtung für alle Vorlagen rechnergesteuert ab. Es wird so belichtet, daß dabei die unterschiedlichen Anfangs- und Enddichten von Vorlagen auf die Betriebsnorm-Werte für die Kopiervorlage gebracht werden. Gleichzeitig läßt sich die Reproduktion des Mitteltons, eines mittleren Dichtewertes, festlegen.

Die fotografische Rasterung ist von der elektronischen weitgehend verdrängt worden. Der kurze Rückblick dient zum Vergleich mit der digitalen Rasterung, die im Kapitel 6.9 beschrieben wird.

▶ Über elektronische Rasterung informieren die Kapitel 6.9.1 und 6.9.2 auf S. 224f. und S. 227f.

▼

1. Was versteht man unter Rasterweite, und wovon hängt ihre Wahl ab?
2. Warum muß der Kontaktraster aus vignettierten Punkten aufgebaut sein?
3. Welche Aufgabe haben Hilfsbelichtungen bei der Aufrasterung?
4. Worin besteht der Unterschied zwischen dem Kontrastumfang und dem Rasterumfang?
5. Was besagt der Schwärzungsüberschuß in der Rasterfotografie?
6. Wie wirkt die Hilfsbelichtung in bezug auf den Rasterumfang?
7. Welcher Bildkontrast ist anzusteuern, wenn der Dichteumfang der Rasterreproduktion 1.48 betragen soll und ein Negativ mit dem Dichteumfang 1.70 vorliegt?

6.5.2 Farbenseparation und autotypische Rasterung

Unser Auge kann auf Bildern Millionen von Farben nach Farbtönen, Sättigungs- und Dunkelstufen unterscheiden. Diese Vielzahl von Farbnuancen einzeln in einer Druckmaschine zu übertragen ist praktisch unmöglich. Aus wirtschaftlichen Gründen ist man bestrebt, mit der geringsten Farbenanzahl auszukommen.

Es hat sich gezeigt, daß mindestens drei Farben erforderlich sind, um eine möglichst komplette Farbskala drucken zu können. Man verwendet die genormten Grundfarben Cyan, Magenta und Gelb. Schwarz als verstärkende Bildtiefe und häufigste Schriftfarbe kommt fast immer hinzu. Gelegentlich sind noch Sonderfarben nötig, zum Beispiel bei typischen Marken-, Produkt- und Qualitätskennfarben.

Die visuelle Wirkung eines **Farbendrucks** beruht auf drei Faktoren:
1. Bedruckstoff zur Lichtremission,
2. Druckfarbe zur Lichtabsorption,
3. Druckelemente zur Lichtmodulation.

Wie diese drei Faktoren den Farbeindruck hervorbringen, wird aus den Gesetzen der additiven und subtraktiven Farbmischung verständlich.

Bedruckstoffe, meist Papier, remittieren Licht. Unter Remission versteht man in der Physik die gestreute Lichtreflexion (Rückstrahlung) auf Flächen. Das Remissionsvermögen einer bestimmten Papierqualität ist von der Oberflächenrauhigkeit und dem Weißgrad abhängig. Je weißer das Papier ist, desto mehr Licht wird remittiert und desto reiner erscheinen die aufgedruckten Farben.

Druckfarben absorbieren Licht. Die drei Normdruckfarben Cyan, Magenta und Gelb absorbieren jeweils etwa ein Drittel des Spektrums von weißem Licht, also entweder Blau, Grün oder Rot. Die verbleibenden zwei Drittel werden remittiert und bewirken in unserem Auge den entsprechenden Farbeindruck. Die Druckfarbe Schwarz absorbiert alle drei Drittel des Spektrums.

▶ Mehr hierzu im Kapitel 2.1.2 und 6.7.1

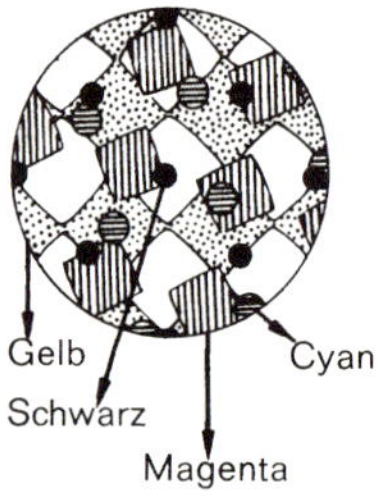

Bild 190.1. Farbensynthese. Autotypisch im Vierfarbendruck wiedergegebener Fleischton in starker Vergrößerung.

Druckelemente sind druckende Anteile der Farben. Es handelt sich entweder um echte Halbtöne, zum Beispiel unterschiedlich dichte Farbschichten im konventionellen Tiefdruck, oder unechte Halbtöne, also variable Rasterpunkte in den autotypischen Druckverfahren. Bei beiden Prinzipien werden die Anteile der Grundfarben durch Veränderung der Druckelemente variiert. Aus den Kombinationen der Farben in unterschiedlichen Anteilen lassen sich hinreichend viele Mischfarben erzielen.

▼
1. Studieren Sie einen mehrfarbigen Bilddruck unter der Lupe! Beobachten Sie die drei Faktoren, und stellen Sie fest, wie einzelne Farben zusammengesetzt sind!
2. Wie heißen die drei genormten Grundfarben des Drucks, und welche Spektralbereiche werden von ihnen remittiert?
3. Betrachten Sie Farbfelder mit Primär- und Sekundärfarben durch Auszugsfilter! Beobachten Sie die Abdunkelungen, und vergleichen Sie die Trennfähigkeiten der drei Filter untereinander!

Die Farbenreproduktion baut auf Prinzipien der Farbenlehre auf. Der Drucker erzeugt das mehrfarbige Bild synthetisch (zusammensetzend) aus Teildruckformen. Jede Teildruckform enthält die jeweilige subtraktive Primärfarbe in entsprechenden Anteilen als variable Druckelemente. Die Reproduktion muß den umgekehrten Weg gehen: Sie muß aus der Farbvorlage die entsprechenden Anteile der Grundfarben analytisch (zerlegend) herausziehen. Bei **Farbauszügen** sind zwei Grundvoraussetzungen zu erfüllen: 1. Auszugsfilter im Strahlengang, 2. panchromatisches Fotomaterial.

Farbauszugsfilter findet man in Reproduktionsgeräten nahe beim optischen System. Im Handel erhältlich sind Folien- und Glasfilter; sie sind mit gefärbter Gelatine beschichtet. Allen Auszugsfiltern ist gemeinsam, daß sie nach dem subtraktiven Mischprinzip Lichtstrahlen ihrer Eigenfarbe passieren lassen und die anderen Spektralbereiche absorbieren. Beim Farbauszug wird als Filter jeweils die Gegen- oder Komplementärfarbe gewählt, wie das Schema des sechsteiligen Farbenkreises zeigt.

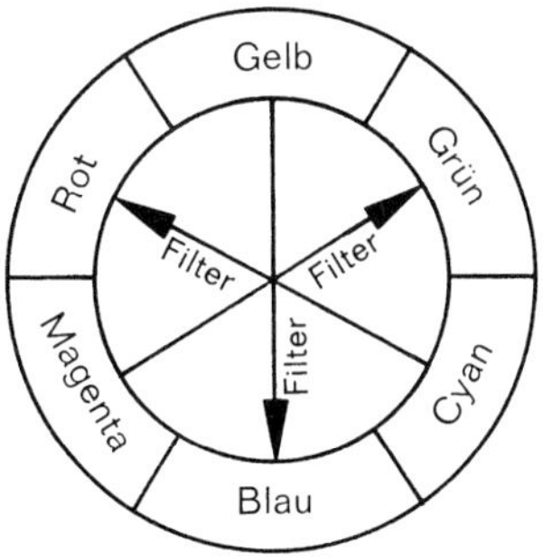

Bild 191.1. Farbenkreis mit Zuordnung der Auszugsfilter.

Zur Erläuterung des Filtereffekts in der Farbenreproduktion dient hier als Beispiel der Cyanauszug. Der Cyananteil der Reproduktionsvorlage remittiert blaue und grüne Lichtstrahlen. Diese Farben werden im Rotfilter weitgehend absorbiert. Nur rote Lichtstrahlen werden durchgelassen und im Negativ aufgezeichnet. Der Cyananteil der Vorlage bleibt transparent. Durch Umkopieren ergibt sich ein Diapositiv, das den Cyananteil in Dichten darstellt.

Die zweite Grundvoraussetzung bei konventionellen Farbauszügen ist ein Fotomaterial, das für alle Spektralfarben empfindlich ist: **panchromatischer Film.** Der Reproduktionstechniker nimmt die Vorlage viermal hintereinander durch verschiedene Auszugsfilter auf panchromatische Schwarzweiß-Filme auf. Für den Cyanauszug schaltet er das Rotfilter dazwischen, für Magenta das Grünfilter, für Gelb das Blaufilter. Den Schwarzauszug erzielt er meist durch Filtersplitting, das heißt durch Teilbelichtungen aller drei Filter nacheinander. Die vier entstehenden Auszugsnegative bilden einen **Farbsatz.**

Auch in der Farbenreproduktion spielen Dichteumfang und Gradation eine Rolle. Wichtig ist, daß die Farbauszüge in ihren Meßwerten im Gleichgewicht sind. Diese Bindung heißt **Graubalance** und ist erfüllt, wenn eine neutralgraue Vorlagenstelle ohne Farbstich wiedergegeben wird. Die Kontrolle erfolgt durch eine mitreproduzierte Grauskala. Mit Farbfeldern wird die Farbausscheidung überprüft.

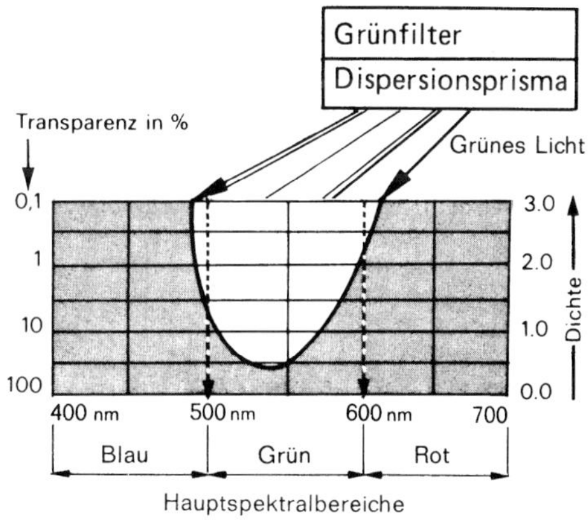

Bild 191.2. Farbausscheidung.
Ein Grünfilter absorbiert rote und blaue Strahlen, läßt aber grüne hindurch. Die grünen Strahlen werden vom Prisma in die verschiedenen Wellenlängen des Grünbereichs zerlegt. Dieses Teilspektrum kopiert man hinter einem Graukeil auf panchromatischen Film. Dabei entsteht eine Filterkurve, die aussagt, wie durchlässig das Filter für die Wellenlängen des sichtbaren Lichts ist.

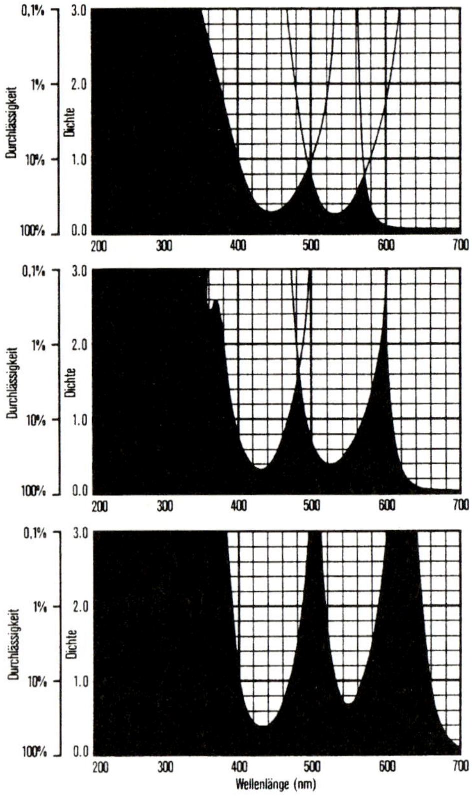

Bild 192.1. Transmissionskurven verschiedener Farbenauszugsfiltertypen:
1. Breitbandfilter,
2. Normalbandfilter,
3. Schmalbandfilter.

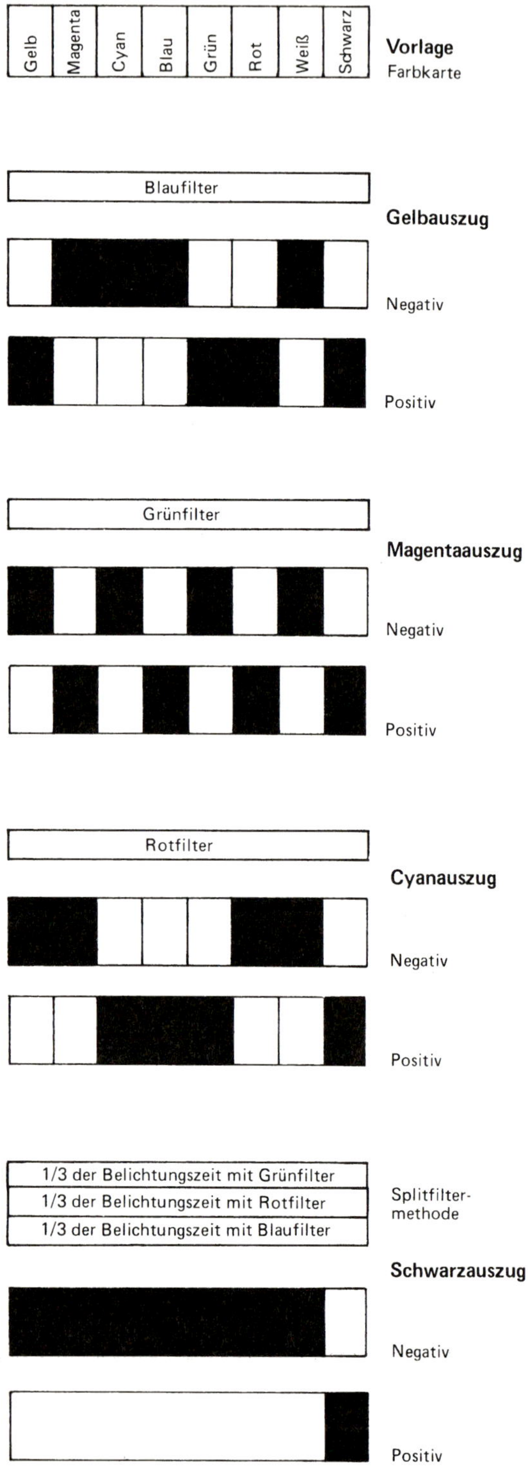

Bild 192.2. Idealisiertes Schema der Farbauszüge.

Die Standardarbeitsabläufe der Farbenreproduktion gleichen denen der Rasterproduktionen. Anders ist nur, daß jeweils vier Auszugsfilme erstellt werden müssen.

Bei Rasteraufnahmen stellt der Reproduktionstechniker die Rasterlineatur in einen bestimmten Winkel zum Bildformat. Als optisch unauffälligste Winkelung gilt die Diagonalstellung, also 45° beziehungsweise 135°. Sie wird für einfarbige Arbeiten bevorzugt. Würde man in der Farbenreproduktion alle Rasterfilme einheitlich winkeln, so würden im Druck alle Rasterpunkte übereinander liegen. Das würde sich auf die Farbmischung ungünstig auswirken. Außerdem müßte ein äußerst exakter Passer beim Übereinanderdruck garantiert sein, was praktisch unmöglich ist. Schon bei geringer Abweichung kommt ein geometrisches Muster ins Druckbild, Moiré genannt.

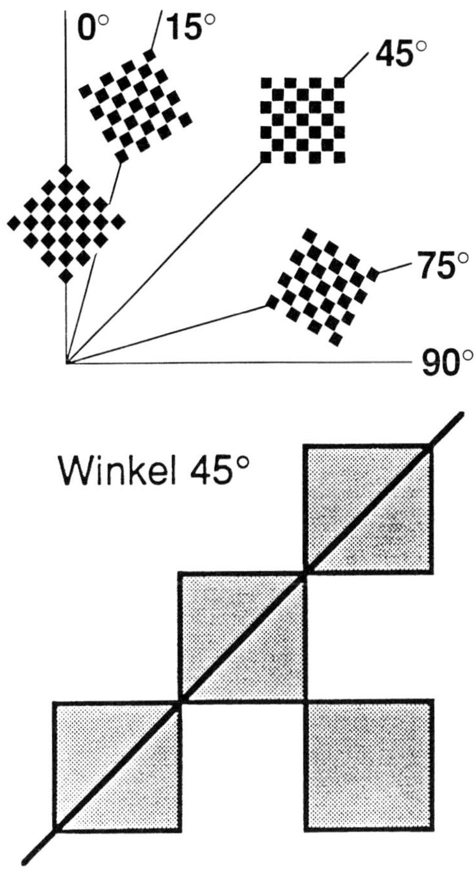

Bild 193.1. Rasterwinkel-Messung.

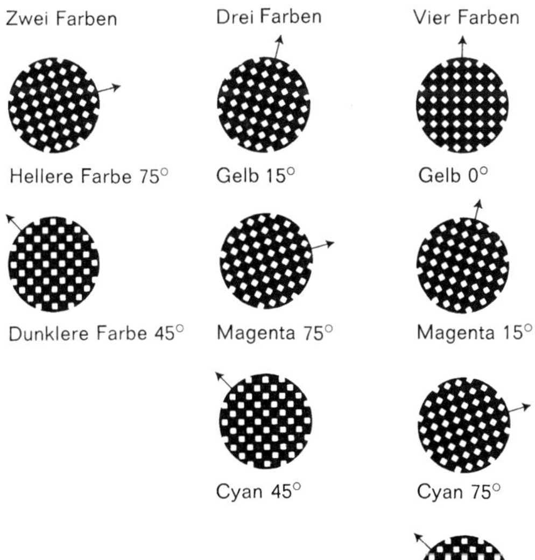

Bild 193.2.
Rasterwinklungen für zwei Farben (links), drei Farben (Mitte) und vier Farben (rechts) nach DIN 16547.

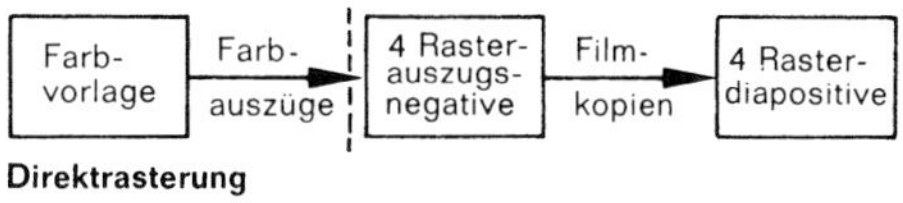

Bild 193.3. Konventioneller Standardarbeitsablauf der Farbenreproduktion für autotypische Druckverfahren.

Bild 193.4. Moiré (Punktmuster) bei 5° und 20° Kreuzungswinkel von zwei Rasterfolien.

Dieses Moiré muß durch **Rasterdrehungen** so klein gehalten werden, daß es optisch nicht mehr stört. Das ist bei der optimalen Winkeldifferenz von 30° der Fall. Wenn eine Farbe, meistens die auffälligste Hauptfarbe (Schwarz oder Magenta), auf 45° bzw. 135° gelegt wird, ergeben sich im Abstand von jeweils 30° die beiden Stellungen 15° und 75°. Die Anfangsstellung von 0° wird meistens für die optisch hellste Farbe Gelb reserviert.

▼

1. Inwiefern kann man beim mehrfarbigen Druck von synthetischer Übertragung sprechen?
2. Unter welchen Grundvoraussetzungen können in einem Reproduktionsgerät Farbauszüge erstellt werden?
3. Warum werden für Auszugsfilter die Gegen- oder Komplementärfarben zu den Auszugsfarben gewählt?

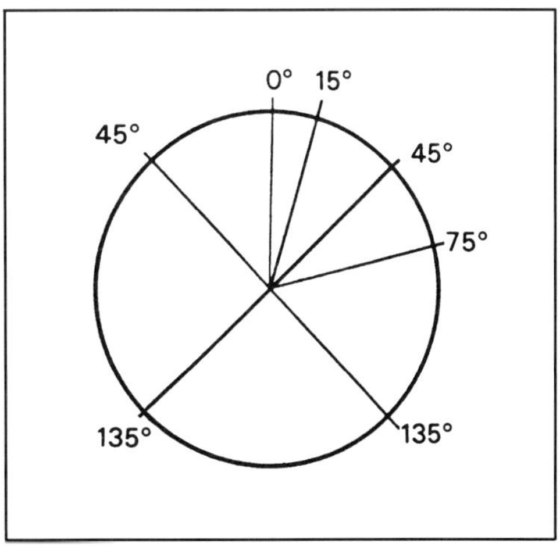

Bild 193.5. Richtungen der Rasterlineaturen nach DIN 16547.
Anfangsstellung 0°, Differenz der hellsten Farbe 15°, Stellung der Hauptfarbe 135°.

4 Warum müssen gerasterte Farbauszüge verschieden gewinkelt werden?
5. Legen Sie Rasterfolien übereinander, und beobachten Sie die Moirébildung durch Verdrehen! Halten Sie fest, in welcher Rasterwinkelung kein Moiré entsteht!

6.6 Elektronische und digitale Reproduktion

Im Vergleich zu fotografischen Verfahren ermöglichen elektronische Verfahren kürzere Übertragungswege von der Reproduktionsvorlage zur Druckform. Ihr Prinzip ist von der Fotografie insofern verschieden, als die Vorlage nicht flächenhaft, sondern zeilenweise übertragen wird. Dabei werden ihre unterschiedlichen Ton- und Farbwerte in entsprechende elektronische Ströme umgewandelt und digitalisiert. Sie lassen sich so als Computerdaten speichern und durch rechner- oder programmgesteuerte Befehle verändern. Die korrigierten Datenströme steuern die Aufzeichnung. Als Produkt der elektronischen Reproduktion entsteht je nach System entweder ein Film, meistens ein Diapositiv, oder eine Druckform. Grundsätzlich sind kompakte Systeme von modularen Systemen zu unterscheiden. In einem Kompaktsystem sind die Funktionen rechnergesteuerte Bilderfassung, Bildbearbeitung und Bildaufzeichung in einem Gerät vereinigt. Modulare Systeme bestehen aus mit Computern verbundenen Peripheriegeräten, die für Einzelaufgaben konzipiert worden sind. Von den Rechnern aus lassen sie sich mit Hilfe von spezialisierten Programmen aktivieren und einstellen. Die miteinander verbundenen Komponenten werden als Konfiguration, Verbundsystem oder in bezug auf die Leitungstechnik zur Datenübertragung als Netzwerk bezeichnet. Modulare Systeme können je nach Konfiguration entweder einen großen Arbeitsraum oder die Fläche eines Schreibtisches ausfüllen.

Alle Systemvarianten sind in der Betriebspraxis anzutreffen. Der Begriff Scanner bezeichnet in der elektronischen Reproduktion im herkömmlichen Sinn einerseits das Kompaktsystem, andererseits den Baustein für Bilderfassung im computergesteuerten Verbundsystem.
Bei der zeilenweisen Abtastung der Vorlage gibt es zwei verschiedene Prinzipien: Entweder wird ein Licht- oder Laserstrahl an der flachliegenden Vorlage zwecks Abtastung Punkt für Punkt, Zeile für Zeile entlanggeführt, oder eine Abtasteinheit wird Zeile für Zeile an einem rotierenden Zylinder, auf dem sich die Vorlage befindet, vorbeigeschoben. Es gibt demnach Flachbett- und Trommelscanner. Bei Flachbettscannern wird die Vorlage zur Abtastung auf eine Fläche aufgelegt, bei Trommelscannern auf einer Plexiglaswalze befestigt. Flachbettscanner verbreiten sich seit den letzten Jahren mehr und mehr. Diesen beiden Bauarten entsprechen auch Systeme zur Druckformherstellung nach gespeicherten Text- und Bilddaten. Dem Flachbettprinzip entspricht das Laserite-System zur Offsetplattenherstellung, dem Trommelprinzip die Herstellung von Tiefdruckzylindern durch mechanische Gravur, Laser- oder Elektronenstrahltechnik.

Seit 1960 bis in die 80iger Jahre verbreiteten sich große Scanner, die die Phasen Bilderfassung, interne Bildbearbeitung, also Farbenselektion, globale und selektive elektronische Korrektur unter Berücksichtigung des Druckverfahrens und Rasterung sowie Farbauszugsbelichtung auf monochromen oder einfarbigen Reprofilmen, in einem Gehäuse integrierten. Im Vergleich zu heutigen PC-Scannern waren diese ersten Scanner gigantische Reproduktionssysteme, die von mehreren speziell enwickelten Computern nach vorlagenbezogener Programmierung über Drehregler, Schalter und Tasten gesteuert wurden. Der Scanneroperateur war ein erfahrener Reproduktionsexperte, der speziell vom Systemhersteller für die Scannereinstellung geschult worden ist, ähnlich einem Piloten beim Einweisungstraining für ein neues Flugzeug.
Die meisten Systeme mußten „im Blindflug", also ohne eine Sichtkontrolle des Ergebnisses korrekt eingestellt werden. In den 70iger Jahren, lange vor der Entwickung des PCs verbreiteten sich Scanner-Verbundsysteme. Die bisherigen Scannerhersteller entwickelten für die Bilderfassung, Bildbearbeitung und Bildausgabe, eine Vielzahl von Geräten und Computern für Detailfunktionen der Farbenreproduktion. Es gab separate Stationen für die Auftragserfassung, Layouterfassung, Seitenplanung, Vorlagenmontage, Scannervoreinstellung, Bilderfassung, Scanbildbetrachtung, Bildkorrektur, Datenkonvertierung, Text-Bild-Integration, Datenspeicherung, Prooferzeugung, Datenausgabe auf Film im Recorder und auf die Druckplatte. Solche Systeme lieferten bei fachgerechter Bedienung höchste Qualität, sie kosteten aber 1980 soviel wie 3 bis 4 Einfamilienhäuser. Endergebnisse waren in der Regel vier gerasterte monochromatische, also einfarbige, korrigierte Farbauszugsfilme für die Montage zur Druckformenherstellung oft in Form von Doppelseiten mit Text und Bild sowie ein Proof, ein farbiges Bild für die Druckfreigabe. Diese proprietären, von einem Hersteller entwickelten, im Laufe der Zeit optimierten Systeme brachten eine enorme Beschleunigung und Qualitäts-Standardisierung oder Vorausberechenbarkeit in die Farbenreproduktion.
Sie lösten die zeitraubende handwerkliche fotografische Farbauszugsherstellung innerhalb von 20 Jahren ab. 1990 haben die proprietären geschlossenen High-End-Systeme ihr Monopol für die elektronische Farbenreproduktion plötzlich verloren. Die Gründe sind: Die Erfindung der Mikroprozessortechnik, die hieraus folgende Entwicklung und Verbreitung vielseitig ein-

setzbarer Kleincomputer mit grafischer Benutzeroberfläche nebst abgestimmten digitalen Peripheriegeräten, wie Kameras, Scannern, Druckern, allgemeiner und spezieller Software, weltweite Vermarktung, globale Produktkonkurrenz, fallende Herstellungskosten sowie fortlaufende neue Erfindungen zur Systemleistungssteigerung auf dem Computermarkt. Mediengestalter in Werbeagenturen entwickeln deswegen produktionsfertige Medienkonzeptionen, wie den Seitenaufbau mit Text und Farbbild mit leistungsfähiger DTP-Technik und Software zum Teil preiswert selbst, oft in enger Zusammenarbeit mit einem Pre-Press-Betrieb, der mit mindestens gleicher DTP-, besser leistungsfähiger DTR-Hard- und Software ausgestattet ist. Vorhandene High-End-Systeme wurden über Link-Systeme und Computern zur Datenkonvertierung zum Datenaustausch mit den Kundensystemen geöffnet. Neue digitale High-End-Systeme bestehen aus besonders leistungsfähigen Subsystemen der weltweit operierenden Computer- und Softwareindustrie, wie Apple, Adobe, Microsoft, Motorola, IBM, Intel, AMD, Unix, Sun. Von der Zulieferindustrie werden Komponenten dieser Hersteller eingekauft.

Räumliche Bildmotive können und zweidimensionale Vorlagen müssen für die Reproduktion digitalisiert werden. Ziel der digitalen Erfassung ist es, ein Bild- oder Vorlagenmotiv als digitale Datei abzuspeichern, die auf Standard-PCs mit Bildbearbeitungssoftware zur weiteren Bearbeitung sichtbar gemacht werden kann. Geräte zur digitalen Bilderfassung sind:

1. Digitalkamera
2. Scanner,
   ferner Systeme zur Videoumwandlung (Video-Capture- oder Frame-Grapping-Systeme).

Die digitale Bildererfassung erfogt in der Regel mit lichtempfindlichen Hardwarekomponenten von Peripheriegeräten in Verbindung mit mikroprozessorgesteuerten Systemen, PCs und Workstationen. Eine besondere Bilderfassung in Verbindung mit Rechnern wird von Videotechnikern und Multimedia-Produzenten praktiziert: Aus analog bespielten Videobändern oder direkt von Videokameras können mit computergesteuerten Frame-Grabbing-Systemen Standaufnahmen oder Sequenzen erfaßt und als digitalisiertes Bild oder als Bild- und Tonfolge abgespeichert werden. Gleiches wird erreicht über eine Video-Capture-Karte (Digitalisierungskarte in der Computer-Workstation), die mit der Videoquelle über Steckverbindung verbunden wird unter Verwendung von spezieller Software wie Adobe Premiere. Frame bedeutet in der Videotechnik das einzelne Bild eines Films. Die digitalisierten Dateien können mit der Multimedia-Software weiterbearbeitet werden. Dabei muß die enorme Datenmenge, die anfällt, reduziert werden. In der Druckvorstufenpraxis sind die Verfahren aus dem Video- und Multimediabereich zur Zeit noch nicht allgemein verbreitet.

6.6.1 Digitalfotografische Bilderfassung

Digitale Kameras ermöglichen es, gleich bei der Aufnahme Bilddateien vom Motiv für die Bearbeitung im Computer oder die Datenübertragung bereitzustellen. Film, der klassische Träger der Bildinformation, wird bei der Aufnahme nicht benötigt. Die fotochemische Filmverarbeitung wird überflüssig. Die Produktion wird dadurch umweltfreundlicher. Statt fotografischer Vorlagen werden Dateien für die Bildreproduktion weitergeleitet. Wo Vorlagen nicht mehr notwendig sind, erübrigt sich auch der Scannereinsatz. Die Bereitstellung von Bildern und die Bildreproduktion werden durch den digitalen Weg beschleunigt. Das ist der Grund, warum Betriebe der Druckvorstufe die digitale Fotografie in ihr Produktionsprogramm eingliedern.

Aufnahmeprinzip. Wie bei der herkömmlichen Fotografie oder bei der klassischen Reprokamera wird das Bildmotiv über das Kamera-Objektiv auf eine lichtempfindliche Ebene zur Bildaufzeichnung projiziert. Im Gegensatz zum konventionellen fotografischen System wird also kein sensibles Filmmaterial eingelegt und auf der Ebene positioniert. Die Ebene der Digitalkamera besteht aus einem rechteckigen CCD-Flächensensor. Nicht alle Digitalkameras arbeiten mit diesem Sensortyp. Viele verwenden den CCD-Zeilensensor, der während der Belichtungszeit wie eine Scannerzeile über die Bildebene gleitet und dabei über das optische System Lichtsignale des Motivs registriert. Die Bilddaten des Gesamtbilds entstehen aus der Menge der belichteten Zeilen. Digitalkameras erfassen das Bild also grundsätzlich über:

1. CCD-Flächensensoren,
2. CCD-Zeilensensoren.

Bei Flachbettscannern wird die gleiche CCD-Technik angewandt und der Begriff CCD-Sensorzeile verwendet.

▶ Mehr Informationen über CCD-Scanner im Kapitel 6.6.2

CCD-Sensor-Prinzip. CCD ist die Abkürzung für Charge Coupled Device. Das heißt ladungsgekoppeltes Baulement. Der Name schafft leider keine Klarheit über die Kernfunktion. CCD-Sensoren bestehen aus mehreren Tausend mikrofeinen Fotoelementen oder fotoelektrischen Wandlern, die auf Silizium-Halbleiterchips in Form einer Sensorzeile oder- matrix. angeordnet sind. Die bildaufnehmende Zeile und Fläche wird durch die Fotoelemente und ihnen zugeordnete Mikrokondensatoren in sensible Mikrozellen unterteilt, deren Mittelpunkte gleichen Abstand haben. Die mikrofeinen Kondensatoren sind durch Leitungen für den Transport von analog zur Belichtung entstandenen Ladungen miteinander verbunden. Fotoelemente bestehen aus Halbleitern wie Silikon oder Silizium, Germanium, Selen. Halbleiter werden durch Beleuchtung, Spannung oder Temperatur elektrisch leitend. Nach der Theorie des fotoelektrischen Effekts werden im Halbleiterelement während der Belichtung analog zur einwirkenden Lichtmenge Elektronen freigesetzt. Sie entsprechen Spannungswerten, die im Kondensator als Ladungspakete vorübergehend abgelegt werden. Nach der Aufnahme ist bei Flächensensoren auf dem Halbleiterchip eine Spannungsverteilung gespeichert, die den Tonwertabstufungen des Motivs entspricht. Sie wird zur Digitalisierung einem Analog-Digital-Wandler zugeführt. Durch ein vertikales Schieberegister, eine bestimmte Schaltung der Kondensatoren-Matrix, lassen sich die Ladungspakete systematisch verschieben. Die Ladungen werden zunächst fortlaufend zeilenweise aus dem Bildbereich in eine darunterliegende Zwischenspeicherzone versetzt. Erst die unterste Zeile in diesem Bereich wandert in das angrenzende Ausleseregister. Hier werden die Ladungspakete wie auf einem Fließband zu einer Seite transportiert, nacheinander ausgelesen und über einen Ausgangsverstärker in den Analog-Digital-Wandler übertragen. Der Verschiebvorgang zwischen zwei Bildladungen im Flächensensor beträgt 20 Millisekunden.

Zeilensensoren bestehen aus der Sensorzeile und einer darunterliegenden Speicherzeile, unter der sich die Ausleseregisterzeile befindet. Die Ladungsverschiebung erfolgt prinzipiell wie beim Flächensensor.

Farbenerfassung. CCD-Fotoelemente nehmen nur Helligkeitsunterschiede wahr. Farben können sie nicht direkt erkennen. Damit Farben registriert werden können, muß jedes einfallende farbige Lichtsignal in seinen Rot-, Grün- und Blauanteil getrennt werden bevor es dem Fotowandler als Helligkeitssignal zugeführt wird. Folgende Techniken werden eingesetzt:

1. 3-Shot-Modus beim Zeilensensor
   Während der Belichtung muß der CCD-Zeilensensor dreimal hintereinander über die Bildebene laufen. Bei jedem Durchgang ist jeweils einer der RGB-Farbfilter vor oder hinter dem optischen System eingeschaltet, ähnlich der klassischen Farbauszugsherstellung. Aus dem Farbbild entstehen 3 Dateien, die die Teilfarben darstellen.

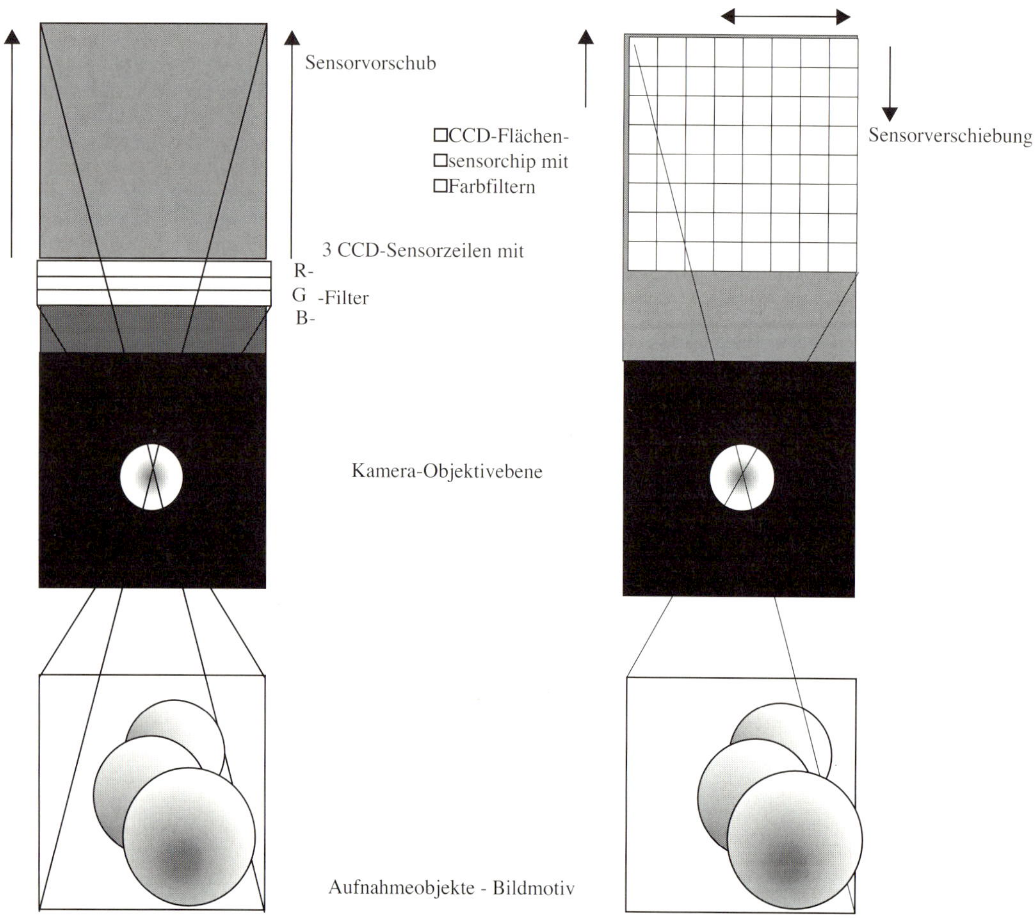

Bild 196.1. Prinzipe der Digitalfotografie (1-Shot-Modus)

2. 1-Shot-Modus beim CCD-Zeilensensor
   Eine Kombination aus 3-CCD-Zeilen, die jeweils mit einem anderen Filter der drei additiven Grundfarben versehen ist, wird einmal über die Bildfläche geführt. Hiermit lassen sich in einem Durchgang die RGB-Dateien des Motivs gewinnen.
3. 3-Shot-Modus beim Flächensensor
   Der Flächensensor wird dreimal belichtet. Bei jeder Belichtung ist jeweils ein anderer der drei RGB-Filter in den Strahlengang eingeschaltet wie in der klassischen Farbauszugsherstellung.
4. 1-Shot-Modus über Stahlenverteilungsmethode beim Flächensensor
   Über Spiegel und Prismen werden drei Teilbilder erzeugt, die auf drei Flächensensoren gelenkt werden. Sie sind jeweils mit einem anderen Filter der RGB-Farben versehen.
5. 1-Shot-Modus über Mosaikfilter beim Flächensensor
   Die Fotoelemente des Flächensensors sind abwechselnd mit RGB-Filtern versehen. Wegen der Augenempfindlichkeit kommt in der Filtermatrix der Günfilter doppelt so häufig vor wie der Rot- oder Blaufilter.

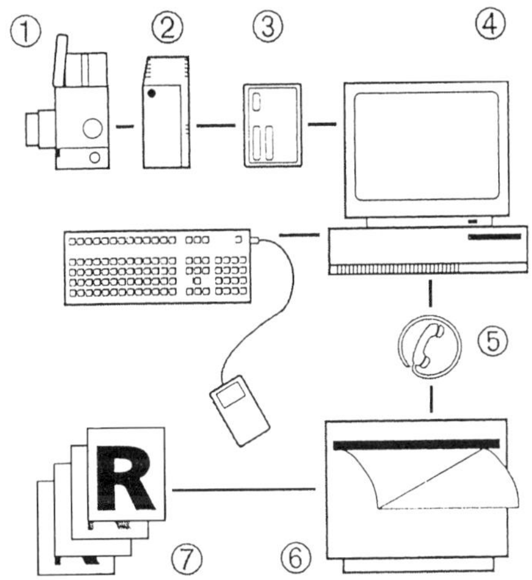

Bild 197.1. Digitalkamera-System
1. Digitalkamera, 2. Digitales Kamerarückteil (Digital ScanPack Cameraback), 3. SCSI-Interface, 4. Computer mit Bildbearbeitungssoftware und Speichermedien, 5. Übertragung, 6. Bildausgabesystem, z. B. Laserdrucker, 7. Bilder aus dem System.

Die 1-Shot-Modus-Techniken ermöglichen kürzere Belichtungszeiten als die 3-Shot-Techniken und sind für Aufnahmen bewegter Motive geeignet.
3-Shot-Techniken brauchen wegen der Scandurchläufe zur Motiverfassung Belichtungszeiten von mehreren Minuten. Sie sind nur Still-Life-Aufnahmen, also solchen von unbewegten Motiven, geeignet.
Die **Auflösung** errechnet sich beim Flächensensor aus der Multiplikation der Sensorelemente, die in der Breite und Höhe enthalten sind. Beim Zeilensensor werden die Sensorelemente in der Zeilenbreite mit den hierauf abgestimmten vertikalen Vorschubtakten der Zeile multipliziert.

Digitalisierung. Die Ladungpakete, die nach der Aufnahme entstanden sind, erhalten erst im Analog-Digital-Wandler ihre digitale Form. Das bedeutet, daß jeder Spannungswert durch eine binäre Zahl ersetzt wird. Hierzu wird der gesamte Spannungsverlauf zwischen den ermittelten Maximal- und Minimalwerten des Bilds in gleich große Schritte zerlegt. Je enger die Schritte sind, um so genauer ist die digitale Umsetzung. Wenn die Datentiefe des A/D-Wandlers 8 Bit beträgt, sind $2^8 = 256$ Spannungswerte pro Sensor-Pixel digitalisierbar. Nach der Digitalisierung kann der Computer mit Zahlenfolgen arbeiten, die zusammen mit einer Adresse und Kennzeichnung als Bilddatei abgespeichert werden. Zur visuellen Kontrolle wird die Bilddatei über die Grafik-Karte und einen D/A-Wandler zur Bilderzeugung auf dem Computer-Bildschirm sichtbar gemacht. Der D/A-Wandler setzt die digitalen Werte in analoge Steuersignale für die Bildschirmelektronik um.

Digitale Kameras lassen sich in drei Klassen einteilen:
1. Schnappschußkameras
2. Spiegelreflexkameras
3. Studiokameras

Digitale Fotos lassen sich aus dem Kamerabildspeicher über ein Kabel und eine Software in den PC laden, dort ansehen und zur Bearbeitung in ein Bildbearbeitungsprogramm übernehmen und über digitale Drucksysteme ausdrucken oder in CDs einbinden.
1. Vollautomatische Schnappschußkameras mit eingebautem Blitzlicht sind die preiswertesten Digitalkameras. Sie ähneln im Bedienungskomfort den verbreiteten Sucherkameras. Sie sind dort sinnvoll, wo keine hochaufgelösten Bilder benötigt werden. Das ist im Privat-, Dokumentations- und Multimediabereich der Fall. Sie sind meistens mit einem einfachen Objektiv und Flächensensorchip niedriger Auflösung ausgestattet. Die Auflösung ergibt sich aus der Anzahl der Sensoren in der Breite und Höhe der Matrix. Eine Auflösung von 640 mal 480 Pixeln oder weniger bei einer Datentiefe von 8 Bit pro Teilfarbendatei kennzeichnen diese Klasse. Eine Kamera dieser Klasse speichert in der Kamera entweder 8 Bilder mit der Maximalauflösung oder 32 Bilder bei halbierter Auflösung.
2. Bei digitalen Spiegelreflexkameras wird die Rückwand für das 24 mal 36 mm Kleinbildfilmformat durch den CCD-Flächensensorchip ersetzt, der in der Regel eine kleinere Oberfläche hat. Da seine Diagonale nicht mehr der Kleinbilddiagonalen entspricht, deren Länge der Normalbrennweite gleichen soll, muß die Brennweite des herkömmlichen Objektivs reduziert werden. Die automatische Einstellung von Entfernung, Blende, Belichtungszeit und Blitzauslösung bei der Motivfixierung entspricht der konventionellen Kameratechnik. Die Kamera ist hervorragend geeignet für bewegte Motive. Sie wird von Reportern bevorzugt. Wechselfestplattenspeicher emöglichen die Abspeicherung von 70 Aufnahmen. Die Auflösungen dieser Kameras sind

variabel, sie liegen pro Chip bei 1524 mal 1012 Pixeln bis zu 4100 mal 4100 Pixeln bei 12 Bit Datentiefe. Der Preis für die höhere Auflösung ist gegenwärtig 14 mal so hoch wie der Preis der Schnappschußkamera. Eine hohe Auflösung ist immer dann notwendig, wenn das Bildformat vergrößert werden soll. Das ist in der Druckvorstufe bei jedem Kleinbildiapositiv-Format, für das 8 640 000 Bildpunkten oder Pixel errechnet wurden, die Regel.

3. Studiokameras sind Mittelformat – und Fachkameras professioneller Fotografen. Der konventionelle Rückteil mit Mattscheibe und Filmebene wird durch den digitalen Rückteil mit größeren Sensorelementen ersetzt. Sie dienen dazu, hochaufgelöste digitale Bilder zu erzeugen und werden für Still-Life-Fotografie eingesetzt. Als Sensoren werden entweder Zeilen- oder Flächensensorchips eingesetzt. Für die höhere Auflösung werden längere Belichtungszeiten in Kauf genommen. Sie können bei Zeilensensoren 5 bis 15 Minuten betragen. Um die enstehenden großen Datenmengen, die für ein Bild je nach Sensortyp bei 130 bis 150 MB liegen, abzuspeichern und die Aufnahmen zu kontrollieren sind die Kameras direkt mit dem Computer verbunden. Die Beleuchtung des Aufnahmeobjekts erfolgt mit professionellen Anlagen, die im Fotostudio vorhanden sind. Mehrere Minuten dauernde Belichtungen erfordern zur Beleuchtung besondere flackerfreie Lichtquellen des Typs HMI oder Hydragyrum Medium Arc Lenght Iode mit konstanter Farbtemperatur von 5 000 K, das standardisiertem Tageslicht entspricht. Zum Ausschließen von Vibrationen ist ein geeignetes Stativ notwendig. Eine hohe Auflösung einer Kamera, die im 3-Shot-Modus mit einer Sensorzeile und 12 Bit Datentiefe arbeitet, beträgt 8450 x 6250, also 52 812 500 Pixel. Vergrößerungen im Posterformat sind ohne Qualitätsabstriche möglich. Zeilensensor-Konstruktionen liefern gegenwärtig die höchsten Auflösungen. Die Auflösungen bestehender Flächensensoren lassen sich durch verschiedene rechnergesteuerte Manipulationstechniken noch erhöhen.

6.6.2 Flachbettscanner zur Vorlagenerfassung

Das Scannen hat sich von einem professionellen Spezialgebiet zu einer weit verbreiteten Handlung für DTP-Anwender entwickelt. Durch die Automatisierung des Scanprozesses mit Hilfe geeigneter Software werden Defaults oder Voreinstellungen, ein Preview oder eine farbige Vorschau des ersten Scanergebnisses auf dem Bildschirm angeboten sowie viele Menüoptionen zur Änderung des Bilds. Vom Bediener eingestellt wird der Scanprozeß grundsätzlich über das Scanprogramm vom Computer oder der Workstation aus. Hersteller hochwertiger Reproduktionsscanner haben sich mit ihren Systemen diesem Trend angepaßt. DTR-, Computer-Publishing- oder EBV-Systeme sind heute High-End-Scanner-Verbund-Systeme, die dem DTP-System ähneln aber mit leistungsfähigeren, hochwertigen Peripheriegeräten und Computern und enstsprechender Software ausgestattet sind. Die Hardware ist meistens für die Ausgabe größerer Formate als DIN A4 ausgelegt. Im folgenden Text bleiben deshalb einfache Scanner für den PC-Liebhaber und Büroanwendungen, wie der Handyscanner, unberücksichtigt.

Flachbettscanner tasten flach liegende Vorlagen quer zur Vorschubrichtung zeilenweise ab.
Das von der Vorlage reflektierte Licht wird zeilenweise auf entsprechend angeordnete Fotohalbleiterelemente projiziert. Diese Scanner sind als Geräte für die Abtastung und Reproduktion von Schwarzweiß- und Farbvorlagen konstruiert.

CCD-Scanner arbeiten in der Regel mit CCD-Sensorzeilen, in manchen Diascannern dient auch ein Flächensensorchip zur Bilderfassung. Die Bau- und Funktionsprinzipe von CCD-Sensoren entsprechen denen der Digitalkamera. Der Projektion des räumlichen Bilds auf die Filmebene in der Kamera entspricht die Projektion der Fläche des Kleinbilddiapositvs oder einer der Zeile der Vorlage oder auf den entsprechenden Sensorchip im Flachbettscanner.

▶ Mehr Informationen über das CCD-Sensor-Prinzip 6.6.1 Bilderfassung mit Digitalkameras.

Beim Scannen eines einfarbigen Fotos oder Graustufenbilds wird diese Vorlage mit CCD-Zeilensenoren abgetastet. Die Vorlage wird dabei zeilenweise von einer Halogenlampe beleuchtet. Das von der Vorlage reflektierte Licht wird auf eine CCD-Sensorzeile projiziert, die aus winzigen Halbleiter-Fotoelementen besteht. Analog zum Lichtstrom entstehen in jedem CCD-Sensor elektrische Ladungspakete, die taktweise zur Digitalisierung, Speicherung und Verarbeitung in ein Transportregister übertragen werden.
Dieser Vorgang heißt englisch »Charge Coupling«. CCD ist die Abkürzung von Charge Coupled Device, das bedeutet ladungsgekoppeltes Bauelement.
Die Vorlageninformation wird dabei zeilenweise in Pixel oder Bildelemente aufgelöst. Eine gescannte Textzeile setzt sich aus mehreren horizontalen Pixelzeilen zusammen.

Die Sensorzeile mit 10 000 aneinandergereihten Sensorelementen ist hier 80 mm lang. Der Abstand benachbarter Sensoren, die die Funktion einer Mikrokamera zur Aufnahme eines Pixels erfüllen, beträgt von Mitte zu Mitte der Sensoren gemessen 0,012 mm bis 0,013 mm. Das entspricht etwa einem Fünftel des Durchmessers eines menschlichen Haares, das 0,06 mm oder 60 µm dick ist.

Standardmäßig bestehen CCD-Zeilen, auch CCD-Arrays genannt, aus Baulängen von 36 mm und weisen auf dieser Strecke 1024, 2048, 3456, 4096 oder 8500

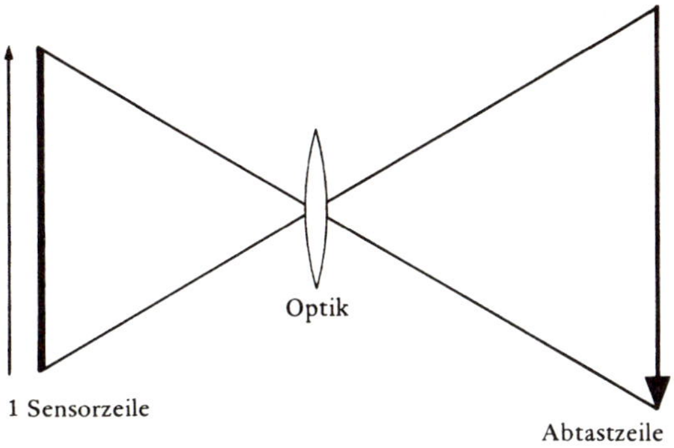

Bild 199.1. Eine lange Sensorzeile (z. B. 1536 Fotoelemente) bedingt eine große Länge des Abtastsystems.

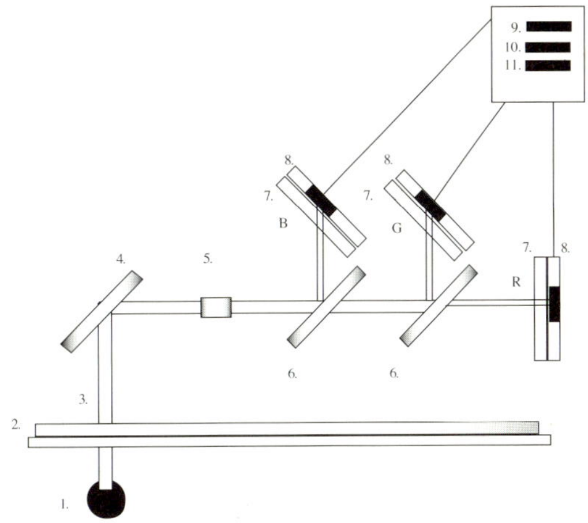

Bild 199.2. One-Pass-Scanner: Modell zur RGB-Farbsignalgewinnung: 1. Lichtquelle, 2. Dia-Vorlage, 3. Licht der Abtastzeile, 4. Umlenkspiegel, 5. Anpassungsoptik, 6. Teildurchlässige Spiegel, 7. Farbfilter: R, G, B, 8. CCD-Sensorzeilen, Alternative: ein Sensorzeilenchip mit je einer R-,G und B-Zeile 9. Signalverstärkung, 10. Analog-Digital-Wandler, 11. Farbraumtransformation RGB => CMYK

Sensorelemente auf. 80 bis 100 mm lange Zeilen mit 6000 bis 10000 Fotoelementen wurden weiterentwickelt und verbessert. Eine höhere Integrationsdichte der Elemente in der Zeilenbreite verbessert Detailwiedergabe, Auflösung und Bildschärfe. Sensoren, die trotz hoher Integration sich nicht gegenseitig stören, haben einen korrekten Rauschabstand. Das ist bei höherwertigen Scannern der Fall. Im anderen Fall wäre die Bilderfassung von vornherein fehlerhaft.

Zur Erfassung von Farbvorlagen mit CCD-Sensorzeilen werden drei Methoden angewandt:

1. Three-Pass-Modus mit RGB-Filtern
   Während Belichtung muß die Abtastzeile dreimal hintereinander über die Vorlagenebene laufen (Three-Pass). Bei jedem Durchgang ist jeweils einer der RGB (Rot, Grün, Blau)-Farbfilter zwischen Optik und CCD-Sensorzeile eingeschaltet, ähnlich der klassischen Farbauszugsherstellung. Aus der Farbvorlage entstehen 3 Dateien, die die Teilfarben Rot, Grün, Blau darstellen.
2. One-Pass-Modus mit RGB-CCD-Zeilen
   Auf eine Kombination aus 3-CCD-Zeilen, die jeweils mit einem anderen Filter der drei additiven Grundfarben versehen sind, wird während des vertikalen Vorschubs das Signal der Abtastzeile mit Hilfe eines Spiegelsystems projiziert. Hiermit lassen sich in einem Durchgang (OnePass) die RGB-Dateien des Motivs gewinnen.
3. One-Pass-Modus mit RGB-Filterrad
   Zwischen Optik und CCD-Sensorzeile wird ein Filterrad mit RGB-Filtern so gedreht, daß von einer projizierten Abtastzeile nacheineinander eine Rot-, Grün- und Blauseparation während des Vorschubs (One-Pass) erzeugt wird. Diese Signale werden nacheinander von der CCD-Sensorzeile registriert.
4. One-Pass-Modus mit 3 CCD-Flächensensoren bei Diascannern
   Über Spiegel erhalten 3 Flächensensoren, die sich jeweils hinter einem anderen Filter der RGB-Farben befinden, die Vorlageninformation.
5. One-Pass-Modus mit einem CCD-Flächensensor in Mosaikfiltertechnik
   Die Diapositiv-Bildinformation wird optisch auf die Fotolemente des CCD-Flächensensors übertragen, die abwechselnd mit RGB-Filtern versehen sind. Wegen der besonderen Augenempfindlichkeit für Grün kommt in der Filtermatrix der Günfilter doppelt so häufig vor wie der Rot- oder Blaufilter.

Kompaktscanner sind Systeme die Bildeingabe, -bearbeitung in einem Gerät vereinigen. Sie werden auch Stand-Alone-Scanner genannt. Sie wurden noch bis in die 90iger Jahre hinein gebaut und sind in manchen Betrieben noch im Einsatz.

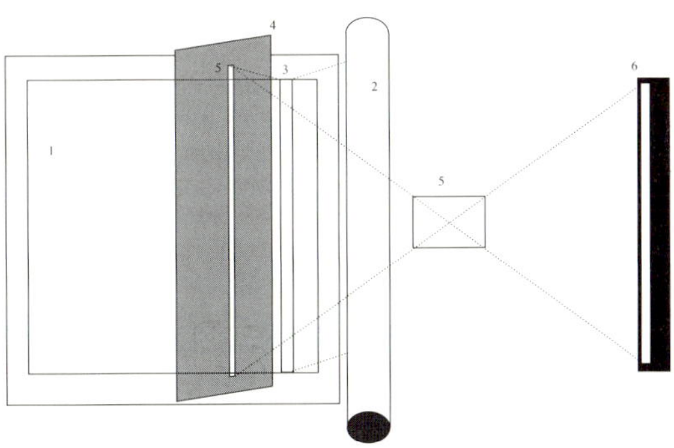

Bild 199.3. CCD-Flachbettscanner-Abtastprinzip
1. Vorlage, 2. Lichtquelle, 3. beleuchtete und bewegte Abtastzeile, 4. Spiegel, 5. projizierte Zeile, 5. Objektiv, 6. CCD-Zeilensensorchip

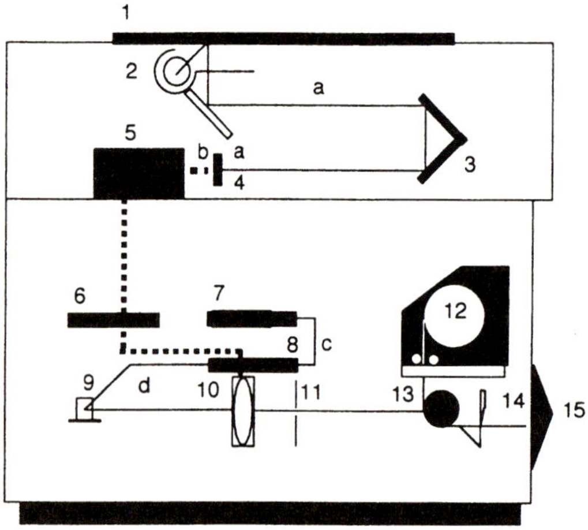

Bild 200.1. Signalverlauf und Signalausgabe an einem Flachbett-Kompaktscanner für Schwarzweiß-Reproduktionen. 1. Vorlagenebene, 2. Halogenlichtquelle, a Licht der gescannten Zeile, 3. Spiegel, 4. CCD-Sensorzeilenchip, b elektrische Signale, 5. Computer für die Signalbearbeitung, 6. Rasterpunktgenerator, 7. Helium-Neon-Lasergenerator, c Laserstrahl, 8. Modulator, d Laserstrahl mit Pixelinformation, 9. Polygonspiegel, 10. Objektiv, 11. Blende, 12. Filmvorratsrolle, 13. Zeilenförmige Filmbelichtung, 14. Filmabtrennung, 15. Filmausgabe bzw. Übergabe an den Entwicklungsautomaten.

Systemeingabescanner sind im Gegensatz zu konventionellen Kompaktscannern ausschließlich für die Bilddatenerfassung und Digitalisierung konzipiert. Ein solcher Scanner ist ein Funktionsbaustein innerhalb eines Verbundsystems für elektronische Bildbearbeitung und Bildausgabe.

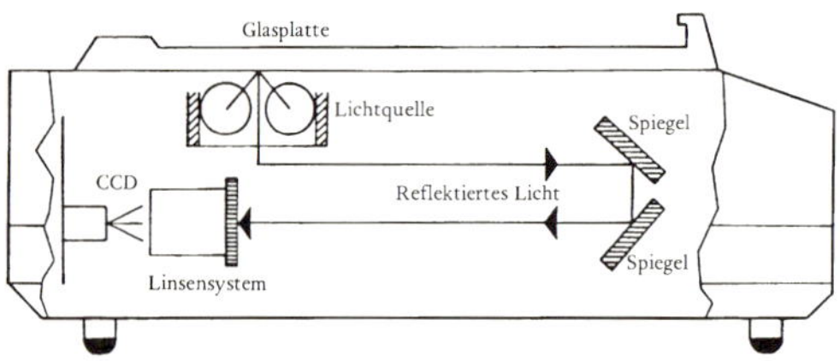

Bild 200.2. DTP-Flachbettscanner oder CCD-Scanner für die Erfassung und Digitalisierung von Bildern werden über Computer und besondere Software gesteuert.

Während des Scannens wird in den allen CCD-Fotoelementen zugeordnetem Mikrokondensatoren eine Spannungsverteilung gespeichert, die den Tonwertabstufungen der abgetasteten Zeilen, Pixel oder Bildelemente entspricht. Das bedeutet, daß elektrische Ladungsmengen analog zu den Tonwerten der Vorlage entstanden sind. Die Ladungspakete werden zur Digitalisierung einem Analog-Digital-Wandler zugeführt.

▶ Weitere Informationen zum CCD-Prinzip in Kap. 6.6.1

Digitalisierung. Die Ladungpakete, die nach der Aufnahme entstanden sind, erhalten erst im Analog-Digital-Wandler, auch Konverter genannt, ihre digitale Form. Das bedeutet, daß jeder Spannungswert durch eine binäre Zahl ersetzt wird. Hierzu wird der gesamte Spannungsverlauf zwischen den ermittelten Maximal- und Minimalwerten des Bilds in gleich große Schritte zerlegt. Je enger die Schritte sind, um so genauer ist die digitale Umsetzung. Wenn die Datentiefe des A/D-Wandlers 8 Bit beträgt, sind $2^8 = 256$ Spannungswerte pro Sensor-Pixel digitalisierbar. Nach der Digitalisierung kann der Computer mit Zahlenfolgen arbeiten, die zusammen mit einer Adresse und Kennzeichnung als Bilddatei abgespeichert werden. Zur visuellen Kontrolle wird die Bilddatei über die Grafik-Karte und einen D/A- oder Digital-Analog-Wandler zur Bilderzeugung auf dem Computer-Bildschirm sichtbar gemacht. Der D/A-Wandler setzt die digitalen Werte in analoge Steuersignale für die Bildschirmelektronik um.
Bei Scannern und Bilderfassungssystemen sind zu unterscheiden:

1. optische Auflösung
2. Eingabeauflösung
3. interpolierte Auflösung

Bild 200.3. Zwei horizontale und zwei vertikale Pixels ergeben eine Rasterzelle beim 60er Raster.

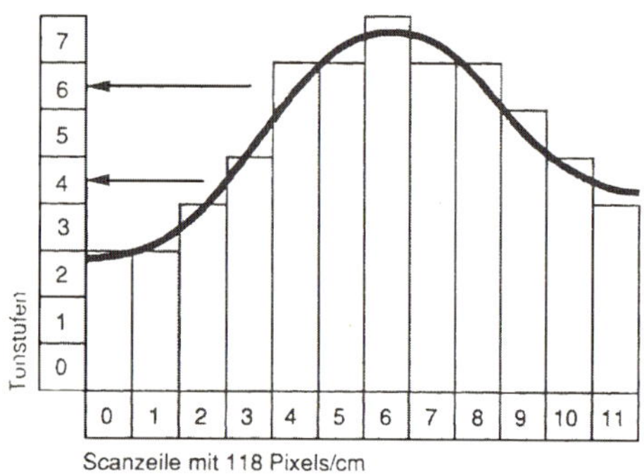

Bild 200.4. Umsetzung analoger in digitale Tonwerte.

Die optische Auflösung errechnet sich beim Flächensensor aus der Multiplikation der Sensorelemente, die in der Breite und Höhe enthalten sind. Beim Zeilensensor werden die Sensorelemente in der Zeilenbreite mit den hierauf abgestimmten vertikalen Vorschubtakten der Zeile multipliziert. Die vertikale Auflösung kann bedingt durch die Vorschubtakte höher sein als die horizontale. Der höhere Wert

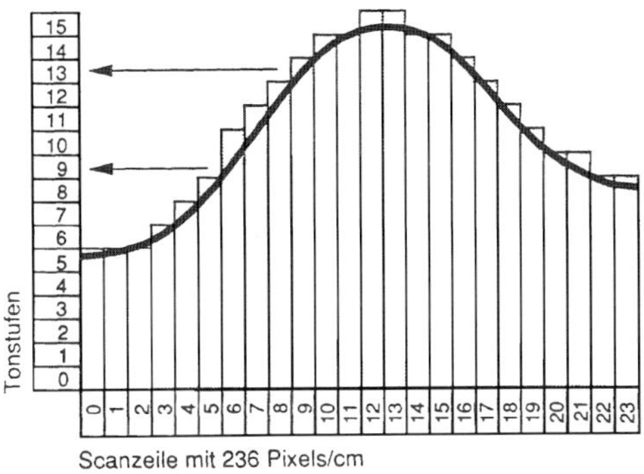

Bild 201.1. Umsetzung analoger in digitale Tonwerte.

entspricht nicht in jedem Fall der wahren optischen Auflösung. Die optische Auflösung gibt an, wieviel Pixel oder Bildelemente der Vorlage wirklich über die optischen Teile und Sensoren des Scanners reproduzierbar sind. Die Eingabeauflösung beschreibt die Takte, mit der ein Scanner Bildelemente oder Pixel auf einer definierten Strecke erfaßt.
Sie wird international in ppi, das heißt picture elements oder pixel pro inch, angegeben. 1 inch wird als 1 Zoll bezeichnet und entspricht 2,54 cm. Wenn ein Scanner eine Strecke in schnelleren Takten oder kürzeren Intervallen abtastet, erhöht sich die Scanauflösung, gleichzeitig verkleinern sich die Scanpixel. Die maximale Eingabeauflösung ist ein Leistungsmerkmal von Scannern. Die interpolierte Auflösung ermöglicht, zahlenmäßig eine höhere Auflösung zu erhalten, weil über die Scansoftware zwischen benachbarte Bildelemente optional oder wahlweise Pixel gesetzt werden, die über die Nachbarpixel errechnet wurden. Viele Reproduktionsfachleute lehnen den künstlichen Eingriff ab, weil die Informations- und Detailwiedergabe hiermit nicht erhöht werden kann. Für CCD-Flachbettscanner werden optische Auflösungen von 300 dpi für DTP-Scanner der unteren Preisklassse zu 6000 dpi für High-End-Scanner angegeben. Diese Auflösung entspricht der Wiedergabe von 2362 Linien/cm. Kleine Vorlagen wie Farbdiapositive im Standformat 24 mm mal 36 mm, die für den Druck vergrößert und fein gerastert werden, benötigen hohe Eingabe- oder Scanauflösungen. Grundsätzlich muß der Vergrößerungsmaßstab V, der aus der klassischen Reproduktion bekannt ist, mit der Rasterweite R, mit der das Bild gedruckt wird, und einem Qualitätsfaktor Q, der zwischen 1,4 und 2 liegen kann, multipliziert werden, um die richtige Scanauflösung für das Bild zu erhalten. Hierbei sollte mit den internationalen Größen gerechnet werden, also mit ppi oder pixel per inch für die Scancingabeauflösung A_S, und lpi oder Lines per inch für die Rasterweite R. Die Ausgabeauflösung A_X bei der in der Seitenbeschreibungssprache PostScript aus vier Scanpixeln eine Matrix zur Erzeugung eines Rasterpunkts errechnet wird, soll immer in dpi oder dots pro inch angegeben werden. Rasterpunkte können pro Matrix aus maximal 256 Pixeln in verschiedenen Größen aufgebaut und auf Film, Proofmaterial oder Druckplatten als mehr oder weniger sichtbare Struktur für ein Bild ausgegeben werden.

▶ Mehr Informationen über den Abbildungs- oder Reproduktionsmaßstab V bei Projektionsgeräten im Kapitel 6.2.

Die Formel für die Berechnung der korrekten Scanauflösung A_S in ppi unter Berücksichtigung der Rasterweite R in lpi und des Reproduktionsmaßstabs V sowie des Qualitätsfaktors Q (Q = 1,4 bis 2),
der wegen der Rasterwinkelung zu berücksichtigen ist, lautet:

$$A_S = V \bullet R \bullet Q$$

Die Formel für die Auflösung des vom Raster-Image-Prozessor gesteuerten Ausgabesystems A_X in dpi unter Berücksichtigung der Rasterweite R in lpi und der darstellbaren Tonwertabstufungen eines Farbtons oder Graustufen G ohne Weiß lautet:

A_X = [illegible] • R

Scanner- und Druckauflösung sind technisch bedingt unterschiedlich, sie können deswegen nicht einfach gleichgesetzt werden.

Neben der Abtasttechnik, der maximalen Vorlagengröße und Auflösung spielen bei Flachbettscannern noch die folgenden Sachverhalte, Parameter oder Einflußgrößen, abgesehen vom Preis, eine Rolle:
1. Vorlagenarten, die erfaßt werden können,
2. Dynamikumfang,
3. Datentiefe,
4. Scansoftware und Dateiformate.

Der Preis beim High-End-Scanner kann 80mal höher sein als beim einfachsten PC-Scanner.

1. Vorlagenarten, die erfaßt werden können
   Viele CCD-Scanner sind für alle gängigen Vorlagentypen einsetzbar. Mit Hilfe von OCR-Software können Texte erfaßt und in Textverarbeitungsprogrammen weiterverarbeitet werden. Manche Scanner sind für die Erfassung besonderer Vorlagen konzipiert, wie Texte, Kleinbild-Farbdiapositive, Schwarzweißbilder. Über die Software lassen sich solche Vorlagen im Batchbetrieb vollautomatisch nacheinander einscannen.
2. Dynamikumfang
   Der Dynamikumfang ist identisch mit der Dichtedifferenz oder dem Dichteumfang von Vorlagen.

▶ Grundlegendes zum Dichteumfang bei „Fotografische Meßtechnik" im Kapitel 6.4

Bild 202.1. Scan-Einstellfenster.

Bild 202.2. Pixelzustände bei Datentiefe 2^4.

Ein Dichte- oder Dynamikumfang liegt zwischen 2.0 und 4.0 je nach Scanner. Je höher die Zahl ist, desto besser können die Sensorelemente Unterschiede in den Bildtiefen, den dunklen Bereichen der Vorlagen, registrieren. Das ist für die qualitative Bildreproduktion bedeutungsvoll.

3. Datentiefe. Die Datentiefe besagt, daß jedem abgetasteten Bildpunkt prinzipiell durch den A/D-Wandler ein binärer Zahlenwert aus einer limitierten Werteskala zugeordnet wird.
   Die Datentiefe wird auch Bit- oder Farbtiefe genannt. 1 Bit besagt, daß der Scanner $2^1 = 2$ Stufen darstellen kann. Das genügt für Strich-Bitmap-Bilder. Es können durch 2 Schaltzustände nur Weiß oder Schwarz dargestellt werden. Die Datentiefe 8 Bit begrenzt in der Seitenbeschreibungssprache PostScript, der Standardsoftware in DTR-Systemen, die Graustufen, die über logische Schaltzustände in digitalen Systemen pro Pixel oder Bilddatei erzeugt werden können. Scanner müssen für die Wiedergabe von Farb- und Tonwertabstufungen diese Datentiefe von 8 Bit aufweisen. Hiermit lassen sich maximal $2^8 = 256$ Abstufungen registrieren. Wenn 3 Dateien in den Farben Rot, Grün, Blau erfaßt worden sind, liegen 3 Farbdateien vor, deren Farben sich untereinander mischen. Es ergeben sich somit maximal 16 777 216 Farbtonwerte aus RGB-Kombinationen, die gespeichert werden können. In der Bildbearbeitung muß letztlich die

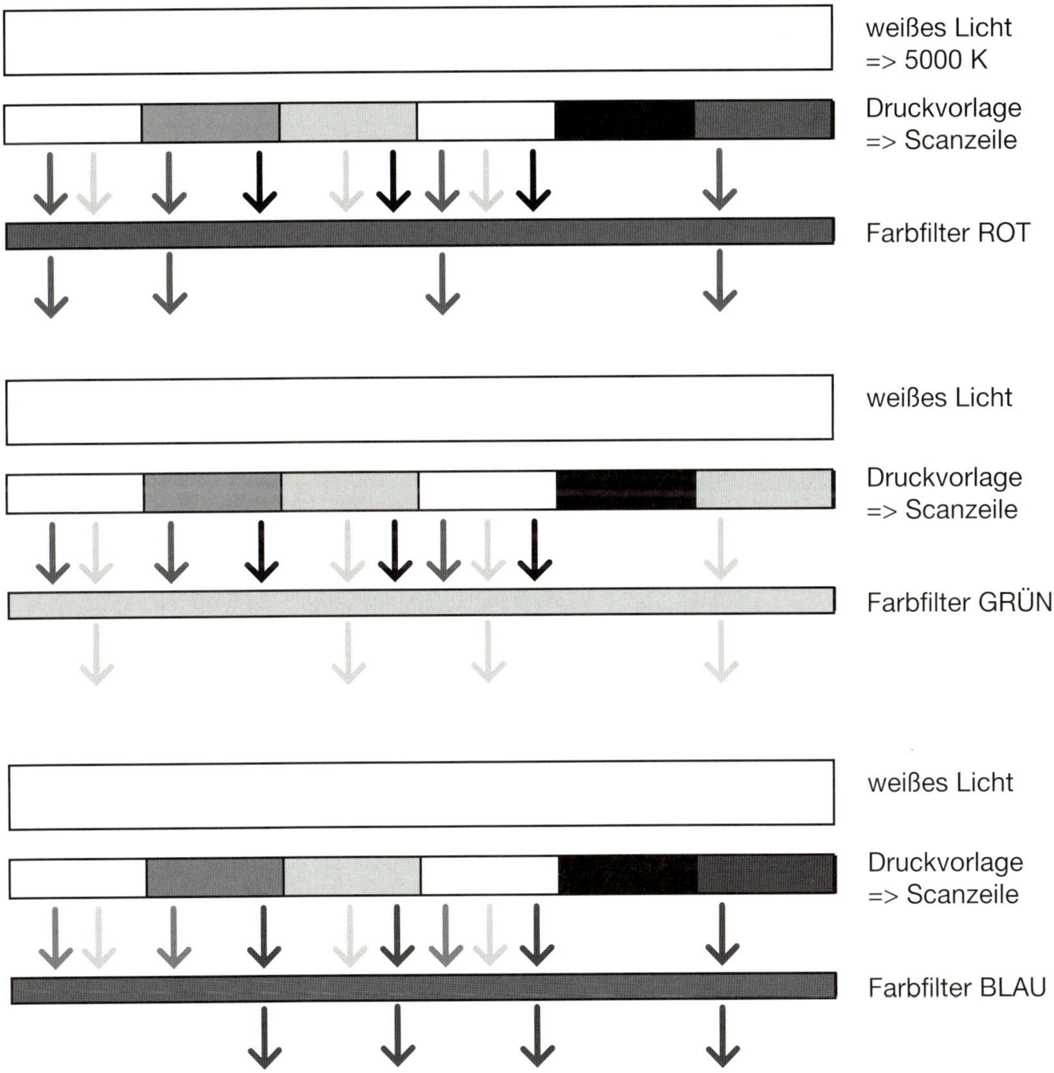

Bild 203.1. Farbfilterfunktion.

Datei in den CMYK-Modus, also die Primärfarben der Drucktechnik umgerechnet werden.
Die Normdruckfarben heißen Cyan, Magenta, Yellow und Schwarz. Schwarz wird mit K gekennzeichnet. K ist die Abkürzung von Key und bedeutet Schlüssel oder hier Schlüsselfarbe.
Die Menge der speicherbaren Farbabstufungen erhöht sich um den Faktor der K-Datei. Viele Scanner weisen eine höhere Datentiefe als 8 Bit auf, nämlich 10 bis 16 Bit, obwohl nur mit 8 Bit Datentiefe ausgegeben werden kann.
Die erhöhte Datentiefe ist dennoch sinnvoll, weil bei einigen CCD-Zeilensensoren ein Qualitätsabfall bei der Informationserfassung feststellbar ist.
Bei der Berechnung des Bilds und der Umsetzung in den 8-Bit-Zustand lassen sich nämlich die fehlerhaften Bildsignaldaten, die auch Müllbits genannt werden, aussortieren und durch fehlerlose ersetzen.
Blooming oder Ausblühen ist ein Fehler, der in CCD-Sensoren auftreten kann. Hierbei handelt es sich um eine Überladung eines Fotoelements durch Licht ähnlich einer Überstrahlung und einem Überlaufen der Ladung in den Nachbarbereich. Dort wirkt sie sich signalverfälschend aus. Im Bild erscheinen ein überdimensionierter Lichtreflex und Unschärfe. Ein anderer CCD-Fehler zeigt sich in Farbsäumen an feinen dunklen Bildlinien. Ursache ist eine ungenaue Registrierung der Linienbreite. Benachbarte Sensoren außerhalb der projizierten Breite reagieren teilweise mit. Das ist besonders bei zu geringer Auflösung von Sensorelementen der Fall.

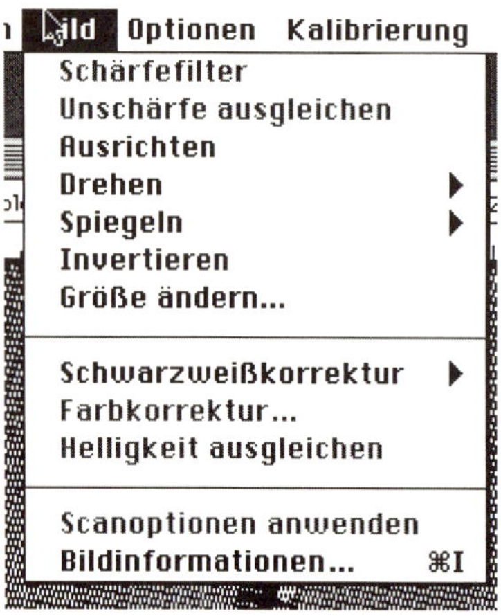

Bild 204.1. Scanprogramm, Bildmenü, Befehle und Optionen.

Scansoftware und Datenformate.
Nach dem Einschalten des Scanners kalibriert sich das Scansystem selbsttätig. Von der Scansoftware aus wird der Scanprozeß am Computer für eine zu digitalisierende Vorlage eingestellt, kontrolliert und gegebenenfalls verbessert. Sie ist zusammen mit der Scanner-Teibersoftware oder als Programmerweiterung für ein Bildbearbeitungsprogramm, beispielsweise als PlugIn für Photoshop, auf der Workstation installiert. High-End-Scanner werden in der Regel über Spezialprogramme wie Linocolor und Colorfactory gesteuert. Für die Texterfassung ist OCR-Software, wie Omnipage oder Textbridge, notwendig. Das Scanprogramm analysiert die Art der Vorlage, die Minimal- und Maximaldichte der Vorlagen, die Helligkeitsverteilung, den Bildkontrast und das Vorlagenformat. Diese Parameter können auch manuell eingegeben werden.
Nach einem Vorabscan, der als Vorschaubild auf dem Bildschirm der Workstation erscheint, markiert der Bediener den Bildausschnitt und gibt die Zielmaße oder den Reproduktionsmaßstab, die Datentiefe, das Bildformat an. Ferner werden Entrasterungoptionen angeboten, falls eine gedruckte Bildvorlage gescannt werden muß. Voreinstellungen, wie Auflösung, Dateigröße, Kontrast, Fabmodus, Farbbalance, Graubalance, können unter Sichtkontrolle verändert werden. Das Bild wird nach der ersten Kontrolle im Vorschaufenster zum endgültigen Scannen freigegeben. Problembezogene Scans werden in Bildbearbeitungsprogrammen wie Photoshop oder ColorAssistent retuschiert oder nachbearbeitet. Hier erfolgen auch die Bildänderungen, die von den Auftraggebern gewünscht werden. Die Einstellung druckverfahrensbezogener Parameter für die Ausgabe wird ebenfalls ermöglicht.

▶ Mehr informationen über Bildbearbeitung an der Workstation im Kapitel 6.7.

Für die **Entrasterung** vorliegender Reproduktionsfilme oder Farbauszüge gibt es spezielle Softwarefunktionen. Sie heißen: Copydot-Scannen und Descreening. Scanner wie der Tecsa 3000 sind für diese Funktionen spezialisiert.
Copydot-Scannen ist Scannen von gerastertem Film. Ziel ist die Digitalisierung von vorhandenen oder archivierten Rasterfilmen. Hierbei wird die Rasterung Punkt für Punkt digital erfaßt.
Erforderlich ist eine hohe Scanauflösung, beispielsweise bei einem 60er Raster 500 Pixel/cm oder 1270 dpi. Dieses ergibt ein Strichbild mit einer scharfen Wiedergabe jedes Rasterpunktes, einschließlich der Buchstaben und Linien, auch wenn das Bild nach dem Scannen vergrößert wird.

▶ Grundlegendes über Descreening finden Sie im Kapitel 6.7 auf S. 217.

▼

1. Woraus bestehen CCD-Zeilensensoren?
2. Was bedeutet Pixel?
3. Was ist ein Systemscanner? Wie heißt der fachbezogene Gegenbegriff?
4. Was besagt die Bittiefe in bezug auf den Scanner?
5. Wie ist Farbtrennung bei CCD-Abtastung erreichbar?

6.6.3 Trommelscanner zur Vorlagenerfassung

Mit Trommelscannern werden auf einer Abtastwalze befestigte Aufsichts- und Durchsichtsvorlagen Punkt für Punkt, Zeile für Zeile elektronisch reproduziert. Während die Walze mit hoher Umdrehungszahl rotiert, schiebt sich der Abtastkopf zur Signalerfassung entlang der Vorlage und Walzenachse. Die Abtastgeschwindigkeit liegt zwischen 6 und 15 s/cm. Sie ist abhängig von Abtastfeinheit und Rasterweite. Die üblichen Abtastfeinheiten liegen zwischen 200 und 666 Linien/cm. Strichreproduktionen benötigen höhere Abtastfeinheiten, beispielsweise bis zu 1600 Linien/cm für Feinstricharbeiten.
Wie wird elektronisch abgetastet und korrigiert?
Die Lichtquelle erzeugt einen kleinen, intensiv beleuchteten Punkt auf der Vorlage. In der Abtasteinheit wird das Lichtbündel durch Blenden begrenzt.

Der abgetastete Lichtpunkt wird über Farbauszugs- oder Interferenzfilter in rote, grüne und blaue Lichtanteile zerlegt, die jeweils einem Fotomultiplier zugeleitet werden. Interferenzfilter reflektieren einen festgelegten Spektralbereich und lassen die übrigen Spektralbereiche durch.
Die Fotomultiplier (Elektronenvervielfältiger) wandeln Licht in analoge elektrische Signale um.

Digitalscanner wandeln die Dichtewerte der Farbanteile und die hieraus entstandenen analogen Stromwerte oder die elektrischen Spannungen der Fotomultiplier gleich in festgelegte Zahlenwerte um. Das geschieht über Analog-Digital-Wandler.
Die Zahlen werden in binärer Form kodiert und zwischengespeichert. Die erfaßten Werte werden mit gespeicherten Eingaben oder druckbezogenen Datensätzen zur Farbkorrektur verrechnet, nämlich reduziert oder erhöht.

Das geschieht während und nach dem Scannen über Scan- und Bildbearbeitungsprogramme im Computer. Für jeden Abtastpunkt entstehen schließlich korrigierte digitalisierte Signalfolgen der Teilfarben Gelb,

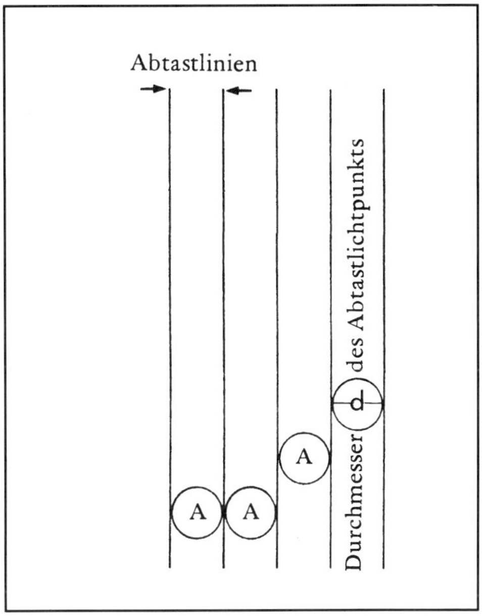

Bild 205.2. Abtastlinie und Abtastlichtpunkt.

Magenta, Cyan, Schwarz. Im Rechner werden die von den Fotomultipliern stammenden Signale gemäß Einstellung im Programm beeinflußt durch:

Standardfarbwertkorrektur,
selektive Farbwertkorrektur,
Farbstichkorrektur,
Graubalance,
Farbenmischungsbeeinflussung,
Spitzlichtaufsteilung,
Gradationskorrektur,
Schreibdichtebegrenzung, Licht und Tiefe sowie Farbrücknahme.

▶ Grundlegendes finden Sie zur Analog-Digital-Wandlung im Kapitel 6.6.2 sowie zur Bildbearbeitung im Kapitel 6.7 und 6.11.

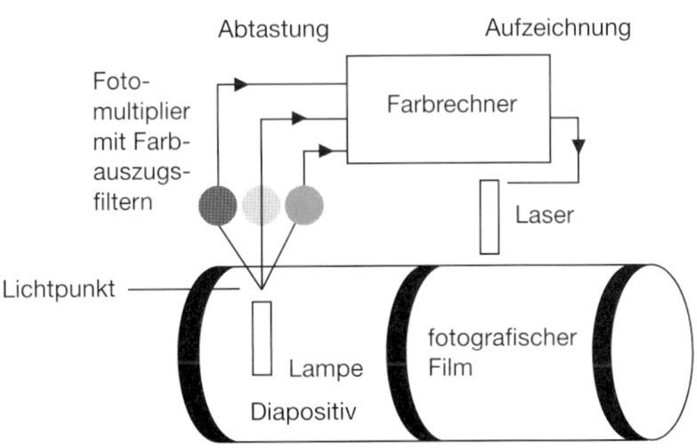

Bild 205.1. Kompakt-Trommelscanner-Prinzip.

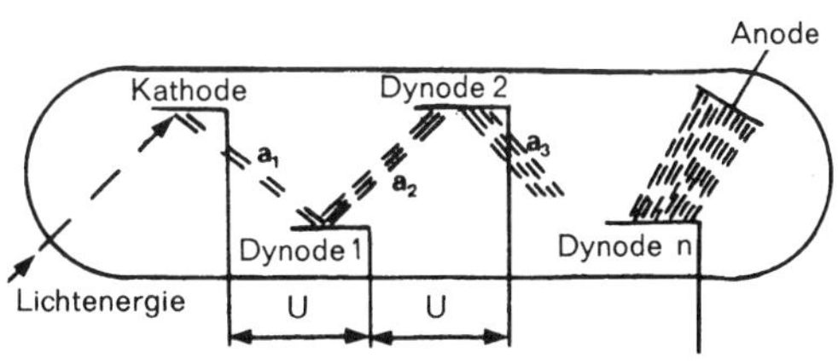

Bild 205.3. Funktionsschema des Fotomultipliers zur Lichtumwandlung im Scanner.
Licht, das auf die Kathode trifft, wird in einen Elektronenstrom verwandelt, der von Dynode zu Dynode immer mehr verstärkt wird.

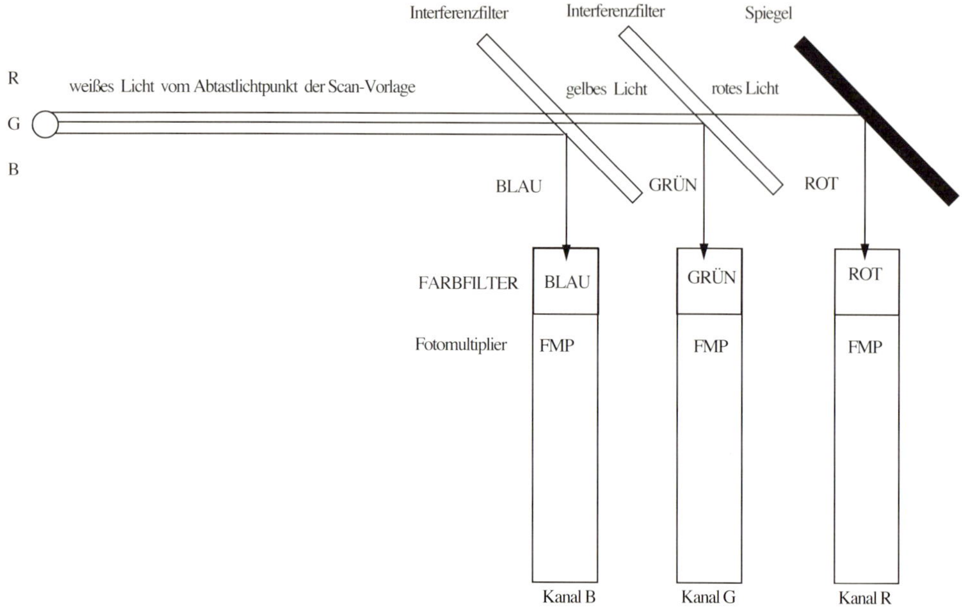

Bild 206.1. RGB-Signalgewinnung bei Tommelscannern.

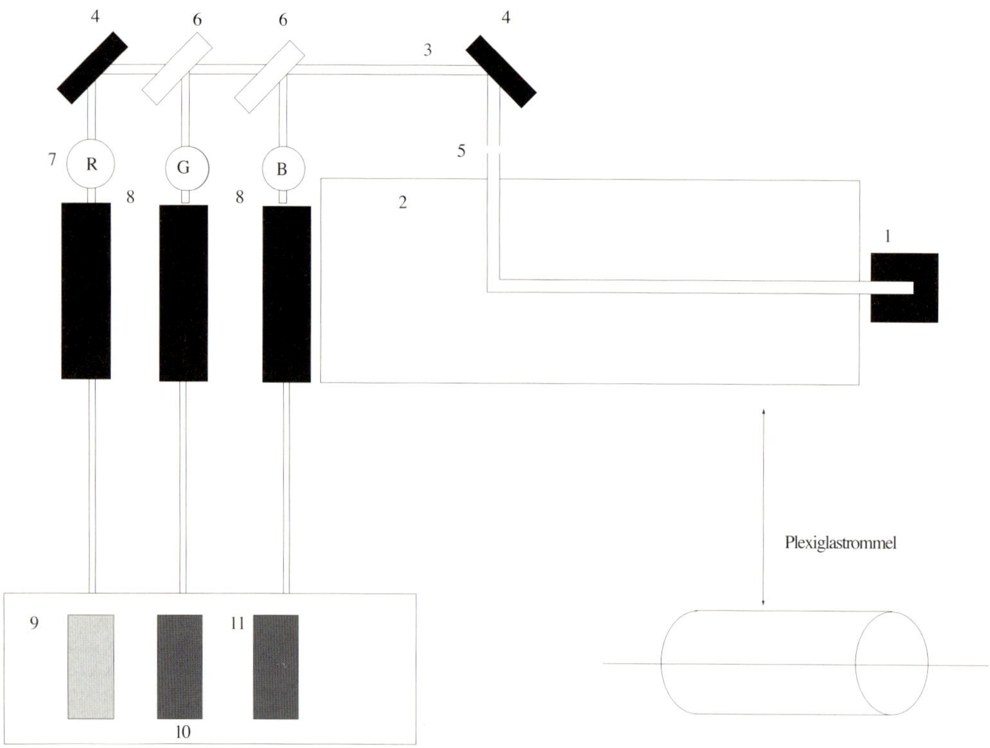

Bild 206.2. Farbenseparation beim Trommelscanner
1. Lichtquelle, 2. Dia-Vorlage, 3. Licht vom Abtastlichtpunkt, 4. Umlenkspiegel, 5. Anpassungspotik, 6. Teildurchlässige Spiegel, 7. Farbfilter R, G, B, 8. Fotomultiplier für R-, G-, B-Kanal, 9. Signalverstärkung, 10. Analog-Digital-Wandler, 11. Farbraumtransformation: RGB => CMYK.

Digitale Farbumrechnungen beziehen sich zum Teil auf Farbtabellen, die als Daten gespeichert sind. Durch die Bildeinstellung können die Tabellenwerte verändert werden. Die zu ändernde Farbe wird im Prinzip einem Tabellenplatz zugeordnet und durch die korrigierte Datenfolge ersetzt.

Das Funktionsschema des alten Kompaktscanners zeigt, daß druckbezogene Bildumrechnungen und -änderungen während des Scannens erfolgten. Gegenwärtig finden sie in der Regel in der Bildbearbeitung nach dem Scannen oder im PostScript-RIP-Prozeß vor der Bildausgabe statt. Hier laufen Sie zum Teil automatisch auf der Basis komplexer programmierter Standards, Routinen und Gesetzmäßigkeiten ab.

Moderne Trommelscanner sind ähnlich den Flachbettscannern Bilderfassungssysteme, die über Computer mit Scansoftware einstellbar sind. Sie ermöglichen die Digitalisierung von Vorlagen für ein DTP-, DTR- oder Computer Publishing-System sowie für die Herstellung von Datenträgern, beispielsweise CDs. Von ihnen sind die Kompaktsysteme oder Stand-alone-Scanner zu unterscheiden mit integrierten computergesteuerten Systemen zur Bildeingabe, Bildverarbeitung, Ausgabe von Reproduktionsfilmen für die Seitenmontage oder Dateien für die elektronische Druckformherstellung. Zuletzt wurden sie über spezielle Software und Link-Systeme für den Datenaustausch mit Standardcomputern zur Ausgabe auf PostScript-Systemen verbunden. Über besondere Software wird beim OPI- oder Open-Prepress-Interface-System zum speicherintensiven Feindatenbestand, der nach dem Scannen eines Farbbilds vorliegt, eine niedrigaufgelöste Bildversion erzeugt, die für Layoutzwecke und die Text-Bild-Integration dient. Erst kurz vor der Endausgabe wird diese Version durch die Ursprungsversion automatisch ersetzt.

Modell für einen Farbmoduswechsel (Farbumrechnungsansatz) von RGB => YMC:

W => Weiß

W - B => R + G => Y => Y_{sub}

W - G => R + B => M => M_{sub}

W - R => G + B => C => C_{sub}

RGB-Farben => Korrektur für subtraktive Prozeßfarben

▶ Mehr Informationen über die Seitenbeschreibungssprache PostScript siehe Stichwortverzeichnis.

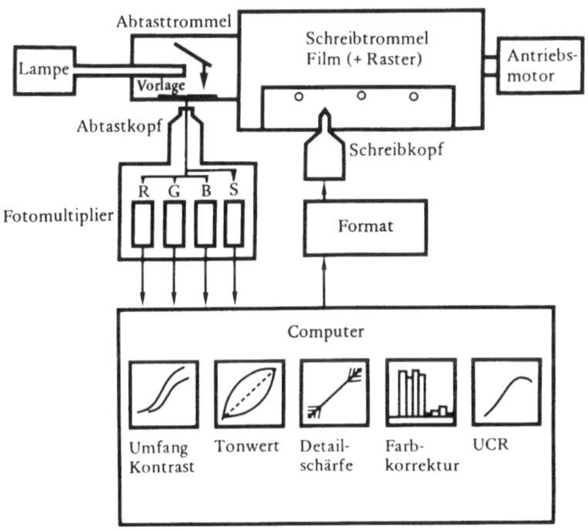

Bild 207.1. Funktionsschema eines Kompaktscanners der ersten Generation.

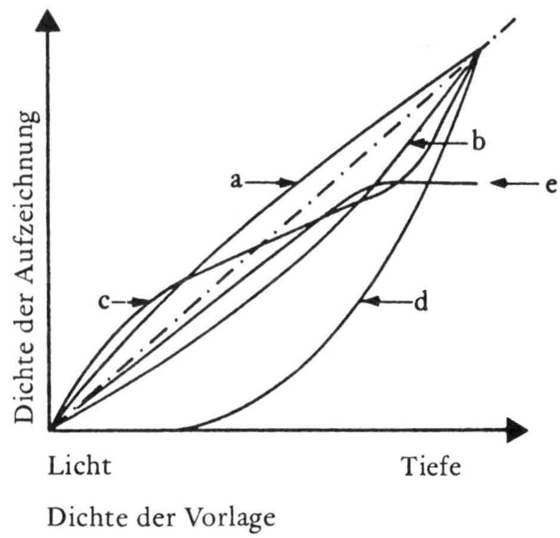

Bild 207.3. Beispiele für mögliche Bildkontraständerungen.

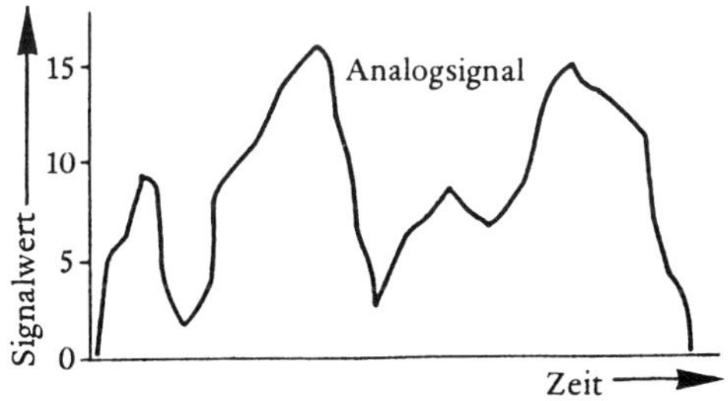

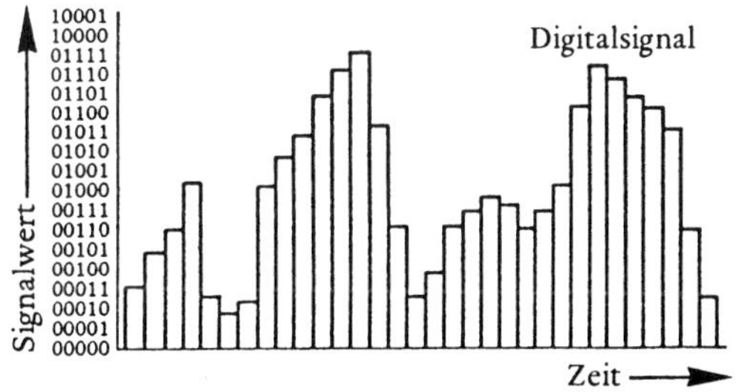

Bild 207.2. Analoge und digitale Signalfolge.

Die kleinen DTP-Trommelscannersysteme sind sehr leistungsfähige Nachfolger der großen komplex gebauten großen High-End-Trommelscanner. Die modernen Trommelscanner unterscheiden sich von den großen High-End-Trommelscannern, die nach einer Phase der Bewunderung ab 1990 wegen ihrer Größe und technischen Komplexität abfällig als Dinosaurier bezeichnet werden, vor allem in folgenden Sachverhalten: reduzierte Größe, weitgehender Ersatz von Tastaturen, Reglern, Schaltern, Bedienfeldern durch Verlagerung der Einstellfunktionen in die Scansoftware- und Bildbearbeitungssoftware, in der Regel Erfassung und Weitergabe der Vorlage im RGB-Farbensystem, nur noch zum Teil bei Reproduktionssystemen unmittelbare Umrechnung in den CMYK-Farbmodus, Scharfzeichnung oder Unscharfmaskierung durch Konturenerzeugung aus mehreren benachbarten Abtastspuren durch einen besonderen Rechenprozeß für Signalverknüpfungen, Beschränkung auf die Herstellung digitaler Text- und Bilddateien, die außerhalb des Scanners gespeichert, weiterbearbeitet oder aufbereitet werden können, Steuerung über Standardhardware und -software, Verbindung über USB-, Firewire- oder SCSI-Interface mit Computer oder Workstation, Einbindung in ein vernetztes Publishing-System mit verschiedenen Ausgabesystemen für die Druckproduktion und Medienherstellung. Trommelscanner gibt es auch in vertikaler Bauweise mit kleiner Grundfläche für optimale Platzausnutzung im Betrieb. Für die Bildeinstellung wird wie beim CCD-Flachbettscanner nach automatischer Scannerkalibrierung ein Vorschaubild, auch Prescan oder Preview genannt, im Scanprogramm auf der Workstation erzeugt. Die Bildeinstellung im Scan-Programm gleicht derjenigen beim CCD-Flachbettscanner.

▶ Informationen über die Bildeinstellung finden Sie u. a. auf den Seiten 212 ff.

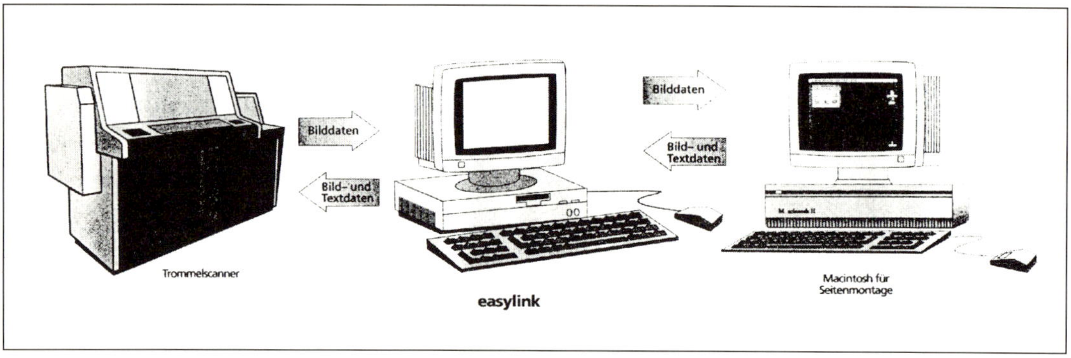

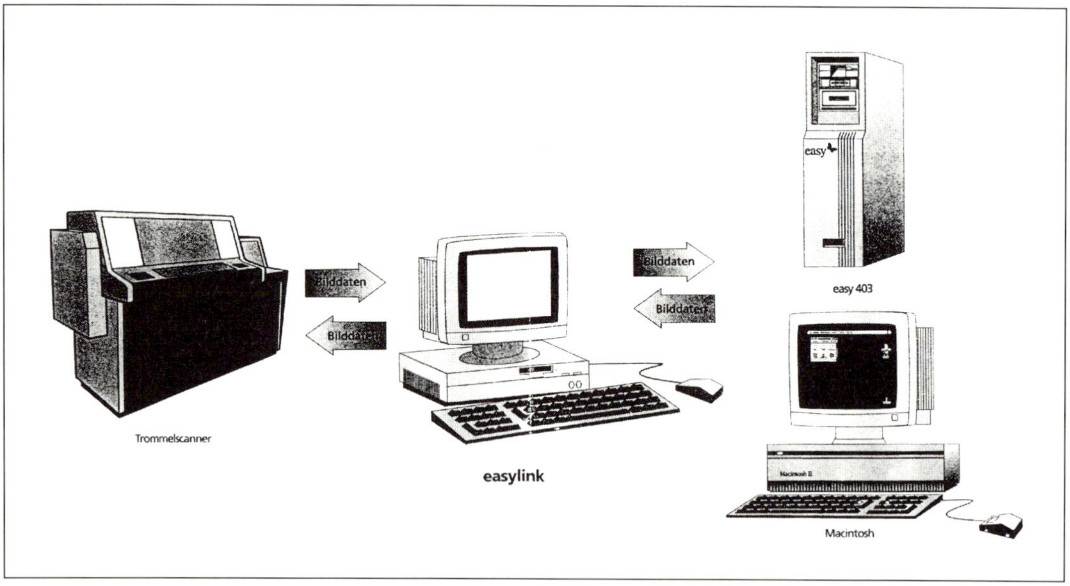

Bild 208.1. Verbindung von High-End-Kompaktscannern über Link-Systeme mit DTP-Systemen (Zwischenlösung).

High-End-Trommelscanner haben eingebautete Schnittstellen zur Verbindung mit vernetzten Standardcomputern, erlauben das Erfassen größerer Formate, beispielsweise 65 cm x 50 cm, bieten höchste Abtastgeschwindigkeiten bei 23 Umdrehungen pro Sekunde und Auflösungen von etwa 3150 L/cm, also 8000 ppi oder spi (samples pro inch). Sie sind mit optimaler Software und teilweise mit eigenen Rechnern zur Bildanalyse und Bildeinstellung vor dem Scannen ausgestattet. Größeren Trommelscannern werden separate Geräte für die Vorlagenmontage und die Arbeitsvorbereitung zugeordnet. DTR-Trommelscanner haben gegenüber den verbreiteten CCD-Flachbettscannern folgende Vorteile: Das serielle Erfassen der einzelnen Pixel verhindert Rauscheffekte oder gegenseitige Störungen. Starke Lichtquellen sind wegen der hohen Drehzahl der Trommel einsetzbar. Die Bildtiefen werden intensiver beleuchtet. Die Fotomultiplier reagieren sensibler auf Tonwertänderungen in den

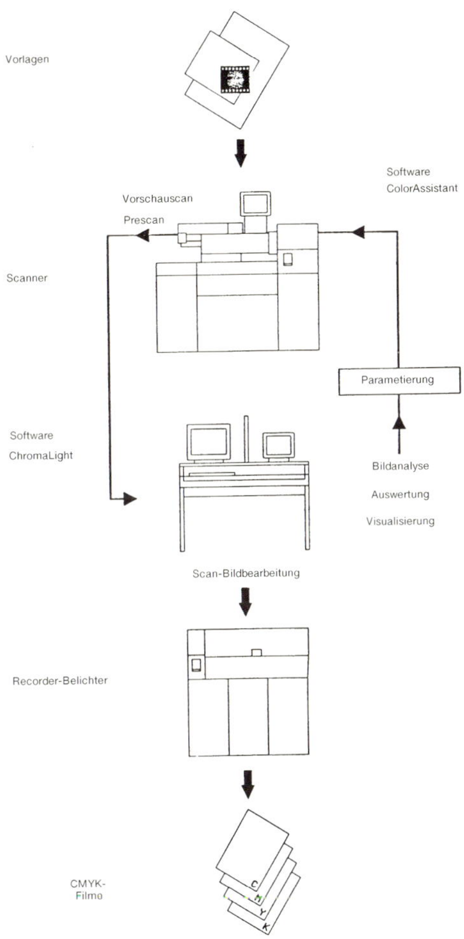

Bild 209.1. Automatische Bildanalyse, Bildeinstellung nach dem Prescan.

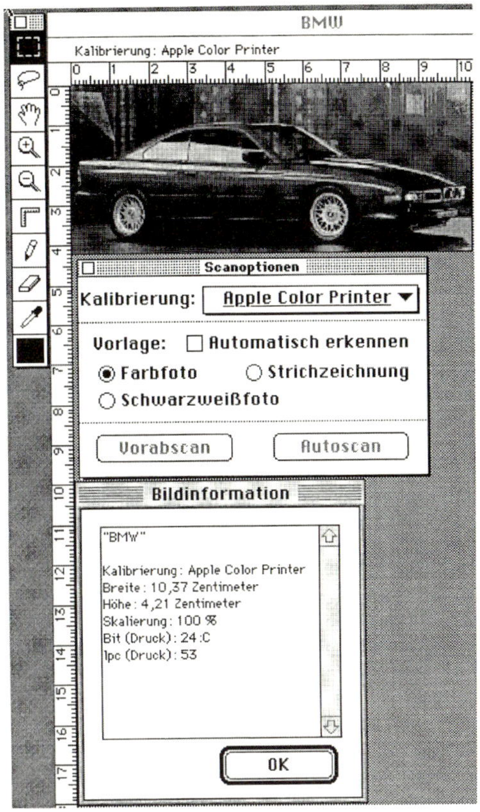

Bild 209.2. Scanprogramm: Dialogfenster.

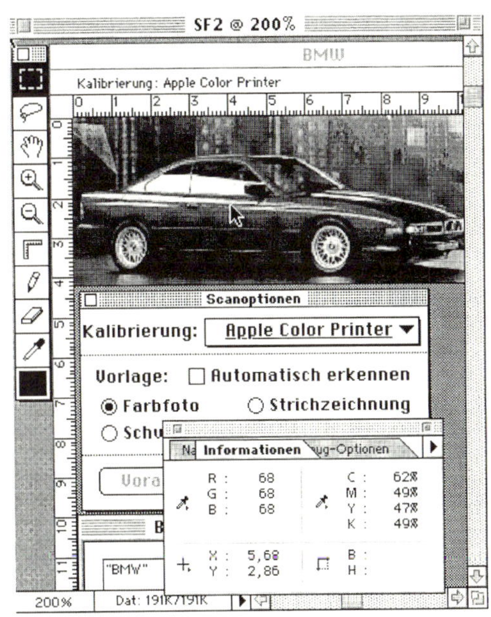

Bild 209.3. Meßwerte im Informationsfenster.

Große Workstations sind zum Teil mit zwei Bildspeichern ausgerüstet. Ein Farbdiapositiv im Kleinbildformat belegt nach dem Scannen den Speicherplatz von 5 MB. Im Vergleich dazu besetzt eine maschinengeschriebene Textseite im Format A4 nur etwa 5 KB. Die Bildbearbeitung braucht zusätzlichen Speicherplatz. Die allgemeine Bildqualität ist mit dem Auflösungsvermögen verbunden. Hochauflösung erfordert längere Rechenzeiten. Bei Korrekturen und Veränderungen verlängert sich der Rechenprozeß nochmals in Abhängigkeit vom Auflösungsvermögen. Leistungsstarke Rechner ermöglichen ferner kontinuierliches Arbeiten ohne Wartezeiten und Multitasking-Betrieb, so daß mehrere Arbeiten an der Workstation nebeneinander ablaufen können.

6.7.1 Grundlegende Bildeinstellungen, Retuschen und Änderungen

Bildbearbeitungsprogramme bieten neben kreativen Funktionen technische Funktionen für eine erfolgreiche Reproduktion an. Sie dienen der Bildeinstellung in bezug auf das Druckverfahren. Es gibt Funktionen für die Beeinflussung von Bildformat, Dateigröße, Dateientransfer, Datenkompression, Tonwertkorrektur, Messung, Kontrast- und Schärfeverbesserung, Beseitigung von Bildfehlern und Störungen, Farbraumumrechnungen, Farbkorrekturen, Farbtrennung, Farbmischungsänderungen, Vergrößerung und Verkleinerung von Farbflächen, Grau- oder Farbbalance, Freistellungen, Rasterung, Text- und Bild-Bild-Integration. Bildbearbeitungsprogramme arbeiten pixelorientiert. Das weitverbreitete Programm Photoshop weist alle Funktionen für die Reproduktion und Druckvorbereitung auf.

Im folgenden werden die wichtigsten Funktionen kurz erläutert:

Eine **Optimierung der Bildschärfe** ist nach dem Scannen und der Übernahme von Bildern aus Photo-CDs oft notwendig. Hierzu stellen Bildbearbeitungsprogramme spezielle Filter und Einstelloptionen zur Verfügung, die verschiedene Grade der Schärfeverbesserung erlauben. Die Filter heißen Unscharfmaskierung oder USM, Scharfzeichnen und Stark Scharfzeichnen. Bei der Unscharfmaskierung wird eine Datei mit errechneten verwischten Kontraststufen erzeugt, die von der Vorlagendatei zur Optimierung der Detailschärfe in der Berechnung des neuen Bilds subtrahiert wird. Bei früheren High-End-Scannern wurde das USM-Signal über einen separaten vierten Fotomultiplier und einen

Bild 212.1. Pixelstruktur in Bildbearbeitungsprogrammen.

Bild 212.2. Pixelstruktur Monitor-Bildausschnitt vor Vergrößerung.

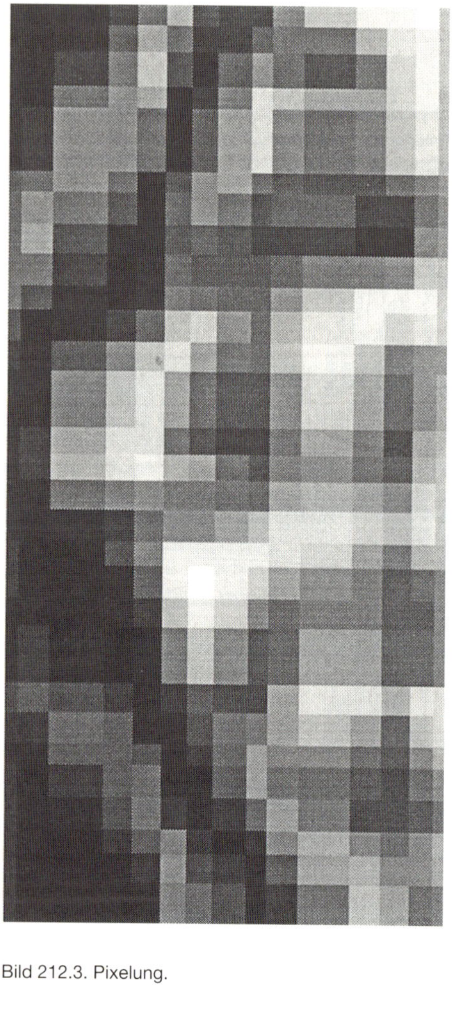

Bild 212.3. Pixelung.

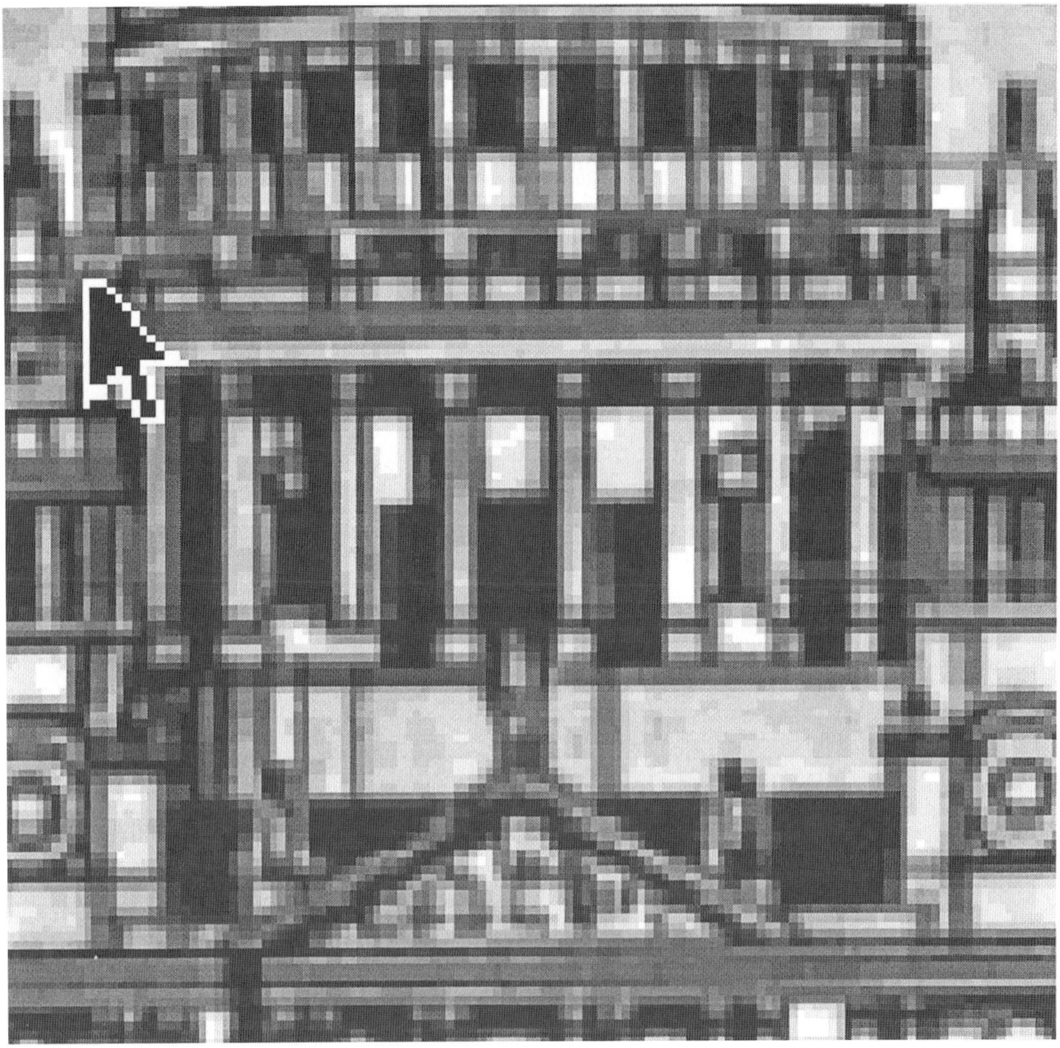

Bild 213.1. Monitor-Bildausschnitt (gezoomt) mit sichtbarer Pixelung.

Rechenprozeß gewonnen. Dabei wurde von jedem Bildpunkt ein Kernsignal und ein regelbares Umfeldsignal zur Ermittlung von Tonwertsprüngen gewonnen und so verrechnet, daß zwischen registrierten Tonwertübergängen eine Kontraststeigerung erfolgte.

Weiß- und Schwarzeinstellung. Für die Ausgabe im Druck kann über ein Dialogfeld die Bilddatei Weiß und Schwarz in bezug auf das aktuelle Bild abgeändert oder festgelegt werden. Mit virtuellen Weiß- und Schwarzpunktpipetten, also speziellen Wekzeugen oder Tools, läßt sich der Weiß- und Schwarzpunkt im Bild verändern. In der Regel können die Werte in RGB-Zahlen von 0 für Schwarz bis 255 für Weiß oder in CMYK-Rasterprozentsätzen zwischen 0 % für Weiß und 100 % für Schwarz gemessen werden.

Dem Weiß und Schwarz der verschiedenen Vorlagen sind beispielsweise im Offsetdruck folgende Flächendeckungsgrade zugeordnet:

Gelb:	5 % – 95 %,
Magenta:	5 % – 93 %,
Cyan:	7 % – 98 %,
Schwarz:	0 % – 70 %.

Zwischen diesen Prozentsätzen für Weiß und Schwarz liegt die Abstufung der Tonwerte, die im Druck wiedergegeben werden können. Farbstichige graue Tonwerte

Bild 214.1. Prinzip des Raster-Image-Prozessors (RIP).

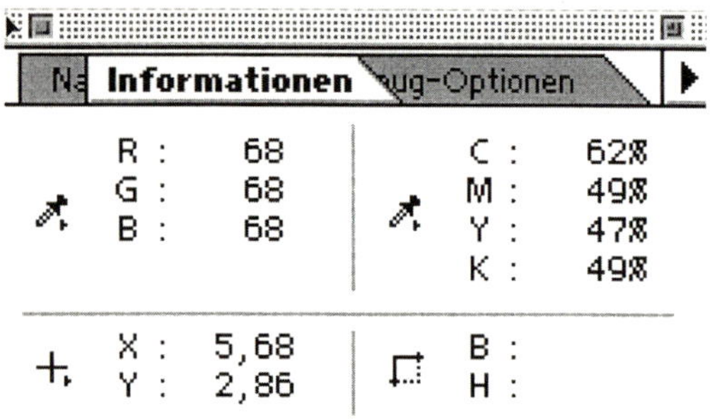

Bild 214.2. Bildbearbeitung.
Meßpalette für Bildtonwerte und -farbwerte.

im Bild können mit einer speziellen Pipette angeklickt werden; sie werden dadurch in ein neutrales Grau umgewandelt.
Für die Messung von Bildtonwerten und ihren Änderungen ist ein virtuelles Densitometer-Tool vorhanden. In Photoshop werden Meßergebnisse in der Informationen-Palette angezeigt.

Für die **Tonwert- und Bildkontrastkorrektur** stehen Fenster mit Interaktions- oder Eingriffsmöglichkeiten zur Verfügung. Der Bildzustand vor und nach der Änderung wird für die Tonwertkorrektur über ein Histogramm sichtbar gemacht. Das Histogramm zeigt den Tonwertbestand des Bilds in Form einer statistischen Verteilung der Tonwerte im Bild für die vorgegeben RGB-Abstufungen von maximal 0 bis 255. Diese Extremwerte sind im Druck nicht reproduzierbar. Deswegen muß der Tonwertumfang begrenzt oder angepaßt werden. Die korrekte Einstellung entspricht der Weiß- und Schwarzbestimmung für zu druckende Bilder. Mit Reglern unter dem Histogramm lassen sich extreme Tonwertstufen am Anfang und Ende zusammenfassen oder nach innen versetzen.
Der Bildkontrast kann zusätzlich geändert werden. In Photoshop wird der Bildkontrast als Zahl oder Gammawert im Einstellfenster für die Tonwertkorrektur angezeigt. Ein Gammawert von 1,00 bedeutet keine Kontraständerung. Ein erhöhter Wert bedeutet im RGB-Modus Bildaufhellung.
Im Fenster Gradationskurven wird die Gradationskurve für das vorhandene Bild gezeigt. Sie zeigt das Verhältnis zwischen bestehenden Tonwerten und abgeänderten Tonwerten. Wenn keine Änderung erfolgt, ist die Gradationskurve eine Kennlinie, die im rechtwinkligen Koordinatensystem im Winkel von 45 Grad verläuft. Den vorhandenen Tonwerten auf der Abszisse lassen sich Ausgabewerte auf der Ordinate zuordnen. Hierbei sind gezielte Änderungen

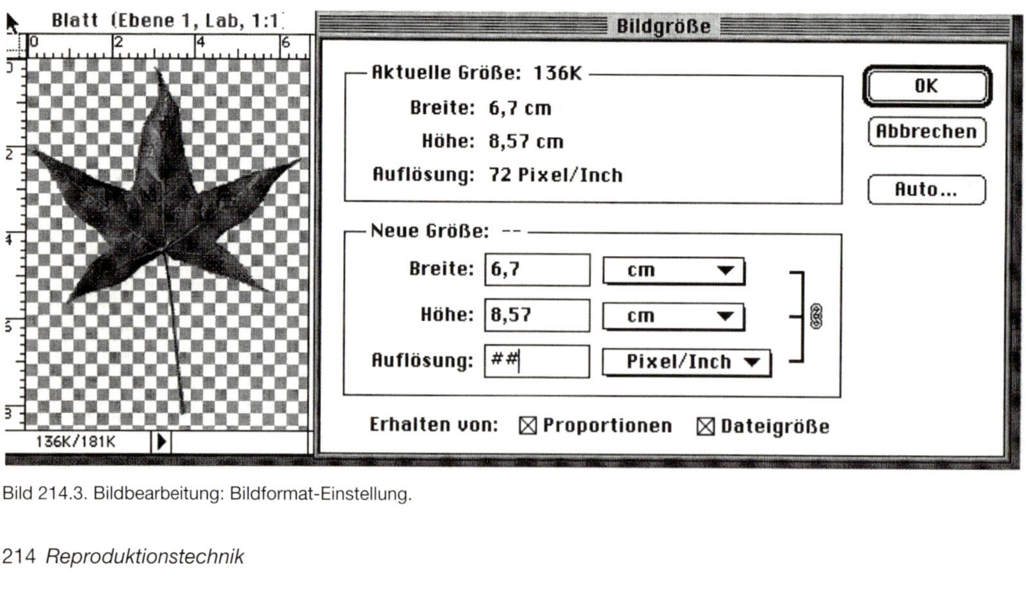

Bild 214.3. Bildbearbeitung: Bildformat-Einstellung.

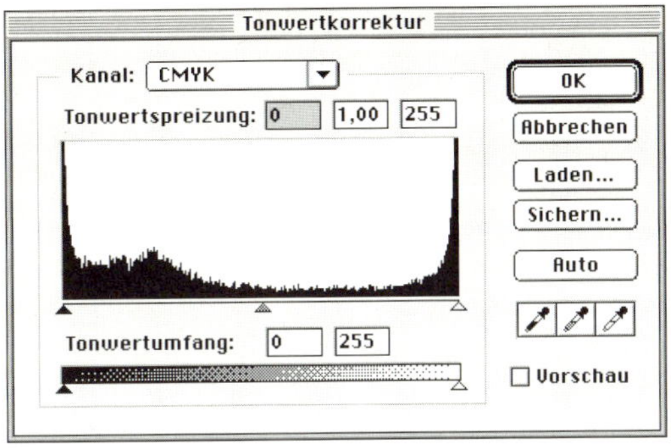

Bild 215.1. Histogramm.

möglich. Die geänderten Werte lassen sich als Zahlenwerte mit Bezug auf verschiedene Farbmodelle über die Informationen-Palette anzeigen. Mit der Gradationskurve ist es möglich, unter Beibehaltung der Eckwerte für das eingestellte Weiß und Schwarz Tonwertbereiche selektiv anzuheben und abzusenken. Lichter, Schatten, Vierteltöne Mitteltöne und Dreivierteltöne sind wunschgemäß einstellbar. Im Gegensatz zum fotografischen Gammawert ist eine differenzierte Festlegung der Kontrastverhältnisse im Bild möglich. Der notwendige Ausgleich der Tonwertzunahme im Druck läßt sich über die Gradationskurve erklären. Der Mitteltonbereich muß aufgehellt werden. In der Regel erfolgt diese Einstellung über ein besonderes Eingabefenster, in Photoshop in Farbeinstellungen für Druckfarben und unter Papierformat-Druckkennlinie.

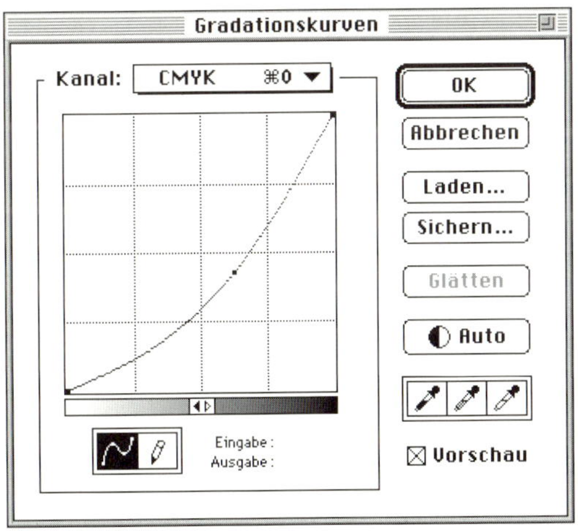

Bild 215.2. Gradationskurve.

Farbkorrekturen lassen sich in Interaktions-Fenstern vornehmen. Da alle Farbumrechnungen auf augenbezogenen, errechneten Normfarbwerten CIE XYZ und hierauf aufbauenden CIE-Farbenordnungen wie dem CIE L* a* b*-System basieren, können die Farbkorrekturen intuitiv nach den Parametern Farbton, Sättigung und Helligkeit, englisch Hue, Saturation, Value oder Brightness, vorgenommen werden. Das zugeordnete Farbmodell heißt HSV, HSB oder Lab. Im LCH-Modus heißen die gleichen Einstellgrößen für einen Farbwert Luminanz statt Helligkeit, Chroma statt Sättigung und Hue statt Farbton. Mit diesen Einstellgrößen werden Farben intuitiv unter visueller Kontrolle regelbar. Sie lassen sich durch Farbumrechnung in geräte- und prozeßbezogene Farbsysteme wie RGB für den Monitor und CMYK für den Druck vor der Ausgabe übertragen.

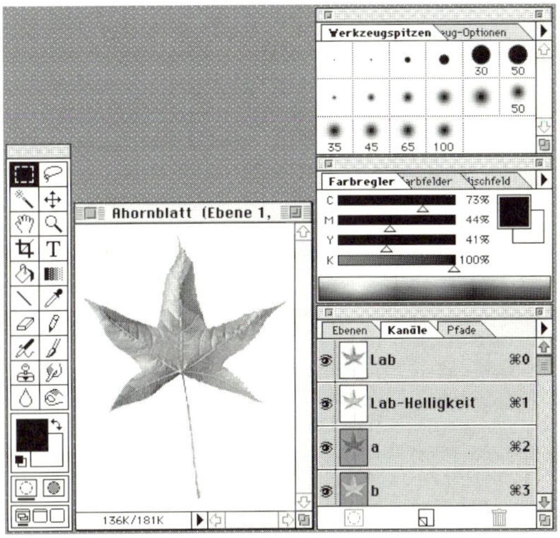

Bild 215.3. Farbregler und andere Einstellfenster.

Über aktivierbare Fenster zur separaten Einstellung von **Grau- oder Farbbalance, Farbton, Sättigung, Helligkeit** und selektive Farbkorrekturen und Farbtonwandlung können gezielte Korrekturen eingestellt werden. Alle Einstellmöglichkeiten lassen sich getrennt voneinander regeln, um den Farbtonwert zu optimieren. Die virtuellen Einstellfelder entsprechen den Reglern und Tasten des Bedienfelds früherer kompakter High-End-Scanner. Allerdings ist die Korrektureinstellung durch die neuen Farbmodelle oder die Software und die sofortige Sichtkontrolle wesentlich erleichert.

Die **Selektivkorrektur** bezeichnet Farbwertänderungen, die nur in ausgewählten Farbbereichen wirksam werden. Beispielsweise können Cyananteile in Hauttönen vermindert, im Violettblau verstärkt werden.

Die **Gradationskorrektur** erfolgt entweder während der Farbberechnung oder in einem separaten Gradationsrechenprozeß. Hierfür lassen sich Standardgradationen auswählen, variieren oder an unterschiedliche Druckbedingungen anpassen. Lichter, Mitteltöne, Tiefen sind gezielt veränderbar, Anfangs-Enddichten sowie der Bildkontrast werden festgelegt.

Grau- oder Farbbalance ist gegeben, wenn die Gradationskurven der Teilfarben Gelb, Magenta, Cyan im Farbauszug in einem bestimmten Verhältnis zueinander stehen. Nur dann ergeben sich neutrale Grautöne.

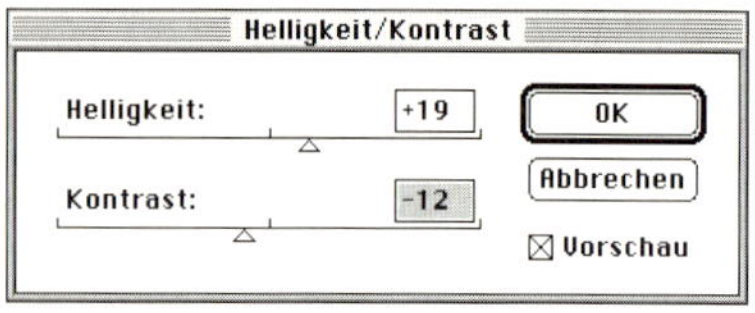

Bild 216.1. Helligkeit/Kontrast.

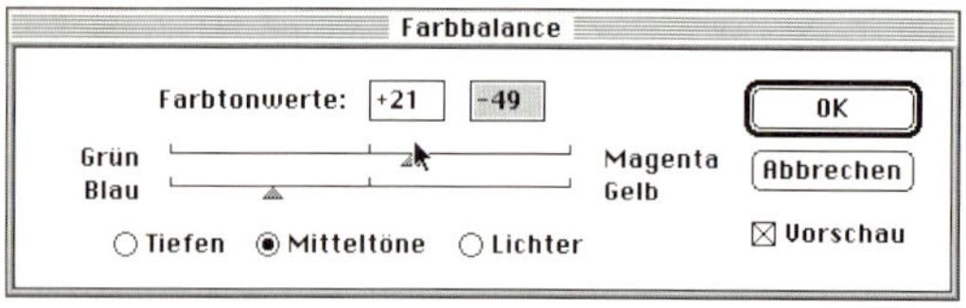

Bild 216.2. Farbbalance.

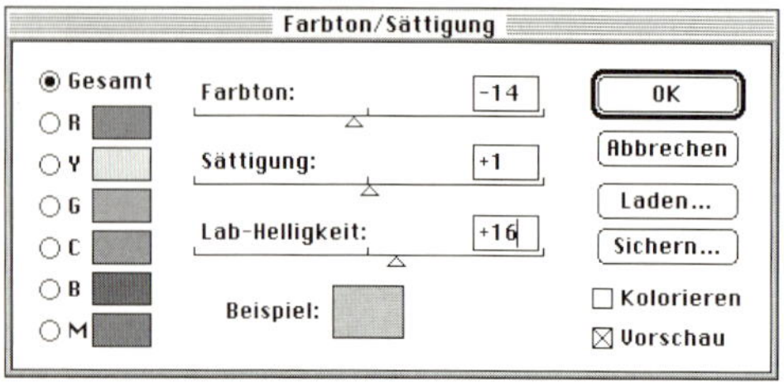

Bild 216.3. Farbton/Sättigung.

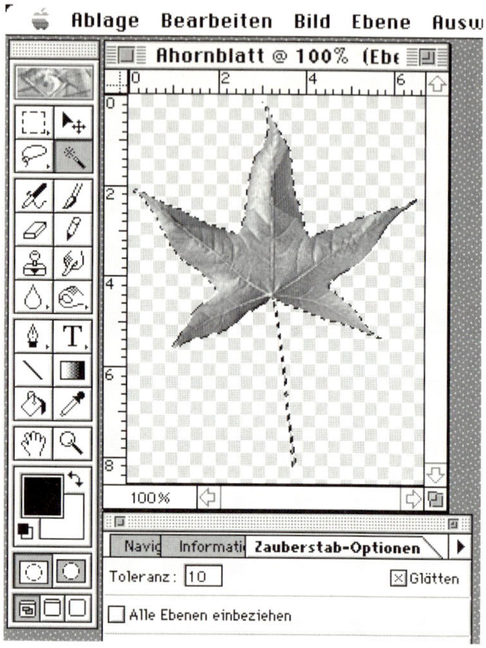

Bild 216.4. Auswahl.

Partielle Retuschen lassen sich mit virtuellen Bildkorrekturwerkzeugen, wie Stempel, Radierer, Aufheller, Abdunkler, Scharf- und Weichzeichner, in Farbbildern ausführen. Es handelt sich hierbei um bewegliche Filter. Die Filterwirkung bezieht sich auf den Bereich, der durch die Spitze des jeweiligen Retuschewerkzeugs bestimmt wird. Im Bild befinden sich unter der Spitze eines Scharfzeichners beispielsweise zwei Tonwertstufen, die sich deutlicher voneinander abheben sollen. Nach der Neuberechnung der Kontrastverhältnisse von Pixelgruppen im Übergangsbereich verbessert sich die Bildschärfe. Der Wirkungsgrad der Korrektur ist oft noch über ein Dialogfenster regelbar. Ein Pixelkopier-Werkzeug wie der Stempel in Photoshop nimmt definierbare Bildzonen auf und kann sie an andere Orte im Bild übertragen. Hiermit lassen sich Flecken und Kratzer entfernen. Flecken und Kratzer können zur Erleichterung des Korrektureingriffs mit dem Zoomwerkzeug vergrößert und in Pixelung dargestellt werden. Für ergänzende Arbeiten stehen einstellbare digitale Mal- und Füllwerkzeuge zur Verfügung, wie Airbrush, Pinsel, Buntstift, Linienzeichner, Füllwerkzeug und Pipetten. Hiermit lassen sich weiche Kanten, Linien und Flächen und auch Effekte ins Bild bringen. Wenn nicht das gesamte Bild geändert wird, lassen sich Bildteile über Auswahlen freistellen. Hierbei wird das freizustellende Bildteil mit einer blinkenden Linie, der **Auswahl,** umrahmt. Bildbearbeitungsprogramme stellen hierfür verschiedene Tools zur Verfügung. In Photoshop heißen sie Oval, Rechteck, Zauberstab, Lasso, Polygon-Lasso, Spalten- und Zeilen-Auswahl. Der Zauberstab wählt je nach Toleranzeinstellung Farbbereiche automatisch aus. Die Begrenzeng der Auswahl läßt sich über Aktivierung des Befehls weich gestalten. Ausgewählte Bilder und Bildteile lassen sich zu einem neuen Bild zusammenfügen. Auch Schrift plakativen Charakters kann ausgewählt und in Bildmontagen integriert werden. Das wird auch Composing genannt. Auswahlen lassen sich nachträglich erweitern und verringern, umkehren, auslagern und aufheben. In Photoshop werden Auswahlen nach dem Sichern auf einer speziellen **Bildebene,** dem Alpha-Kanal, als Graustufenbild abgelegt. Die Auswahl läßt sich in einen Pfad zur Korrektur umwandeln. Auf Befehl kann eine Auswahl in den Maskiermodus zur weiteren Bearbeitung als Maske überführt werden. Mit Hilfe von Masken können Bildteile freigestellt oder Bildhintergrund verändert werden. Die Maskierwirkung läßt sich von deckend bis unterschiedlich transparent einstellen und der Auswahl zuordnen. Verläufe, stufenlose Übergänge von Dunkel bis Hell in verschieden Farbtönen können beispielsweise für Hintergründe freigestellter Bildteile über ein Verlaufswerkzeug erzeugt werden. Verläufen kann auch eine maskierende Wirkung in bezug auf das Hauptbild zugewiesen werden. Hierzu wird eine Verlaufsmaske erstellt. In Photoshop werden alle Teilfarbdateien und Maskendateien sowie das Hauptbild, daß die Mischung der Dateien zeigt, übersichtlich in karteiartigen Verzeichnissen, der Kanäle- und Ebenepalette, aufgelistet. Sie sind einzeln aktivierbaren Bildkanälen oder Bildebenen zugeordnet. Der Bildinhalt wird dabei durch mindestens fingernagelgroße Bilder mit grober Auflösung, den Thumbnails, visualisiert und mit einem Dateinamen, wie R, G, B und

C, M, Y, K, #1, #6 benannt. Farbauszüge und bildkorrigierende Masken, die mit # bezeichnet werden, lassen sich separat bearbeiten. Über die Ebenen lassen sich Bild-, Schrift- und Grafikelemente zu einem neuen Bild montieren oder zusammmenfügen.
Auf einer besonderen Workstation werden mit Hilfe eines vektororientierten Layoutprogramms gespeicherte Bilder aus den pixelorientierten Bildbearbeitungsprogrammen sowie zugehörige gespeicherte Texte, Schriftzeilen und Grafik-Elemente unter Sichtkontrolle einander zugeordnet. Diese Arbeit entspricht einer elektronischen Seitenmontage. Die Layouteinstellungen sind maßgeblich für die Positionierung. Text kann um begrenzte und freigestellte Bilder herumfließen. Der Abstand zum Bild läßt sich definieren. Bilder müssen mit einem EPS-Beschneidungspfad versehen sein, wenn sie mit transparentem Hintergrund im Layoutprogramm plaziert werden sollen. Die Bilder erscheinen in der Regel nicht in Hochauflösung, sondern in Bildschirmauflösung, um Speicherplatz zu sparen. Erst kurz vor der Ausgabe werden grob aufgelöste Bilder durch fein

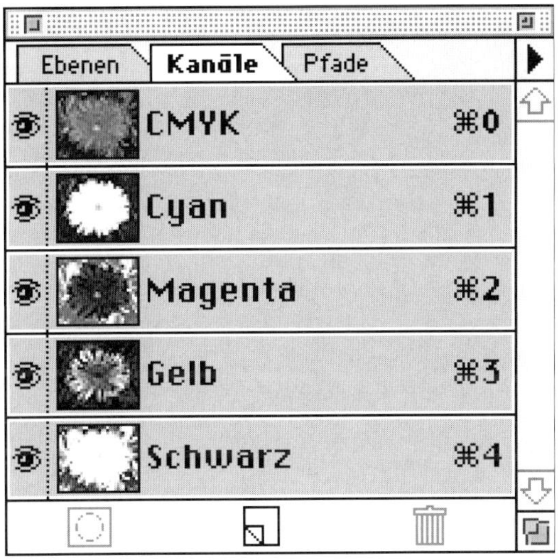

Bild 217.1. Kanäle.

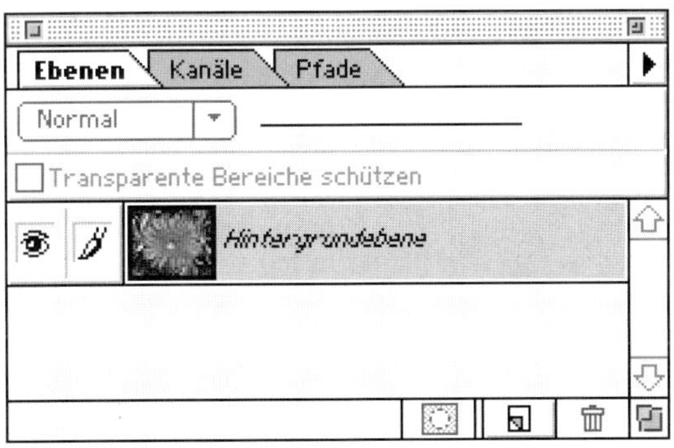

Bild 217.2. Ebenen.

aufgelöste ausgetauscht. Endgültige Einstellungen für die Ausgabe wie Rasterung, Farbmodell und Farbmischungregelung und weitere verfahrensbezogene Notwendigkeiten können sowohl im Bildbearbeitungsprogramm als auch im Layoutprogramm vorgenommen werden. Immer mehr übernimmt der Raster-Image-Prozessor im PostScript-Ausgabesystem die übergreifenden druckbezogenen Umrechnungen. So werden RGB-Dateien automatisch nach CMYK transformiert, wenn das nicht eingestellt wurde. Hierbei wird die Grundkorrektur berücksichtigt, die früher in der Farbumrechnung im High-End-Scanner erfolgte.

Die **Grundkorrektur** entspricht der elektronischen Maskierung. Die Auswirkungen der Fehlremissionen der Druckfarbe werden kompensiert, die Reproduktion an die Übertragungsbedingungen des Druckverfahrens oder die Druckkennlinie angeglichen. Die farbenbezogene Grundkorrektur erfolgt mit der Umrechnung in den YMCK-Farbenraum des Ausgabesystems.

▶ Basisinformationen im Kapitel 6.

Descreening oder Entrastern ist ein rechenintensiver Vorgang. Er erfolgt nach dem Scannen eines archivierten gerasterten Films mit dem Ziel, die vorhandene Rasterung in Halbtonwerte umzurechnen. Nach dem Entrastern wird eine Halbton-TIFF-Datei erstellt, die die zweifache Auflösung in bezug auf die eingelesene Rasterweite aufweisen muß. Wird eine komplette Seite DIN A4 mit Text und farbigem Bild entrastert, so können 40 MB Datenvolumen entstehen. Die Seitendatei muß komprimiert werden. Für die Ausgabe des Datenbestands können Gradation, Bildqualität, Maßstab, Rasterweite und -winkel neu festgelegt werden.

▼

1. Was ist der Unterschied zwischen einer Digitalkamera und einem Digitalscanner?
2. Was ist kennzeichend für ein CP-System?
3. Was bedeutet Bit- oder Datentiefe?
4. Was bedeutet Digitalisierung?
5. Wozu dient ein Histogramm?
6. Was ist über Veränderungen der Gradationskurve im Bildbearbeitungsprogramm erreichbar?
7. Wodurch lassen sich Teile eines digitalen Bilds freistellen?
8. Welchen Zweck hat ein Preview?
9. Erklären Sie Text-Bild-Integration!
10. Welchem Zweck dient der A/D-Wandler?
11. Nennen Sie einen anderen Begriff für Farbbalance!
12. Erklären Sie Descreening!
13. Was bedeutet optische Auflösung?
14. Wozu dient das Maskieren in Bildbearbeitungsprogrammen?
15. Welche Faktoren sind bestimmend für die Scanauflösung?
16. Erklären Sie den Zweck von PostScript!
17. Was bedeutet Dynamikumfang bei Scannern?

6.7.2. Grundlegende Datenformate und Dateienkompression

In Bildbearbeitungsprogrammen lassen sich digitale Bilddateien beim Sichern in verschiedene Datenformate übertragen. Das Bilddatenformat ist Teil der Bilddatei und wird den gespeicherten Bildinhalten vorangestellt. Es erhält Anweisungen und Informationen über die Art und die Ablagesystematik der Daten. Diese digitalen Informationen werden der eigentlichen Bilddatei in einem Verzeichnis zusammen mit dem Header (Datenkopf) vorangestellt. Programme müssen diese Bildkennzeichnungen lesen können, um die gespeicherten Daten zu einem Bild zusammenfügen zu können. Folgendes wird beispielsweise im Vorspann gekennzeichnet: Auflösung, Größe, Farbenraum, Datentiefe für ein Pixel, Ablage der Teilfarben. Farbbilddateien können bei der Bild- oder Vorlagenerfassung nach verschiedenen Methoden abgespeichert werden. Sie heißen: Pixel Interleaved, Line Interleaved, Plane Interleaved. Wenn die Y, M, C, K-Anteile aller Bildpunkte Punkt für Punkt nacheinander gespeichert werden, wird die Ablagesystematik Pixel Interleaved genannt. In dieser Art werden die Bilddateien von High-End-Trommelscannern abgelegt. Bei CCD-Flachbettscannern wird die Farbvorlage zeilen- oder linienweise erfaßt. Alle Zeilen einer Teilfarbdatei werden nacheinander gespeichert. Diese Art wird Line Interleaved genannt. Der Fachbegriff Plane Interleaved sagt aus, daß jeweils die Flächen der Teilfarbdateien Y, M, Y, K erfaßt und gespeichert werden. Bei der Konvertierung wird das Bilddatenformat eines Fremdsystems in das Bilddatenformat des eigenen Systems umgewandelt, um die Dateien sichtbar und lesbar darzustellen zu können. Hierzu ist spezielle Software notwendig. Ein Austauschformat für Dateien aus unterschiedlichen Hard- und Softwarequellen ist das Portable Document Format PDF. Es dient vor allem zur Überwindung von Betriebssystemgrenzen.
Alle Systeme, die mit der Seitenbeschreibungssprache PostScript arbeiten, können unter Einsatz entsprechender Software PDF-Dokumente darstellen.

▶ Ergänzende Informationen zu PostScript und PDF finden Sie im Kapitel 5.8.2.3 und 6.8.

Zur Zeit existieren viele unterschiedliche Bilddatenformate. Sie wurden mit unterschiedlichen Zielsetzungen entwickelt. Eine allgemeine Norm gibt es nicht. Abgesehen von programmeigenen Formaten wie Photoshop, Illustrator, QuarkXPress sind die verbreitesten Datenformate im PrePress-Bereich: TIFF, EPS, DCS. Sie wurden für die Plazierung oder Zuordnung von Text, Bild und Grafik für Layoutprogramme entwickelt. Das TIF-Format unterstützt die Integration von Dateien in bestehende Post-Script-Dokumente. TIFF heißt Tagged Image File Format und bedeutet markiertes Bilddatenformat. Tags sind Hinweise oder digitale Markierungen für unterschiedliche Pixeldateien. Tags kennzeichnen die Datei- und Farbart. So sind Strich, Graustufen- und Farbbilder speicherbar. Während ein Strichbild pro Pixel mit der Datentiefe 1 Bit oder $2^1 = 2$ Stufen auskommt, um Schwarz oder Weiß zu erzeugen, hat ein CMYK-Bild eine Datentiefe von 4 Byte pro Pixel, also 8 Bit je Teilfarbdatei-Pixel, um Farbtonwerte aufzubauen. TIFF-Dateien in den Prozeßfarben C, M, Y, K werden als druckverfahrensbezogene Teilfarbdateien gespeichert. Diesen Dateien entsprechen die einfarbigen Farbauszugsfilme der konventionellen Reproduktionstechnik. Die Farbanteile eines Bilds können über die Kanälepalette des Bildbearbeitungsprogramms Photoshop als Graustufen- oder Prozeßfarbenbilder in C, M, Y und K sichtbar gemacht werden. Es lassen sich neben Bitmap- und Graustufenbildern Bilder verschiedener **Farbmodelle** speichern, wie RGB, Cielab, CMYK. Ferner erlaubt TIFF die Dateienkomprimierung nach LZW, d. h. nach dem System von Lempel-Ziv-Welch. Es gibt über 40-TIFF-Varianten, wobei die meisten die Version 6.0 unterstützen. PC-TIFF und Macintosh-TIFF haben unterschiedliche Datenspeicherstrukturen. Eine Erweiterung dieses Formats ist TIFF/IT. IT bedeutet Image Technology. Die Erweiterung bezieht sich auf Tags zur Datenverwaltung, Vektordaten-Integration, und Seitenbeschreibung. Allerdings werden nicht alle Farbmodelle und Kompressionsverfahren von TIFF 6.0 unterstützt.
EPSF heißt Encapsulated PostScript Format. Dieses Bilddatenformat bietet wie das TIF-Format die Möglichkeit, in ein anderes Programm, beipielsweise in ein Layoutprogramm wie QuarkXPress oder PageMaker, eingebunden zu werden. EPS beinhaltet Informationen über die Dateiart und ihre Zuordnung zu einer Druckseite. Ein EPS-Dokument besteht aus Postscript-Befehlen, die vom Programm im Hintergrund erzeugt werden. Das EPS-Format wurde ursprünglich für die Übergabe von vektororientierten Dateien wie Strichbildern, Grafiken und Schriften an Postscript-Ausgabe-Systeme entwickelt. Vektororientierte Strukturen erlauben im Gegensatz zum TIF-Format Skalierungen ohne Qualitätsverluste. Heute können auch Pixelbilder ins EPSF transformiert werden. Farbbilder können beliebig viele Farben enthalten. Wird ein Farbbild als Macintosh-EPSF gesichert, wird für die Voransicht und die Bildschirmdarstellung eine PICT-Datei erzeugt. Druckbezogene Eingaben wie Rasterweite und Rasterpunkt und Druckkennlinie werden mit gespeichert und bei der Ausgabe vorrangig berücksichtigt, wenn andere Einstellungen beim Ausgabesystem für die anderen Bilder vorgenommen worden sind. EPSF-Bilddateien lassen sich in Satzprogrammen gut plazieren und skalieren, aber nicht mehr in Farbe, Kontrast und Helligkeit korrigieren. Im Gegensatz zum TIF-Format läßt sich über eine Auswahl zur Freistellung eines Bildteils im Bildbearbeitungsprogramm eine wirksame Freisteller-Maske erzeugen, wenn das Bild im EPS-Format abgespeichert wird. Die Maske übernimmt die EPS-Option Beschneidungspfad und erzeugt eine Freistellung des Bildteils auf transparentem Hintergrund. Freistellungen sind nur über das EPS Format realisierbar. Wird im TIF-Format freigestellt, erscheint ein weißlicher Hintergrund im maskierten Bereich.

Beim Format DCS handelt es sich um eine Abwandlung des EPS-Formats. DCS heißt Desktop Color Separation. Neben den Teilfarben für CMYK wird eine mit 72 ppi aufgelöstes Farbbild für Vorschau und Layoutzwecke erzeugt. Je nach Versionsnummer liegen entweder fünf separate Dateien vor oder eine Gesamtdatei. Das grob aufgelöste Farbbild dient der Seitenmontage. Bei Übertragug in den RIP des Ausgabesystems werden die Grobbilder automatisch durch die Feinbilder mit der hohen Scanauflösung ausgetauscht wie beim OPI-Verfahren.

▶ Ergänzende Information zum OPI-Verfahren finden Sie auf Seite 127.

PICT ist ein Macintosh-Format für Bildschimdarstellungen und den Multimediabereich zur Darstellung von Bitmap- und Vektordateien. Ihm entspricht auf der PC-Ebene das BMP- oder Bitmap-Format. Die Prozeßfarben für den Mehrfarbendruck werden von diesen Formaten nicht unterstützt. Ein anderes PC- Format ist Targa für Graustufen- und RGB-Bilder mit hoher Datentiefe.

Kodak-Photo CD ist ein Format farbiger Pixelbilder. Sie sind in festen Auflösungsstufen für unterschiedliche Vergrößerungen oder Rasterweiten auf der Foto-CD gespeichert, meistens komprimiert im eigenen YCC-Farbenraum, auf der Print-Photo-CD auch im CMYK-Farbenraum. Weitere herstellereigene PrePress-Formate für pixelstrukturierte Farbdateien sind Chromalink und Scitex-Handshake.

Datenkompression dient dazu, umfangreiche Farbbilddateien vor der Speicherung, Archivierung oder der Weitergabe über das Netz im Datenvolumen zu reduzieren. Es gibt Methoden ohne Qualitätsverlust und mit Qualitätseinbußen für das Bild. Wenn Dateien komprimiert werden, müssen sie vor Betrachtung mit entsprechenden Dienstprogrammen zunächst dekomprimiert werden. Bekannte Verfahren sind die LWZ-Komprimierung, JPEG, MPEG, die Huffmann-Codierung, Differenz-Puls-code-Modulation (DPCM), Fourier-Transformation.
Das Prinzip der Komprimierung zeigt die auf Schwarz-Weiß-Bitmap-Dateien anwendbare Lauflängencodierung. Da in diesen Bitmaps eine Zeile aus schwarzen und weißen Pixeln besteht, braucht nicht jedes einzelne Pixel nach seinem Zustand 0 = Weiß oder 1 = Schwarz in Byte-Codierung abgespeichert zu werden. Es genügt, Zeile für Zeile wechselnde weiße und schwarze Strecken mit 0 oder 1 am Anfang einer 8-Bit-Zahlenfolge zu bezeichnen und am Ende der Zahlenfolge die Dualzahl für die gleichfarbenen Pixel, die sich in der jeweiligen Strecke befinden, zu plazieren. 2 schwarze Pixel werden mit folgender Zahlenfolge in Byte-Form kodiert:
10000010 statt mit 00000001, 00000001.
Die LWZ-Komprimierung ist nach ihren Erfindern Lempel, Ziv, Welch benannt und beruht darauf, daß bei Wiederkehr von Buchstabenfolgen in einem Text oder von Tonwertfolgen in einem Bild lediglich ein Verweis für auf die am anderem Ort vorhandenen identischen Elemente erfolgt. Hierdurch wird weniger Speicher benötigt.
Bei der Huffmann-Codierung werden Tonwerten mit abnehmender Häufigkeit größere Dualzahlen zugeordnet. Über das Histogramm, einer grafischen Verteilung von Werten nach ihrer Häufigkeit, lassen sich die Tonwerte und ihre Anteile im Bild darstellen. Das kann in Bildbearbeitungsprogrammen wie Photoshop dargestellt werden.
DCPM heißt Differenz-Puls-Code-Modulation.
Die Kompression beruht bei dieser Methode darauf, daß nicht zwei aufeinander folgende Bildtonwerte gespeichert werden, sondern lediglich der Differenzwert zum Nachbartonwert. Die Fouriertransformation übernimmt Tonwertfolgen in ein Koordinatenystem, das Beziehungen zwischen der Abtastposition x und dem Tonwert y als Kurvenverlauf aufzeigt.
Über die Formel y = fx sind Kurvenabschnitte als Funktion darstellbar und rechnerisch beeinflußbar. Bild- oder Kurvenbereiche mit geringen Informationsvariationen lassen sich glätten. Unbedeutende Informationen werden entfernt. Ein so komprimiertes Bild kann nicht in den Ursprungszustand rechnerisch zurückgeführt werden.
JPEG bedeutet Joint Photography Expert Group, also Expertenvereinigung für Fotografie. Die Fachgruppe hat ein Kompressionsverfahren für Farbbilder entwickelt, das vorangehend genannte Mehoden in ein neues System überführt. Farbbilddaten werden nach Farbtonsignal und Helligkeitswert getrennt. Beide Signale werden nach dem Prinzip der Fouriertransformation komprimiert. Danach wird die DPCM-Kompression eingesetzt. Daraufhin wird nach der Lauflängen-Codierung komprimiert. Zuletzt wird das Huffmann-Verfahren eingesetzt. Durch die Einwirkung verschiedener Kompressionsmethoden läßt sich der Kompressionsgrad im Bildbearbeitungsprogramm vorwählen. Nach Bildmotiv ist zu entscheiden, ob keine, geringe oder höhere Verluste tragbar sind. Kompressionsraten sind bis 1 : 80 anwählbar.
MPEG heißt Motion Picture Experts Group, also Expertengruppe für Bewegtbilder, und ist ein Kompressionsverfahren für animierte Bilder oder Filmbildsequenzen. Es wird im Multimediabereich angewendet und beruht auf dem Vergleich von Bildinhalten in einer Filmsequenz. Die Kompressionsmethode eliminiert gleichbleibende Bildteile in einer Bildfolge, wenn sie einmal gespeichert worden sind. Das kann z. B. Hintergrund sein, der über einen bestimmten Zeitraum in der Sequenz gleich bleibt.
Für die Druckvorbereitung ist deswegen die MPEG-Kompression nicht passend.
Dateiformate für gepixelte Farbbilder und Grafik im WWW sind neben JPEG noch GIF und PNG. GIF bedeutet Graphics Interchange Format, PNG Portable Network Graphic. Die Formate sind plattformunabhängig und unterstützen verlustfreies Komprimieren sowie transparente Hintergrundfarben. GIF speichert 256 Farben, PNG bis 16,7 Millionen.

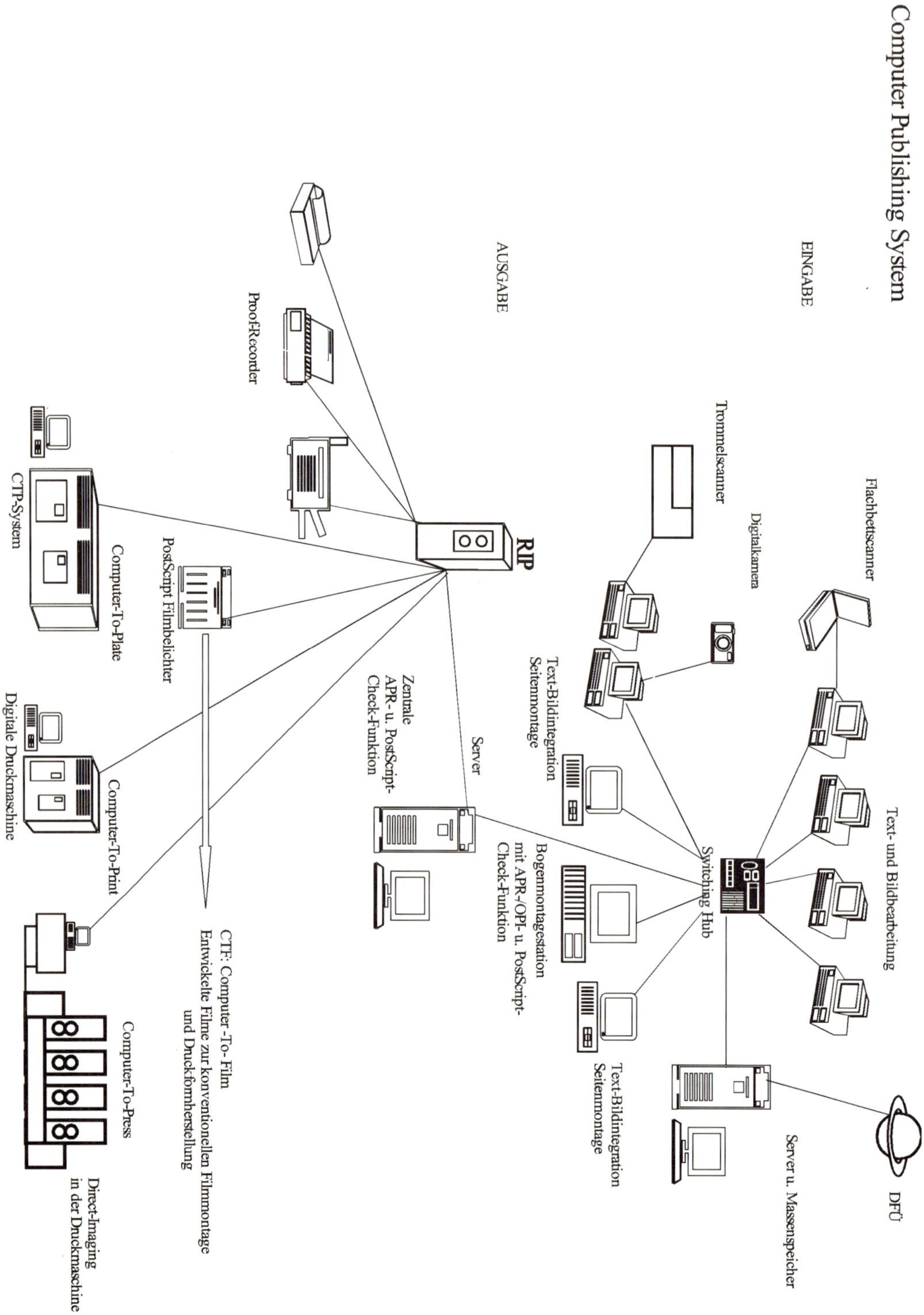

Bild 220.1. Computer Publishing System.

6.8 PrePress-Produktion im Netzwerk

Der elektronischen Bildverarbeitung, abgekürzt EBV, sind im wesentlichen folgende Arbeitsphasen zuzuordnen:

1. Bilderfassung oder Vorlagenerfassung,
2. Bildbearbeitung, Bild-Text-Integration und Seitenaufbau,
3. Bild-Text-Ausgabe.

Diesen Phasen entsprechen in einem modularen vernetzten System folgende elektronische Geräte, die durch Spezialsoftware gesteuert werden:

1. Digitalkamera, Scanner
2. Computer-Workstation mit Farbbildschirm, Tastatur, Maus, Digitalisiertablett, Datenspeicher und Server mit ISDN-Anschluß
3. Postscript-RIP (Raster-Image-Prozessor), Farbenproofsystem, Laserdrucker, Laserbelichter, digitale Druckmaschine

In der Regel sind mehrere Computer-Arbeitsstationen vorhanden, die mit den verschiedenen Ein- und Ausgabesystemen und untereinander online in Verbindung stehen. In einem mittleren Betrieb sind beispielsweise 65 digital arbeitende Geräte der führenden Betriebssysteme miteinander verbunden. Die Verbindung wird über das LAN hergestellt. LAN heißt Local Area Network, also lokales Netzwerk, und ist eine Verkabelung mit eigenem Betriebssystem. Ein verbreiteter Standard ist Ethernet mit einer Datenübertragungsrate von 10MBit/s. Das Netzwerk-Betriebssystem befindet sich auf einem Server, einem spezialisiertem Rechner für allgemeine Aufgaben sowie zentrale Speicherung zur Unterstützung oder Entlastung der Computerarbeitsplätze. Im Verbund unterschiedlicher Betriebssysteme gibt es mehrere systembezogene Server. Die einzelnen Computer benötigen Treibersoftware und Netzwerkkarten. Das LAN ist in der Regel mit dem WAN, dem Wide Area Network oder Weitverkehrsnetz verbunden, bei dem Rechner eines Landes oder Kontinents über Kabel oder Richtfunk miteinander Kontakt aufnehmen können. Hierzu gehört der ISDN-Anschluß von Servern. ISDN bedeutet Integrated Service of Digital Network. Ferner bestehen Verbindungen zum WWW, dem World-Wide-Web, oder dem Internet, dem Internationalen Netzwerk. Weltumspannende Netzwerkstrukturen werden auch GAN, also Global Area Network oder globales Netzwerk genannt. Kunden können über ISDN oder WWW Auftragsdateien schicken.

▶ Grundlegende Informationen über Netzwerke und Server finden Sie im Kapitel 3.2.3.

Es ist ein aktuelles Anliegen der Pre-Press- oder Druckvorstufen-Experten den Produktionsablauf mit der eingesetzten digitalen Technik so abzustimmen und zu organisieren, daß ein kalkulierbarer und störungsfreier Arbeitsfluß (Workflow) gewährleistet ist. Hierbei sind die heutigen Möglichkeiten des digitalen Datenaustausches über ISDN oder WWW mit Kunden, Gestaltungs- und Produktions-Teampartnern wie Fotostudios, Grafik-Designern in Werbeagenturen, Autoren, Satzherstellern, Redaktionen, Archiven, CD-Herstellern, Belichterstudios und Druckereien zu berücksichtigen. Designer und Fotografen übernehmen in ihren Gestaltungsprozeß Arbeiten, die früher ein Monopol der Druckvorstufe waren. Einmal digitalisierte Vorlagen sollen im Sinne der **Cross-Media-Produktion** für verschiedene Computersysteme, Druckverfahren und Medienproduktionen verfügbar sein. Da mit Standardcomputern unterschiedlicher Betriebssysteme, wie Unix, Mac OS 9, Mac OS X, Windows NT, Windows 2000, Windows 95 oder 98, gearbeitet wird, die mit verschiedenen Peripheriegeräten zur Bilderfassung und Texterfassung vernetzt sind, ist die Berechenbarkeit der Farbreproduktion bedeutsam. Color-Management-Systeme dienen diesem Ziel.

▶ Grundlegendes über Colormanagement oder CMM finden Sie auf Seite 237.

Neben Vorlagen werden Datenträger und Datenbestände geliefert, z. B. über Wechselplatten und CDs, die auf Workstationen, Hochleistungscomputern mit den schnellsten Prozessoren und Standardbetriebssystemen, 21“-Bildschirmen sowie größten Arbeits- und Festplattenspeichern sichtbar gemacht werden. Workstationen können mit mehreren Pentium-Prozessoren mit z. B. je 500 MHz, 128 MB bis 2 GB RAM und 4 GB Festplattenspeicher, der vervielfacht werden kann, ausgerüstet werden. Wenn 10 DIN A4-Farbbildseiten bearbeitet werden, muß Speicherplatz von etwa 1 GB vorhanden sein. Zur Auslagerung von Dateien stehen besondere Laufwerke mit unterschiedlichen magnetischen und optischen Massespeichern zur Verfügung. ZIP-Disks speichern 100 MB, Syquest-Cartridges speichern bis 270 MB, CD-Medien 650 MB, Jaz-Platten 1 oder 2 GB, MOD-Medien bis zu 4,6 GB, Digital-Versatile-Disks (DVDs) bis zu 17 GB, DAT-Bänder bis zu 16 GB.

Beim Optical-Disk-System handelt es sich um eine kompakte Speicherstation, die mit Laufwerken für 20 optische Platten ausgerüstet ist, die 16 GB speichern können. Das entspricht einer Speicherkapazität von 32000 8-Zoll-Disketten. Die Station ist online mit den Bildbearbeitungsstationen und Laserbelichtern verbunden. Bis zu 28 Arbeitsplätze können Daten abrufen oder abspeichern.

▶ Mehr Informationen über Datenspeicherung im Kapitel 3.2.2.

Über besondere Software lassen sich Datenbestände eines anderen Betriebssystems oder fremden Progamms konvertieren, also sichtbar machen.

Das Programm Acrobat erzeugt das PDF-Datenformat, das auf der PostScript-Software beruht, dem weltweiten Industriestandard für die Steuerung der Ausgabesysteme in der Druckvorstufe. PDF bedeutet Portable Document Format und ist auflösungs-, geräte- und plattformunabhängig und seitenorientiert. PDF speichert seitenbezogen Typografie und Bildinhalte in komprimierter Form. In den gängigen, miteinander nicht abgestimmten oder inkompatiblen Betriebssystemen Windows, Mac Os, Unix lassen sich somit PDF-Dateien ansehen und bearbeiten. PDF hat sich zum Standardformat für den Datenaustausch und die Kontrolle von Text-Bild-Seiten entwickelt.
Ein anderes Austauschformat ist Replica. Die in diesem Format erstellten Dokumente können betriebssystemübergreifend ausgetauscht werden. Die Replica-Datei wird aus dem Anwenderprogramm mit einem Softwaremodul, dem Creator, erstellt. Sie ist dann unter Mac OS und Windows einsetzbar. Ein neueres, firmenübergreifendes Austauschformat ist CIP3-PPF (Print Production Format). CIP 3 bedeutet Cooperation for Integration of Prepress, Press and Postpress. Aufgabe ist der Datenaustausch zwischen Vorstufe, Druck und Weiterverarbeitung. Das PPF arbeitet mit PostScript-Kodierungen.

An den vernetzten Computern werden neben der Steuerung der Eingabe- und Ausgabegeräte vor allem die Bildbearbeitung nach dem Scannen und die seitenbezogene Bild-Text-Plazierung nach dem Layout vorgenommen. In der Regel werden dabei TIFF-Bilddateien in einem Layout- oder Satzprogramm wie QuarkXpress plaziert. In den früheren proprietären EBV-Systemen, die ganz und gar von einem Hersteller entwickelt worden waren, gab es für jeden Teilbereich der Bildbearbeitung wie Scanvorschau zur Scannereinstellung, Layoutherstellung, Bildretusche, Bild-Composing und Text-Integration besondere vom Hersteller aufeinander abgestimmte Bearbeitungsstationen und Spezialsoftware. In modernen Systemen, die mit Standardbetriebssystemen arbeiten, lassen sich diese Arbeiten durch einfachen Wechsel der Software an den Computerarbeitsplätzen unter Einsatz der Normaltastatur und der Maus sowie Programmen mit grafischer Benutzeroberfläche, aktivierbaren Menüs, Bildschirmformularen und Dialogboxen zur Befehlsauswahl interaktiv ausführen. Zur Digitalisierung von linearen grafischen Vorlagen und für Layoutzwecke kann an den Computer über eine serielle Schnittstelle ein Grafik- oder Digitalisiertablett angeschlossen werden. Mit dem Digitizer, einem Fadenkreuzsignalgeber, oder einem drucksensitiven Stift wird jeder Punkt der Zeichnung, die auf dem Digitalisiertablett befestigt ist, durch seine x/y-Postion erfaßt und entsprechend der Druckstärke digitalisiert. Auf dem Bildschirm wird das grafische Ergebnis sichtbar. Beim Wacom ArtPad sendet das Tablett an den kugelschreiberähnlichen Stift ArtPen Schwingungen einer bestimmten Frequenz, die vom Stift zurückgeschickt werden und gleichzeitig seiner Energieversorgung dienen. Bei unterschiedlichem Aufdrücken der Spitze lassen sich 256 Druckstärken registrieren. Die Auflösung beträgt hier 1000L/cm. Für die digitale Bildbearbeitung gibt es vielfältige Änderungs- und Einstellmöglichkeiten, wenn die Bilder in einem Bildbearbeitungsprogramm am Computer geöffnet werden.

Im Prinzip gibt es hier folgende Bearbeitungsmöglichkeiten:
1. Festlegung von Bildbereich, Maßstab, Anfangs- und Enddichten, Rasterdaten.
2. Freistellung von Bildteilen.
3. Messungen mit einem integrierten Densitometer, Anzeige von fotografischen Dichtewerten und Flächendeckungsgraden.

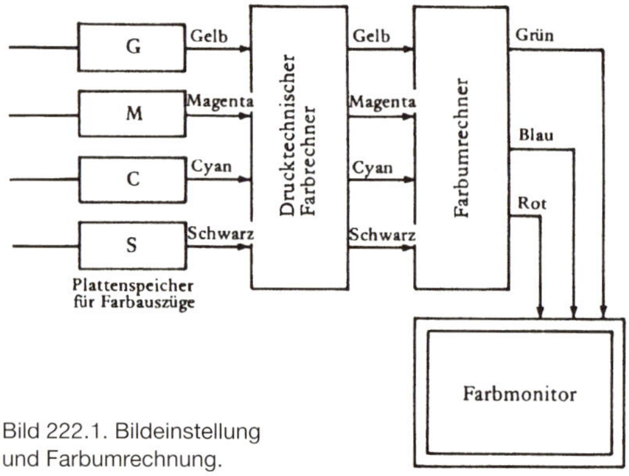

Bild 222.1. Bildeinstellung und Farbumrechnung.

4. Festlegung der Grau- oder Farbbalance.
5. Gradationskorrekturen.
6. Tonwert- und Farbwertkorrekturen.
7. Detailschärfe- und Weichzeichnereffekte.
8. Unbuntaufbau von Farbsätzen.
9. Bilddrehungen.
10. Bildverfremdungen.
11. Bildkombinationen.
12. Zoomfunktionen für Korrekturen auf Pixelebene.
13. Bild-Text-Anordnung.
14. Automatisches Umrechnen des Farbensystems des Bildschirms in die Farbmischung des Drucks.

▶ Grundlegende Informationen über Bildbearbeitung finden Sie im Kapitel 6.7.

Nach der Bearbeitung werden die Bild-Text-Dateien zwischengespeichert und an ein elektronisches Montagesystem oder Ausgabesystem geschickt. Ausgabesysteme sind vor allem Proof- und Belichtersysteme. Die Dateien können vor der Ausgabe einem Hochleistungscomputer zur Herstellung elektronischer Seitenmontagen, beispielsweise der Signastation, zugeführt werden. Hier wird ein Programm zur elektronischen Bogenmontage eingesetzt. Nach Eingabe von Format, Umfang, Druckbogengröße, Falzschema und weiteren Produktionsparametern ordnet das Programm die Einzelseiten, die vorher im Layoutprogramm erstellt wurden, im Sinne eines Ausschießschemas an. Anlegemarken, Paßkreuze, Schneide- und Falzmarken sowie Druckkontrollstreifen lassen sich digital plazieren. Der Computermonitor stellt die Oberfläche eines Montagetischs dar. Neben der Seitenanordnung lassen sich Bildinhalte kontrollieren. Server mit mehreren CPUs und erweiterbarer Massenspeicherkapazität dienen zur Datenspeicherung und Sicherung. Mit den integrierten Dateien, die mit spezieller Ausschießsoftware hergestellt werden, wird die manuelle zeitaufwendige Filmmontage umgangen. Im Belichter können damit seitenglatte Filme ausgegeben werden.

Bevor die Text- und Bildseiten ausgegeben werden, müssen Sie in Steuerdateien für das ausgebende System umgewandelt werden. Das geschieht mit Hilfe einer besonderen Software, der Seitenbeschreibungssprache PostScript, und einem Raster-Image-Prozessor (RIP). Beim RIP, der dem Ausgabegerät vorgeschaltet ist, handelt es sich um einen Spezialrechner, der die Seiten aus Text und Bild in winzige Pixelstrukturen oder Punktmuster umwandelt. Diese Strukturen dienen zur Steuerung des Schreibsystems im Ausgabegerät. Den Schwarzweiß-Informationen entsprechen dabei Ein-Aus-Schaltfolgen. Schrift, Linien, Rasterpunkte werden zeilenweise aus gedeckten Pixeln aufgebaut.

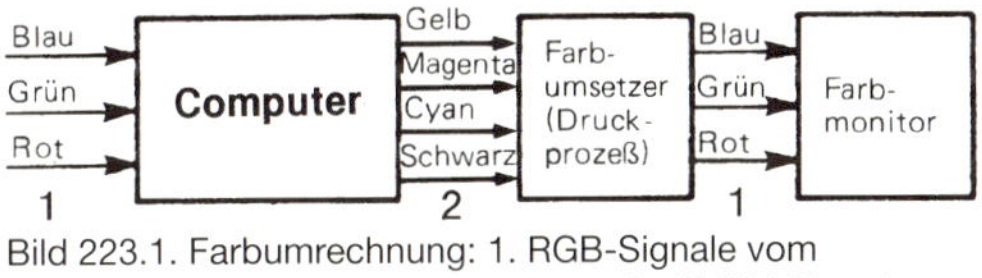

Bild 223.1. Farbumrechnung: 1. RGB-Signale vom Scanner zum Monitor. 2. Umrechnung in CMYK-Signale für den Druckprozeß.

Neben der Aufgabe der Erstellung von Bitmaps zur Systemsteuerung führt der RIP gleichzeitig folgende Standardabläufe der Bildbearbeitung aus:

1. Automatisches Trapping oder Überfüllung bei angrenzenden Grafikelementen zur Vermeidung von Blitzkanten im Druck. Hierbei wird in der Regel die hellere Farbfläche erweitert, so daß sie dunklere Grenzbereiche minimal überlappt.
2. Grob aufgelöste Farbbilder oder LowRes-Dateien, mit denen an den Computern gearbeitet wurde, werden durch hochaufgelöste gespeicherte Scandateien automatisch ersetzt. Hierdurch reduziert sich die Datenmenge bei Datenspeicherung und -transport. Die hochaufgelösten Farbdateien, auch HighRes-Dateien genannt, werden für dieses APR-Verfahren auf dem OPI-Server bereitgehalten. APR bedeutet Automatic Picture Replacement, OPI heißt Open Prepress Interface. Ein eignes OPI-Programm regelt das APR.
3. Die Farbbilder werden druckgerecht separiert. Es werden Teildateien in den Farben CMYK, Gelb, Magenta,Yellow und Schwarz automatisch erzeugt.
4. Die Bilder werden für den Druck in vorwählbaren Rasterweiten und Rasterverfahren gerastert.

Die Ausführung der automatischen Funktionen kann durch eigene Vorgaben an der Workstation verhindert werden. Beim Delta-Konzept wird die PostScriptdatei nicht sofort in Steuerbefehle überführt, sondern in ein kontrollierbares und speicherbares Format, die Deltaliste, umgewandelt. Dabei können PostScriptfehler und Störungen erkannt und ausgeschaltet werden.
Über eine gespeicherte Deltaliste lassen sich verschiedene Ausgabesysteme zu unterschiedlichen Zeiten und an verschiedenen Orten ansteuern. Dieses Verfahren eines führenden Herstellers dient einem störungsfreien Arbeitsfluß oder Workflow.

Laserbelichter erhalten ihre An-Aus-Steuerinformationen über den RIP. Laserbelichter arbeiten nach dem Flachbett- oder Innentrommelprinzip.

Beim letztgenannten System ist der Film innerhalb einer unbeweglichen Trommel fixiert. Zuführung, Positionierung und Ausgabe erfolgen automatisch. Entlang der Zylinderachse bewegt sich bei der Belichtung ein Drehspiegel. Während der Rotation um die Achse projiziert er die Informationen des modulierten Laserstrahls in Umfangsrichtung Zeile für Zeile auf den Film. Ein Vorteil dieses Belichtungssystems liegt in der höheren mechanischen Stabilität, weil sich weniger Masse bewegt als bei rotierenden Trommeln. Es lassen sich außer Filmen auch Offsetplatten direkt aus dem Datenbestand belichten. Im Raster-Image-Prozessor oder RIP, dem Rechenteil des Belichters, werden Bild- und Textinformationen in Pixelform Zeile für Zeile für die Lasersteuerung kombiniert. Hierzu ist eine bestimmte Software, eine Seitenbeschreibungssprache, notwendig. Die Pixelstrukturen der Zeilen sind dabei für die Modulation oder Steuerung des Lasers ausschlaggebend. Je nach Pixelfolge ist der Laser wirksam oder durch Ablenkung unwirksam. Einer Aufzeichnungsfeinheit von 1000 Linien pro cm entsprechen eine Million Pixel innerhalb eines Quadratzentimeters. Ihre Kantenlänge beträgt 0,01 mm.

Laserbelichter geben in der Regel mehrere Seiten auf einmal aus, meistens vier DIN A4 Seiten im unbeschnittenen Überformat. Der Signasetter hat ein Belichtungsformat von 770 mm x 1070 mm. Er belichtet mit Helium-Neon-Laserspot beispielsweise 8 Seiten DIN A4 bei 1270 dpi oder 500 Pixel/cm in 140 Sekunden. Auflösungen von 1270 dpi bis 5080 dpi sind verfügbar. Die Spotgrößen werden der

Auflösung über eine Optik und eine Irisblende automatisch angepaßt Die kleinste Größe beträgt 7,5 Mikrometer. Die maximal realisierbare Rasterweite beträgt 120L/cm oder 305 lpi.

Die Anzahl der realisierbaren Graustufen ohne Weiß ist abhängig **vom Auflösungsvermögen des Belichters** und der Rasterweite. Sie ist so berechenbar:

Graustufenanzahl = Pixel/cm^2: Rasterelemente/ cm^2.

Ein Laserdrucker mit 300 dpi (dots per inch) gibt 118 Pixel pro cm wieder. Bei einem 60er Raster können (118 · 118) : (60 · 60) = 13 924 : 3600 = 3,8 Tonstufen wiedergegeben werden. Das ist für eine Halbtonreproduktion völlig unzureichend. Mit einem 28er Raster sind gemäß der Formel 17,76 Tonstufen erreichbar. Mit Grobrastern sind

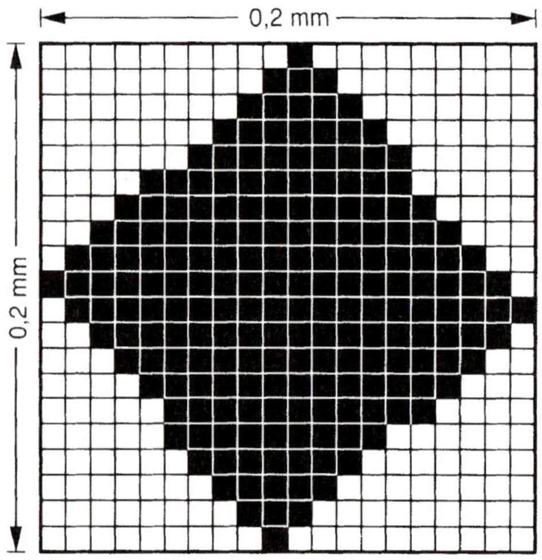

Bild 224.1. Rasterpunkt, aus Pixeln zusammengesetzt.

grundsätzlich mehr Tonstufen realisierbar als mit Feinrastern. Allerdings ist bei einer Auflösung des Belichters von 300 dpi keine brauchbare Halbtonreproduktion möglich. Mit einer Auflösung von 1000 Pixel/cm sind 256 Graustufen übertragbar. Das ist das Maximum, das mit der Seitenbeschreibungssprache PostScript erzielbar ist.

Die Formel für die Auflösung des vom Raster-Image-Prozessor gesteuerten Ausgabesystems A_X in dpi unter Berücksichtigung der Rasterweite R in lpi und der darstellbaren Tonwertabstufungen eines Farbtons oder Graustufen G ohne Weiß lautet:

$$A_X = \sqrt{G} \bullet R$$

6.9 Rasterprinzipe

In der digitalen Reproduktionstechnik sind zwei Rasterprinzipe voneinander zu unterscheiden, die AM-Rasterung und die FM-Rasterung. Die Begriffe AM und FM stammen aus der Nachrichtentechnik und Kommunikationselektronik und kennzeichnen die Signalbeeinflussung. Dabei liegt das unbeeinflußte Signal als elektromagnetische Schwingung oder Welle vor, die durch Wellenlänge und Amplitude charakterisiert werden kann. Bei der AM-Rasterung haben alle Rasterpunktzentren gleichen Abstand voneinander. Der Abstand wird über die Rasterweite, die von den Elektronikern auch Rasterfrequenz genannt wird, geregelt. Innerhalb der Abstände breitet sich die Rasterpunktfläche nach allen Richtungen aus. Sie ist durch den Flächendeckungsgrad innerhalb der virtuellen Matrix oder Rasterzelle bestimmt sowie vom Farb- oder Tonwert der Vorlage. Die unterschiedliche Ausdehung des einzelnen Rasterpunktes ist von der Modulation oder Änderung des Amplitudensignals abhängig. Die konstante Rasterweite ist durch die gleichbleibende Frequenz festgelegt. Amplitudenmodulation gibt es auch bei der Gravur von Tiefdruckzylindern, obwohl im Ergebnis kein autotypischer Tiefdruckraster erzeugt wird. Die Näpchentiefe ist abhängig von der Eindringtiefe des pyramidenförmigen Diamantwerkzeugs. Diese ist bestimmt von der Amplitude des Steuerstroms und ausschlaggebend für den Tonwert. Über die Rasterfrequenz wird die Anzahl der produzierbaren Rasternäpfchen und ihr Abstand zueinander festgelegt. Hiermit wird elektronisch eine flächen- und tiefenvariable Rasterung erzielt, die auch halbautotypische Tiefdruckrasterung genannt wird.

▶ Grundlegendes zur Tiefdruckzylindergravur und zum halbautotypischen Tiefdruckraster finden Sie im Kapitel 7.4.

6.9.1 AM-Rasterung und Winkelung

Die konventionelle **autotypische Rasterung,** auch **AM-Rasterung** oder amplitudenmodulierte Rasterung genannt, wird bei digitaler Produktion über einen Rasterrechenprozeß realisiert. Hierbei ist zu berücksichtigen, daß die Ausgabepixel nach der Laserbelichtung nur eine Datentiefe von einem Bit annehmen können. Es gibt nur den Zustand 1 oder 0. Bei der Ausgabe über PostScript und den RIP wird für die Belichtung im Laserbelichter eine **Rastermatrix** festgelegt. Diese Matrix ist virtuell, also nicht sichtbar. Sie ist eine Bezugsgröße für die Rechenprozesse und die Belichtereinstellung. Die Matrix ist wie ein unbeschriebenes Rechenblatt in Kästchen unterteilt. Diese Kästchen werden Pixel genannt. Die Pixel können Schwarz oder Weiß sein. Der Laserspot im Belichter belichtet oder schwärzt eine bestimmte Anzahl. Wenn 50 % der Matrixpixel schwarz werden, ist innerhalb der Matrix ein entsprechender Flächendeckungsgrad oder Rasterpunkt entstanden. Innerhalb der Fläche dieser Rastermatrix, die auch als **Rasterzelle** bezeichnet wird, wird der autotypische Rasterpunkt so aus den belichteten Pixeln aufgebaut, daß sein Mittelpunkt identisch ist mit dem Mittelpunkt der Matrix. Jeder Rastermatrix werden 4 Scanpixel zugeordnet. Wenn diese 4 Scanpixel unterschiedliche Tonwerte haben, wird der Mittelwert errechnet. Ihm wird der zugehörige Rasterpunkt für die Matrix aus einer gespeicherten Tabelle zugeordnet. Die Matrix wird zu einer Bitmap für die Steuerung des Laserspots. Bei einer Rasterweite von 60 L/cm sind auf dieser Strecke 60 Rastermatrixkanten aneinandergereiht. Eine Matrix ist $0{,}16^2$ mm^2 groß. Wenn die Rasterzelle maximal 10 mal 10 Pixel beinhaltet, befinden sich 600 Pixel auf dem cm. Dieser Wert entspricht der Ausgabeauflösung. International wird sie in dpi angegeben. Ein Pixel hat hier eine seitliche Ausdehnung von 0,01667 mm. Die Seitenbeschreibungssprache PostScript begrenzt die Wiedergabe von Tonwertabstufungen auf 256. Eine Matrix aus 16 mal 16 Pixeln ist hierfür notwendig. Eine hohe Zahl von Graustufen ergibt bessere Übergänge in Verläufen. Den Zusammenhang zwischen Ausgabeauflösung A_X in dpi, Graustufen G ohne Weiß und Rasterweite R in lpi zeigt folgende Formel:

$$G = (A_X : R)^2 .$$

Wenn 256 Graustufen und Weiß erreicht werden sollen wird eine Auflösung von 1000 L/cm oder 2540 dpi bei einer **Rasterweite** von 62 L/cm oder 158 lpi empfohlen.

Bei der elektronischen PostScript-Rasterung für die Farbenreproduktion müssen die im RIP berechneten Rasterpunkte in der Rastermatrix oder Rasterzelle so aufgebaut werden, daß die Standard-Rasterwinkel für die Teilfarben erreicht werden. Wie bei der konventionellen Farbenreproduktion verhindert die korrekte Rasterwinkelung für die Teilfarben die Störung des Bildinhalts durch **Moiré**, einer dominanten Mustererscheinung, die durch verschiedene sich zufällig überlagernde Linien- oder Rasterpunktreihen entsteht. Werden autotypisch gerasterte Farbdrucke durch einen Fadenzähler oder eine Lupe betrachtet, erscheinen runde 30 %ige Rasterpunkte in den verschiedenen Teilfarben bei konventioneller Rasterwinkelung wie um eine unsichtbare Kreislinie angeordnet. Diese Form wird als Rosette bezeichnet. Die **Rosetten** wiederholen sich in den helleren Bildbereichen. Zu unterscheiden sind zwei Grundformen: dot centered und clear centered.

Dot centered Rosetten weisen nur im Kreiszentrum einen schwarzen Punkt auf, der von YMC-Punkten umgeben ist. Clear centered Rosetten haben keinen Rasterpunkt im Mittelpunkt. Die schwarzen Rasterpunkte liegen mit denen der Teilfarben zusammen in etwa auf der imaginären Kreislinie. Sichtbare Moiré-Muster sind vorhanden, wenn die Rosettenmuster im Druck wechseln. Bei gleichen Rosettenbildern werden

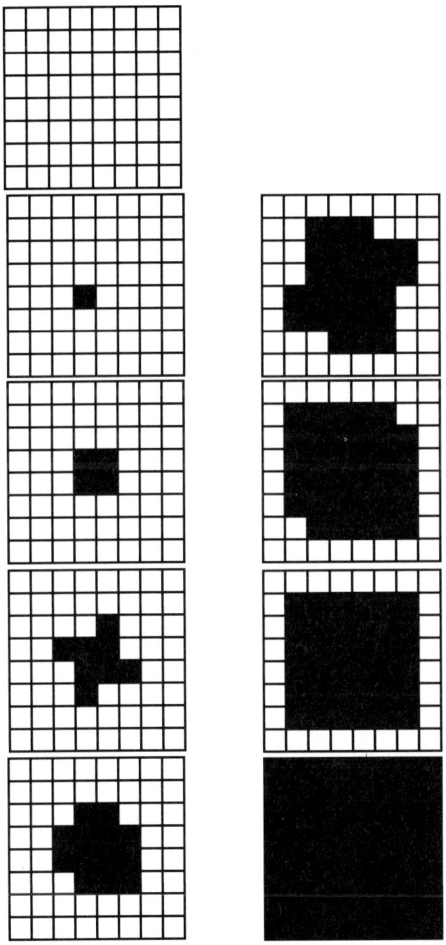

Bild 225.1. Rastermodell: Rastermatrix mit schwarzen und weißen Pixeln zur Tonwerterzeugung.

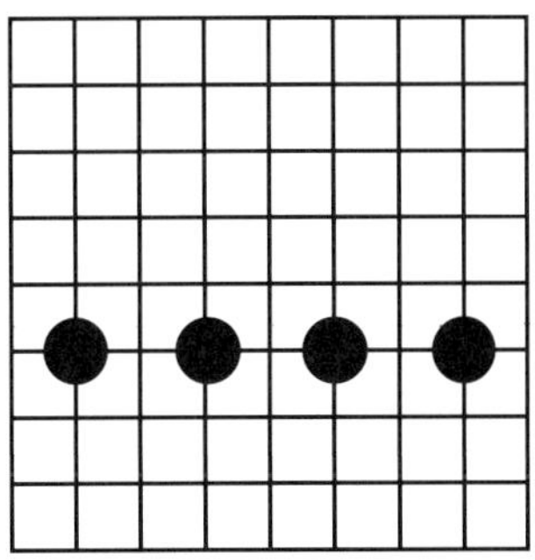

Bild 225.2. Breite 1 cm, Rasterweite 4 L/cm, bei Breite 1 inch, Rasterfrequenz + 10 lpi.

sie am wenigsten bemerkt, wenn die kürzeste Entfernung zwischen zwei identischen benachbarten Rosetten sehr klein ist oder sehr groß ist. Moiré entsteht durch die Überlagerung geometrischer Muster, also auch durch die Rasterpunktreihen der Teilfarben. Dabei erscheint die wiederkehrende Rosettenstruktur mehr oder weniger störend im Bild. Die Rasterpunktrosetten müssen also im Vierfarbendruck einheitlich sein, damit Moiréeffekte unsichtbar bleiben.

▶ Grundlegendes über DIN-Rasterwinkelung bei Farbbildern finden Sie im Kapitel 6.5.

Bei der Festlegung der **Rasterwinkel** und bei der Errechnung der Bitmap zur Belichtersteuerung ist zu beachten, daß immer nur ganze Kästchen der Rastermatrix mit Pixeln gefüllt werden können. Ferner ist anzunehmen, daß den Rechenprozessen eine virtuelle **Belichtermatrix** zugrundegelegt wird. Der Belichtungsfläche wird somit eine Rechenblatteinteilung zugeordnet. Die Kästchengröße ist durch die Auflösung bestimmt. Die kleinere Rasterzelle die ebenfalls durch die Auflösung unterteilt ist, muß in die große Belichtermatrix eingefügt werden. Beide haben die gleiche Kästcheneinteilung oder Pixelung, wie zwei gleiche Rechenblätter. Bei einem Rasterwinkel von 0 Grad für die Teilfarbe Yellow liegen deswegen die Ecken der Rastermatrix immer auf den Ecken der Belichtermatrix. Bei einem Winkel von 45 Grad für die Farbe Schwarz wird die Rastermatrix so gedreht, daß ihre 4 Eckpunkte genau auf den Schnittpunkten der Belichtermatrix liegen. Eine Rasterzelle läßt sich nach den Gesetzmäßigkeiten der rationalen Rasterwinkelung aufbauen, wenn die Eckpunkte der Rastermatrix auf Schnittpunkten der Belichtermatrix liegen.

Bei der PostScript-Rasterung müssen die Winkelfunktionen, die sich auf die vorgeschriebenen Rasterwinkel der Teilfarben beziehen, den Gesetzmäßigkeiten rationaler Zahlen folgen. Praktisch bedeutet das, daß die Pixel in einer Rasterpunkt-Matrix in jeder Winkellage mit den Ecken der Rasterzellen übereinstimmen müssen. Für die Winkellagen 15° und 75° ist dieser Sachverhalt aber nicht exakt einzuhalten, weil den Winkelfunktionen irrationale Zahlen zugrundeliegen. In der Praxis wirkt sich dieser Sachverhalt als Moiré, als störende Rastermusterbildung besonders in Farbverläufen aus.

Irrationale Zahlen, wie die Zahl Pi = 3, 141 592 653 589 793 . . ., lassen sich im Gegensatz zu rationalen nicht als Bruch (Quotient zweier ganzer Zahlen) oder Dezimalzahl mit sich wiederholender Periodenlänge darstellen, sondern nur als Dezimalbruch mit sich nicht wiederholender Periode.

Die rationale Rasterung kann die Standardrasterwinkel für Yellow und Schwarz darstellen, nicht jedoch für Cyan und Magenta. Hier lassen sich für die Raster-

Yellow 0° (90°)

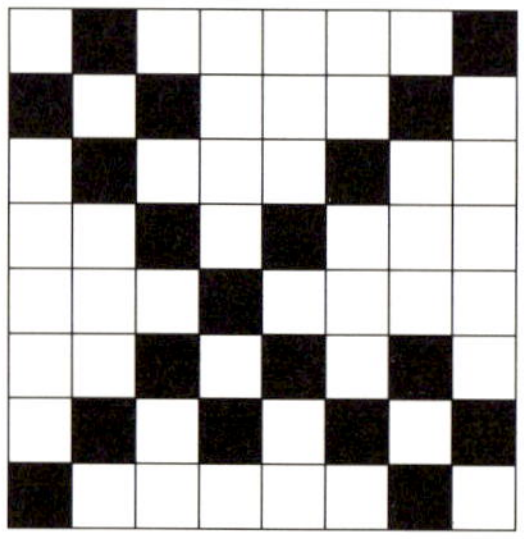

Key 45°

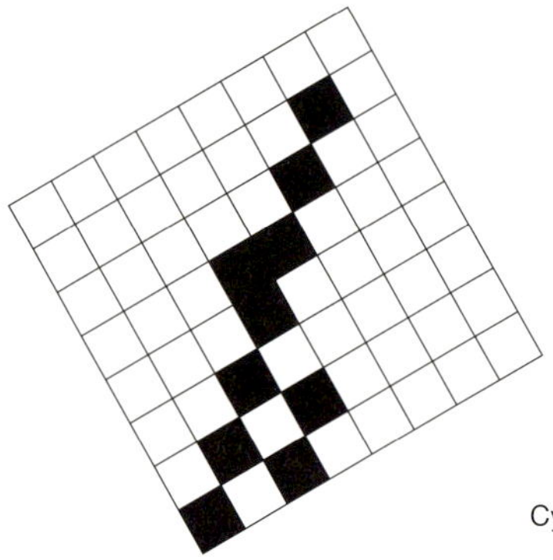

Cyan 75° (15°)

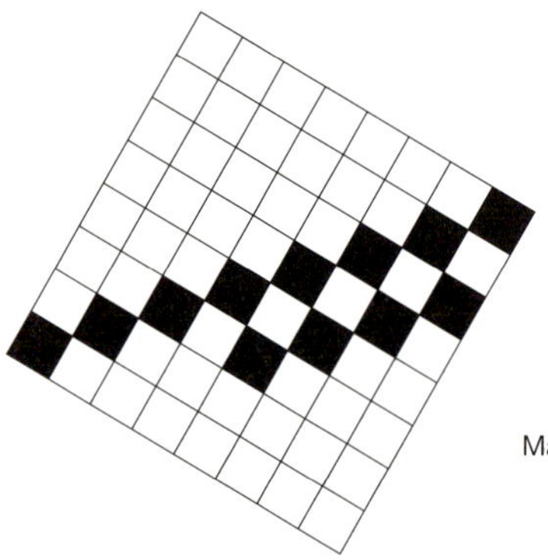

Magenta 15° (75°)

Bild 226.1. Modell zur Rasterwinkelung für AM-Rasterung für CMYK auf der Basis einer Belichtermatrix.

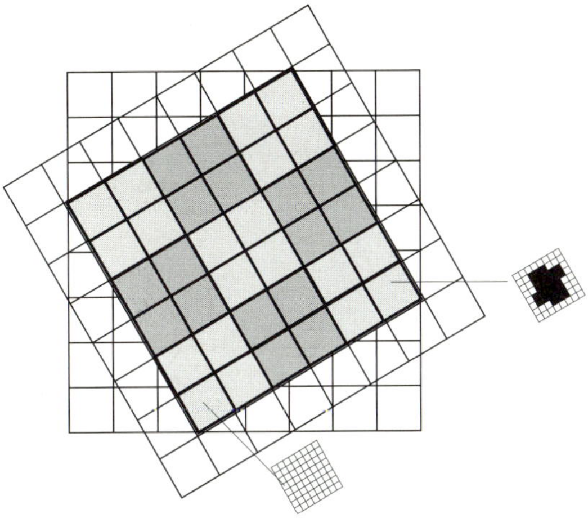

Bild 227.1. Modell einer Superzelle mit 36 Subzellen im Rasterwinkel 75° in bezug auf die Belichtermatrix.

winkel 15 und 75 Grad nur grobe Näherungen von 18, 4 und 71,6 Grad erzielen. Gleichzeitig differiert die Rasterweite zwischen 47, 1 und 52,7 L/cm. Mit dem Superzellen-Rechenansatz, einer Idee von Linotype-Hell, wurden die Abweichungen minimiert. Die **Superzelle** setzt sich aus vervielfachten Rasterzellen zusammen und dient als neue Berechnungsgrundlage. Dabei müssen sich nur noch die 4 Eckpunkte der Superzelle auf den Kreuzungspunkten der Belichtermatrix befinden. Die Eckpunkte der integrierten einzelnen Rasterzellen müssen dagegen diese Anforderung nicht mehr erfüllen. Je größer die Superzelle ist, desto bessere Annäherungen an die konventionellen Rasterwinkel lassen sich erreichen. Die Superzelle besteht aus einer Matrix mehrerer

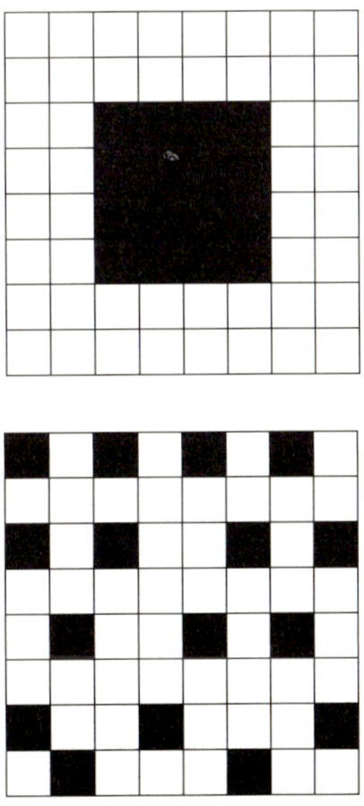

Bild 227.2. Modell einer AM-Rastermatrix (oben) und FM-Rastermatrix (unten) mit gleichem Flächendeckungsgrad.

Rasterzellen und damit aus mehreren Zentren. Je nach Belichtung füllt sich jede Rasterzelle oder Submatrix der Superzelle mit mehr oder weniger gedeckten Pixeln vom Zentrum aus. Die Superzellentechniken für die Rasterung von Farbbildern erfordern wegen des besonderen Rechenaufwands leistungsstarke Raster-Image-Prozessoren.

Mit speziellen Dienstprogrammen wie beispielsweise Accurate Screening, Balanced-Screening, HQS oder High-Quality-Screening wird durch die Zugrundelegung sogenannter Superzellen, die bis zu 3000 Subzellen enthalten können, die Rasterpunkt-Matrix variiert und die Winkelung optimiert. Ohne diese Optimierung machen sich Moiré und Streifenbildung in Rastertonwertverläufen bemerkbar. Bei einer Belichterauflösung von 1000 Pixel/cm und einer Rasterweite von 54 Linien/cm ergeben sich nach der HQS-Software im Cyan und Magenta ungerade Rasterwinkel, nämlich 15,0037 und 74,9963 Grad.

▶ Grundsätzliches über Rasterwinkelung im Kapitel 6.5.2 Farbenreproduktion.

6.9.2 FM-Rasterung

Das Prinzip der AM-Rasterung läßt sich umkehren. Unter Beibehaltung der Amplitude kann die Frequenz je nach Tonwert variiert werden. Es entsteht auf elektronischem Wege ein neues Rasterprinzip, das FM-Rasterung genannt wird. Neue programmgesteuerte PostScriptorientierte Bildrasterungen ermöglichen FM (frequenzmodulierte) Rasterverfahren, wie beispielsweise Diamond Screening, Cristal-Raster, High Fidelity. Bei diesen Verfahren werden die Pixel innerhalb der Matrix oder Rasterzelle nicht mehr für den zentrischen Aufbau eines Rasterpunkts verwendet und nebeneinander zur Punktfläche angeordnet gemäß der autotypischen AM-Rasterung. Die Pixel werden bei der FM-Rasterung stattdessen nach dem Zufallsprinzip innerhalb Rasterzelle oder Matrix durch die Software verteilt. Die Rasterung wird deshalb auch als stochastische Rasterung bezeichnet. Über Frequenzmodulation wird gewissermaßen der AM-Rasterpunkt innerhalb der Rastermatrix explosionsartig aufgelöst, so daß sich seine Pixel irgendwo in der Matrix neu anordnen. Die Rasterzelle weist dann eine Vielzahl mikrofeiner Pixel einheitlicher Größe und Deckung mit unterschiedlichen, also frequenzmodulierten Abständen zueinander auf. Die im Bild einheitliche Größe der Pixel ist bestimmt durch die konstante Amplitude. Je nach Software schwankt jedoch die Größe der Pixel zwischen 14µm und 25µm. 20µm entsprechen einem 1 %igen Punkt eines autotypischen Rasters mit 60 L/cm. Die Tonwertmatrix ist als Miniaturfeld mit entsprechender mikrofeiner Unterteilung vorstellbar. Sie ist von der Einstellung des Laserstrahldurchmessers im Belichtersystem abhängig. Entspricht ihre Kanten-

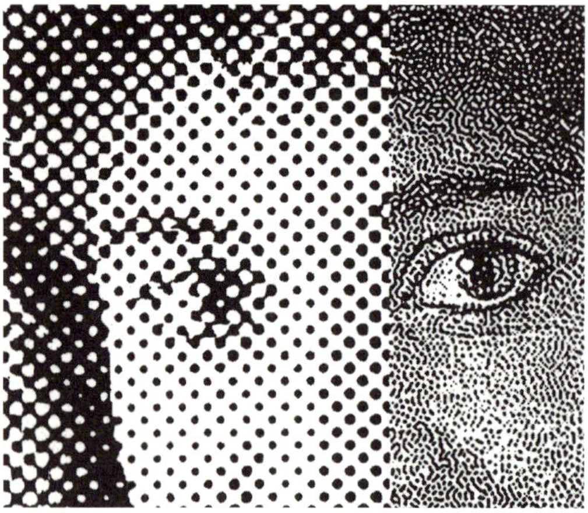

Bild 228.1. AM-Rasterung (links), FM-Rasterung (rechts).

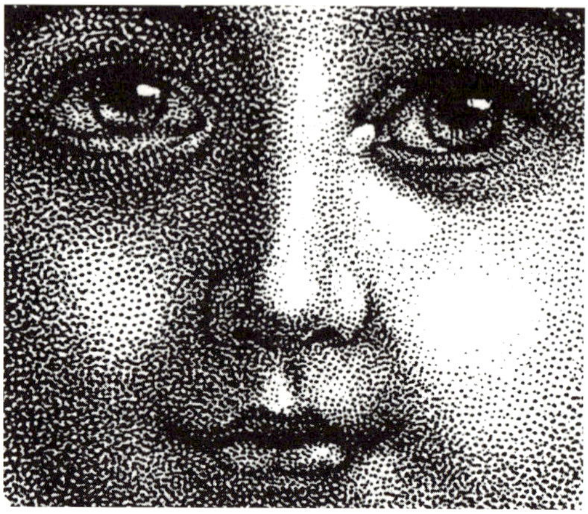

Bild 228.2. Klassische Lithografie – Punktiertechnik zum Vergleich mit FM-Rasterung.

länge der AM-Matrix, lassen sich die AM- und FM-Rasterdrucke gleicher Rasterweite vergleichen. Eine **FM-Rasterzelle** enthält mehr Bildelemente. Über diese Pixelstrukturen, die einer feinen Körnung ähneln, wird im Vergleich zur herkömmlichen autotypischen oder AM-Rasterung eine bessere Detailauflösung und Ausgabeauflösung erreicht. Bei AM-Feinrastern reduzieren Rosetten aus Rasterpunkten etwas die Glättewirkung der Farbtöne. Bei FM-Rasterung weisen die Drucke eine erhöhte Farbbrillanz auf. Eine Einschränkung ergibt sich jedoch bei hellen Tonwerten, die aufgrund der Pixelverteilung wolkig erscheinen. Der bedeutende Vorteil ist, daß bei der FM-Rasterung kein Moiré entsteht. Beim Farbendruck entfällt deswegen die Rasterwinkelung. Die Reproduktion mit mehr als vier Farben ist realisierbar. Ein Nachteil besteht in den Anforderungen an die Druckformherstellung, da Rasterpunkte unter 5 % nicht mehr unter den standardisierten Bedingungen für die AM-Rasterung übertragbar sind. Bei der FM-Rasterung haben wir es mit sensiblen Mikroelementen zu tun, deren Flächendeckungsgrad etwa bei 1 % liegt. In der Kopie muß deswegen unter neuen Standards absolut staubfrei und sauber gearbeitet werden, damit die Mikropixel exakt auf die Druckplatte übertragen werden können. Im Druck ergibt sich zwangsläufig eine Tonwertzunahme, die in der Reproduktion ausgeglichen werden muß. Ansonsten läßt sich mit frequenzmoduliert gerasterten Druckformen problemlos drucken. Wegen der besonderen Probleme bei der konventionellen Kopie ist die FM-Rasterung für Computer to Plate-, Computer to Press- oder Computer to Print-Verfahren, bei denen Filmmontage und Druckplattenkopie entfallen, gut geeignet. Viele RIPS sind mit Software für die FM-Rasterung ausgerüstet.
Die FM-Rasterung entspricht in ihrem Ansatz dem **Dithering** in der digitalen Bildbearbeitung. In einem Bild mit 1-Bit-Datentiefe, die nur für die Darstellung schwarzer und weißer Pixel vorgesehen ist, lassen sich trotzdem Grauwerte simulieren. Durch Diffusion-Dithering-Algorithmen werden die schwarzen Pixel über einen Bereich so verteilt, daß Grauwerte oder Tonwerte sichtbar werden. Gleiches gilt für einfarbige Pixel. Algorithmen sind programmierte Schritte oder Anweisungen an den Rechner zur Lösung einer Aufgabe.

▶ Grundlegende Informationen über CTP-Verfahren finden Sie auf Seite 284.

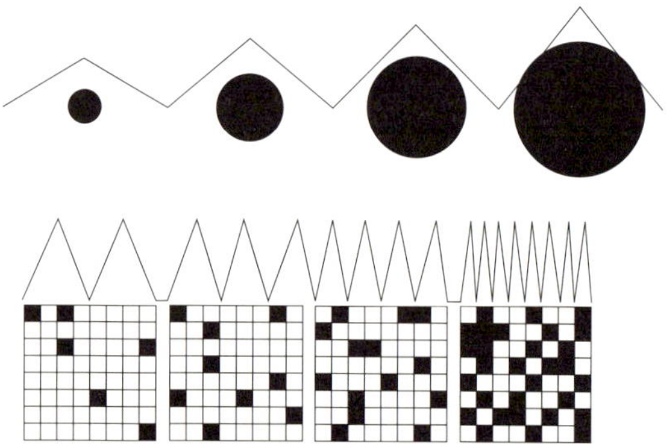

Bild 228.3. Amplitudenmodulation-Frequenzmodulation.

▼

1. Wofür wird PostScript benötigt?
2. Was bedeutet TIFF?
3. Was bedeutet EPSF?
4. Was bedeutet PDF?
5. Was bedeutet Bit- oder Datentiefe?
6. Was bedeutet Dithering?
7. Welche Vorteile bietet FM-Rasterung im Vergleich mit der AM-Rasterung?
8. Erläutern Sie die folgenden Angaben: ppi, ppcm, spi, spcm, dpi, lpi, L/cm!
9. Was wird bei AM-Rasterung mit verschiedenen Winkeln versehen?
10. Nennen Sie den Grund für diese Winkelung!

11. Warum braucht ein digitalisiertes Farbbild mehr Speicherplatz als ein gleich großer Textblock?
12. Wozu dient der Proof-Recorder?
13. Was bedeuten: Prescan, Workstation, Software, Digitizer, Cursor, optischer Speicher, Konvertierung, RIP?
14. Erläutern Sie den Unterschied zwischen Bilddatei und Bilddatenformat!
15. Was bedeutet Konfiguration, bezogen auf die EBV-Systeme?
16. Wozu dient die Superzelle?
17. Was sind RGB-Farben, was CMYK-Farben?
18. Was bewirkt die Farbenumrechnung?

6.10 Reproduktionskontrolle

Als Endprodukt der herkömmlichen Farbenreproduktion liegen in der Regel einfarbige Reproduktionsfilme vor, die die Farbanteile der Vorlage als Dichtewerte oder Flächendeckungsgrade zeigen. Für die Reproduktionskontrolle und die Information des Auftraggebers können die Informationen des Farbsatzes in ein Farbbild, Color Proof genannt, umgesetzt werden. Hierzu dienen die Farbprüfverfahren. Heute gibt es zahlreiche hochentwickelte Systeme für diesen Zweck.

Vorläufer der Farbprüfverfahren sind der Farbopter, auch Chromaskop genannt, und Farbfolientechniken. Lange Zeit dienten sie zur Kontrolle der Farbsätze. Dabei mußten zwangsläufige Veränderungen des Bilds durch den Druckprozeß von den Fachleuten richtig eingeschätzt werden. Die weiterentwickelten Farbprüfsysteme liefern dagegen ein farbiges Bild, das dem des Auflagendrucks weitgehend entspricht. Solche Proofs können auch von Auftraggebern als Unterlage für das Imprimatur, also für die Druckgenehmigung, akzeptiert werden.

6.10.1 Aufgaben der Farbprüfverfahren

Farbprüfverfahren werden mit folgender Zielsetzung eingesetzt:
1. Darstellung des reproduktionstechnischen Arbeitsergebnisses in Form eines Farbbilds zur Qualitätskontrolle,
2. Simulation des Auflagendrucks,
3. Ersatz des konventionellen Andrucks,
4. Wiederholbarkeit.

Ein moderner Proof muß alle Forderungen zugleich erfüllen. Die Vorläufertechniken entsprachen ihnen nur zum Teil. Ein Beispiel hierfür ist der Farbopter.
Das Verfahren ist auch Vorläufer heutiger Softproof-Techniken.
Softproofs sind Ergebnisse, die auf Computerbildschirmen nach der Korrektur der Bilddatei vorliegen.
Der Farbopter besteht aus einer Kammer, in der die Farbauszugspositive positioniert und mit Licht komplementär zur Auszugsfarbe bestrahlt werden.
Auf entsprechend angeordneten Spiegeln entsteht

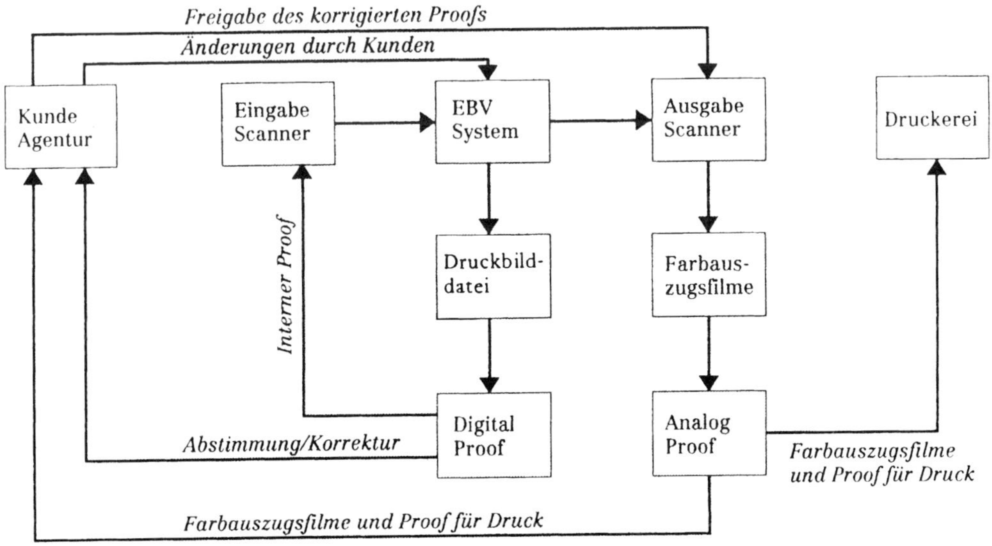

Bild 229.1. Proofs dienen zur Kontrolle der Farbenreproduktion und zur Information über das zu erwartende Druckergebnis.

ein farbiges Bild aus Licht, das durch eine Einblicksöffnung betrachtbar ist. Das Verfahren war lange Zeit die einzige Möglichkeit, auf der Basis der Reproduktionsfilme ein Farbbild zu erzeugen. Das immaterielle Lichtbild entspricht aber auf keinen Fall dem Bild und der Farbmischung des Drucks.

Techniken wie Color-Key oder Ozasol-Proof basieren auf einer Kombination von vier Folien, die die Rasterpunkte der Farbauszugsfilme farbig zeigen. Die Folien sind in den Farben Gelb, Magenta, Cyan sowie in Sonderfarben erhältlich. Um die farbige Bildwirkung zu erzeugen, wird im Kontakt mit dem jeweiligen Farbauszug unter UV-Licht belichtet. An den bildfreien Stellen ist durch anschließende Entwicklung die Folienfarbe entfernbar. Die Folien zeigen übereinandergelegt auf dem Bedruckstoff das gerasterte Farbbild. Sie entsprechen dem Druck zwar eher als das Farbopterbild, jedoch ergibt sich noch keine exakte Simulation der Farbwirkung des Auflagendrucks. Im Gegensatz zum Farbopter werden diese Verfahren heute dennoch eingesetzt, vorwiegend als Techniken im Designbereich sowie bei der Filmmontage zur Kontrolle von Layoutdaten, Stand und Passer.

Mit weiterentwickelten Farbprüfsystemen sind verbesserte Fortdruckergebnisse simulierbar, weil sie drucktechnische Bedingungen wie Rasterpunktzuwachs, Farbdichte, Oberflächenglanz und Bedruckstoff berücksichtigen. Auf dem Markt konkurrieren zahreiche Verfahren miteinander,

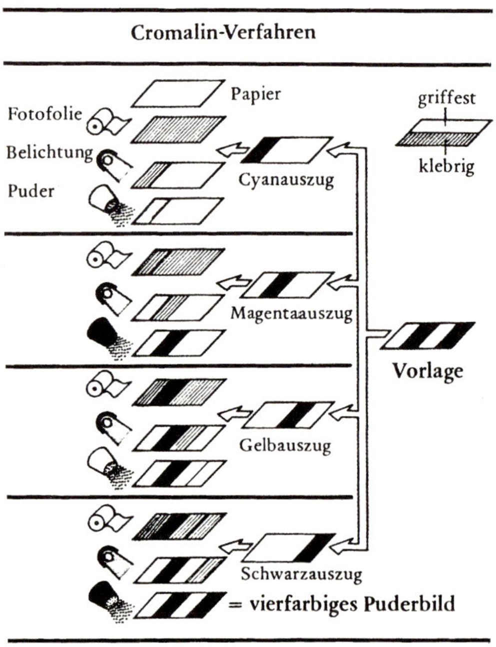

Bild 230.1. Prinzip des analog arbeitenden Farbprüfverfahrens Cromalin.

einfache und aufwendige. Gundsätzlich lassen sich immaterielle von materiellen Proofs unterscheiden, die auch als Hardcopies bezeichnet werden. Immaterielle oder Softproofs werden überwiegend für die betriebsinterne Farbabstimmung eingesetzt. Gute materielle Proofs dienen dem gleichen Zweck und sind zusätzlich Basis für die Druckgenehmigung. Sie dienen der Kommunikation zwischen Auftraggebern und den Reproduktionstechnikern. Materielle Proofs werden nach den gerasterten Farbauszugsfilmen angefertigt. Weil analog dazu das Farbkontrollbild entsteht, das den Druck simuliert, werden die Techniken auch als analoge Farbprüfverfahren bezeichnet. Wird das Bild direkt von einer im Computer gespeicherten Bilddatei erzeugt, handelt es sich um ein digitales Farbprüfverfahren.

6.10.2 Analoge Farbprüfverfahren

Analoge Verfahren verwenden für die Proof-Herstellung einfarbige Reproduktionsfilme, in der Regel autotypisch gerasterte Farbsätze. Für deren Umsetzung in ein Color-Proof, ein farbiges, den Druck simulierendes Kontrollbild, gibt es Systeme, die nach dem fotografischen oder elektrofotografischen Übertragungsprinzip funktionieren. Bei den meisten Verfahren sind negative oder positive Farbsätze einsetzbar.
Neuere fotografische Farbprüfverfahren simulieren auch die Tonwertzunahme des Offsetdrucks. Beim Belichten nach negativen Reproduktionsfilmen ist sie durch Überstrahlung erreichbar. Werden positive Farbenauszugsfilme verwendet, funktioniert das nicht. Hier wird die Zunahme der Rasterpunkte über den Schichtenaufbau des zu belichtenden Materials beeinflußt. Damit die Rasterpunkte im Proof optisch größer als auf dem Farbenauszugsfilm erscheinen, wird die Entstehung des Lichtfangs gefördert. Die **Lichtfang-Theorie** besagt, daß auffallendes Licht, welches von der Unterseite des Proofmaterials total reflektiert werden müßte, bei der Reflexion teilweise die Rasterpunkte von unten unterstrahlt. Dabei wird dieses Licht vom Rasterpunkt absorbiert. Am Rand des Rasterpunkts ergibt sich durch Lichtstreuung eine Erweiterung der Randzone. Betrachter und Densitometer registrieren das als Tonwertzunahme.
Ein Beispiel für ein verbreitetes analoges Proofverfahren ist Cromalin. Zum System gehören lichtempfindliches Material, Laminator, Kontaktkopiergerät, den Druckfarben entsprechende Toner und eine Tonerkonsole oder -maschine. Die wesentlichen Arbeitsschritte sind Laminieren, Belichten, Tonen. Sie wiederholen sich für jede Farbe. Beim Laminieren wird der Spezialfilm auf ein Trägermaterial kaschiert oder geklebt. Das geschieht im Laminator. Der Film besteht aus einer klebrigen, lichtempfindlichen, transparenten Polymerschicht, dem Laminat. Nach dem Abziehen einer Schutzfolie erfolgt das

Laminieren unter Druck bei einer Temperatur von 100° C. Danach werden Laminat und Farbauszugsfilm unter UV-Licht im Kontakt belichtet. Bei der Belichtung verlieren alle vom Licht getroffenen Stellen ihre Klebrigkeit. Das Laminat enthält somit ein latentes Bild aus klebrigen Stellen. Ihnen entsprechen die Rasterpunkte im Farbauszugsfilm. Nach der Belichtung wird getont, nachdem die obere Schutzfolie vom Laminat abgezogen worden ist. Der Toner bleibt nur an den klebrigen Stellen haften. Aus dem Reproduktionsfilm ist ein gerastertes Farbbild entsprechend der Skalenfarbe entstanden. Dieser Vorgang wiederholt sich bis zur letzten Farbe. Dabei wird die nächste lichtempfindliche Polymerschicht über die jeweils getonte Schicht laminiert. Am Schluß kann die Bildoberfläche mit einem Abschlußlaminat und Toner zur Mattierung behandelt werden. Standardisierter Tonerauftrag ist über die Tonermaschine zu erzielen.

Eine Weiterentwicklung ist das Eurosprint-System. Statt mit Tonern wird hier mit Einfärbefolien gearbeitet. In einer speziellen Maschine läßt sich die Farbe aus diesen Folien unter Druck auf die klebrigen Laminatstellen übertragen.

Beim Color-Art-Verfahren werden vier lichtempfindliche Folien in den Farben Gelb, Magenta, Cyan und Schwarz im Kontakt mit den jeweiligen Farbauszugsfilmen unter UV-Licht belichtet, in einem Prozesssor entwickelt und getrocknet. Bei der Entwicklung wird Farbe an den bildfreien Stellen entfernt. Über einen Thermoprinter lassen sich anschließend nacheinander alle Bildstellen auf einen Zwischenträger unter Wärme und Druck übertragen. Im gleichen Gerät erfolgt danach die Übertragung des Farbbildes vom Zwischenträger auf das gewählte Material oder den Bedruckstoff.

Die Oberfläche kann zusätzlich mit einer Mattierung versehen werden. Ein Farbproof im Format A4 ist in zehn Minuten hergestellt. Verbreitete ähnlich arbeitende Verfahren, die Farben aus speziellen Farbfolien auf das Trägermaterial des Proofs übertragen, sind Agfaproof und Transfer-Matchprint.

Das Stork-Colorproofing-Verfahren basiert auf dem Prinzip der elektrofotografischen Übertragung mit Fotohalbleiterschichten. Die gerasterten Farbauszugsfilme werden einzeln auf eine Halbleiterplatte, auch KC-Platte genannt, belichtet. Sie besteht aus Millionen winziger lichtempfindlicher Kadmiumsulfid-Kristalle, die gleichmäßig ausgerichtet sind. Das Auflösungsvermögen dieser Schicht liegt bei 10 000 Linien/cm.

Diese Platte wird zuerst elektrostatisch aufgeladen. Dabei wird die Oberfläche mit einer einheitlichen Ladung versehen. Bei der Belichtung mit

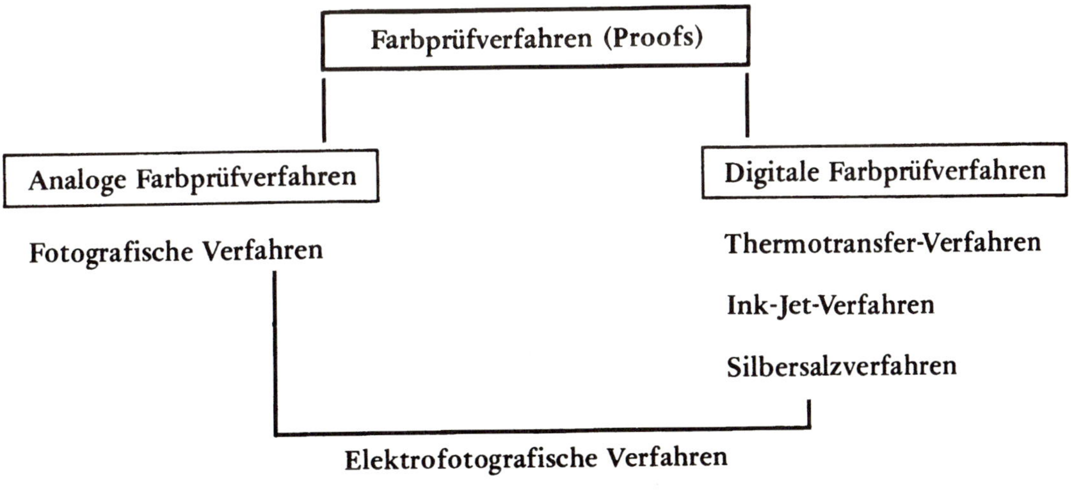

Bild 231.1. Farbprüfverfahrensarten.

dem Farbauszugsfilm fließt die negative Ladung an den vom Licht getroffenen Stellen ab. Bildstellen bleiben dagegen geladen. Das hier entstandene Ladungsbild wird mit Flüssigtoner versehen. Er ist entgegengesetzt geladen und farbig. Die Tonerfarbe entspricht der jeweiligen Auszugsfarbe. Das Tonerbild wird über einen Zwischenträger auf das Auflagepapier übertragen. Geeignet ist Papier von 30 bis 250 g/m^2. Für jede Farbe wiederholt sich dieser Vorgang. Bevor erneute Belichtung stattfinden kann, muß die Platte neutralisiert werden. Farbspuren und Restladung werden dabei beseitigt. In 15 Minuten ist ein vierfarbiger Proof herstellbar. Am Terminal des Farbprüfsystems lassen sich Farbfolge, Dichte, Kontrast, Papierqualität und Rasterpunktform einstellen. Die zu berücksichtigende Tonwertzunahme ist über Belichtung, Plattenladung und Lichtfang steuerbar.

▶ Näheres über den Lichtfang finden Sie auf Seite 230, über Tonwertzunahme auf Seite 241.

Ein ähnliches Verfahren ist Signature. Im Mittelpunkt steht ein fotoleitfähiger Film als Zwischenträger. Er wird unter negativen oder positiven Farbauszugsfilmen belichtet. Dadurch entsteht ein latentes Ladungsbild, das mit flüssigem Toner gefärbt wird. Auf diesen Zwischenträger werden nach und nach alle vier Farben übertragen. Danach folgt die Übertragung des Proofs auf den endgültigen Träger unter Wärme von 180 Grad Celsius und Druck. Es können Papiersorten von 28 g/m^2 bis zum starken Karton verwendet werden. Aufladung, Belichtung, Tonerung erfolgen in der Tonerkonsole. Die Übertragung vom Zwischenträger auf den Bedruckstoff geschieht im Laminator. Der fotoleitfähige Film ist nur einmal verwendbar.
Er ist also für jeden zu prüfenden Farbsatz zu erneuern.

6.10.3 Digitale Farbprüfverfahren

Die Basis für digitale Farbprüfverfahren sind gespeicherte Bild-Text-Dateien. Grundsätzlich kann die Beurteilung über den Computerbildschirm erfolgen. Das Farbbild wird in diesem Fall als **Softproof** bezeichnet. Andererseits läßt sich nach dem Datenbestand ein druckidentisches Farbbild für die Reproduktionskontrolle herstellen, das auch **Hardcopy** genannt wird. Solche materiellen Proofs können über rechnergesteuerte Thermodrucker, elektrofotografische Technik oder Ink-Jet-Systeme und Scanner- oder Laserbelichtung produziert werden. Bei digitalen Proofverfahren sind die Übertragungsbedingungen, wie die Tonwertzunahme, über den Computer steuerbar. Mit entsprechender Software ist über Menüs und Bildschirmformulare eine Voreinstellung möglich. Digitale Bild-Text-Seiten können über Datennetze direkt vom Bearbeiter zur Bildausgabestation des Auftraggebers für Korrekturen oder zum Einholen der Druckgenehmigung übermittelt werden.

Farbbild-Dateien werden in der Regel über CMM unterstützende Software und PostScript-RIPS speziellen Proofrecordern zugeführt. CMM heißt Colormanagement.

▶ Informationen über CMM finden Sie im Kapitel 6.11.2

Die Bildaufzeichnung basiert auf den folgenden Übertragungsprinzipien digitaler Drucksysteme: Laserdruck, Thermotransfer, Thermosublimation, Ink-Jet.

Beim **Farblaserdruck** wird die Bildinformation aus dem digitalen Datenbestand in ihren Teilfarben CMYK linienweise auf Halbleiterschichten von elektrostatisch positiv aufgeladenen Trommeln übertragen. Wie im Vierfarbendruck ist jeder Prozeßfarbe eine Trommel zugeordnet. Dort wo der Laserspot ein Pixel erzeugt, wird der Ladungszustand der Trommel verändert. Die belichteten Stellen werden entladen. Positiv geladener Toner in den Teilfarben CMYK haftet nur an den belichteten Stellen und wird auf das Papier übertragen. Durch Wärme werden die von einem thermosensiblen Bindemittel umgebenen farbigen Tonerteilchen auf der Papieroberfläche fixiert.
Beim **Thermotransfer** wird die Farbe aus einem Farbband durch Wärme auf Papier oder Folien übertragen. Bei der **Thermosublimation** wird die Farbe einer zugeordneten Farbgeberfolie punktweise erhitzt. Die Farbe verdunstet und wird durch ein spezielles Trägerpapier absorbiert. So lassen sich Informationen ohne Druck und Gegendruck übertragen. Das ist ebenfalls bei Ink-Jet-Systemen der Fall. **Ink-Jet-** oder Farbsprühverfahren sind am meisten verbreitet. Digital gesteuerte Farbtropfen werden dabei über eine Düsenmatrix dem Bedruckstoff zugeführt. Es sind folgende 4 Ink-Jet-Variationen zu unterscheiden: Continous-Flow, Bubble-Jet, Piezo-Technik und Festtintensystem.
Bei der Continous-Flow Technik ist der Farbfluß aus allen Düsen gleichbleibend. Farbtropfen, die nicht drucken sollen, werden durch elektrische Spannung abgelenkt. In der Bubble-Jet-Technik wird durch Heizelemente die Farbe auf 300 bis 400 Grad erhitzt und eine Dampfblase erzeugt. Blase heißt im Englischen bubble. Wenn die Blase sich ausdehnt wird die Farbmenge vom Zufluß abgetrennt und ausgestoßen. Die Farbmenge erzeugt nur einen Punkt auf dem Papier. Beim Abkühlen wird neue Farbe angesaugt. In einer Sekunde werden mehrere Tausend Blasen und Tröpfchen in jeder Düse gebildet. Bubble-

Jet-Druckköpfe können bis zu 256 Düsen aufweisen, die eine Auflösung von 400 dpi ermöglichen. In der Piezo-Technik steht ein piezoelektrischer Kristall im Mittelpunkt, der über eine elektrische Spannung zu einer Änderung seiner Form veranlaßt wird. Die Formänderung von kleinen Piezo-Kristallen innerhalb der Düsen wird zum Austreiben der Tintentropfen benutzt. Beim Ausdehnen der Kristalle wird Farbe zum Bedruckstoff hin ausgestoßen, beim Zusammenziehen wird Farbe in die Düse gesaugt. Das Verfahren wird auch als Drop-on-demand bezeichnet. Das heißt Tropfen auf Befehl und bedeutet, daß über die Spannungsänderung die Tröpfchengröße exakt gesteuert werden kann. Beim Festtintenverfahren liegt die Farbe in fester wachsartiger Form vor. Sie wird im Druckkopf geschmolzen, bevor sie als Tröpfchen auf das Papier übertragen wird. Auf dem Druckpapier verfestigt sich die Farbe zu einem Punkt. Die Technik wird wegen der Änderung des Aggregatzustands der Farbe auch als Phasenwechselverfahren bezeichnet.

Die Daten können im einfachsten Fall einen Belegdrucker steuern. Es wird ein Thermotransferdrucker angeboten, der nach den Daten ein farbiges Bild für die interne Kontrolle bis zum Format A3 mit einer Auflösung von 300 bis 400 dpi (dots per inch) ausgibt. In bestimmten Fällen kann das Ergebnis als kostengünstiger Proof akzeptiert werden.

Die digitale Version des analog arbeitenden Colorproofing-Verfahrens ist das System Digital Color Proofer. Es basiert ebenfalls auf der sensiblen CdS-Halbleiterplatte. Die bildaufbauenden Informationen werden nicht durch Kontaktbelichtung übertragen, sondern von einem modulierten Argon-Laser. Seine Steuerung entspricht derjenigen eines Laserbelichters. Nach der Bildübertragung wird das auf der Halbleiterschicht entstandene elektrische Ladungsbild mit Farbtoner versehen. Anschließend erfolgt die Übertragung des Toners auf das Auflagenpapier. Wie im analogen Verfahren wiederholt sich der Vorgang für jede Farbe nach vorangehender Neutralisierung der Platte. Die Auflösung liegt bei 2500 dpi oder 984 Linien/cm.

Beim 4-Cast-System ist das Ausgabegerät ein Proof-Printer. Er funktioniert nach dem Prinzip der Thermosublimation. Die Daten eines in einer Workstation bearbeiteten Bildes steuern die Farbübertragung. Sie erfolgt über eine Thermoschiene und eine wärmesensible Farbgeberfolie mit den Farben Gelb, Magenta, Cyan und Schwarz. In der Thermoschiene befinden sich 3500 in Glas eingebettete Thermopunkte, die eine Reihe von 300 mm Länge bilden. Über die thermisch aktivierten Elemente und die Farbgeberfolie lassen sich die vier Auszugsfarben Zeile für Zeile nacheinander auf den darunter liegenden Proofträger übertragen. Je nach Temperatur wird mehr oder weniger Farbe von der Folie abgegeben. Durch die Erwärmung wird die Folienfarbe gasförmig und schlägt sich auf dem kühleren Proofträger nieder. Dabei verfestigt sich die Farbe wieder. Das Bild des Proofs besteht aus feinen Punkten unterschiedlicher Farbintensität. Es ist nicht autotypisch gerastert und deshalb moiréfrei. Die Auflösung beträgt etwa 118 Linien/cm. Nach vier bis sechs Minuten liegt der fertige Proof vor. Das maximale Ausgabeformat ist A3.

Das Iris-System beruht auf dem Ink-Jet-Verfahren. Hier wird ein Farbstrahl beim Austritt aus einer feinen Düse moduliert, damit gleich große elektrostatisch geladene Tröpfchen entstehen. Über ein rechnergesteuertes elektrisches Feld werden diese Farbtröpfchen so abgelenkt, daß sie auf dem Proofträger richtig plaziert werden. Sie sind dabei ähnlich einem Kathodenstrahl in Bildschirmröhren steuerbar. Maßgebend für die Anordnung sind Datenbestand und Software. Nicht benötigte

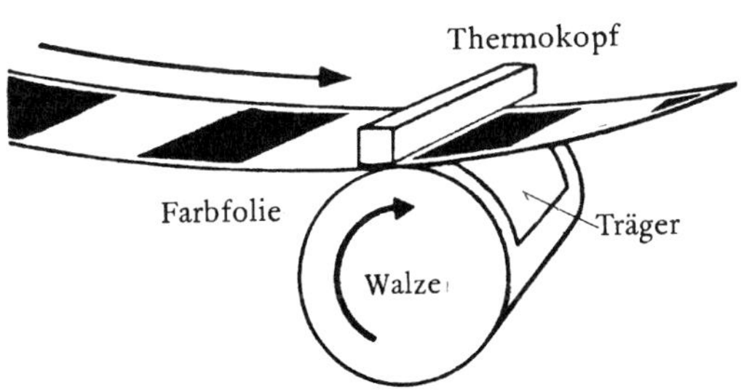

Bild 233.1. Farbübertragung über die Thermoschiene.

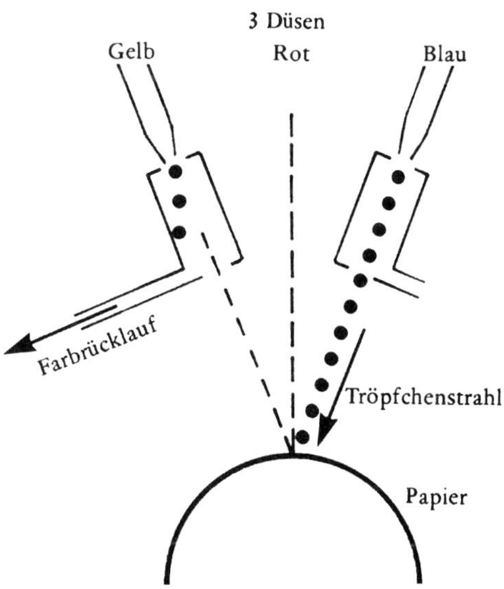

Bild 233.2. Prinzip des mehrfarbigen Druckens mit drei kontinuierlichen Ink-Jets.

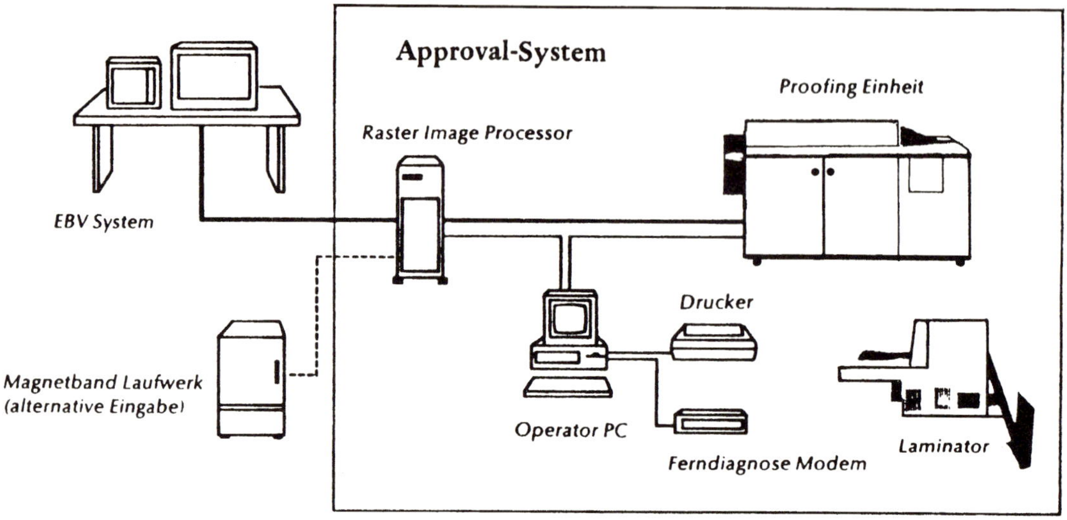

Bild 234.1. DDCP-Systemkonfiguration.

oder nicht abgelenkte Tröpfchen werden in einer besonderen Einrichtung aufgefangen. Für jede Auszugsfarbe steht eine separate Düse zur Verfügung. Die Auflösung beträgt 300 dpi oder 118 Linien/cm. Das Xcel-System von Stork funktioniert nach dem gleichen Bildübertragungsprinzip. Digital-Cromalin und Dryjet sind ebenfalls rechnergesteuerte Ink-Jet-Proofverfahren.

Das Approval-System, auch DDCP- oder Direct-Digital-Color-Proofing-Verfahren genannt, wird von einer Workstation gesteuert. Es bietet Schnittstellen zu den großen EBV-Systemen. Die Bild- und Textdaten gelangen über einen RIP an die Proofstation. Dort werden nacheinander die Grundfarben nach den Pixelkodes auf ein transparentes Empfängermaterial belichtet. Über eine Serie rechnergesteuerter Laserdioden werden dabei Farbgeberfolien bestrahlt. Dadurch werden die Farbstellen pixelweise aus einer Folie an das Empfängermaterial übertragen. Wenn sich alle vier Farben, eventuell auch Sonderfarben, auf dem Empfänger befinden, wird das Material mit den Bildinformationen ausgegeben. Es dient lediglich als Zwischenträger. Das Empfängermaterial wird nun in Kontakt mit dem Trägermaterial in einen Laminator eingeführt. Unter Wärme und Druck erfolgt hier die endgültige Übertragung des gerasterten Farbsatzes vom Empfängermaterial auf den Bedruckstoff. Beim Trennen des Sandwiches, also dem Abziehen des Zwischenträgers, bleibt eine Thermoplastschicht auf der Oberfläche des Proofs. Sie versiegelt den Proof und verleiht ihm einen matten oder glänzenden Charakter. Proofs liegen nach 10 bis 15 Minuten vor. Die Auflösung beträgt 1800 dpi oder 700 Linien/cm. Die Formatgrenze liegt bei A 3. Rasterweiten bis zum 80er Raster lassen sich darstellen. An der Workstation sind alle Übertragungsbedingungen einstellbar.

▼

1. Welche Anforderung sollen Farbprüfverfahren erfüllen?
2. Was ist ein Softproof? Nennen Sie den fachbezogenen Gegenbegriff!
3. Erläutern Sie, warum der Farbopter die Anforderungen eines druckorientierten Farbprüfsystems nicht erfüllt!
4. Welcher Unterschied besteht zwischen analogen und digitalen Proofsystemen?
5. Erläutern Sie die Herstellung eines digitalen Proofs als Hardcopy!
6. Wie wird bei analogen Proofs die Tonwertzunahme berücksichtigt?
7. Werden die bildfreien oder bildaufbauenden Stellen durch Belichtung beim analogen Cromalin-Verfahren verändert?
8. Wieviel Proofs können in der Regel in einem Arbeitsgang hergestellt werden?
9. Was bedeutet Imprimatur?

6.11 Druckbezogene Bildvorbereitung

Bei der Bildbearbeitung müssen die Anforderungen des Druckverfahrens beachtet werden.
Das ist besonders bedeutsam, weil technische Probleme, die beim Drucken gesetzmäßig auftreten, in der Vorstufe kompensiert werden sollten. Es ist Aufgabe der professionellen Reproduktionstechnik, bekannte prozeßbedingte Qualitätsabweichungen durch gegensteuernde Maßnahmen bei der Bildvorbereitung auszuschließen. In den Bildbearbeitungsprogrammen finden sich entsprechende Einstellmöglichkeiten.

6.11.1 Remissionsverhalten der Vorlagen- und Druckfarben

Eine reproduktionsreife Farbvorlage ohne Farbkorrektur wird im Druck stets mit verfälschten Farben wiedergegeben. Dabei wirkt der Farbdruck wie mit einem Grauschleier überzogen. Farbtöne haben einerseits ihre Leuchtkraft oder Sättigung verloren, andererseits sind sie verschwärzlicht. Sekundärfarben werden somit zu Tertiärfarben, Tertiärfarben verändern sich im Farbton und erscheinen zu dunkel. Farbige Aufsichts- und Durchsichtsvorlagen werden in der fotomechanischen Reproduktion durch fotografische Maskiertechnik korrigiert. Heute geschieht das durch elektronische Korrektur über Scan- und Bildebearbeitungsprogramme. Eine Farbkorrektur ist unumgänglich, weil im Farbendruck die Farbwerte der Vorlage nicht verlustfrei oder vorlagengetreu wiedergegeben werden können. Die Hauptursachen für Farbabweichungen sind:

1. Spektrale Fehlremissionen der Druckfarben,
2. Spektrale Fehlremissionen der Vorlagenfarben.

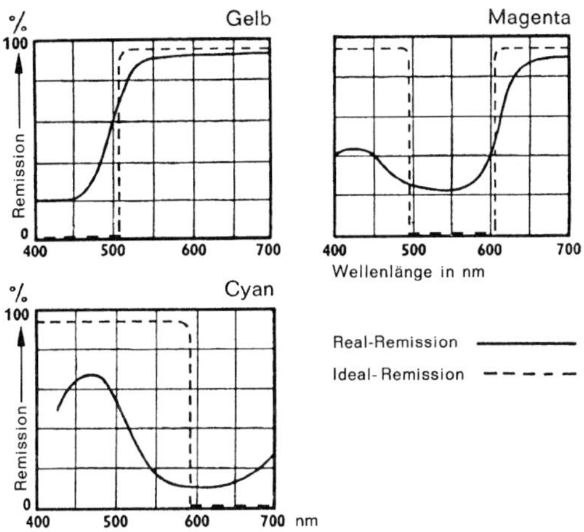

Bild 235.1. Remissionskurven der Druckfarben.

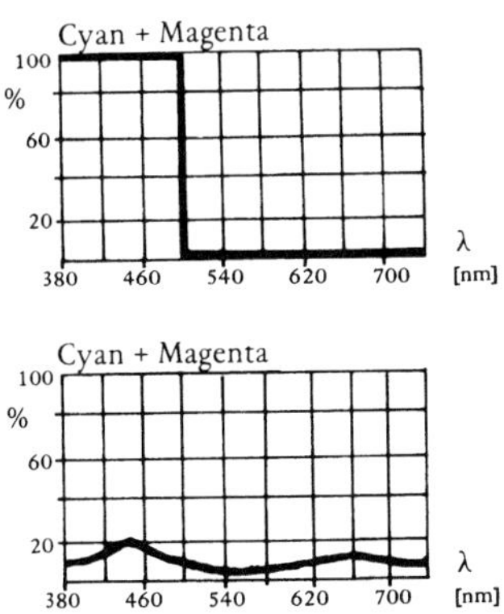

Bild 235.2. Ideale und reale Remission der Farbe Cyan und Magenta = Blau.

Das Transparenzverhalten der Farbauszugsfilter und die Sensibilisierungseigenschaften der Reproduktionsfilme sind dabei unwesentlich. Im Vergleich mit idealen Lichtfarben haben alle Körperfarben, also auch Vorlagen- und Druckfarben, spektrale Mängel. Sie entsprechen nicht den Eigenschaften der Lichtfarben. Eine ideale Druckfarbe müßte folgende physikalische Bedingung erfüllen: Jeweils ein Drittel des sichtbaren Spektrums sollte absorbiert, die restlichen zwei Drittel dagegen remittiert werden.

Dieser Sachverhalt ist mit Hilfe der Druckfarben nicht zu ändern. Es gibt keine besseren Druckfarben als die vorhandenen. Er läßt sich jedoch über die Vorlagenfarben ausgleichen, indem für diese Farben ideales Remissionsverhalten festgelegt wird. Das Remissionsverhalten von Lichtfarben wird so zur Beurteilungsgrundlage und Basis für die Vorlagenfarben und die Farbreproduktion gemacht. Dadurch ergeben sich bei der Reproduktion gesetzmäßig auftretende Abweichungen vom Ideal. Sie erscheinen im Farbauszug als mangelhafte Farbsättigung und unzureichende Farbausscheidung, die auch als Farbmangel und Farbüberschuß bezeichnet werden. Durch Farbkorrektur werden die fehlerhaften Ist-Werte auf die idealen Soll-Werte gebracht. Gesetzmäßige Abweichungen lassen sich mathematisieren.
Heute erfolgt die farbenbezogene Grundkorrektur automatisch im Computer bei der Umrechnung in den Farbenraum des Druckverfahrens.

Die auf die Idealfarbe hin korrigierte Reproduktion wird beim Druck wieder auf das Niveau der realen Körperfarben reduziert. Die spektralen Unvollkommenheiten, die für Körperfarben charakteristisch sind, sind einmal im Bild vorhanden. Die Wiedergabe entspricht damit der Vorlage.

Maskierverfahren waren die ersten Systeme zur Farbkorrektur. Sie sind speziell für die Reproduktionsfotografie entwickelt worden. Diese Korrekturgrundlagen wurden in die Grundkorrektur-Software für rechnergesteuerte Systeme übertragen. Der Fachbegriff elektronische Maskierung weist auf den Ursprung hin.

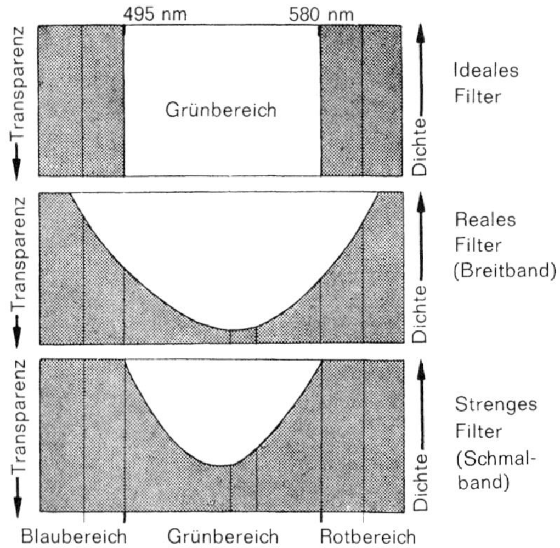

Bild 236.1. Oben: Ideales Filter, das den Grünbereich von 495 nm bis 580 nm ohne Schwächung hindurchläßt. Mitte: Reales Filter, breitbandig, das außer Grün auch noch Teile des Blau- und Rotspektrums passieren läßt. Unten: Strenges Filter, schmalbandig, mit Begrenzung auf den Grünbereich, aber geringer Transparenz.

Nach dieser Überlegung ist jeder Druckfarbe eine Idealkurve zuzuordnen. Die tatsächlichen Remissions- und Absorptionseigenschaften der Druckfarben sind durch Realkurven gekennzeichnet. Die Abweichungen zwischen Ideal- und Realkurven sind Grundlage für die Erklärung unerwünschter Nebenabsorptionen beim Farbendruck.

Für Druckfarbe DIN 16538	Ungefähre Remission statt jeweils 100 %	statt 0 %
Gelb	90 % Rot + 75 % Grün	20 % Blau
Magenta	75 % Rot + 25 % Blau	30 % Grün
Cyan	30 % Grün + 55 % Blau	10 % Rot

Die Fehlremissionen in den Hauptspektralbereichen führen zur Verschwärzlichung. Die Druckfarben verhalten sich so, als wären sie mit derjenigen Farbe angereichert, die total absorbiert werden sollte. Einfacher ausgedrückt: Außer ihren Eigenfarben enthalten Körperfarben noch geringe Anteile der Gegenfarbe. Das Druckbild scheint mit einem Grauschleier überzogen zu sein.

In erster Linie ist die Druckfarbe für die Farbverfälschungen unkorrigierter Farbdrucke verantwortlich, da sie nicht dem Ideal entspricht. Die Farbkorrektur würde sich erübrigen, wenn ideale Druckfarben herzustellen wären. Die spektralen Mängel der Vorlagenfarben würden in diesem Fall faksimile reproduziert und gar nicht bemerkt werden. Erst wenn die Vorlage mit realen Druckfarben gedruckt wird, tritt die Störung in Form von Farbverschiebungen auf. Der Grund ist folgender: Durch die realen Druckfarben sind die spektralen Unvollkommenheiten zum zweiten Male ins gedruckte Farbbild übertragen worden.

Die zu korrigierenden Nebenabsorptionen und Fehlremissionen in den subtraktiven Farben sollen in ihrer Auswirkung zum Verständnis noch einmal mit einem übersichtlicheren Primärfarbenmodell erklärt werden. Die fiktiven Zahlen zeigen jeweils das Verhältnis der Beeinträchtigung der Ausgangsfarbe durch die Nachbarfarben an. Zusätzlich erfolgt noch eine Beeinflussung durch den bedruckstoffbezogenen Weißgrad.

Modell: Ideale Primärfarben

Y	M	C	Anteile:
100	000	000	Y
000	100	000	M
000	000	100	C

Modell: Reale Primärfarben X_1

Y	M	C	Anteile:
100	005	005	Y
005	100	005	M
005	005	100	C

Modell: Reale Primärfarben auf Papiersorte X_2

Y	M	C	Anteile:
096	006	008	Y
006	092	011	M
008	011	094	C

Die farbenbezogene Grundkorrektur wird heute beim Umrechnen in den Zielfarbraum des Ausgabesystems Druck vorgenommen.

▼

1. Informieren Sie sich über den Zusammenhang zwischen additiver und subtraktiver Farbenmischung in diesem Buch und in Physikbüchern!
2. Aus welchen additiven Grundfarben setzt sich Gelb zusammen?
3. Wie wird Magenta nach einem unkorrigierten Farbsatz im Andruck wiedergegeben?
4. Warum erhält man nur Braunschwarz, obwohl der Übereinanderdruck der drei Grundfarben theoretisch Tiefschwarz ergeben müßte?

5. Was bewirkt die Grundkorrektur?
6. Wie würde ein Druck nach einer reproduktionsfertigen Farbvorlage ohne jegliche Farbwertkorrektur aussehen?
7. Worin liegt die Hauptursache für die Notwendigkeit der Farbwertkorrektur?
8. Inwiefern können Maskierverfahren als Erklärungsmodell für elektronische Farbkorrektur dienen?
9. Was versteht man unter Farbsättigung, was unter Farbausscheidung?
10. Warum würden ideale Druckfarben die Farbkorrektur überflüssig machen?

6.11.2 Colormanagement und CIELAB

Verschiedene Eingabe- und Ausgabesysteme, Scanner, Farbbildschirme, Proofing Systeme, Farbbdrucker, Laserbelichter in DTP- oder DTR-Systemen ordnen Farben den entsprechenden gerätespezifischen Farbräumen zu, die untereinander nicht übereinstimmen. Ein Raum oder Bereich reproduzierbarer Farben wird als **Gamut** bezeichnet. Bezogen auf einen idealen Farbenraum, der alle Farben umfaßt, sind gerätebezogene Gamuts Ausschnitte, die nicht deckungsgleich sind. Farbabweichungen zwischen einem Ein- und einem Ausgabegerät lassen sich dadurch erklären, daß ihre übereinandergelegte Gamuts im Grenzbereich unterschiedlich sind. Farben die außerhalb dieser Grenzen liegen können gar nicht wiedergegeben werden. Gamut Alarm weist in Bildbearbeitungsprogrammen auf Monitorfarben hin, die im CMYK-System nicht darstellbar sind. Da in offenen, modularen Computersystemen unterschiedliche Hardware miteinander verbunden wird, gibt es keinen Hersteller wie bei den früheren großen EBV-Systemen, der die Abstimmung des Systems sicherstellen kann. Selbst verschiedene digitale Geräte gleicher Art, erfassen die Farbe nicht genau gleich oder geben sie mit mehr oder weniger großen Abweichungen wieder. Ihre Gamuts sind unterschiedlich. Auch die großen Druckmaschinen sind solche Geräte in der Übertragungskette. Die Besonderheiten des Druckverfahrens, der Druckfarbe und des Papiers sind dabei zu berücksichtigen. Vor allem ist zu bedenken, daß die Farbe in verschiedene Farbraumsysteme umgerechnet werden muß, die selbst systemabhängig sind, wie beispielsweise RGB und CMYK.

▶ Weitere Informationen über Farbenordnungen finden Sie auf Seite 27.

Unterschiedliche Ausgabesysteme geben verschieden CMYK-Farbräume wieder. Scannerspezifische RGB-Signale unterscheiden sich von monitorbezogenen, in Amerika und Japan existieren von CMYK abweichende **Farbstandards** für die Drucktechnik. Viele nicht übergreifend standardisierte Parameter oder Einflußgrößen beeinflussen die Reproduzierbarkeit der Vorlagenfarben und ihre Transformationen. Selbst Nichtfachleute erkennen, daß unter diesen Umständen das WYSIWYG-Prinzip der grafischen Benutzeroberfläche nicht gilt. WYSIWYG heißt What You See Is What You Get. Es bedeutet, daß das, was auf dem Bildschirm zu sehen ist, die Mindestqualität ist, die ausgegeben wird. Als dieser Sachverhalt für Schriftarten durch Type-Management-Software gelöst worden war, ergab sich die Forderung eine gleiche Lösung zur vorlagengetreuen und sicheren Reproduzierbarkeit von Farbtonwerten zu finden. Dabei müssen Druckfarben und Papierfarben auf dem Bildschirm simulierbar sein. Subtraktive Farbmischung muß im RGB-System, das der additiven Farbmischung folgt, nachgestellt werden und auch genauso im Ausdruck erscheinen. Bei dem Druck von Textil- und Produktmustern, markenbezogenen Hausfarben

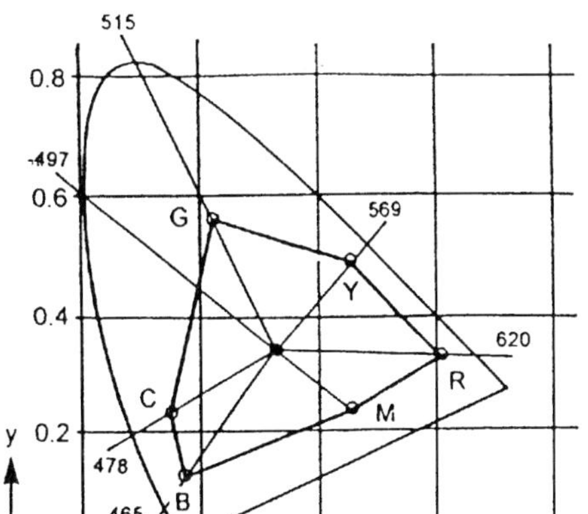

Bild 237.1. Wellenlänge der Druckfarben C, M, Y (DIN 16539) und deren Zusammendrucke.

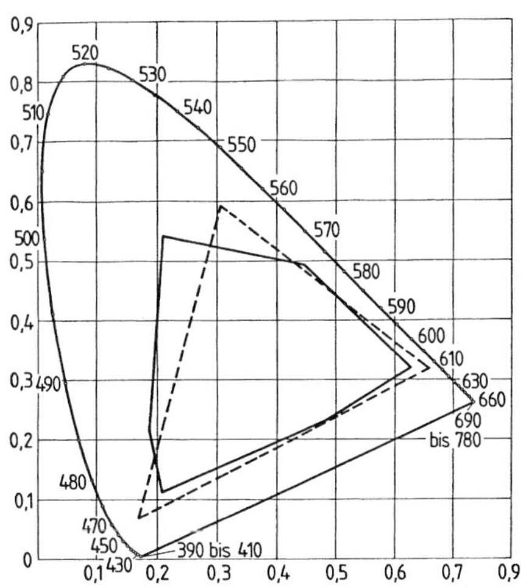

Bild 237.2. Die Grundfarben des Drucks (–) und Fernsehens (---) im farbmetrischen System CIE-Normfarbtafel.

und in der Kunstreproduktion sowie für die Wiedergabe von feinen oder heiklen Farbtonwerten ist das wesentlich. Diese Gewährleistung ist die klassische Aufgabe der Fachleute für die Farbenreproduktion. Die Simulation eines Farbdrucks auf dem Bildschirm, die Akzeptanz des Softproofs, muß ermöglicht werden. Zur Lösung dieser Aufgabe wurde international das **CMS** oder **Color-Management System** entwickelt.

Mit CMS-Software werden die unterschiedlichen Farbräume der Geräte untereinander angepaßt und die Farbraumtransformationen, also die notwendigen Umrechnungen von einem Farbraum zum anderen, vorgenommen. Das CMS ist Teil des Betriebssystems. Die Umrechnungen oder Transformationen erfolgen über mehrere komplizierte Gleichungen. Ein geräteunabhängiger, international akzeptierter Farbenraum, der auf dem menschlichen Farbensehen basiert und in den jeder bestehende und künftige systembezogene Farbenraum rechnerisch integriert werden kann, dient dabei als Bezugssystem. Bereits 1932 wurde auf der Basis der wissenschaftlichen Arbeit der CIE, der Commission Internationale de l'Eclairage, ein solcher Farbenraum errechnet und beschrieben. Er ist auch Grundlage für den farbmetrischen Farbenraum CIELAB, der 1976 von der CIE entwickelt wurde. Das **CIELAB- Farbenordnungssystem** ist internationaler Industriestandard für die Klassifizierung und Messung von Farben. Es orientiert sich an der menschlichen Farbwahrnehmung und an den drei Farbmerkmalen: Helligkeit oder Luminanz, Sättigung oder Chroma und Farbton, der englisch mit Hue bezeichnet wird.

Farbton, Farbsättigung und Helligkeit lassen sich bei Farbtonwerten getrennt voneinander regeln. Farbänderungen sind mit Bildbearbeitungssoftware im LCH-System intuitiv unter visueller Kontrolle durchführbar. CMM-Systeme und Farbmeßgeräte bevorzugen das CIELAB-System, da es der menschlichen Farbwahrnehmung in Hinsicht auf die Beurteilung von Farbabständen am besten entspricht. Das **CIELAB-Farbmodell** umfaßt alle sichtbaren

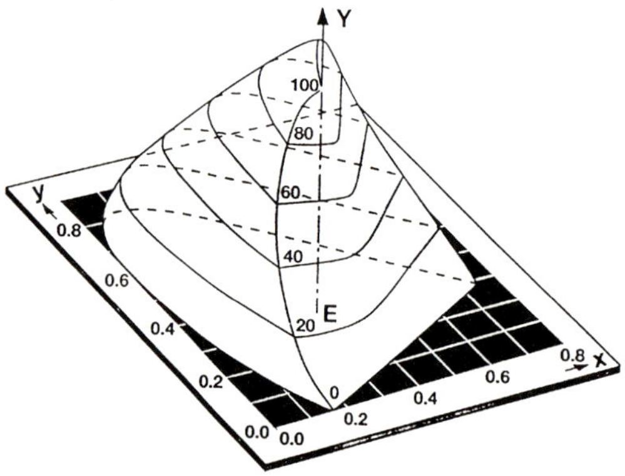

Bild 238.1. CIE-Farbenraum-Modell.

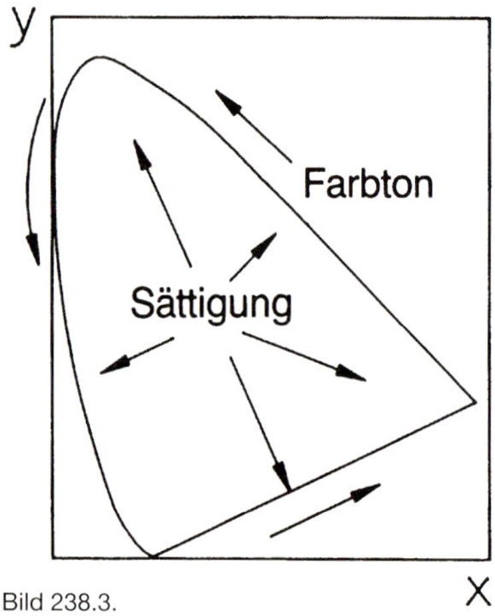

Bild 238.3.
CIE-Normfarbtafel-Aufbau.

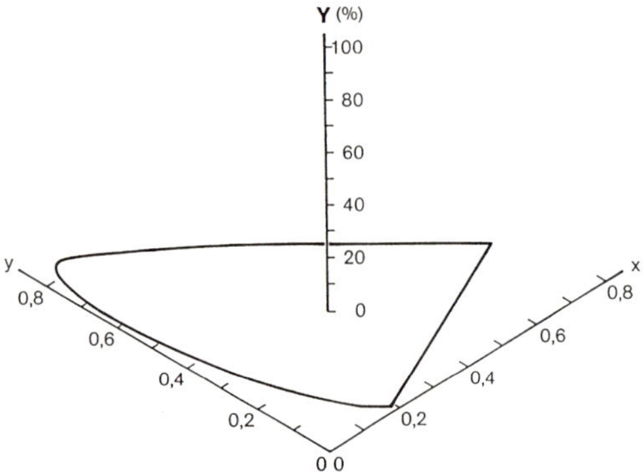

Bild 238.2. CIE-System.

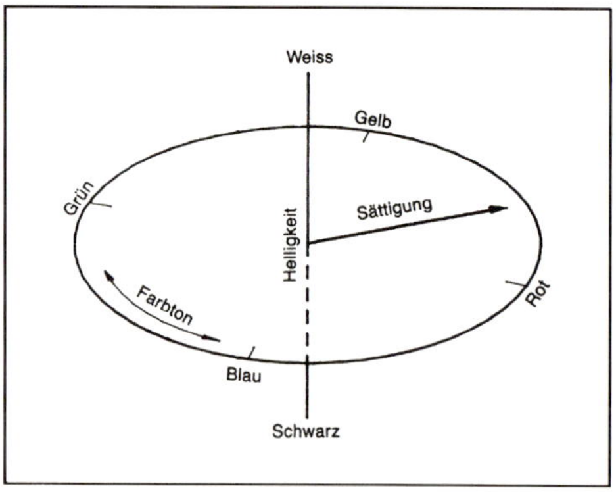

Bild 238.4. CIELAB-Farbenraum.

werden. Farbtonwerte werden durch die Raumkoordinaten L* a* b* bestimmt. Diese Werte werden auch auf Farbmeßgeräten angezeigt. L* kennzeichnet die vertikal durch die Kugel verlaufende, in 100 Stufen unterteilte Helligkeitsachse. Unten befindet sich bei 0 Schwarz und oben bei 100 Weiß. Über die a*- und b*-Achsen werden Farbton und Sättigung der Farbe zugeordnet und als Zahlenwert angezeigt. Die Achsen beziehen sich auf die größte horizontale Schnittfläche der Farbkugel. Durch die Mitte dieser Fläche verläuft vertikal die Helligkeitsachse.
Hier schneiden sich die a*- und b*-Achse im rechten Winkel, so daß auf der Fläche vier gleiche Bereiche entstehen. Die a*-Achse verläuft von rechts nach links von Rot nach Grün, die b*-Achse von oben nach unten von Gelb nach Blau. Die a*-Werte der Achse haben im Grünbereich ein negatives Vorzeichen, ebenso die b*-Werte im blauen Sektor.

Werte aus dem gelben und roten Bereich sind positiv. Die Achsen sind jeweils in 100 positive und 100 negative Werte unterteilt. Im Achsenschnittpunkt befindet sich der Wert 0. In diesem räumlichen Koordinatensystem können die Ist-Werte einer Farbe den Soll-Werten gegenübergestellt werden. Der Farbabstand vom Ist-Farbwert zum Soll-Farbwert wird mit Δ E bezeichnet. L*a*b* und Δ E-Werte lassen sich mit Spektralfotometern oder Colorimetern, kleinen Computern zur **Farbmessung**, erfassen, errechnen und am Display anzeigen. Die beiden voneinander abweichenden Farbwerte werden über die Formel zur Ermittlung des Farbabstands verrechnet.
Sie lautet:

$$\Delta E^*_{Ist/Soll} = \sqrt{(\Delta L^*)^2 + (\Delta a^*)^2 + (\Delta b^*)^2}.$$

Die Differenz zwischen zwei Werten wird in der Formel mit dem griechischen Buchstaben Δ = Delta bezeichnet.

$\Delta L^* = L^*_{Ist} - L^*_{Soll}$
$\Delta a^* = a^*_{Ist} - a^*_{Soll}$
$\Delta b^* = b^*_{Ist} - b^*_{Soll}$

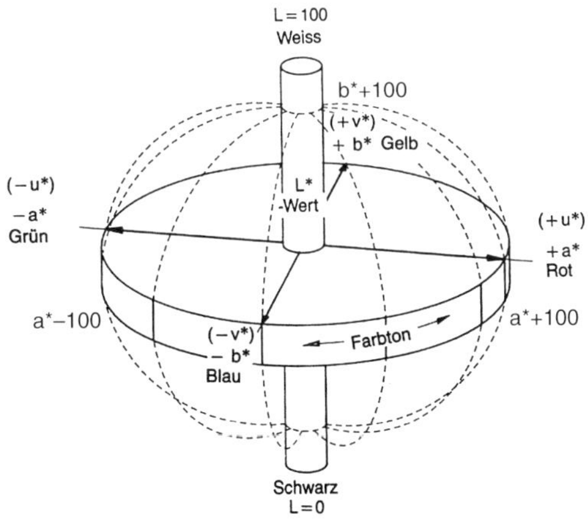

Bild 239.1. Farbenraum mit CIELAB-Parametern.

▶ Errechnen Sie den Farbabstand Δ E* für einen Farbton in der Vorlage (Sollwert) und den gleichen Farbton im Proofprint (Istwert):
Vorlage: L* 52.00 a* 7.80 b* 53.00,
Proof: L* 49,50 a* 8.80 b* 55.00!

	L^*_{10}	a^*_{10}	b^*_{10}	$h_{ab,10}$	$C^*_{ab,10}$
Gelb	88,18	−3,96	93,41	92,43	93,43
Magenta	47,64	69,87	−4,85	356,03	79,04
Cyan	56,84	−34,87	42,49	230,63	54,97
Rot (Y+M)	45,88	66,25	46,75	35,10	81,30
Grün (Y+C)	48,18	−71,18	29,59	157,43	77,09
Blau (M+C)	21,47	19,93	−45,32	293,38	49,51

Tabelle 239.1. Lab-Werte der Druckfarben nach DIN 16539

	a*	b*	L*
Cyan (C)	−20,85	−48,74	53,43
Magenta (M)	75,11	−3,58	47,97
Gelb (Y)	−14,02	−93,59	89,99
Rot (Y+M)	68,50	75,43	46,97
Grün (Y+C)	−75,17	25,60	47,27
Blau (M+C)	33,41	−49,29	18,89

Tabelle 239.2. Lab-Werte der Europaskala-Druckfarben

LAB-Werte der Druckfarben unter Δ E 1 sind von unserem Auge nicht mehr oder kaum erkennbar. Deutlich sichtbar werden Farbabstände von Δ E 1,5 bis Δ E 6 mit zunehmender Stärke. Im CIELAB-Modell werden gleiche Farbabweichungen oder Farbabstände bei verschiedenen Farben prinzipiell als gleichabständig vom menschlichen Auge wahrgenommen.

Tabelle 239.3. Bewertung der Farbabstände (FOGRA):

Farbabstand ΔE*	Visuelle Bewertung	Bewertungsnote
1	unsicher erkennbar	1
2	gerade erkennbar	2
4	Differenz klein	3
8	Differenz noch tragbar	4
16	Differenz groß	5

Die Farbabstandsberechnung mit der alten CIELAB-Formel ergibt eine zu hohe Bewertung von Farbabständen bei gesättigten Farben im Vergleich zu neutralen Farben. Das menschliche Auge nimmt beispielsweise densitometrisch gleichwertige Farbabstände im Gelb deutlich weniger wahr als im Schwarz. Dieser Sachverhalt machte 1994 eine Überarbeitung der CIELAB-Farbabstandsformel erforderlich. Das Ergebnis ist die weniger anschauliche CIE 94-Formel. Sie berücksichtigt die entsprechenden Wahrnehmungsdifferenzen des Auges. Hierfür mußten die Meß- oder Abmusterungsbedingungen wie Lichtart, Beleuchtungsstärke, Umfeld, Anordnung und Gesichtsfeldwinkel, bezogen auf die Meßobjekte, ebenso der Sollfarbwert und die

Skala möglicher Farbabstände genau festgelegt werden.
Allerdings sind die Definitionen in erster Linie an der Meßpraxis der Textilindustrie orientiert. Neue Parameter, wie beispielsweise der k-Wert, wurden zur Optimierung der Farbabstandsformel eingeführt.
Ist k = 1 entsprechen die Meßwerte der visuellen Farbwahrnehmung. Auf die Erläuterung aller Parameter muß in diesem Buch verzichtet werden. Das ist die Aufgabe weiterführender Spezialliteratur zur Farbmetrik. Wichtig für den Praktiker ist, daß die CIE 94-Formel Grundlage der colorimetrischen Software-Algorithmen ist, wenn im Display der Farbabstand mit ΔE^*_{94} angegeben wird und daß somit eine verbesserte visuelle Übereinstimmung mit den Meßwerten in den vorangehend genannten Farben zu erwarten ist. Die neue Farbstandsformel ist unten dargestellt, damit ihre Struktur mit der alten verglichen werden kann.
Die CIE 94-Formel lautet:

$$\Delta E^*_{94} = \sqrt{\left(\frac{\Delta L^*}{k_L \cdot S_L}\right)^2 + \left(\frac{\Delta C^*_{ab}}{k_C \cdot S_C}\right)^2 + \left(\frac{\Delta H^*_{ab}}{k_H \cdot S_H}\right)^2}$$

$S_L = 1$
$S_C = 1 + 0.045\ C^*_{ab}$ (Standard)
$S_H = 1 + 0.015\ C^*_{ab}$ (Standard)
$K_L = K_C = K_H = 1$

CIELAB ermöglicht, Farbdaten geräte- und systemunabhängig auszutauschen. Beim Colormanagement werden mit genormten Testvorlagen und Testprogrammen gerätebezogene Besonderheiten der Farbwiedergabe, die **Color Tags** oder Farbprofile, ermittelt.
Für die Profil-Erfassung existiert besondere Software, wie beispielsweise ViewOpen ICC für Bildschirme, ScanOpen ICC für Scanner, ColorOpen ICC für Ein- und Ausgabesysteme, PrintOpen ICC für CMYK-Drucksysteme. Bei der Profilierung werden die Abweichungen von Sollwerten erfaßt und als Geräteprofil gespeichert. Für die Monitorkalibrierung- und -profilierung über die Software ICC Print wird ein Farbmeßgerät geliefert, mit dem 133 auf dem Monitor nacheinander angezeigte Felder ausgemessen werden. Nach diesem seriellen Meßvorgang wird automatisch das Monitorprofil errechnet und gespeichert. Zur Herstellung von Profilen für die Eingabegeräte werden mit der Software gelieferte Farbvorlagen mit bekannten farbmetrischen Referenzwerten eingescannt oder digital fotografiert. Nach dem Meßvorgang folgt softwaregesteuert der Vergleich zwischen Ist- und Soll-Farbwerten. Danach wird automatisch das Profil errechnet. Für die Erstellung von Profilen für Ausgabegeräte wird ein Testfarbbild ausgedruckt, dessen farbmetrische Soll-Werte als Referenzdaten der Software bekannt sind. Das ausgedruckte Farbbild wird mit einem Spektralfotometer, also dem Farbmeßgerät, ausgemessen. Anschließend errechnet die Software aus Ist- und Sollwerten das Profil.

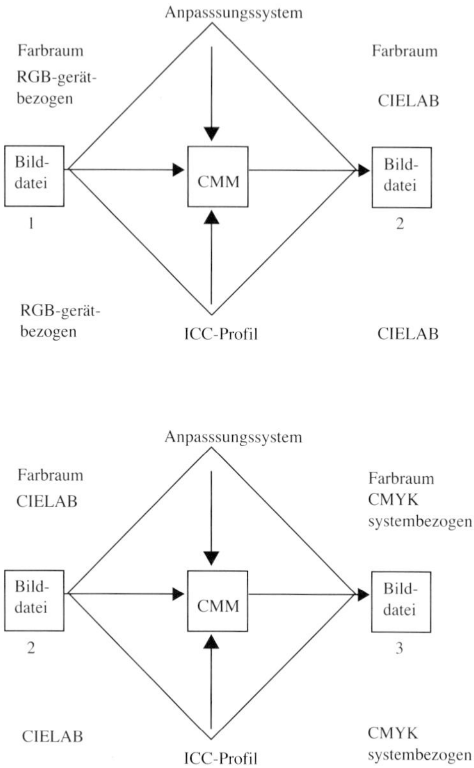

Bild 240.1. Farbraumtransformation über CMM.

Ein Color Management Modul (CMM) stellt eine Verbindung zwischen dem CMS und den Profilen zur Umrechnung her. Die Standards wurden von dem 1993 gegründeten **ICC**, dem International Color Consortium, festgelegt. Bei der Transformation werden die darstellbaren Farben, also der Farbenraum oder Gamut, eines Eingabegerätes erfaßt und mit dem Gamut des jeweiligen Ausgabesystems abgestimmt. Der Vorgang heißt Gamut Mapping.

Farbabweichungen im System können nur vermieden werden, wenn CMM-Software, wie beispielsweise ColorSync, Efi-Color Works, ColorBlind, ICM oder FotoTune, gerätebezogene Farbprofile auf den CIE-L*a*b*-Farbenraum bezieht und jedem Farbtonwert einen eindeutigen Platz in diesem übergeordneten Farbenraum zuweist. Alle gerätebezogenen Farbenordnungen wie RGB oder CMYK und die Profile werden also in den übergeordneten CIE-L*a*b*-Farbenraum umgerechnet. RGB-Werte eines Scans werden in den CIELAB-Farbenraum eingelesen und mit den gespeicherten RGB-Profilen des Monitors und den CMYK-Profilen des Farbdruckers verknüpft, bevor sie als optimiert abgestimmte RGB-Datei oder CMYK-Datei von den verschiedenen Systemen ausgegeben werden. Beim Proof-Verfahren sind in bezug auf die

CMYK-Ausgabe zwei **Transformationen** notwendig, nämlich zunächst die Transformation für den druckbezogenen Farbraum, danach die Transformation für den Farbraum des Proofsystems. Die Umrechnungen sind sehr umfangreich. Neben der Software existieren Hardware-Farbrechner-Platinen für Computer. Die MacCTU ist ein anwendungsspezifischer Prozessor für die tabellengesteuerte Farbraumtransformation. Hierbei handelt es sich um einen miniaturisierten Rechner, der dem Farbrechner der Großscanner in den alten EBV-Systemen entspricht. Ferner kann die Umrechnung im PostScript-RIP für die systembezogene CMYK-Ausgabe erfolgen. Parachute ist ein PostScript-Interpreter zur automatisch im Hintergrund ablaufenden Farbraumtransformation von PS-Dateien mit ICC-Profilen.

▶ Grundlegendes über Proofsysteme finden Sie im Kapitel 6.10.

6.11.3 Tonwertzunahme im Offsetdruck

Die Tonwertzunahme im Offsetdruck läßt sich an Druckkennlinien veranschaulichen. In der Offsetdruck-Produktion werden aus technischen Gründen die Mitteltöne voller. Aus der idealen geraden Kennlinie, die im Winkel von 45 Grad verläuft und das optimale Verhältnis zwischen gedruckten Tonwerten und gespeicherten Tonwerten oder Rasterpunkten zeigt, entsteht ohne regelnden Eingriff in der Druckvorstufe eine mehr oder weniger konvexe Kurve. Die Abweichung dieser realen Druckkennlinie vom Ideal ist von den speziellen Produktionsbedingungen abhängig. Sie muß durch Vergleiche gedruckter Kontrollstreifen und ihrer Vorlagen, deren Farbtonwerte densitometrisch auszumessen sind, erfolgen. Sind die Abweichungen ermittelt, können über Eingabefelder in den Druckvorstufenprogrammen Differenzwerte oder Mittelwerte zum Ausgleich der Druckzunahme

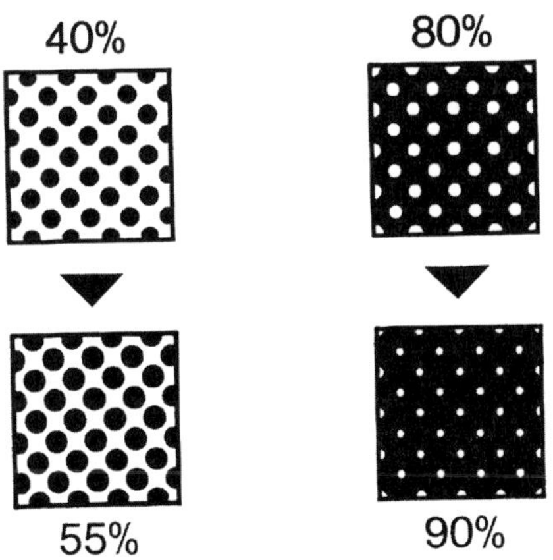

Bild 241.1. Tonwertzunahme.

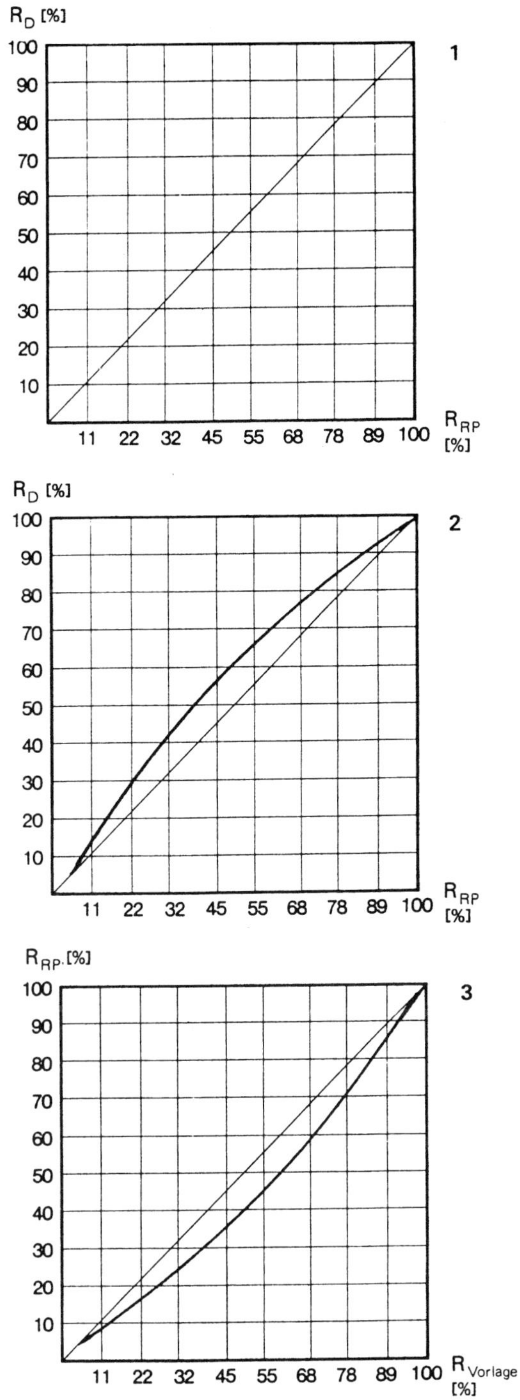

Bild 241.2. Druckkennlinien der Offsetreproduktion. 1 Ideale Kennlinie, 2 Reale Kennlinie, 3 Manipulierte Kennlinie durch Scannereinstellung zwecks Annäherung an die ideale Kennlinie. R_D = Rastertonwert Druck, R_{RP} = Rastertonwert Rasterpositiv.

eingegeben werden. Für die Bildeinstellung wird von der idealen Kennlinie der konvexe Bereich der Druckzunahme subtrahiert, so daß sich eine konkave Kennlinie mit aufgehellten Mitteltönen ergibt. Beim Druck entsteht aus der durchhängenden Kennlinie, mit der die Bilddatei vorher eingestellt wurde, in bezug auf das Druckergebnis die ideale Druckkennlinie, bedingt durch die unvermeidbare Tonwertzunahme.

6.11.4 Überfüllung, Unterfüllung

In grafisch angelegten Bildern kommt es beim Mehrfarbendruck zu unvermeidbaren Blitzkanten bei aneinanderstoßenden Farbflächen, die die Gesamtwirkung des Bilds negativ beeinflussen. Auf Computerbildschirmen und in Digitalproofs treten die weißen Blitzer zwischen Farbgrenzen nicht auf. Die mechanischen Druckbedingungen und das Papier, das sich nicht absolut maßhaltig verhält, sind die Ursache.
Die Teilfarben verschieben sich beim Zusammensetzen des Bilds in der Druckmaschine um Millimeterbruchteile. Das ist trotz größter Sorgfalt nicht vermeidbar.
In der Druckvorstufe oder in der Reproduktionstechnik kann diese prozeßbedingte Qualitätsminderung kompensiert werden. Gegensteuerung ist möglich durch Überfüllung und Unterfüllung. In der internationalen englischen Fachbezeichnung heißt beides **Trapping**. Beim Überfüllen werden Zeichen, Linien, Flächen in bezug auf die Nachbarfläche geringfügig vergrößert. Bei Unterfüllung wird in bezug auf die angrenzende Farbfläche verkleinert. Dabei gilt die Regel, daß die hellere Farbfläche vergrößert wird und die dunklere Farbfläche ein wenig überlappt, so daß sich eine Randzone oder Kontur ergibt, in der sich die Farben mischen. Im Gegensatz zu weißen Blitzkanten stört das nicht. Die Breite der Überfüllung ist abhängig von Druckfarbensorte und Bedruckstoff. Für maschinenglattes Papier ist 0,5 mm und für gestrichene Papiere sind 0,2 bis 0,1 mm anzusetzen. Wenn eine dunkle, farbige Schrift, z. B. Magenta, auf einem hellen, farbigen Hintergrund, z. B. Hellblau, steht, muß Hellblau die Magentafläche leicht überlappen. Hierzu wird die negative Aussparung für die Schrift in der Teilfarbe Magenta geringfügig reduziert. Steht eine gelbe Schrift auf einer Cyan-Fläche, muß Gelb in der Cyanfläche ausgespart werden. Die gelbe Schrift wird für den Druck geringfügig vergrößert, so daß sie die Aussparung gerade überlappt. Schwarze Schrift überdruckt hellere Flächen, so daß keine Blitzkanten zu befürchten sind. Statt farbiger Schrift können auch farbige Grafikelemente Gegenstand der Korrekturen sein. Trapping-Programmfunktionen führen nach abgefragten Angaben solche Prozesse automatisch aus. Grafik- und Layoutprogramme können Grafik-Objekte minimal vergrößern, durch definierte Konturen, die der Farbfüllung des Objekts entsprechen.
Ferner lassen sich aktivierbare Flächen skalieren.

Problemlösung

Bild 242.1. Problem:
Blitzkanten an der Grenze zwischen dunklen und hellen Farbflächen.

Bei diesem Vektor-Trapping sind Vergrößerungen und Verkleinerungen oder Überfüllungen und Unterfüllungen möglich. Beim partiellen Trapping bezieht sich die Programmeinwirkung nicht auf das gesamte Objekt, sondern nur auf den Bereich des Objekts, der an die Nachbarfarbe grenzt. Pixel-Trapping findet in Bildbearbeitungsprogrammen statt. Hier werden gepixelte Bildteile skaliert und die Farbfüllung der Pixel angepaßt. Auto-Trapping-Programme automatisieren den Trapping-Prozeß im PostScript-RIP von professionellen Ausgabesystemen. Sie können auch Verläufe in den Trapping-Prozeß einbeziehen, was die meisten Grafik-, Satz- und Layoutprogramme nicht leisten. Solche Programme heißen beispielsweise Trape Wise, IslandTrapper, Dalim Twist. Es muß vor der Bildbearbeitung mit dem Betrieb, der die Dateien für den Druck ausgibt, abgesprochen werden, wer die notwendigen Trappingfunktionen ausführen soll.

6.11.5 Bunt- und Unbuntaufbau

Farbreproduktionen können nach verschiedenen Prinzipien aufgebaut werden: bunt oder unbunt.

Buntaufbau ist die konventionelle Zusammensetzung des Farbbilds aus den drei bunten Teilfarben, den Primärfarben der subtraktiven Farbmischung: Gelb, Magenta, Cyan und unbuntem Schwarz zur Unterstützung der Bildtiefen auf einem weißen Bedruckstoff im Vierfarbendruck.

Im Naß-in-Naß-Druck werden im Offsetverfahren die dunkelsten Bildbereiche mit 360 % bis 400 % Flächendeckung aufgebaut. Die Tertiärfarben, wie bestimmte Braun-, Oliv-, Fleisch- und Graunuancen, verhalten sich labil; es kommt beim Druck sehr leicht zu Farbschwankungen. Wegen

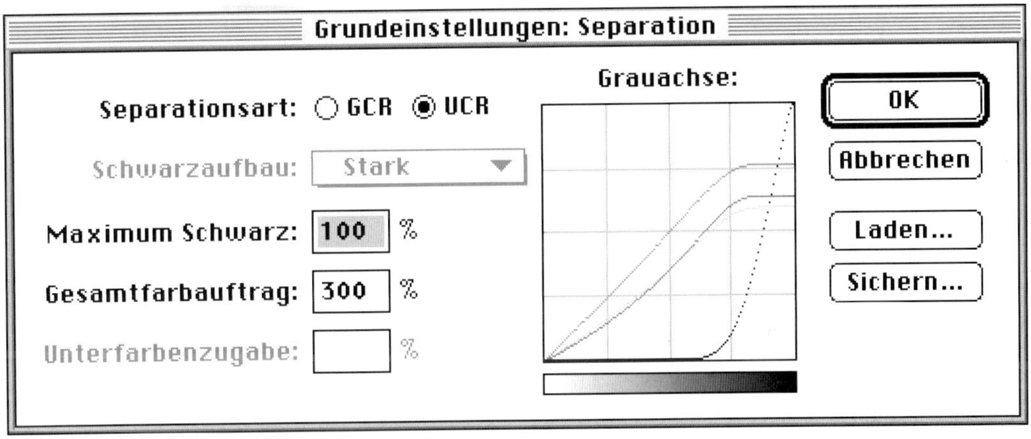

Bild 243.1. UCR

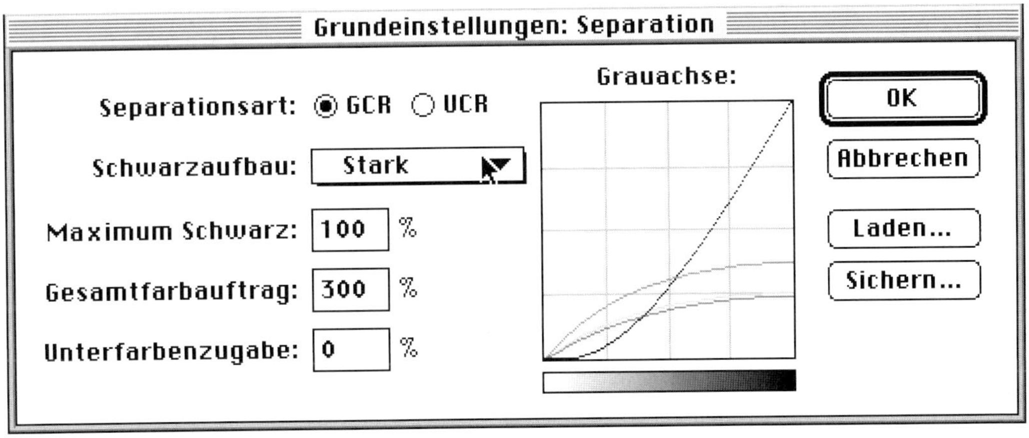

Bild 243.2. GCR

dieser Probleme wurde von der Reproduktionstechnik gefordert, einen anderen Farbaufbau zu realisieren, der keine Druckschwierigkeiten verursacht.

Bilder mit dunklen Zonen, beispielsweise schwarzen Schatten, erzeugen den Schatten aus allen Teilfarben. Das führt im Druck zu Farbtrocknungsproblemen. Deswegen wird der Farbanteil in den bunten Teilfarben in der Tiefe gleichmäßig reduziert und durch Schwarz ersetzt. Diese Manipulation in dunklen Farbzonen heißt in der Fachsprache **UCR**.
UCR beeinflußt nur die dunkelsten Bildbereiche.
Unbuntaufbau oder **GCR** oder Grey Component Replacement wirkt sich auf alle Tertiärfarben im Bild aus. Der Wirkungsgrad wird über die Einstellfenster, die die Teilfarben als Gradationskurven zeigen, in den Druckvorstufenprogrammen für Bildbearbeitung, Layout oder PostScript-Ausgabe geregelt. Photoshop stellt hierfür das Fenster Farbeinstellungen / Separationen zur Verfügung. Buntaufbau kann so in einen partiellen oder 100 %igen Unbuntaufbau durch Neuberechnung der Farbmischung überführt werden. Beim 100 %igen Unbuntaufbau werden alle Tertiärfarben eines Farbbilds aus zwei bunten Farbanteilen und Schwarz aufgebaut. Die Tertiärfarben sind dann also aus insgesamt drei Farbtönen im Druck zusammengesetzt. Durch reproduktionstechnische Maßnahmen wird dieser Farbbildaufbau vorbereitet.

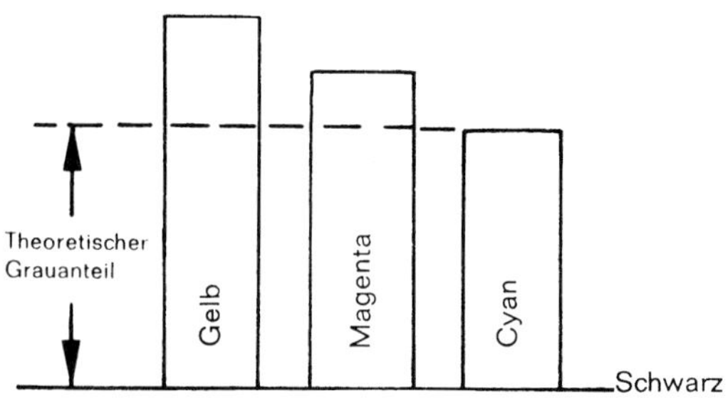

Bild 244.1. Buntaufbau des Farbtons Braun.

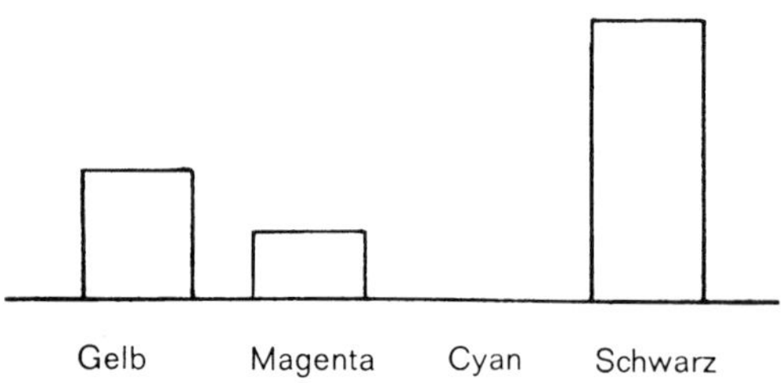

Bild 244.2. Unbuntaufbau des Farbtons Braun.

Der Unbuntaufbau erfolgt rechnergesteuert über besondere Software-Algorithmen. Dabei wird Buntaufbau in Unbuntaufbau umgerechnet.
Das Prinzip soll folgendes Beispiel verdeutlichen: Ein Olivgrün ist bunt aufgebaut zusammengesetzt aus: Gelb 90 %, Magenta 60 %, Cyan 80 %. Diejenige Farbe, die in der Mischung am geringsten vertreten ist, gibt den Unbuntanteil an. Somit besteht die Buntfarben-Mischung aus einem theoretischen Unbuntanteil von Gelb 60 %, Magenta 60 %, Cyan 60 %.
Der Buntanteil für Unbuntaufbau beträgt demnach: Gelb 90 % – 60% = 30 %, Cyan 80 % – 60% = 20 %. Der Unbuntanteil von 60 %, angegeben durch Magenta, wird durch Schwarz ersetzt. Der Unbuntaufbau der Farbnuance lautet: Gelb 30 %, Cyan 20 %, Schwarz 60 %.

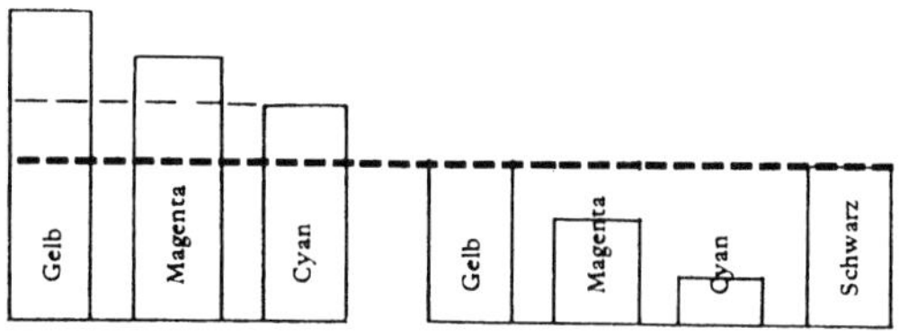

Bild 244.3. Unterfarbenreduktion am Beispiel des Farbtons Braun.

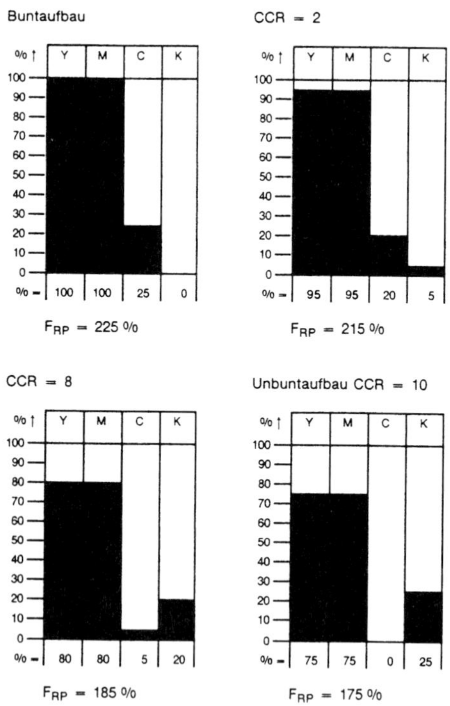

Bild 244.4. Buntaufbau, Unbuntaufbau und Zwischenstufen mit Flächendeckungssummen der Bildstelle (B F_{RP}).

Bei totalem Unbuntaufbau wird manchmal die Stabilität im Druck durch Verlust von Brillanz im Farbdruck erkauft. Um dieses zu vermeiden, werden dem Schwarz wieder Buntanteile hinzugefügt. Das Verfahren wird mit Buntfarbenaddition bezeichnet. **Buntfarbenaddition** ist das Gegenteil von UCR. Ein Farbsatz kann also unbunt mit 50 % Buntfarbenaddition aufgebaut werden, um ein optimales Druckergebnis zu erreichen. Mit der programmierten Funktion CCR sind Zwischenstufen zwischen Bunt- und Unbuntaufbau ansteuerbar. CCR (Complementary Colour Reduction) heißt Komplementärfarbenreduktion.

In den Programmen zur Druckvorbereitung können über die GCR-Optionen Zwischenstufen zwischen Bunt- und Unbuntaufbau sowie die gleichzeitige Zugabe von Buntfarbe voreingestellt werden.

▼

1. Welche Aufgaben in der Reproduktion können nicht in Bildbearbeitungsprogrammen ausgeführt werden?
2. Erklären Sie, wie die Unterfarbenreduktion (UCR) funktioniert!
3. Warum sehen Zusammendrucke von unkorrigierten Farbauszügen verschmutzt und farbverfälscht aus?
4. Welcher Unterschied besteht zwischen Selektivkorrektur und Teilbildkorrektur?
5. Welche Funktionen erfüllen Trapping-Programme?
6. Erläutern Sie den Unterschied zwischen Unbuntaufbau und UCR!
7. Was bedeutet Buntfarbenaddition?
8. Wie wird in der Reproduktion die Tonwertzunahme im Offsetdruck kompensiert?

7 Druckformherstellung

Nach der Verarbeitung der zu druckenden Texte und Bilder in der Satz- und Reproduktionstechnik folgt als nächste Produktionsstufe die Druckformherstellung. Die Entscheidung über das zu verwendende Druckverfahren und die entsprechende Druckform ist bereits bei der Planung und Kalkulation des Druckauftrags gefallen. Bei den meisten Verfahren führt der Weg über das Erstellen einer Kopiervorlage, meistens einer Filmmontage, zur Druckform. Das technische Ziel ist die Umsetzung der Informationselemente in druckende und nichtdruckende Teile auf der Druckform.

7.1 Montage

Da die Produkte in der Druckindustrie in Arbeitsteilung entstehen, müssen die Einzelteile (Texte, Bilder, Farbflächen) zu standgerechten Ganzformen zusammengefügt werden. Man bezeichnet diese Tätigkeit der Druckformvorbereitung als Montage, Umbruch oder Mettage. Von Montage spricht man beim Verarbeiten von Filmmaterial, beim Zusammenstellen von Text- und Bildfilmen nach Layout. Von Umbruch beziehungsweise Mettage spricht man beim Aufteilen von gesetzten Texten für Presse- und Verlagsprodukte. Grundsätzlich besteht kein Unterschied. Nur die Materialien und damit die Arbeitstechniken und Fertigkeiten sind verschieden.

7.1.1 Montageverfahren

Bevor die Seiten zu mehrseitigen Produkten zusammengestellt werden können, sind die Positionen für die Einzelseiten zu bestimmen. Die **Seitenmontage** bedeutet, daß Satzteile und Bilder zu einer Seite montiert oder umbrochen, also zu Seiten zusammengestellt werden. Grundlage der Seitenmontage ist ein **Musterbogen** mit den Angaben aus dem Layout über Format, Satzspiegel, Anordnung. In modernen Setz- und Reproduktionssystemen wird die Seitenmontage elektronisch unter Sichtkontrolle auf einem Monitor vorgenommen. Dafür gibt es spezielle Layout-Stationen oder Layout-Programme innerhalb von DTP-Systemen (Desktop Publishing).

Seitenmontage. In der Setzerei wird der Text in Spalten und einzelnen Rubriken gesetzt. Beim Umbruch wird der Spaltensatz mit Rubriken, Seitenzahlen, Fußnoten und Marginalien zu Seitenformen zusammengestellt. Der Begriff Umbruch ist historisch; er stammt aus der Zeit der ersten Drucker nach dem Erfinder Johannes Gutenberg. Damals wurden die Bleikolumnen und Druckstöcke zu Seiten umgestellt, im damaligen Sprachgebrauch „umbrochen".

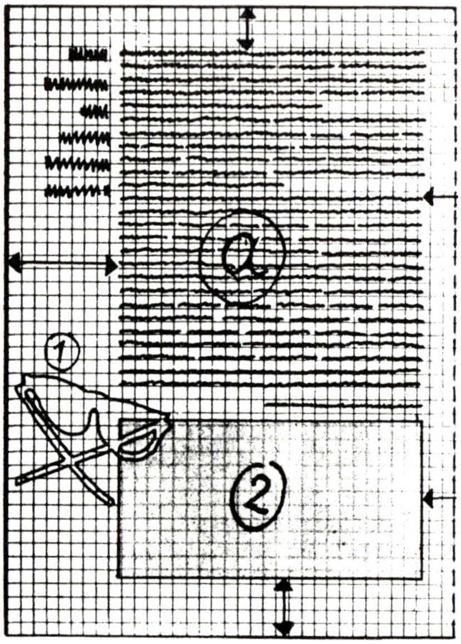

Bild 246.1. Musterbogen für die Seitenmontage.

Im Werksatz erfolgt das Montieren nach satztechnischen Grundsätzen. Der lebende Kolumnentitel am Kopf der Buchseite wird in die Kolumnenhöhe einbezogen; der tote Kolumnentitel und die Marginalien stehen außerhalb. Eine Seite darf nie mit einer Ausgangszeile beginnen. Die Anfangszeile eines Absatzes darf nicht am Schluß einer Seite als letzte Zeile stehen. Rubriken sollen nicht am Fuß einer Seite erscheinen; es sollen mindestens drei Zeilen folgen. Der Abstand zwischen den Absätzen soll dem der Zeilen entsprechen oder ein Vielfaches davon sein, damit die Zeilen Register halten, also auf Vorder- und Rückseite deckungsgleich gedruckt werden.

Der Satzspiegel jeder Seite soll gleich groß sein. Alle gleichartigen Leerräume etwa bei Überschriften, Absätzen, Spalten, Fußnoten und Tabellen sollen gleichmäßig sein, damit eine klare und einheitliche Gliederung des Produkts gewahrt wird. Satzeinheiten wie Tabellen und Gedichte sollen möglichst nicht getrennt werden; bei mehrseitigen Tabellen ist der Tabellenkopf auf der nächsten Seite zu wiederholen.

Bei stark bebilderten Werken wird meist zunächst ein **Klebeumbruch** angefertigt, aus dem der Stand jedes Bildes und der Umfang der dazu gehörenden Bildunterschrift hervorgehen. Der Text wird dann in die verbleibenden Teilflächen eingefügt.

Montage oder Mettage ist in allen Satzarten notwendig, beim einfachen Werksatz ohne Abbildungen wie beim schwierigen wissenschaftlichen Satz mit Abbildungen. Der benötigte Zeitaufwand ist recht unterschiedlich. Zur Endkontrolle fertigt man Textabzüge oder Lichtpausen an, die vom Korrektor oder Auftraggeber gelesen werden und – wenn sie fehlerfrei sind – das Imprimatur, das heißt die Freigabe zum Auflagendruck erhalten.

Die Praxis kennt verschiedene **Montagearten.** Man unterscheidet Filmmontage und Fotopapiermontage; bei Filmmontage auch Positiv- und Negativmontage oder Direkt- und Indirektmontage sowie elektronische Seitenmontage.

Welche Technik angewendet wird, entscheiden vor allem der weitere Verfahrensweg und die betriebliche Ausstattung. Meist ist das Montageergebnis ein Diapositiv. Ob seitenrichtig oder seitenverkehrt belichtetes Filmmaterial benötigt wird, hängt vom nachfolgenden Kopierprozeß und der herzustellenden Druckform ab. Es sollte so belichtet und montiert werden, daß beim Kopieren stets Fotoschicht und Kopierschicht direkt aufeinander liegen, also Schicht auf Schicht kopiert wird.

Oft wird von der positiven Montage durch Umkopieren ein Negativ gezogen. Auf diesem können Korrekturen durch Ausflecken oder Abdecken vorgenommen werden. Bei Positivkopie wird oft eine Streufolie eingesetzt, die das Mitkopieren von Filmschnittkanten und Klebestreifen mindert. Allerdings werden dabei auch Rasterpunkte spitzer kopiert.

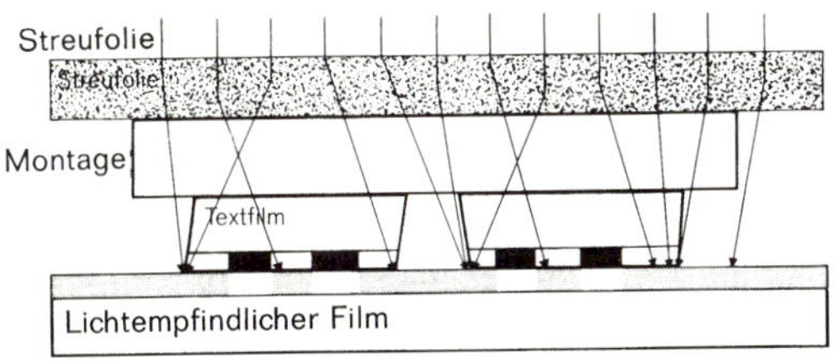

Bild 247.1. Wegbelichten von Schnittkanten mit Streufolie.

Bei komplizierten Montagen wird auf der Glasplatte des Leuchttisches zunächst ein **Standbogen** befestigt. Dieser ist für die Direktmontage seitenverkehrt, für die Indirektmontage seitenrichtig erstellt worden. Immer enthält der Standbogen Angaben über Satzspiegel, Pagina (Seitenzahl), Anlagezeichen oder Hilfslinien. Darüber befestigt der Montierer eine Maßfolie, meist mit Millimetereinteilung als Hilfsmittel zum genauen Einpassen der Filmteile.

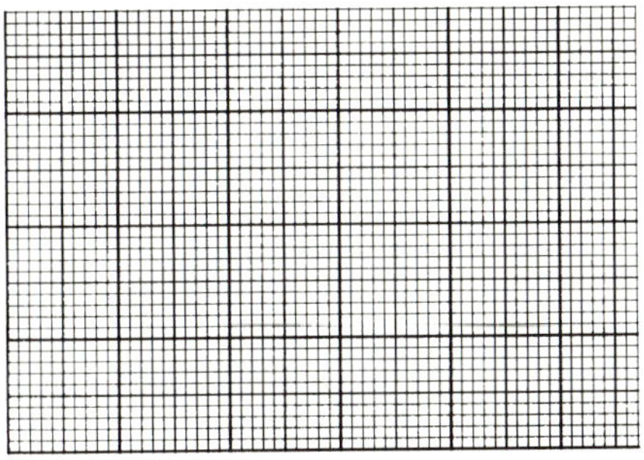

Bild 247.2. Maßfolie mit Millimetereinteilung.

Bei der direkten Montage seitenverkehrter Filme wird über der Millimetereinteilung die Montagefolie befestigt. Auf dieser werden die zuvor mit Klebeschicht versehenen Filmteile montiert. Bei dieser Technik muß seitenverkehrt gearbeitet werden.

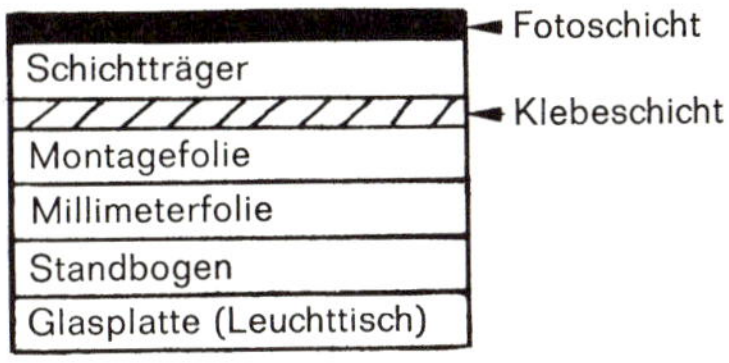

Bild 247.3. Aufbau bei direkter Montage.

Bei indirekter Montage seitenverkehrter Filme wird auf die Millimetereinteilung zunächst eine Haftfolie gelegt. Die mit Klebeschicht versehenen Filmteile werden mit der Fotoschichtseite auf die Haftfolie montiert und haften durch die elektrostatische Wirkung der Haftfolie. Die Klebeschicht verbindet die Filmteile mit der nachträglich aufgelegten Montagefolie. Nach der Montage wird die Montagefolie mit den angeklebten Filmteilen von der Haftfolie abgenommen. Diese Montage erfolgt seitenrichtig.

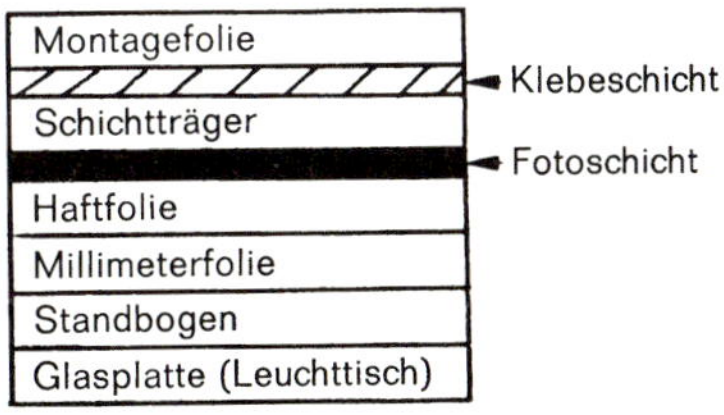

Bild 247.4. Aufbau bei indirekter Montage.

Bei mehrfarbigen Arbeiten werden mehrere Montagefolien übereinander befestigt. Die Filmteile werden gemäß ihrer Farbe direkt auf die jeweilige Montagefolie montiert. Vorgesehene Farbflächen können durch den Einsatz von Schneidemaskierfilmen hergestellt werden. Das Schneiden der Masken geschieht entweder manuell oder mechanisch mit Schneidegeräten, die von Mikrocomputern gesteuert werden, sogenannten CAD-Systemen (Computer Aided Design).

Das Montieren von Filmmaterial zu ganzen großformatigen Seiten erfolgt gelegentlich noch mit optischen Umbruchgeräten oder als computergesteuerte Seitenmontage. Das zeitaufwendige manuelle Montieren von Fotosatz- und Filmmaterial, das Umkontakten der Montagen und das Arbeiten mit Streufolie wird bei diesen Systemen vermieden.

Viele Schnittkanten (Film, Klebeband)

Schnittkantenfreie Wiedergabe

Bild 248.1. Montage mit und ohne Schnittkanten.

Für die elektronischen Seitenmontage werden zunächst die Informationen, wie Texte, Strichzeichnungen und Halbtonbilder, von einem Scanner abgetastet und digitalisiert. Die aufgenommenen Daten werden auf Magnetplatten gespeichert und können später einzeln abgerufen werden. Mittels eines Lichtstiftes wird auf einer neben dem Bildschirmterminal angebrachten Positioniertafel, auch Digitalisiertablett genannt, die jeweilige Information angesteuert, markiert, dadurch aus dem Speicher abgerufen und auf dem Bildschirmgerät an der gewünschten Stelle im Satzspiegel sichtbar gemacht. Wenn alle Einzelinformationen im Satzspiegel positioniert sind und wenn auch Titelzeilen, Bildunterschriften oder Ergänzungstexte über die Tastatur des Bildschirmterminals eingegeben worden sind, die Seite also komplettiert ist, kann vor der Belichtung des kopierfertigen Films noch eine Laserdrucker-Ausgabe für Korrekturzwecke hergestellt werden. Ein Laserbelichter, der jetzt als Ausgabeeinheit (Plotter) dient, „schreibt" dann das Endprodukt, einen kopierfertigen seitenrichtigen oder seitenverkehrten Positiv- oder Negativfilm.

Werden mehrere Seiten zu einer größeren Druckform zusammengestellt, so ist ihr Stand festzulegen. Dieses Ausschießen der Druckform muß seitenverkehrt erfolgen. Als Hilfsmittel kann sich der Setzer oder Drucker ein Ausschießschema fertigen. Das **Ausschießschema** erfordert viel Überlegung und muß vor allem die spätere buchbinderische Verarbeitung, die jeweils vorgesehene Falzfolge berücksichtigen. Da jede Buchseite unbedruckte Ränder aufweist, muß dafür in der Druckform zwischen den einzelnen Kolumnen ein Freiraum vorgesehen werden. Man bezeichnet dies als Formatmachen.

Bogenmontage. Die Bogenmontage für mehrere Seiten oder Nutzen erfolgt auf einem großformatigen Leuchttisch. Dieser enthält zum rechtwinkligen Justieren der Nutzen verschiebbare Registerlineale. Zum Zeichnen von Einteilungen für die Bogenmontage eignen sich Liniertische besonders gut. Mit Linealen, die von Präzisionszahnrädern zwangsläufig geführt werden, erzielt man die erforderliche Genauigkeit.

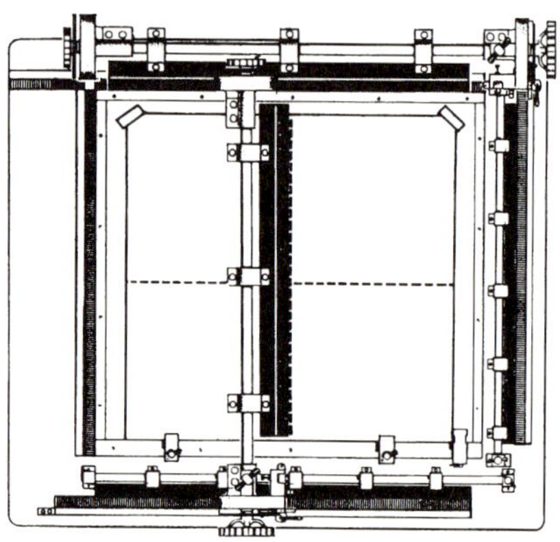

Bild 248.2. Präzisions-Liniertisch.

Auf die Glasplatte des Leuchttisches wird zunächst eine Millimeterfolie gelegt. Auf einer darüber liegenden Einteilungsfolie wird der Stand der Seiten festgelegt. Auf einer weiteren Folie erfolgt dann die Filmnutzenmontage. Als Folienmaterial wird meist das maßhaltige Astralon verwendet. Zum Aufkleben der Filmnutzen benutzt man dünne transparente Klebestreifen oder glasklare Filmkleber. Beim Kleben ist besonders darauf zu achten, daß die einzelnen Filme nicht überlappen. Das würde beim Kopieren zu Unterstrahlungen führen. Da der Stand der einzelnen Filmnutzen nach der Kopie auf die Druckplatte nicht mehr verändert werden kann, müssen die Arbeitsvorbereitung und Montage sehr genau durchgeführt und mit dem Einpaßrohr, einer Speziallupe, kontrolliert werden.

Um das Drucken rationeller zu gestalten, werden in den Druckmaschinen mehrere Seiten gleichzeitig auf einen Druckbogen gedruckt. Das geschieht je nach Druckprodukt, Bogengröße und Maschinenklasse zu 4, 8, 16, 32 oder sogar 64 Seiten. Das Zusammenstellen der Seiten bezeichnet man als Druckformmontage oder **Bogenmontage.** Grundlage der Bogenmontage ist der **Einteilungsbogen.** In ihm müssen Angaben über Formate, Ausschießen, Zwischenschnitte, Formatbeschnitte, Falze, Paßkreuze, Anlegemarken vorhanden sein.

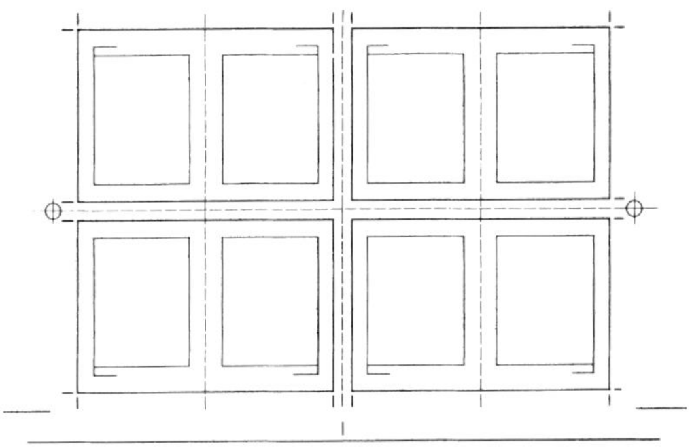

Bild 249.1. Einteilungsbogen für die Bogenmontage.

Besonders präzise muß die Montage bei mehrfarbigen Druckprodukten sein, da für diese mehrere Einzeldruckformen notwendig sind und in aufeinanderfolgenden Druckgängen ein paßgenaues Ergebnis erzielt werden soll. Um das Einpassen der einzelnen Farbauszüge zu erleichtern, wird zuerst nach der Einteilungsfolie eine Grundmontage nach der vorherrschenden Bildfarbe hergestellt. Das ist in den meisten Fällen entweder die Druckfarbe Cyan oder Schwarz, sofern Positionen von Texten wichtig sind.

Von der Grundmontage kopiert man auf eine sensibilisierte Polyesterfolie. Je nach Kopiermaterial erhält man eine Blaufolie als Standkopie oder eine Rotfolie als Anhaltekopie. Standkopie und Anhaltekopie ersetzen das Montieren der Farbauszüge nach den Markierungen des Einteilungsbogens. Auf der **Standkopie** als Montageträger montiert man direkt alle weiteren Farbauszüge und kopiert anschließend die Druckform. Der blaue Farbstoff der Standkopie beeinflußt den Kopiervorgang nicht, weil er wie eine transparente Bildstelle das Licht ungehindert durchläßt. Dagegen dient die **Anhaltekopie** für den Montierer als Anhalt für seine Montagearbeit. Sie liegt unter einer transparenten Polyesterfolie, auf der weitere Farbauszüge montiert werden können. Das Einpassen wird durch Paßkreuze erleichtert.

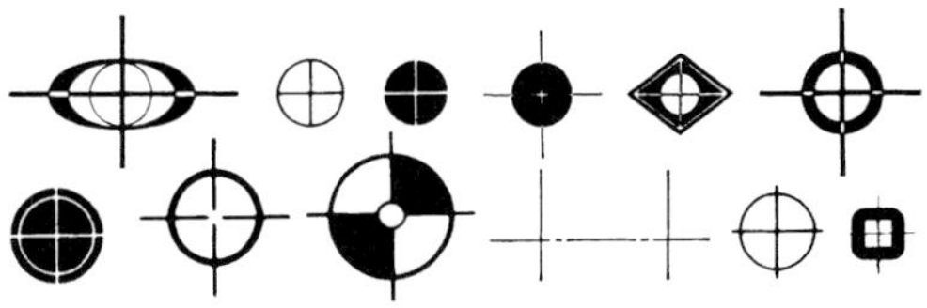

Bild 249.2. Verschiedene Paßkreuze.

Häufig werden in Filme und Montagefolie mehrere Löcher in einheitlicher Form und Anordnung gestanzt, die in die Paßstifte eingeführt werden können. Paßlöcher erleichtern das Montieren vor allem mehrfarbiger Formen und gewährleisten genaues Passen der zusammengehörigen Filme, Folien und Masken. Es gibt Präzisionsstanzen für Zweiloch- und für Dreiloch-Paßsysteme.

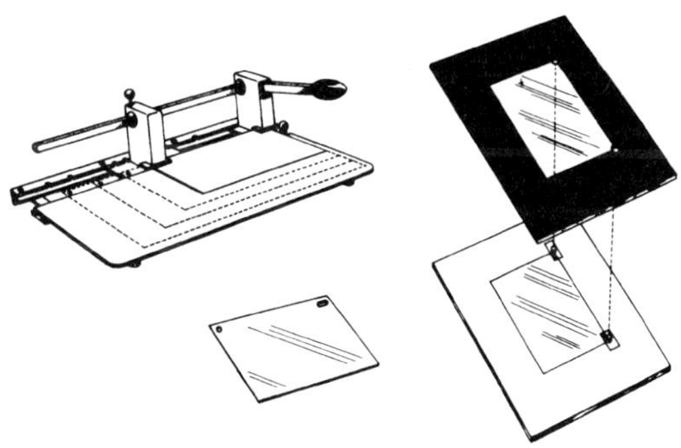

Bild 249.3. Zweiloch-Paßsystem.

Rationelles und sicheres Einpassen ermöglichen die **Paßsysteme,** die von der Reproduktion über die Filmmontage und Druckformherstellung bis in die Druckmaschine durchgeführt werden. Alle in der Kamera oder im Scanner zu belichtenden Filme werden vorgelocht. Nach dem Seitenaufbau wird wieder einheitlich gelocht, was das Zusammenbelichten der Texte und Bilder erleichtert. Sogar die Bogenmontagen und die Druckplatten werden registert.

Montagekontrolle. Beim Montieren von Farbauszugsfilmen kommen manchmal Ungenauigkeiten

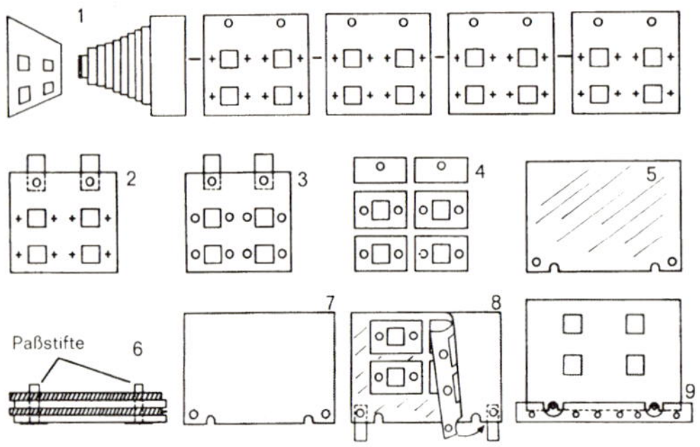

Bild 250.1. Paßsystem von der Reproduktion bis zum Druck.
1 Lochen der Reproduktionsfilme vor der Belichtung, 2 Durchstecken der Paßstifte, 3 Stanzen von Paßlöchern für die Einzelbilder, 4 Zerschneiden in Einzelbilder, 5 Stanzen der Montagefolien.
6 Montage mit Paßstiften, 7 Stanzen der Offsetplatte, 8 Auflegen der Filmmontagen auf Paßstifte im Kopierrahmen, 9 Einhängen der gestanzten Offsetplatte in die Druckmaschine.

oder Fehler vor, die erst im farbigen Zusammendruck festgestellt werden. Um vor der Formkopie ein farbiges Kontrollbild zu erhalten, das in etwa dem späteren Zusammendruck entsprechen soll, benutzt man ein **Farbprüfverfahren,** auch Color-Proofing genannt, das als Grundlage für Korrekturen dient.

Ein verbreitetes Farbprüfverfahren ist Cromalin. Es wird in Retusche und Montage für Kontrollen eingesetzt. Die Farbauszüge werden nacheinander auf spezielle Folien kopiert. Die klebrigen Laminatschichten der Folien werden auf Papier übertragen und mit Farbpuder bestrichen. Ein anderes Verfahren verwendet sensibilisierte Farbfolien. Mit drei Farbfolien (Gelb, Magenta, Cyan) und der Positivmontage für Schwarz wird eine Montage-Kontrollkopie zusammengestellt. Die Folien werden paßgenau übereinander gelegt und auf Stand, Passer und Vollständigkeit überprüft.

▶ Genauere Informationen im Kapitel 6.10.

Oft wird von der Filmmontage eine **Lichtpause** hergestellt. So entsteht ein Zwischenprodukt auf Papier oder Folie. Hersteller und Kunde nutzen es als Kontrollkopie zur Montagerevision oder als Korrekturfahne. Textrichtigkeit sowie Bild- und Textzuordnung lassen sich so vor der Druckformherstellung und dem Fortdruck überprüfen. Die Lichtpausen können auch gefalzt, zusammengetragen und beschnitten werden, so daß der Kunde eine genaue Vorstellung vom Druckprodukt gewinnt.

Das Lichtpausverfahren beruht auf der Lichtempfindlichkeit der Diazoanhydride, die sich bei Einwirkung von Licht zersetzen. Das Licht muß ultraviolette Strahlen enthalten, da die Diazoschicht sonst nicht reagieren würde.

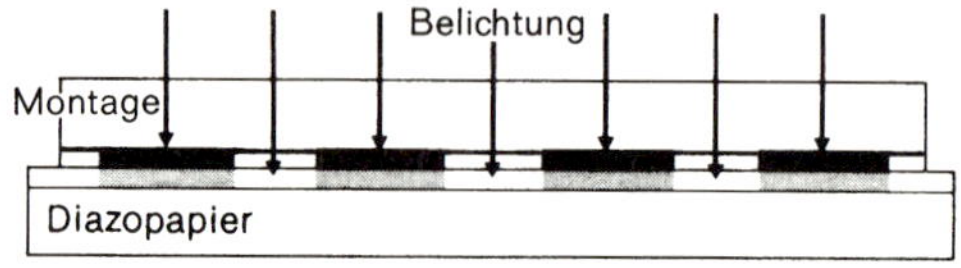

Bild 250.2. Prinzip der Lichtpause.

Durch Anwesenheit eines Kupplers, meist Phenol oder Amin, vereinigen sich unter der Einwirkung von Ammoniakdämpfen die farblosen Substanzen Kuppler und Anhydride zu einem Farbstoff, weil sich das Diazoanhydrid unter Abgabe von Stickstoff zersetzt hat und mit dem Kuppler nicht mehr reagieren kann. Man erhält also beim Belichten vom Diapositiv wieder ein Positiv, vom Negativ wieder ein Negativ. Das Kopieren ist ein „trockenes" Verfahren; es braucht weder fixiert noch gewässert zu werden. Die Farbtönung der Kopie hängt ab von den verwendeten Diazoverbindungen und Kupplern. Es gibt rotbraune, blaugraue und schwarzgraue Diazopapiere, die sich im Verfahrensprinzip gleichen.

▼

1. Wie unterscheiden sich Seiten- und Bogenmontage voneinander?
2. Welche Bedeutung hat das Ausschießen der Druckform?
3. Bei welcher Montageart verwendet der Fachmann die Begriffe Standbogen und Einteilungsbogen? Was ist beiden gemeinsam? Worin unterscheiden sie sich?
4. Welche Aufgabe hat die Streufolie in der Druckformkopie?
5. Wozu dienen die Standkopie und die Anhaltekopie?
6. Beschreiben Sie die Möglichkeiten der Montagekontrolle!
7. Wodurch unterscheidet sich Lichtpausmaterial von Filmmaterial oder Fotopapier?

7.1.2 Ausschießregeln

Im drucktechnischen Prozeß müssen aus einzelnen Druckvorlagen schließlich Druckformen entstehen. Zu ihrer Erstellung dienen zwei Unterlagen: der Einteilungsbogen und das Ausschießschema.

▶ Einteilungsbogen siehe Seite 249.

Mehrseitige Druckprodukte werden fast nie in einzelnen Seiten gedruckt, sondern beispielsweise

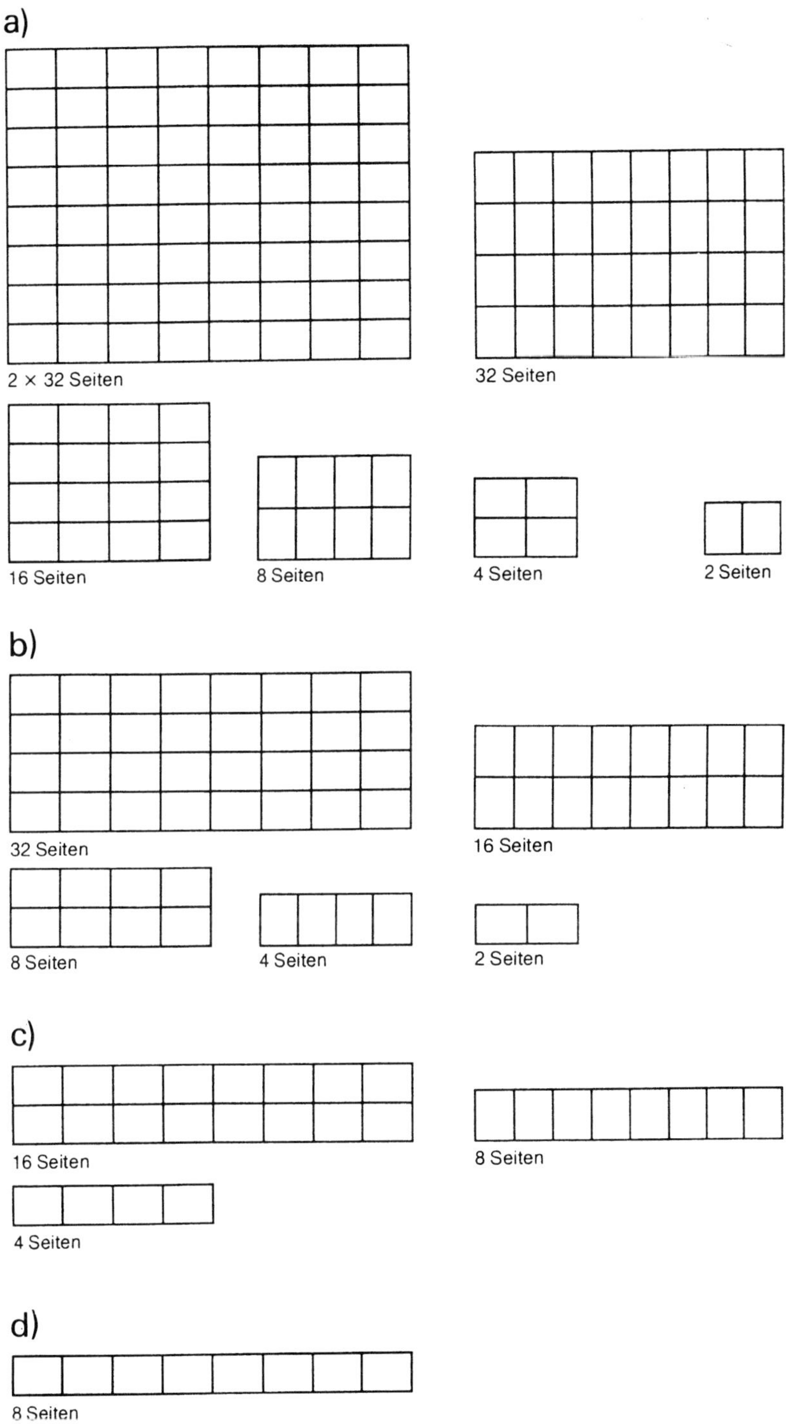

Bild 251.1. Formatarten:
a) gewöhnlich, b) außergewöhnlich, c) im Streifen, d) im außergewöhnlichen Streifen.

mit 4, 6, 8, 12, 16, 24, 32 Seiten in einer Druckform zusammengefaßt. Die Seiten der Druckform oder der Montage müssen nach einer bestimmten Anordnung ausgeschossen werden, das heißt, auf die Vorder- und Rückseite des Druckbogens verteilt werden. Schriftsetzer, Montierer, Drucker und Buchbinder müssen für das Ausschießen folgende Bedingungen und Begriffe kennen, unterscheiden und berücksichtigen:

1. Papierformate, Laufrichtung der Papierfaser;
2. Falzarten, auch dargestellt im Falzschema;
3. Unterschied zwischen Hoch- und Querformat;
4. Wendemöglichkeiten der Druckbogen;
5. Druck mit zwei Formen oder mit einer Form;
6. Falzmuster und Ausschießschema;
7. Ausschießgrundsätze.

Papierformate stellt die Papierindustrie in Standard- und Sonderformaten zur Verfügung. Entsprechend angepaßt sind die meisten Druckmaschinenformate.

▶ Siehe Seiten 329 und 377.

Die Formatarten ergeben sich durch Teilungen aus dem Ausgangsbogen. Ihnen entspricht auch die Möglichkeit der Anordnung von Druckseiten in einer Druckform, und zwar bezogen auf Hochformate und Querformate.

Allgemein bedient man sich beim überwiegenden Teil der Druckprodukte der Papiervorzugsreihe DIN A mit dem Ausgangsbogen von 1 m^2 Fläche. Durch Halbieren der längeren Papierkante der Bogen entstehen die Formatklassen A 1, A 2 und so weiter, die man als „gewöhnliche Formate" bezeichnet und für die man dann auch die Druckformen „gewöhnlich" ausschießt.

Während das Format DIN A 0 auch als „Vierfachbogen" bezeichnet wird, nennt man DIN A 2 „den Bogen". Aus ihm gehen bei weiterer Teilung die Teilformate hervor, zum Beispiel der „Viertelbogen". Der DIN-A 2-Bogen ist auch der übliche Falzbogen für die Falzmaschinen. Wird er viermal gefalzt, entsteht aus ihm eine Lage von 16

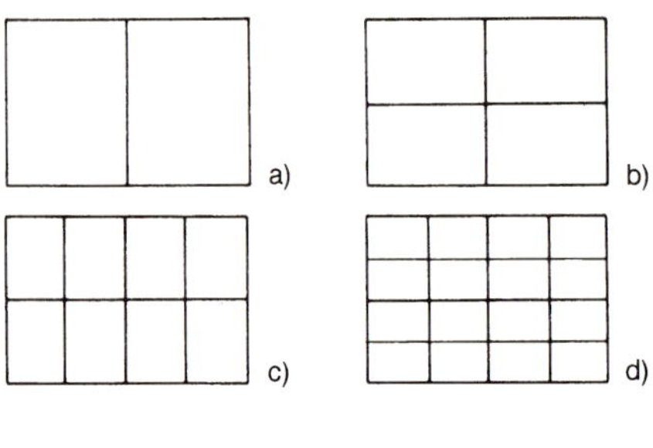

Bild 252.1. Brucharten: a) Einbruchbogen, b) Zweibruchbogen, c) Dreibruchbogen, d) Vierbruchbogen.

Blättern DIN A 6 als Endformatgröße. Vier Kreuzbrüche sind das Maximum pro Falzbogen, denn Ungenauigkeiten im Falz, im Stand der Seiten und bei den Papierrändern nach dem Beschnitt mindern die Qualität des Produktes.

Werden dagegen die „gewöhnlichen Formate" über die kürzere Papierkante halbiert, dann entstehen Druckbogen mit einem anderen Seitenverhältnis, die man „außergewöhnliche Formate" oder „Streifenformate" nennt. Für diese Druckbogen wird dann auch außergewöhnlich oder im Streifen ausgeschossen.

Das Ausschießen ist in zahlreichen Varianten möglich. Die Anordnung der Seiten auf dem Druckbogen wird bestimmt von der Falzart und der Falzbruchfolge, dem Papierformat und dem Format der Druckmaschine und von den Möglichkeiten der Falzmaschinen. Es muß garantiert werden, daß sich die gemeinsam gedruckten Seiten nach dem Falzen des Bogens in der richtigen Reihenfolge befinden.

Bei den Falzarten unterscheidet man Kreuzfalzung und Parallelfalzung. Besondere Formen der Parallelfalzung sind Wickelfalz und Zickzackfalz. Im Werkdruck verwendet man vor allem **Kreuzfalzung** und Kombinationen mit Parallelfalzungen. Beim Vorgang des Falzens eines Bogens entsteht ein Bruch. Entsprechend der Bruchanzahl in einem Bogen spricht man von Einbruch-, Zweibruch-, Dreibruch- und Vierbruchbogen.

Beim Falzen ergeben sich geschlossene und offene Papierkanten. Bei Einbruch- und Zweibruchbogen sind stets drei Papierkanten offen. Die vierte stellt den Bund (Verbindung) zwischen zwei Seiten dar.

Das **Falzschema** ist eine lineare Darstellung der Bruchfolgen. Man unterscheidet normale und anormale Bruchfolgen. Bei normaler Kreuzfalzung eines Dreibruch- und Vierbruchbogens sind die ersten vier beziehungsweise acht Seiten rechts und unten offen. Die restlichen Papierkanten sind durch die Falze verschlossen. Erst beim Beschnitt werden sie geöffnet. Nur im Bund bleiben die Seiten durch einen Falz miteinander verbunden. Bei anormal gefalzten Bogen liegen die offenen und geschlossenen Seiten in anderer Reihenfolge. Bei der Kreuzfalzung steht der nachfolgende Bruch stets senkrecht auf dem vorhergehenden, weil im Wechsel kreuz und quer gefalzt wird.

Beim wechselweisen Falzen ergibt sich eine Symmetrie der Falze und damit auch eine Symmetrie der Seltenanordnung beim Ausschießen. Diese Systematik gilt nicht für

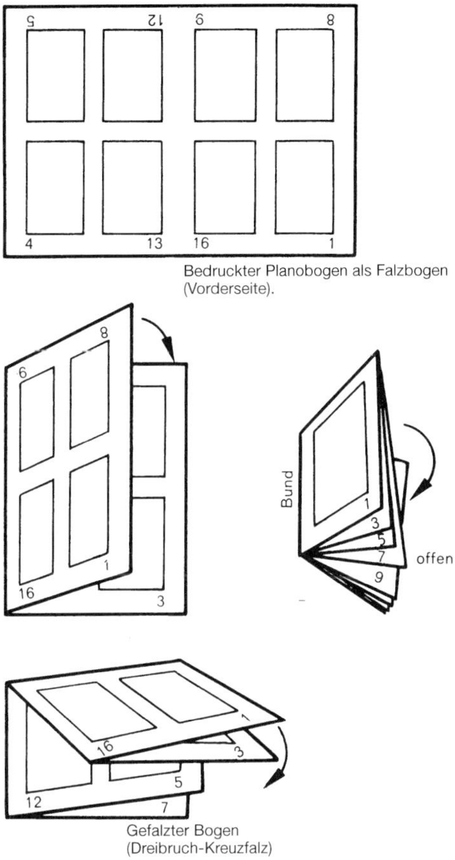

Bild 253.1.
Bedruckter Planobogen als Falzbogen (Vorderseite).
Gefalzter Bogen (Dreibruch-Kreuzfalz).

Parallelfalzungen wie Wickelfalz und Zickzackfalz, die vorwiegend bei der Prospektherstellung angewendet werden, und auch nicht für 12- und 24seitige Formen zum Umschlagen.

Das Formbett oder die Zylinderoberfläche der Druckmaschinen ist als liegendes Rechteck konstruiert. In ihm können die Seiten in bezug auf die vordere Maschinenanlage stehend oder liegend eingebaut werden.

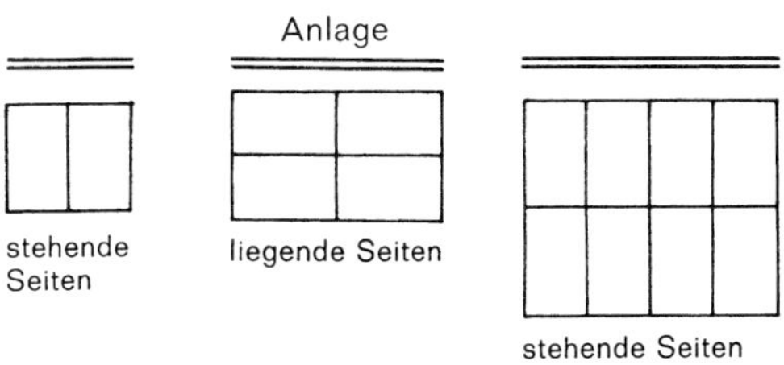

Bild 253.2. Stehende und liegende Seiten.

Auch die gestalterische Absicht bestimmt das Ausschießschema. Nach der äußeren Form des Druckprodukts unterscheidet man zwischen Hochformat, Querformat und Sonderformaten.

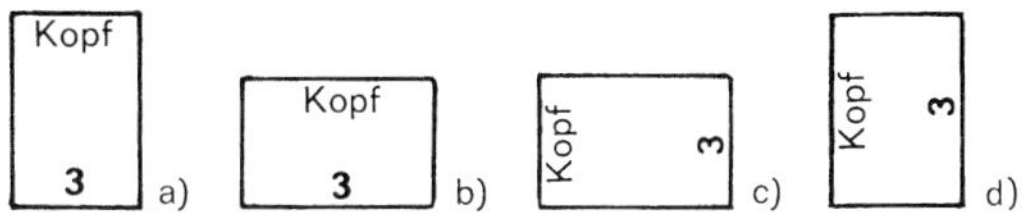

Bild 253.3. Hoch- und Querformate:
a) Hochformat stehend, b) Querformat stehend,
c) Hochformat liegend, d) Querformat liegend.

Beim Ausschießen ist in diesem Zusammenhang wichtig, daß der Zwischenraum zwischen den Satzspiegeln der einzelnen Seiten richtig definiert wird, insbesondere Kopf und Bund jeder Seite richtig zugeordnet werden. Beim Hochformat befindet sich der Bund immer an der langen Seite, beim Querformat stets an der kurzen Seite. Entsprechend ist die Falzfolge festgelegt.

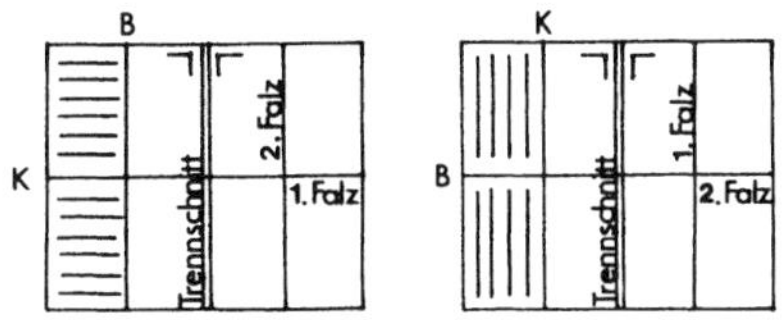

Bild 253.4. Links Hochformat, rechts Querformat.
B = Bund, K = Kopf.

Beim Drucken in der Druckmaschine wird der Bogen in zwei Druckgängen vorder- und rückseitig bedruckt. Den ersten Durchlauf bezeichnet man als **Schöndruck,** das Bedrucken der Rückseite eines Bogens als **Widerdruck.** Nach dem ersten Druckgang ist ein Wenden des Bogens nötig. Beim Wenden der Druckbogen unterscheidet man Umschlagen, Umstülpen und Umdrehen.

Außerdem kann man einen Einfachbogen oder einen Doppelbogen drucken. Soll ein Einfachbogen beidseitig bedruckt werden, so ist nach dem ersten Druckgang die erste Druckform gegen eine zweite Druckform auszuwechseln. Jede Druckform enthält in diesem Fall die Hälfte der Seiten. Man spricht vom Drucken in zwei Formen. Dafür werden kleinere Maschinenformate eingesetzt.

Es gibt auch spezielle Schön- und Widerdruckmaschinen, bei denen der Bogen in einem Durchgang an beiden Druckformhälften vorbeigeführt wird; aber dabei muß der Druckbogen in der Maschine gewendet werden. Die Form mit der Seite 1 heißt äußere Form, die Form mit der Seite

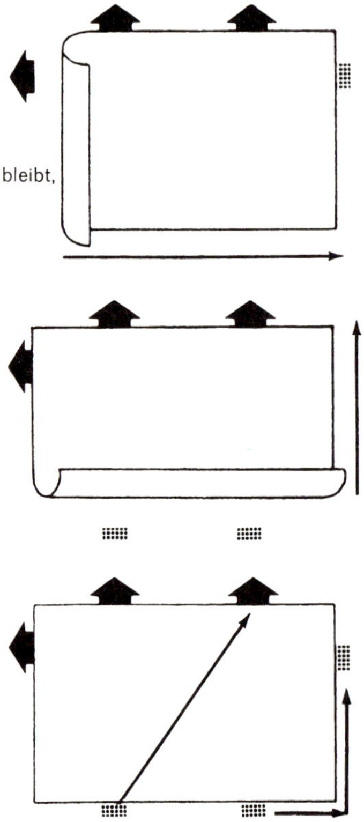

Bild 254.1. Möglichkeiten der Bogenwendung.

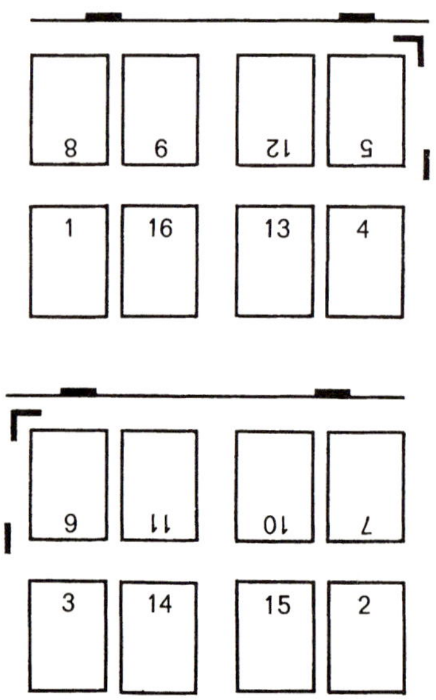

Bild 254.2. Jeweils 8 Seiten Hochformat, gewöhnlich, als äußere und innere Form von 16 Seiten für Kreuzfalz (Ausschießen für Schön- und Widerdruck).

2 heißt innere Form. Entsprechendes gilt für Druckbogen mit höheren Seitenziffern.

Wird anstatt eines Einfachbogens ein Doppelbogen zum Drucken verwendet, so muß die Druckform alle Seiten eines Bogens enthalten. Der beidseitig bedruckte Bogen enthält dann jede Einzelseite zweimal. Durch einen späteren Trennschnitt entstehen zwei einzelne Bogen, Falzbogen genannt. Man benutzt also größere Maschinen und die doppelte Bogengröße, um die Hälfte der Druckgänge einzusparen. Beim Ausschießen ist darauf zu achten, ob in einer oder in zwei Formen gedruckt werden soll, weil vorher der Einsatz der jeweiligen Druckmaschine geplant wurde.

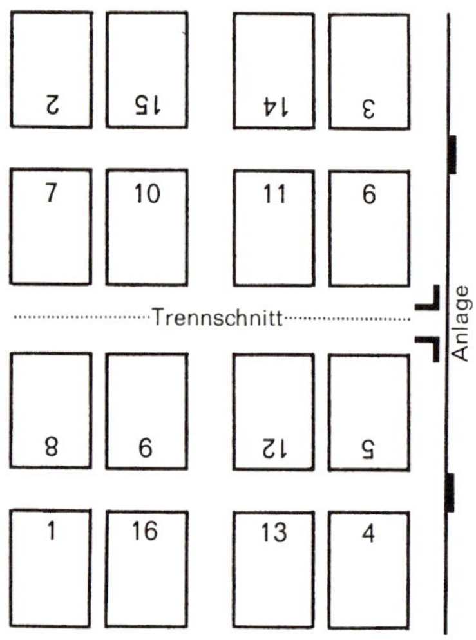

Bild 254.3. 16 Seiten Hochformat, gewöhnlich, in einer Form zum Umschlagen für Kreuzfalz (Doppelbogen = zwei Falzbogen).

Im allgemeinen kann schematisch nach Vorlagen oder nach Ausschießregeln oder neuerdings nach Ausschießprogrammen ausgeschossen werden. Wer aber richtig ausschießen will, sollte stets vorher wissen, welche Falzmaschinen für die Bogenverarbeitung eingesetzt werden. In der Praxis fertigt man sich oft auch ein **Falzmuster,** simuliert damit seinen gedruckten und gefalzten Bogen. In das Falzmuster wird die Seitenziffernfolge eingetragen. Der Stand der Seiten wird dann in das Ausschießschema für die Druckform oder für die Filmmontage übertragen.

Für das produktbezogene Ausschießen benötigt man eine Reihe von Angaben, die in einer standardisierten Abfolge mitgeteilt werden, zum Beispiel: 16 Seiten Hochformat, gewöhnlich, zum Umschlagen, für Kreuzfalz. Es müssen also bekannt sein:

1. die Anzahl der Seiten pro Druckbogen,
2. das Produktformat (zum Beispiel Hochformat),
3. die Laufrichtung des Papiers,
4. das Druckbogenformat,
5. die Wendeart des Druckbogens oder ob in zwei Formen gedruckt wird,
6. die Falzart, gegebenenfalls mit Bruchfolge.

Richtiges Ausschießen wird erleichtert, wenn Grundsätze und allgemeingültige Regeln beachtet werden, zum Beispiel:

1. Druckseiten werden stehend oder liegend ausgeschossen. Eine Druckseite steht in der Druckform, wenn die Druckzeilen parallel zur Maschinenanlage und dem Druckzylinder sind. Sie liegt, wenn die Druckzeilen im Winkel zur Anlage sind.
2. Die Falzfolge der Falzmaschine bestimmt das Ausschießschema. Der letzte Falz ist immer der Bundfalz.
3. Die Anlageseite des Druckbogens in der Druckmaschine muß auch die Anlageseite in der Falzmaschine sein, damit keine Falzdifferenzen auftreten. Die Anlage wird durch Zeichen (Winkel) markiert. Bei üblichen Falzfolgen stehen bestimmte Seiten bei der Anlagemarke. Beim ersten Druckbogen stehen immer die Seiten 3 und 4 oder die Seiten 5 und 6 an der Anlagemarke.
4. Das Ausschießschema für Hochdruckformen und Montagen für den Offsetdruck ist seitenverkehrt zum gefalzten Bogen oder Falzmuster zu erstellen.
5. Folglich stehen im Ausschießschema die erste und alle übrigen Seiten mit ungeraden Zahlen immer links vom Bund, vom Fuß des Satzspiegels aus gesehen. Alle Seiten mit geraden Zahlen stehen dann rechts vom Bund.
6. Die erste und letzte Seite eines Druckbogens stehen im Bund nebeneinander. Alle im Bund zusammenstehenden Seiten bilden Seitenpaare in der Druckform. Im Kopf der ersten Seite eines Druckbogens steht die „bogenhalbierende" Seite.
7. Das erste Viertel der Seiten eines Druckbogens steht an den äußeren oder inneren Ecken. Meistens steht das zweite Viertel mit dem ersten Viertel Kopf an Kopf.
8. Addiert man die Seitenziffern zweier sich im Kopf gegenüberstehenden Seiten, so ergeben sich bestimmte wiederkehrende Summen.
9. Alle Seitenzahlen der im Bund nebeneinanderstehenden Seiten ergeben in der Addition die gleiche Summe. Diese ist um 1 größer als die Gesamtsumme der in der Druckform vereinten Seiten.
10. Welche Seiten der jeweiligen Druckformhälfte zugeordnet werden müssen, läßt sich durch das Aufstellen von vier Zahlenreihen ermitteln. Am Beispiel einer 16seitigen Form ergibt sich folgende Aufstellung:

1	2	3	4
5	6	7	8
9	10	11	12
13	14	15	16

Die in diesem Schema außen stehenden Seitenzahlen gehören zu der sogenannten äußeren Druckformhälfte, die innen stehenden Seitenzahlen zur sogenannten inneren Druckformhälfte.

Abschließend werden Ausschießbelspiele für 4, 8, 16 und 32 Seiten Hochformat und Querformat dargestellt. Der Stand der Seiten entspricht der Position in der Druckform für direkte Druckverfahren und der Position in der Filmmontage für den Offsetdruck. Die gezeigten Abbildungen sind also seitenverkehrt zu manuell erstellten Falzmustern beziehungsweise gedruckten Bogen. Zur besseren Lesbarkeit sind aber die Seitenzahlen in den Abbildungen nicht seitenverkehrt wiedergegeben worden. Außerdem stehen sie im Kopf jeder Seite.

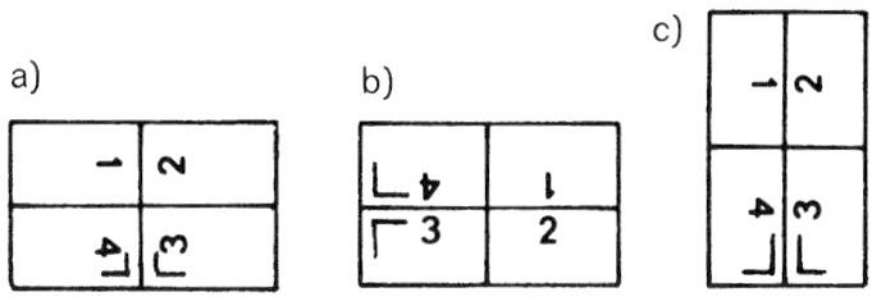

Bild 255.1. a) 4 Seiten Hochformat, gewöhnlich, zum Umschlagen, b) 4 Seiten Querformat, gewöhnlich, zum Umstülpen, c) 4 Seiten Querformat, gewöhnlich, zum Umschlagen in der Länge.

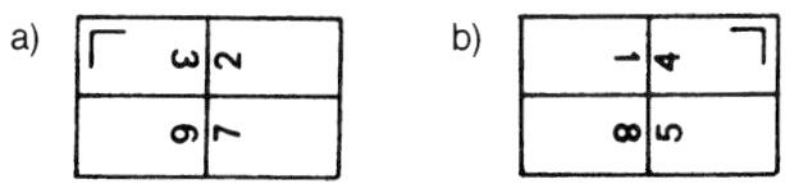

Bild 255.2. a) 4 Seiten Hochformat, gewöhnlich, als innere Form von 8 Seiten, für Kreuzfalz, b) 4 Seiten Hochformat, gewöhnlich, als äußere Form von 8 Seiten, für Kreuzfalz.

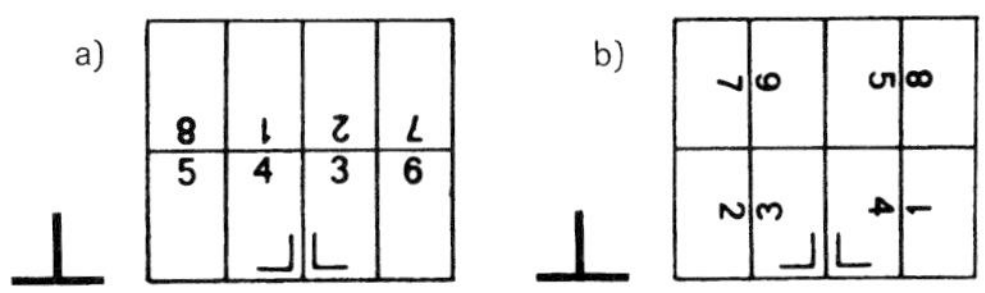

Bild 255.3. a) 8 Seiten Hochformat, gewöhnlich, zum Umschlagen, für Kreuzfalz, b) 8 Seiten Querformat, gewöhnlich, zum Umschlagen, für Kreuzfalz.

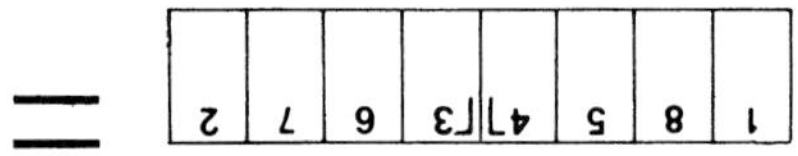

Bild 256.1. 8 Seiten Hochformat, im Streifen, zum Umschlagen, für Parallelfalz.

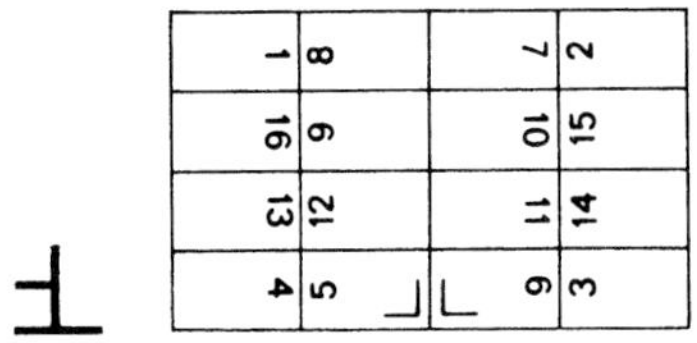

Bild 256.2. 16 Seiten Hochformat, gewöhnlich, zum Umschlagen, für Kreuzfalz.

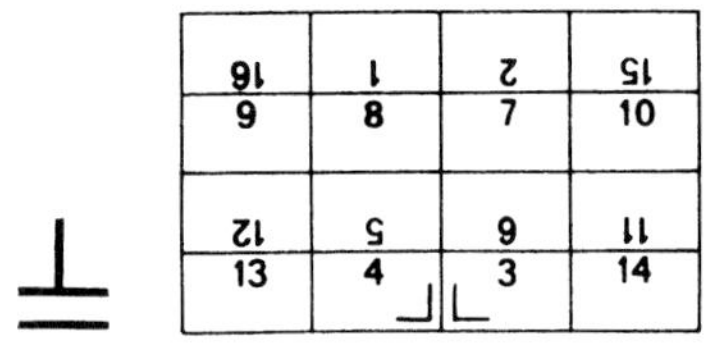

Bild 256.3. 16 Seiten Querformat, gewöhnlich, zum Umschlagen, für Parallel-Kreuzfalz.

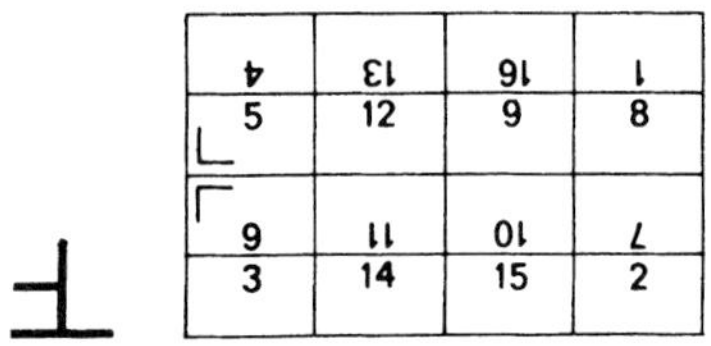

Bild 256.4. 16 Seiten Querformat, gewöhnlich, zum Umstülpen, für Kreuzfalz.

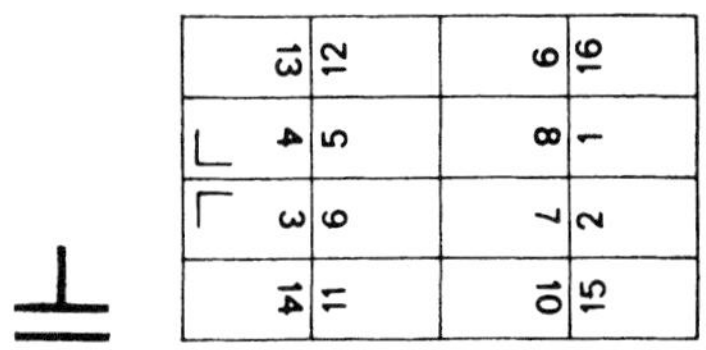

Bild 256.5. 16 Seiten Hochformat, gewöhnlich, zum Umstülpen, für Parallel-Kreuzfalz.

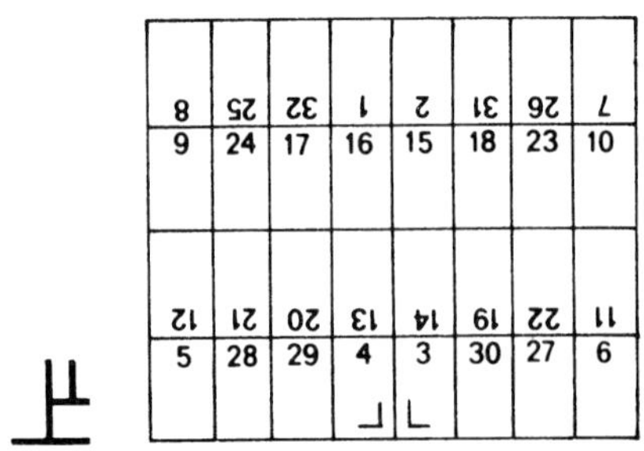

Bild 256.6. 32 Seiten Hochformat, gewöhnlich, zum Umschlagen, für Kreuzfalz.

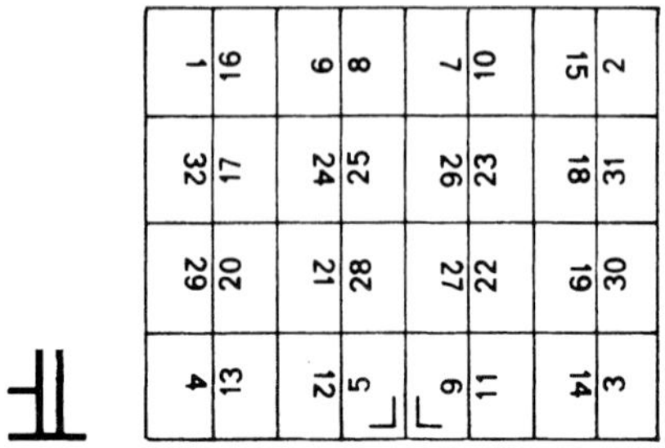

Bild 256.7. 32 Seiten Querformat, gewöhnlich, zum Umschlagen, für Kreuz-Parallelfalz.

Bei 6-, 12- und 24seitigen Produkten gelten zum Teil abweichende Regeln beim Ausschießen. Insbesondere stehen andere Seiten in der Anlage.

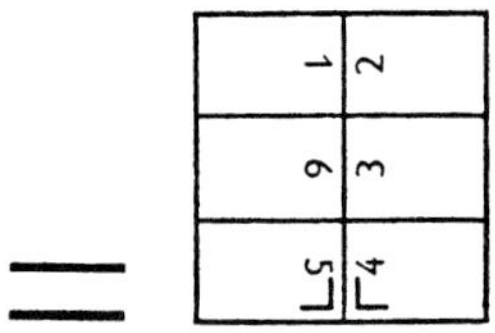

Bild 256.8. 6 Seiten Hochformat, gewöhnlich, zum Umschlagen in der Länge, für Parallelfalz.

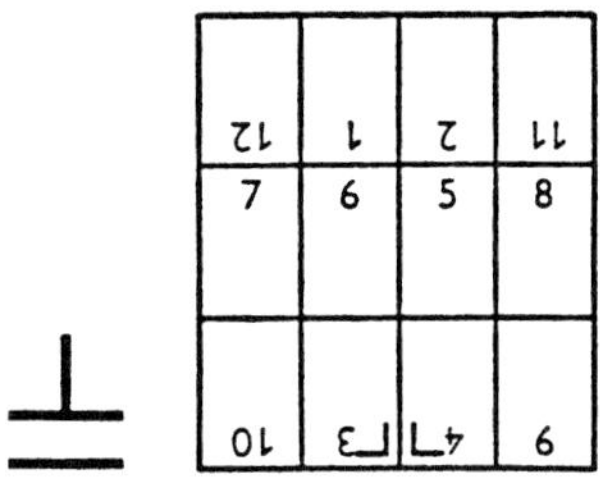

Bild 256.9. 12 Seiten Hochformat, gewöhnlich, zum Umschlagen in der Länge, für Parallel-Kreuzfalz.

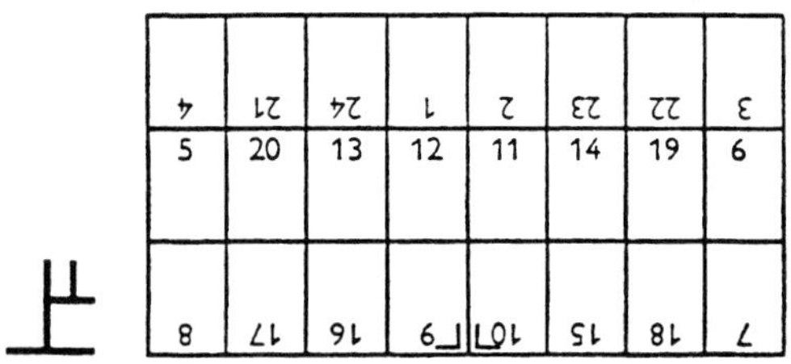

Bild 256.10. 24 Seiten Hochformat, gewöhnlich, zum Umschlagen, für Kreuzfalz.

Weitere Varianten des Ausschießens und damit Abweichungen von den gewöhnlichen Ausschießregeln ergeben sich:

1. bei Produkten mit geringem Umfang, wenn mehrere Nutzen in einer Druckform zusammengefaßt werden;
2. wenn bei einem Produkt mehrere Bogenteile ineinandergesteckt werden;

3. zum Teil beim Ausschießen für Klebebindung;
4. beim Rotationsdruck, wenn im Falzapparat mehrere Bahnstücke gleichzeitig zu einem Produkt gefalzt werden;
5. beim Ausschießen von Kalenderforrnen.

Bei Zeitschriften, Prospekten und Katalogen ist ebenfalls die Methode der Weiterverarbeitung bestimmend für das Ausschießen. Für das Heften durch den Rücken werden die gefalzten Bogen ineinandergesteckt. Für seitliche Heftung, Fadenheftung oder Klebebindung werden die gefalzten Bogen aufeinandergelegt.

Die Druckformherstellung ist ein arbeitsintensiver Betriebsbereich. Auch hier ist der Computer ein Hilfsmittel zur rationellen und kostensparenden Arbeitsvorbereitung. Es gibt spezielle Software für IBM-kompatible Personal Computer.
Pakete mit Programmen werden angeboten für das Ausschießen im Akzidenz- und Werkdruck, für die Bogeneinteilung bei Sammeldruckformen, beispielsweise für Etiketten und Faltschachteln, das Erstellen von Masken bei der Seiten- und Bogenmontage und für rechnerunterstützte Montage- und Kopiersysteme.

▼

1. Wieviele Kreuzbrüche sind erforderlich, um sechzehn Seiten zu falzen?
2. Was haben die Wendearten Umschlagen und Umstülpen gemeinsam, wodurch unterscheiden sie sich?
3. Für welche Produkte wird man die Form zum Umdrehen ausschießen?
4. Bei welcher Wendeart wechseln alle vier Bogenkanten ihre Lage?
5. Welche Seite der ausgeschossenen Form steht im Bund immer neben der ersten Seite?
6. Mit welcher Seite beginnt a) der 3. Bogen zu sechzehn Seiten, b) der 7. Bogen zu 8 Seiten?
7. Welche Seiten umfaßt die innere Form des 6. Bogens zu sechzehn Seiten?
8. Schießen Sie den 8. Bogen zu sechzehn Seiten Ouerformat, zum Umschlagen aus!
9. Stellen Sie Falzmuster her für 4, 8, 16, 32 Seiten Hoch- und Ouerformat!
10. Lernen Sie wichtige Ausschießregeln auswendig!
11. Erklären Sie die Begriffe: gewöhnlich, außergewöhnlich!
12. Wann benutzt man den Begriff „Bruch", wann den Begriff „Falz"?
13. Welche Seiten stehen normalerweise in der Falzanlage?
14. Wie unterscheiden sich Falzschema und Falzmuster und Ausschießschema?

7.2 Merkmale der Druckformen

Druckformen unterscheiden sich prinzipiell nach den Druckverfahren. Die druckenden Teile können erhaben, vertieft, farbannehmend oder farbdurchlässig sein. Dementsprechend hat eine Druckform für Hochdruck andere Merkmale als ein Tiefdruckzylinder oder eine Offsetdruckplatte oder eine Siebdruckschablone. Die Übertragung der Texte und Bilder erfolgt in der Technik entweder fotomechanisch durch Kopie und anschließende chemische Bearbeitung oder elektronisch durch Gravur. Am stärksten verbreitet ist heute noch die kopiertechnische Übertragung.

7.2.1 Druckformen und Kopierverfahren

Beim Kopieren werden Texte und Bilder, die als Einzelfilme beziehungsweise Filmmontagen vorliegen, auf lichtempfindliche Schichten übertragen. Die Filme können je nach Kopierverfahren Diapositive oder Negative sein.

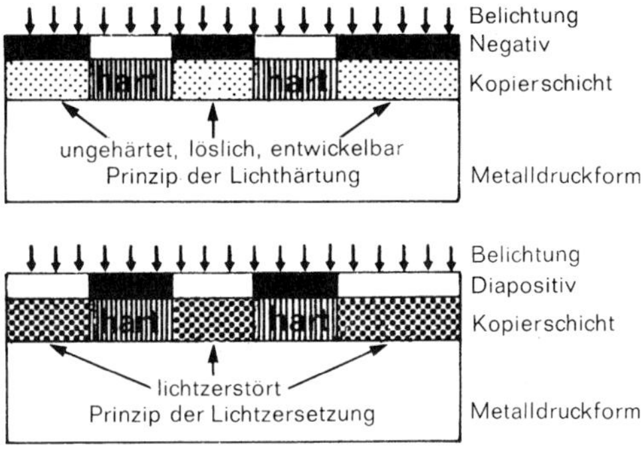

Bild 257.1. Informationsübertragung durch Kopieren auf eine Kopierschicht aus 1. Dichromat-Kolloid, 2. Diazo-Kunststoff-Kolloid.

Im Durchschnitt überwiegt die **Positivkopie,** weil die Filmmontagen meist positiv erstellt werden. Für die **Negativkopie** spricht, daß bei der Übertragung keine Montagekanten mitkopieren. Durch die Kopiervorlage hindurch wird mit aktinischem Licht, das heißt mit kopierwirksamen Strahlen, die Kopierschicht belichtet. Beim Belichtungsvorgang befindet sich die Kopiervorlage im Kontakt mit der Kopierschicht. Deshalb müssen Kopiervorlagen dem Endformat entsprechen.

Bei Hochdruckverfahren sind die Bild-Kopiervorlagen für Bilder meistens autotypisch gerasterte Negative. Im Offsetdruck sind die Bildvorlagen meist autotypisch gerasterte Diapositive. Weniger verbreitet sind die negativen Verfahren, bei denen direkt von Negativmontagen die Druckplatte hergestellt wird. Im konventionellen Tiefdruck werden Montagen aus ungerasterten Halbton- und Textdiapositiven als Kopiervorlage für die

Informationsübertragung angefertigt (siehe Pigmentkopie). Die kopiertechnische Übertragung verläuft indirekt: von der Kopiervorlage über das Pigmentpapier auf die Druckform, den Tiefdruckzylinder. Im Durchdruck werden – abgesehen von Schablonen – autotypisch gerasterte Diapositive verwendet, die auf lichtempfindlich beschichtetes Siebgewebe übertragen werden.

▼
1. Welche Probleme und Fehlerquellen treten in Montage und Kopie auf? Informieren Sie sich beim Fachmann!
2. Für welche Übertragungstechniken wird keine Druckformkopie benötigt?

Kopierschichten. Das Prinzip der konventionellen Druckformkopie wurde von Gustav Suckow 1832 entdeckt. Leimartige organische Stoffe, in der chemischen Fachsprache sogenannte Kolloide, wie Gelatine oder Polyvinylalkohol (PVA), die in Wasser oder Spiritus aufquellen, werden lichtempfindlich, wenn man die Chromsalze Kaliumdichromat ($K_2Cr_2O_7$) und/oder Ammoniumdichromat ($(NH_4)_2Cr_2O_7$) hinzufügt. Die Chromsalze werden als Sensibilisatoren bezeichnet.

Die **Dichromat-Schicht** wird vom einwirkenden aktinischen Licht in die Tiefe hinein gehärtet (gegerbt), und zwar um so intensiver, je mehr Licht die Kopiervorlage hindurchgelassen hat. Die betreffenden Stellen verlieren dadurch ihre Löslichkeit entsprechend den Tonwerten der Kopiervorlage. Stark vereinfacht läßt sich die Reaktion folgendermaßen darstellen:
Alkali-Dichromatsalz + PVA-Kolloid + UV-Licht
→ lichtzersetztes Chromsalz + gehärtetes Kolloid.

Bei Lichteinwirkung findet zwischen Sensibilisator und Schicht eine Redox-Reaktion statt. Die vorhandenen Cr^{6+}-Ionen werden dabei zu Cr^{3+}-Ionen reduziert. Mit dem negativ geladenen Kolloid in der Umgebung gehen diese Chromionen eine komplexe Verbindung ein. Das Kolloid wird somit gehärtet, das heißt für den Entwickler, der unbelichtetes Kolloid entfernt, unlöslich.

Liegt die Kolloidschicht auf einer zu ätzenden Druckform, wird im einfachsten Fall die ungehärtete Schicht mit Entwickler entfernt, so daß das Metall zur Tiefätzung frei liegt. Die gehärteten Zonen des Kolloids bilden dann einen Säureschutz.

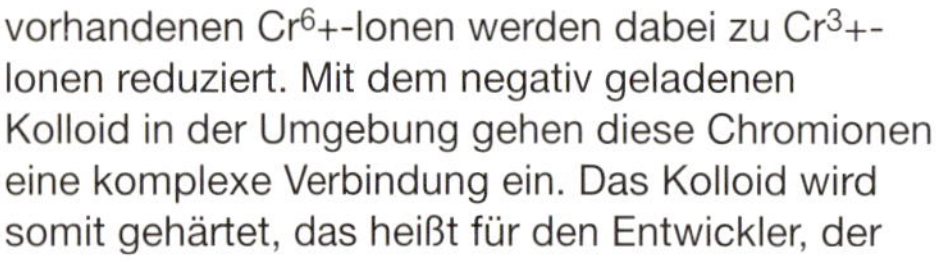

Bild 258.1. Der Säureschutz bzw. die Ätzreserve auf der Metallplatte schützt, z. B. vor der Tiefätzung mit Säuren.

Diese gehärteten Kopierschichtteile werden auch **Ätzreserve** genannt. Je nach Verfahren schützt sie entweder druckende oder nichtdruckende Formpartien, wie bei der Herstellung von Hochdruckplatten und Mehrmetall-Offsetdruckplatten, oder aber sie steuert durch variable Querschnittdicke im tiefenvariablen Tiefdruck die Ätzung der Druckform. Nach der Ätzung hat die gehärtete Kopierschicht ihre Funktion als Medium zur Informationsübertragung erfüllt und wird dann von der Formoberfläche entfernt.

Kolloide werden in natürliche und synthetische eingeteilt. Das wichtigste natürliche Kolloid ist Gelatine. Sie wird aus tierischen Knorpeln, Knochen und Häuten durch Kochen gewonnen. Sie ist hygroskopisch (feuchtigkeitsempfindlich), wodurch ihre Verarbeitung bei Klimaschwankungen erschwert wird. Polyvinylalkohol (PVA) ist ein modernes Kolloid, chemisch dargestellt aus Azetylen durch Polymerisation. Es ist wasserlöslich, aber in organischen Lösungen nicht löslich. Unter Licht ist es in sensibilisiertem Zustand härtbar. Wenn PVA mit Diazofarbstoffen anstelle von Dichromaten sensibilisiert wird, unterliegt es keiner Dunkelreaktion. Das ist eine ungewollte Härtung bei Feuchtwarmklima im Dunkeln. Deshalb eignet sich diese **Diazo-Schicht** für vorbeschichtete Druckformmaterialien in allen Druckverfahren. Es gibt Diazo-Kopierschichten, die entweder unter Lichteinwirkung härten oder sich zersetzen. Für Negativ- und Positivkopie werden also spezielle Schichten hergestellt.

Die Kopierschichten in der Druckformherstellung dürfen nicht mit den Silberhalogenidschichten verwechselt werden, die in der Reproduktionsfotografie eingesetzt werden. Sie unterscheiden sich in chemischem Aufbau und Reaktion. Sie sind weniger lichtempfindlich und härten oder zersetzen sich bei Belichtung, während sich die Fotoschichten schwärzen.

Neben Dichromat- und Diazo-Verbindungen werden **Fotopolymer-Schichten** in der Druckformherstellung eingesetzt. Fotopolymere sind synthetisch hergestellte sensibilisierte Kunststoffe, die meistens bereits die Druckformoberfläche darstellen. Bei der Kopie ändert sich an den vom Licht getroffenen Stellen der molekulare Aufbau. Der Prozeß entspricht etwa der Lichthärtung bei Kolloiden. An den vom aktinischen UV-Lichteinfall beeinflußten Partien schließen sich die Einzelmoleküle zu Makromolekülen kettenartig zusammen. Dabei überlagern sie sich vernetzend überall in der belichteten Schicht. Diesen Vorgang, der sich unsichtbar in der Schicht abspielt, bezeichnet man als Polymerisation. Die nicht vom Licht getroffenen Partien werden in geeigneten Lösungsmitteln (Alkohol oder wässerigen Laugen) ausgewaschen.

Kopierlampen. Das Licht soll intensiv sein und möglichst gleichmäßig auf die Kopierfläche strahlen, damit alle Teile ausreichend belichtet werden. Eine gleichmäßige Ausleuchtung wird durch große Lampenabstände oder durch speziell geformte Reflektoren erzielt. Sie bewirken, daß in den Plattenecken genau so viel Licht auftrifft wie in der Plattenmitte.

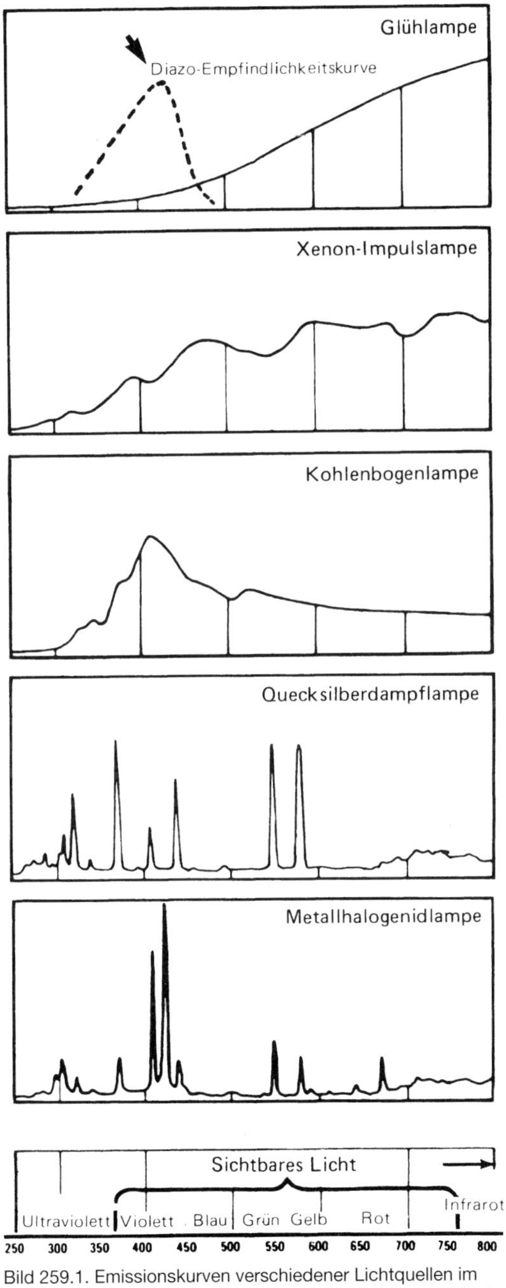

Bild 259.1. Emissionskurven verschiedener Lichtquellen im Vergleich mit der Lichtempfindlichkeit von DiazoKopierschicht.

Die meisten Kopierschichten sind für ultraviolette Strahlen empfindlich. Die gewollte chemische Veränderung tritt bei aktinischem Licht ein, das heißt bei blauem bis ultraviolettem Licht. Deshalb müssen die Kopierlampen in ihren Emissionen (Abstrahlungen) den Lichtempfindlichkeiten der Kopierschichten angepaßt sein. Die richtige Auswahl ergibt sich aus dem Vergleich zwischen den Emissionskurven verschiedener Lichtquellen und den Empfindlichkeitskurven der Kopierschichten.

Nachdem die Informationen von der Montage auf die erwähnten Schichten übertragen sind, kann die Druckform nach folgenden Verfahren hergestellt werden:

1. Ätzen im Hoch- und Tiefdruck sowie bei Mehrmetallplatten im Offsetdruck,
2. Präparieren der Druckelemente bei Einmetallplatten im Offsetdruck,
3. Auswaschen bei Fotopolymerplatten,
4. Entwickeln bei Durchdruckschablonen.

Nicht in das konventionelle Schema passen die Informationsübertragungen auf die Druckplatte durch Scan-Gravur (Hochdruck, Tiefdruck) und Elektrofotografie beziehungsweise elektrostatische Entwicklung (Offsetdruck, Reprografie).

▼

1. Beschreiben Sie die Vorgänge bei den Kopierprozessen mit a) normalen Kolloidschichten, b) modernen Diazoschichten, c) Fotopolymerschichten!
2. Für welches Druckverfahren sind die Kopiervorlagen ungerastert?
3. Warum sollen Lichtquellen der Formkopie reich an blauen und ultravioletten Strahlen sein?
4. Warum eignen sich Dichromatkolloide nicht für vorbeschichtete Druckplatten?
5. Beschreiben Sie das Prinzip der Lichtzersetzung bei Positiv-Positiv-Schichten!

7.2.2 Druckformen und Druckverfahren

Druckformen dienen der drucktechnischen Vervielfältigung von Schriften und Bildern. Jedes Druckverfahren zeigt hinsichtlich seiner Druckformen ein anderes Prinzip. Die Druckfarbe kann unterschiedlich übertragen werden: von erhabenen Teilen im Hochdruck, von vertieften Teilen im Tiefdruck, von flachliegenden Teilen im Flachdruck, von farbdurchlässigen Teilen im Durchdruck.

Das einzusetzende Druckverfahren bestimmt, ob in den Druckformen das Material abgebaut oder aufgebaut oder auch chemisch präpariert wird, um einen Unterschied zwischen druckenden und nichtdruckenden Elementen zu schaffen.

In **Hochdruckformen** liegen die druckenden Teile erhöht, alle nichtdruckenden Teile sind vertieft. Das druckende Element hat im Querschnitt einen typisch konischen Aufbau. Die Flanken eines Druckelements sollen möglichst glatt und verhältnismäßig steil (60° bis 70°) sein. Die nicht druckenden Teile müssen genügende Tiefe aufweisen. Bei Druckplatten mit Linien beträgt die Tiefe mindestens 0,7 mm. Bei Druckplatten mit Rasterpunkten ist sie abhängig von der Rasterweite. Feinere Raster haben eine geringere Tiefe. Beim Druckvorgang wird die Farbe von der Oberfläche abgenommen und direkt auf das Papier übertragen.

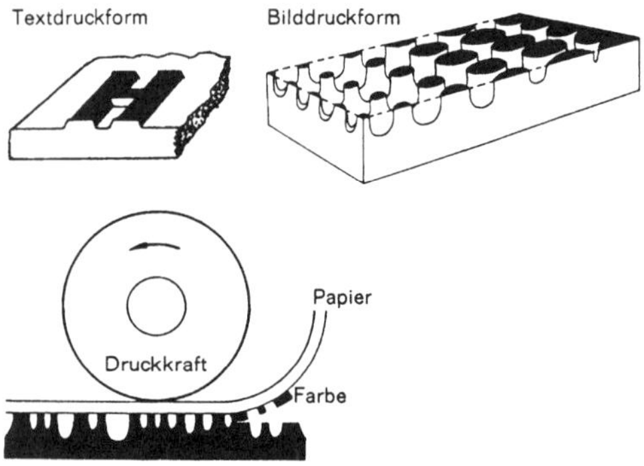

Bild 260.1. Hochdruck-Prinzip.

In **Tiefdruckformen** liegen die druckenden Elemente vertieft in der Oberfläche. Mittels eines Rasters entstehen viele kleine Näpfchen und dazwischen die notwendigen Stege. Die Näpfchen nehmen die flüssige, lasierende Farbe auf. Von der Druckformoberfläche wird die überschüssige Farbe mit einer Rakel abgestreift. Je tiefer die Näpfchen sind, um so kräftiger ist der gedruckte Farbton, je flacher die Näpfchen, um so zarter der Farbton.

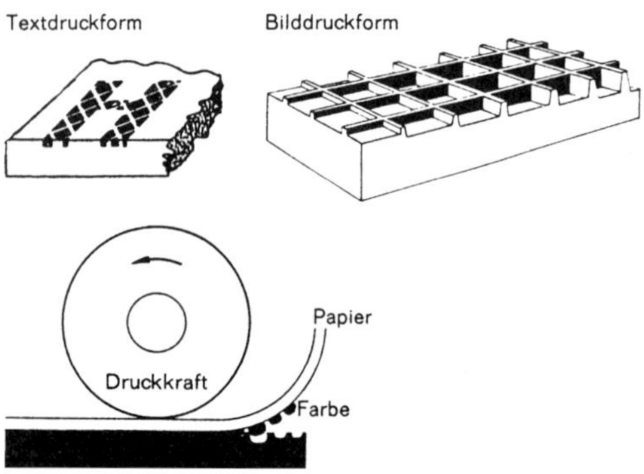

Bild 260.2. Tiefdruck-Prinzip.

In **Flachdruckformen** liegen die druckenden und nichtdruckenden Teile nahezu flach nebeneinander auf der Plattenoberfläche. Die Druckplatte ist so präpariert, daß alle druckenden Zonen farbfreudig reagieren, also Druckfarbe annehmen, und daß alle nichtdruckenden Zonen dagegen wasserfreundlich sind, also Druckfarbe abstoßen. Dies wird ermöglicht durch das gegensätzliche physikalisch-chemische Verhalten von farbannehmenden und farbabstoßenden Substanzen.

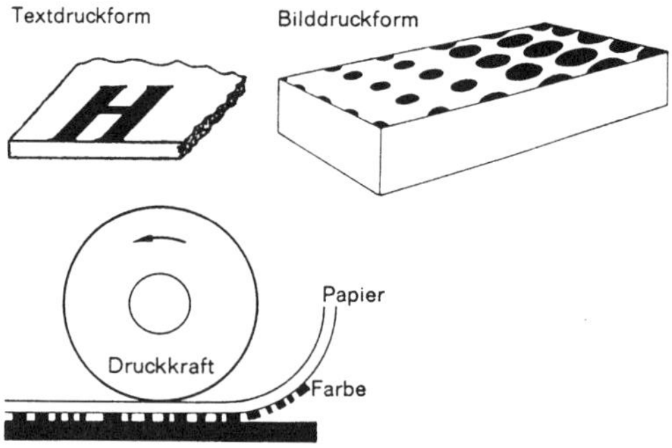

Bild 260.3. Flachdruck-Prinzip.

In **Durchdruckformen** gibt es offene oder geschlossene Siebstellen. Während bei den anderen Verfahren die Farbe von den vorher eingefärbten Druckformen durch „Anpreßdruck" abgenommen wird, wird sie im Durchdruck (Siebdruck) durch die offenen Stellen einer Schablone mit einer Rakel hindurchgedrückt und auf den Bedruckstoff übertragen.

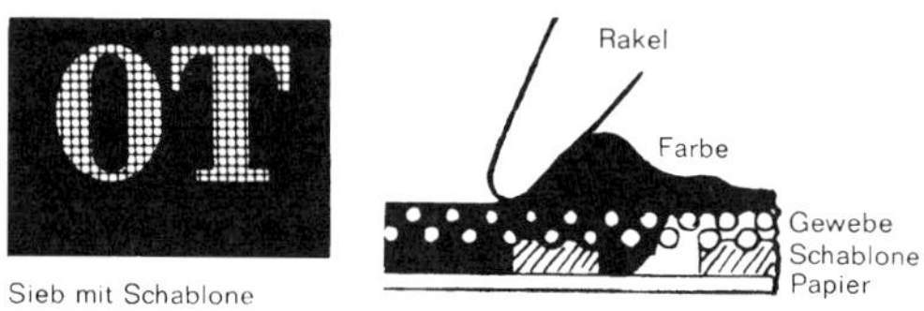

Bild 260.4. Durchdruck-Prinzip.

▼

1. Welche Aufgaben haben die Flanken in Hochdruckformen?
2. Wozu dienen die Stege in der Tiefdruckform?
3. Wie entstehen im Flachdruck die nebeneinander liegenden druckenden und nichtdruckenden Formteile?
4. Worin unterscheidet sich die Rakel im Siebdruck von der im Tiefdruck?

7.3 Hochdruckformen

Bei Beginn des technischen Zeitalters wurden die manuell hergestellten Holzschnitte durch fotografisch und chemisch hergestellte Druckformen ersetzt. Die erste bedeutende Veränderung erfuhr die Hochdruckform durch die Erfindung der Stereotypie. Genoux erfand 1829 die Papiermater als Gußform. Mit der Erfindung der Fotografie durch Daguerre im Jahre 1839 wurde es möglich, Strichzeichnungen in Zink zu ätzen. Die Rasterätzung, historisch Autotypie genannt, wurde 1882 von dem Deutschen Georg Meisenbach erfunden und als Patent angemeldet.

Bild 261.1. Erste Rasterätzung von Georg Meisenbach.

Die Möglichkeit der galvanischen Druckformherstellung (Kupfergalvano) entdeckten 1838 Jacobi in Rußland und 1840 Murray in den USA. Das Gummiklischee, das Auswaschrelief und die elektronische Gravur erweiterten die Gruppe der Hochdruckformen.
Den elektronischen Weg eröffnete 1954 Rudolf Hell mit einer Graviermaschine, Standard-Klischograph genannt. Wenig später erschienen Farbklischographen für die Wiedergabe farbiger Bilder. 1959 wurde dann ein universelles Graviergerät, der Vario-Klischograph, vorgestellt. Heute ist das Gerät historisch. Das Grundprinzip wurde für die Zylinderherstellung im Tiefdruck und für Endlosformen im Flexodruck weiterentwickelt.

7.3.1 Buchdruckformen

Die aktuelle Druckform ist heute die fotopolymere Platte. Das geätzte Klischee aus Metall spielt nur noch eine untergeordnete Rolle. Die früher üblichen Duplikatdruckplatten, die Nachformungen von Originalen, sind aus der Technik verschwunden.

Geätzte Druckplatten. Das herkömmliche Verfahren ist aufwendig und wird nur noch selten angewendet. Als Ätzmaterial wird fast ausschließlich Zink benutzt. Die Zinkdruckplatten werden industriell vorgefertigt und sind auf der Rückseite mit einem säurefesten Schutzlack überzogen. Sie sind als vorbeschichtete Platten auf dem Markt.

Das Übertragen der Kopiervorlage auf die Zinkdruckplatte kann als Negativ-Kopie oder als Positiv-Kopie erfolgen. Die Druckplatte entsteht in folgenden Arbeitsstufen: Zuerst erfolgt die Belichtung im Vakuumkopierrahmen. Dabei liegen die Kopiervorlagen und die beschichtete Platte Schicht auf Schicht. Während des Belichtens wird die Kopierschicht der Negativ-Kopie gegerbt (gehärtet), die der Positiv-Kopie durch das Licht zersetzt. Das in der Kopierschicht enthaltene latente Bild wird entwickelt, das heißt, die unbelichteten und zersetzten Schichtteile werden herausgelöst.

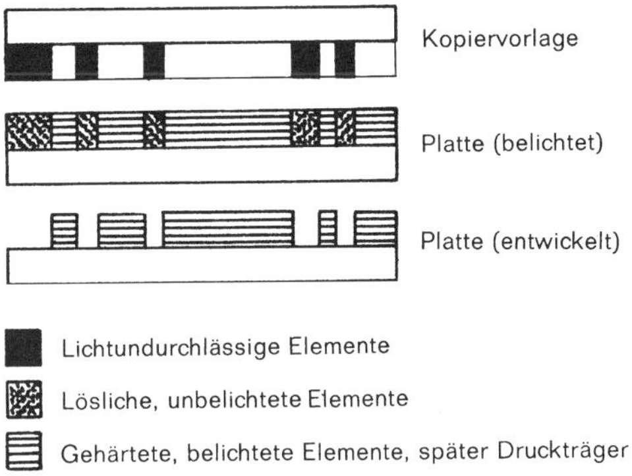

Bild 261.2. Negativkopie für Hochdruckplatten.

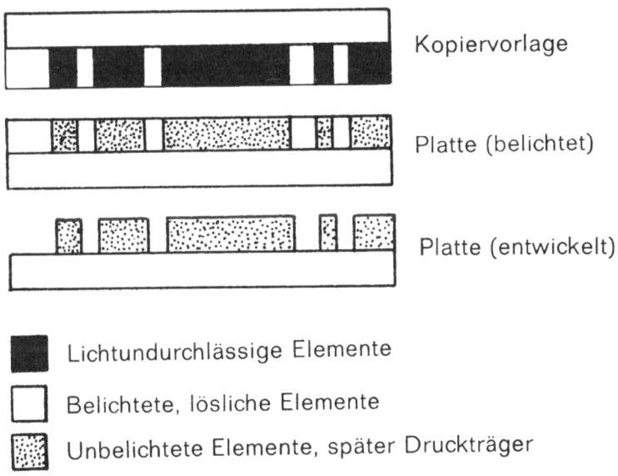

Bild 261.3. Positivkopie für Hochdruckplatten.

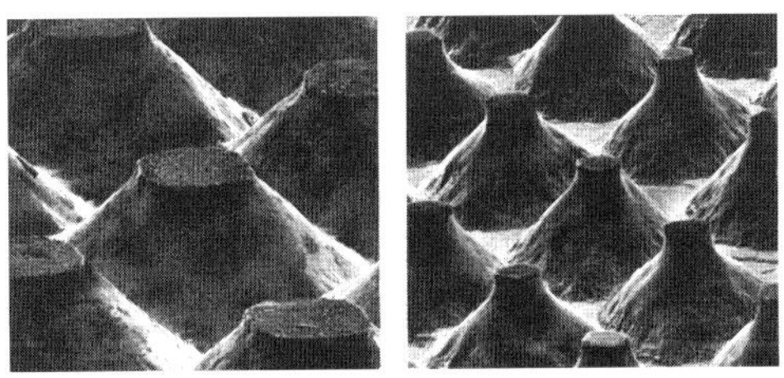

Bild 261.4. Rasterpunkte auf einer Zinkdruckplatte in 380facher Vergrößerung. Links Grobraster, rechts Feinraster.

Das Ätzen erfolgte früher manuell in mehreren Stufen. Der höchste Stand der Ätztechnik war die maschinelle **Einstufenätzung,** auch DOW-Ätzung genannt. In einem einzigen Arbeitsgang wurde die jeweils notwendige Ätztiefe erreicht.

▼

1. Welche Metalle sind als Plattenmaterial für Ätzungen geeignet?
2. Welche Gründe haben dazu geführt, daß heute kaum noch Ätzklischees hergestellt werden?

Fotopolymere Druckplatten. Die scharfe Konkurrenz des Offsetdrucks zwang den Hochdruck, das Rotationsprinzip auch für den Bogendruck einzuführen. Mit den schon vorhandenen gerundeten Metallformen des Rollenrotationsdrucks, den sogenannten Stereotypien, war das nur begrenzt möglich. Die fotopolymeren Kunststoffschichten auf flexibler Metallunterlage – als Wickel- oder Ganzformplatten – haben sich gegenüber Zink durchgesetzt. Im **Flexodruck,** der auf dem Hochdruckprinzip beruht, werden heute neben den Gummidruckformen zunehmend Kunststoffdruckformen als Platten oder Zylinder verwendet.

Die Vorteile der Kunststoffe sind beachtlich. Sie sind leichter als Metall, teilweise auch billiger; sie besitzen höhere Haltbarkeit, mechanische Festigkeit und Biegsamkeit und lassen deshalb höhere Auflagen zu; außerdem werden die Zurichtezeiten verkürzt. Sie leiten keinen elektrischen Strom; sie sind klimaunempfindlich, vor allem auch resistent gegenüber Chemikalien und korrosionsfest.

Kunststoffe sind hochmolekulare Verbindungen, hergestellt durch chemische Vollsynthese oder durch Umwandlung eines Naturstoffes. Eine wesentliche Rolle dabei spielen die Elemente Kohlenstoff, Wasserstoff, Sauerstoff, Stickstoff und Schwefel. Die Vielfalt der Kunststoffe läßt sich im wesentlichen in vier Gruppen zusammenfassen:

1. Fotoplaste (photos = Licht, plastizieren = Form verändern),
2. Duroplaste (durus = hart),
3. Thermoplaste (thermos = Wärme),
4. Elastoplaste (elasto = biegsam).

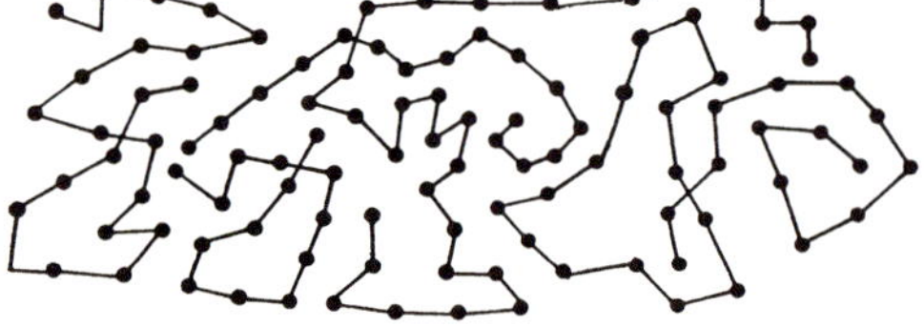

Bild 262.1. Thermoplaste bestehen aus Fadenmolekülen, die verknäuelt durcheinander liegen, jedoch nicht miteinander vernetzt sind.

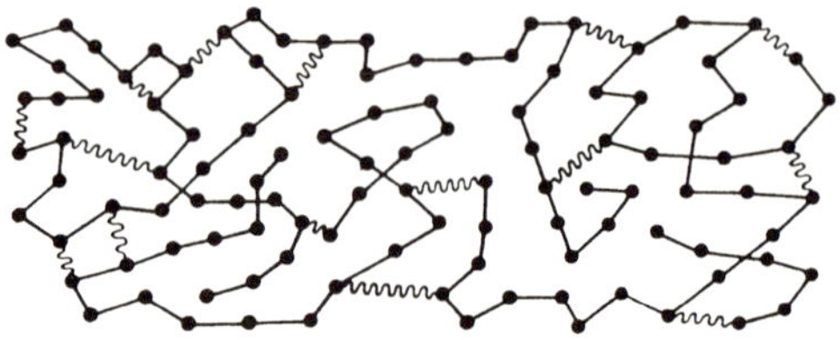

Bild 262.2. Elastoplaste setzen sich aus vereinzelt miteinander vernetzten Fadenmolekülen zusammen.

Im Zusammenhang mit der Herstellung moderner Original-Hochdruckformen interessieren nur die **Fotoplaste.** Da die Fotoplaste nach dem Belichten keinen Ätzvorgang, sondern einen Auswaschprozeß durchlaufen, bei dem die erhabenen Druckformelemente entstehen, bezeichnet man sie auch als Auswaschreliefplatten. In der Praxis viel verwendete Platten sind: Dycril von DuPont und Nyloprint von BASF.

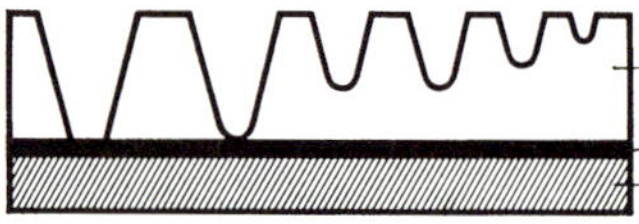

Bild 262.3. Aufbau einer Nyloprint-Druckplatte.

Grundlage bei der Herstellung dieser Druckplatten bildet die **Polymerisation.** Das ist eine Zusammenlagerung von Monomeren (Einzelmolekülen) durch Energiezufuhr zu Polymeren (Makromolekülen). Durch diese Vernetzung ändert der Kunststoff seine chemischen und physikalischen Eigenschaften; er wird gegenüber bestimmten Mitteln unlöslich.

In der Druckformkopie wird auf die Platte ein seitenrichtiges Negativ gelegt und in flacher oder runder Form mit diffusem UV-Licht belichtet. An das Negativ als Kopiervorlage sind hohe Anforderungen zu stellen. Es muß sehr gute Deckung und Transparenz zeigen. Ton- und Farbwerte, in Rasterpunktgrößen dargestellt, müssen mit den Werten der Vorlage übereinstimmen, denn Korrekturen – außer Wegschneiden – sind an den fotopolymeren Druckplatten nicht möglich.

Um die für den Druckprozeß wichtige Flankenbildung zu ermöglichen, muß für das Filmnegativ ein Spezialfilm verwendet werden, der auf der Schichtseite mattiert ist. Das bei der Belichtung im Vakuum durch diese Mattschicht diffundierende UV-Licht wird so gestreut, daß Flanken zustandekommen. Durch die Lichteinwirkung werden die Polymere gegerbt (gehärtet). Durch den Polymerisationsvorgang sind sie für den Entwickler unlöslich. Beim Entwickeln werden alle ungegerbten Teile der Kunststoffschicht ausgewaschen. Als Auswaschmittel dienen je nach

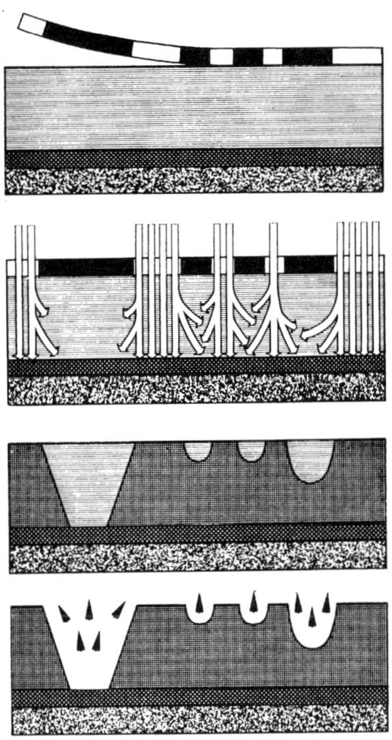

Bild 263.1. Herstellung einer fotopolymeren Druckplatte durch UV-Belichtung und Auswaschung.

Verfahren verdünnte Laugenlösung, alkoholisch-wäßrige Lösung oder auch temperiertes Wasser.

Erhältlich sind verschiedene Fotopolymer-Materialien: Solidsysteme (= trocken) und Liquidsysteme (= feucht), beide als Einschicht- oder Zweischichten-Druckplatte. Am häufigsten eingesetzt werden Einschicht-Solidsysteme.

Das **Solidsystem** verwendet vorbeschichtete Platten. Die Fotopolymerschichten liegen – je nach Zweck unterschiedlich dick – auf einer Metallunterlage oder einer Polyesterfolie. Die Einschicht-Druckplatte besitzt nur eine Polymerschicht, in der das Druckrelief entsteht. Bei der

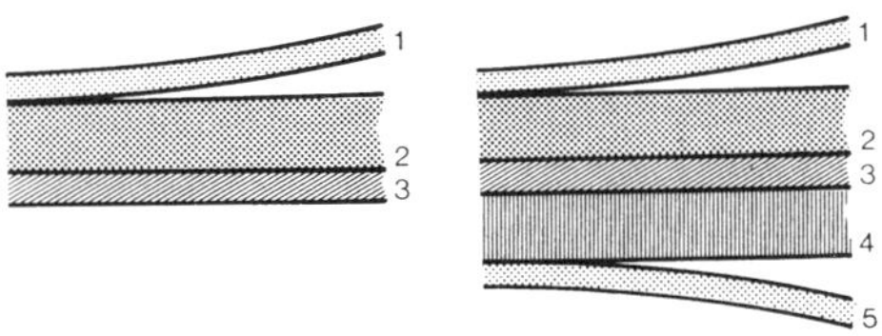

Bild 263.2. Fotopolymer-Materialien nach Solidsystem. Links Einschicht-Druckplatte, rechts Zweischichten-Druckplatte.
1 Schutzfolie, 2 Polymerschicht, 3 Stabilisierungsfolie (Polyester oder Metall), 4 Puffer- und Trägerschicht, 5 Schutzfolie.

Zweischichten-Druckplatte liegt das Trägermaterial zwischen zwei unterschiedlichen Polymerschichten. Die untere Schicht ist elastischer und soll als Pufferzone für einen besseren Druckausgleich sorgen.

Das **Liquidsystem** ist zur Selbstbeschichtung gedacht. Das flüssige Polymerharz wird in einen Rahmen entsprechender Höhe gegossen und glatt abgerakelt. Nach der UV-Belichtung sind alle vom Licht getroffenen Teile gehärtet. Die nicht belichteten Harzpartikel werden ausgewaschen. Zurück bleibt ein Relief der druckenden Elemente auf einer Trägerfolie. Um eine vollständige Durchhärtung zu erreichen, wird nachbelichtet und mit warmer Luft getrocknet.

Häufig werden im Flexodruck bei den Liquidsystemen wasserauswaschbare Monomere eingesetzt. Diese ausgewaschenen Monomere werden wieder mit frischem Monomer gemischt und wieder eingesetzt. Hier liegen besonders Vorteile bei der Plattenherstellung für den Wellpappe-Direktdruck. Die dort eingesetzten dicken Druckplatten haben ein sehr hohes Relief, so daß die Rückgewinnung der ausgewaschenen Monomere sehr wirtschaftlich ist.

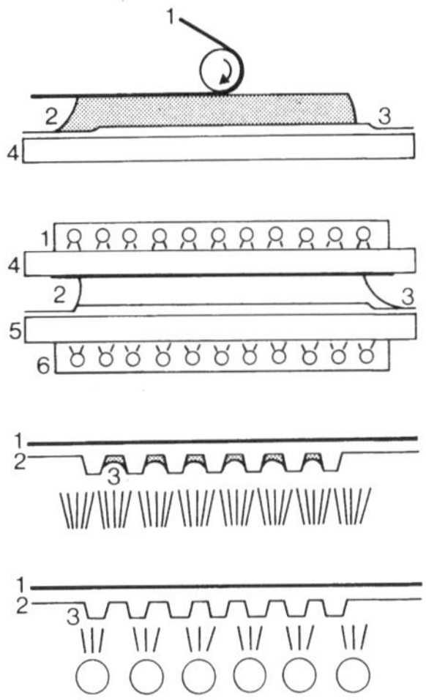

Bild 263.3. Arbeitsschritte beim Liquidsystem. 1 Trägerfolie auf der Rückseite, 2 Polymerharz, 3 Schutzfilm über Polymerharz, 4 Glasplatte, 5 Glasplatte, 6 UV-Reliefbelichtung.

Fotopolymere Ganzformdruckplatten haben folgende Vorteile: Verwendung als Wickelplatte oder Flachform; geringes Gewicht; hohe Auflagenfestigkeit; gute Farbannahme und Farbabgabe; vereinfachte Zurichtung an der Druckmaschine; Temperaturfestigkeit bis ca. 125 °C, also zum Matern geeignet. Nachteile sind: keine Korrekturmöglichkeit; Notwendigkeit staubfreien Arbeitens, höhere Materialkosten im Vergleich zu Zink.

Aufgrund der Vorteile sind fotopolymere Druckplatten für folgende Anwendungsgebiete besonders gut geeignet: Flexodruck (elastische Polymerplatten), Endlosdruck und Dekordruck (nahtlose Druckwalzen), Zeitungs-Rotationsdruck (Ganzform-Wickelplatten). Bei allen Vorteilen kann ein Nachteil nicht verschwiegen werden: Fotopolymere sind bis heute trotz aller Anstrengung wenig umweltfreundlich.

▼

1. Worin sind Kunststoffe als Druckform den Metallen überlegen?
2. Was ist die Besonderheit der Fotopolymere innerhalb der Kunststoffe?
3. Für welchen Spektralbereich des Lichts sind Fotopolymere lichtempfindlich?
4. Warum müssen Kopiervorlagen für Fotopolymere auf der Schichtseite mattiert sein?
5. Wie ist es zur Bezeichnung fotopolymere Druckformen gekommen?

7.3.2 Flexodruckformen

Führend in diesem modernen Hochdruckverfahren sind Fotopolymerplatten. Daneben gibt es Gummidruckplatten und gravierte Formen für den Endlosdruck. Der Anteil der Gummiplatten ist aufgrund der langwierigen Herstellung auf unter 10 % abgesunken.

Fotopolymerdruckplatten. Das Material gleicht dem der gängigen Buchdruckplatte. Die Bestandteile sind ungesättigte Monomere, elastomere Bindemittel und Fotoinitiatoren. Durch Belichtung mit UV-Licht erfolgt die Polymerisation, das heißt die Vernetzung der Monomere. Durch diese Vernetzung läßt sich das Material mit organischen Lösungsmitteln nicht mehr auswaschen.

▶ Siehe auch fotopolymere Druckplatten bei 7.3.1.

Über den Anteil der elastomeren Bindemittel läßt sich die Shorehärte, die Oberflächenspannung und Elastizität steuern. Auf dem Markt werden Shorehärten zwischen etwa 40° und 60° angeboten. Die Härtegrade haben Einfluß auf die Benetzbarkeit.

Im Flexodruck wird die Einschichtplatte bevorzugt. Sie besteht aus einer maßstabilen Polyester-Folie, auf die die Polymerschicht aufgetragen wird. Zum Schutz der rohen Platte ist eine Schutzfolie aufgezogen.

Die Platten sind je nach Einsatzbereich in unterschiedlichen Stärken erhältlich. Die Stärken reichen von 0,76 mm, zum Beispiel für das Bedrucken von Folien, bis zu 6 mm für den Wellpappendruck.

Die Plattenherstellung verläuft in vier Schritten: Belichten, Auswaschen, Trocknen, Nachbehandeln.

Die UV-Belichtung bewirkt die Vernetzung und schließlich die Ausbildung eines erhabenen Reliefs. Die Vernetzung erfolgt zweifach, nämlich durch die Rückseitenbelichtung und die Hauptbelichtung. Beide Belichtungen müssen durch Tests ermittelt werden. Die Belichtungen richten sich nach dem Plattentyp, der Relieftiefe und der Versockelung des Reliefs.

Durch die Auswaschung werden die nicht vernetzten Monomere aus der Plattenoberfläche entfernt. Die chemischen Auswaschlösungen sind heute umweltfreundlich. Es sind auch Platten auf dem Markt, die mit Wasser ausgewaschen werden können. Sie sind allerdings nur begrenzt einsetzbar.

Für das Auswaschen gibt es Maschinen. Während bei den Rundwaschern über ein Bürstensystem die Lösung aufgetragen wird, erfolgt bei den Flachwaschern ein Eintauchen mit gleichzeitigem Ausbürsten.

Im Trockner wird Warmluft an der Plattenoberfläche vorbeigeführt. Die Trocknung sollte bei etwa 65° Celsius zwei Stunden lang dauern. Von den Plattenherstellern wird zusätzlich eine zehnstündige Lagerung vor Einsatz der Platte empfohlen.

Die Fotopolymerplatte muß mit einer sauren Chlorlösung nachbehandelt werden, um ihre störende Klebrigkeit zu beseitigen. Oft wird die Platte, bevor sie zum Druck weitergegeben wird, noch mit UV-Licht nachbelichtet, damit auch wirklich alle Monomere vernetzt sind.

Die Flexodruckplatte, die plan gefertigt und dann auf den Zylinder montiert wird, dehnt sich um einen bestimmten Wert. Die Dehnung bewirkt eine Verlängerung des Druckmotivs in Umfangsrichtung des Zylinders. Damit die Länge des Druckmotivs eingehalten wird, muß das Motiv in der Reproduktion gekürzt werden. Am Scanner kann die prozentuale Verzerrung eingegeben werden.

▼

1. Was bewirkt die UV-Belichtung in den Monomeren?
2. Wodurch wird die Relieftiefe gesteuert?
3. Warum muß die Fotopolymerdruckplatte nachbehandelt werden?

Gummidruckplatten. Der Arbeitsbereich wird auch Flexotypie genannt. Rohmaterial ist natürlicher Kautschuk oder synthetisch hergestelltes Buna. Durch Vermischen des Rohmaterials mit Schwefel und durch Verarbeitung unter Hitze und Druck entsteht Gummi. Diesen Prozeß bezeichnet man als Vulkanisieren. Wärme und Druck bewirken, daß die Schwefelmoleküle sich an die Kohlenwasserstoffatome der Kautschukmolekülketten anlagern und diese verknüpfen. Durch eine leichte Vernetzung entsteht eine Dauerverbindung. Dadurch erhält das Produkt Gummi seine charakteristischen Eigenschaften, nämlich elastisch und flexibel.

Zur Anfertigung einer Flexodruckplatte benötigt man eine Duroplastmater, außerdem das Gummi-Rohmaterial als Halbfabrikat. Dieses ist aber nur begrenzt haltbar; es unterliegt einem Alterungsprozeß und wird dabei brüchig. Auch muß es vor Licht geschützt werden, da die Gefahr der Anvulkanisierung besteht. Die gesamte Druckform wird zunächst vorgewärmt, und anschließend wird bei etwa gleicher Temperatur und zunehmendem Druck vulkanisiert. Dieser Vorgang läuft in vier Stufen ab: Erweichungsperiode, Unter-, Aus- und Übervulkanisation.

Um das Gummimaterial zu stabilisieren, wird der Vulkanisierungsprozeß nach der Erweichungsperiode unterbrochen, auf das Gummimaterial ein Passergewebe und darauf ein billigeres Schleifgummi gelegt. Die Schichten verbinden sich beim Vulkanisieren zu einem festen Verbund.

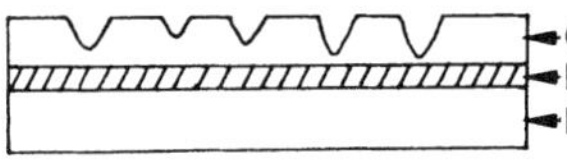

Bild 265.1. Aufbau des Flexoklischees.

Als Vorteile der Gummidruckplatte sind zu nennen: schnelle Herstellung, geringes Gewicht, große Flexibilität, Eignung zum Bedrucken sowohl rauher Flächen als auch glatter Folien, Unverletzlichkeit und hohe Auflagenfestigkeit. Da die modernen Fotopolymere ähnliche Eigenschaften besitzen, haben sie die älteren Gummiklischees für den Flexodruck teilweise verdrängt, nach Schätzungen zu etwa 50 %. Es ist aber durchaus denkbar, daß das lasergravierte Gummiklischee eine Zukunft bekommen kann, allerdings im Verbund mit einer Polyester-Folie.

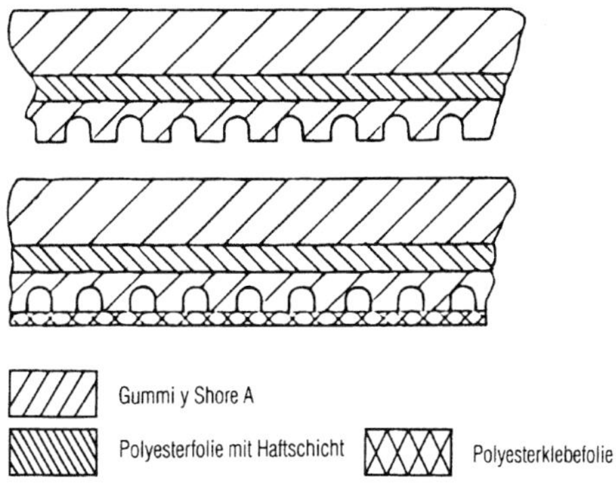

Bild 265.3. Zwei Varianten des Gummi-Polyester-Flexoklischees.

▼

1. Was geschieht beim Vulkanisieren von Gummi-Rohmaterial?
2. Warum werden Gummiklischees während des Vulkanisierens stabilisiert?
3. Gummiklischees sind flexibel. Welche Vorteile hat diese Eigenschaft?

Gravurdruckplatten. Druckformen direkt in einem Arbeitsgang von Fotoabzügen oder Farbdiapositiven unter Umgehung von Kopiervorlagen zu fertigen, das ist der einfachste und schnellste Weg.

Die elektronische Formgravur mittels Klischograph wurde durch die fotopolymere Technik ersetzt. Das Prinzip wurde in den letzten Jahren zur Herstellung von nahtlosen Druckwalzen für Flexodruck weiterentwickelt. Der mechanische Stichel wurde durch Laserstrahlen ersetzt, die Metallplatte durch elastomere Gummizylinder. Lasergravierte Flexodruckwalzen sind vielseitig einsetzbar, zum Beispiel beim Bedrucken von Verpackungen, Buntpapieren, Tapeten, Etiketten, Formularen und Schulheften.

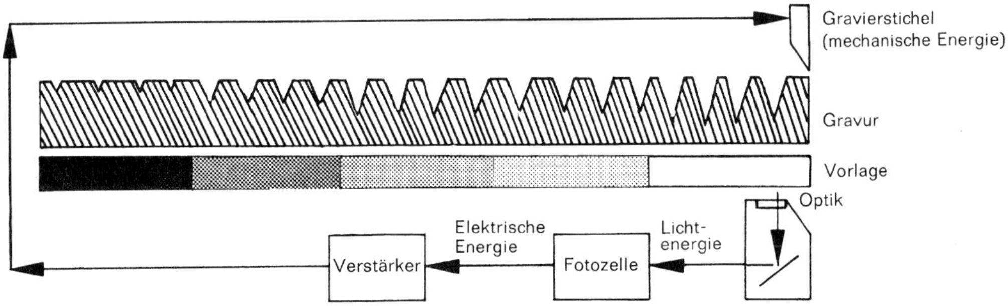

Bild 265.2. Prinzip der elektronischen Gravur.

Bei der modernen **Lasergravur** gibt es zwei Wege: das Lasergravur-Maskiersystem und das Lasergravur-Scansystem.

Beim **Maskiersystem** benötigt man einen ganzteiligen Film. Der Druckzylinder wird gummiert und glatt geschliffen. Nach dem Schliff wird die gesamte Zylinderoberfläche mit einer endlosen Metallfolie überzogen. Der Film wird kopiertechnisch übertragen, die Metallmaske wird geätzt. Danach sind alle druckenden Partien geschützt, und die nichtdruckenden Partien werden mit Laserenergie entfernt, das heißt bei Temperaturen über 10 000 °C verdampft. Im letzten Arbeitsgang wird die restliche Gravurmaske von der Zylinderoberfläche abgezogen; die Druckwalze ist fertig.

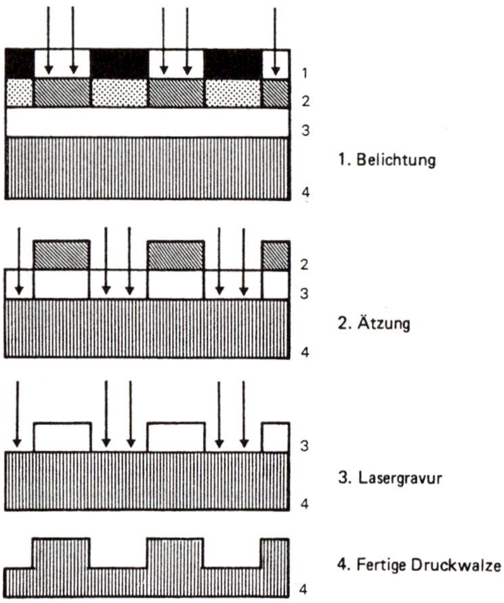

Bild 266.1. Lasergravur-Maskiersystem.
1 Filmnegativ, 2 Kopierschicht, 3 Metallmaske,
4 Gummibelag auf dem Zylinder.

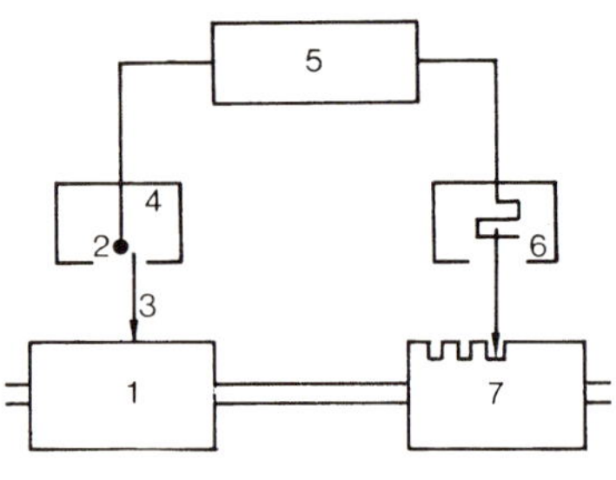

Bild 266.2. Lasergravur-Scansystem.
1 Bild-Zylinder, 2 Fotozelle, 3 Lichtstrahl,
4 Abtastkopf, 5 Rechner und Verstärker,
6 Gravureinheit mit CO_2-Laser,
7 Druckzylinder.

Beim **Scansystem** wird die Filmvorlage auf einen Bildzylinder aufgespannt und mit einem Lichtstrahl abgetastet. Die optischen Informationen werden in elektronische Impulse umgewandelt und über einen Rechner und Verstärker geleitet. Die Schreibimpulse steuern den Laserstrahl, der die Druckwalze graviert.

▼

1. Welche Vorteile hat die Lasergravur gegenüber der mechanischen Gravur mit einem Stichel?
2. Unterscheiden Sie prinzipiell das Maskiersystem und das Scansystem!
3. Welche sonst üblichen Arbeitsschritte von der Druckvorlage bis zur Druckform werden beim Scansystem eingespart?

7.4 Tiefdruckformen

Als direkter Vorläufer des heutigen Tiefdrucks gilt die gegen 1878 entwickelte Heliogravüre des böhmischen Künstlers Karl Klietsch. Die Übertragung der Bilder erfolgte auf fotografischem Weg von einer Halbtonvorlage über Diapositiv und Pigmentpapier auf die Kupferplatte. Das Pigmentpapier als Übertragungsmittel war eine mit Kaliumdichromat sensibilisierte Kolloidschicht auf einem Papierträger. Die Kupferplatte wurde vor der Kopie mit aufgestäubtem und angeschmolzenem Harzpulver versehen. Dieses schützte Metallpartien vor der Ätzung und erzeugte einen Kornraster.

Auf der Grundlage der Heliogravüre entwickelten Karl Klietsch und Theodor Reich um 1894 unabhängig voneinander den Rakeltiefdruck. Sie konstruierten Druckmaschinen, in denen der Druckzylinder vor dem Drucken durch ein Stahlband, Rakel genannt, von überschüssiger Farbe befreit wurde. Zur Rakelauflage wurde das Bild in ein gleichmäßiges Rastermuster zerlegt. Seitdem gelten fotografieähnlicher Tonwertreichtum, gut verlaufende Übergänge und nuancierte kräftige Tiefen im vorlagengetreuen Bilderdruck bei hoher Auflage im Massenprodukt als typisch für den Tiefdruck.

7.4.1 Zylinderaufbau und Zylinderarten

Die übliche Tiefdruckform ist zur Zeit der mit einer nahtlosen Kupferhaut überzogene Zylinder, dessen Mantelfläche im Gegensatz zu Plattenzylindern im Hoch- und Flachdruck voll nutzbar ist. Deshalb wird der Tiefdruckzylinder als Komplettdruckform bezeichnet. Die Manteloberfläche besteht aus einer polierten Kupferschicht, die etwa 0,1 mm bis 0,15 mm dick ist. Seit einigen Jahren laufen Laborversuche, die durchgehende Kupferhaut durch eine Wickelplatte zu ersetzen. Das Problem besteht darin, eine solche Wickelplatte nahtlos auf den Zylinder zu bringen.

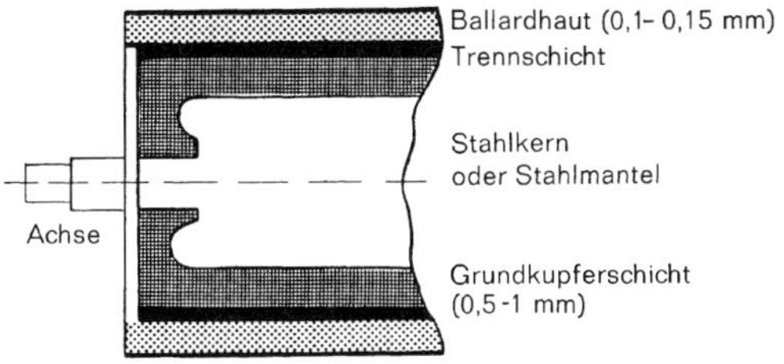

Bild 267.1. Schnitt durch einen Tiefdruckzylinder.

Die Druckhaut wird in einer Aufkupferungsanlage auf den mit einer Grundkupferschicht von 0,5 mm bis 1 mm überzogenen Stahlmantel des Rohzylinders vor dem Ätzen oder der Gravur elektrolytisch aufgebracht. Der Elektrolyt besteht aus einer Kupfersulfatlösung. Die positiv geladenen Kupferionen wandern zum negativ geladenen Zylinder, werden dort neutralisiert und lagern sich gleichmäßig auf der Oberfläche ab.

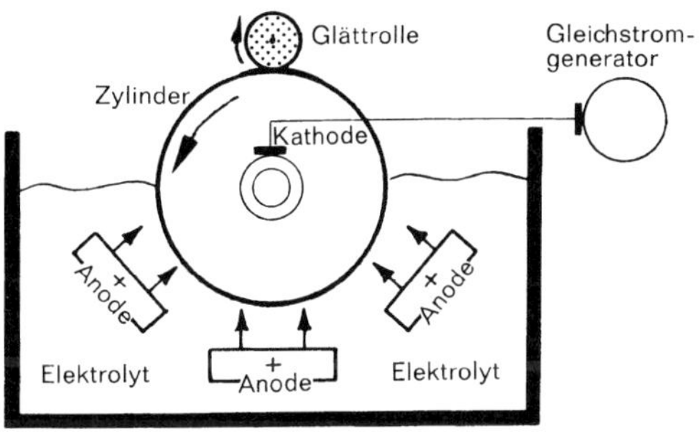

Bild 267.2. Schema einer Aufkupferungsanlage.

In diese feine Haut werden die in Reproduktion und Montage festgelegten Tonwertabstufungen durch Ätz- und Gravierverfahren in Form von farbaufnehmenden Vertiefungen, **Näpfchen** genannt, übertragen. Im Ätztiefdruck liegen die Näpfchentiefen zwischen 2 µm für den ersten druckenden Tonwert und 40 µm für die Tiefe. Die Kantenlänge eines Näpfchens beträgt etwa 0,1 mm. Die sich ergebende mikrofeine Netzstruktur ermöglicht eine detailreiche Bildwiedergabe und ist mit dem bloßen Auge nicht erkennbar.

Nach dem Auflagendruck kann die Kupferhaut vom Rohzylinder wieder abgerissen werden. Die abgerissene Kupferhaut wird, dem Trennverfahren entsprechend, auch **Ballardhaut** genannt. Manche Tiefdruckereien verzichten auf die Ballardhaut; sie ätzen oder gravieren direkt in das polierte Grundkupfer.

Zur Erhöhung der Metall-Verschleißfestigkeit beim Druck in der Rotationsmaschine und zur Erhöhung der Auflagenfestigkeit wird der Zylinder mit einer **Chromschicht** von einer Dicke von 3 µm bis 4 µm elektrolytisch überzogen. Für Massenauflagen zwischen 4 und 5 Millionen wird häufig die Chromschichtdicke doppelt, also ungefähr 7 µm, erzeugt.

Die Kosten der Zylinderherstellung sind im industriellen Tiefdruck höher als in anderen Druckverfahren. Daher rentieren sich in der Regel nur Großauflagen ab etwa 500 000 Drucken. So sind die hauptsächlichen Anwendungsgebiete der Druck von illustrierten Zeitschriften, Katalogen, Werbeprospekten, Zeitungsbeilagen mit Illustrationen, Kalendern und Verpackungsmaterialien. Diese Produkte werden vorwiegend auf Rollenrotationsmaschinen von Tiefdruckzylindern gedruckt.

Ein neueres Verfahren für die Zylinderherstellung ist die **OT-Konversion** (Offsetdruck-Tiefdruck-Konversion). Das Verfahren ist in den letzten Jahren rückläufig, und nicht wenige Fachleute halten es für ein totgeborenes Kind.

▼

1. Kupferstich, Kaltnadelradierung, Ätzradierung, Mezzotinto und Aquatinta sind künstlerische Tiefdrucktechniken. Welche Besonderheiten zeichnen die einzelnen Verfahren aus? Ziehen Sie Fachliteratur zu Rate!
   Welche Technik veranschaulicht die Abbildung?

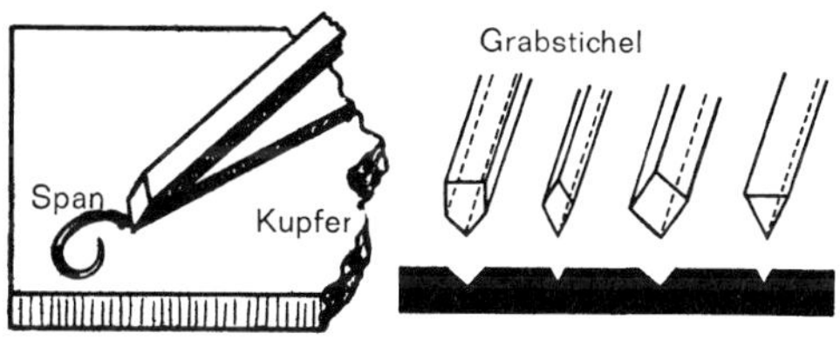

Bild 267.3.

2. Aus welchen Schichten ist ein Tiefdruckzylinder aufgebaut?
3. Wie wird die nichtdruckende Zylinderoberfläche nach dem Einfärben von Farbe befreit?
4. Was versteht man unter Heliogravüre?
5. Warum werden geätzte oder gravierte Zylinder vor dem Druck verchromt?
6. Warum eignet sich der Rollenrotationstiefdruck nicht für Kleinauflagen?

Gemäß der Beschaffenheit der Näpfchen unterscheidet man im Rakeltiefdruck drei Verfahrensprinzipe. Maßgebend für die Einteilung sind die Dimensionen Näpfchenfläche und Näpfchentiefe, die konstant oder variabel sein können. Einen Vergleich der Zylinderarten zeigen die folgende Tabelle und die Schemazeichnung.

Verfahren	Näpfchentiefe	Näpfchenfläche
Tiefenvariables Prinzip (konventioneller Tiefdruck)	variabel je nach Tonwert	konstant in allen Tonwerten
Tiefen- und flächenvariables Prinzip (halbautotypischer Tiefdruck)	variabel je nach Tonwert	variabel je nach Tonwert
Flächenvariables Prinzip (autotypischer Tiefdruck)	konstant in allen Tonwerten	variabel je nach Tonwert

Tiefenvariable Form. Diese Druckform kennzeichnet den Ätztiefdruck mit Pigmentpapier, der heute seltener geworden ist. Analog zu den Tonabstufungen zwischen dem hellsten und tiefsten Ton einer Halbtonvorlage besteht die Druckform des konventionellen Tiefdrucks aus unterschiedlich tiefen Näpfchen gleicher Flächenausdehnung, die je nach Tonwert verschiedene Druckfarbmengen aufnehmen und während des Druckvorgangs an den Bedruckstoff abgeben. Der gebräuchliche Tiefdruckraster ist ein Kreuzraster, der aus sich kreuzenden Linien gleichen Abstands und von diesen eingeschlossenen gedeckten Quadraten besteht. Anstelle von quadratischen Näpfchen werden auch kreisrunde Näpfchen angetroffen. Die Rasterstegbreite entspricht der Dicke der Näpfchenwand innerhalb der geätzten Form. Die Stegbreite verhält sich zur Näpfchenbreite wie ungefähr 1 : 3. Die Rasterweite beträgt meistens 70 Linien/cm.

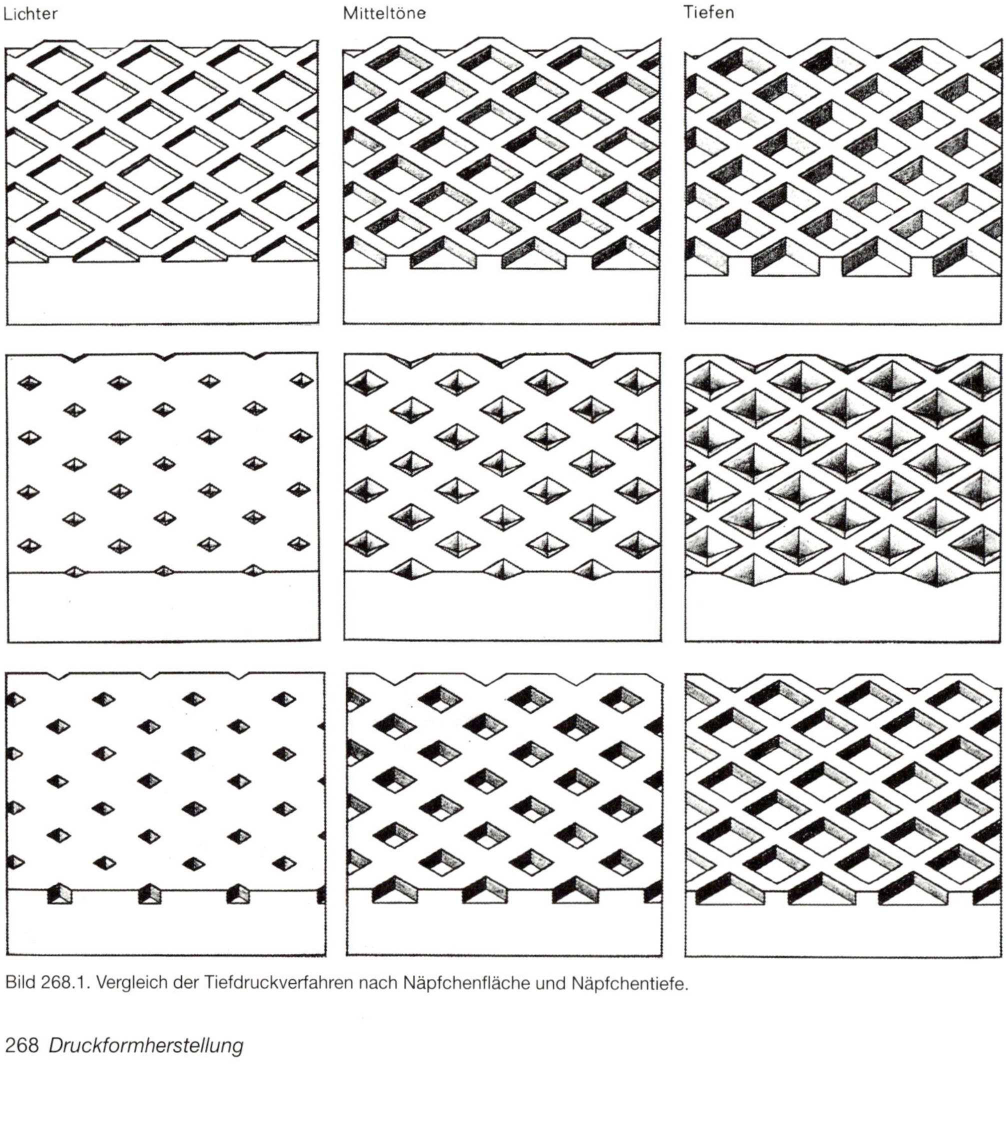

Bild 268.1. Vergleich der Tiefdruckverfahren nach Näpfchenfläche und Näpfchentiefe.

Bild 269.1. Tiefdruckraster.

Bild 269.2. Stegsystem bei flächenvariabler Form.

Da die Näpfchen, Mikrogefäßen ähnlich, unterschiedliche Farbmengen an den Bedruckstoff abgeben und dadurch in ihrer Begrenzung echte Tonabstufungen erzeugen, spricht man hier von echter Halbtonwiedergabe des Tiefdrucks, die im Gegensatz steht zur unechten oder autotypischen Halbtonwiedergabe.

Tiefen- und flächenvariable Form. Diese Form kennzeichnet den halbautotypischen Tiefdruck und stellt eine Kombination des konventionellen und des autotypischen Prinzips dar. Demgemäß besteht die Druckform aus Näpfchen, die zugleich flächenvariabel und tiefenvariabel sind. Das heute dominierende halbautotypische Verfahren ist die elektronische Zylindergravur. Sie ist der schnellste und sicherste Weg.

Flächenvariable Form. Da der Hochdruck und der Flachdruck mit dem autotypischen Raster arbeiten, lag es nahe, dieses Prinzip der Aufrasterung auch im Tiefdruck anzuwenden. Vor allem versprach man sich bei autotypischen Verfahren eine Erleichterung des Ätzvorgangs, da nur auf eine konstante Tiefe geätzt zu werden brauchte.

Die rein autotypische Druckform besteht aus Näpfchen gleicher Ätztiefe und unterschiedlicher Flächenausdehnung. Die Druckergebnisse weisen, wie bei allen autotypischen Rasterdrucken üblich, in allen Tonwerten gleiche Farbdichte auf. Die Mikrogefäße haben variable Volumen bei konstanter Tiefe. Problematisch ist allerdings, daß im Gegensatz zum Hochdruck und Flachdruck keine Verschmelzung der autotypischen Tiefenpunkte entstehen darf. In diesen Tonwertbereichen würden Vertiefungen ohne Stegsystem entstehen. Die Rakel hätte keine Auflagefläche, und die Farbe fände keinen Halt.

Autotypische Tiefdruckformen konnten lange Zeit nicht bis zur vollen Tiefe geätzt werden. Ferner zeigte sich beim Vergleich mit einer fotografischen Grauskala und dem nach ihr angefertigten autotypischen Tiefdruck eine enorme Verkürzung; bildwichtige Tonwerte gingen in diesem Verfahren verloren.

Durch neuentwickelte Spezialraster, die den erwähnten Informationsverlusten entgegenwirken, ist der autotypische Tiefdruck Ende der 60er Jahre verbessert worden; dennoch beschränkt sich die Anwendung des verbesserten Verfahrens mit seiner standardisierten Ätztechnik auf wenige Spezialbetriebe, die das Verfahren für den Verpackungsdruck, den Druck von Holzimitationen und Tapeten sowie im Textilbereich einsetzen.

▼

1. Welche Verfahrensprinzipe unterscheidet man nach Tiefe und Flächenausdehnung der Näpfchen?
2. Wodurch unterscheidet sich der Tiefdruck-Kreuzlinienraster vom autotypischen Distanzraster?
3. Warum muß beim flächenvariablen Tiefdruck auch in den Tiefen noch ein Stegenetz vorhanden sein?
4. Wo liegt der Haupteinsatz des autotypischen Tiefdrucks?
5. Woran erkennt man Bilder, die im autotypischen Tiefdruck gedruckt worden sind?
6. Betrachten Sie eine Tiefdruckseite mit Bild und Schrift unter einem Fadenzähler oder Auflichtmikroskop. Beschreiben Sie die Bildtonwerte und die Schrift!
7. Welche Aufgabe hat der Raster im tiefenvariablen (konventionellen) Tiefdruck?

7.4.2 Zylinderherstellung

Die Näpfchen in der Druckform werden durch Materialabbau gebildet. Dies geschieht durch unterschiedliche Ätzverfahren oder elektronische Gravur. Durch Ätzung entstehen alle drei Druckformvarianten mit verschiedener Näpfchencharakteristik. Gravierte Zylinder sind immer tiefen- und flächenvariabel.

7.4.2.1 Ätzung

Unterschiedliche Ätztechniken werden angewendet zur konventionellen, autotypischen und halbautotypischen Formherstellung. Am meisten verbreitet ist das konventionelle Verfahren. Rein autotypische Verfahren sind selten anzutreffen; halbautomatische Gravurtechnik findet sich im Zeitschriftenbereich.

Konventionelle Formherstellung. Nach der Reproduktion und Retusche der Halbtondiapositive wird nach Layout und Stand- oder Einteilungsbogen montiert. Die Textdiapositive sind meist Fotosatzfilme.

Für jede Druckfarbe wird eine Diapositivmontage als Kopiervorlage angefertigt. Die montierten Diapositive müssen sämtlich im Dichteumfang übereinstimmen. Nach der Kontrolle der Seiten durch den Auftraggeber oder Hersteller an Hand einer Lichtpause wird die Montage auf sensibilisiertes Pigmentpapier oder sensibilisierten Pigmentfilm kopiert. Die Schicht des Übertragungsmittels besteht aus Dichromat in Gelatine und ist mit einem Pigment angefärbt. In entsprechend großen Kopierrahmen wird mit stehender oder wandernder Lichtquelle einmal unter dem Tiefdruckraster zur Stegbildung und danach unter der Bild- und Textmontage belichtet. Die Tonwerte der Halbtonmontage mit dem Dichteumfang von etwa 1.3 können durch Belichtung proportional ohne Tonwertverluste übertragen werden.

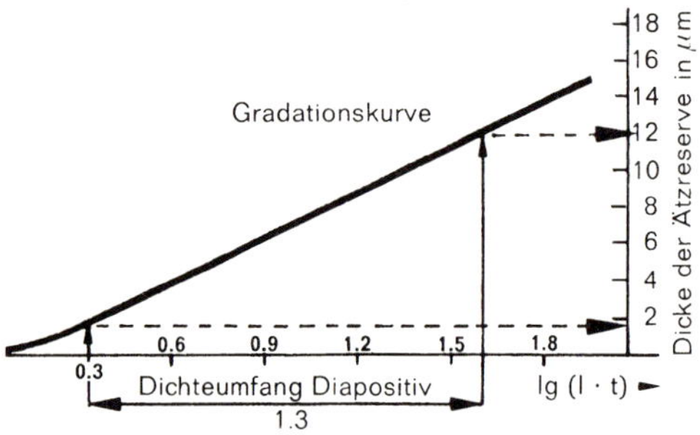

Bild 270.1. Wiedergabe des Tonwertumfangs 1.3 eines Diapositivs als Gelatinerelief (Ätzreserve).

Den Tonwerten entsprechen mehr oder weniger stark gegerbte Partien in der Dichromatschicht der **Pigmentkopie.** Es entsteht also ein Gerbrelief analog zur Halbtonabstufung der Montage. Dieses Relief in der Kolloidschicht wird überlagert durch das reliefartige Liniensystem der Rasterbelichtung. Es entsteht ein Stegnetz.

Nach der Belichtung von Raster und Halbtonfilm wird die Pigmentkopie mit der Schichtseite nach unten auf den gut gereinigten und entfetteten aufgekupferten Formzylinder passergenau übertragen.

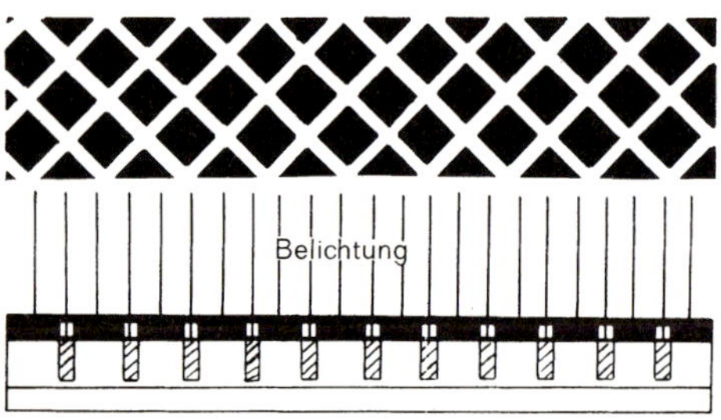

Bild 270.2. Kopie des Tiefdruckrasters.

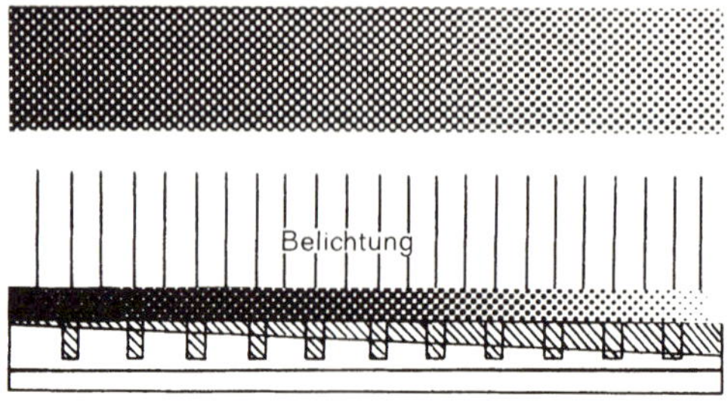

Bild 270.3. Kopie der Halbtonmontage, hier eines Graukeils.

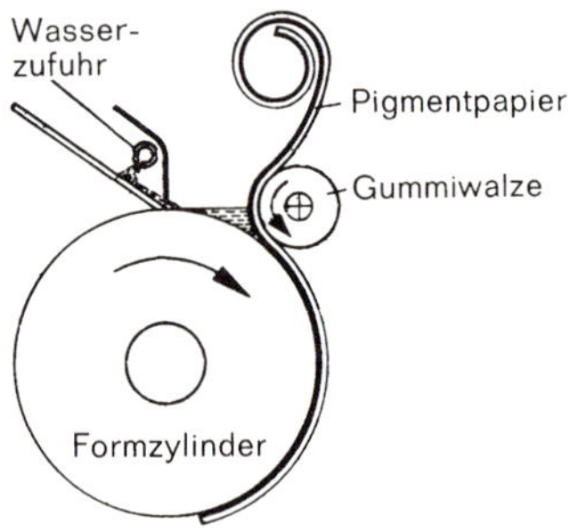

Bild 270.4. Schema der maschinellen Übertragung des Pigmentpapiers auf den Tiefdruckzylinder.

Danach erfolgt die Entwicklung unter Zylinderrotation in einem erwärmten Wasserbad zwischen 44° und 50° C. Nachdem die Reliefschicht genügend angelöst ist, wird die Unterlage der übertragenen Pigmentkopie abgezogen. Nicht genügend gehärtete Partien der nunmehr rückseitig freiliegenden Dichromat-Kolloidschicht lösen sich jetzt im warmen Wasser. In den am tiefsten zu ätzenden Partien liegt die Kupferoberfläche fast vollständig frei. Das **Gelatinerelief** ist dort am höchsten, wo die transparenten Stellen der Montage am meisten Licht durchgelassen haben.

Das gegerbte Gelatinerelief wird auch **Ätzreserve** genannt. Bei der **Einbadätzung** kommt man mit einer einzigen Lösung konstanter Konzentration aus. Hierbei steuert allein das Gelatinerelief der Ätzreserve den Verlauf der Ätzung in allen Tonwertbereichen. Die Einbadätzung dauert 10 bis 15 Minuten.

Zur Produktionsverbesserung entwickelte man rechnergesteuerte **Ätzautomaten** mit eingebauten Meßvorrichtungen. An Kontrollelementen auf dem Zylinder wird die Ätztiefe ständig gemessen und mit einem Sollwert verglichen. Bei Abweichungen wird die Drehzahl des Zylinders beziehungsweise die Badkonzentration automatisch geändert. Die meisten Ätzmaschinen arbeiten im übrigen mit einer kontinuierlichen Verdünnung des Ätzmittels und stellen somit eine Verbindung aus Mehrbad- und Einbadätzung dar.

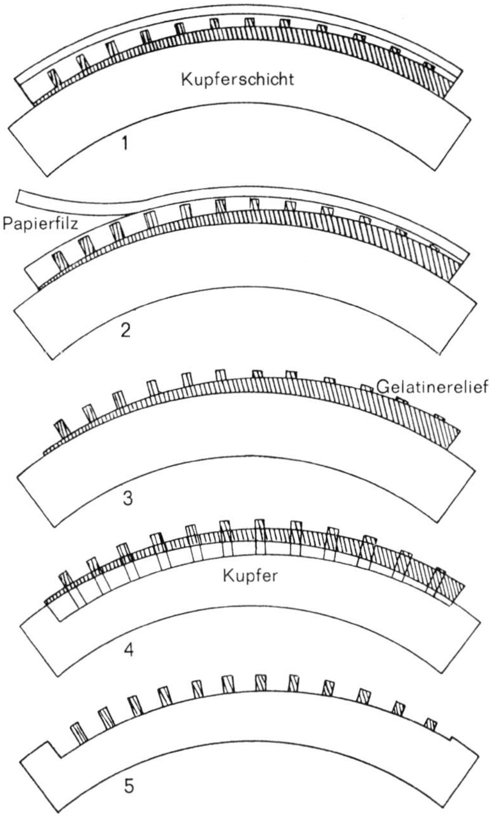

Bild 271.1. Vom Übertragen bis zum Ätzen.
1. Übertragen des belichteten Pigmentpapiers mit der Gelatineseite auf den Zylinder. 2. Erste Phase des Entwickelns: Warmes Wasser löst ungehärtete Gelatinepartien. 4. Gelatinerelief als Ätzreserve: Kupfer unter dünner Gelatine beginnt früher zu ätzen. 5. Ätzergebnis nach Entfernung der Ätzreserve.

Das einzig verwendete Ätzmittel für Tiefdruckzylinder ist Eisen (III)-chloridlösung $FeCl_3$. Die Ätzung verläuft nach folgendem Schema:
1. $Cu + FeCl_3 \rightarrow CuCl + FeCl_2$.
2. $CuCl + FeCl_3 \rightarrow CuCl_2 + FeCl_2$.

Während des Ätzens findet ein Diffusionsprozeß statt, sobald die Gelatine von oben bis unten gequollen ist. Die Ätzlösung sowie wasserlösliche Metall-Abbauprodukte $CuCl_2$ und $FeCl_2$ wandern durch die Gelatine. Je dichter (stärker) die $FeCl_3$-Lösung ist, desto schwerer durchdringt sie die Gelatine, und desto langsamer verläuft die Quellung; je dünner die Lösung ist, desto intensiver ist der Quellungsprozeß des Kolloids, und desto schneller verläuft auch die Diffusion der Lösung.

Autotypische Formherstellung. In diesem Verfahren wird mit einem Spezialraster gearbeitet. Es handelt sich um einen Kontaktraster mit doppelter Lineatur. Dieser Doppellinienraster wirkt in den Lichtern bis zu einem bestimmten Halbton wie ein 54er Raster, von da ab über die Mitteltöne bis zu den Tiefen wie ein 76er Raster; er gestattet damit befriedigende Tondifferenzierung von der Tiefe bis zum Licht.

Die Montage der Diapositive wird in einer Rundbelichtungsanlage auf den direkt beschichteten Zylinder kopiert. Danach wird mit einem $FeCl_3$-Ätzbad von hoher Dichte auf eine konstante Tiefe geätzt.

Halbautotypische Formherstellung. In diesem Verfahren verwendete man früher zwei getrennte Filmmontagen, die auf Pigmentpapier übertragen wurden. Anschließend entstand der Tiefdruckzylinder durch Einbadätzung.

Das aufwendige Verfahren für halbautotypische Formen ist durch die moderne Zylindergravur weitgehend verdrängt worden.

▼

1. Womit werden Pigmentpapier beziehungsweise Pigmentfilm sensibilisiert?
2. Warum sind in der konventionellen Formherstellung zwei Belichtungen nötig, einmal unter dem Raster und dann unter der Montage?
3. Erklären Sie die chemischen Reaktionen bei der Zylinderätzung!
4. Was bedeuten die folgenden Fachbegriffe: a) Pigmentfilm, b) Gelatinerelief, c) Ätzreserve, d) Diffusionsprozeß, e) Einbadätzung?
5. Warum werden heute Ätzautomaten eingesetzt?
6. Welche Vorteile hat die autotypische Formherstellung gegenüber den anderen Verfahren?

7.4.2.2 Gravur

Bei diesem Formherstellungsverfahren sind die Kopie und Ätzung durch elektronisch gesteuerte Abtastung und Gravur ersetzt. Eine verbreitete Gravieranlage ist der **Helio-Klischograph.** Das System besteht aus einem Abtastzylinder mit einem Fotomultiplier und einem Gravurzylinder mit einem dazugehörigen Gravurkopf. Das Gravieren erfolgt mit einem pyramidenförmigen Diamantstichel.

Zur Abtastung wird eine negative oder positive Abtastvorlage, am häufigsten Opalfilm genannt, auf dem Abtastzylinder befestigt. Während des Gravurprozesses laufen die beiden Zylinder synchron. Das gleiche gilt für den Abtastkopf und den Gravierkopf, die parallel zur Zylinderachse um

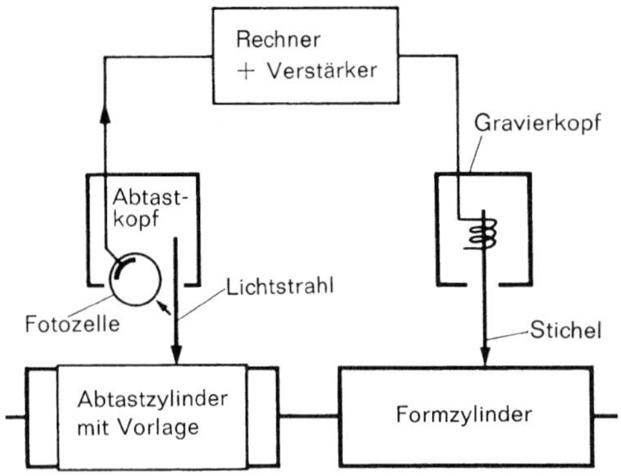

Bild 272.1. Arbeitsprinzip des Helioklischographen.

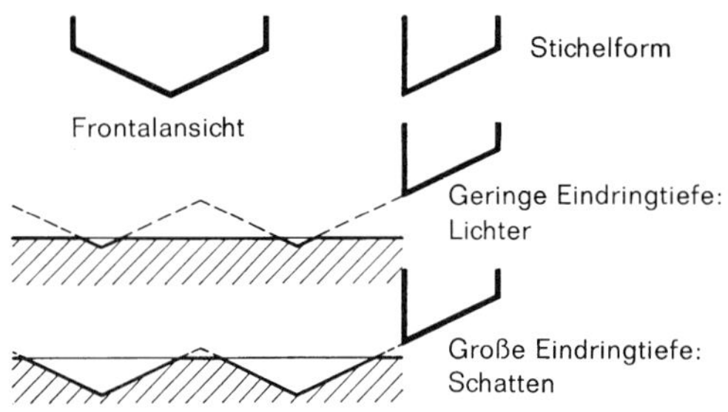

Bild 272.2. Wirkungsweise des Graviersstichels.

einen Rasterlinienabstand pro Zylinderumdrehung auf Schlitten vorangeschoben werden. Die Abtastung erfolgt also linienweise spiralförmig.

Bei der Abtastung wird die Abtastvorlage ähnlich wie beim Scanner fortwährend von einem sehr hellen Lichtpunkt beleuchtet. Dieser Lichtpunkt verändert analog zum jeweiligen Tonwert der Vorlage seine Helligkeit. Das vom Abtastpunkt reflektierte Licht gelangt über eine Abtastoptik und Blende in den Fotomultiplier. Dieser wandelt den Lichtimpuls in einen Strom um, der proportional zur Vorlagenhelligkeit ist. Der pulsierende Strom wird verstärkt und einem elektronischen Rechner zugeleitet, der den Strom programmgemäß beeinflussen kann.

Schließlich werden die Stromimpulse dem elektromagnetischen Graviersystem zur Steuerung zugeleitet. Die Eindringtiefe des Gravierstichels entspricht dem wiederzugebenden Tonwert.
Bei der Gravur wird der Stichel nicht allein von den Tonwertimpulsen, sondern auch von einer gleichmäßigen Rasterfrequenz gesteuert, die normalerweise dem 70er Raster entspricht.
Hiermit wird in der Tiefe auch die Stegbildung zwischen zwei benachbarten pyramidenförmigen Näpfchenvertiefungen gewährleistet. Der pyramiden-

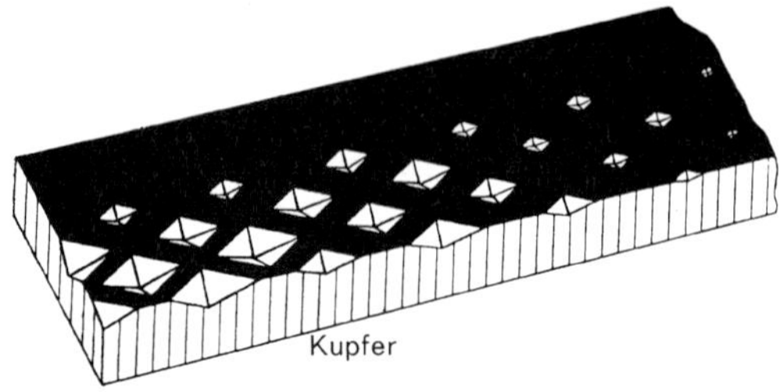

Bild 272.3. Gravierte Tiefdrucknäpfchen.

förmige Stichel dringt bei hellen Tönen nur wenig tief, bei dunkleren Tönen tief ins Kupfer ein.

Der hellste Grauton liegt bei 7 µm. Der Flankenwinkel aller Näpfchen ist konstant. Dank der glatten Flanken wird die Druckfarbe besser an das Papier abgegeben als bei geätzten Näpfchen.
Die Umdrehungsgeschwindigkeiten hängen vom Zylinderumfang ab und betragen bei Zeitschriftenzylindern etwa 55 Umdrehungen in der Minute.
Der mit 400 Hz arbeitende Gravierstichel erzeugt 4000 tiefen- und flächenvariable Näpfchen pro Sekunde. Auf 1 m^2 Zylinderfläche befinden sich beim 70er Raster 49 Millionen Näpfchen. Um die Gravierzeit abzukürzen, wird mit bis zu acht Abtast- und Gravierköpfen gearbeitet. Eine weitere Beschleunigung hat man in den letzten Jahren durch Hochfrequenz-Gravierköpfe erzielt.

Dabei werden autotypisch gerasterte Filme für den Offsetdruck als Vorlagen verwendet. Offsetdruck-Reproduktionskosten liegen um 33 % unter denen des Tiefdrucks. Der besondere Vorteil der Konversion liegt darin, daß die Filme aus dem Offsetverfahren vor der Zylinderherstellung geprüft und korrigiert werden können. Eine Zylinderherstellung allein für Prüfzwecke ist wegen der hohen Kosten meistens nicht vertretbar.

OT-Konversionsverfahren gibt es für ätztechnische und gravurtechnische Zylinderherstellung. Für den ersten Bereich existieren verschiedene patentierte Methoden. Allen Verfahren des Ätztiefdrucks gemeinsam ist, daß der Pigmentfilm in drei Stufen belichtet wird:
1. Belichtung des autotypischen Rasterpositivs,
2. Belichtung desselben Rasterpositivs mit einer Streufolie zwecks Entrasterung,
3. Belichtung des Tiefdruckrasters.

Durch die erste Belichtung wird die flächenvariable Näpfchenstruktur festgelegt, durch die zweite die tiefenvariable Charakteristik. Die dritte Belichtung garantiert eine gleichmäßige Stegbildung, die aus drucktechnischen Gründen für die dunklen Tonwerte besonders wichtig ist. Ohne Stege würde die Druckfarbe die Partien überfluten.

Es sind auch Versuche angestellt worden, den Pigmentfilm als Übertragungsmittel zu vermeiden. Man hat vom Film direkt auf eine lichtempfindlich beschichtete Kupferhaut kopiert. Als Alternative zu Kupfer hat man mit Fotopolymerschichten experimentiert. Nach Fertigstellung der Druckhaut wird diese über den Zylinder gespannt, und die Naht wird geschlossen.

Bei gravurelektronischer OT-Konversion werden autotypisch gerasterte Vorlagen abgetastet. Am Helio-Klischograph wird durch optoelektronische Signalverarbeitung die Rasterfrequenz der Vorlage ausgefiltert und in Stichelbewegungen transformiert. Die Tonwertsignale werden in der Gradation angepaßt und dem Gravierkopf zugeführt. Die Basis der elektronischen Regelung ist eine einprogrammierte Konversionsgradation.

In weiterentwickelten Graviermaschinen ist der mechanische Stichel durch Energiestrahlen, wie elektronische Strahlen oder Laser, ersetzt worden. Man spricht von **EBG-Technik** (Elektronenstrahl-Gravur) beziehungsweise von **LG-Technik** (Lasergravur). In der Lasertechnik werden bis zu 100 000 Näpfchen pro Sekunde graviert.

Die Leistung des modernen **Lasergravur**-Systems ist mindestens fünfmal höher als die eines elektromechanischen Gravurkopfes. Das liegt am Funktionsprinzip: Ein Laserstrahl läßt sich extrem fein bündeln und in kurze intensive Lichtblitze formen. Die von der Laserquelle ausgehenden unsichtbaren Pulse werden berührungslos auf die Oberfläche des Tiefdruckzylinders fokussiert. Dort erwärmt sich das Material, schmilzt und verdampft. Zurück bleibt ein Näpfchen, das von oben betrachtet rund ist und einen kasten- bis schalenförmigen Querschnitt hat. Das Profil wird auch als kalottenförmig bezeichnet, und gelobt werden seine drucktechnischen Eigenschaften.

In der Praxis hat sich herausgestellt, daß Kupfer ein ungeeignetes Material für die Lasergravur ist. Heute wird deshalb ein optimal angepaßtes Material verwendet, das in einem modifizierten Kupferbad galvanisch aufgebracht wird.

Anfang der siebziger Jahre wurde im Magazin- und Katalogdruck erwogen, durch digitale Speicherung der kompletten Seiten die Opalkopie einzusparen. Mit der Entwicklung der EBV-Systeme kam Mitte der achtziger Jahre die direkte Übernahme der Daten aus dem Computer. Der Trend ist gefördert worden durch Desktop Publishing und Desktop Reproduction. Texte, Bilder und Grafiken können gemeinsam an einer Workstation bearbeitet werden.

Durch weiteres Vordringen der Elektronik ist es möglich geworden, alle Prozesse von der Reproduktion bis zur Zylinderherstellung zu automatisieren. Das **HDP-System** (Helio Data Processing) ist eine Anlage, welche die Bildeingabe, die Bildverarbeitung, die Seitenmontage und die Zylindergravur vereint. Das geschieht in sogenannter Online-Technik.

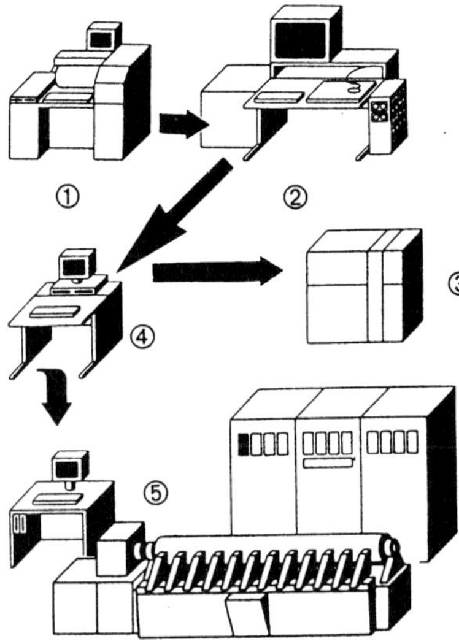

Bild 273.1. Gerätesystem zur direkten Zylinderherstellung (Hell Helio Data Processing). 1 Eingabescanner, 2 Korrekturplatz, 3 Proofprinter, 4 Montagestation, 5 Graviermaschine.

Die direkte digitale Zylinderherstellung ist dabei, sich auf breiter Front durchzusetzen. Es ist das Ziel, den Prozeß so zu stabilisieren, daß auf eine nachträgliche Zylinderkorrektur verzichtet werden kann.

▼

1. Worin unterscheiden sich Scanner, Vario-Klischograph und Helio-Klischograph?
2. Welche drucktechnischen Vorteile bieten gravierte Näpfchen?
3. Warum entspricht eine gravierte Form dem tiefen- und flächenvariablen Prinzip?
4. Erklären Sie die Begriffe: a) Fotozelle, b) Fotomultiplier, c) synchron, d) Frequenz!
5. Auf welche Weise wird die Rasterweite im Gravurtiefdruck erzielt?
6. Welche Mindesttiefe in Millimeter müssen gravierte Näpfchen für den ersten druckenden Ton aufweisen?
7. Die Elektronenstrahlgravur ist zwar praxisreif, auf die Serienproduktion jedoch wurde verzichtet. Was war der Grund für diese Entscheidung?
8. Welche Vorteile bietet die Gravur im Vergleich zur Ätzung?

7.4.2.3 Zylinderkorrekturen

In der Praxis sind trotz standardisierter Produktion und trotz Meßkontrollen Korrekturen an Druckzylindern unumgänglich. Eigentlich laufen manuelle Nacharbeiten dem industriellen Schema zuwider. Da die Herstellung eines neuen Zylinders zeit- und kostenaufwendig wäre, sind Korrekturen aus kalkulatorischen Gründen rentabler.

Grundsätzlich sind Pluskorrekturen und Minuskorrekturen möglich. Pluskorrekturen vergrößern, Minuskorrekturen verringern das Volumen der farbaufnehmenden Näpfchen. Ferner lassen sich Fehlstellen, wie Ätzlöcher, Kratzer und fehlende Näpfchen, durch handwerkliche Eingriffe mit dem Polierstahl beseitigen.

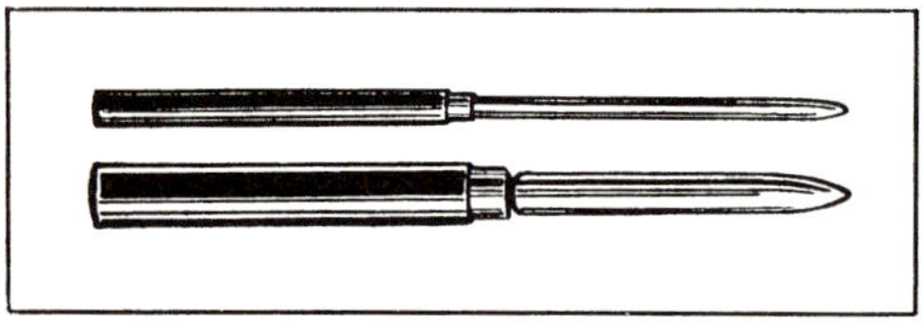

Bild 274.1. Polierstahl für Zylinderkorrekturen.

Pluskorrekturen sind:
1. Chemisches Nachätzen. Dafür werden die Stege mit Schutzfarbe eingewalzt; nicht zu ätzende Stellen werden mit Asphaltlack abgedeckt.
2. Elektrolytische Kupferabtragung.
3. Handwerkliches Nachschneiden von fehlenden Näpfchen.

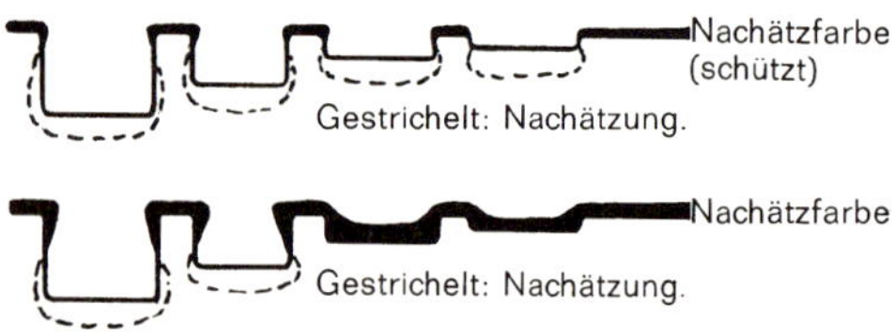

Bild 274.2. Prinzip des Nachätzens von Näpfchen mit Eisenchloridlösung.

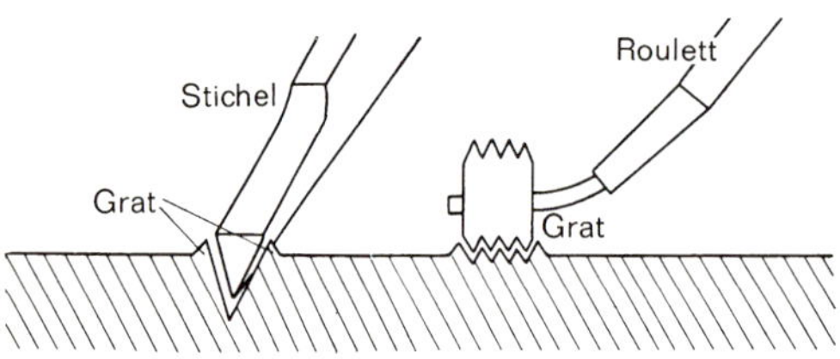

Bild 274.3. Pluskorrekturen mit Stichel und Roulett.

Minuskorrekturen sind:
1. Anätzen der Zylinderoberfläche. Dafür wird der Näpfchengrund durch säurefesten Lack geschützt.
2. Schleifen der Zylinderoberfläche.
3. Füllen der Näpfchen mit Harzlack.
4. Elektrolytischer Kupferaufbau.

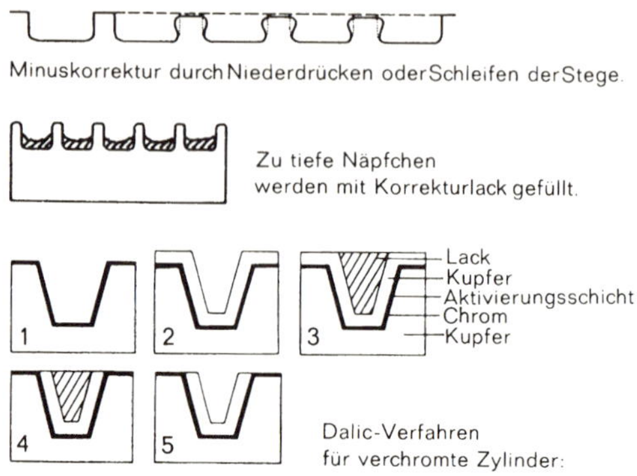

1. Eine hauchdünne Aktivierungsschicht wird aufgebracht. 2. Kupfer wird niedergeschlagen. 3. Näpfchen werden zugerakelt. 4. Stege werden freigeätzt. 5. Lack wird herausgelöst.

Bild 274.4. Verfahren der Minuskorrektur.

7.5 Flachdruckformen

Nach dem Flachdruckprinzip arbeiten mehrere Verfahren. Sie heißen je nach Verwendung der verschiedenen Druckformen: Offsetdruck, Kleinoffsetdruck, Lichtdruck, Steindruck. Heute denkt man beim Flachdruck an seine industrielle Form, den Offsetdruck. Das liegt daran, daß der Offsetdruck als schärfster Konkurrent der anderen Druckverfahren gilt, die größten Zuwachsraten hat und das führende Verfahren ist.

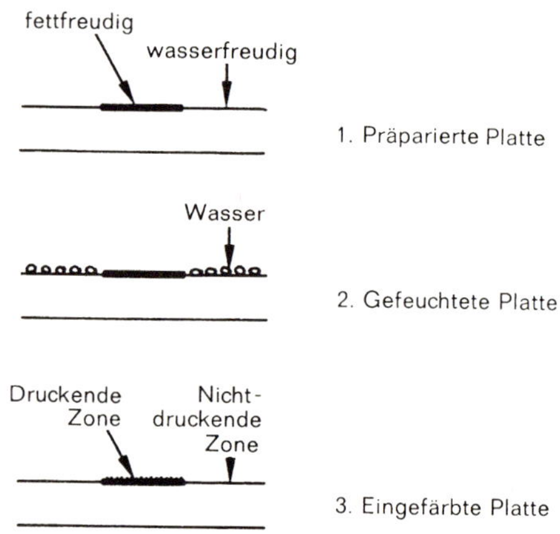

Bild 274.5. Prinzip des Flachdrucks.

Allgemein gilt, daß Flachdruckverfahren auf gegensätzlichem physikalisch-chemischem Verhalten von farbannehmenden und farbabstoßenden Substanzen beruhen. Dementsprechend ist es Aufgabe der Formherstellung im Flachdruck, gegensätzliche Eigenschaften auf die Plattenoberfläche zu bringen.

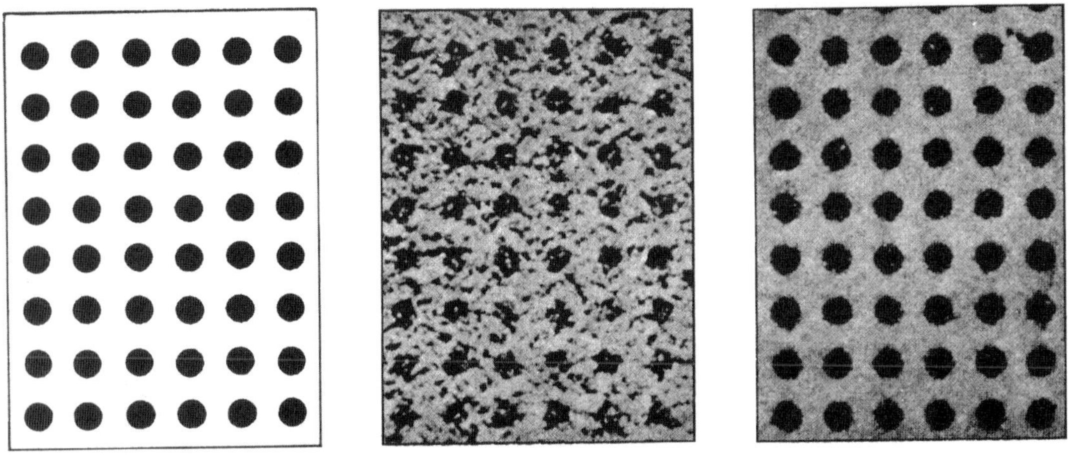

Bild 275.1. Die Oberflächenrauhigkeit beeinflußt die Rasterkopie. Links: Diapositiv mit Rastertonfläche (45fache Vergrößerung). Mitte: Kopie auf grobgekörnte Offsetdruckplatte. Rechts: Kopie auf feingekörnte Offsetdruckplatte.

Das älteste Flachdruckverfahren, die **Lithografie** (Steinzeichnung) und der **Steindruck,** wurde 1796 von Alois Senefelder in München erfunden und ausgeübt. Senefelder suchte für seine eigenen Veröffentlichungen ein neues billigeres Vervielfältigungsverfahren und fand nach langen Versuchen im Fett-Wasser-Gegensatz das Flachdruckprinzip. Er nannte seine Erfindung „chemischen Druck". Als Druckform verwendete er eine Kalkschieferplatte. Senefelder entwickelte auch verschiedene lithografische Handtechniken, geeignete Druckpressen, Geräte und Materialien für seine Erfindung.

Als hervorragendes Druckverfahren für originalgetreue Wiedergaben gilt der **Lichtdruck.** Er wurde 1868 von Josef Albert in München erstmalig erfolgreich ausgeübt. Heutige, allerdings seltene Aufträge des Lichtdrucks sind: Faksimile-Reproduktionen nach Kunstwerken und für wissenschaftliche Dokumentation. Was den Lichtdruck dem Rasterdruck der anderen Verfahren überlegen macht, ist sein mikroskopisch feines Runzelkorn. Es verleiht den Produkten einen fotoähnlichen Charakter. Für Massendrucksachen ist der Lichtdruck nicht konkurrenzfähig.

▼

1. Wie unterscheidet sich eine Flachdruckform von einer Hochdruckform und einer Tiefdruckform?
2. Worin besteht das Prinzip aller Flachdruckverfahren?
3. Warum kann eine Flachdruckform nicht ohne weiteres elektronisch graviert werden?

7.5.1 Offsetdruckplatten

Mit dem Wort „Offset" (engl. to set off = absetzen) soll verdeutlicht werden, daß die Druckfarbe von der Platte zuerst auf das Gummituch „abgesetzt" wird, bevor sie auf das Papier gelangt. Die Besonderheiten des Offsetdrucks lassen sich in drei Punkten zusammenfassen:

1. Das Zusammenwirken von relativ harter Druckplatte und weichem Gummituch ermöglicht große Druckauflagen.
2. Der rotative Druckprozeß mit Zylindern gestattet hohe Druckgeschwindigkeiten, verbunden mit großen Druckformaten.
3. Der indirekte Druck von der Platte über das elastische Gummituch ermöglicht auch das Bedrucken von rauhen Oberflächen.

Dem Offsetdrucker werden heute auf dem europäischen Markt fast 100 Plattenfabrikate angeboten, die sich in Material, Aufbau, Rauhigkeit, Kopierverfahren und Preis unterscheiden. Bei der Auswahl der richtigen Platte für einen bestimmten Auftrag ist die Plattenoberfläche ein wichtiger Faktor.

Von allen Platten wird zunächst erwartet, daß sich Druckelemente und Feuchtmittel gut verankern lassen. Die Oberflächen müssen also aufgerauht oder mattiert sein. Sie benötigen eine gleichmäßige Struktur aus Kapillaren (Poren, Röhrchen), in denen die Moleküle der Präparationsmittel (Kopierschicht, Kopierlack, Wasser) festgehalten werden.

Die mikroskopischen Fotografien aus dem Forschungslabor zeigen Rasterkopien auf eine grob- und feinkörnige Platte. Von der Oberflächenrauhigkeit hängen folgende Kriterien ab:

1. Bildübertragung durch Kopie und Druck,
2. Feuchtwassermenge,
3. Auflagenbeständigkeit.

Kopierübertragung. Dabei geht es um genaue und scharfe Wiedergabe von Strichelementen und Rasterpunkten. Wie die schematische Darstellung von Kopiervorgängen und Offsetdruckplatten zeigt, muß eine grobgekörnte Platte relativ dick mit Kopierschicht überzogen werden, damit auch alle Kornspitzen bedeckt sind. Bei der erforderlichen großen Kopierlichtmenge streuen die Strahlen in der Schicht; eine punktgenaue Übertragung ist nicht gewährleistet. Wie sich zeigt, verschwinden einige Punktteile in den Korntälern. Die Folge ist, daß die Druckfarbe nicht überall gleichmäßig angenommen und über das Gummituch an den Bedruckstoff weitergegeben wird. Das Druckbild von grobem Korn ist zerrissen. Die Tonwertübertragung ist ungenau und schwankend.

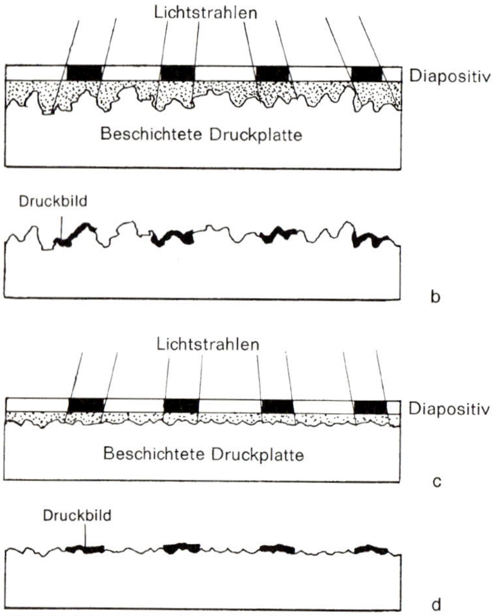

Bild 276.1. Kopierübertragung. a) Kopiervorgang bei grobgekörnter Platte. b) Aufkopierte Druckelemente bei grobgekörnter Platte. c) Kopiervorgang bei feingekörnter Platte. d) Aufkopierte Druckelemente bei feingekörnter Platte.

Feuchtung. Beim groben Korn sind die Wassermenge und Wasseroberfläche in den Korntälern relativ groß. Durch die reichliche Feuchtung gelangt in der Druckmaschine Wasser an Farbwalzen, Gummituch und Bedruckstoff. Die Druckfarbe verliert aufgrund der Fett-Wasser-Emulsion (eine Flüssigkeit mit schwebenden Teilchen) ihre Farbkraft und Trockenfähigkeit. Die Papierfasern quellen auf; das Papier verzieht und dehnt sich.

Dem Feuchtwasser werden oft Stoffe zugesetzt, die seine Oberflächenspannung verringern und dadurch die Benetzung der Druckplatte begünstigen. Ein gebräuchlicher Zusatz ist Alkohol. Diese sogenannte **Alkoholfeuchtung** verhindert auch, daß zuviel Feuchtigkeit auf das Papier übertragen wird.

Auflagenbeständigkeit. Wichtig ist, daß die Druckelemente beim rotativen Druck wenig abgerieben werden, damit die Platte eine möglichst hohe Auflage aushält. Der Abrieb ist natürlich bei rauhen Oberflächen größer. Glattere Platten halten länger und drucken konstanter. In der Offsetdruckpraxis hat sich herausgestellt, daß die Forderungen nach hoher Auflage, wenig Wasserführung und punktgenauer Übertragung nur von Platten mit feingekörnter Oberfläche optimal erfüllt werden. Die feine Mattierung kann mechanisch durch Aufrauhen oder elektrolytisch durch einen Niederschlag erzeugt sein.

▼

1. Warum müssen alle Offsetdruckplatten aufgerauht oder mattiert sein?
2. Wie wirkt sich die Oberflächenrauhigkeit der Platte a) auf die Kopie, b) auf den Druck aus?
3. Bringen Sie in einem einfachen Versuch Kopierschicht, Kopierlack und Wasser auf eine porenfreie Oberfläche, etwa Glas, und auf eine Offsetdruckplatte! Vergleichen Sie die Haftung! Nehmen Sie ein Physikbuch zu Hilfe, und versuchen Sie, die Beobachtungen durch Kräfte der Kohäsion und Adhäsion zu erklären!
4. Erkundigen Sie sich bei erfahrenen Offsetdruckern nach dem Abrieb und wie er mit Plattenart, Lage der Druckelemente und Maschinenführung zusammenhängt!

Aufgrund der vorgenannten Kriterien Übertragung, Feuchtung, Auflagenhöhe werden im folgenden die gebräuchlichen Plattenarten beurteilt. Dabei unterscheiden wir nach Plattenaufbau:
1. Einmetallplatten (Monometallplatten),
2. Mehrmetallplatten (Bi- und Trimetallplatten).

Die **Einmetallplatte** ist heute aus Aluminium gefertigt. Aluminium ist ein hartes und feinstrukturiertes Leichtmetall. Aufgrund seiner molekularen Gitterstruktur kann ein feinporiges Korn aufgebracht werden, das die Bildübertragung durch Kopie und Druck günstig beeinflußt. In Qualitätsversuchen wurde gezeigt, daß man mit Aluminiumplatten extrem feine Rasterbilder bis 120er Raster (120 Rasterpunkte pro cm) drucken kann.

Hervorgehoben wird ferner, daß sich die Platte an der Oberfläche mit einer dünnen Oxidschicht überzieht, die sie vor weiterer Oxidation (Sauerstoffverbindung) und Korrosion (Zersetzung) schützt, sie gleichzeitig aber besonders wasserfreundlich macht. Bemängelt wird, daß Aluminium spröde ist, deshalb leicht reißt und sich nicht strecken läßt. Um diese Nachteile zu beseitigen, haben Plattenhersteller spezielle Aluminiumlegierungen und Verbundsysteme (Aluminium auf Kunststoffolie) entwickelt. Gewalzte Aluminiumrohbleche haben keine ausreichend poröse Oberfläche zur Verankerung der Präparationsmittel. Deshalb ist eine Oberflächenbearbeitung erforderlich. Sie kann durch zwei Techniken erzielt werden:

1. mechanische Aufrauhung,
2. elektrolytische Mattierung.

Mechanische Aufrauhung entsteht durch Körnen, Sandstrahlen oder Bürsten. Die sogenannte **Mikrokörnung** wird in einem Schütteltrog mit Schleifkugeln und Körnsand erzeugt. Mit mikrogekörnten Aluminiumplatten erreicht man bei relativ hohem Wasserbedarf mittlere Auflagenhöhe von etwa 100 000 Drucken. Gebürstete Platten ermöglichen 200 000 und mehr Drucke.

Bei **Eloxierung** (elektrolytische Mattierung) besteht das Korn aus einem Niederschlag hauchdünner Aluminiumoxidschichten oder auch Chromschichten. Sie werden durch Elektronenfluß in einem leitfähigen Bad aufgebracht. Die Beschichtungstechnik ist unter der Bezeichnung Eloxal (Abkürzung von: Elektrolytische Oxidation des Aluminiums) bekannt. Die in diesem Verfahren erzielten Schichten sind sehr hart, chemisch schwer angreifbar und äußerst feinporig, so daß Kopierschichten, Feuchtmittel und Druckfarben gut haften.

Wie die mikroskopischen Aufnahmen zeigen, ist die elektrolytisch erzeugte Porosität etwa doppelt so fein wie die Mikrokörnung. Die elektrolytischen Oberflächen garantieren scharfe Druckelemente, geringe Wasserführung und Auflagenbeständigkeit bis 250 000 Drucke. Bei günstigen Druckbedingungen und mit hochwertigen Druckplatten sind bis 500 000 Drucke erreichbar.

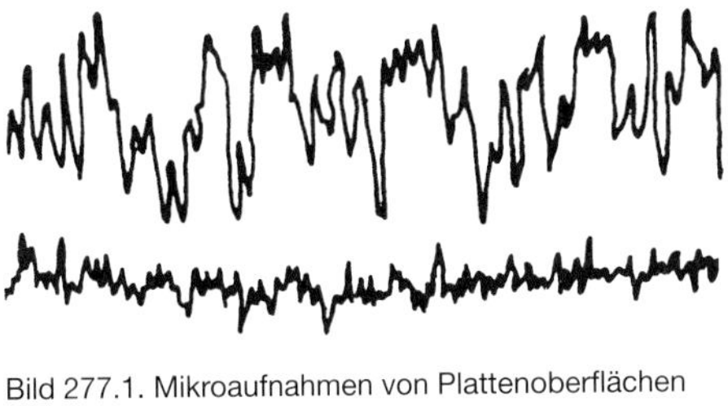

Bild 277.1. Mikroaufnahmen von Plattenoberflächen (etwa 1500fache Vergrößerung). Oben mechanisch gekörnte Aluminiumplatte, unten elektrolytisch mattierte Aluminiumplatte.

Neben den Einmetallplatten werden **Mehrmetallplatten** besonders für Großauflagen verwendet. Sie bestehen aus mindestens zwei Schichten verschiedener Metalle, von denen das eine Affinität (chemische Verwandtschaft) zu Druckfarbe und das andere Affinität zu Wasser hat.

Man nutzt die Erkenntnis, daß Buntmetalle (Kupfer und Messing) farbfreundlich und Weißmetalle (Chrom, Stahl oder Legierungen aus beiden) wasserfreundlich sind. Das gegensätzliche Verhalten der Metalle ist durch ihre Stellung innerhalb der elektrochemischen Spannungsreihe begründet. Chemisch aktive Metalle, wie Aluminium, Zink, Chrom und Eisen, laden sich positiv auf und sind wasserhaltend. Chemisch passive Metalle, wie Kupfer und die Edelmetalle, laden sich negativ gegen Wasserstoff auf.

Bei der Herstellung von Mehrmetallplatten wird auf das Grundmetall ein anderes aufgalvanisiert. Die Schichtdicke des wasserführenden Metalls beträgt 2 µm bis 3 µm. Durch Kopie überträgt man die Druckelemente, ätzt dann das wasserführende Metall durch und legt damit das farbführende Metall frei.

Das in die harte Chromschicht eingelagerte Druckelement ist gegen Abrieb geschützt. Deshalb kann die Platte über eine Million Drucke überstehen. Außerdem ermöglicht das Druckelement in der näpfchenartig begrenzten Vertiefung satte Farbführung bei gestochener Schärfe. Es kommt noch hinzu, daß auf der mattierten, fast kornlosen Chromoberfläche geringste Feuchtung ausreicht.

Zu berücksichtigen ist, daß aus dem Durchätzen des wasserführenden Metalls auch Nachteile entstehen. Erstens dauert die Formherstellung länger als bei Einmetallplatten. Zweitens ergeben sich leicht Tonwertverschiebungen, da die Ätze bei spitzen Rasterpunkten unter 5 % Flächendeckung nicht mehr bis zum Kupfer eindringt und bei geschlossenen Rasterpunkten über 90 % Flächendeckung die Chromschicht unterspült. Allerdings ist die damit verbundene Kontraststeigerung im Auflagendruck oft erwünscht. Drittens sind die Korrekturmöglichkeiten auf fertig kopierten Platten sehr begrenzt.

Bei den Mehrmetallplatten sind je nach Anzahl der Schichten zu unterscheiden: die Bimetallplatten (bi = zwei) und die Trimetallplatten (tri = drei). Während bei Bimetallplatten meist Chrom auf Kupfer oder Messing liegt, ist bei Trimetallplatten ein billigeres Trägermetall, zum Beispiel Schwarzblech, die dritte Metallschicht.

Außer den Mono-, Bi- und Trimetallplatten, die sich in der Offsetpraxis durchgesetzt haben, sind einige Neuentwicklungen erwähnenswert:

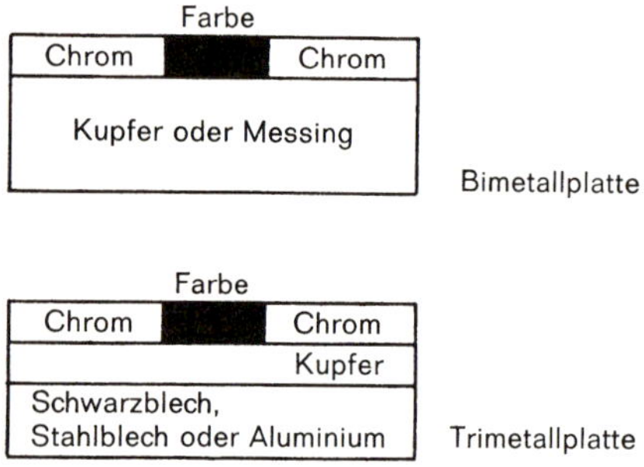

Bild 278.1. Aufbau von Mehrmetallplatten.

1. **Elektrofotografische Platte.** Die Oberfläche bildet eine Halbleiterschicht, die der elektrofotografischen Übertragung der Kopiervorlage dient. Für die Belichtung der Fotohalbleiterschicht auf einer Aluminiumplatte wird eine Spezialkamera verwendet, die ein Aufladegerät, auch Corona genannt, eine Entwicklungseinrichtung und einen Einbrennstrahler enthält. Außerdem gibt es eine automatisch arbeitende Fertigungsanlage für die Plattenherstellung nach Klebemontagen, die häufig in Zeitungsbetrieben eingesetzt wird.

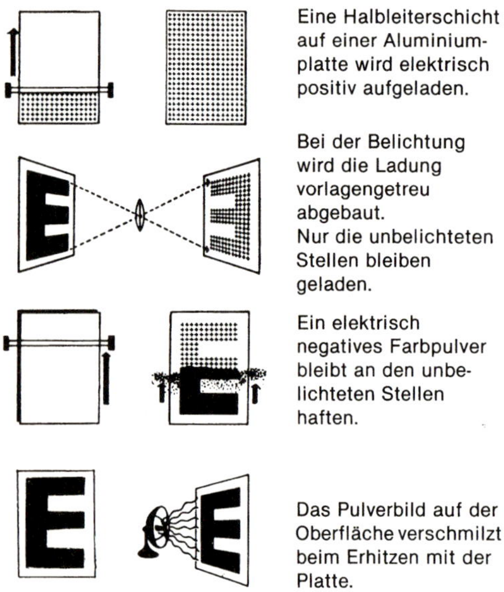

Bild 278.2. Arbeitsprinzip des elektrofotografischen Kopierverfahrens.

Nach dem elektrofotografischen Prinzip, auch Xerografie genannt, werden auch spezielle Druckformen für den **Kleinoffsetdruck** hergestellt. Unter **Kleinoffsetdruck,** auch Offsetvervielfältigung genannt, versteht man den kleinformatigen Offsetdruck. Die obere Grenze liegt meist bei DIN A 3, während im „Großoffset" Formate bis DIN A 0 und darüber hinaus bis 100 cm x 140 cm vorkommen. Typische Kleinoffsetaufträge sind: Formulare, Tabellen, Briefköpfe, Bürodrucke, einfache Werbedrucke. Qualität und Auflagenhöhe des großformatigen Offsetdrucks werden nicht erreicht.

Als Druckformen verwendet der Kleinoffsetdruck anstelle von Aluminiumfolien auch preiswertere Papier- und Kunststoffolien. In der Druckformherstellung gibt es außer der konventionellen Kopie von Negativen oder Diapositiven, die aus der Reproduktionstechnik stammen, kürzere Arbeitsabläufe zu druckfertigen Folien. Bei den Druckfolien geht meist Schnelligkeit vor Qualität. Feine Schriften, Linien und Raster werden möglichst vermieden.

Die Direktbelichtung von Folien auf fotografischer Grundlage wird auch als Fotodirekt-Verfahren bezeichnet. Als Geräte verwendet man eine Reproduktionskamera und anschließend ein Durchlaufgerät beziehungsweise eine vollautomatische Folienkamera.

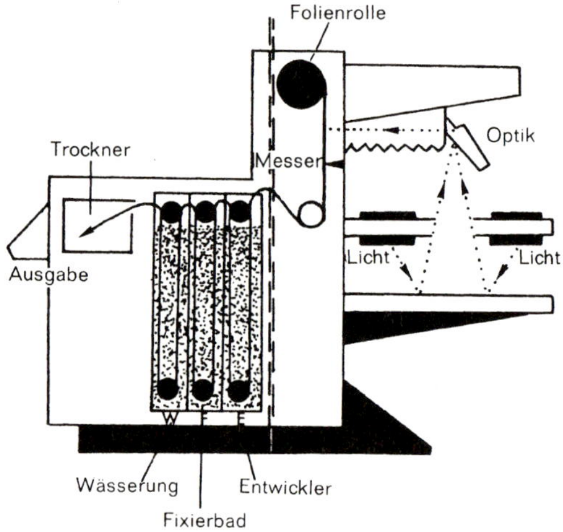

Bild 278.3. Spezialkamera mit Entwicklungsgerät für Direktbelichtung von Druckfolien.

Schon länger bekannt ist Direktbelichtung auf elektrofotografischer Grundlage. Zuerst wird die Plattenoberfläche elektrostatisch aufgeladen. Durch Kamerabelichtung wird die Ladung an den nichtdruckenden Stellen abgebaut. Die druckenden Stellen werden mit Toner entwickelt, dann eingebrannt und präpariert. Von diesen Platten werden bis zu 100 000 Drucke erreicht. Geringere Auflagen, etwa um 10 000 Drucke, erzielt man von Direktfolien, die als lichtempfindliche Schichten Silbersalze verwenden. Diese Systeme sind sehr schnell, und sie arbeiten mit vollautomatischen Kamera-Entwicklungsgeräten.

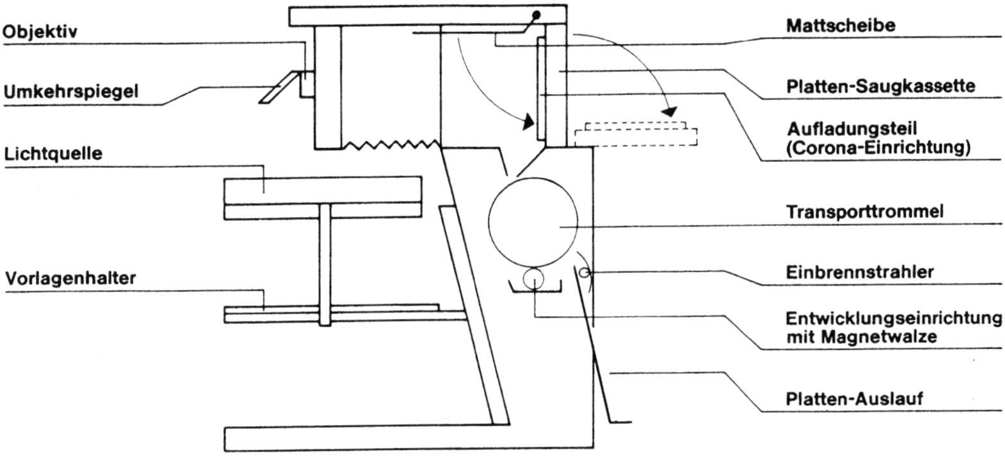

Bild 279.1. Kamera-Prozessor zur Herstellung elektrofotografischer Offsetdruckplatten.

2. **Fotopolymerplatte:** Die lichtempfindliche Kunststoffschicht härtet sich unter UV-Licht und fungiert im Druck als Farbträger. Auf dem Markt eingeführt ist die Lydel-Platte von DuPont. Sie muß durch ein Filmnegativ belichtet werden, damit die druckende Schicht gehärtet wird. Drei Arbeitsschritte, nämlich Belichtung, Entwicklung und Gummierung, führen zur fertigen Offsetdruckplatte.

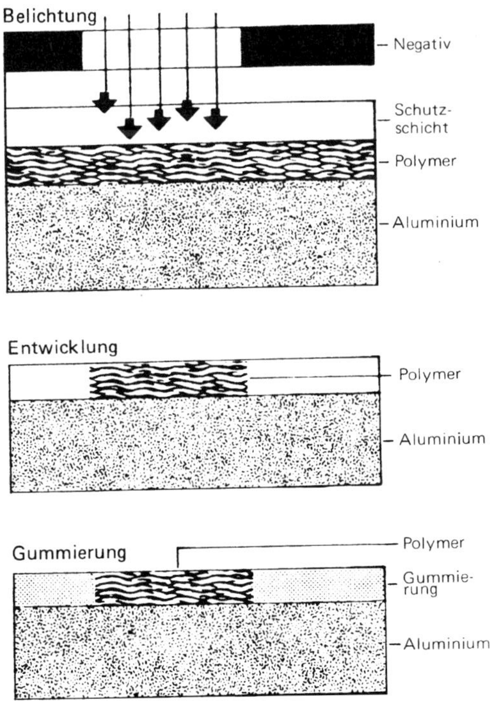

Bild 279.2. Verarbeitung der Fotopolymerplatte.

3. **Driografieplatte:** Die Silikonschicht dieser Offsetdruckplatte von 3 M ist farbabweisend. Die Platte ist mit Spezialfarbe ganz ohne Feuchtung druckfähig. Leider ist die Spezialfarbe teurer als normale Druckfarbe.
Ein heute noch verwendetes Material für den wasserlosen Druck ist die **Toray-Druckplatte.** Sie besteht aus einem dünnen Aluminiumblech; darüber befinden sich zwei chemische Schichten: eine lichtempfindliche Fotopolymerschicht und eine Silikon-Gummischicht. Die nach der Kopierung freigelegte Fotopolymerschicht dient als Farbträger, die Silikon-Gummischicht als farbabstoßende Zone.

Neu ist das Heidelberger DI-Verfahren (Direct Imaging) mit einer Spezialplatte, die mit Silikon beschichtet ist.

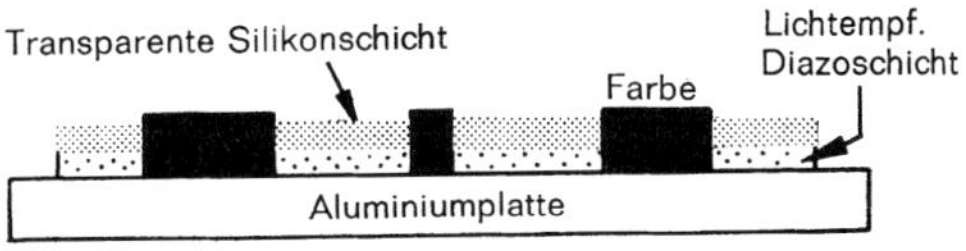

Bild 279.3. Aufbau einer druckbereiten Driografieplatte.

▼
1. Welche Vor- und Nachteile hat Aluminium bei den Einmetallplatten?
2. Aus welchem Grund ermöglichen elektrolytisch mattierte Aluminiumplatten höhere Auflagen als mechanisch gekörnte?
3. Welche positiven und negativen Folgen haben die vertieft liegenden Druckelemente bei Mehrmetallplatten?
4. Wodurch unterscheidet sich die Driografie von den übrigen Flachdruckverfahren?

7.5.2 Kopierverfahren

Bei der fotomechanischen Formherstellung werden die Kopiervorlagen auf lichtempfindlich beschichtete Offsetdruckplatten übertragen. Die Kopiervorlage dient während der Belichtung als Schablone. Es wird gefordert, daß die gedeckten Filmstellen absolut schwarz und die ungedeckten Filmstellen absolut transparent sind. Die meisten Kopiervorlagen stammen aus der Satztechnik als Fotosatzfilme und aus der Reproduktionstechnik als Negative oder Diapositive. Die Einzelfilme sind zu einer Montage zusammengestellt.

Ob von Negativen oder Diapositiven kopiert wird, richtet sich nach dem anzuwendenden Kopierverfahren. Je nach der chemischen Zusammensetzung der Kopierschichten unterscheidet man Negativ- und Positivkopie. Der großformatige Offsetdruck bevorzugt die **Positivkopie.** Bei einfachen Aufträgen verwendet man immer häufiger die **Negativkopie,** weil sie einfacher und schneller abläuft.

Die Positivplatten arbeiten mit Kopierschichten, die sich unter Licht lösen, die Negativplatten mit Kopierschichten, die sich unter Licht härten. Während früher mit Dichromaten als Sensibilisatoren nur Positivkopie möglich war, sind die heutigen **Diazoschichten** universell anwendbar.

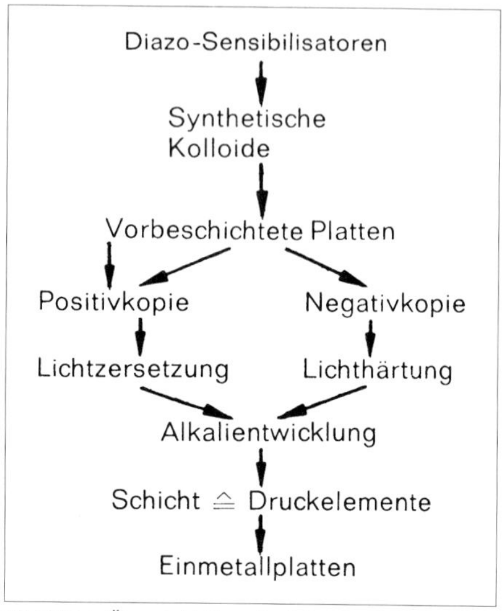

Bild 280.1. Übersicht über die Offsetkopierverfahren.

Diazosensibilisierte Platten sind industriell vorbeschichtet und können für Positiv- und Negativkopie ausgewählt werden. Positiv arbeitende Diazoschichten zersetzen sich unter Licht, negativ arbeitende härten sich. Bei allen Diazoverfahren werden die Druckelemente als stehengebliebene

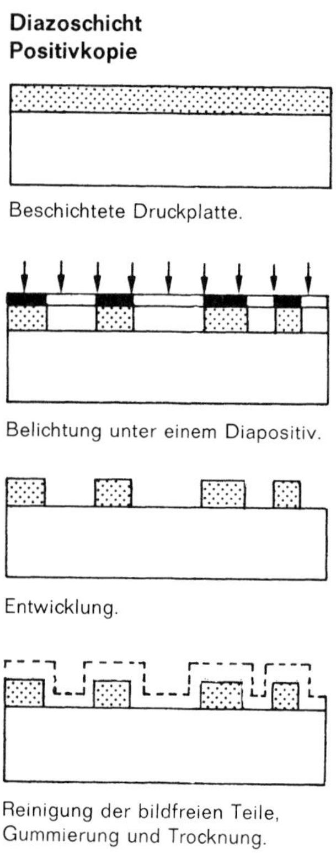

Bild 280.2. Positivkopie.

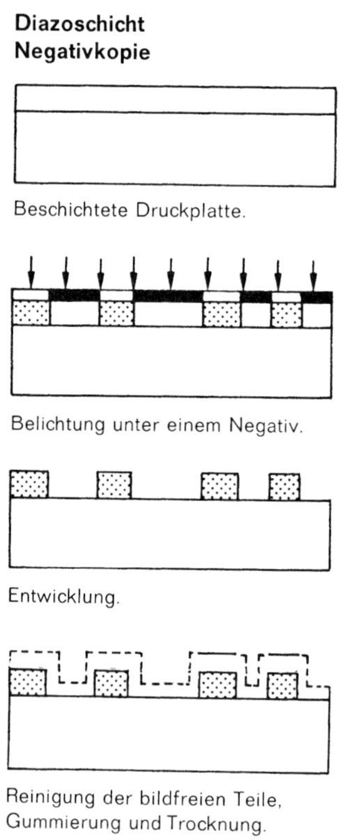

Bild 280.3. Negativkopie.

Kopierschicht gebildet. Die Kopierverfahren mit Diazoschichten haben heute Vorrang im Offsetdruck.

Die Diazoschichten eignen sich gut für vorbeschichtete Platten, weil Diazoverbindungen während des Lagerns keiner Dunkelhärtung unterliegen. Als Vorteile vorbeschichteter Platten sind zu nennen: dünne und gleichmäßige Schichtdicke, konstantes Kopierergebnis, Zeitersparnis. Ein Nachteil positiv arbeitender Diazoplatten liegt darin, daß bereits aufkopierte Druckelemente durch Lichteinwirkung zerstört werden können, allerdings nur dann, wenn eine sehr intensive UV-Strahlung darauf fällt. Die Zersetzung der Offsetplatte wird durch Einbrennen des Kopierbildes vermieden. Vorlackierte Platten haben eine Lackschicht unter der Kopierschicht, was außerdem der Zerstörung der Offsetdruckplatte entgegenwirkt.

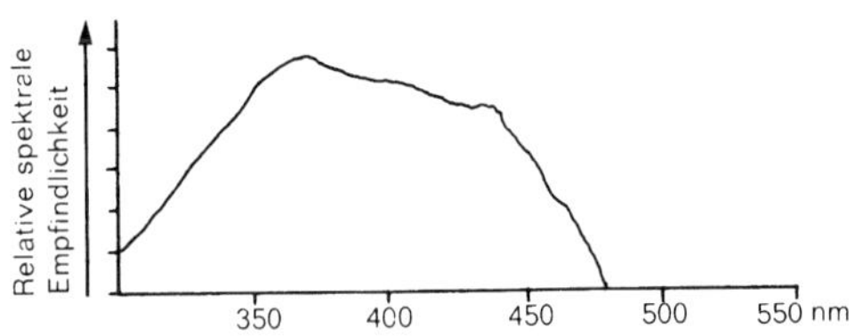

Empfindlichkeit einer Diazoschicht.

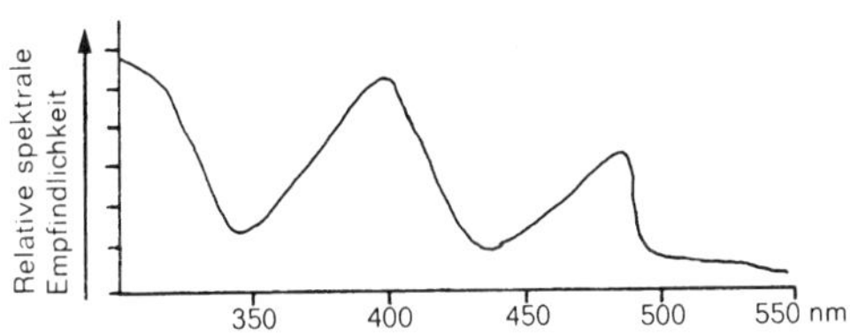

Empfindlichkeit einer Dichromatschicht.

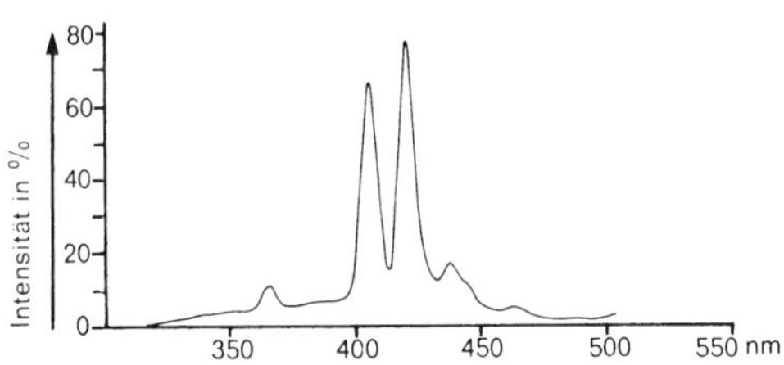

Emission einer Metallhalogenidlampe, Typ 1.

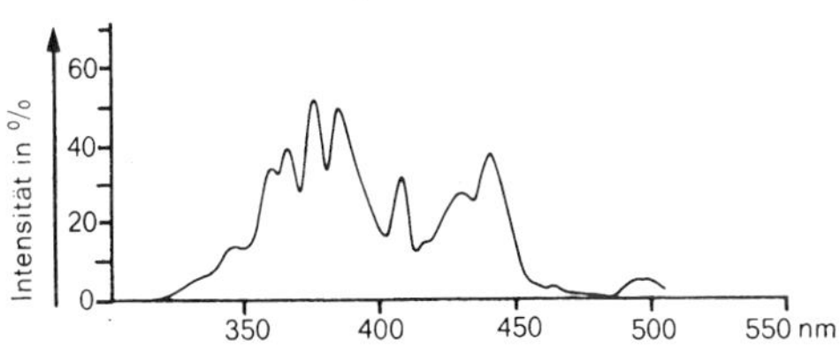

Emission einer Metallhalogenidlampe, Typ 2.

Bild 281.1. Empfindlichkeit und Emission.

Belichtet wird entweder im Kopierrahmen oder in Kopiermaschinen. Als **Kopierlampen** der Offsetkopie haben sich Gasentladungslampen durchgesetzt, zum Beispiel Metallhalogenidlampen. In den Brennern der Lampen werden Gase unter Druck elektrisch so angeregt, daß sie ein Linienspektrum ausstrahlen. Das Spektrum soll aktinisch (kopierwirksam) sein, das heißt: Das Licht soll der Empfindlichkeit der Kopierschichten entsprechen. Die günstigste Aktinität weisen Metallhalogenidlampen auf, deren Emission (Strahlungsenergie) ultraviolett bis blau ist.

In den Kopierrahmen mit Vakuum werden die Kopiervorlagen auf beschichteten Platten im Kontakt angesaugt. Manche Kopiereinheiten sind mit besonderen Vorrichtungen zum Wegbelichten von Filmkanten (Montagekanten und Klebestreifen) ausgestattet, zum Beispiel Diffusionsfolie oder Streureflektor. Kopierrahmen werden durchweg für Einzelkopien benötigt.

Soll eine einzige Kopiervorlage mehrfach übertragen werden, braucht man die **Kopiermaschine.** Nach einem Schrittschema, auch Fahrplan genannt, wird die Kopiervorlage in Längs- und Querrichtung so über die Platte verschoben, daß die vorgesehene Nutzenanzahl durch Repetieren (Wiederholung) belichtet wird. Computergesteuerte Kopiermaschinen sind mit Dateneingabetastatur, Datensichtmonitor und Diskettenlaufwerk ausgerüstet.

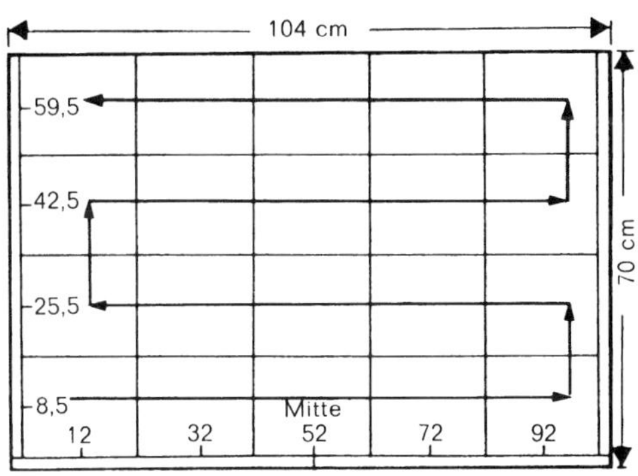

Bild 281.2. Fahrplan für eine Kopiermaschine: Kopierweg für 20 Nutzen im Format 17 cm x 20 cm.

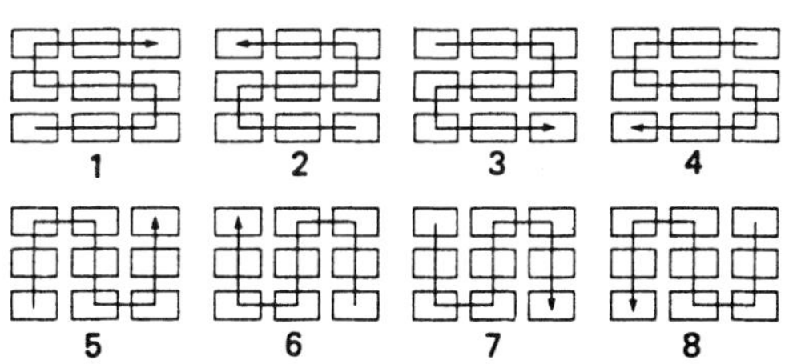

Bild 281.3. Acht unterschiedliche Fahrpläne für 9 Nutzen.

Drei verschiedene Entwicklungssysteme trifft man in Offsetdruckbetrieben an:
1. manuelle Entwicklung,
2. halbautomatische Entwicklung,
3. vollautomatische Entwicklung.

Noch ist die Handentwicklung weit verbreitet, aber der Trend zur automatisierten Kopie ist stark, da sie gleichmäßige Ergebnisse ermöglicht. Die manuelle Verarbeitung der belichteten Platten erfolgt in Becken oder Trögen, teilweise mit eingebauter Absaugung schädlicher Chemikaliendämpfe. Bei halbautomatischer Entwicklung werden die Platten in Küvetten (Behälter mit Entwickler) getaucht. In vollautomatischen Anlagen werden die einzelnen Verarbeitungsstationen selbsttätig durchlaufen. Die meisten Entwicklungsautomaten sind auf bestimmte Kopiermethoden spezialisiert.

Einige Fabrikate von Kopiermaschinen hat man im Baukastenprinzip konstruiert, so daß wechselnde Verfahren möglich sind. Teilweise sind die Stationen Entwickeln und Entschichten auf zwei Aggregate verteilt. Andere Anlagen, auch Kopierstraßen genannt, bilden ein für alle Arbeitsvorgänge – vom Entwickeln bis zum Gummieren – komplettes System.

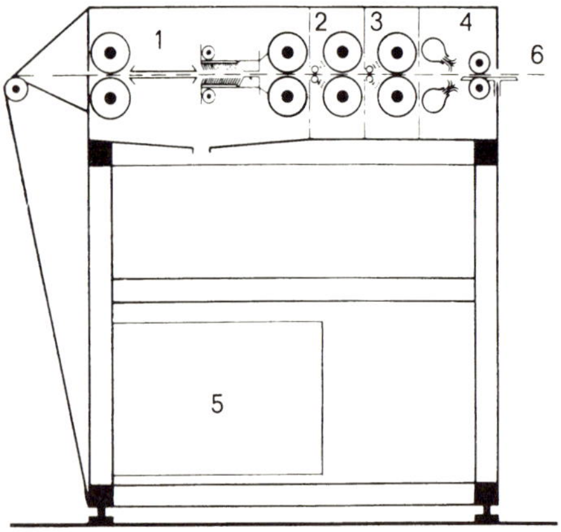

Bild 282.1. Schematische Darstellung eines Druckplattenentwicklungsautomaten. 1 Entwicklungsteil mit Transportwalzen, Vorweichzone und Entwicklungsbürsten, 2 Spülzone, 3 Konservierungsstation, 4 Trokkenteil, 5 Chemikalienbehälter, 6 Verarbeitungsebene.

▼

1. Welche Merkmale sollen Kopiervorlagen für den Offsetdruck aufweisen?
2. Wie unterscheiden sich Positivkopie und Negativkopie hinsichtlich der Kopierschichten und Verfahrensabläufe?
3. Welche Vorteile und Nachteile haben diazosensibilisierte Kopierschichten?
4. Was versteht man unter der Aktinität von Kopierlampen?
5. Warum bezeichnet man Kopiermaschinen auch als Repetier-Kopierautomaten?

7.5.3 Kopierkontrolle

Die Qualität im Offsetdruck hängt nicht nur von der Drucktechnik ab, sondern auch von der Plattenherstellung. Damit in der Plattenkopie gleichmäßig gute Ergebnisse erzielt werden können, ist es nötig, die Verfahren zu standardisieren und zu kontrollieren. Durch Qualitätskontrolle ist sicherzustellen, daß die Rastertonwerte vom Film richtig auf die Platte übertragen werden.

Die kopiertechnische Übertragung der Rastertonwerte hängt von folgenden Faktoren ab:
1. Kopiervorlage, 2. Kopierschicht, 3. Vakuumkontakt, 4. Belichtung, 5. Entwicklung.

Erste Voraussetzung für die sichere Plattenkopie ist eine einwandfreie Kopiervorlage mit gut gedeckten Rasterpunkten beziehungsweise Strichen und Lettern. Die Kopierfähigkeit von Rasterfilmen wird meist durch Lupenkontrolle überprüft. Eine genauere Kontrolle der Punktdeckung ermöglicht das stabförmige Mikroskop.

Der zu überprüfende Rasterfilm wird auf einen Leuchttisch gelegt; darauf kommt ein Testfilm, und darüber stellt man das Stabmikroskop. Der Meßfeld-Vergleich zwischen Rasterfilm und Testfilm zeigt die Qualität der Kopiervorlage, vor allem bei Spitzpunkten und Punkthöfen.

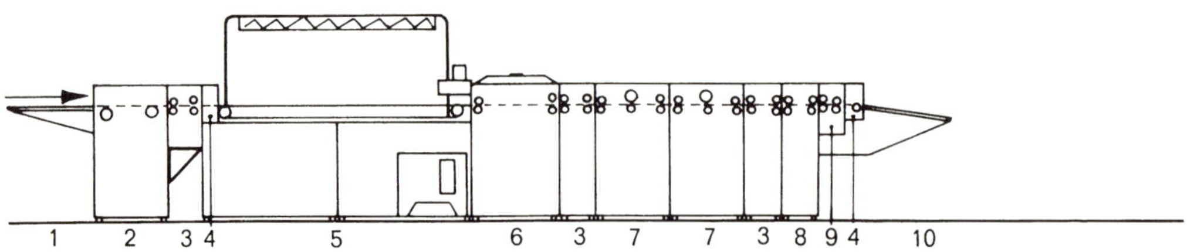

Bild 282.2. Fertigungsstraße für Mehrmetallplatten. 1 Einlauftisch, 2 Entwicklung, 3 Spülung, 4 Trocknung, 5 Retuscheband mit Beleuchtungsröhre, 6 Chromätze, 7 Entschichtung, 8 Präparieren, 9 Gummieren, 10 Auslauftisch.

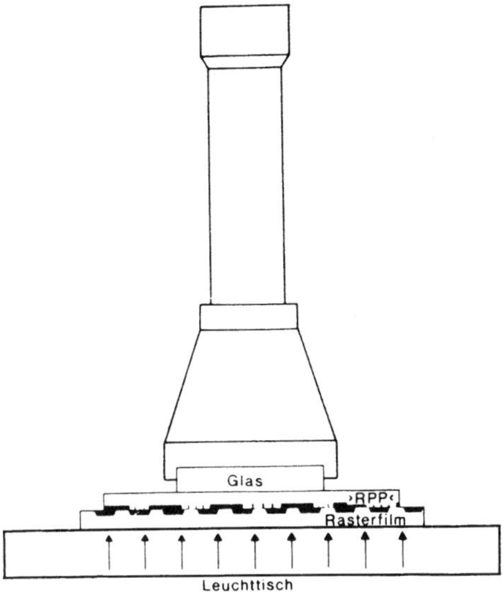

Bild 283.1. Prüfung der Rasterpunkte mit dem Stabmikroskop.

Bild 283.2. Schematische Darstellung für die Prüfung von Rasterpunkten: a) Schwärzung, b) Punkthof, c) Durchmesser von Spitzlichterpunkten.

Unter den genannten Bedingungen der Plattenkopie ist die Belichtung das größte Problem. Von der Lichteinwirkung hängt es ab, ob die Kopierschicht richtig angesprochen und die Rasterpunkte verlustfrei übertragen werden. Das einfachste Prüfverfahren verwendet einen Halbton-Graukeil. Der Graukeil dient dazu, die Lichtmenge zu bestimmen, die ausreicht, um die Kopierschicht löslich oder unlöslich zu machen. Allerdings gewinnt man dabei keine Aussage, wie die Rasterpunkte vom Film auf die Platte übertragen werden.

Die Rasterpunkte werden in der Kopie geringfügig unterstrahlt. Diese Erscheinung heißt in der Praxis „Spitzerkopieren“. Die Randzone der Punkte wird unterschiedlich unterstrahlt. Je länger also die Umfangslinie eines Rasterpunktes ist, desto größer wird auch die Verschiebung des Tonwerts: bei Positivkopie der Tonwertverlust, bei Negativkopie die Tonwertzunahme.

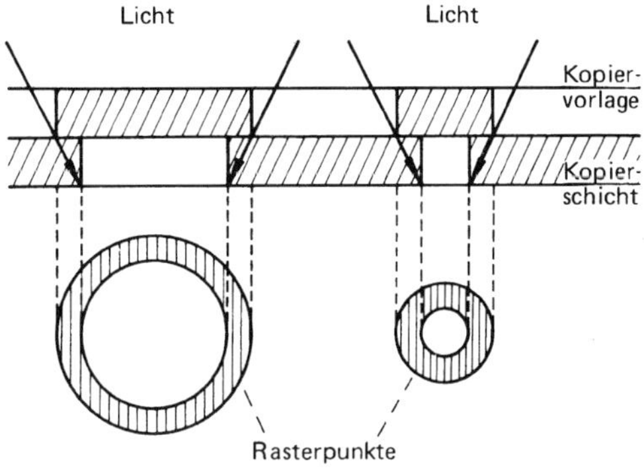

Bild 283.3. Veränderung der Rasterpunktgrößen durch Unterstrahlung mit schräg einfallenden Lichtstrahlen.

Für die Offsetdrucktechnik sind Kontrollstreifen entwickelt worden, die Fehler und Mängel aufzeigen. Die meisten Kontrollstreifen vereinigen in sich Prüfelemente sowohl für die Kopie als auch für den Druckprozeß. Die Streifen sind aus folgenden Elementen aufgebaut:
1. Tonwertelemente (Vollton- und Rasterfelder),
2. Bezugselemente (Linienfelder),
3. Meßelemente (für densitometrische Rastermessungen).

Für den Praktiker am bequemsten ist die visuelle Kontrolle von Mikroelementen in Form von unterschiedlich gestalteten Linienfeldern. Auf dieser Kontrollmethode basieren unter anderem die Meßstreifen von Brunner und die der beiden Forschungsinstitute FOGRA und UGRA.

Bei den verbreiteten Kontrollstreifen fungiert die Strichveränderung der Bezugselemente als Maß für die Verschiebung der Tonwerte in der Kopie. Die Mikroelemente sind so aufgebaut, daß ein „Spitzerkopieren“ erkennbar wird.

Neben der visuellen Kopierkontrolle kommen zwei weitere Prüfmethoden in Betracht:
1. Geometrische Methode,
2. densitometrische Methode.

Die geometrische Methode erfordert ein Meßmikroskop mit Fotoansatz. Der auf der Mikroaufnahme stark vergrößert abgebildete Rasterpunkt

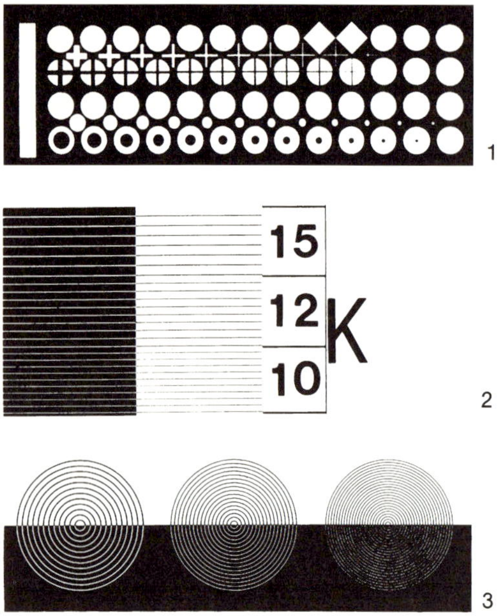

Bild 284.1. Verbreitete Kontrollstreifen für die Offsetkopie: 1 Supermaßmarke Brunner, 2 FOGRA-Präzisionsmeßstreifen PMS 1, 3 UGRA-Offsetkeil.

wird entweder aus seiner Umfanglinie oder aus seinem Durchmesser genau berechnet. Dazu haben die Forschungsinstitute Formeln erarbeitet. Diese geometrische Methode wird wegen des hohen Meß- und Rechenaufwands in der Praxis kaum angewendet, wohl aber für Laborzwecke und zum Eintesten neuer Verfahren und Plattenmaterialien.

Die densitometrische Methode ist praktikabler. Eine Voraussetzung für die Dichtemessung ist, daß der Kontrast zwischen aufkopierten Rasterpunkten und Plattenoberfläche möglichst groß ist. Manchmal behilft man sich damit, daß man die Platte zusätzlich einschwärzt, was den Kontrast erhöht.

Durch densitometrische Messungen kann die richtige Belichtung der Platte ermittelt werden. Ausgangspunkt ist ein Filmstreifen mit mehreren Rastertonwerten, beispielsweise 20 %, 30 %, 60 % und 80 %. Dieser Film wird aufkopiert, und zwar mit unterschiedlichen Belichtungszeiten. Danach wird festgestellt, welche Belichtungsstufe eine annähernd punktgenaue Übertragung ergibt. Die Auswertung der Ergebnisse geschieht in einer Kopier-Kennlinie. Darin werden die Rastertonwerte auf Film und Platte miteinander verglichen.

▼

1. Welche Faktoren bestimmen die Übertragung von Rastertonwerten in der Offsetplattenkopie?

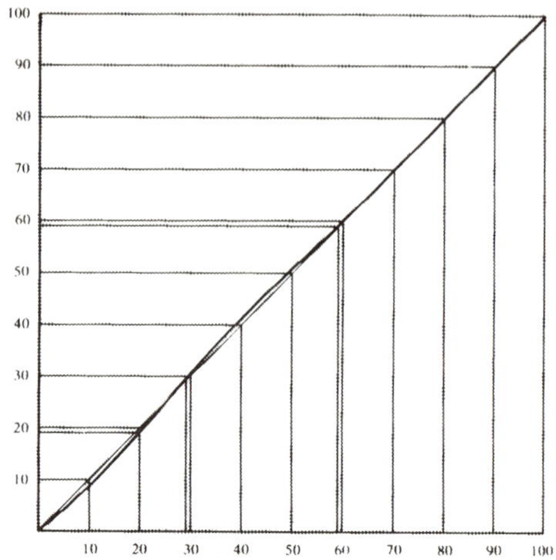

Bild 284.2. Kopier-Kennlinie bei einer richtig belichteten Platte.

2. Aus welchen Elementen besteht ein Kontrollstreifen für die Plattenkopie?
3. Was versteht man unter einer Kopier-Kennlinie, und wozu dient sie?
4. Warum ist Kopierkontrolle überhaupt nötig?

7.5.4 Digitale Druckformherstellung

Bis zum Ende der achtziger Jahre waren in der Druckvorstufe fotografische Verfahren führend. Die Technik änderte sich rasant und einschneidend durch elektronische Systeme, zusammengefaßt unter dem Begriff Electronic Publishing. Es wurde möglich, Texte und Bilder digital zu integrieren und als kopierfähige Filme auszugeben. Diesen Weg nannte man **Computer-to-Film.**

Zwischen dem Computer und dem Filmbelichter wurde ein **RIP** (Raster Image Processor) eingeschaltet. Die Filme, entweder zu Ganzseiten montiert oder für alle Seiten eines Druckbogens ausgeschossen, wurden und werden immer noch konventionell auf Offsetplatten kopiert.

Das Bestreben, den Prozeß noch schneller und sicherer zu machen, führte zur Weiterentwicklung digitaler Verfahren, und zwar in drei Systemen:
1. Computer-to-Plate,
2. Computer-to-Press,
3. Computer-to-Print.

Unter **Computer-to-Plate,** abgekürzt CtP, versteht man das Übertragen sämtlicher digitaler Daten von Farbseiten auf einzelne Offsetplatten außerhalb der Druckmaschine. Texte, Grafiken und Bilder werden in einer Workstation verarbeitet und montiert oder zu Druckbogen ausgeschossen. Die Daten sind zeilenweise aufgebaut und durch den RIP in Pixel zerlegt. Danach werden die Daten auf CtP-Plattenbelichter übertragen, die entweder interne oder externe Trommelgeräte oder Flachbettgeräte sind.

Zum Belichten dient ein Thermokopf mit einem Argon-Laser. Da bei dem Verfahren die Energie relativ gering ist, braucht man hochempfindliche Schichten. Das sind entweder Fotopolymere, negativ arbeitend, oder fotografische Silberhalogene, positiv arbeitend. Beispiele für thermische Offsetplatten sind: Agfa Thermostar, Fujifilm Digital, Horsell Anitec, Kodak Direct Image und Polychrome Directprint.

Bei **Computer-to-Press** werden die digitalen Daten aus der Druckvorstufe direkt auf die Formzylinder in der Druckmaschine übertragen. Alle Zwischenträger, wie Filme, Montagen und Kopien auf Offsetplatten, entfallen. Die neue spezielle Platte oder Folie besteht aus Aluminium oder Polyester. Das Trägermaterial ist mit einer Silikonschicht überzogen. Bei der Übertragung durchdringt ein Laserstrahl die Silikonschicht. Dabei wird die Energie des Lasers in Wärme umgewandelt, und dadurch löst sich die Verbindung zwischen dem Träger und der Silikonschicht. Die stehengebliebene Silikonschicht wirkt im Druck farbabstoßend; die freigelegte bilderzeugende Schicht nimmt die Druckfarbe an. Der Offsetdruck ist damit wasserlos.

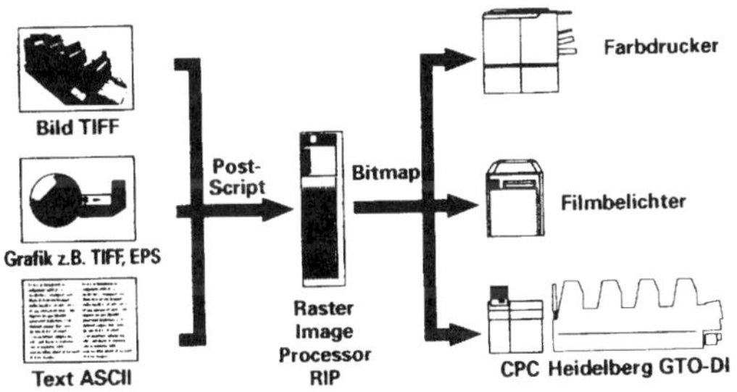

Bild 285.1. Direct Imaging und Computer-to-Press.

Ein bewährtes Verfahren bei Computer-to-Press ist das **Direct Imaging,** abgekürzt DI, von Heidelberg. Die Daten der zu druckenden Texte und Bilder werden vom RIP online in den DI-Computer übertragen und gespeichert. Der DI-Computer hat die Aufgabe, die Daten so zu sortieren, daß die Druckformen aller Druckfarben nicht nacheinander, sondern gleichzeitig bebildert werden.

Die Laserdioden befinden sich bei der Direct-Imaging-Druckmaschine dort, wo sonst das Feuchtwerk ist, das nicht mehr gebraucht wird, da wasserlos gedruckt wird. Die entsprechenden DI-Druckmaschinen von Heidelberg heißen GTO und Quickmaster.

Die dritte Entwicklungsstufe, **Computer-to-Print,** wird auf Deutsch digitales Drucken genannt. Hier hat der rasante Fortschritt in der Druckvorstufe nicht nur die Druckformherstellung erfaßt, sondern auch den Druck. Schon länger auf dem Markt sind Farbkopierer, zum Beispiel von Canon, Epson und Rank Xerox. Für Produkte bis etwa 100 Exemplare dominieren heute Kopierer und Laserdrucker, neuerdings auch Tintenstrahldrucker und Sublimationsdrucker. Solche Systeme werden unter dem Begriff **Non-Impact** (berührungsloses Drucken) zusammengefaßt. Die Grenzen zwischen Kopieren und Drucken sind fließend geworden. Nur im Einzelfall kann durch Vergleichen der Kosten, Zeiten und Qualitäten entschieden werden, welches Verfahren rentabler ist.

Allen digital arbeitenden Drucksystemen ist gemeinsam, daß PostScript-Dateien direkt auf den Druckzylinder, auch Bildträgertrommel genannt, übertragen werden. Für den Vierfarbendruck sind vier Trommeln erforderlich, die im Unterschied zu konventionellen Druckformen immer wieder neu beschrieben werden können. Sehr leistungsstarke Systeme sind beispielsweise: Digital Color Press, abgekürzt DCP, von Xeikon, Chromapress von Agfa und Digital Offset Color Printing von

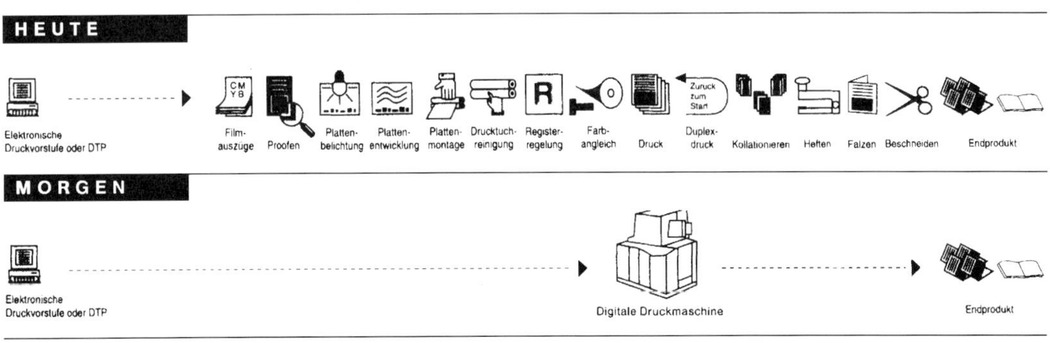

Bild 285.2. Die digitale Druckmaschine als kürzester Weg zum Endprodukt.

Indigo. Diese und weitere digitale Druckmaschinen sind geeignet für Produkte in kleinen Auflagen mit begrenztem Umfang. In einem Durchgang werden einfarbige und mehrfarbige Werbeprospekte, Mailings, Kataloge, Dokumentationen und Hausmitteilungen hergestellt.

▼

1. Was bedeutet die Abkürzung CtP?
2. Welche Materialien werden für thermische Offsetdruckplatten verwendet?
3. Erklären kurz Sie das Verfahrensprinzip von Computer-to-Press!
4. Auf welche Produkte und Aufträge ist das digitale Drucken eingeschränkt?

7.6 Durchdruckformen

Der Durchdruck ist das vierte und für Großauflagen am wenigsten verwendete Hauptdruckverfahren. Nach dem Durchdruckprinzip arbeitet man nicht nur in Siebdruckereien, sondern auch in der Textilindustrie beim Stoffdruck, in der Elektroindustrie beim Bedrucken von Leiterplatten, im Malerhandwerk beim Einfärben mit Schablonen und im Bereich der Kunst bei der Serigrafie (Seidendruck).

Allen Durchdruckverfahren gemeinsam ist, daß bei der Farbübertragung eine Schablone das Bild begrenzt. Deshalb spricht man auch von Schablonendruck. Als leistungsfähigstes Schablonenverfahren gilt der **Siebdruck.** Da sein Druckbild nicht von Stegen unterbrochen wird, heißt er auch stegloser Schablonendruck.

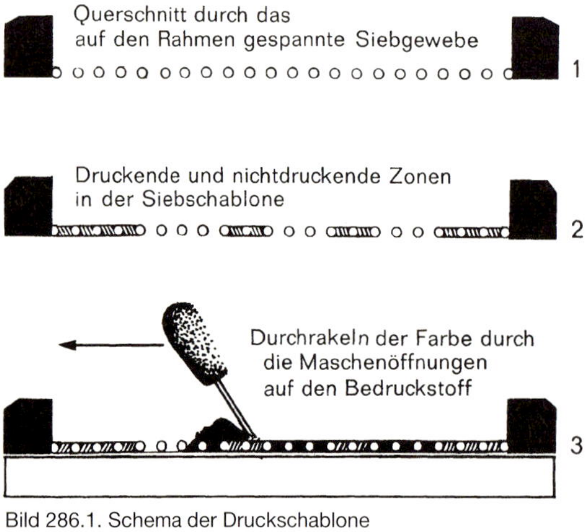

Bild 286.1. Schema der Druckschablone und des Durchdrucks.

Als Träger der Druckform dient das auf einen Rahmen gespannte Siebgewebe. Die feinen Längs- und Querfäden sind mit dem Schablonenmaterial so abgedeckt, daß offene und geschlossene Zonen entstehen. Freie, farbdurchlässige Gewebemaschen bilden die Druckelemente. Sie lassen die Farbe beim Überrakeln des Siebes auf den Bedruckstoff übergehen, wobei sich die Farbschicht hinter den Maschenöffnungen wieder homogen schließt. Die Farbschicht kann durch die Dicke der Schablone und der Gewebefäden gesteuert werden.

▼

1. Worin besteht das Prinzip aller Durchdruckverfahren?
2. Worin unterscheidet sich eine Durchdruckform von Formen des Hoch-, Tief- und Flachdrucks?
3. Was versteht man unter Serigrafie?

7.6.1 Siebgewebearten

Oft wird der Durchdruck als jüngstes Druckverfahren bezeichnet. Die Technik, Farbe durch schablonierte Siebgewebe zu drücken, ist aber keineswegs neu, wahrscheinlich sogar älter als die anderen Druckverfahren. Vorläufer waren Stoffdrucke im alten China, in Japan, im Orient und vereinzelt in mittelalterlichen Klöstern. Die ersten Gewebe waren Netze aus Menschenhaaren, durch aufgeklebte Papierabschnitte schabloniert. Später wurden die Haarnetze durch feinere Seidengewebe ersetzt.

Die alte und längst vergessene Technik wurde um 1930 in den USA als „Silk Screen Process" (Seidenrasterdruck) wiederentdeckt und technisch weiterentwickelt. Ab etwa 1950 begann man in Deutschland mit Siebdruck von Perlongewebe. 1959 wurde das Berufsbild des Siebdruckers geschaffen.

Die Eigenschaften der schablonierten Gewebe sind der Grund, weshalb der Siebdruck von allen Druckverfahren am variabelsten eingesetzt werden kann. Während im Hoch-, Tief- und Flachdruck hauptsächlich Papier mit genormten Farben bedruckt wird, kann man durch Siebgewebe verschiedenste Farbtypen auf alle denkbaren Bedruckstoffe übertragen. Siebdrucke entstehen auf Papier, Karton, Pappe, Textilien, Kunststoff, Glas, Holz und Metall. Außer Flächen sind Körper in konischen, gewölbten und kugeligen Formen (Flaschen, Bälle, Becher, Eimer, Dosen) bedruckbar.

Entscheidenden Einfluß auf die jeweiligen Einsatzgebiete und Produkte des Siebdrucks übt die gewählte Gewebeart aus. Man unterscheidet die Gewebe nach vier Kriterien: 1. Gewebematerial, 2. Fadenart, 3. Fadenzahl, 4. Fadendicke. Zum Beispiel meint man mit der Gewebebezeichnung „Nylon monofil 120 T" folgendes: Das Material heißt Nylon, die Fadenart ist monofil (einfädig); 120 bezeichnet die Fadenzahl und T (für thick) die Fadendicke. Außer Nylon verwendet man als Gewebematerial andere Kunststoffe, seltener Metalldrähte und Seidengazen.

Seidengewebe. Sie besitzen sehr hohe Elastizität, die sich aber bei großen Druckformaten und Passerarbeiten ungünstig auswirkt. Wegen der rauhen Fadenstruktur ist die Haftung der Schablonen sehr gut, dafür aber die Entschichtung schwierig. Naturgewebe sind gegenüber Chemikalien nur bedingt widerstandsfähig. Sie lassen sich nicht als Feinstgewebe herstellen, weshalb feine Strich- und Rasterdrucke ausgeschlossen sind.

Kunststoffgewebe. Unterschieden werden Polyester und Polyamide; Polyamide sind Perlon und Nylon. Alle synthetischen Gewebe sind in hohem Maße haltbar, farbdurchlässig, chemikalienbeständig und entschichtbar.

Die **Polyester** haben eine geringe Elastizitätsreserve; deshalb ist Passergenauigkeit garantiert. Dagegen sind die **Polyamide** elastischer und schmiegen sich beim Druck auf Strukturflächen und Körper bestens an. Kunststoffgewebe werden auch rot, orange oder gelb eingefärbt geliefert. Die Einfärbung verhindert Unterstrahlungen beim Kopier-

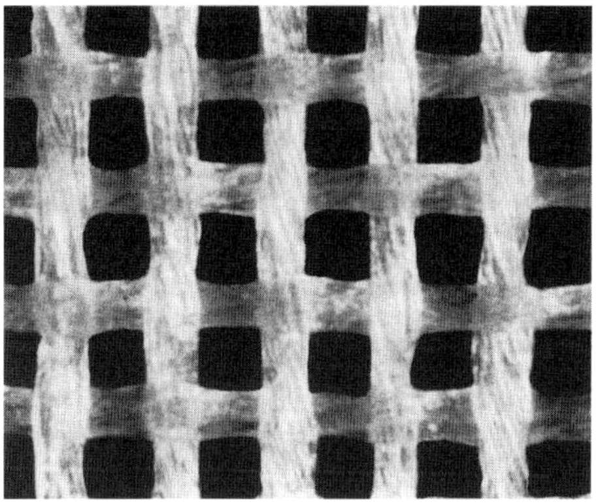

Bild 287.2. Multifiles Seidengewebe.

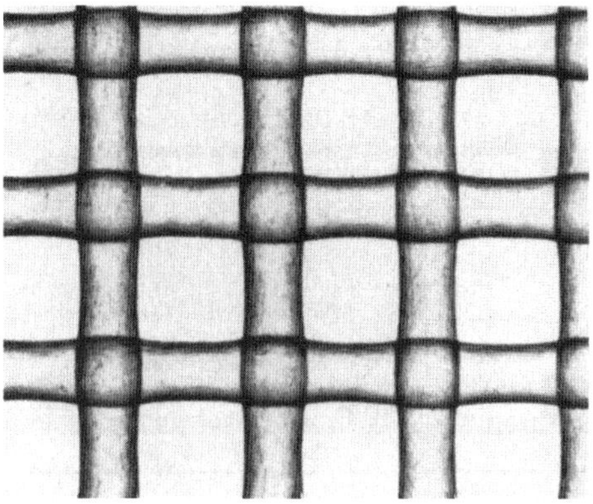

Bild 287.3. Monofiles Kunststoffgewebe.

1 2 3

Bild 287.1. Fadenzahl und Fadendicke von Siebgeweben: 1. 90 HD, 2. 100 T, 3. 120 M.

prozeß und sichert eine deckungsgleiche Kopierübertragung. Beim eingefärbten Gewebe wird der aktinische, das heißt chemisch wirksame Teil des Lichts absorbiert. Die reflektierten Lichtstrahlen bewirken keine Härtung der Schicht mehr und so auch keine Unterstrahlung.

Die Polyestergewebe werden auch metallisiert verwendet. Die hauchdünne Metallbeschichtung auf den Fäden vermindert die Dehnelastizität gegenüber normalem Polyester. Das Gewebe wird dadurch noch maßstabiler, jedoch auch empfindlicher gegen Knicke und Überdehnung. Die Bindungspunkte der Fäden werden bei Metallisierung umschlossen und so fixiert. Dadurch wird Einlagerung von Farbresten zwischen den Fäden verhindert.

Metallgewebe. Sie bestehen aus Bronze- und rostfreien Edelstahldrähten. Ihre Haupteigenschaft ist die hohe Maßhaltigkeit, was sie für Passerarbeiten (Abziehbilder, Skalen) besonders geeignet macht. Ungünstig an den starren Metallgeweben ist, daß sie rasch erschlaffen, sich leicht verbiegen und knicken. Wegen der mechanischen Nachteile werden Metallgewebe heute nur noch in Sonderfällen eingesetzt.

Bei den **Fadenarten** unterscheidet man monofil und multifil. Unsere Abbildung verdeutlicht: Monofil heißt einfädig; das Gewebe besteht aus kompakten Einzelfäden. Multifil heißt mehrfädig; der Faden setzt sich aus mehreren gezwirnten Einzelfäden oder Fasern zusammen.

Die **Fadenzahl** bezeichnet die Anzahl der Fäden pro cm. Gebräuchliche Fadenzahlen liegen zwischen 90 und 120. Fadenzahl und Fadendicke legen die Maschenweite fest, also die Öffnung, durch die Farbe hindurchgedrückt wird.

Mit **Fadendicke** meint man den Durchmesser eines Fadens im Verhältnis zur Fadenzahl.
Bei den Kunststoffgeweben gibt es vier Dickebereiche, von der geringsten zur größten Fadenstärke angeordnet:
S = Small (dünner Faden), M = Medium (mittlerer Faden), T = Thick (dicker Faden), HD = Heavy Duty (sehr dicker Faden).
Durch die Fadendicke ist die Gewebestärke bestimmt. HD-Qualitäten ermöglichen dickste Farbaufträge (Reliefdrucke) und höchste mechanische Beanspruchung.

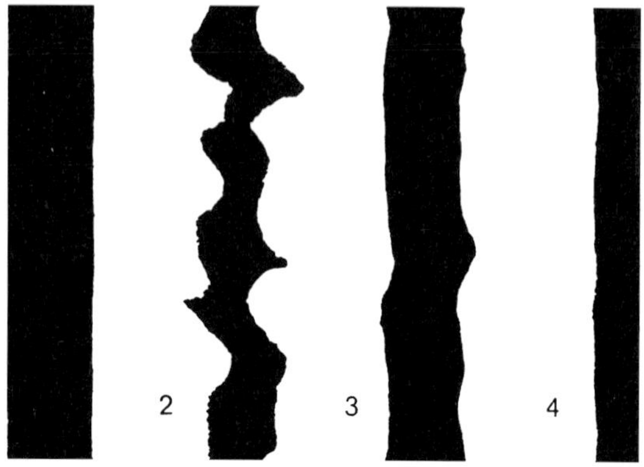

Bild 288.2. Einfluß von Fadenzahl und Fadendicke auf die Druckqualität.
1. Kopiervorlage, Diapositiv, Strichstärke 0,1 mm.
2. Druckergebnis bei 90 HD.
3. Druckergebnis bei 100 T. 4. Druckergebnis bei 120 M.

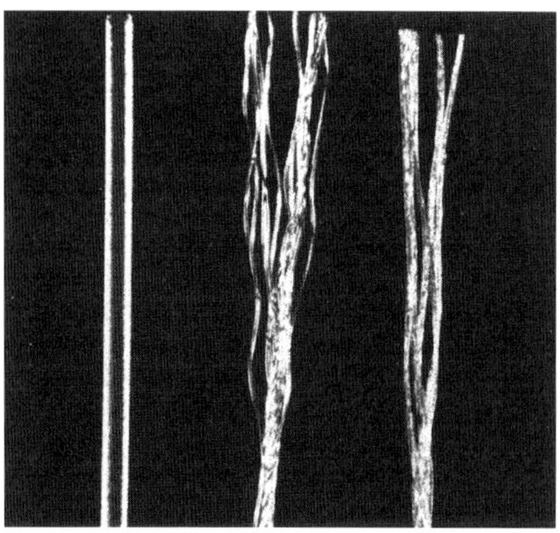

Bild 288.1. Fadenarten. Links: Nylon monofil. Mitte: Polyester multifil. Rechts: Seide multifil.

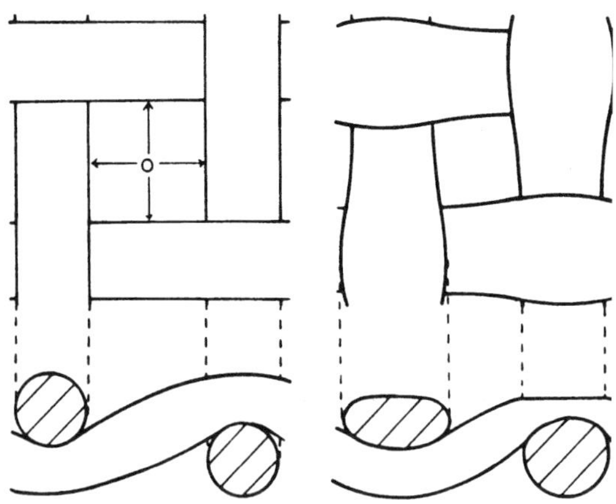

Bild 288.3. Vergleich zwischen Gewebequalitäten. Links: S-Gewebe, rechts: kalandriertes Gewebe.

Bei Verwendung von HD- und T-Geweben ist andererseits die Druckwiedergabe feiner Elemente, zum Beispiel Haarlinien, begrenzt, da das Verhältnis von Fadenfläche und Gewebefläche ungünstig ist. Den Einfluß von Fadenzahl und Fadendicke auf die Druckqualität verdeutlichen Mikroaufnahmen.

Eine sichere Möglichkeit, bei Linien- und Rasterdruck dünnere Farbaufträge zu erreichen, bietet das kalandrierte Gewebe. Dieses ist, meist nur auf der Rakelseite, flach gedrückt. Dadurch ist die Gewebedicke erheblich verringert. Gleichzeitig verkleinert sich die lichte Maschenweite und die offene Siebfläche.

▼

1. Aus welchen Fadenmaterialien werden heute Siebgewebe hergestellt?
2. Aus welchen technischen Gründen bevorzugt man mehr und mehr synthetische Gewebe?
3. Welche Einflüsse haben monofile und multifile Fäden auf die Eigenschaften der Siebgewebe?
4. Wie wirken sich Fadenzahl, Fadendicke und offene Gewebefläche auf die Druckwiedergabe feiner Elemente aus?
5. Machen Sie Kopier- und Druckversuche mit verschiedenen Siebgewebearten!

7.6.2 Schablonenherstellung

Die fertige Druckform wird als Schablone oder auch Sieb bezeichnet. Korrekter ist es aber, nur die Sperrschicht im Gewebe, die beim Drucken keine Farbe durchläßt, Schablone zu nennen. Nach dieser Definition ist Schablonenherstellung das Aufbringen von Sperrschichten an das Gewebe. Damit die Schablone einwandfrei aufgebracht werden kann und nachher beim Durchrakeln der Farbe eine feste Sperrschicht bildet, muß das Siebgewebe zunächst straff und fadengerade auf Rahmen gespannt werden.

Geweberahmen bestehen aus Holz, Stahl oder Leichtmetall. Weil sich Holz bei Feuchtigkeits- und Temperatureinflüssen verzieht, verwendet man zunehmend Metallrahmen. Eckverschweißte Metallprofile sind sehr stabil gegen Verziehen und Verwinden. Leichtmetallrahmen bewähren sich aufgrund ihrer Leichtigkeit. Der Konstruktion nach unterscheidet man zwei Arten von Geweberahmen:
1. starre Rahmen,
2. selbstspannende Rahmen.

Bei starren Rahmen wird das Gewebe mit Klammern oder Klemmleisten, aber heute überwiegend durch Aufkleben befestigt. Man verwendet spezielle Kontakt- und Reaktionskleber. Das gleichmäßige Aufziehen des Gewebes wird durch Spanngeräte erleichtert. Sehr praktisch sind auch selbstspannende Rahmen. Ihre eingebauten Spannvorrichtungen arbeiten entweder mechanisch mit verstellbaren Einsteckleisten oder pneumatisch mit aufblasbarem Gummischlauch.

Verschiedene **Spanngeräte** sind im Gebrauch, sowohl mit mechanischem als auch mit pneumatischem und hydraulischem Spannmechanismus. Moderne Geräte verfügen über bewegliche Gewebehalterungen. In jedem Fall ist eine Meßkontrolle der Gewebedehnung erforderlich. Die Gewebelieferanten geben die optimale Dehnung in % und at = kg/cm^2 an.

Die Siebschablonen werden nach ihrer Herstellung wie folgt eingeteilt:
1. manuell hergestellte Handschablonen,
2. fotomechanisch hergestellte Fotoschablonen.

Während im handwerklichen und künstlerischen Siebdruck die Handschablonen noch einen Platz haben, dominieren im industriellen Druck die Fotoschablonen.

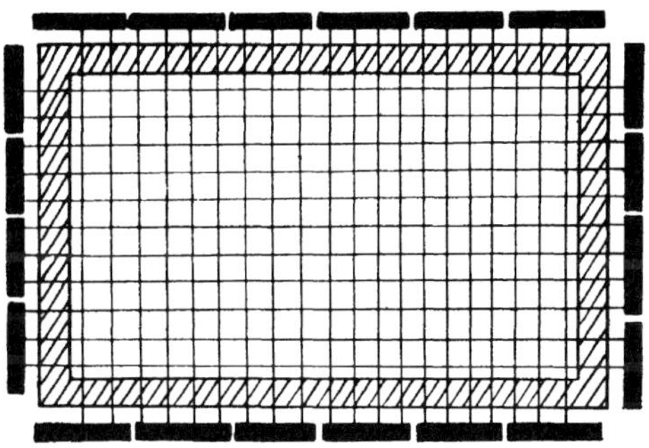

Spanngerät mit beweglicher Gewebehalterung

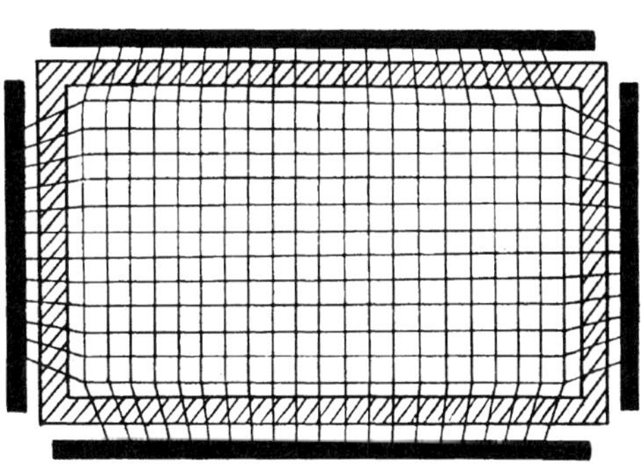

Spanngerät mit starrer Gewebehalterung

Bild 289.1. Spanngeräte.

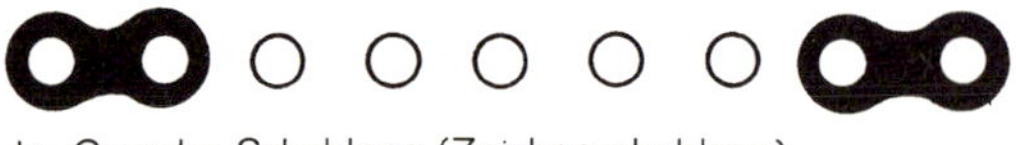

Im-Gewebe-Schablone (Zeichenschablone)

Am-Gewebe-Schablone (Schnittschablone)

Bild 290.1. Querschnitte durch Handschablonen.

Handschablonen können durch Zeichnen oder Schneiden entstehen. Danach unterscheidet man zwei Schablonengruppen:
1. Zeichenschablonen,
2. Schnittschablonen.

Bei Zeichenschablonen sitzt das Bild als Schicht im Gewebe und folgt der Maschenstruktur, so daß im Druckprodukt ein Sägezahn- oder Zickzackmuster sichtbar wird.

Die einfachste Zeichenschablone entsteht durch Abdecken der Stellen, die nicht drucken sollen. Bei der Auswaschschablone werden alle Bildteile positiv mit Fettusche oder Fettkreide gezeichnet, bevor man das Sieb mit einer Leimschicht überzieht und dann die Zeichnung herauslöst.

Bei der Emulsionsschablone, zum Beispiel nach dem alten Manufix-Verfahren, wird auf das beschichtete Gewebe gezeichnet, und nach dem Fixieren wird die Zeichnung herausgespült. Im Gegensatz zu den Zeichenschablonen befinden sich die Schnittschablonen am Gewebe. Daraus ergibt sich, daß man bei hohem Farbauftrag ohne Sägezahneffekt scharf drucken kann. Die Schnittschablonen werden auf Emulsionsfilm gearbeitet und dann durch Auflösen oder Anbügeln auf das Sieb übertragen. Ihre Haltbarkeit beim Rakeldruck ist begrenzt.

Fotoschablonen entstehen fotomechanisch, also durch Kopie von seitenrichtigen Diapositiven auf Schablonenmaterial. Die Kopiervorlagen können manuell oder fotografisch gefertigt sein. Handdiapositive spielen im Siebdruck noch eine große Rolle. Fotografische Kopiervorlagen sind Strich- oder Rasterdiapositive, allerdings mit großen bis mittelfeinen Rastern.

Zur Grundeinrichtung einer Schablonenkopie gehören: Kopiereinheit mit Strahlungsquelle und Vakuumrahmen, Trockenschrank und Entwicklungsbecken. Da die Schablonenschichten mit Dichromat oder Diazo sensibilisiert sind, muß die Strahlungsquelle aktinisch (kopierwirksam) sein. Xenonlampen und Metallhalogenidlampen sind gebräuchlich. Durch Belichtung werden die Schichtteile gehärtet, die nachher die Sperrschicht für die Druckfarbe bilden. Alle unter den dichten Stellen des Diapositivs liegenden und nicht belichteten Schichtteile bleiben wasserlöslich und

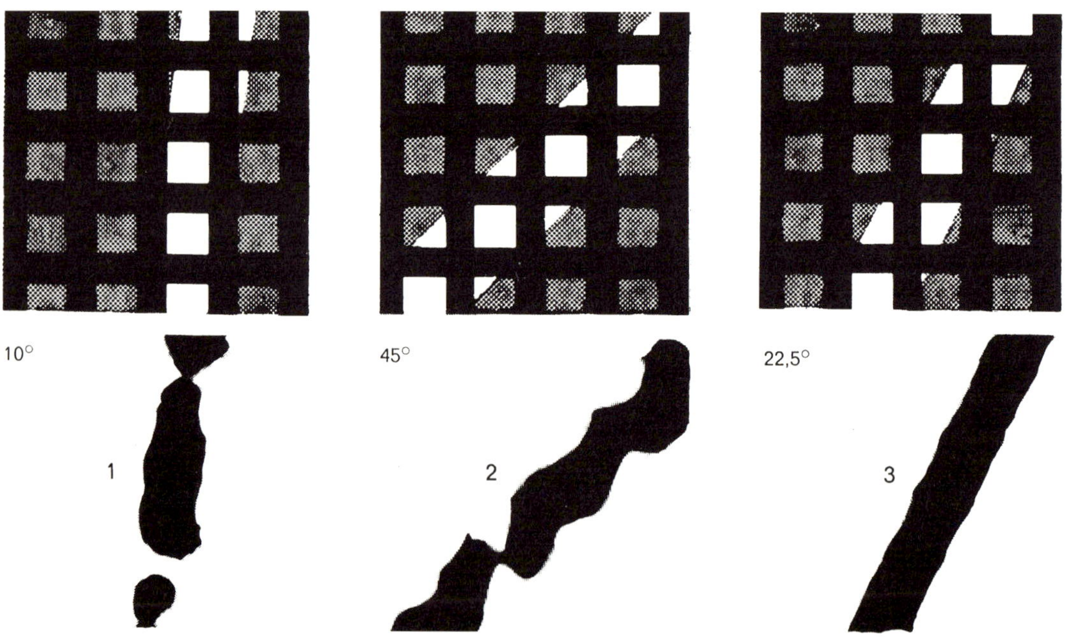

Bild 290.2. Winkellage von Schablone und Gewebe: 1. Druckresultat bei 10°. 2. Druckresultat bei 45°. 3. Druckresultat bei 22,5°.

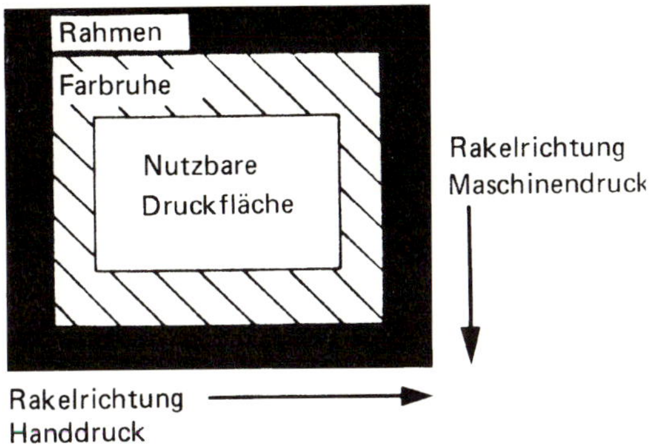

Bild 291.1. Farbruhe beim Drucksieb.

werden ausgewaschen; sie bilden nachher die farbdurchlässigen Druckelemente.

Mikroaufnahmen zeigen, daß das Druckresultat davon abhängt, wie die Linien die Gewebemaschen überqueren. Vor der Kopie muß das Diapositiv auf dem Sieb so ausgerichtet werden, daß sich nachher offene und geschlossene Maschenteile deutlich unterscheiden. Beste Ergebnisse werden bei Winkellagen zwischen 22,5° und 35° erzielt. Beim Rasterdruck kann dadurch, daß das Gewebe wie ein zusätzlicher Raster wirkt, ein Moiré (störendes Muster) entstehen. Durch Drehen des Rasterdiapositivs auf dem Siebgewebe wird der richtige Anlagewinkel festgestellt.

Zwischen dem Anlagewinkel und der erforderlichen Rahmengröße besteht ein Zusammenhang. Rund um die nutzbare Druckfläche ist eine sogenannte Farbruhe notwendig. Diese wird zum Umsetzen der Druckrakel benötigt; außerdem verringert sie den Verzug des Gewebes. Die Farbruhe variiert zwischen 10 cm bis 30 cm. Wird bei Rasterdrucken ein Anwinkeln nötig, vergrößert sich die benötigte Druckfläche und damit die Rahmengröße weiter.

▼

1. Warum muß das Siebgewebe vor der Schablonenherstellung straff und fadengerade auf Rahmen gespannt werden?
2. Welche Methoden der Schablonenherstellung gibt es für Handschablonen?
3. Wie wird bei den Fotoschablonen der Anlagewinkel von Strich- und Rasterkopiervorlagen auf dem Gewebe festgelegt?
4. Welche Merkmale müssen Kopiervorlagen für Siebdruck haben?

Im Unterschied zu den Handschablonen, die gezeichnet beziehungsweise geschnitten werden, stehen Fotoschablonen, die kopiertechnisch gefertigt werden. Die Fotoschablonen werden für alle vorkommenden Arbeiten im industriellen Siebdruck eingesetzt: vom einfachen Posterdruck bis zum mehrfarbigen Rasterdruck. Die zahlreichen auf dem Markt befindlichen Schicht- und Filmprodukte und ihre Varianten bei der Verarbeitung ermöglichen verschiedene, den jeweiligen Zwecken angepaßte Schablonen.

Je nachdem, ob die Kopie direkt auf das lichtempfindlich beschichtete Sieb erfolgt oder indirekt auf ein Übertragungsmittel, dessen Kopierschicht nachher die Druckschablone am Gewebe bildet, unterscheidet man drei Arten von Fotoschablonen:
1. Direktschablone,
2. Indirektschablone,
3. Kombischablone.

Wie man aus dem Schema ersehen kann, ist die Direktschablone am einfachsten herzustellen. Sie hat deshalb eine Favoritenstellung, jedenfalls bei durchschnittlichen Aufträgen.

Direktschablone. Zur Herstellung wird zuerst eine Kopierschicht in die Maschen des Gewebes gestrichen. Nach Belichtung und Entwicklung (Auswaschung) bleiben alle gehärteten Schichtteile im Gewebe hängen. Man spricht von einer **Im-Gewebe-Schablone,** weil die Fäden von der Schicht umhüllt sind. Ihr Vorteil

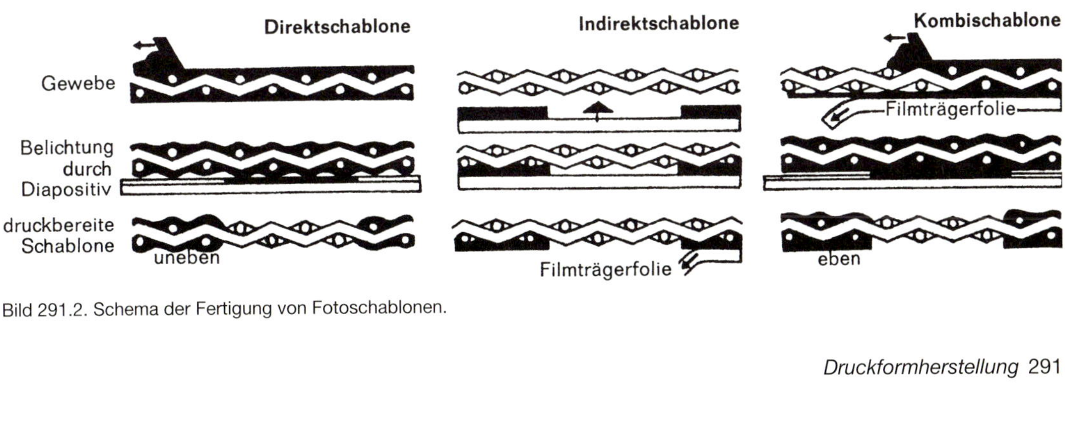

Bild 291.2. Schema der Fertigung von Fotoschablonen.

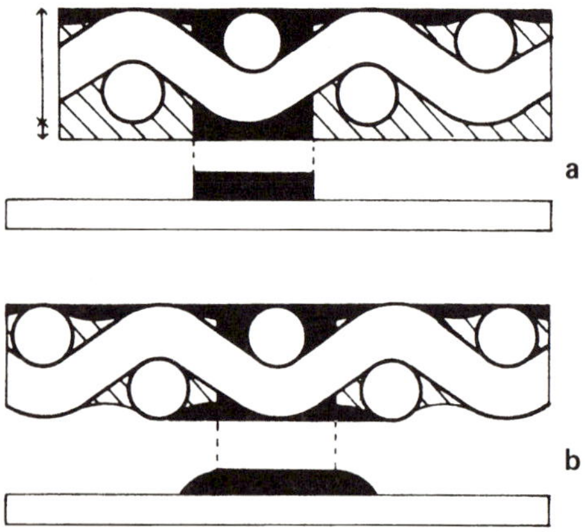

Bild 292.1. Vergleich zwischen verschiedenen Beschichtungsmethoden: a guter Strukturausgleich, b schlechter Strukturausgleich.

Bild 292.2.
Einfluß der Schablonenart auf die Druckwiedergabe (Mikroaufnahme).
1. Kopiervorlage Diapositiv, Strichstärke 0,1 mm,
2. Druckergebnis der Direktschablone,
3. Druckergebnis der Indirektschablone,
4. Druckergebnis der Kombischablone.

besteht darin, daß sie sich leicht und schnell herstellen läßt und gegen Abrieb widerstandsfähig ist. Als Nachteil gilt, daß die Kopierschicht den Maschen folgt und einen Sägezahneffekt hervorruft.

Der Sägezahneffekt wird durch maschenüberquerende Kopierschichten weitgehend eingeschränkt. Dadurch, daß diese Spezialschichten die Maschen diagonal überbrücken können, ist die Wiedergabe feiner Striche und Raster bis 40 Linien/cm möglich. Die Rasterpunkte können bei schlechter Maschenüberquerung erheblich deformiert werden. Durch Punktvergrößerung kommt es zu einer Tonwertzunahme.

Um Rasterpunkte relativ sauber und frei von Einflüssen durch die Gewebestruktur drucken zu können, sind Beschichtungsmethoden mit Strukturausgleich entwickelt worden. Durch ausgeklügeltes Arbeiten erzielt man eine glatte Oberfläche auf der Druckseite des Siebes. Für einen sauberen Rasterdruck genügt es jedoch nicht, nur die Struktur auszugleichen. Eine zusätzliche Schichtdicke ist nötig, damit die Druckfarbe an den offenen Siebstellen leichter unter die Fäden fließen und dort eine geschlossene Farbfläche hinterlassen kann. Bei dieser sogenannten Farbschließung spielt auch die Qualität der Druckfarbe eine wichtige Rolle.

Das Beschichten mit Strukturausgleich wird auch Satiniermethode genannt. Dabei wird das saubere Sieb mit der Druckseite auf eine glatte Polyesterfolie gelegt. Nun wird auf die Rakelseite Kopierschicht aufgegossen und eingerakelt, in der Regel ein- bis dreimal naß in naß. Trockenes Nachrakeln verstärkt die Schichtdicke. Die Methode führt zu einer deutlichen Qualitätssteigerung im Druckprodukt, da die offenen Siebstellen scharf begrenzt sind.

Indirektschablone. Sie wird zuerst unabhängig vom Sieb hergestellt und danach auf das Gewebe übertragen. Sie heißt auch Pigmentschablone, weil sensibilisierte Pigmentgelatine auf einem Trägermaterial benutzt wird. Nach Belichtung, Auswaschung und Übertragung wird das Trägermaterial abgezogen und so die druckende Fläche freigelegt. Da die Schablone am Gewebe haftet, spricht man von **Am-Gewebe-Schablone.** Sie ermöglicht nur Auflagen bis 10 000 Drucke. Typisch sind scharfe Druckresultate, da die Randschärfe eines Elementes kaum von den Maschen beeinflußt wird.

Kombischablone. Sie wird auch Verbund- oder Doppelschablone genannt. In ihr sind Direkt- und Indirektschablone kombiniert. Auf die Druckseite des Siebes wird ein Pigmentfilm übertragen.
Der Film besteht aus einem Träger, auf dem eine Kopierschicht aufgebracht ist. Es gibt sowohl sensibilisierte als auch unsensibilisierte Filme. Der Träger hat die Aufgabe, nach der Übertragung des Films ein konkaves Eintrocknen der Schicht in den Maschen zu verhindern. Ziel ist eine gute Maschenüberquerung und ein sicherer Strukturausgleich. Zusätzlich wird auf die Rakelseite eine Kopierschicht aufgebracht. Nach Kopie, Auswaschung und Abziehen der Trägerfolie ist die Kombischablone druckbereit.

Die direkt-indirekt hergestellte Schablone vereinigt in sich die Vorteile der beiden beschriebenen Methoden: die Auflagefestigkeit der Direktschablone und die Konturenschärfe der Indirektschablone.
Ihr Nachteil ist die langwierige Herstellung, weshalb sie wenig angewendet wird.

Eine stark beachtete Neuentwicklung bei Kombischablonen sind die sogenannten Kapillar-Filme. Sie werden auf ein entfettetes und noch feuchtes

Sieb übertragen, wodurch Staubeinschlüsse zwischen Gewebe und Film vermieden werden. Mit einem Rakelzug wird danach der Kapillar-Film in das Gewebe gedrückt und das restliche Wasser abgezogen.
Wie tief das Gewebe dabei einsinkt, hängt davon ab, wie weit der Film durch das Wasser bereits angelöst ist. Die Schichtdicke ist also steuerbar. Beim Kapillar-System wird mit einer geringen Schichtdicke ein guter Strukturausgleich erreicht. Der reproduzierbare Tonwertbereich ist relativ groß. Die Übereinstimmung zwischen Kopiervorlage und Schablone ist deutlich besser als bei der indirekten Fotoschablone.

▼

1. Wie unterscheiden sich direkte und indirekte Fotoschablonen in der Herstellung?
2. Warum ermöglicht die Direktschablone hohe Auflagen und die Indirektschablone randscharfe Druckergebnisse?
3. Warum ist es im Siebdruck schwierig, feine Raster anzuwenden?
4. Was versteht man unter Maschenüberquerung und Strukturausgleich bei Fotoschablonen?

8 Drucktechnik

Das Wort Drucktechnik ist ein Sammelbegriff für alle technischen Vorgänge, die bei der Informationsübertragung von Druckformen auf Bedruckstoffe von Bedeutung sind. Mit Beginn des 19. Jahrhunderts haben sich verschiedene handwerkliche und industrielle Verfahren mit entsprechender Geräte- und Maschinentechnik entwickelt.

8.1 Grundbegriffe des Druckens

Der Begriff Drucken kommt von „drücken“ oder „pressen“. Druckmaschinen werden oft Druckpressen genannt. Dieser Ausdruck ist aber weder sprachlich noch physikalisch korrekt, weil Drucken und Pressen dasselbe bedeutet.

In der Physik ist Druck gleich dem Quotienten aus Kraft und gedrückter Fläche, gemessen in bar oder Pascal. 1 bar = 100 000 Pascal. (N ≙ Newton).

$$\text{Druck} = \frac{\text{Kraft}}{\text{Fläche}} \qquad 1\ \text{bar} = \frac{10\ \text{N}}{\text{cm}^2}$$

Beim Drucken wird also Kraft wirksam. Die Wirkung einer Kraft hängt ab von ihrem Betrag, ihrer Richtung und ihrem Angriffspunkt. Kräfte verformen Körper oder setzen sie in Bewegung. Wirken jedoch auf einen Körper zwei Kräfte gleichen Betrags in entgegengesetzter Richtung ein, so bleibt der Körper in Ruhe. Es herrscht Kräftegleichgewicht. Anders gesagt: Druck erzeugt Gegendruck.

Als Johannes Gutenberg im Jahr 1440 zum erstenmal auf seiner Druckpresse mit beweglichen Lettern druckte, da kannte er nur die Muskelkraft. Mit ihr allein mußte vorhandene Energie in Bewegung gesetzt werden. Bei der Energieübertragung kann man sich die Arbeit erleichtern, wenn man den Weg mit einkalkuliert. Bei der Hebelwirkung, die auch Gutenberg sich schon nutzbar machte, stehen Weg und Kraft in Beziehung zueinander. Durch einen längeren Weg kann die Kraft verringert werden. Das ist das Prinzip des Flaschenzugs. Arbeit ist das Produkt aus konstanter Kraft in einer bestimmten Wegrichtung, multipliziert mit dem Weg. Die physikalische Formel lautet:

Arbeit = Kraft · Weg   oder: $W = F \cdot s$

Im Jahr 1769 erfand James Watt die Dampfmaschine. Das war die erste Kraftmaschine, die Bewegung in Energie umsetzen konnte. Weitere Kraftmaschinen kamen später hinzu. Sie treiben wieder andere Maschinen an, die Arbeiten verrichten. So treibt beispielsweise ein Elektromotor als Kraftmaschine die Druckmaschine an, die deshalb zu den Arbeitsmaschinen zählt.

Druckfaktoren. Im engeren fachlichen Bereich verstehen wir unter Drucken eine Vervielfältigungstechnik. Es handelt sich dabei um die Wiedergabe von Texten und Bildern in beliebiger Anzahl. Die textlichen und bildlichen Darstellungen wurden mit färbenden Substanzen wie Druckfarben auf Bedruckstoffe, meistens Papier, übertragen. Dazu braucht man Druckformen, die die Farbe annehmen und weitergeben. In der Druckmaschine wird der Druckkörper als Fläche oder Zylinder gegen die eingefärbte flache oder runde Druckform gepreßt, die Gegendruck ausübt. Druck und Gegendruck ermöglichen den eigentlichen Druckvorgang. Dabei wird der Bedruckstoff zwischen Druckform und Druckkörper mit dem Druckbild versehen, also „bedruckt“. Voraussetzung ist, daß die Form vorher mit Farbe in der geeigneten Konsistenz eingefärbt worden ist.

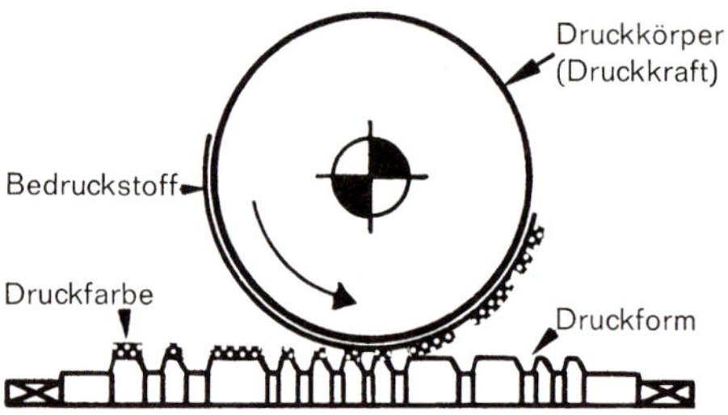

Bild 294.1. Druckfaktoren.

▼

1. Erläutern Sie die Begriffe Kraft, Arbeit und Druck anhand eines Physikbuches!
2. Was versteht man im fachkundlichen Bereich unter „Drucken“?
3. Nennen Sie einige Kraftmaschinen und einige Arbeitsmaschinen, und geben Sie ihre unterschiedlichen Funktionen an!
4. Vier Faktoren bewirken den Druckvorgang. Wie heißen sie, und welche Funktion haben sie?
5. Was bedeuten die physikalischen Einheiten W, F, s ?
6. Welche Kraft ist erforderlich, wenn in einer Druckpresse eine flache Bleisatzform von 15 cm x 21 cm Größe gedruckt werden soll und für den einwandfreien Druck 600 N/cm² erforderlich sind?

Bild 295.1. Buchdruckpresse aus dem im Jahre 1568 erschienenen „Ständebuch" des Jost Amman.

Druckphasen. Der Druckvorgang vollzieht sich in vier Phasen: 1. Anlegen, 2. Einfärben, 3. Drucken, 4. Auslegen.

Das **Anlegen** ist ein paßgenaues Zuführen des Bedruckstoffes an die Druckzone. Jahrhundertelang wurde es manuell ausgeübt. Heute erfassen Druckmaschinen mit Hilfe einer Ansaugvorrichtung den Druckbogen und befördern ihn an die Stelle, wo er bedruckt werden soll. Bei der Rollenrotation wird die Papierbahn durch die Maschine gezogen.

Das **Einfärben** durch Walzensysteme geht ebenfalls automatisch vor sich. Die Walzen verreiben die Druckfarbe und färben die Formen ein. Der Drucker hat lediglich für ausreichende Farbmenge, richtige Walzeneinstellung und richtige Farbkonsistenz zu sorgen.

Das **Drucken** erfolgte früher vor allem als Abdruck der vollen Fläche für die einzelne Druckseite. Bei den heutigen großformatigen rotativen Druckmaschinen werden zugleich viele Seiten in einer Druckform zusammengefaßt und in aufeinanderfolgenden Druckstreifen von etwa 10 mm Breite gedruckt. Das Drucken in Streifen vermindert den Aufwand an Druckkraft gegenüber dem Drucken einer ganzen Fläche um ein Vielfaches und erhöht zugleich die Druckleistung der Maschine.

Das **Auslegen** geschieht über Auslegesysteme. Bogen werden gestapelt, Papierbahnen werden aufgerollt oder in der Maschine zerschnitten, gefalzt und ausgelegt. Beim Auslegen muß vermieden werden, daß das frischbedruckte Produkt abliegt (abfärbt). Häufig werden frische Druckbogen mit einem besonderen Pulver bestäubt. Bei langsam trocknenden Farben, gelegentlich im Siebdruck oder im Stahlstichprägedruck, ist es erforderlich, die Druckprodukte manuell nebeneinander auszulegen. Bei schnell laufenden Maschinen im Offsetdruck und Tiefdruck gibt es zur Beschleunigung der Trocknung besondere Systeme, etwa beheizte Zylinder oder Trockenstrecken.

▼

1. Nennen Sie die vier Phasen beim Druckvorgang!
2. Auf welche Weise wird die Druckform eingefärbt?
3. Wie kann vermieden werden, daß frische Drucke im Stapel abliegen?
4. Erklären Sie den Begriff Konsistenz!

Druckprinzipe. Der Druckvorgang ist abhängig von der Art der Druckmaschine und der dazugehörenden Bauweise von Druckkörper und Druckform. Drei unterschiedliche Prinzipe können hier unterschieden werden.

1. Prinzip: **Fläche gegen Fläche**
Die Druckform ist flach; der Druckkörper ist ebenfalls flach. Er druckt mit seiner vollen Fläche gegen die Form. Diese Art des Druckens war früher sehr häufig, kommt aber heute nur noch sehr selten vor, beispielsweise im Hochdruck bei den Tiegeldruckpressen.

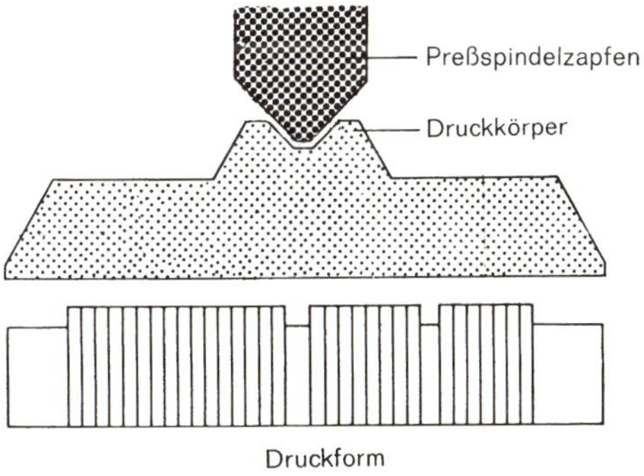

Bild 295.2. Schematische Darstellung des Drucks Fläche gegen Fläche.

2. Prinzip: **Zylinder gegen Fläche**
Die Druckform ist flach; der Druckkörper ist zylindrisch. Nur ein schmaler Streifen druckt jeweils auf die Form. Die Angriffsfläche verlagert sich ständig. Flachliegende Druckformen gab es vor allem noch im Hochdruck bei den Flachformzylindermaschinen, häufig Schnellpressen genannt.

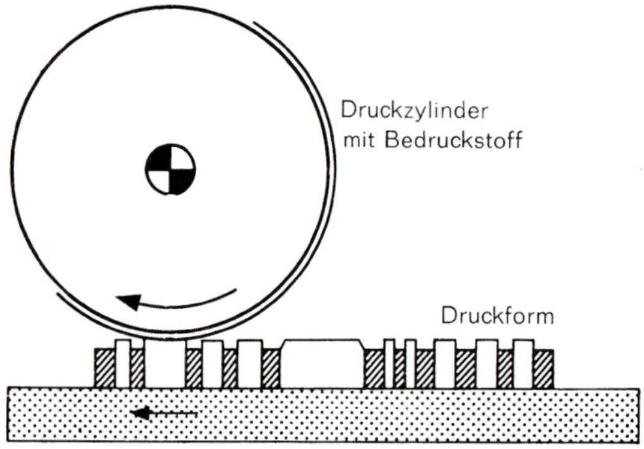

Bild 296.1. Druckprinzip Zylinder gegen Fläche.

3. Prinzip: **Zylinder gegen Zylinder**
Die Druckform ist zylindrisch oder auf einen Zylinder montiert; der Druckkörper ist ebenfalls zylindrisch. Die Druckabwicklung erfolgt auch hier streifenweise. Dieses Druckprinzip finden wir heute bei den meisten Druckmaschinen, vor allem im Offsetdruck und im Tiefdruck. Im Hochdruck wird es bei den Bogen- und Rollen-Rotationsdruckmaschinen angewendet.

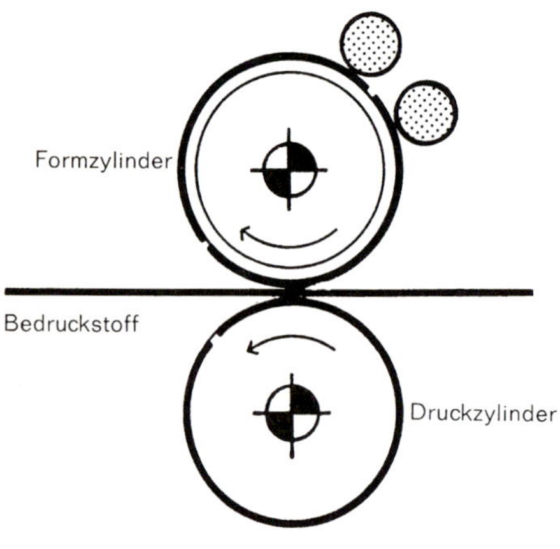

Bild 296.2. Druckprinzip Zylinder gegen Zylinder.

Bei den drei Druckprinzipien wurde bisher davon ausgegangen, daß die eingefärbte Druckform das Druckbild unmittelbar auf den Bedruckstoff überträgt. Man nennt dies auch direkten Druck mit seitenverkehrtem Druckbild und benötigt dazu zwei Bauelemente. Im Offsetdruck und Lettersetdruck wird dagegen indirekt gedruckt. Hier wird das Druckbild über einen Zwischenträger, das Gummituch, auf den Bedruckstoff übertragen. Diese Maschinen benötigen deshalb drei Zylinder, also zusätzlich den Übertragungszylinder, auf den das Gummituch gespannt wird. Mit geringem

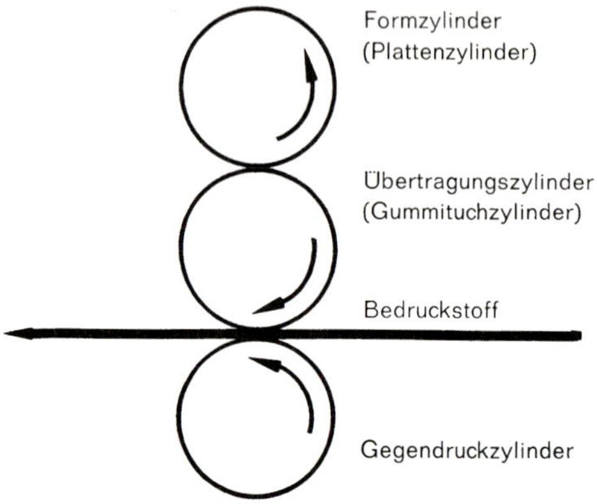

Bild 296.3. Schematische Darstellung des indirekten Druckens.

Druck rollen die drei Zylinder gegeneinander ab. Die entsprechende Druckform besitzt ein seitenrichtiges Druckbild.

Andruck. Bevor der Auflagendruck erfolgt, wird der Drucker sich bei allen Druckverfahren durch einen ersten Andruck davon überzeugen, ob die bisherige Informationsübertragung ohne Abweichungen oder Fehler vollzogen wurde und das gewünschte Druckergebnis erreicht werden kann. Der Andruck ist also eine wichtige Zwischenstufe zur Kontrolle der Druckvorlagen – das sind heute meistens reproduktionstechnisch bearbeitete Filme – sowie zur Kontrolle der in der Kopie gefertigten Druckplatten. Maßstab für die Andruckqualität müssen aber die technischen Möglichkeiten des Fortdrucks sein.

Der Andruck liefert:
1. Abzüge auf Papier, beim Mehrfarbendruck einzelne Farbdrucke für die Plus- und Minuskorrekturen der Reproretusche.
2. Druckmuster mit Farbskala und Kontrollstreifen, nach denen sich der Drucker beim Fortdruck richtet. Eine Vierfarbskala besteht im allgemeinen aus 7 Bogen: vier Einzelfarben und drei Farbmischungen.
3. Für den Kunden ein Druckmuster zur Begutachtung.

Der Andruck erfolgt auf Ein- oder Mehrfarben-Andruckmaschinen. Andruck und Fortdruck sind nur vergleichbar, wenn auch die Bedingungen ähnlich sind, insbesondere Bedruckstoff, Druckfarben, Farbreihenfolge und Farbstärke mit dem späteren Fortdruck übereinstimmen. Die Volltonfärbung, der Rastertonwert im Druck und die Farbannahme beim Zusammendruck müssen verglichen werden. Die Kontrolle erfolgt visuell oder densitometrisch, vor allem am mitgedruckten Meßstreifen.

Auflagendruck. Dem Andruck folgt der Auflagendruck, auch Fortdruck genannt. Dazu sind an den Maschinen zum Teil umfangreiche Vorarbeiten nötig, die als Rüsten bezeichnet werden, zum Beispiel: Ein- und Ausrichten der Druckplatten, Farbmischen, Kontrollieren der Farbverreibung, Prüfen der Feuchtung bei Offsetdruckmaschinen, Papierstapel einlegen, Einstellungen am Anlegeapparat, an Greifern, am Auslegeapparat, Vorbereiten der Druckbestäubung, Prüfen der Druckbeistellung und Druckabwicklung, Anfertigen von Probedrucken und anderes mehr.

Beim Fortdruck muß der Drucker immer wieder Kontrollbogen entnehmen und überprüfen. Die Kontrolle bezieht sich vor allem auf die saubere Übertragung des Druckbildes, auf den Bedruckstoff, die Passergenauigkeit und die gleichmäßige Farbgebung. Gegebenenfalls sind Maschineneinstellungen zu korrigieren.

Druckmaschinen. Zur Kennzeichnung der Druckmaschinentypen wird nicht nur das Druckprinzip gewählt. Je nach Druckverfahren spricht man beispielsweise von Flexodruck-, Offsetdruck- oder Tiefdruckmaschinen. Außerdem wird auch die Zuführung des Bedruckstoffes zur Benennung gewählt. In den Bogendruckmaschinen werden einzelne Bogen nacheinander vom Stapel gedruckt. In den Rollendruckmaschinen wird von einer Papierrolle kontinuierlich gedruckt. Ein weiteres Benennungsmerkmal ist die Anzahl der in einem Druckgang zu druckenden Farben. Man spricht von Einfarbendruckmaschinen, wenn bei einem Maschinendurchlauf nur eine Farbe und der Bedruckstoff nur einseitig bedruckt werden kann. Mehrfarbendruckmaschinen ermöglichen bei einem Durchlauf das Drucken von mehreren Farben auf einer Seite des Bedruckstoffes ohne Zwischentrocknung. Ermöglicht die Maschine das ein- oder mehrfarbige Bedrucken der Vorder- und Rückseite des Bedruckstoffes in einem Durchlauf, so spricht man von Schön- und Widerdruckmaschinen.

Druckmaschinen sind Industrieprodukte mit mechanischer Präzision, heute ergänzt durch elektronische Steuerung und Kontrolle. Große Bauelemente sind: Fundament, Anleger, Druckwerk, Farbwerk, Ausleger und Antrieb. In diesen großen Bauelementen haben viele einzelne Maschinenteile ihre Funktion als Kraftübertragungselemente: Zylinder, Getriebe, Wellen, Walzen, Achsen, Lager, Zahnräder, Ketten und Kupplungen.

Zylinder dienen direkt dem Drucken; sie nehmen Druckplatte und Bedruckstoff auf. Wellen übertragen Drehbewegungen, Achsen dienen dem Tragen von Lasten, Walzen sorgen für den Transport. Diese Elemente werden in Lagern geführt. Man unterscheidet Gleitlager und Wälzlager. Die Bauweise und Funktion der Getriebe ist sehr unterschiedlich. Rollengetriebe übertragen Drehungen der Walzen im Farbwerk, Schraubengetriebe wandeln drehende Bewegung in geradlinige Bewegung um. Kurvengetriebe ermöglichen durch Unrundscheiben sehr unterschiedliche Bewegungsabläufe, wie das Schließen und Öffnen von Greifern. Kurbelgetriebe wandeln Drehbewegungen in Schwingbewegungen um. Sperrgetriebe sperren oder spannen oder schalten taktweise. Riemengetriebe übertragen Kraft durch Reibung. Man unterscheidet Flachriemen, Keilriemen, Rundriemen und Zahnriemen.

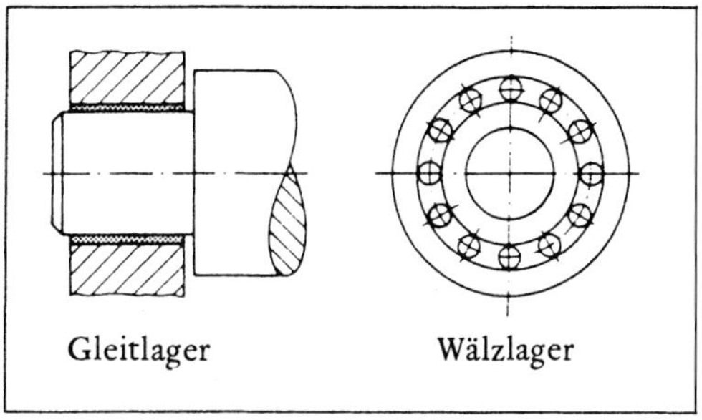

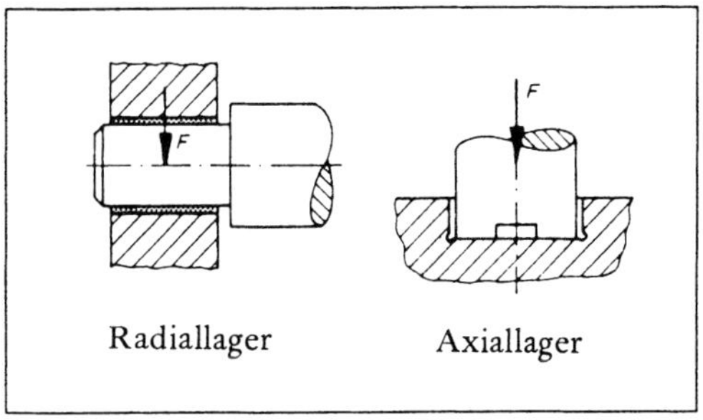

Bild 297.1. Beispiele für Lager in Druckmaschinen.

Mit Gelenkgetrieben läßt sich gleichmäßige Drehbewegung in hin- und herschwingende Bewegung verändern, zum Beispiel die seitliche Verreibung der Farbe im Farbwerk vornehmen. Kettengetriebe dienen der Übertragung von Zugkräften oder dem Transport bei der Bogenzufuhr und Bogenauslage. Kupplungen verbinden oder trennen sich bewegende Maschinenteile, hauptsächlich Wellen. Äußerst auffällige Bauelemente sind die Rädergetriebe. Die Zahnräder haben unterschiedliche Durchmesser und übertragen Drehbewegungen bei direktem Zahneingriff sehr genau. Man unterscheidet Stirnräder, Kegelräder, Schneckenräder und Schraubenräder. Die Zahnung kann gerade, schräg oder pfeilartig sein.

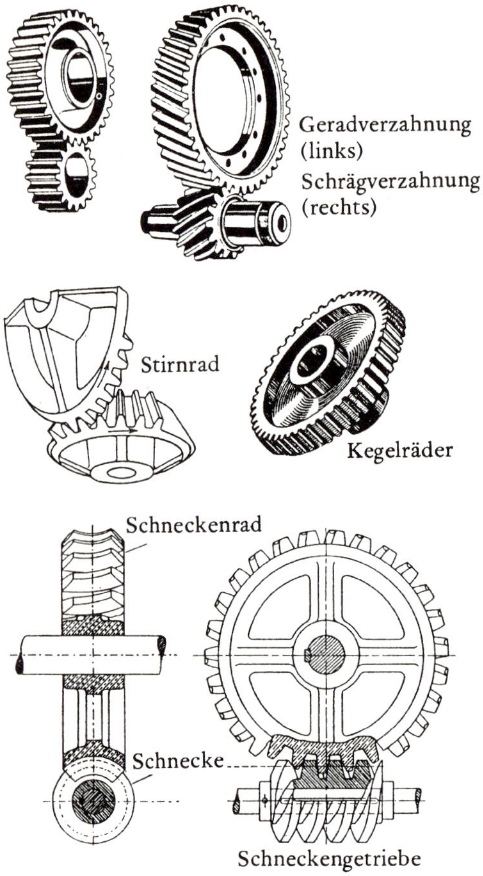

Bild 298.1. Beispiele für Zahnräder.

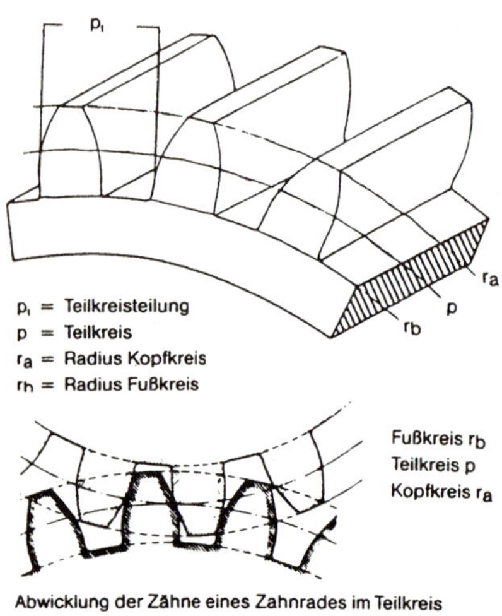

Bild 298.2. Abwicklung der Zähne eines Zahnrades im Teilkreis.

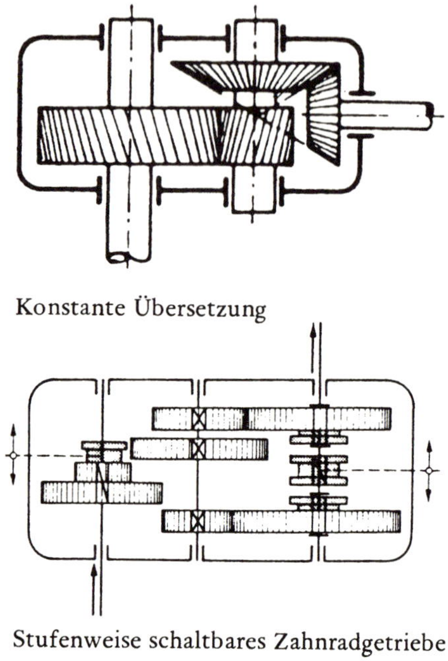

Bild 298.3. Beispiele für Zahnradgetriebe.

Schrauben, Muttern, Keile, Stifte und Federn sind Verbindungselemente. Schrauben und Bolzen sichern lösbare Einzelteile mit bzw. ohne Gewinde. Bei Muttern unterscheidet man je nach Bauart die Sechskant-, Hut-, Loch-, Flügel-, Kronen- und Rändelmutter. Keile dienen vor allem zum Befestigen von Rädern, Kurbeln und Scheiben auf einer Welle. Stifte sind Mitnehmerverbindungen an Wellen, Achsen, Zahnrädern und Hebeln. Druckfedern, Zugfedern sowie Blatt-, Spiral-, Teller- und Schraubfedern übertragen oder speichern Kräfte.

Durch **Steuern und Regeln** wird der Druckprozeß in den Druckmaschinen vom Menschen manuell oder automatisch beeinflußt. Einstellungen werden vorgenommen und Abweichungen korrigiert. Mit Steuern bezeichnet man einen Eingriff in den Arbeitsablauf, ohne daß ein interner Soll-Ist-Vergleich stattfindet. Regeln bedeutet, daß nach einer Sollwertvorgabe und einer momentanen Istwertaufnahme in einem geschlossenen Wirkungskreis ein permanenter Soll-Ist-Vergleich vorgenommen und der Istwert stets dem Sollwert neu angepaßt wird.

Mittel der Steuerungstechnik sind hydraulische, pneumatische und elektronische Bauelemente. Hydraulik – Steuerung von Maschinen durch Flüssigkeiten – wird eingesetzt, wenn in Anlagen große Kräfte benötigt werden. Pneumatik – Steuerung von Maschinen durch Luftdruck – wird verwendet, wenn Arbeitsfunktionen mit kleiner Kraft sehr schnell und sicher geführt werden sollen. Elektronik organisiert und kontrolliert vor allem Datenprozesse in schnellen Systemen und dient der Feinstregulierung und Automation.

Auch wenn der Drucker kein Betriebsmechaniker ist, muß er dennoch die Funktion all dieser Maschinenelemente kennen und gegebenenfalls mit Spezialwerkzeug umgehen können. An Werkzeugen benutzt der Drucker neben Schraubschlüssel, Schraubenzieher, Zange noch Zurichtmesser, Schere, Ahle, Farbspachtel, Meterstab, Stechzirkel, Fadenzähler, Fühl- und Schieblehre, Mikrometerschraube und Meßuhr.

▼

1. Welche Druckprinzipe unterscheidet man?
2. Welche Vorteile hat die zylindrische Druckform im Vergleich zu einer flachen Druckform?
3. Warum erfordert Flächendruck mehr Druckkraft als Rotationsdruck?
4. Welche Bedeutung hat der Andruck?
5. Erläutern Sie die Begriffe: direkter Druck, indirekter Druck, Steuern, Regeln, Hydraulik, Pneumatik, Elektronik!
6. Notieren Sie alle Vorgänge, die zum Einrichten der Druckmaschine gehören!
7. Suchen Sie einzelne im Text erwähnte Maschinenelemente an einer Druckmaschine. Beobachten Sie die Funktionsabläufe!
8. Was versteht man unter Fortdruck?
9. Nennen Sie Getriebekonstruktionen!
10. Wie unterscheiden sich Druckmaschinen?

8.2 Hochdruckverfahren

Das rotative Prinzip des Offsetdrucks mit seinen höheren Druckgeschwindigkeiten und den leichteren Druckplatten hat den klassischen Hochdruck mit seiner zeitaufwendigen und schweren Druckform seit Mitte der sechziger Jahre zunehmend verdrängt. Nur noch etwa 20 % aller Druckprodukte werden in Deutschland im Hochdruck – vorwiegend im Flexodruck – hergestellt.

Beim Hochdruck kommen alle drei Druckprinzipe vor: Fläche gegen Fläche, Zylinder gegen Fläche, Zylinder gegen Zylinder. Die flachliegenden Druckformen sind entweder Bleisatz oder Klischees verschiedener Art. Gerundete Formen werden nur im Rotationsdruck verwendet. Früher waren es Rundstereos und Rundgalvanos, heute sind es flexible Ganzformdruckplatten und Flexodruckzylinder. Im Hochdruck unterscheidet man den direkten und den indirekten Hochdruck.

8.2.1 Direkter Hochdruck

Direkter Hochdruck war seit Gutenberg der Druck mit der Bleisatzform. Erst im 19. Jahrhundert wurden auch Fotografien druckfähig durch die industriellen Verfahren der Zinkätzung und Galvanotechnik. Man bezeichnete die druckfähigen Bilder als Autotypien, ihre Druckform als Klischee. Seit fünfzig Jahren entwickelte sich, ausgehend von der Vulkanisiertechnik des Gummiklischees, der moderne Flexodruck.

8.2.1.1 Buchdruck

Der Buchdruck ist das älteste Druckverfahren. Der Name stammt daher, daß ursprünglich nur Bücher gedruckt wurden; später kamen andere Drucksachen dazu. Auch wenn der Hochdruck mit Bleisatzform nicht mehr vorkommt und der traditionelle Buchdrucker als Ausbildungsberuf nicht mehr existiert, soll das Verfahren hier doch noch erwähnt werden.

Vor Druckbeginn sind vorbereitende Arbeiten erforderlich: das **Formschließen,** der Aufzug und die Zurichtung. Das Schließen der flachen Bleidruckform geschieht mit Schließwerkzeugen im Schließrahmen. Das muß ganz gleichmäßig geschehen, damit alle Teile der gesamten Druckform rechtwinklig und standgenau zusammenhalten.

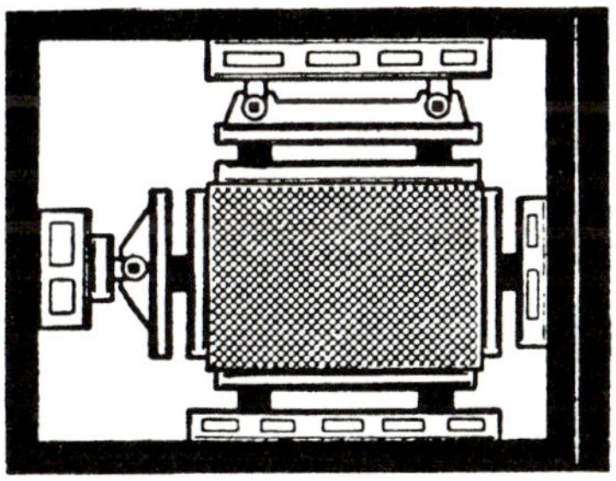

Bild 299.1. Auf Drehpunkt geschlossene Form für Tiegeldruckpressen (OHT).

Der metallische Druckkörper als Tiegelfläche oder Zylinder darf nicht unmittelbar gegen die Druckform gepreßt werden. Dabei wäre ein Druckvorgang im eigentlichen Sinne gar nicht möglich. Nicht nur ungleiche Druckkraft, sondern vor allem Beschädigungen der Druckform wären die Folge. Der Drucker muß also dafür sorgen, daß zwischen Druckkörper und Druckform elastische Schichten aufgebaut werden, die den Druck ermöglichen. Er befestigt auf dem Druckkörper den sogenannten **Aufzug.** Der Aufzug besteht aus weichen Schichten, wie Karton, Pappe, Gummi. Seine Härte muß der Druckform angepaßt sein; er ist weich, mittelweich oder hart.

Ein einheitliches, gleichmäßiges Druckbild kann auch mit dem besten Aufzug nicht erzielt werden. Die Einzelteile einer Hochdruckform sind sehr vielfältig: Satz aus Drucktypen, Linienformen, harte oder elastische Klischees verschiedener Größe und Eigenart wie Strichätzungen und Autotypien machen im allgemeinen einen besonderen Höhenausgleich erforderlich, die sogenannte **Zurichtung.**

Bild 300.1. Auswirkungen unterschiedlichen Drucks: 1. Normaler Druck ergibt einen klaren, scharfen Abdruck. 2. Zu starker Druck: Verbreiterter, unscharfer Abdruck. 3. Zu schwacher Druck: Der Abdruck wirkt grau.

Durch die Ausgleichszurichtung soll gleichmäßiger Druck über die ganze Druckform erzielt werden. Dazu dienen dünne Papiere in verschiedenen Stärken. Diese Papiere können zur Verstärkung des Drucks an bestimmten Stellen unter das Klischee oder direkt unter der Druckplatte (Plattenzurichtung) angebracht werden. In den meisten Fällen wird die Ausgleichszurichtung jedoch in den Aufzug eingebaut.

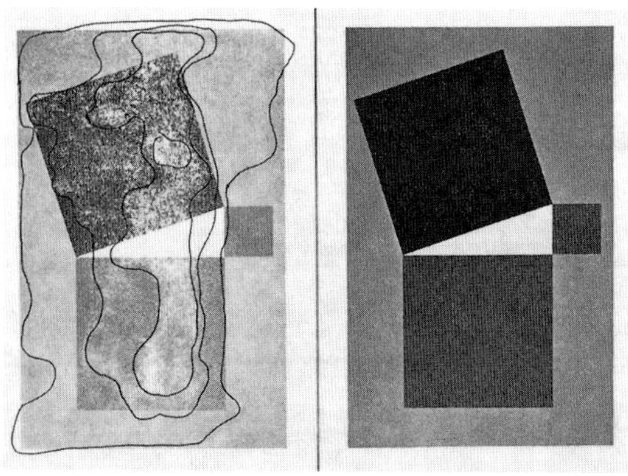

Bild 300.2. Angezeichneter Zurichteabzug. Fertiges Druckergebnis.

Eine besondere Kraftzurichtung ist immer dann erforderlich, wenn dunkle Stellen innerhalb eines Bildmotivs oder dunkle Stellen einer Druckform, beispielsweise Balken und Flächen, deutlicher hervortreten sollen.

Der technische Fortschritt verlagerte sich eindeutig zum Fotosatz und Offsetdruck. Zunächst versuchte man noch, die Vorteile der rotativen Druckform für den Hochdruck nutzbar zu machen, indem man gerundete Hochdruckformen auf Zylindermäntel spannte oder klebte.

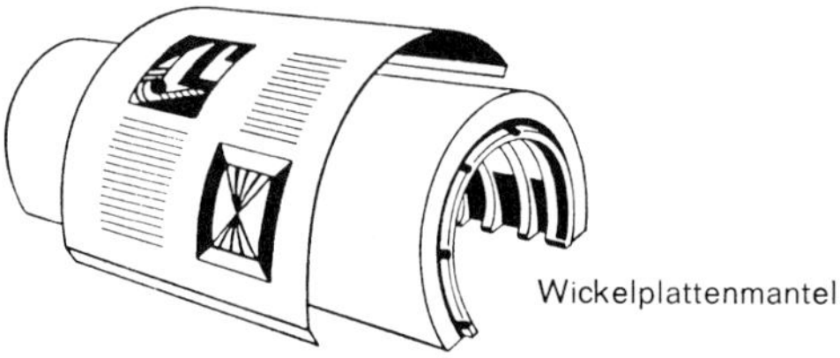

Bild 300.3. Auswechselbare Rundformzylindermäntel im Hochdruck.

Der Ersatz der Metalle Blei, Zink und Kupfer durch Kunststoff eröffnete den Weg zu einer flexiblen Ganzform, die heute als Fotopolymerplatte, z. B. Nyloprint, Dycril, noch im Zeitungsdruck und Verpackungsdruck benutzt wird. Beim Verwenden von Ganzformen im Rotationsdruck entfällt das Zurichten weitgehend. Die Druckplatten werden auf den Formzylinder der Rotationsmaschine gespannt.

Hochdruckmaschinen für Bleisatz kommen in den Betrieben nur noch selten vor. Ihre Produktion wurde vor mehr als einem Jahrzehnt eingestellt. Sie gliederten sich nach Konstruktionsmerkmalen in:

1. Tiegeldruckpressen,
2. Flachformzylindermaschinen,
3. Rotationsdruckmaschinen.

In den Tiegeldruckpressen und den Flachformzylindermaschinen wurde die flache Bleisatzdruckform oder das flache Zink- und Kunststoffklischee verwendet. In den Rotationsdruckmaschinen benutzte man die gerundeten Bleistereos und später die flexible Ganzform aus Fotopolymeren auf Stahlblechunterlage.

Tiegeldruckpressen arbeiteten nach dem Prinzip Fläche gegen Fläche. Als Tiegel bezeichnete man den Druckkörper, der – mit einem Aufzug bespannt – den Gegendruck ausübte. Der Druck der ganzen Form geschah gleichzeitig. Das konnte zu besonderen Druckschwierigkeiten führen. Wenn sich der Tiegel zu rasch von der Druckform entfernte oder der Druck schlagartig einsetzte, konnte es geschehen, daß besonders beim Druck größerer Flächen die Farbe perlte oder das Papier rupfte. Ursache dafür waren die zu strenge Druckfarbe, das zu locker gestrichene Papier oder zu hohe Druckgeschwindigkeit. Auf

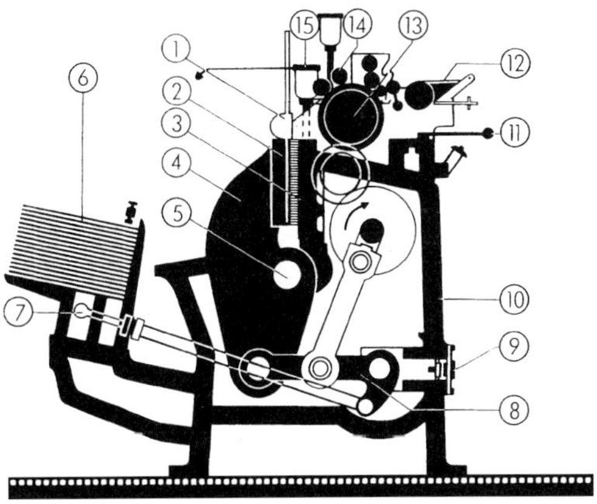

Bild 301.1. Schemazeichnung eines Original Heidelberger Tiegeldruckautomaten: 1 Rotierendes Greiferpaar für den Papiertransport, 2 Tiegeldruckfläche, 3 Schriftfundament, 4 Drucktiegel, 5 Drucktiegelwelle, 6 An- und Ablegestapel, 7 Druckverstellung, 8 Kniehebelsystem, 9 Sicherung gegen Drucküberlastung, 10 Grundgestell, 11 Einhebel-Zentralschmierung, 12 Farbkasten mit durchsichtigem Deckel, 13 Farbwerk mit abstellbaren Auftragwalzen und eingebauter Walzenwascheinrichtung, 14 Auftragwalzen auf Kugellagern, 15 Puderapparat.

Tiegeldruckpressen konnte man Papierformate bis zu DIN A3 bedrucken. Die Druckgeschwindigkeit betrug bis zu 5000 Drucke pro Stunde.

Am meisten verbreitet war der Original Heidelberger Tiegeldruckautomat (OHT). Die Bogen wurden hier automatisch an- und abgelegt. Ein Zylinderfarbwerk mit zwei oder drei Auftragwalzen sorgte für gute Verreibung und Einfärbung. Zum Walzenwaschen war eine Waschanlage eingebaut.

Zum Stanzen, Rillen und Perforieren gibt es für die Verpackungsindustrie heute auch einen Heidelberger Tiegel als reinen Stanzautomaten ohne Farbwerk. Ein anderes Einsatzgebiet der Tiegel ist das Blindprägen ohne Druckfarbe.

▶ Nähere Informationen über das Stanzen finden Sie auf Seite 417.

Flachformzylindermaschinen werden nicht mehr gebaut. Bei diesen Maschinen war die Druckform flach, der Druckkörper dagegen zylindrisch. Der abrollende Druck ergab andere Druckbedingungen als beim Tiegel. Da der Druck streifenweise erfolgte, war weniger Druckkraft erforderlich. Mit den Flachformzylindermaschinen wurden daher Druckbogenformate von DIN A3 bis DIN A0 bedruckt. Der Druckzylinder bewegte sich um eine starre Achse, die sich nur heben und senken konnte, während das Formbett, auch Karren genannt, sich vor- und zurückbewegte.

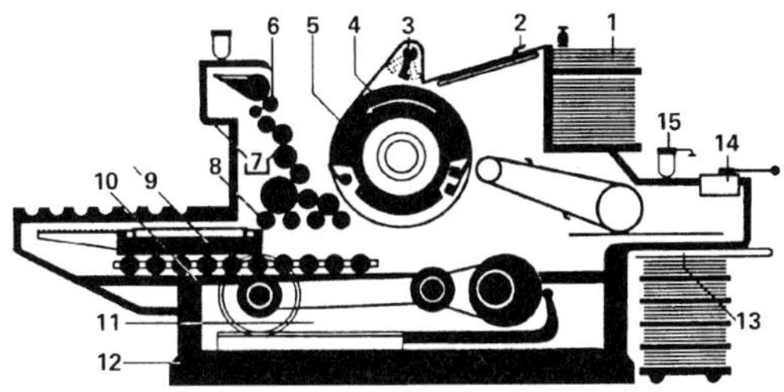

Bild 301.2. Flachformzylindermaschine OHZ in der Seitenansicht (Produktion eingestellt). 1 Anlagestapel mit Vorstapeleinrichtung, 2 Bogentransport ohne Rollen, Bänder und Schnüre; Zuführgreifer, die nie verstellt zu werden brauchen, 3 Schwingende Vorgreifer, 4 Schwerer, ständig umlaufender Preßkörper, 5 Frei zugängliches Drucksegment, 6 Zylinder-Farbwerk mit je 3 Verreibwalzen und traversierenden Stahlzylindern, 7 Eingebaute Walzenwascheinrichtung, 8 Vier Auftragwalzen, 9 Massiver Formträger mit frei zugänglicher Form, 10 Vier geschliffene Rollenbahnen, 11 Zahnstange zur Synchronisierung der Satzbettbewegung und der Zylinderumdrehung, 12 Dickwandiges, schweres Grundgestell, 13 Ablagestapel mit Einrichtung zur kontinuierlichen Ablage, 14 Zentralschmierung, 15 Naß- oder Trockenbestäubung.

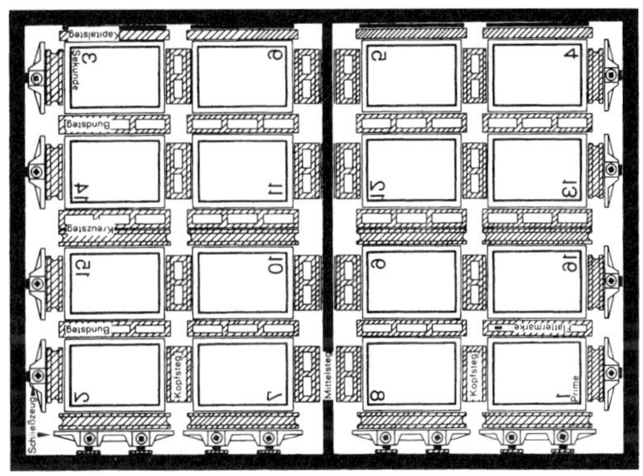

Bild 301.3. Schließrahmen einer Flachformzylindermaschine mit einer sechzehnseitigen Buchdruckform, Hochformat, ausgeschossen in einer Form zum Umschlagen für Maschinenfalz.

Nur beim Vorlauf wurde gedruckt, der Rücklauf des Formbettes war Leerlauf.

Bei **Rotationsdruckmaschinen** waren die Druckform und der Gegendruckkörper zylindrisch. Der Druck konnte fortlaufend erfolgen ohne Leerlauf. Nach dem rotativen Prinzip arbeiteten:

1. Bogen-Rotationsdruckmaschinen,
2. Rollen-Rotationsdruckmaschinen.

Grundsätzlich unterschied man Einfarbenmaschinen, Mehrfarbenmaschinen, Schön- und Widerdruckmaschinen, die entweder nach dem

Prinzip der geschlossenen Bauart oder nach dem Baukastenprinzip konstruiert wurden.

Die **Bogen-Rotationsdruckmaschinen** waren meistens Zweifarbenmaschinen. Da sie kein spezielles Trockenaggregat enthielten, nannte man das Verfahren auch Naß-in-Naß-Druck. Die vom Stapel durch die Maschine laufenden Druckbogen wurden ohne Zwischentrocknung zweifarbig bedruckt und wieder auf einen Stapel abgelegt. Vorzugsweise verwendete man thixotrope Druckfarben. Diese Farben blieben während der Bewegung im Farbwerk flüssig, erreichten aber auf dem Bedruckstoff schnell eine gewisse Festigkeit an der Oberfläche. Die Beschaffenheit des Papiers und die Raumtemperatur waren ebenfalls beeinflussende Faktoren.

Da für Bogen-Rotationsdruckmaschinen nur die begrenzte Qualität der Wickelplatten zur Verfügung stand und das Montieren von Einzelklischees zu zeitaufwendig war, wurden diese Maschinen bald durch den Offsetdruck verdrängt.

Rollen-Rotationsdruckmaschinen werden in Parterrebauweise und Etagenbauweise konstruiert. Die Papierzuführung erfolgt bei laufender Maschine über sogenannte Rollensysteme. Diese Maschinen drucken in einem feststehenden Format in der Länge. Das Format ist durch den Umfang des Zylinders bestimmt. An die Papierbahn der ablaufenden Restrolle wird die neue Rolle automatisch durch Drehung herangeführt und angeklebt. Nach dem Klebekontakt wird die ablaufende Papierbahn der alten Rolle hinter der Klebevorrichtung abgeschnitten.

Während des Drucks können mit Rundmessern Längsschnitte in die Papierbahn gemacht werden. Auf diese Weise kann sie geteilt und verschiedenen Stationen zugeleitet werden. Am Ende der Zeitungsrotationsdruckmaschine sind Querschneider und Falzapparate eingebaut, so daß das Produkt komplett ausgelegt werden kann. Wendestangen sorgen bei Schön- und Widerdruck für das Wenden der Papierbahn.

Rollen-Rotationsdruckmaschinen für Hochdruck werden vereinzelt noch für den Druck von Zeitungen oder billigen Taschenbüchern eingesetzt.

▼

1. Was versteht man im Hochdruck unter dem Begriff Formschließen?
2. Welche Bedeutung hat der Aufzug?
3. Warum wird eine Ausgleichszurichtung durchgeführt?
4. Was ist eine Kraftzurichtung?

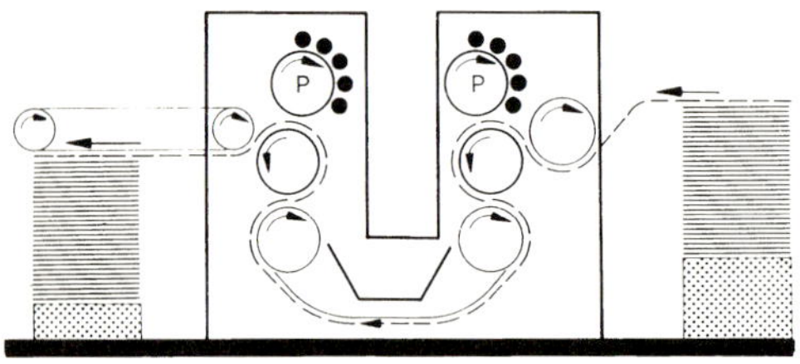

Bild 302.1. Zweifarben-Bogenrotationsmaschine

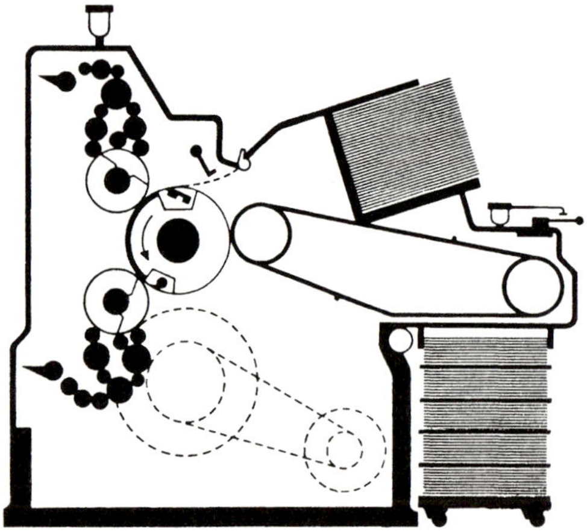

Bild 302.2. Aufbau der Heidelberger Zweifarben-Buchdruck-Bogenrotationsmaschine (Produktion eingestellt).

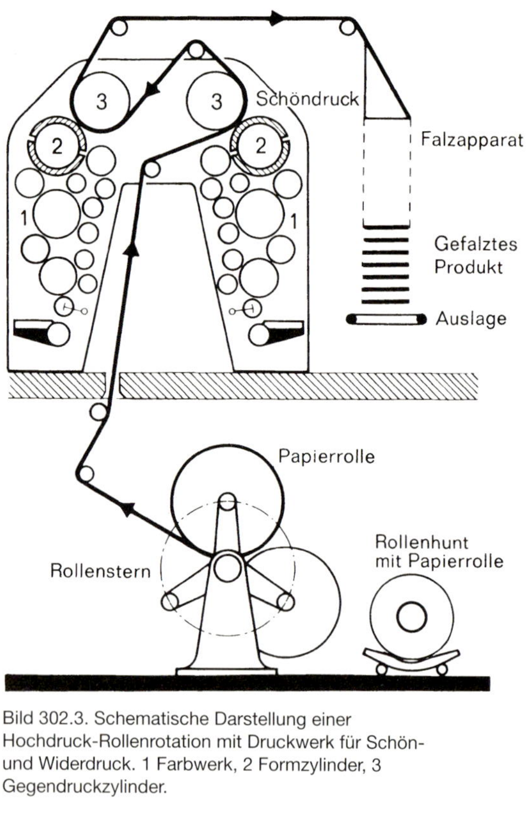

Bild 302.3. Schematische Darstellung einer Hochdruck-Rollenrotation mit Druckwerk für Schön- und Widerdruck. 1 Farbwerk, 2 Formzylinder, 3 Gegendruckzylinder.

5. Warum hat der direkte Hochdruck an Bedeutung verloren?
6. Erklären Sie den Begriff Buchdruck!
7. Nach welchem Druckprinzip arbeiten Tiegelsysteme?
8. Für welche Auftragsarten eignen sich Tiegeldruckpressen?
9. Beschreiben Sie die Funktionsabläufe am Heidelberger Tiegel!
10. Beschreiben Sie ein Flachformzylindersystem!
11. Welchen Vorteil hat der streifenweise Druck im Vergleich zum Flächendruck des Tiegels?
12. Welche Druckformen wurden auf Rotationsdruckmaschinen verwendet?
13. Was ist Naß-in-Naß-Druck?
14. Wann spricht man von Schön- und Widerdruck?
15. Welche Aufgaben haben Querschneider und Falz apparat am Ende der Rollen-Rotationsdruckmaschine?

8.2.1.2 Prägefoliendruck

Eine besondere Variante des direkten Hochdrucks ist der Prägefoliendruck. Er wird als Trockendruckverfahren bezeichnet, weil ohne frische Farbe gedruckt wird. Trockene Farbfolien werden mit Wärme und Anpreßdruck mittels einer Haftschicht auf den Bedruckstoff gepreßt, wobei zugleich das Prägewerkzeug eine geringe Einprägung in den Bedruckstoff vornimmt. Früher fertigte man vor allem einfarbige Papier- und Goldmusterprägungen (Brokatpapiere) und die Bucheinbände mit Blattgoldprägung.

Die Prägung erfolgt flächig, reliefartig oder als Strukturdesign. Beim Bucheinband wird die Bleisatzschrift als Prägewerkzeug benutzt, bei anderen Motiven sind Prägeklischees aus Stahl, Bronze oder Messing graviert worden. Die Schnittiefe beträgt 7 mm. Wichtig ist auch der Konus des Stempels.

Die Prägefolien bestehen aus einem Trägerfilm, meist Polyester oder Pergamin in 12 bis 19 µm Stärke. Auf dem Trägerfilm befindet sich zunächst eine Trennschicht aus wachsartigem farblosen Stoff, die unter Hitzeeinwirkung in einen flüssigen oder gasförmigen Zustand übergeht und eine Trennung der eigentlichen Bildfolie vom Trägermaterial auf den Bedruckstoff ermöglicht. Die optisch wirksame Bildfolie zeigt verschiedene Metall- und Farbeffekte. Es gibt metallisierte Prägefolien, Bronze- und Farbpigmentfolien, Design- und Furnierprägefolien, Diffraktions- und Hologrammprägefolien.

Die Prägetemperatur beträgt 90 bis 130 °C, der Prägedruck variiert nach der Oberflächenbeschaffenheit des Bedruckstoffes, eine gewisse Kontaktzeit für gutes Haftvermögen ist immer notwendig. Für die Produktion werden Zylinderprägeautomaten (rund auf flach) und Rotationsautomaten (rund auf rund) eingesetzt. Etiketten, Glückwunschkarten, Briefbögen, Urkunden, Edelverpackungen, Banknoten, Scheckkarten, Kunstposter und andere werbewirksame und repräsentative Drucksachen werden meistens partiell mit solchen Prägefolien-Effekten verschönert.

▶ Siehe auch Hologramme, Seite 354.

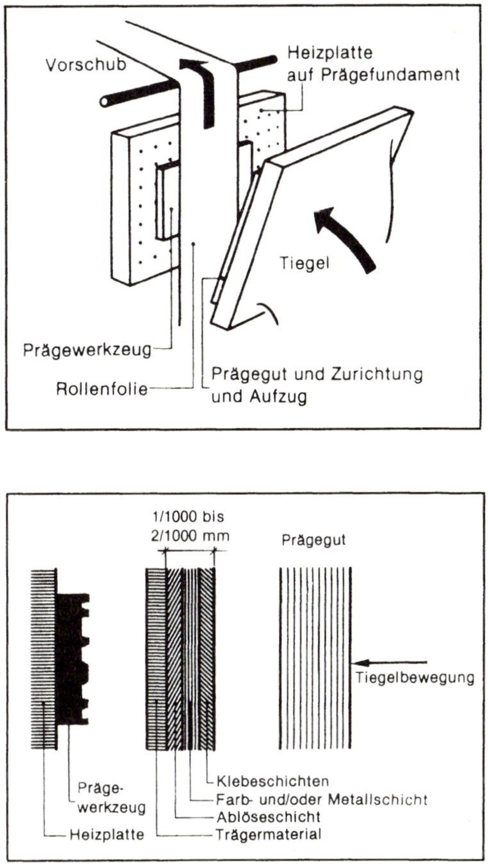

Bild 303.1. Schema Drucktiegel mit Prägeaggregat.

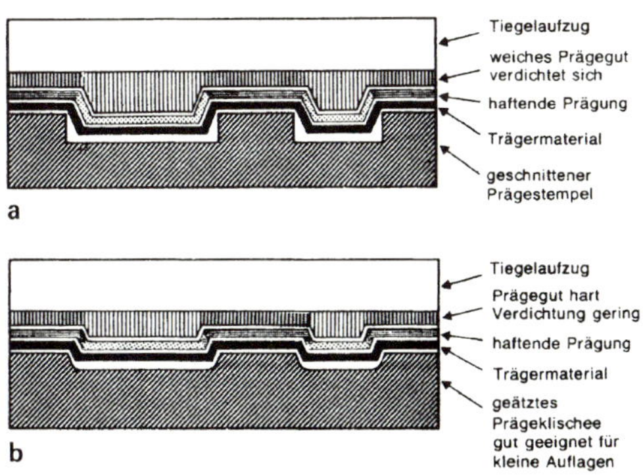

Bild 303.2. Folienprägung: Die Härte des Prägegutes und die Kante (Konus) des Stempels und die Prägetemperatur beeinflussen die Prägequalität. a) gravierter Prägestempel, b) geätztes Prägeklischee.

Bild 304.1. Zylinderprägeautomat, rund auf flach arbeitend.

8.2.1.3 Flexodruck

Eine andere Variante des direkten Hochdrucks entwickelte sich vom Gummiklischee her. Diese durch Vulkanisieren entstandene Duplikatdruckform, auch Flexotypie genannt, wurde mit Klebefolie oder durch magnetisierte Eisenspäne, die in die Gummimasse eingebettet waren, auf den Druckformzylinder montiert. Veränderungen im Stand ließen sich ohne Mühe vornehmen. Wegen der Flexibilität der Druckform war eine besondere Zurichtung nicht erforderlich. Wurde mit einer festen Druckfarbe gedruckt, sprach man vom Verfahren Gummidruck. Verwendete man aber flüssige, schnell verdunstende Farbe aus den Anilinfarbstoffen des Steinkohlenteers, so nannte man das Verfahren Anilindruck.

Das Experimentieren mit Kunststoff hat dazu geführt, daß man heute im Flexodruck neben den Gummidruckklischees ebenso Fotopolymerplatten verwendet und damit auf direktem Weg zur Flexodruckform gelangt. Bekannte Fabrikate sind Letterflex, Flex-Light, Nyloprint, Cyrel, Torelief, Flexomer und andere. Die auf Stahlbleche aufgetragenen Polymerschichten werden direkt über Negativfilm belichtet. Die nichtbelichteten Teile werden ausgewaschen. Nach dem Trocknen erfolgt eine Nachbehandlung. Diese Druckplatten haben im Vergleich zum Gummiklischee eine hohe Druckqualität und gute Farbübertragungseigenschaft. Es ergibt sich eine Auflagenbeständigkeit von mehreren Millionen. Rasterweiten bis 60 Linien je cm können genutzt werden.

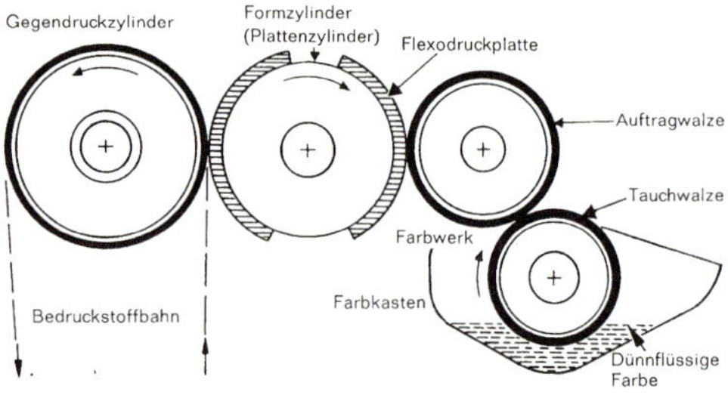

Bild 304.3. Schematische Darstellung des Flexodruckverfahrens.

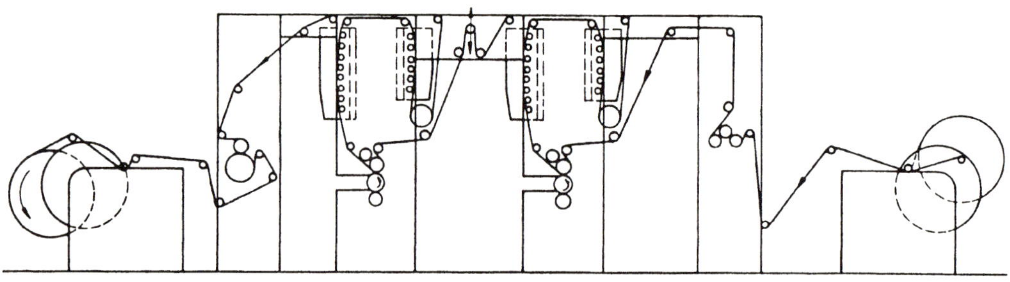

Bild 304.2. Mehrzylinder-Flexodruckmaschine in Reihen bauweise mit Vario-Farb-/Druckwerken. Die Farb-/Druckwerke können ausgewechselt werden, so daß im Flexodruck und auch im Tiefdruck gedruckt werden kann.

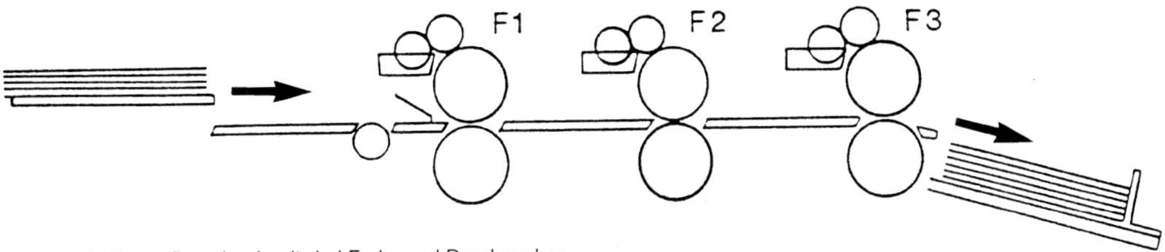

Bild 305.1. Bogenflexodruck mit drei Farb- und Druckwerken.

Eine weitere Variante ist die Gummiwalzengravur mit Laser. Auf einen Walzenkern aus Stahl wird eine Gummischicht aufgezogen. Durch das Gravieren der Oberfläche entsteht eine zylindrische Endlosdruckform. Der Umfang der Zylinder kann unterschiedlich groß sein.

Druckklischees, Druckplatten und Druckformzylinder unterscheiden sich nicht nur durch ihr Format, sondern auch durch ihre Shorehärte, Elastizität und Schichtstärke. Diese Eigenschaftsvarianten richten sich vor allem nach den Bedingungen des Bedruckstoffes.

Während gravierte Druckzylinder in die Maschine eingehängt und Druckplatten auf die Formzylinder gespannt werden, sind Druckklischees auf den Formatzylinder zu montieren. Auf dem gereinigten Zylinder wird doppelseitige Klebefolie aufgebracht, auf diese wird das Klischee paßgenau geklebt. Die Montage kann auf drei verschiedene Arten erfolgen. Bei der manuellen Montage ohne Hilfsgeräte orientiert man sich beim Montieren eines Nutzens an Einteilungslinien in Längs- und Querrichtung. Auf den Klischees werden Paßkreuze und Paßlinien angebracht.

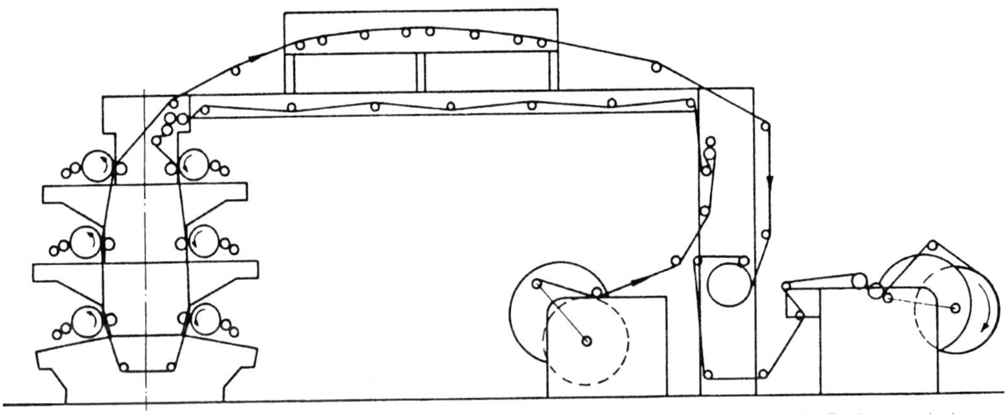

Bild 305.2. Sechsfarben-Mehrzylinder-Flexodruckmaschine. Die Farb-/Druckwerke sind paarweise im Baukastenprinzip übereinander angeordnet.

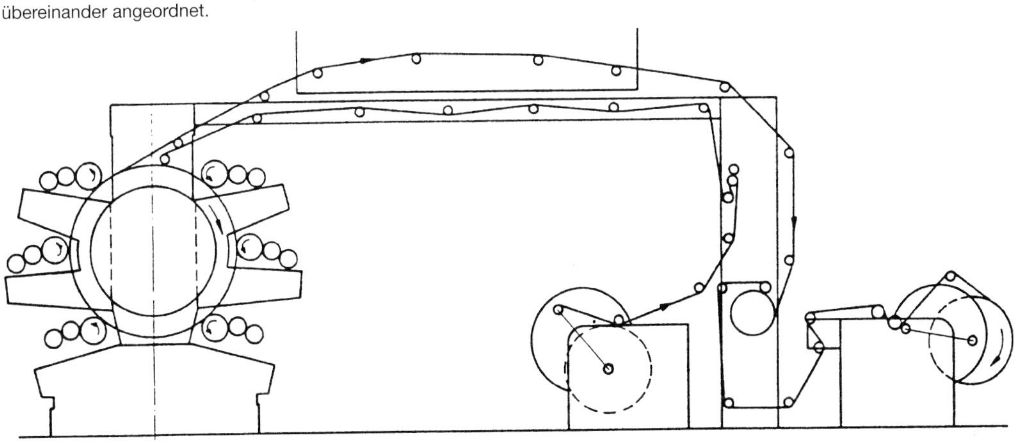

Bild 305.3. Sechsfarben-Zentralzylinder-Flexodruckmaschine. Die Farb-/Druckwerke sind satellitenförmig um den Gegendruckzylinder gruppiert.

Müssen mehrere Nutzen auf einen Zylinder und mehrere Zylinder für Farbarbeiten montiert werden, geschieht das Montieren mit Hilfe eines Spiegelgerätes visuell oder mit einem Videokamerasystem computergesteuert.

Flexodruckmaschinen waren von Anfang an Rotationsmaschinen. Vielseitige Einsatzzwecke führen zu unterschiedlichen Maschinenversionen. Es gibt Tischmaschinen von 1 m Länge oder Fabrikmaschinen von bis zu 18 m Länge.
Auch die Bahnbreite des Bedruckstoffes bestimmt die Konstruktion. Kleinformatige Maschinen für Etikettendruck haben bis zu 30 cm Druckbreite, Maschinen für Formulare bis zu 80 cm Druckbreite, Maschinen für Folienbahnen bis zu 170 cm Druckbreite, und Maschinen für Wellpappe haben bis zu 300 cm Druckbreite. Weitere Varianten ergeben sich durch den Durchmesser des Druckformzylinders und die damit verbundenen Drucklängen des Musters. Diese Drucklängen reichen von 13 cm bis zu 400 cm.

Die Maschinentypen sind auch abhängig von der Verdruckbarkeit der Bedruckstoffe. Generell unterscheidet man Rollenmaschinen und Bogenmaschinen. Vom Typ Rolle auf Rolle spricht man, wenn nach dem Druck die Bedruckstoffbahn wieder aufgerollt wird. Vom Typ Rolle auf Bogen oder Inline-Fertigung spricht man, wenn von der Rolle gedruckt, aber gleich nach dem Druck im Fließprozeß weiter be- und verarbeitet wird. Der Typ Bogenflexodruck wird angewendet, wenn der Bedruckstoff zu stark ist, zum Beispiel bei Karton und Wellpappe.

Hauptbauteile der Maschinen sind das Maschinenfundament, die elektrischen, hydraulischen und pneumatischen Aggregate, die Farb- und Druckwerke, die Bahnführung und Bahnspannung, die Ab- und Aufwickeleinrichtungen, die Trockensysteme und die Zusatzeinrichtungen für weitere Be- und Verarbeitung.

Hinsichtlich der speziellen Konstruktion der Maschinen unterscheidet man Einzelzylinder- und Mehrzylindermaschinen, aber auch Einfarbenflexo- und Mehrfarbenflexomaschinen mit bis zu acht Farbwerken. Bei den Einzylindermaschinen wird die Papier- oder Folienbahn über einen sehr großen Zentralzylinder geführt, um den alle Farbwerke und Druckformzylinder rundherum angeordnet sind; das ist die sogenannte Satellitenbauweise. Bei den Mehrzylindermaschinen sind die einzelnen Druckwerke aneinandergereiht. Eine Steigerung der Druckqualität des Produktes erreicht man durch das Einfügen kompletter Tiefdruckeinheiten oder durch das Anbauen von Veredelungsaggregaten wie Lackierstation, Kaschierstation, Prägestation u. a. Man spricht dann von Inline-Systemen. Auch indirekter Tiefdruck ist in Flexodruckmaschinen möglich. Es wird dann die Rasterwalze gegen einen Tiefdruckzylinder und der Flexodruckzylinder gegen einen Gummituchzylinder ausgetauscht.

Die Flexodruckmaschinen arbeiten mit Druckgeschwindigkeiten von bis zu 400 m pro Minute. Im Gegensatz zu Maschinen anderer Druckverfahren können diese Maschinen technisch weniger aufwendig gebaut werden. Dies gilt besonders für das Farbwerk. Eine Tauchwalze befördert die dünnflüssige Druckfarbe aus der Farbwanne auf die Farbauftragswalze. Diese war bei älteren Maschinen aus Gummi und hatte eine ebene Oberfläche. Bei den heutigen Maschinen ist es oft eine gerasterte, hartverchromte Metallwalze oder auch eine Keramikwalze mit Näpfchen in unterschiedlichen Formen. Diese Rasterwalze wird auch Aniloxwalze genannt, und das Farbwerk in den Flexodruckmaschinen ist wegen der geringen Walzenanzahl ein Kurzfarbwerk mit direkter Aniloxeinfärbung. Das Herstellen der Näpfchenmuster erfolgt durch verschiedene Verfahren: Molettieren mit einer Musterwalze aus Stahl, elektronisches Eindrücken mit einem Diamant, elektronisches Gravieren und bei der Keramikwalze Einbrennen mit Laserlicht. Die Größe der

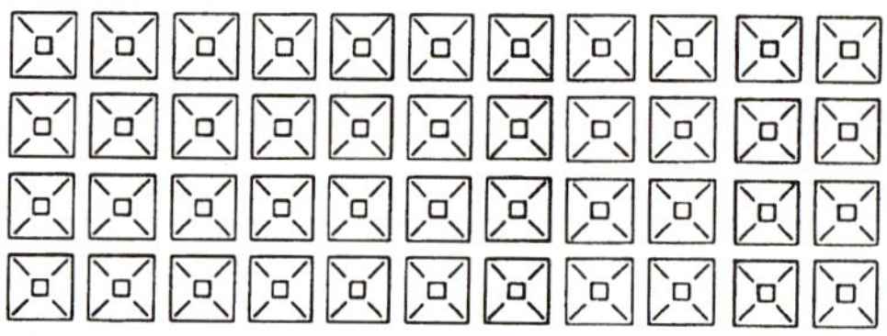

Orthogonalraster

Rautenraster

Diagonalraster

Bild 306.1. Drei typische Rasterstrukturen der Rasterwalzen im Flexodruck. Für die Wiedergabe von autotypischen Klischeerastern hat sich der Diagonalraster mit einer Winkelung von 45° zur Walzenachse am besten bewährt.

Näpfchen kann für feinere Arbeiten bis zu 160 Rasterelementen pro cm betragen. In den Näpfchen hält sich genügend dünnflüssige Farbe, die dann auf die rotierende Flexodruckform und von dort auf den Bedruckstoff übertragen wird.

Die Farbübertragung erfolgt im sogenannten Quetschbetrieb oder im Rakelbetrieb. Im Quetschbetrieb wird die der Farbwanne entnommene Farbmenge nur durch das Gegeneinanderdrücken der Walzen und durch die Farbkonsistenz und Druckgeschwindigkeit reguliert. Um die Farbmenge genauer zu dosieren, wird im sogenannten Rakelbetrieb die überschüssige Druckfarbe mit einer Rakel von der Rasterwalzenoberfläche abgestreift. Die Rakeleinstellung erfolgt manuell, elektrisch oder computergesteuert. Man unterscheidet das Drei-Walzen-Farb-/Druckwerk mit offenem Rakelsystem und das Zwei-Walzen-Farb-/Druckwerk mit geschlossenem Rakelsystem, auch Kammerrakelsystem genannt.

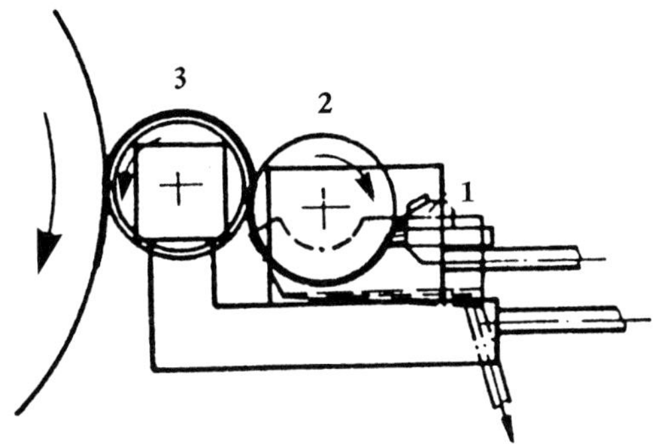

Bild 307.1. Farb- und Druckwerk als Zwei-Walzen-System mit geschlossener Rakeleinheit. 1 Rakel, 2 Rasterwalze, 3 Formzylinder.

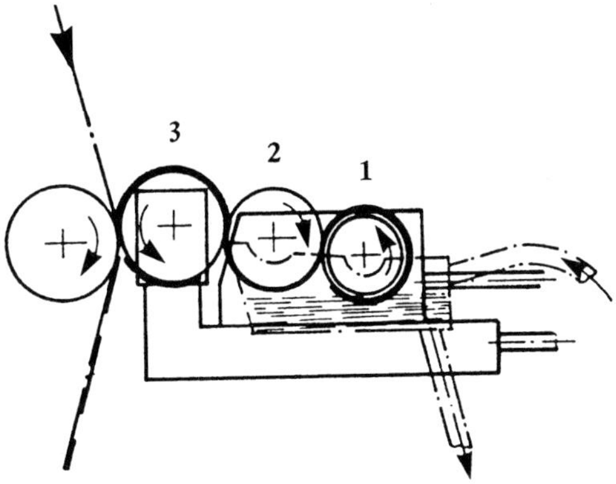

Bild 307.2. Farb- und Druckwerk als Drei-Walzen-System im Quetschbetrieb. 1 Tauchwalze, 2 Rasterwalze, 3 Formzylinder.

Da mit dünnflüssigen Alkohol-, Acetat- oder Dispersionsfarben und Zusätzen je nach Bedruckstoff gearbeitet wird, müssen Trockensysteme in den Maschinen vorhanden sein. Je nach Farb- und Lösemittelzusammensetzung nutzt man Einkreis- und Zweikreistrockensysteme. Die Lösemittel werden durch Abluftsysteme der Rückgewinnung zugeführt oder durch thermische bzw. katalytische Nachverbrennung entsorgt. Der Einsatz von wasserverdünnbaren Druckfarben reduziert den Anteil der umweltbelastenden Lösemittel erheblich, verlängert aber die Trockenstrecke.

▶ Zur Lösemittelrückgewinnung siehe auch die Abbildung auf der Seite 315.

Der Flexodruck mit Rasterwalze und Rakel ist von hoher Qualität und ein echter Konkurrent zum indirekten Hochdruck (Letterset), Offsetdruck und auch zum Tiefdruck. Moderne Flexodruckmaschinen haben neben ihren präzisen, mechanischen Elementen eine Reihe von elektronischen Bauteilen. Hinsichtlich der Farbgebung, Druckeinstellung und Passerregulierung sowie des Wechsels von Formzylinder, Rasterwalze, Farbwerk und Führung der Papier- oder Folienbahn sind die Maschinen weitgehend automatisiert.

Vorprogrammierte Daten ermöglichen Voreinstellungen und produktgenaue Wiederholung von früheren Aufträgen. Die Druckkontrolle im

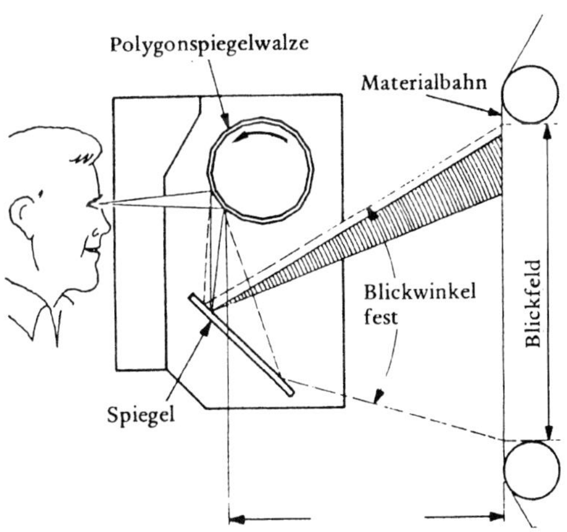

Bild 307.3. Kontinuierliche Bahnbeobachtung mit einem rotierenden Spiegelsystem.

Fortdruck wird auch durch technische Beobachtungseinrichtungen möglich. Das Stroboskop ist eine Hochgeschwindigkeitsblitzlampe. Durch 200 Blitze pro Minute wird ein optisch stehendes Bild von der laufenden Papierbahn erzeugt. Auch eine rotierende Polygonspiegelwalze oder eine Videokamera mit Zoomobjektiv und Monitor ermöglicht die Bahnbeobachtung. Am jeweils sichtbaren, scheinbar stehenden Bahnausschnitt kann die Druckqualität überprüft werden.

Zur weiteren Standardisierung und Programmierung im Flexodruck sind Kopier- und Kontrollstreifen entwickelt worden, so daß Kontrolle bereits bei der Kopie vor dem Auflagendruck stattfindet. Die durch Kontrollfelder in Block- und Streifenanordnung festgelegten Parameter sind dann Grundlage für den Gesamtprozeß in den Maschinen.

Druckschwierigkeiten können zum Beispiel sein: Passer- und Farbtonfehler, Farbaufbau am Rande des Klischees, flauer Druck, Farbbatzen auf Druckelementen, Trocknen der Farbe auf den Walzen und Druckformen, gefleckte Volltonflächen (Marmorieren), schlechte Farbheftung am Bedruckstoff, Farbaufbau auf der Druckform, Druckstreifen und Ablegen der Farbe auf der Bedruckstoffrückseite.

Die technologische Weiterentwicklung führte zum modernen Flexodruckverfahren, in dem 25 % aller Druckprodukte, aber nahezu 50 % aller Verpackungsmaterialien bedruckt werden. Wurden früher vor allem Säcke und Beutel im Flexodruck bedruckt, so eignet sich das Verfahren heute auch für mehrfarbige Massendrucksachen, wie Postwurfsendungen, Lottoscheine, Etiketten, Formulare, Durchschreibesätze, Tragetaschen, Einschlagpapiere, Tapeten, Rätselhefte, Abreißkalender und Verpackungsmaterial aller Stärke und Art, wie Kartonagen und Wellpappe. Aber auch dünne und dehnbare Materialien, wie Zellglas, Polyäthylen, Verbundfolien, Metallfolien und Tissue-Papiere, werden bedruckt.

▼

1. Wie werden Flexodruckformen auf den Druckformzylindern befestigt?
2. Warum ist im Flexodruck keine Zurichtung nötig?
3. Wozu dient die Rasterwalze im Flexodruck?
4. Welche Produkte werden vorwiegend im Flexodruck gedruckt?
5. Wodurch unterscheiden sich die Flexodruckmaschinen von anderen Hochdruckmaschinen?
6. Wie unterscheiden sich die Farbwerke des Flexodrucks von den Farbwerken anderer Druckverfahren?

8.2.2 Indirekter Hochdruck

Der indirekte Hochdruck wird auch **Lettersetdruck,** fälschlich Trockenoffset, genannt. Der Unterschied zum konventionellen Hochdruck besteht darin, daß hier nicht direkt von der Hochdruckform auf den Bedruckstoff gedruckt wird, sondern wie im Offsetdruck zunächst auf einen Gummituchzylinder. Die Druckform ist eine fotopolymere Auswaschdruckplatte mit einem seitenrichtigen Druckbild. Das Feuchtwerk der Offsetdruckmaschine wird abgestellt. Die Druckfarbe ist kompakt, zähflüssig wie beim direkten Hochdruck. Der Farbauftrag muß sehr dünn sein, um Quetschranderscheinungen zu vermeiden. Mit diesem Verfahren lassen sich vor allem rauhe und unebene Oberflächen, beispielsweise grobes Verpackungsmaterial, bedrucken. Ein besonderer Bereich des Lettersetdrucks ist das Bedrucken von rotationssymmetrischen und rechteckigen Hohlkörpern, wie Bechern und Dosen aus Metall und Kunststoff. Solche Becherdruckmaschinen haben meist einen großen, zentralen Gummituchzylinder, der an vier bis sechs Satellitendruck-

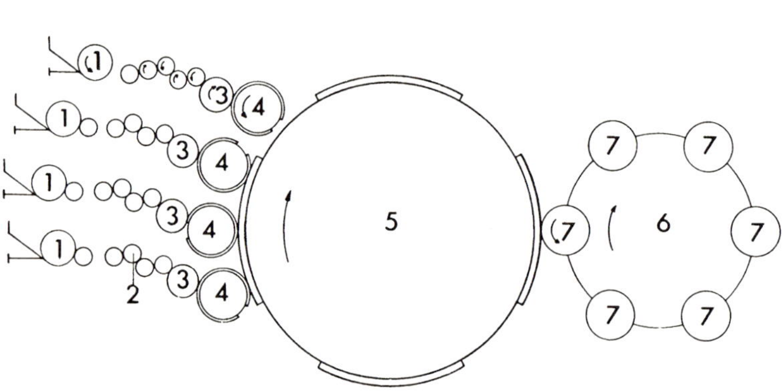

Bild 308.1. Schematische Darstellung einer Vierfarben-Becherdruckmaschine im indirekten Hochdruck. 1. Duktor mit Heber, 2. Reiber, 3. Auftragwalze, 4. Plattenzylinder mit aufgespannter Kunststoffplatte, 5. Übertragungszylinder mit aufgeklebtem Gummituch, 6. Revolverteller, 7. Druckdorn zur Aufnahme der Becher.

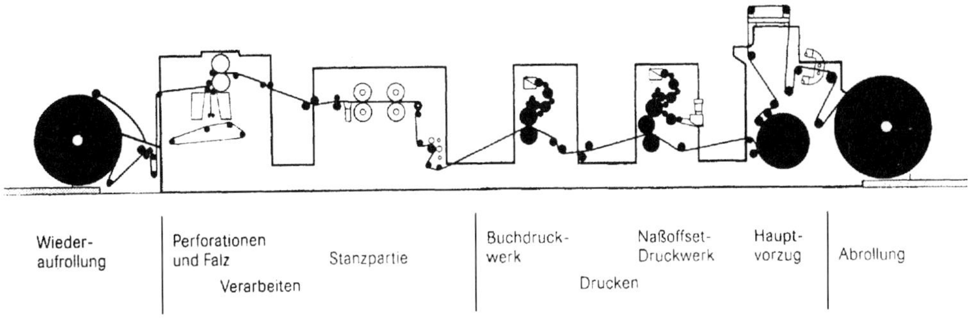

Bild 309.1. Aggregate einer Endlos-Rotationsmaschine.

werken vorbeirotiert und die einzelnen Farben nacheinander naß in naß aufnimmt und an die Hohlkörperoberflächen abgibt. Auch Dreifarbenrasterdrucke können im Lettersetdruck bis zu einem 48er Raster gedruckt werden. Für den Druck auf Metall und Kunststoff werden Spezialfarben verwendet. Sie trocknen physikalisch durch Verdunsten der Lösemittelanteile, oder sie härten durch IR-Strahlung und UV-Strahlung.

▼

1. Warum wird das Letterset-Druckverfahren auch als indirekter Hochdruck oder „Trockenoffset“ bezeichnet?
2. Warum muß die Letterset-Wickelplatte seitenrichtig sein?
3. Warum bemerkt man auf Flexo- und Letterset-Drucken keine Schattierung?

8.2.3 Spezialverfahren Endlosdruck

Als Endlosdruck bezeichnet man Rollenrotationsdruck zur Herstellung von kleinformatigen Produkten wie Formulare, Papiere für Schreib- und EDV-Zwecke, Rechnungen, Lieferscheine, vor allem Durchschreibesätze und Mailings. Letzteres sind gedruckte Werbemittel mit aufwendiger Gestaltung und vielseitigem Erscheinungsbild. Sie enthalten oft außer animierenden Textinformationen selbstklebende Etiketten, Coupons, Marken, Rubbelfelder, auch Antwortkarten und integrierte Umschläge und sind oft als Beilagen den Zeitschriften hinzugefügt.

Endlosdruck ist kein eigenständiges Druckverfahren, kann also als Letterset, Flexodruck, Offsetdruck, auch in Kombination mit Tiefdruck erfolgen. Der Begriff meint prinzipiell nur die Verarbeitung des Bedruckstoffes von der endlosen Papierrolle. Druck- und Weiterverarbeitung erfolgen komplett in einem maschinellen Prozeß.

Die Endlosdruckmaschinen bestehen aus vier Teilen: Abrollung mit Bahnspannung und Papierstaubabsaugung, mehreren Druckwerken, einer Konfektioniereinheit und Ausgabeeinrichtungen bis zur Verpackung und Adressierung. Es können Druckwerke verschiedener Druckverfahren in einem Maschinenprozeß vorhanden sein, ein Wechsel ist durch sogenannte Formateinschübe möglich. Offsetmaschinen mit drei Zylindern drucken nur einseitig, solche mit vier Zylindern, also zwei Platten- und zwei Gummituchzylindern drucken gleichzeitig Vorder- und Rückseite der Papierbahn. Endlosdruckmaschinen haben eine Druckformatbreite bon 310 bis 1105 mm und Zylinderumfänge von 16 bis 28 Zoll. Die Druckgeschwindigkeit beträgt 7,6 m/s, das sind mindestens 45 000 U/Std. Meistens transportieren Heberfarbwerke die Farbe. In Offsetdruckmaschinen wird mit Filmfeuchtwerken und einem Alkoholzusatz von 3 bis 8 % gearbeitet. Eine Trocknungsanlage, vor allem für UV-Farben, seltener sind IR- oder Heat-Set-Farben, sorgt für schnelle optimale Trocknung der Farben. Die Konfektionierungseinheit ermöglicht diverse Maßnahmen wie Stanzen, Falzen, Schneiden, Perforieren, Randlochung, Etikettieren, Lackieren, Sammeln, je nach Produktnotwendigkeit im sogenannten Inlineprozeß.

8.3 Tiefdruck

Die Maschinen im industriellen Tiefdruck arbeiten nach rotativem Prinzip: Zylinder gegen Zylinder. Nur im künstlerischen Bereich spielen die Flachformverfahren noch eine Rolle. Wie beim Hochdruck gibt es auch hier eine direkte Druckabwicklung. Vom Formzylinder wird die Farbe unmittelbar auf den Bedruckstoff übertragen. Die Druckform muß also seitenverkehrt sein.

8.3.1 Rotationstiefdruck

Die Hauptteile des Druckwerks sind: der Formzylinder, der Presseur (Zylinder zur Ausübung des Gegendrucks), der Farbbehälter und die Rakel.

Der Formzylinder ist oberhalb des Farbbehälters befestigt. Er rotiert um seine eigene Mittelachse.

Dabei wird er eingefärbt. Folgende Systeme der Einfärbung überwiegen:

1. Der Zylinder bewegt sich mit einem Teil seiner Mantelfläche durch das flüssige Farbbad.

2. Der Zylinder wird durch rotierende Übertragungswalzen eingefärbt, die dem Farbbehälter Farbe entnehmen.

3. Die Farbe wird durch Düsen auf den Formzylinder gesprüht.

4. Die Einfärbung geschieht durch eine Kaskade (Überlaufrinne).

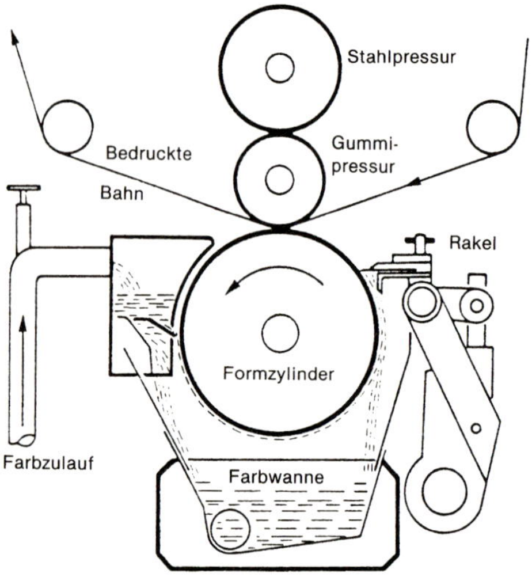

Bild 310.1. Schematische Darstellung des Rollenrotationstiefdrucks. Der Presseur drückt die dünnflüssige Farbe aus den Näpfchen auf die Bedruckstoffbahn.

Die glatte Oberfläche des Zylinders muß vor der Druckzone von der überschüssigen Farbe befreit werden. Dazu dient die Rakel. Sie besteht aus einem etwa 0,1 mm starken elastischen Stahlstreifen. Sie streicht durch seitliche Hin- und Herbewegung die Farbe ab, die nur noch in den Vertiefungen zurückbleibt. Der Anstellwinkel der Rakel beträgt zwischen 60° und 80°.

Die Rakelkante muß geradlinig sein und darf keine Scharten haben, da sonst Rakelstreifen auf dem Druckbogen erscheinen. Eine scharf geschliffene Rakel verursacht ein kontrastreiches Druckbild, eine stumpfe Rakel ein toniges Druckbild, weil Farbe auf den Stegen liegenbleibt.

Der Druckzylinder (Gummipresseur) muß starken Anpreßdruck ausüben. Nur bei relativ hoher Druckspannung gelingt es, zu verhindern, daß

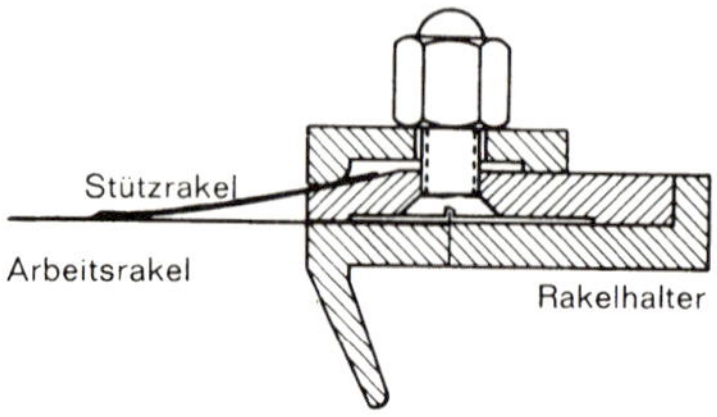

Bild 310.2. Tiefdruckrakel.

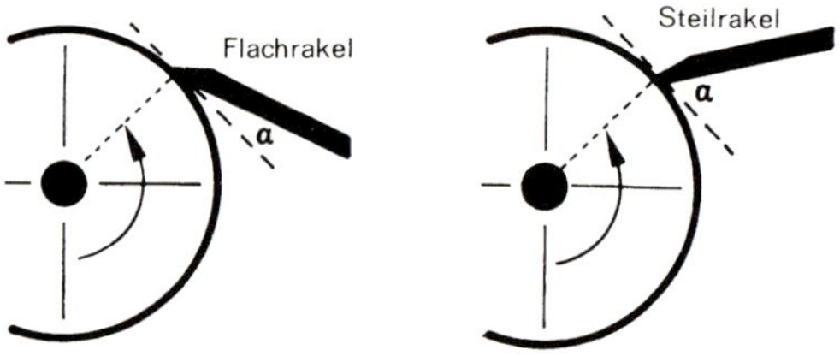

Bild 310.3. Anstellwinkel der Rakel. Der Anstellwinkel & wird gebildet aus der Rakelneigung und der Tangente, die durch den Berührungspunkt mit dem Zylinder verläuft.

Luft zwischen Farbe und Bedruckstoff gerät. Das würde angesichts der winzig kleinen Farbnäpfchen das Druckbild verfälschen. Außerdem hat das so entstehende Vakuum noch eine besondere Funktion. Es bewirkt, daß beim Ablösen des Bedruckstoffs von der Druckform ein Sog entsteht, der die Farbe aus den tiefenvariablen Näpfchen geradezu heraussaugt und auf das Papier überträgt. Eine etwa 1 cm starke Gummischicht auf dem Stahlkern des Presseurs sorgt für die notwendige Elastizität. Bei großen Druckbreiten – über 200 cm – kann ein weiterer Presseur eingesetzt werden, um den Anpreßdruck zu verstärken. Um einen genauen Passer zu erreichen, werden Paßkreuze mitgedruckt. Bei schnellaufenden Maschinen sorgt eine elektronische Passerregelung für präzisen Übereinanderdruck.

▼

1. Wodurch unterscheidet sich das Tiefdruckverfahren grundlegend vom Hochdruck? Was hat es mit dem Hochdruck gemeinsam?
2. Welches Druckprinzip wird beim Rotationstiefdruck angewendet?
3. Wie wird der Formzylinder eingefärbt?
4. Welche Aufgabe hat die Rakel?
5. Welche Aufgabe hat der Presseur?
6. Warum muß Tiefdruckfarbe dünnflüssig sein?
7. Wodurch entstehen Rakelstreifen?
8. Wie äußern sich Passerdifferenzen im gedruckten Mehrfarbenbild?
9. Was geschieht mit der abgerakelten Tiefdruckfarbe?

Besondere Anwendungsverfahren sind der Rouleauxdruck und der Thermodruck.

Rouleauxdruck. Textilien werden direkt bedruckt. Dessins (Muster) werden auf Kupferwalzen geprägt oder geätzt. Die Tiefdruckform übernimmt die Farbe von einem Übertragungszylinder.

Thermodruck (Transferdruck). Eine mit Spezialfarbe bedruckte Papierbahn wird durch Wärmeübertragung auf eine Textilbahn gepreßt. Schnelligkeit und Paßgenauigkeit sind größer als beim direkten Textildruck.

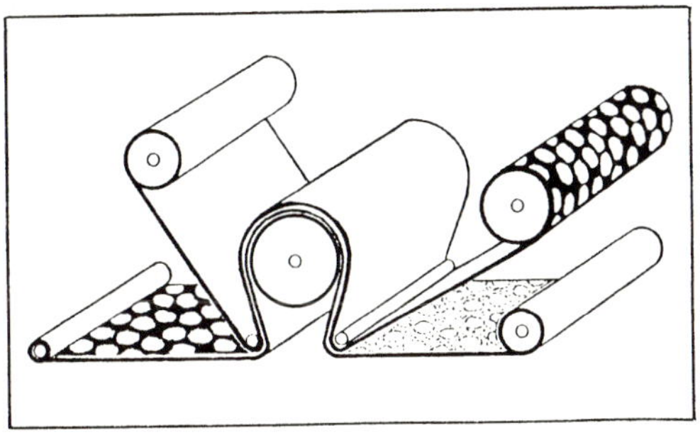

Bild 311.1. Prinzip des Thermodrucks.

8.3.2 Spezialverfahren im Tiefdruck

Weitere Verfahren sind, von Stichtiefdruck und Stahlstichprägedruck abgesehen, historische und künstlerische Tiefdrucktechniken, die manuell ausgeführt werden. Ihre Bedeutung für die Entwicklung des Tiefdrucks darf nicht unterschätzt werden, auch wenn sie heute selten angewendet werden.

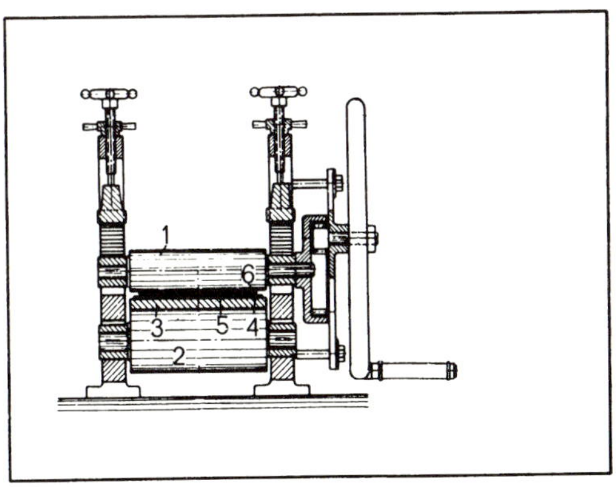

Bild 311.2. Kupferdruckpresse. Von der Kurbel angetrieben, wird der obere Zylinder (1) in Bewegung gesetzt. Dadurch dreht sich der untere Zylinder (2) ebenfalls. Durch die Reibung verursacht, wird der Drucktisch (3) mit der Pappunterlage (4), der Druckplatte (5) und dem gefeuchteten Kupferdruckkarton (6) unter hohem Druck zwischen den Zylindern hindurchgezogen.

Künstlerische Tiefdrucktechniken. In der Regel druckt man von flachen Tiefdruckformen. Die Farbe wird auf die Platte aufgetragen und dann mit Wischtüchern von den hochstehenden Stellen entfernt. Auf der Kupferdruckpresse wird das Papier gegen die Form gedrückt; der Druckkörper ist ein Zylinder.

Historische und künstlerische Verfahren sind z. B.: Kupferstich, Stahlstich, Radierung, Kaltnadelverfahren, Mezzotinto, Aquatinta, Heliogravüre. Beim Kupferstich wird die pastose (pastenförmige) Farbe in die mit einem Stichel gravierte Platte hineingerieben; den Überschuß wischt man anschließend mit einem Tuch weg. Beim Druck in der Kupferdruckpresse wird die Farbe aus den vertieften Strichen heraus auf das Papier übertragen. Bei den anderen künstlerischen Verfahren erfolgt der Druck auf ähnliche Weise.

▶ Siehe auch Kapitel 7.4.

Stahlstichprägedruck. Der Stahlstich hat in der Fortentwicklung als Stahlstichprägedruck bis in unsere Zeit hinein eine größere Bedeutung als andere Techniken. Die Herstellung der Form geschieht manuell; die Stahlstichtiegeldruckmaschinen arbeiten dagegen halb- oder vollautomatisch. Die Druckfarbe ist zäh und relativ trocken. Sie wird auf die Platte aufgetragen und mit speziellen Wischpapieren von der polierten Fläche wieder entfernt, so daß sie nur in den starken Vertiefungen der 13 mm dicken Stahlplatte haften bleibt.

Die manuell gravierte Platte wird auch als Matrize bezeichnet, weil beim Druckvorgang eine Patrize aus Pappe als Gegendruckform dient. Der Druck erfolgt schlagartig und ist sehr stark. Während

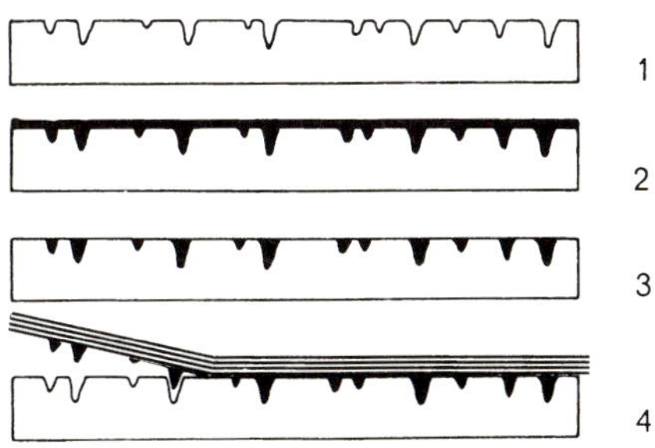

Bild 311.3. Schematische Darstellung des Kupferdrucks. Die Kupferdruckplatte (1) wird eingefärbt (2). Nachdem die Farbe von der Plattenoberfläche entfernt ist (3), wird gedruckt. Die Farbe sitzt reliefartig auf dem Bedruckstoff (4).

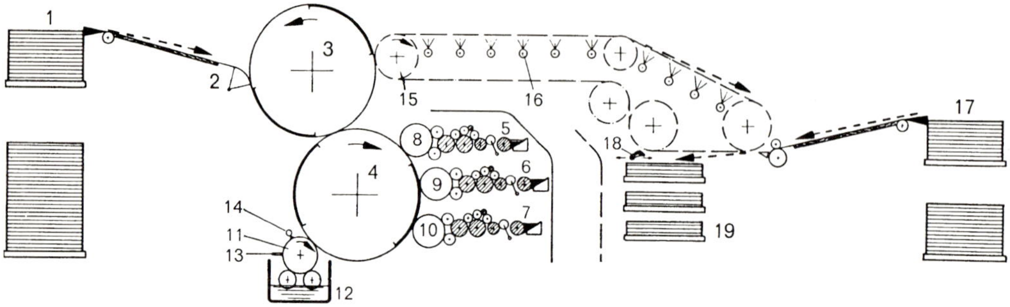

Bild 312.1. Schematische Darstellung einer Stichtiefdruckmaschine, der Koebau-Giori-Intagliocolor. 1 Anlagestapel, 2 Schwinganleger, 3 Gegendruckzylinder. Die Druckplatte auf dem Formzylinder (4) wird von den Farbwerken 5, 6 und 7 über die Schablonenzylinder 8, 9 und 10 eingefärbt. Danach drückt der Polierzylinder (11) die pastose Farbe in die Vertiefungen der Druckplatte und wischt gleichzeitig die Oberfläche sauber. Anschließend wird der Polierzylinder in einem Lösemittelbad (12) von der anhaftenden Farbe befreit. Die Rakel (13) streift das Lösemittel ab, und das Blasrohr (14) trocknet den Polierzylinder. 15 Kettengreifersystem, 16 Blasrohre, 17 Makulagebogen, 18 Greifersystem, 19 Auslegestapel.

des Druckvorgangs wird das Bild gleichzeitig in den Bedruckstoff hineingeprägt. Ein Gummituch zwischen Patrize und Papier wölbt sich beim Druck und unterstützt damit den Prägevorgang. Die Farbe erscheint dick auf dem Papier. Deshalb müssen Trockenvorrichtungen vorhanden sein; oder es muß dafür gesorgt werden, daß die frischen Drucke nicht übereinanderfallen. Man legt sie von Hand nebeneinander aus; bei einer Druckleistung von 1000 bis 3000 Stück pro Stunde ist das möglich. Das Papier muß prägefest und dehnfähig sein, um bei dem schlagartigen Druck nicht zu reißen.

Der Stahlstichprägedruck eignet sich für Drucksachen besonderer Art: für vornehme Familiendrucksachen, Grußdrucksachen, Wertpapiere, Etiketten, Urkunden, Siegelmarken, Briefblätter, Karten.

Der relativ teure Stahlstichprägedruck wird manchmal durch Imitationen ersetzt, die allerdings nicht im Tiefdruck angefertigt werden. Ein erhaben wirkendes Profil kann im Durchdruckverfahren durch Verwendung von starken Sieben und Lackfarben erreicht werden. Charakteristische Merkmale des Stahlstichprägedrucks sind das Relief auf der Vorderseite des Drucks und die Prägung auf der Rückseite mit typischem „Speckrand". An den Außenseiten der Rückseitenprägung ist das Papier durchscheinender. Wichtiges Kennzeichen ist auch der Farbglanz, der allerdings auch bei Imitationen auftritt.

Stichtiefdruck. Die Vorläufer des modernen Stichtiefdrucks sind manuelle Gravierverfahren. Stichtiefdruck ist aber Zylinderdruck. Das ursprünglich in eine Eisenplatte gestochene Bild wird durch komplizierte Präge- und Ätzvorgänge auf einen Kupferzylinder übertragen. Dort erscheint es dann häufig mehrfach, so daß gleich mehrere Nutzen gedruckt werden können.

Im Gegensatz zum Rakeltiefdruck ist die Farbe pastos und wird durch Wischtücher mechanisch vom Zylinder entfernt.

Feinste Striche sowie komplizierteste Ornamente und Untergründe kann man im Stichtiefdruck wiedergeben. Daher eignet sich dieses Verfahren besonders gut zum Wertpapierdruck. Geldscheine, Aktien, Obligationen, auch Briefmarken, sind häufig Erzeugnisse des Stichtiefdrucks.

Tampondruck. Um 1970 wurde ein altes Druckverfahren wieder entdeckt: der Tampondruck. Mit diesem Verfahren können Gegenstände in sehr unterschiedlicher Form bedruckt werden, beispielsweise Kugelschreiber, Feuerzeuge, Zahnbürsten, Plastikbecher, Tischtennisbälle. Tampondruck ist ein Tiefdruckverfahren. Das Bild ist vertieft in eine Stahlplatte graviert oder geätzt; in den Vertiefungen befindet sich die Druckfarbe. Im Gegensatz zum normalen Tiefdruck wird die je nach Bedruckstoff unterschiedliche Spezialfarbe nicht direkt auf das zu bedruckende Material übertragen, sondern auf einen Tampon aus Silikonkautschuk, der die Farbe aufnimmt und auf den Bedruckstoff überträgt.

▼

1. Welche Aufgabe hat die Patrize im Stahlstichprägedruck?
2. Wie wird die nichtdruckende Plattenoberfläche von Druckfarbe befreit?

3. Woran kann man einen echten Stahlstichprägedruck von einer Stahlstichimitation unterscheiden?
4. Warum eignet sich Rotationstiefdruckfarbe nicht zum Druck von Kupferstichen?
5. Rakeltiefdruck und Stichtiefdruck sind rotative Tiefdruckverfahren. Nennen Sie drei grundlegende Unterschiede!
6. Woran erkennt man Briefmarken, die im Stichtiefdruck hergestellt worden sind?
7. Das Stichtiefdruckverfahren bietet eine besondere Sicherheit gegen Fälschungen. Worauf führen Sie das zurück?
8. Weshalb könnte der Tampondruck als indirekter Tiefdruck bezeichnet werden?

8.3.3 Druckmaschinen für den Tiefdruck

Tiefdruck-Flachformpressen wurden bereits im vorigen Kapitel erwähnt. Sie werden nur im künstlerischen Bereich verwendet und sind für die moderne Druckindustrie ohne Bedeutung. Heute werden Bogen- und Rollenrotationsmaschinen eingesetzt, die vielfach in technischen Details voneinander abweichen.

Bogenrotationsmaschinen haben ihr Hauptanwendungsgebiet im Qualitätsdruck von Büchern und Spezialkatalogen. Die Wischer-Bogenrotationsmaschine war die erste Maschine dieser Art. Später wurde sie weitgehend durch die Rakel-Bogenrotationsmaschine abgelöst. Bogenrotationsmaschinen haben gegenüber Rollenrotationsmaschinen den Vorteil, daß sie ganz beliebige Formate bedrucken können. Sie erreichen zwar keine hohen Geschwindigkeiten, sind aber wirtschaftlich bei kleinen und mittleren Auflagen. Beim Einrichten entsteht relativ wenig Makulatur (Fehldruck), außerdem ist der Anschaffungspreis niedrig. Es gibt Bogenrotationsmaschinen mit unterschiedlichen Größenverhältnissen von Form- zu Druckzylinder, um vielfältigere Druckmöglichkeiten zu erzielen. Das ist besonders bei Andruckmaschinen der Fall.

Rollenrotationsmaschinen sind bei weitem vorherrschend. Sie unterscheiden sich nach ihren Einsatzmöglichkeiten – Illustrationsdruck oder Verpackungsdruck – sowie in vielen Einzelheiten der Bauweise. Sie sind für den Druck von Großauflagen bestimmt. Dazu verfügen sie über mehrere Druckwerke, so daß die Papierrolle ein- oder beidseitig ein- oder mehrfarbig bedruckt wird. Für jede Farbe ist ein separates Druckwerk erforderlich. Der Antrieb bewegt die Formzylinder, diese wiederum ziehen das Papier weiter. Die Druckzylinder (Presseure) können unterschiedliche Größen haben. Die Arbeitsbreite schwankt zwischen 60 cm und 240 cm.

Der Rollenwechsel geschieht bei modernen Maschinen automatisch. Er findet bei vollem Maschinenlauf ohne Unterbrechung des Druckvorgangs statt. Eine Fotozelle registriert den beim Drucken kleiner gewordenen Durchmesser der alten Papierrolle und löst den Rollenwechsel aus.

Zum Druckwerk einer Rollenrotationsmaschine gehört außer dem Formzylinder mit Rakel und Farbwerk und dem Presseur auch die Trockenpartie, eine große beheizte Kammer, in die die frisch bedruckte Papierbahn hineingeführt wird. Hier sorgt ein Gebläse für die gleichmäßige Trocknung der Farbe. Ein Teil der mit Lösungsmittel angereicherten Luft wird dauernd abgesaugt und der Rückgewinnungsanlage zugeführt. Ständiges Zugeben des Lösemittels Toluol während des Druckvorgangs ist erforderlich, um trotz Verdunstung die Viskosität der Druckfarbe konstant zu halten. Das Absaugen von Lösemitteldämpfen ist außerdem wegen des Umweltschutzes gesetzliche Vorschrift.

▶ Siehe auch Kapitel 12.2.1.2.

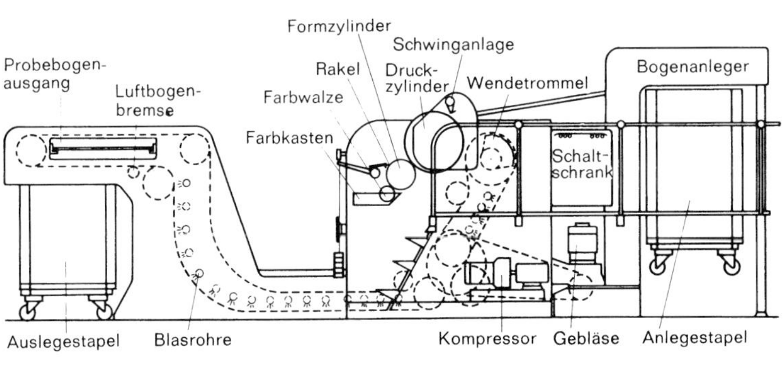

Bild 313.1. Bogenrotationsmaschine Super-Palatia.

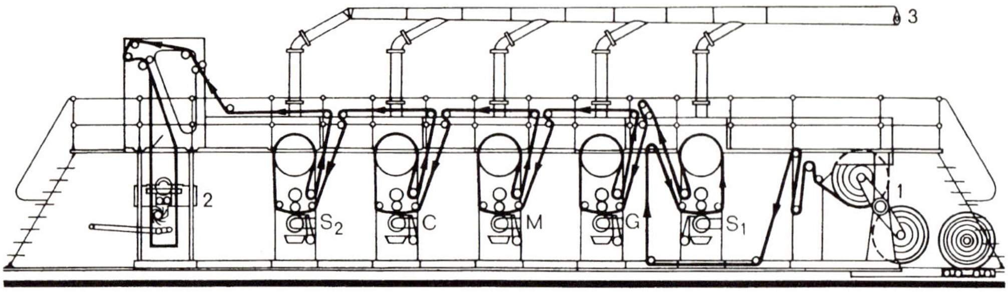

Bild 314.1. Schemazeichnung einer Tiefdruck-Rollenrotationsmaschine mit Druckwerken für Schöndruck Schwarz (S_1) und Widerdruck Gelb (G), Magenta (M), Cyan (C) und Schwarz (S_2). 1 Doppelrollenträger, 2 Falzapparat, 3 Absaugrohre zur Lösemittelrückgewinnungsanlage.

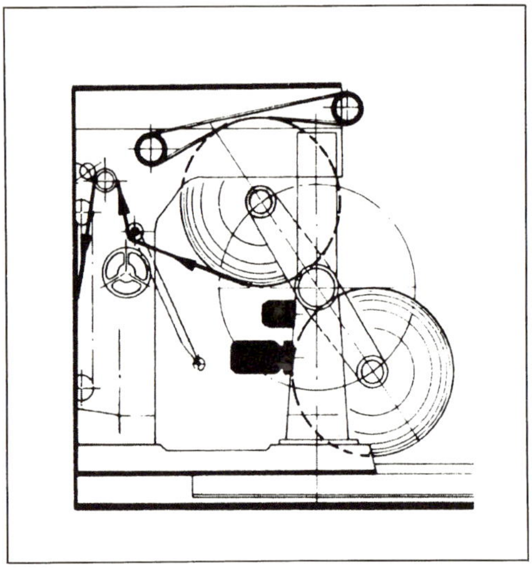

Bild 314.2. Schema des Rollenwechsels. Die neue Rolle wird zum Gummigurt geschwenkt und auf die Geschwindigkeit gebracht, die der Papierbahngeschwindigkeit in der Maschine entspricht. Sobald der Klebevorgang ausgelöst ist, wird die ablaufende Papierbahn an die neue Rolle gepreßt und angeklebt. Ein Messer trennt die alte von der neuen Papierbahn.

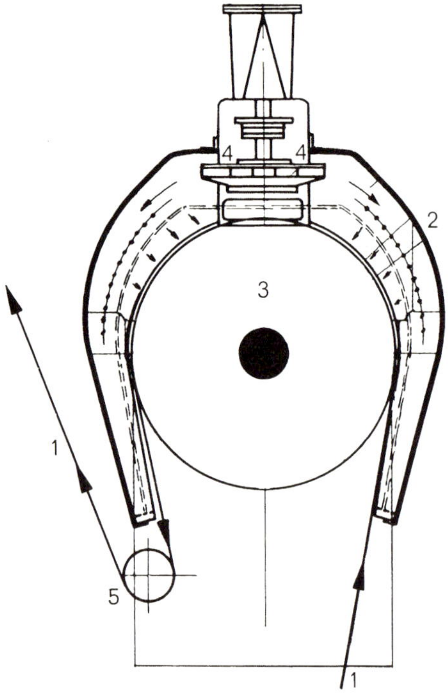

Bild 314.3. Trockenhaube mit Trockentrommel. 1 Bedruckte Papierbahn, 2 Trockenhaube, 3 Trockentrommel, 4 Ventilator, 5 Kühlwalze.

Am Ende der Druckabwicklung sorgt ein Falzapparat für die richtige Auslage. Er ist dem Maschinentakt angepaßt. Die Papierbahn wird in einzelne Bahnen geschnitten, die in den Falzapparat eingeführt werden. Dort erfolgen die Querschnitte und die notwendigen Falzungen, bis das Druckprodukt nacheinander oder in kleinen Stapeln ausgelegt wird. Die Auslage einzelner Bogen ist durch den sogenannten Plano-Ausleger möglich. In Sonderfällen können auch automatisch Rückenklebungen oder Drahtheftungen durchgeführt werden.

▶ Die schematische Darstellung eines Falzapparates finden Sie auf Seite 386.

▼

1. Welche Aufgabe haben a) Rakel, b) Presseur, c) Registerregelung an der Tiefdruckrotation?
2. Warum benötigen Verpackungsrotationen keinen Falzapparat?
3. Welche Vorteile haben Rollenrotationsmaschinen im Vergleich zu Bogenrotationsmaschinen?
4. Für welche Druckaufträge werden Tiefdruck-Rollenrotationen mit Falzapparat eingesetzt?

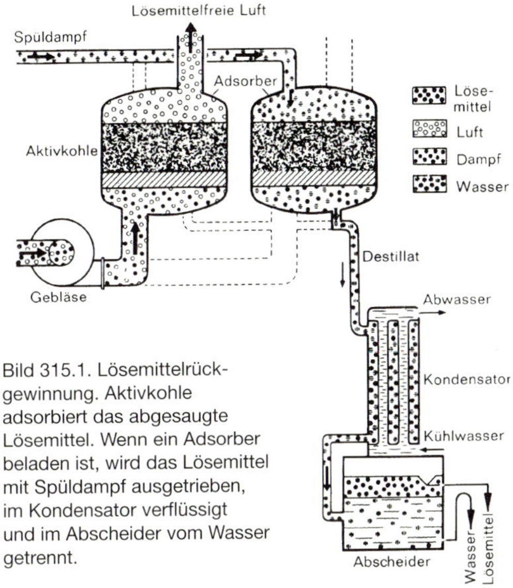

Bild 315.1. Lösemittelrückgewinnung. Aktivkohle adsorbiert das abgesaugte Lösemittel. Wenn ein Adsorber beladen ist, wird das Lösemittel mit Spüldampf ausgetrieben, im Kondensator verflüssigt und im Abscheider vom Wasser getrennt.

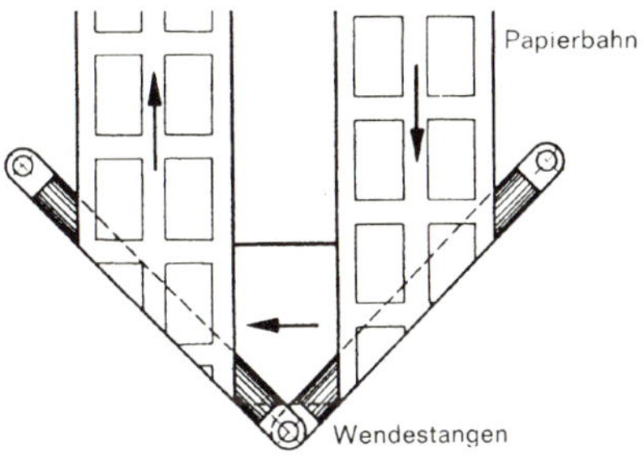

Bild 315.2. Wendestangen, mit denen die Richtung der Papierbahn geändert werden kann. Die Abbildung zeigt das Zurückleiten des Papierstrangs zum Druckwerk.

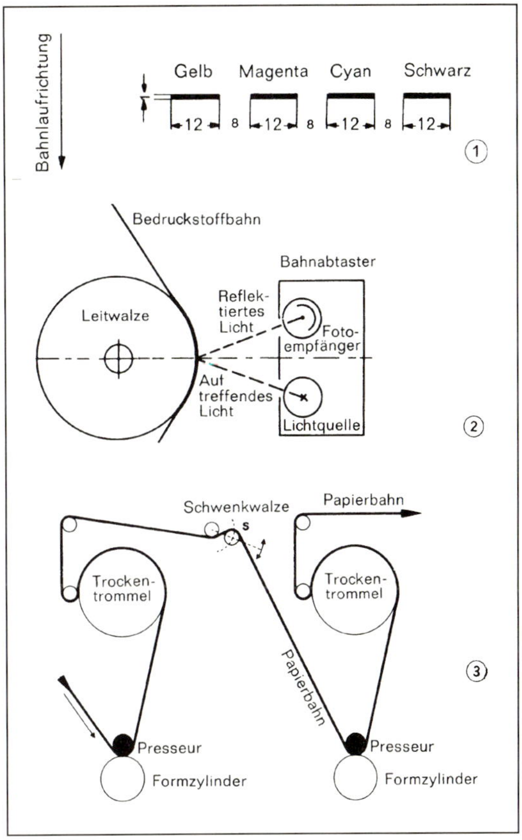

Bild 315.3. Schematische Darstellung der elektronischen Passerregelung.
1 Registermarken für die Bahnabtastung, Zahlenangaben in mm. Wenn die Marken parallel nebeneinander liegen, ist der Registerfehler Null.
2 Abtastvorgang.
3 Mit der Schwenkwalze wird der Weg der Bedruckstoffbahn verlängert oder verkürzt.

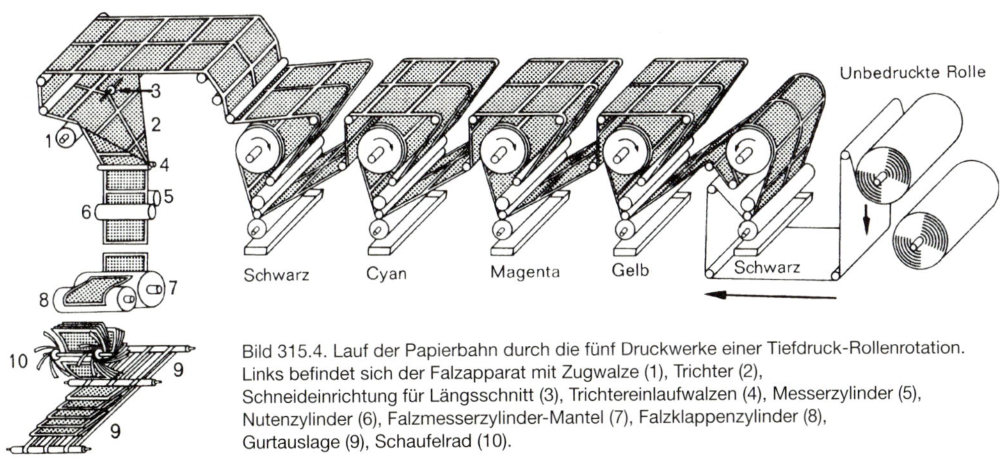

Bild 315.4. Lauf der Papierbahn durch die fünf Druckwerke einer Tiefdruck-Rollenrotation. Links befindet sich der Falzapparat mit Zugwalze (1), Trichter (2), Schneideinrichtung für Längsschnitt (3), Trichtereinlaufwalzen (4), Messerzylinder (5), Nutenzylinder (6), Falzmesserzylinder-Mantel (7), Falzklappenzylinder (8), Gurtauslage (9), Schaufelrad (10).

8.4 Flachdruckverfahren

Im Flachdruck hat sich in seinem Hauptverfahren, dem Offsetdruck, das Rotationsprinzip durchgesetzt. Nur in den Bereichen Offsetandruck, Lichtdruck und bei den historischen und künstlerischen Verfahren gibt es Druckpressen mit flachem Formfundament. Bei den alten Flachdruckverfahren ist die Druckübertragung direkt, beim Offsetdruck indirekt. Von der aufgespannten Offsetdruckplatte wird auf einen Gummituchzylinder als Zwischenträger gedruckt und von dort auf das Papier. Die Druckform im Offsetdruck muß also seitenrichtig sein.

8.4.1 Offsetdruck

Der Name Offset ist abgeleitet von dem englischen Verb „to set off" (absetzen). Als Druckform dient eine ein- oder mehrschichtige Metallplatte, die um einen Zylinder gespannt ist. Ein Walzensystem färbt den Plattenzylinder ein, der die Farbe auf ein Gummituch „absetzt". Vom Gummituch wird die Farbe an den Bedruckstoff abgegeben, der zwischen Gummituchzylinder und

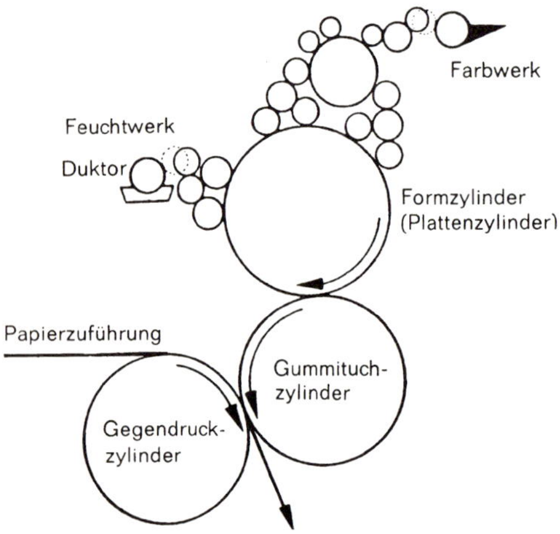

Bild 316.1. Schemazeichnung des Offsetdrucks.

Druckzylinder hindurchgeführt wird. Das Schema zeigt, daß zum Offsetdruck mindestens drei Zylinder gehören: Form- oder Plattenzylinder, Gummituchzylinder und Gegendruckzylinder. Die drei Zylinder sind in bestimmten Winkeln zueinander gelagert, die meist 90° übersteigen.
Als Erfinder des Offsetdrucks gelten die Amerikaner W. Rubel und C. Hermann, die um 1905 unabhängig voneinander Druckmaschinen konzipierten. Nach dem 2. Weltkrieg hat sich die Qualität des Offsetdrucks laufend verbessert. Dank der Entwicklung geeigneter Druckplatten und Druckfarben lassen sich heute Vier- und Dreifarbendrucke in Spitzenqualität herstellen. Früher druckte man mit 6 bis 8 Farben auf spezielle Offsetpapiere, um gute Ergebnisse zu erzielen. Heute können fast alle Papiere und Kartons verarbeitet werden, auch solche mit gestrichenen und strukturierten Oberflächen. Am problemlosesten sind allerdings Papiere, die relativ feuchtigkeitsunempfindlich, staubfrei und rupffest sind.

Der Offsetdruck wird eingesetzt für Buchauflagen, Prospekte, Kataloge, Plakate, Verpackungsmittel und Etiketten, Zeitungsbeilagen, Zeitschriften und Zeitungen. Kunstdrucke nach Ölgemälden und Aquarellen gehörten früher zu den bevorzugten Druckaufträgen. Die Herstellung von Atlanten und Landkarten ist ein Spezialgebiet des Offsetdrucks.

Auf dem **Plattenzylinder** wird die 0,1 bis 0,5 mm dicke Druckplatte sorgfältig und genau mit verstellbaren Einstellschienen befestigt. Durch Unterlegen der Platte mit Karton kann der gesamte Durchmesser verändert und somit den Dehnungseigenschaften der verschiedenen Bedruckstoffe angepaßt werden. Die sich berührenden Flächen müssen schmutzfrei sein, um spätere Schwierigkeiten in der Druckabwicklung zu vermeiden. Je nach Unterlagenmaterial wird der Aufzug weich, mittelhart oder hart ausgeführt.

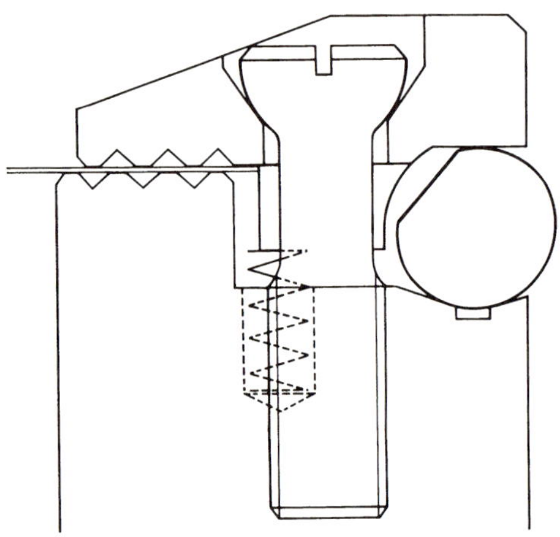

Bild 316.2. Schnelles genaues Platteneinspannen an S-Offset-Maschinen mit Schnellspannschienen und Plattenregistersystem. In Verbindung mit dem serienmäßig eingebauten Ringvisier sitzt die Platte absolut achsparallel.

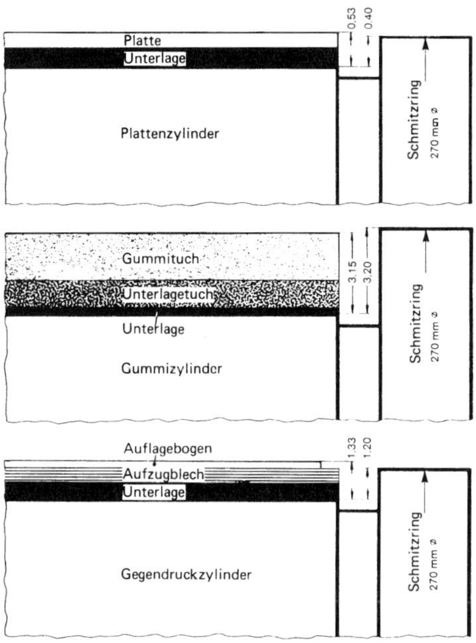

Bild 317.1. Zylinderaufzüge.

Für einen weichen Aufzug wird Filz- oder Billardtuch, für einen mittleren Aufzug werden Gewebe- oder Gummischichten, für einen harten Aufzug wird Karton, Preßspan und Unterlagepapier verwendet.

Um den **Gummituchzylinder,** auch kurz Gummizylinder genannt, wird mit Hilfe besonderer Einspannwellen das Gummituch gespannt.
Es enthält mehrere Unterlagen aus Gewebe, Karton, Gummi, Folien, Filz. Insgesamt ist es 1,9 mm stark. Es soll so gespannt sein, daß es sich beim Fortdruck so wenig wie möglich dehnt; es muß planparallel und haltbar sein.

Bei den Gummitüchern unterscheidet man inkompressible Gummitücher und kompressible (eindrückbare) Gummitücher. Letztere lassen sich zusammendrücken und weisen beim Druck-

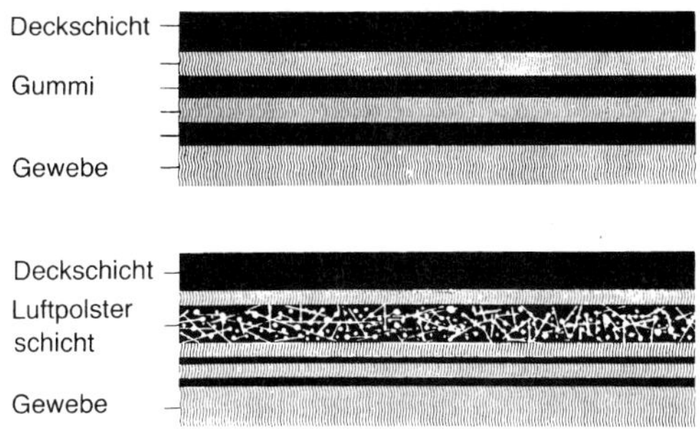

Bild 317.3. Oben: Vollgummituch (inkompressibel), unten: kompressibles Gummituch.

vorgang eine geringere Längenzunahme auf. Infolgedessen sind also die Wulstbildung geringer und der Druck schärfer. Der Kontrast wird größer, die Druckbildübertragung verbessert.

Kompressible Gummitücher erfordern eine höhere Druckbeistellung (Anpreßdruck). Zugleich werden im Tuch vorhandene Unebenheiten ausgeglichen, so daß sich der Aufwand des Zurichtens verringert beziehungsweise erübrigt.

Das flexible Tuch ermöglicht das Bedrucken rauher Oberflächen. Besonders harte und unebene Bedruckstoffe erfordern stärkeren Druck. Der Gummizylinder kann entsprechend eingestellt werden. Die sogenannte Druckbeistellung ist neben der richtig bemessenen Aufzugsstärke wichtige Voraussetzung für die Zylinderabwicklung und die farb- und tonwertrichtige Bildübertragung.

Der **Gegendruckzylinder,** auch kurz Druckzylinder genannt, führt den Bogen während des Druckvorgangs durch die Maschine. Er ist im Gegensatz zu den beiden anderen Zylindern starr gelagert.

Die drei Zylinder werden durch Zahnräder angetrieben. Genaue Einstellung und genaue Durchmesserverhältnisse garantieren auch eine gute Druckabwicklung. Ungenauigkeiten können Wulst-

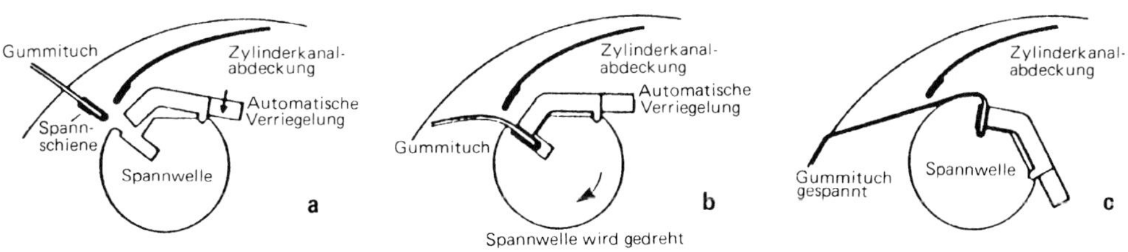

Bild 317.2. Spannen des Gummituchs. a) Erste Phase: Spannwelle mit geöffneter Verriegelung. b) Zweite Phase: Gummituch in der Spannweite verriegelt. c) Dritte Phase: Gummituch gespannt.

bildungen im Gummituch verursachen, die zu Walkvorgängen führen. Dabei können verschiedene Probleme auftreten, wie Abscheuern der Druckplatten, Dublieren (Verwischung des Druckbildes durch Abwicklungsdifferenzen), Strecken des Papiers, Passerschwierigkeiten.

Während früher nach dem Fortdruck die Maschinenteile, wie Walzen, Gummituch und Druckplatte, manuell gereinigt werden mußten, sorgen heute Waschvorrichtungen dafür. Über eine Tropfleiste werden automatisch die traversierenden Walzen der Einrichtung mit Waschmittel benetzt. Per Hebel wird dann die Verbindung zum Gummizylinder hergestellt, während sich gleichzeitig eine Rakel an den Stahlreiber der Wascheinrichtung anlegt. Sie hebt die Schmutzlösung von dort ab, die dann in einem Trog aufgefangen wird und in einen Behälter abfließt. In etwa einer Minute sind die Gummitücher aller Druckwerke gereinigt. Die Gummituchwascheinrichtung verkürzt die Stillstandszeiten.

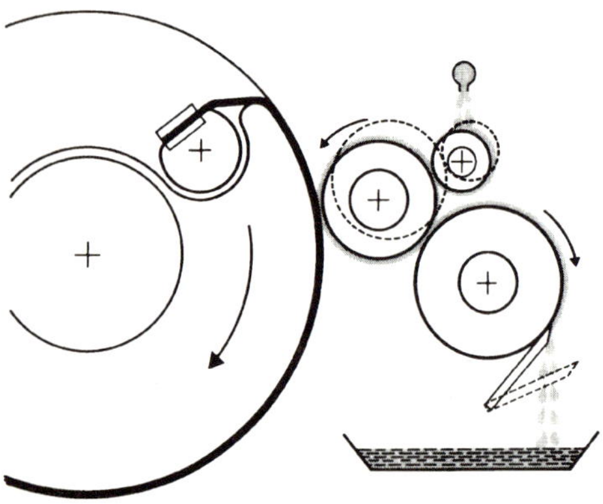

Bild 318.1. Arbeitsweise der Gummituchwascheinrichtung.

Das Flachdruckprinzip beruht auf unterschiedlicher Oberflächenbenetzung der druckenden und nichtdruckenden Stellen, die entweder farbannehmende oder farbabstoßende Eigenschaften aufweisen. Die Druckplatte muß zunächst angefeuchtet und danach eingefärbt werden. Die Maschine muß also außer dem Farbwerk auch ein Feuchtwerk enthalten. Farbwerk und Feuchtwerk sind um den Plattenzylinder herum angeordnet.

Das **Feuchtwerk** hat die Aufgabe, die nichtdrukkenden Stellen der Form mit ausreichend Feuchtigkeit zu versehen. Über einen Duktor gelangt das Wasser aus einem Behälter auf einen Verreiber und von da über eine oder zwei Auftragwalzen als dünner Wasserfilm auf die Druckplatte.

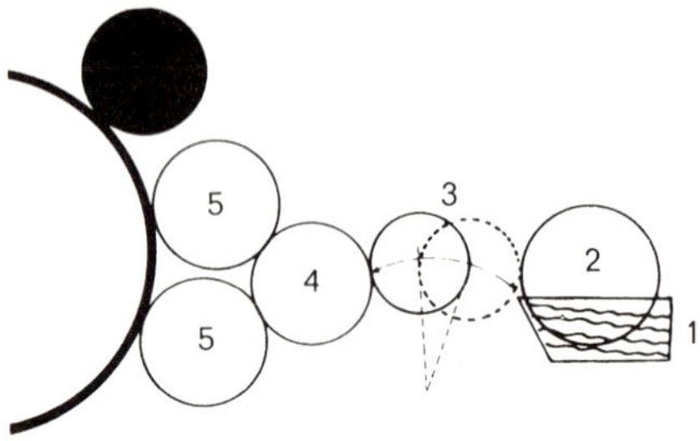

Bild 318.2. Schema des konventionellen Feuchtwerks: 1 Wasserkasten, 2 Duktor, 3 Feuchtheber, 4 Wasserreiber, 5 Feuchtauftragwalzen.

Je nach Feuchtwerkkonstruktion unterscheidet man vor allem das konventionelle Feuchtwerk und das Alkoholfeuchtwerk. Im konventionellen Feuchtwerk erfolgt die Regulierung der Feuchtung über eine Wasserabblasvorrichtung, einen Feuchtheber (Duktor) oder einen Rakelabstreifer. Die Feuchtwalzenbezüge sind aus Molton, Plüsch, Velours oder Frottée. Der Duktor hat meist einen Baumwollbezug. Das Alkoholfeuchtwerk gewährleistet einen geringen Wasserverbrauch und

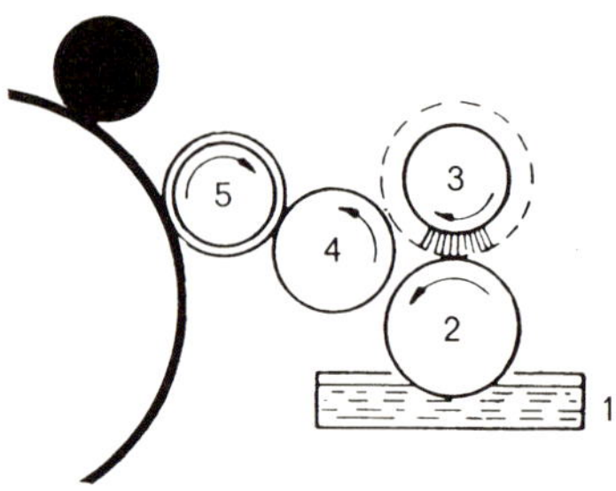

Bild 318.3. Alkoholfeuchtwerk mit Bürstenwalze. Alkoholzusatz erlaubt, mit einem dünneren Feuchtigkeitsfilm zu drucken als bei konventioneller Feuchtung. 1 Wasserkasten, 2 Duktor, 3 Bürstenwalze, 4 Reiber, 5 Feuchtauftragwalze.

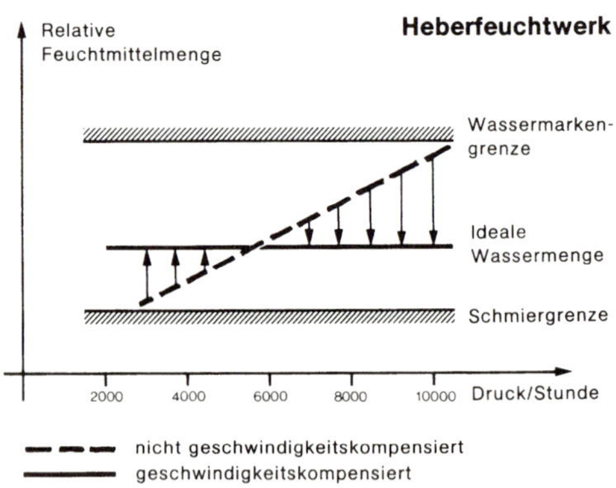

Bild 318.4. Günstigste Feuchtmittelmenge. Der Drucker muß bemüht sein, das Farb-/Wasser-Gleichgewicht bei unterschiedlichen Druckmaschinengeschwindigkeiten konstant zu halten.

ermöglicht durch den Alkoholzusatz die schnellere Verdunstung. Die Feuchtwalzen sind hier ohne Bezug. Es gibt Alkoholfeuchtwerke mit Heber, ohne Heber oder mit Bürstenwalzen. Bekannte Konstruktionen sind das Auto-Damp-Feuchtwerk, das Dahlgren-Feuchtwerk, das Roland-Matic-Feuchtwerk und das Feuchtwerk Alcolor von Heidelberg. Der Alkoholzusatz beträgt etwa 15 % und besteht aus Äthylalkohol oder Isopropylalkohol.

Alcolor ist ein Filmfeuchtwerk, das über eine Zwischenwalze (Z) mit dem Farbwerk verbunden ist. Tauch- und Dosierwalze (T und D) haben einen eigenen, elektronisch gesteuerten und geschwindigkeitskompensierten Antrieb. Feuchtreiber und Feuchtauftragwalze (R und A) laufen mit Maschinengeschwindigkeit.

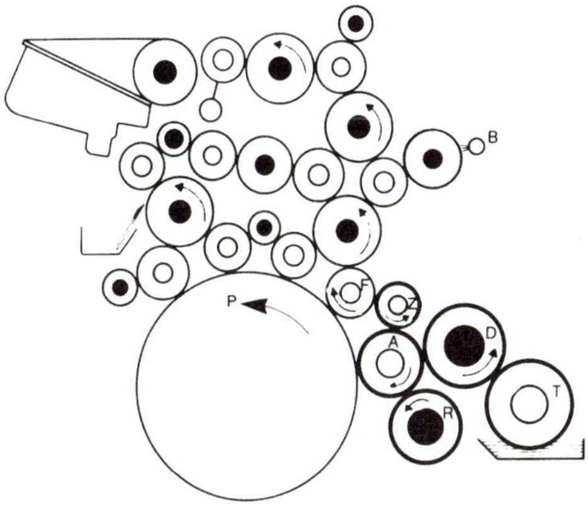

Bild 319.1. Alcolor-Filmfeuchtwerk mit automatischer Steuerung. T Tauchwalze, D Dosierwalze, R Feuchtreiber, A Feuchtauftragwalze, Z Zwischenwalze, P Plattenzylinder, B Blasleiste, F Farbauftragwalze.

An der Spaltstelle D/T bildet sich ein bereits recht dünner Feuchtfilm aus. Dosierung und erste Filmbildung sind hier abgeschlossen.

An der Berührungsstelle D/A findet keine Spaltung des Feuchtfilms im üblichen Sinne statt, sondern eher eine Dehnung, denn A läuft schneller als D. Hier entsteht der eigentliche, sehr dünne Feuchtfilm.

Bei diesem „Abrakeln" des Feuchtfilms kann sich kein unkontrollierbarer Wasserkeil bilden. Mit seiner besonderen, mattverchromten Oberfläche arbeitet der Feuchtreiber R den Feuchtfilm in die Farbe an der Feuchtauftragwalze A ein. Die Feuchtauftragwalze führt also auch Farbe, die sie von der Platte und durch eine direkte Verbindung zum Farbwerk über die Zwischenwalze Z erhält. Über die Feuchtauftragwalze A wird die Platte mit Wasser versorgt. Über die Zwischenwalze Z erhält das Farbwerk das benötigte Feuchtmittel.

Der gesamte Ablauf ist automatisch gesteuert. Während des Fortdrucks wird so das Farb-Wasser-Gleichgewicht stabil gehalten, nachdem es in der Anlaufphase durch gezieltes Vorfeuchten des Farbwerks außerordentlich schnell erreicht wurde. Bereits der zweite oder dritte Bogen kann verwendbar sein.

Richtige Farb- und Wasserführung ist von großer Wichtigkeit. Um gute Druckergebnisse zu erzielen, können dem Wischwasser Zusätze beigegeben werden: 1. saure und alkalische Lösungen, 2. Alkohole, 3. Netzmittel.

Die Säure- oder Alkaligrade des Wischwassers werden in pH-Werten angegeben. Zu niedrige oder zu hohe pH-Werte führen zu einer Störung des Gleichgewichts zwischen Feuchtwasser und farbführender Schicht. An druckenden Stellen mischen sich Farbe und Wasser zu einer Emulsion. An nichtdruckenden Stellen der Platte bauen sich durch ungenügende Benetzung mit Feuchtmittel Farbteilchen auf. Diese Fehlerscheinung

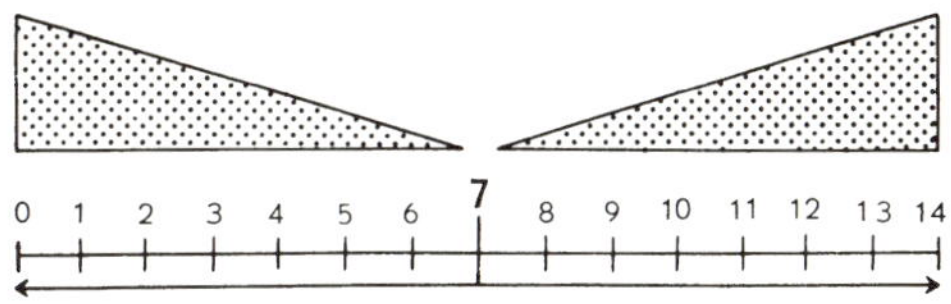

Bild 319.2. Skala des pH-Werts 7 – 0 ≙ zunehmender Säuregrad, 7 – 14 ≙ zunehmender Alkaligrad.

nennt der Praktiker Tonen. Optimale Bedingungen für Druckablauf und Trocknung der Farbe liegen zwischen pH 5,5 und 6,5. In diesem Bereich muß das Wischwasser auf den pH-Wert der Papieroberfläche abgestimmt werden.

Netzmittel ähneln in ihrer Wirkung Spülmitteln, wie sie die Hausfrau verwendet. Sie setzen die Oberflächenspannung des Wassers herab und fördern eine optimale Benetzung, indem sie das Perlen des Wassers verhindern. Da sie gleichzeitig das Emulgieren und Tonen begünstigen, verzichten zahlreiche Offsetdruckpraktiker auf Netzmittel.

Das **Farbwerk** färbt die Druckplatte bei einmaliger Umdrehung des Plattenzylinders gleichmäßig ein. Es hat für die Verreibung der Farbe und auch für die gleichmäßige Verteilung der Farbe auf die Auftragwalzen zu sorgen. Das Farbwerk besteht aus Farbkasten, Duktor, Heber, Verreibwalzen, Zwischenwalzen und Farbauftragwalzen. Bei Übertragungswalzen unterscheidet man weiche

Walzen mit Gummi- oder Kunststoffüberzug und harte Walzen, das sind verkupferte oder mit duroplastischem Kunststoff überzogene Stahlwalzen. Die Farbmenge im Farbkasten kann automatisch konstant gehalten werden.

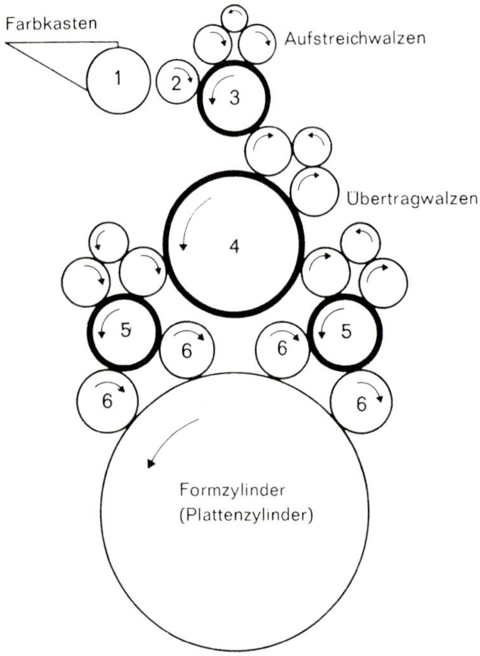

Bild 320.1. Schema eines Speicherfarbwerks: 1 Duktor, 2 Heberwalze, 3 Verreibetrommel, 4 Farbspeichertrommel, 5 Verreiber, 6 Auftragwalzen.

Die Qualität der Einfärbung wird von folgenden Faktoren beeinflußt: Gesamtzahl der Walzen (Farbwerkfläche), Walzenanordnung (Farbfluß), Anzahl und Durchmesser der Auftragwalzen (Einfärbung), seitliche Verreibung, Einsatzpunkt der seitlichen Verreibung.

Bei einigen Maschinentypen, besonders im kleinformatigen Offsetdruck, sind Farb- und Feuchtwerk so kombiniert, daß direkt über das Farbwerk gefeuchtet wird, z. B. als Feuchtung über den Farbverreiber (Hydrocolor-System) oder über die erste Farbauftragwalze (Dahlgrenfeuchtwerk). Hierbei liegt über dem Farbfilm der Auftragwalzen ein Wasserfilm.

Farbwerkfläche. Ein Beurteilungsmaßstab für die Größe eines Farbwerkes ist der Vergleich zwischen dem größten Druckformat und der Farbwerkfläche. Sie errechnet sich aus der Summe der Oberflächen aller Walzen und Reibzylinder, vom Heber bis zu den Auftragwalzen. Ein gutes Farbwerk sollte einerseits eine große Speicherkapazität aufweisen, andererseits aber auch auf Korrekturen schnellstmöglich reagieren.

Farbfluß. Ein weiterer wichtiger Faktor ist die Walzenanordnung. Sie bestimmt den Farbfluß und wirkt sich direkt auf die Einfärbung der Platte aus. Heidelberger Bogenoffsetdruckmaschinen zum Beispiel haben vorderlastige Farbwerke. Der Hauptfarbstrom ist auf die beiden ersten Auftragwalzen gerichtet. Sie bringen je nach Maschinentyp bis zu 90 % der benötigten Farbmenge auf die Druckform. Die zwei letzten Auftragwalzen haben im wesentlichen die Aufgabe, den Farbfilm auf der Platte auszubügeln.

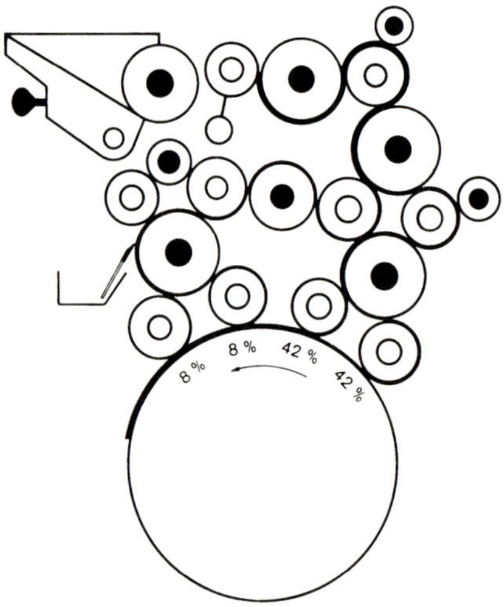

Bild 320.2. Farbfluß in einem Vierwalzenfarbwerk der S-Offsetmaschine.

Einfärbung. Anzahl und Umfang der Farbauftragwalzen haben einen wichtigen Einfluß auf die gleichmäßige Einfärbung der Druckplatte. Es ist einfacher, nacheinander von mehreren Auftragwalzen einen dünnen Farbfilm auf die Platte zu bringen und diesen zu glätten, als mit weniger Walzen die gleiche Farbmenge aufzutragen.

Unterschiedliche Durchmesser der Farbauftragwalzen sorgen für eine gleichmäßige Einfärbung auch bei schwierigen Formen. Hätten alle Auftragwalzen die gleichen Durchmesser, würde die Farbannahme des Druckbildes aufgrund der gleichen Walzenabwicklung haargenau aufeinandertreffen und sich als Farbübertragungsfehler (Schablonieren) bemerkbar machen.

Seitliche Verreibung. Neben der Farbverteilung in Umfangrichtung wird die Farbe durch traversierende Reibzylinder auch seitlich verteilt. Notwendig ist dies aus folgenden Gründen:

1. Durch die seitliche Verreibung wird die Farbe nach der Seite hin gleichmäßig verteilt. Außerdem bleibt die Farbe geschmeidiger.
2. Sie baut Farbanhäufungen ab, die von ungleichmäßiger Farbabnahme des Druckbildes in das Farbwerk gelangen.
3. Darüber hinaus ist die seitliche Verreibung eine Hilfe beim Einstellen der Farbzonen.
4. Schließlich erlaubt die seitliche Verreibung noch ein leichteres und schnelleres Waschen der Farbwalzen.

Einsatzpunkt der seitlichen Verreibung. Leichte Unterschiede im Farbauftrag vom Bogenanfang zum Bogenende (Farbabfall) lassen sich im Bogenoffsetdruck nicht ganz vermeiden. Bei großen Flächen und Nutzenarbeiten (Etiketten) kann sich diese Erscheinung störend im Druckergebnis bemerkbar machen.

An Heidelberg-Maschinen kann man neben dem Weg auch den Umkehrzeitpunkt der seitlichen Verreibung in bezug auf die Zylinderposition einstellen. Darunter versteht man die Veränderung des Zeitpunktes, zu dem z. B. ein bestimmter Reiber von seiner Endposition auf der Bedienungsseite der Maschine anfängt, zur Antriebsseite hin zu traversieren. Diese Veränderung beeinflußt die Farbzuführung und wirkt dem Farbabfall entgegen.

Beispiel A im Bild 321.1 zeigt in übertriebener Darstellung die Farbanhäufung an der Greiferkante und einen Farbabfall zum Druckende hin. Im Beispiel B wurde durch Veränderung des zeitlichen Einsatzes der seitlichen Verreibung die in diesem gedachten Modell auftretende Farbanhäufung zur Mitte des Bogens hin verlagert.

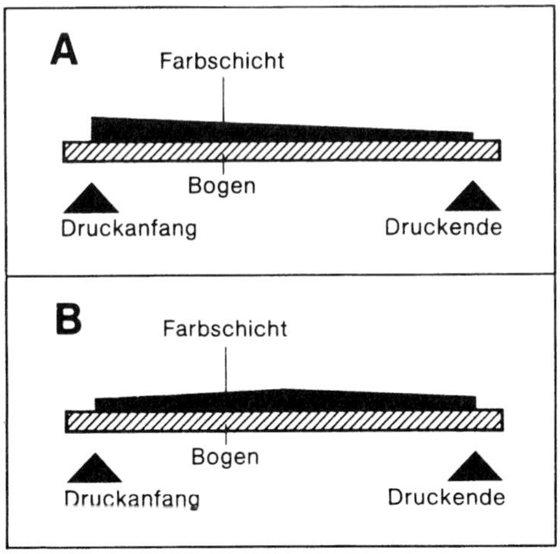

Bild 321.1. Farbabfall (A) und Verminderung des Farbabfalls (B) durch Farbanhäufung zur Mitte hin.

Dadurch wurde der Farbabfall so weit minimiert, daß er mit dem Auge nicht mehr wahrgenommen wird.

Zu den veränderlichen Einflußgrößen, denen der Druckprozeß auf einer Offsetdruckmaschine unterliegt, gehört die Temperatur der Druckfarbe. Die zum Spalten und Verreiben der Farbe aufgewandte mechanische Energie setzt Wärme frei, die ein Aufheizen des Farbwerks bewirkt. Damit ändern sich aber auch die rheologischen Eigenschaften der Druckfarbe, wie z. B. die Viskosität, die Zügigkeit und das Wasseraufnahmevermögen. Mit zunehmender Temperatur im Laufe des Fortdrucks wird der nutzbare Bereich zwischen Schmier- und Waschmarkengrenze enger. Jeder Drucker weiß, daß er bei längerer Fortdruckdauer nachregeln, d. h. die Farbstreifenbreite verändern und die Farb-Wasser-Balance neu herbeiführen muß.

Um den Druckprozeß zu stabilisieren, also die Farbtemperatur auf einem angepaßten Niveau konstant zu halten, hat man **Temperier-Aggregate** bzw. Systeme für die **Farbwerkkühlung** entwickelt.

Bei der Farbwerkkühlung für Heidelberg Speedmaster werden eine Übertragwalze und eine Reiterwalze von getrennten Kühlwasserströmen durchflossen, die in ihrer Menge so aufeinander abgestimmt sind, daß eine optimale Wärmeabfuhr erzielt wird.

Das Kühlwasser – normales Leitungswasser – wird in einem geschlossenen Kreis umgewälzt, es gibt seine Wärme aus diesem Kreis an die Umgebung über ein bewährtes Wärmeaustauschaggregat ab.

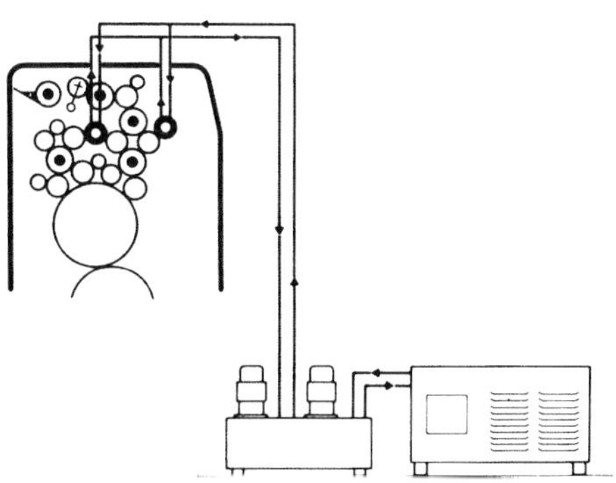

Bild 321.2. Farbwerkkühlung an Heidelberger-Maschinen.

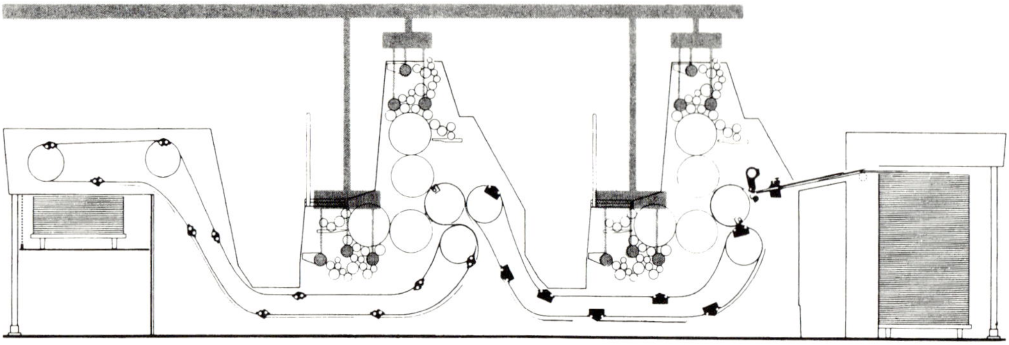

Bild 322.1. Farbwerktemperierung an Roland-Maschinen.

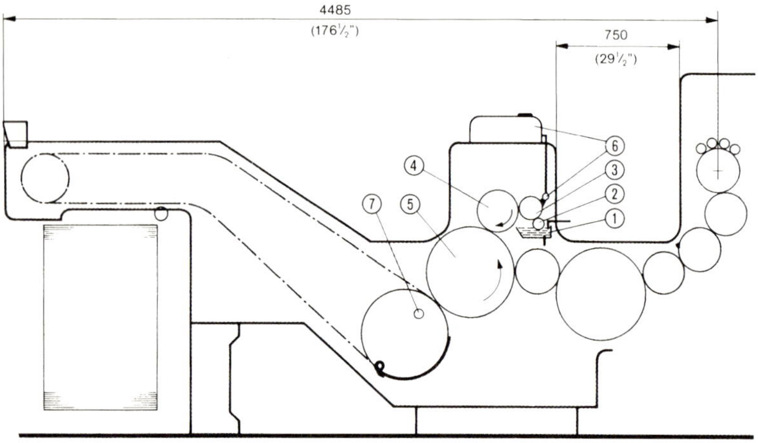

Bild 322.2. Aufbau des Lackierwerks der Heidelberger Speedmaster.
1 Lacktrog,
2 Lacktauchwalze,
3 Dosierzylinder,
4 Lacktuchzylinder,
5 Gegendruckzylinder,
6 Sprührohr und Wasserbehälter,
7 Blasrohr.

Beim Temperier-Aggregat wird oft über eine Zeitschaltuhr die Maschine schon vor Beginn der täglichen Arbeitszeit von dem Temperier-Aggregat auf Betriebstemperatur gebracht. Der Aufwand für mehrmaliges zeitraubendes Anpassen der Druckfarbe beim Anlauf einer kalten Maschine entfällt. Weiterhin werden Anlaufschwierigkeiten wie Rupfen durch zu hohe Farbzügigkeit bei kalter Druckfarbe und Rollneigung des Bogens in der Auslage vermieden. Von Arbeitsbeginn an kann reibungslos und einwandfrei gedruckt werden – ohne Konsistenzänderung der Farbe.

Durch konstante Temperatur im Farbwerk wird auch die Feuchtmittelmenge auf der Druckplatte und auf dem Gummituch konstant gehalten. Es baut dadurch weniger Papierstaub auf dem Gummituch auf. Es muß weniger häufig gewaschen werden.

Die Farbwerktemperierung verhindert temperaturbedingte Farbschwankungen. Durch die Temperierung des Farbduktors werden konstante Farbmengen in das Farbwerk übertragen. Das ständige Nachregulieren am Farbwerk entfällt. Das Wegschlagverhalten der Druckfarbe, die Punktschärfe sowie die Farbannahme im Übereinanderdruck bleiben während der gesamten Auflage gleichmäßig.

Durch Auftragen von Dispersionslack auf wäßriger Basis kann das Druckerzeugnis in seiner Brillanz gesteigert werden. Zusatzaggregate, wie Lackiereinrichtung, Lackierwerk oder Lackiereinheit, ermöglichen dies. Bei der Lackiereinrichtung wird in das Feuchtwerk der Maschine eine Rakeleinrichtung mit Dosierrollen, Lackumlauf, Vorratsbehälter und Lackwanne eingesetzt. Der Lackauftrag erfolgt indirekt auf den Bedruckstoff. Das Lackwerk wird dagegen

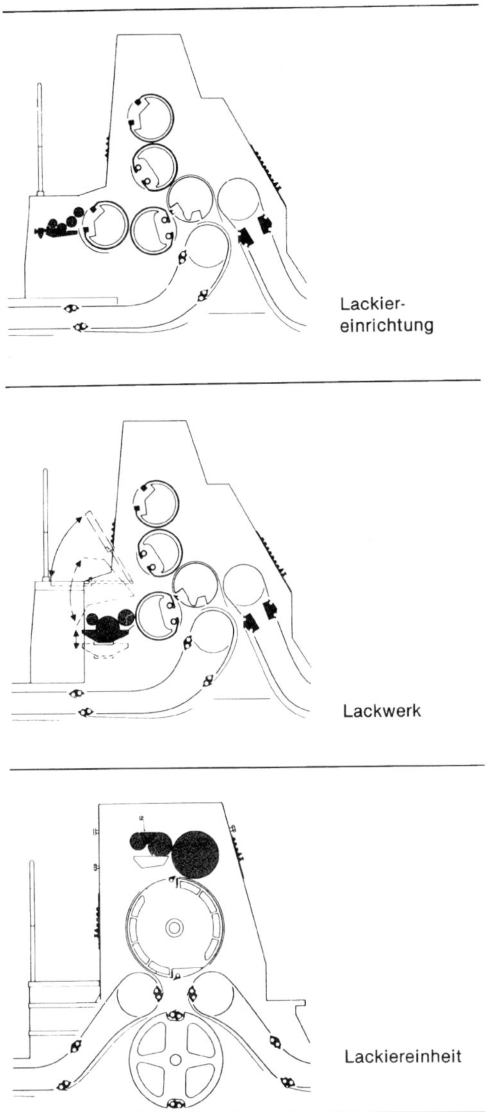

Bild 323.1. Zusatzaggregate für das Lackieren.

an die Stelle des letzten unteren Druckwerkes in Mehrfarbenmaschinen eingebaut. Es besteht aus der Lackwanne, Lackschöpfwalze, Lackdosierwalze und Lackauftragwalze. Über den „Formzylinder" wird der Lack direkt auf den Bedruckstoff übertragen. Die Lackiereinheit ist ein ausschließlich zum Lackieren entwickeltes Aggregat, angeordnet zwischen dem letzten Druckwerk und dem Ausleger. Die Anzahl der Druckwerke bleibt also erhalten, so daß z. B. vier Farben plus Lack gedruckt werden können. Beim Auftragen ohne Lackierung wird der Bogen unterhalb des Druckzylinders der Lackiereinheit auf kurzem Weg direkt zur Auslage geführt.

Das Lackiersystem für die Heidelberger Speedmaster umfaßt ein reines Lackierwerk als letzte Einheit und einen für die besonderen Anforderungen des Lackierens konstruierten Ausleger. Das spezielle Lackierwerk bringt auf vorteilhaft kurzem Weg den Lack aus dem Trog über Tauchwalze, Dosierzylinder und Lacktuchzylinder direkt auf den Bogen. Der besondere Ausleger des Systems transportiert auch vollflächig lackierte Bogen absolut berührungsfrei in den Auslagestapel.

▼

1. Welchen Vorteil haben Filmfeuchtwerke?
2. Welche Aufgaben haben die drei Zylinder der Offsetdruckmaschine?
3. Welche Schwierigkeiten können bei der Druckabwicklung auftreten?
4. Welche Bedeutung hat der pH-Wert im Offsetdruck?
5. Welche Folgen hat das Emulgieren der Farbe?
6. Welche Papiere eignen sich besonders gut für den Offsetdruck, welche nicht?
7. Welche Unterlagematerialien werden bei Zylindern verwendet?
8. Welche Unterschiede gibt es bei den Gummitüchern?
9. Nennen Sie verschiedene Druckschwierigkeiten und deren Ursachen!
10. Welche Aufgaben haben die Walzen im Farbwerk?
11. Welche Faktoren beeinflussen die Qualität eines Farbwerks?
12. Warum braucht man eine Farbwerkkühlung?
13. Warum werden Druckprodukte lackiert?
14. Wodurch unterscheiden sich die Zusatzaggregate für das Lackieren: a) Lackiereinrichtung, b) Lackwerk, c) Lackiereinheit?

8.4.2 Spezialverfahren im Flachdruck

Historischer Ursprung des modernen Flachdrucks ist der **Steindruck.** Als Lithografie hat er heute noch hohen künstlerischen Rang, in der modernen Druckindustrie ist er jedoch ohne Bedeutung. Druckform ist eine glatte oder leicht angerauhte Steinplatte (Kalkschiefer) oder eine gekörnte Zinkplatte. Im Direktverfahren wird in einer einfachen Zylinderdruckpresse oder in einer Reiberpresse ein Abzug vom eingefärbten Bild auf das Papier gemacht. Von den älteren Verfahren haben sich bis heute Blechdruck und Lichtdruck erhalten. Neuentwicklungen sind Diografie, rasterloser Offsetdruck, Holografie und direkter Flachdruck (DiLitho).

Blechdruck. Als Sonderverfahren des Offsetdrucks ist der Blechdruck seit 1880 bekannt. Schon vor dem Offsetdruck auf Papier wurden Spezialmaschinen zum Bedrucken von Blechtafeln nach dem indirekten Prinzip konstruiert. Die Farbübertragung über ein elastisches Gummituch ist erforderlich, weil die harten Bleche kein direktes Bedrucken zulassen. Als Druckformen dienen die üblichen Offsetdruckplatten. Heute entstehen im Blechdruck Bilder auf grundierten Metalltafeln, die zu Büchsen, Deckeln, Dosen, Eimern und Schildern weiterverarbeitet werden.

Lichtdruck. Dieses Verfahren befriedigt höchste Qualitätsansprüche für vorlagengetreue Wiedergabe, ist jedoch nicht für Massenauflagen geeignet. Auf Lichtdruck-Flachformpressen können täglich nur etwa 800 Drucke mit Handanlage hergestellt werden. Eine planparallele beschichtete Glasplatte dient als Druckform. Die mit Chromsalzen sensibilisierten, durch Belichtung gehärteten und vertieften Gelatineteile sind die Farbträger. Bei der Druckformherstellung wird ein Halbtonnegativfilm verwendet. Die unterschiedlich absorbierte Lichtmenge führt zu unterschiedlicher Lichteinwirkung und Schichthärtung. Dadurch wird die Gelatine mehr oder weniger quellfähig. Die Feuchtung in der Maschine während des Druckvorgangs wird manuell vorgenommen. Als Feuchtmittel dient ein Gemisch aus Glyzerin, Wasser und hochwertigem Alkohol. Das Quellrelief erzeugt unterschiedliche Halbtöne trotz gleichmäßiger Einfärbung.

Wasserloser Offsetdruck. Um 1930 wurden Versuche unternommen, Offsetdrucke ohne Wasserführung herzustellen, die aber keine brauchbaren Ergebnisse brachten. 1970 wurde unter dem namen **Driografie** ein neues Verfahren des wasserlosen Offsetdrucks entwickelt. Eine Flachdruckplatte war mit einer lichtempfindlichen Diazoschicht versehen. Darüber lag eine transparente Silikonschicht, die farbabweisend war. Der Untergrund aus Aluminium führte Farbe. Schwierige Sujets wie Dampf, Wasser, Blasen, Sand konnten klar gedruckt werden. Da aber häufig Schwierigkeiten durch Rupfen und Tonen auftraten, konnte sich auch dieses Verfahren in der Praxis nicht durchsetzen, obwohl der Wegfall des Feuchtwerks manche Vorteile mit sich bringt: Die Einrichtezeit ist kürzer, Passerprobleme wegen Feuchtigkeitsdehnung des Papiers treten nicht auf.

Erfolgreicher ist der Einsatz der japanischen Toray-Platte, die in den achtziger Jahren vorgestellt wurde. Das Trägermaterial ist dünnes Aluminiumblech. Auf das Aluminium ist zunächst eine lichtempfindliche Fotopolymerschicht aufgebracht.

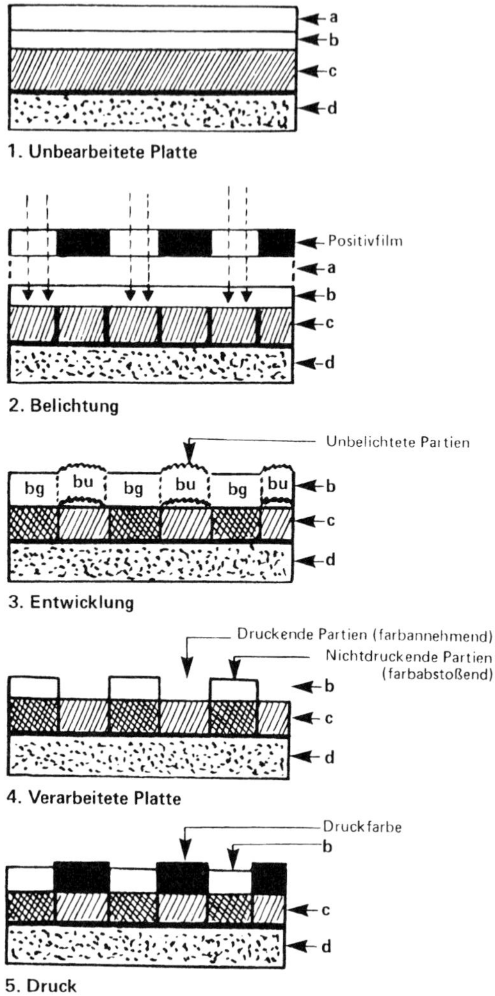

Bild 324.1. Wasserlose Offsetplatte Toray: a transparenter Schutzfilm, b Silikon-Gummischicht, bu unbelichtete (ungehärtete) Silikon-Gummischicht, bg belichtete (gehärtete) Silikon-Gummischicht, c Fotopolymerschicht, d Aluminiumträger.

Darüber befindet sich eine Silikon-Gummischicht, die von einem transparenten Schutzfilm gegen Oxidation und mechanische Beschädigung abgedeckt wird.

Die Belichtung mit UV-Licht erfolgt durch den Schutzfilm hindurch, härtet die Fotopolymerschicht und vernetzt diese zugleich mit der Silikon-Gummischicht. Anschließend wird die Schutzschicht abgezogen. Der Entwickler ist ein mit Isoparaffin gesättigter Kohlenwasserstoff, der die Silikon-Gummischicht an den unbelichteten Stellen anschwellen läßt. Sie löst sich von der Fotopolymerunterlage und wird mit Bürstenwalzen in der

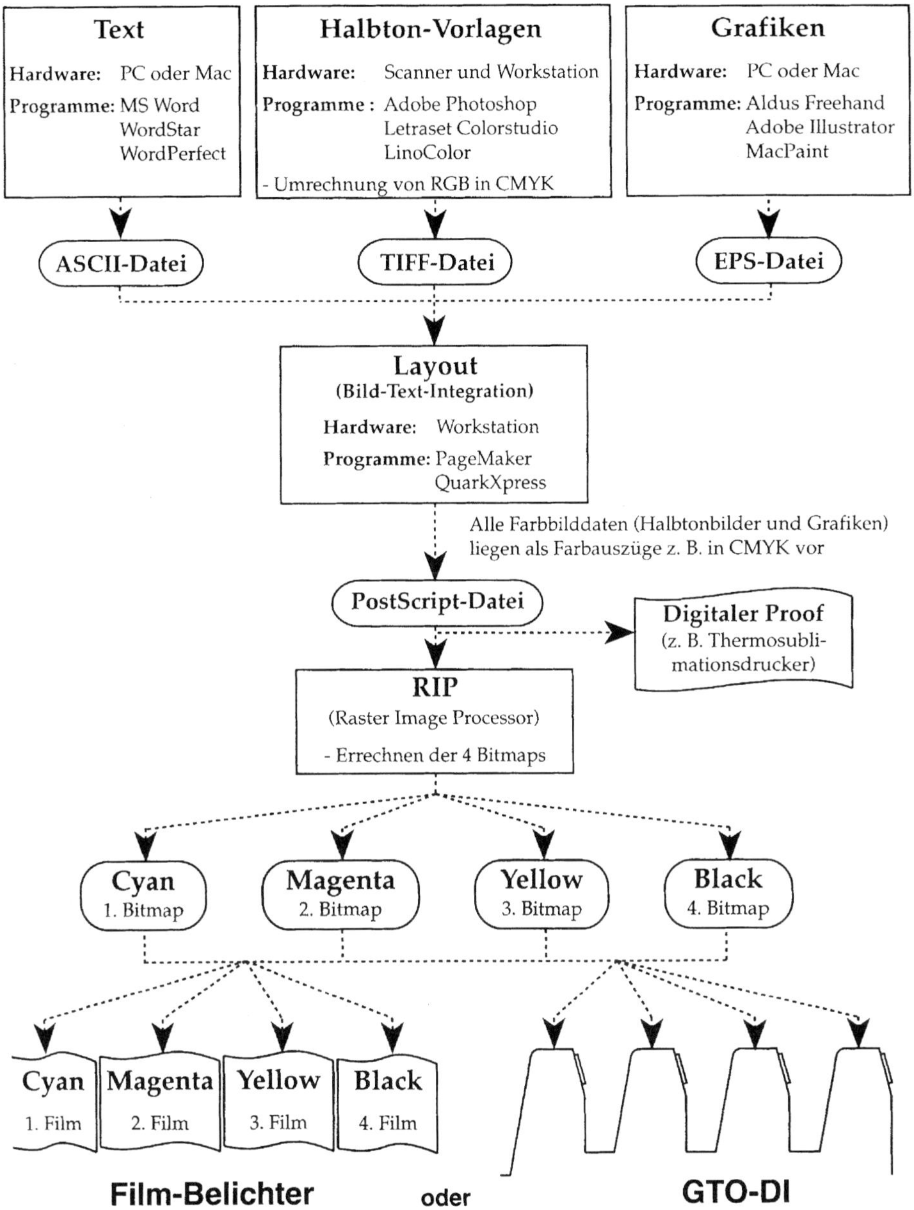

Bild 325.1. Übersicht über die Druckvorstufe der GTO-DI.

Entwicklungsmaschine ausgerieben. Die Fotopolymerschicht dient als Farbträger der druckenden Bildelemente. Die vom Licht gehärtete Silikonschicht dient als farbabstoßende Schicht. Beim Drucken mit der Toray-Platte ist der Einsatz von Spezialfarben erforderlich.

Ein neueres Verfahren des wasserlosen Offsetdrucks ist **DirektImaging (DI),** Druckformherstellung direkt aus dem Datenbestand. Ein der Druckmaschine vorangestellter Computer nimmt die Digitalen Daten (Text, Grafik, Bild) einer Produktseite auf, wandelt sie mit Hilfe eines RIPs in Steuersignale um und überträgt sie direkt auf die in der Druckmaschine eingespannten Druckfolien. Bei den speziell beschichteten Druckfolien wird durch die Energieimpulse der 16 Laserdioden die farbführende Schicht freigelegt, die Folie wird „bebildert". Diese direkte Druckformherstellung in der

Maschine ohne konventionelle Filmmontage und Filmkopie bezeichnet man auch als „computer to press".

Der DI-Computer steuert die Druckfolienbebilderung für die vier oder fünf Farben registergenau und gleichzeitig in allen Druckwerken. Außerdem errechnet er parallel dazu die benötigten Farbmengen in jeder Zone. Nach dem Bebilderungsvorgang kann sofort mit dem passergenauen Fortdruck begonnen werden. Die Informationen auf den Druckfolien sind nicht löschbar, so daß für den nächsten Auftrag/die nächste Seite ein Folienwechsel erfolgen muß. Bei der GTO-DI der Firma Heidelberg sind die Druckwerke in Reihenbauweise konstruiert. Die Bebilderung erfolgt mit zwei Auflösungsstufen: 1270 dpi sind ausreichend für ein 60er Raster (150 lpi) und 64 Graustufen pro Farbe; 2540 dpi ermöglichen für anspruchsvollere Arbeiten mehr als 200 Graustufen und ein 70er Raster (175 lpi). Die Bebilderung der Folien dauert 12 bzw. 24 Minuten. Bei der höheren Auflösung wird die vierfache Speicherplatzmenge benötigt.

Die Druckfolie ist aus Aluminium und 0,17 mm stark. Auf dieser Metallunterlage liegt die bilderzeugende Carbonschicht und darüber die farbabstoßende Silikonschicht.

Bei der GTO-DI der Firma Heidelberg sind die Druckwerke in Reihenbauweise konstruiert. In der Druckmaschine befinden sich auch Wendeeinrichtungen, so daß der Bedruckstoff auch beidseitig bedruckt werden kann. Es werden alle Offsetpapiere von 40 bis 400 g/m^2, aber auch Recyclingpapiere, Naturpapiere, Chromokarton und Folien verarbeitet, und zwar im Produktformat DIN A6 bis DIN A3.
Es kann die Vielfalt der farbigen Kleinauflagen produziert werden. Die Qualität des Mehrfarbenoffsets ist den Toner-Drucksystemen überlegen, zumal nicht nur Skalenfarben gedruckt werden können. Eine maschinelle Neuentwicklung ist das digitale Drucksystem Heidelberg Quickmaster DI-46.

▶ Siehe Seite 352.

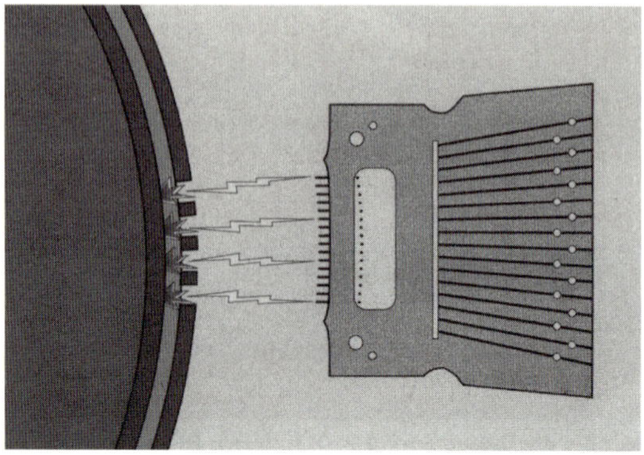

Bild 326.2. DI (Direct Imaging): Elektroden erzeugen farbführende Bildpunkte.

Direkter Flachdruck (DiLitho). Dieses wirtschaftlich interessante Verfahren arbeitet mit einem speziellen Feuchtwerk. Das Feuchtmittel wird mit Druckluftdüsen oder mit Bürstenwalzen kontaktlos auf die Farbwalzen übertragen: Die Druckplatte wird indirekt über die Farbauftragwalze befeuchtet. Die Platte druckt direkt auf das Papier. Das Verfahren wird in Rollenrotationsmaschinen für den Druck von Zeitungen eingesetzt.

Hochdruck-Zeitungsrotationsmaschinen können für diesen Zweck umgebaut und mit einem Feuchtwerk versehen werden. Der Vorteil des Verfahrens ist, daß Offsetdruckplatten billiger sind als fotopolymere Hochdruckplatten und die Druckqualität im Offsetdruck besser ist. Da der Druck über das Gummituch entfällt, muß das Bild auf der Platte seitenverkehrt sein. Die Offsetdruckplatte ist beim direkten Druck aber empfindlicher als beim Druck über das Gummituch. DiLitho ist eher eine Übergangslösung.

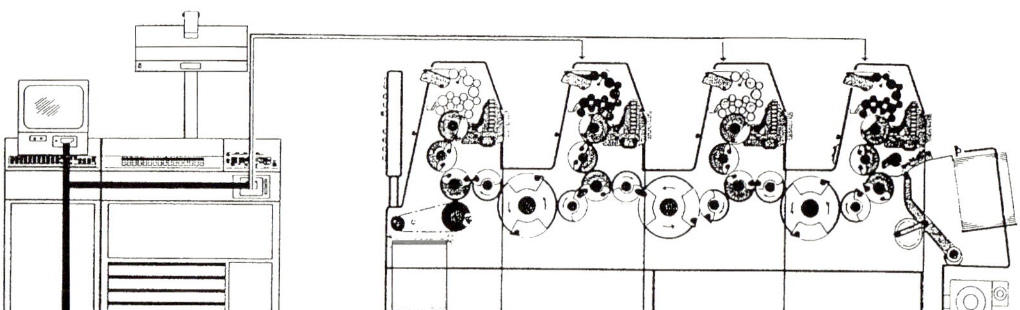

Bild 326.1. Der Heidelberg DI-Computer (links) steuert die Farbzonen der einzelnen Druckwerke.

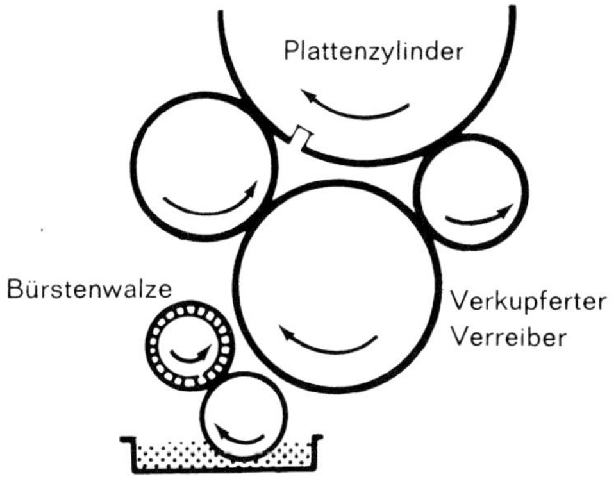

Bild 327.1. Schematische Darstellung eines DiLitho-Druckwerks.

▼
1. Was hat der Blechdruck mit dem Offsetdruck gemeinsam, wodurch unterscheidet er sich?
2. An welchen Merkmalen kann man Lichtdrucke sehr deutlich von anderen Flachdruckverfahren unterscheiden?
3. Warum kann bei Anwendung der Toray-Platte auf ein Feuchtwerk verzichtet werden?

8.4.3 Druckmaschinen für den Offsetdruck

Auf eine Beschreibung der alten Flachdruckmaschinen kann verzichtet werden. Heute ist der Offsetdruck die beherrschende Drucktechnik im Flachdruck. Wir unterscheiden Bogenoffset- und Rollenoffsetdruckmaschinen, die beide rotativ arbeiten. Lediglich Andruckpressen arbeiten nach dem Flachformprinzip mit zylindrischem Gegendruckkörper.

Der Gummituchzylinder wird dabei über die eingefärbte flache Druckplatte geführt und anschließend auf den flachliegenden Bedruckstoff abgerollt. Man unterscheidet:
1. Andruckpressen ohne oder mit motorischem Antrieb, aber mit Handfeuchtung und Handwalzeneinfärbung.
2. Halbautomatische Andruckpressen mit Farbwerk und motorischem Antrieb; nur die Feuchtung ist manuell.
3. Vollautomatische Andruckpressen mit automatisiertem Farbwerk und Feuchtwerk.

Das Flach-/Rund-/Flach-Prinzip findet aber auch Anwendung im Fortdruck, und zwar beim Bedrucken von starren Materialien wie Holz, Kunststoff, Blech oder Glas.

Außer den Zylindern, dem Farb- und Feuchtwerk besitzt jede Druckmaschine weitere Funktionsteile, vor allem die automatisierte Bogenzufuhr und **Bogenanlage** sowie die **Bogenauslage.**

Die Bogen werden in Stapeln an die Maschine gebracht. Je nach Maschinengröße und Papierformat gibt es unterschiedliche Anlegesysteme. Bei größeren Maschinen benutzt man heute die Non-Stop-Bogenanleger. Sie ermöglichen einen Stapelwechsel ohne Maschinenstillstand, also bei laufender Produktion. Die Bogenzufuhr erfolgt automatisch vom Anleger über den Anlagetisch zur Anlage. Dazu muß jeder Bogen erfaßt, exakt geführt und ausgerichtet werden. Beim Anleger unterscheidet man zum Beispiel den Schuppenanleger und den pneumatischen Saugstangen-Anleger. Beim Schuppenanleger laufen die Bogen leicht versetzt, also schuppenförmig über den Anlagetisch zur Anlage. Der erste Bogen wird jeweils genau angelegt und in die Maschine gezogen. Die Wegverkürzung im Anlagebereich ermöglicht so eine schnelle Druckgeschwindigkeit. Einzelne

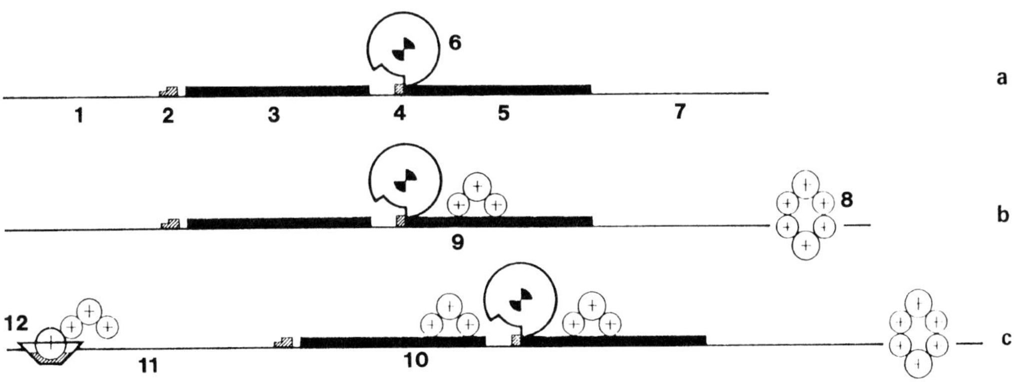

Bild 327.2. Andruckpressen. a manuell, b halbautomatisch, c vollautomatisch. 1 Ruhestellung, 2 Plattenspannleiste, 3 Plattenfundament, 4 Greiferbalken, 5 Druckfundament, 6 Gummizylinder, 7 Ruhestellung. 8 Stationäres Farbwerk, 9 Auftragwalzen, die mit dem Gummizylinder laufen. 10 Feuchtauftragwalzen, 11 Feuchttisch, 12 Wasserkasten mit Duktor.

Saugköpfe, zum Beispiel Trennsauger, Kippsauger und Schleppsauger, dienen dem Bogentransport. Beim Saugstangen-Anleger laufen die Bogen einzeln hintereinander über den Anlagetisch zur Anlage. Bei einem weiteren System, dem Rotary-Anleger, werden die Bogen in einem Rundstapel vorgeschlagen und mit starken Gurten in Schuppenlage zur Anlage geführt.

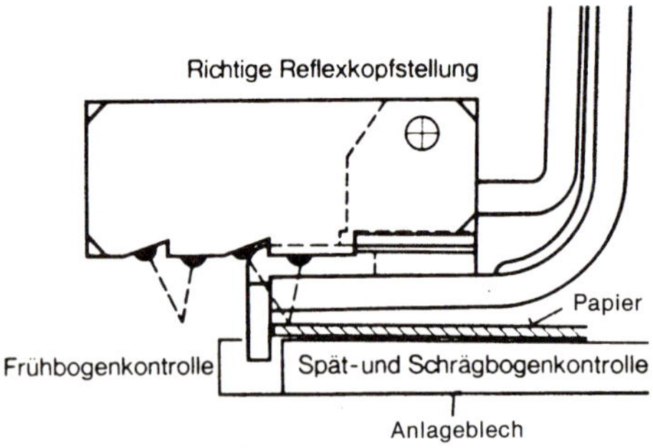

Bild 328.1. Elektronische Bogenkontrolle.

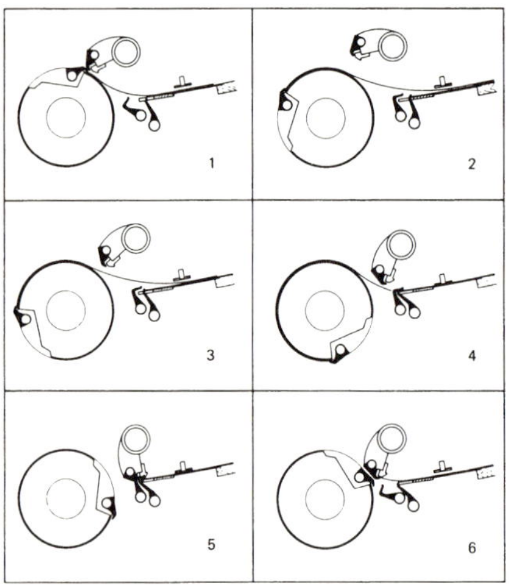

Bild 328.2. Funktionen der überdeckten Bogenanlage mit Bogen-Vorausrichtung.

1. Der Bogen wird durch den exzentrisch gesteuerten Vorgreifer von der Anlage zum Druckzylinder transportiert und übergeben. Gleichzeitig bewegen sich die Vordermarken in ihre Ausgangsstellung zum Auffangen des nächsten Bogens.
2. Die Vordermarken bewegen sich zur Anlagekante hin und werden von dem ankommenden Bogen eingeholt.
3. Die Vordermarken verlangsamen den Bogen und führen ihn unter die Deckmarken, während der vorherige Bogen über die Deckmarken hinwegläuft.
4. Der Bogen liegt in der Anlage und wird von der Ziehmarke seitlich ausgerichtet.
5. Nachdem der Bogen von der fotoelektrischen Abfühlung auf genaue Anlage kontrolliert wurde, übernimmt ihn der Schwinggreifer.
6. Sobald der Schwinggreifer den Bogen erfaßt hat, bewegen sich Vorder- und Deckmarken, ebenso die Ziehmarke aus der Papierbahn.

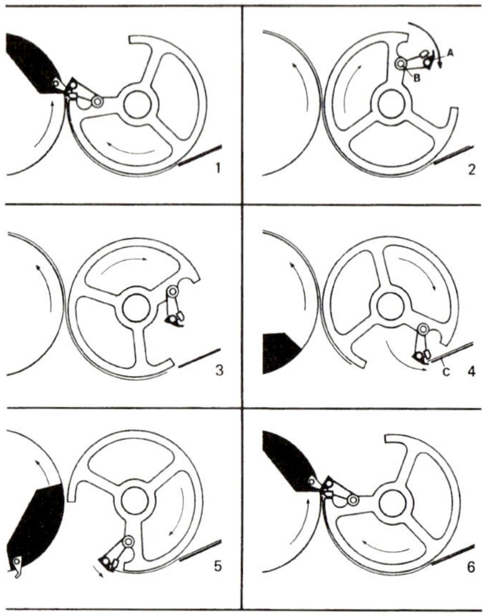

Bild 328.3. Heidelberg-Register-Anlegetrommel.
1. und 2. Die Bogenübergabe erfolgt vom Anlagetisch zum Druckzylinder mit einer rotierenden Trommel. An dieser befinden sich bewegliche Greifer. Die Greifer öffnen sich. Sie führen dabei eine Eigenbewegung aus, die schneller ist als die Rotation der Anlegetrommel.
3. und 4. Die Greifer schwingen nun zurück gegen den Anlagetisch. Sie nehmen jetzt im Stillstand den Bogen aus den Vordermarken.
5. und 6. Der von den Greifern festgehaltene Bogen wird eingezogen und dabei allmählich beschleunigt und auf die Geschwindigkeit von Anlegetrommel und Druckzylinder gebracht. Die Bogenübergabe in die Greifer des Druckzylinders erfolgt bei synchroner Geschwindigkeit von Trommel und Zylinder.

Beim Anlegevorgang dienen Vordermarken dem registergenauen Ausrichten des Bogens an der Greifkante. Zieh- oder Seitenmarken richten den Bogen seitlich aus. Die exakte Anlage der Bogen wird mechanisch oder elektromechanisch oder optoelektronisch überwacht. Durch diese sogenannte Fehlbogenkontrolle wird der Fortdruck in der Maschine sofort unterbrochen, wenn kein Bogen oder ein Bogen falsch in der Anlage ankommt. Der Druck wird abgestellt, die Farbwalzen heben von der Druckplatte ab, die Zufuhr des Papiers, der Farbe und des Feuchtmittels wird unterbrochen, die Maschine schaltet auf Langsamlauf.

In der Anlage werden die Bogen von Schwinggreifern, auch Vorgreifer genannt, erfaßt und den Zylindergreifern übergeben, dabei auf Druckgeschwindigkeit gebracht und über den rotierenden Druckzylinder gezogen. Ein anderes System der Bogenübergabe zeigt die Heidelberg-Register-Anlegetrommel.

Bei kleinen Maschinen fallen die Bogen direkt nach dem Druck in die Muldenauslage. In großen Maschinen werden sie vom Druckzylinder an Kettenausleger übergeben. Im Bogenausleger werden sie verlangsamt oder durch Auffanggabeln aufgefangen und abgelegt. Hier gibt es entsprechend dem Anlagesystem die Non-Stop-Auslage.

Bogenoffsetdruckmaschinen sind als Ein-, Zwei-, Drei-, Vier- und Sechsfarbenmaschinen verschiedener Bauart und Einsatzmöglichkeit auf dem Markt. Sie können auch als Schön- und Widerdruckmaschinen für gleichzeitiges Bedrucken von äußerer und innerer Form konstruiert sein. Nach der Größe des Druckbogens teilt man die Maschinen in folgende unterschiedliche Formatklassen ein:

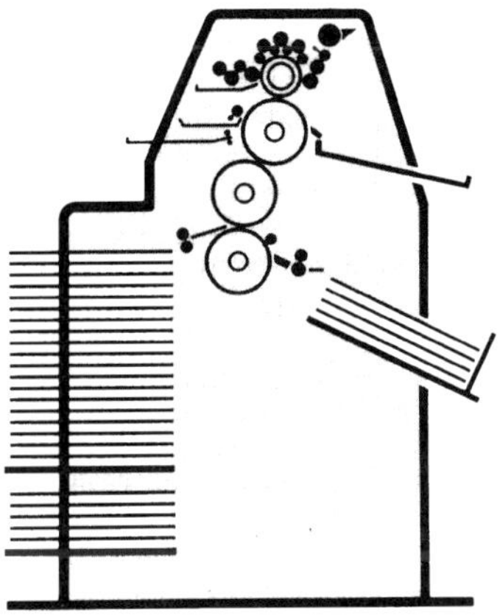

Bild 329.1. Muldenauslage.

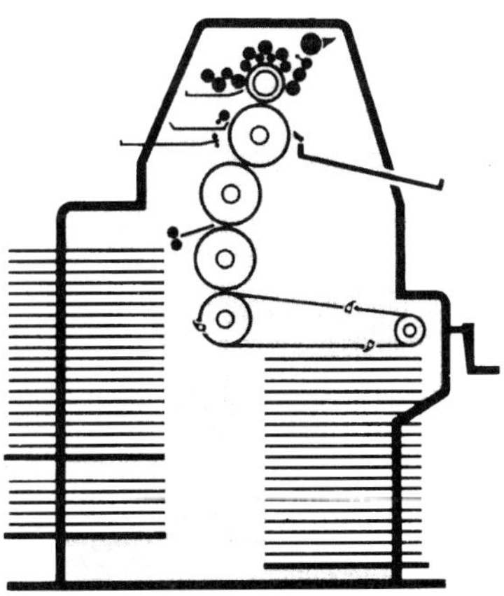

Bild 329.2. Kettenauslage.

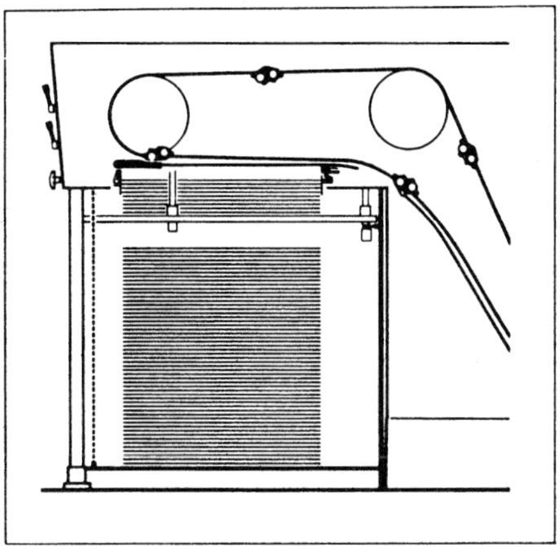

Bild 329.3. Non-Stop-Auslage.

Klasse	Format
0	460 mm x 640 mm
I	500 mm x 700 mm
II	520 mm x 720 mm
III	560 mm x 830 mm
III b	610 mm x 860 mm
IV	640 mm x 960 mm
V	650 mm x 965 mm
VI	720 mm x 1020 mm
VII	780 mm x 1120 mm
VIII	890 mm x 1260 mm
IX	1000 mm x 1400 mm
X	1100 mm x 1600 mm
XI	1240 mm x 1800 mm
XII	1400 mm x 2000 mm

Größere Formate erfordern stabilere Bedruckstoffe.

Alle **Einfarbenmaschinen** sind ähnlich konstruiert. Sie haben folgende Hauptteile: Antrieb, Gegendruckzylinder, Gummituchzylinder, Plattenzylinder mit Farbwerk und Feuchtwerk, Anlegeapparat, Anlage und Auslage.

Das Grundgestell der Einfarbenmaschine muß stabil sein und einen gleichmäßig ruhigen Druckvorgang gewährleisten, um unerwünschte Nebeneffekte auf dem Druckbild zu vermeiden. Einfarbenmaschinen für kleinere Formate arbeiten mit Einzelbogenanleger. Hohe Druckgeschwindigkeiten erfordern Schuppenanleger, um die notwendige Paßgenauigkeit zu erreichen. Mehrere Bogen werden dabei schuppenförmig aufgefächert über den Anlegetisch zu den Anlegemarken geführt, die den Bogen ausrichten. Durch

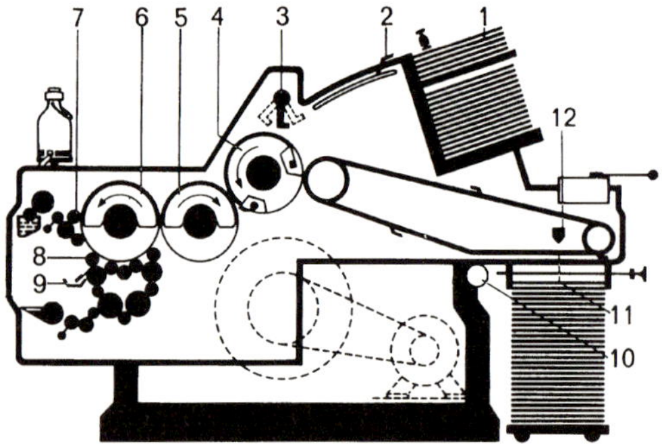

Bild 330.1. Aufbau und Arbeitsweise einer Einfarbenmaschine am Beispiel der Heidelberg K-Offsetmaschine: 1 Anlagestapel, 2 Bogenführung, 3 Vorgreifer, 4 Druckzylinder, 5 Gummituchzylinder, 6 Plattenzylinder, 7 Feuchtauftragwalzen, 8 Farbauftragwalzen, 9 Walzenwascheinrichtung, 10 Geschwindigkeitsregulierung, 11 Kettenausleger, 12 Puderapparat.

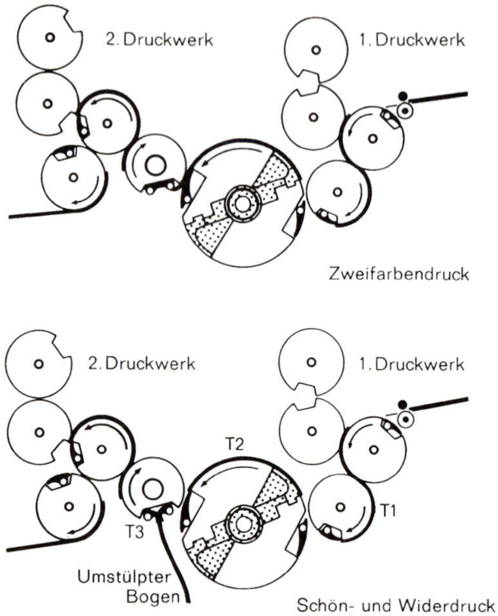

Bild 330.3. Schematische Darstellung des Druckwerks einer variablen Bogenoffsetdruckmaschine mit Umstellmöglichkeit von einseitig zweifarbigem Druck auf einfarbig Schön- und Widerdruck. Beim Schön- und Widerdruck wird der Bogen bei der Übergabe vom 2. Transferzylinder (T2) zum 3. Transferzylinder (T3) umstülpt.

die kürzeren Transportwege zum Greifer des Druckzylinders ist der Bogentransport ruhiger als beim Einzelbogenanleger.

Offsetdruckmaschinen für den Druck kleiner Formate und bei kleineren Auflagen sind normalerweise mit einem Tiefstapelausleger versehen. Bei hoher Auflage und schnellem Maschinenlauf sind Hochstapelausleger zweckmäßiger, weil mehr Bogen gestapelt werden können.

Für sehr kleine Formate – etwa DIN A4 – und bei Auflagen bis etwa 5000 Exemplare sind kleine Druckautomaten auf dem Markt, die gute Qualität liefern. Die bedruckten Blätter werden in einer Auffangmulde ausgelegt.

▶ Siehe auch Kapitel 8.4.6.

Zweifarbenmaschinen bedrucken in einem Arbeitsgang eine Bogenseite mit zwei Farben. Andere **Mehrfarbenmaschinen** (Vierfarben-, Fünffarben- oder Sechsfarbenmaschinen) haben entsprechend viele Möglichkeiten, je nach der Zahl ihrer Farbwerke. Prinzipiell bestehen in der Anordnung von Farb- und Feuchtwalzen und in der Bedienung keine Unterschiede. Sie werden für den Druck aufwendiger Druckprodukte eingesetzt, etwa zur Herstellung vierfarbiger Prospekte mit zusätzlicher Sonderfarbe oder Hausfarbe.

Der Druck mehrerer Farben erfolgt ohne Zwischentrocknung naß-in-naß. Laufende Verbesserung der Steuer- und Regeltechnik sowie der gesamten Elektronik haben zu immer besserer Qualität und damit zu höheren Ansprüchen an die Druckprodukte geführt. Kürzere Rüst- und Produktionszeiten, sichere Farbabstimmung und -beurteilung sind eindeutige Vorteile der Mehrfarbenmaschinen gegenüber den Einfarbenmaschinen.

Die Zahl der Zylinder kann bei Mehrfarbenmaschinen unterschiedlich sein, zum Beispiel können

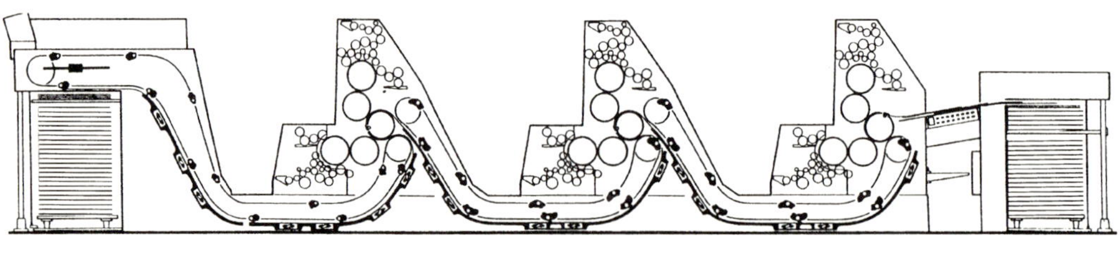

Bild 330.2. Roland 600, Bauprinzip 5-Zylinder-System.

zwei Gummituchzylinder gegen einen Gegendruckzylinder arbeiten, so bei Roland- oder Planeta-Bauweise. Manche Maschinen können sowohl für Offset als auch für Letterset eingesetzt werden.

Grundsätzlich gibt es zwei Konstruktionsformen: die Reihenbauweise und die 5-Zylinder-Bauweise. Die Reihenbauweise, bei der für jede Druckfarbe ein vollständiges Druckwerk vorhanden ist, also Plattenzylinder, Gummituchzylinder und Druckzylinder, ist am meisten verbreitet. Sie bringt einige drucktechnische Vorteile, außerdem könnte das Grundmodell durch weitere Druckwerke erweitert werden. Bei der 5-Zylinder-Bauweise drucken zwei Plattenzylinder und zwei Gummituchzylinder gegen einen gemeinsamen Druckzylinder und erzeugen so einen Zweifarbendruck. Die kompakte Bauweise hat Vorteile im Hinblick auf den Raumbedarf der Maschine; man erzielt aber auch durch gemeinsamen Schluß der Greifer einen genauen Passer der beiden Druckfarben.

Maschinen, die beide Bogenseiten gleichzeitig einfarbig in einem Durchgang bedrucken, heißen Schön- und Widerdruckmaschinen. Zwei Plattenzylinder geben die Farbe an zwei Gummituchzylinder ab, die gegenseitig als Druckzylinder dienen (Prinzip blanket to blanket). Solche Maschinen sind nicht umstellbar, das heißt, sie drucken nur nach dem hier beschriebenen System. Außer ihnen gibt es umstellbare Maschinen, die als Schön- und Widerdruckmaschinen in der üblichen Weise zweiseitig einfarbig, aber auch einseitig mehrfarbig drucken können.

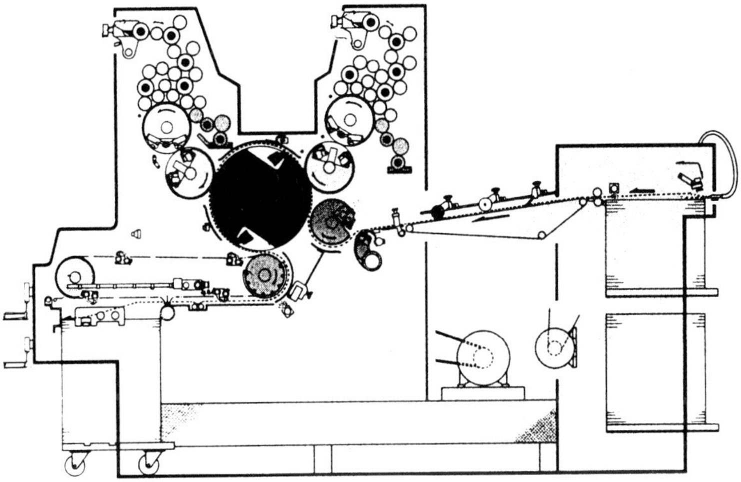

Bild 331.1. Ryobi 522 H, Bauprinzip 5-Zylinder-System.

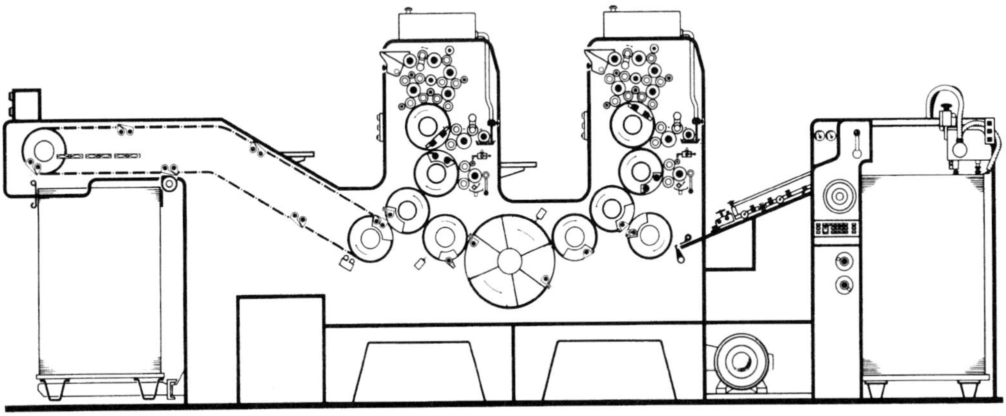

Bild 331.2. Zweifarbenmaschine Heidelberg Speedmaster 102 Z, Konstruktionstyp Reihenbauweise.

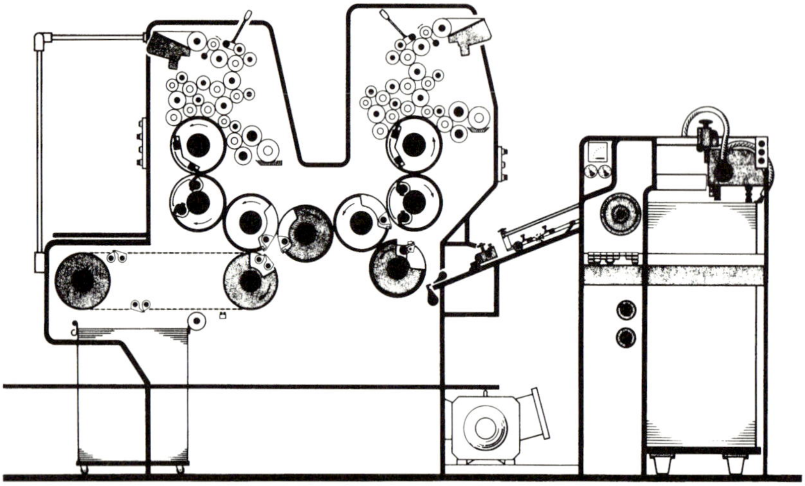

Bild 332.1. Zweifarbenmaschine Heidelberg SORSZ, Konstruktionstyp V-Bauweise.

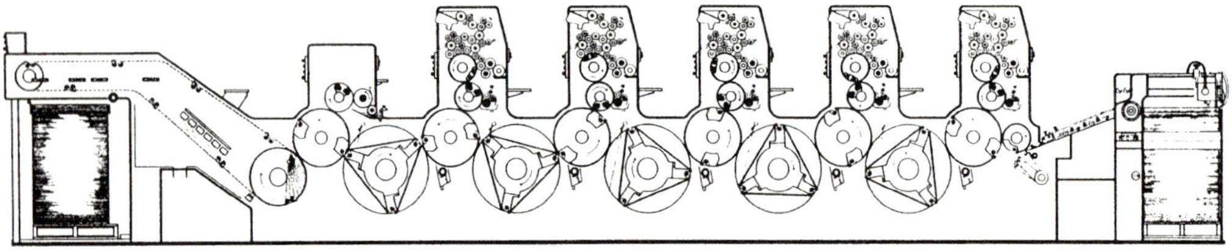

Bild 332.2. Fünffarbenmaschine Heidelberg Speedmaster.

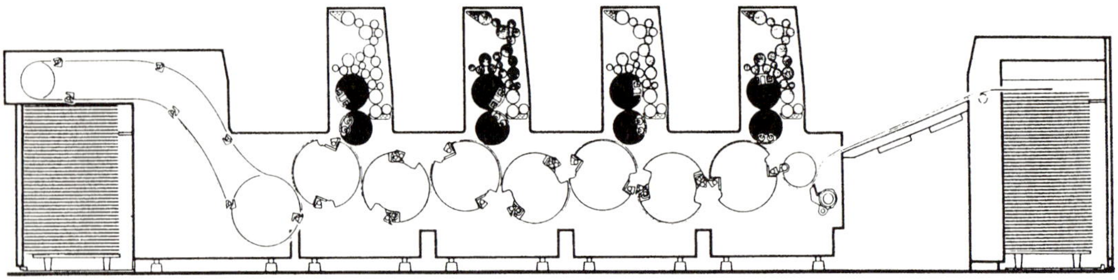

Bild 332.3. Vierfarbenmaschine Roland 700.

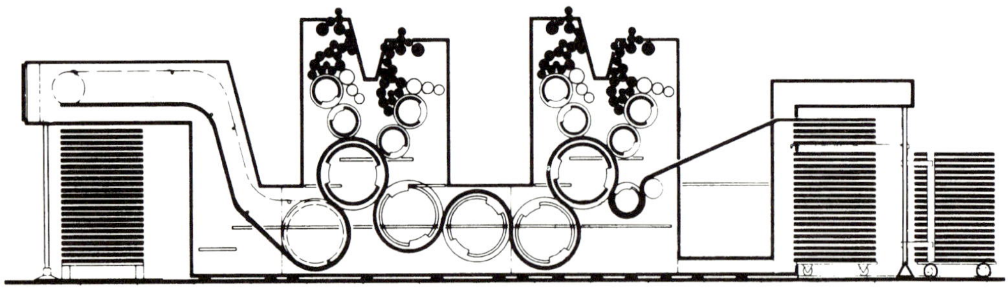

Bild 332.4. Vierfarbenmaschine Koebau Rapida SR III–4.

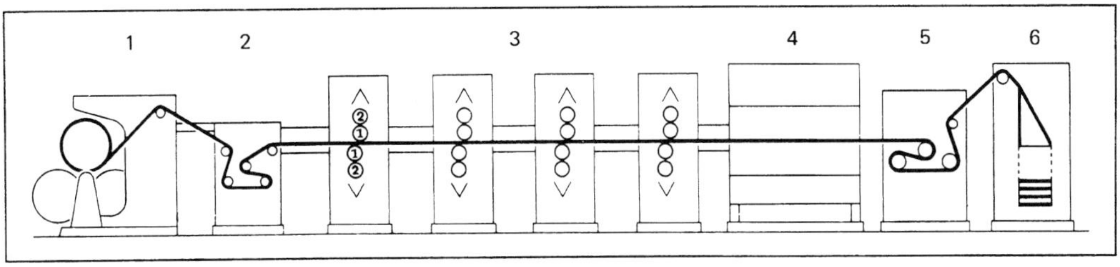

Bild 333.1. Rollenoffsetdruckmaschinen bestehen grundsätzlich aus Einheiten, die sich nach dem Baukastenprinzip zu Maschinen der gewünschten Größe und Funktion zusammenstellen lassen. Einheiten: 1 Papierabrollung, 2 Papierstreckwerk, 3 Druckwerke, 4 Trockenkanal, 5 Kühlstrecke, 6 Falzapparat.

Rollenoffsetdruckmaschinen sind große Rotationsmaschinen, die sich Anfang der sechziger Jahre durchzusetzen begannen und sofort eine scharfe Konkurrenz für den Hochdruck darstellten. Eine lange Papierbahn von der Rolle wird fortlaufend bedruckt, in Bogen geschnitten, gefalzt und ausgelegt. Es gibt je nach der Zahl der Zylinder unterschiedliche Systeme. Schön- und Widerdruck können über zwei Gummituchzylinder (blanket to blanket) von zwei Seiten gleichzeitig erfolgen. Mehrere solcher Doppeldruckwerke sind in der Regel hintereinander angeordnet. Das ist die sogenannte Reihenbauweise.

Die Führung der Papierbahn kann vertikal oder horizontal sein. Beim 5-Zylinder-System lassen sich unter Einsatz nur eines Druckzylinders zwei Farben auf eine Seite drucken. Nach dem Satellitensystem ist sogar vierfarbiger einseitiger Druck über einen gemeinsamen Gegendruckzylinder möglich.

Je nach der Art des Druckprodukts werden Maschinen in unterschiedlicher Größe und Bauart eingesetzt. Die Formate sind durch den Zylinderumfang festgelegt. Für den Druck von Zeitungen verwendet man Naturpapiere, auf denen die Farbe schnell wegschlägt. Bei der Herstellung anspruchsvollerer Druckprodukte in mehreren Farben werden veredelte Papiere eingesetzt, die die Farbe wegen ihrer glatten Oberfläche weniger gut aufnehmen. Hier muß deshalb mit schnell trocknenden Spezialfarben (Heat-set-Farben)

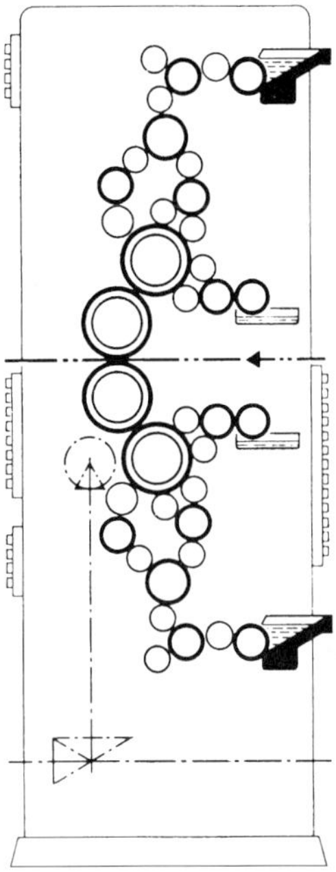

Bild 333.3. Schematische Darstellung des Doppeldruckwerks einer Offsetdruck-Rollenmaschine von M.A.N. in Standardbauweise.

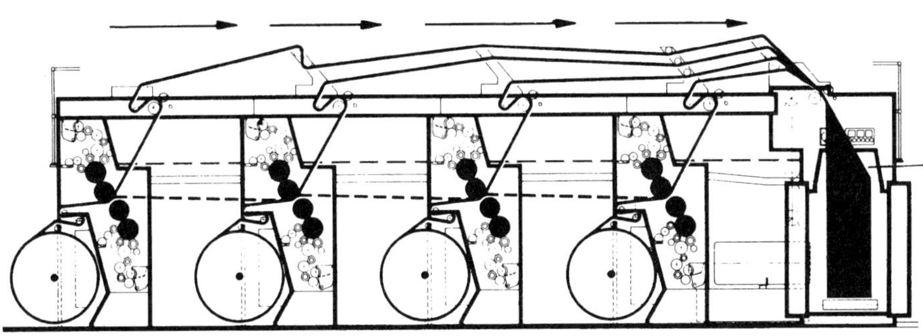

Bild 333.2. Schematische Darstellung einer Rollenoffsetdruckmaschine – hier einer Koebau-Compacta – mit vier Doppeldruckwerken nach dem Prinzip Gummituchzylinder gegen Gummituchzylinder. Der Druck erfolgt auf beide Bahnseiten gleichzeitig. Die Zylinder sind so angeordnet, daß die bedruckte Bahn sowohl schräg nach oben als auch horizontal weitergeführt werden kann. Die gestrichelte Linie veranschaulicht die Bahnführung beim Mehrfarbendruck.

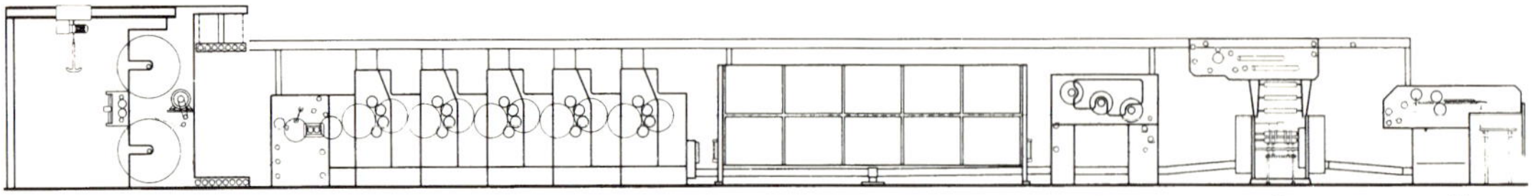

Bild 334.1. Heidelberg Rollenoffsetdruckrotation WEB mit Doppeldruckwerken für Acht-Seiten-Rollenoffset, 1 Speicherrollenwechsel, 2 Einzugwerk, 3 Gummi-Gummi-Druckwerk, 4 Heißlufttrockner, 5 Kühlwalzenständer, 6 Falzapparat, 7 Planoausleger.

gedruckt werden, deren Flüssigphase im Bindemittel schnell verdunstet. Außerdem sorgen Trockeneinrichtungen mit guter Luftumwälzung dafür, daß die Mehrfarbendrucke nicht abschmieren. Dazu werden die durch Trocken- und Bindemittel sowie durch Wasser entstehenden Dämpfe laufend durch Heißluft-Trockner abgesaugt. Kühlwalzen sorgen anschließend für das weitere Verfestigen der Zusatzstoffe der Druckfarbe. Rollenoffsetdruckmaschinen verfügen über elektronische Steuersysteme, die für richtige Papierspannung und guten Passer sorgen. Sie regulieren den Druck bei veränderten Geschwindigkeiten und vermindern dadurch den Makulaturanfall. Außerdem gibt es Systeme für automatische Farbsteuerung, die mit Densitometern arbeiten.

Außer den unterschiedlich großen Maschinen für den Zeitungsdruck gibt es Rollenoffsetmaschinen für den Druck von Prospekten, Katalogen, Werbebeilagen oder teilweise Büchern. Hier sind Falzapparate unterschiedlicher Konstruktion erforderlich. Sie liefern fertig gefalzte, geheftete und geleimte Druckprodukte verschiedener Art.

▶ Einen Falzapparat veranschaulicht Bild 386.2.

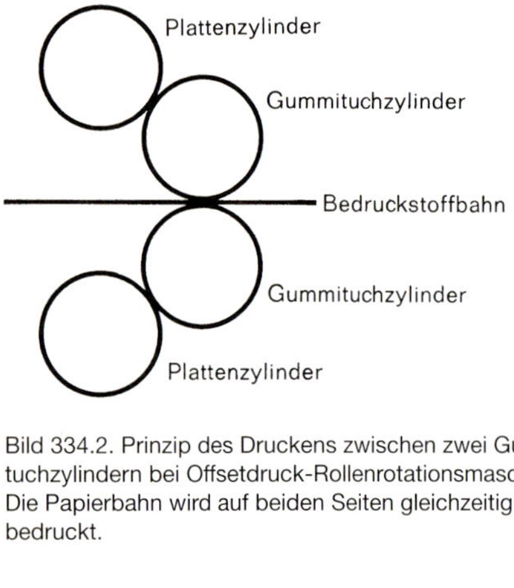

Bild 334.2. Prinzip des Druckens zwischen zwei Gummituchzylindern bei Offsetdruck-Rollenrotationsmaschinen. Die Papierbahn wird auf beiden Seiten gleichzeitig bedruckt.

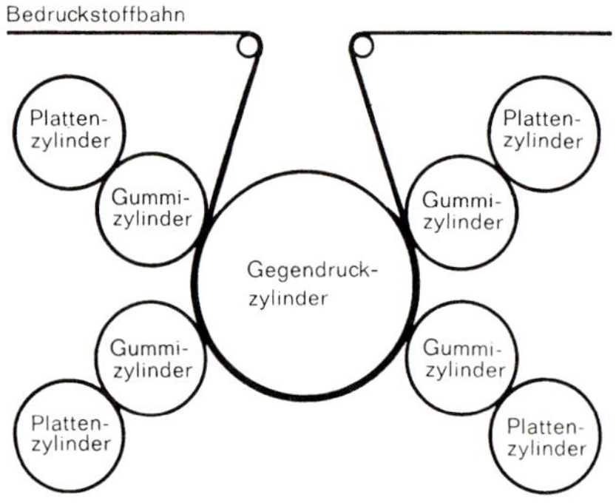

Bild 334.3. Schema des Satellitenprinzips bei Offsetdruck-Rollenrotationen. Mehrere Gummituchzylinder sind um den Gegendruckzylinder herum angeordnet.

▼

1. Worin unterscheiden sich Zweifarben- von Einfarben-Offsetdruckmaschinen?
2. Was versteht man unter Schön- und Widerdruck?
3. Warum wurde die Zeitungsherstellung vom Rollenhochdruck fast ausschließlich auf Rollenoffsetdruck umgestellt?
4. Der Makulaturanfall ist im Rollenoffsetdruck höher als im Hoch- und Tiefdruck mit entsprechenden Maschinen. Worin sehen Sie die Ursachen dafür?
5. Inwiefern kann die Entwicklung moderner Satztechniken die Entwicklung des Offsetdrucks beschleunigt haben?
6. Welche Bogenanlagesysteme, welche Bogenauslagesysteme gibt es?
7. Welche Aufgaben haben Vorder-, Zieh- und Seitenmarken?

8.4.4 Steuern und Regeln

Während des Drucks, aber auch zu Beginn eines Auftrags wird der Arbeitsablauf durch Steuervorgänge bestimmt oder verändert. Der Eingriff kann manuell oder automatisch erfolgen.

Die **manuelle Steuerung** ist üblicherweise die Vorbereitung der Druckmaschine für einen neuen Auftrag. Alle Bedienungselemente werden in die Grundstellung gebracht. Manuell stellt der Drucker die Saug- und Blasluft ein, die Feuchtmittelmenge, die Farbführung und die Papiergeschwindigkeit beim Lauf durch die Maschine. Viele Funktionen können auch durch **Fernsteuerung** erledigt werden, beispielsweise die Feuchtmittelführung, die Farbführung, die Passereinstellung an den Zylindern eines jeden Druckwerks. Die Fernsteuerung geschieht von einem Schaltpult aus durch Tastendruck.

Die **automatische Steuerung** erfolgt während des Fortdrucks. Die Maschine reagiert selbsttätig, wenn ein Druckbogen zu spät oder nicht einwandfrei angenommen wird. In einem solchen Fall laufen mehrere Vorgänge ab. Die elektronische Bogenkontrolle sorgt dafür, daß der Anleger stoppt, daß die Vordermarken geschlossen bleiben, daß die Druckanstellung herausspringt, daß die Farbzufuhr unterbrochen wird. Außerdem entfernen sich die Auftragwalzen von der Druckplatte, und die Geschwindigkeit der Maschine wird reduziert.

▶ Siehe auch Abschnitt 8.4.3.

Während des Druckvorgangs ist es wichtig, alle Werte konstant zu halten. Dazu sind ständige Regelungen erforderlich, die bei Abweichungen zu einer Anpassung des Istwerts an den gewünschten Sollwert führen. Das kann auch manuell vorgenommen werden; die Regelungstechnik erfolgt aber meistens automatisch. Bei der manuellen Regelung, wie sie früher ausschließlich üblich war, vergleicht der Drucker in gewissen Zeitabständen einen Druckbogen mit einem Standardbogen, der ihm als Qualitätsvorlage dient. Er kann dann bei Bedarf die Farbmenge durch Verstellen der Zonenschrauben regulieren oder den Druck verstärken. Bei der automatischen Regelung werden die Istwerte laufend elektronisch erfaßt. Bei Abweichungen vom Sollwert berechnet die Regeleinrichtung automatisch die Differenz und sorgt – beispielsweise durch Zufügen von Verdünner – für die richtige Konsistenz der Farbe.

Rollenwechsel. Trotz der hohen Zuverlässigkeit der automatischen Steuerungs- und Regelungstechnik kann der Rollenwechsel nicht immer einwandfrei durchgeführt werden. Nach wie vor muß das Bedienungspersonal manuell eingreifen. Das Ankleben der neuen Rolle muß sehr geschickt und möglichst ohne Störungen des Produktionsprozesses verlaufen. Die auslaufende Rolle ist klein und leicht; die neue Rolle ist groß und schwer zu handhaben. Eine kurze Störung im Regelsystem ist kaum zu vermeiden. Durch ein besonderes Vorspannwerk wird das Problem verringert.

▼

1. Durch welche Steuerungsvorgänge wird die Druckmaschine für den Druck vorbereitet?
2. Welche Funktionen können durch Fernsteuerung erledigt werden?
3. Wann erfolgt die automatische Steuerung, und was bewirkt sie?
4. Welche Probleme können beim Rollenwechsel auftreten?

8.4.5 Qualitätskontrolle

Die Erfahrung zeigt, daß beim Auflagendruck Fehler auftreten, die die Qualität des Druckproduktes beeinträchtigen. Beispiele dafür sind: Schwankungen in der Farbführung, Passerdifferenzen, Vollerwerden, Schieben, Dublieren, Schwierigkeiten bei der Farbannahme im Mehrfarbendruck. Diese Fehler können maschinen- oder werkstoffbedingt sein. Sie zu vermeiden ist Aufgabe der Qualitätskontrolle.

Kontrolliert werden: der Stand auf dem Druckbogen und die Farbübertragung. Hilfsmittel für die Standkontrolle sind auf dem Bogenrand mitgedruckte Paßkreuze, mit denen visuell geprüft wird, ob die Teildruckformen beim Mehrfarbendruck passen. Hilfsmittel für die Kontrolle der Farbübertragung sind Druckkontrollstreifen. Sie enthalten Signalelemente, die visuell, und Meßelemente, die densitometrisch bewertet werden. Druckkontrollstreifen verwendet man vor allem im Offsetdruck.

Die Mikroprozessor-Technik ermöglicht heute das automatische Regeln und Steuern an Druckmaschinen vor und während des Auflagendrucks. Dadurch werden die Maschinenbedienung erleichtert, die Druckqualität gesteigert und standardisiert, die Rüst- und Hilfszeiten erheblich reduziert, Makulatur eingespart, die Produktivität erhöht und die Fertigungskosten gesenkt. Die von der Kopie kommenden Druckplatten können vor dem Druck von Druckplattenlesern abgetastet werden. Dabei wird die zonale Flächendeckung ermittelt. Die Meßwerte werden auf Datenträgern gespeichert, so daß sie zur automatischen Voreinstellung der Farbwerke dienen können. Während des Druckens zieht der Drucker Kontrollbogen, an denen eine rechnergesteuerte, densitometrische Qualitätskontrolle vorgenommen wird. Dazu dient der im Bogenrand mitgedruckte Druckkontrollstreifen. Vollton- und Rasterdichten aller Farben werden in der gesamten Bogenbreite ermittelt. Durch einen Ist- und Sollwertvergleich errechnet

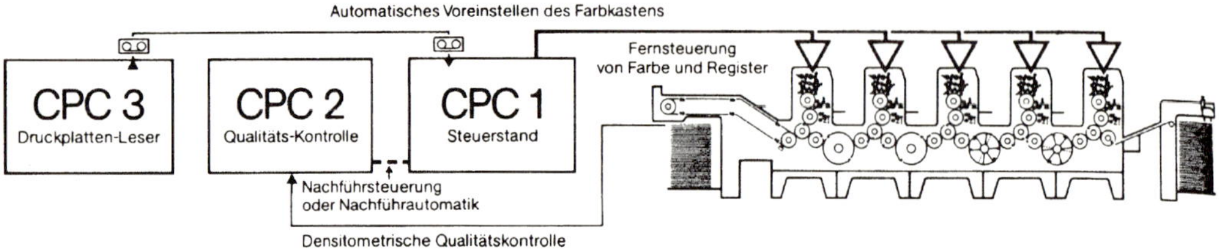

Bild 336.1. Heidelberg CPC-System.
Das Heidelberg CPC-System besteht aus drei Komponenten:
CPC 1 – elektronische Fernsteuerung von Farbe und Register,
CPC 2 – rechnergesteuerte, densitometrische Qualitätskontrolle,
CPC 3 – Druckplattenleser zur Gewinnung von Daten für die automatische Voreinstellung der Farbkästen.

der Computer weitere Kenngrößen der Druckqualität, z. B. Tonwertzunahme oder Druckkontrast. Die ermittelten Abweichungen werden in Stellgrößen umgerechnet und dem Drucker angezeigt. Er kann nun manuell oder durch den Rechner automatisch von einem zentralen Steuerstand aus die Maschineneinstellungen in wenigen Sekunden korrigieren. Dies geschieht besonders im Bereich der Farbzonen des Farbwerkes, beim Umfangsregister, beim Seitenregister und bezüglich der Farbmenge der Druckfarben zueinander. Da gleichzeitig Meßprotokolle ausgedruckt bzw. alle wichtigen Meßwerte auf Datenträger gespeichert werden können, besteht die Garantie, Wiederholungsaufträge mit gleichen Druckwerten nachvollziehen zu können. Bekannte Kontrollsysteme sind CPC (Computer-Print-Control) und CCI (Computer-Control-Inker).

Die Fehl-Erscheinungen (Druckmängel) Schieben und Dublieren kann man ohne meßtechnische Hilfsmittel erkennen. Sie werden zweckmäßigerweise im Kontrollstreifen durch parallele oder kreisförmige Linienelemente kontrolliert oder mittels der Lupe an Veränderungen der Rasterpunkte erkannt. Ebenso nimmt das menschliche Auge Erscheinungen wie Schmieren und Tonen der Farbe oder Kratzer und Farbreste wahr.

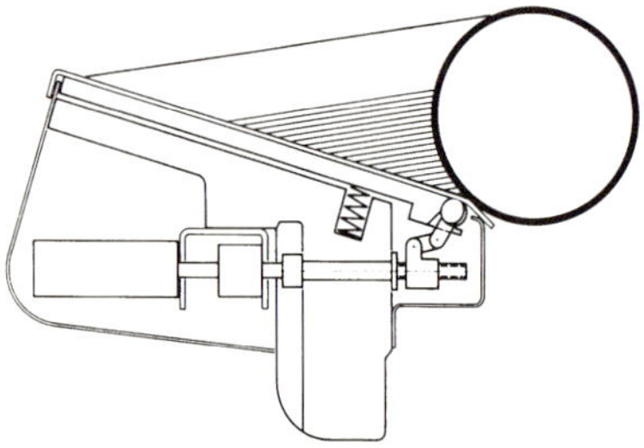

Bild 336.2. CPC-Farbdosierkasten.
Grundvoraussetzung für die Farbzonenfernsteuerung ist der CPC-Farbdosierkasten. In jeder Farbzone wirkt ein Stellmotor über eine Gewindespindel und ein Gelenk auf einen Farbdosierzylinder. Die Stellungen der einzelnen Zylinder werden von Potentiometern an den zentralen Steuerstand zurückgemeldet. Dies gewährleistet wiederholgenaue Übereinstimmung zwischen Steuerbefehl, Farbspalt und Farbzonenanzeige.

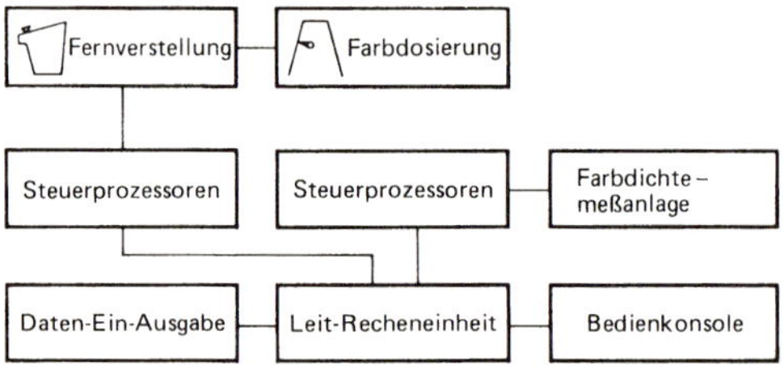

Bild 336.3. Mit Computer geregelte Farbsteueranlage des Roland-CCI-Systems.

Meßtechnisch erfaßt werden hauptsächlich Druckkontrast und Tonwert. Hier kann das Auge Täuschungen unterliegen. Das gilt auch bei der genauen Beurteilung der Ton- und Farbwertrichtigkeit. Wir empfinden Farbe unterschiedlich je nach ihrem Umfeld. Eine farbige Fläche auf weißem Grund wirkt anders als bei dunkler Umgebung.

Die Tonwertzunahme wird durch Rasterpunkterweiterung beim Druckprozeß hervorgerufen. Vergrößerungen der Rasterpunktgröße während des Druckprozesses verfälschen die Tonwerte. Deshalb muß die Druckzunahme ständig überwacht werden. Die Tonwerte können sich aber auch durch Verformung oder durch Dublieren der Rasterpunkte verändern.

▶ Siehe auch Seite 241.

Der Druckkontrast läßt sich durch Unter- oder Überfärbung beeinflussen. Die richtige Farbgebung für jedes Druckwerk findet der Drucker durch Probedrucke und korrigierende Maschineneinstellung. Eine objektive Beurteilungshilfe ist dabei die meßtechnische Ermittlung des Druckkontrastes. Der relative Druckkontrast ist definiert als Dichtedifferenz zwischen Vollton und Rasterfeld im Verhältnis zur Dichte des Volltons. Als Formel geschrieben:

$$K_{rel} = \frac{D_V - D_R}{D_V}$$

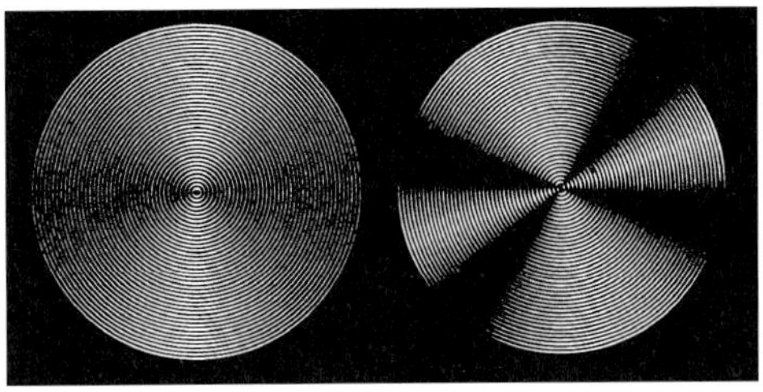

Bild 337.1. Kontrollelemente. Links: Schwaches Schieben. Im Kreisfeld zeigen sich zwei dunkle Segmente. Rechts: Dublieren erkennt man an zwei oder mehreren dunklen Segmenten in verschiedenen Richtungen.

Um die Ausrechnung über die Formel zu vermeiden, bedient sich der Drucker verschiedener Rechenhilfsmittel: Nomogramm, Tabelle, Taschenrechner. Weiterentwickelte Auflichtdensitometer zeigen den relativen Druckkontrast gleich nach der Messung an. Es können sich Kontrastwerte zwischen 0 und 1 ergeben. Werden nur Probedrucke mit fortlaufend gesteigerter Farbführung hergestellt, so ergibt sich in dieser Reihe bei einem der Druckbogen ein maximaler Kontrastwert, der dann bei weiterer Farbsteigerung wieder abfällt. Die optimale Farbführung weist der Vergleichsprobedruck auf, der bei höchster Farbsättigung der Volltonflächen den größten Kontrastwert ergibt. Eine weitere Steigerung der Farbführung führt unweigerlich zu einer Kontrastminderung, weil sich die Rasterpunkte durch Überfärbung verbreitern.

Zusätzlich werden an Hand der Druckkontrollstreifen Farbannahme und Graubalance kontrolliert. Das Problem der Farbannahme spielt beim Vierfarben-Naß-in-Naß-Druck eine besondere Rolle, weil auf einer bereits bedruckten Stelle weniger Farbe aufgenommen wird als auf einer unbedruckten Stelle. Zur Kontrolle der Farbannahme werden die Volltöne der Primärfarben übereinandergedruckt. Die Ergebnisse werden densitometrisch ausgewertet. Das Farbgleichgewicht (Farbbalance) überprüft man durch Übereinanderdruck von Skalenfeldern in den Farben Gelb, Magenta und Cyan. Im Kontrollstreifen entsteht eine Grauskala. Es wird darauf geachtet, daß diese Grauskala keine Farbverschiebungen aufweist, sondern neutralgrau aussieht.

▶ Siehe auch Kapitel 6.4.

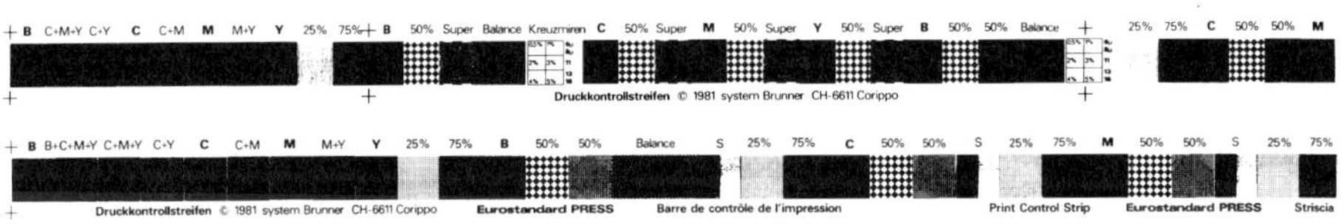

Die Rasterfelder mit 40% für den Bereich der Mitteltöne (aufgerundet von 39% im M-Feld des FOGRA-PMS I) und 80% für den Bereich der Tiefen dienen zur optischen, vorzugsweise zur densitometrischen Kontrolle der Tonwertübertragung, des relativen Druckkontrastes und zur Ermittlung der Tonwertzunahme im Druck. Man kann somit rasch feststellen, ob im Standard-Rastertonwert-Bereich nach BVD/FOGRA gedruckt wird.

Die Vollflächen stehen in der Regel in einem Abstand von 5 cm pro Farbe und dienen der optischen, vorzugsweise densitometrischen Kontrolle der Färbung im Druck. Die Vollflächen der Mischfarben gestatten eine optische oder densitometrische Beurteilung der Farbannahme beim Übereinanderdruck von 3 bzw. 2 Farben.

Das D-Feld dient zur visuellen Kontrolle von Übertragungsfehlern im Druck, die durch Schieben oder Doublieren in verschiedenen möglichen Richtungen zur Druckrichtung auftreten können. Erscheint der Abdruck in einheitlichem Ton, so ist die Voraussetzung für eine korrekte Messung der Tonwertzunahme im Druck gegeben.

Der dreifarbige Zusammendruck der Balance-Felder sollte angenähert ein neutrales Grau ergeben, das im Tonwert etwa den benachbarten schwarzen Rasterfeldern mit 40% und 80% Flächendeckung entspricht. Verschiebungen der Farbbalance während des Fortdrucks gegenüber dem Abstimmbogen werden visuell sehr empfindlich angezeigt.

Bild 337.2. Oben: Druckkontrollstreifen System Brunner. Unten: Meß- und Kontrollfelder aus der FOGRA-LPMS-Druckkontrolleiste.

▼

1. Welche Aufgabe hat die Qualitätskontrolle?
2. Welche Möglichkeiten gibt es, Druckmängel zu erkennen?
3. Woran erkennt man Dublieren?
4. Was läßt sich mit Hilfe des Druckkontrasts beurteilen?
5. Was halten Sie von der Ansicht, Systeme wie CPC degradierten den Drucker zum Knöpfchendrücker?

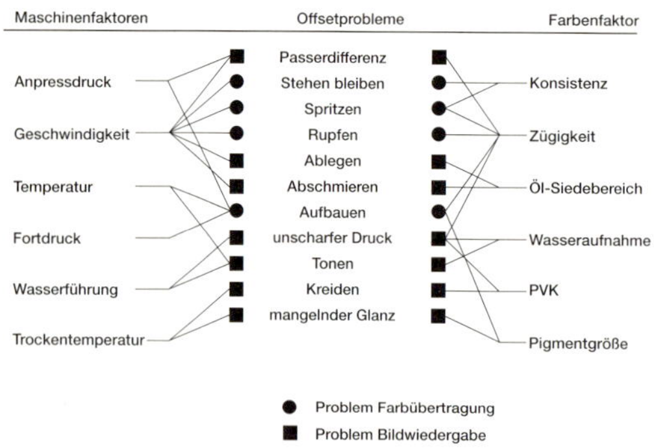

Bild 338.1. Beziehungen zwischen Maschine und Druckfarbe.

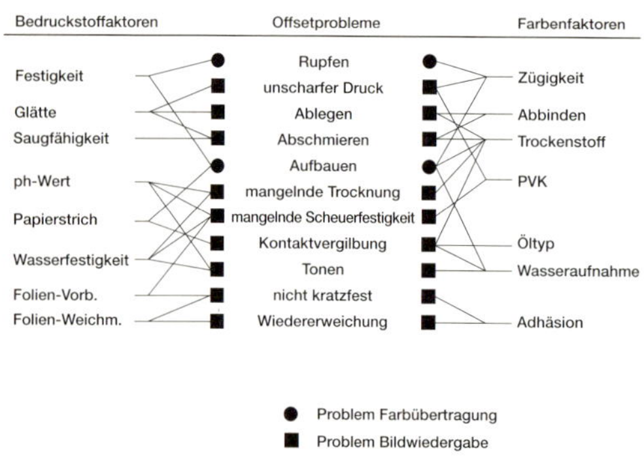

Bild 338.2. Beziehungen zwischen Bedruckstoff und Druckfarbe.

8.4.6 Kleinformatiger Offsetdruck

Beim kleinformatigen Offsetdruck (Kleinoffset) erfolgt die Vervielfältigung von einfacheren Maschinen und von vereinfachten Druckformen. Die Maschinenkonstruktion und die Qualitätsansprüche entsprechen dem Bogenoffsetdruck.

Beim Kleinoffsetdruck handelt es sich um Schnelldrucksysteme, für die folgende Merkmale typisch sind:

1. Die Vorlagen sind Text- oder Strichvorlagen, meist im Format DIN A4.
2. Die Druckformherstellung erfolgt direkt ab Vorlage in vereinfachter Form über Folienkopierautomaten oder über die Direktkamera mit Umkehrspiegel.
3. Das Druckfolienbild wird meist mit einem Trockentoner erzeugt.
4. Die Druckform ist meist eine Folie aus Spezialpapier oder Aluminium, die in einem Spezialentwicklungsgerät entwickelt oder in einem sogenannten Etchbad vor dem Drucken präpariert wird.
5. Die Auflagenbeständigkeit reicht meistens von 100 bis 10000 Druck pro Folie.
6. Es kann in der Regel nur einfarbig und einseitig gedruckt werden.

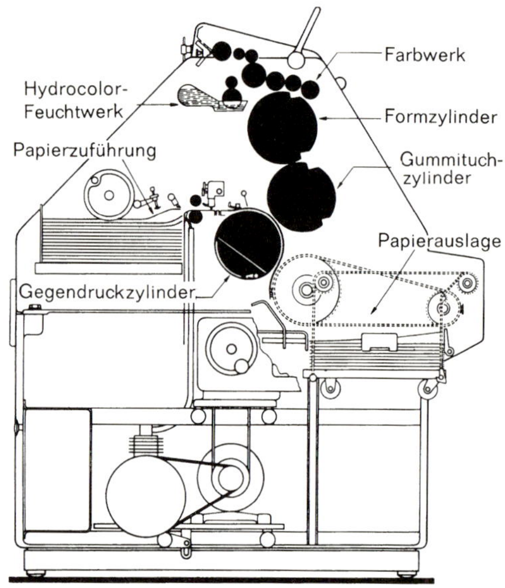

Bild 338.3. Schematische Darstellung der Kleinoffsetmaschine Rotaprint.

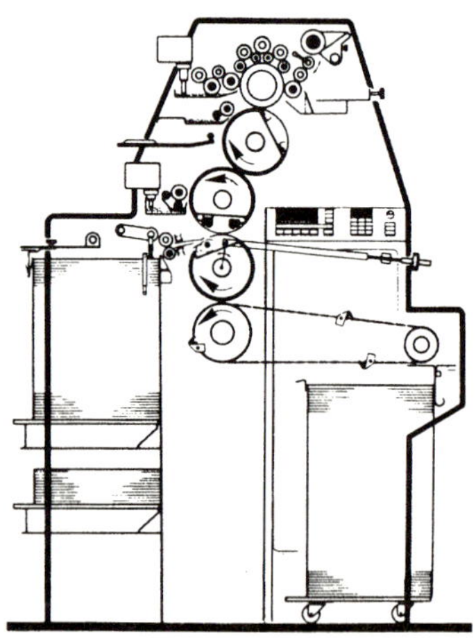

Bild 338.4. Kleinformatige Offsetmaschine Heidelberg TOK.

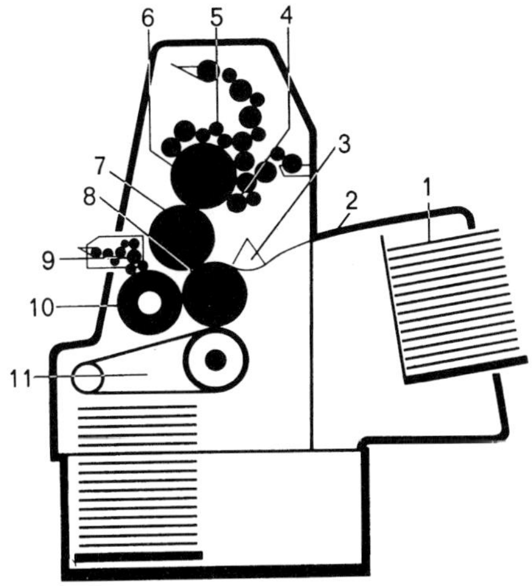

Bild 339.1. Schematische Darstellung der kleinformatigen Offsetmaschine GTO mit Zusatzeinrichtungen für Numerieren, Perforieren und Mittelschnitt. 1 Anlagestapel mit Vorstapeleinrichtung. 2 Einzelbogen-Anleger mit Greifer. 3 schwingende Vorgreifer. 4 Feuchtwerk mit zwei Wischwalzen. 5 Farbwerk mit Walzenwascheinrichtung. 6 Plattenzylinder. 7 Gummituchzylinder. 8 Gegendruckzylinder. 9 Zusatzfarbwerk. 10 Numerier- bzw. Eindruckeinheiten. 11 Kettenauslage mit Greifern.

Einige Maschinen arbeiten nach dem Prinzip des direkten Flachdrucks. Die eingefärbte Druckfolie kommt direkt mit dem Bedruckstoff in Kontakt. Andere Maschinen haben ein Einmalgummituch, das auf den Gummituchzylinder gespannt und nach fertiggedruckter Auflage zusammen mit der Druckfolie automatisch aus der Maschine geworfen wird. Die Reinigung des Gummituchzylinders entfällt damit.

In den Maschinen für kleinformatigen Offsetdruck sind Zylindersysteme, Feucht- und Farbwerke, Abwicklung, An- und Auslage vereinfacht konstruiert.

Kleinoffsetmaschinen haben oft auch kombinierte Feucht- und Farbwerke, Hydro-Color-Werk genannt. Farbe und Feuchtwasser werden gleichzeitig auf die Farbauftragwalzen und von dort auf die Druckform übertragen. Im Kleinoffsetdruck werden Spezialfarben verwendet. Manche Farbwerke lassen sich für eine Buntfarbe auswechseln. Da Aufzug und Zurichtung entfallen und Papierstärken von 50 bis 400 g/m^2 mühelos verarbeitet werden können, muß der Druckzylinder federnd gelagert sein.

Verschiedene Verfahren und Materialien im kleinformatigen Offsetdruck

Druckform-alternativen ▶	Konventionell	Diffusions-Transfer (DTR)	Foto direkt	Elektrostatisch ZnO	Direkt-beschriftung, Fotokopieren etc.
Auflagen-erwartung	über 30 000	5- bis 30 000	ca. 10 000	500 bis 5 000	500 bis 2 000
Auflösungs-vermögen Rasterweite	54 und mehr	bis 48	bis 48	bis 40	Grobraster
Material	vorbeschichtete Aluminium-platte	Papier Kunststoff Aluminium	polyester-beschichtetes Papier, Kunststoff	Papier mit Zinkoxidschicht (ZnO)	Papier mit Spezialstrich
Herstellungsart bzw. Gerät	Kontakt-belichtung vom Film	Kontakt-kopiergerät, Reprokamera	Tageslicht-kamera bzw. Reprokamera mit Umkehr-spiegel	Tageslicht-kamera	Fotokopierer, Laserdrucker, autogr. Tinte, Druck, Schreibmasch.
Etchen bzw. Vorfeuchten	manuell	manuell	Etchgerät, manuell	Maschine Etchgerät	Maschine
Folieneinzug und -auswurf	nein	nein	teilweise	ja	ja
Herstellungszeit	15–30 min. inkl. Filmherst.	3 min.	1,5 min	0,5–1 min.	ca. 0,5 min.

Einfache Friktionsanleger befördern den Bogen durch rotierende Walzen oder Bänder. Vorder- und Ziehmarken fehlen im allgemeinen. Fallausleger sind die Regel. Sortiergeräte können oft angeschlossen werden.

Die Kleinoffsetmaschinen lassen sich in vier Kategorien einteilen:
1. nichtautomatische Maschinen,
2. halbautomatische Maschinen,
3. automatische Maschinen,
4. Schnelldrucksysteme.

Schnelldrucksysteme sind dadurch gekennzeichnet, daß ein geeignetes Druckfolien-Herstellungsgerät direkt mit der Kleinoffsetmaschine verbunden ist, daß Leistungen von 10 000 Bogen pro Stunde erreicht werden, daß der Druckbeginn in wenigen Sekunden erreicht wird, daß weitere Druckfolien vorgestapelt werden können und ein Endlossortierer integriert ist.

▶ Siehe auch digitale Drucksysteme, Seite 350.

▼
1. Wie geht die Druckformherstellung im Kleinoffsetdruck in der Regel vor sich?
2. Warum müssen Druckfolien vor dem Druck zumeist geetcht werden?
3. Welche Besonderheit zeichnet das Hydrocolor-Farbwerk aus?
4. Wodurch unterscheiden sich kleinformatige Offsetdruckmaschinen – abgesehen vom Format – von denen des Offsetdrucks?
5. Unter welchen Voraussetzungen ist die Bezeichnung Schnelldruckerei berechtigt?

8.5 Durchdruckverfahren

Der Durchdruck unterscheidet sich von anderen Druckverfahren im wesentlichen dadurch, daß bei ihm kein Anpreßdruck durch flache oder zylinderförmige Druckkörper erfolgt. Es gibt keine Walzenfarbwerke und Verreibewalzen und damit nicht die Probleme der Farbspaltung und Farbsättigung wie im Hochdruck- oder Offsetdruck. Die Farbe wird mit einer Rakel durch die Bildstellen einer Schablone im Gewebe (Sieb) auf den Bedruckstoff übertragen. Diese Technik macht es möglich, daß außer Papier auch viele andere Materialien bedruckt werden können; sie müssen nicht elastisch sein, und sie brauchen nicht einmal flächige Form zu haben.

8.5.1 Siebdruck

Da bei der Farbübertragung eine Schablone das Bild begrenzt, spricht man auch von Schablonendruck. Als leistungsfähigstes Schablonenverfahren gilt der Siebdruck. Da sein Druckbild nicht von Stegen unterbrochen wird, heißt er auch stegloser Schablonendruck. Ein auf einen Rahmen gespanntes Sieb ist Träger der Druckform.

Gewöhnlich ist der Druckvorgang zweistufig: Zuerst wird die Farbe mit der Vorrakel geflutet, das heißt über das Sieb verteilt; danach wird sie mit der Druckrakel durch die Maschenöffnungen gedrückt. Dabei entstehen Farbaufträge, die fünf- bis zehnmal so dick sind wie bei anderen Druckverfahren. Unmittelbar hinter der Druckrakel hebt das Sieb wieder vom Bedruckstoff ab. Man nennt das den Siebabsprung. Das Rakelreinigen muß regelmäßig und sorgfältig geschehen. Die Rakelkante darf nicht beschädigt werden, sonst gibt es Rakelstreifen im Druckbild.

Mattfarbendrucke ähneln gemalten Temperabildern. Wegen der starken Deckkraft können auch helle Töne auf dunklen Grund gedruckt werden. Glanzfarben ergeben reliefartige Lackflächen. Lasurfarben (durchscheinende Farben), auch innerhalb der Normskala, erscheinen in hoher Farbintensität. Materialgemäße Farben, wie Glas-, Keramik-, Metall- und Plastikfarben, werden häufig verdruckt. Diese enthalten aggressive Lösemittel, die sich oberflächenanlösend und kratzfest mit dem Bedruckmaterial verbinden. Auf Siebdruckmaschinen können sogar anstelle von Farbe auch Gummierung, Latex oder Haftkleber gedruckt werden. Auch grobkörnige Pigmente, zum Beispiel Erdfarben, Bronzen und Leuchtfarben sind üblich.

Wegen der dick aufgetragenen Farbe dauert das Trocknen der bedruckten Bogen oft lange.

Besondere Trockenhürden stehen zur Verfügung. Eine weitere Möglichkeit ist der Einsatz des „Igel“, eines Gestells, das langsam die frischen Bogen fortbewegt und dann erst ablegt. Es gibt auch Trockenkanäle mit Infrarotheizung oder anderen Trocknungssystemen.

Einige typische Siebdruckprodukte sind:
Plakate, Posters, Verpackungsmittel aller Art, Haftetiketten, Plaketten, Schilder, Buchumschläge, Zifferblätter und Radioskalen.
Spezialgebiete mit teilweiser Monopolstellung sind: Abziehbilder, Tapetendrucke, Leiterplatten und bedruckte Kunststoffe zum Tiefziehen (Wärmeverformung).

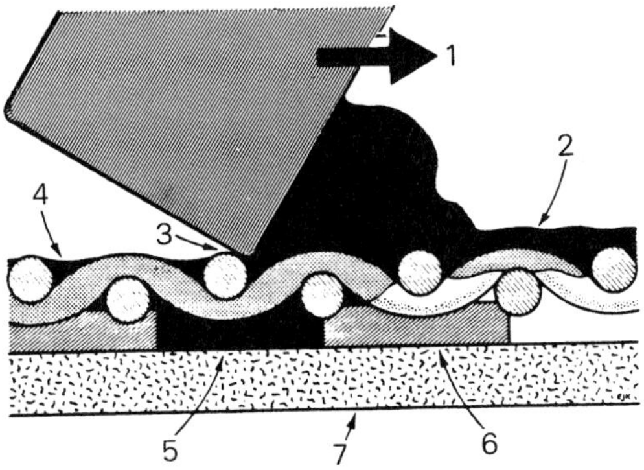

Bild 341.1. Entstehung des Druckbildes im Siebdruck. 1 Druckbewegung, 2 geflutete Farbschicht, 3 druckende Kante der Rakel, 4 Farbniveau hinter der Rakel, 5 in die Bildpartie durchgedrückte Druckfarbe, 6 indirekte Schablone, 7 Bedruckstoff.

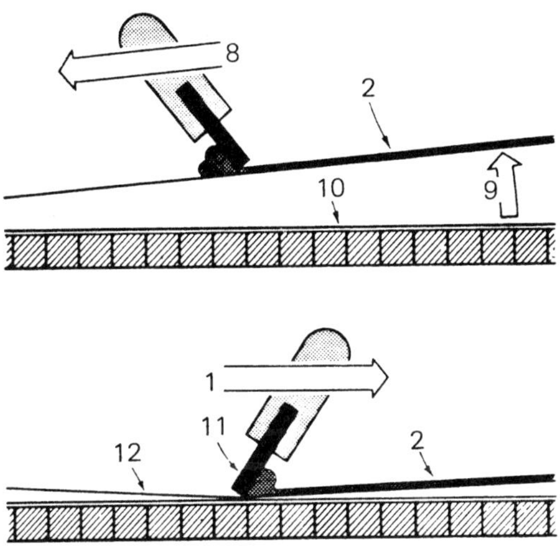

Bild 341.2. Fluten und kontaktloser Druck. 1 Druckbewegung, 2 geflutete Farbschicht, 8 Rakelbewegung beim Fluten des Siebes, 9 vom Bedruckstoff abgehobenes Sieb, 10 Bedruckstoff, durch Vakuum am Maschinenfundament gehalten, 11 Rakel drückt das Sieb mit dem Bedruckstoff in Kontakt, 12 das Sieb trennt sich wieder vom Bedruckstoff (kontaktloses Verfahren).

Als enger Partner der Werbung gestaltet der Siebdrucker Schaufensterdekorationen, Displays, Transparente, Fahrzeugbeschriftungen, Messestände und Werbegeschenke, wie Aschenbecher, Ledermappen und Kugelschreiber. Auch druckempfindliche Stoffe wie Styropor und Schaumstoff können bedruckt werden.

▼

1. Worin besteht der wesentliche Unterschied des Durchdrucks im Vergleich zu den anderen Druckverfahren?
2. Unter welchen Bezeichnungen ist der Durchdruck sonst noch bekannt? Versuchen Sie, eine Erklärung der Begriffe zu geben!
3. Vergleichen Sie die Stärke des Farbauftrags in den Hauptdruckverfahren! In welchem ist er am stärksten, in welchem am schwächsten?
4. Im Durchdruck kann man alle Bedruckstoffe, auch Glas und Metall, bedrucken. Warum gelingt das nur im Durchdruck?
5. Nennen Sie Druckaufträge, für die wegen der erforderlichen Dicke des Farbauftrags nur der Siebdruck in Frage kommt!

8.5.2 Spezialverfahren im Durchdruck

Serigrafie ist die historisch überlieferte Bezeichnung für Siebdruck. Darunter verstehen wir heute noch den künstlerischen Siebdruck, bei dem in vorwiegend manueller Fertigungstechnik fast nur flächige Bildformen gedruckt werden. Der Künstler zeichnet seine Druckgrafik direkt und seitenrichtig auf das gespannte Siebgewebe, oder er zeichnet erst auf eine durchsichtige Folie und macht dann einen Umdruck auf das Sieb. Das alte Verfahren, ursprünglich in China, in Japan und im Orient für Textildruck ausgeübt, wurde um 1930 in den USA als Silk-Screen-Process wiederentdeckt und technisch weiterentwickelt.

Stufensiebdruck ist ein Durchdruckverfahren zur Wiedergabe von Halbtonbildern ohne Raster. Eigentlich ist der Stufensiebdruck kein besonderes Druckverfahren, sondern eine spezielle Methode der Schablonenkopie. Zur Schablonenherstellung wird von einem Halbtondiapositiv mit unterschiedlichen Belichtungsstufen auf beschichtetes Gewebe kopiert. Dabei ergeben sich mehrere Schablonen mit verschiedenen Tonstufen, die mit verwandten Farbtönen gedruckt werden, so daß im Druckbild fein verlaufende Farbnuancen entstehen. Hauptanwendungsgebiet ist die Gemäldereproduktion.

Filmdruck ist eine Variante des Siebdrucks. Im Durchdruckverfahren werden flächige Dessins auf Textilien gedruckt. Die Bewegung der Rakel ist mechanisch.

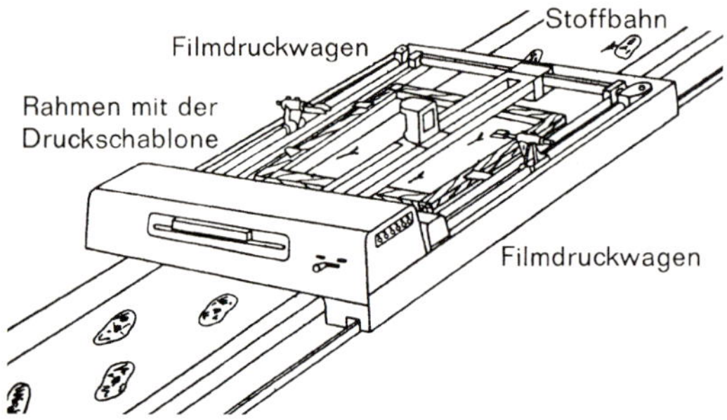

Bild 342.1. Filmdruck. Sobald der Filmdruckwagen einen Anschlag berührt, senkt sich der Rahmen mit der Druckschablone, und die Farbe wird auf die Stoffbahn gerakelt. Danach hebt sich der Rahmen, und der Wagen fährt zum nächsten Anschlag.

Beim **elektrostatischen Siebdruck** werden die Farbteilchen elektrostatisch aufgeladen. Sie setzen sich – beruhend auf der Anziehung ungleicher Ladungen – durch die Schablone hindurch auf dem Bedruckstoff ab. Durch Wärmeeinwirkung verschmelzen die Farbpigmente mit dem Bedruckstoff.

▼

1. Worin besteht das Prinzip aller Durchdruckverfahren?
2. Was haben die Sonderverfahren im Durchdruck mit dem industriellen Siebdruck gemeinsam, worin unterscheiden sie sich von ihm?

8.5.3 Druckmaschinen für den Durchdruck

Die einfachste Druckvorrichtung ist der Handdrucktisch. Er verdient den Namen Maschine nicht, da alle wesentlichen Vorgänge manuell ausgeführt werden. Durchdruckmaschinen gibt es als Flachbett-, Zylinder- und Rotations-Siebdruckmaschinen. Je nach Automatisierungsgrad unterscheidet man Halbautomaten, Dreiviertelautomaten und Vollautomaten, die entweder für Flächendruck oder Körperdruck konstruiert sind.

Maler und Serigrafen verwenden den **Handdrucktisch.** Hauptbestandteil ist ein massiver Drucktisch mit glatter Oberfläche. Das Sieb ist in einen Rahmen gespannt, der an einer Seite des Tisches mit Scharnieren befestigt ist. Am Rahmen sind zwei Führungsleisten für die Rakel befestigt. Der Drucker schüttet Farbe auf das zugeklappte Sieb und zieht die Rakel mit gleichmäßigem Druck über die Fläche. Die Farbe dringt durch die offenen Bildstellen auf den darunter auf dem Tisch befindlichen Bedruckstoff. Die Arbeit am

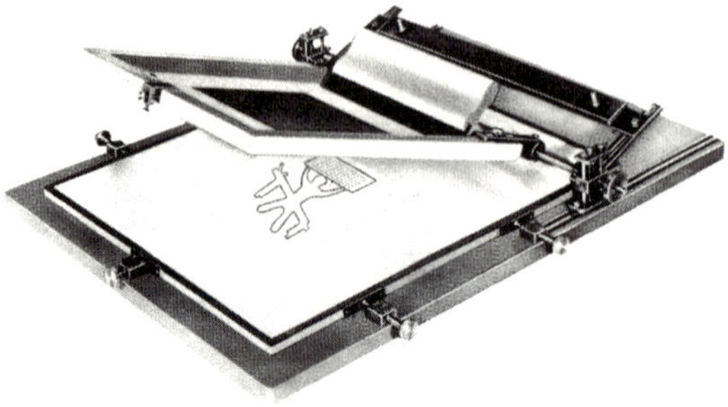

Bild 342.2. Handdruck-Tischgerät mit Mikrometerschrauben zur Passer-Feinstellung, geeignet zum Bedrucken starren und flexiblen Bedruckstoffs bis 3 cm Dicke.

Handdrucktisch wird bei verbesserten Modellen erleichtert durch mechanische Auf- und Abbewegung des Siebes und durch Ansaugen des Druckbogens. Nach dem Druckvorgang wird das Produkt manuell aufgenommen und zum Trocknen ausgelegt. Im manuellen Siebdruck wird mit nur einer Druckrakel gearbeitet.

Bei den Durchdruckmaschinen kennt man außer der Druckrakel noch die Vorrakel. Während die Druckrakel den Druck unmittelbar ausführt, bringt die Vorrakel die Farbe wieder in die Ausgangsstellung zurück und füllt damit die Gewebemaschen des Druckmotivs mit Farbe. Letzteres verzögert das Eintrocknen der Farbe im Sieb.

Das Rakelmaterial ist Gummi oder abriebfester Kunststoff. Gummi ist geschmeidiger, beständig gegen aggressive Lösemittel, hat aber eine geringere Abriebfestigkeit, die Rakel muß daher

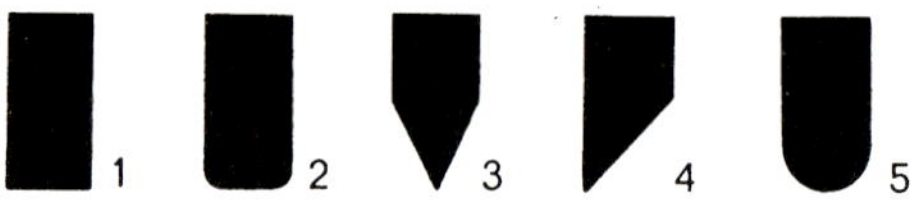

Bild 342.3. Rakelprofile: 1. Winkelschliff, 2. Schliff mit abgerundeten Kanten, 3. Keilschliff, 4. Schrägschliff, 5. Rundschliff.

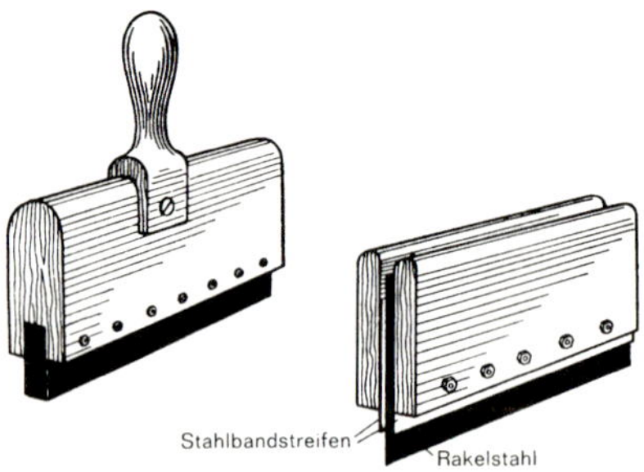

Bild 342.4. Siebdruckrakel. Links: Gummirakel mit Griff. Rechts: Stahlrakel.

oft geschliffen werden. Die Kunststoffrakel hat eine größere Widerstandskraft bezüglich der Kantenschärfe, eine geringere Geschmeidigkeit und neigt zu leichtem Quellen bei synthetischen Farben. Die gebräuchlichsten Rakelhärten liegen zwischen 60 und 90 Shore. Shore ist ein Meßwert für die Härte in Grad. 0° bedeutet die geringste Härte, 100° die größte. Der Rakelanstellwinkel zum Drucktisch beträgt etwa 75°, weicheres Rakelgummi verlangt flachere Anstellwinkel.

Das Rakelprofil beeinflußt den Farbauftrag. Ein rechtwinklig geschliffener Rakelstreifen gibt einen dünnen Farbauftrag. Rakelstreifen mit gerundeten Ecken ergeben einen dickeren Farbauftrag. Ein Winkelschliff dient normalerweise zum Bedrucken von grafischen Papieren.

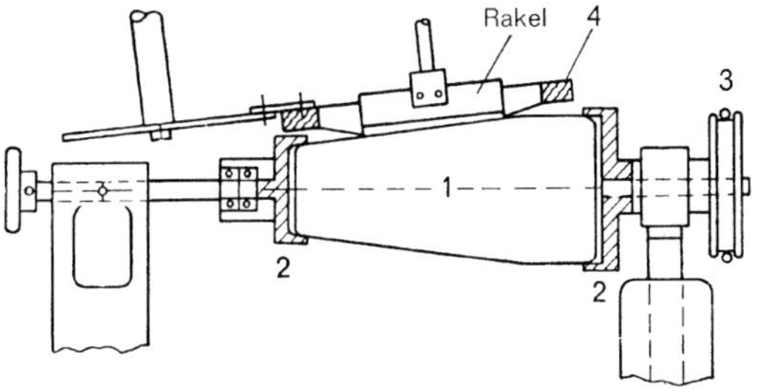

Bild 343.3. Schematische Darstellung des Bedruckens zylindrischer und konischer Körper. Der zu bedruckende Körper (1) wird in die Haltevorrichtung (2) gespannt. Von der Seilscheibe (3) angetrieben, rollt der Körper unter dem Rahmen mit Sieb und Schablone (4) hindurch.

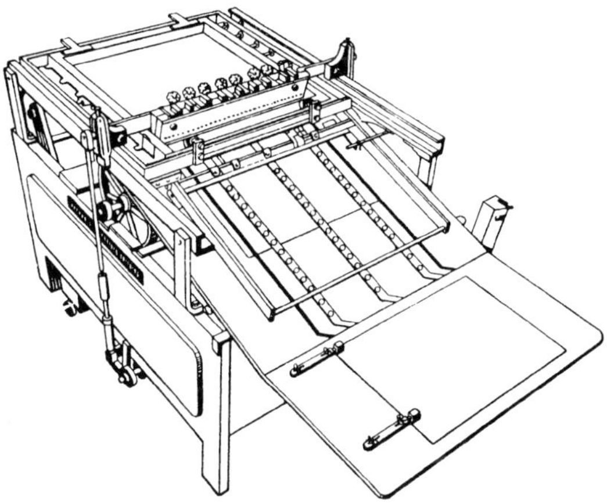

Bild 343.1. Siebdruck-Halbautomat mit beweglichem Sieb, zylindrischer Druckunterlage und feststehender Rakel.

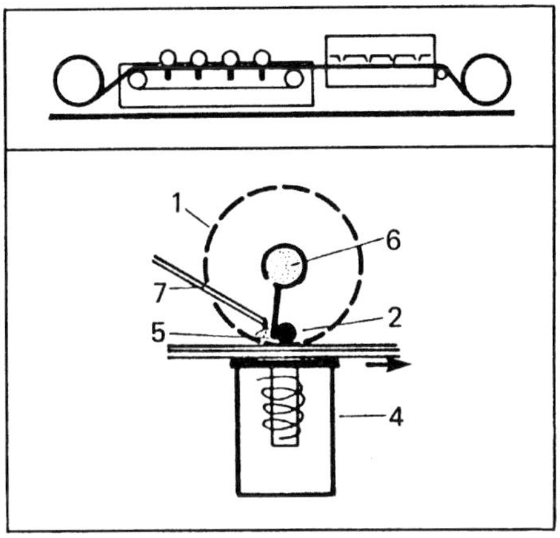

Bild 343.4. Vierfarben-Rotations-Siebdruckmaschine für saugfähige Bedruckstoffbahnen. Darunter ist eines der vier Magnetbalken-Rollrakelsysteme dargestellt. Ein sechsstufiger Wählschalter regelt die Magnetwirkung.
1 Rundschablone, 2 Magnet-Rollrakel, 4 Magnetbalken, 5 Druckfarbe, 6 Farbzufuhr, 7 Niveaukontrolle.

Bild 343.2. Rollensiebdruckmaschine der Klemm Maschinenfabrik.

Keilschliff wird beim Bedrucken runder, gewölbter Körper eingesetzt, Schrägschliff ist geeignet bei einem Bedruckstoff mit Oberflächenstruktur. Ein Rundschliff wird bei besonders dickem Farbauftrag eingesetzt.

Beim **Halbautomaten** ist außer der Siebbewegung und dem Ansaugen des Bogens die Bewegung der Rakel automatisiert. Lediglich Anlegen und Abnehmen des Bogens erfolgen manuell. Halbautomaten sind die am meisten verbreiteten Durchdruckmaschinen.

Der **Vollautomat** arbeitet nach dem Prinzip flach auf rund. Alle Vorgänge werden automatisch ausgeführt. Die Bogen werden von einem Stapel aufgenommen und über einen Zylinder geführt.

Oberhalb des Zylinders befindet sich der Siebrahmen, darüber die feststehende Rakel. Hier bewegt sich also nicht die Rakel, sondern Sieb und Bedruckstoff. Der Zylinder führt den Bogen weiter, wobei dieser bedruckt wird. Beim Rücklauf wird die Rakel gehoben; sie nimmt die überschüssige Farbe wieder zurück zum Ausgangspunkt. Die weitergeführten Bogen werden abgelegt.

Siebdruckstraßen sind großflächige Kombinationen des hier beschriebenen Prinzips. Mehrere Farben können in einem Durchgang gedruckt werden. Das Papier läuft von der Anlage auf dem sich drehenden Maschinensystem durch verschiedene Stationen (Siebe), unter denen der mehrfarbige Druck erfolgt. Für ausreichende Trocknung in Kanälen muß gesorgt sein. Die letzte Station ist die Ablage. Außer Bogen können im Endlosverfahren auch lange Bahnen bedruckt werden. Dabei befindet sich die Schablone auf einem zylindrisch geformten Metallsieb. Der Endlos-Siebdruck wird für Dekor-, Tapeten- und Textildruck eingesetzt.

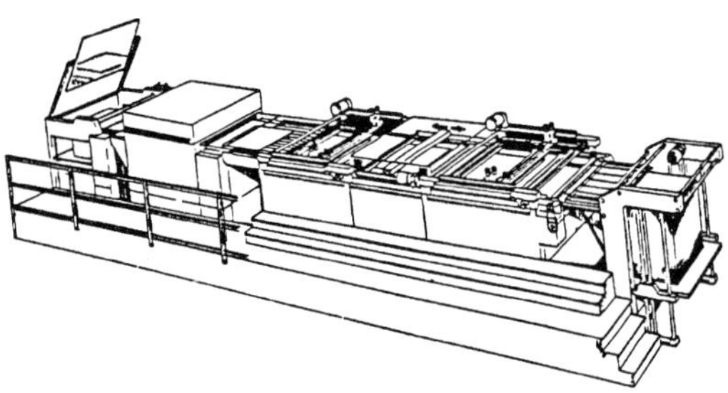

Bild 344.1. Zwei-Farben-Bogensiebdruckmaschine der Firma Svecia.

▼

1. Welche Gründe haben nach Ihrer Meinung zum Aufschwung des Durchdruckverfahrens in den letzten 20 Jahren geführt?
2. Wie vollzieht sich der Druck an einer halbautomatischen Siebdruckmaschine?
3. Welche Bewegungsabläufe führt der Vollautomat mechanisch aus?

8.6 Vergleich der Druckverfahren

Jedes Druckverfahren ist an bestimmten Merkmalen des Druckprodukts erkennbar. Hier ergeben sich typische Unterschiede. Auch in bezug auf die Druckleistungen pro Stunde ergeben sich innerhalb der einzelnen Verfahren und bei den verschiedenen Maschinen wichtige Vergleichsmöglichkeiten.

8.6.1 Merkmalvergleich

Hochdruck. Zum Hochdruck zählen der Flexodruck, das Verfahren Letterset und der Buchdruck, das älteste Druckverfahren.
Im Lettersetverfahren sind alle Schrift- und Bildpunkte gleichmäßig ausgedruckt, störende Schattierung tritt nicht auf, weil die Übertragung über das Gummituch geht. Da zähflüssige Farbe verwendet wird, ist das Druckbild meist etwas unruhiger. Im Flexodruck gibt es ebenfalls keine Schattierung. Die Druckform ist elastisch. Da oft auf Spezialmaterial (z. B. Folien) gedruckt wird, sind die Farben dünnflüssig. Es entsteht ein Schriftbild mit ungleicher Farbdeckung; Quetschränder sind sichtbar. Typisches Erkennungsmerkmal für den Buchdruck mit seinen Bleisatz- oder Metallklischeeformen ist die Schattierung, ein Durchprägen der Zeilen, Linien und Bildkonturen auf der Rückseite des bedruckten Blattes. Schattierung ist in allen anderen Druckverfahren nicht möglich, da nur im Hochdruck die druckenden Teile erhöht sind. Der Drucker versucht, Schattierungen zu vermeiden, aber das gelingt nicht immer vollkommen. Buchstaben oder Rasterpunkte weisen immer einen typischen Quetschrand auf. Verursacht wird er beim Druckvorgang durch geringfügiges Wegdrücken der Farbe.

Die typische Form der Rasterpunkte, die sehr vom quadratischen und tiefenvariablen Tiefdruckraster abweicht und auch nicht die gleichmäßige Deckung des Offsetdruckrasters zeigt, ist für den Fachmann ebenfalls ein Kennzeichen des Hochdruckverfahrens. Selbst in den hellsten Stellen (Lichter) der Abbildung befinden sich noch feinste Rasterpunkte in der Hochdruckplatte.

▼

1. Sammeln Sie Druckmuster, die deutlich die Erkennungsmerkmale des Hochdruckverfahrens zeigen!
2. Die Schattierung hilft dem Drucker bei der Ausgleichszurichtung. Geben Sie den Grund dafür an!

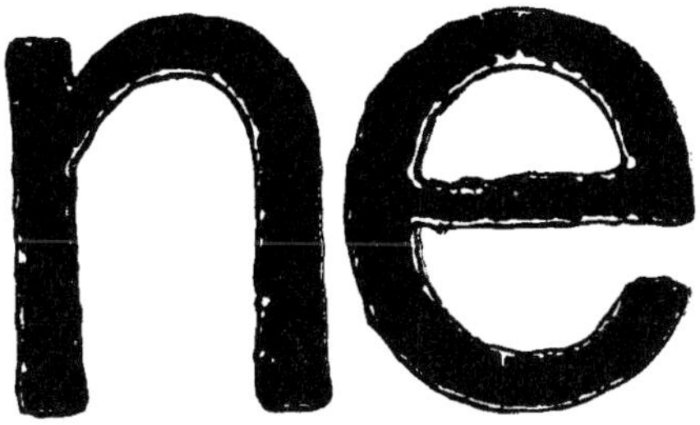

Bild 345.1. Schrift im Buchdruck mit Quetschrand.

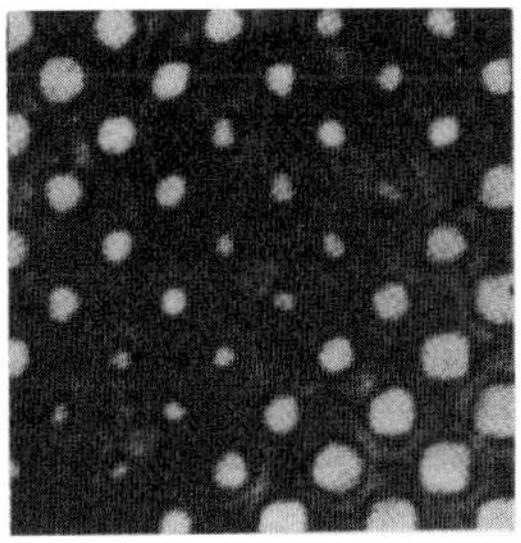

Bild 345.2. Rasterpunkte im Buchdruck.

3. Warum entsteht keine Schattierung, wenn von Gummiklischees gedruckt wird?
4. Worauf ist der Quetschrand im Buchdruck zurückzuführen?

Tiefdruck. Der Rotationstiefdruck von konventionell geätzten Zylindern weist so typische Merkmale auf, daß man ihn in den meisten Fällen leicht von anderen Druckverfahren unterscheiden kann.

Durch das Aufrastern der ganzen Tiefdruckform weisen auch Buchstaben gezackte Begrenzungen auf, den sogenannten Sägezahneffekt.

Bild 345.3. Schrift im Tiefdruck mit Sägezahneffekt.

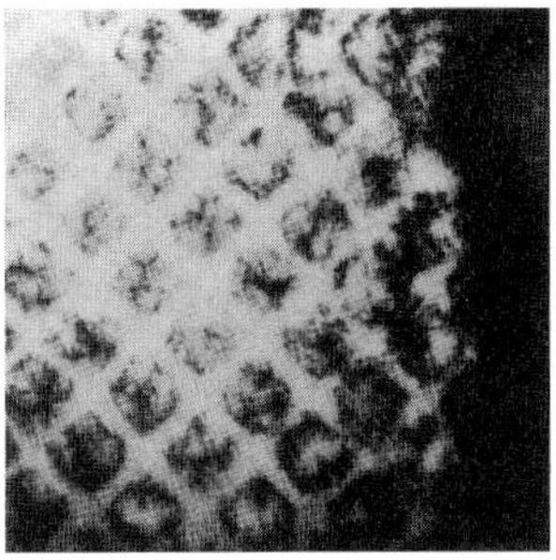

Bild 345.4. Näpfchen im Tiefdruck.

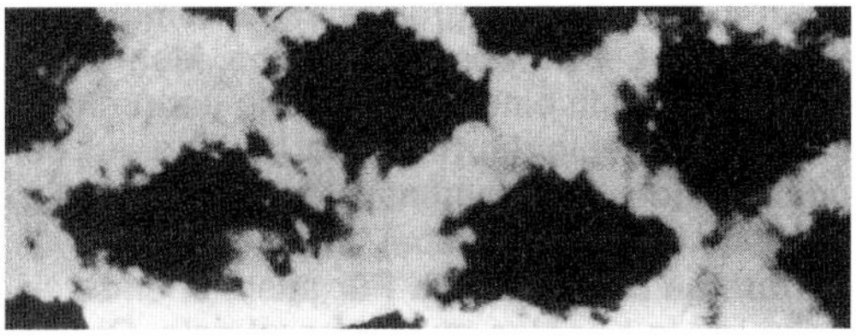

Bild 345.5. Näpfchenabdruck eines Gravur-Tiefdrucks.

Wegen der Tiefenvariabilität der Näpfchen entstehen echte Halbtöne. Sie sind auf dem Druckprodukt als unterschiedliche Farbdichte erkennbar. Die differenzierte Farbmenge zeigt sich besonders in hellen Bildpartien. In Bildtiefen fließt die relativ flüssige Druckfarbe über die Stegbegrenzungen hinaus.

Das typische Rasternetz des Tiefdrucks, das von der Rasterkopie mit dem Kreuzlinienraster herrührt, ist in hellen Bildpartien deutlich markiert und erkennbar. Druckprodukte von gravierten Zylindern weisen nahezu ellipsenförmige Näpfchenausdrucke unterschiedlicher Flächenausdehnung auf.

Stahlstichprägedruck und Stichtiefdruck sind vor allem an ihrer feinen Strichzeichnung und dem reliefartigen Farbauftrag zu erkennen. Bei den künstlerischen Techniken des Kupferdrucks und der Radierung sind zudem die Prägekanten der Druckplatte in der Papierfläche sichtbar.

▼

1. Sammeln Sie Druckmuster, die deutlich die Merkmale a) des konventionell geätzten und b) des gravierten Zylinders zeigen!
2. Wie erklärt sich der gezackte Rand bei Schrift im Tiefdruck?
3. Wie kommt es, daß in den Schatten (Tiefen) eines Tiefdruckbildes meist kein Stegenetz zu erkennen ist?

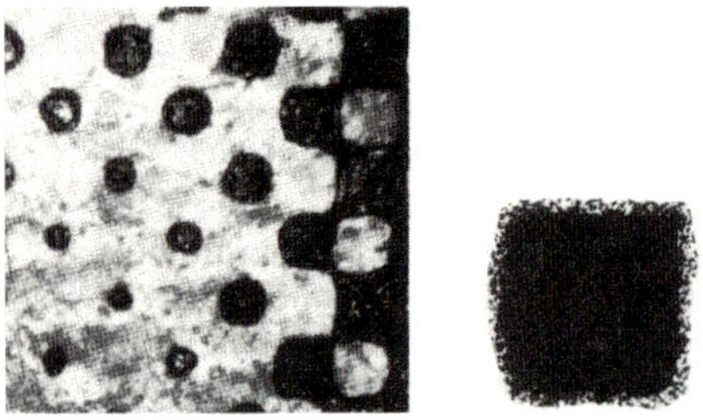

Bild 346.1.
Links: Rasterpunkte im Offsetdruck.
Rechts: Offset-Rasterpunkt in starker Vergrößerung.

Flachdruck. Beim Flachdruck unterscheidet man den heute eher künstlerischen Lichtdruck und den industriell genutzten Offsetdruck. Den Lichtdruck erkennt man am unregelmäßigen Runzelkorn, das durch die Chromgelatineschicht entsteht. Es gibt aber heute auch fotografische Raster, die das Runzelkorn imitieren. Der Lichtdruck zeigt eher echte Halbtöne; er ermöglicht die originalgetreue Wiedergabe der Vorlage.

Das Offsetdruckverfahren weist eine gleichmäßige Deckung aller Bild- und Schriftelemente auf. Im Gegensatz zu der gestochenen Schärfe der Schrift im Hochdruck, deren Ursache der Quetschrand ist, weisen hier Buchstaben und Rasterpunkte keinen besonderen Saumeffekt auf.

Wegen des indirekten Drucks über ein Gummituch entfällt beim Offsetdruck auch jede Schattierung der Druckelemente. Auf strukturierten Bedruckstoffen ist auch im Flächendruck eine gleichmäßig intensive Farbdeckung vorhanden. Feinste Rasterpunkte in den hellsten Stellen (Lichter) der Abbildungen fehlen meistens.

Bild 346.2. Schrift im Offsetdruck in starker Vergrößerung.

▼

1. Sammeln Sie Druckmuster, wie Schriftdrucke und mehrfarbige Bilderdrucke, die deutlich die Erkennungsmerkmale des Offsetdrucks zeigen!
2. Woran erkennt man eine im Offsetdruck gedruckte Textzeile?
3. Wodurch unterscheiden sich Buchdruckrasterpunkte von Offsetdruckrasterpunkten bei Betrachtung unter dem Fadenzähler?
4. Bei welchem Flachdruckverfahren sind die bildformenden Elemente in Halbtonbildern immer unregelmäßig?

Durchdruck. Typisch ist der dicke, matte oder glänzende Farbauftrag, der manchmal 10 bis 20 mal stärker ist als bei den anderen Druckverfahren. Die Farbdicke (Filmstärke) ist abhängig von Siebfeinheit, Druckfarbe und Art der Schablone.

Die gleichmäßige Deckung der Zeichnung ist ein weiteres Merkmal, ebenso die – verständlicherweise – fehlende Schattierung, die bekanntlich nur beim Hochdruck anzutreffen ist. Wegen der Siebstruktur können an den Rändern von Druckflächen typische Zackenränder entstehen. Infolge der Adhäsion wird die Farbe wegen der Maschen ein wenig angehoben.

▼

1. Sammeln Sie Druckmuster, die deutlich die Erkennungsmerkmale des Durchdrucks zeigen: Schriftdrucke und mehrfarbige Bilder.
2. Warum kann beim Durchdruckverfahren keine Schattierung auftreten?
3. Warum ist es nur im Siebdruck möglich, eine schwarze Fläche mit weißer Farbe deckend zu bedrucken?
4. In welchem Druckverfahren ist die gedruckte Farbschicht in der Regel a) am dünnsten, b) am dicksten?
5. In welchen beiden Druckverfahren kann die Schrift einen Sägezahnrand aufweisen?
6. Auf einer Kunststoffolie befindet sich ein mehrfarbiges Bild in Farbfotoqualität. In welchem Verfahren ist es gedruckt worden?

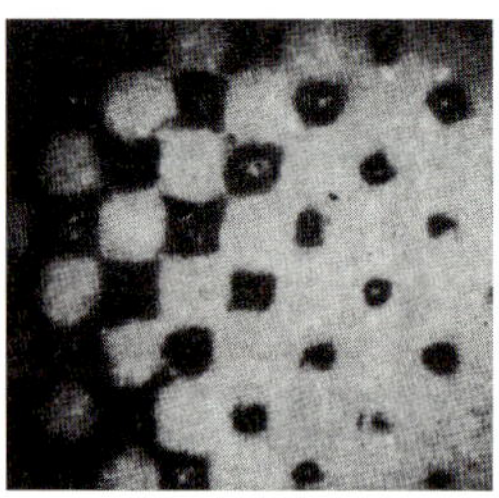

Bild 346.3. Rasterpunkte im Siebdruck.

Maschinen	Durchschnittliche Stundenleistung im Hochdruck	Tiefdruck	Flachdruck	Durchdruck
Handdrucktisch				100– 300
Halbautomat				400– 1 000
Tiegeldruckpressen	1 000– 3 000			
Zylinderflachformmaschinen	1 000– 5 000		6 000– 8 000	
Vollautomat				3 000– 5 000
Bogenrotationsmaschinen	3 000– 6 000	3 000– 6 000	3 000–12 000	
Rollenrotationsmaschinen	12 000–20 000	10 000–60 000	10 000–60 000	10 000–15 000

8.6.2 Leistungsvergleich

Beim Vergleich der Maschinenleistungen in den verschiedenen Druckverfahren müssen viele Umstände berücksichtigt werden. In den Prospekten der Maschinenhersteller sind in der Regel Maximalstundenleistungen angegeben. Die Geschwindigkeit beim Drucken ist jedoch abhängig von der Druckform, von den Druckmaterialien (Farbe, Papier), vom Grad der Automation und nicht zuletzt von der erwarteten Qualität der Drucksache. Deshalb können nur ungefähre Zahlen angegeben werden.

8.7 Weitere Vervielfältigungsverfahren

Während die traditionellen Druckverfahren mit Druckform oder Druckplatte arbeiten, der kleinformatige Offsetdruck mit Druckfolien, die über reprotechnische Wege hergestellt werden, gibt es heute schon „Druckverfahren", die meist ohne Druckplatte unter Anwendung der Elektronik und elektrotechnischer Prinzipe Informationen direkt auf den Druckträger schreiben. Zu diesen nichtkonventionellen (non-impact) Drucktechnologien gehören Elektrofotografie, Elektrografie, Laserstrahldruck, Ink-Jet-Verfahren, Thermografie, Magnetografie und Digitaldruck.

Elektrostatik. Bei den elektrostatischen Verfahren unterscheidet man die Elektrografie und die Elektrofotografie. Es sind Kopierverfahren. Von Elektrografie spricht man, wenn die Informationen, die als Ladung vorhanden sind, direkt auf den Spezialbedruckstoff, z. B. Spezialpapier oder Druckfolie, aufgebracht und dort fixiert werden. Von Elektrofotografie spricht man, wenn das latente elektrostatische Ladungsbild erst auf einem Zwischenträger, z. B. Fotoleitertrommel, entsteht und von dort auf den Bedruckstoff, meist Normalpapier, übertragen wird. Diese Technik der Vervielfältigung ist auch unter dem Namen Xerografie bekannt.

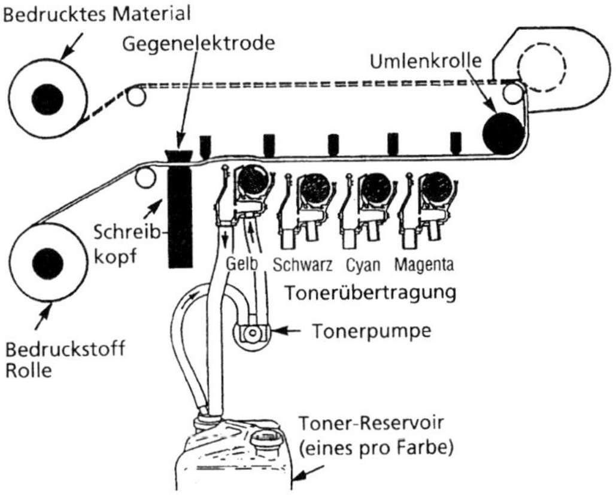

Bild 347.1. Schema des elektrostatischen Druckers Versatec von Rank Xerox.

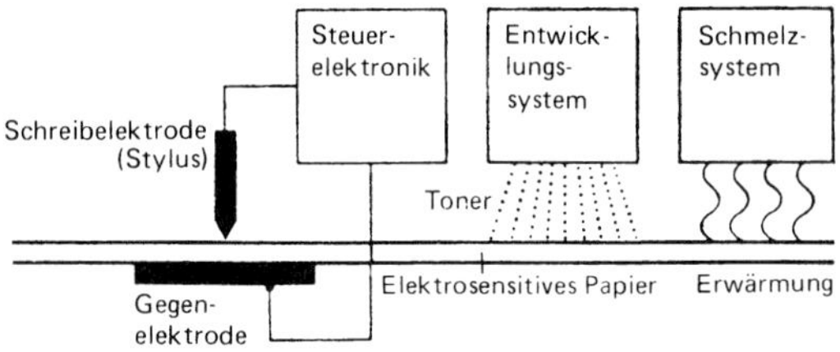

Bild 348.1. Schematische Darstellung des Vorgangs der elektrografischen Aufzeichnung.

Drei besondere Eigenschaften unterscheiden diese Verfahren von den konventionellen Drucktechniken:

1. Die Druckformherstellung entfällt.
2. Zur Farbübertragung wird kein Anpreßdruck benötigt.
3. Die Informationen kommen direkt vom Original.

Die Maschinen, allgemein Kopierautomat genannt, arbeiten meist im Format von DIN A4 bis DIN A3. Sie können verkleinern und produzieren meist Einzelblätter, die sortiert und gegebenenfalls mit Drahtklammern oder Klebebindung zusammengefaßt werden können.

Elektrografie. Dieses Verfahren nutzt die Möglichkeit der Informationsübertragung direkt aus dem Computer per Drahtelektroden, Elektronenröhre oder Ionenprojektor. Positive bzw. negative Impulse werden über Schreibelektroden direkt auf den Bedruckstoff übertragen. Anwendungsgebiete sind die Grafik-Plotter, die Layout-Proofs bei Zeitungen und die Datenaufzeichnung allgemein. Elektrografische Systeme benutzen vorwiegend Flüssigtoner zur Bildfixierung und erreichen damit zur Zeit eine angemessene Bildqualität. Das Druckbild ist härter und abriebfester als bei der Elektrofotografie mit Trockentonern.

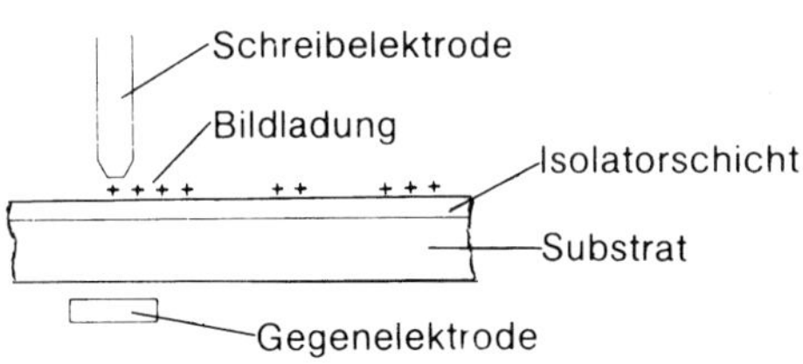

Bild 348.2. Elektrografie. Prinzip der Bildübertragung mit der Schreibelektrode.

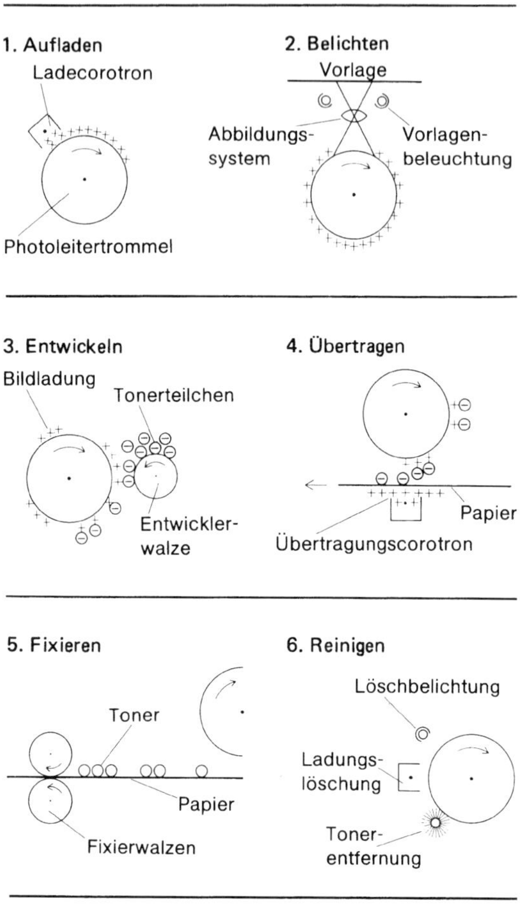

Bild 348.3. Prinzip der Elektrofotografie.

Elektrofotografie. Bei diesen Verfahren werden Originale auf den Kopierer oder in die Spezialkamera gelegt. Mit Beginn des Kopierprozesses wird die Fotoleitertrommel von einem Ladecorotron geladen. Es folgt nun die fotografische Übertragung der Information auf die Fotoleitertrommel. Beim Entwickeln überträgt eine Entwicklerwalze negativ geladene Tonerteilchen auf das positive Ladungsbild der Trommel. Nach der elektrostatischen Übertragung auf den Bedruckstoff wird der Toner meist durch Wärme fixiert. Durch Ladungslöschung wird die Fotoleitertrommel gereinigt. Man verwendet meist Trockentoner, selten Flüssigtoner. Anwendungsgebiet dieser Kopierer ist das weite Feld der xerografischen Kopien in Büro und Verwaltung zur Duplizierung von Originalen.

Laserstrahldruck. Laserdrucker finden besonders als Ausgabegeräte bei Datenverarbeitungsanlagen anstelle des bisherigen

Schnelldruckers Verwendung. Die Druckgeschwindigkeit beträgt 70 000 Zeichen pro Sekunde. Mehrere Schriftarten und Schriftgrößen, einfache Zeilen und Grafiken sind bereits gerastert darstellbar. Mehrfarbendruck ist in Zukunft denkbar. Laserdrucker arbeiten nach dem elektrostatischen Prinzip, wie es auch bei der Xerografie verwendet wird. Der Laserstrahl, getaktet und abgelenkt, bringt über einen Polygonspiegel die Informationen auf eine elektrostatisch aufgeladene Fotoleitertrommel, die mit einem lichtempfindlichen Halbleiter beschichtet ist. Die vom Laserstrahl entladenen Stellen nehmen dann den Toner an, der auf die Papierbahn übertragen und aufgeschmolzen wird. Der Laserstrahl schreibt über die gesamte Formatbreite. Der Papiertransport erfolgt kontinuierlich mit etwa 0,7 m/s, also etwa drei Seiten Text pro Sekunde. Entweder wird fortlaufender Text über den Laserstrahl auf die Trommel geschrieben oder immer wiederholter Text im Sinne der Vervielfältigung bis zu 255 Kopien von der einmal geladenen Fotoleitertrommel übertragen. Durch die Zusatzeinrichtung für Formularvordruck lassen sich mit Hilfe von Negativfolien Linienstrukturen für Briefköpfe, Rechnungsvordrucke und Quittungen gleichzeitig übertragen.

▶ Siehe auch Kapitel 3.1.4, Bild 73.1.: Arbeitsweise des Laserdruckers.

Tintenstrahldruck. Ink-Jet wird seit Jahren beim Adressieren, Numerieren, Codieren von Verpackungen, im Faksimiledruck, bei der Textil- und Plakatherstellung, im Kreditwesen zum Bedrucken von Schecks oder bei der Warenkennzeichnung angewendet. Eine aufwendige elektronische Steuerung ist nötig, um einen „Tintenstrahl" in Form von Tintentröpfchen so abzulenken, daß digitalgespeicherte Daten auf Bedruckstoffe „gedruckt" werden können. Soll ein Tintentröpfchen drucken, so läßt es der Rechner von der Düse aus ungehindert auf den Bedruckstoff gelangen. Andernfalls wird das Tröpfchen bereits beim Austritt aus der Düse elektrisch aufgeladen und auf dem Weg zum Bedruckstoff durch ein elektrisches Feld in einen Farbfänger abgelenkt.

▶ Siehe auch Kapitel 3.1.4., Bild 72.2.

Bild 349.1. Funktionsprinzip des Tintenstrahldrucks.

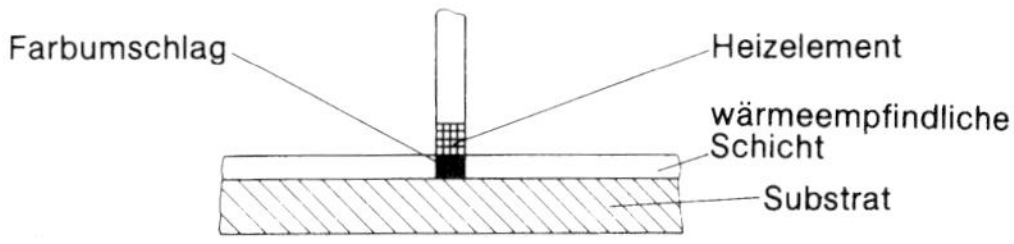

Bild 349.2. Funktionsprinzip der Thermografie.

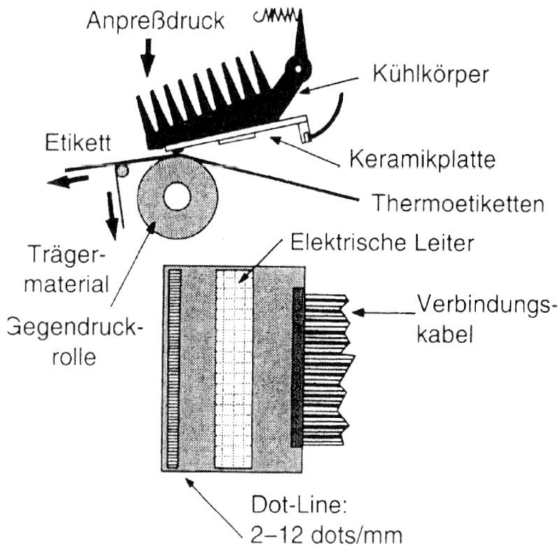

Bild 349.3. Thermodruck.

Thermografie. Auf Thermodruckern werden Thermografien erzeugt. Diese Technik findet vor allem bei der Faksimile-Übertragung und der Telekopie Verwendung. Meist sind Thermodrucker an Kleinrechner, Meßgeräte, Kontrollsysteme in Medizin und Technik angeschlossen. Sie könnten künftig auch als Textausgabegeräte für die Bürokopie eingesetzt werden oder als thermografische Videodrucker an Ausgabestationen für Bildschirminhalte dienen. Eine direkte Konkurrenz zu den konventionellen Druckverfahren ist noch nicht erkennbar.

Magnetografie. Hier werden die über eine Magnetspule gesendeten Impulse als Bildpunkte auf eine Trommel mit magnetisierbarer Oberfläche übertragen. Der Aufzeichnungsvorgang ist nicht linear und kommt der Digitalisierung sehr entgegen. Die Bildpunkte können von der Trommel beliebig oft ohne neuen Aufzeichnungsvorgang elektrostatisch auf den Bedruckstoff übertragen werden.
Die Magnetografie arbeitet mit niedrigen Spannungen und ist elektrostatisch in die heutigen Gerätekombinationen voll integrierbar.

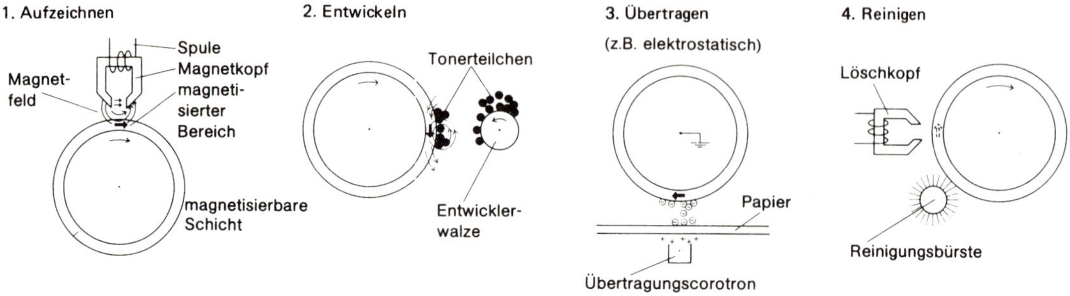

Bild 350.1. Funktionsprinzip der Magnetografie.

▼

1. Nennen Sie vier Druckverfahren, die nicht oder nur schwer den konventionellen Druckverfahren zuzuordnen sind!
2. Wie funktioniert das Ink-Jet-Verfahren?
3. Welche Druckprodukte werden vorwiegend durch moderne Vervielfältigungstechniken hergestellt?
4. Warum wird für „Printing on demand" zumeist im Laserdruck vervielfältigt?

8.7.1 Digitale Drucksysteme

Digitaldruck. Digitales Drucken hat mit der bisherigen Drucktechnologie wenig gemeinsam. Vor allem entfällt die konventionelle Film- und Druckformherstellung. Digitales Drucken ist das Übertragen von Daten aus dem Computer auf den Bedruckstoff. Voraussetzung für den digitalen Druck sind digitale Produktionsdaten in der Vorstufe, digitale Online-Verarbeitung und digitale Druckvorbereitung im speziellen DI-RIP sowie eine spezielle Digitaldruckmaschine.

DI-Proofsysteme wurden entwickelt, um vor der Bebilderung eines Zwischenträgers in der Druckmaschine den Datenbestand zu überprüfen, z. B. auf Stand der Bilder, Art der Linien, Rahmen und Schriften, auf Fehlen einzelner EPS-Dateien oder ob die Umwandlung der RGB-Daten in CMYK-Daten erfolgt ist. Der Vorgang der Datenfixierung geschieht direkt in der Druckmaschine.

Die Datenübertragung auf den Bedruckstoff kann sowohl direkt wie beim Ink-Jet-Verfahren als auch indirekt über einen Zwischenträger erfolgen. Geschieht das Drucken berührungslos ohne Druck, spricht man von Non-Impact-Verfahren. Diese basieren vorwiegend auf dem elektrofotografischen Prinzip. Erfolgt das Drucken nach dem Prinzip des wasserlosen Offsetdrucks von einer digital beschriebenen Offsetfolie spricht man von „Computer to press". Digitale Druckmaschinen sind für unterschiedliche Anforderungen ausgelegt, der Druckprozeß ist sehr unterschiedlich.

Man unterscheidet drei Maschinentypen:

1. Farblaserdrucker,
   zum Beispiel Canon CLC 1000,
   Xerox DocuTech 40, Micro-Press Sysem,
2. Laserdruckmaschinen,
   zum Beispiel Indigo E-Print 1000,
   Xeikon DCP, Chromapress,
3. Offsetmaschinen mit digitaler Bebilderung der speziellen Offsetdruckfolie,
   zum Beispiel Heidelberg GTO-DI,
   Quickmaster DI 46-4, Omni-Adast.

Die zuvor genannten Druckmaschinen arbeiten mit Zwischenträgern nach folgenden Prinzipen:

1. Bei allen elektrofotografischen Systemen muß das Druckbild nach jeder Einfärbung auf der Drucktrommel elektronisch neu entstehen, also eine neue sogenannte Bebilderung erfolgen (Indigo, Xeikon).
2. Verwendet man eine spezielle digital beschreibbare Offsetfolie, wird das Druckbild zwar auf dieser fixiert, aber es ist nicht mehr löschbar. Die Druckfolie muß ausgewechselt werden (Heidelberg).
3. Auf einem Zwischenträger mit magnetisierter oder ferroelektrischer Oberfläche werden die Informationen gespeichert, stehen also beliebig oft zur Verfügung, sind aber auch nach Bedarf partiell löschbar (Nipson-Bull).

Für den Einsatz in der grafischen Industrie ist es wichtig, digitale Drucksysteme auch bezüglich der Auflösung zu unterscheiden. Drucksysteme, die mit Berührungsdruckt (Impact) arbeiten, zum Beispiel mit der Offsetfolie, ermöglichen bis zu 140 L/mm, das sind mehr als 2540 dpi. Drucksysteme wie Kopierer, Laserdrucker, Tintenstrahldrucker und Digitaldruckmaschinen ermöglichen etwa 10 bid 40 L/mm, das sind 250 bis 1000 dpi. Bei Digitaldruckmaschinen sollte die Auflösung mehr als 600 dpi betragen, um auch feinere Stricharbeiten, Texte und Grafik sowie feinere Farbtonabstufungen drucken zu können. Digitale Drucksysteme ermöglichen

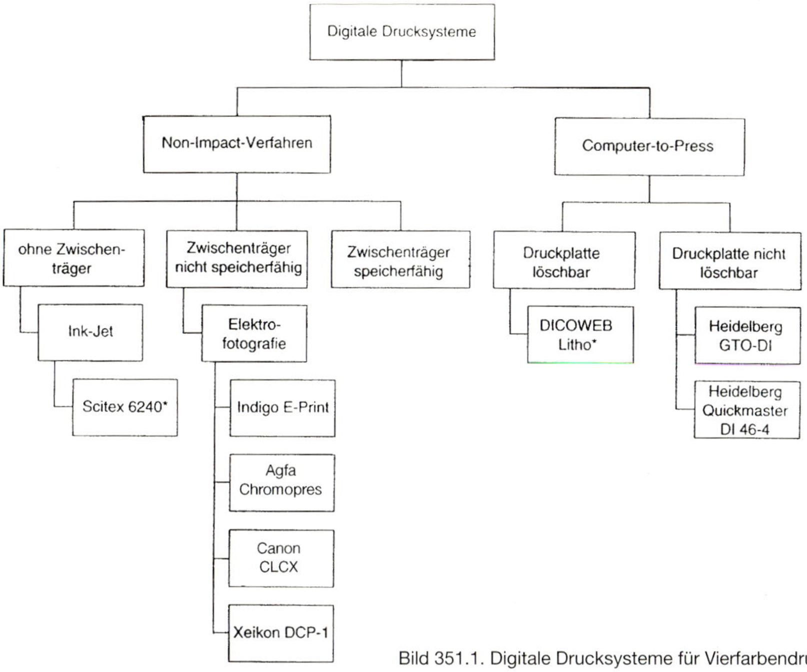

Bild 351.1. Digitale Drucksysteme für Vierfarbendruck.

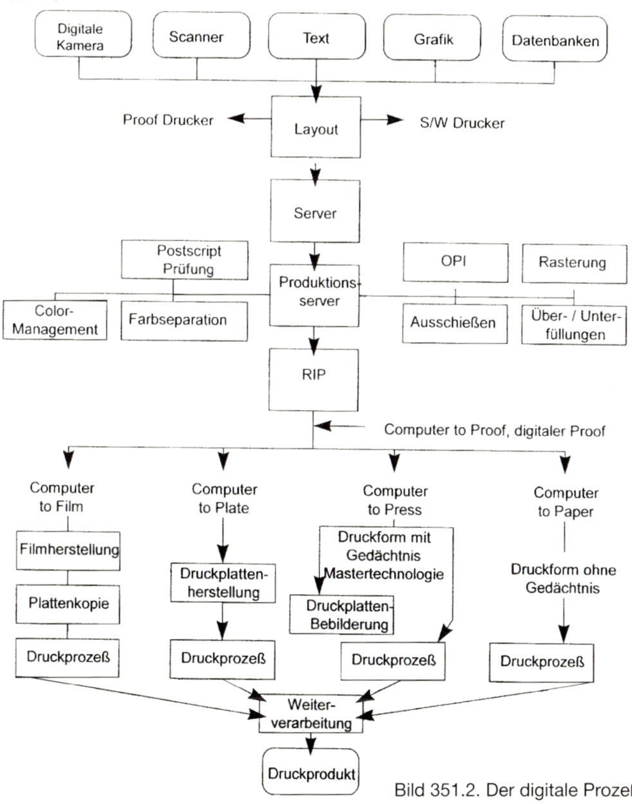

Bild 351.2. Der digitale Prozeß.

normalerweise die Vierfarben-Produktion mit den CMYK-Farben, wenige Systeme haben fünf bis sieben Farben im Zugriff. Bei den Druckfarben für elektrofotografische Technik handelt es sich um spezielle Trockentoner, manchmal werden auch Flüssigtoner eingesetzt.
Beim Trockentoner sind die einzelnen Partikel 5 bis 10 µm, bei Flüssigtonern 0,1 bis 2 µm groß. Die Tonerfarben werden nach der Übergabe auf den Bedruckstoff eingebrannt oder erstarren, so daß das Druckprodukt in der Ausgabe der Maschine schon trocken ist. Beim Prinzip des wasserlosen Offsetdrucks werden Offsetfarben benötigt.

Der Vorteil des digitalen Druckens ist die schnelle Umsetzung der Daten in ein Druckprodukt. Nach einer halben Stunde ist eine mehrfarbige Kleinauflage bereits fertig. Dies ermöglicht Drucken nach dem jeweiligen Bedarf (Printing on demand). Es erlaubt schnellen Wechsel der Informationsmenge und der Abfolge oder schnelle Aktualisierung und Personalisierung der gedruckten Informationen.

Der rentable Einsatz von digitalen Drucksystemen ist der vielfältige Bereich der ein- und mehrfarbigen Kleinauflagen unter 5 000 Exemplaren pro Auflage bis zum Druckformat A3. Etwa 25 Aufträge pro Tag mit 300 bis 500 Exemplaren ergeben ein gutes Auftragsvolumen für digitale Drucksysteme. Die Maschinen bedrucken Papiere verschiedenster Sorten und Gewichte und Kunststoffolien.

Die Quickmaster DI 46-4 ist eine maschinelle Neukonstruktion der Firma Heidelberg und benutzt einen zentralen Papierzylinder, um den vier Druckwerke in sogenannter Satelliten-Bauweise angeordnet sind. Im Vergleich zur GTO-DI entsteht so eine kompaktere Maschine. Anstatt Einzelfolien wie bei der GTO-DI einzuspannen, werden hier für jedes Druckwerk Folien von der Rolle benutzt. Alle vier Folien werden in der Maschine simultan und registergenau durch die Laserdioden bebildert in einer Qualitätswiedergabe von 2450 dpi. Nach einem Druckauftrag werden sie weitergespult. Erst nach 35 Wechseln muß die Vorratsrolle erneuert werden. Pastöse Offsetfarbe für wasserlosen Offsetdruck färbt die Folien ein. Die Farbe gelangt über das Gummituch auf den Bedruckstoff. Der Druck erfolgt also im klassischen Offsetprinzip, aber als „computer to press". Bebilderung, Folienwechsel, Plattenreinigung und das Gummituchwaschen erfolgen also vollautomatisch.

Auch die Indigo E-Print 1000 ist eine digitale Farbdruckmaschine und entspricht maschinen-

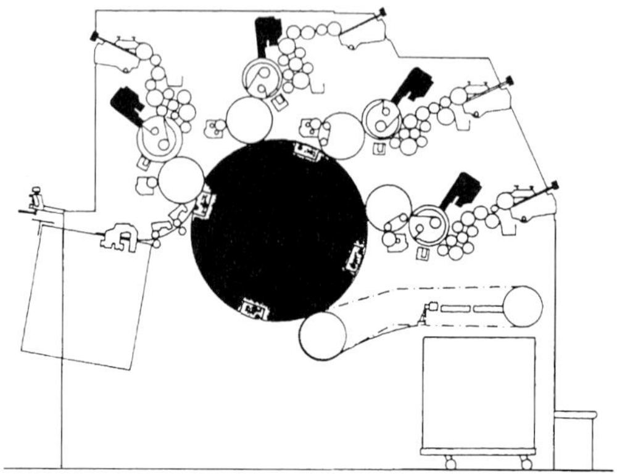

Bild 352.1. Funktionsschema der Heidelberg Quickmaster DI 46-4 für den wasserlosen 4-Farben-Offsetdruck und integrierter, digitaler Plattenbebilderung durch Schreibköpfe in jedem Druckwerk.
Druckformat: 460 x 340 mm.

technisch einer Offsetmaschine. Sie hat aber nur einen Bebilderungszylinder, einen Drucktuchzylinder und Gegendruckzylinder, eine Bogenanlage, Greifer für die Bogenführung und eine Bogenauslage, auch eine Wendeeinrichtung für beidseitigen Druck. Die Bebilderung der Halbleitertrommel erfolgt nach dem elektrofotografischen Prinzip. Der spezielle Flüssigkeitstoner wird über ein Sprühsystem auf den Bebilderungszylinder gesprüht, überschüssige Farbe wird zurückgeführt. Die einzelnen Farben werden nacheinander auf dem Drucktuchzylinder „gesammelt" oder abgesetzt und dann als ganzes Farbbild rückstandsfrei auf den Bedruckstoff übertragen. Der Bildzylinder arbeitet bei 130 °C, der Drucktuchzylinder wird durch Kühlung auf Raumtemperatur gehalten, sonst funktioniert das Druckprinzip nicht. Der Toner poymerisiert also sehr schnell. Für jeden Durchgang können die vom Systemcomputer gesendeten Informationsbausteine ausgetauscht werden. Die Lasereinheit arbeitet mit vier Lasern und einer Auflösung von 800 dpi bei 64 Graustufen. Die Rasterpunktbildung erfolgt nach dem neuartigen Prinzip der variablen Punktdichte, das heißt die Rasterpunkte entstehen nicht nur flächenvariabel, sondern auch tiefenvariabel. Offsetdruckpapiere von 80 bis 300 g/m2, aber auch Folien können bedruckt werden. Das System produziert 8000 Bogen A4 einfarbig oder 1000 Bogen DIN A4 vierfarbig zu beiden Seiten pro Stunde.

Das Chromapress-System von Agfa basiert auf dem Druckwerk der DCP-1 von der Firma Xeikon. Es ist ein Komplettsystem, das eine Workflow- und Serversoftware und ein PostScript-Level-2-RIP hat. Ein Workflow-Management umfaßt alle digitalen Schritte vom Design über die elektro-

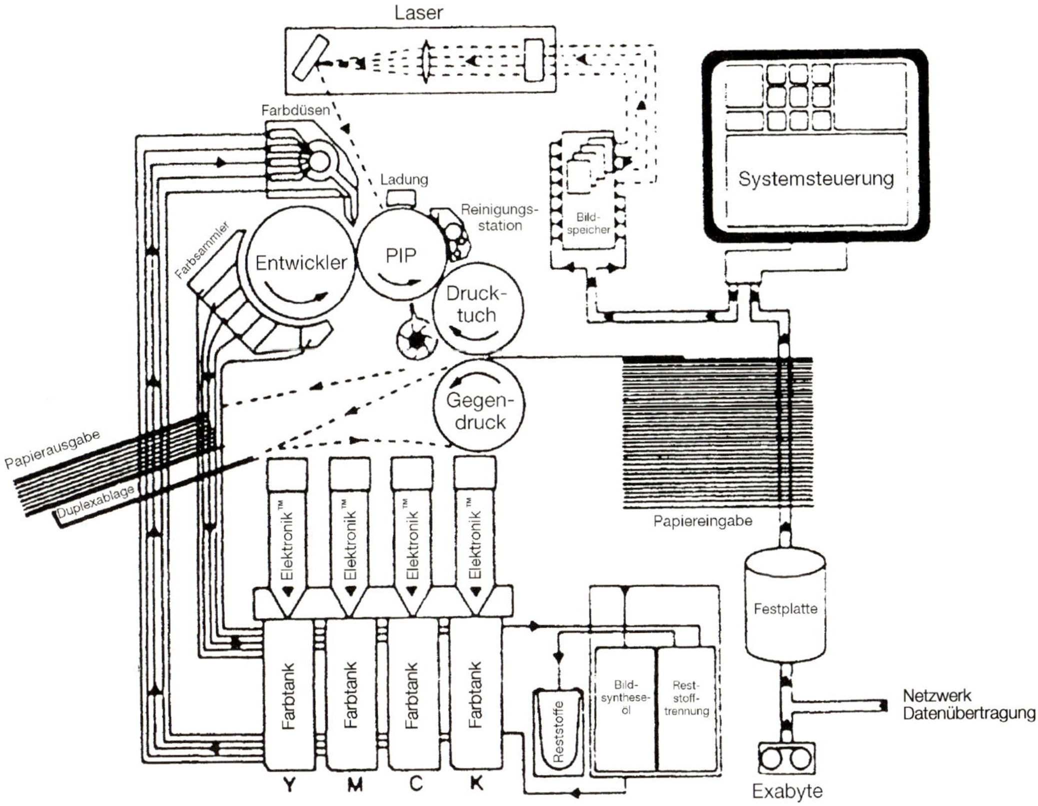

Bild 353.1. Funktionsschema des mehrfarbigen elektrostatischen Verfahrens mit Flüssigtoner Indigo E-Print 1000. Druckformat: A3. Alle 4 Farben werden auf einem Zwischenzylinder „gesammelt" oder abgesetzt und dann erst gemeinsam auf den Bedruckstoff übertragen.

nische Seitenmontage bis zum Druck, also Datenübernahme, Colormanagement, Ausschießen, OPI-Replacement und Proofdruck. Die Software für Auftragsbeschreibung, Auftragsverwaltung, Auftragsverarbeitung und Maschinensteuerung für die Druckeinheit sind Voraussetzung für das digitale System. Die spezielle Rastertechnologie benutzt die Möglichkeiten des Druckens mit der variablen Druckdichte. Die Qualitätswiedergabe erfolgt mit 2540 dpi, sie ist mit einer 60er Rasterweite vergleichbar. In einem Druckturm stehen beidseitig der Papierbahn jeweils vier Lasertrommeln für die elektronische Bebilderung zur Verfügung. Ein Druckwerk-Controller als Buffer liefert die Daten mit extrem großer Geschwindigkeit an die Druckeinheiten. Durch die Anordnung der Farbtrommeln ist gleichzeitig Schön- und Widerdruck möglich. Der Trockentoner wird von den acht Trommeln passergenau nacheinander auf die durchlaufende 32 cm breite Papierbahn übertragen und anschließend fixiert. Gestrichene und ungestrichene Papiere

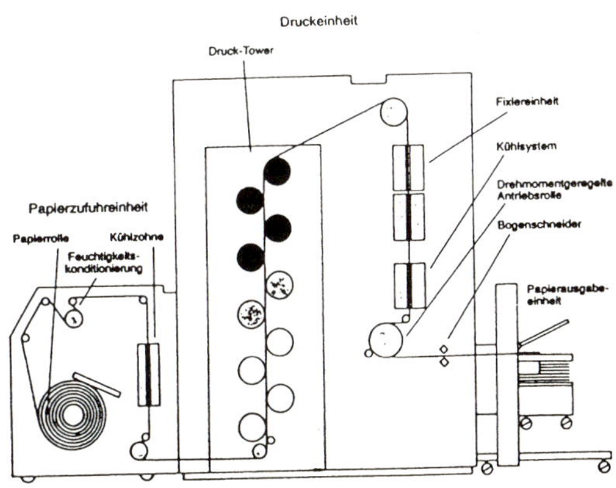

Bild 353.2. Funktionsscheme des mehrfarbigen elektrostatischen Digitalverfahrens Agfa-Chromapress (Xeikon). Druck von 32 cm breiten Rollen, die in der Auslage des Systems zu Bogen aufgeschnitten werden.

3. Für welche Drucksachen muß die Farbe besonders lichtecht sein?
4. Welche Farbeigenschaften sind auf Farbmittel zurückzuführen?
5. Was versteht man unter einer „langen" Farbe?
6. Nennen Sie Druckfarben mit unterschiedlicher Viskosität!
7. Welchen Vorteil haben thixotrope Offsetdruckfarben?
8. Wozu dienen Viskosimeter?
9. Welche Eigenschaft der Druckfarbe wird durch den Tack-Wert ausgedrückt?
10. Für welche Druckverfahren muß die Druckfarbe dünnflüssig sein?

Bild 366.1. Kunstharzstücke für Druckfarben.

9.1.5 Druckhilfsmittel

Dle Druckereien beziehen von den Farbenfabriken konfektionierte, das heißt auf das Verfahren abgestimmte Druckfarben. Dennoch ist es oft nötig, die Verdruckbarkeit der Farben oder ihre Eigenschaften zu variieren. Hierzu dienen die Druckhilfsmittel. Sie verbessern vor allem die Konsistenz, Trocknung, den Glanz und die Scheuerfestigkeit der Druckfarbe. Der Drucker mischt die Druckhilfsmittel vor oder während des Fortdrucks der Farbe zu. Die Druckhilfsmittel bestehen vor allem aus Öl oder Wachs mit Zusätzen. Zähflüssiger Leinölfirnis erhöht die Viskosität. Drucköl ist ein schwacher Firnis, der die Farben dünner macht und die Klebrigkeit der oxidativ trocknenden Farben verringert. In Öl gelöste Wachse ergeben Druckpasten. Sie reduzieren die Zügigkeit der Farbe. Lasurweiß ist ein Bindemittel mit lasierenden Pigmenten. Es hellt die Druckfarbe auf. Dünnflüssige Mineralöle werden mit trocknenden Ölen kombiniert und als Verdünner eingesetzt. Druckgel ist ein geliertes Verdünnungsmittel. Trocknungsmittel bestehen aus Metallverbindungen in Lösemitteln. Sie werden als pastöser Trockenstoff oder als flüssiges Sikkativ eingesetzt. Die Trocknung wird entweder innerhalb des Farbfilms oder an der Farboberfläche gefördert. Scheuerschutzpasten sollen die Farboberfläche glätten und den Abrieb von Druckfarbe verringern. Dosierungsvorschriften sind genau einzuhalten, da ein Zuviel an Druckhilfsmitteln die Verdruckbarkeit der Farben schnell nachteilig verändern kann.

9.1.6 Drucklackierung

Für die Oberflächenveredelung von Druckprodukten gibt es zwei Techniken: die Laminierung und dle Lackierung. Beim Laminieren werden die Druckerzeugnisse in einem Heißklebeverfahren mit transparenten Kunststoffolien überzogen. Beim Lackieren werden auf die bedruckten Flächen farblose Lackschichten aufgetragen, die matt, glänzend oder hochglänzend sein können. Die Lackierung erfolgt grundsätzlich entweder innerhalb der Druckmaschine als Inlinelackierung oder außerhalb der Druckmaschine in Spezialmaschinen, zum Teil mit anschließender Kalandrierung, um hochglänzende Oberflächen zu erzeugen. Für die Inlinelackierung werden Öldrucklacke, wasserverdünnbare Dispersionslacke und neuerdings auch UV-Lacke verwendet. Spiritus- und Nitrolacke werden auf Speziallackiermaschinen und bei Kalandrierung eingesetzt. Öldrucklacke sind in ihrem Aufbau den Bindemitteln von konventionellen Druckfarben sehr ähnlich. Bestandteile sind Hartharze, Alkydharze, trocknende Öle, Mineralöle, Sikkative und Wachse. Öldrucklacke lassen sich ohne große Umrüstung in Druckmaschinen verarbeiten. Nachteilig ist, daß die Vergilbung des Lacks nicht ganz vermieden werden kann. Geruchs- und Geschmacksbeeinträchtigung von Lebensmitteln sind möglich. Öldrucklacke sollen dünne, hochtransparente Filme erzeugen. Sie trocknen wie die Offsetdruckfarben nach dem Wegschlagen nichttrocknender Öle überwiegend oxidativ und deshalb verhältnismäßig langsam. Deshalb werden Trockenstoffe, Puder, Blasluft und Wärme zur Beschleunigung des Trockenvorgangs eingesetzt.

Wasserverdünnbare Dispersionslacke sind wesentlich komplexer aufgebaut. Sie bestehen aus 40 % Festkörperanteil und 60 % Wasser. Dispersionslacke enthalten Polymerdispersionen, Hydrosole, Wachsdispersionen, Filmbildungshilfen, Netzmittel und Entschäumer. Sie trocknen physikalisch, sind gut zu verarbeiten und sind umweltverträglich. Guter Glanz, schnelle Trocknung, kein Einsatz von Puder, keine Vergilbung, hohe Stapelfestigkeit, sehr gute Scheuerfestigkeit, Geruchsfreiheit, elastische Lackfilmbildung und Wasserfestigkeit sind wesentliche Vorteile.

UV-Lacke trocknen durch UV-Strahlung. Die gesamte Lackschicht polymerisiert unter der Strahleneinwirkung in einer Sekunde. Dabei entsteht ein fester Film. UV-Lacke sind hochglänzend, hart und sehr widerstandsfähig. Allerdings ist die Schicht nicht ganz geruchsfrei. Die UV-Lackierung erfordert besonderen maschinellen Aufwand. Eine Inline-Verarbeitung ist schwierig. Die Lack- und Energiekosten sind höher im Vergleich mit anderen Lackierverfahren. UV-Lacke werden vor allem bei der Herstellung von Werbemitteln benutzt, die dem Wetter ausgesetzt sind.

▼
1. Wozu dienen Druckhilfsmittel?
2. Woraus bestehen Drucklacke?
3. Wie trocknen Öldrucklacke?
4. Wie trocknen UV-Lacke?
5. Was bedeutet Inlinelackierung?
6. Wozu dient beim Lackieren das Kalandrieren?

9.2 Bedruckstoffe

Papier ist der vielseitigste und am meisten gebrauchte Bedruckstoff. Holz, Blech, Leder und Folien aller Art spielen als Bedruckstoffe eine geringere Rolle. Sie sind nicht in allen Druckverfahren einsetzbar.

Wann und von wem das Papier erfunden wurde, ist unbekannt. Neuere Funde belegen, daß Papier bereits 60 v. Chr. in China existiert haben muß. Lange Zeit wurde die Erfindung des Papiers Tsai Lun zugeschrieben, dessen Beschreibung der Papierherstellung aus dem Jahre 105 n. Chr. als erste überliefert worden ist. Von China benötigte die Erfindung mehr als 1000 Jahre, bis sie über den Orient, Spanien und Italien im 14. Jh. in Deutschland bekannt wurde. Viele Papiermühlen entstanden in Europa, in denen bis ins 19. Jahrhundert hinein das Papier „handgeschöpft" wurde.

Der Papiermacher schöpfte es mit einem gerahmten Sieb aus der Bütte und schüttelte es, bis sich die Fasern verfilzten. Zwischen Filzplatten wurden die Bogen gegautscht (entwässert). Eine Papiermühle im Mittelalter erzeugte in 16 Arbeitsstunden etwa 100 kg Büttenpapier. Die Tagesleistung beträgt heute bei 24stündiger Arbeit bis zu 300 000 kg Papier.

Die Erfindung der Buchdruckerkunst und die Reformation, das Ausdehnen des Handels und schließlich die Entwicklung des Zeitungswesens erzwangen eine Ausweitung der Papierproduktion. 1799 erfand der Franzose Louis Robert die Papiermaschine, die Papier in endloser Bahn herstellt. Als Rohstoff war damals nur Hadernmaterial (Lumpen) bekannt. Auf der Suche nach einem neuen Massenrohstoff gelang es Gottfried Keller 1844, den Holzschliff herzustellen. 1878 erfand Dr. Mitscherlich ein Verfahren zur Zellstoffgewinnung aus dem Rohstoff Holz.

Bild 367.1. Papierherstellung vor Erfindung der Papiermaschine.

9.2.1 Papierherstellung

Rohstoffe des Papiers. Papier wlrd heute zu 95 % aus Holz hergestellt. Nicht Jede Holzart ist brauchbar; Faserbildung und Härte spielen bei der Auswahl eine große Rolle. Besonders geeignet sind Nadelhölzer, wie Fichte, Tanne, Kiefer, Lärche, und einige Laubhölzer, wie Buche, Pappel, Birke, Eukalyptus. Welche Holzart als Primärrohstoff für die Papierproduktion eingesetzt wird, richtet sich nach der Verfügbarkeit oder den regionalen Gegebenheiten. Der große Bedarf macht es notwendig, schnellwüchsiges Holz, beispielsweise Pappeln, anzupflanzen. Grundsätzlich eignen sich alle zellulosehaltigen Stoffe für die Papierherstellung. Altpapier hat als Rohstoff zunehmend an Bedeutung gewonnen. In geringeren Mengen werden Stroh und Papierabfälle für weniger wertvolle Sorten verarbeitet. Lumpen, früher der wichtigste Rohstoff für hochwertige Papiere, werden heute nur noch in verschwindend kleinen Mengen verwendet.

Der Sekundärrohstoff Altpapier hat bereits einen Anteil von nahezu 50 % an den in Deutschland eingesetzten Rohstoffen für die Papier-, Karton- und Pappenproduktion. Altpapier ist bereits einmal gemahlen worden und enthält viele Zusatzstoffe. Die erneute Verarbeitung schädigt die

Faser und erhöht den Anteil der Zusatzstoffe gegenüber den Faserstoffen erneut. Lumpen eignen sich nur für die Papierherstellung, wenn sie Zellulose enthalten. Sie sollten aus Leinen oder Baumwolle sein. An solchen Lumpen (Hadern) besteht aber heute großer Mangel. Zur Strohfasergewinnung sind besonders Weizen und Roggen geeignet, auch einige Grassorten, wie Alfa- und Espartogras aus Nordafrika. In Japan verwendet man Reisstroh, in Indien Bambus, der sehr schnell wächst.

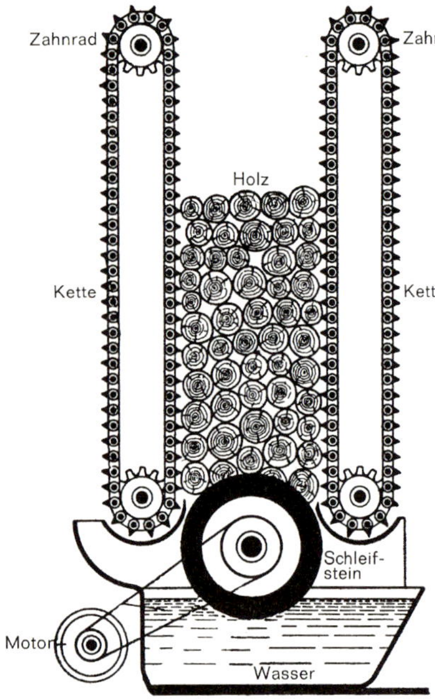

Bild 368.1. Schematische Darstellung des Stetigschleifers.

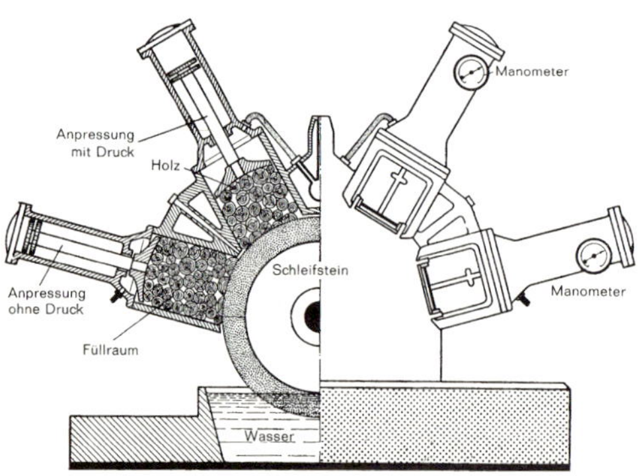

Bild 368.2. Schematische Darstellung eines Vierpressenschleifers, links aufgeschnitten, rechts geschlossen.

Aufbereitung von Halbstoff. Holz kann auf verschiedene Weise aufbereitet werden:
1. mechanisch,
2. chemisch.

Der **mechanischen Aufbereitung** dienen Holzschliff-Verfahren (Stein- und Druckschlifftechnik) und Thermo-Refiner-Verfahren.

1.1 Geschälte Holzabschnitte werden unter Zusatz von viel Wasser in Stetigschleifern oder Vier-Pressen-Schleifern an sich drehenden Schleifsteinen zerrieben. Schüttelsiebe fangen die groben Splitter auf. Diese stark verdünnte Fasermasse wird danach entweder im gleichen Betrieb zu Papier verarbeitet oder in Entwässerungsmaschinen zum Versand in Pappenform gebracht. Aus geschliffenen Holzstämmen entsteht weißer Holzstoff.

1.2 Stammabschnitte werden in großen Kesseln zuerst gedämpft und danach geschliffen. Das Ergebnis ist **brauner Holzstoff.**

1.3. Gehäckselte Holzabfälle aus Sägereien und Hackschnitzel werden im TMP-Verfahren (Thermomechanisches-Refiner-Verfahren) bei 130 °C gedämpft. Dabei lockert sich die Lignin-Verbindung zwischen den Fasern. Die Holzstücke werden anschließend in Refinern (Druckmahlmaschinen mit geriffelten Mahlscheiben) unter Wasserzuführung gemahlen. Das Ergebnis ist **thermomechanischer Holzstoff,** der im Vergleich zum Holzschliff eine gröbere Faserstruktur aufweist. Beim chemo-thermomechanischen Verfahren, CTMP, werden bei der Dämpfung zur Aufweichung von Lignin zusätzlich Chemikalien eingesetzt. Holzstoffe, die durch mechanische Verfahren aufbereitet wurden, bestehen weniger aus elementaren Fasern, sondern überwiegend aus abgeschliffenen und zerriebenen Faserverbindungen, die verholzte Fasern genannt werden. Um die eigentlichen Fasern zu gewinnen, muß das Holz chemisch aufbereitet werden.

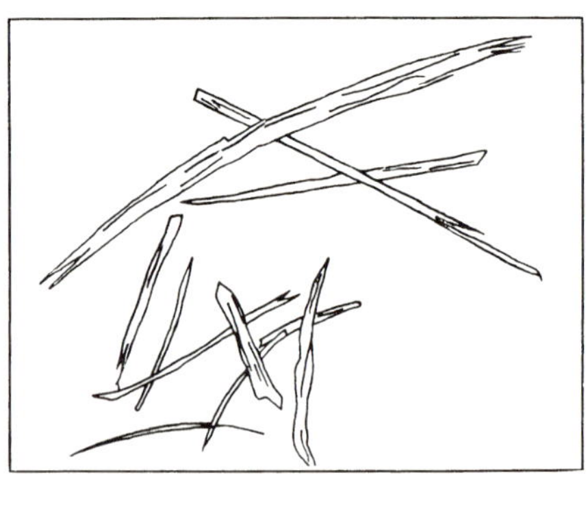

Bild 368.3. Holzschliffasern. Oben Faserlangstoffe, 0,8 mm bis 4,5 mm lang; unten Faserkurzstoffe, 0,2 mm bis 0,8 mm lang.

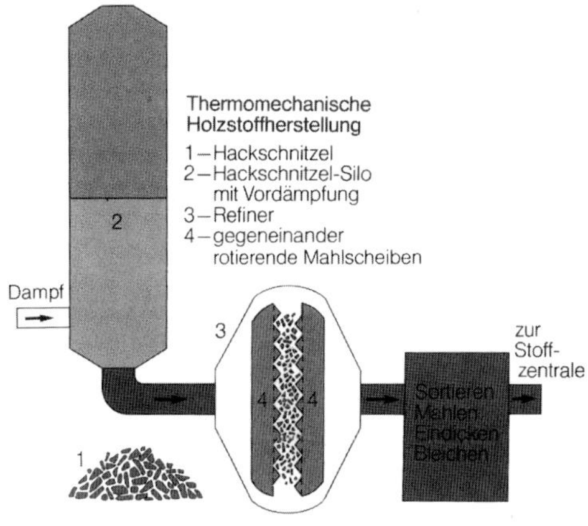

Bild 369.1. Thermomechanische Holzstoffherstellung.

2. Bei der **chemischen Aufbereitung** werden Holzschnitzel in einem Kochprozeß chemisch behandelt. Durch zwölf- bis fünfzehnstündiges Kochen werden die Fasern von den unerwünschten Holzbestandteilen, den Inkrusten, befreit. Holz besteht grundsätzlich aus Zellstoffasern (Zellulose) und ihren Begleitstoffen, den Inkrusten. Chemisch ist das Holz folgendermaßen aufgebaut:

Zellulose	40 % bis 55 %
Hemizellulose	10 % bis 55 %
Lignin	20 % bis 30 %
Sonstige organische Stoffe	6 % bis 12 %
Anorganische Stoffe	0,3 % bis 0,8 %

Nach dem Einsatz der Kochchemikalien sind Natron-, Sulfit- und Sulfatverfahren zu unterscheiden. Neu ist das Organocell-Verfahren.

Da nach dem Kochen noch unerwünschte Stoffe, vor allem Restlignin, vorhanden sind, ist der Zellstoff nicht hell, sondern braun bis gelb gefärbt. Deswegen muß der Faserstoff gereinigt und gebleicht werden. Beim Bleichen werden Restlignin sowie andere unerwünschte Bestandteile herausgelöst. Verfärbungen werden chemisch aufgehellt.

Anschließend wird der gebleichte Zellstoff (Zellulose) entwässert und zu Rollen aufgewickelt oder sofort zu Papier weiterverarbeitet. Bei der Zellstoffherstellung ist die Ausbeute geringer als bei der Holzstoffherstellung, aber die Zellstoffasern sind länger, fester, geschmeidiger. Zellstoffasern aus Nadelholz sind 2,5 bis 4 mm, aus Laubholz etwa 1 mm lang.

85 % unseres Zellstoffbedarfs, in erster Linie Sulfatzellstoff, werden aus den skandinavischen Ländern, den USA und Kanada importiert. Grundsätzlich gibt es zwei Arten von Zellstoff, kurzfaserigen Sulfit- und langfaserigen Sulfatzellstoff. Kurzfaseriger Zellstoff wird vorwiegend zur Herstellung von flauschigen Hygienepapiersorten und teilweise für die Erzeugung bestimmter Druckpapierarten verwendet. Sulfatzellstoff ist wegen seiner längeren Fasern reißfester. Er wird überwiegend für die Herstellung hochweißer Schreib- und Druckpapierarten eingesetzt.

Um weißes Papier produzieren zu können, muß der Faserstoff gebleicht werden. Sulfitzellstoff läßt sich mit Wasserstoffperoxid oder Sauerstoff bleichen, Sulfatzellstoff konventionell mit Chlor. Bei der umweltfeindlichen Chlorbleiche von Sulfatzellstoff wird das Abwasser mit Chlorkohlenwasserstoffen belastet. Deswegen werden mehr und mehr umweltfreundlichere Techniken bevorzugt.

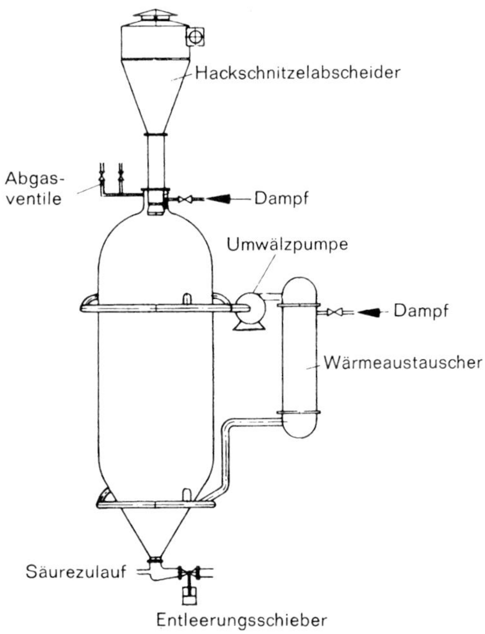

Bild 369.2. Schemazeichnung eines Sulfitkochers. Unter hohem Dampfdruck werden die Inkrusten vor der heißen Calciumhydrogensulfitlösung gelöst und die Fasern freigelegt.

Die Bleichung erfolgt bei diesen durch Sauerstoff und Chlordioxid. Der Zellstoff wird als elementarchlorfrei bezeichnet, das Papier als chlorarm, weil noch Chlorverbindungen vorhanden sind. Nach Angaben der Papierindustrie verringert sich die Belastung des Wassers durch das Abwasser um etwa 80 %. Hochweiße chlorarme Druckpapiere sind ab einer Flächenmasse von 51 g/m² herstellbar, chlorfreie weiße Druckpapierqualitäten dagegen erst ab einer Flächenmasse von 80 g/m².

Elementares Chlor und seine Verbindungen galten lange als die idealen Bleichmittel, da der hohe Weißgrad bei weitgehender Faserschonung erreicht wurde. Aus Umweltschutzgründen wurden chlorfreie Bleichverfahren auf der Basis von Wasserstoffperoxid, Sauerstoff, Ozon und Stickstoffdioxid entwickelt. Ein Nachteil ist jedoch eine geringere Faserfestigkeit des Zellstoffs nach dem Bleichen. Dennoch setzen sich chlorfrei gebleichte weiße Druckpapiere immer mehr durch, weil sie als umweltverträglicher gelten.

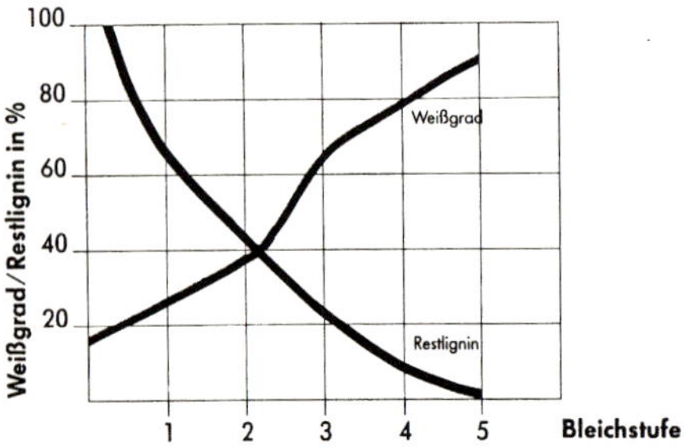

Bild 370.1. Zusammenhang zwischen dem Weißgrad des Faserstoffs und dem Bleichaufwand.

Papiere, die vorwiegend aus Holzstoff hergestellt sind, nennt man holzhaltig; im Handel heißen sie mittelfein. Papiere aus Holzzellstoff nennt man holzfrei. Nachteil der holzhaltigen Papiere ist ihre geringe Qualität. Lignin, Harze, Fette und Gerbstoffe verbleiben im Faserbrei.

Einer schwefelfreien Zellstoffproduktion dient das neu entwickelte Organocell-Verfahren. Im Gegensatz zu den konventionellen Sulfat- und Sulfitverfahren kann der Zellstoff hiermit umweltfreundlich hergestellt werden. Der Aufschluß der Hackschnitzel erfolgt über mehrere Kochstufen in einem Methanol-Wasser-Gemisch unter Zusatz von Natronlauge, damit sich Lignin und Hemizellulose lösen. Das geschieht bei Temperaturen bis zu 190 °C und unter Druck. In verschiedenen Waschstufen wird der Zellstoff von der Kochflüssigkeit befreit, danach erfolgen das notwendige Bleichen und das Entwässern. Gebleicht wird in drei Stufen: 1. mit Sauerstoff im alkalischen Milieu unter Zusatz von Wasserstoffperoxid (H_2O_2), 2. mit Chlordioxid (ClO_2) oder H_2O_2, 3. mit H_2O_2. Die Kochchemikalien, Methanol (CH_3OH) und Natronlauge ($NaOH$), werden in einem parallel zur Zellstoffproduktion ablaufenden Recyclingverfahren zurückgewonnen. Dabei lassen sich schwefelfreies Lignin und Hemizellulose isolieren. Die anfallenden Stoffe können von der chemischen Industrie verwertet werden.

Aus Stroh entsteht durch Zerkleinern und Kochen in Ätznatron ($NaOH$) der Halbstoff Strohzellstoff oder bei anderer Aufbereitung gelber Strohstoff. Altpapier wird zerkleinert – früher im Kollergang zwischen großen, rotierenden Steinen, heute häufig im Pulper. Der Pulper (Bütte mit rotierendem Propeller) sorgt für mechanisches Auflösen des Papiers. Dieses Verfahren schont die Fasern. Viel Wasser ist zum Auflösen nötig. Lumpen werden sortiert, im Haderndrescher gereinigt und dann im Kugelkocher in Kalklauge und Soda unter Dampfdruck von 3 bar bis 5 bar gekocht. Dabei wird Schmutz gelöst, Fette werden verseift und Farbstoffe zerstört. Das Gewebe lockert sich während des mehrstündigen Kochens, so daß sich die Hadern anschließend leicht zu Halbstoff zerfasern lassen.

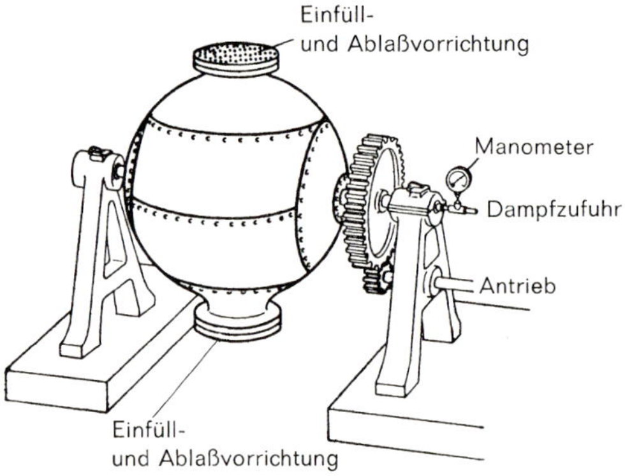

Bild 370.2. Kugelkocher.

Nach Güteklassen sortiertes, zu Ballen gepreßtes Altpapier wird im Pulper (Stoffauflöser) aufgelöst. Es entsteht ein pumpfähiger Faserbrei, der noch verunreinigt ist. Im Pulper gelangt der grob gelöste Stoff in einen Zylinder. Er wird hier von einem Rotor zerfasert und durch ein Sieb gedrückt. Schwere Verunreinigungen werden

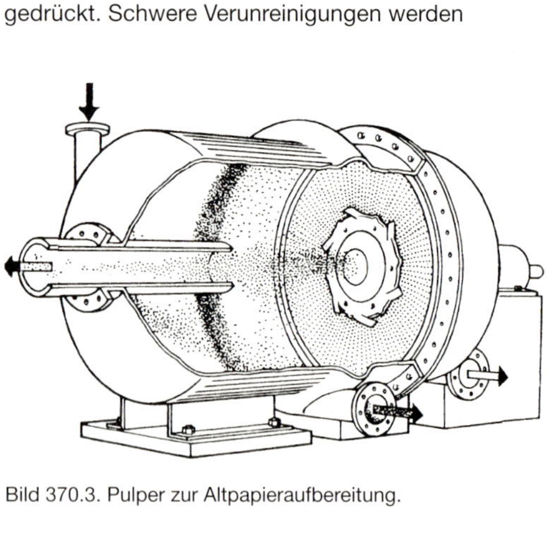

Bild 370.3. Pulper zur Altpapieraufbereitung.

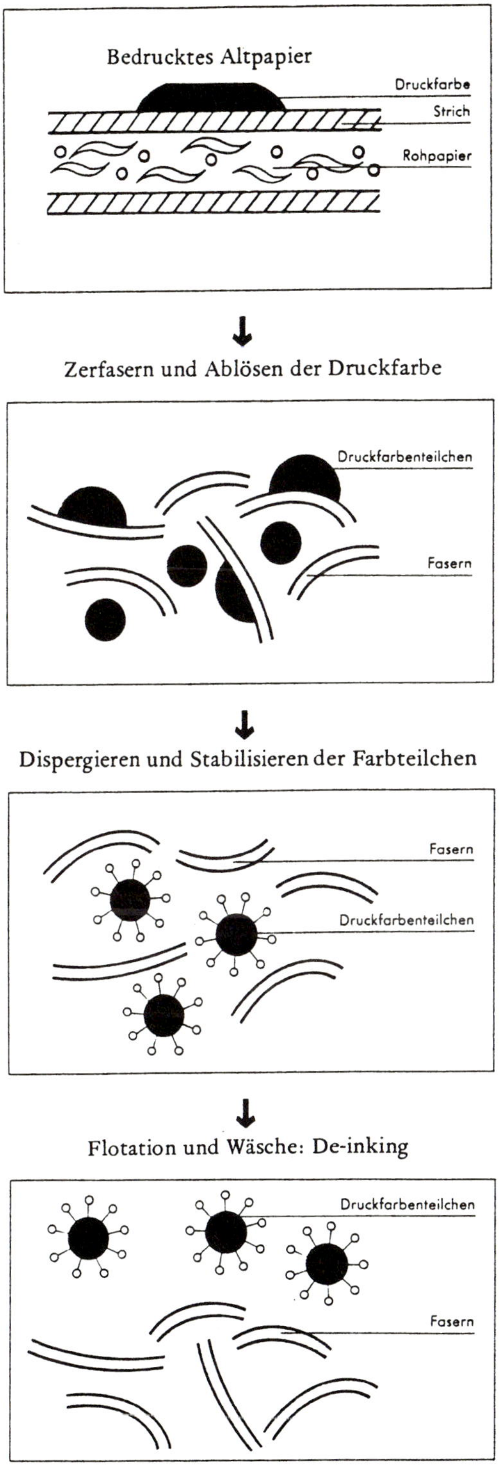

Bild 371.1. Schema der Druckfarbenentfernung bei der Altpapieraufbereitung.

dabei infolge der Zentrifugalkraft ausgeschieden. Leichter Schmutz sammelt sich in der Zylinderachse. Spezialanlagen entfernen weitere Fremdstoffe wie zum Beispiel Wachse und vor allem Druckfarben. Durch De-inking (Entfärbung) werden die Druckfarben mit Hilfe von Chemikalien von den Fasern gelöst. Eingeblasene Luft bewirkt, daß sich Farbbestandteile an der Oberfläche des Altpapierbreis sammeln, wo sie abgeschöpft werden. Mit jedem weiteren Recyclingprozeß verschlechtert sich die Faserqualität des Altpapiers. Durch Zuführen frischer Faserstoffe kann die Verschlechterung ausgeglichen werden.

Alle im ersten Arbeitsgang entstandenen Halbfertigprodukte werden als Halbstoffe bezeichnet.

▼

1. Welche Inkrusten enthält Holzschliff?
2. Worauf ist die Färbung des Braunschliffs zurückzuführen?
3. Aus welchen Rohstoffen wird Zellstoff gewonnen?
4. Welcher Unterschied besteht zwischen holzfreiem und holzhaltigem Papier?
5. Erklären Sie De-inking!
6. Wozu dient der Pulper?
7. Wo liegen die Grenzen des Altpapier-Recyclings?
8. Wozu dient der Kugelkocher?
9. Welchen Vorteil bietet das Organocell-Verfahren zur Zellstoffgewinnung?

Aufbereitung zum Ganzstoff. Durch Mahlung und Mischung wird der Halbstoff zum Ganzstoff verarbeitet. Zunächst müssen die entstandenen Halbfertigprodukte noch weiter aufgefasert werden. Die Halbstoffe fließen in Refinern (Kegelstoffmühlen) als dicker Brei in häufigem Rundlauf zwischen Messerwalze und seitlich befestigten Grundmessern hindurch. Dabei werden die Fasern je nach der Einstellung der Messer zerquetscht oder zerschnitten.

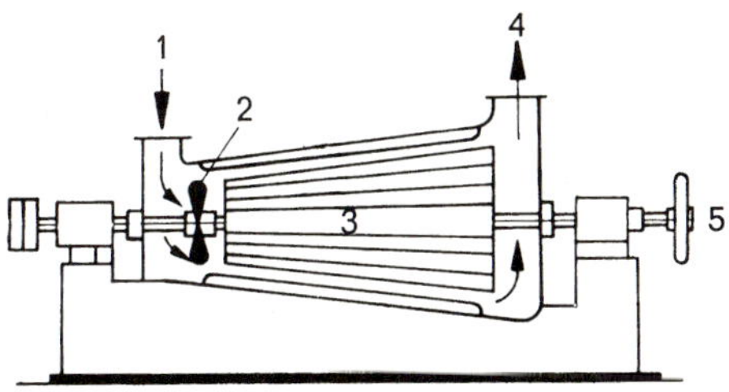

Bild 371.2. Schemazeichnung eines Refiners (Kegelstoffmühle). 1. Stoffeintritt, 2. Flügelrad als Stofftreiber, 3. Kegel, 4. Stoffaustritt, 5. Einstellung der Mahlung.

Es gibt zwei grundlegende **Mahlarten:** rösche und schmierige Mahlung. Bei röscher Mahlung wird die Faser durchgeschnitten. Schmierige Mahlung liefert gequetschte Fasern, deren Enden fibrilliert (ausgefranst) sind. DIe Fibrillierung führt bei Blattbildung zu einer besseren Verbindung der Fasern.

Zusätzlich können die Fasern bei Mahlung lang oder kurz gehalten werden. Damit ergeben sich vier unterschiedliche Mahlungsmöglichkeiten. Durch Kombinationen von Mahlart und Faserlänge lassen sich verschiedene Faser- und Papierqualitäten festlegen. Üblich sind die Kombinationen rösch/lang und schmierig/kurz. Der Mahlungszustand rösch wird für weiche, voluminöse, samtige und saugfähige Papiere angewandt, wie beispielsweise Werkdruck- und Löschpapier.

Kurze Fasern verfilzen weniger stark als lange. Bei Kurzfasermahlung liegen die Messer des Refiners fast ohne Zwischenraum eng aneinander. Die Mahlart schmierig wird bei unterschiedlicher Faserlänge für mehr oder weniger feste und harte Papiere mit geringer Saugfähigkeit sowie gleichmäßiger oder wolkiger Transparenz gewählt. Zu dieser Papiergruppe gehören beispielsweise Schreibmaschinen-, Urkunden-, Banknoten- und Pergaminpapier.

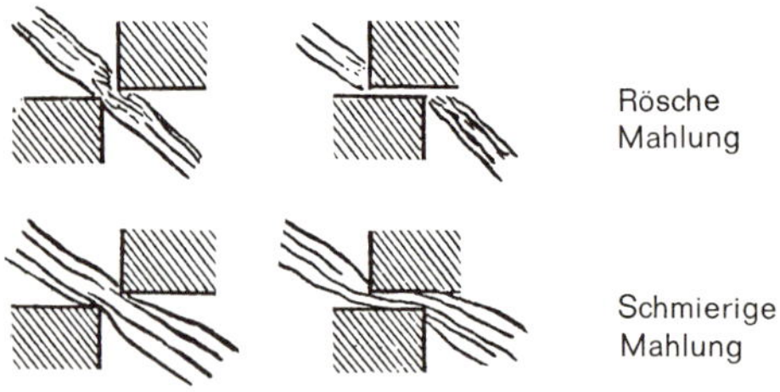

Bild 372.1. Messerstellung und Art der Mahlung.

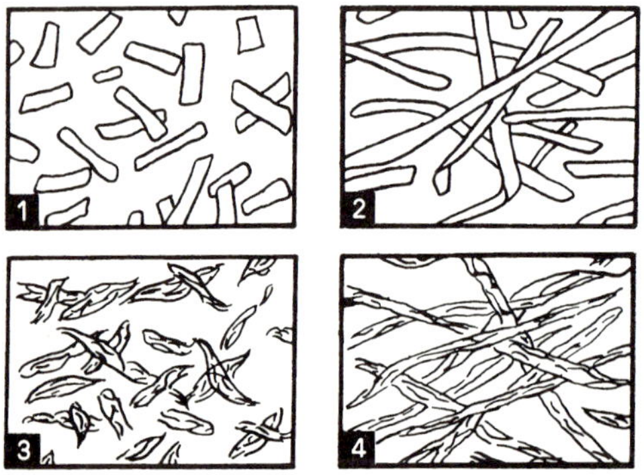

Bild 372.2. Mahlung: 1. kurz und rösch, 2. lang und rösch, 3. kurz und schmierig, 4. lang und schmierig.

Zur Herstellung des Ganzstoffs gehört auch das Mischen der Halbstoffe unter Zugabe von geeigneten Zusatzstoffen, um das Papier zu füllen, zu leimen und zu färben.

Füllstoffe werden neben den Faserstoffen bis zu 20 % und mehr benötigt. Dazu gehört vor allem Kaolin (Porzellanerde), aber auch Stärke, Blanc fixe, Titanweiß. Die Füllstoffe füllen die zwischen den Fasern entstehenden Zwischenräume aus, geben dem Papier eine glatte Oberfläche und machen es weicher und geschmeidiger.

Transparenz oder Opazität des Papiers sind im wesentlichen auf die Zusammensetzung der Füllstoffe zurückzuführen, ebenso die jeweilige Farbaufnahme beim Drucken. Tintenfest ist das Papier allerdings noch nicht, dafür ist der Leim unentbehrlich.

Leimstoffe (künstliche und organische Harze sowie Alaun) haben den Zweck, den inneren Zusammenhalt der Papierteilchen zu gewährleisten. Stark geleimte Papiere sind sehr reißfest und glatt. Leim setzt die Saugfähigkeit des Papiers herab und macht das Papier tintenfest und weniger hygroskopisch.

Den meisten, auch den weißen Papieren, sind **Farbstoffe** in unterschiedlichen Mengen zugesetzt. Zu den Farbstoffen zählen auch optische Aufheller. Vor allem werden Teerfarbstoffe verwendet.

▼

1. Wodurch unterscheidet sich Ganzstoff von Halbstoff?
2. Welche Zusatzstoffe (Hilfsstoffe) werden dem Halbstoff hinzugefügt?
3. Welche Aufgaben hat Füllstoff im Papier?
4. Welche Arten der Mahlung gibt es? Worin besteht der Unterschied?
5. Wie wirkt sich die Leimung auf die Papiereigenschaften aus?

Die Papierbahn wird auf der Papiermaschine gebildet. Diese besteht aus hintereinander geschalteten Maschinenstationen: Stoffauflauf, Siebpartie, Naßpressenpartie, Trockenpartie, Aufrollung.

Blattbildung. Der Papierbrei, der 99 % Wasser enthält, gelangt aus der Vorratsbütte nach mehrfacher Reinigung auf die Siebpartie der **Langsiebpapiermaschine.** Der wäßrige Papierbrei wird auf dem endlosen Sieb in der Siebpartie weitergeführt, wobei das überflüssige Wasser abfließt. Saugwalzen unter dem Sieb entwässern den Faserstoff, so daß sich der Brei verfilzt und die noch weiche Papierbahn den Filz der ersten Saugpresse erreicht.

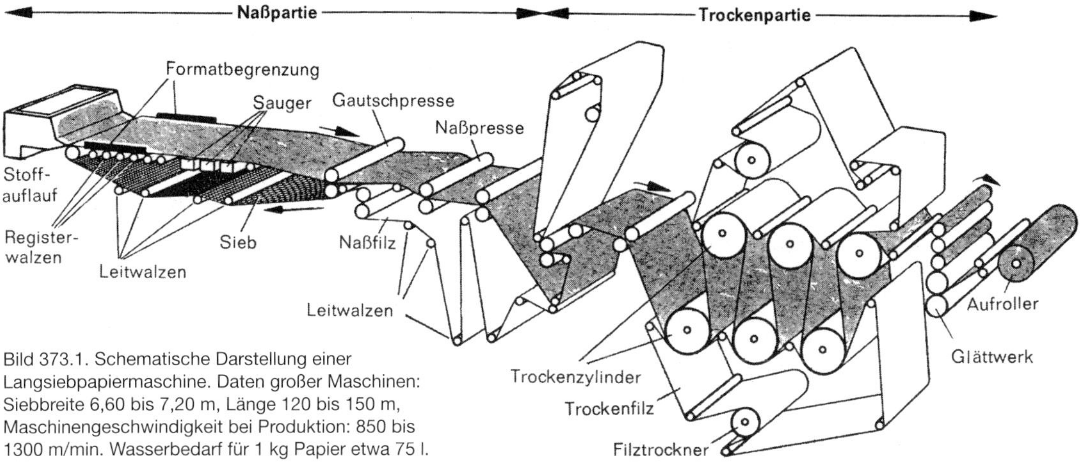

Bild 373.1. Schematische Darstellung einer Langsiebpapiermaschine. Daten großer Maschinen: Siebbreite 6,60 bis 7,20 m, Länge 120 bis 150 m, Maschinengeschwindigkeit bei Produktion: 850 bis 1300 m/min. Wasserbedarf für 1 kg Papier etwa 75 l.

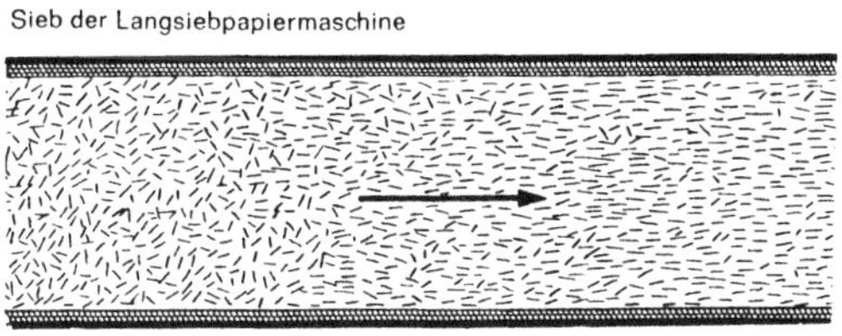

Bild 373.2. Entstehung der Laufrichtung auf der Langsiebpapiermaschine. Trotz Vibration des Siebes lagern sich die meisten Fasern in Richtung des Sieblaufs.

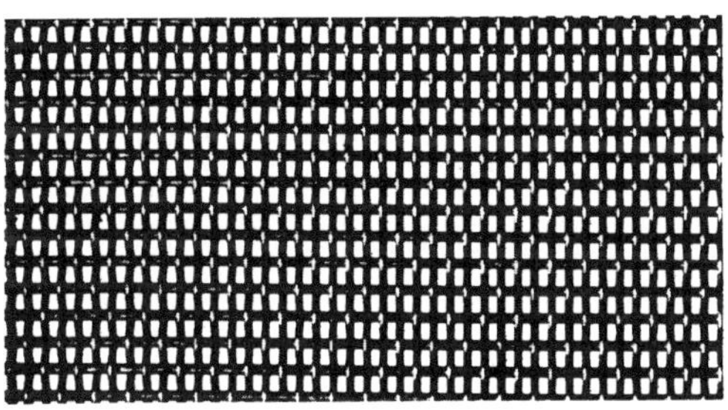

Bild 373.3. Vergrößerter Ausschnitt eines Siebs der Papiermaschine.

Auf dem Sieb wird bereits die Papierstruktur vorgeformt. Jedes maschinenglatte Papier hat zwei Seiten, die Siebseite und die glattere Filz- oder Schönseite. Die Ausrichtung der Fasern geschieht ebenfalls schon hier. Fast alle Fasern verlaufen in einer Richtung. Die Maschinenrichtung (Laufrichtung) ist beim Drucken von Bedeutung. Die Naßpressenpartie führt die mechanische Entwässerung der Papierbahn weiter. Die Filzbahn, auf der das feuchte Papier liegt, nimmt das ausgepreßte Wasser auf. Die Trockenpartie sorgt für die endgültige Entwässerung. Die Papierbahn läuft jetzt durch ein System von dampfbeheizten Hohlzylindern. Sie wird anschließend noch geglättet und aufgerollt. Papier, das die Maschine verläßt, wird als maschinenglattes Papier bezeichnet.

Manche Papiere erhalten in der Papiermaschine Wasserzeichen. Sie sind Qualitäts- und Herstellerzeichen.

Der Name „Wasserzeichen" erklärt sich aus der Art der Herstellung: In den wäßrigen Papierbrei wird bereits auf der Siebpartie das Bild mit einem Egoutteur (Wasserzeichenwalze) eingepreßt. Je nach der Struktur des Egoutteurs, der ein erhabenes oder vertieftes Bild hat, entstehen helle oder dunkle Wasserzeichen als Folge von Verdünnungen oder Verdickungen des Stoffauflaufs. Neben den hier beschriebenen echten Wasserzeichen gibt es auch halbechte. Sie entstehen nicht durch den Egoutteur, sondern durch besondere Moletten (Prägewalzen), die erst am Ende der Naßpressenpartie die Papierbahn prägen und auf diese Weise ein randschärferes Bild erzeugen.

Bild 373.4. Die alten Wasserzeichen waren Zeichen der Hersteller.

Unechte Wasserzeichen oder Wasserzeichenimitationen sind solche, die nachträglich außerhalb der Papiermaschine durch Blindprägung hergestellt oder mit farblosen Lacken aufgedruckt wurden.

Papier wird vorwiegend auf der oben beschriebenen Langsiebmaschine hergestellt. Für einige Papierarten und Kartons eignet sich jedoch nur die **Rundsiebmaschine.** Sie arbeitet ohne Schüttelung des Siebes, deshalb ist die Faserverfilzung geringer. Auf der Rundsiebmaschine wird Maschinenbüttenpapier hergestellt. Außerdem wird sie zur Erzeugung von mehrschichtig gegautschtem Papier eingesetzt. Mehrere Rundsiebzylinder hintereinander erzeugen eigene Papierbahnen, die dann zusammengefügt werden.

Maschinengeglättetes Papier kann noch veredelt werden. Um eine besonders glatte Papieroberfläche zu erzielen, wird das Papier in einem Kalander (Walzglättwerk) satiniert. Der **Kalander** hat mehrere hochglanzpolierte Hartgußwalzen, die das Papier beim schnellen Durchlauf kräftig pressen. Man unterscheidet Bogenkalander und Rollenkalander je nach Papierform.

Eine andere Form der Veredelung ist das Streichen des Papiers. Auf **Streichmaschinen** mit Verreibebürsten oder -walzen, einem Glättwerk und einem Trockenwerk werden Papiere mit einer besonderen Schicht aus Weißpigmenten versehen. Gestrichene Papiere sind Kunstdruck-, Chromo- und Barytpapiere. Andere Arten der Nachbehandlung sind: Oberflächenleimung, Pressen oder Prägen von Papieren und Kartons durch besondere Strukturwalzen, Spezialbeschichtung, Gummieren und Kleben.

▼

1. Was sind Wasserzeichen? Welche Arten unterscheidet man, und wie werden sie hergestellt?
2. Aus welchen Hauptteilen besteht die Papiermaschine? Welche Funktionen üben sie aus?
3. Was versteht man unter der Maschinenrichtung (Laufrichtung) des Papiers?
4. Welche Papier- und Kartonsorten werden auf der Rundsiebmaschine hergestellt?

Bild 374.1. Schematische Darstellung eines Kalanders, auf dem Rollenpapier satiniert wird.
1 Stahlwalze, 2 Papierwalze.

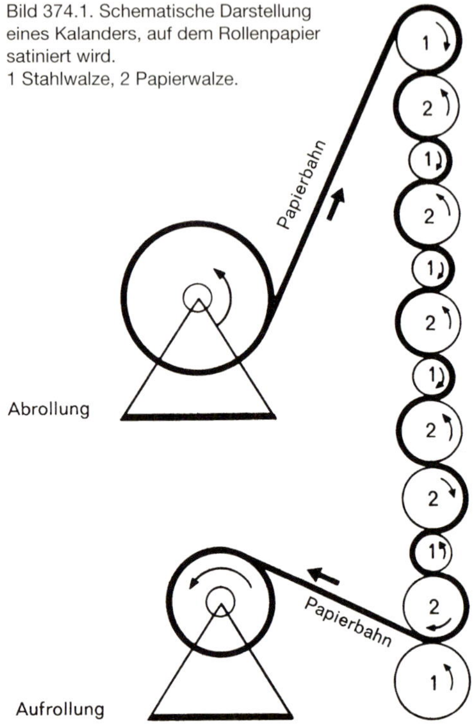

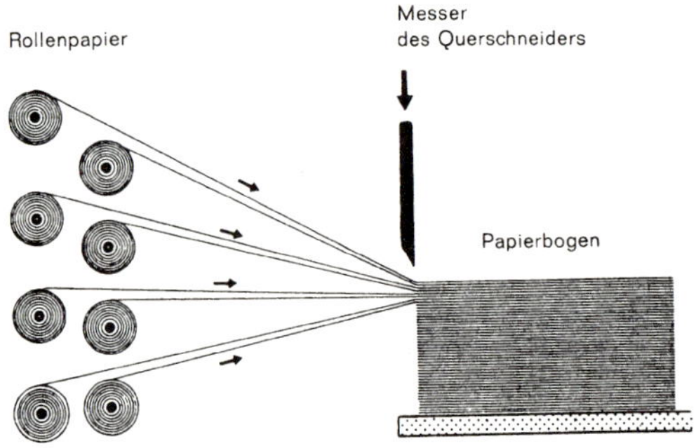

Bild 374.2. Rollenpapier wird im Querschneider zu Bogen geschnitten.

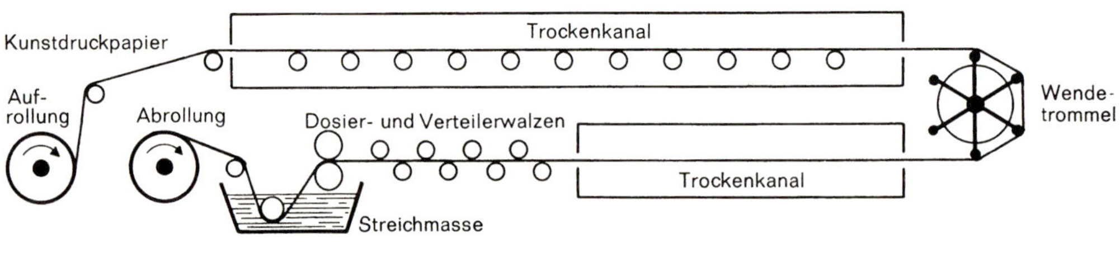

Bild 374.3. Schemazeichnung einer Streichanlage für Kunstdruckpapier.

9.2.2 Papiersorten

Die Vielzahl der Papiersorten kann nach unterschiedlichen Gesichtspunkten gruppiert werden, zum Beispiel nach Herstellungsart oder Stoffzusammensetzung. Nach der Zusammensetzung der Faserstoffe unterscheiden wir Papiere mit den Faserstoffen Hadern, Zellstoff und Holzschliff (Holzstoff). Höchsten Qualitätsansprüchen genügt nur 100 %iger Hadernstoff. Oft werden Hadern aber mit Zellstoff prozentual abgestuft gemischt. Die zweite Qualitätsstufe haben Zellstoffpapiere. Sie sind meist langfaserig, von hoher Festigkeit und vergilben kaum. Wenn sie weniger als 5 % Holzschliffzusatz haben, gelten sie als holzfreie Papiere. Holzschliffmaterial hat die geringste Qualitätsstufe, da es leicht vergilbt, kurzfaserig ist, dadurch geringe Festigkeit hat und zum Stauben neigt. Papiere mit mehr als 5 % Holzschliff gelten als holzhaltig. Im Papierhandel werden holzhaltige Papiere üblicherweise mittelfein genannt. Liegt der Holzschliffgehalt bei weniger als 5 %, spricht man von Feinpapier.

Für den Papierverarbeiter wird eine Einteilung nach Oberflächenbeschaffenheit oder Verwendungszweck interessanter sein, weil er damit täglich zu tun hat. Hier soll nur ein kurzer Überblick gegeben werden. Nach der Oberflächenbeschaffenheit wird in Naturpapiere, gestrichene Papiere und Spezial-Papiere eingeteilt.

Naturpapiere haben Oberflächen, die mit keinem Zusatzstoff in Berührung gekommen sind. Dazu gehören: maschinenglatte, einseitig glatte, satinierte, gepreßte, geprägte, gehämmerte und ähnliche Papiere. Auch Naturkunstdruckpapier zählt dazu, ein nicht gestrichenes, aber besonders geglättetes Papier.

Gestrichene Papiere sind mit einer Streichmasse unterschiedlicher Zusammensetzung und Stärke versehen. In der Regel erfolgt das Streichen in besonderen Maschinen. So entsteht Kunstdruckpapier, meist zweiseitig gestrichen; Chromopapier, meist einseitig gestrichen; gußgestrichenes Papier, meist einseitig durch Aufschmelzen behandelt. Maschinengestrichenes Papier erhält den Strich bereits in der Langsiebpapiermaschine.

Spezialpapiere sind Kopier- oder Kohlepapier, Schleifpapier oder Schmirgelpapier, chemisch behandeltes Lichtpauspapier und Effektpapiere verschiedener Art.

Nach dem Verwendungszweck unterscheidet man Druckpapiere, Schreibpapiere, Zeichenpapiere und sonstige Sorten, wie Packpapiere, Saugpapiere und imprägnierte Papiere.

Druckpapiere für die verschiedenen Druckverfahren nehmen einen breiten Raum ein. Zeitungspapier ist maschinenglatt, wenig geleimt, stark holzhaltig; Illustrationspapier hat unterschiedliche Qualität, ist wenig geleimt, weich, satiniert; Werkdruckpapier ist elastisch, gut gefüllt, voluminös; Dünndruck- oder Bibeldruckpapier ist hadernhaltig; sehr leicht, holzfrei, opak; Dickdruck- oder Federleichtpapier ist voluminös und locker. Außerdem gibt es noch weitere Sorten.

Schreibpapiere müssen vor allem tintenfest sein. Dazu zählt man Konzeptpapier, Briefpapier Schreibmaschinenpapier, Dokumentenpapier. Hochwertige Zeichenpapiere bestehen aus Holzzellstoff mit Hadernzusatz. Sie sind meist beidseitig oberflächengeleimt. Für starke Beanspruchung verwendet man mit Gewebe unterklebte Zeichenpappen, für hohe Maßhaltigkeit mit Aluminiumfolie verstärkte Zeichenpapiere.

Karton. Karton (etwa 200 g/m^2) steht hinsichtlich seines Gewichts zwischen Papier und Pappe. Er besteht aus den gleichen Roh- und Zusatzstoffen wie das Papier. Hergestellt wird er auf Rundsieb- bzw. Langsiebmaschinen oder Maschinen mit kombiniertem Prinzip. Entsprechend unterschiedlich ist auch sein Aufbau. Es gibt einschichtige Kartons und mehrschichtige Kartons. Mehrschichtige können durch Gautschen (Aufeinanderpressen mehrerer Schichten in nassem Zustand) oder durch Kleben erzeugt werden.

Es können Bahnen gleicher Papierqualität oder verschiedener Papierqualität zusammengefügt werden. Durch die Brennprobe läßt sich geklebter Karton von gegautschtem oder einlagigem Karton unterscheiden.

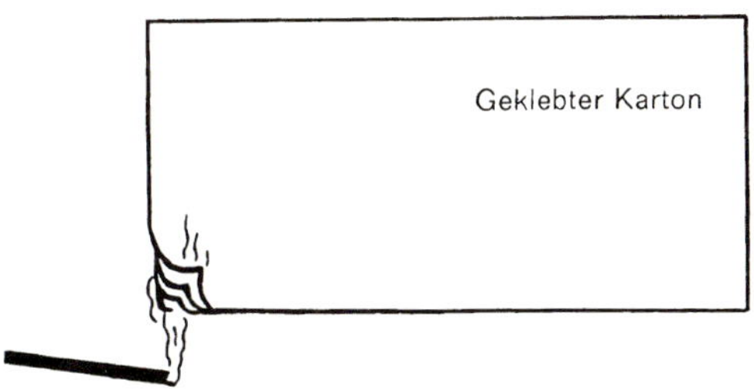

Bild 375.1. Brennprobe: Bei geklebtem Karton trennen sich die Schichten.

Nach dem Trocknen durchläuft die Kartonbahn ein Satinierwerk. Durch Längsschneider wird in Bahnen geteilt und anschließend aufgerollt. Mit Querschneidern werden Bogen geschnitten.

Chromokarton ist einseitig gestrichenes Material. Er wird vor allem für werbewirksame Verpackungen verwendet. Chromoersatzkarton ist gedecktes Material. Er wird zum Kaschieren von Pappen eingesetzt. Fotokarton ist säurefreier Karton mit glatter, satinierter oder genarbter Oberfläche. Zeichenkarton ist holzfrei und hat eine glatte, matte Oberfläche, die durch Leimung radier- und tuschefest sein muß. Lochkarten- und Buchungskarton benötigt höchste Dimensionsstabilität und Staubfreiheit, damit in Buchungsmaschinen keine Störungen entstehen. Löschkarton ist eine ungeleimte Papiermasse aus röscher Mahlung.

Pappe. Während Karton immer eine veredelte Oberfläche und eine hochwertige Stoffzusammensetzung hat, besteht Pappe aus minderwertigen Rohstoffen. Die Oberfläche ist kaum behandelt. Rohstoffe für Pappe sind Altpapier und Pappabfälle, weißer und brauner Holzschliff und Stroh. Das Herstellungsverfahren entspricht dem des Kartons. Man unterscheidet gegautschte und geklebte Pappe und außerdem nach dem Aussehen und nach den verwendeten Rohstoffen. Graupappe hat graues Aussehen, ist fest und leimhaltig; Holzpappe ist hell, porös und brüchig und besteht aus weißem Holzschliff. Lederpappe besteht aus braunem Holzschliff und ist zäh, biegsam und elastisch.

Aufgrund der Herstellung spricht man von Wickelpappe (Handpappe) oder von Maschinenpappe. Wickelpappe wird auf einer Rundsiebmaschine hergestellt. Dabei wickelt sich die Papierbahn auf der Formatwalze in mehreren Lagen aufeinander. Wenn die gewünschte Stärke erreicht ist, wird abgeschnitten; früher wurde die Schicht von Hand abgenommen.

Maschinenpappe entsteht, wenn von mehreren Rundsiebmaschinen die nassen Papierbahnen zusammengeführt werden, gemeinsam durch eine Gautschpresse laufen und nach dem Trocknen durch Querschneider in Formate zerschnitten werden. Strohpappe besteht aus gehäckseltem Stroh. Sie ist schmutziggelb, läßt sich kaum biegen und ist sehr brüchig. Zu den Hartpappen gehören Preßspan, Kofferpappe und Stanzpappe. Diese Materialien bestehen aus besonders zähem und langem Faserstoff und werden durch Zusatzstoffe besonders widerstandsfähig gemacht.

Wellpappe wird fast ausschließlich in der Verpackungsmittelindustrie verwendet. Wir unterscheiden einseitig geklebte, einwellige, zwei- und dreiwellige Wellpappe. Das Wellenpapier der Wellpappe, auch Fluting genannt, besteht aus einem Halbzellstoff aus Laubholz. Die Wellenteilung umfaßt fünf Gruppen, von 21,6 bis 3,2 mm. Die Gruppen werden mit den Buchstaben A, B, C, D, E bezeichnet. E kennzeichnet z. B. die Mikrowelle oder E-Flute. Hier beträgt die Wellenhöhe 1,2 bis 1,9 mm. Mikrowellpappe, die etwa 2 mm stark ist, wird auf Offsetbogenmaschinen direkt bedruckt. Sie dient als schützende und werbende Verpackung von kleinem Stückgut und von Waren. Wellpappe zeichnet sich durch stoßdämpfende, elastische Eigenschaften, große Widerstandsfähigkeit und geringes Gewicht aus. Durch die Größe und Anzahl der Wellenlagen oder durch die Art des Wellenpapiers und die Wellenkombination lassen sich die Eigenschaften der Wellpappe steigern oder herabsetzen.

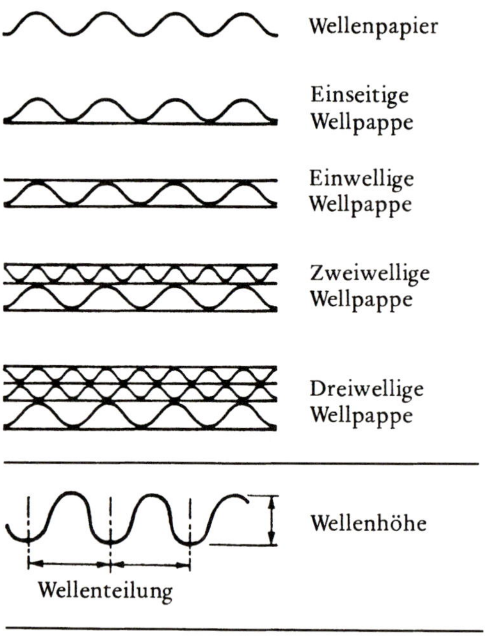

Bild 376.1. Wellpappen.

▼

1. Wie unterscheiden sich Naturpapiere und gestrichene Papiere?
2. Was versteht man unter maschinenglatten, maschinengestrichenen und Naturkunstdruckpapieren?
3. Legen Sie eine Papiersammlung an, und ordnen Sie die Papiere nach dem Verwendungszweck!
4. Von einem Werkdruckpapier wird gesagt, es habe 1,5faches Volumen. Was ist damit gemeint?
5. Warum enthalten Dünndruckpapiere viel Füllstoff?
6. Welcher Unterschied besteht zwischen Papier, Karton und Pappe?

▼
1. Erklären Sie den Fachbegriff Wellpappe!
2. Welche besonderen Eigenschaften hat die Wellpappe?
3. Was ist ein Papierkalander? Wozu dient er?
4. Was haben Kunstdruck-, Chromo- und Barytpapier gemeinsam?
5. Wie unterscheiden sich maschinenglatte, satinierte und gestrichene Papiere in der Glätte?

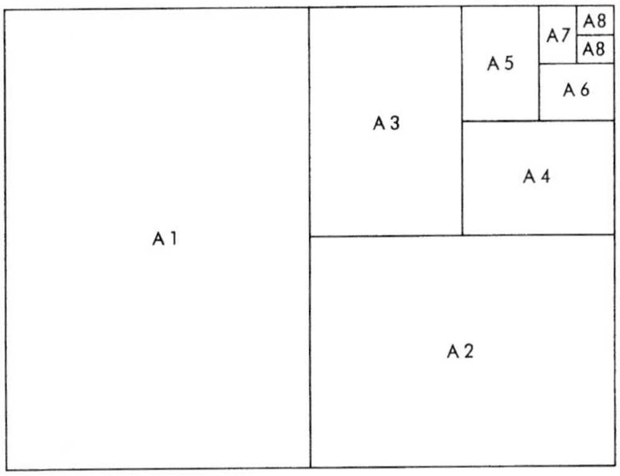

Bild 377.1. Halbiert man die lange Formatseite, erhält man das nächstkleinere DIN-Format. Die Formatklassen 0 bis 8 geben die Zahl beziehungsweise Halbierungen an.

Die Größe des Papierbogens wird meist als DIN-Format angegeben. DIN-Formate haben gegenüber nichtgenormten Formaten entscheidende Vorteile:

1. Das nächstkleinere Format erhält man durch Halbieren der langen Seite des größeren Formats.
2. Alle DIN-Formate haben das Seitenverhältnis $1 : \sqrt{2}$; sie sind in den Proportionen gleich.
3. Alle DIN-Formate haben die metrische Einheit als Ausgangspunkt. DIN A0 ist 1 m^2 groß.

Es gibt drei Formatreihen: A, B und C. Am meisten gebraucht wird die A-Reihe, die deshalb auch Vorzugsreihe heißt. Die B-Reihe verwendet man für Schnellhefter und Ordner, die C-Reihe für Briefumschläge.

Spricht man von DIN-Formaten, meint man in der Regel die Endformate. Sie dürfen nicht weiter beschnitten werden. Nun ist es aber nach dem Bedrucken häufig notwendig, das Papier zu beschneiden, weil der Rand z. B. eingerissen, vergilbt, verstaubt oder wellig ist. Für den Druck benötigt man zudem meist einen Greiferrand, der nicht in das Endformat fallen darf. Daher sind die Druckbogen etwas größer als die Endformate. Man nennt diese um ca. 5 % größeren Druckformate unbeschnittene oder Rohformate.

Klasse	Benennung	Rohformat mm (unbeschnitten)	Endformat mm (beschnitten)	
A0	Vierfachbogen	860 x 1220	841 x 1189	
A1	Doppelbogen	610 x 860	594 x 841	
A2	Bogen (Einfachbogen)	430 x 610	420 x 594	
A3	Halbbogen	305 x 430	297 x 420	
A4	Viertelbogen	215 x 305	210 x 297	
A5	Blatt (Achtelbogen)	153 x 215	148 x 210	Beschnittene
A6	Halbblatt	108 x 153	105 x 148	und unbeschnittene
A7	Viertelblatt	77 x 108	74 x 105	DIN-Formate
A8	Achtelblatt	54 x 77	52 x 74	der A-Reihe.

Klasse	Benennung	Reihe B mm	Reihe C mm	
0	Vierfachbogen	1000 x 1414	917 x 1297	
1	Doppelbogen	707 x 1000	648 x 917	
2	Bogen (Einfachbogen)	500 x 707	458 x 648	
3	Halbbogen	353 x 500	324 x 458	
4	Viertelbogen	250 x 353	229 x 324	
5	Blatt (Achtelbogen)	176 x 250	162 x 229	
6	Halbblatt	125 x 176	114 x 162	Beschnittene
7	Viertelblatt	88 x 125	81 x 114	DIN-Formate
8	Achtelblatt	62 x 88	57 x 81	der B- und C-Reihe

Für die Berechnung der Papierkosten ist das Gewicht von Bedeutung. Zugrunde gelegt ist das Masse- oder Grammgewicht je Quadratmeter, das heißt die flächenbezogene Masse.

In der folgenden Aufstellung wird den gebräuchlichen Papier- und Kartonarten die charakteristische flächenbezogene Masse zugeordnet. Die Masse in Gramm bezieht sich auf einen Quadratmeter der jeweiligen Sorte des Bedruckstoffs.

Gebräuchliche Papier- und Kartongewichte

Durchschlagpapiere	25 g/m²; 30 g/m²
Dünndruckpapiere	40 g/m²
Prospektpapiere, Zeitungspapiere	50 g/m²
Abzugspapiere	70 g/m²; 80 g/m²
Plakatpapiere	60 g/m²; 70 g/m²
Schreibpapiere, Werkdruckpapiere, Illustrationspapiere, Umschlagpapiere	70 g/m²; 80 g/m²
Dickdruckpapiere	80 g/m²; 90 g/m²
Buchungspapiere	90 g/m²
Maschinengestrichene Papiere	80 bis 100 g/m²
Kunstdruckpapiere	90 bis 135 g/m²
Halbkarton für Buchungskarten und Postkarten	130 bis 190 g/m²
Karteikarton, Umschlagkarton	190 bis 300 g/m²
Leichte Pappen	ab 250 g/m²
Schwerer Karton	bis 600 g/m²
Schwere Pappen	über 600 g/m²

9.2.3 Papiereigenschaften

Je nach Herstellungsart und Zusammensetzung haben Papiere unterschiedliche Eigenschaften. Sie sind für Drucktechnik, Druckverarbeitung und Verwendung des Druckproduktes wichtig.

Maschinenrichtung. In der Papiermaschine ordnen sich die meisten Fasern in Flußrichtung. Diese Richtung nennt man Maschinenrichtung oder Laufrichtung. Man muß sie bei der Papierverarbeitung berücksichtigen, um unliebsame Erscheinungen zu vermeiden. Beim Einwirken von Feuchtigkeit dehnt sich das Papier rechtwinklig zur Maschinenrichtung aus: in Dehnrichtung. Infolge der Dehnung treten beim Mehrfarbendruck Passerschwierigkeiten auf.

Aus der Breite einer Papierbahn können Bogen in **Schmalbahn** oder in **Breitbahn** geschnitten werden. Bei Schmalbahn verlaufen die Papierfasern parallel zur längeren Seite, bei Breitbahn parallel zur kürzeren Seite. Bei der Bogenbestellung ist zur Kennzeichnung der Papiersorten häufig die Dehnrichtung unterstrichen, oder die Maschinenrichtung wird durch ein M bezeichnet. Beispiel: 61 cm x 86 cm oder 61 cm x 86 cm M. Dieser Bogen liegt also in Schmalbahn.

Bei der Verarbeitung von Papier gelten folgende Grundsätze:
1. Papier falzt sich besser in der Maschinenrichtung (Laufrichtung).
2. Beim Werkdruck soll die Maschinenrichtung parallel zum Buchrücken (Bund) verlaufen, um Querfalten und Wellen zu vermeiden.
3. Bei Karteikarten muß die Maschinenrichtung senkrecht zum Kastenrand stehen, damit die Karten sich nicht nach unten wölben.
4. Beim Druck soll die Maschinenrichtung parallel zur Zylinderachse verlaufen. So schmiegt sich der Bogen besser an. Das gilt nicht für billige Abzugpapiere, die sich beim Drucken aufrollen würden.

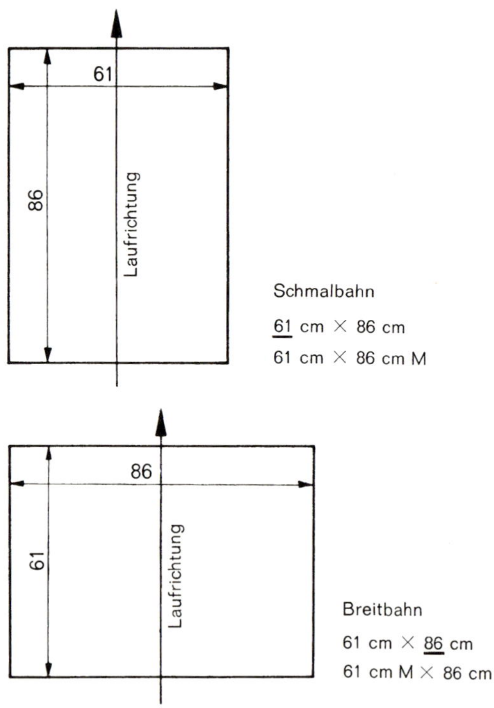

Bild 378.1. Unterscheidung der Schmalbahn von der Breitbahn. Oben: Schmalbahn ≙ Laufrichtung parallel zur langen Seite. Unten: Breitbahn ≙ Laufrichtung parallel zur kurzen Seite.

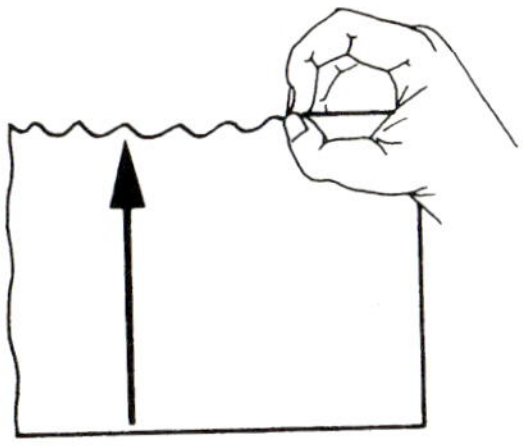

Bild 379.1. Nagelprobe.

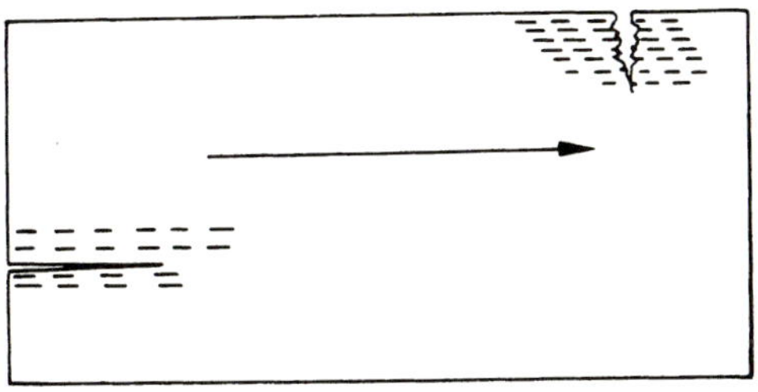

Bild 379.2. Reißprobe.

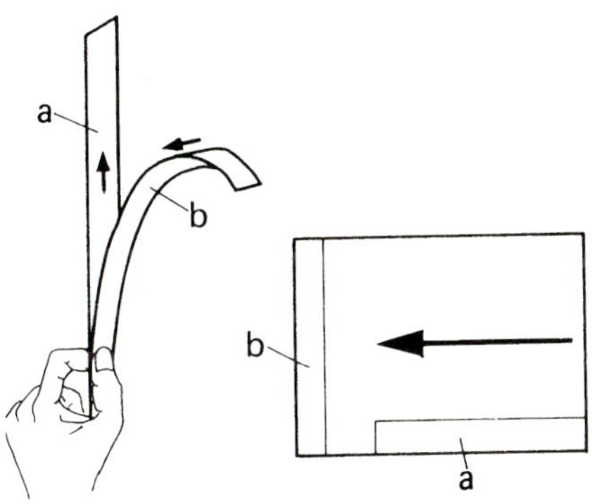

Bild 379.3. Streifenprobe.

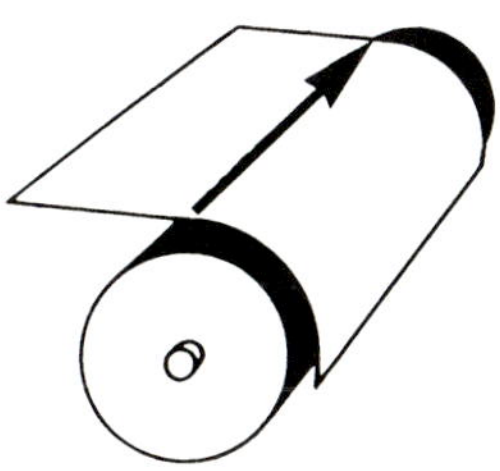

Bild 379.4. Beim Bogendruck soll die Maschinenrichtung (Laufrichtung) parallel zur Zylinderachse liegen.

Prüfmethoden. Mehrere Prüfmethoden ermöglichen es, die Maschinenrichtung (Laufrichtung) des Papiers zu bestimmen.

1. Nagelprobe: Wenn man mit den Fingernägeln an beiden Kanten eines Blattes entlangfährt, wölbt sich das Papier und zeigt die Dehnrichtung an.

2. Reißprobe: Beim Einreißen des Papiers, zweimal rechtwinklig zueinander, entsteht in der Maschinenrichtung ein glatter Riß, in der Dehnrichtung ein gezackter Riß.

3. Streifenprobe: Zwei im Format gleiche, aber quer zueinander herausgeschnittene Papierstreifen biegen sich unterschiedlich stark. Der in Breitbahn herausgeschnittene Streifen wölbt sich stärker als der andere.

4. Randfeuchtung: Beide Ränder eines Blattes werden angefeuchtet. Es wellt sich in der Dehnrichtung.

5. Feuchtprobe: Ein Blatt Papier wird angefeuchtet und wölbt sich dann in der Maschinenrichtung.

Leimung. Der Grad der Papierleimung kann durch gekreuzte Tintenstriche geprüft werden. Wenn das Papier vollgeleimt und strichfest ist, laufen die Striche auf der Vorderseite nicht aus und schlagen auf der Rückseite nicht durch. Wenn das Papier mangelhaft leimfest ist, verlaufen die Striche nicht, schlagen aber durch. Wenn das Papier halbgeleimt ist, verlaufen nur die dicken Striche und schlagen auch durch. Bei schwachgeleimten oder ungeleimten Papieren verlaufen alle Striche und schlagen stark durch.

Bei der **Durchsicht** des Papiers stellt man fest, ob das Papier wolkig ist oder nicht.
Unter **Durchscheinen** verstehen wir die Transparenz des Papiers. Ein darunter liegender Bogen schimmert durch. Das Gegenteil von Transparenz ist Opazität.
Das **Vergilben** einiger Papiere läßt sich nicht vermeiden. Ob und wie schnell Papier vergilbt, stellen wir fest, indem wir es dem Sonnenlicht aussetzen.
Das **Stauben** des Papiers kann man beim Ausschütteln über einem schwarzen Bogen feststellen. Staubendes Papier hat einen schlechten Zusammenhalt.

Zur Prüfung der **Saugfähigkeit** gibt es zwei Möglichkeiten:
1. Das Papier wird einseitig befeuchtet, wobei saugfähiges Papier die Feuchtigkeit rasch aufnimmt.
2. Papierstreifen werden so aufgehängt, daß sie 1 cm weit in ein Gefäß mit gefärbtem Wasser tauchen. Nach einer bestimmten Zeit wird gemessen, wie hoch das Papier das gefärbte Wasser aufgesaugt hat.

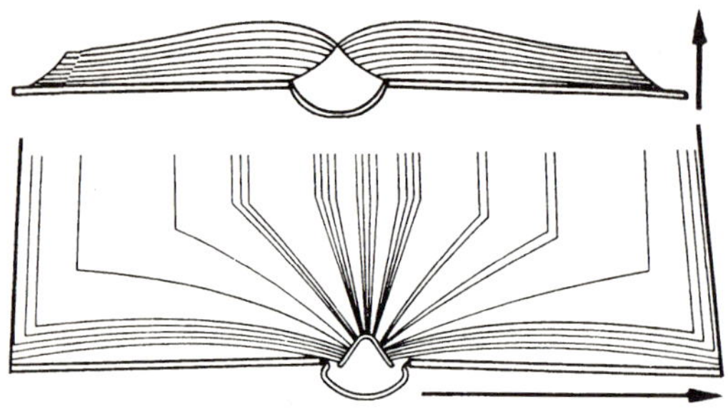

Bild 380.1. Faserrichtung im Werkdruck.
Sie muß parallel zum Bund verlaufen.
Oben: Laufrichtung richtig; Buch läßt sich glatt aufschlagen.
Unten: Laufrichtung falsch; die Blätter wellen sich und stehen nach oben.

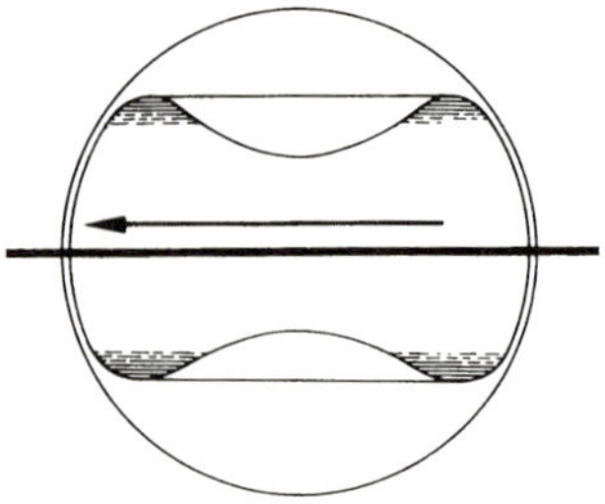

Bild 380.2. Feuchtprobe.

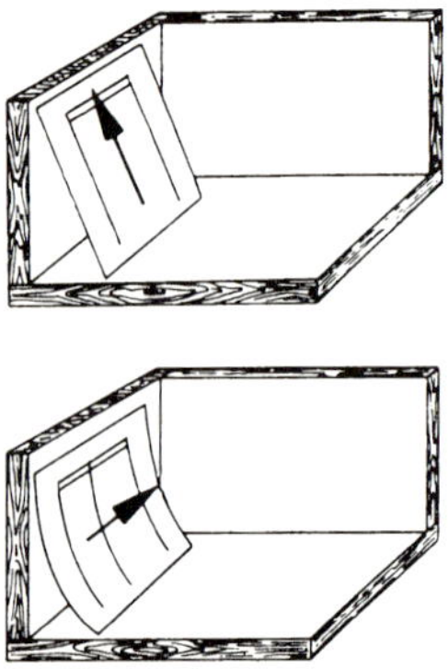

Bild 380.3. Laufrichtung bei Karteikarten.
Oben: RichtigeLaufrichtung, die Karte steht aufrecht.
Unten: Falsche Laufrichtung, die Karte biegt sich durch.

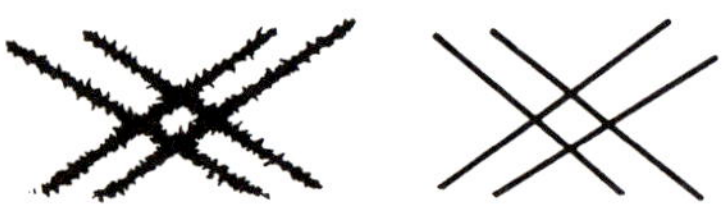

Bild 380.4. Tintenstrichprobe. Links schwachgeleimtes Papier, rechts vollgeleimtes Papier.

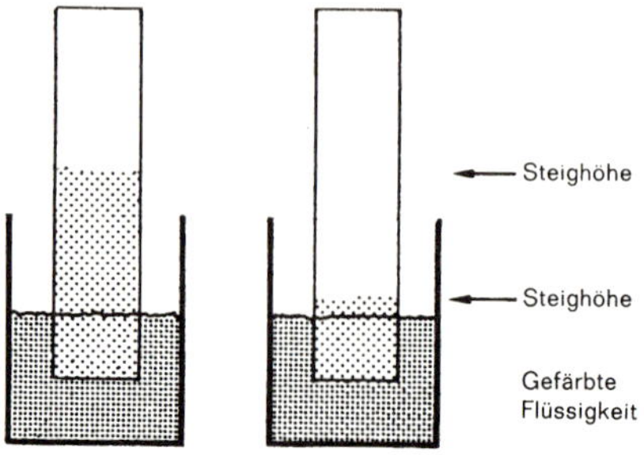

Bild 380.5. Prüfung der Saugfähigkeit. Links stark saugfähiges Papier, rechts Papier mit geringer Saugfähigkeit.

Die **Reißfestigkeit** wird nach der Reißlänge bestimmt. So bedeutet beispielsweise die Reißlänge 2000, daß die Papierbahn des betreffenden Papiers, in 2000 m Höhe aufgehängt, durch ihr Eigengewicht reißen würde. Ein Dünndruckpapier kann eine erheblich höhere Festigkeit haben als ein dickes Federleichtpapier. Die Reißlänge wird in der Materialprüfstelle der Papierfabrik mit entsprechenden Geräten festgestellt.

Zur Überprüfung der **Holzhaltigkeit** eignet sich als beste Methode die Behandlung des Papiers mit Phloroglucin oder Anilinsulfat. Ein Tropfen Phloroglucin bewirkt, daß holzfreies Papier weiß bleibt, holzhaltiges Papier sich rot färbt. Je stärker der Grad der Holzhaltigkeit ist, desto stärker zeigt sich die Rotfärbung bis zu einem fast violetten Farbton. Anilinsulfat bewirkt Gelbfärbung des holzhaltigen Papiers.

▼

1. Feuchten Sie ein Blatt Papier DIN A4 an. Messen Sie dann, um wieviel Millimeter es sich in der Dehn- und in der Laufrichtung vergrößert hat!
2. Ein Format 61 cm x 86 cm liegt in Schmalbahn. Welche Zahl muß unterstrichen werden?
3. Warum soll bei Büchern die Maschinenrichtung parallel zum Rücken laufen?
4. Angefeuchtete Etiketten sollen sich der Flaschenrundrichtung anpassen. Wie muß daher die Maschinenrichtung laufen?
5. Führen Sie die Prüfung der Leimung an vier verschiedenen Papieren durch!
6. Woran liegt es, daß die Tinte auf vollgeleimten Papieren nicht ausläuft?
7. Von welchen Papieren fordert man, daß sie möglichst opak sind?
8. Welche Papierarten müssen sehr reißfest sein?
9. Wie verfärbt sich holzhaltiges Papier bei der Phloroglucin-Probe?
10. Fertigen Sie eine tabellarische Aufstellung aller Papiereigenschaften und ihrer Prüfmethoden an. Begründen Sie, warum Papierprüfungen erforderlich sind!

9.2.4 Andere Bedruckstoffe

Seit Jahrhunderten wird auf Papier geschrieben und gedruckt. In den letzten 20 Jahren ist jedoch eine ständige Zunahme neuer Bedruckstoffe zu verzeichnen, zum Teil gänzlich anders als Papier, zum Teil in Verbindung mit Papier oder als sogenanntes synthetisches Papier mit den Eigenschaften einer bedruckbaren Kunststoffolie, wie zum Beispiel Polypropylen.

Metallbedruckstoffe. Metalle zum Bedrucken kommen in Form von Blechtafeln, Metallfolien und Metallpapieren vor. Metallfolien bestehen meist aus dünngewalztem Aluminium, häufig auf Papier kaschiert. Metallpapiere entstehen dadurch, daß Bronzen mit Pinsel oder Spritzpistole auf gestrichene Papiere übertragen werden.

Kunststoffolien. Durch komplizierte chemische und physikalische Vorgänge entstehen harzähnliche Stoffe, durchscheinend und spröde: Kunstharze. Sie werden zermahlen und mit Zusatzstoffen gemischt. Weichmacher verleihen Geschmeidigkeit, Stabilisatoren wirken gegen Alterung, Farbmittel geben den gewünschten Farbton. Meist werden auch noch Füllstoffe zugesetzt, mit denen man viele Eigenschaften gezielt verändern kann. Da Füllstoffe preisgünstiger als Kunstharze sind, verbilligen sie außerdem das Produkt.

Entsprechend der Rezeptur werden die Rohstoffe vermischt und zu einer einheitlichen Masse durchgeknetet, die man erhitzt und unter hohem Druck zwischen Walzen zu Folien auszieht. Benannt werden die Folien nach dem verwendeten Kunstharz: Polyäthylen, Polypropylen, Polyester, Polyvinylchlorid, Polystyrol, Polyamid, Polyvinylalkohol.

Für viele Kunststoffolien gibt es Kurzbezeichnungen, zum Beispiel:

PVC	Polyvinylchlorid, weich mit Weichmacher für Kunstleder, Bucheinband, Folien.
PVAC	Polyvinylazetat für Klebstoffe.
PVDC	Polyvinylidenchlorid, mit Weichmacher für Schrumpffolie.
PVA	Polyvinylalkohol, für Appreturen und Leime.
PA	Polyamid, für Buchgewebe, Buchhüllen, Folien.
PC	Polycarbonat, weichmacherfrei, für Folien.
PE	Polyäthylen, weichmacherfrei, für Verpackungsfolien.
PS	Polystyrol.
PP	Polypropylen, für Schrumpffolien.
PETP	Polyester, weichmacherfrei, für Verpackungsfolien.
CA	Zelluloseazetat, für Folien.
CH	Hydratzellulose, auch als Zellglas oder Cellophan bekannt, weichmacherhaltig, für Verpackungsfolien.
MC	Methylzellulose, für Appreturen und Kleister.
PUR	vernetzte Polyurethane, für Klebstoffe.

Je nach Sorte haben Kunststoffolien unterschiedliche Eigenschaften: transparent, opak; licht-, aromadicht, aromadurchlässig; dehnfest, dehnbar; wärmebeständig, wärmeempfindlich; hart, weich. Sollen Eigenschaften zusammenkommen, die eine einzige Folie nicht bieten kann, werden zwei Folien zur Verbundfolie vereinigt. Sie entstehen durch Kombination wie Kaschierung und Koextrusion der verschiedenen Kunststoffe. Kaschieren ist ein Verkleben zweier Folienbahnen.

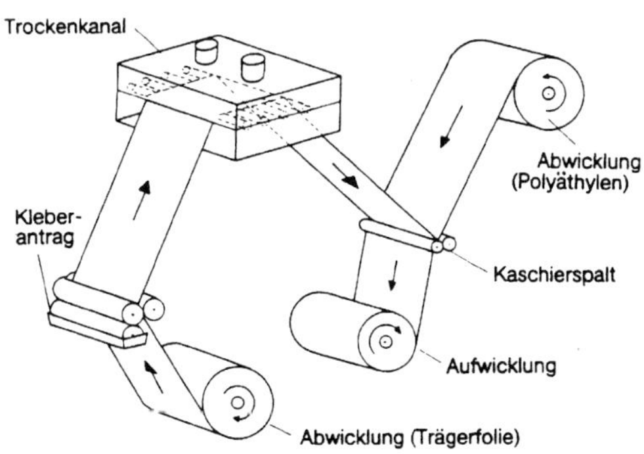

Bild 381.1. Schema einer Anlage für Kaschierung mittels Kleber.

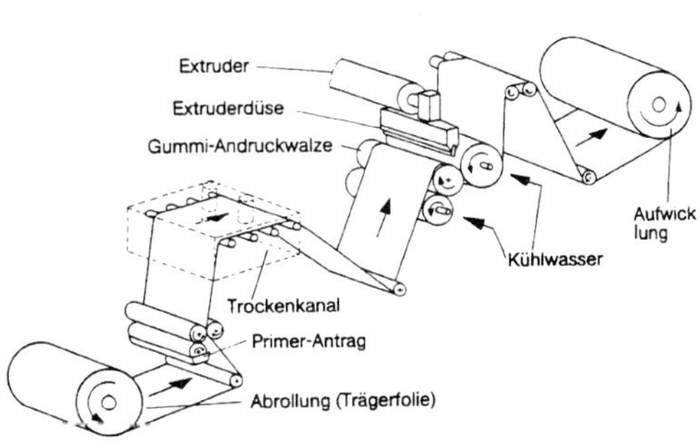

Bild 381.2. Schema einer Anlage für Extrusionsbeschichtung.

Bei der Extrusion wird auf eine Trägerfolie ein Kunststoff aufgeschmolzen. Bei der Koextrusion werden zwei oder mehrere Kunststoffe als Schmelze auf eine Trägerfolie aufgetragen. Alle Folien haben bei niedrigem Eigengewicht hervorragende Schutzfunktionen.

Kunststoffolien weisen im Gegensatz zum Papier eine geschlossene Oberfläche ohne Poren auf. Damit die Druckfarbe haften kann, muß bei unlöslichen und nicht anlösbaren Folien, wie Polyesterfolie, die Haftung durch physikalische Bindungskräfte bewirkt werden. Bei Polyolefinfolien ist vor dem Bedrucken eine Vorbehandlung durch elektronische Energie über eine Corona-Station nötig, damit die Oberflächenspannung erhöht wird. Bei PVC-Folien wird durch die Lösemittel der Druckfarben die Folienoberfläche angelöst, um der Farbe die nötige Haftung zu geben.

Geeignete Druckverfahren sind Flexodruck, Tiefdruck und Siebdruck. Buchdruck und Offsetdruck kommen meist nicht in Frage.

Zellulosefolien. Außer den Folien synthetischer Herkunft gibt es auch Folien natürlicher Herkunft. Zellglas ist ein Sammelbegriff für aus Zellulose hergestellte Klarfolien. Es ist unter verschiedenen Bezeichnungen im Handel. Besonders bekannt ist es als Cellophan. Zellglas ist wasserdampfdurchlässig. Ein- oder zweiseitige Lackierung macht es „wetterfest". Durchscheinende Folien verschiedener Art werden unter dem Begriff Klarfolien zusammengefaßt. Durch chemische Umwandlung von Zellulose entsteht Cellulosetriacetat, eine weitere Klarfolie.

Sonstige Bedruckstoffe. Dazu gehören: Gewebe verschiedener Art, häufig Baumwolle, Leder Blechtafeln, Holz, Glas. Als universelles Druckverfahren für diese Materialien eignet sich der Durchdruck.

Außerdem gibt es Kunststoffpapiere. Das sind mit Kunststoff beschichtete oder imprägnierte Zellstoffpapiere oder rein synthetische Papiere, die überwiegend aus Kunstfasern bestehen. Beide Papiersorten sind außerordentlich haltbar und reißfest. Sie können mit schnelltrocknenden Farben in allen Druckverfahren bedruckt werden. Ihr Nachteil ist der relativ hohe Preis.

▼

1. Stellen Sie alle genannten Bedruckstoffe in einer tabellarischen Übersicht zusammen! Notieren Sie dazu Besonderheiten wie Herstellung, Druckverfahren, Verwendungszweck!
2. Wodurch wird Zellglas wasserdampfundurchlässig (wetterfest?)
3. Was bewirken Weichmacher in Kunststoffolien?
4. Was versteht man unter Verbundfolien?
5. Wofür werden bedruckte Kunststoffolien benötigt?
6. Welche Vorteile haben synthetische Papiere im Vergleich zu Zellulosepapieren?
7. Warum kann man Glas nicht im Buchdruck bedrucken?
8. Beschreiben Sie die Beschichtung durch Extrusion!
9. Wie haftet Druckfarbe auf Kunststoffolien?
10. Legen Sie eine Mustersammlung von gebräuchlichen Kunststoffolien an, und benennen Sie den Kunststoff!

10 Druckverarbeitung

Letzte Station der Herstellung gedruckter Informationen ist die Druckverarbeitung, auch Weiterverarbeitung genannt. Sie gibt den auf einzelne Druckbogen oder Papierrollen gedruckten Informationen die Endform. Gesichtspunkte dafür sind: Zweckmäßigkeit, handliche Form, dekorative Ausstattung und Schutz vor Beschädigung. Die Druckverarbeitung ist häufig der Druckerei angegliedert, aber es gibt auch eigenständige Buchbindereien. Die Endstufe der Produktion hat zunehmend industrielle Fertigungsmethoden angenommen. Hilfsmaschinen, Maschinensysteme und ganze Fertigungsstraßen übernehmen einen Großteil des Produktionsablaufs und befreien den Menschen von Routinearbeit. Aber auch die handwerklichen Buchbindereien haben heute noch ihre Bedeutung, nämlich für den individuellen Bedarf, für Repräsentationsausgaben und für die Restaurierung bibliophiler Werke.

10.1 Bedingungen der Druckverarbeitung

Die Druckverarbeitung stellt Bedingungen an die vorausgehenden Produktionsstufen. Vorlagenhersteller, Reproduktionstechniker, Typografen (Schriftsetzer), Montierer und Drucker müssen bei ihrer Arbeit die Endform des Produkts berücksichtigen. Es ist Aufgabe der Arbeitsvorbereitung, die Gestalt des Endprodukts festzulegen sowie die Produktionsstufen und den Materialeinsatz aufeinander abzustimmen.

Folgende Einzelkriterien sind für die Planung vom Endprodukt aus wichtig: Wahl des Druckverfahrens und Bedruckstoffes, Festlegen des günstigen Formats und der günstigen Gebrauchsform, Wahl der Druckmaschinenformate und Ausschießschema, Einstecken und Kleben von Bogenteilen, Bildteilen oder Karten, Buchdeckengestaltung und Bindetechnik, Endausstattung und Verpackung, Auflage und Zuschuß, Kosten pro Stück und Terminplanung.

Dabei sind in den einzelnen Abteilungen wieder viele technische Details zu berücksichtigen:

1. Drucksachenhersteller und Vorlagenhersteller gehen vom Zweck des Produkts aus und berücksichtigen Kosten und Techniken der Verarbeitung. Im einzelnen beachten sie: Papierformate, Ausschießschema, Drucklegung, Falz-, Heft- und Bindemöglichkeiten. Bei mehrseitigen Drucksachen und auch bei Verpackungsmitteln fertigen sie zur Kontrolle oft ein konfektioniertes Muster des Produkts an.

2. Der Typograf (Schriftsetzer) erleichtert dem Buchbinder bei umfangreichen Druckwerken, vor allem bei der Buchherstellung, das Zusammentragen der Bogen durch Orientierungszeichen: Bogensignatur und Bogennorm. Die Bogensignatur erscheint auf jeder ersten Bogenseite unterhalb des Satzspiegels. Beim Dreibruchbogen (Bogen mit 16 Seiten) sind das also die Seiten 17, 33, 49 usw. Die Bogensignatur mit der Ziffer 2 steht auf dem zweiten Bogen, die Bogensignatur mit der Ziffer 3 steht auf dem dritten Bogen usw. Dahinter steht als weiterer Hinweis die Bogennorm, die aus dem Verfassernamen und dem gekürzten Werktitel besteht. Jeweils unter der dritten Kolumne des Bogens erscheint nochmals eine Bogensignatur, eine Zahl mit hochgestelltem Sternchen.

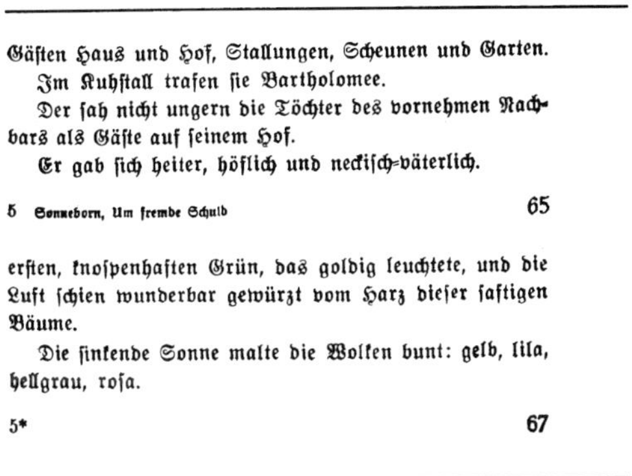
Gäſten Haus und Hof, Stallungen, Scheunen und Garten.
Im Kuhſtall trafen ſie Bartholomee.
Der ſah nicht ungern die Töchter des vornehmen Nachbars als Gäſte auf ſeinem Hof.
Er gab ſich heiter, höflich und neckiſch-väterlich.

5 Sonneborn, Um fremde Schuld 65

erſten, knoſpenhaften Grün, das goldig leuchtete, und die Luft ſchien wunderbar gewürzt vom Harz dieſer ſaftigen Bäume.
Die ſinkende Sonne malte die Wolken bunt: gelb, lila, hellgrau, roſa.

5* 67

Bild 383.1. Oben Prime: Bogensignatur und Bogennorm. Unten Sekunde: Bogensignatur mit hochgestelltem Sternchen.

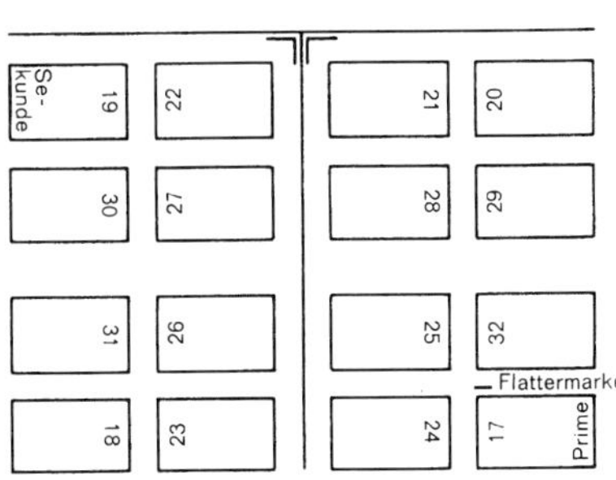

Bild 383.2. 16seitiger Bogen mit Prime, Sekunde und Flattermarke.

Die Signatur auf der ersten Bogenseite heißt Prime und dient der Kontrolle der Bogenfolge.
Die Signatur auf der dritten Bogenseite heißt Sekunde und dient als Falzkontrolle.

3. Der Montierer muß folgende Zeichen markieren: Größenzeichen, Beschnittzeichen, Stanzzeichen, Falzzeichen, Anlagemarke. Die Anlagemarke ist ein Hinweiszeichen für das richtige Anlegen der Bogen an die Falzanlage der Falzmaschine. Als weiteres Kontrollzeichen wird zwischen der ersten und letzten Seite des Druckbogens im Bund die Flattermarke eingebaut. Im Bleisatz wird sie als Materialstück gesetzt; im Fotosatz wird sie als Filmstück montiert. Bei jedem Bogen wird diese Marke um ein kleines Stück versetzt, so daß sie als Kontrolle für die richtige Bogenfolge dienen kann. Wenn die Flattermarken auf dem Buchrücken in gleichmäßiger Stufung sichtbar sind, ist die Bogenfolge richtig. Das Überprüfen der Bogenfolge nennt man Kollationieren.

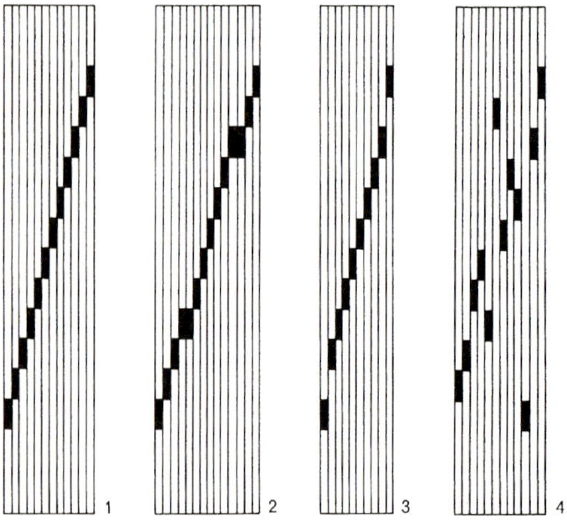

Bild 384.1. Flattermarkenfolge bei richtig und falsch zusammengelegten Bogen:
1 Richtige Reihenfolge, 2 doppelte Bogen, 3 fehlende Bogen, 4 vertauschte Bogen.

Beim Ausschießen sind die möglichen Varianten der Falzwerkanordnungen an den Falzautomaten zu berücksichtigen. Die Ausschießart wird bestimmt durch das Falzschema und die Papierstärke, da mit zunehmender Anzahl der Falzbrüche die Papierverdrängung zunimmt.

4. Der Drucker hat beim Standmachen die vorgesehene Bindeart zu berücksichtigen, denn der Einteilungsbogen ist die Grundlage für die Druckverarbeitung. Außerdem ist zu beachten, daß dicke Papiere bei Vierbruchfalzungen Registerdifferenzen ergeben, die beim Standmachen ausgeglichen werden müssen. Auch muß der Drucker beim Stand der Kolumnen den Beschnitt berücksichtigen. So verlangen im Falz geheftete Produkte mindestens 3 mm Kopfbeschnitt und je 5 mm Vorder- und Fußbeschnitt. Bei der Klebebindung müssen am Rücken etwa 3 mm Fräsbreite, also im Bundsteg 6 mm einkalkuliert werden. Bei Produkten, die im Sammelhefter verarbeitet werden, ist gegebenenfalls ein sogenannter Greiffalz von mindestens 6 mm Breite zu berücksichtigen. Schließlich ist das Beachten der Papierlaufrichtung für die Produktqualität sehr wichtig. Diese Maschinenrichtung des Papiers muß bei den Einzelteilen der gebundenen Produkte, z. B. bei Druckbogen, Deckenüberzügen, Vorsätzen, Umschlägen u. a. immer parallel zum Buchrücken, also parallel zum Bundsteg verlaufen, damit sich die Seiten im Bund nicht dehnen oder wellen. Da es Papiere in Breitbahn oder Schmalbahn gibt, ergibt sich wieder ein unmittelbarer Zusammenhang zur Falzart und Folge der Falzbrüche.

5. Schließlich muß der Buchbinder selbst seine produktorientierten Fertigungstechniken in den einzelnen Arbeitsstufen planen und einer ständigen Qualitätskontrolle unterziehen. Er ist also verantwortlich für das Falzprodukt, den Buchblock, den Einband, die Haltbarkeit der Bindung zwischen Buchblock und Buchdecke, die Eignung des Einbandmaterials. Erst durch ihn wird die Gebrauchsfähigkeit des Druckproduktes sichergestellt. Seine Bedenken und Wünsche hat er schon in der Planungsphase des Produkts darzulegen.

▶ Über das Ausschießen informiert ausführlich das Kapitel 7.1.2.

▼

1. Warum müssen in vorausgehenden Produktionsstufen die Bedingungen der Druckverarbeitung beachtet werden?
2. Aus welchen Angaben setzt sich die Bogennorm zusammen?
3. Woran erkennt man Prime und Sekunde?
4. Welche Bogensignatur steht am Fuß der Seite 105, wenn in Bogen zu 8 Seiten gedruckt wird?
5. Wo steht die Flattermarke auf dem Druckbogen, und welche Aufgabe hat sie?
6. Wozu dienen Falzschema und Anlagemarke?
7. Wie berücksichtigt der Drucker den Beschnitt?
8. Welche Bedeutung haben Breitbahn und Schmalbahn für Drucker und Buchbinder?
9. Welche Zeichen hat der Montierer auf seinem Standbogen zu markieren?
10. Tragen sie in eine tabellarische Übersicht ein, was der einzelne Beruf bei der Produktfertigung besonders berücksichtigen muß!

10.2 Produkte der Druckverarbeitung

Die Arbeit des Buchbinders ist entsprechend der Vielfalt der Druckprodukte sehr differenziert. Das Spektrum reicht vom einfachen Beschneiden und Falzen einer Familiendrucksache bis zur komplexen Buchfertigung, von der zweckmäßigen bis zur repräsentativen Ausstattung, von einfachen Klebearbeiten bis zur Kassettenfertigung, vom handwerklichen Einzelprodukt bis zur industriellen Massenproduktion.

Art und Umfang des Auftrags, Ansprüche an die Haltbarkeit, Gebrauchsfähigkeit und Ausstattungsqualität und nicht zuletzt die Preisvorstellung des Kunden oder Herstellers bestimmen die Art der Arbeitstechnik, den Einsatz von Maschinensystemen und Materialien.

Vom Arbeitsaufwand her sind zu unterscheiden: ungefalzte Produkte, gefalzte Produkte sowie geheftete oder geklebte Produkte. Eine weitere Produktgruppe sind Schuber, Futteral und Kassette. Neben der Neuanfertigung ist besonders die Restauration von Bibliotheksbänden zu erwähnen.

Ungefalzte Produkte sind: Werbezettel, Schreibpapier, Postkarten, Visitenkarten, Formulare, Aufkleber, Notizblöcke, Registersätze, Etiketten, Wandkalender, Plakate, Displays, Passepartouts, Ringbücher, Bilder, Organisationsmittel wie Lochkarten oder Karteikarten und Buchungsbelege.

Gefalzte Produkte sind: Prospekte, Zeitungen und deren Beilagen, Klappkarten, Briefumschläge, Landkarten, Schallplattenhüllen, Schutzumschläge, Angebotsmappen, Aktendeckel und Ordner. Geheftete oder geklebte Produkte sind: Hefte, Broschüren, Bildbände, Atlanten, Alben, Kataloge, Zeitschriften, Telefon- und Taschenbücher, Taschenkalender, Fahrpläne, Preislisten usw.

Ungebundene Produkte. Viele Produkte benötigen nach dem Drucken vorwiegend Fertigmacharbeiten in Form einer Endausstattung und Verpackung. Rationeller, fließbandartiger Maschineneinsatz ist oft nur beschränkt möglich, so daß der Anteil manueller Arbeit groß sein kann. Die Weiterverarbeitung dieser ungebundenen Druckprodukte kann mehr oder weniger umfangreich sein. Nahezu jedes Erzeugnis erhält nach dem Druck einen Beschnitt. Glückwunschkarten werden oft noch mit einem Falz versehen und in Folie gesteckt. Formulare werden gesammelt und an einer Seite durch Leim zu einem Block vereinigt, vielleicht auch noch gelocht. Durchschreibsätze werden zusammengetragen, geleimt und perforiert. Prospekte werden gefalzt, gestapelt, gezählt und mit einer Banderole versehen oder kuvertiert. Karteikarten werden in Schrumpffolie eingeschweißt. Etiketten und Aufkleber werden in der Druckmaschine auf der Rückseite gummiert und im Stanzautomaten gestanzt. Manche Produkte erhalten nachträglich eine Prägung. Produkte, deren Oberflächen ein brillantes Aussehen aufweisen sollen, werden kalandriert, lackiert oder folienkaschiert. Unter Folienkaschieren versteht man das Überziehen des Druckprodukts mit einer Klarfolie. Werbematerial für Schaufenster benötigt Aufhänger und rückseitige Aufsteller.

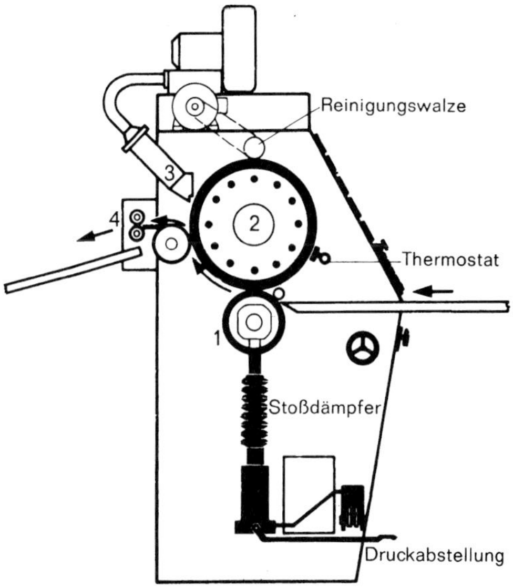

Bild 385.1. Schemazeichnung eines Hochglanzkalanders. Um spiegelnden Hochglanz zu erzielen, werden die mit Kalanderlack beschichteten Bogen im Kalander von der elastischen Gegendruckwalze (1) gegen den beheizten Hochglanzzylinder (2) gedrückt. Dadurch wird die Lackschicht erweicht und geglättet. Die Luftrakel (3) trennt nun die kalandrierten Bogen vom Zylinder (2). Anschließend werden sie von den Walzen der Bogenabnahme (4) erfaßt und ausgelegt.

Weitere Bearbeitungsmethoden von Kartons und Pappen sind Rillen, Stauchen, Ritzen und Nuten. Diese Verfahren dienen dem präzisen Umbiegen der Materialien.

Das Rillen ist ein rotativer Vorgang und bewirkt eine Materialverdrängung und Materialumformung. Es entsteht eine vertiefte Rille und auf der Gegenseite des Materials ein erhabener Rillwulst. Beim fertigen Produkt zeigt die Rille normalerweise nach außen. Das Rillwerk besteht aus einer Rillscheibe und den beiden verstellbaren Gegenscheiben. Gerillt werden vor allem Umschläge für Broschuren.

Beim Stauchen wird ebenfalls Material verformt. Seitlich drückende Stauchwerkzeuge der Biegemaschine erzeugen parallele Stauchlinien, an denen sich das Material dann biegen läßt.

Von Ritzen spricht man, wenn in das Material mit scharfen Messern hineingeschnitten wird. An der Ritzstelle wird das Material geschwächt. Diese Technik wird bei der Produktion von Faltschachteln angewendet.

Nuten wird nur bei besonders dicken Kartons und Pappen praktiziert. Dabei wird ein Materialspan herausgehoben, so daß das Material beim Umbiegen nicht stört.

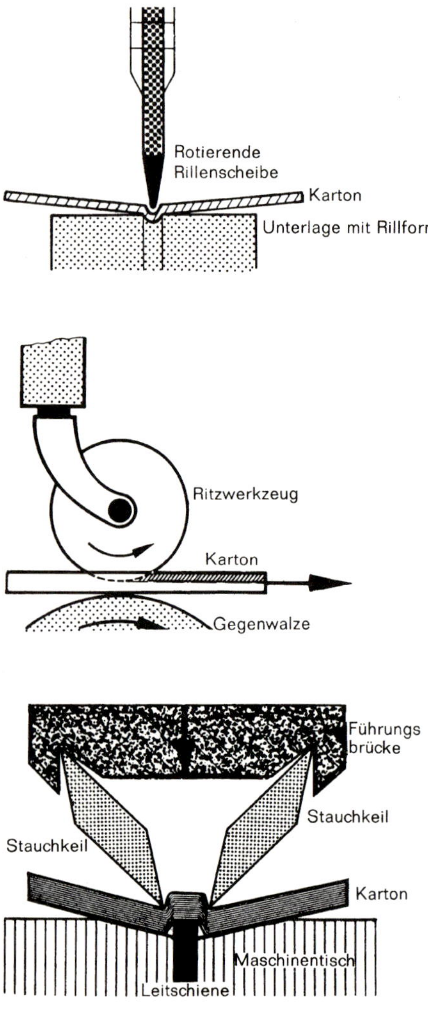

Bild 386.1. Schemazeichnungen. Oben: Rillen, Mitte: maschinelles Ritzen, unten: Stauchen.

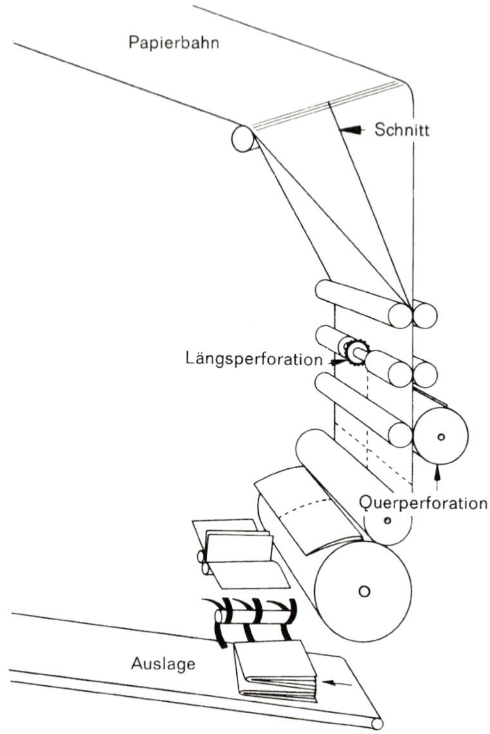

Bild 386.2. Schematische Darstellung eines Falzapparates.

Größere Kalender benötigen eine Beleistung. Blocks und einfache Broschuren werden eventuell gefälzelt, d. h., es wird ein Streifen im Bund umgelegt und festgeklebt, um die Klammern und Blattränder zu verdecken. In gebundene Produkte werden manchmal Ecktaschen eingeklebt, in die Kartenmaterial gesteckt werden kann. Häufig sind Beilagen einzufügen; diese werden im Produkt an beliebiger oder bestimmter Stelle eingesteckt oder befestigt. Format und Stärke der Beilagen können zu Verpackungsschwierigkeiten führen.

Zeitungen und Zeitschriften werden auf Rotationsmaschinen gedruckt. Die Papierbahn wird im Anschluß an das letzte Druckwerk in einen Falzapparat geleitet und in das gewünschte Produkt geschnitten, zusammengeführt, gefalzt und geheftet. Der Falzapparat besteht aus einem Trichter, der die Papierbahn aufnimmt, und aus einem rotierenden Kreismesser, das die Bahn in zwei Stränge zerlegt. Hinter diesem Längsschneider läuft die Bahn zwischen einem Messer- und einem Nutenzylinder durch. Wenn Messer und Nut zusammentreffen, wird der Strang quergeschnitten. Hierbei wird das Zeitungsformat festgelegt. Der Sammelzylinder sammelt je zwei Lagen aufeinander. Sie werden vom Falzklappenzylinder übernommen und dabei gefalzt. Die gefalzten Zeitungen und klebegebundenen Zeitschriften werden dann über Takt-Transportsysteme in den Versandbereich befördert, dort in der Palettierstation zwischengelagert oder sofort zu Paketen gestapelt, für den Transport verschnürt oder in Folie geschweißt und eventuell mit einer Anschrift versehen. Die Fertigerzeugnisse werden zum Schluß kontrolliert, gezählt, verpackt und versandfertig gemacht.

Buchbinderisches Verpacken soll vor Stoß, Feuchtigkeit und Schmutz schützen. Das Verpacken und die Verpackung sind von Produkt zu Produkt verschieden. Glückwunschkarten werden mit dem Briefumschlag lose in Folientaschen gesteckt. Prospekte werden meist noch mit einem Papierstreifen oder mit Gummiringen zu kleinen Stapeln zusammengefaßt und in Kartons verpackt. Bei Büchern wird sehr oft Einzelverpackung durch Einschlagen in lichtschützendes Papier gewählt, vor allem, wenn längere Lagerhaltung vorgesehen ist. Besonders wertvolle Bücher werden einzeln durch einfache Pappfutterale oder Wellpappe geschützt. Großformatige Kalender werden ebenfalls in Papier eingeschlagen und in Wellpappenkartons verpackt. Taschenbücher wiederum werden einfach in einer bestimmten Anzahl in Versandkartons zusammengefaßt.

Packstoffe in der Buchbinderei sind nach DIN 55 405 vor allem Papier, Karton, Pappe und Wellpappe sowie Folien. Aus diesen Materialien werden zum Teil vorher Packmittel hergestellt, als Behälter für das Packgut, wie zum Beispiel Futterale, Schuber, Faltschachteln und Folientaschen. Das Verpacken geschieht nur noch selten von Hand. Meistens werden spezielle Verpackungsmaschinen eingesetzt. Im einzelnen sind das Tischbündler, Banderolier-, Verschnürmaschinen, Papiereinschlagmaschinen und Folieneinschweißmaschinen.
Automatisiert ist auch die Kennzeichnung der verpackten Produkte. So werden Buchtitel, Artikelnummer, Anzahl, Auftraggeber und weitere Hinweise auf selbstklebendes Etikettenmaterial gedruckt. Die Adressiermaschinen empfangen ihre Daten aus EDV-Anlagen. Die Etikettiermaschinen kleben die Etiketten an die vorgegebene Stelle. Direktadressierung wird vor allem mit Inkjetsystemen durchgeführt.

▼

1. Erläutern Sie die Fachbegriffe Rillen, Ritzen, Stauchen, Nuten!
2. Wodurch kann die Oberfläche eines Druckerzeugnisses nachträglich veredelt werden?
3. Erläutern Sie an drei beliebigen Druckprodukten die jeweils angewendeten Maßnahmen der Druckverarbeitung!

Gebundene Produkte. Bei den gebundenen Produkten unterscheidet der Buchbinder nach der Art der Einbandtechnik: einlagige oder mehrlagige Broschuren, Vorsatzbroschuren, Halbband und Ganzband sowie Sonderformen.

Das **Heft** ist meist ein einlagiges Produkt oder besteht aus einmal gefalzten eingesteckten Blättern. Die Lage ist mit Fadenheftung oder Drahtheftung zusammengefaßt. Die Heftung ist meist am Rücken sichtbar. Beispiele sind: Schulhefte, Sparkassenbücher, kleine Informationsschriften. Der Umschlag ist ein ungerillter oder einfach gerillter Papier- oder Kartonumschlag. Meistens werden Einlage und Umschlag erst nach dem Heften dreiseitig beschnitten. Doppelhefte aus mehreren Lagen sind oft im Rücken auch gefälzelt. Das Fälzel ist ein Verbindungs- oder Verstärkungsstreifen, es verdeckt dann die Heftung.

Broschuren (franz. brocher = leicht zusammenheften) haben meist Papier- oder Kartonumschläge und gegenüber Bucheinbänden eine einfachere Bindetechnik. Sie bestehen aus mehreren gefalzten Bogen, manchmal auch aus gesammelten Blättern und haben meistens einen ungegliederten Umschlag als Einband. Man unterscheidet die Weichbroschur, steife Broschur und den Interimsband.

Bei der **Weichbroschur** entsteht der Buchblock durch leichte Fadenheftung, seitliche Drahtheftung oder vor allem durch Klebebindung. Der ungeteilte oder gerillte Umschlag wird ohne

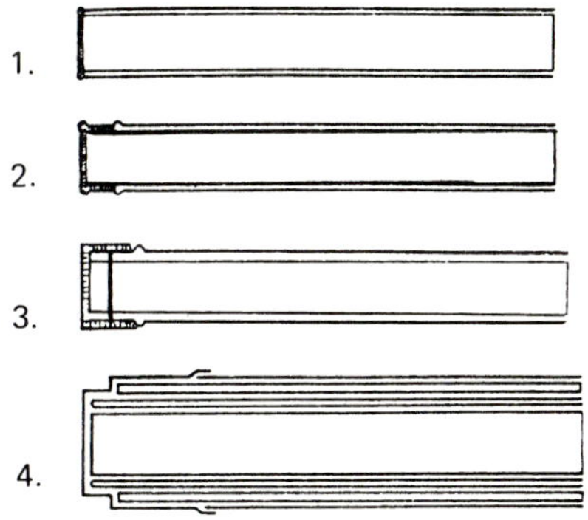

Bild 387.1. Broschurarten.
1. Broschur mit zweimal gerilltem Umschlag, am Rücken festgeklebt.
2. Broschur mit viermal gerilltem Umschlag, am Rücken und seitlich festgeklebt.
3. Broschur mit Umschlag, seitlich geheftet und mit Geweberücken.
4. Steife Broschur mit geradem Rücken, Vorsatz, kaschierten Deckeln, Geweberücken.

Vorsatz an den Rücken oder auch seitlich angeklebt. Danach wird das Produkt dreiseitig beschnitten. Industrieprodukte wie Taschenbücher, Versandhauskataloge und Telefonbücher werden als Weichbroschuren gefertigt.

Bei der **Kartonbroschur** ist die Heftung haltbarer und die Verbindung zwischen Buchblock und Umschlag verbessert. Diese Broschur enthält ein einfaches oder doppeltes Vorsatz. Der Buchrücken ist mit Einbandgewebe überzogen, die Kartondeckel sind aufkaschiert, d. h. ganz an die Vorsatzblätter angeklebt.

Varianten sind die Englische Broschur und die Französische Broschur. Die Englische Broschur besteht aus einem gehefteten Buchblock, um den zunächst ein gerillter Umschlag gelegt wird. Dann folgt eine unbedruckte Kartondecke mit überstehenden Kanten. Ein bedruckter Schutzumschlag kann zusätzlich umgelegt werden.

Die Französische Broschur hat immer einen gehefteten Buchblock, der mit Vorsatz versehen in einen unbedruckten Kartonumschlag gehängt wird, welcher ringsum überstehende Kanten hat. Der bedruckte Schutzumschlag wird dreiseitig eingeschlagen.

Die **Steifbroschur** hat einen festen Pappdeckel, der allenfalls vorn überstehen kann. Die Heftung erfolgt meist auf Gaze. Der Rückenüberzug besteht aus appretiertem Gewebe. Die Pappdeckel sind mit Papier überzogen, aber meist nur vorn eingeschlagen, so daß die Deckel oben und unten nackte Kanten haben. Die Deckel werden auf das Vorsatz kaschiert.

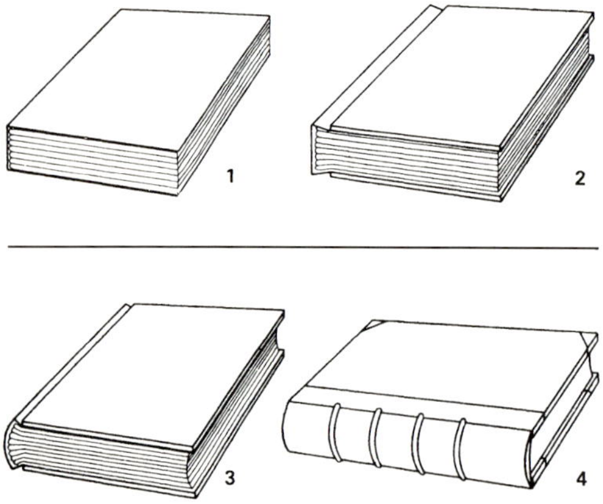

Bild 388.1. Einbandarten: 1 Einfache Broschur, 2 Papierband mit geradem Rücken, 3 Ganzgewebeband, 4 Halbfranzband mit sichtbaren Heftbändern.

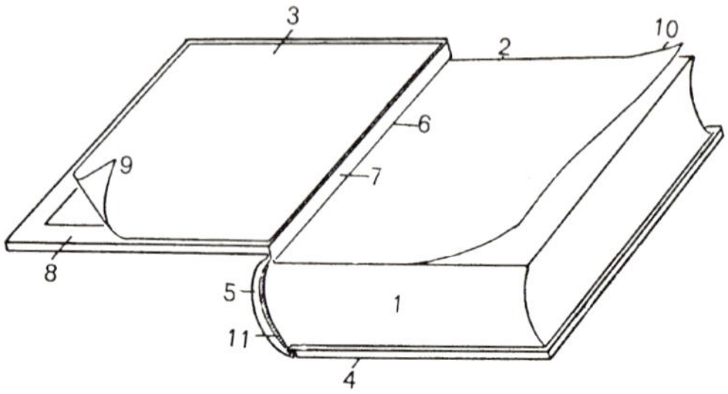

Bild 388.2. Benennungen am Buch:
1 Buchblock, 2 Kopf, 3 Vorderdeckel, 4 Hinterdeckel, 5 Rücken, 6 Falz, 7 Gelenk, 8 Einschlag, 9 Vorsatz (Spiegel), 10 Vorsatz (Fliegendes Blatt), 11 Kapitalband.

Der **Interimsband** ist ein vorläufiger Einband für wertvolle Drucke, also für ein späteres Umbinden gedacht. Der Buchblock ist auf zwei Bänder geheftet, mit doppeltem Vorsatz versehen, im Buchrücken ungeleimt. Das Buch ist unbeschnitten. Auch die Buchdecke ist provisorisch, entweder als steife Decke oder als biegsamer Umschlag gearbeitet.

Weitere Sonderformen sind Kammbroschur und Spiralbroschur. Bei der Kinderbuchproduktion kennt man Tafelbuch, Zickzackbuch und Kulissenbuch.

Bücher für qualitativ höhere Ansprüche haben festere Einbände mit gegliederten Buchdecken. Je nach Material unterscheidet man Papierband, Gewebeband, Lederband, Pergamentband und Kunststoffband.

Beim **Papierband,** häufig auch noch Pappband genannt, sind Rücken und Buchdeckel aus Pappe mit zähem, festem Papier ganz überzogen. Das Papier ist oft zusätzlich laminiert. Der Papierband hat einen geraden Rücken, also einen niedergehaltenen Buchblock und ein doppeltes Vorsatz. Der Papierband ist preiswert, aber besonders die Ecken des Buchblocks können recht schnell verschleißen. Werden diese stark beanspruchten Stellen zusätzlich mit Gewebe oder Leder eingefaßt, so spricht man von einem Edelpapierband.

Gewebebände bestehen aus Baumwolle, Kaliko, Batist oder Kunstfasern. Echte Leinenbände sind selten. Zu unterscheiden ist der angesetzte Band vom Deckenband, der Halbgewebeband und der Ganzgewebeband sowie der steife und biegsame Gewebeband. Beim angesetzten Band werden Decken angesetzt, die zu überziehen und anzupappen sind. Beim Deckenband wird eine ganze Decke gefertigt, in die der Buchblock eingehängt wird. Beim Halbgewebeband sind nur Rücken, Ecken oder Vorderkante mit Gewebe überzogen, die Deckelflächen nur mit Papier. Beim Ganzgewebeband ist die Decke ganz mit Gewebe überzogen. Beim biegsamen Gewebeband besteht die Decke nicht aus Pappe, sondern aus Schrenzpappe oder Karton und ist ganz mit Gewebe überzogen. Gewebebände sind sorgfältig und haltbar geheftet. Kapitalbänder werden verarbeitet, oft wird ein Farbschnitt gelegt, ein doppeltes Vorsatz ist immer vorhanden. Die Buchdecke ist mit Text oder Verzierung versehen. Der Buchblock ist meist gerundet. Die Deckel stehen dreiseitig über. Das Überzugsmaterial ist dreiseitig eingeschlagen, und die Kanten sind innen durch die Spiegel sorgfältig abgedeckt.

Der **Lederband** ist ein kostbarer, arbeitsaufwendiger Einband. Im einzelnen gehören dazu: ein hochgezogenes Vorsatz oder ein Lederfalz, ein fadengehefteter Buchblock, Bünde mit Faserband, einfach oder erhaben gearbeitet, ein dreiseitiger Farb- oder Goldschnitt, ein bestochenes Kapital, die Buchhülse, eingeklebte

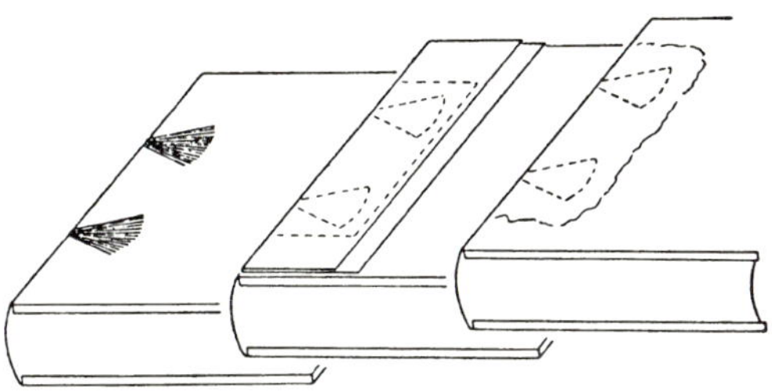

Bild 389.1. Beim Französischen Einband werden die Bünde auf die Buchdeckel geklebt und mit Papierstreifen bedeckt, bevor der Lederüberzug erfolgt.

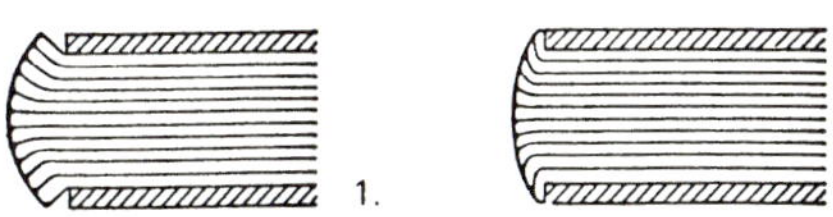

Bild 389.2. Buchfalz. 1. Industrieller Lederband mit schrägem Falz; die Bünde liegen unter dem Deckel. 2. Auf tiefen Falz gesetzter Franzband; die Bünde liegen auf dem Deckel.

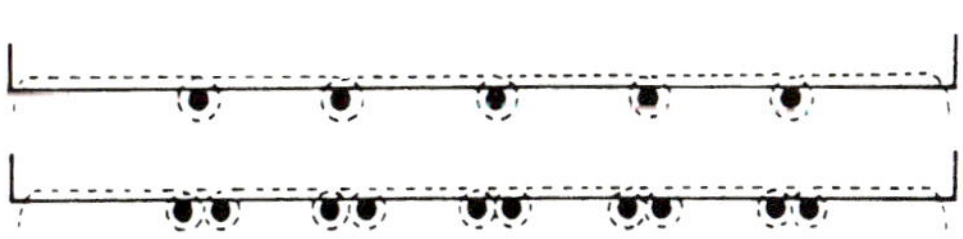

Bild 389.3. Art der Fadenführung um die Bünde.

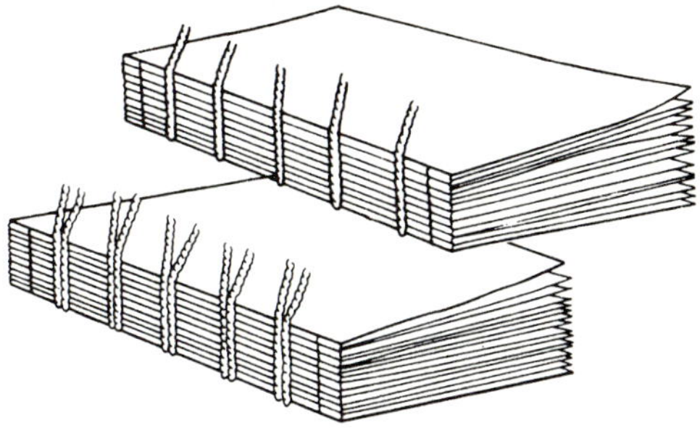

Bild 389.4. Buchblock auf einfache und doppelte Bünde geheftet; die Bünde liegen auf dem Rücken.

Spiegel, Schmuck der Buchdecke durch Titel- und Filetendruck. Das Überziehen der rohen Buchdecke mit Leder bezeichnet der Buchbinder als Insledermachen. Beim Lederband sitzen die Deckel an einem schrägen Falz. Die Heftbünde liegen innen zwischen Deckel und Vorsatz. Eine besondere Art ist der Franzband, Abkürzung für Französischer Einband. Bei ihm sitzen die Deckel am tiefen Falz. Die Heftbünde liegen außen zwischen Deckel und Lederüberzug. Diese Art kann nur handwerklich angesetzt werden.

Der **Pergamentband** ist der zweite arbeitsaufwendige Einband. Das Pergament ist wegen seiner Härte und Steifheit schwerer zu verarbeiten und außerdem sehr hygroskopisch. Daher muß der Klebstoff möglichst wasserfrei sein. Der Zugkraft des Pergaments wird dadurch begegnet, daß man kaschierte Schrenzpappe in die Deckel einarbeitet. Das Vorsatz muß besonders haltbar sein. Die Fadenheftung erfolgt auf Pergamentstreifen, das Abpressen erfolgt auf schrägen Falz. Als Buchschnitt kommt dreiseitiger Büttenrand oder dreiseitiger Goldschnitt in Betracht. Das Kapital ist von Hand zu bestechen, es besteht aus Pergamentstreifen. Decke und Pergament sind sorgfältig zu richten, bevor die rohe Buchdecke mit Pergament überzogen wird. Die Einschläge sind exakt zu verarbeiten. Es folgen das Häubchenmachen am oberen und unteren Buchrückenende und das Bucheinpressen. Das Fertigmachen umfaßt das Durchziehen der Heftstreifen und Befestigen am Deckel, die Einbandverzierung durch Goldschnitt und Filetendruck, das Deckelauskaschieren und Anpappen des Vorsatzes.

Als **Kunststoffband** bezeichnet man Einbände, bei denen die Buchdecke entweder ganz aus Kunststofffläche besteht oder Kunststoff als Überzugsmaterial verwendet wurde. Bei kunststoffbeschichteten Einbandstoffen spricht man wegen der lederähnlichen Oberfläche auch von Kunstleder. Trägermaterial der Kunststoffschicht ist Gewebe, Faservlies oder Papier. Kunststofffolien dagegen haben kein Trägermaterial. Sie werden als Thermoplaste oder Duroplaste verarbeitet und durch spezielle Techniken des Klebens, Heißsiegelns oder Schweißens miteinander verbunden. Man unterscheidet Kaschierfolien, Hochfrequenz-Schweißfolien, Schrumpf- und Schutzfolien. Mappen, Ordner, Ringbücher, Taschenbücher haben oft eine Buchdecke aus Kunststoffolie. Bei Broschüren ist der meist klebegebundene Buchblock mit dem Vorsatz an die Kunststoffolie geklebt. Bei Mappen und Ordnern ist die aus Pappe bestehende Rohdecke in den Kunststoffüberzug eingeschweißt.

Als Kunststoffe werden teilsynthetische Stoffe wie Nitrozellulose oder vollsynthetische Stoffe wie Polyvinylchlorid (PVC) oder Polyäthylen (PE) eingesetzt. Füllstoffe, Weichmacher, synthetische Pigmente und Stabilisatoren geben den Kunststoffschichten vielfältiges Aussehen und die jeweiligen Eigenschaften. Der Kunststoffeinband wird meistens in Spezialbetrieben gefertigt.

▼

1. Auf welche Weise wird die Decke mit dem Buchblock verbunden?
2. Nennen Sie die verschiedenen Broschurarten, und geben Sie jeweils die Merkmale an!
3. Wie nennt man Einbände, deren Rücken mit Gewebe und deren Deckel mit Papier überzogen sind?
4. Was versteht man unter den Fachbegriffen: a) Kapital, b) Farbschnitt, c) Preßvergoldung, d) Schutzumschlag, e) Englische Broschur, f) Weichbroschur, g) Kopf und Schwanz, h) tiefer Falz, i) Bünde, k) Vorsatz?

10.3 Verfahren der Druckverarbeitung

Man kann den Bereich Druckverarbeitung in zwei produktorientierte Schwerpunkte einteilen: Buchherstellung, sonstige Druckverarbeitung. Ein weiterer Spezialbereich ist die Verpackungsmittelherstellung. Entsprechende Ausbildungsberufe sind: Buchbinder und Verpackungsmittelmechaniker.

Als Betriebsform unterscheidet man die handwerkliche Buchbinderei und die industrielle Buchbinderei. Der Zwang zur rationellen Produktion hatte eine Spezialisierung der Betriebe zur Folge. Unter diesem Gesichtspunkt ergeben sich folgende typischen Fertigungsbereiche: 1. Handwerkliche Einzel- und Sonderanfertigung, z. B. von Bibliotheksbänden, Mappen, Kassetten. 2. Industrielle Massenfertigung von Broschüren bzw. Büchern. 3. Industrielle Massenfertigung von Zeitschriften, Zeitungen, Katalogen und Taschenbüchern. 4. Industrielle Serien-, Sonder- oder Massenfertigung von Alben, Kalendern, Mappen, Bürobedarf, Kunststoffverarbeitung.

10.3.1 Handwerkliche Buchbinderei

Die ursprüngliche Form des Buches war die Papyrusrolle. Dies bezeugen die Bibliotheken des Altertums in Alexandria, Pergamon, Rom und Funde aus Palästina. Mit Beginn des 4. Jahrhunderts n. Chr. gab es die ersten mehrlagigen Codices, das waren Papyrustafeln oder Holztafeln, die älteste Form des Buches. Das Christentum förderte die Entwicklung des Buches durch die Verbreitung biblischer Texte. Die ersten Einbände bestanden aus Leder oder Holz, mit Metall und Edelstein verziert.

Bis zur Erfindung der beweglichen Letter durch Johannes Gutenberg schrieben die Möche in den Klöstern auf Pergament. Erst um 1400 wurde in Mitteleuropa Papier hergestellt. Gutenbergs Erfindung des Buchdrucks erleichterte in der Reformation das Drucken von Bibeln und wissenschaftlichen Werken. Mit Beginn des 16. Jahrhunderts entwickelte sich die Handwerkszunft der Buchbinder. Drucker, Setzer, Buchbinder und Bibliothekare arbeiteten für die fürstlichen Residenzen und großen Handelshäuser. Eine der bedeutendsten Büchersammlungen des 16. Jahrhunderts war die Bibliotheca Palatina in Heidelberg, die Sammlung der kurpfälzischen Fürsten. Bis zum Beginn des 19. Jahrhunderts war die Buchbinderei reines Handwerk. Gedruckt wurde auf handgeschöpftem Papier. Grundmaterial für die Buchdecke war meist Pappe, die mit Leder überzogen wurde. Das Leder wurde oft mit Blind- und Goldprägung reichlich verziert, der Buchblock mit Goldschnitt veredelt. Erst ab 1830 erschienen die ersten Schutzumschläge.

Die handwerkliche Buchbinderei verwendet neben wichtigen Handwerkszeugen, wie Messer, Schere, Falzbein, Ahle, Zirkel, Pinsel, Hammer und Prägematerial, auch Apparate und kleine Hilfsmaschinen. Ein wichtiges Gerät ist die Pappschere, mit der die meisten Einzelmaterialien zugeschnitten werden. Papierstapel und Buchblocks werden heute auf Schneidemaschinen geschnitten. In der Stockpresse und der Spindelpresse werden gebundene Bücher gepreßt. Zwillingspressen arbeiten elektromechanisch oder hydraulisch.

Buchbinden von Hand erfolgt heute nur noch in Einzelstücken oder Kleinstauflagen mit der Heftlade, sonst mit der Heftmaschine oder in Klebebindung. Mit Handpresse und Hammer oder in der Abpreßmaschine erhalten die Bücher parallel zum Rücken Einkerbungen, Falze genannt. Sie erleichtern das Aufklappen der Buchdeckel. Karton wird mit dem Falzbein oder auf der Rillmaschine gerillt, Papier in der Perforiermaschine perforiert. Das Bestreichen mit Klebstoff erfolgt im Einzelfall mit dem Pinsel oder mit der Anleimmaschine. Mit dem Lederschärfapparat lassen sich Lederkanten abschrägen oder Lederflächen spalten. In vielfältigen Variationen werden Arbeiten mit dem Werkstoff Pappe für den individuellen Bedarf produziert. Bilder und Landkarten sind aufzuziehen, Visitenkarten zu falzen, Passepartouts zu schneiden, Geschenkmappen zu gestalten, Schachteln zu fertigen, die mit Buchbinderpapieren oder anderen hochwertigen Einbandstoffen beklebt werden.

Bei der Buchrestauration kann sowohl die Buchdecke als auch der Buchblock reparaturbedürftig sein. Diese Arbeiten sind oft sehr zeitaufwendig, da in vielen Fällen die Originalität wieder hergestellt werden soll oder beschädigte Originale vor dem weiteren Zerfall bewahrt werden müssen. Manchmal müssen Bücher ausgerissen, d. h. Heftlage für Heftlage muß gelöst werden. Alte Leimkrusten sind zu entfernen, evtl. neue Bünde einzuziehen. Auch lose Blätter sind auszuflicken, Falzstreifen einzuarbeiten. Risse werden geflickt, Eselsohren beseitigt, Vorsätze erneuert.

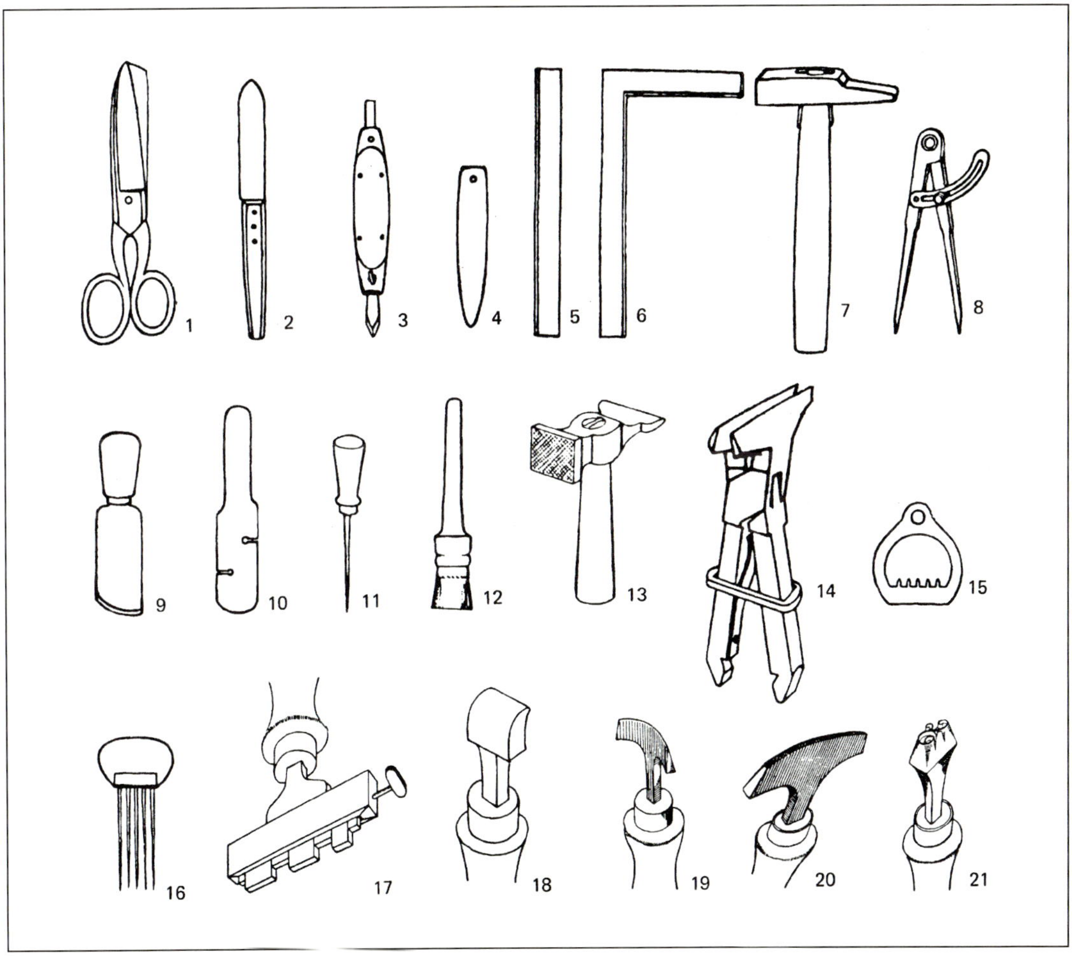

Bild 391.1. Werkzeuge des Buchbinders: 1 Schere, 2 Messer, 3 Ritzer, 4 Falzbein, 5 Lineal, 6 Eisenwinkel, 7 Hammer, 8 Zirkel, 9 Schärfmesser, 10 Aufschabeblech, 11 Ahle, 12 Pinsel, 13 Abpreßhammer, 14 Bundzange, 15 Bandhaken, 16 Bandnadeln, 17 Schriftkasten/Schriftstempel, 18 Glättkolben, 19 Linienstempel, 20 Zierfilete, 21 Ornamentstempel.

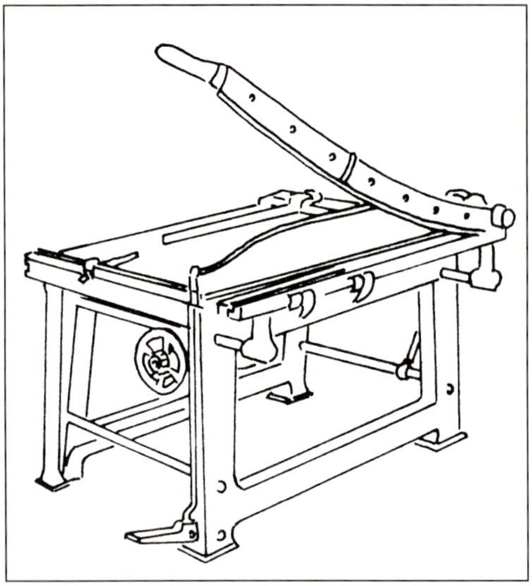

Bild 392.1. Pappschere.

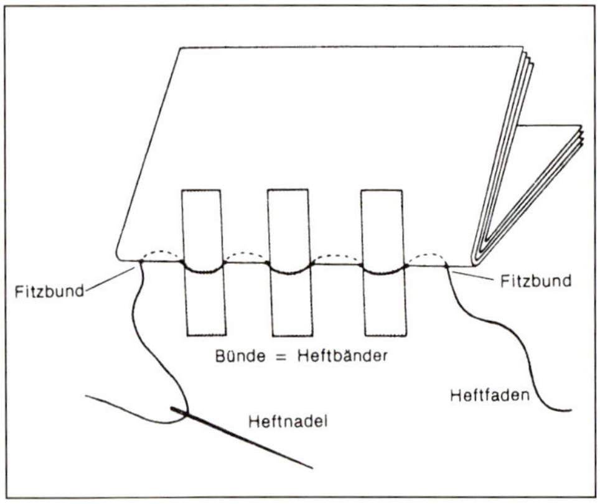

Bild 392.2. Manuelles Heften.

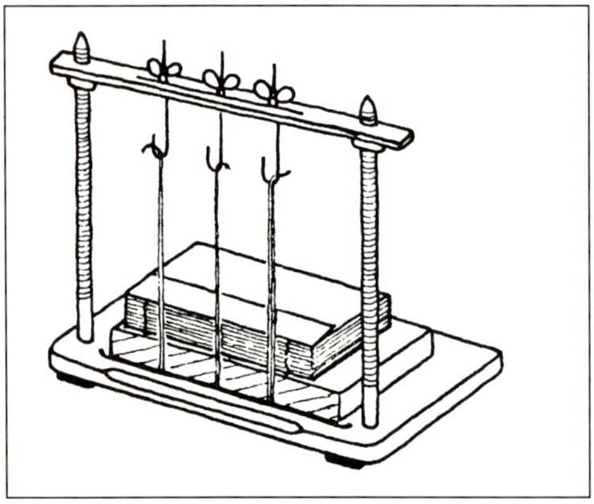

Bild 392.3. Heftlade mit Buch.

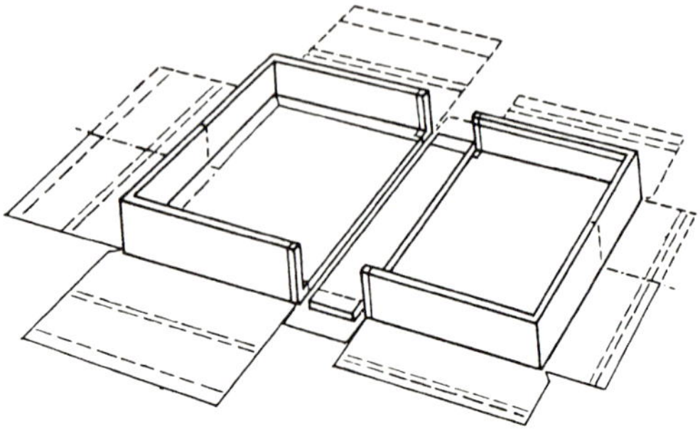

Bild 392.4. Das Futteral in Schachtelform ist für Geschenk- oder Gästebücher gedacht.

Bei der Einzelproduktion neuer Bücher erfolgen zunächst die Tätigkeiten des Vorrichtens: die Vollständigkeitskontrolle, gegebenenfalls das Falzen von Hand genau nach dem Satzspiegel registerhaltend, das Aufschneiden der gefalzten Bogen am Kopf, um Quetschfalten zu beseitigen. Oft sind Karten oder Bilder zu richten, das Vorsatzmachen kann in vielen Variationen erfolgen, das Einpressen der losen Lagen erfolgt vor dem Heften, und das Kollationieren beschließt diese Arbeitsstufe.

Das Handheften erfolgt mit drei oder mehr Stichen in den Falz. Gearbeitet wird mit Nadel, Zwirn und Heftlade. Bei dicken Lagen wird mit der Ahle vorgestochen. Der Heftfaden wird normalerweise verknotet. Man unterscheidet die sehr haltbare Durchausheftung und die weniger haltbare Wechselstichheftung. Schreib- und Geschäftsbücher werden auf Band geheftet, Druckbücher öfters auf Hanfschnur. Die Bünde können dabei versenkt, erhaben oder flach auf dem Buchrücken liegen. Leichte Bücher erhalten einfache, schwere Bücher doppelte Bünde.

Es folgen das Zurichten des Buchblocks und das Leimen mit Heißleim, Faßkleister oder Kunstharzkleber. Das Beschneiden des Buchblocks kann in unterschiedlicher Abfolge vor sich gehen:
Der Beschnitt erfolgt gleich dreiseitig nach dem Leimen; der dreiseitige Beschnitt erfolgt erst nach dem Abpressen des Buchfalzes; der Vorderschnitt erfolgt vor und der Kopf- und Schwanzschnitt nach dem Abpressen.

Durch das Abpressen erhält der Buchblock seine endgültige Form. Das Abpressen geschieht in einer Handpresse und mit dem Hammer. Man unterscheidet den schrägen, den niedergepreßten und den tiefen Buchfalz; er soll der Einbandart angepaßt sein.

Bei wertvollen Büchern folgt jetzt das Schnittmachen, das vor allem als Farbschnitt mit Deckfarben oder als Goldschnitt erfolgt. Das Kapitalband an Kopf und Fuß (Schwanz) des Buches dient mehr der Verzierung und dem Abdecken der Buchrückenenden. Für einfache Einbände verwendet man heute das gewebte Kapitalband, das angeklebt wird. Für wertvolle Einbände kennt der Buchbinder das handgestochene Kapital aus Seide.

Die Hülse, ein gefalzter Papierstreifen, dient der Festigung des Buchrückens und erleichtert das Verbinden des Buchblocks zur Buchdecke. Auch das Buchdeckemachen ist aufwendige handwerkliche Arbeit. Das Zuschneiden der Deckenteile, die richtige Breite der Rückeneinlage, das Bearbeiten der Deckelkanten, z. B. das Runden der Deckelecken, das Zusammenhängen der Decke, das Zuschneiden des Überzugsmaterials, das Bearbeiten der Einschläge sind wichtige Arbeitsschritte. Gehülste Buchblöcke werden in die Decke eingehängt, indem die Hülse mit Klebstoff angeschmiert und an den Buchrücken angerieben wird. Dann werden die Buchdeckel mit dem Buchblock durch ein Spiegelblatt verbunden. Ungehülste Buchblöcke werden eingelegt, indem das Vorsatz angeschmiert und dann an die Buchdeckel angepappt und angerieben wird. Zwischen Brettern erfolgt dann das Einpressen und Trocknen. Auf die fertige Buchdecke druckt oder prägt der Handbuchbinder oft noch den Buchtitel, Verzierungen oder Signets. Dazu benutzt er Fileten, Rollen, Stempel, Streicheisen und Lettern.

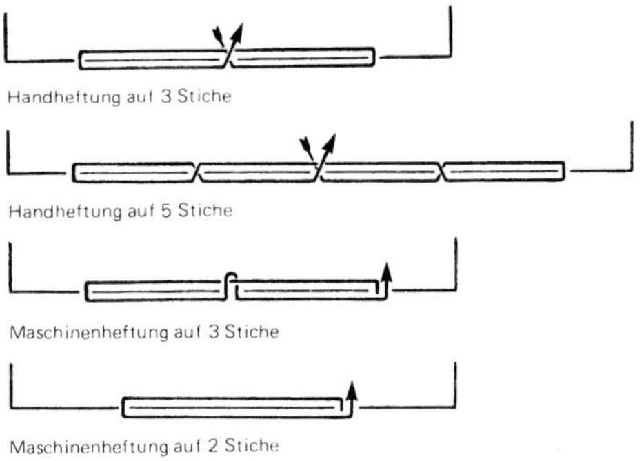

Bild 393.1. Fadenführung für einlagige Broschur (Hefte).

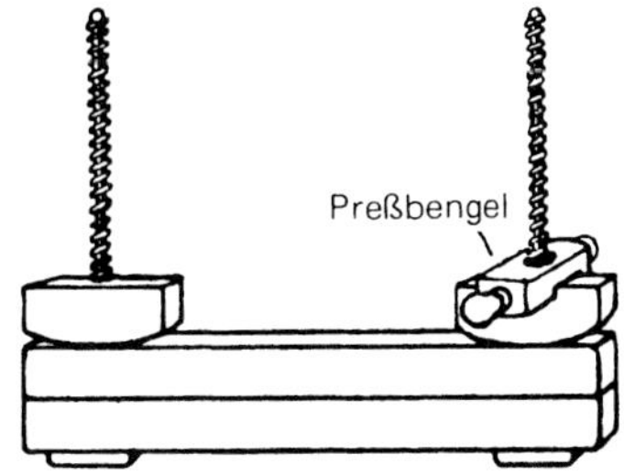

Bild 393.3. Handpresse mit Preßbengel.

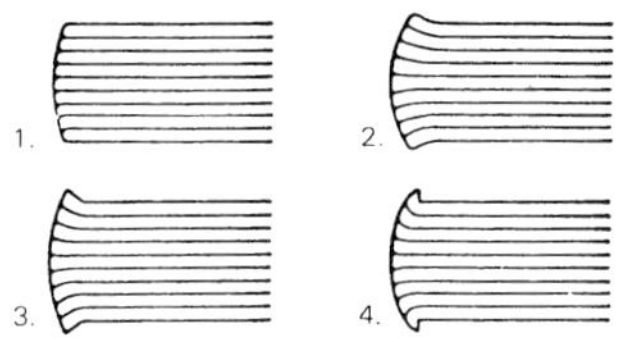

Bild 393.4. Der Buchfalz.
1. Niedergepreßter Falz für Broschuren, biegsame Einbände und Geschäftsbücher. 2. Ungeformter Falz für industrielle Einbände. 3. Schräger Falz für Handeinbände. Das fertige Buch zeigt eine Falzrille. 4. Tiefer Falz für Handeinbände (Franzbände). Das fertige Buch zeigt außen keine Falzrille.

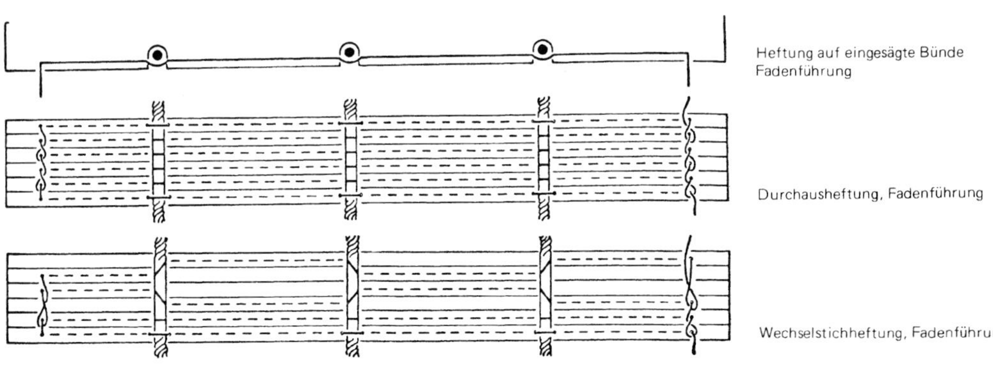

Bild 393.2. Die Heftung auf eingesägte Bünde.

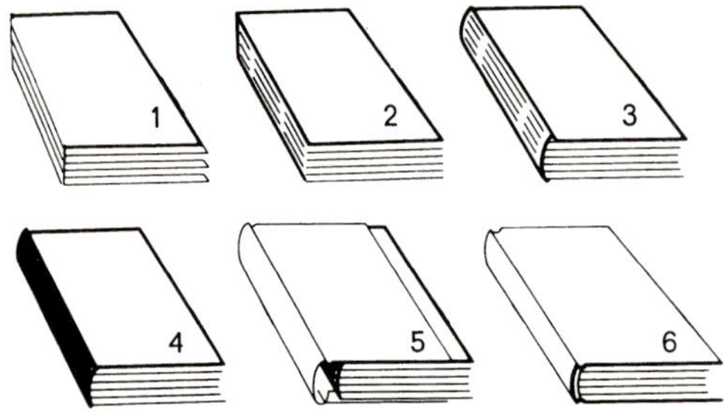

Bild 394.1. Phasen der Buchherstellung:
1 Zusammentragen zum Buchblock,
2 Heften und Beschneiden des Buchblocks,
3 Runden und Abpressen,
4 Kapitalen und Hinterkleben,
5 Einhängen,
6 Falzeinbrennen.

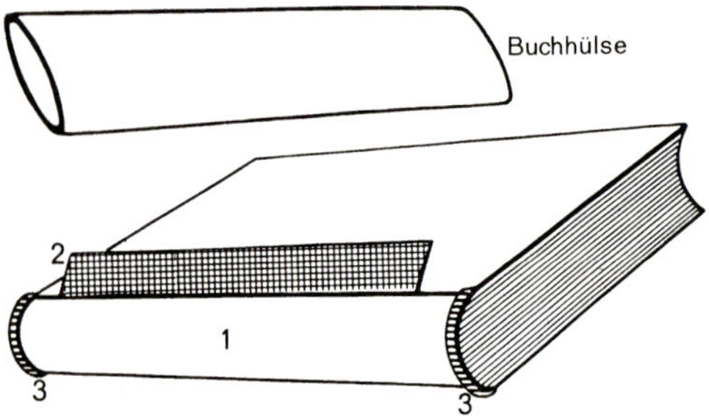

Bild 394.2. Oben Buchhülse.
Unten: Buchblock mit angeklebter Hülse (1), Gazestreifen (2), der auf die Decke geklebt wird, und Kapitalband (3).

▼

1. Wozu dienen Pappschere, Heftlade, Stockpresse?
2. Wozu dienen Ritzer, Aufschabeblech, Ahle, Abpreßhammer und Bandnadeln?
3. Was versteht man unter Einpressen, Falz, Beschnitt, Abpressen, Kapital, Hülse?
4. Welche Heftarten gibt es?
5. Wie kann der Beschnitt erfolgen?
6. Auf welche Weise wird der Buchblock mit der Buchdecke verbunden?
7. Wozu dienen Fileten, Stempel, Rollen und Streicheisen?
8. Welcher Einband erhält einen tiefen Falz?
9. Wie unterscheidet sich die Schachtel von einem Kasten?
10. Wozu dient ein Schuber?
11. Was ist eine Froschtasche?
12. Aus wieviel Teilen besteht die Decke eines Albums?

Zu den **Sonderarbeiten** der Buchbinderei gehört das Herstellen von Schachteln, Kästen, Mappen, Alben, Kassetten und Schubern.
Diese Produkte werden vom Buchbinder meist als repräsentative Einzelstücke gefertigt. Großserien entstehen in Kartonagenfabriken.

Die **Schachtel** ist die einfachste Form, meist ein kurzlebiges Produkt. Sie wird aus einem Stück Karton oder Pappe gefertigt. Durch Stauchen, Rillen, Nuten oder Ritzen des Materials wird das Ober- und Unterteil biegefähig. Die überlappenden Ecken werden geklebt. Die verwendete Graupappe kann mit Buntpapier überzogen werden. Karton wird vorher meist bedruckt.

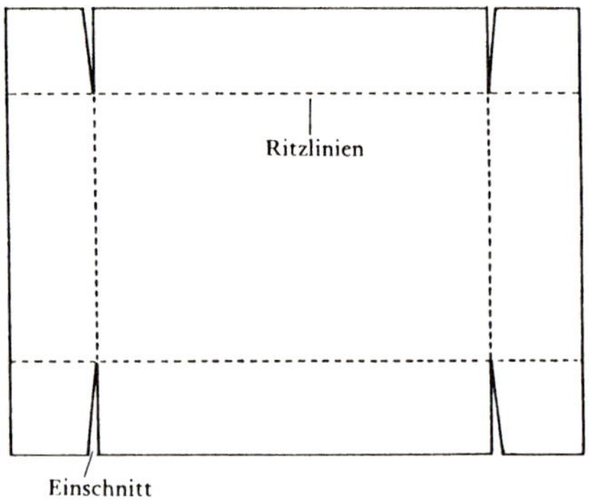

Bild 394.3. Die Schachtel.

Ein **Kasten** besteht aus fester Pappe, ist im Vergleich zur Schachtel haltbarer und für längeren Gebrauch geeignet. Für Deckel, Boden und Seiten werden einzelne Pappen maßgenau zugeschnitten, mit dekorativem Papier, Feingewebe oder Leder überzogen.

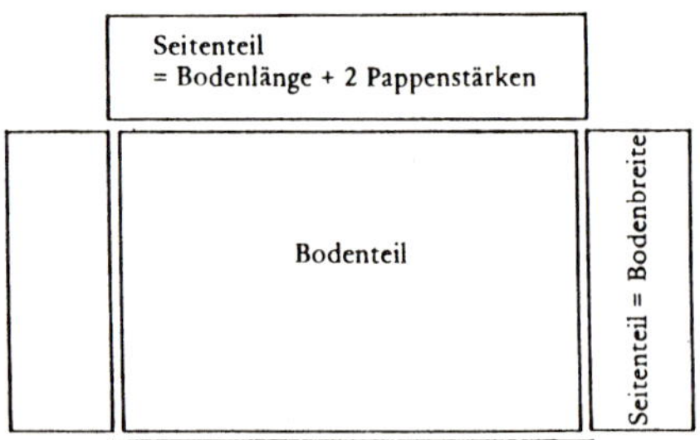

Bild 394.4. Der zusammengesetzte Kasten.

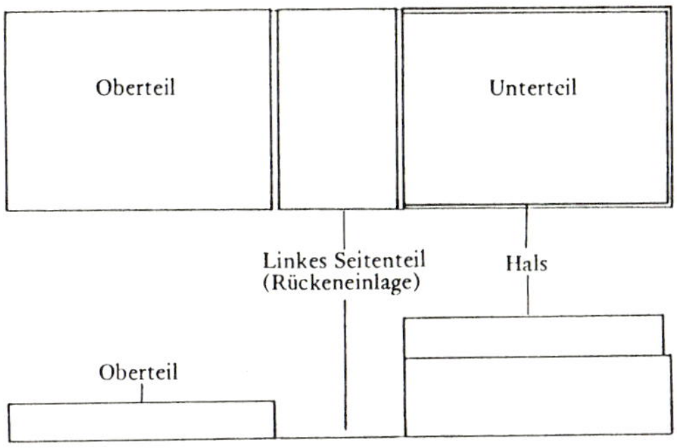

Bild 395.1. Kassette mit Hals.

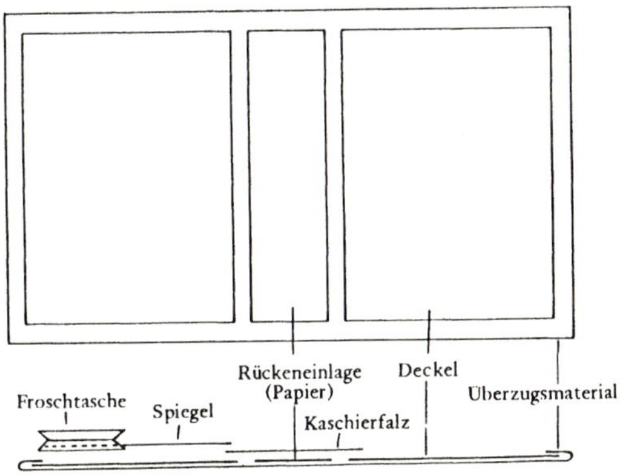

Bild 395.2. Mappe.

Bild 395.3. Geritzter Schuber.

Die **Kassette** ist ebenfalls aus fester Pappe und soll der Aufnahme eines Buches, einzelner wertvoller Blätter oder Karten dienen. Das Unterteil ist mit dem Deckel über die linke Seitenwand fest verbunden. Gegebenenfalls wird mit Schaumgummi aufgepolstert, auf jeden Fall mit edlem Material überzogen.

Die **Mappen** werden in vielfältiger Form und Ausführung produziert. Oft sind sie aus fünf Pappteilen entstanden und mit Gewebe oder Leder überzogen. Sie dienen der Aufbewahrung von Dokumenten und Briefen. Mappen mit Schraubenheftung sollen das Sammeln beziehungsweise Auswechseln einzelner Blätter ermöglichen.

Der **Schuber** dient der Aufbewahrung eines Buches oder mehrerer Bücher. Das Buch wird von ihm an drei Seiten umschlossen, der Buchrücken bleibt sichtbar. Die einfachste Ausführung ist der geritzte Schuber aus Graupappe. Er dient eigentlich nur als Transport- und Lagerschutz. Für Klassikerausgaben oder Buchreihen wird der Schuber meist mit farbigem Papier beklebt. Schwere Schuber werden aus fünf Einzelteilen gefertigt und für Qualitätsbände sogar mit Leder überzogen, so daß sie mit dem Buch eine gestalterische Einheit bilden.

Das **Album** dient diversen Zwecken, zum Beispiel zum Aufbewahren von Fotografien oder Briefmarken. Die Blätter sind zum besseren Aufschlagen gerillt, Ausgleichsstreifen sind eingefügt, wenn Fotos eingeklebt werden sollen, transparentes Papier ist dazwischen gelegt. Die Decke des Albums wird oft aus fünf Teilen gefertigt, die Haltbarkeit mit Schraubennägeln am seitlichen Rücken verbessert.

▼
Wie unterscheidet sich eine handwerklich gefertigte Kassette von einer maschinell hergestellten?

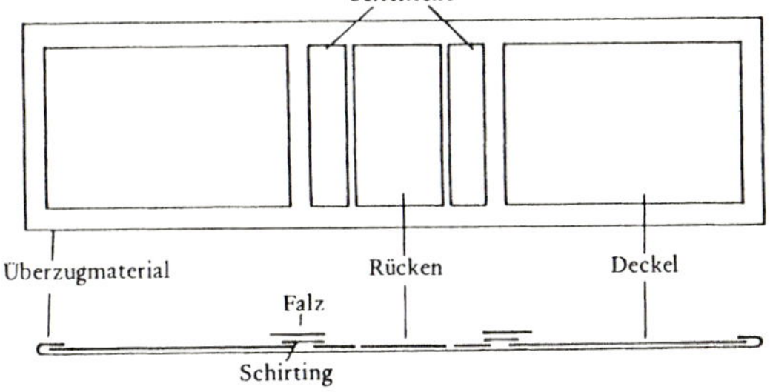

Bild 395.4. Das gerillte Album.

10.3.2 Industrielle Buchbinderei

Mitte des 19. Jahrhunderts begann der Übergang zur industriellen Buchbinderei. Ab 1870 gab es die ersten funktionsfähigen Fadenheft-, Schneide-, auch Drahtheftmaschinen, ab 1900 dann Maschinen für das Anleimen, Deckenmachen und Bucheinhängen. Für den Einband wurden seitdem Gewebematerialien benutzt. Gebets- und Gesangbücher, Klassikerausgaben, Lexika, Romane und Taschenbücher waren erste Großauflagen für den sich entwickelnden Markt der Leser. 1939 gelang Emil Lumbeck die Erfindung der Klebebindung, und ab 1965 entwickelte sich in Leipzig die Fadensiegeltechnik.

In der industriellen Buchbinderei unterscheidet man Einzelmaschinen, Taktstraßen, Teilfließ- und Gesamtfließstraßen. Je nach dem gewählten System ergeben sich halbautomatische oder vollautomatische Fabrikationsarten.

Auch der Herstellungsablauf des industriellen Buchbindens beginnt beim Druckbogen und vollzieht sich mit Hilfe zahlreicher Arbeitsmaschinen in vier Abschnitten:

1. Vorrichten des bedruckten Materials,
2. Zusammenfügen der Buchinnenteile zum Buchblock,
3. Herstellen der Buchaußenteile, des Umschlags oder der Buchdecke,
4. Verbinden des Buchblocks und der Buchaußenteile.

Dazu sind insgesamt ca. zwanzig Arbeitsstufen notwendig, die zum Teil fließbandartig erfolgen und sorgfältig aufeinander abgestimmt sind.

Zum Bogenbearbeitungsprozeß gehören zunächst Vorarbeiten wie Überprüfen auf Vollständigkeit der gelieferten Druckbogen, Richtigkeit der Seitenfolge bezüglich der Falzart und das Zählen der Bogen. Das Aufstoßen der Bogen durch Schütteln oder Stoßen auf einer glatten und festen Unterlage dient dem exakten Ausrichten der Bogen im Stapel. Auf dem Schütteltisch, auf dem die Bogen durch Vibration auf einer schiefen Ebene in einen rechten Winkel gleiten, ergibt sich ein glatter Stoß. Dann folgen drei Bearbeitungsstufen: Schneiden, Falzen und Binden. Als Zwischenprodukt entsteht der unbeschnittene Buchblock.

Schneiden. In der Druckmaschine wurde der Druckbogen als Rohformat bedruckt. Die Buchbinderei erhält die zu Paletten gestapelten Druckbogen aus der Druckerei. Wurde im Doppelbogen oder in Mehrfachproduktion gedruckt, müssen diese Großbogen durch Trennschnitte auf Falzbogengröße geteilt werden. Das Schneiden erfolgt immer in Bogenstößen (Bogenstapeln). Damit erhält der Buchbinder seine Falzbogen. Das Format der Falzbogen ist von der Größe und Menge der zusammengehörenden Seiten abhängig. Die allgemeine Grundgröße ist der Normalbogen mit 16 Seiten Umfang. Ein Halbbogen hat danach 8 Seiten, ein Viertelbogen 4 Seiten und ein Achtelbogen 2 Seiten Umfang. Produkte, die nicht durch Falzen weiterverarbeitet werden, erhalten beim Schneiden ihr Endformat. Gliederung des Arbeitsvorgangs Schneiden in Teilvorgänge und Arbeitsstufen:

Teilvorgang	Arbeitsstufe
Rüsten	Auftrag durchlesen ggf. altes Programm löschen Planobogen ausmessen Schnittfolge festlegen Programm eingeben Probeschnitte
Schneidgut vorbereiten	Einzelne Riese auspacken Schneidlage schütteln
Einlegen	Lage auf Maschinentisch bringen
Schneiden	Anschnitt Winkelschnitt Gegenschnitt Folgeschnitt Zwischenschnitt Nutzen aus Maschine schieben Beschneiden mehrerer Nutzen
Absetzen zur weiteren Bearbeitung	Beschnittenen Nutzen absetzen

Manuelles Schneiden geschieht mit Papierscheren und Papierschneidemessern. Für den Zuschnitt von Buchdeckeln werden Pappenkreisscheren benutzt.

Das Schneiden von Planobogen geschieht mit Schnellschneidemaschinen. Dies sind kraftgetriebene Maschinen mit selbsttätiger Stapelpressung und arbeitserleichternden Zusatzeinrichtungen. Moderne Schneidmaschinen sind mit Monitoren ausgerüstet, die dem Mitarbeiter Informationen liefern über die Buchhöhe, Buchbreite, den Kopfbeschnitt, die Preßhöhe, den Preßdruck und die Schneideleistung.

Die elektronische Maschinensteuerung erfolgt durch einen zentralen Prozessor. Komplette Schneideabläufe sind in Schneideprogrammen enthalten. Gespeichert werden zum Beispiel verschiedene Schnittfolgen, Schnittlängen, Formatgrößen und Fertigungsdaten.

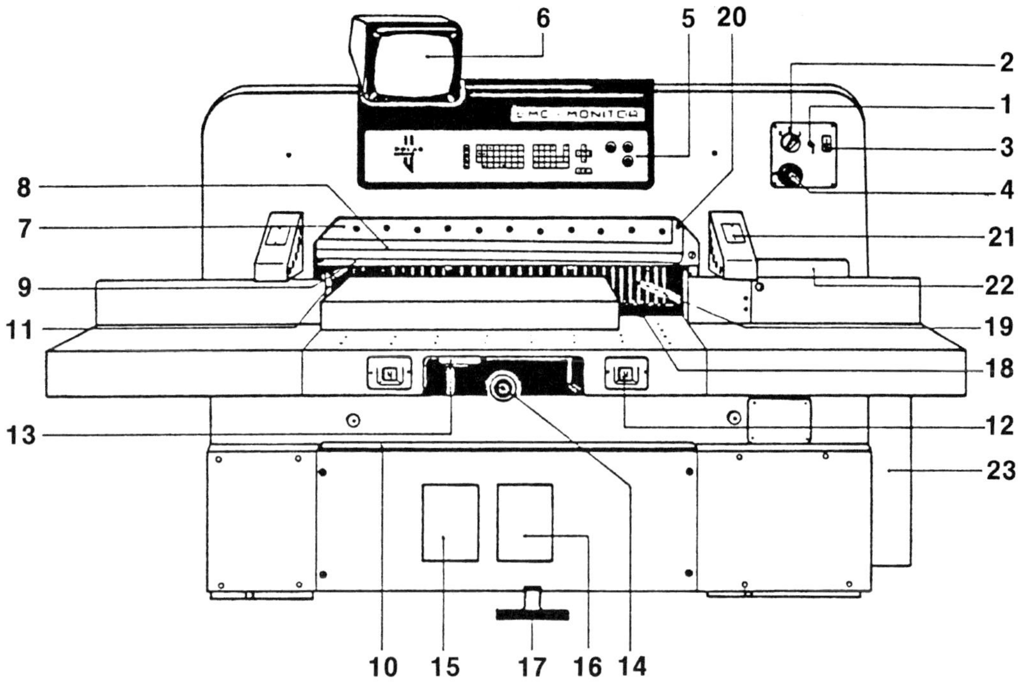

Bild 397.1. Papierschneidemaschine.
1. Sicherheitsschloß, 2. Hauptschalter, 3. EIN/AUS-Tastkombination, 4. Drehknopf für Preßdruckeinstellung und Messerwechsel, 5. Bedienpult, 6. Monitor, 7. Messerbalken, 8. Messer, 9. Preßbalken, 10. Abdeckblech/Ablage für Abdeckblech, 11. Linker kurzer Anschlag, 12. Schneidtasten, 13. Lufttaste, 14. Handrad/Maßfeineinstellung, 15. Klappe für Wechselspeicher, 16. Klappe für Motorschutzschalter, 17. Fußhebel, 18. Schneidleiste, 19. Sattel mit Rechen, 20. Schalter für optischen Schnittandeuter/Tischbeleuchtung, 21. Lichtschranke, 22. Handlochdeckel, 23. Kupplungsschutz.

Die Preßdruckregelung sorgt für Schnittqualität, die Messerschärfe wird überprüft. Repetierfunktionen für Etiketten sind einprogrammiert. Das Be- und Entladen des Schneidgutes und die Abfallbeseitigung erfolgen oft ebenfalls automatisch. Die schweren Papierstapel werden auf Luftkissen schwebend leicht geschoben und gedreht.

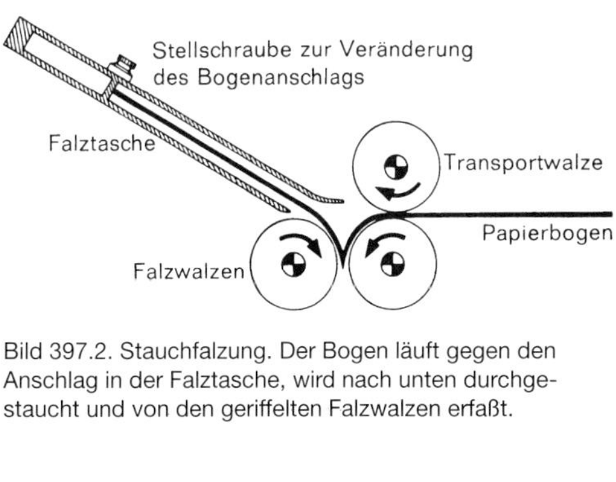

Bild 397.2. Stauchfalzung. Der Bogen läuft gegen den Anschlag in der Falztasche, wird nach unten durchgestaucht und von den geriffelten Falzwalzen erfaßt.

Falzen. Das Falzen ist ein registerhaltiges Zusammenlegen des Falzbogens zu einer Lage, so daß die richtige Seitenfolge und das Produktformat entstehen. Falzen erfolgt heute auf Falzmaschinen. Konstruktion und Kombination der Falzmaschinen bedingen die jeweilige Falztechnik und die Falzfolgen.

Bezüglich der Arbeitsweise sind zu unterscheiden: 1. Messerfalzmaschinen, auch Schwertfalzmaschinen genannt; 2. Taschenfalzmaschinen, auch Stauchfalzmaschinen genannt; 3. die Kombination beider Systeme. Messerfalzmaschinen verarbeiten die Druckbogen taktartig. Taschenfalzmaschinen lassen eine fließende Verarbeitung zu. Sie haben eine entsprechend höhere Kapazität.

Elektronische Hilfen an Falzmaschinen dienen zum Beispiel der automatisierten Bogenanlage und Bogenführung. Spezielle Software steht für die Steuerung der Schwertfalz- oder Taschenfalzaggregate zur Verfügung.

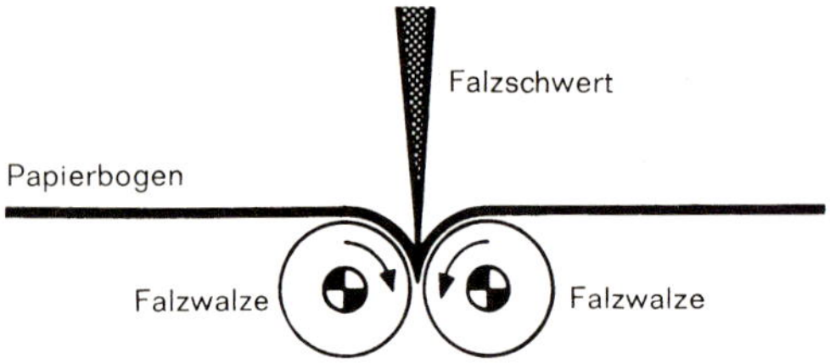

Bild 398.1. Schematische Darstellung der Schwertfalzung.

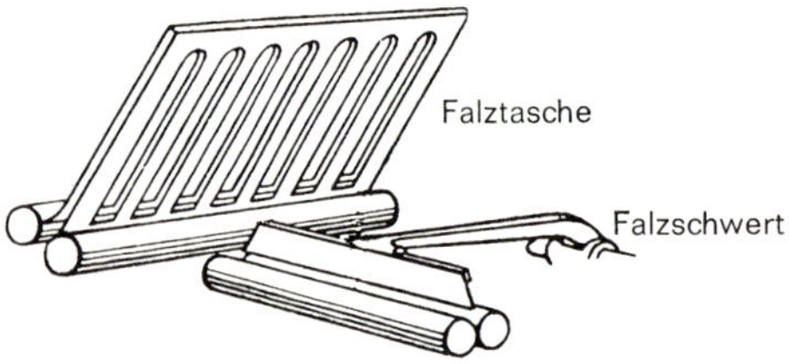

Bild 398.2. Kombinierter Taschen- und Schwertfalz.

Beim Falzen wird die Bogenfläche geknickt, man sagt, es entsteht ein Bruch. Einmal falzen ergibt eine Einbruchfalzung, das einfachste Falzprodukt, zum Beispiel eine Klappkarte.

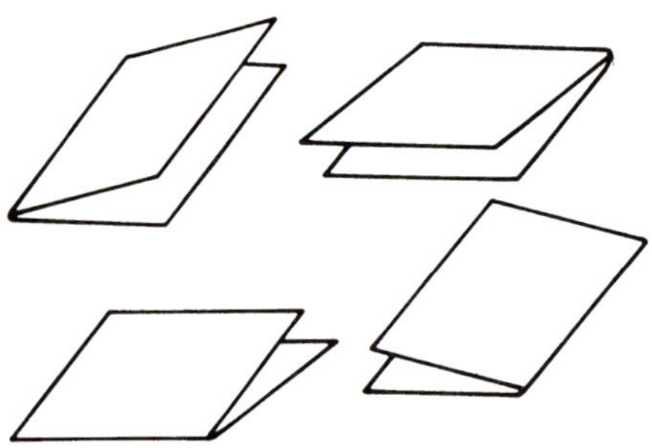

Bild 398.3. Lagenfalzung.

Lagenfalzung findet bei Geschäftsbüchern und einfachen Werbedrucksachen Verwendung. Mehrere kleinformatige Bogen werden aufeinandergelegt und gleichzeitig einmal gefalzt. Die einmal gefalzten Bogen sind im allgemeinen rechts offen, also ist der Falz links. Oft werden auch mehrere Lagen ineinandergesteckt.

Mehrmals falzen ergibt Mehrfachfalzung. Es kann kreuzweise, parallel oder in Kombination gefalzt werden. Dabei werden die großformatigen Bogen auf Buchgröße reduziert.

Wichtige Falzarten sind Kreuzfalz und Parallelfalz. Wird ein Bogen gefalzt, so entsteht entweder ein Hochformat oder ein Querformat, in seltenen Fällen ein Quadrat.

Bei der **Kreuzfalzung** wird stets die längere Bogenseite halbiert. Man spricht dann je nach der Anzahl der Falzungen auch von Einbruch-, Zweibruch-, Dreibruch- und Vierbruchfalzung. Ein mehrfach gefalzter Bogen wird auch Heftbogen oder Heftlage genannt. Es ergeben sich folgende Benennungen:

	Blatt	Seiten		
Einbruchbogen	2	4	Folio	2°
Zweibruchbogen	4	8	Quart	4°
Dreibruchbogen	8	16	Oktav	8°
Vierbruchbogen	16	32	Sedez	16°

Die Begriffe Folio bis Sedez sind veraltet. Sie wurden vor Einführung der DIN-Formate vielfach für Formatangaben verwendet. In Bibliografien beziehen sie sich auf die Anzahl der Falzungen und die dadurch entstandenen Blätter je Bogen.

Für das Falzen in Falzmaschinen müssen aus technischen Gründen folgende Seiten des Druckbogens in der Anlage der Falzmaschine stehen:

Kreuzfalze	Hochformat	Querformat
Einbruch	3 und 4	3 und 4
Zweibruch	3 und 4	3 und 4
Dreibruch	5 und 6	3 und 4
Vierbruch	3 und 4	5 und 6

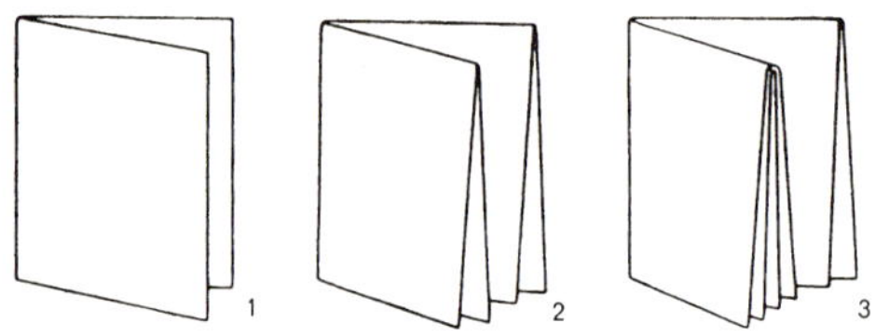

Bild 398.4. Arten von Kreuzfalzung:
1 Einbruch, 2 Zweibruch, 3 Dreibruch.

Damit ist auch die Lage aller Seiten in der Druckform vorbestimmt. Ausschießregeln und Ausschießschema leiten sich daraus ab. In besonderen Fällen wird im Werkdruck die Kreuzfalzung auch mit der Parallelfalzung kombiniert. Es ergeben sich dann Quer- und Schmalformate.

▶ Siehe Kapitel 7.1.2.

Gefalzt werden bei einem Werk zuerst stets der erste und der letzte Bogen (Titel- und Schlußbogen), da an diese bei den meisten Einbänden das Vorsatzblatt angeklebt wird und dieser Klebe-

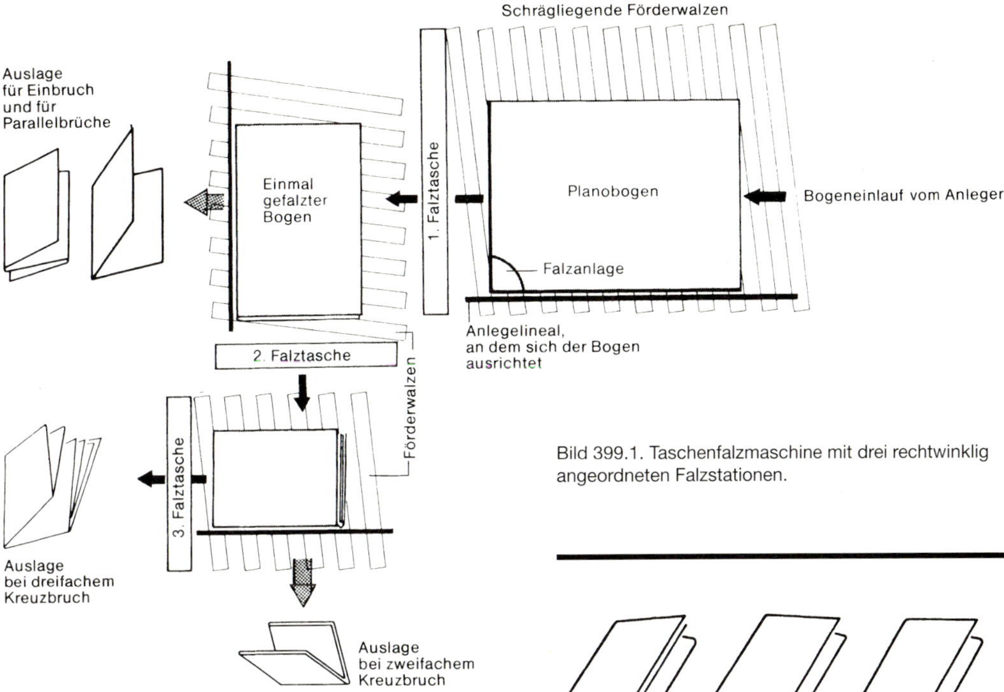

Bild 399.1. Taschenfalzmaschine mit drei rechtwinklig angeordneten Falzstationen.

Bild 399.3. Oben: Grundarten der Parallelfalzung.
Unten: Kombinationen.

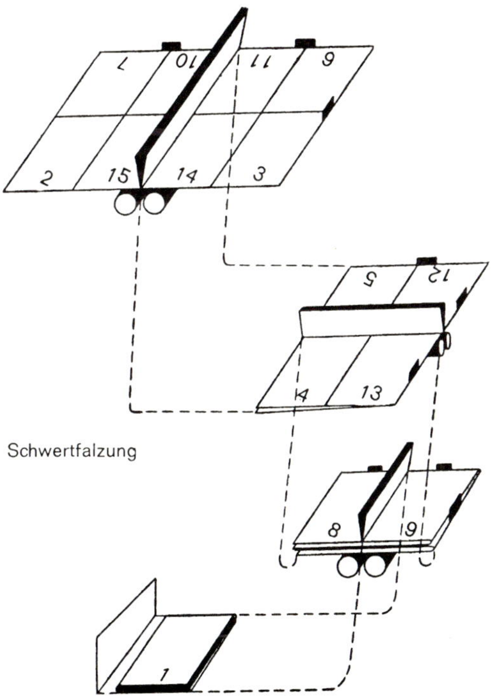

Bild 399.2. Kreuzfalzung mit der Messerfalzmaschine.

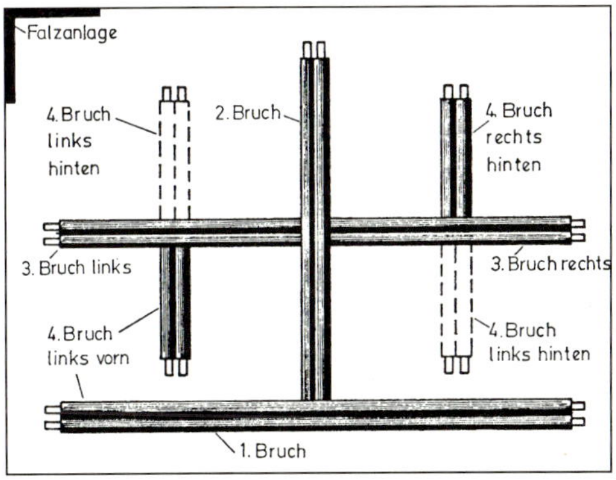

Bild 399.4. Schema einer Schwertfalzmaschine mit Bruchfolge.

vorgang eine längere Trockenzeit benötigt. Das Vorsatzblatt stellt die Verbindung zwischen der Buchdecke und dem Buchblock her.

Beim Herstellen von Prospekten wird im allgemeinen je nach Umfang, Werbewirksamkeit und Zweckmäßigkeit die **Parallelfalzung** verwendet. Wir unterscheiden Zickzackfalz (Leporellofalz) und Wickelfalz. Gelegentlich kommen auch Kombinationen zwischen Kreuzfalzung und Parallelfalzung vor. Es ergeben sich viele Varianten.

▼

1. Wie oft muß man falzen, um 16 Seiten zu erhalten?
2. Was bedeuten die Bezeichnungen Quart, Folio, Sedez, Oktav?
3. Bei welchen Druckformen bzw. Bogen müssen die Seiten 5 und 6 in der Anlage stehen?
4. Was versteht man unter Kollationieren?
5. Welche Aufgabe hat das Vorsatzblatt?
6. Welche Arbeitsvorgänge gehören a) zum Vorrichten, b) zum Fertigmachen?
7. Wie unterscheiden sich Werkdruckfalzung, Prospektfalzung, Lagenfalzung?
8. Welche Vor- und Nachteile hat die Stauchfalzung im Vergleich zur Schwertfalzung?

Zusammentragen. Zwei Seiten befinden sich auf einem Blatt. Eine bestimmte Anzahl Seiten ist vereint auf einem Druckbogen und ergibt gefalzt eine Lage. Ein Bogen hat also stets mindestens 4 Seiten, damit mindestens einen Falz.

Nach dem Falzen müssen die einzelnen Lagen in die richtige Reihenfolge gebracht werden, damit die Seitenfolge für das ganze Produkt entsteht. Der Buchbinder unterscheidet das Zusammentragen, das Sammeln und das Sortieren.

Beim Zusammentragen mit der Zusammentragmaschine werden die einzelnen Lagen aus verschiedenen Stapeln nacheinander entnommen und zum fertigen Produkt aneinandergereiht. Später werden die Lagen durch die Fadenheftung oder Klebebindung zum Buchblock verbunden. Entsprechend der Anzahl der Zusammentragstationen ergibt sich die Menge der Einzelteile je Druckprodukt.

Gefalzte Bogen neigen oft zum Bauschen. Daher werden sie vor der weiteren Verarbeitung in eine Bündelpresse eingelegt. Anschließend erfolgt das Kollationieren, das Durchsehen der zusammengetragenen Bogen auf die richtige Folge der Seitenzahl, der Bogenziffern und Flattermarken. Erst dann beginnt die Verarbeitung durch Heften.

Beim **Sammeln** im Sammelhefter werden die einzelnen Falzprodukte, meist Einbruch- oder Zweibruchbogen, auf einer endlos laufenden Kette so aufgelegt, daß die Einzellagen schließlich ineinander gesteckt sind und im Drahtheftautomat durch den Falz geheftet werden können. Das Prinzip des Sammelns findet vor allem bei der Herstellung von Broschuren mit begrenztem Seitenumfang Anwendung.

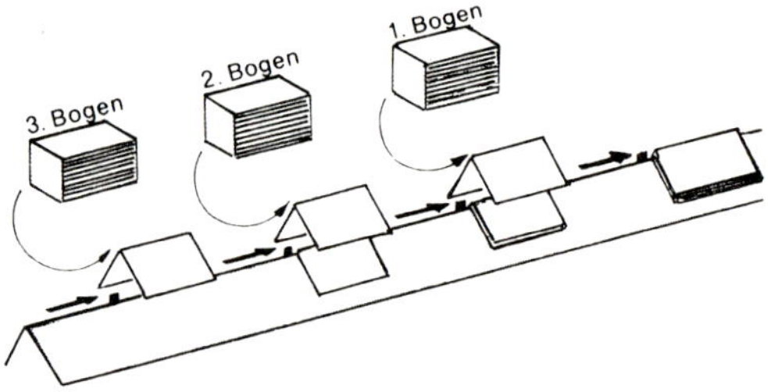

Bild 400.1. Schema einer Sammelheftmaschine. Die Bogen werden geöffnet auf die Transportstrecke gelegt und sofort anschließend mit Drahtklammern geheftet.

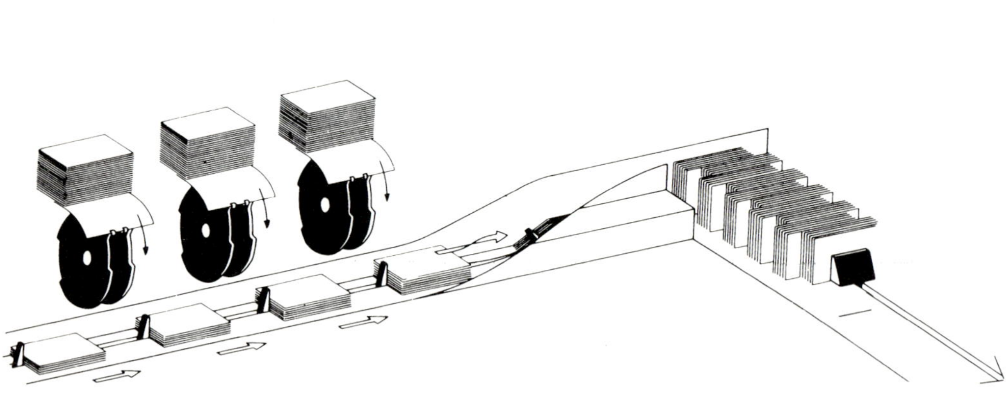

Bild 400.2. Arbeitsweise einer Zusammentragmaschine.

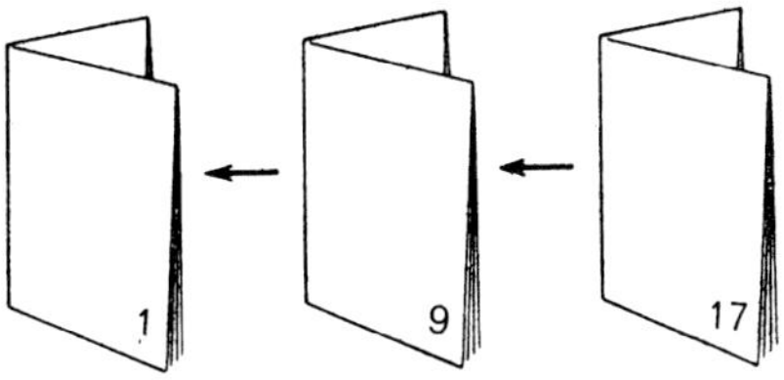

Bild 401.1. Ineinanderstecken von Bogen zu je 8 Seiten.

Von **Sortieren** spricht man, wenn eine Sortiermaschine an eine Druckmaschine oder an einen Kopierautomaten angeschlossen ist und das gedruckte oder kopierte einzelne Blatt auf die Sortierstationen verteilt wird. Dem ersten Blatt folgen die weiteren Blätter des Produktes. Beim Sortierprinzip arbeitet man also von einer Vorlage in die verschiedenen Fächer, und zwar so lange, bis die Drucksache aus aneinandergereihten Einzelblättern komplettiert ist. Durch Klebebindung oder seitliche Drahtheftung werden die Blattstapel dann zusammengefügt.
Sortiervorrichtungen werden u. a. eingesetzt an Laserdruckanlagen für Bücher auf Bestellung (Printing on demand).

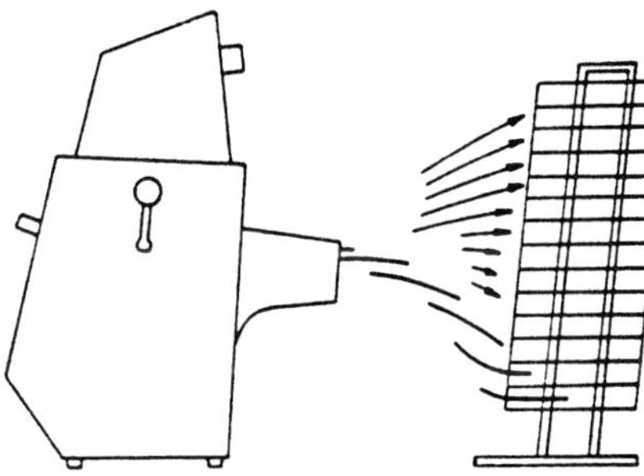

Bild 401.2. Schema einer Sortiermaschine.

Binden. Buchbinden geschieht durch die Arbeitsvorgänge Heften und Kleben. Nach dem Material unterscheidet man: Drahtheftung, Fadenheftung, Klebebindung (fadenlose Heftung) und Sonderformen. Da der Umfang eines Produktes von der Informationsmenge abhängig ist, ergeben sich entweder einlagige oder mehrlagige Produkte. Einlagige Produkte werden mit Rückstichheftung, Steppheftung, Drahtheftung oder Fadensiegelheftung gebunden. Mehrlagige Produkte werden meist durch Fadenheftung im Bogenbindeverfahren oder durch Klebeheftung, seitliche Drahtheftung oder Spiralheftung im Blockbindeverfahren gebunden.

Drahtheftung wird ausgeführt als Blockheftung durch seitliche Drahtheftung bei Blöcken und Listen oder als Rückenheftung durch Rückenstich bei Zeitschriften und Heften. Das Heften mit Draht geschieht auf einfachen Heftmaschinen mit manueller Anlage oder auf automatischen Sammelheftmaschinen. Die Bindung ist recht einfach, aber haltbar. Die Rückendrahtheftung verursacht geringe Kosten. Das Heft oder die Broschur läßt sich leicht aufschlagen. Nur gefalzte und ineinandergesteckte Bogen können mit Rückendrahtheftung geheftet werden.

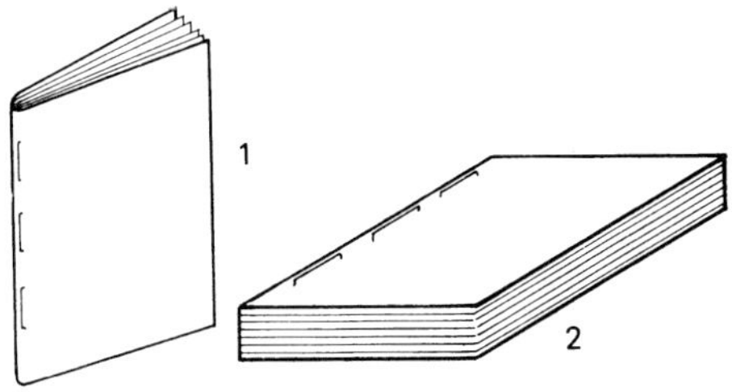

Bild 401.3. Drahtheftung. 1 Rückenheftung, 2 Blockheftung mit Drahtklammern.

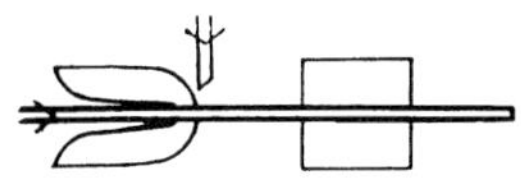

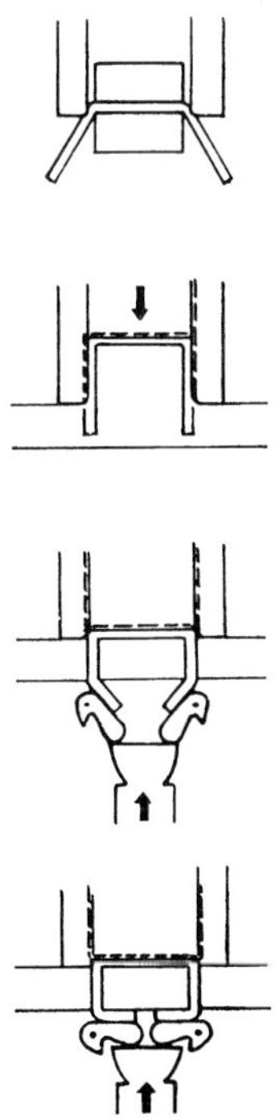

Bild 401.4.
Drahtheftung:
1 Draht in der gewünschten Länge von der Rolle abschneiden.

2 Drahtstück im Biegeblock rechtwinklig umbiegen.

3 Drahtklammer mit einem Stößel in das Papier treiben.

4 + 5 Klammerenden mit zwei Stößeln umbiegen.

Die seitliche Drahtheftung ermöglicht das Heften von Blättern, Folien und Stoffmustern und ist ebenfalls recht haltbar. Allerdings läßt sich ein in diesem Verfahren geheftetes Produkt nicht gut aufschlagen.

Bei beiden Verfahren ist die Blockstärke durch die Drahtklammerlänge beschränkt. Auch ist diese sichtbare Heftung wenig repräsentativ.

Fadenheftung ist die älteste Methode des Heftens. Sie ist ein Nähvorgang, wobei der gefalzte Bogen durch den Bund (geschlossene linke Kante) geheftet wird. Die Fadenheftung wird durchgeführt im Einfachstich oder Doppelstich. Knotenheftung verwendet man für Schreibhefte. Holländerheftung bei Broschüren hat geringe Haltbarkeit, weil die Fäden nicht verknotet, sondern im Rücken verleimt sind. Broschürenheftung hat nur mittlere Haltbarkeit, weil Zwirn, aber keine Gaze verwendet wird. Buchblockheftung wird mit Zwirn, Gaze, Schnüren und Bändern ausgeführt und ist deshalb sehr haltbar.

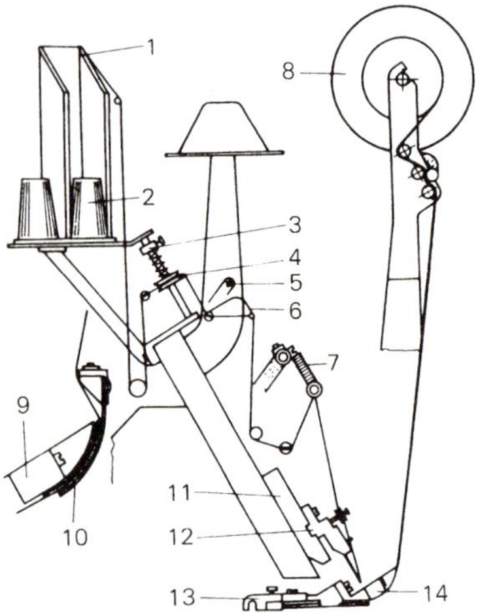

Bild 402.1.
Faden- und Gazeführung in einer Heftmaschine.
1 Bügel, 2 Fadenkops, 3 Stellring, 4 Spannscheiben, 5 Kontaktstab, 6 Federbügel, 7 Fadenspannfeder, 8 Gazerolle, 9 Nadelleiste, 10 Gazeschieber, 11 Nadelplatte, 12 Nähnadelkörper, 13 Schneidnadelkörper, 14 Nadelleisten.

Nach dem Heften wird der Buchrücken abgeleimt. Damit erhält der Buchblock seine eigentliche Festigkeit. Der Leim schließt die Zwischenräume der einzelnen Lagen, schließt alle Leerstiche, verklebt die Heftfäden, verbindet die Heftgaze oder das Heftband mit den Lagen.

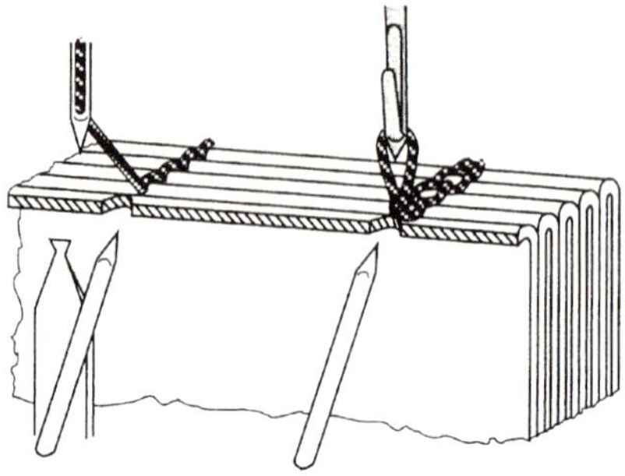

Vorstechen des Bogens von unten mit den Vorstechnadeln.

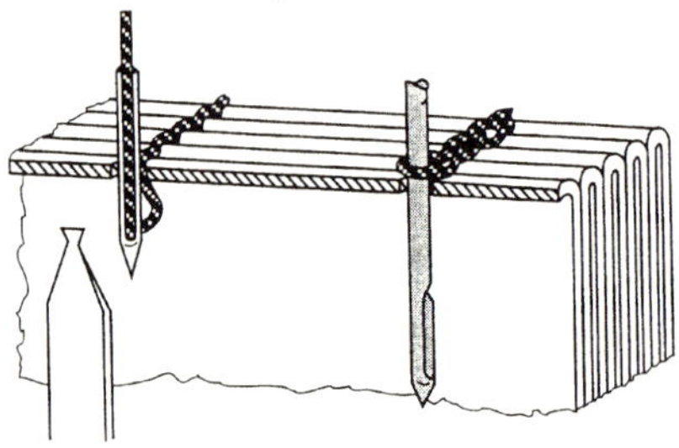

Näh- und Hakennadeln dringen durch die Löcher nach unten und werden anschließend 2–3 mm zurückgezogen. Dadurch entsteht beim Faden der Nähnadel eine Öse, die der Greifer erfaßt.

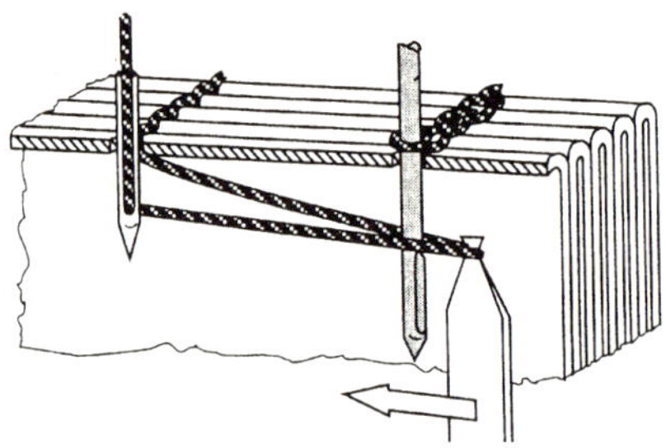

Der Greifer zieht den Faden über die Hakennadel hinaus und kippt in deren Richtung. Der eine Faden liegt nun an der Hakennadel an.

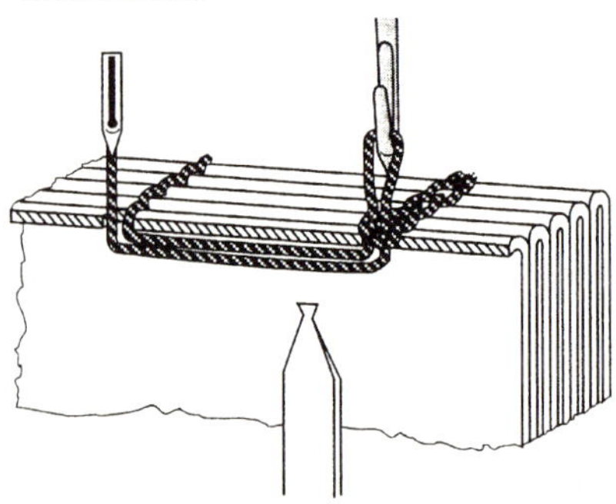

Bei der nun folgenden Aufwärtsbewegung erfaßt der Haken der Hakennadel den anliegenden Faden. Der Greifer läuft zurück und hängt den Faden aus. Die Hakennadel dreht sich um 180° und zieht den Faden durch die vorhergehende Schlinge.

Bild 402.2. Schematische Darstellung der Heftvorgänge in einer Fadenheftmaschine.

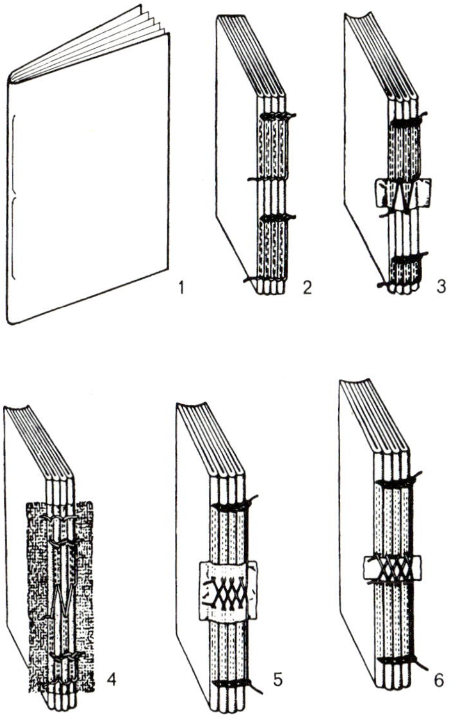

Bild 403.1. Fadenheftung. 1 Rückenstichheftung, 2 Broschierstich, 3 einfacher Übernähstich, 4 versetzter Stich auf Gaze, 5 versetzter Stich auf Gaze und durch Band, 6 versetzter Stich auf Gaze und über Band.

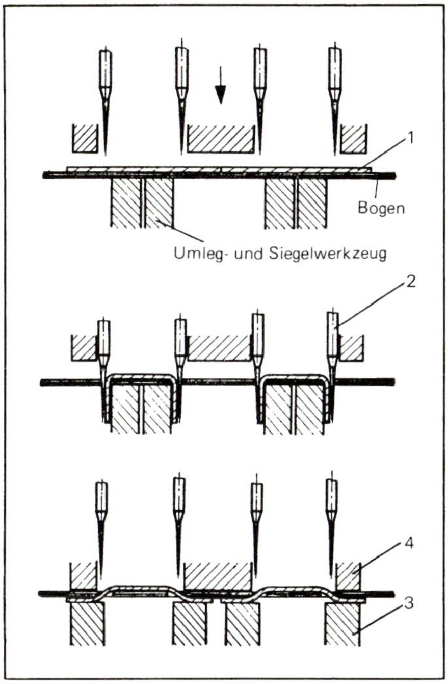

Bild 403.2. Ablauf des Fadensiegelvorganges. 1 Fadenmaterial, 2 Heftnadeln, 3 beheizte Werkzeuge, 4 Gegendruckkörper.

Die Fadenheftung verursacht hohe Fertigungskosten und ist auf den Fadenheftmaschinen im Vergleich zur Klebebindung nur mit relativ langsamer Geschwindigkeit durchzuführen.

Fadensiegeln ist eine weitere Variante des Heftens. Die einzelnen Falzbogen werden dabei mit Fadenklammern aus siegelfähigem Material geheftet. Der Heftvorgang geschieht zusammen mit dem Falzvorgang. Die Bogen werden in einer Falzmaschine mit angeschlossenem Fadensiegelautomat vor der letzten Falzung mit mehreren Stichen von innen nach außen geheftet. Die außen liegenden Fadenenden werden auf dem Rücken des Falzbogens angesiegelt. Bei dem Fadenmaterial handelt es sich um eine Faserkombination auf thermoplastischer Basis mit unterschiedlichem Schmelzpunkt. Die Verbindung von Bogen zu Bogen wird nach dem Zusammentragen mit einem Dispersionskleber hergestellt. Bei diesem Prinzip bleibt also im Gegensatz zur Klebebindung die gefalzte Bogeneinheit erhalten.

Klebebindung ist fadenlose Heftung. In der Klebebindetechnik gibt es verschiedene Produktionsverfahren, die sich vor allem in der mechanischen Bearbeitung des Falzbogens bzw. des Einzelblattes und in der Art des verwendeten Klebstofftyps unterscheiden. Man spricht von Einzelblatt- und Bogenverarbeitung. Wichtig ist, daß für den Klebstoff eine genügend große Haftfläche zur Verfügung steht, damit er die Blätter oder Bogen fest verbinden kann. Weiterhin hat der Buchbinder darauf zu achten, daß zwischen den jeweiligen Eigenschaften des Klebstofftyps und den Eigenschaften des zu verbindenden Materials in bezug auf die Haftfähigkeit eine enge Abstimmung besteht, also die Adhäsion beider Flächen optimal ist. Der Klebstoff selbst soll eine gute Eigenfestigkeit besitzen, also hohe Kohäsion haben. Vom Zusammenwirken beider Faktoren sind schließlich Klebkraft und Haltbarkeit abhängig.

Die einfachste Art ist die Fächerklebebindung. Zum Block zusammengefaßte Blätter oder Lagen werden im Bund beschnitten. Durch Auffächerung des Blockrückens wird das einzelne Blatt in den Klebstoffilm eingebettet und fest verankert. Diese Arbeit geschah früher manuell mit Klebebindegeräten. Das Verfahren wurde auch „Lumbecken“ genannt. Fächerklebeverbindung wird heute industriell für hochwertige Klebebindungen angewandt.

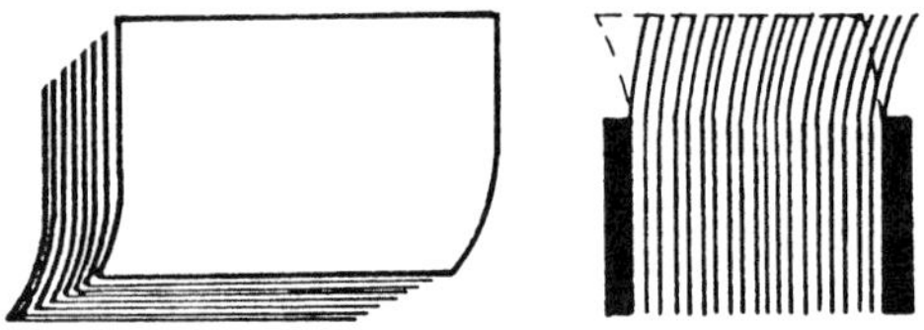

Bild 404.1. Fächern für die Klebebindung.

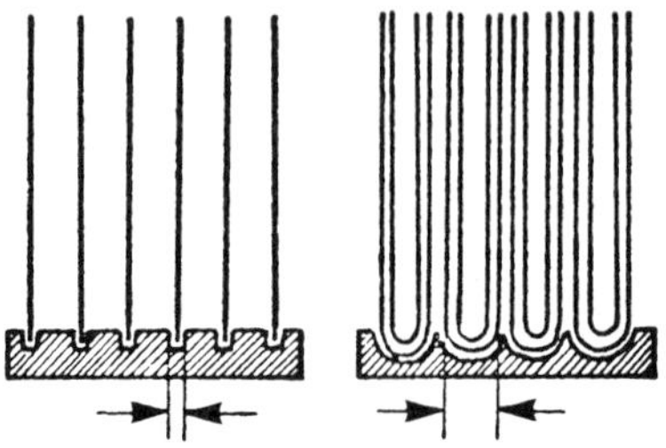

Bild 404.4. Links Einzelblattverfahren, knappe Klebstoff-Angriffsfläche. Rechts Bogenverarbeitung, große Klebstoff-Angriffsfläche.

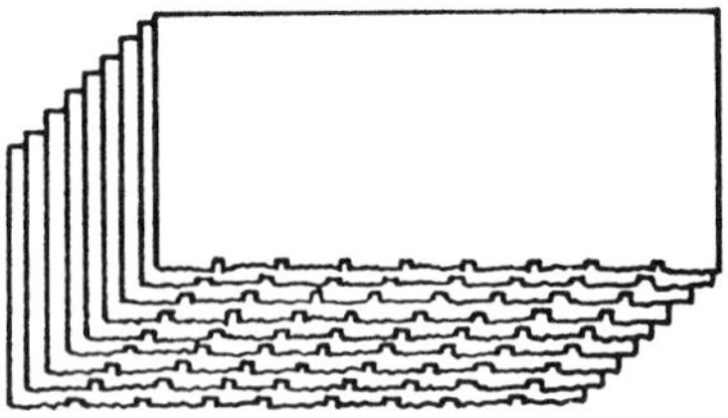

Bild 404.2. Einzelblattverarbeitung: Mit der kombinierten Fräs-Einkerbtechnik behandelter Buchblockrücken.

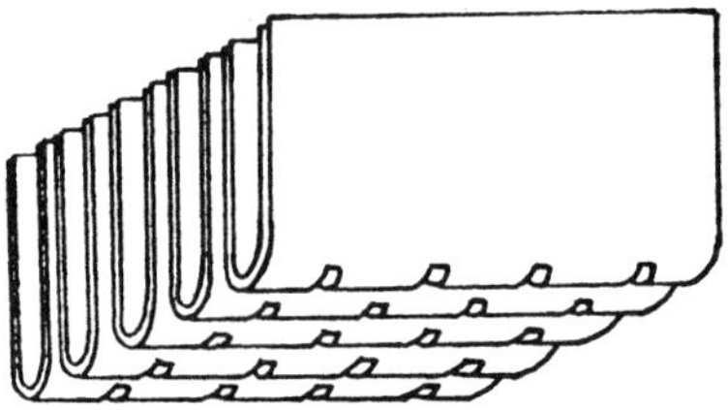

Bild 404.5. Buchrücken mit gefrästen Einkerbungen.

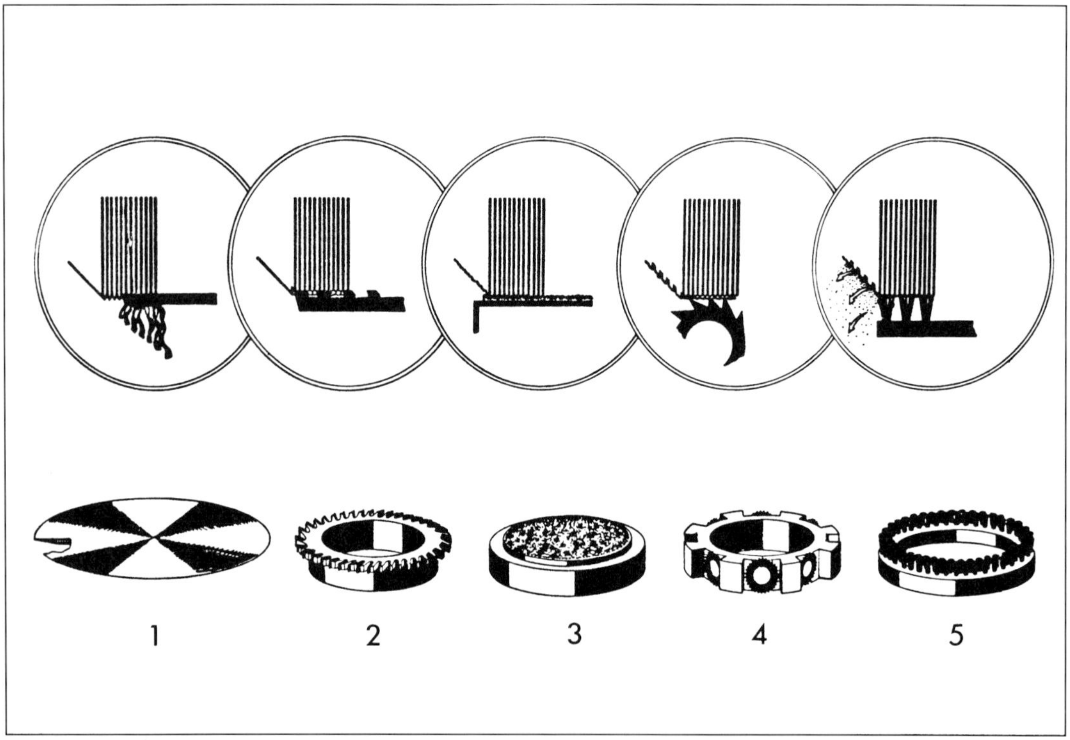

Bild 404.3. Buchrückenbearbeitung: 1. rotierendes Kreismesser, 2. rotierendes Fräsmesser, 3. Aufrauhung mit Karborundum-Teller, 4. Einkerbverfahren, 5. Ringbürste zur Staubentfernung.

Bei den maschinellen Verfahren für Massenprodukte wie Taschenbücher, Kataloge und Adreßbücher setzt man vor allem die Blockklebebindung ein. Die zusammengetragenen Bogen werden im Rückenfalz teilweise eingekerbt oder eingefräst. Dadurch erzielt man eine stärkere Aufrauhung des Buchrückens, wodurch die Haftung des Klebstoffs verbessert wird.

Die Buchrückenbearbeitung erfolgt mit der Schneide- oder Fräsmaschine. Schneidmesser oder rotierende Fräser arbeiten glatte Schnitte, Kerben und Aufrauhungen in den Buchrücken und verbessern dadurch die Haftflächen für den Leim. Schnitzelfräser, Schleifteller, Egalisierfräser und Kerbrädchen werden je nach der zu bearbeitenden Papierqualität kombiniert eingesetzt.

Als Klebstoff werden Dispersions- und Schmelzkleber verwendet. Man unterscheidet einschichtige und mehrschichtige (meist zweischichtige) Klebebindungen, sowohl bei Dispersionsklebern als auch bei den Schmelzklebern. Auch Kombinationen mit beiden Klebstofftypen kommen vor.

Der klebegebundene Buchrücken muß vor der weiteren Bearbeitung eine angemessene Trocknung haben. Trockenstrecken und Trockenaggregate ermöglichen dies. Früher verwendete man vor allem die IR-Trocknung (Infrarot-Trocknung), heute bevorzugt man HF-Trocknung (Hochfrequenz-Trocknung) wegen der kürzeren Trockenstrecke und der schnelleren Klebstoffverfestigung.

In der industriellen Massenfabrikation erfolgt das Klebebinden von Katalogen, Telefonbüchern und Taschenbüchern auf sogenannten Fertigungsstraßen.

Eine weitere Variante der Klebebindung ist das Falzkleben in Falzmaschinen oder Rotationsmaschinen mit Falzapparat. Es verdrängt bei 8- bis 16seitigen Akzidenzprodukten die Heftklammer. Falzkleben wird vor allem im Bereich der Werbung und bei Mailing-Produkten angewendet. Solche Produkte sind auch problemloser in Zeitungen einzulegen als klammergeheftete. Elektronisch gesteuerte, geschlossene Düsenauftragssysteme ermöglichen eine Inline-Fertigung durch Klebstoffauftrag im Bund unmittelbar vor dem Falzen. Für diese Technik sind Naturpapiere besser geeignet als gestrichene.

Sonderformen der Bindung einzelner Blätter sind bekannt als Ring-, Spiral-, Schraub- und Druckknopfheftung. Man findet sie bei Katalogen, Kalendern und Alben. Die dafür notwendige Perforierung wird gestanzt oder gebohrt.

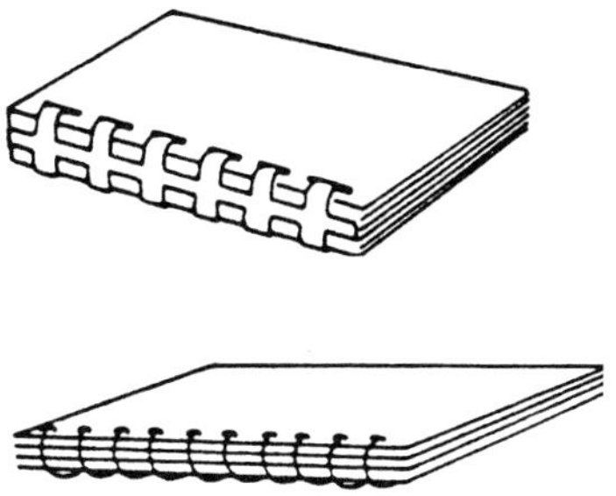

Bild 405.1. Plastikbindung und Spiralbindung.

Qualitätsbestimmende Faktoren am Buchblock sind die Bindetechnologie, die Papierbeschaffenheit und die Klebstoffauswahl. Ihr Zusammenwirken bestimmt die Gebrauchsfähigkeit des Buchblocks. Qualitätsprüfungen am Buchblock sind zum Beispiel der Pulltest (Zugtest) und der Flextest (Blattwendetest). Mit dem Pulltest wird die Ausreißfestigkeit eines Blattes aus dem Buchrücken geprüft. Mit dem Flextest wird die Anzahl der Wendebewegungen eines Blattes bis zum Blattausriß ermittelt.

▼

1. Wie unterscheiden sich Sammeln, Zusammentragen und Sortieren?
2. Welche Arten der Buchblockfertigung gibt es?
3. Vergleichen Sie den Vorgang der Fadenheftung mit der Klebebindung!
4. Was versteht man unter dem Begriff Buchblock?
5. Woran erkennt man klebegebundene Bücher?
6. Erklären Sie den Begriff Lumbecken und Falzkleben!
7. Wie unterscheiden sich Drahtheftung und Fadensiegelung?
8. Erklären Sie den Unterschied zwischen Adhäsion und Kohäsion!
9. Welche Faktoren beeinflussen die Qualität des Buchblocks?
10. Welches ist die älteste Methode des Buchbindens?
11. Wodurch unterscheidet sich das Fadensiegeln vom Fadenheften?
12. Welche Vorteile bietet das Fadensiegeln im Vergleich zu Fadenheftung und Klebebindung?

Bei der weiteren Fertigung gebundener Produkte ist zu unterscheiden, ob das Produkt eine Broschur mit flexiblem Umschlag oder ein Buch mit festem Einband werden soll. Je nach Verfahrensweg, Qualitätsanspruch und Ausstattung ergibt sich ein unterschiedlich großer Aufwand in der weiteren Fertigung.

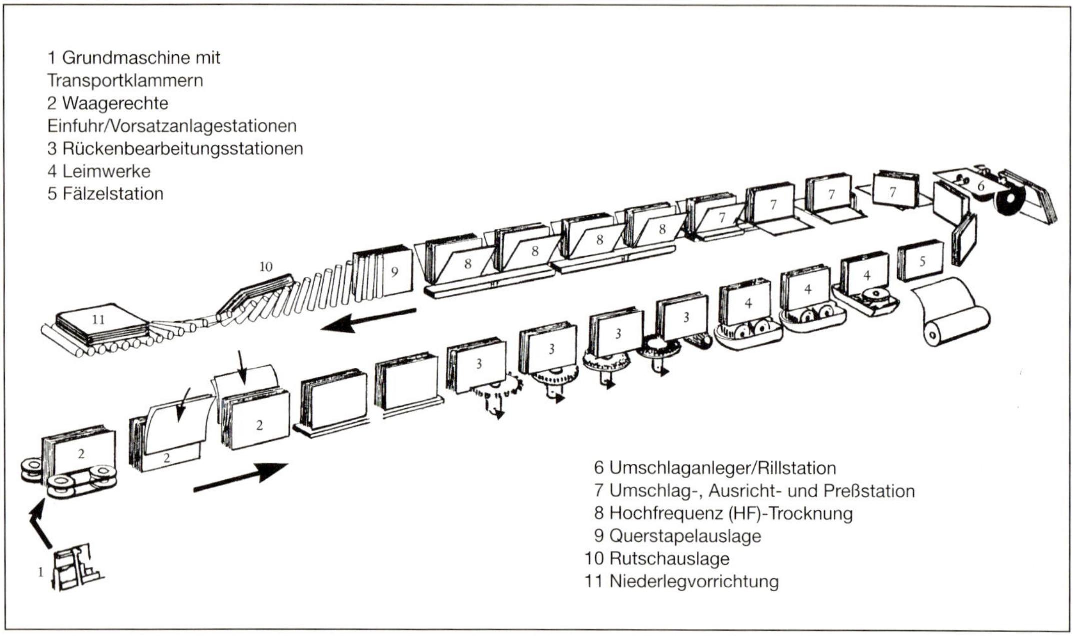

Bild 406.1. Arbeitsvorgänge im Klebebinder für Buchblocks und Broschuren.

Die **Fertigung für Broschuren** ist weniger aufwendig. Bei einer einlagigen Broschur wird der Umschlag schon im Sammelhefter als letztes aufgelegt, bevor die Drahtheftung erfolgt. Das Produkt wird nur noch dreiseitig beschnitten. Bei der mehrlagigen Broschur wird der Buchblock mit seitlicher Drahtheftung oder Fadenheftung oder Klebebindung gearbeitet. Der separat vorbereitete flexible, einteilige, meist gerillte Umschlag wird um den rohen Buchblock gelegt. Wird ein Vorsatzblatt verwendet, spricht man vom Einhängen des Buchblocks, wird ohne Vorsatzblatt gearbeitet, wird der Umschlag am Blockrücken direkt angeklebt. Bei Fadenheftung wird der Blockrücken vorher noch beleimt. Der Buchblock und der Umschlag werden anschließend dreiseitig beschnitten. Bei Drahtheftung und Klebebindung wird oft noch ein Rückenfälzel aufgeklebt. Der dreiseitige Beschnitt der Broschuren geschieht in der Fertigungsstraße mit dem Dreimesserautomat oder im Sammelhefter für dünnere Produkte mit dem sogenannten Trimmer.

Die weitere **Fertigung für Bücher** umfaßt mehr Arbeitsstufen im Vergleich zur Broschur. Je nach Ausstattung am Buchblock folgen Arbeitsstufen wie Vorsatzankleben, Beschneiden, Zeichenbandeinlegen, Runden, Abpressen, Rückenbeleimen, Begazen, Hinterkleben, Kapitalen und Seitenbeleimen.

Damit der Buchblock später mit einem Einband versehen werden kann, bedarf es einer Verbindung. Dieses meist doppelte Blatt aus festem, widerstandsfähigem Papier ist das Vorsatz, das dem Buchblock vorgesetzte Papier. Mit der Vorsatzklebemaschine wird es dem Buchblock an die Außenseite des ersten und letzten Bogens vorgeklebt, aber nur im Bereich des Bundes, 3 mm bis 4 mm breit.

Der bisher unbeschnittene Buchblock muß nun von drei Seiten rechtwinklig beschnitten werden. Dadurch erhält das Buch sein endgültiges Format. Der Beschnitt öffnet die durch eine Falz geschlossenen Seiten, nur im Bund bleibt der Falz erhalten. Erst dann läßt sich der Buchblock blättern. Durch den Beschnitt werden auch die Verhältnisse der Papierränder zum Satzspiegel endgültig festgelegt. Das Beschneiden aller drei Seiten erfolgt gleichzeitig im Dreimesserschneider.

Schneidemaschinen zum Beschneiden der Buchblöcke arbeiten nach dem Prinzip des Messerschnitts oder des Scherenschnitts. Beim Messerschnitt wird mit dem Messer gegen eine ebene Unterlage geschnitten, während beim Scherenschnitt ein Schneidmesser auf ein Gegenmesser geführt wird. Nach dem Prinzip des Messerschnitts arbeiten Planschneider und Dreimesserschneider, nach dem Prinzip des Scheren-

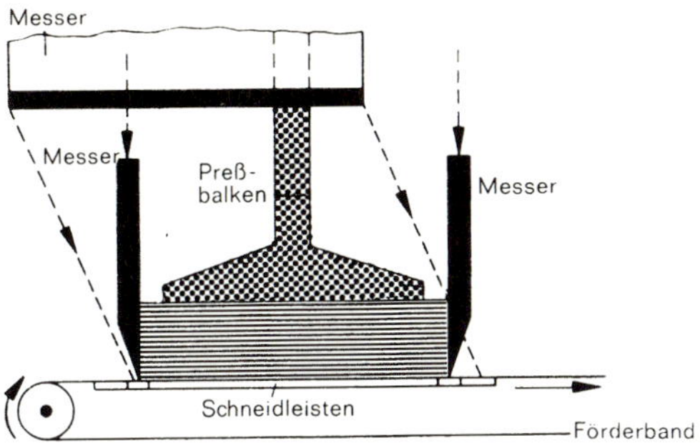

Bild 407.1. Schemazeichnung des Schneidvorgangs im Dreimesserschneider.

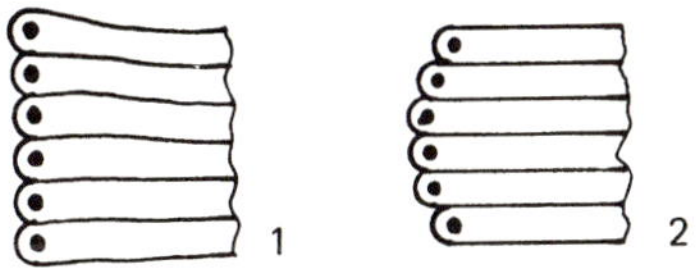

Bild 407.2. 1 Falzsteigung durch das Heften. 2 Das Runden gleicht die Falzsteigung aus.

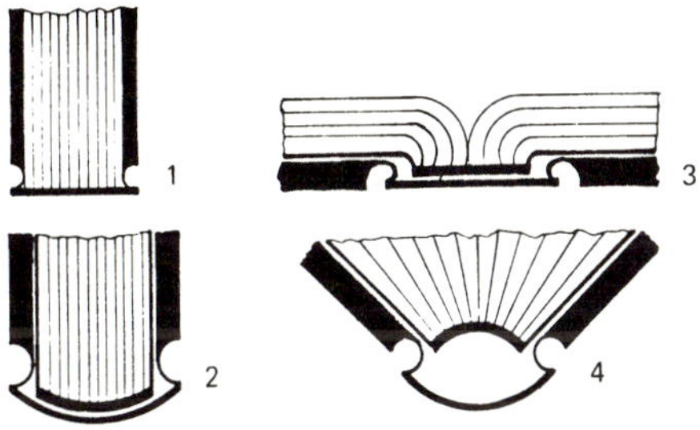

Bild 407.3. 1 Gerader Buchrücken. 2 Gerundeter Buchrücken. 3 Starre Klammerwirkung beim Öffnen des Buches. 4 Flexibilität beim Öffnen eines Buches mit gerundetem Buchrücken.

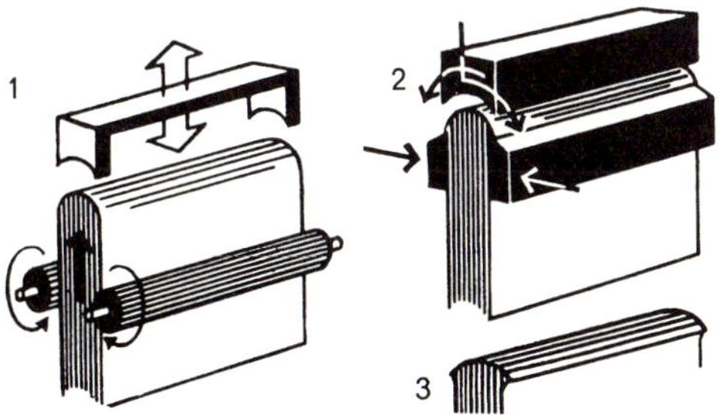

Bild 407.4. Schematische Darstellung des Rundens (1) und Abpressens (2) des beschnittenen Buchblocks auf einer Buchblockbearbeitungsmaschine. Beim Abpressen (2) erhält der Buchblock die gewünschte, der Einbandart entsprechende Verformung (3).

schnitts mit Gegenmesser arbeitet der sogenannte Trimmer im Sammelhefter.

Nach dem Beschneiden erfolgt häufig das Runden. Die mittleren Lagen werden dabei eingezogen. Dadurch wird verhindert, daß Seiten über den Deckenrand vorschießen. Letzteres tritt ein, wenn das Buch viel gelesen wird. Die Buchrücken-Rundemaschine führt diese Arbeiten aus. Damit die Buchdecken die gleiche Rundung bekommen, wird die Decken-Rundziehmaschine eingesetzt. Buchfälze werden mit der Abpreßmaschine erzeugt. Leimstationen beleimen den Blockrücken. Zeichenband und Gaze kommen von der Rolle, ebenso das Kapitalband. Dies ist ein farbiges Bändchen am Kopf und Fuß des Blockrückens. Es soll die Leimkante der Lagen verdecken.

Wird der Buchblock nur beschnitten, spricht man von einem Weißschnitt. Häufig wird der Schnitt aber noch getönt (Farbschnitt) oder mit Goldfolie versehen (Goldschnitt). Auch diese Arbeiten werden heute ausschließlich mit Maschinenaggregaten in der Fertigungsstraße durchgeführt. Erst wenn alle Arbeiten am Buchblock abgeschlossen sind, kann der letzte Abschnitt der Buchherstellung folgen, nämlich das sogenannte Fertigmachen. Darunter versteht der Buchbinder das Vereinigen des Buchblocks mit der vorher separat gefertigten Buchdecke.

Die Buchdeckenherstellung ist ein eigenständiger Teilprozeß. Er umfaßt das Zuschneiden der einzelnen Pappen und das Kaschieren (Aufkleben) und Einschlagen des Einbandmaterials.

Das gebundene Buch hat einen Einband. Das ist eine gesondert hergestellte mehrteilige Decke, die aus den beiden Deckeln und der Rückenpappe besteht. Die Rückeneinlage (Schrenz) ist meist dünner als die Pappen der Deckel. Die drei Teile werden mit einem Bezugstoff überzogen. Häufig wird der Einband noch mit einem Titelaufdruck oder mit Verzierungen versehen. Dazu verwendet man Messingprägestempel für Blinddruck, Farbdruck, Gold-, Silber- und Farbfoliendruck.

Zur Buchdeckenfertigung benutzt der Buchbinder die Deckenmachmaschine, bestehend aus dem Zuschneideaggregat, der Leimpartie, der Einschlagapparatur, der Anreibevorrichtung für den Bezugsstoff. Für gerundete Buchblocks muß der Rücken der Buchdecke ebenfalls gerundet werden. Das geschieht mit der Decken-Rundziehmaschine.

Das Verbinden der Buchdecke mit dem Buchblock erfolgt über die Vorsatzblätter und den Scharnierstoff. Jeweils ein Vorsatzblatt wird an den

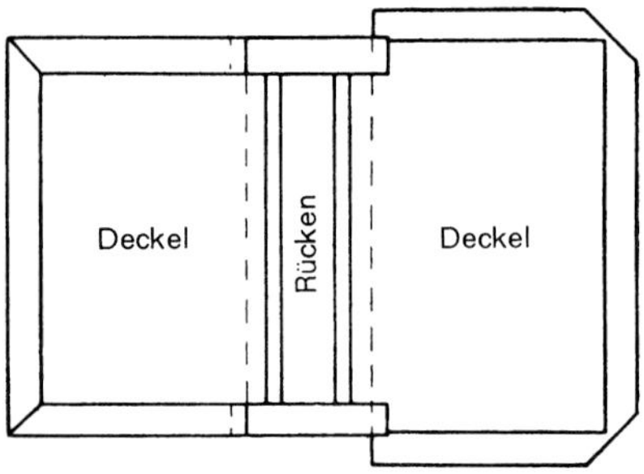

Bild 408.1. Decke, mit Gewebe überzogen. Die beiden Deckel sind durch den Rücken miteinander verbunden. Der linke Deckel ist fertig eingeschlagen, der rechte muß noch mit dem Einbandmaterial eingeschlagen werden.

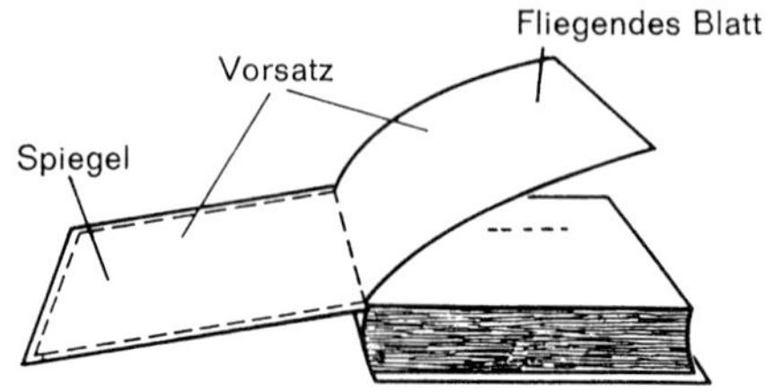

Bild 408.4. Einhängen des Buchblocks in die Decke. Das Vorsatz ist ein Doppelblatt, das zur einen Hälfte auf den Deckel geklebt wird, zur anderen 3 mm bis 4 mm breit auf die erste bzw. letzte Seite des Buchblocks.

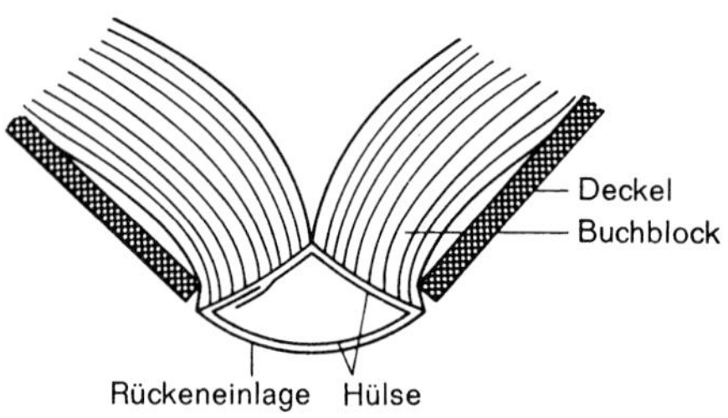

Bild 408.2. Eingehängter Buchblock.

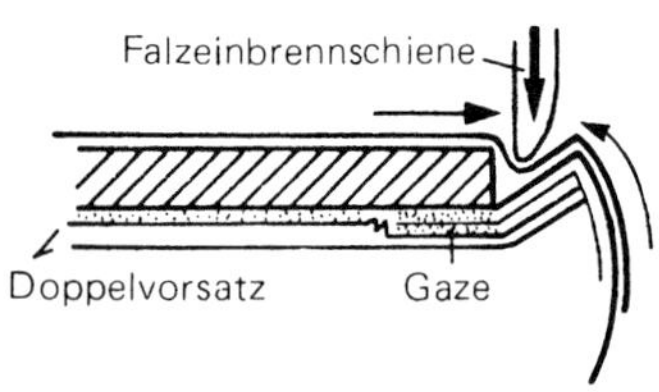

Bild 408.3. Der Buchfalz bildet das Scharniergelenk zum Öffnen der Buchdeckel.

vorderen und hinteren Buchdeckel ganzflächig angeklebt (angepappt). Das geschieht in der Einhängemaschine. Der Buchbinder nennt diese Flächen „Spiegel“, die beweglichen Vorsatzblätter „fliegende Blätter“. Scharnierstoff verstärkt den Bereich des Buchfalzgelenks.

Bei dicken Büchern klebt man, um den Halt zwischen Buchblock und Decke zu festigen, noch eine Hülse aus festem Papier zwischen den Buchblock und die Rückeneinlage des Bucheinbandes. Der Buchbinder spricht vom „Einhängen“ des Buchblocks in die Buchdecke. Wird ohne Hülse gearbeitet, sagt der Buchbinder „Einlegen“.

Durch Einpressen wird die Verbindung zwischen Buchdeckel und Vorsatz intensiviert. Das anschließende Falzeinbrennen bei gerundetem Buchrücken mittels einer beheizten Schiene formt die Deckenfälze, die das Aufschlagen des festen Buchdeckels verbessern und zugleich als eine Art Verzierung wirken.

Oft wird noch ein Schutzumschlag aus Papier um das Buch gelegt. Er ist im Gegensatz zur Buchdecke meistens werbewirksam bedruckt.

Die Bestrebungen in der industriellen Buchbinderei zielen darauf, einen kontinuierlichen Gesamtablauf des Produktionsprozesses zu erreichen, bei dem manuelle Tätigkeiten und Stillstandzeiten sich weiter verringern.

Seit Jahren wird durch Hintereinanderschalten von Arbeitsstufen die Produktion automatisiert. Optimale Mechanik wird verbessert durch elektronische Hilfsmittel und spezielle Software. Bildschirmdarstellung gibt aktuelle Auskunft über Prozeßdaten. Digitale Einstellhilfen ermöglichen die Voreinstellung der Systembausteine, verringern Rüstzeiten an den einzelnen Maschinen erheblich, ersparen Makulatur beim Einrichten der Maschinen und erleichtern die Qualitätskontrolle. An Klebebindern sind zum Beispiel folgende Stationen mit digitalen Einstellhilfen versehen: Frässtation, Rückenbearbeitungsstationen, Klebestationen, Seitenbeleimwerk, Rückenanpreßstation. Einstellwerte wie Frästiefe, Klebstoffauftrag und Pressung können dem Produkt angepaßt oder auch für das Protokoll erfaßt werden. So entstehen Fertigungsstraßen für einlagige oder mehrlagige Broschuren sowie für die Buchendfertigung. Man spricht von Inline-Fertigung oder Gesamtfließstraßen.

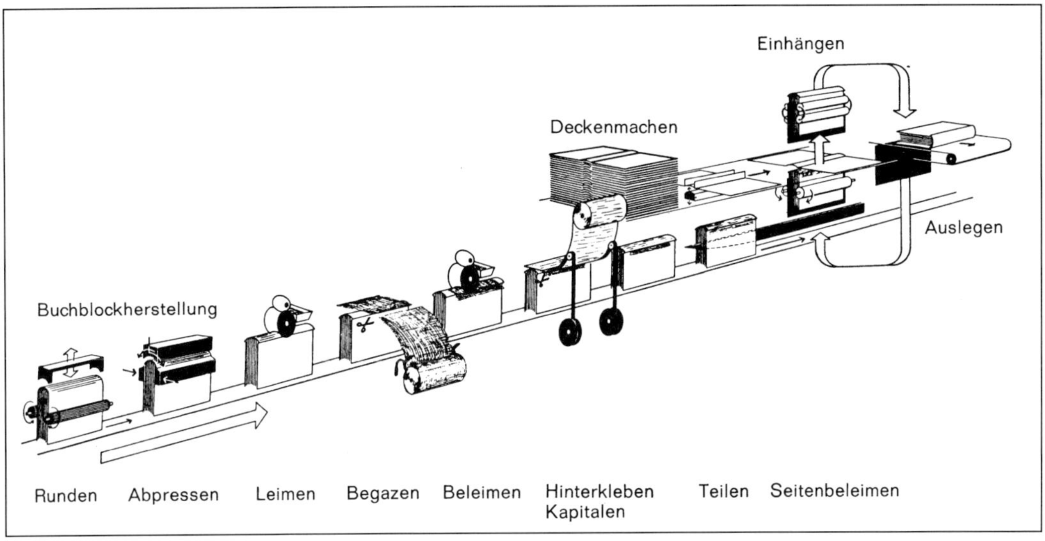

Bild 409.1. Schema des Arbeitsablaufs an einer Buchfertigungsstraße für fadengeheftete Buchblöcke.

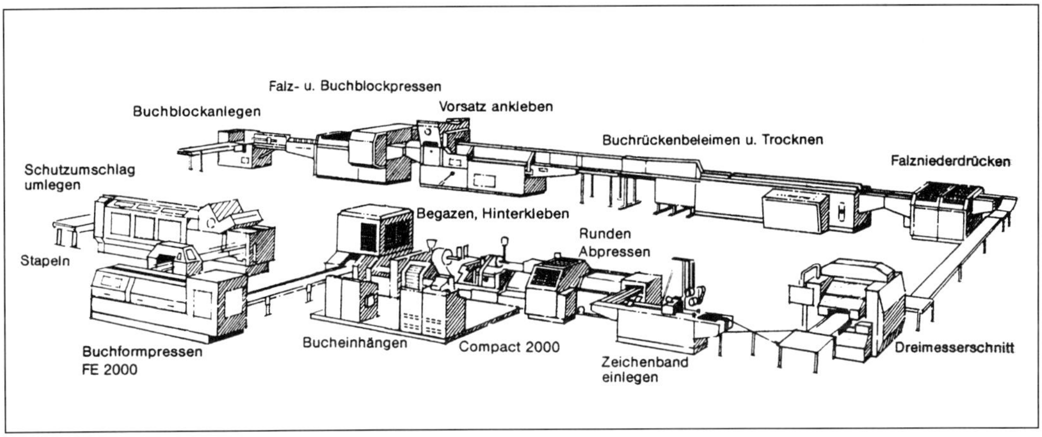

Bild 409.2. Beispiel einer Inline-Fertigung für fadengeheftete Bücher.

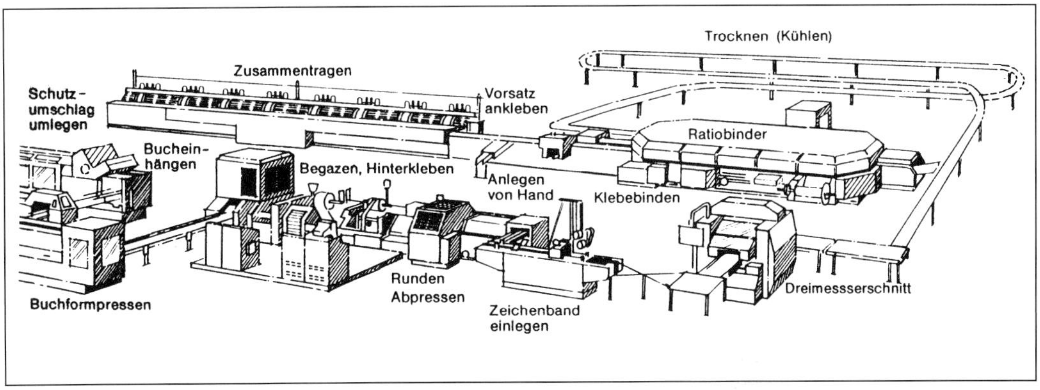

Bild 409.3. Beispiel einer Inline-Fertigung für Klebebindung.

▼

1. Wie unterscheiden sich Broschuren von Büchern?
2. Auf welche Arten werden Buchblock und Buchdecke miteinander verbunden?
3. Beschreiben Sie den Unterschied zwischen der Dreimessermaschine und dem Trimmer!
4. Welche Arbeiten erfolgen bei der Buchblockfertigung?
5. Warum werden Buchrücken nach dem Heften beleimt?
6. Was versteht der Buchbinder unter dem Begriff Vorsatz?
7. Aus welchen Teilen besteht eine Buchdecke?
8. Wie unterscheiden sich: a) Weißschnitt, b) Farbschnitt, c) Goldschnitt?
9. Welchen Zweck erfüllt die Buchdecke?
10. Was versteht der Buchbinder unter den Begriffen: Anpappen, Einlegen, Einhängen?
11. Erklären Sie die Fachbegriffe: Kapitalband, Buchfalz, Einband, Umschlag und Hülse!
12. Welche Arbeiten erfolgen nach dem Einhängen der Buchdecke?
13. Wie unterscheidet sich die handwerkliche von der industriellen Buchverarbeitung?
14. Was versteht man unter Inline-Fertigung?

10.4 Verarbeitungsmaterialien

Die Einbandmaterialien sind in bezug auf Zahl, Art und Eigenschaften kaum noch zu überschauen. Auswahlkriterien sind: Beanspruchbarkeit, Aussehen, Verarbeitungseigenschaften, Prägbarkeit, Bedruckbarkeit, Kosten. Außerdem spielt bei vielen Produkten die Haltbarkeit der Materialien eine wichtige Rolle. Eigenschaften wie Reißfestigkeit, Falzbarkeit, Verhaltensweisen bei Wärme- und Feuchtigkeitseinwirkung, Anfälligkeit gegen Schimmelpilz, Lichtechtheit und Scheuerbelastbarkeit sind wichtige Merkmale.

Einbandgewebe. Buchbindereigewebe bestehen aus Naturfasern oder Kunstfasern. Rohstoffe für Gewebe sind vor allem Baumwolle, Zellwolle, Kunstfasern wie Perlon und Nylon. Seltener werden heute noch Flachs, Hanf, Leinen und Seide verarbeitet, die für die Massenproduktion zu teuer sind. Einbandgewebe werden auf Webstühlen als reine oder Mischgewebe gewebt und oft zur Erhöhung der Festigkeit – und um ein Durchschlagen der Klebstoffe zu verhindern – mit Appretur (Masse aus Stärke, Kasein, Leim) verdichtet. Einseitig appretierte Gewebe sind Mattgewebe, Batist, Büchertuch, Ballongewebe. Zweiseitig appretierte Gewebe sind Kaliko, Buckram, Kunstleder. Bei der zweiten Gruppe sind die ursprünglichen Gewebestrukturen durch die Appretur verdeckt.

Mattgewebe besteht aus Baumwolle und wird vor allem als Überzugsmaterial für Gewebebände benutzt. Batist ist ein Feingewebe mit hoher Fadendichte aus Baumwolle oder Zellwolle.

Ballongewebe ist ebenfalls ein feinädriges Gewebe aus Baumwolle. Büchertuch ist appretiertes Gewebe aus Baumwolle oder Leinen. Die meisten appretierten Stoffe sind wasserempfindlich, es sei denn, die Appretur enthält einen großen Teil Kunstharz.

Reinleinen oder Naturleinen sind meist nicht appretiert und werden in der Buchbinderei nur noch selten verwendet, da die Leinenfäden oft knotig und ungleichmäßig dick sind.

Kaliko ist ein Baumwollgewebe, das oft kalandriert ist oder durch Gaufrierwalzen aufgeprägte Muster zeigt. Kunstleder ist Baumwollgewebe mit Lackierung oder Kunstharzbeschichtung, dadurch abwaschbar. Buckram war ursprünglich ein schweres Leinengewebe, das in England produziert wurde. Heute wird auch Baumwolle wegen der gleichmäßigeren Fadenstärke verwendet. Buckram ist teilweise auch papierkaschiert. Papierkaschierte Einbandstoffe sind besonders für die industrielle Produktion geeignet.

Bei Gegenständen für den Geschäftsbedarf spielt heute der Kunststoff als Einbandmaterial eine große Rolle. Kunststoffe sind keine Gewebe, aber sie ersetzen diese. Sie werden als Kompaktüberzüge oder als Einbandfolien verwendet.

Kunststoffbeschichtete Einbandstoffe haben als Trägermaterial Gewebe, Faservlies oder Papier. Die Beschichtung erfolgt durch Lackierung, Guß oder Aufstrich von mehr oder weniger Kunststoff. Es sind meist teilsynthetische Kunststoffe oder vollsynthetische Kunststoffe, die als Thermoplaste verwendet werden. Die Oberflächen sind lederartig und oft durch Prägung vielfältig strukturiert. Die Verarbeitung zu Buchdecken und Ordnern erfolgt ausschließlich in Spezialbetrieben.

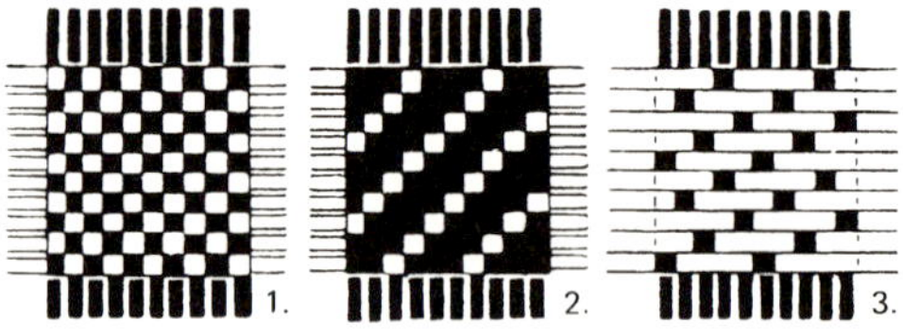

Bild 410.1. Gewebebindungen. Beim Weben verbinden sich die lang laufenden Kettfäden mit den quer laufenden Schußfäden. 1. Leinwandbildung: Gleichmäßiges Kreuzen der Kett- und Schußfäden. 2. Köperbindung: Schußfäden überspringen Kettfäden. Schräglinienmuster, 3. Satinbindung: Schußfäden überspringen Kettfäden, aufgelockertes Schrägmuster.

Heftmaterialien sind Heftkordel, Heftzwirn und Heftdraht. Heftkordeln sind Hanfschnüre, die aus mehreren Hanffäden gedreht sind. Heftzwirn wird für Handheftung und Maschinenheftung verwendet. Für die Handheftung wird gezwirntes Leinengarn bevorzugt, das meist ungebleicht und appretiert ist. Bei der Maschinenheftung besteht Zwirn meist aus Baumwolle oder Kunstfaser. Mischzwirne haben eine erhöhte Reißfestigkeit und müssen sich mit dem Klebstoff gut verbinden. Heftdraht besteht aus nichthärtbarem oder aus härtbarem Stahl. Er wird aus Walzdraht mit Hilfe von Hartmetallsteinen auf die handelsübliche Stärke gezogen und auf Spulen gewickelt. Seine rötliche Farbe erhält er dann, wenn er bei den Ziehvorgängen in ein Kupfersulfatbad eingetaucht wird. Es gibt aber auch verzinkten Draht, bei dem durch eine echte Zinkschicht ein Rostschutz erreicht wird. Heftdraht wird im Arbeitsprozeß zu Heftklammern verarbeitet. Als Runddraht wird er vor allem für einlagige Broschuren in Rückenstichheftung eingesetzt, als Flachdraht wird er vor allem bei der Broschur-, Block- oder Kartonagenherstellung für die seitliche Heftung verwendet.

Papier. Der Buchbinder verarbeitet nicht nur bedrucktes Papier, sondern zur Einbandherstellung die verschiedensten Ausstattungspapiere. Vorsatzpapiere verbinden Buchblock mit Decke. Sie bestehen aus holzfreiem, stark geleimtem Papier mit besonderer Festigkeit und hohem Füllstoffgehalt.

Überzugspapiere dienen der Verschönerung von Buchdecken, Mappen, Kästen, Schachteln und Ordnern. Sie verdecken das wenig ansehnliche Karton- oder Pappmaterial. Verwendet werden meist Buntpapiere, Büttenpapiere, gemusterte, getönte, reliefartige bearbeitete Papiere, auch Lederpapiere und Elefantenhaut.

Textile Hilfsstoffe sind Schirting, Heftgaze, Nessel, Molton, Scharnierstoff, Heftband, Kapitalband und Filz. Schirting ist ein leichtes Baumwollgewebe, stark appretiert und kalandriert, das zum Fälzeln, Verstärken der Vorsätze und zum Aufziehen verwendet wird. Heftgaze ist ein weitmaschiges appretiertes Gewebe, an das bei der Maschinenheftung die Lagen geheftet werden. Es wird auch zum Hinterkleben von Buchrücken und zur Verstärkung der Vorsätze im Falz eingesetzt. Nessel ist ein ungebleichtes Baumwollgewebe in Leinwandbindung; es wird zum Aufziehen von Landkarten oder zum Hinterkleben von Buchblöcken mit Klebebindung eingesetzt. Molton ist ein aufgerauhtes Baumwoll- oder Zellwollgewebe und dient ebenfalls der Stabilisierung des Buchrückens, auch zum Ausfüttern von Kästen. Scharnierstoff ist mit dünnem Papier verstärkte Gaze, auch Falzleinen genannt. Es findet überall Verwendung, wo im Falzbereich besondere Stabilität erzielt werden soll, beispielsweise bei Kartonagen, Beuteln und schweren Buchdecken. Heftband sind gewebte Materialien aus Baumwolle, Leinen oder Kunstseide. Kapitalband ist ein gewebtes farbiges Band zur Verzierung von Kopf und Schwanz des Buchrückens. Filz ist dicht gepreßter Faserstoff zum Ausfüttern von Etuis und Kassetten.

Karton ist auf Grund seiner festen und oft hochwertigen Materialstruktur ein vielfältig genutztes Material. Aus Karton sind Umschläge, Faltschachteln, Aktendeckel, Passepartouts. Bei der Verarbeitung ist die Laufrichtung der Fasern zu berücksichtigen. Bei der Auswahl ist die Biegfestigkeit und Spaltfestigkeit zu prüfen. Passepartoutkarton und Fotokarton müssen säurefrei sein. Viele Kartonarten sind mehrlagig, das heißt mehrere Schichten oft unterschiedlicher Qualität sind zusammengeklebt. Mehrere Schichten gleicher Qualität sind meist gegautscht, also in der Papiermaschine entstanden. Nach dem Verwendungszweck und der Oberflächenbeschaffenheit erfolgt oft die Benennung, zum Beispiel Karteikarten-, Foto-, Umschlag-, Lösch-, Bristol-, Elfenbein-, Chromokarton.

Pappe verarbeitet der Buchbinder meist bei der Buchdecken- und Kartonagen- beziehungsweise Etuiproduktion, auch beim Aufziehen von Karten, Plakaten und Werbemitteln. Da Pappen ebenfalls maschinell produziert werden, muß auch bei ihrer Verwendung die Laufrichtung beachtet werden, um ein unerwünschtes Wellen und Biegen während und nach der Verarbeitung zu vermeiden. Einseitig beklebte Pappen werfen sich, daher muß oft die Rückseite ebenfalls beklebt werden. Der Buchbinder muß stets prüfen, ob das Pappenmaterial zum Falzen, Schneiden, Kleben geeignet ist. So eignen sich leichte, poröse Holzpappen besonders als Aufzugsmaterial, weil sie sich weniger verziehen als graue Pappe. Graupappe ist ein zähes, haltbares Untermaterial für Bucheinbände, Mappen, Kästen und Alben. Dünne graue Pappe heißt Schrenz und wird für Rückeneinlagen verwendet. Strohpappe und Wellpappe finden ausschließlich in der Verpackungsindustrie Verwendung.

Leder und Pergament werden vor allem für Luxuseinbände verarbeitet. Beide Werkstoffe werden aus Tierhaut gewonnen.

Pergament entsteht, wenn die nasse Lederhaut (Blöße) auf einen Holzrahmen gespannt und mit einem Halbrundeisen bearbeitet wird. Dabei wird das Wasser ausgedrückt und die Oberfläche geglättet. Schaben, Schleifen und Trocknen der

Haut ergeben das kostbare Pergament. Kalbspergament wird wegen seiner ausgeprägten Aderung bevorzugt. Aber auch Ziegen-, Schafs- und Schweinspergament wird für kostbare Präsentationen und Urkunden verarbeitet.

Während Pergament steif und hart ist, ist Leder durch die Gerbung fäulnissicher, weich und geschmeidig geworden. Gerbung ist eine Behandlung mit pflanzlichen, tierischen oder mineralischen Gerbstoffen. Aus der Haut des Tieres verwendet man die mittlere Haut, die Lederhaut. Sie wird in der Regel noch gespalten. Der untere Teil ist der Fleischspalt, ein minderwertiges Leder; der obere Teil ist der Narbenspalt, auch Volleder genannt. Das Leder aus Häuten verschiedener Tierarten zeigt jeweils spezielle Eigenschaften. In der Buchbinderei finden vor allem Ziegenleder, aber auch Schaf-, Schweins- und Kalbleder Verwendung.

Mit **Farbe** hat der Buchbinder nicht nur bei seinen Buntpapieren zu tun. Zum Bedrucken der Buchdecken eignet sich Siebdruckfarbe, da diese sehr stark deckend ist. Beim Schnittfärben benutzt er Teer- oder Körperfarben. Dünnflüssige Teerfarben eignen sich nur für gut geleimte oder satinierte Papiere; bei anderen Papieren müssen Körperfarben mit Bindemittel vermischt werden. Bei den Farbfolien ist die Farbe beziehungsweise die Metallfarbe durch ein Spezialverfahren auf ein Trägermaterial aufgebracht. Beim Preß- oder Prägevorgang und einer Prägetemperatur von etwa 110° wird die Farbe auf den Einbandstoff übertragen. Als **Metallfolien** werden vor allem Goldschnittfolien verwendet. Das Metall ist in feinster Stärke mittels einer Wachsschicht auf das Trägermaterial aufgebracht und mit einer Grundierungsschicht überzogen. Durch die Hitze der Presse wirkt die Grundierschicht als Haftschicht zum Einbandmaterial, während gleichzeitig die Wachsschicht durch Erwärmung die Metallfolie vom Trägermaterial löst. Früher kannte der Buchbinder nur die Blattgoldvergoldung. Die Verarbeitung der in Spezialfirmen hergestellten 1/8000 mm starken Goldplättchen von etwa 10 cm im Quadrat ist auch heute noch sehr zeitaufwendig.

Klebstoffe. Kleben ist das Verbinden von Körpern durch Oberflächenhaftung mittels Klebstoff. Der Klebstoff ist meist flüssig oder in einem flüssigkeitsähnlichen Zustand. Er bildet beim Übergang von der flüssigen Phase in die feste, trockene Phase einen Klebstoffilm, der die beiden gleichartigen oder verschiedenen Stoffmaterialien miteinander verbindet. Beim Klebevorgang dringt der Klebstoff entweder in die Oberflächen der Werkstoffe ein oder schmiegt sich an die Oberflächen an oder verschmilzt mit ihnen.

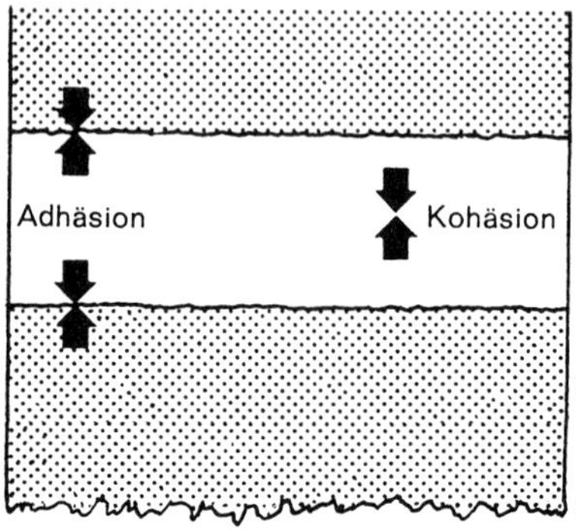

Bild 412.1. Adhäsion und Kohäsion beim Klebeprozeß. Ganz unten ist das Werkstück rauh, hat dort also eine größere Oberfläche für die Adhäsionskräfte.

Jeder Klebeprozeß vollzieht sich in Wirkungs- und Trocknungsphasen, die je nach Klebstoffart zeitlich schneller oder langsamer ablaufen. Nach dem Klebstoffauftragen, dem Anschmieren, folgt das Ziehenlassen, die sogenannte „offene Zeit". Es schließen sich die Anfaßzeit und die geschlossene Wartezeit an. Die Einpreßphase ist durch Anreiben des Werkstoffes oder durch Druck gekennzeichnet, der Klebstoff zieht an. Es folgen die Antrocknungs- und Abbindezeit. Klebstoff soll sich leicht auftragen lassen. Beim Kleben sollen zunächst hohe Adhäsionskräfte zum Werkstoff wirken, meistens durch Kapillarwirkung der Poren. Mit zunehmender Trocknung sollen die Kohäsionskräfte im Kleber selbst wirksam werden. Adhäsion und Kohäsion sind Wirkungskräfte im Molekularbereich der Stoffe. Eine gute Klebenaht soll größere Festigkeit haben, aber zugleich flexibler sein als die verklebten Werkstoffe. Klebstoff soll gegen Wärme und Kälte unempfindlich sein.

Klebevorgänge bei der Buchherstellung finden statt beim Arbeitsvorgang Anleimen, Blockverleimung, Einhängen des Buchblocks, Herstellen von Hülsen und beim Vorsatzankleben. Flächiges Bekleben von Broschurumschlagsmaterial oder Buchdecken mit dekorativem Papier nennt man Kaschieren. Bekleben von Papier oder Karton mit durchsichtigen Folien bezeichnet man als Laminieren.

Da die Einbandmaterialien und Bedruckstoffe sehr unterschiedliche Stoffzusammensetzungen und Oberflächeneigenschaften haben, muß das Klebematerial in seinen Eigenschaften auf die Werkstoffe abgestimmt sein. Daher muß man für neue Einbandmaterialien den passenden Klebstoff experimentell ermitteln.

Die Rohstoffe können pflanzlicher, tierischer oder synthetischer Herkunft sein. **Pflanzliche Klebstoffe,** meist Kleber genannt, enthalten als Kleisterrohstoffe Kartoffel- oder Weizenstärke, auch Zellulose dient als Rohstoff. Wird Stärke unter Einwirkung von Säure auf 200° erhitzt, so entsteht bei diesem Röstvorgang Rohdextrin. Kleister werden auch als Kaltleim bezeichnet, da sie bei 18–25 °C verarbeitet werden. Für tierische Klebstoffe, meist Leim genannt, dienen Knochen, Haut, Leder, Fisch, aus denen zunächst Gelatine gewonnen wird, als Rohstoff, also tierisches Eiweiß in Form von Gallerten, Körnern, Pulver oder Plättchen. Sie werden auch Glutinleime genannt. Glutinleime werden bei 60–70 °C verarbeitet, heißen daher auch Warmleime. Stärke oder Gelatine wird in Wasser gerührt. Dabei quillt der Stoff und erhält bei ca. 60 °C seine Kleisterfähigkeit. Es entsteht eine Klebstoffsuspension. Da es sich um Naturklebstoffe handelt, müssen sie durch Zusatz von Konservierungsmitteln haltbar gemacht werden. Ein Zusatz von synthetischen Klebstoffen erhöht die Klebkraft. Es entstehen die sogenannten Mischklebstoffe.

Seit Mitte dieses Jahrhunderts haben synthetische Klebstoffe die industrielle Produktion in der Buchbinderei erheblich erleichtert und modernisiert. Wir unterscheiden: Klebstoffdispersionen, Schmelzkleber, Klebelacke und Kontaktkleber. Als Rohstoffe dienen Kalk, Kohle oder die petrochemischen Verfahren der Erdölaufbereitung. Durch chemisch gesteuerte Synthese erhält man Stoffe mit immer gleichbleibender Qualität und hochwertiger Bindekraft.

Bei der **Klebstoffdispersion** wird der klebende Stoff, das PVAC-Kunstharz (Polyvinylacetat) in einer Flüssigkeit, meist Wasser, nur sehr fein verteilt (dispergiert), aber nicht gelöst. Verdunstet beim Trockenvorgang das Wasser, so können sich die kleinen Kunstharzpartikel zu einem Klebstoffilm verbinden. Da sie bei 18–25 °C verarbeitet werden, heißen sie auch Kaltkleber, Kaltleim oder wegen ihrer Farbe Weißleim. Vorteile der Dispersionsklebstoffe sind der meist weichelastische Klebstoffilm, hohe Alterungsbeständigkeit, gute Adhäsionseigenschaften bei fast allen Papiersorten, Resistenz gegen chemische Einflüsse, Widerstandsfähigkeit gegen hohe sowie tiefe Temperaturen. Der Hauptnachteil sind die relativ lange offene Zeit und die lange Trocknungszeit von fast einem Tag. Dies macht eine sofortige Weiterverarbeitung des Produktes nicht möglich oder erfordert teure technische Trockenaggregate, zum Beispiel Wärme-, Infrarot- oder Hochfrequenzvorrichtungen. Diese Klebstoffe werden für die Produktion hochwertiger und langlebiger sowie strapazierfähiger Bücher verwendet.

Inzwischen gibt es auch moderne Kaltleimkleber, bei denen die Verweilzeit anstatt mehrere Stunden wegen der Anwendung zusätzlichen Preßdruckes nur noch fünfzehn Minuten dauert. Das Dispersionswasser wird dadurch schlagartig freigesetzt. Mit diesen Klebstoffen können auch gestrichene Papiere oder andere Problempapiere strapazierfähig gebunden werden.

Bei den **Schmelzklebstoffen** unterscheidet man thermoplastische Kleber, duroplastische Kleber und Zweikomponentenkleber. Sie sind lösemittelfrei. Die thermoplastischen Kleber werden auch Heißkleber, Hotmelt oder konventionelle Schmelzkleber genannt. Sie bestehen aus EVAc-Copolymerisaten, werden also aus Äthylen und Vinylacetat unter Zusatz von Wachsen und Harzen hergestellt. Der feste Stoff wird meist in Granulatform oder als Pulver geliefert und vorübergehend in einem Heißaggregat auf 150–180° erhitzt und dabei in einen thermoplastischen Zustand gebracht. Nach einer kurzen offenen Zeit von nur wenigen Sekunden ist der Schmelzstoff bereits erstarrt. Es bildet sich ein stabiler Klebstoffilm mit Klammerwirkung. Das Produkt kann also fließbandartig weiterverarbeitet werden. Vor allem Massenprodukte wie Kataloge, Werbeschriften, Taschenbücher, Telefonbücher, also kurzlebiges Bindegut, werden in dieser Klebebindetechnik verarbeitet. Hauptnachteile bei Schmelzklebern sind, daß bei scharfem Knicken der Klebstoffilm schnell bricht, die Kältefestigkeit nicht optimal ist, durch die kurze offene Zeit produktionstechnische Probleme entstehen können, mangelnde Resistenz gegenüber mineralölhaltigen Druckfarben vorliegt, diese Klebstoffe geringe Alterungsbeständigkeit zeigen, der Klebstoffverbrauch höher ist, die Benetzung der Blattkanten geringer ist, Schmelzkleber vor allem für gestrichene Papiere auf Dauer nicht geeignet sind.

Duroplastische Schmelzkleber sind Polyurethan (PUR)-Klebstoffe, die erst seit kurzem in der Weiterverarbeitung eingesetzt werden. Im Gegensatz zu den bisherigen Klebstoffen handelt es sich hierbei um einkomponentige Reaktivsysteme. Diese PUR-Klebstoffe werden in der Klebemaschine in luftdichten Aggregaten bei höherer Temperatur gehalten. Nach dem Auftrag vernetzen sie sich bei normaler Raumtemperatur und unter Einwirkung der Luftfeuchtigkeit oder Papierfeuchtigkeit, bilden also höhermolekulare Einheiten. Es entsteht ein duroplastischer Zustand, ohne daß zusätzliche Trocknungsenergie eingesetzt werden muß. Die Auftragsstärke ist mit 0,2 mm bis 0,5 mm ausreichend sparsam bei guter Bindewirkung. PUR-Klebstoffe haben gute Adhäsionseigenschaften für verschiedenste Papierqualitäten, ausgezeichnete Blattkantenhaftung, auch bei vollflächig bedruckten Papieren, sind resistent gegen Öl und Druckfarben und unempfindlich gegen Wärme und Kälte.

Bei den Schmelzklebern mit zweikomponentigen Reaktivsystemen werden zwei unterschiedliche Klebstofftypen aufgetragen. Der aggressive Primer aktiviert die Adhäsionsbildung und löst bei Kontakt mit dem zweiten Klebstoff die Vernetzung aus, die zur Verfestigung der Klebstoffschicht führt.

Die Klebstoff-Qualitätsprüfung an klebegebundenen Produkten durch: 1. Reißdehnung, 2. Streckspannung, 3. Reißfestigkeit.

	Dispersions-klebstoff	Hotmelt EVA-Basis	Hotmelt PUR-Basis
zu 1.	500 %	350 %	650 %
zu 2.	3,5 N/mm²	3,4 N/mm²	9,6 N/mm²
zu 3.	4,2 N/mm²	4,9 N/mm²	27,0 N/mm²

Neben den Einbandmaterialien auf Karton und Pappe sind seit Jahren auch synthetische Einbandwerkstoffe für Mappen, Ordner und Geschäftsbroschuren auf dem Markt, die zu neuen Verbindungsverfahren und geänderten Klebetechnologien führen. Solche Materialien sind Kunststoffe, wie Folien, Verbundfolien, beschichtete Folien, Kunstleder und lackierte Materialien. Die Verbindung von Kunststoffen erfolgt durch Kleben, Heißsiegeln und Schweißen. Beim Kleben von Folien muß eine spezifische Affinität des Klebstoffes zur glatten Oberfläche der Folie vorhanden sein. Durch Oberflächenaufrauhung kann die mechanische Adhäsion verbessert werden. Häufig werden Klebstoffe benutzt, denen auch Weichmacher beigemischt sind, welche die Folienoberfläche anlösen und die Haftung verbessern.

Kleblacke und Kontaktkleber finden Anwendung, wenn luftundurchlässige Materialien verarbeitet werden müssen. Die Kunstharzteilchen sind hier in organischen Lösemitteln gelöst. Nach dem Verdunsten des Lösemittels bildet sich der Klebstoffilm. Klebstoffe werden nicht nur einschichtig, sondern auch mehrschichtig und in Kombination nacheinander verarbeitet. Eine Zwischentrocknung ist notwendig. Zweck dieser Verfahren ist die Verbesserung der Haftung und Gebrauchsfähigkeit. Beim zweischichtigen Verfahren wird zunächst mit einem niedrigviskosen Klebstoff eine bessere Benetzung bewirkt und dann mit dem normalviskosen Klebstoff die Festigkeit bzw. Klammerwirkung gesteigert. Zur weiteren Stabilisierung kann auch Gaze zwischengelagert werden.

Heißsiegeltechnik verlangt heißsiegelfähige Klebstoffe, die auf ein Trägermaterial aufgebracht sind und an einem zweiten, unbeschichteten Material haften können, wenn mit Kontaktwärme und Preßdruck die Folien mittels Heißsiegelstempeln aufeinandergedrückt werden.

Schweißen von Kunststoff ist grundsätzlich eine Verbindung homogener thermoplastischer Folien unter Zufuhr von Wärme und Druck. Das Folienmaterial erweicht und verschmilzt miteinander. Übliche Schweißverfahren sind: Wärmeimpuls-, Wärmekontakt- und Hochfrequenz-Schweißverfahren.

▼

1. Welchen Vorteil hat die Appretur im Einbandgewebe?
2. Warum soll Vorsatzpapier besonders fest sein?
3. Wie unterscheiden sich Papier, Karton, Pappe?
4. Wie unterscheiden sich Leder und Pergament voneinander?
5. Nennen Sie die Klebstoffe des Buchbinders, und geben Sie die Unterscheidungsmerkmale an!
6. Warum eignen sich Hotmeltkleber besser zur Verarbeitung auf Fließbandstraßen als Dispersionskleber?
7. Was sind Schrenz, Graupappe, Schirting, Zwirn, Kaliko, Buckram, Appretur?
8. Fertigen Sie eine Mustersammlung typischer Überzugspapiere!
9. Skizzieren Sie den Aufbau einer Metallfolie!
10. In welchen Wirkungsstufen vollzieht sich der Klebevorgang?
11. Prüfen Sie an Büchern Ihrer Schulbücherei, welche Einbandgewebe verwendet wurden!
12. Welche textilen Hilfsstoffe braucht der Buchbinder?

10.5 Verpackungsmittelindustrie

Früher wurden viele Produkte direkt vom Hersteller an den Kunden verkauft. Lange Transportwege waren selten, oder die Waren wurden nur in großen Fässern oder Säcken transportiert und beim Einzelhandel erst in Tüten oder Flaschen abgefüllt. Heute werden Produkte aller Art bereits in der Fabrik meistens maschinell verpackt, etikettiert, für den Versand adressiert und produkt- und kundenfreundlich transportiert. Ein neuer Produktionszweig mit eigenem Berufsbild hat sich entwickelt: die Verpackungsmittelindustrie. Sie fertigt Behälter, die das Packgut auf dem Transport gegen Beschädigung, Klimaeinflüsse, chemische Stoffe und Verschmutzung schützen sollen. Die Verpackung ist zugleich auch Informations- und Werbeträger. Der Kunde will über den Inhalt in Kenntnis gesetzt sein. Der Produzent steht mit seiner Ware in

Konkurrenz zu anderen Herstellern. Außerdem soll die Verpackung funktional sein, das heißt gute Stapelfähigkeit, Palettierbarkeit, leichte Handhabung und Wiederverschließbarkeit gewährleisten. Jedes Produkt, das Packgut, erfordert eine ihm gemäße Verpackung in bezug auf Material, Form und Größe. Man unterscheidet die Einzelverpackung und die Sammelverpackung von Stückgut in sogenannten Packs oder in größeren Kartons sowie die Großverpackungen aus Wellpappe, Holz oder Metall.

Die **Verpackungsgestaltung** ist ein Spezialgebiet für Produktdesigner. Früher wurde durch zeichnerische Arbeit die Verpackungsgeometrie als Aufriß entworfen, und die einzelnen Flächen wurden manuell typografisch gestaltet. Heute ermöglichen CAD-Stationen das Entwerfen selbst komplexer Verpackungen auf dem Bildschirm mit Hilfe von Tastatur, Menübogen, Maus, Bildschirm-Menüs und Programmen. Wiederkehrende Grundmuster sind in Datenbanken gespeichert. Das CAD-System ist an einen Plotter angeschlossen, der sowohl zeichnen als auch schneiden kann. Montagekopiermaschinen gewährleisten die präzise Druckplattenherstellung für den Verpackungsdruck.

Der **Verpackungsmittelmechaniker** unterscheidet bei der Verpackung zwischen Packstoff, Packmittel und Packhilfsmittel. Packmittel und Füllgut bilden miteinander die Packung. Der zu verpackende Gegenstand bestimmt die Form der Packung. Grundsätzlich unterscheidet man die starre, die flexible oder die faltbare Verpackung.

Der **Packstoff** ist das verwendete Material wie Papier, Karton, Wellpappe, Kunststoff, Holz, Glas oder Metall. Die wichtigsten Papiertypen sind Kraftpapier und Pergamine, feste Naturpapiere und gestrichene Papiere, kunststoffbeschichtete und metallisierte Papiere. Bei den Kartonarten unterscheidet man ebenfalls ungestrichene und gestrichene, kunststoffbeschichtete und metallisierte Materialien. Wellpappen kommen ein- oder mehrlagig, auch mit zusätzlich dämmenden Zwischenschichten zur Verwendung. Zum vielfältigen Bereich der Kunststoffolien zählen die Polyolefine (PE, PP, OPP) sowie Zellglasfolien, Polyesterfolien und PVC-Folien mit diversen Spezialtypen und spezifischen Eigenschaften. Ein weiteres Gebiet sind die Verbundfolien aus Papier, Kunststoff und Aluminium.

Metalle wie Weißblech und Aluminium dienen als Material für Dosen aller Art. Neuerdings bemüht man sich auch um die Herstellung biopolymerer Materialien, die sich aufgrund ihrer Zusammensetzung biologisch besser abbauen oder deponieren und kompostieren lassen.

Als **Packmittel** bezeichnet man das fertige Erzeugnis, also die Beutel, Tragetaschen, Schachteln, Flaschen, Kisten oder Säcke mit ihren vielen Größen und Variationen. **Packhilfsmittel** sind zum Beispiel alle Heftklammern, Klebestreifen, Kunststoffschlaufen, Bänder, Draht, Nieten und Schraubverschlüsse. Da die Packmittel den verschiedenen Packgütern in Form, Material und Qualität entsprechend gefertigt sein müssen, werden sie in Spezialfabriken hergestellt.

Die Verpackungsherstellung benötigt spezielle Techniken und viele spezielle Maschinen, denn die zu verpackenden Produkte sind sehr unterschiedlich. Man unterscheidet vor allem die Schachtel-, Beutel-, Becher-, Dosen- und Flaschenproduktion. Schachteln werden aus Kartonbogen nach dem Druck gerillt, gestanzt, gefaltet, eventuell geklebt oder geheftet. Papierbeutel werden aus der bedruckten Papierbahn geschnitten, gefaltet und geklebt. Kunststoffbeutel werden aus der bedruckten Folienbahn geschnitten und geschweißt. Dosen werden aus bedruckten Blechplatten gestanzt und geformt. Glas- und Kunststoffflaschen werden aus der Schmelze geblasen, gezogen und geformt.

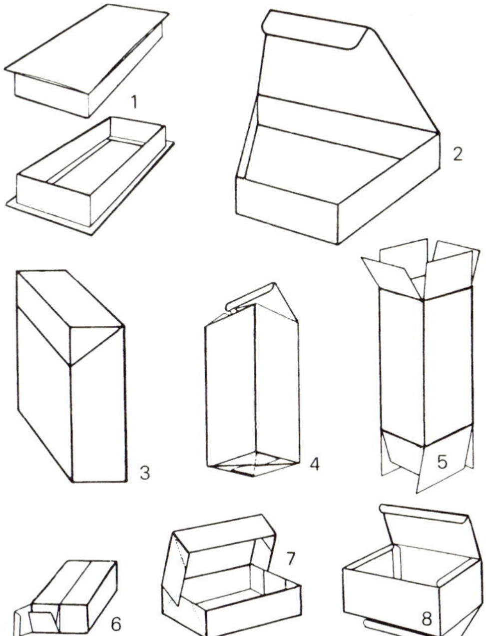

Bild 415.1. Faltschachteln verschiedener Bauart und Form. 1 Stülpschachtel, 2 Faltschachtel trapezförmig, 3 Zigarettenschachtel, 4 Schachtel mit Faltbodenverschluß, 5 Schachtel mit volldeckenden Klappen, 6 Schachtel mit eingebauter Trennwand, 7 Infold-Schachtel, 8 Schachtel mit Steckbodenverschluß.

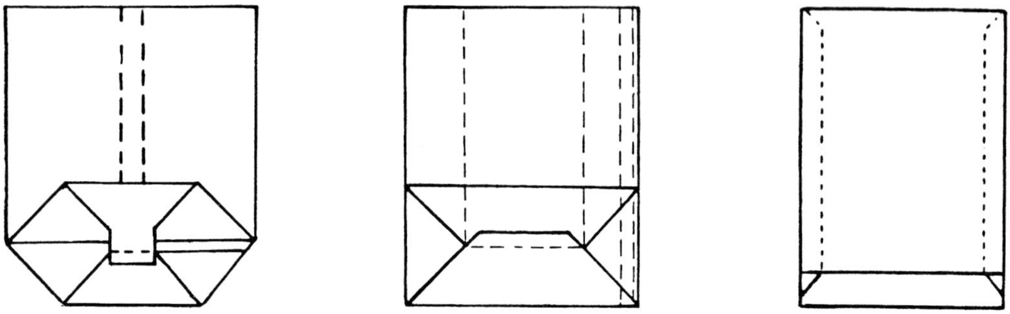

Bild 416.1. Flexible und faltbare Packungsformen: 1. Kreuzbodenbeutel, 2. Blockbodenbeutel, 3. Flachbeutel.

Große Bedeutung im Bereich der Druckindustrie hat die Schachtel- und Starkpappen- sowie die Folienverpackung. **Schachteln** bestehen meist aus Karton. Vollpappe und Wellpappe werden für größere Behälter gewählt. Diese Materialien sind sehr strapazierfähig und für den Stückguttransport geeignet.

Der Fachmann unterscheidet nach der Bauart und Lieferform Faltschachteln, Deckelschachteln und Aufrichteschachteln sowie Kombinationen und Sonderformen. Faltschachteln bestehen in der Regel aus einem Schachtelkörper mit anhängenden Verschlußteilen. Sie dienen hauptsächlich als Verkaufspackung für einen Gegenstand. Faltschachteln werden auch als Feinkartonagen bezeichnet. Deckelschachteln (Stülpschachteln) entstehen aus zwei separaten Zuschnitten, einem Oberteil und einem Unterteil. Es gibt aber auch Klappdeckelschachteln. Werden Schachteln zusammengefaltet geliefert und vor dem Füllen erst aufgerichtet, spricht man von Aufrichteschachteln. Deckel- und Aufrichteschachteln dienen meist als Sammelpackung und Versandpackung; man nennt sie auch Rohkartonagen.

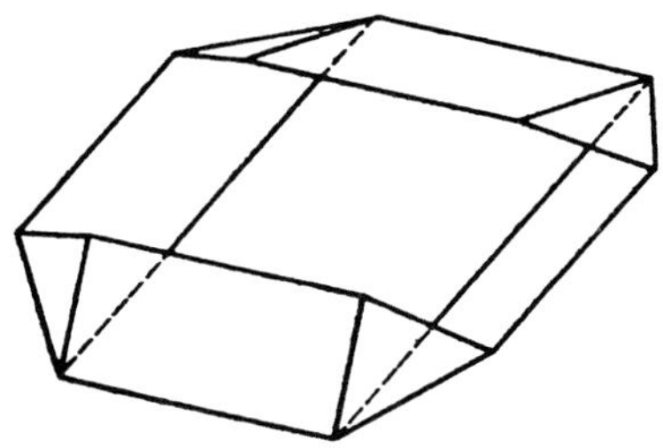

Bild 416.3. Aufrichteschachtel „outfold“.

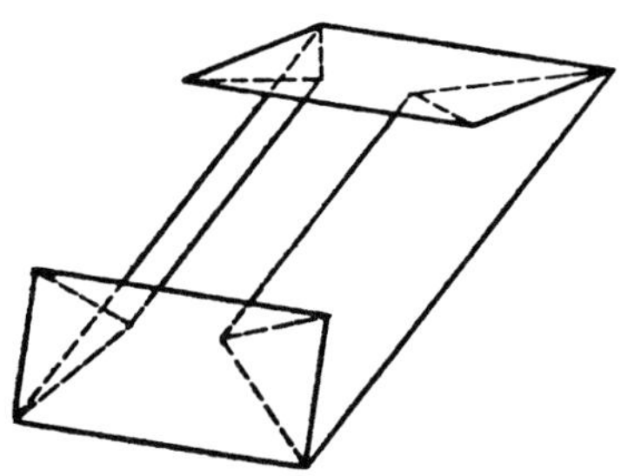

Bild 416.4. Aufrichteschachtel „infold“.

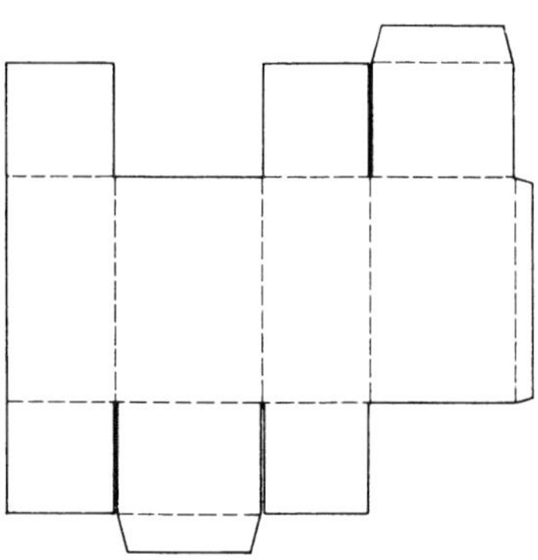

Bild 416.2. Zuschnitt einer Faltschachtel.

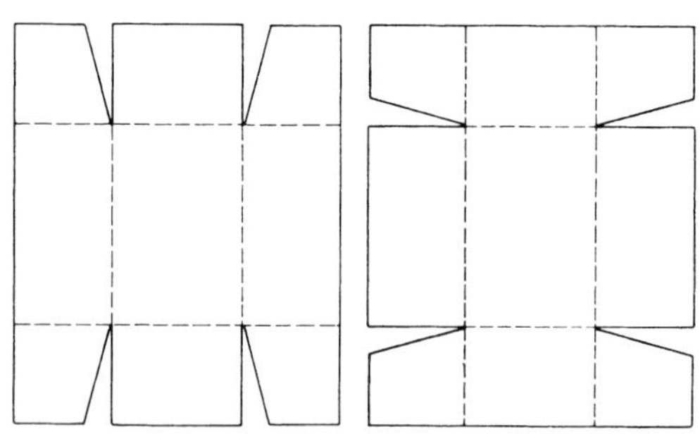

Bild 416.5. Zuschnitt einer Stülpschachtel.

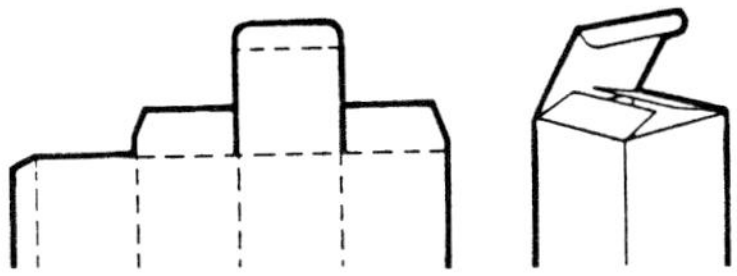

Einsteckverschluß

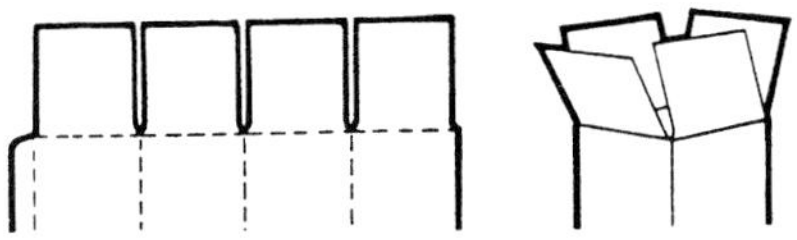

Klebeverschluß

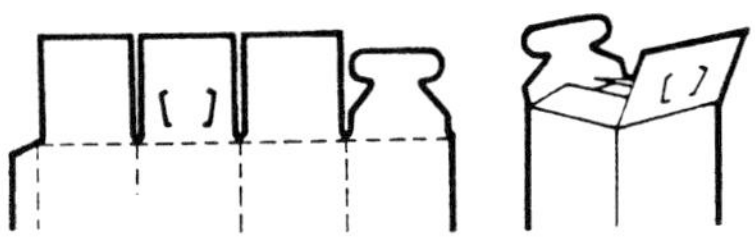

Ohrenverschluß

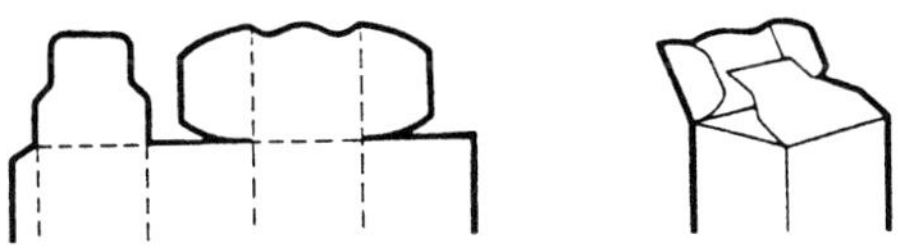

Flügelverschluß

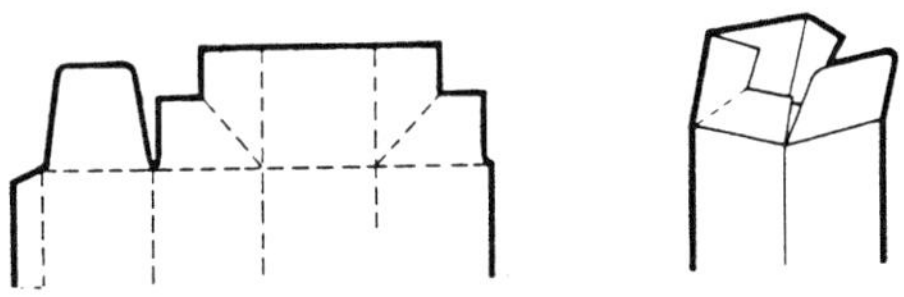

Falteckenverschluß

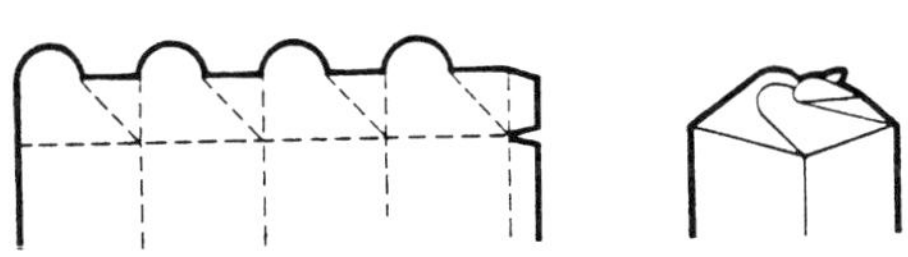

Rosettenverschluß

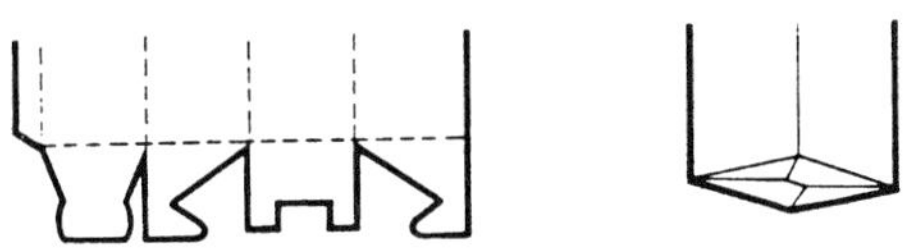

Steckbodenverschluß

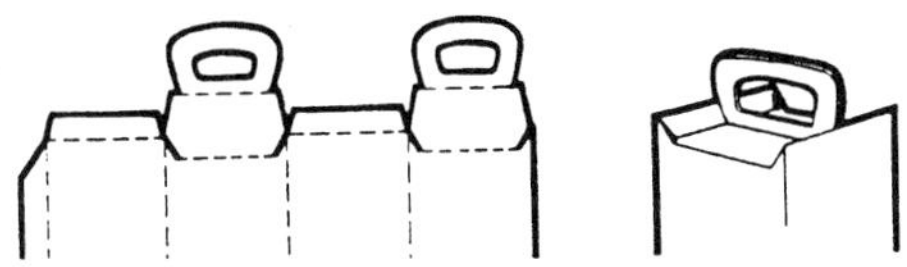

Tragegrlff

Bild 417.1. Verschlüsse an Faltschachteln (am Beispiel hochformatiger Faltschachtel Standardtyp).

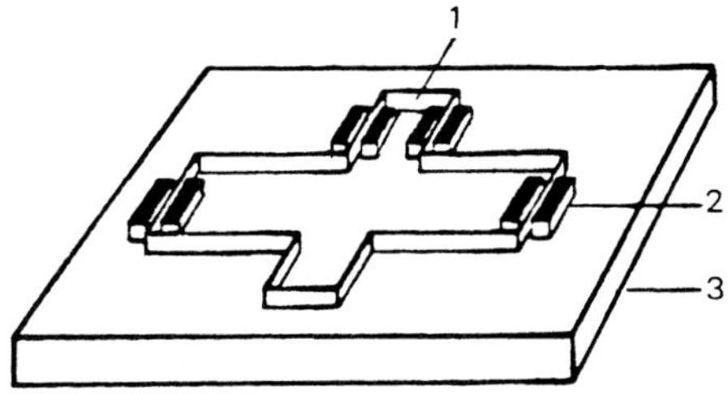

Bild 417.2. Stanzform. 1 Bandstahl, 2 Gummistücke, 3 Basisplatte.

Packmittel aus Papier oder Pappe werden nach einem Grundriß aus Papier- und Pappbahnen ausgestanzt. Der Verpackungsmittelmechaniker baut dafür die Stanzformen. Die Stanzform besteht aus einem Stanzbrett mit Bandstahllinien. Eine 18 mm starke, mehrfach verleimte Sperrholzplatte wird zugeschnitten. Durch Aufreißen oder Kopieren wird der Grundriß, die Stanzkontur, übertragen, und mit einer Dekupiersäge oder einem Laserstrahl wird die Kontur ins Holz geschnitten. Die 0,7 bis 1 mm starken Bandstahllinien werden zugeschnitten und gebogen und mit einem Holzhammer in die ausgesägten Konturlinien so eingeschlagen, daß sie etwa 5 mm herausragen. Beiderseits der Stahllinien werden Moosgummistreifen aufgeklebt. Sie dienen als sogenannte Auswerfer, verhindern also das Hängenbleiben des Packstoffes an den Stahllinien.

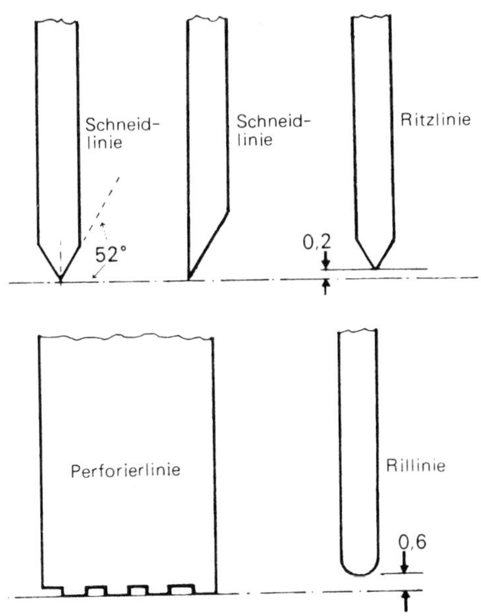

Bild 417.3. Bandstahllinien.

Bei den Bandstahllinien unterscheidet der Fachmann Schneidlinien, Ritzlinien, Perforierlinien und Rillinien. Die Gegenform zum Stanzbrett ist die Stanzplatte, die mit Preßspan, Stahlstreifen, Kunststoff oder aufgeklebten Gummistreifen zugerichtet werden muß. Diese Zurichtung unterstützt den Stanzvorgang. Bei den Stanzformen unterscheidet man die Flachstanzform und die Rotationsstanzform. Eine Stanzmaschine besteht aus der Stapelstation, dem Anlagetisch, der Stanzstation, der Ausbrechstation und der Auslagestation.

Die **Folienverpackung** ist die Alternative oder Ergänzung zum Papier und Karton. Aus Schlauchfolienbahnen werden Beutel, Tragetaschen, Säcke hergestellt. Aus einfachen Folienbahnen werden Bahnstücke zum Verpacken abgeschnitten. Die Nahtstellen werden nicht verklebt, sondern durch Siegeln oder Schweißen miteinander verbunden. Beim Siegelvorgang verbinden sich nur die Oberschichten der jeweiligen Materialien. Beim Schweißvorgang werden die beiden Schichten miteinander verschmolzen. Folienmaschinen, die nach dem Winkelschweißprinzip oder nach dem Schlauchbeutelprinzip arbeiten, hüllen das Produkt automatisch ein. In einem Schrumpftunnel kann die Folie durch thermische Erwärmung auch geschrumpft werden. Außer dieser Volleinschlagmethode gibt es noch die Banderolenverpackung. Bei der Folienverpackung für Nahrungsmittel unterscheidet man Flüssigkeitsverpackungen, fettdichte Verbunde und Verbunde für hocharomatische Stoffe und Genußmittel.

Verpackungsdruck ist heute ebenfalls Qualitätsdruck auf hochwertigem Karton oder Folienarten, zur Werbung, Information oder als Etikettendruck ausgeführt. Neben den Druckfarben der Normskala werden Farben mit besonderen Eigenschaften und auch spezielle Hausfarben des Kunden gedruckt. Oft wird anschließend noch eine Lackierung aufgebracht. Beim Bedrucken von Lebensmittelverpackungen darf nicht jede Druckfarbe verwendet werden. Packmittel und Druckfarben dürfen bei Lebensmitteln nicht zu Geruchs- und Geschmacksveränderungen führen. Eine Reihe lebensmittelrechtlicher Vorschriften sind zu beachten.

Die verschiedenen Druckverfahren werden bei der Produktion von Verpackungsmitteln eingesetzt. Ihr Einsatz hängt von den zu bedruckenden Materialien, Formen und den Anforderungen an das Endprodukt ab. Meist im Offsetdruck, aber auch im Sieb- und Tiefdruck werden Faltschachteln und Etiketten gedruckt. Der Siebdruck eignet sich vor allem zum Bedrucken von Körpern, wie Dosen, Bechern, Flaschen und Eimern, auch Blechdruck und Transferdruck sind geeignet. Der Tampondruck wird für das Bedrucken von Hohlkörpern und unebenen Oberflächen eingesetzt. Das Lettersetverfahren als indirekter Hochdruck eignet sich für die Rundumbedruckung von rotationssymmetrischen Blech-, Alu- oder Kunststoffbehältern oder für das Bedrucken von Verpackungspapier. Immer größer ist die Bedeutung des Flexodrucks geworden. Er wird nicht nur beim Bedrucken von Wellpappe, Vollpappe, Papiersäcken, Tüten und Beuteln, sondern vor allem beim Bedrucken von Einwickelmaterial aus Kunststoff- und Metallfolie eingesetzt. Für das Bedrucken von Folien eignet sich auch der Tiefdruck.

Nach dem Einfüllen des Packgutes müssen die Packmittel verschlossen werden. Dies geschieht durch Ineinanderstecken, Falten, Kleben, Versiegeln, Schweißen, Verschrauben oder mit anderen Packhilfsmitteln. Jede Verpackung muß eindeutig, gegebenenfalls sogar nach genauen gesetzlichen Bestimmungen beschriftet sein.

▼

1. Was versteht man unter dem Begriff Packgut, Packstoff, Packmittel, Packung?
2. Zerlegen Sie ein Packmittel, und fertigen Sie davon einen Aufriß mit Bemaßung!
3. Wie unterscheiden sich die Verpackungsmaterialien für Karton, Vollpappe und Wellpappe?
4. Nennen Sie Merkmale verschiedener Faltschachteln!
5. Beschreiben Sie eine Stanzform!
6. Entwerfen Sie eine Verpackung für ein Osterei!
7. Nennen Sie die im Verpackungsdruck verwendeten Druckverfahren!
8. Sammeln Sie diverse Verpackungsprodukte, und prüfen Sie, welches Druckverfahren angewendet wurde!
9. Nennen Sie die wichtigsten Arten der Kunststoffolien!
10. Erklären Sie den Unterschied zwischen den Vorgängen Siegeln und Schweißen!
11. Nennen Sie Vorteile der starren und der flexiblen Verpackung!

11 Arbeitssicherheit

In der Industriegesellschaft hat der Mensch etwa fünfzig Arbeitsjahre zu bewältigen, ehe er aus der Welt der Arbeit ausscheidet und in den Ruhestand geht. Die Arbeitswelt verändert sich im Laufe eines Arbeitslebens permanent. Technischer Fortschritt modernisiert die Arbeitsplätze, verändert die Arbeitsbedingungen, führt zu neuen Arbeitsinhalten, verlangt immer wieder neues Wissen und Anpassung des Verhaltens am Arbeitsplatz.

Ein wichtiges Gebot ist aber auch die Erhaltung der Arbeitskraft und Gesundheit des produzierenden Menschen, also das Vermeiden von arbeitsbedingten Erkrankungen und Verletzungen. Deshalb hat der Gesetzgeber durch Arbeitssicherheitsgesetze, Verordnungen und Institutionen wesentliche Rahmenbedingungen erlassen, um die Sicherheit am Arbeitsplatz vorzuschreiben und zu kontrollieren. Gefahren für die Gesundheit sollen zumindest so gering wie möglich gehalten und vom Arbeitsunfall betroffene Menschen durch soziale Maßnahmen abgesichert werden.

11.1 Gesetzliche Grundlagen

Im Zusammenhang mit der Arbeitssicherheit sind insbesonders folgende gesetzlichen Grundlagen und Verordnungen maßgebend:
das Bürgerliche Gesetzbuch,
die Reichsversicherungsordnung,
das Ordnungswidrigkeitengesetz,
das Strafgesetzbuch,
das Jugendarbeitsschutzgesetz,
das Arbeitssicherheitsgesetz,
die Arbeitsstättenverordnung,
die Gewerbeordnung,
das Betriebsverfassungsgesetz,
die einzelnen Unfallverhütungsvorschriften der Berufsgenossenschaften,
die Einzelvorschriften für die Sicherheit der technischen Einrichtungen,
die vielen DIN-Vorschriften und VDE-Bestimmungen.

Beauftragt mit der Kontrolle für die Arbeitssicherheit sind die Gewerbeaufsichtsämter und die Berufsgenossenschaften.
Die **Gewerbeaufsichtsämter** sind öffentliche Aufsichtsorgane der Bundesländer. Sie prüfen die Zulassung von Gewerbebetrieben, die Errichtung von Produktionsgebäuden, deren Einrichtungen und Maschinenanlagen und die Einhaltung der Arbeitsschutzbestimmungen aufgrund der Gewerbeordnung und der Arbeitszeitordnung.

Die **Berufsgenossenschaften** sind nach Wirtschaftszweigen gegliedert. Sie sind Organisationen der gesetzlichen Unfallversicherung auf der Grundlage der Reichsversicherungsordnung. Als Körperschaften des öffentlichen Rechts verwalten sie sich selbst unter Aufsicht des Bundesversicherungsamtes und des Bundesministeriums für Arbeit und Soziales.

Die Organe der Selbstverwaltung sind die Vertreterversammlung und der Vorstand, die sich je zur Hälfte aus Vertretern der Arbeitgeber und der Versicherten bzw. deren Verbänden zusammensetzen. Die Unternehmer sind in der Berufsgenossenschaft Pflichtmitglied. Sie bringen allein die finanziellen Mittel auf. Es gilt das Umlageverfahren der nachträglichen Bedarfsdeckung. Die Beiträge werden nach den im abgelaufenen Jahr im Unternehmen bezahlten Löhnen und Gehältern und den Gefahrenklassen berechnet. Die Versicherten zahlen keinen Beitrag. Versichert ist jeder aufgrund eines Arbeits-, Dienst- oder Ausbildungsverhältnisses beschäftigte Mitarbeiter und auch jeder Heimarbeiter.

11.2 Berufsgenossenschaft

Im Berufsfeld Drucktechnik ist die Berufsgenossenschaft Druck und Papierverarbeitung zuständig.
Sie betreut Betriebe, die es mit der Herstellung und Verteilung folgender Produkte zu tun haben:
1. Druckerzeugnisse aller Art, auch Vervielfältigungen,
2. Druckformen, Filmmaterial, Fotografie und Mikrofilm,
3. Papier-, Pappe-, Kunststoffprodukte und verwandte Erzeugnisse,
4. Buchbindereiprodukte,
5. Veredlung von Papier und Pappe.

Der Berufsgenossenschaft sind durch Gesetz folgende Aufgabengebiete zugewiesen:
1. Verhütung von Arbeitsunfällen und Berufskrankheiten, Gesundheitsschutz am Arbeitsplatz.
2. Leistungen zur Rehabilitation von Unfallverletzten, Unfallkrankenhäuser.
3. Entschädigung für Unfallfolgen durch Geldleistungen, Unterstützung bei Wiedereingliederung in den Beruf.

Ein **Arbeitsunfall** liegt vor, wenn ein Versicherter in ursächlichem Zusammenhang mit seiner beruflichen Tätigkeit einen Unfall erleidet. Dazu gehört auch der direkte Arbeitsweg zwischen der Wohnung und dem Betrieb. Der Versicherte ist verpflichtet, unverzüglich den von der Berufsgenossenschaft bestellten qualifizierten Unfallarzt aufzusuchen, bevor er zu seinem persönlichen Hausarzt geht. Die Namen solcher Ärzte und Krankenhäuser sind dem Betrieb bekannt. Der Betriebsinhaber muß jeden Arbeitsunfall seiner Berufsgenossenschaft melden, wenn der Verletzte mehr als drei Tage arbeitsunfähig wird oder stirbt.

Eine **Berufskrankheit** liegt vor, wenn sie von der medizinischen Wissenschaft anerkannt und durch besondere berufliche Einwirkungen verursacht wurde. Anerkannte Berufskrankheiten sind in einer Liste zur Berufskrankheitenverordnung aufgezählt. Besonders häufig werden im Bereich der Druckindustrie Hautkrankheiten und Lärmschwerhörigkeit anerkannt.

Eine **Heilbehandlung** nach Arbeitsunfällen oder auch Berufskrankheiten dient vor allem der Wiederherstellung der Arbeitskraft des Versicherten und umfaßt alle notwendigen medizinischen und ärztlichen Leistungen. Berufliche Rehabilitation schließt auch die gegebenenfalls notwendige Umschulung für einen anderen geeigneten, wenn möglich gleichwertigen Beruf ein.

Arbeits- und Wegeunfälle, Berufskrankheiten 1996/1997

	1996	1997
Arbeitsunfälle	17 800	16 496
bezogen auf 1000 Versicherte	21,9	20,19
neue Renten	637	509
Wegeunfälle	3 529	3 130
bezogen auf 1000 Versicherte	4,36	3,83
neue Renten	208	170
Verdachtsanzeige einer Berufskrankheit	892	825
Verdacht bestätigt	413	412

Unfälle nach Gewerbszweigen 1996/1997

Gewerbezweig gemeldete Unfälle pro 1000 Versicherte	Arbeitsunfälle 1996	Arbeitsunfälle 1997	Wegeunfälle 1996	Wegeunfälle 1997
Wellpappenbetriebe	85,08	85,85	8,24	6,53
Toilettenpapier, Papiertaschentücher u. ä.	89,90	76,76	9,30	8,41
Herstellung von Tüten, Beuteln, Säcken	69,93	63,66	6,56	8,22
Herstellung von Hülsen und Rundgefäßen	57,52	68,16	6,83	4,98
Herstellung von Pergamentpapier, Wachspapier, imprägnierten Papieren u. ä.	75,21	79,71	13,45	2,65
Herstellung von kaschierten und beschichteten Papieren, Schleifmittel	62,57	58,50	7,23	4,36
Herstellung von Briefumschlägen	51,51	53,44	4,89	5,71
Herstellung von Tapeten	54,48	67,14	10,51	6,66
Herstellung von Kartonagen	49,04	48,05	7,64	5,95
Herstellung von Faltschachteln	40,34	37,41	6,09	5,50
Herstellung von Artikeln aus Kunststoff	49,20	47,30	9,65	8,55
Buchbindereien u. ä.	36,25	34,50	7,25	6,05
Druckvorbereitung, Druck, Weiterverarbeitung	26,67	27,61	6,04	5,61
Lichtpausen, Fotokopie, Fotolabor (1996 einschl. Fotografie)	11,72	9,97	5,48	3,80
Satz, Druckvorlagen, grafische Arbeiten	5,65	5,50	3,89	3,82
Kaufmännisches und verwaltendes Personal	4,48	3,77	3,66	3,85
Fotografie*	–	13,02	–	5,81
Herstellung von Ringbüchern	62,50	67,36	12,57	8,12

* neuer Gewerbszweig ab 1997

Entschädigungsleistungen 1996/1997

in DM	1996	1997
Ambulante Heilbehandlung	15 095 215	15 631 742
Zahnersatz	227 610	216 735
Stationäre Behandlung	17 597 597	19 581 120
Verletztengeld und besondere Unterstützung	11 057 098	10 975 148
Sonstige Heilbehandlungskosten und ergänzende Leistungen zur Heilbehandlung	8 229 938	8 548 036
Berufsfördernde Leistungen	3 806 438	3 435 524
Renten an Versicherte und Hinterbliebene	114 229 969	114 883 958
Beihilfen an Hinterbliebene	421 987	491302
Abfindungen an Versicherte und Hinterbliebene	2 542 957	5 521 443
Unterbringung in Alters- und Pflegeheimen	0	0
Sterbegeld und Überführungskosten	167 328	186 078
Entschädigungsleistungen insgesamt	**173 376 137**	**179 471 086**

Verdachtsmeldungen auf eine Berufskrankheit 1996/1997

Bezeichnung	1996	1997	+/–
Erkrankungen durch Blei oder seine Verbindungen	4	8	+ 4
Erkrankungen durch Quecksilber oder seine Verbindungen	1	0	– 1
Erkrankungen durch Chrom oder seine Verbindungen	0	1	+ 1
Erkrankungen durch Kohlenmonoxid	2	2	+/– 0
Schleimhautveränderungen, Krebs oder andere Neubildungen der Harnwege durch aromatische Amine	7	6	–1
Erkrankungen durch Halogenwasserstoffe	39	33	– 6
Erkrankungen durch Benzol oder seine Homologe	15	9	– 6
Erkrankungen durch Methylalkohol	1	0	– 1
Hornhautschäden des Auges durch Benzochinon	0	1	+ 1
Erkrankungen durch Isocyanate	2	0	– 2
Erkrankungen der Sehnenscheiden	36	33	– 3
Meniskusschäden	6	1	– 5
Erkrankungen der Schleimbeutel durch Druck	1	2	+ 1
Drucklähmung der Nerven	0	2	+ 2
Erkrankungen der Lendenwirbelsäule	109	91	– 18
Erkrankungen der Halswirbelsäule	9	6	– 3
Erkrankungen der Lendenwirbelsäule durch Einwirkung von Schwingungen	3	6	+ 3
Zahnabrasion durch quarzstaubbelastende Tätigkeiten	0	1	+ 1
Lärmschwerhörigkeit	174	173	– 1
Erkrankungen durch ionisierende Strahlen	2	0	– 2
Infektionskrankheiten	1	1	+/– 0
Quarzstaublungenerkrankungen (Silikose)	2	1	– 1
Quarzstaublungenerkrankungen (Siliko-Tuberkulose)	0	1	+ 1
Asbeststaublungenerkrankung	5	10	+ 5
Lungenkrebs in Verbindung mit Asbeststaublungenerkrankung	6	7	+ 1
Durch Asbest verursachtes Mesotheliom	3	1	– 2
Lungenfibrose durch Metallstaub	1	0	– 1
Exogen-allergische Alveolitis	5	5	+/– 0
Durch allergisierende Stoffe verursachte Atemwegserkrankungen	20	16	– 4
Durch chemisch-irrtativ oder toxisch wirkende Stoffe verursachte Atemwegserkrankungen	66	54	– 12
Hauterkrankungen	343	322	– 21
Sonstige Meldungen	29	32	+ 3
Insgesamt	**892**	**825**	**– 67**

Finanzielle **Entschädigungen** sind zum Beispiel das Verletztengeld nach der Lohnfortzahlung, die Verletztenrente bei Minderung der Erwerbsfähigkeit, die Vollrente bei anerkannter Erwerbsunfähigkeit, das Sterbegeld und die Hinterbliebenenrenten.

Die Berufsgenossenschaft hat also die gesetzliche Verpflichtung, mit allen geeigneten Mitteln für die Verhütung von Arbeitsunfällen zu sorgen. Sie unterscheidet vor allem die technische Unfallverhütung und die psychologische Unfallverhütung.

Die **technische Unfallverhütung** bemüht sich um die sichere Gestaltung und Gliederung der Betriebsstätten mit ihren jeweiligen Einrichtungen und Arbeitsmitteln. Technische Gefahrenquellen und Gefahrenstellen sollen abgesichert werden. Schon auf die Hersteller von Maschinen und Einrichtungen ist einzuwirken, daß die Konstruktionen die Belange der Arbeitssicherheit berücksichtigen.

Der **psychologische Unfallschutz** zielt besonders auf die sichere Arbeitsweise an den Geräten und Maschinen und auf das entsprechende Verhalten der

Arbeitnehmer. Vielfältige schriftliche Informationen, regelmäßige Ausbildung und Gespräche vor Ort sollen die Arbeitssicherheit der Mitarbeiter erhöhen. Mangelnde Konzentration, Leichtsinn, Reflexbewegungen, Mißachtung von Gefahren können der Grund für ein Versagen sein. Schutzvorrichtungen sind gut, sie müssen aber auch akzeptiert und benutzt werden.

▼

1. Welche Gesetze und Verordnungen enthalten Vorschriften über die Arbeitssicherheit?
2. Welche Aufgaben hat die Berufsgenossenschaft?
3. Wie ist die Berufsgenossenschaft organisiert?
4. Wer ist für die Arbeitssicherheit in Ihrem Betrieb verantwortlich?
5. Nennen Sie allgemeine Regeln der Unfallverhütung!
6. Welche Maßnahmen umfaßt der Versicherungsschutz bei einem Arbeitsunfall?

11.3 Arbeitssicherheit im Betrieb

Die Berufsgenossenschaft kann beraten und aufklären. Aber Arbeitsunfälle verhüten können letztlich nur die am Arbeitsprozeß unmittelbar Beteiligten. Zu ihrem Schutz haben die Berufsgenossenschaften aufgrund ihrer gesetzlichen Legitimation viele einzelne Vorschriften erlassen. Dies sind autonome Rechtsnormen, die für die Betriebe und Beschäftigten verbindlich sind und befolgt werden müssen. Besonders ausgebildete, technisch versierte Aufsichtsbeamte der Berufsgenossenschaft überwachen die Betriebe und beraten die dort Verantwortlichen; das sind vor allem: der Unternehmer, seine Abteilungsleiter, Meister, Betriebsräte, spezielle Sicherheitsfachkräfte und die im einzelnen Bereich benannten Sicherheitsbeauftragten. Ab zwanzig Beschäftigten im Betrieb ist ein Sicherheitsbeauftragter zu benennen. Im Kleinbetrieb und am einzelnen Arbeitsplatz ist jeder Arbeitsnehmer für sich und seine Kollegen direkt verantwortlich. Verursacht er schuldhaft, das heißt vorsätzlich oder fahrlässig einen Unfall, so haftet er dafür.

Jeder Auszubildende muß die Vorschriften sorgfältig gelesen haben und die für seinen Beruf wichtigen Vorschriften kennen. Darüber hinaus muß er die Hinweise in anderen Abteilungen beachten lernen. Die Unfallverhütungsvorschriften umfassen:
1. allgemeine Regeln,
2. allgemeine Vorschriften,
3. spezielle Vorschriften für einzelne Bereiche,
4. Sicherheitskennzeichen,
5. arbeitsmedizinische Vorschriften und Maßnahmen für die erste Hilfe.

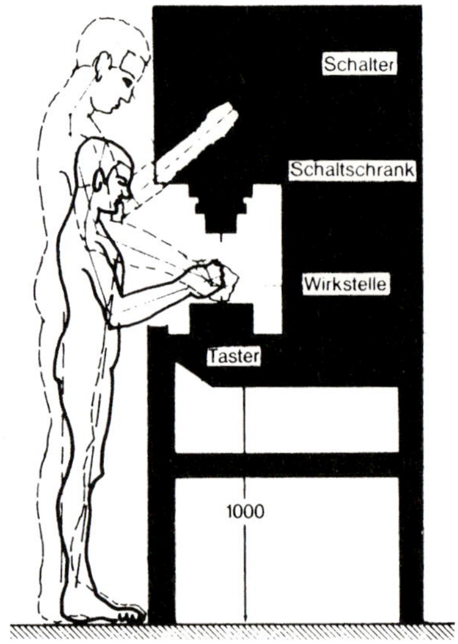

Bild 422.2. Körpergröße und Arbeitsplatz.

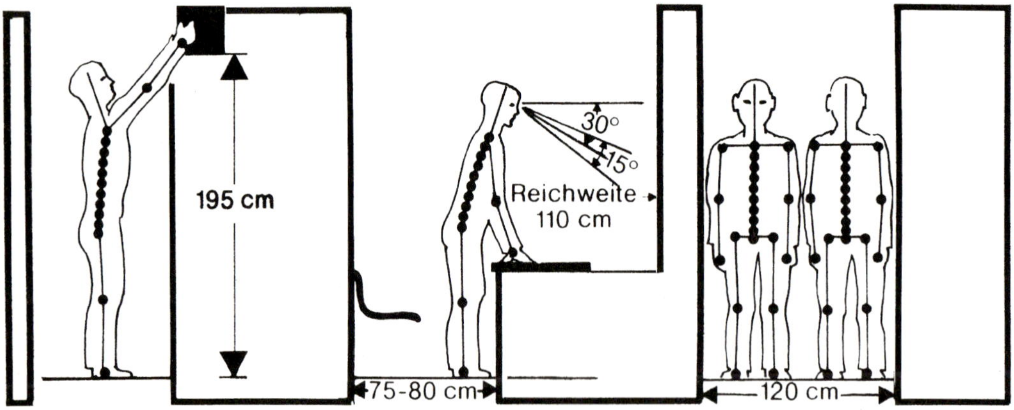

Bild 422.1. Richtmaße für den Raumbedarf (Maße sind nur Anhaltswerte).

Die **allgemeinen Regeln** betreffen das Verhalten der Mitarbeiter. Eine positive Einstellung zur übertragenen Arbeit und konzentriertes Arbeiten sind nötig. Auch während der Arbeit soll am Arbeitsplatz Ordnung herrschen. Werkzeuge, Geräte und Maschinen brauchen auch Pflege. Man soll nur Maschinen bedienen, mit denen man auch vertraut ist. Schutzvorrichtungen sind funktionsfähig zu halten und stets zu benutzen. Beschädigungen sollen sofort gekennzeichnet und stets gemeldet werden. Zweckmäßige Arbeitskleidung ist vor allem im Umgang mit Maschinen und Chemikalien zu tragen. Neue Mitarbeiter sind stets vorher einzuweisen. Vor allem Scherze, die die Gesundheit eines Mitarbeiters und die Funktion der Arbeitsmittel beeinträchtigen können, müssen unterbleiben. Richtig gelerntes und kontrolliertes Verhalten bei der Arbeit führt zur sicheren Gewohnheit und hilft Arbeitsunfälle zu verhindern.

Die **allgemeinen Vorschriften** beinhalten eine Reihe von Schwerpunkten. Der Unternehmer ist dafür verantwortlich, daß das Betriebsgebäude, die Arbeitsräume und deren Einrichtungen den allgemein anerkannten sicherheitstechnischen und arbeitsmedizinischen Regeln entsprechen. Dazu gehört auch das Beschaffen der notwendigen persönlichen Schutzausrüstungen für die Mitarbeiter. Das sind zum Beispiel Ausrüstungen für Kopf-, Fuß-, Augen-, Gesichts-, Atem- und Körperschutz. Viele DIN-Vorschriften sind hier vorgegeben. Der Unternehmer hat die Arbeitnehmer zu informieren und einzuweisen. Die Versicherten haben die zur Arbeitssicherheit dienenden Maßnahmen zu unterstützen, den Weisungen zu folgen und die persönlichen Ausrüstungen zu tragen. Sicherheitstechnische Mängel sind sofort zu beseitigen.

Die Vorschriften für Betriebsanlagen und Betriebsregelungen umfassen hauptsächlich die Bereiche Arbeitsplatz, Arbeitskleidung, innerbetriebliche Verkehrswege und Rettungswege, das Lagern von Material, die Gefahren durch Brand und Explosion und die Gesundheitsgefahren durch Arbeitsstoffe.

Arbeitsplätze können ihrer Dauer nach beständig oder vorübergehend, ihrer Art nach ortsfest oder ortsveränderlich sein. Sie können sich in geschlossenen Räumen am Arbeitstisch, in großen Hallen an Maschinenstraßen oder auf dem Betriebsgelände im Freien befinden. Arbeitsplätze müssen im allgemeinen so eingerichtet sein, daß ein sicheres Arbeiten möglich ist, und zwar hinsichtlich des Materials, der Geräumigkeit, der Standsicherheit, der Beleuchtung und Belüftung. Der Arbeitsplatz soll ergonomisch gestaltet sein, das heißt, den Fähigkeiten und Eigenschaften des Menschen angepaßt sein, um gute Arbeitsergebnisse zu erreichen.

Arbeitssicherheit ist auch abhängig von der Befindlichkeit des Menschen. Bei der Arbeit ist der Mensch unterschiedlichen körperlichen und psychischen Belastungen, aber auch Umgebungsbelastungen ausgesetzt. Seine persönliche Beanspruchung ist von seiner individuellen momentanen Konstitution abhängig. Zur Beurteilung, ob ein Arbeitsplatz menschengerecht gestaltet ist, können vier Beurteilungsebenen dienen. Die Arbeit muß ausführbar und erträglich sein. Hierzu können Ergonomie und Arbeitsmedizin Antworten geben. Die Arbeit sollte auch zumutbar und zufriedenstellend sein. Dazu können eher Methoden der Psychologie und Soziologie Aussagen machen.

Zulässige Klimabedingungen							
Art der Tätigkeit	Lufttemperatur			rel. Luftfeuchte			Luftbewegung
	°C			%			m/s
	Min.	Opt.	Max.	Min.	Opt.	Max.	Max.
Büroarbeit	18	21	24	30	50	70	0,1
leichte Handarbeit im Sitzen	18	20	24	30	50	70	0,1
leichte Handarbeit im Stehen	17	18	22	30	50	70	0,2
Schwerarbeit	15	17	21	30	50	70	0,4
Schwerstarbeit	14	16	20	30	50	70	0,5

Bild 423.1. Zulässige Klimabedingungen je nach Art der Tätigkeit.

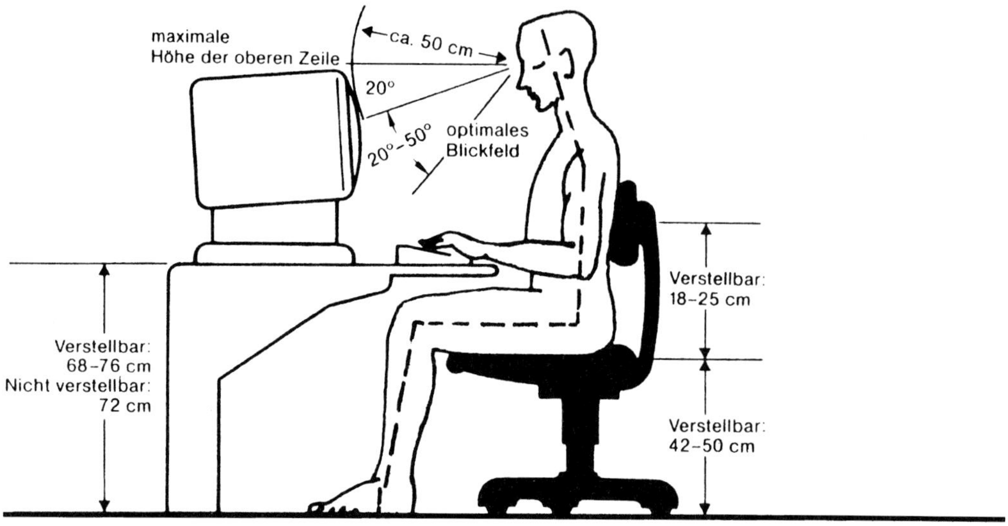

Bild 424.1. Höhenabmessungen für Bildschirmarbeitstische, Schreibtische und Bürodrehstühle.

Während in der Druckerei und Buchbinderei der an den Maschinen arbeitende Mensch eher steht oder sich bewegt, sind vor allem im Druckvorlagenbereich, bei der Montage und in der Setzerei sitzende Arbeitstätigkeiten vorherrschend. Die Unfallgefahren sind bei Maschinenarbeitsplätzen höher als bei einem Arbeitsplatz im Büro, einem Montageplatz oder beim Arbeiten in der Qualitätskontrolle. Sitzende Tätigkeit belastet extrem die Wirbelsäule. Der Kreislauf und der Bewegungsapparat des Menschen ist kaum gefordert. Nur die richtige Stuhlhöhe ermöglicht ermüdungsfreie Sitzhaltung. Maschinenhersteller können nur durchschnittliche Körpergrößen bei der Konstruktion berücksichtigen. Zwischen den Maschinenaggregaten müssen Mindestbewegungsräume vorgesehen sein, die das Arbeiten ohne Behinderung ermöglichen. Am Montageplatz hat der Mensch nur einen bestimmten Greifraum zur Verfügung. Tätigkeiten an Bildschirmarbeitsplätzen sind außerdem gekennzeichnet durch besondere Belastung der Augen. Reflexionen, Spiegelungen, Kontraste, Bildunschärfe und Flimmern der Zeichen führen zu Ermüdungen und Ablesefehlern.

Licht am Arbeitsplatz dient nicht nur zum Wahrnehmen von Informationen, sondern beeinflußt auch das vegetative Nervensystem. Wahrnehmung, Konzentration und Aufmerksamkeit werden durch höhere Beleuchtungsstärken erhöht. Aber jeder Arbeitsplatz oder Arbeitsraum hat sein eigenes angemessenes Beleuchtungsniveau. Das Beleuchtungsniveau, die Leuchtdichteverteilung, die Begrenzung der Blendung, die Lichtrichtigkeit und Schattigkeit, die Lichtfarbe und Farbwiedergabe bestimmen die Güte der Beleuchtung. Für gleiche Sehleistung brauchen ältere Menschen weit mehr Licht als junge Menschen.

Angemessene Farbgebung im Arbeitsraum und an Maschinen erleichtern die Orientierung und fördern das Wohlbefinden. Helle Farben wirken freundlich und aufheiternd. Monotone Arbeit erfordert Farbelemente im Raum. Bei wichtigen Griffen und Hebeln an Maschinen soll Farbe vor allem als Blickfang und Merkmal dienen.

Besondere Arbeitskleidung ist an vielen Arbeitsplätzen nicht nur zweckmäßig, sondern dringend erforderlich, vor allem beim Arbeiten an Maschinen und Bändern sowie beim Umgang mit ätzenden Stoffen. Lange Haare, Gürtel, Ringe und Armbanduhren können gefährlich werden. Kleidung kann verätzt werden oder Feuer fangen oder sich elektrostatisch aufladen. Falsches Schuhwerk kann nicht nur orthopädische Schäden, sondern auch Rutschen oder Stolpern verursachen.

Verkehrswege sind vor allem Flure und Treppen für den Personenverkehr oder spezielle Wege für Transportmaschinen. Herumliegendes Material, Werkzeug, verschmutzte Fußböden, zu enge Durchgänge sind oft unscheinbare Hindernisse,

Farbe	Distanzwirkung	Temperaturwirkung	Psychische Stimmung
Blau	Entfernung	kalt	beruhigend
Grün	Entfernung	sehr kalt bis neutral	sehr beruhigend
Rot	Nähe	warm	sehr aufreizend, beunruhigend
Orange	sehr nahe	sehr warm	anregend
Gelb	Nähe	sehr warm	anregend
Braun	sehr nahe, einengend	neutral	anregend
Lila	sehr nahe	kalt	aggressiv, beunruhigend, entmutigend

Bild 425.1. Psychologische Wirkung von Farben.

die zu schweren Unfällen führen können. Auch Türen und Tore müssen den sicherheitstechnischen Vorschriften entsprechen. Besonders Rettungswege und Notausgänge sind zum schnellen und sicheren Verlassen der Arbeitsplätze immer freizuhalten. Sie sind deutlich und dauerhaft zu kennzeichnen. Notausgänge müssen sich stets leicht öffnen lassen.

Das Lagern und Stapeln von Material, Fässern und Rollen muß jeweils fachgerecht und sicher erfolgen. Die zulässige Belastung von Bauteilen, Regalen darf nicht überschritten werden. Das jeweilige Stapelgewicht und die Stapelhöhe sind zu bedenken. Einzelne Materialien oder das ganze Lager müssen gegen äußere Einwirkungen so geschützt werden, daß keine gefährlichen physikalischen oder chemischen Veränderungen auftreten können, damit Behältnisse und Verpackungen nicht beschädigt werden.

Sicherheitseinrichtungen sind zum Beispiel Sicherheitsbeleuchtung, Signallampen, Notschalter, Absaug- und Feuerlöscheinrichtungen. Sie müssen ständig funktionstüchtig sein, also regelmäßig getestet und gewartet werden. Zur Sicherheit gehört auch, daß offene oder verdeckte Gefahrenstellen durch Kennzeichnen mit Symbolen und Beschriftung besonders markiert sind.

Brände und Explosionen erfassen schnell ganze Räume, gefährden also nicht nur den einzelnen Mitarbeiter an seinem speziellen Arbeitsplatz. Im Umgang mit selbstentzündlichen, leichtentzündlichen oder explosiven Stoffen ist daher ganz besondere Vorsicht geboten. In diesen Bereichen ist offenes Feuer, also auch Rauchen verboten. Explosionsgeschützte Schalter sind einzubauen, der Umgang mit Feuerlöschern muß geübt sein. Für den Brandfall muß ein Alarmplan vorliegen.

Die Mitarbeiter müssen über die Wirkung und Gefährlichkeit der entstehenden Gase, Dämpfe, Nebel oder Stäube informiert sein. Besonders bedeutsam sind die Flammpunkte und Explosionsgrenzen von Flüssigkeiten. Eine brennbare Flüssigkeit brennt nicht von selbst, sondern nur das Dampf-Luft-Gemisch, das sich bei bestimmten Umgebungstemperaturen bildet.

Flammpunkte einiger brennbarer Flüssigkeiten:

Flüssigkeit	Flammpunkt
Heizöl	55 °C
Benzin	21 °C
Spiritus/Isopropanol	12 °C
Toluol	6 °C

Liegt der Flammpunkt unter 21 °C, ist die brennbare Flüssigkeit besonders gefährlich. Sie wird als „leicht entzündlich“ eingestuft und der Behälter mit einem Flammensymbol gekennzeichnet.

Brennbare Gase und Dämpfe bilden mit der Luft nur innerhalb eines bestimmten Konzentrationsbereiches ein explosionsfähiges Gemisch. Unterhalb dieser Grenzen ist das Gemisch zu „mager“, eine Zündung nicht möglich. Oberhalb der Grenzen ist es zu „fett“, eine mögliche Entzündung läuft jedoch nicht explosionsartig, sondern langsam ab.

Flüssigkeit	untere Explosionsgrenze	obere
Spezialbenzin, Toluol	1,2 Volumen %	7,5 Volumen %
Spiritus	3,5 Volumen %	15 Volumen %
Isopropanol	2 Volumen %	12 Volumen %

Feste brennbare Stoffe, zum Beispiel Papier und Pappe, können eigentlich nur durch brennende Zigaretten oder defekte elektrische Geräte und Leitungen entzündet werden. Zigaretten gehören nicht in Papierkörbe. Elektrische Einrichtungen sind beim Verlassen der Räume abzuschalten.

Die Verwendung chemischer Stoffe war in der Druckindustrie schon immer erheblich. Allergien und Hautkrankheiten, Reizungen der Atemwege können zu vorübergehenden oder dauernden Schäden führen. Gefährliche Arbeitsstoffe, wie Säuren, Laugen und andere nichtbrennbare Lösemittel, dürfen daher am Arbeitsplatz nur in den Mengen vorhanden sein, die gerade für die Arbeit gebraucht werden. Vorsichtiger Umgang mit ihnen ist geboten. Sie sind in separaten Räumen und Schränken fachgerecht zu lagern. Sie gehören nur in Behälter, die in Form und Größe und Beschriftung von Trinkgefäßen klar zu unterscheiden sind. Da diese Stoffe immer auch hautschädigend wirken, sind sichere Abfülleinrichtungen einzusetzen. Schutzhandschuhe und auch Schutzbrillen müssen benutzt werden. Auch Hautschutz- und Hautpflegemittel sind eventuell zu nehmen.

Lösemittel sind besonders gefährlich, wenn sie in größeren Mengen in den menschlichen Körper gelangen und innere Organe schädigen. Für Lösemitteldämpfe am Arbeitsplatz gelten daher

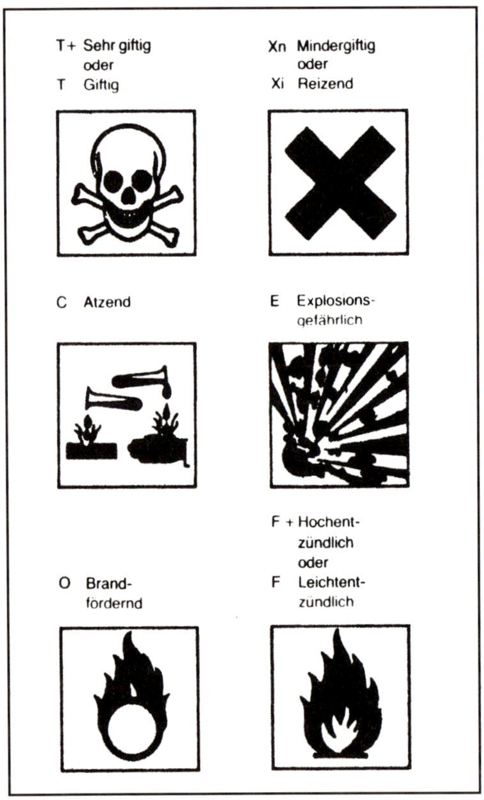

Bild 426.1. Gefahrensymbole und Eigenschaften gefährlicher Arbeitsstoffe.

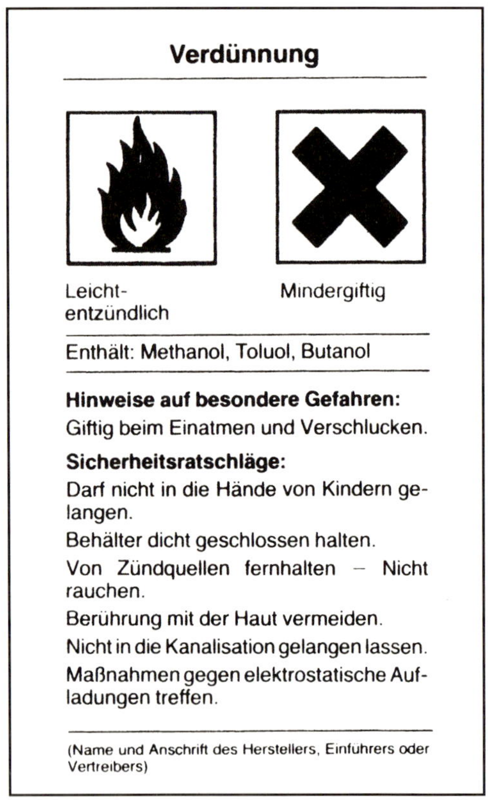

Bild 426.2. Beispiel für die Kennzeichnung eines Behälters.

Maximale-Arbeitsplatz-Konzentrations-Werte, die in einer MAK-Werte-Liste festgelegt sind und nie überschritten werden dürfen, wenn gesundheitliche Schäden vermieden werden sollen. Für das Lösemittel Toluol zum Beispiel beträgt der MAK-Mert = 200 cm^3/m^3 gleich 0,02 Volumenprozente. Das sind 200 cm^3 Toluoldampf in 1 m^3 Luft, die bei 20 °C aus 0,75 g Flüssigkeit (1 cm^3) entweichen. Toluoldämpfe müssen also mit der etwa 5000fachen Luftmenge verdünnt werden, um den MAK-Wert zu unterschreiten. Für die Messung der Konzentration gesundheitschädlicher Gase und Dämpfe wird ein leicht zu handhabendes Gasspürgerät eingesetzt.

Lösemittel werden häufig wegen ihrer fettlösenden Eigenschaft eingesetzt. Sie entfetten auch die Haut des Menschen; diese verliert dann schnell ihren natürlichen Schutz gegen Krankheitskeime. Rötungen, Entzündungen und Ekzeme sind sichtbare Veränderungen.

Die in den Arbeitsstoffen enthaltenen chemischen Verbindungen können also mehr oder weniger giftig, ätzend, aber auch krebserzeugend und erbgutschädigend sein. Wegen ihrer Gefährlichkeit müssen sie daher auf der Verpackung entsprechend deutlich gekennzeichnet sein. Solche Verpackungen enthalten gemäß der Gefahrenstoffverordnung folgende Kennzeichnungen:

1. die chemische Bezeichnung des Stoffes und seiner Bestandteile,
2. Gefahrensymbole mit Gefahrenbezeichnung durch Kürzel,
3. Hinweise auf besondere Gefahren und Reaktionen, die sogenannten R-Sätze,
4. Sicherheitsratschläge, die sogenannten S-Sätze,
5. zusätzliche wichtige Aufschriften und Kurztexte,
6. Namen und Anschrift des Herstellers oder Verkäufers.

Hier nur ein Auszug aus den vielfältigen Warntexten:

Hinweise auf die besonderen Gefahren (R-Sätze)

R 1	In trockenem Zustand explosionsgefährlich
R 2	Durch Schlag, Reibung, Feuer oder andere Zündquellen explosionsgefährlich
R 12	Hochentzündlich
R 14	Reagiert heftig mit Wasser
R 15	Reagiert mit Wasser unter Bildung leichtentzündlicher Gase
R 23	Giftig beim Einatmen
R 24	Giftig bei Berührung mit der Haut
R 25	Giftig beim Verschlucken

Kombination der R-Sätze

R 15/29	Reagiert mit Wasser unter Bildung giftiger und leichtentzündlicher Gase
R 20/21	Gesundheitsschädlich beim Einatmen und bei Berührung mit der Haut
R 21/22	Gesundheitsschädlich bei Berührung mit der Haut und beim Verschlucken
R 36/37/38	Reizt die Augen, Atmungsorgane und die Haut
R 42/43	Sensibilisierung durch Einatmen und Hautkontakt möglich

Sicherheitsratschläge (S-Sätze)

S 1	Unter Verschluß aufbewahren
S 2	Darf nicht in die Hände von Kindern gelangen
S 3	Kühl aufbewahren
S 7	Behälter dicht geschlossen halten
S 8	Behälter trocken halten
S 21	Bei der Arbeit nicht rauchen
S 22	Staub nicht einatmen
S 23	Gas/Rauch/Dampf/Aerosol nicht einatmen (geeignete Bezeichnung[en] vom Hersteller anzugeben)
S 24	Berührung mit der Haut vermeiden
S 25	Berührung mit den Augen vermeiden
S 26	Bei Berührung mit den Augen gründlich mit Wasser abspülen und Arzt konsultieren
S 44	Bei Unwohlsein ärztlichen Rat einholen (wenn möglich, dieses Etikett vorzeigen)
S 50	Nicht mischen mit . . .
S 51	Nur in gut gelüfteten Bereichen verwenden.

Kombination der S-Sätze

S 1/2	Unter Verschluß und für Kinder unzugänglich aufbewahren
S 3/7/9	Behälter dicht geschlossen halten und an einem kühlen, gut gelüfteten Ort aufbewahren
S 20/21	Bei der Arbeit nicht essen, trinken, rauchen
S 24/25	Berührung mit den Augen und der Haut vermeiden
S 36/37	Bei der Arbeit geeignete Schutzhandschuhe und Schutzkleidung tragen
S 47/49	Nur im Originalbehälter bei einer Temperatur von nicht über . . . °C aufbewahren.

Die Gefahrenstoffverordnung regelt auch den Umgang mit den gefährlichen Arbeitsstoffen, die Pflichten des Unternehmers und Arbeitnehmers, verlangt Betriebsanweisungen in verständlicher Sprachform, schreibt Schutzausrüstungen und Meßkontrollen vor.

Spezielle Vorschriften gelten in besonders kritischen Bereichen oder an einzelnen Arbeitsplätzen. Vor allem an Druckmaschinen ist die Arbeit gefährlich. An diesen kraftbetriebenen Arbeitsmitteln gibt es besondere Gefahrenstellen und Gefahrenquellen. Gefahrenstellen ergeben sich an rotierenden Teilen wie Keilriemen, Ketten, Zahnrädern, Wellen, Walzen und Zylindern. Dort sind konstruktionsbedingte Quetsch-, Scher-, Fang- oder Einzugsstellen. Kleidung, Haare oder auch Putzlappen können erfaßt, Hände gequetscht werden. Gefahrenquellen sind solche Stellen, von denen aus Teile des Arbeitsmittels, Werkstücke oder auch Abfälle die festgelegten Bahnen verlassen, herabfallen oder wegfliegen können. Schutz-, Sperr- oder Signaleinrichtungen und Einweisschilder müssen hier gegen die möglichen Gefahren Sicherheit bieten.

Im Bereich der Papier- und Pappeverarbeitung gibt es besonders viele Spezialmaschinen. An Pressen, Stanzautomaten, Schneidemaschinen, Falzmaschinen und Bohrmaschinen sind vor allem Sicherungen gegen Handverletzungen nötig. Verkleidungen und Abdeckungen müssen für Instandsetzungs- und Rüstarbeiten oft abgenommen oder geöffnet werden. Schaltleisten, Zweihandschaltungen, Tippschalter und Anlaufwarneinrichtungen dienen hier der Sicherheit.

Not-Befehlseinrichtungen müssen die Maschinen schnell abstellen können. Maschinen dürfen nie eigenmächtig in Bewegung gesetzt werden. Betriebsanleitungen müssen bekannt sein und beachtet werden. Sicherheitstechnische Mängel sind sofort dem Vorgesetzten zu melden.

Elektrische Betriebsmittel sind eine weitere Gefahrenquelle. Die Gefährlichkeit des elektrischen Stromes wird oft unterschätzt, Mängel sind oft nicht leicht zu erkennen. Defekte Leitungen können Kurzschlüsse oder Brände verursachen. Kommt der menschliche Organismus mit einem Stromkreis in Berührung, verkrampft sich die Muskulatur. Herztätigkeit und Atmung können gelähmt werden. 220 Volt können tödlich sein. Eine Stromstärke von 0,05 Ampere reicht zum Herzstillstand. Bleiben die Gehirnzellen länger als drei Minuten ohne Sauerstoffzufuhr, sterben sie ab. Elektrische Einrichtungen müssen daher besonders pfleglich behandelt werden. Schadhafte Stecker und Kabel sind nur vom Fachmann zu reparieren. Regelmäßige Kontrollen sind vorgeschrieben. Bei einem elektrischen Defekt ist die Maschine sofort außer Betrieb zu setzen, also der Hauptschalter auszuschalten oder der Netzstecker zu ziehen. Mitarbeiter müssen entsprechend unterrichtet werden.

LÄRM

Schallpegel und Gehörgefährdung		
Schallpegel in db (A)	Vielfaches der Gehörgefährdung gegenüber 90 dB (A)	Einwirkungszeit für Beurteilungspegel von 90 dB (A)
90	1	8 Stunden
93	2	4 Stunden
96	4	2 Stunden
99	8	1 Stunde
102	16	30 Minuten
105	32	15 Minuten
108	64	7,5 Minuten
111	128	4 Minuten
114	256	2 Minuten
117	512	1 Minute
120	1024	30 Sekunden

Bild 428.1. Die Tabelle zeigt den Zusammenhang zwischen dem Schallpegel am Arbeitsplatz und der Gehörgefährdung, bezogen auf 90 dB(A). Sie zeigt auch, wie groß die tägliche Einwirkungszeit höchstens sein darf, wenn ein Beurteilungspegel von 90 dB(A) nicht überschritten werden soll.

Geräuschart:	Schalldruckpegel in dB(A):	Wirkung:
Blätterrauschen Gespräch	10 50	sicherer Bereich
Straßenverkehr Maschinen in der Druckindustrie	70 80–85	Belästigungsbereich
Lastwagen Bohrmaschinen	90 110	Schädigungsbereich
Flugzeuge	ab 120	Schmerzbereich

Bild 429.1. Lärmquellen und Lärmstufen.

Maschinenarbeit ist oft mit viel Lärm verbunden. Lärm stört und belästigt, erhöht die Unfallgefahr und kann die Gesundheit schädigen. Das menschliche Ohr nimmt Druckschwankungen der Luft als Schall wahr. Der Schalldruckpegel wird in Dezibel (dB) angegeben und zusätzlich im Arbeitsschutz mit der Frequenzbewertung A versehen. Der Beurteilungspegel ist bezogen auf die durchschnittliche Lautstärke während einer achtstündigen Arbeitsschicht. Schon bei 60 dB(A) kann Lärm zu vegetativen Reaktionen führen, die zusätzliche körperliche Belastungen bedeuten. Das Gehör wird unheilbar geschädigt, wenn der Mensch einer dauernden Lärmeinwirkung von mehr als 90 dB(A) ausgesetzt ist. Maschinen sind so zu konstruieren, Arbeitsstätten so einzurichten und Arbeitsverfahren so zu gestalten, daß dieser arbeitsplatzbezogene Grenzwert für Schallemission nicht erreicht wird. Spezielle Lärmminderungsverfahren sind in den Lärmschutz-Arbeitsblättern festgelegt.

Lärmbereiche sind besonders zu kennzeichnen. Die Mitarbeiter sind durch spezielle akustische oder optische Signale im Notfall zu warnen. Sie haben die persönlichen Schutzmittel wie Gehörschutzstöpsel, Gehörschutzkapseln, Schallschutzhelme zu benutzen.

Sicherheitsfarbe	Bedeutung oder Aufgabe	Anwendungsbeispiele
Rot	Halt Verbot	Haltezeichen Notausschalteinrichtungen Verbotszeichen
Rot	Diese Farbe wird auch zur Kennzeichnung von Material zur Feuerbekämpfung verwendet	
Gelb	Vorsicht! Mögliche Gefahr	Hinweise auf Gefahren (Feuer, Explosion, Strahlen, chemische Einwirkungen usw.) Kennzeichnung von Schwellen, gefährlichen Durchlässen, Hindernissen
Grün	Gefahrlosigkeit Erste Hilfe	Kennzeichnung von Rettungswegen und Notausgängen Rettungsduschen Erste-Hilfe- und Rettungsstationen
Blau[1])	Gebotszeichen Hinweise	Verpflichtung zum Tragen einer persönlichen Schutzausrüstung Standort eines Telefons

[1]) Gilt als Sicherheitsfarbe nur in Verbindung mit einem Bildzeichen oder einem Text auf Gebotszeichen oder Hinweiszeichen mit sicherheitstechnischen Anweisungen.

Bild 429.2. Bedeutung der Sicherheitsfarben.

Sicherheitsfarbe	Kontrastfarbe	Farbe des Bildzeichens
Rot	weiß	schwarz
Gelb	schwarz	schwarz
Grün	weiß	weiß
Blau	weiß	weiß

Bild 430.1. Kontrastfarben und Farben der Bildzeichen.

11.4 Schilder und Kennzeichen

Die Folgen von Fehlverhalten am Arbeitsplatz können nicht nur die Gesundheit von Mitarbeitern gefährden, sondern auch Schäden an Maschinen und Einrichtungen nach sich ziehen. Damit man sich die Gefahrenstellen und Gefahrenquellen nicht nur einprägt, sondern sie möglichst immer vor Augen hat, gibt es gemäß den Unfallverhütungsvorschriften die **Sicherheitskennzeichnung** am Arbeitsplatz. Sie ist jeweils bezogen auf einen bestimmten Gegenstand oder einen bestimmten Sachverhalt und wird mittels Sicherheitsfarbe, Sicherheitszeichen und auch durch Sicherheitsaussagen ermöglicht. Die Sicherheitsfarben sind Rot, Blau, Gelb und Grün. Die Kontrastfarben sind Schwarz und Weiß. Sicherheitszeichen sind im einzelnen die Verbotszeichen, Warnzeichen, Gebotszeichen und Rettungszeichen. Meistens wird hier ein Bildzeichen als Symbol verwendet. Die Sicherheitsaussage ist immer ein Hinweis- oder Zusatzschild mit einem Text. Außerdem sind an Maschinen oder Transportwegen oft Farbmarkierungen oder Signalleuchten angebracht, um auf Gefahren aufmerksam zu machen. Sicherheitskennzeichnung ergänzt stets die übrigen technischen Schutzmaßnahmen und Schutzeinrichtungen. Sie ist deutlich erkennbar und dauerhaft sowie in vorgeschriebener Größe an dem jeweiligen Gegenstand, Arbeitsplatz oder im Arbeitsraum anzubringen.

Warnung vor schwebender Last

Warnung vor Laserstrahl

Warnung vor Flurförderzeugen

Warnung vor giftigen Stoffen

Warnung vor ätzenden Stoffen

Warnung vor radioaktiven Stoffen oder ionisierenden Strahlen

Warnung vor feuergefährlichen Stoffen

Warnung vor einer Gefahrenstelle

Warnung vor gefährlicher elektrischer Spannung

Warnung vor explosionsfähiger Atmosphäre

Bild 430.2. **Warnzeichen** = Gelb/Schwarz.

Bild 431.1. **Verbotszeichen** = Rot.

▼

1. Beschreiben Sie Arbeitsplätze in Ihrem Betrieb unter dem Aspekt der Arbeitssicherheit!
2. Prüfen Sie die Güte der Beleuchtung an einzelnen Arbeitsplätzen Ihrer Abteilung!
3. Beschreiben Sie die körperlichen Belastungen an Ihrem Arbeitsplatz!
4. Erkunden Sie Arbeitssicherheitshinweise und Sicherungseinrichtungen in Ihrem Arbeitsbereich!
5. Prüfen Sie Ihre Arbeitsräume hinsichtlich der psychologischen Farbwirkung!
6. Welche spezielle Arbeitskleidung tragen Mitarbeiter in Ihrem Betrieb?
7. Achten Sie auf Gefahrenstellen auf den innerbetrieblichen Verkehrswegen!
8. Welche chemischen Stoffe sind in Ihrem Arbeitsbereich vorhanden?
9. Erkundigen Sie sich nach den Wirkungen dieser chemischen Stoffe!
10. Welche Lärmbereiche unterscheidet die Arbeitsmedizin?
11. Beschreiben Sie das ergonomisch richtige Sitzen an einem Bildschirmarbeitsplatz!
12. Was bedeuten bei den Gefahrensymbolen die Buchstaben: T, C, O, X, E, F?
13. Welche Sicherheitsschilder sind in Ihrem Betrieb vorhanden oder sollten zusätzlich angebracht werden?
14. Welche Sicherheitsfarben gibt es, und was bedeuten sie?
15. Wie unterscheiden sich Gebotsschilder von Verbotsschildern, Warnschilder von Rettungsschildern?
16. Lernen Sie die Warnzeichen auswendig!
17. Kennen Sie den für Ihren Betrieb zuständigen Unfallarzt?
18. Welche Maßnahmen sind in Ihrer Abteilung hinsichtlich einer „Ersten Hilfe“ getroffen worden?

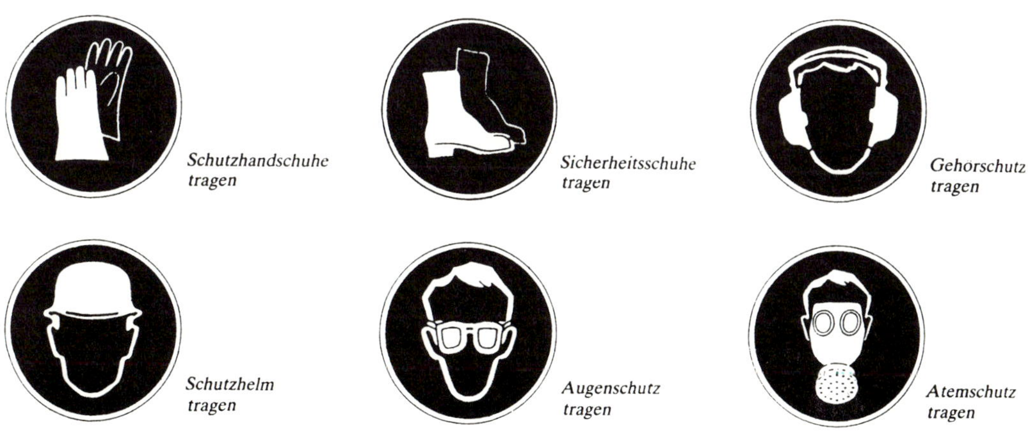

Bild 431.2. **Gebotszeichen** = Blau.

11.5 Ärztliche Maßnahmen

Arbeitsmedizinische Vorschriften regeln die Vorsorge bei chemischen, physikalischen oder biologischen Einwirkungen sowie gefährlichen Tätigkeiten. Betriebliche vorbeugende Maßnahmen haben stets Vorrang. Sie werden aber ergänzt durch arbeitsmedizinische Vorsorgeuntersuchungen. Überwacht wird der Gesundheitszustand des Mitarbeiters vor der Aufnahme der Beschäftigung und durch Nachuntersuchungen während der Beschäftigung. Von der Berufsgenossenschaft besonders ermächtigte Ärzte führen diese Untersuchungen durch und stellen Bescheinigungen aus. Die Ergebnisse sind in einer Gesundheitskartei aufzubewahren. Besonders streng sind die Untersuchungen und Vorschriften beim Umgang mit krebserregenden Stoffen.

Erste Hilfe ist nicht jedermanns Sache, aber der Arbeitsunfall im Betrieb ist ein immer wiederkehrender Ernstfall. Es muß dem Verletzten so schnell wie möglich und so gut wie möglich geholfen werden. Richtig helfen will geübt sein. In jedem Betrieb mit mehr als 20 Versicherten muß ein Mitarbeiter in Erster Hilfe ausgebildet sein. Größere Betriebe haben einen Betriebssanitäter. In Großbetrieben sind besondere Meldeeinrichtungen und Sanitätsräume vorhanden. Aber auch im Kleinbetrieb hat jeder Mitarbeiter zu wissen, wer zu benachrichtigen ist, wo der Verbandskasten aufbewahrt wird. Bei schweren Unfällen sind sofort Arzt und Rettungsdienst zu rufen. Jeder Arbeitsunfall ist sofort den Vorgesetzten zu melden. Auch kleine und harmlose Verletzungen sind im Unfallbericht festzuhalten. Für Arbeitsunfälle ist der sogenannte Durchgangsarzt zuständig. Seine Adresse muß in jedem Betrieb bekannt sein.

Arzt

Krankentrage

Notdusche

Rettungswege

Augenspüleinrichtung

Hinweis auf „Erste Hilfe"

Bild 432.1. **Rettungszeichen** = Grün.

12 Umweltschutz

Die zunehmende Technisierung und die steigende Bevölkerungszahl haben in den letzten Jahren in zunehmendem Maß zu Problemen für unsere künftige Lebensqualität geführt. Unsere Umwelt wird immer mehr belastet: Die noch vorhandenen Ressourcen werden immer mehr verbraucht und geschädigt, teils durch Raubbau, teils durch unsachgemäße Verwendung.
Das Anspruchsdenken ist besonders in der westlichen Welt gestiegen: Komfort wird verlangt. Jeder weiß heute, daß der Schutz unserer Umwelt von größter Bedeutung für die ganze Menschheit ist. Verantwortliche Zusammenarbeit zwischen Erzeugern, Händlern und Endverbrauchern von Waren ist erforderlich. Voraussetzung für wirksamen Umweltschutz ist außerdem die Bereitschaft, zur Entwicklung von Waren und Produkten beizutragen, die umweltfreundlich und trotzdem ökonomisch akzeptabel sind, deren Abfälle also weitgehend vermieden, vermindert, verwertet oder auf möglichst umweltschonende Art beseitigt werden können.
Industriefirmen, Behörden und Regierungen stellen besondere Fachleute für Umweltschutz ein: Umwelt- und Sicherheitsbeauftragte, Betriebsbeauftragte für Abfallwirtschaft; Gewässer- und Immissionsschutz. Jedes Land hat ein Umweltministerium.
Auch in der Druckindustrie gibt es Umweltbelastungen, und eine Fülle von Schutzmaßnahmen wurde vom Staat verordnet. Bei der Herstellung von Papier oder Farbe und ihrer Entsorgung, bei der Verwendung von Lösemitteln und fotografischen Bädern werden in zunehmendem Maße umweltfreundliche Methoden eingeführt.

12.1 Umweltbelastungen

Die natürlichen Bedürfnisse des Menschen haben schon immer dazu geführt, daß Eingriffe in die Natur vorgenommen werden mußten. Dabei kam es aber in früheren Jahrhunderten nicht oder kaum zu besonderen Belastungen. Die Natur half sich gewissermaßen selber. Durch den Wechsel der Jahreszeiten, durch Wachsen und Absterben wurden die normalerweise umweltfreundlichen Abfälle immer wieder einem natürlichen Kreislauf zugeführt. Auch als in späterer Zeit rationelle Fertigungsmethoden eingeführt wurden, war wegen des relativ geringen Umfangs der Produktion eine akute Gefährdung der Umwelt noch nicht erkennbar. Die Steigerung der Produktion im Industriezeitalter und die zunehmenden Wünsche der Menschen nach gehobenem Lebensstandard haben jedoch – besonders in den Jahren nach dem letzten Krieg – in mehrfacher Weise zu immer stärkeren Belastungen der Umwelt geführt. Handwerk und Industrie sehen sich veranlaßt, den Forderungen der Verbraucher möglichst umfassend gerecht zu werden. Um wirksamen Umweltschutz durchführen zu können und damit unsere Zukunft zu sichern, müssen wir uns über die Art der Belastungen im klaren sein.

Feste Abfälle (Feststoffabfälle) lassen sich bei der Produktion nicht vermeiden, allein schon durch Verpackungsmaterial und Leergut aller Art, etwa Flaschen, Dosen, Plastikkanister und andere schwer verwertbare Stoffe. Auch bei den privaten Verbrauchern fallen feste Abfallstoffe in großen Mengen an. Wir verwenden im täglichen Leben schon vom frühen Morgen an sehr viele Kunststoffe: das Gehäuse des Weckers, die Zahnbürste, die Butterdose, die Kaffeemaschine, Joghurtbecher, Plastiktüten, Videobänder, Kabelisolierungen, um nur einige zu nennen. Die Müllberge in Städten und Gemeinden werden immer umfangreicher. Dieses Gemisch vieler Stoffe kann zu neuen chemischen Verbindungen führen, die ins Grundwasser sickern können und dadurch unsere Umwelt in höchstem Maß belasten.

Sauberes Wasser ist lebensnotwendig. Ein großer Teil der Wasservorräte der Erde, etwa die Meere und Flüsse, sind mit Schadstoffen belastet. Besonders gefährdet ist das Grundwasser. Chemikalien in flüssiger Form dürfen nicht in den Erdboden gelangen. Früher wurde das Abwasser

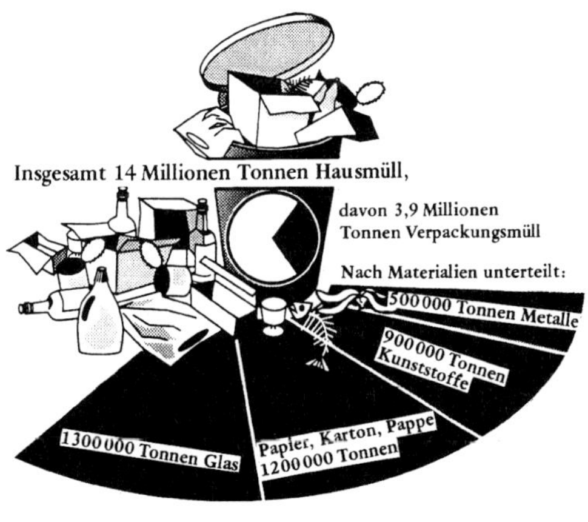

Bild 433.1. Jährlicher Hausmüllabfall in Deutschland.

bedenkenlos weggeschüttet beziehungsweise in die öffentliche Kanalisation geleitet. Heute gibt es Kläranlagen, die jedoch überlastet sind. Auch in der Druckindustrie gibt es schädliche Flüssigkeiten. In der Reproduktionsbranche fallen beispielsweise allein in den alten deutschen Bundesländern jährlich rund 16 Millionen Liter Entwicklerlösung und 11 Millionen Liter gebrauchtes Fixierbad an. 150 Millionen Liter Wasser werden nach Schätzungen allein für die Filmwässerung verbraucht. Bindemittel und Lösemittel in der Druckfarbe, etwa Toluol beim Tiefdruck, Walzenwaschmittel und Zusatzstoffe bei der Papierherstellung, haben unter anderem zu Umweltbelastungen geführt.

Eine große Gefahr für alle Lebewesen ist die Anreicherung der Luft mit schädlichen Abgasen. Atemnot, aber auch ernsthafte Krankheiten können die Folge sein. Nicht nur die Abgase der industriellen Produktion, der Kraftfahrzeuge, der Flugzeuge, der privaten Heizungsanlagen und anderer Energieverbraucher machen uns Sorgen, sondern auch andersartige gasförmige Chemikalien, die in die Luft gelangen und die schützende Ozonschicht um den Erdball immer mehr zerstören. Ozon ist das einzige Gas in der oberen Erdatmosphäre, das die lebensvernichtende ultraviolette Strahlung der Sonne in nennenswertem Umfang absorbiert.

Besonders schädigend wirken sich Verbindungen aus Fluor-Chlor-Kohlenwasserstoff (FCKW) aus, die durch den Gebrauch von Spraydosen, Klimageräten und Erzeugnissen der Kunststoffindustrie freigesetzt werden. Ein Treibhauseffekt tritt ein, der zu Klimaveränderungen führt, die unsere Lebensqualität drastisch einschränken. Aufgrund gesetzlicher Bestimmungen wird die FCKW-Produktion in der westlichen Welt bereits nach und nach vermindert; in den Entwicklungsländern ist das leider noch nicht der Fall.

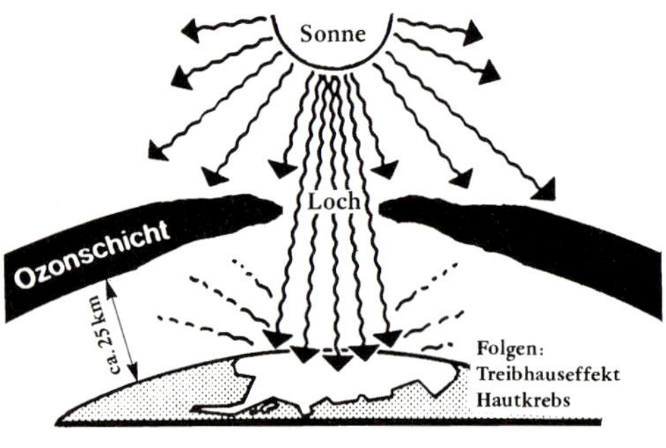

Bild 434.1. Die Ozonschicht als Filter ist beschädigt: Gefahr für Gesundheit und Klima.

Im Bereich der Druckindustrie treten ebenfalls schädliche Emissionen auf, etwa beim Flexodruck, beim Tiefdruck, aber auch beim Offsetdruck.

Zu den Gefährdungen der Umwelt gehört auch der Lärm, der die normale Aufnahmefähigkeit unseres Gehörs dauerhaft übersteigt und Krankheiten verursacht. Wo große Maschinen in der Produktion eingesetzt werden, etwa beim Druck- und Verarbeitungsprozeß, aber auch bei Transport- und Verladearbeiten, ist Lärm nicht zu vermeiden.

▼

1. Was hat dazu geführt. daß das Thema „Umweltschutz" in den letzten zehn Jahren große Aufmerksamkeit in der Öffentlichkeit fand? Nennen Sie drei Gründe!
2. Welche Bereiche der Umwelt sind gefährdet?
3. Welche Stoffe oder sonstige Einwirkungen sind umweltschädlich?
4. Welchen gesundheitlichen Belastungen sind Menschen und andere Lebewesen ausgesetzt?
5. Wo treten bei der Herstellung von Druckprodukten Umweltbelastungen auf?

12.2. Maßnahmen zum Schutz der Umwelt

Die Umweltpolitik hat in den letzten Jahren einen großen Stellenwert eingenommen. Deutschland als technologisch hochentwickeltes Land mit sehr hoher Industrie- und Bevölkerungsdichte hat auf dem Gebiet des Umweltschutzes eine besondere Verpflichtung und Verantwortung. Eine Fülle von Maßnahmen wurde eingeleitet, um die Umwelt zu schützen. Die Verwirklichung ist nicht einfach; Umweltschutz und Wirtschaftswachstum müssen miteinander vereinbar sein. Höhere Produktionskosten lassen sich oft nicht vermeiden; es hat sich aber in vielen Fällen gezeigt, daß ökologische Maßnahmen auch zu wirtschaftlichen Verbesserungen führen können.

Drei Ziele müssen verwirklicht werden: die Schonung und Erhaltung der natürlichen Reserven unserer Erde **(Ressourcenschutz);** das Vermeiden, Vermindern und Verwerten belastender Emissionen und Abfälle **(Emissionsbegrenzung)** und das Vermindern, Verhindern und Begrenzen von Gefahren **(Risikobegrenzung).** Wenn die Vermeidung von Umweltbelastungen und die Verminderung der Nutzung wertvoller Rohstoffe nicht möglich sind, muß über Möglichkeiten der Wiederverwertung (Recycling) nachgedacht werden. Wo auch das nicht geschehen kann, müssen Verfahren der umweltschonenden Entsorgung gesucht und gefunden werden.

Ressourcenziel	Emissionsziel	Risikoziel
● Erhalten ● Schonen knapper Ressourcen	● Vermeiden ● Vermindern ● Verwerten ● Entsorgen belastender Emissionen und Abfälle	● Vermindern ● Verhindern ● Begrenzen von Gefahrenpotentialen und Störfällen
Ressourcenschutz	Emissionsbegrenzung	Risikobegrenzung

Bild 435.1. Ziele zur Erhaltung der Umwelt.

▼

1. Inwiefern können Umweltschutzmaßnahmen zu Problemen in Herstellungsbetrieben führen?
2. Nennen Sie drei Möglichkeiten der Begrenzung von Umweltbelastungen!
3. Auf welche Weise können Sie persönlich im täglichen Leben zum Schutz der Umwelt beitragen?

12.2.1 Vermeidung und Verminderung von Belastungen

Alle Verfahren der Veränderung oder Entsorgung von belastenden Abfallstoffen, ob fest, flüssig oder gasförmig, erfordern einen großen Aufwand. Es ist deshalb wichtig, auf die Herstellung bestimmter Stoffe überhaupt zu verzichten. Wenn das nicht möglich ist, muß über Wege der Verminderung nachgedacht werden.

12.2.1.1 Umgang mit Feststoffabfällen

Ein großer Teil der Abfälle ist Verpackungsmaterial, auf das häufig verzichtet werden kann. Viele Waren sind aus Gründen der Werbung mehrfach aufwendig verpackt; hier hat es bereits deutliche Einsparungen gegeben. Flaschen, Dosen und andere Behälter können in vielen Fällen zurückgegeben und der Wiederverwertung zugeführt werden.

Die sogenannte »duale Absatzwirtschaft« ist ein Entsorgungssystem, bei dem die unterschiedlichen Abfälle sowohl in den Betrieben als auch in den privaten Haushalten sortiert und in getrennten Abfallbehältern abgelegt werden, je nachdem, ob sie wiederverwertbar sind oder nicht. Dieses System kann nur funktionieren, wenn erstens die Maßnahmen von allen Beteiligten eingehalten werden, wenn zweitens die Abfälle dann tatsächlich entsprechend den Vorgaben verarbeitet werden und wenn drittens der Aufwand der Wiederverwertung oder Entsorgung nicht aufwendiger und umweltbelastender ist als die Herstellung neuer Produkte aus neuen Rohstoffen. Weil das nicht hundertprozentig gelingt, fehlt es nicht an kritischen Stimmen. Nach der von der Bundesregierung erlassenen Verpackungsverordnung müssen die Hersteller und Lieferanten ihre Verpackungen zurücknehmen. Verpackungsmaterial wird auch dadurch vermindert, daß Großpackungen anstatt kleiner Wareneinheiten angeboten werden. In der Druckindustrie fehlt es nicht an Bemühungen, die hier genannten Probleme zu bewältigen.

▶ Siehe hierzu Kapitel 12.3.

Umweltbelastender Abfall waren seit jeher die metallenen Farbdosen (Blechgebinde), die – mit Farbresten versehen – nach Gebrauch als Sondermüll entsorgt werden mußten. Die Druckfarbenhersteller bieten heute Großbehälter an, aus denen die Farbe in der gewünschten Menge in Pappdosen abgefüllt wird. Diese Farbförderanlagen, Farbbrunnen oder Farb-Depot genannt, sind in unterschiedlichen Größen und Variationen lieferbar. Es gibt kleinere Einweggebinde und größere Mehrweg-Container. Mit einem verlängerten Schlauch kann die Farbe sogar direkt in den Farbkasten der Druckmaschine gefüllt werden.

Außer Dosen, Kanistern, Kartonagen und anderen Verpackungsmaterialien in sehr großen Mengen gibt es weitere Feststoffabfälle aus der Verarbeitung von Filmen und der dabei eingesetzten Hilfsmittel, beispielsweise Montagefolien. Sparsamer Umgang mit dem Material führt zur Verminderung der Abfälle. Bei der Herstellung der Plastikkanister werden biologisch abbaubare Materialien verwendet. Die äußeren Formen werden so gestaltet, daß die Chemikalienreste darin völlig entleert werden können.

▼

1. Erläutern Sie das System der »dualen Abfallwirtschaft«!
2. Nennen Sie drei Voraussetzungen, damit das »duale System« funktionieren kann!
3. Welche Feststoffabfälle treten bei der Herstellung von Druckprodukten auf?
4. Was versteht man unter »Farbbrunnen« oder »Farb-Depot«?

12.2.1.2 Einsatz von Druckfarben

Die Meinungen darüber, ob Druckfarben giftig sind, gehen teilweise auseinander. Sicherlich spielt die Art der Anwendung und die Menge dabei eine Rolle. In den Pigmenten sind in der Regel keine kennzeichnungspflichtigen Gefahrstoffe enthalten. Sie sind nicht mehr bleihaltig. Einige Metalle, wie Barium, Kupfer oder Zink, finden sich jedoch in einigen Farbpigmenten. An der Entwicklung umweltschonender Bindemittel, die die herkömmlichen Harze und Mineralöle ersetzen, wird gearbeitet. Teilweise ist das bereits gelungen, besonders bei der Herstellung von Zeitungsdruckfarben. So gibt es beispielsweise den Versuch, ein umweltfreundliches Bindemittel aus Tallöl, einem Nebenprodukt der Papiererzeugung, zu entwickeln, das die herkömmlichen Harze und Mineralöle ersetzen soll und biologisch abbaubar ist. In Deutschland und in den USA werden Versuche unternommen, Tiefdruckfarben auf Wasserbasis herzustellen, also als Lösemittel nicht mehr das schädliche reine Toluol oder Toluolverbindungen zu verwenden. In Deutschland werden auch im Offsetdruck Wasserfarben eingesetzt, wobei allerdings die längeren Trocknungszeiten problematisch sind. Außerdem ist das De-Inking als Voraussetzung für das Recycling bedruckter Papiere nicht möglich. Ein neues Verfahren heißt Revoprint. Danach werden völlig lösemittelfreie UV-Druckfarben verwendet, so daß bei der Farbtrocknung durch UV-Licht überhaupt keine gesundheitsschädlichen Dämpfe mehr entstehen.

12.2.1.3 Verwendung von Klebern

Kleber für die Wellpappenindustrie enthält einen Zusatz von Natriumtetraborat (Borax). Da Borax besonders bei den Verpackungen, die mit Lebensmitteln in Berührung kommen, nicht mehr verwendet werden darf, ist es gelungen, speziell behandelte Weizenstärke als Kleber einzusetzen – mit gutem Erfolg.

▼
1. Welche Bestandteile der Druckfarben können umweltschädlich sein, und was tun die Hersteller dagegen?
2. Welches Naturprodukt kann bei der Wellpappenindustrie als Klebstoff eingesetzt werden, um Schaden abzuwenden?

12.2.1.4 Umweltschonende Papiere

Papier ist der am häufigsten verwendete Werkstoff in der Druckindustrie. Deshalb kommt ihm auch im Hinblick auf den Umweltschutz eine besondere Bedeutung zu. Die Papierhersteller haben schon seit langer Zeit Möglichkeiten erforscht und gefunden, um ihr Abwasser, das in großen Mengen anfällt, durch Filterungsmethoden zu reinigen und erneut zu verwenden. Um brauchbare Papiere aus lockerem Faserstoff für ganz unterschiedliche Zwecke zu fertigen, sind jedoch Füllstoffe, Leimstoffe, Farbstoffe und Zusatzstoffe erforderlich. Der Gebrauch der umweltschädlichen Chlorbleiche im Zellstoff war stets selbstverständlich. Es hat allerdings seit Ende der achtziger Jahre nicht an Überlegungen gefehlt, Papier umweltschonender herzustellen. Erst im Jahr 1991 konnte die als Umweltschützer aktive Organisation Greenpeace die Papiererzeuger davon überzeugen, daß auf Chlorbleiche im Sulfatzellstoff bei der Herstellung von leichtgewichtigem gestrichenem Zeitschriftenpapier (LWC-Papier) verzichtet werden kann. LWC-Papiere werden aus 50 % Zellstoff und aus 50 % mechanisch aufbereitetem Holzschliff hergestellt. Obwohl trotz Vorauswahl und sorgfältiger Qualitätskontrolle auch Störungen bei der Herstellung auf der Papiermaschine aufgetreten sind (beispielsweise durch ungenügende Reißfestigkeit), fehlt es nicht an Versuchen, auch bei anderen Papieren die Zellstoffbleiche mit Chlor durch alternative Bleichverfahren zu ersetzen, was den Weißegrad des Papiers nur wenig vermindert. Der Verbraucher trägt Mitverantwortung. Er muß die Produkte akzeptieren, was in den meisten Fällen auch geschieht, wie die große Zahl der chlorarm oder chlorfrei hergestellten Papiere im Sortiment des Papiergroßhandels beweist.

▶ Siehe hierzu auch Kapitel 9.2.

▼
1. Was geschieht mit dem Abwasser, das bei der Papierherstellung verwendet wird?
2. Kann die Qualität des weißen Papiers auch ohne Chlorbleiche im Sulfatzellstoff gewährleistet werden? Begründen Sie Ihre Antwort!

12.2.1.5 Umweltverträgliche flüssige Stoffe

Ohne Lösemittel, Bindemittel, Waschmittel und spezielle Bäder, beispielsweise bei fotografischen Prozessen, kann die Druckindustrie ihre Produkte nicht herstellen. Schon seit einiger Zeit gibt es intensive Forschungen und Versuche, umweltschonende Flüssigkeiten herzustellen. Verbrauchte Entwicklerbäder kann man nicht wiederverwenden, auch Recycling ist nur bedingt möglich. Durch spezielle Entwickler-Aufbereitungssysteme (Mikrofiltration) lassen sich aber Einsparungen bis zu 30 % erreichen. Das Verfahren wirkt einer Überregenerierung und Verschlammung entgegen. Bessere Nutzung und damit Einsparung läßt sich auch durch Entfernung der anfallenden Schweb- und Schmutzstoffe erzielen. Neuerdings gibt es Entwickler und Fixierer auch wieder in Pulverform. Mit Mixgeräten werden die Bäder vor Ort ohne Ansatzfehler frisch zubereitet. Vorteile sind: Die Trockenprodukte sind unbegrenzt lagerfähig. Außerdem nehmen die entleerten Beutel nur einen Bruchteil des Kanisterabfallvolumens ein.

Für das Auswaschen von fotopolymeren Flexodruckplatten, deren Reliefschicht hauptsächlich aus synthetischem Kautschuk besteht, wurde bis 1988 das Lösemittel Tetrachlorethylen (chlorierter Kohlenwasserstoff) verwendet, das als umweltschädlich eingestuft wurde. Inzwischen hat eine große Firma ein unschädliches Auswaschmittel entwickelt. Auch zum Entfernen der geringeren Druckschicht von Offsetdruckplatten wurden umweltverträgliche Verfahren gefunden, die die Schicht in einer biologischen Kläranlage abbauen.

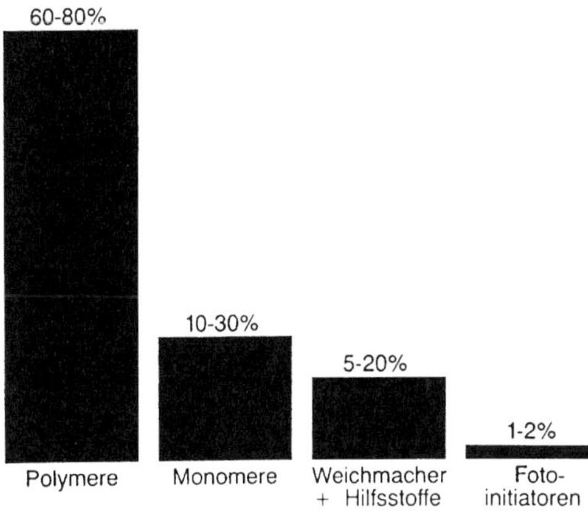

Bild 437.1. Zusammensetzung fotopolymerer Flexodruckplatten.

▶ Siehe zur Kläranlage auch Abschnitt 12.2.1.6.

Feuchtwasser im Offsetdruck enthält Alkohol, genauer Isopropylalkohol, auch Isopropanol genannt, weil damit einige Vorteile beim Drucken erzielt werden. Die Oberflächenspannung des Feuchtmittels wird verringert, dadurch wird eine gute Benetzung und ein gleichmäßig dünner Feuchtmittelfilm erreicht. Außerdem erhöht der Alkohol die Viskosität des Feuchtmittels, wodurch der Transport und die Kühlung im Druckwerk verbessert werden, weil die Verdunstung schneller eintritt als bei reinem Wasser. Isopropanol hat aber schädliche Nebenwirkungen. Es schädigt die menschliche Haut bei direktem Kontakt, es ist leicht entflammbar, und es verunreinigt die Luft und das Abwasser. Aus ökologischen Gründen denken die Fachleute deshalb über Möglichkeiten der Reduzierung und des Ersatzes von Alkohol nach.

Die Probleme sind noch nicht gelöst: Es ist aber möglich, die Alkoholkonzentration durch einige Ersatzstoffe geringfügig zu vermindern. In die Forschung werden auch Versuche mit anderen Walzen und Platten einbezogen. Probedrucke werden an unterschiedlichen Druckmaschinen durchgeführt.

In den Druckereien wird eine Fülle von lösemittelhaltigen Waschmitteln eingesetzt. Sie dienen je nach Zusammensetzung zum Reinigen von Gummitüchern, Farbwalzen, Feuchtwalzen, Bürstenfeuchtwerken, Platten, Zylindern und Maschinenteilen. Waschmittel weisen zum Teil viele negative Eigenschaften auf: gesundheitliche Gefährdung, Unverträglichkeit der Haut, Geruchsbelästigung, Gefahren bei der Anwendung und Lagerung, Feuergefährlichkeit, Grundwassergefährdung, Entsorgungsschwierigkeiten. Schon mit einfachen Mitteln können einige Gefahren vermieden werden, etwa durch gut belüftete Arbeitsräume oder durch vorschriftsmäßige Lagerung. Die eigentlichen Umweltbelastungen sind allerdings dadurch noch nicht beseitigt.
Zu Beginn der neunziger Jahre gelang es kurz nacheinander mehreren Herstellern, umweltverträgliche Waschmittel auf der Basis pflanzlicher Rohstoffe auf den Markt zu bringen, die die alten umweltschädlichen Substanzen ersetzen können. Bemerkenswert ist dabei, daß sie bei richtiger Anwendung nicht nur ökologische Verbesserungen mit sich bringen, sondern daß sie außerdem wirtschaftlicher sind als die konventionellen Reiniger.

Erdöl ist ein kostbarer und nicht nachwachsender Rohstoff. Ein bedeutender Vorteil der neuen Waschmittel besteht bereits darin, daß sie aus ständig nachwachsenden Rohstoffen hergestellt werden. Sojaöl oder Kokosöl, meistens jedoch Rapsöl, bilden die Grundlage. Ein Drucker hat sogar mit einfachem Salatöl Erfolge erzielt. Weiterhin ist vorteilhaft, daß auch die Entsorgung im Gegensatz zu den konventionellen Lösemitteln keinen Umweltschaden verursacht. Die neuen Waschmittel entwickeln keine schädlichen Dämpfe, sie verschmutzen das Wasser nicht und sind auch nicht feuergefährlich. Die Lagerung ist deshalb problemlos: denn explosionsgeschützte Räume sind unnötig. Einige der herkömmlich verwendeten Lösemittel auf Benzinbasis stehen zudem unter dem begründeten Verdacht, krebserzeugend zu wirken. Zur Kostenfrage muß erwähnt werden, daß die neuen Waschmittel zwar ein wenig teurer sind als die konventionellen, sie sind aber sparsamer im Gebrauch.

Der Einsatz von Pflanzenölen erfordert allerdings eine andere Handhabung bei der Anwendung, sonst könnten Schäden an den Gummitüchern, an den Farbwalzen, an der Maschinenlackierung oder an der Maschine selbst entstehen – etwa durch Korrosion bei längerer Einwirkung. Außerdem wäre die gewünschte Wirkung nicht erreicht. Man wischt mit dem pflanzlichen Reinigungsmittel die

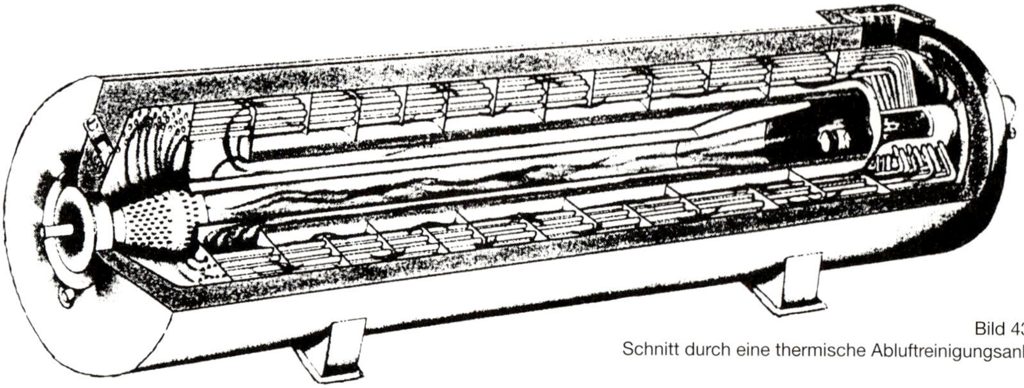

Bild 438.1.
Schnitt durch eine thermische Abluftreinigungsanlage.

Maschinenbestandteile nicht einfach ab, sondern muß jetzt in zwei Schritten vorgehen. Zuerst wird das Waschmittel aufgetragen, und erst nach längerer Einwirkzeit wird es in einem zweiten Arbeitsgang mit Wasser heruntergewaschen.

▼
1. Nennen Sie einige Flüssigkeiten, die in der Fotografie, in der Druckvorstufe, bei den Druckmaterialien und nach dem Druckprozeß eingesetzt werden!
2. Wodurch können Umweltbelastungen beim Einsatz von Entwickler- und Fixierbädern vermindert werden?
3. Wozu dient Isopropanol im Feuchtwasser beim Offsetdruck, und welche schädlichen Nebenwirkungen hat es?
4. Wodurch können die schädlichen lösemittelhaltigen Waschmittel in der Druckerei ersetzt werden? Welche Voraussetzungen sind erforderlich, um gute Wirkungen zu erzielen?
5. In welchem Zusammenhang steht der Einsatz von unschädlichen Waschmitteln zu den Ressourcen?

12.2.1.6 Luftreinhaltung

Die Gefahren der Abluft im Druckbereich müssen ebenso beachtet werden wie die Schädigungen durch feste oder flüssige Abfälle. Luftschadstoffe entstehen beispielsweise beim Druckprozeß, bei Reinigungsarbeiten und durch Heizungsanlagen. Schon unangenehme Gerüche sind lästig, schlimmer sind jedoch Gesundheitsschäden beim Einatmen von bestimmten Dämpfen oder Hautschädigungen. Erst in neuerer Zeit wurden verschiedene Versuche zur Vermeidung unternommen und Verfahren der Abluftreinigung entwickelt, sowohl auf chemischer als auch auf biologischer Basis.

Es gibt inzwischen sogenannte biologische Abluftreinigungsanlagen (Biowäscheranlagen), die die Konzentration der Lösemittel in der Abluft reduzieren, indem sie die schädlichen gasförmigen Stoffe in einem Absorptionsteil der Anlage durch Einleitung von lösemittelvernichtenden Bakterien in das Waschmedium absorbieren. Ein anderes Verfahren ist die sogenannte thermische Nachverbrennung. Dabei wird in einem Wärmetauscher durch lange Wärmetauscherrohre im Inneren der Anlage ein Ausgleich der Belastung erzielt, der zu einem Reinigungswirkungsgrad bis zu 99,8 % führt.

Für den Flexodruck wurde zur Herstellung der fotopolymeren Druckplatten ein umweltfreundliches und nicht kennzeichnungspflichtiges Lösemittel entwickelt, dessen Verdunstung gering ist, das keinen Schwefel, kein Chlor und kein Schwermetall enthält und wasserlöslich ist. Weder eine separate Abluftreinigung noch ein besonderer Explosionsschutz sind erforderlich. Dabei ist bemerkenswert, daß die Kosten gering sind und im Druck keine Qualitätsminderung auftritt.

▼
1. Welche Belästigungen oder Schäden kann ungesunde Luft dem menschlichen Organismus zufügen?
2. Mit welchen Methoden kann die Abluft in Industriebetrieben verbessert werden?

12.2.1.7 Lärmverminderung

Die Belästigungen und gesundheitlichen Schädigungen durch Lärm wurden in der Vergangenheit manchmal unterschätzt. Bei starker Lärmentwicklung gab es zwar schon früher Maßnahmen zum Schutz der Mitarbeiter (etwa Ohrenschützer in metallverarbeitenden Betrieben, zum Beispiel in Blechdruckereien); aber in neuerer Zeit wird auch der Lärm am Arbeitsplatz als besondere Umweltbelastung erkannt, und entsprechende Einrichtungen werden zur Vermeidung oder Verminderung geschaffen. Immerhin müssen die Berufsgenossenschaften hohe Kosten für Behandlung, Rehabilitation und Versorgung tragen. Mehr als 50 % ihrer Aufwendungen sind Folgen von Lärmschäden.

Viele Maschinen erzeugen Lärm. Primär kann Schallschutz erzielt werden, wenn dieser Gesichtspunkt bereits bei der Konstruktion beachtet wird, beispielsweise durch Verbesserung der Antriebs- und Lagertechniken oder durch die Minimierung beweglicher Massen.

Sekundäre Maßnahmen sind die Schalldämmung und die Schalldämpfung. Der Lärm von schlagenden Teilen, wie Stanzen, Perforatoren, Messerwalzen, Heftapparaten, Cuttern oder schnellaufenden Aggregaten, Druckluftdüsen, Gebläsen und Antrieben, kann durch Verkapselung einzelner Teile oder durch einen Schallschutzunterbau bei bestimmten Maschinentypen eingedämmt werden. Schallschutzwände sorgen bei Rotationsmaschinen für Schalldämmung, wobei besondere Schallschutzdächer konstruiert werden oder Schallschutzwände, die sogar bis zum Dach der Halle reichen. Teilweise hat der Einsatz von Schutzwänden oder Abdeckhauben sogar noch einen weiteren positiven Effekt. Bei Tiefdruckmaschinen erlaubt die Haube über den Druckwerken beispielsweise eine bessere Absaugung der für die Atmung schädlichen Toluoldämpfe, und die Belüftung ist besser möglich. Die Einkapselung der Lärmquellen an Maschinen schafft allerdings auch Probleme. Beobachtung und Bedienung werden erschwert, ebenso die Wartung und Reparatur. Auch ein Wärmestau ist nicht ausgeschlossen. Den Maschinenherstellern ist es jedoch gelungen, viele dieser Nachteile durch Konstruktionsverbesserungen, etwa durch großzügige Glasflächen, durch Türen und Klappen, durch ausbaubare Wandelemente und durch ausreichende Beleuchtung, Belüftung und Klimatisierung weitgehend auszuschalten.
Bei der Schalldämmung wird der Ausbreitung des Schalls ein Hindernis in den Weg gestellt, bei der Schalldämpfung wird der Schall durchgelassen, wobei aber danach ein Energieabbau erfolgt. Die Schallwellen werden in den Fasern weicher, poröser Medien (meist Schaum oder Mineralwolle) durch Reibung in Wärme umgewandelt.

▼

1. Welche Schäden kann starker Lärm verursachen?
2. Welchen Schutz gibt es gegen schädlichen Lärm?
3. An welchen Stellen in Druckereibetrieben entsteht starker Lärm, und durch welche Maßnahmen wird er verhindert oder vermindert?
4. Wie unterscheidet sich Schalldämmung von Schalldämpfung?

12.2.2 Recycling

Das englische Wort Recycling bedeutet »Zurückführung in den Kreislauf«. Man versteht darunter die Wiederverwertung von Abfallstoffen. Es ist somit die ideale Form der Abfallbeseitigung; denn einerseits werden neue Rohstoffe gespart, andererseits werden alte Abfälle nicht zur Belastung für die Umwelt. Recycling ist allerdings nur in begrenztem Umfang möglich.

12.2.2.1 Feststoffabfälle

Feststoffabfälle, beispielsweise Kunststoffbehälter, -kanister und -container, stellen ein besonderes Problem dar. In zunehmendem Maß werden Versuche unternommen, die Behälter so herzustellen, daß sie sich nach Gebrauch zerkleinern lassen. Aus dem Material sollen neue Gebrauchsgegenstände geschaffen werden können. Eine bekannte Firma entwickelte den sogenannten »Öko-Tainer« statt des früher üblichen Containers. Danach sollen 100 % des Kanisterrohstoffes einer erneuten Verwendung zugeführt werden. Der Kanister ist naturfarben – er enthält also keine Farbstoffe – und besteht in allen seinen Teilen aus Polyethilen (PE). Seine äußere Form ist so beschaffen, daß man ihn fast vollkommen entleeren und somit besser reinigen kann. In einem speziellen Shredder (Zerkleinerungsmaschine) wird er gemahlen. Die Shredder-Ware kann auf kleinem Raum und damit kostengünstiger zu einem Kunststoffverarbeiter transportiert werden, der daraus neue Gebrauchsgegenstände herstellt. Am Erfolg dieses Verfahrens sind aber vier Parteien beteiligt: der Kunde, der den Behälter reinigt und ihn zum Abtransport bereitstellt, der Händler, der den Abtransport übernimmt, die Behälter sammelt, sortiert, zerkleinert und das geshredderte Material lagert, der Transporteur, der das Material zum Hersteller zurückbringt, und schließlich der Verwerter, der neue Produkte aus dem Material herstellt. Ein ähnliches Verfahren ist das »Öko-Bag«-System.

Problematisch ist die Verwertung von Kunststoff aus dem Hausmüll, weil die Verbraucher Schwierigkeiten bei der Unterscheidung und Sortierung der vielfältigen Kunststoffbehälter haben. Schweizer Forscher haben Erfolge bei der Entwicklung wasserlöslicher Kunststoffe erzielt, die zur Wiederverwertung geeignet sind. Allerdings kann das Recyclat nur für Non-Food-Produkte verwendet werden. Es darf also nicht mit Lebensmitteln in Berührung kommen.

Trotz aller Bemühungen wird es immer Kunststoffabfälle in besonderen Mischungen geben, die nicht wiederverwertbar sind. Sie können aber vielfach noch zur Herstellung anderer Produkte dienen, beispielsweise für Garten- und Parkmöbel, für Kinderspielplätze, als Materialien im Straßenbau, im Gartenbau und in der Landwirtschaft.

▼

1. Was bedeutet »Recycling«?
2. Was versteht man unter »shreddern«?
3. Welche Möglichkeiten gibt es, Kunststoffbehälter ökologisch zu verwerten?
4. Machen Sie Vorschläge, wie nicht recycelbare Kunststoffgegenstände doch noch sinnvoll verwertet werden könnten!

12.2.2.2 Papierabfälle

Papier ist ein umweltfreundlicher Naturstoff, zumal für die Herstellung in Deutschland in immer größerem Umfang Holzabfälle (Bruchholz) eingesetzt werden. Wenn in manchen Ländern jedoch besondere Plantagen schnellwachsender Holzarten angelegt werden, kann das die natürliche Flora verändern und schädliche Folgen für die Ökologie ganzer Landstriche verursachen. Es fehlt nicht an Bemühungen, gebrauchte Papiere erneut zu verwenden.

Papierabfälle, die bei der Herstellung von Druckprodukten anfallen, können in gewissem Umfang wiederverwertet werden. Das Recyceln von Altpapier verursacht einige Probleme, weil es normalerweise Farbe, Lacke, auch besondere Beschichtungen, Leime oder Heftmaterialien enthält, die vor der Wiederverwendung entfernt werden müssen. Das ist häufig mit erheblichem Aufwand verbunden, wobei teilweise auch wieder Chemikalien eingesetzt werden müssen. Das Entfernen von Farbsubstanzen (De-Inking) ist noch weitgehend problematisch.

Nach einer Statistik aus dem Jahr 1991 gehen 78,6 % der in Westeuropa eingesetzten Gesamtmenge Altpapier in die Verpackung, 7,2 % in den Bereich Hygienepapiere, 9,1 % in die Herstellung von Zeitungspapier, 5,1 % in andere Druckpapiere oder Schreibpapiere. Grafische Papiere werden zur Zeit noch fast ausschließlich aus Neufasern hergestellt. Zeitungspapiere bestehen bereits zu 70 % aus Altpapier: Ein ständiger weiterer neuer Kreislauf ist nicht möglich, weil die Fasern im Recycling-Prozeß ermüden und weiterer Energieaufwand sowie immer mehr Zusatzstoffe erforderlich wären, um die Haltbarkeit zu gewährleisten. Wenn die Wiederverwendung des Papiers nicht mehr möglich ist, können die Abfälle der Verbrennung und damit der Wärmegewinnung zugeführt werden. Das Altpapier wird in einem Hacker zerkleinert und in einer Ballenpresse brikettiert beziehungsweise zu kompakten Ballen geformt und dabei auf ein Volumen von 1 : 20 verdichtet. Der Heizwert ist relativ hoch, nachteilig ist jedoch die dabei anfallende Asche, die wiederum zwangsläufig entsorgt werden muß.

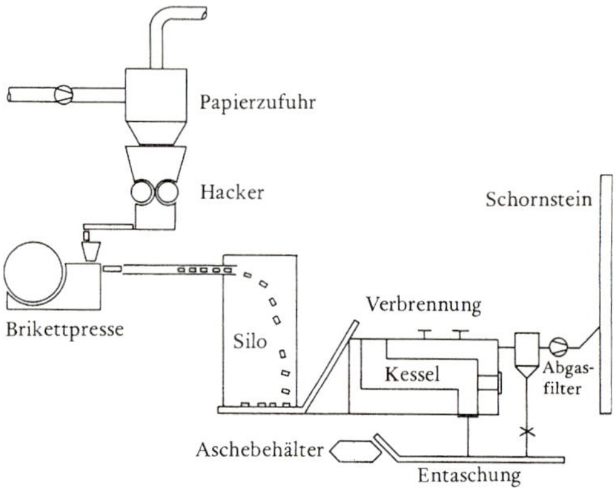

Bild 440.1. Entsorgungskonzept thermische Verwertung.

▼

1. Welche ökologischen Folgen verursacht die Papierherstellung?
2. Welche Probleme treten bei der Wiederverwertung von Altpapier auf?
3. In welchen Produktionsbereichen wird vorwiegend Altpapier eingesetzt?
4. In welcher Form können nicht recycelbare Papiere doch noch sinnvoll verwendet werden?

12.2.2.3 Reste flüssiger Stoffe

Das Recyling von Bädern, Bindemitteln, Waschmitteln und Flüssigkeiten aller Art, die im Druckprozeß eingesetzt werden, ist nur in begrenztem Umfang möglich. Vielmehr wird versucht, umweltfreundliche Mittel zu schaffen und einzusetzen, die nach Gebrauch entsorgt werden können, ohne Schaden zu verursachen. Voraussetzungen für die Herstellung und Anwendung neuer Lösemittel sind:

1. Minimalste Gesundheitsgefährdung: keine Aromaten, geringe Verdunstung.
2. Minimalste Umweltbelastung: kein Chlor, Schwefel, Schwermetall. Sie sollen wasserlöslich sein.
3. Sichere Entsorgung und Handhabung: keine separate Abluftreinigung, kein Explosionsschutz, hoher Flammpunkt, Müllverbrennung des Destillationsrückstandes, unproblematische Druckplattenherstellung, keine Qualitätsminderung beim Druck, geringe Investitionskosten.

▶ Siehe hierzu auch Kapitel 12.2.1.

Von einigen Firmen wurden bereits Fixierbad-Recycling-Anlagen entwickelt, die eine schonende, elektronisch gesteuerte Silberabscheidung, geeignete Filter und ein Additiv zur Stabilisierung der Fixiergeschwindigkeit benutzen, um so Einsparungen zu erzielen. Mit den neuen Fixierbad-Kreislauf-Systemen, die zum Beispiel auf der Fachmesse IMPRINTA 1997 vorgestellt wurden, soll neben der Silberrückgewinnung eine Ersparnis der Fixierbad-Regenerierungslösung bis zu 80 % möglich sein.

▼

1. Können Bindemittel, Bäder und Waschmittel einer Wiederverwertung zugeführt werden?
2. Welche Grundsätze gelten für die Herstellung neuer Lösemittel?

12.2.3 Entsorgung

Wenn umweltbelastende Abfälle weder vermieden noch vermindert und auch nicht recycelt werden können, bleibt nur noch die Möglichkeit der Entsorgung, also der möglichst schonenden Endlagerung auf Deponien, die nur Sondermüll enthalten dürfen und bei Gefahr abgedichtet sein müssen. Es muß darauf geachtet werden, daß die betreffende Deponie nicht an einem Ort angelegt wird, der das Leben der Menschen, Tiere und Pflanzen beeinträchtigt, daß die Lagerstelle möglichst wenig Raum einnimmt und daß vor allem zukünftige Gefahren durch späteres Freiwerden von schädlichen Stoffen vermieden werden.

Die Lagerung von Feststoffabfällen ist besonders belastend. Feste giftige Stoffe, die nirgends mehr zu verwenden sind und die sich nicht durch chemische Umsetzung, etwa durch Neutralisation, entgiften lassen, können »einzementiert« und dem Hausmüll zugeführt werden. Metalldosen mit Farbresten, sogenannte Kleingebinde, fallen immer noch in Druckereien an. Sie müssen als Sondermüll entsorgt werden. Auskünfte geben die Gemeindeverwaltungen und Landratsämter. Für explosionsgefährliche, brandfördernde oder gar radioaktive Stoffe gibt es besondere Bestimmungen.

Eine Alternative zur Deponie ist die Müllverbrennung. Das Volumen der festen Abfälle wird dadurch um 85 % bis 90 % verringert. Nachteilig ist, daß bei der Verbrennung hochgiftige Schwermetalle und Dioxine in die Luft entweichen können. Eines der gefährlichsten Schwermetalle ist das Quecksilber, das beispielsweise in Thermometern und Batterien enthalten ist. Nichtaufladbare Batterien aus Taschenrechnern, Rundfunkgeräten, Meßgeräten und anderen enthalten außer Quecksilber auch Silberoxid und andere Schwermetallverbindungen, wie Cadmium-, Blei- und Zinkbestandteile. Wenn die Schwermetallabfälle nicht zusammengehalten und möglichst der Wiederverwertung zugeführt werden, verteilen sie sich unkontrolliert in der Biosphäre und tauchen in der Luft, im Wasser, im Boden und auch in unseren Nahrungsmitteln wieder auf. Es ist deshalb sehr wichtig, Sondermüll an bestimmten dafür vorgesehenen Stellen abzugeben, wo er speziell und umweltschonend entsorgt wird. Aschen, Schlacken und Stäube aus der Müllverbrennung gelangen auf die Deponie. Einiges Material wird aber auch wieder verwendet, beispielsweise im Straßenbau.
Farbreste, Waschmittel und andere Lösungen wurden früher sorglos in die Kanalisation geschüttet. Heute müssen sie als Sondermüll entsorgt werden. Unbehandelte Entwickler- und Fixierbadüberläufe müssen getrennt aufgefangen und gegen Gebühr durch einen Entsorger einer chemisch-physikalischen Behandlung zugeführt werden.

▼

1. Was versteht man unter Entsorgung?
2. Welche Folgen hat es, wenn schädliche Stoffe (Öle, Schwermetalle) einfach weggegossen oder weggeworfen werden?
3. Wie unterscheiden sich normaler Müll und Sondermüll?
4. Welches Schwermetall ist besonders gefährlich? In welchen Geräten ist es enthalten?

12.3 Rechtsvorschriften

Zweck des Umweltschutzes sind erstens die Erhaltung der natürlichen Lebensgrundlagen, zweitens die Sicherung der noch intakten Umwelt, drittens die Erhaltung des ökologischen Gleichgewichts. Ohne Vorschriften lassen sich diese Ziele kaum verwirklichen. Deshalb wurden mehrere Gesetze und eine Fülle von Verordnungen (VO), Technischen Anordnungen (TA) und Empfehlungen vom Bundesumweltministerium allein seit Beginn der neunziger Jahre erlassen, teilweise auf Empfehlung des Gesundheitsministeriums. Dabei geht es um Abfallbeseitigung, Gewässerschutz, Luftreinhaltung, Anlagenbetriebs- und Arbeitsschutz, Produktsicherheit, Verbraucherschutz und andere Maßnahmen. Von diesen Verordnungen, die teilweise nicht unumstritten sind, weil sie Sachverhalte verallgemeinern, sind Druckereibetriebe ebenso wie alle anderen Unternehmen betroffen. Die wichtigsten Bestimmungen sollen hier aufgeführt werden.

Bundesimmissionsschutzgesetz (BImSchG)
vom 1.9.1990 und einigen folgenden Fassungen. § 52 a schreibt vor: Alle Unternehmen müssen

Luft

Bundesrecht

- ☐ **BImSchG**
- ☐ **4. BImSchV**
- ☐ **9. BImSchV**
- ☐ **TA Luft**
- ☐ **11. BImSchV**
- ☐ **Störfall-Verordnung**
- ☐ **TA Lärm**
- ☐ **2. BImSchV**

Landesrecht

- ☐ **Smog-Verordnung**

Wasser

Bundesrecht

- ☐ **Wasserhaushaltsgesetz**
- ☐ **Abwasserherkunftsverordnung**

in Vorbereitung:
Abwasser-VwV

Landesrecht

- ☐ **Wassergesetz**
- ☐ **Indirekteinleiterverordnung**
- ☐ **VO Lagern, Abfüllen, Umschlagen wassergefährdender Stoffe**

Kommunales Recht

- ☐ **Einleiterrichtlinien für Abwasser**

Abfall

Bundesrecht

- ☐ **Abfallgesetz**
- ☐ **VwV Vermeiden, Verwerten und Beseitigen von Reststoffen**
- ☐ **Gefahrgutverordnung**
- ☐ **Gefahrgutbeauftragtenverordnung**
- ☐ **Halogenkohlenwasserstoff-Abfallverordnung**

- ☐ **TA Abfall**
- ☐ **Sonderabfall-/Reststoffbestimmungsverordnung**
- ☐ **Abfall- und Reststoffüberwachungsverordnung**

Bild 442.1. Rechtsvorschriften.

ihre Organisation des Umweltschutzes darstellen. Darin müssen enthalten sein: ein Organisationsplan des Betriebes und der innerbetrieblichen Strukturen (Meldewege, Maßnahmenplan, Mitarbeiterauswahl, Delegation von Verantwortung). Dazu gehören: 1. Überwachung des Betriebes durch Personen oder Einrichtungen nach Art und Umfang, 2. Verhalten bei Betriebsstörungen, beispielsweise Entscheidungsbefugnisse und Meldewege, 3. Vorgaben für ein eventuelles Drosseln oder Stillegen der Anlage.
Nach dem BImSchG unterliegen Buchdruck- und Offsetdruck-Rollenrotationsmaschinen einer Genehmigungspflicht. Da Luftverunreinigungen durch Emission von Lösemitteln entstehen können, die in den Druckfarben, im Wischwasser und in Waschmitteln enthalten sind, gehören die Maschinen ab einer bestimmten Größenordnung zu den »erheblich störenden« Anlagen im Sinne des Gesetzes. Genehmigungspflichtige Anlagen müssen angezeigt werden, wobei der zuständigen Behörde Angaben über Art, Lage, Umfang und Betriebsweise vorzulegen sind. Zweck ist der Schutz vor schädlichen Umwelteinwirkungen, aber auch bereits die Vorbeugung des Entstehens schädlicher Einwirkungen (Vorbeugeprinzip). Alte Anlagen müssen saniert werden. Die **TA Luft** macht detaillierte Ausführungen über die zulässigen Emissionswerte im einzelnen. Richtwerte gibt es auch für die Emissionen beim Einsatz von Gummituchwaschanlagen. Bogendruckmaschinen (Bogenrotationen) sind von der Verordnung ausgenommen.

Das 12. BImSchG enthält eine besondere **Störanfallverordnung.** Danach hat der Druckunternehmer bei Vorhandensein gewisser Stoffe in bestimmter Menge besondere Sicherheits-, Melde- und Anzeigepflichten, etwa bei Vorkommen brennbarer Gase, leichtentzündlicher Flüssigkeiten oder bestimmter Chemikalien, sofern diese nicht in sehr geringen Mengen vorhanden sind.

Zusätzlich zum BImSchG in seinen verschiedenen Fassungen wurden ergänzende Bundesimmissionsschutzverordnungen (BImSchV) erlassen. Seit dem 1.1.1991 ist FCKW in Deutschland als Treibgas in Spraydosen, als Verpackungsmaterial und Geschirr aus Schaumstoff verboten, seit 1.1.1992 als Reinigungs- und Lösungsmittel, ab 1.1.1994 als Kühl- und Kältemittel in mobilen Großanlagen. Bis zum Jahr 1995 soll in Deutschland die Herstellung von FCKW völlig eingestellt sein. Die Fertigung darf auch nicht ins Ausland verlagert werden. Ähnliche Vorschriften gibt es für andere schädliche Chemikalien, beispielsweise tür Methylchloroform, für Halone und für Tetrachlorkohlenstoff.

Wasserhaushaltgesetz. In § 7a ist seit 1.1.1990 eine allgemeine Rahmenverwaltungsvorschrift des Bundes für die Wassergesetze der Länder festgelegt, die die Mindestanforderungen an Abwassereinleitungen betrifft. Danach dürfen Abwässer nur dann eingeleitet werden, »wenn die Abwassermenge und Schmutzkonzentration so gering gehalten werden, wie dies bei Anwendung der allgemein anerkannten Regeln der Technik möglich ist«. Behandlungsbedürftige Abwässer treten besonders bei der Druckformherstellung auf, beispielsweise als unterschiedliche Entwickler, Fixierer oder Spülwasser, je nach Art und Technik der Plattenbeschichtung.

▼

1. Weshalb ist Umweltschutz notwendig? Nennen Sie drei Gründe!
2. Um welche Inhalte im einzelnen geht es bei den Gesetzen und Verordnungen im Bereich des Umweltschutzes?
3. Welche innerbetrieblichen Strukturen müssen nach dem Bundesimmissionsschutzgesetz im Organisationsplan dargelegt werden?
4. An welchen Stellen treten im Druckereibetrieb Abwässer auf, und wie müssen sie entsorgt werden?

Abfallgesetz. Auf der Grundlage des Vorsorge- und Verursacherprinzips ist der Anwender zunächst zur Vermeidung von Abfällen verpflichtet. Danach müssen Abfälle auf geeignete Verminderung überprüft werden. Noch verbleibende Abfälle sind soweit wie möglich einer Verwertung und erst dann einer sorgfältigen Beseitigung zuzuführen. Das gilt besonders für die Vermeidung von Verpackungsabfällen, die vom Hausmüll zu trennen sind und wiederverwendet oder verwertet werden müssen. Die Rohstoffe sollen besser genutzt werden; weniger Abfall soll der Deponie oder der Verbrennungsanlage zugeführt werden. Jeder Betrieb muß entsprechende Maßnahmen ergreifen.

Die **TA Abfall** vom 1.10.91 mit einer Abfall- und Reststoffüberwachungsverordnung schreibt Einzelheiten vor. Sie hat die Liste der Sonderabfälle von 150 auf 450 aufgestockt. Dabei geht es um die ordnungsgemäße Behandlung der Sonderabfälle in drei Abstufungen:

1. Entsorgung von Kleinmengen. Vereinfachte Abwicklung (ohne besonderes Entsorgungsnachweisverfahren) ist zulässig bei Druckereien, deren Sonderabfallvolumen 500 kg jährlich nicht übersteigt.
2. Sammelentsorgung gleichartiger Abfälle. Das Entsorgungsnachweisverfahren entfällt für den Abfallerzeuger. Druckereiabfälle, etwa Fixierer, Druckfarbenreste, Altlösemittel usw., können über die Sammelentsorgung entsorgt werden, wenn die abzuholenden Abfallmengen nicht mehr als 1,1 Kubikmeter pumpfähige Abfälle betragen.
3. Entsorgung mit Entsorgungsnachweisverfahren. Eine behördliche Genehmigung anhand eines Entsorgungsnachweises muß eingeholt werden.

Mit dem Hausmüll dürfen keine Farbreste entsorgt werden. Kritische Stimmen aus der Druckindustrie wünschen sich eine Trennung zwischen lösemittelhaltigen und lösemittelfreien Druckfarbenresten. Die letzteren könnten dem Hausmüll zugeführt werden. Ebenso wird die Entsorgung von Entwicklerbädern kritisiert: Eine Unterscheidung sei erforderlich a) für die Filmverarbeitung, b) für die Druckplattenherstellung im Offsetdruck. In der Zusammensetzung gibt es wesentliche Unterschiede. Entwickler für die Plattenherstellung bestehen überwiegend aus wäßrig-alkalischen Flüssigkeiten ohne gefährliche Stoffe, sie sind biologisch abbaubar. Der Wasser-Anteil beträgt bis zu 90 %.

▼

1. Was muß geschehen, um die Abfallmengen zu dezimieren?
2. Was versteht man unter Sonderabfällen?
3. Auf welche Weise müssen Sonderabfälle entsorgt werden?

Verpackungsverordnung. Sie schreibt die Rücknahme beziehungsweise das Recycling von Verpackungen vor. Seit dem 1.12.1991 müssen Transportverpackungen vom Händler zurückgenommen und möglichst der Wiederverwendung zugeführt werden, seit dem 1.4.1992 auch alle Umverpackungen und ab 1.1.1993 auch die Verkaufsverpackungen. Transportverpackungen sind beispielsweise Fässer, Kanister, Kisten, Säcke, aber auch Folien, Paletten, Kartonagen und ähnliche Umhüllungen, die vor allem der Transportsicherung dienen. Umverpackungen sind Umhüllungen, die als zusätzliche Verpackungen verwendet werden. Verkaufsverpackungen dienen zur Aufbewahrung der Waren bis zum Verbrauch. Grundsätzlich sollen Verpackungen aus umweltverträglichen Materialien hergestellt und auf das unbedingt notwendige Maß beschränkt werden. Bis zum 1.7.1995 sollen 80 % aller Verpackungen zur Wiederverwertung gesammelt werden.

Altpapierverordnung. Sie regelt in Anlehnung an die Verpackungsverordnung den Rücklauf gebrauchter Druckerzeugnisse an Hersteller und Vertreiber. Auch hier sind je nach Art des Papiers feste Quoten für die Wiederverwertung vorgeschrieben. Papiere sollen möglichst recyclingfähig und de-inkbar sein. Das erfordert eine engere Zusammenarbeit der Papierindustrie, der Druckfarbenindustrie, der Klebstoffindustrie, der Druckindustrie und der papierverarbeitenden Industrie. Altpapier, das absolut nicht wiederverwertbar ist, soll verbrannt (thermisch behandelt) werden, um die Deponien nicht zu belasten.

▼

1. Nennen Sie die unterschiedlichen Arten der Verpackung! Welche Vorschriften bestehen hinsichtlich der Rücknahme?
2. Was ist grundsätzlich bei der Herstellung der Verpackungen zu beachten?
3. Was wird in der Altpapierverordnung geregelt?
4. Welche Industriezweige müssen zusammenarbeiten, damit möglichst recyclingfähiges und de-inkfähiges Papier hergestellt werden kann?

Eine besondere **Gefahrstoffverordnung** schreibt vor, daß der Arbeitgeber prüfen soll, ob Stoffe mit einem geringeren gesundheitlichen Risiko, als die von ihm in Aussicht genommenen, erhältlich sind. Ist dem Arbeitgeber die Verwendung dieser Stoffe zumutbar, so soll er nur diese verwenden. Im übrigen wurde in den Tarifverträgen sowohl der Druckindustrie als auch der Zeitungsverlage ein Paragraph über den Gesundheitsschutz eingefügt. Danach sind die Unternehmen verpflichtet, dafür zu sorgen, daß von Arbeitsstoffen keine Gefahren für Leben und Gesundheit ausgehen.

Der Rat der EG-Umweltminister hat 1991 eine besondere Richtlinie zur Förderung der Wiederverwendung und der kontrollierten Beseitigung von gebrauchten Batterien und Akkumulatoren erlassen. Danach dürfen ab 1.1.1993 Alkali-Mangan-Batterien mit einem Quecksilbergehalt von mehr als 0,025 Gewichtsprozent nicht mehr in den Verkehr gebracht werden.

Neben der Gefahrstoffverordnung wurde die **Unfallverhütungsverordnung (UVV)** erlassen. Lärm ist danach »Schall, der das Gehör schädigen oder zu besonderen Unfallgefahren führen kann«. Die staatlichen Lärmschutzvorschriften gehen noch weiter und umfassen auch benachteiligende und belästigende Schallwirkungen. Die **TA Lärm** setzt die zulässigen Lärmgrenzwerte fest. Ab einem bestimmten Lärmbereich (90 dB) müssen Gehörschutzmittel benutzt werden.

Die **Arbeitsstättenverordnung** macht Unterschiede zwischen der Art der Berufsarbeit und setzt darüber hinaus für unterschiedliche Tätigkeiten unterschiedliche, ganz bestimmte Lärmhöchstwerte fest.

▼

1. Nennen Sie drei Umweltschutzverordnungen, und geben Sie jeweils kurze Hinweise auf den Inhalt.
2. Wo liefern Sie Ihre gebrauchten Batterien ab? Begründen Sie Ihre Handlungsweise.
3. Wie definiert die Unfallverhütungsvorschrift den Begriff »Lärm«?
4. Inwiefern kann Lärm zur Unfallgefahr werden?

13 Mobilität in der Druckindustrie

Sich schnell wandelnde Technologien gestatten nicht mehr das Ausbilden auf einen Lebensberuf hin, sondern zwingen den Menschen, sich den veränderten Produktionsbedingungen anzupassen. Um die Wettbewerbschancen, die Mobilität des Arbeitenden zu erhöhen, vereinbarten die Tarifpartner in der Druckindustrie, die Ausbildung neu zu ordnen.

13.1 Berufsausbildung

Seit dem Jahr 1974 gab es die Ausbildungsordnungen für Druckvorlagenhersteller, Druckformhersteller, Drucker und Siebdrucker. Frühere einzelne Lehrberufe wurden damals zusammengefaßt. Die Ausbildungsordnung für Druckvorlagenhersteller ersetzte die Lehrberufe Grafischer Zeichner, Positivretuscheur, Reproduktionsfotograf, Tiefdruckretuscheur, Farbenlithograf und Schriftlithograf. Die Ausbildungsordnung für Druckformhersteller ersetzte die Lehrberufe Tiefdruckätzer, Klischeeätzer, Stereotypeur und Nachschneider. Die Ausbildungsordnung Drucker ersetzte die Lehrberufe Buchdrucker, Flachdrucker,Tiefdrucker und Offsetvervielfältiger.

Anfang der achtziger Jahre entstanden für die Buchbinder, Schriftsetzer, Reprografen, Kartografen und Verpackungsmittelmechaniker neue Ausbildungsordnungen. Seit 1988 gibt es eine neue Ausbildungsordnung für Drucker und die neue Fachrichtung Flexodrucker.

Ab Sommer 1998 gibt es in der Druckvorstufe nur noch einen Ausbildungsberuf. Er heißt Mediengestalter für Digital- und Printmedien. In ihm sind die bisherigen Berufe Reproduktioner, Reprograf, Werbevorlagenhersteller, Druckformhersteller und Typograf (Schriftsetzer) zusammengefaßt.

Die Ausbildung für Drucker ist weiterhin für die Fachrichtungen Flachdruck, Tiefdruck, Hochdruck mit Schwerpunkt Flexodruck vorgesehen. Der Siebdrucker bleibt als Monoberuf bestehen; die Ausbildungsinhalte des 1. Jahres sind aber der Ausbildungsordnung der Drucker angeglichen. Weitere Monoberufe sind Buchbinder, Verpackungsmittelmechaniker, Flexograf (Stempelmacher) und Kartograf.

Die Ausbildung erfolgt in allen Berufen in drei Stufen: Grundstufe, Fachstufe I, Fachstufe II. Siedauert in der Regel also drei Jahre.
In den heute geltenden Ausbildungsordnungen ist in einem Ausbildungsrahmenplan im einzelnen vorgeschrieben, welche Bildungsinhalte zu vermitteln sind und welcher zeitliche Umfang aufzuwenden ist.

Die allgemeinen und berufsbezogenen fachtheoretischen Kenntnisse werden im Rahmen des fachlichen Unterrichts der Berufsschule vermittelt. Sie sind Bestandteil des schulischen Rahmenlehrplans und daher in den Ausbildungsordnungen nicht aufgeführt.

Das Leitziel der Ausbildungsordnungen ist, daß der Auszubildende fachpraktische Fertigkeiten erwirbt, die für seine Berufsqualifikation erforderlich sind. Dabei werden auch Schlüsselqualifikationen erworben, wie verantwortliches Handeln, eigenständige und leistungsorientierte Arbeitsweise, präzises Arbeiten, Beachtung von Sicherheitsvorschriften.

Stichwortartige Aufzeichnungen in einem Ausbildungsnachweis (Berichtsheft) sollen zeigen, ob der zeitliche und sachliche Ablauf der Ausbildung in Betrieb und Schule durchgeführt wurde.

Durch die Zwischenprüfung wird der Stand der Ausbildung kontrolliert, mit der erfolgreichen Teilnahme an der Abschlußprüfung wird der Facharbeiterbrief erworben.

Die Inhalte der Ausbildungsordnungen sind meist verfahrensneutral und materialunabhängig formuliert, um möglichst auch Spezialbereiche in die Ausbildung zu integrieren und um die technische Entwicklung zu berücksichtigen.
In den folgenden Übersichten sind die zu erlernenden Kenntnisse und Fertigkeiten für die drei Ausbildungsjahre zusammengefaßt.

Berufsbild des Mediengestalters für Digital- und Printmedien

Das Konzept für die Ausbildung zum/r Mediengestalter/in für Digital- und Printmedien ist flexibel aufgebaut und umfaßt verpflichtende (in der Grafik mit P gekennzeichnet) und frei wählbare Qualifikationseinheiten (in der Grafik mit W gekennzeichnet).

In den ersten 18 Monaten sind neben den verpflichtenden P-Qualifikationseinheiten Arbeitsvorbereitung, Gestaltung, Datenhandling, Medienintegration und Qualitätssicherung zwei Wahlqualifikationseinheiten von je acht Wochen zu wählen. Die Auswahl von definierten W1-Qualifikationseinheiten ist aus einem gemeinsamen Pool zu treffen.

Nach der Zwischenprüfung werden drei Pflichtqualifikationseinheiten (P) vermittelt. Danach gliedert sich die Ausbildung in die vier Fachrichtungen Medienberatung, Mediengestaltung, Medientechnik und Medienoperating. Diese Fachrichtungen decken das gesamte Spektrum späterer beruflicher Tätigkeitsbereiche in der Druck- und Medienvorstufe ab. In den Fachrichtungen stehen neben den für alle geltenden fachrichtungsbezogenen Pflichtqualifikationseinheiten auch fachrichtungsbezogene Wahlqualifikationseinheiten (W2 und W3) zur Verfügung.

Strukturkonzept

P	Arbeitsorganisation	15 Wo
P	Gestaltung	15 Wo
P	Datenhandling	15 Wo
P	Medienintegration	15 Wo
P	Qualitätssicherung	2 Wo
W1		8 Wo
W1		8 Wo

Zwischenprüfung

P	Datenhandling	11 Wo
P	Medienintegration	11 Wo
P	Telekommunikation	4 Wo

Medienberatung

W2		6 Wo
W2		6 Wo
P	Projektmanagement	7 Wo
P	kundenorientierte Kommuniktion	7 Wo
P	Vertrieb	7 Wo
P	Datenverarbeitung	7 Wo
W3		12 Wo

Mediendesign

W2		6 Wo
W2		6 Wo
P	gestaltungsorientierte Arbeitsvorbereitung	7 Wo
P	kundenorientierte Kommuniktion	7 Wo
P	Konzeptionen	7 Wo
P	Gestaltung	7 Wo
W3		12 Wo

Medienoperating

W2		6 Wo
W2		6 Wo
P	Produktionsplanung	7 Wo
P	Informationsbeschaffung	7 Wo
P	Ausgabeprozesse	7 Wo
P	Datenbearbeitung	7 Wo
W3		12 Wo

Medientechnik

W2		6 Wo
W2		6 Wo
P	prozeßorientierte Arbeitsvorbereitung	7 Wo
P	Prozeßezsteuerung	7 Wo
P	Speichermedien	7 Wo
P	Digitaldruck	7 Wo
W3		12 Wo

Abschlußprüfung

Bild 446.1. Ausbildung des/der Mediengestalters/Mediengestalterin (Qualifikationseinheiten).

Ein möglicher betrieblicher Ausbildungsgang für den/die Mediengestalter/-in für Digital- und Printmedien, Fachrichtung Mediendesign, **in einem klassischen Satzbetrieb** umfaßt folgende Wahlmodule: als W1 Gestaltung und elektronische Bildbearbeitung, als W2 Gestaltung Printmedien und Kommunikationstechnik, als W3 Gestaltung Printprodukte.

Ein möglicher Ausbildungsgang für den/die Mediengestalter/-in für Digital- und Printmedien, Fachrichtung Medienoperating, **in einer klassischen Reproduktionsanstalt** umfaßt folgende Wahlmodule: als W1 Medienintegration und elektronische Bildbearbeitung, als W2 elektronische Bildbearbeitung und Medienintegration, als W3 Text-, Grafik- und Bilddatenbearbeitung.

Ein möglicher Ausbildungsgang für den/die Mediengestalter/-in für Digital- und Printmedien, Fachrichtung Mediendesign, **in einem Multimediabetrieb** umfaßt folgende Wahlmodule: als W1 Bewegtbild- und Audiosignalbearbeitung sowie Medienintegration, als W2 Bewegtbild- und Audiosignalbearbeitung sowie Gestaltung digitaler Medien, als W3 Layout- und Storyboard-Erstellung.

Berufsbild für Drucker im Bereich Flachdruck, Tiefdruck und Hochdruck (Flexodruck)

Gegenstand der Berufsausbildung sind mindestens folgende Fertigkeiten und Kenntnisse:

1. Berufsbildung, Ausbildungsvertrag.
2. Aufbau und Organisation des Ausbildungsbetriebes.
3. Arbeits- und Tarifrecht, Arbeitsschutz.
4. Arbeitssicherheit, Umweltschutz und rationelle Energieverwendung.
5. Pflegen und Instandhalten der Arbeitsgeräte, Maschinen und Einrichtungen.
6. Grundkenntnisse der Vorgänge der Mechanik, Pneumatik, Hydraulik, Elektrik, Elektronik und Sensorik an Maschinen.
7. Kenntnisse der Druckverfahren und Druckverarbeitung.
8. Kenntnisse über Kopiervorlagen und Druckformen.
9. Druckmaschinensysteme in den jeweiligen Schwerpunkten.
10. Eigenschaften und Verwendung von Druckfarben und Bedruckstoffen.
11. Einrichten von Druckmaschinen in den jeweiligen Schwerpunkten.
12. Andruck und Fortdruck.
13. Messen und Prüfen.
14. Kenntnisse über Druckprobleme.
15. Vorbereiten von Druckformen, Bedruckstoffen und Druckfarben für den Druck.

In der praktischen Ausbildung sind für die Bereiche Druckformherstellung oder Druckformbearbeitung oder für ein weiteres Druckverfahren betriebliche Produktionsschwerpunkte zu berücksichtigen und im Ausbildungsvertrag zu vereinbaren.

Berufsbild für Siebdrucker

Gegenstand der Berufsausbildung sind mindestens folgende Fertigkeiten und Kenntnisse:

1. Berufsbildung, Ausbildungsvertrag.
2. Aufbau und Organisation des Ausbildungsbetriebes.
3. Arbeits- und Tarifrecht, Arbeitsschutz.
4. Arbeitssicherheit, Umweltschutz und rationelle Energieverwendung.
5. Pflegen und Instandhalten der Arbeitsgeräte, Maschinen und Einrichtungen.
6. Grundkenntnisse der Vorgänge der Mechanik, Pneumatik, Hydraulik, Elektrik, Elektronik und Sensorik an Maschinen.
7. Kenntnisse der Druckverfahren und Druckverarbeitung.
8. Kenntnisse über Kopiervorlagen und Siebdruckgewebe.
9. Herstellen von Siebdruckformen.
10. Kenntnisse der Druckmaschinensysteme.
11. Eigenschaften und Verwendung von Druckfarben und Bedruckstoffen.
12. Einrichten von Siebdruckmaschinen.
13. Andruck und Fortdruck.
14. Messen und Prüfen.
15. Kenntnisse über Druckprobleme.

Berufsbild für Buchbinder

Gegenstand der Berufsausbildung sind mindestens folgende Fertigkeiten und Kenntnisse:

1. Berufsbildung, Ausbildungsvertrag.
2. Aufbau und Organisation des Ausbildungsbetriebes.
3. Arbeits- und Tarifrecht, Arbeitsschutz.
4. Arbeitssicherheit, Umweltschutz und rationelle Energieverwendung.
5. Pflegen und Instandhalten von Arbeitsgeräten, Maschinen und Einrichtungen.
6. Grundkenntnisse der Vorgänge der Mechanik, Pneumatik, Hydraulik, Elektrik, Elektronik und Sensorik an Maschinen.
7. Kenntnisse der buchbinderischen Herstellung von Druckerzeugnissen.
8. Einsatz von Werk- und Hilfsstoffen.
9. Messen, Einteilen, Prüfen und Berechnen von Materialien.
10. Anwenden von Schneidtechniken.
11. Methoden des Falzens und Heftens.
12. Anwenden von Klebetechniken.

13. Herstellen von Broschuren in Einzel- und Serienfertigung.
14. Herstellen von Büchern, Bucheinbänden in Einzel- und Serienfertigung.
15. Ausführen buchbinderischer Sonderarbeiten.
16. Prägen und Stanzen.
17. Anwenden von Gestaltungstechniken.
18. Kenntnisse über Maschinen und Fertigungsstraßen.

Berufsbild für Verpackungsmittelmechaniker

Gegenstand der Berufsausbildung sind mindestens folgende Fertigkeiten und Kenntnisse:

1. Handhaben und Instandhalten der zu verwendenden Arbeitsbehelfe.
2. Kenntnis der Werk- und Hilfsstoffe, Beurteilung ihrer Eigenschaften, Verwendungs- und Bearbeitungsmöglichkeiten.
3. Grundfertigkeiten der Metallbearbeitung.
4. Grundfertigkeiten der Verpackungsmittelerzeugung.
5. Pflegen und Instandhalten der Verpackungsmittelmaschinen.
6. Einstellen, Umstellen und Bedienen von Maschinen und Druckwerken.
7. Grundkenntnisse der gebräuchlichen Druckverfahren.
8. Lesen von Werkzeichnungen und einfachen Schaltplänen.
9. Feststellen und Beheben von mechanischen Störungen an Packmittelmaschinen.
10. Aus-, Ein- und Zusammenbauen von Maschinenelementen und Packmittelmaschinen, Anfertigen einfacher Ersatzteile.
11. Grundkenntnisse und Beurteilen der Werk- und Hilfsstoffe der Verpackungsmittelerzeugung.
12. Grundkenntnisse einfacher, mechanischer, pneumatischer, hydraulischer, elektrischer und elektronischer Vorgänge an Maschinen und Geräten.
13. Grundkenntnisse der sich aus dem Ausbildungsvertrag ergebenden Verpflichtungen.
14. Kenntnis der einschlägigen Sicherheitsvorschrlften sowie der sonstigen in Betracht kommenden Vorschriften zum Schutze des Lebens und der Gesundheit.
15. Grundkenntnisse der aushangpflichtigen arbeitsrechtlichen Vorschriften, der Unfallverhütung und des Umweltschutzes.

Berufsbild für Kartografen

Gegenstand der Berufsausbildung sind mindestens die folgenden Fertigkeiten und Kenntnisse:

1. Kenntnisse des Ausbildungsbetriebes, des Arbeits- und Tarifrechts.
2. Arbeitsschutz, Unfallverhütung, Umweltschutz, Arbeitshygiene und rationelle Energieverwendung.
3. Einsetzen, Pflegen und Instandhalten der Arbeitsgeräte, Arbeitsmittel, Maschinen und Einrichtungen.
4. Anwenden kartenkundlichen Basiswissens.
5. Zeichnen, Kolorieren, Gravieren, Montieren und Retuschieren von Kartenelementen.
6. Arbeiten nach Arbeitsanweisungen.
7. Entwerfen, Generalisieren und Gestalten von Kartenelementen.
8. Fortführen von Karten.
9. Anwenden von Vervielfältigungstechniken.
10. Anwenden rechnergestützter Verfahren.
11. Erstellen von Originalen mehrfarbiger Karten.
12. Kenntnisse der Reproduktions- und Drucktechnik.
13. Berufsbezogene technische Mathematik.
14. Grundwissen der Geografie, Vermessungskunde und Fotogrammetrie.

13.2 Weiterbildung und Spezialisierung

Nach der praktischen und theoretischen Grundausbildung in einem Beruf der Druckindustrie kann durch Weiterbildung eine aufbauende Spezialisierung oder eine höhere berufliche Qualifikation angestrebt werden.

Die Bildungsmaßnahmen sind 1. praxisbetont und theoretisch fundiert, 2. praxisnah und wissenschaftsbezogen, 3. praxisbezogen und wissenschaftsbetont gestaltet.

Dem ersten Weg entspricht die Qualifizierung zum Fachspezialisten oder zum Meister.
Bei den Voraussetzungen für die Weiterbildung wird weniger Wert auf den allgemeinbildenden Schulabschluß als auf die berufliche Bildung, Reife und Erfahrung gelegt. Die Weiterbildung zum Techniker oder Diplomingenieur (FH) erfolgt nach dem zweiten Weg. Gegenüber der Ausbildung zum Meister entspricht die Gestaltung des Diplom-Ingenieur-Studiums (TH) dem dritten Weg.

Auch in den Nachbarbereichen der Druckindustrie gibt es höhere Funktionen, die jeweils einem der drei Wege zugeordnet werden können. Anforderungen an die schulische und berufliche Vorbildung sind meistens auf diese Qualifizierungsarten abgestimmt. Höhere berufliche Qualifizierung oder Weiterbildung werden heute oft von bestimmten Vorbedingungen abhängig gemacht, die erfüllt sein müssen. Grundsätzlich können folgende Bedingungen gestellt werden:

1. Schulabschluß an allgemeinbildenden Schulen: Hauptschulabschluß, Fachschulreife, Fachhochschulreife, Hochschulreife.

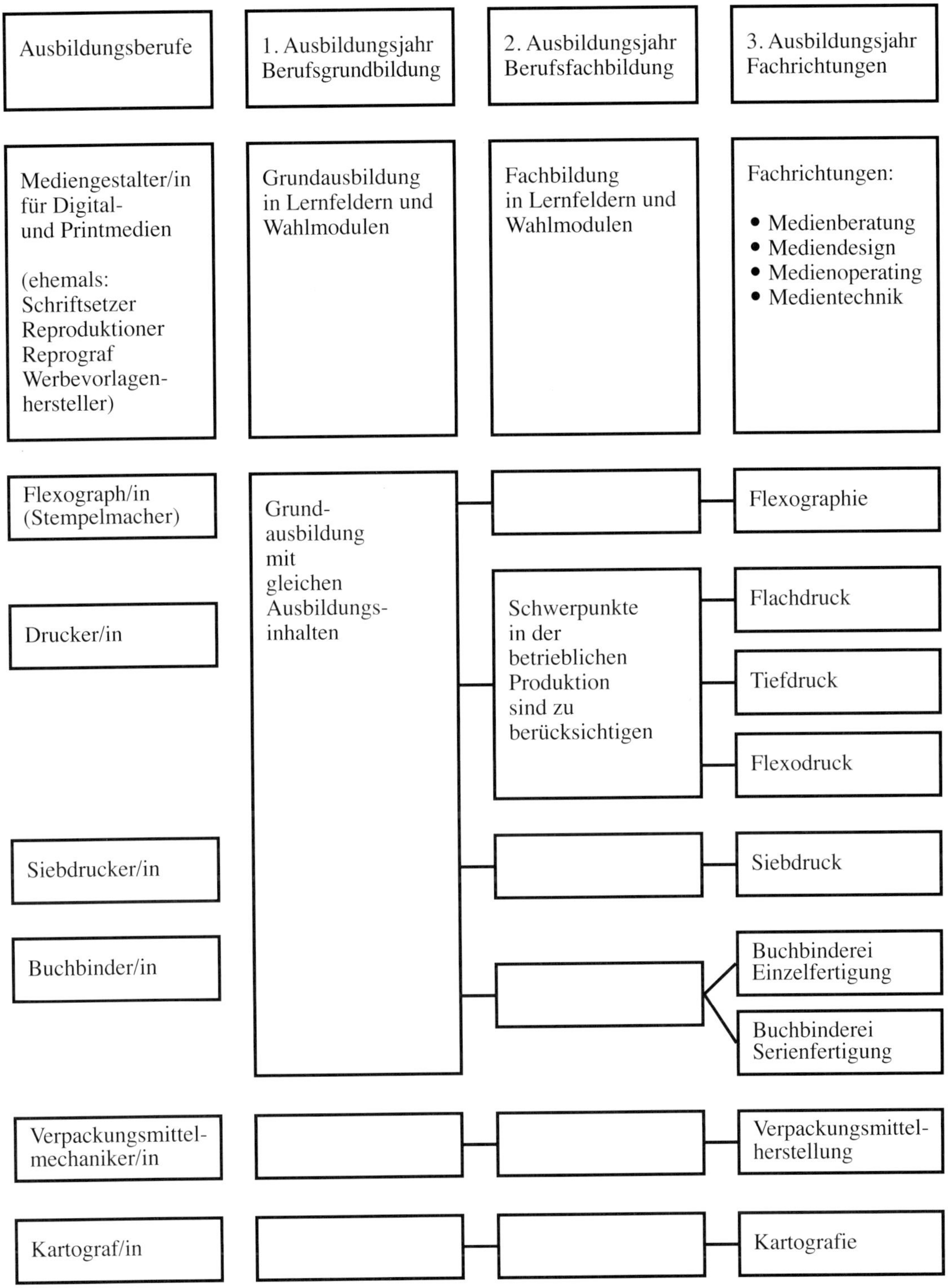

Bild 449.1. Die gewerblich-technischen Ausbildungsberufe und die Ausbildungswege.

2. Abschluß an Berufs-, Berufsfachschulen und Berufskollegs.
3. Abschluß der praktischen Berufsausbildung mit Facharbeiterbrief.
4. Praktische Berufspraxis oder Praktikum.
5. Studienabschluß an Fachschule, Fachhochschule, Technischer Hochschule, Universität.
6. Zertifikate von speziellen Schulungskursen bei Herstellern von Industrieprodukten oder Teilnahme an Telekolleg oder Volkshochschule.

Qualifikationsbereiche

Wer sich für Aufgabengebiete der grafischen Kommunikation in der Druckindustrie interessiert und sich um Weiterbildung bemüht, kann in einem der nachstehenden Bereiche oder Berufe tätig werden, wenn er die erforderliche Qualifikation nachweist. Nähere Auskünfte über Bildungsangebote und die Adressen der verschiedenen Träger erteilen das örtliche Arbeitsamt, die Industrie- und Handelskammer, die Handwerkskammer, die örtlichen Berufsschulen oder die Verbände der Druckindustrie.

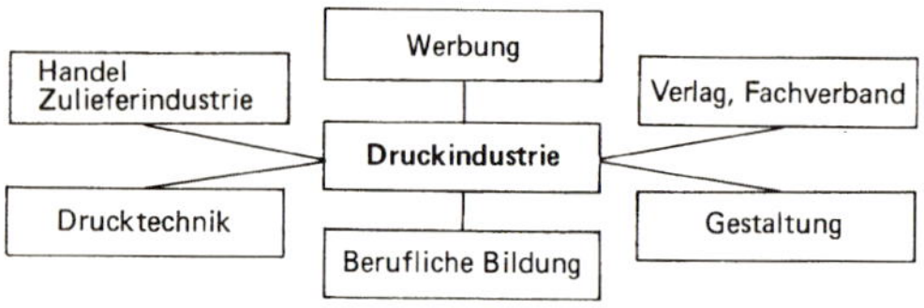

Bild 450.1. Qualifikationsbereiche.

Im Bereich Drucktechnik ist Fortbildung zum unteren, mittleren und höheren Management möglich: Der Facharbeiter kann sich zum Arbeitsvorbereiter, REFA-Fachmann, Operator oder Maschinenspezialisten fortbilden. Voraussetzung zum Besuch dieser Kurse ist die abgeschlossene Berufsausbildung, oft auch Berufspraxis oder vorausgehende Spezialkurse.

Den Meistertitel kann erwerben, wer den Facharbeiterbrief und Jahre der Berufspraxis sowie den Besuch einer Meisterschule vorweisen kann und die Meisterprüfung vor der Industrie- und Handelskammer oder Handwerkskammer besteht.

Die Funktion eines Technikers erlangt, wer den Facharbeiterbrief, Jahre der Berufspraxis nachweist und ein zweijähriges Studium an einer Technikerschule erfolgreich abschließt.

Diplom-Ingenieur (FH) kann werden, wer die Fachhochschulreife und ein Praktikum oder eine Berufsausbildung vorweisen kann und nach einem mindestens vierjährigen Studium an einer Fachhochschule mit der staatlichen Ingenieurprüfung abschließt.

Wer die Hochschulreife hat und ein Praktikum absolviert, kann sowohl an einer Fachhochschule, aber auch an einer Technischen Hochschule oder Universität ein Studium beginnen. Dieses dauert mindestens acht, oft mehr Semester und führt zum Diplom-Ingenieur (TH). Beim Studieren an einer Fachhochschule stehen je nach Schwerpunkt die spezielle Verfahrenstechnik oder die technisch-betriebswirtschaftliche Seite der Druck- und Reproduktionstechnik im Vordergrund. Im Hochschulbereich ist ein Schwerpunktstudium an der TH Darmstadt oder der TU Chemnitz möglich, und zwar im Studiengang Maschinenbau oder für das Lehramt an berufsbildenden Schulen.

Auch im **Bereich Gestaltung** gibt es Fortbildung in mehreren Ebenen. Nach der Berufsausbildung, mit weiterer Berufserfahrung und durch den Besuch spezieller Kurse kann man sich als Typograf, Layouter oder Fotografiker spezialisieren.

Wer die Fachschulreife besitzt und ein Berufskolleg besucht, kann Grafik-Design-Assistent werden.

Grafik-Designer kann werden, wer die Fachhochschulreife und ein Praktikum vorweisen kann und an einer Fachhochschule studiert. Wer die Hochschulreife (Abitur) erworben hat, kann durch ein Studium an einer Hochschule für Gestaltung und Grafik ebenfalls Grafik-Designer werden. Der Studienabschluß führt zum Diplom-Designer.

Der Bereich **Gestaltung/Design** umfaßt im wesentlichen zwei Studiengänge: Industrial-Design (Produkt-Design) und Kommunikations-Design (Visuelle Kommunikation). Für Fortbildungswillige des Berufsfeldes Drucktechnik kommt in erster Linie der zweite Bereich in Frage. Das Kommunikations-Design umfaßt alle Gestaltungsaufgaben im Bereich der gedruckten Kommunikationsmittel und den Bereich Werbung. Kommunikations-Designer sind in Werbeagenturen, Werbeabteilungen größerer Unternehmen, in Verlagen oder freiberuflich tätig.

Die Lehrinhalte im Studium unterscheiden sich an den einzelnen Ausbildungsstätten erheblich. Im Studiengang Kommunikations-Design (Visuelle Kommunikation) werden etwa folgende Grundlagenfächer angeboten: Farbgestaltung, Druck- und Reproduktionstechnik, figürliches Zeichnen, Gestaltungslehre/Komposition, Typografie, Informationstheorie, Wahrnehmungstheorie, Psychologie und Soziologie. Studienschwerpunkte:

Grafik-Design, Foto-Design, Illustration, Display (Verpackung, Produktausstattung) und Flächendesign.

Wenn nicht das Abschlußzeugnis einer Fachoberschule für Gestaltung vorliegt, wird regelmäßig als Zulassungsvoraussetzung das Bestehen einer Prüfung zur Feststellung künstlerisch-gestaltender Begabung verlangt, zum Teil auch zusätzlich zur Fachhochschulreife. Daneben werden teilweise vor Studienaufnahme noch einschlägige Praktika von unterschiedlicher Dauer verlangt. Bei Nach weis besonderer künstlerischer Begabung und hinreichender Allgemeinbildung kann unter Umständen auf weitere Zulassungserfordernisse verzichtet werden.

Im **Bereich Werbung, Verlag, Fachverband** gibt es folgende Fortbildungsmöglichkeiten: Berufsausbildung und Berufspraxis sowie das Studium an einer Fachschule führen zum Werbeassistenten.

Für den Werbefachmann sind die Berufsausbildung, Berufspraxis, die Fachschulreife oder Fachhochschulreife Voraussetzung für ein Studium an einer Fachschule oder Fachhochschule. Mit der Fachschul-, Fachhochschul- oder Hochschulausbildung kann man sich auch als Werbetexter spezialisieren.
Spezialisierung als Kontakter (Auftragsbearbeiter), Produktioner (Hersteller in Verlag oder Werbeagentur) oder als Sachgebietsleiter bei einem Fachverband ist ebenfalls möglich.
Eine Spezialisierung als Fachjournalist erfordert den Fachschul-, Fachhochschul- oder Hochschulabschluß.

Im Bereich **Handel und Zulieferindustrie** ist der Fachkaufmann tätig. Er erwirbt diese Qualifikation mit dem Kaufmannsgehilfenbrief, Berufspraxis und einem Studium an einer Fachschule. Eine Spezialisierung als Kundenberater, Auftragsbearbeiter, Kalkulator oder Fachberater (Instruktor) ist möglich, wenn zuvor Spezialkurse besucht wurden. Qualifikationsmöglichkeiten bestehen auch für Meister, Techniker und Ingenieure, vor allem für technische Beratung und Serviceleistung.

Fortbildung im **Bereich der Berufsbildung** führt zu Qualifikationen wie Instruktor, Ausbilder, technischer Lehrer, wissenschaftlicher Lehrer oder Dozent. Eine Spezialisierung als Instruktor ist möglich nach abgeschlossener Berufsausbildung, Berufspraxis und dem Besuch von Spezialkursen bei den Herstellern.
Ausbilder für die praktische Berufsausbildung in den Betrieben der Druckindustrie kann werden, wer nach seiner Berufsausbildung intensive Berufspraxis betrieben und die Ausbilderprüfung der Kammern abgelegt hat.

Technischer Lehrer oder Werkstattmeister für die praktische Fachkunde im Bereich der Berufs-, Berufsfach-, Fach- und Fachhochschulen kann werden, wer nach seiner Berufsausbildung einige Jahre der Berufspraxis und den Meisterbrief nachweist und die staatliche Prüfung als technischer Lehrer besteht.

Für das wissenschaftliche Lehramt an Berufs-, Berufsfach- und Fachschulen gelten folgende Voraussetzungen: Zunächst müssen die Hochschulreife und die Berufsausbildung oder ein Praktikum, anschließend ein Studium an einer technischen Hochschule oder Universität absolviert werden. Nach dem 1. Staatsexamen (wissenschaftlich) folgt die pädagogische Praxis als Referendar an der Schule und das 2. Staatsexamen (pädagogisch).

Der Dozent an Fachhochschulen der Druckindustrie muß neben seiner Berufsausbildung und Jahren intensiver Berufspraxis besondere Qualifikationen oder das Studium an einer Hochschule nachweisen können, in der Regel mit Promotion.

▼

1. Warum unternehmen viele junge Menschen Anstrengungen, um sich in ihrem Beruf weiterzubilden? Nennen Sie mögliche Motive!
2. Welche der genannten Berufsqualifikationen kann man direkt anstreben, welche nur indirekt?
3. Erklären Sie die Begriffe: a) REFA-Fachmann, b) Hersteller, c) Grafik-Design!
4. Welche Weiterbildungsmöglichkeiten bieten sich demjenigen direkt an, der seine Berufsausbildung innerhalb der Druckindustrie erfolgreich abgeschlossen hat?
5. Fragen Sie Ihren Ausbilder, Meister oder Ihre Lehrer nach Ihrem Ausbildungsweg!
6. Erklären Sie den Begriff Umschulung!

13.3 Aus- und Weiterbildung im Fach-, Fachhoch- und Hochschulbereich

Die nachfolgenden Übersichten informieren über die im Kapitel 13.2 erläuterten Aus- und Weiterbildungsmöglichkeiten. Aufgeführt sind, und zwar nach den Angaben der Schulen, die in Betracht kommenden Fachbereiche bzw. Fachrichtungen sowie Anschriften, die nützlich sind für weitere Informationen von den Schulen direkt. Soweit bekannt, sind – mit Ausnahme der Berufsschulen – alle schulischen Bildungseinrichtungen der Druckindustrie und ihrer Randgebiete im deutschsprachigen Raum erfaßt.

Ausbildung im Fachschulbereich

Standort	Anschrift	Fachbereich/Fachrichtung/Studiengang
Altenburg	Ingenieurschule für Papier- und Verpackungstechnik – Fachschulteil, Darwinstr. 1–2, 04600 Altenburg	Technikerschule für Papiererzeugung, Papier- und Folienverarbeitung und Verpackungstechnik
Biberach	Hauchler Studio GmbH + Co., staatlich anerkannte Privatschule für Drucktechnik, Karl-Müller-Str. 6, 88400 Biberach a. d. Riß	U. a.: Fachschule mit Industriemeisterprüfung Druck. Fachkaufmännische Seminare mit Prüfung zum Betriebsassistenten Druck
Bielefeld	Fachhochschule für Drucktechnik Bielefeld, Heeper Straße 85, 33607 Bielefeld	Technikerausbildung Fachrichtung Drucktechnik
Chemnitz	Ausbildungszentrum Polygrafie an der TU Chemnitz, Postfach 9 64, 09009 Chemnitz	
Düsseldorf	Fachschule für Drucktechnik, Fürstenwall 100, 40217 Düsseldorf	Technikerausbildung, Fachrichtung Drucktechnik
Frankfurt	Hamburger Allee 23, 60486 Frankfurt/M.	Drucktechnik
Hamburg	Fachschule für Druck- und Reproduktionsberufe, Steinhauerdamm 4, 22087 Hamburg	Aufstiegsfortbildung für Facharbeiter im betriebswirtschaftlichen Bereich
Hamburg	Hamburger Akademie, Spaldingstraße 218, 20097 Hamburg	Berufsfachschule für Kommunikationsdesign und Art Direction
München	Städtisches Berufsbildungszentrum Druck, Grafik und Fotografie, Pranckhstraße 2, 80335 München	Berufsfachschule für Grafik und Werbung, Meisterschule für Buchbinder, Technikerschule für Druck und Papierverarbeitung
Nürnberg	Rudolf-Diesel-Fachschule, Äußere Bayreuther Str. 8, 90317 Nürnberg	Technikerschule der Fachrichtung Druck
Pößneck	Staatliche Berufsbildende Schule, Wohlfarthstraße 3–5, 07381 Pößneck	Technikerausbildung Drucktechnik
Ravensburg	Fachschule für Drucktechnik, Gartenstraße 128, 88212 Ravensburg	Technikerausbildung Drucktechnik
Reutlingen	Kerschensteinerschule, Charlottenstraße 19, 72764 Reutlingen	Fachschule für Informationsdesign
Stuttgart	Johannes-Gutenberg-Schule, Rostocker Str. 25, 70376 Stuttgart	Berufskolleg für angewandte Grafik, Fachschule für Gestaltung, Fachschule für Meister, Fachschule für Drucktechnik (Technikerausbildung)
Zürich	Technikerschule der Graf. Industrie, Welchogasse 8, CH-8050 Zürich	Eidgenössische Technikerschule/Kaderschule der grafischen Branche

Ausbildung im Fachhochschul- und Hochschulbereich

Standort	Anschrift	Fachbereich/Fachrichtung/Studiengang
Aachen	Fachhochschule, Boxgraben 10, 52064 Aachen	Kommunikationsdesign
Augsburg	Fachhochschule, Baumgartnerstr. 16, 86161 Augsburg	Kommunikationsdesign, Grafik-Design
Berlin	Hochschule der Künste, Hardenbergstr. 33, 10595 Berlin	Kommunikationsdesign, Drucktechnik
Bielefeld	Fachhochschule, Kurt-Schumacher-Straße 6, 33615 Bielefeld	Kommunikationsdesign, Grafik-Design, Fotografie-Design
Braunschweig	Hochschule für Bildende Künste, Postfach 2538, 38015 Braunschweig	Grafik-Design
Bremen	Hochschule für Künste, Am Wandrahm 23, 28195 Bremen	Grafik-Design
Chemnitz	Technische Universität Chemnitz, Postfach 964, 09009 Chemnitz	Drucktechnik, Lehrerausbildung Drucktechnik
Darmstadt	Fachhochschule, Olbrichweg 10, 64287 Darmstadt	Kommunikationsdesign
Darmstadt	Technische Hochschule, Karolinenplatz 5, 64289 Darmstadt	Drucktechnik, Lehrerausbildung Drucktechnik, Papierherstellung
Dessau	Fachhochschule Anhalt, Gropiusallee 38, 06846 Dessau	Grafik-Design
Dortmund	Fachhochschule, Sonnenstraße 96, 44047 Dortmund	Kommunikationsdesign, Grafik-Design, Fotodesign
Düsseldorf	Fachhochschule, Universitätsstraße 23.31/32, 40225 Düsseldorf	Grafik-Design
Erfurt	Fachhochschule Erfurt, Schlüterstraße 1, 99089 Erfurt	Grafik-Design
Essen	Universität Essen, Gesamthochschule, Universitätsstraße 12, 45141 Essen	Kommunikationsdesign
Halle	Hochschule für Kunst und Design, Burg Giebiechenstein, Neuwerk 7, 06108 Halle	Gebrauchsgrafik, Lehr- und Lernmitteldesign, Designinformatik
Hamburg	Fachhochschule, Winterhuder Weg 29, 22085 Hamburg	Kommunikationsdesign
Hamburg	Hochschule für bildende Künste, Lerchenfeld 2, 22081 Hamburg	Kommunikationsdesign, Grafik-Design
Hannover	Fachhochschule Hannover, Ricklinger Stadtweg 118, 30459 Hannover	Kommunikationsdesign, Grafik-Design
Hildesheim	Fachhochschule Hildesheim/Holzminden, Kaiserstr. 43–45, 31134 Hildesheim	Grafik-Design
Kassel	Universität Gesamthochschule Kassel, Mönchebergstraße 19, 34109 Kassel	Grafik-Design, Fotodesign
Kiel	Fachhochschule, Grenzstraße 3, 24149 Kiel	Kommunikationsdesign
Köln	Fachhochschule, Reitweg 1, 50679 Köln	Kommunikationsdesign, Grafik-Design
Konstanz	Institut für Kommunikationsdesign an der Fachhochschule, Seestr. 33, 78464 Konstanz	Kommunikationsdesign
Krefeld	Fachhochschule Niederrhein, Petersstr. 123, 47798 Krefeld	Grafik-Design
Lausanne	Schweizerische Ingenieurschule für Druck und Verpackung, Rue de Genève 63, CH-1004 Lausanne	Drucktechnik, Verpackungstechnik

Standort	Anschrift	Fachbereich/Fachrichtung/Studiengang
Leipzig	Hochschule für Grafik und Buchkunst, Wächterstraße 11, 04008 Leipzig	Grafik-Design, Buchkunst, Fotografie/Fotografik
Leipzig	Hochschule für Technik, Wirtschaft und Kultur, Karl-Liebknecht-Str. 132, 04277 Leipzig	Drucktechnik, Verpackungstechnik, Verlagsherstellung
Mainz	Johannes-Gutenberg-Universität, Institut für Buchwesen, Postfach 39 80, 55099 Mainz	Buchwesen
Mainz	Fachhochschule Rheinland-Pfalz, Holzstraße 36, 55116 Mainz	Kommunikationsdesign
Mannheim	Städtische Fachhochschule für Gestaltung, E3, 16, 68030 Mannheim	Grafik-Design
München	Fachhochschule, Lothstraße 34, 80335 München	Kommunikationsdesign, Drucktechnik, Papierherstellung
Münster	Fachhochschule Münster, Hüfferstraße 27, 48016 Münster	Grafik-Design
Nürnberg	Georg-Simon-Ohm-Fachhochschule, Postfach 21 03 20, 90121 Nürnberg	Kommunikationsdesign
Nürnberg	Akademie der Bildenden Künste in Nürnberg, Bingstraße 60, 90480 Nürnberg	Grafik-Design
Offenbach	Hochschule für Gestaltung, Schloßstraße 31, 63065 Offenbach	Kommunikationsdesign
Pforzheim	Fachhochschule für Gestaltung, Holzgartenstraße 36, 75175 Pforzheim	Grafik-Design
Potsdam	Fachhochschule Potsdam, Friedrich-Ebert-Straße 4, 14467 Potsdam	Grafik-Design
Saarbrücken	Hochschule der Bildenden Künste, Keplerstraße 3–5, 66117 Saarbrücken	Grafik-Design
Schwäbisch Gmünd	Fachhochschule für Gestaltung, Rektor-Klauß-Straße 100, 73525 Schwäbisch Gmünd	Kommunikationsdesign, Grafik-Design
Stuttgart	Fachhochschule für Druck, Nobelstraße 10, 70569 Stuttgart	Druckereitechnik, Verpackung, Medientechnik, Druckereiwirtschaft, Verlagswesen, Werbung, Farbe/Chemie
Stuttgart	Staatliche Akademie der bildenden Künste, Am Weißenhof 1, 70191 Stuttgart	Grafik-Design
Trier	Fachhochschule Rheinland-Pfalz, Abt. Trier, Schneidershof, 54293 Trier	Kommunikationsdesign
Weimar	Hochschule für Architektur und Bauwesen, Geschwister-Scholl-Str. 8, 99423 Weimar	Kommunikationsdesign
Wien	Höhere Graphische Bundes-Lehr- und Versuchsanstalt, Leyserstraße 6, A-1140 Wien	Grafik-Design, Fotografie, Reproduktions- und Drucktechnik
Wiesbaden	Fachhochschule, Kurt-Schumacher-Ring 18, 65195 Wiesbaden	Kommunikationsdesign
Wismar	Fachhochschule für Technik, Wirtschaft und Gestaltung, Kühlungsborner Str. 26, 18209 Heiligendamm	Grafik-Design
Wuppertal	Bergische Universität Gesamthochschule, Haspeler Straße 27, 42285 Wuppertal	Visuelle Kommunikation, Drucktechnik
Würzburg	Fachhochschule Würzburg-Schweinfurt, Münzstraße 12, 97070 Würzburg	Visuelle Kommunikation

13.4 Weiterführende Fachliteratur

Die Druckindustrie ist ein innovativer Wirtschaftsbereich, was zur Folge hat, daß viele Verfahren, Techniken und Maschinen veralten und durch neue ersetzt werden. Zwangsläufig veraltet auch die drucktechnische Fachliteratur sehr schnell. Daher werden hier keine Buchtitel empfohlen.

Als Service stand den Nutzern/Nutzerinnen bislang ein Verzeichnis der lieferbaren „Fachliteratur Druckindustrie und Randgebiete" zur Verfügung, das ständig aktualisiert und auf Anforderung kostenlos zugesandt worden ist.

Nunmehr aber ist die Flut an Neuerscheinungen – vor allem aus dem Bereich der neuen Medien – kaum noch zu bewältigen. Dieser kostenlose Service, nämlich alle zur Zeit lieferbaren Titel mit sämtlichen bibliografischen Daten aufzulisten und kurz zu besprechen, überfordert die Möglichkeit des bisherigen Herausgebers. Wenn Sie möchten, sendet er Ihnen aber gern eine Übersicht von Schul-, Fach- und Sachbüchern zu, die sich in der beruflichen Aus- und Weiterbildung bewährt haben oder (bei Neuerscheinungen) offensichtlich den versprochenen Nutzwert erbringen werden. Sie erhalten diese Unterlagen auf Anforderung kostenlos direkt von:
Roland Golpon, Albert-Schweitzer-Ring 45,
D-25524 Itzehoe.

Jedes Jahr erhält der Verlag vor den Prüfungen viele Anfragen nach Büchern zur Prüfungsvorbereitung. Auch hierfür steht eine kostenlose Arbeitshilfe mit Informationen und Ratschlägen zur Verfügung, die ebenfalls angefordert werden kann, und zwar unter dem Stichwort „Erfolgreiche Prüfungsvorbereitung".

Alphabetisches Stichwortverzeichnis